HANDBUCH DER MILCHWIRTSCHAFT

IN VERBINDUNG MIT

WALTER GRIMMER UND **HERMANN WEIGMANN**

DR. PHIL., PROFESSOR FÜR MILCHWIRTSCHAFT UND DIREKTOR DES MILCHWIRTSCHAFTLICHEN INSTITUTES AN DER UNIVERSITÄT IN KÖNIGSBERG IN PREUSSEN

DR. PHIL., DR. AGR. H. C., EHEM. DIREKTOR DER VERSUCHSSTATION FÜR MOLKEREIWESEN UND EMER. VERWALTUNGSDIREKTOR DER PREUSS. VERSUCHS- UND FORSCHUNGSANSTALT FÜR MILCHWIRTSCHAFT KIEL

HERAUSGEGEBEN VON

WILLIBALD WINKLER

DR. PHIL., HOFRAT, EMER. PROFESSOR FÜR MOLKEREIWESEN UND LANDWIRTSCHAFTLICHE BAKTERIOLOGIE AN DER HOCHSCHULE FÜR BODENKULTUR IN WIEN, VORSTAND DES MILCHWIRTSCHAFTLICHEN LABORATORIUMS DES MILCHWIRTSCHAFTLICHEN REICHSVEREINS FÜR ÖSTERREICH IN WIEN

ZWEITER BAND / ZWEITER TEIL

BUTTER · KÄSE · MILCHPRÄPARATE UND NEBENPRODUKTE

WIEN
VERLAG VON JULIUS SPRINGER
1931

BUTTER · KÄSE MILCHPRÄPARATE UND NEBENPRODUKTE

BEARBEITET VON

A. BURR-KIEL · K. J. DEMETER-WEIHENSTEPHAN / MÜNCHEN
W. GRIMMER-KÖNIGSBERG · F. LÖHNIS-LEIPZIG · O. RAHN-ITHACA, N. Y. · F. TRENDTEL-ALTONA · H. WEIGMANN-KIEL

MIT 74 ABBILDUNGEN

WIEN
VERLAG VON JULIUS SPRINGER
1931

ISBN 978-3-7091-9555-0 ISBN 978-3-7091-9802-5 (eBook)
DOI 10.1007/978-3-7091-9802-5

SOFTCOVER REPRINT OF THE HARDCOVER 1ST EDITION 1931

Inhaltsverzeichnis

I. Die Rahmgewinnung und die Butterbereitung

Von

O. Rahn-Ithaca N. Y. und **H. Weigmann**-Kitzeberg bei Kiel

Mit 16 Abbildungen

A. Rahmgewinnung

Von

O. Rahn

Das Endziel des Butterns ist die Trennung des Fettes von der wässerigen Phase der Milch bei Erhaltung der Rahmstruktur oder Emulsionsstruktur. Dieses Ziel wird gewöhnlich dadurch erleichtert, daß man eine Zwischenstufe einschiebt und zuerst das Fett sich von der Hauptmenge der wässerigen Phase durch Schwerkraft oder Zentrifugalkraft abtrennen läßt. Die an Fett angereicherte Milch, der Rahm, läßt sich leichter und vollständiger verbuttern.

Theorie der Schwerkraftaufrahmung

Da das Milchfett spezifisch leichter ist als das Milchplasma, hat es das Bestreben, nach oben zu steigen, aufzurahmen. Nach der STOKESschen Formel muß das einzelne Fettkügelchen mit der Geschwindigkeit

$$v = \frac{2}{9} \cdot 981\,(D - d)\,\frac{r^2}{z}\ \text{cm/sek}$$

aufsteigen, wo D und d die Dichte von Magermilch und Fett, r der Halbmesser der Fettkügelchen und z die Zähflüssigkeit des Plasmas (in Dynen gemessen) ist. Wenn wir norddeutsche Mittelwerte für diese Werte einsetzen ($D = 1{,}034$, $d = 0{,}93$, $z = 0{,}018$), so erhalten wir die Formel

$$v = 4{,}54\, r^2 \cdot 10^6\ \text{cm in der Stunde.}$$

Für holländische Milch berechnete VAN DER BURG (1921) als erster

$$v = 4{,}2\, r^2 \cdot 10^6\ \text{cm.}$$

Da mehr als die Hälfte des Milchfettes von deutschem Niederungsvieh in Kügelchen von 3 bis 6 μ Durchmesser, also 1,5 bis 3 μ Halbmesser vorhanden ist, so interessieren die Geschwindigkeiten dieser Größen am meisten. Die Berechnung gibt erstaunlich kleine Werte, nämlich nur 0,1 bis 0,5 cm in der Stunde. Dies scheint mit der tatsächlichen Geschwindigkeit der Rahmbildung nicht übereinzustimmen. Darnach würde ja ein Fettkügelchen von 6 μ Durchmesser 40 Stunden brauchen, um 20 cm hoch zu steigen, während sich doch eine deutliche Rahmschicht schon in ganz wenigen Stunden bildet, die mehr als die Hälfte des gesamten Milchfettes enthält.

Die Berechnung ist aber trotzdem richtig, denn wenn man die Geschwindigkeit einzelner Fettkügelchen unter dem Mikroskop mißt, so stimmen die gemessenen Geschwindigkeiten mit der STOKESschen Formel recht gut überein. Solche Messungen wurden zuerst von RAHN (1921a) und von VAN DAM und SIRKS (1922) gemacht. Die Erklärung dieses Widerspruches ist darin zu suchen, daß die Fettkügelchen gewöhnlich nicht einzeln aufsteigen, sondern zu recht großen Haufen sich zusammenballen, welche den Reibungswiderstand des

Plasmas viel leichter überwinden. Hiervon kann man sich durch mikroskopische Untersuchung leicht überzeugen, wenn man nur acht gibt, daß die sehr lose Verbindung der Fettkügelchen nicht bei der Probenahme zerstört wird.

Diese Haufenbildung wird jetzt ziemlich allgemein als die Ursache der schnellen Rahmbildung angesehen. Sehr genaue und umfangreiche Messungen über die Geschwindigkeit einzelner Fettkügelchen und ganzer Haufen verschiedener Größe unter ganz gleichen Bedingungen verdanken wir Troy und Sharp (1928). Tabelle 1 zeigt Auszüge aus diesen Bestimmungen. Aus der Geschwindigkeit der Haufen berechnen diese Verfasser, daß die Haufen zu etwa 50% aus Fett bestehen, daß sie also ziemlich lose zusammengefügt sein müssen.

Tabelle 1

Auftriebsgeschwindigkeit von einzelnen Fettkügelchen und von Fetthäufchen

(Direkte mikroskopische Messungen)

Einzelkügelchen				Häufchen		
Durchmesser	Geschwindigkeit in mm je Stunde		Anzahl der Messungen	Durchmesser	Geschwindigkeit in mm je Stunde	Anzahl der Messungen
	gemessen	berechnet			gemessen	
1,8 μ	0,55	0,44	6	9—10 μ	8,0	3
2,0 μ	0,67	0,54	1	11—12 μ	11,5	4
2,25 μ	0,85	0,70	19	14—15 μ	15,9	4
2,4 μ	0,97	0,78	4	16—17 μ	19,3	6
2,7 μ	1,13	0,99	34	22—24 μ	36,0	5
3,2 μ	1,26	1,38	16	26—28 μ	49,7	11
3,6 μ	2,04	1,76	21	30—32 μ	64,0	9
4,5 μ	2,70	2,74	8	38—40 μ	141	15
5,4 μ	3,9	4,0	10	47—50 μ	155	8
6,3 μ	4,4	5,3	5	60—65 μ	263	16
7,2 μ	6,6	7,0	23	70—75 μ	341	17
8,2 μ	9,7	9,1	5	85—90 μ	419	9
10,8 μ	19,3	15,9	18	95—100 μ	665	11
12,6 μ	27,6	21,6	14	110—120 μ	791	9
14,4 μ	29,8	28,3	11	130—140 μ	1238	5
16,2 μ	38,8	35,8	5	150—160 μ	1331	7
18,0 μ	41,1	44,1	6	170—180 μ	1255	7
19,8 μ	49,7	53,3	2	200—220 μ	1228	6
21,6 μ	66,0	63,7	3	240—260 μ	2880	2
27,0 μ	124	99,5	4	280—300 μ	1893	3
30,6 μ	119	127	1	380—400 μ	2445	3
36,0 μ	174	177	3	475—500 μ	3840	2
41,0 μ	242	229	2	750—800 μ	5600	3

Schon im Jahre 1889 beobachtete Babcock die Bildung von Haufen bei den Fettkügelchen der Milch und er sah darin eine Beschwerung der Fettkügelchen, die der Aufrahmung hinderlich sei. 1896 sah derselbe Verfasser, daß die Viskosität des Rahmes von der Menge der Haufen abhing, und daß die Haufen durch Erhitzen zerstört wurden und der Rahm infolgedessen dünnflüssiger wurde; 1903 wiesen Woll, Babcock und Russell und 1916 auch Hammer darauf hin, daß die Aufrahmung der Milch durch die Haufenbildung beeinflußt wird.

Beim Erhitzen der Milch über 65° werden die Haufen zerstört, die Fettkügelchen liegen wieder alle einzeln, vermutlich weil der Hüllenstoff bei hoher

Temperatur seine Klebekraft verliert (Abb. 1). Sie sind gezwungen, ihren Weg einzeln aufzusteigen und dazu brauchen sie annähernd so viel Zeit, als sich nach der STOKESschen Formel berechnet. RAHN (1921a) konnte zwischen der Steiggeschwindigkeit gleich großer Fettkügelchen in roher und gekochter Milch keinen Unterschied finden, trotzdem die Aufrahmung große Unterschiede zeigte. Für die alte Annahme, daß die Fettkügelchen in erhitzter Milch durch geronnenes Albumin beschwert werden, hat niemals jemand einen experimentellen Beweis zu bringen versucht. FLEISCHMANN (1876, S. 283) schreibt: „Jedenfalls kommt das in der Milch enthaltene Eiweiß durch Kochen zum Gerinnen und es setzt sich dabei an die Gefäßwandungen an oder hüllt die Fettkügelchen teils einzeln, teils zu mehreren ein.“ Diese Albuminkoagulation um die Fettkügelchen herum haben TROY und SHARP (1928) sehr einfach dadurch widerlegt, daß sie berechnen, wieviel Albumin nötig sein würde, um das Fett genügend zu beschweren. Die Milch müßte hierzu 1,8% Albumin enthalten.

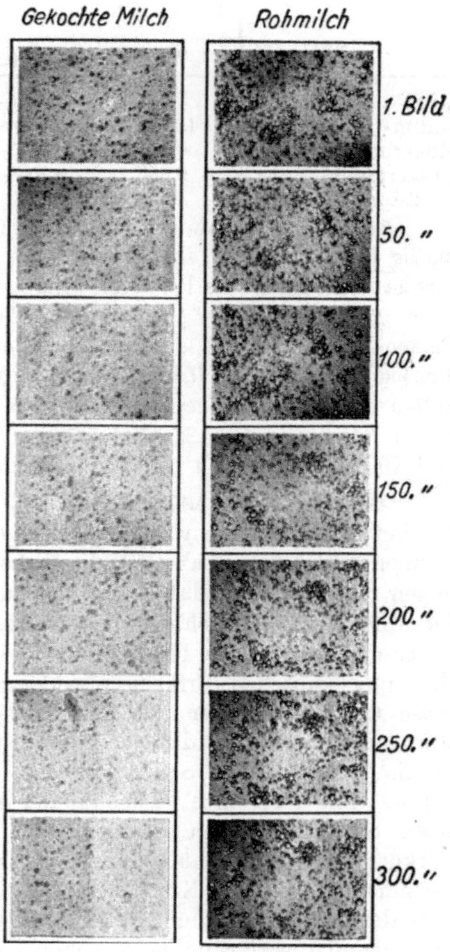

Abb. 1. Aufrahmung der Milch bei 200facher Vergrößerung. Filmaufnahmen von O. RAHN, von denen jedes 50. Bild hier wiedergegeben ist, um den Unterschied in der Haufenbildung zwischen gekochter und roher Milch zu zeigen

Die Intensität der Haufenbildung, welche für den Ausrahmungsgrad bestimmend ist, hängt von irgendeinem Milchbestandteil ab, den wir nur sehr unvollständig kennen. Nach RAHN (1921 a) ist es ein Eiweißstoff oder doch ein stickstoffhaltiger Körper, der die Hüllen der Fettkügelchen bildet und dessen Mengen mit der Rasse, der Fütterung und dem Laktationsstadium der Milch schwanken. Die Anreicherung eines stickstoffhaltigen Körpers wurde schon von SIEDEL (1902), HÖFT (1907), und VAN DAM und SIRKS (1922) gezeigt. Dieser Stoff ist von BABCOCK als Fibrin angesprochen worden und später teils aus Rahm, teils aus Butter von STORCH (1897), VOELTZ (1904), ABDERHALDEN und VOELTZ (1907) und auch von HATTORI (1925) hergestellt und untersucht worden; die Ergebnisse sind recht widersprechend. Trotzdem die Existenz dieses Stoffes als verschieden von Albumin und Kasein wohl als feststehend angenommen werden darf, ist seine Natur noch ganz unklar. Nach den Untersuchungen von W. VAN DAM, von E. HEKMA und H. A. SIRKS, wie ferner von E. BROUWER und E. HEKMA dürfte dieser Stoff globulinartigen Charakter haben; die letzteren Autoren halten ihn für identisch mit Euglobulin. SIRKS (1924) zeigte, daß eine Agglutination infolge elektrischer Ladung der Fettkügelchen nicht in Frage kommt.

Neuere Untersuchungen bringen wieder das Lezithin in den Vordergrund, das schon von Dornic und Daire (1910) als Hüllenstoff angesprochen wurde. Chapman (1928) gibt die folgenden Zahlen für den Lezithingehalt (Phosphor im Ätherextrakt × 7,27):

Tabelle 1a. Lezithingehalt in Milch

	Fettgehalt	Lezithingehalt		Lezithin im Fett
	%	Grenzen	Mittel	%
Milch	3,848	0,0345—0,0709	0,0447	1,6
Rahm	45,70	0,1824—0,2155	0,1981	0,43
Magermilch	0,153	0,0082—0,0290	0,0165	10,78
Buttermilch	0,643	0,1036—0,1480	0,1302	20,25

Der Lezithingehalt im Fett zeigt deutlich, daß das Lezithin nicht gleichmäßig im Fett gelöst, sondern teils im Plasma, teils an der Fettoberfläche adsorbiert sein muß. Es läßt sich schätzen, daß in Milch, Rahm und Magermilch etwa 0,065 g Lezithin je 1 m^2 Fettoberfläche adsorbiert sind, während das Plasma rund 0,0122% enthält. Bei der Buttermilch enthält das Plasma aber 9mal so viel Lezithin, 0,11%. Dornic und Daire nehmen an, daß die Lezithinhüllen der Fettkügelchen beim Buttern teilweise abgestreift werden. 200 g des obigen Rahms mit 45% Fett würden rund 100 g Butter mit 0,27 g Lezithin und 100 g Buttermilch mit 0,13 g Lezithin geben.

Palmer und Anderson (1926) glauben nicht, daß die Zusammenballung der Fettkügelchen ein wirklich wichtiger Faktor bei der Rahmbildung ist; sie glauben vielmehr, daß alles auf die Viskosität der Milch ankommt. Ihre Versuche zeigen recht deutlich, daß tatsächlich mit steigender Viskosität die Aufrahmung der Milch nicht schlechter, sondern besser wird. Aber sie begnügen sich mit dieser experimentellen Feststellung und versuchen keine Erklärung, wie dieses aller physikalischen Erfahrung widersprechende Phänomen zustande kommt. Diese Tatsache ist aber nicht ohne Zusammenhang mit der Klumpungstheorie. Man muß annehmen, daß der Hüllenstoff der Fettkügelchen recht zähflüssig ist, da ja eine dünne Schicht genügt, um die Kügelchen zusammenkleben zu lassen. Eine vermehrte Viskosität der Milch kann also recht gut eine Zunahme dieses Stoffes bedeuten. Eine Vermehrung dieses Stoffes wird aber eine Verstärkung der Eiweißhüllen der Fettkügelchen und dadurch ein stärkeres Zusammenkleben der Kügelchen, also größere Haufen bedingen, und so tritt trotz des größeren Reibungswiderstandes des Plasmas eine bessere Rahmbildung ein. Dieselbe Erklärung haben schon Rahn (1921 a) sowie van Dam und Sirks (1922) gegeben, als sie beobachteten, daß der Zusatz von Gelatine, Gummiarabikum und Tragant die Aufrahmung stark beschleunigten, während Zucker zwar die Zähflüssigkeit erhöhte, aber die Aufrahmung verlangsamte (Tabelle 2). Es ist also nicht die Erhöhung der Zähflüssigkeit an sich, die solche Verbesserung der Aufrahmung hervorbringt, sondern nur solche Stoffe wirken beschleunigend, die kolloidaler Natur sind und an den Außenflächen der Fettkügelchen adsorbiert werden. Rahn hat auch durch chemische Analyse nachgewiesen, daß die der Milch zugesetzte Gelatine sich im Rahm anreichert. Selbst gekochte Milch, welche ja fast nur Einzelkügelchen enthält, kann durch Zusatz solcher klebriger Stoffe wieder zu normaler Aufrahmung gebracht werden. Übrigens bestreitet Sirks (1927 b), daß ein Parallelismus zwischen Aufrahmung und Viskosität besteht, wenn man nur die wirkliche Viskosität und nicht die Plastizität der Milch mißt.

Tabelle 2. Aufrahmung von Milch mit und ohne Gelatinezusatz

		Rahmmenge von 250 cm³ Milch			
		Rohmilch		Milch 15 Minuten im kochenden Wasserbad erhitzt	
Gelatinezusatz		0	1,5 %	0	1,5 %
Nach ½ Stunden		9 cm³	— cm³	0 cm³	0 cm³
„ 1 „		11 „	— „	0 „	0,5 „
„ 2 „		14 „	30(?) „	0,5 „	2 „
„ 3 „		15 „	34 „	1 „	4 „
„ 4 „		16 „	35 „	1,5 „	6 „
„ 5 „		17 „	35 „	1,5 „	9 „
„ 6 „		18 „	35 „	2 „	10 „
„ 7 „		19 „	35 „	2,5 „	13 „
„ 9 „		21 „	36 „	3 „	17 „
„ 24 „		29 „	39 „	4,5 „	32 „
„ 48 „		27 „	36 „	6 „	28 „
Fettgehalt	Rahm	25,6%	23,1%	39,1%	27,5%
	Magermilch	0,72	0,15	2,5	0,15
Gramm Fett	Rahm	6,90 g	8,20 g	2,35 g	7,70 g
	Magermilch	1,61	0,32	6,10	0,33
Ausrahmungsgrad		78 %	96 %	28 %	96 %

Die alte Ansicht, daß die Aufrahmung von der Größe der Fettkügelchen abhängt, ist deshalb noch nicht falsch. Erst kürzlich hat GUTZEIT (1926) gezeigt, daß bei Kühen derselben Herde unter gleichen Fütterungsbedingungen der Ausrahmungsgrad mit dem mittleren Durchmesser der Fettkügelchen parallel geht. Man darf wohl annehmen, daß die Zusammenballung der Fettkügelchen in diesem Versuch sehr gleichmäßig war. Sobald aber Unregelmäßigkeiten eintreten, sind diese von viel größerer Bedeutung als die verschiedene Größe der Einzelkügelchen, wie ein Blick auf Tabelle 1 lehrt. Bei gekochter Milch, wo alle Zusammenballung aufgehoben ist, ist dagegen der mittlere Durchmesser der Fettkügelchen der ausschlaggebende Faktor. Hier bewegen sich die Fettkügelchen annähernd mit den Geschwindigkeiten, die sich nach der Formel von STOKES ergeben.

Außer der Größe der Fettkügelchen und der Viskosität der Milch kommen noch andere Faktoren in Betracht, welche die Aufrahmung beeinflussen können. Sehr gestört wird die Aufrahmung durch mechanische Bewegung der kalten Milch. Dies ist besonders für die Flaschenmilch wichtig, kommt aber auch für die Butterei in Betracht. Wenn Milch durch längeren Transport oder ähnliche Erschütterungen ihre Aufrahmfähigkeit teilweise verloren hat, kann sie durch Erwärmen über den Schmelzpunkt des Fettes und Abkühlen wieder zu normaler Aufrahmung gebracht werden.

Sehr wichtig ist unter allen Umständen die schnelle und tiefe Kühlung der Milch. Hierin beruht die Leistungsfähigkeit des SWARTZschen Aufrahmungsverfahrens, das dem heute noch in Holland gebräuchlichen Friesischen Verfahren ähnlich ist. Über die eigentliche Ursache dieser Kühlwirkung haben VAN DAM und SIRKS (1922) viele Versuche angestellt, von denen Tabelle 3 einen Auszug darstellt. Es sind dort die Ausrahmungsgrade (Rahmfett in Prozenten der gesamten Milchfettmenge) derselben Milch einmal mit flüssigem Fette, einmal mit festem Fette bei verschiedenen Temperaturen angegeben.

Die beste Ausrahmung sehen wir bei flüssigem Fette, wenn die Milch sehr tief gekühlt wird. Bei 5° C gab die Ausrahmung 20 bis 30% mehr von dem

Tabelle 3. Aufrahmung bei festem und flüssigem Fett

Kuh	Flüssiges Fett				Festes Fett			
	Ausrahmungsgrad bei				Ausrahmungsgrad bei			
	5° C	7° C	12° C	20° C	5° C	7° C	12° C	20° C
Nr. 1	89	—	67	—	57	—	52	—
„ 2	80	–	62	—	0	—	57	—
„ 3	85	—	38	—	53	—	41	—
„ 4	83	—	—	± 8	49	—	—	21
„ 13	—	79	—	± 5	—	41	—	± 8
„ 14	—	87	—	± 8	—	46	—	21
„ 15	—	62	—	± 9	—	48	—	11
„ 16	77	—	43	18	61	—	48	41
„ 17	57	—	30	19	0	—	34	39
„ 18	—	80	—	18	—	47	—	35
„ 19	—	82	—	22	—	50	—	45
„ 20	—	84	—	33	—	60	—	—
„ 22	69	—	47	33	0	—	48	43
„ 23	—	78	—	30	—	47	—	42
„ 24	—	73	—	38	—	56	—	54

± bedeutet eine wegen der geringen Rahmmengen nur angenäherte Zahl.

Milchfett im Rahm als bei 12° C. Auch bei festem Fette war die Aufrahmung bei tiefer Temperatur besser, aber der Unterschied betrug nur 5 bis 10%. Daher ist der Ausrahmungsgrad bei flüssigem Fett um rund 30% besser als bei Milch mit festem Fette, wenn bei 5 bis 7° C verglichen wird; vergleicht man aber bei 12° C, so ist der Unterschied gering, und bei 20° C ist die Ausrahmung bei festem Fette sogar besser als bei flüssigem, aber es wird kaum jemals auch nur die Hälfte des Milchfettes im Rahm erhalten.

Die nächstliegende Erklärung hierfür schien van Dam und Sirks in der Kristallisationswärme des flüssigen Fettes zu liegen; das erstarrende Fett strahlt Wärme aus und beeinflußt dadurch die unmittelbare Umgebung günstig für den Aufstieg. Außerdem wird auch ein Unterschied in der Haufenbildung erwähnt, und es ist möglich, daß dieser Unterschied der ausschlaggebende ist, denn das Kristallisieren des Fettes kann nur sehr geringe Wärmemengen an die Umgebung abgeben, auch dauert dieser Vorgang nicht so lange, daß er auf mehrere Stunden hinaus die Aufrahmung beeinflussen könnte. Aber Sirks (1927 a) zeigte, daß auch künstliche Emulsionen besser aufrahmen, wenn das Fett im Erstarren begriffen ist. — Ähnliche Ergebnisse erhielten Whittaker, Archibald, Shere und Clement (1925) für die Aufrahmung von Flaschenmilch, ohne jedoch eine Erklärung hierfür geben zu können.

Von anderen Erklärungsversuchen der Aufrahmung sei zunächst die alte Erklärung von Fleischmann (1876, S. 244) erwähnt. „Sobald die Milch zur Ruhe kommt, beginnen alle Fettkügelchen, sofern ihr Auftrieb noch die Bewegungswiderstände zu überwinden vermag, langsam in die Höhe zu steigen. Der ganze Schwarm der Fettkügelchen, der allmählich ein immer dichterer wird, schließt eine Menge derjenigen Kügelchen in sich ein, die für sich allein und ohne Anstoß der größeren Kügelchen die Rahmschicht niemals erreicht hätten. Da die größeren den kleineren voranzueilen streben, so wird in dem aufsteigenden Schwarm alsbald eine Gruppierung der Fettkügelchen in der Weise eintreten, daß sich oben die ersteren und unten die letzteren in vorwiegender Anzahl finden.“

Etwas weiter hat Bancroft (1926) diese Erklärung auszubauen versucht durch die Annahme, daß die großen Fettkügelchen die kleineren einholen, aber nicht mehr an ihnen vorbei können, daher gemeinsam aufsteigen und infolge ihrer großen Anzahl beim Aufsteigen gewissermaßen ein Netz bilden, in dem alle anderen Fettkügelchen, auch die kleinsten, eingefangen werden und so in den Rahm gelangen, und zwar schneller und vollständiger, als wenn sie aus eigener Kraft aufgestiegen wären.

Beide Erklärungen sind ungenügend, weil sie nicht erklären, warum diese Filterwirkung nicht auch bei erhitzter Milch auftritt, bei welcher die Fettkügelchen denselben Auftrieb haben. Wird aber ein wenn auch nur sehr loses Zusammenkleben der Fettkügelchen angenommen, das beim Kochen der Milch verschwindet, so ist die Siebwirkung verständlich.

Eine auffallende Erscheinung ist das ziemlich plötzliche Auftreten einer scharfen Grenze zwischen Rahm und Magermilch. Die Schärfe der Grenze ist allerdings sehr verschieden. FLEISCHMANN (1920) erklärt die Entstehung dieser Grenze in seinem Lehrbuch folgendermaßen: Alle Fettkügelchen steigen nach oben, die großen schnell, die kleinen langsamer. Im oberen Teile der Milch werden die Fettkügelchen bald so dicht liegen, daß die großen nicht mehr ohne weiteres an den kleineren vorbei können, sie werden sie also nach oben mitschieben. Auf diese Weise entsteht hinter dieser gemeinsam aufsteigenden Masse von Fettkügelchen ein ziemlich fettfreier Raum, so daß eine Grenze sichtbar wird.

Die alten Aufrahmverfahren können wir auf Grund dieser neueren Untersuchungen besser verstehen als die damaligen Wissenschaftler. FLEISCHMANN hat wiederholt gesagt, daß er die gute Wirkung des SWARTZschen Aufrahmverfahrens nicht zu seiner Zufriedenheit erklären könne.

Anwendungen der Schwerkraftaufrahmung

Schon lange vor der Erfindung der Zentrifugen wurde die Butterei in den Nord- und Ostseeländern sehr planmäßig betrieben, besonders auf den großen Gütern. Man war sich im Prinzip klar darüber, daß die Ausrahmung um so schneller und vollständiger vor sich gehen müßte, je flacher die Milchschicht war. Ein schnelles Aufrahmen war natürlich erwünscht, weil man möglichst süßen Rahm gewinnen wollte. Anderseits mußte man die Temperatur niedrig halten, obschon eine Steigerung die Aufrahmung beschleunigt hätte, weil dadurch zugleich auch die Säuerung beschleunigt worden wäre, und man wählte die tiefe Temperatur als das kleinere von zwei Übeln. Die Aufrahmung erfolgte deshalb in einem kühlen Milchkeller, auf dessen Bau und Isolierung viel Sorgfalt gelegt wurde; ohne Eishaus für den Eisvorrat für den Sommer und ohne Milchkeller war keine norddeutsche Milchwirtschaft denkbar. So entwickelte sich das Holsteinische Verfahren, bei dem die Milch in niedrigen Satten nur 4 bis 6 cm hoch stand, und gewöhnlich nach 24 Stunden abgerahmt wurde. In Süddeutschland war in den Gebirgsgegenden auch das Eishaus nicht notwendig, da die Gebirgsbäche genügend kaltes Wasser den ganzen Sommer hindurch lieferten. Eine Verbesserung des Holsteinischen Verfahrens stellt das DESTINONsche und das GUSSANDERsche Verfahren dar, bei welchem die Milch in großen, länglich viereckigen flachen Behältern aufrahmte, die unten mit Wasser gekühlt werden konnten.

In diese Entwicklung brach das SWARTZsche Verfahren mit ganz neuen Grundsätzen hinein. Es bestand darin, daß man in Weißblechbehältern von 30 bis 50 Liter Inhalt die kuhwarme Milch etwa 40 cm hoch auffüllte und die Behälter in Eis packte; nach 12 Stunden schon konnte man abrahmen. Das bedeutete eine Revolution der ganzen Aufrahmungstheorien. Das hohe Aufschütten der Milch, die vergrößerte Zähflüssigkeit der Milch durch die Eiskühlung, die kurze Aufrahmzeit, alles widersprach den Erfahrungen und Theorien. Aber die Empirie siegte über die Theorie, denn das Verfahren gab eine gute Ausbeute, gab einen ganz süßen Rahm, und sparte viel Zeit und Arbeit und Kellerraum, weil man mit viel größeren Einheiten arbeiten konnte. Trotz der großen Viskosität der Milch bei tiefen Temperaturen, trotz der hohen Schicht, die die Fettkügelchen zu durchlaufen hatten, bewährte sich dieses Verfahren und würde alle anderen Verfahren verdrängt haben, wenn es nicht selbst bald durch die Zentrifugalentrahmung überholt worden wäre. FLEISCHMANN gibt allerdings an, daß das Holsteinische Verfahren in 36 Stunden im großen Durchschnitt 84% alles Milchfettes in den Rahm brachte, während das SWARTZsche Verfahren in 12 Stunden nur etwa 74% des Milchfettes sammelte.

Beim Holsteinischen Verfahren war es wichtig, daß die Milch möglichst kuhwarm noch in die Satten kam, und bei den großen Gütern, die nur ihre eigene Milch verarbeiteten, war dies auch leicht durchzuführen. Für das SWARTZsche Verfahren galt dieselbe Regel. Als aber die Käsereien in Holland dieses Verfahren einführten, ließ sich dies nicht mehr durchführen, da die Milch oft einen langen Weg von der Melkstelle bis zur gemeinschaftlichen Käserei zurückzulegen hatte. Man wußte sich aber bald zu helfen, indem man die Milch in der Molkerei vor dem Aufstellen auf etwa 40° C anwärmte. Dadurch wird das Fett in den flüssigen Zustand gebracht, und die Aufrahmung verläuft alsdann viel vollständiger, wie in Tabelle 3 gezeigt wurde. Diese Abänderung des SWARTZschen Verfahrens ist allgemein als das „Friesische Aufrahmverfahren" bekannt. Es wird auch heute noch in manchen Käsereien Hollands angewendet. Genaue Durchschnittswerte über die Leistungsfähigkeit dieses Verfahrens konnten in der Literatur nicht gefunden werden.

Ein neues Mittel zur Beschleunigung der Aufrahmung durch Schwerkraft hat neuerdings RAHN (1928) vorgeschlagen. Er setzt in den Milchbehälter, in dem die Aufrahmung vor sich gehen soll, schräggestellte Querwände ein, die einen Abstand von nur etwa ½ bis 1 cm haben. Die Fettkügelchen und -häufchen steigen auf, bis sie eine Querwand treffen. Dies wird für alle Punkte der Querwände ziemlich gleichzeitig eintreffen, und recht bald ist in jeder dieser dünnen Milchschichten das Fett von der Magermilch getrennt. Es ist also hier die Milch in viele Schichten von ½ bis 1 cm geteilt worden, und in solch dünnen Schichten muß die Aufrahmung natürlich sehr wenig Zeit beanspruchen. Die Fettkügelchen gleiten nun gemeinsam an der schrägen Wand entlang aufwärts, gegenseitig sich schiebend und so gemeinsam den Widerstand leichter überwindend, während die schwerere Magermilch nach unten sinkt. Ein Vergleich der Aufrahmung in einem kleinen Versuchsbehälter von 1 Liter Inhalt mit und ohne Querwänden ergab folgende Unterschiede:

Tabelle 4.
Beschleunigung der Aufrahmung durch schräge Querwände

	Rohmilch		Dauererhitzte Milch	
	ohne Einsätze	mit Einsätzen	ohne Einsätze	mit Einsätzen
Rahmschicht	8,5 % Fett	12,0 % Fett	5,0 % Fett	8,5 % Fett
Mittelschicht	2,1 % „	1,0 % „	2,8 % „	1,85 % „
Unterschicht	1,4 % „	0,15 % „	1,65 % „	0,9 % „

Dieser Versuch war auf 24 Stunden ausgedehnt worden. Bei vierstündiger Aufrahmung zeigte die Unterschicht mit Einsatz 0,6 bis 1,3%, ohne Einsatz

1,4 bis 2,7% Fett. Die Aufrahmung wird also durch die Querwände etwa verdoppelt, und durch geeignetere Versuchsanordnung, z. B. Anwärmung der Milch auf 40° C und Einstellen in Eiswasser, wird die Nutzwirkung vielleicht noch besser werden. — Vor der Erfindung der Zentrifuge wäre diese Beobachtung wahrscheinlich von großer Bedeutung gewesen.

Theorie der Zentrifugalentrahmung

Die Zentrifugalentrahmung beruht auf der Erfahrung, daß durch die Schleuderkraft größere Wirkungen erzielt werden können als durch die Schwerkraft. Es ist möglich, die Geschwindigkeit eines einzelnen Kügelchens in der Zentrifuge nach der schon vorher verwendeten STOKESschen Formel (S. 1) zu berechnen, wenn wir nur anstatt der Schwerkraftbeschleunigung 981 die Schleuderkraftbeschleunigung setzen. Die Geschwindigkeit eines Kügelchens ist also

$$v = \frac{2}{9}\left(\frac{2\pi}{60}\right)^2 R\,U^2\,(D - d)\,\frac{r^2}{z},$$

wo R der Abstand des Kügelchens vom Drehpunkt, also der Radiusvektor, und U die Umdrehungsgeschwindigkeit ist.

Bei einer Zentrifuge von 3000 Litern Stundenleistung, 12 cm Radiusvektor und 6000 Umgängen je Minute ist die Geschwindigkeit für ein Fettkügelchen bei 3 μ Durchmesser 0,15 cm, bei 6 μ 0,6 cm je Sekunde. Da die Milch in diesem Fall etwa 3,6 Sekunden in der Zentrifuge bleibt, machen die Fettkügelchen in dieser Zeit nur einen Weg von 0,54 bzw. 2,1 cm. Das genügt nicht, um sie in den Rahm gelangen zu lassen, denn die Höhe der Milchschicht ist mindestens 5 cm. Haufenbildung kommt nicht in Frage, da diese bei der großen Strömungsgeschwindigkeit der Milch auseinandergerissen werden. Die unerwartet gute Aufrahmung findet ihre Erklärung in den Tellereinsätzen (RAHN, 1924 b). Dieselben verkürzen den Weg, den die Fettkügelchen zurückzulegen haben, auf etwa 0,5 mm. Sobald ein Fettkügelchen durch die Zentrifugalbeschleunigung die Wand des Tellereinsatzes erreicht hat, wird es mit den anderen Fettkügelchen, die ebenfalls dorthin geschleudert wurden, seinen Weg nach der Mitte gemeinsam machen, und die weitere Bewegung ist ein gegenseitiges Schieben mit vereinten Kräften, noch dazu in der Strömungsrichtung der Milch, so daß man sich die ganze Fettkügelchenschicht in ziemlich gleichmäßiger, schneller Bewegung nach innen denken muß.

Genaue vergleichende Messungen der Fettkügelchengrößen in Milch, Rahm und Magermilch (RAHN, 1925 b) haben ergeben, daß die Kügelchen unter 1 μ Durchmesser gar nicht, die von 1 bis 2 μ nicht nennenswert, die von 2 bis 3 μ dagegen schon zu etwa 90% in den Rahm gehen, wenn die Milch in einer Kraftzentrifuge von 2500 Litern Stundenleistung entrahmt wird. Außerdem findet auch eine geringe Klumpung statt. Man findet also im Zentrifugenrahm größere Fettkügelchen als in Milch. Beim Buttern bleiben wiederum die kleineren und kleinsten Fettkügelchen in der Buttermilch (siehe S. 42 bis 44), so daß die Fettkügelchen, aus denen die Butter zusammengesetzt ist, selbst bei Milch von Niederungsvieh einen mittleren Durchmesser von wenigstens 5 μ haben. In Magermilch kommen Kügelchen über 3 μ selten vor.

Leistungsfähigkeit der Zentrifugen

Die Leistungsfähigkeit der Zentrifuge ist gegeben durch die Geschwindigkeit der Fettkügelchen, die aus der obigen Formel hervorgeht, durch die Dauer der Einwirkung der Zentrifugalkraft und durch den Weg, den die Fettkügelchen zurückzulegen haben. Dieser Weg ist, wie wir eben sahen, gleich dem Abstand der Teller, und dieser ist praktisch in allen Zentrifugen gleich. Nachdem die Wand des Tellers einmal erreicht ist, ist die Geschwindigkeit der gemeinsam sich bewegenden Kügelchen soviel größer, daß sie gegenüber dem ersten Teil der Bewegung vernachlässigt werden kann. Die obige Formel zeigt, daß die Geschwindigkeit der Fettkügelchen nicht nur von den Eigenschaften der Zentrifuge, sondern auch von den Eigenschaften der Milch abhängig ist. Nur die ersteren sollten bei einer Leistungsprüfung der Zentrifuge in Betracht kommen, und die Milcheigenschaften sollten ausgeschaltet sein dadurch, daß man stets die gleiche Milch benutzt. Dies ist natürlich praktisch undurchführbar. In der folgenden Besprechung sollen zunächst die Zentrifugeneigenschaften besprochen werden und darauf die Milcheigenschaften. Die beiden Eigenschaften der Zentrifuge in der Formel sind: U die Umdrehungsgeschwindigkeit und R der Trommelhalbmesser. Es kommt aber noch ein anderes Moment hinzu, das in der Formel nicht vorkommt, nämlich die Dauer der Einwirkung der Schleuderkraft oder, mit anderen Worten, die Zeit, während welcher die Milch in der Zentrifuge ist.

1. Die Geschwindigkeit der Fettkügelchen steigt proportional dem Trommeldurchmesser; sie steigt aber mit dem Quadrat der Umdrehungsgeschwindigkeit. Daher ist die ganze Entwicklung des Zentrifugenbaues dahin gegangen, nicht die Größe der Zentrifugen oder deren Trommeldurchmesser, sondern die Geschwindigkeit zu vergrößern. Wie wichtig eine normale Geschwindigkeit ist, zeigt die folgende Berechnung von RAHN und SHARP (1928, S. 73): Nehmen wir an, daß eine mittlere Zentrifuge mit 6000 Umdrehungen in der Minute ihre Normalleistung erfüllt. Das einzelne Fettkügelchen von 6 μ Durchmesser habe in dieser Zentrifuge die Geschwindigkeit von 6,0 cm in der Sekunde. Wird die Umdrehungszahl auf 7000 erhöht, so steigt die Geschwindigkeit des Fettkügelchens auf 8,2 cm, bei 8000 Umdrehungen gar auf 10,7 cm. Eine Steigerung um 17 oder 33 % der Umdrehungszahl bewirkt also eine Zunahme der Geschwindigkeit des Fettkügelchens um 36 und 78 %. Läuft die Zentrifuge zu langsam, so ist der Abfall der Geschwindigkeit entsprechend; bei 5000 Umgängen würde sie auf 4,2 cm, bei 4000 Umgängen auf 2,7 cm, also auf weniger als die Hälfte sinken. Eine normale Entrahmung ist also nur bei normaler Geschwindigkeit der Zentrifuge denkbar.

Nach der Formel sollte sich die Entrahmungsschärfe nicht ändern, wenn der Radiusvektor, also der Trommeldurchmesser, verkleinert, aber die Geschwindigkeit der Zentrifuge entsprechend so vergrößert wird, daß der Ausdruck $R\,U^2$ konstant bleibt. Die Entrahmung sollte also genau die gleiche sein bei zwei Zentrifugen, von denen die eine einen Radiusvektor von 12 cm, also einen Trommeldurchmesser von etwa 26 cm, mit 6000 Umdrehungen je Minute, die andere einen Radiusvektor von nur 3 cm, also einen Trommeldurchmesser von etwa 8 cm, aber eine Geschwindigkeit von 12000 Umgängen hat. In beiden Fällen ist $R\,U^2 = 432000000$. Eine Zentrifuge von den letzteren Dimensionen ist tatsächlich gebaut worden und sowohl als Handzentrifuge wie als Kraftzentrifuge in Amerika in Betrieb, es ist die Tubularzentrifuge von SHARPLES.

2. Alle obigen Berechnungen sind unter der Annahme gemacht worden, daß die Zeitdauer, während welcher die Milch der Zentrifugalkraft ausgesetzt ist, stets die gleiche bleibt. Dies ist nur dann möglich, wenn die Stundenleistung und auch der Trommelinhalt sich gleich bleiben. Wenn der Trommeldurchmesser so sehr verkürzt wird wie in dem obigen Beispiel, dann muß die Trommel sehr viel länger werden, um den gleichen Inhalt zu haben. Bleiben wir bei dem obigen

Beispiel; der innere Trommeldurchmesser wird von zweimal 12 cm auf zweimal 3 cm verkleinert; dann muß die Trommel bei dem geringen Durchmesser um das sechzehnfache verlängert werden, um denselben Inhalt zu haben. Die Trommel wird dadurch röhrenförmig, und daher hat auch die Tubularzentrifuge ihren Namen erhalten.

Einen Begriff von der Auswirkung der richtigen und falschen Umdrehungszeiten gibt die folgende Tabelle von Hunziker (1920) für eine Handzentrifuge.

Die Tabelle 5 teilt mit der folgenden desselben Verfassers über den Einfluß der Stundenleistung den Nachteil, daß die Fettgehalte der Magermilch nach dem Verfahren von Babcock zu niedrige Werte geben. Sie sind also nur untereinander, aber nicht mit den deutschen Zahlen vergleichbar.

In der andern Tabelle, Nr. 6, wurde die Stundenleistung geändert. Eine geringe Steigerung der Stundenleistung erhöht den Fettgehalt der Magermilch sehr und verringert den Fettgehalt des Rahmes. Umgekehrt wird bei zu langsamem Milcheinlauf der Rahm sehr fettreich und die Menge entsprechend kleiner, während die Magermilch sehr fettarm wird.

Tabelle 5. Umdrehungszahl der Zentrifuge und Entrahmungsschärfe

Versuch Nr.	Fettgehalt von Rahm und Magermilch bei							
	10—15 Umdrehungen zu viel		Normal		10—15 Umdrehungen zu wenig		20—30 Umdrehungen zu wenig	
	Rahm	Magermilch	Rahm	Magermilch	Rahm	Magermilch	Rahm	Magermilch
	Prozent							
1	32	0,02	28	0,08	23	0,095	20	0,135
2	28	0,02	24,5	0,02	21	0,14	18,5	0,38
3	24	0,03	21	0,04	19	0,115	17	0,15
4	32	0,03	29	0,035	26	0,14	22	0,20
5	28	0,03	26	0,03	24	0,15	20	0,34
6	30	0,04	27,5	0,035	24,5	0,16	22	0,37
7	48	0,03	42	0,03	36	0,10	34	0,14
8	32	0,03	28	0,025	25	0,11	23	0,14
9	33	0,02	28	0,02	25	0,105	24	0,18
10	33	0,035	28	0,035	27	0,11	23	0,16
11	32	0,03	28	0,03	27	0,11	25	0,155
12	34	0,03	32	0,03	36	0,13	30	0,19
Mittel..........	32	0,029	28,5	0,029	26	0,12	23	0,21

Tabelle 6. Stundenleistung und Entrahmungsschärfe

Versuch	100 Liter Milch ergaben					
	Stundenleistung der Zentrifuge		Rahm		Magermilch	
			Menge	Fett	Menge	Fett
I	normal	420 Liter	11,00 Liter	mit 37,5 %	89,0 Liter	0,10 %
	zu groß	500 ,,	9,00 ,,	,, 23,5 %	91,0 ,,	0,25 %
	zu klein	260 ,,	5,72 ,,	,, 70,0 %	94,3 ,,	0,02 %
II	normal	420 ,,	10,75 ,,	,, 40,0 %	89,25 ,,	0,05 %
	zu groß	500 ,,	15,5 ,,	,, 26,5 %	84,5 ,,	0,27 %
	zu klein	260 ,,	6,24 ,,	,, 68,0 %	93,7 ,,	0,06 %
III	normal	420 ,,	8,75 ,,	,, 58,5 %	91,25 ,,	0,03 %
	zu groß	500 ,,	9,75 ,,	,, 51,7 %	90,25 ,,	0,05 %
	zu klein	260 ,,	6,84 ,,	,, 71,5 %	93,2 ,,	0,04 %

Damit ist der Einfluß der Eigenschaften der Zentrifuge auf die Entrahmungsschärfe erledigt und es müssen nunmehr der Einfluß der Eigenschaften der Milch auf die Entrahmung erörtert werden. Nach der Formel auf Seite 9 für die Geschwindigkeit der Fettkügelchen in der Zentrifuge sind dies D und d, die spezifischen Gewichte von Magermilch und Fett, die Zähflüssigkeit des Plasmas z und der Durchmesser der Fettkügelchen $2r$.

3. Die Leistungsfähigkeit der Zentrifugen steigt mit dem Quadrat des Durchmessers der Fettkügelchen. Bis vor kurzem war man der Meinung, daß dieser durch die Rasse der Kühe endgültig gegeben und unbeeinflußbar sei, aber auch auf die Zentrifugalentrahmung wenig Einfluß hätte, da ja nur die allerkleinsten Fettkügelchen in der Magermilch zurückblieben. Die Untersuchung von H. Weigmann jun. (1927) über die Feinheit der Fettverteilung in Milch unter verschiedenen Umständen hat hier recht aufklärend gewirkt. Es ist hiernach wahrscheinlich, daß durch planmäßige Züchtung und Fütterung der Durchmesser der Fettkügelchen recht bedeutend vergrößert worden ist. Kraftfuttergaben vergrößern die Fettkügelchen merklich. Ganz deutlich geht aus der Arbeit hervor, daß bei verschiedenen Rassen die Menge der kleinsten Fettkügelchen recht verschieden ist. Als Beispiele seien aus den vielen Untersuchungen vier typische Rassen herausgegriffen:

Tabelle 7. Die Fettverteilung bei verschiedenen Rinderrassen

Durchmesser der Fettkügelchen	Das Fett in 100 g Milch verteilt sich wie folgt:			
	Elbmarschvieh	Shorthorn	Schwarzbunte Holsteiner	Oberschwäbisches Fleckvieh
	Prozent			
unter 2 μ	0,04	0,06	0,08	0,02
2—3 μ	0,15	0,28	0,36	0,15
3—6 μ	1,27	2,16	2,22	2,62
über 6 μ	1,92	0,91	0,47	1,11
Summe	3,38	3,41	3,13	3,90

Es ist ganz selbstverständlich, daß diese verschiedene Fettverteilung ihren Einfluß auf die Entrahmung ausüben muß. Wir können sogar den Fettgehalt der Magermilch bei normaler Entrahmung durch eine Kraftzentrifuge mittlerer Leistung mit ziemlicher Sicherheit vorausberechnen. Wir wenden hierbei die schon erwähnte Beobachtung von Rahn an, daß alle Fettkügelchen unter 2 μ und etwa 10% der Fettkügelchen von 2 bis 3 μ in der Magermilch bleiben. Hiernach würden sich die Fettgehalte der Magermilchen der obigen Durchschnittsmilchproben der vier Rinderrassen zu 0,055, 0,09, 0,12 und 0,035 berechnen. Die Milch von Holsteiner Kühen wird demnach bei der Entrahmung etwa viermal so viel Fett in der Magermilch zurücklassen als die mit derselben Zentrifuge entrahmte Milch von Schwäbischem Fleckvieh. Da außer der Rasse auch Laktation und Fütterung (Stallfütterung und Weidegang) die Größe der Fettkügelchen beeinflussen, so ist bei Zentrifugenprüfungen darauf zu achten, da sonst Ungerechtigkeiten ungewollt unterlaufen könnten.

4. Nach der Formel ist die Geschwindigkeit der Fettkügelchen abhängig von der Differenz der Dichte von Magermilch und Fett. Die Dichte der Magermilch schwankt in ziemlich engen Grenzen, die Dichte des Fettes hat einen etwas weiteren Spielraum, wie Köster (1926), Rahn (1926) und andere gezeigt haben. Beide Grenzen sind so eng, daß auch der Unterschied der beiden Dichten die Geschwindigkeit nicht sehr stark verändern wird. Aber der Einfluß der Tempe-

ratur ist hier sehr wichtig, wie SHARP (1928) kürzlich zeigte. Die Dichte der beiden Stoffe ändert sich nämlich nicht gleichmäßig mit der Temperatur und daher nimmt die Differenz bis zu etwa 35° ziemlich schnell zu, während sie oberhalb dieser Temperatur nur noch sehr langsam steigt. Dieser Unterschied ist natürlich durch das Schmelzen des Fettes hervorgerufen, und nachdem einmal alles Fett bei 35° geschmolzen ist, sind weitere große Änderungen in der Dichte nicht mehr zu erwarten. Über den Ausdehnungskoeffizienten des Fettes siehe auch die Arbeiten VAN DAMS (S. 23 u. 24).

5. Nach derselben Formel ist die Geschwindigkeit der Fettkügelchen umgekehrt proportional der Zähflüssigkeit des Plasmas. Diese Zähflüssigkeit ist bei verschiedenen Milchproben nicht konstant und kann zwischen ziemlich weiten Grenzen schwanken; PALMER und ANDERSON (1926) haben eine größere Anzahl Milchproben auf die Zähflüssigkeit des Plasmas untersucht. Sie ist bis zu einem gewissen Grad abhängig von der Laktation der Kühe und von ihrer Fütterung, ganz besonders aber von der Temperatur. Die Milch wird mit steigender Temperatur dünnflüssiger; die Verringerung der Viskosität ist aber nicht proportional dem Temperaturanstieg, sondern bei tiefen Temperaturen ist die Verringerung der Viskosität sehr groß, bei hohen Temperaturen verhältnismäßig gering. SHARP (1928) hat aus den Veränderungen der Dichten von Fett und Plasma und aus den Viskositätsänderungen durch die Temperatur die Faktoren für die Geschwindigkeit der Fettkügelchen berechnet, und es zeigte sich, daß die Geschwindigkeit des einzelnen Kügelchens durch die Erwärmung von 10° auf 20° fast verdoppelt wird, bei Erwärmung von 20° auf 40° tritt wiederum eine Verdoppelung der Geschwindigkeit ein; für die nächste Verdoppelung muß die Milch dann schon auf mehr als 80° erhitzt werden. Die Praxis hat schon lange herausgefunden, daß eine Erwärmung der Milch bis auf 40° sehr die Entrahmung begünstigt, während eine noch höhere Erwärmung mit nur geringem Nutzen verbunden ist. Dies zeigt auch die folgende Tabelle, welche dem Verfasser von dem Bergedorfer Eisenwerk liebenswürdigerweise zur Verfügung gestellt wurde.

6. Außer diesen bereits aufgezählten Eigenschaften der Zentrifugen und der Milch sind noch zwei weitere zu erwähnen. Einmal wird mit der Verkleinerung des Tellerabstandes in der Zentrifuge die Entrahmungsschärfe verbessert; dies hat aber eine praktische Grenze durch die Viskosität der Milch und diese Grenze ist wahrscheinlich schon erreicht. Sodann wird man vielleicht nach dem Einfluß der Zusammenballung der Fettkügelchen auf die Zentrifugalentrahmung fragen. Dieser Einfluß ist so gut wie Null, denn in der Zentrifuge strömt die Milch mit einer derartigen Geschwindigkeit, daß alle Haufen auseinandergerissen werden, denn das Zusammenkleben ist doch nur ein recht lockeres. Der beste Beweis für die Bedeutungslosigkeit der Haufenbildung bei der Zentrifugalentrahmung ist der Umstand, daß die Entrahmung bei 70°, wo alle Haufenbildung aufhört, vollständiger ist als bei niedrigeren Temperaturen (siehe Tabelle 8).

Tabelle 8. Entrahmungsschärfe und Entrahmungstemperatur

Stundenleistung	Mittel aus 5 Versuchen		
	Entrahmungstemperatur	Rahmprozente	Fettgehalt (Röse-Gottlieb)
3072 Liter	30°	10,8	0,0700 %
3042 „	40°	10,1	0,0620 „
3030 „	50°	9,9	0,0580 „
3040 „	60°	10,2	0,0542 „
3050 „	70°	10,3	0,0535 „

Die maschinentechnische Seite der Zentrifugen ist an anderer Stelle (siehe Lichtenberger X 4) behandelt; es bleibt hier nur noch wenig zu sagen. Die Einstellung des Fettgehaltes bei der Entrahmung ist eine der noch am wenigsten bearbeiteten Fragen. Eine einfache Lösung dieser Frage ist nicht zu erwarten, denn der Fettgehalt des Rahmes wird von vielen Faktoren abhängen. Unter diesen ist der wichtigste das Verhältnis von Rahm zu Magermilch, das man gewöhnlich in „Rahmprozenten" ausdrückt, das heißt, das Rahmvolumen wird in Prozenten des Milchvolumens angegeben. Der Magermilchauslauf der Zentrifuge ist unveränderlich. Der Rahm läuft dagegen durch eine kleine Schraube, die mehr oder weniger tief in das Rahmauslaufloch hineingeschraubt werden kann und dadurch das Rahmniveau in der Trommel ändert und das Verhältnis des auslaufenden Rahmes variiert. Aber auch von der Viskosität und vom Fettgehalt der Milch sowie von der Geschwindigkeit der Zentrifuge ist dies Verhältnis abhängig, so daß man nicht mit Sicherheit von einer bestimmten Einstellung der Rahmschraube auf einen bestimmten Fettgehalt rechnen kann. Außer der Rahmschraube gibt es noch andere Möglichkeiten, um den Fettgehalt des Rahmes zu variieren, z. B. die Veränderung der Stundenleistung oder die Änderung der Geschwindigkeit der Zentrifuge (Tabellen 5 und 6).

Die beste Zentrifuge

Man darf bei der modernen Kraftzentrifuge den Durchschnittsfettgehalt der Magermilch nicht höher als 0,1% annehmen; bei optimalen Bedingungen ist er erheblich niedriger, und es ist berichtet worden, daß er bis unter 0,05% gehen kann. Wenn der Fettgehalt bei einer mittleren Kraftzentrifuge über 0,1% steigt, ist wahrscheinlich irgendeiner der Faktoren, welche die Ausrahmung beeinflussen, nicht normal gewesen oder an der Zentrifuge selbst ist etwas aus der Ordnung gekommen.

Die Leistungsfähigkeit der Zentrifugen kann durch höhere Umdrehungsgeschwindigkeit noch gesteigert werden. Es gibt aber theoretische Grenzen. Die Superzentrifuge von Sharples mit 40000 Umdrehungen, welche in Laboratorien benutzt wird, hat eine derartig starke Wirkung, daß nicht nur das Fett nach innen, sondern auch das Kasein nach außen geht und anstatt Magermilch Serum aus der Zentrifuge läuft. Diese Leistungsfähigkeit ist unerwünscht groß für Molkereizwecke. Es scheint auch recht fraglich, ob eine weitere Steigerung der Leistungsfähigkeit für die Praxis Zweck hat. Wenn die Entrahmungsschärfe so weit gesteigert werden könnte, daß anstatt 0,1% im Mittel nur 0,05% Fett in der Magermilch zurückbleiben würden, dann würde der Fachmann beim Entrahmen von 1000 Litern Milch 500 g Fett mehr im Rahm sammeln können. Aber diese 500 g Fett bestehen aus Fettkügelchen unter 3 μ Durchmesser, wie wir aus den obigen Ausführungen über die Entrahmung entnehmen können. Diese kleinen Fettkügelchen gehen aber nur zum Teil in die Butter, wie Tabelle 15, Seite 46, zeigt. Von den 500 g Fett, die durch schärfere Entrahmung mehr gewonnen würden, ist also weit weniger als ein Pfund Butter zu erwarten. Es ist unwahrscheinlich, daß ein besonderer Aufwand an Kraft oder Konstruktionskosten sich lohnen würden, um diese geringe Steigerung im Buttererertrag zu erzielen.

Ein wichtiger Faktor für die Auswahl der besten Zentrifuge ist die Reinigungsmöglichkeit. Die Teller müssen bei allen Zentrifugen gleich nach dem Zentrifugieren auseinandergenommen und einzeln gereinigt werden. Das ist umständlich, aber ebenso unvermeidlich wie das Auseinandernehmen aller Rohrleitungen in der Molkerei, wenn ein einwandfreies Produkt erwartet wird.

Sodann spielt die Schaumbildung eine ziemliche Rolle. Für die verschiedenen Betriebe ist die Bedeutung der Schaumbildung nicht gleich groß, aber in jedem Betrieb kann eine übermäßige Schaumbildung störend auf die weitere Verarbeitung wirken.

Entscheidend werden wohl immer die rein maschinentechnischen Momente sein, die Leichtigkeit des Antriebes, der Kraftverbrauch, die Zuverlässigkeit und Dauerhaftigkeit der Zentrifuge usw. Diese sind im II. Band, 1. Teil, Abschnitt IV, 1, behandelt.

Zentrifugenrahm

Der Zentrifugenrahm ist von einer sehr verschiedenen Zähflüssigkeit; fast immer ist er viel dünnflüssiger als ein durch Schwerkraft gewonnener Rahm gleichen Fettgehaltes. Die Versuche von DAHLBERG und HENING (1925) haben uns in die Lage versetzt, die Viskosität des Rahmes einigermaßen zu regeln. Wird die Milch sofort nach dem Melken entrahmt, so ist der Rahm dünnflüssig und wird auch bei längerem Stehen nicht viel dicker. Läßt man die Milch dagegen vor dem Zentrifugieren etwa 15 Stunden tiefgekühlt stehen, und entrahmt etwa bei 30°, so erhält man einen Rahm, dessen Viskosität das Drei- bis Zwölffache des sofort gewonnenen Rahmes beträgt, und dieser Rahm wird bei längerer Tiefkühlung nochmals seine Viskosität verdoppeln und verdreifachen.

Wird roher Rahm pasteurisiert, so wird er recht dünnflüssig. Läßt man aber die pasteurisierte, dauererhitzte Milch nach sofortiger Tiefkühlung mehrere Stunden, möglichst über Nacht, tiefgekühlt stehen, so wird beim Entrahmen ein recht zähflüssiger Rahm entstehen, der zwar die Zähflüssigkeit des rohen Rahms nicht erreicht, aber doch die allen gewöhnlich pasteurisierten Rahms weit übertrifft. Die Unterschiede in der Viskosität kommen lediglich daher, daß die Fettkügelchen sich zu mehr oder weniger großen Haufen zusammenballen, so daß unter anderem ein ganzes Netzwerk von Fett entsteht und der Rahm schon mehr als ein fester plastischer Körper angesprochen werden kann.

Für das Buttern ist solch zähflüssiger Rahm nicht erwünscht, da er an den Wänden des Butterfasses klebt und sich nicht bearbeiten läßt. Dagegen wird für Schlagsahne ein steifer Rahm verlangt, obschon der Fachmann weiß, daß man aus der Viskosität des Rahmes keine Schlüsse auf seine Schlagfähigkeit machen darf.

Der Fettgehalt des Zentrifugenrahmes ist beliebig einstellbar, während der Schwerkraftrahm eine obere und eine untere Grenze hat. Läßt man Milch im Glaszylinder stehen, um die Aufrahmung zu beobachten, so sieht man nach 1 bis 4 Stunden eine ziemlich große Rahmschicht, die gewöhnlich noch einige Zeit zunimmt, dann aber sich nicht mehr vergrößert, ja manchmal sogar wieder abnimmt (siehe z. B. Tabelle 2, S. 5). Dies rührt von dem langsamen Zusammenschieben der Fetthäufchen her. TROY und SHARP (1928) haben aus der Auftriebsgeschwindigkeit der Häufchen berechnet, daß sie etwa zur Hälfte aus Fett bestehen. Diese Häufchen sperren sich nun gegeneinander, wenn sie an der Oberfläche ankommen und zwischen den Häufchen sind recht große Zwischenräume frei von Fett. Bei längerem Stehen schiebt sich das unter dem Druck des Auftriebs stehende Fett allmählich noch mehr zusammen. Dadurch entsteht bei sehr hoher Fettschicht obenauf ein recht konzentrierter Rahm. MCINERNEY und SHARP (1930) konnten zeigen, daß der Fettgehalt der Rahmschicht nach unten hin abnimmt, und in der obersten Schicht bis zu 28% und selbst 29,5% betragen kann.

Der Fettgehalt des Rahmes beträgt in den ersten Stunden des Aufrahmens etwa 20% und steigt bei längerem Stehen auf 25% und auch auf 30% und mehr, je nach der Zeit und der Art der Haufenbildung. Sehr viel konzentrierter ist der Schwerkraftrahm erhitzter Milch; RAHN (1921 a) fand als Mittelwert von 6 Versuchen 32,2% Fett im Rahm von gekochter Milch gegenüber 26,8% bei Rohmilch.

Beim Zentrifugieren werden alle Häufchen zerrissen, und der Fettgehalt kann ziemlich beliebig gesteigert werden. Die theoretische Grenze ohne Deformierung der Fettkügelchen ist 74,04%. TROY und SHARP erreichten bei sehr vorsichtigem Arbeiten mit erhitzter Milch stets dieselbe Grenze von 71,9%. Hieraus berechneten sie, daß die Fettkügelchen eine Hülle von etwa 0,019 μ haben müssen.

Für die Praxis wird je nach Bedarf Rahm von 10 bis 15% Fett (Kaffeerahm), 20 bis 25% Fett (Butterungsrahm), 25 bis 35% (Schlagrahm) und für Versandzwecke unter Umständen auch Rahm bis zu 60% Fett hergestellt, der dann mit Magermilch wieder verdünnt werden kann.

Schaumbildung

Während des Zentrifugierens gelangt Luft in die Milch, die Magermilch und den Rahm, und besonders bei der Magermilch zeigt sich dies in einem mehr oder weniger starken Schäumen. Die Ansichten darüber, wie die Luft in die Milch gelangt, sind recht verschieden. Es ist aber nicht sehr wahrscheinlich, daß die Luft bereits beim Einlauf der Milch in die Zentrifuge mitgerissen wird, denn Luftbläschen sind soviel leichter als Fettkügelchen, daß sie sofort herausgeschleudert werden würden, ehe sie Zeit hätten, sich bei dem starken Druck, der auf der geschleuderten Flüssigkeit lastet, in der Milch zu lösen. Die wahrscheinlichste Erklärung ist wohl die, daß die Magermilch, welche mit großer Geschwindigkeit die Zentrifuge verläßt, beim Aufprallen gegen den Auffangteller in feinste Teilchen zersplittert wird, die dann Luftteilchen einschließen. Die so mitgeführten Luftbläschen geben unter Umständen einen sehr beständigen Schaum. RAHN (1924 a) zeigte, daß das spezifische Gewicht einer zentrifugierten und pasteurisierten Magermilch noch eine Stunde nach dem Zentrifugieren unternormal war; durch Evakuieren konnte die Luft herausgeholt werden, mit dem Ergebnis, daß die Milch alsdann 0,9 Spindelgrade mehr zeigte.

Kolloidlösungen geben gewöhnlich ziemlich beständige Schäume. Die Beständigkeit eines Schaumes beruht im wesentlichen darin, daß irgendein Stoff, der die Oberflächenspannung der Flüssigkeit erniedrigt, sich an der Oberfläche, das heißt also an den Wänden der Schaumbläschen anreichert und hier ganz dünne Schichten von konzentrierterem Kolloid bildet. Dadurch werden die Schaumwände gewissermaßen versteift. Es ist nichts Ungewöhnliches, daß diese Adsorptionsschichten in einen halbfesten Zustand übergehen. Dies stimmt auch für den Milchschaum. Auch hier, in dieser eiweißreichen Lösung, geht ein bestimmter Eiweißstoff in die Oberfläche, versteift dadurch die Schaumwände und geht sogar in den Gelzustand über. Schon SIEDEL und HESSE haben 1900 gezeigt, daß im Magermilchschaum eine Anreicherung von Eiweiß stattfindet. Immerhin blieb das Schaumproblem ziemlich spekulativ, bis 1924 HEKMA und BROUWER die Hüllen der Schaumbläschen in der Milch entdeckten. Sie konnten zeigen, daß ein Eiweißstoff um die kleinen Schaumbläschen sich in solchen Mengen herum anreichert, daß er gelatineartig fest wird und dadurch als festes Bläschen sichtbar wird, auch nachdem die Luft allmählich herausdiffundiert ist. Da die luftfreien Hüllen wegen ihres großen Eiweißgehaltes schwerer sind als das Milchplasma, gehen sie beim Zentrifugieren der Milch in den Bodensatz. Sie können bei Milch, welche geschäumt hat, in solchen Mengen auftreten, daß sie die Trommsdorff-Probe vollkommen unmöglich machen. Sie bilden auch den wesentlichsten Bestandteil des Zentrifugenschlammes, in dem man schon lange einen fremden Eiweißstoff vermutete, den man aber in der Milch selbst nicht finden konnte (siehe z. B. GRIMMER und SCHWARZ, 1925).

Die Schaumbildung scheint demnach an einen spezifischen, noch nicht genauer bekannten Eiweißstoff gebunden. Dies gilt aber zunächst nur für niedrige Temperaturen. Es ist von RAHN und SHARP (1928, S. 16) darauf hingewiesen worden, daß manche Schäume, namentlich bei höheren Temperaturen, sich anders verhalten als die bei niederer Temperatur gebildeten. Es ist theoretisch nicht unmöglich, daß bei hohen Temperaturen andere Eiweißstoffe die Schaumlamellen bilden. Auch die Beständigkeit der verschiedenen Schäume ist bei derselben Milch sehr verschieden. Über all diese Unterschiede sind wir noch gar nicht unterrichtet.

Die sehr viel größere Beständigkeit des Magermilchschaumes gegenüber dem Vollmilchschaum ist von VAN DAM (1922) in sehr einfacher und plausibler Weise erklärt worden. Bei ruhigstehendem Schaum fließt die Flüssigkeit zwischen der äußeren und inneren Adsorptionsschicht der Schaumlamelle allmählich nach unten und die Schaumwand wird dadurch immer dünner. Die beiden Adsorptionsschichten kommen einander also immer näher. Wenn nun Fettkügelchen zwischen diesen beiden Schichten sich in der Flüssigkeit befinden, so werden diese schließlich, wenn die Schichten immer näherkommen, fest eingeklemmt werden, denn die Schaumwände können sehr viel dünner werden als der Durchmesser eines Fettkügelchens der Vollmilch. Fließt die Milch zwischen den beiden Adsorptionsschichten nun noch weiter ab, so werden die festgeklemmten Fettkügelchen schließlich Ausbuchtungen dieser Schichten verursachen, auf denen doch die ganze Festigkeit des Systems beruht, und werden dieselben zum Platzen bringen.

Auf diesem Prinzip beruhen die einfachen Mittel des Molkereifachmannes, um den Schaum schnell zum Verschwinden zu bringen. Er gießt auf den Schaum etwas Vollmilch, die am besten tiefgekühlt ist, oder gar Buttermilch, welche noch größere Fettklümpchen hat als Vollmilch.

Die Schaumbildung wird unter Umständen zur Schaumplage. Namentlich die Magermilch schäumt gelegentlich so stark, daß der Molkereibetrieb empfindlich gestört wird, weil für die entwickelten Schaummassen gar keine genügend großen Behälter vorhanden sind. Man hat daher allerlei Apparate zur Bekämpfung der Schaumplage ersonnen. Sie beruhen alle im wesentlichen auf der Anwendung der Zentrifugalkraft; durch Schleudern soll die Flüssigkeit nach außen und die Luft nach der Innenseite gedrängt werden. Auch die schaumdämpfenden Milchpumpen beruhen auf demselben Prinzip. Nun sind aber die Schäume in Milch so außerordentlich verschieden, je nach der Art der Milch, der Temperatur und der Art der Erzeugung, daß es noch nicht gelungen ist, ein Mittel zu finden, das allen Ansprüchen genügt.

Natürlich wäre es noch viel einfacher, wenn man den Schaum gar nicht erst erzeugen würde. Daß dies nicht ganz unmöglich ist, zeigen die Versuche von SIEDEL (1902). SIEDEL butterte Vollmilch kalt etwa eine Stunde lang, ohne daß Butter sich bildete, und fand, daß dann die Magermilch beim Zentrifugieren keinen Schaum mehr bildete. Wenn dies Verfahren auch für die Praxis undurchführbar ist, so zeigt es doch die grundsätzliche Möglichkeit.

Der Zentrifugenschlamm

Beim Zentrifugieren der Milch bildet sich hauptsächlich an der Trommelwand, aber auch an den äußeren Rändern der Einsätze und gelegentlich an anderen Stellen der Zentrifugenschlamm, eine graue, zähe Masse, deren Menge je nach der Beschaffenheit der Milch und der Zentrifuge sehr stark schwankt, aber selten mehr als 0,1% der zentrifugierten Milchmenge beträgt. Es ist sehr wahrscheinlich, daß mit der Leistungsfähigkeit und Entrahmungsschärfe auch die Menge des Zentrifugenschlammes zunehmen muß, doch ist dies bei der großen Verschiedenheit der Milch nur schwer nachzuweisen.

Der Zentrifugenschlamm enthält alle gröberen Verunreinigungen der Milch, soweit sie schwerer sind als das Plasma, so z. B. Haare, Schuppen, Kot, Futterreste, Erde, Einstreu und sehr viele Mikroorganismen. Aber dies sind nur gelegentliche Bestandteile und die Hauptmasse ist Eiweiß. Man hat bis vor kurzem angenommen, daß dieses Eiweiß im wesentlichen Kasein wäre, bis Grimmer und Schwarz (1925) zeigten, daß nur etwa 36% des Eiweißes im Zentrifugenschlamm Kasein sind und daß die übrigen 64% aus einem andern, noch unbekannten Eiweißstoff bestehen. Wie schon bei Besprechung des Milchschaumes erwähnt wurde, ist es wahrscheinlich, daß dieser Eiweißstoff von den festgewordenen Hüllen der Schaumbläschen stammt.

Rahn und Sharp (1928) zeigen, daß durch wiederholtes Zentrifugieren der Milch die Menge des Zentrifugenschlammes zwar etwas geringer wird, aber durchaus nicht gleich Null wird, wie man annehmen sollte, wenn es sich um die einmalige Ausschleuderung von unlöslichen schweren Fremdkörpern handeln würde. Die Tabelle 9 deutet vielmehr an, daß der im Zentrifugenschlamm

Tabelle 9. Gewicht des Zentrifugenschlammes von 10 Litern Magermilch bei wiederholtem Zentrifugieren

	bei 5°	bei 20°	bei 40°	bei 60°
Erstes Zentrifugieren	14 g	14 g	7 g	3 g
Zweites „	12 „	11 „	4 „	3 „
Drittes „	9 „	5 „	4 „	3 „

ausgeschiedene Stoff immer wieder neu gebildet wird, das heißt in der Magermilch aus dem löslichen in den unlöslichen Zustand übergeht. Die geringere Menge bei höheren Temperaturen ist durch eine teilweise Lösung dieses Stoffes am wahrscheinlichsten zu erklären. Die mikroskopische Untersuchung bestätigte vollauf die Annahmen von Hekma und Brouwer.

B. Rahmbehandlung

Wenn der Rahm durch Schwerkraft gewonnen wird, läßt man ihn gewöhnlich so lange stehen, bis er einen bestimmten Säuregrad erreicht hat, ehe man ihn verbuttert. Das Eiswasserverfahren macht allerdings auch die Herstellung von Süßrahmbutter möglich. Pasteurisiert wird solch Rahm fast niemals.

Dagegen wird der Zentrifugenrahm gewöhnlich nicht unmittelbar nach seiner Gewinnung verbuttert, sondern erst noch vorbehandelt, um eine gute Ausbeute und ein gleichmäßiges und haltbares Erzeugnis herzustellen. Die Vorbehandlung besteht gewöhnlich im Pasteurisieren, Kühlen und Reifen. Bei der Bauernbutter fällt das Pasteurisieren fort. Das Säuern ist in manchen Ländern im Rückgang begriffen und die Süßrahmbutter scheint allmählich die Sauerrahmbutter zu verdrängen. Dies darf wohl als ein Beweis angesehen werden, daß die Milchwirtschaft sich die Grundgedanken der Bakteriologie soweit zu eigen gemacht hat, daß sie ein so empfindliches Produkt wie die Süßrahmbutter mit Sicherheit im Großbetrieb herstellen kann. Man buttert auch wohl pasteurisierten Rahm nach der Tiefkühlung mit einem größeren oder kleineren Zusatz von Reinkultur direkt, ohne die Entwicklung der Reifungsorganismen abzuwarten.

Neben dieser ziemlich allgemeinen Vorbehandlung gibt es noch zwei andere Behandlungen, die gelegentlich angewendet werden und in Deutschland glücklicherweise noch zu den selteneren Fällen gerechnet werden müssen, das ist die Neutralisierung und die Entlüftung. Beide Verfahren gehen der Pasteurisierung voraus und sollen daher zuerst erwähnt werden.

Neutralisieren

Das Neutralisieren des Rahmes geschieht entweder mit Kalkmilch oder Soda, manchmal auch mit Magnesia, neuerdings auch in besonderen Maschinen mit Ammoniakgas. Diese Neutralisation ist in Deutschland deshalb kaum je nötig, weil die Molkerei die Milch kauft und den Rahm selbst herstellt. Eine Milch, die noch entrahmt werden kann, ist nicht so sauer, daß der Rahm zum Verbuttern neutralisiert werden müßte. Dieser Zustand ist jedoch äußerst häufig in den Vereinigten Staaten und Kanada, wo die Herstellung von Butter aus Sammelrahm die Regel ist. Wer die Qualität des Rahmes gesehen hat, welche der Farmer dort den Buttereien liefert, wird verstehen, warum die deutschen Molkereien in der Handzentrifuge den größten Feind einer guten Butterqualität sehen. Nach GUTHRIE (1923) wird wenigstens 75% der Butter in den Vereinigten Staaten aus Rahm gemacht, der schon sauer bei der Molkerei ankommt. Ähnlich oder vielleicht infolge der hohen Temperaturen noch schlimmer liegen die Verhältnisse in Argentinien (PUCK, 1928). Es ist daher verständlich, daß HUNZIKER in seinem Lehrbuch der Butterbereitung (1927) nicht weniger als 30 Seiten auf die Beschreibung der Neutralisierung verwendet. Die Neutralisierung wird nach der titrierten Säure berechnet (man würde richtiger die p_H-Zahl nehmen), so daß der Rahm zwischen 9 und 13° S. H. hat. Ein Heruntergehen unter diese Grenze ist gefährlich. Dieser Rahm wird dann pasteurisiert und eventuell noch einmal mit Reinkultur versetzt. HUNZIKER gibt an, daß der durchschnittliche Sammelrahm einer großen Butterei zwischen 50000000 und 500000000 Bakterien in 1 cm^3 enthält.

Rahmlüftung

Die zweite Art außergewöhnlicher Vorbehandlung des Rahmes ist die Lüftung. Schon in der Zentrifuge findet eine gewisse Entlüftung statt, deren Wert von den Fachleuten sehr verschieden angeschlagen wird. Sodann erfolgt eine zweite Lüftung beim Kühlen des pasteurisierten Rahmes auf dem Flächenkühler, der fast überall in der Butterei angewendet wird. Wenn diese beiden Verfahren nicht ausreichen, muß man zu besonderen Entlüftungsvorrichtungen übergehen. Gewöhnlich wird Luft, die vorher ein Luftfilter passiert hat, durch den warmen Rahm durchgepreßt oder durchgesaugt; es gibt auch ein Verfahren, den Rahm ohne Nachströmen von Luft im Vakuum zu entlüften. Diese Verfahren sind da angebracht, wo entweder sehr alter, übersäuerter Rahm geliefert wird oder wo durch zuviel Rüben- oder durch Knoblauch- oder ähnliche abnorme Fütterung die Milch einen sehr unangenehmen und flüchtigen Geschmack erhalten hat. Das Verfahren der Entlüftung hat sich in extremen Fällen sehr gut bewährt; es ist aber auch auf die Gefahr hingewiesen worden, daß mit den schlechten Aromastoffen auch die guten aus dem Rahm herausgeholt werden und daß infolgedessen eine matte Butter entstehen könnte. Jedenfalls liegt die Gefahr einer Oxydation des Fettes und der Geschmacksstoffe nahe, und in Anbetracht der vermehrten Kosten wird das Entlüften des Rahmes für deutsche Verhältnisse nicht als eine regelmäßige Maßnahme zu empfehlen sein, sondern nur als ein Schutzmittel beim Auftreten bestimmter, meistens mit der Fütterung verbundener Geschmacksfehler. Regelmäßige Anwendung ist nur dort angebracht, wo Butter aus sehr altem Sammelrahm hergestellt werden muß. In den Vereinigten Staaten, wo die Entlüftung sehr viel häufiger angewendet werden muß als in Deutschland, hat man bei Butter aus solchem Rahm häufiger ein „Grießigwerden" der Butter beobachtet (siehe Butterfehler).

Pasteurisieren

Das Pasteurisieren des Rahmes hat den Zweck, Bakterien, Hefen und Schimmel, welche den Geschmack der Butter und ihre Haltbarkeit beeinträchtigen können, abzutöten und zu gleicher Zeit auch die Krankheitskeime zu vernichten. Das letztere ist notwendig, da selbst in gesäuertem Rahm und der daraus hergestellten Butter die Erreger des Typhus und der Tuberkulose noch wochenlang am Leben bleiben können (Literatur bei Seelemann, 1926). Für die Buttereipraxis waren wohl nicht in erster Linie hygienische Ziele, sondern vor allem die Abtötung der gewöhnlichen Saprophyten der eigentliche Anlaß zur Rahmpasteurisierung. Wenn auch fast immer der rohe Rahm beim Stehenlassen sauer werden wird, so ist die Art der Säuerung doch sehr verschieden und führt oft zu sehr unangenehmer Geschmacks- und Geruchsentwicklung. Sodann können bei der spontanen Säuerung auch solche Bakterien, Hefen- und Schimmelpilze in die Butter gelangen, die nicht Säure bilden, sondern das Fett zersetzen und dadurch das Ranzigwerden und andere Butterfehler verursachen. Wenn diese Organismen durch richtige Erhitzung abgetötet werden, so ist dadurch eine bessere Haltbarkeit der Butter gewährleistet. In solchem pasteurisierten Rahm wird durch Anwendung von Reinkulturen zur Säuerung eine große Gleichmäßigkeit des Geschmackes erzielt, die für den Absatz von großer Bedeutung ist.

Über das Pasteurisieren im allgemeinen ist bereits in Abschnitt IX, 3b, ausführlich gesprochen worden; hier wäre nur noch das zu erwähnen, was den Rahm speziell angeht. Da ist vor allem beachtenswert, daß der Fachmann den Rahm oft höher erhitzt als die Milch. Ein Grund hierfür besteht sicher darin, daß der Kochgeschmack in der Butter in wenigen Tagen ganz oder doch zum großen Teile verschwindet, während er in der Milch, die bald nach dem Erhitzen getrunken wird, stark bemerkbar wäre. Man könnte also das höhere Erhitzen nur als einen Sicherheitsfaktor auffassen, weil hier nicht, wie bei der Milch, eine praktische Grenze gezogen ist. Es gibt aber eine große Anzahl Fachleute, die der Ansicht sind, daß eine höhere Erhitzung des Rahmes notwendig sei, da die Bakterien im Rahm widerstandsfähiger seien als in Milch.

Daß diese Vermutung nicht unberechtigt ist, zeigen einige Versuche von Brown und Peiser (1916), aus denen hier die folgende Tabelle mitgeteilt werden soll, welche die Tötungstemperaturen bei 10 Minuten langem Erhitzen gibt. Sie zeigt, daß im Durchschnitt die Bakterien in Rahm etwa 8° C mehr ertragen können als in Magermilch.

Das üblichste deutsche Verfahren zur Rahmpasteurisierung ist das Erhitzen im Rührwerkspasteur auf 85 bis 95° C. Die bakteriologische Wirkung ist bisher recht allgemein als befriedigend anerkannt worden. Dagegen wird in den Vereinigten Staaten gewöhnlich die Dauererhitzung vorgezogen. Größere vergleichende deutsche Versuche der beiden Verfahren mit Rahm scheinen nicht veröffentlicht worden zu sein; keines der einschlägigen Lehrbücher gibt zahlenmäßige Belege über die Pasteurisierungswirkung. Daher soll hier amerikanisches Material verwertet werden, obschon die Konstruktion der Maschinen nicht in allen Teilen direkt vergleichbar ist. Tabelle 11 ist aus den umfangreichen Versuchen von HAMMER (1914) entnommen, der die Wirkung der beiden Verfahren auf sehr schlechtem, schon ziemlich saurem Sammelrahm studierte.

Tabelle 10. Tötungstemperatur verschiedener Milchbakterien

	Bei 10 Minuten langem Erhitzen in							
	Rahm		Vollmilch		Magermilch		Bouillon	
	+	—	+	—	+	—	+	—
Streptococcus lactis Stamm 10211	67°	69°	61°	63°	57°	59°	53°	55°
,, ,, ,, 10212	69°	71°	63°	65°	61°	63°	55°	57°
,, ,, ,, 10213	69°	71°	63°	65°	61°	63°	55°	57°
Bacterium coli	71°	73°	69°	71°	63°	65°	59°	61°
Nicht säuerndes Stäbchen Nr. 16	75°	77°	69°	71°	67°	69°	61°	63°
,, ,, ,, ,, 14a	63°	65°	59°	61°	55°	57°	51°	53°
Bacterium bulgaricum	93°	95°	89°	91°	87°	89°	81°	83°

+ bedeutet noch lebend, — bedeutet tot.

Während die Tabelle 11 zweifellos die kurze Einwirkung höherer Temperaturen als das Wünschenswerteste erscheinen läßt, zeigen die Versuche von HUNZIKER, MILLS und SPITZER (1917) keine großen Unterschiede. Die Tabelle 12 gibt einige dieser Daten umgerechnet, so daß sie mit der Tabelle 11 von HAMMER vergleichbar sind.

Tabelle 11. Keimzahl von saurem Rahm vor und nach dem Pasteurisieren

Säuregrad des Rahmes	Keimzahl vor dem Pasteurisieren	Nach der Erhitzung 20 Minuten auf 63° C		Nach der Schnellerhitzung auf 82° C	
		Keimzahl 1 in cm³	von 100000 Keimen überlebten	Keimzahl in 1 cm³	von 100000 Keimen überlebten
21,6° SH	515000000	255000	50	4400	1
22,8° ,,	265000000	50500	19	3800	1
18,0° ,,	495000000	199000	40	1150	1
21,6° ,,	570000000	59000	10	4800	1
16,8° ,,	820000000	526000	64	17650	2

Tabelle 12. Wirksamkeit der Rahmpasteurisierung

Bei der Erhitzung	Von 100000 Keimen blieben am Leben			
	Bakterien		Hefen und Schimmel	
	Sommer	Winter	Sommer	Winter
63°, 30 Minuten	280	90	220	40
75°, kurz erhitzt	6270	11750	7980	23370
85°, kurz erhitzt	180	1850	840	2830

Es geht natürlich nicht an, die Zahlen der einen oder anderen Tabelle als allein maßgebend anzusehen. Zunächst sind beide Tabellen schon mindestens 10 Jahre alt, und der Bau der Pasteurisierungsvorrichtungen ist seitdem wesentlich verbessert worden. Aus dem hohen Temperaturkoeffizienten des Hitzetodes der Bakterien kann man aber mit Sicherheit voraussagen, daß eine Steigerung der Temperatur eine viel stärkere Wirkung haben wird als eine

Verlängerung der Erhitzung (Rahn, 1925; Sattler, 1928). Unbedingte Voraussetzung ist aber, daß bei der nur sehr kurzen Hocherhitzung wirklich alle Rahmteilchen auf die erwünschte Temperatur gebracht werden.

Neben diesen beiden Verfahren gibt es noch zwei andere Verfahren, die bei der Rahmpasteurisierung gelegentlich angewendet werden. Eines ist die Erhitzung des Rahmes mit Dampf oder Heißwasser auf 63° C im doppelwandigen Behälter oder mit rotierender Heizschlange unter dauerdem Rühren und Abkühlen in demselben Behälter durch Wechsel von Dampf zu kaltem Wasser oder Sole in der Doppelwand oder Kühlschlange. Dies Verfahren scheint wenig für sich zu haben, außer der Vermeidung der Infektionsgefahr beim Kühlen. Dagegen sind aber sehr viele Nachteile aufzuzählen, so die Langsamkeit des Erhitzens und Kühlens, die notwendige starke Bewegung des Rahms während der ganzen Zeit, und auch die starke Beanspruchung der Apparate durch den plötzlichen Wechsel von heiß auf kalt in denselben Rohren. — Das andere Verfahren ist das von Tödt, das zur Milchpasteurisierung benutzt wird und dort schon besprochen wurde (siehe Weigmann X. 2. c. 2.). Größere zahlenmäßige Angaben über die Wirksamkeit dieses Apparates auf Rahm liegen noch nicht vor.

Außer dem bakteriologischen Gesichtspunkte müssen zur Entscheidung über das beste Pasteurisierungsverfahren aber auch noch andere Punkte berücksichtigt werden, unter denen die Ausbutterung wohl der wesentlichste ist. Vergleichende Butterungsversuche mit dauererhitztem Rahm und solchem, der durch einen Rührwerkserhitzer bei hoher Temperatur gegangen ist, zeigten, daß die starke Bewegung im Rührwerkspasteur der Butterung schadet. Zwar ist die Butterungsdauer kürzer, aber es bleibt mehr Fett in der Buttermilch zurück. Dies ist übereinstimmend von Rosengren (1914/15) und von Rahn und Mohr (1924) gefunden. Auf Seite 57 wird noch näher darauf eingegangen werden.

Rogers, Berg, Potteiger und Davis (1913) machen darauf aufmerksam, daß durch das Pasteurisieren nicht nur die Mehrzahl der Bakterien getötet wird, sondern daß auch die Enzyme der Milch inaktiviert werden. Es kommt gelegentlich vor, daß in der Milch eine Lipase, das heißt ein fettspaltendes Enzym in beträchtlicher Menge vorhanden ist, und deren Zerstörung ist sehr wichtig, da sie bestimmt ein schnelles Verderben der Butter bewirken würde. Weniger gefährlich sind eiweißspaltende Enzyme. Die Katalase könnte als Sauerstoffüberträger vielleicht auch schaden.

Rahmkühlung

Nach dem Pasteurisieren wird der Rahm gekühlt. Dies geschieht in Deutschland fast immer mit dem offenen Flächenkühler, manchmal mit dem verdeckten Flächenkühler, teilweise mit dem Doppelröhrenkühler und fast niemals durch Abkühlen der gesamten Rahmmenge in einem Behälter.

Es ist wünschenswert, den Rahm schnell und tief herunterzukühlen, damit das Butterfett noch vor Beginn des Butterns vollkommen erstarrt ist. Die Fehler im Gefüge der Butter, die man in den ersten Entwicklungsjahren der Rahmpasteurisierung mit in den Kauf nehmen mußte, kann man jetzt durch richtige Rahmkühlung vermeiden. Besonders schädlich ist das langsame Herunterkühlen in großen Behältern; dadurch entsteht eine nicht zusammenschließende Butter. Auch tritt hierbei leicht eine starke Rahmklumpung, ein teilweises Ausbuttern ein, das bis zur Entstehung einer öligen Fettschicht an der Oberfläche führen kann. Dieses Fett kristallisiert dann in großen Stücken bei weiterem Kühlen und verursacht ein grießiges Gefüge.

Über das Erstarren des Fettes im Rahm hat namentlich VAN DAM (1915, 1922) sehr gründliche Untersuchungen angestellt. Sein Verfahren besteht in der Messung der Ausdehnung des Fettes bei steigender Temperatur. Hierzu dienen besondere Dilatometer, das heißt kleine Glasgefäße, deren einzige Öffnung in ein langes, in Millimeter geteiltes Kapillarrohr endet. Die Dilatometer werden durch Evakuierung mit dem zu prüfenden Rahm gefüllt, so daß die Oberfläche des Rahmes innerhalb der Skala der Kapillare liegt. Das gefüllte Dilatometer kommt dann in einen Thermostaten, dessen Temperatur sehr langsam gesteigert werden kann. Auf der Skala, die vorher geeicht war, liest man die Ausdehnung des Rahmes ab. Die Ausdehnung der Magermilch war in allen Proben so gleichmäßig, daß sie bei späteren Versuchen gar nicht mehr bestimmt wurde. Dagegen zeigt der Rahm je nach der Art der Kühlung eine sehr verschiedene Ausdehnung. Aus dieser Ausdehnung und der Ausdehnung der Magermilch sowie aus dem Fettgehalt des Rahmes kann man die Ausdehnung des Fettes berechnen, und die von VAN DAM angegebenen Zahlen beziehen sich stets auf 10000 Volumeinheiten.

Einen guten Begriff von dem Grundgedanken VAN DAMS gibt die folgende Tabelle, welche die Ausdehnung von verschieden gekühltem Rahm von 35% Fettgehalt zeigt.

Je tiefer der Rahm gekühlt wurde, um so größer ist die Ausdehnung des Fettes bei den tieferen Temperaturen; man lese nur die Zahlen bei der Erwärmung von 14 auf 16° C von links nach rechts. Von 16° C an verhalten sich die ersten beiden Proben gleich; ihr Fett ist also in dem gleichen physikalischen Zustan Bei 22° C ist auch die dritte Probe den ersten beiden ähnlich. Die letzte Probe stimmt erst oberhalb 30° C einigermaßen mit den anderen. Man darf hieraus

Tabelle 13

Ausdehnung des Fettes in verschieden gekühltem Rahm

Erwärmt von	21 Stunden bei 0°	21 Stunden bei 8—9,3°	21 Stunden bei 10,5—11,7°	21 Stunden bei 14,9—15,5°
10—12°	16,4	11,3	—	—
12—14°	21,3	14,4	12,7	—
14—16°	24,9	18,5	14,7	—
16—18°	18,1	17,9	16,4	11,8
18—20°	19,9	20,6	18,9	13,9
20—22°	19,8	20,9	20,4	16,1
22—25°	23,1	23,8	24,1	21,9
25—28°	21,0	20,7	20,7	19,4
28—31°	20,7	20,4	20,0	18,6
31—34°	19,6	19,7	19,0	18,5
34—37°	—	19.1	19,4	18,6

schließen, daß das Fett in der letzten Probe kaum erstarrt gewesen ist, während es bei den tiefer gekühlten Proben fest wurde, aber in verschiedenem Grade. Der Unterschied zwischen den verschiedenen Graden des Festseins verschwindet aber, wenn verschieden gekühlte Proben auf dieselbe Temperatur erwärmt werden. Aus den vielen Versuchen VAN DAMS geht hervor, daß die Dauer des Kühlens weniger wichtig ist als die Temperatur. Ein Herabgehen der Temperatur um 1 bis 2° C ist wirksamer als die Verlängerung der Kühldauer um viele Stunden. Gerade deshalb ist die Einführung der Kühlmaschinen für die Verbesserung des Gefüges der Butter so wichtig geworden, weil die kritische Temperatur etwas unter 10° C liegt, während das Brunnenwasser, das zum Kühlen gewöhnlich gebraucht wurde, etwas wärmer ist, besonders im Sommer, wo das Fett an sich schon so weich ist. Die theoretische Forderung van Dams, den Rahm vor dem Buttern mindestens 4 Stunden auf 8° C zu kühlen, deckt sich vollkommen mit den Forderungen der Praxis; siehe z. B. das Lehrbuch von Lauterwald (1920).

Ist das Fett im Rahm bei Beginn des Butterns noch nicht fest, so erstarrt es während des Butterns mit dem Ergebnis, daß die Butter schmierig wird.

Die Erfahrungen van Dams werden ergänzt durch die Beobachtung von Rahn und Sharp (1928), daß ein schnell gekühltes Fett sehr hart ist, während ein langsam gekühltes Fett weich wird und weich bleibt, auch wenn es später noch auf tiefere Temperaturen abgekühlt wird. Auch zeigt solches Fett Neigung zur Trennung der festen von den flüssigen Bestandteilen. Was mit dem reinen Fett im großen Maßstabe stattfindet, wird in weniger schroffem Gegensatz auch beim Kühlen des Rahmes sich auswirken. Daher wird es einen Unterschied für das Gefüge der Butter bedeuten, ob der Rahm nach dem Pasteurisieren schnell oder langsam gekühlt wird, ob er sofort unter 8° C gekühlt oder nur auf 12° C gebracht wird.

Es ist ein für die Butterei unglückliches Zusammentreffen, daß das Butterfett im Sommer weicher ist als im Winter. Gerade im Sommer besteht beim Anwärmen des Rahmes auf die richtige Reifungstemperatur die Gefahr, daß das Fett teilweise wieder schmilzt. Dann ist alle frühere Mühe umsonst gewesen, und der Rahm muß von neuem tiefgekühlt werden, wenn eine harte Butter erzielt werden soll. Der Spielraum zwischen der Temperatur, bei welcher die Reifungsorganismen noch wachsen, und der Temperatur, bei welcher das Fett im Sommer schon zu schmelzen beginnt, ist sehr gering, und sorgfältiges Arbeiten ist notwendig, um eine Butter mit gutem Gefüge zu erhalten.

C. Die Rahmreifung

Von

H. Weigmann-Kitzeberg bei Kiel

Unter der „Reifung" von Milch und Rahm für die Zwecke der Verarbeitung, sei es zu Butter oder zu Käse, versteht man eine gewisse Zustandsänderung derselben, welche sie für diesen Zweck geeigneter macht. Diese Zustandsänderung betrifft offenbar in der Hauptsache, wenn nicht ausschließlich, das Kasein. Es ist eine alte Erfahrung und durch die bakteriologische Forschung ursächlich erklärt, daß die süße Milch sich gar nicht und süßer Rahm sich schwerer buttern läßt als saurer Rahm, ebenso, daß die Butterung nicht zustande kommt, wenn durch irgendwelche Umstände im Rahm eine Peptonisierung des Kaseins Platz gegriffen hat. In der Käserei hat man die Erfahrung gemacht, daß die Beschaffenheit des Bruches und die künftige Reifung des Käses mit einem gewissen Reifegrad der Milch im Zusammenhang steht, und man weiß, daß gerade die aus guter süßer Milch bereiteten Weichkäse eine gewisse Reifung der ersteren verlangen, wenn nicht Geschmacksschädigungen oder gar verfehlte Reifung des Käses eintreten soll.

Wie die bakteriologische Forschung gezeigt hat, besteht diese Reifung in nichts anderem als in einem Säuerungsvorgang mit der durch die Bildung von Säure bedingten in geringerem oder stärkerem Grade vor sich gehenden Abtrennung des Kaseins von seiner Bindung mit Kalk, mit anderen Worten seiner Überführung aus dem kolloidalen, in einen Gelzustand. Es ist klar, daß dieser letztere die Verdichtung der Fettkügelchen in den Schaumlamellen erleichtert, wie umgekehrt eine Verstärkung des Kolloidalzustandes ein solches Aneinanderrücken derselben erschwert oder verhindert. Nur eine solche Erklärung kann es verständlich machen, daß zuzeiten bzw. in solchen Fällen, wo das Butterungsgut so stark schäumt, daß es aus dem Butterfaß herausquillt, die Butterung nicht oder nur äußerst schwer und unter stärkster Beeinträchtigung ihrer Beschaffenheit und Qualität zustandekommt, und daß dann ein Zusatz von Säure, Milchsäure oder Salzsäure in entsprechend großer Menge die Butterung ermöglicht.

Bei der früheren Art der Rahmgewinnung, wo, wie beim holsteinischen Aufrahmverfahren, die Milch 24 bis 36 Stunden in flachen Gefäßen und bei einer kühlen Raumtemperatur (12 bis 15° C) sich selbst überlassen blieb, trat diese Reifung vulgo Säuerung langsam ein; sie verlief spontan mit Hilfe der in der Milch vorhandenen Milchsäurebakterien und gestaltete sich um so reiner, in je größerer Zahl diese sich gegenüber den anderen Bakterien vorfanden. Diese spontane Rahmreifung ist viele Jahrzehnte hindurch mit gutem Erfolg durchgeführt worden, wenn gute reine Milch verwendet wurde und das Aufrahmlokal günstig gelegen und luftig und von gleichmäßig kühler Temperatur war und sauber gehalten wurde. Ihr verdankt die sogenannte holsteinische wie noch mehr die normannische Butter ihren guten, ja ausgezeichneten Ruf.

Diese früheren Verfahren der Rahmreifung boten leider nicht immer die genügende Sicherheit, es kam vielmehr recht häufig vor, daß sich allerlei Abweichungen vom normalen Verlauf, hervorgerufen durch Luft- und Wasserbakterien, einstellten, die dann zu allerlei Butterfehlern Veranlassung gaben. Es ist das die Zeit, in der sich die verschiedenerlei Bezeichnungen für die Butterfehler herausbildeten. Um dieser Unsicherheit zu begegnen, kam man auf den Gedanken, die Reifung des Rahms zu unterstützen und damit zu sichern, daß man ihm gesäuerte Milch zusetzte. Diese nannte man in richtiger Erkenntnis ihrer Wirkung „Säurewecker". Als Material dafür benützte man anfangs Vollmilch, dann die von der vorhergehenden Butterung übrigbleibende Buttermilch, schließlich Magermilch. Vollmilch und Magermilch ließ man entweder spontan sauer werden oder man bewirkte die Säuerung rascher und sicherer, indem man ihnen selbst wieder einen Säurewecker, das heißt einen Teil der sauren Milch vom vorhergehenden Tage, zusetzte. Aber auch diese Methode der Herbeiführung der Rahmreife war noch voll von Unsicherheiten; namentlich mußte man die Erfahrung machen, daß bei Benützung von Buttermilch fehlerhafter Geschmack, der sich eben erst schwach oder kaum bemerkbar machte, in der Folge verstärkte und daß Vollmilch einen wenig guten und zuverlässigen Säurewecker abgab, weil der obenauf liegende Rahm leicht talgig oder ranzig wurde.

Reinzuchtsystem

Die günstigen Erfolge, die Christian Hansen mit der Reinzucht von Hefen und ihrer Anwendung in der Brauerei hatte und die die baldige Einführung des Reinzuchtsystems im Brauereigewerbe nach sich zogen, führten auch im milchwirtschaftlichen Gewerbe dazu, die beim Sauerwerden der Milch sich abspielende Milchsäuregärung genauer zu studieren. Nachdem L. Pasteur, J. Lister und Ferd. Hueppe, sodann G. Leichmann und H. Weigmann das Wesen der Milchsäuregärung aufgedeckt und ihre Erreger kennen gelehrt hatten, haben als Erster V. Storch und unabhängig von ihm H. Weigmann Untersuchungen über die Verwertbarkeit der Milchsäurebakterien für die Rahmsäuerung vorgenommen, ersterer in einer sehr ausführlichen Arbeit. Man hatte damals erkannt, daß die Milchsäurebakterie, welche das Sauerwerden und die Gerinnung der Milch, so wie sie sich überall abspielen, nicht das von Hueppe als die allgemeine Milchsäurebakterie hingestellte Bacterium acidi lactici ist, sondern eine mehr in Kokkenform auftretende — wie man später einsah, schon von Lister angegebene Art —, die man zuerst Bacterium Güntheri, dann auf die Anregung von W. Kruse hin Streptococcus lacticus nannte und nunmehr allgemein nach Lister Streptococcus lactis bezeichnet. Storch sowohl wie Weigmann fanden aber beide, daß die Vertreter dieser Art sich in der Erzeugung von Geschmacks- und Geruchsprodukten sehr verschieden verhalten und daß nur einige besonders auszuwählende Stämme für den Zweck der Rahmsäuerung brauchbar sind. Storch hat dies durch den Satz zum Ausdruck gebracht, daß der Geschmack und das Aroma der Butter in erster Linie von der Milchsäurebakterie bestimmt werde, welche die Säuerung bewirkt. Es ist das eine Feststellung, welche heute noch gilt. Storch hat auch schon durch seine ersten Untersuchungen einige Stämme und insbesondere einen Stamm, den er als Nr. 18 bezeichnete und der später von S. Orla-Jensen mit dem Namen Streptococcus cremoris belegt, durch Beschreibung und Bild des näheren charakterisiert worden ist, als für die Rahmsäuerung besonders günstig befunden. (Die gleiche Bakterie hatte H. Weigmann als Milchsäurebakterie Hagenberg beschrieben.)

Die Erfolge, welche in der Praxis der Butterbereitung mit Kulturen von solchen Milchsäurebakterien erzielt wurden, waren überraschend gut. War bis dahin der Verlauf der Säuerung, sowohl in der für die Bereitung eines Säureweckers hingestellten Milch wie im Rahm und im letzteren sogar trotz des Säureweckers, ein recht unsicherer und außerdem die Säuerung eine unreine, so daß sich ein unreiner und oft recht unangenehmer Geschmack und Geruch schon bald nach der Herstellung der Butter und in gesteigertem Maße nach einer oder einigen Wochen bemerkbar machten, so war mit der Anwendung der Kulturen solcher ausgewählter Milchsäurebakterien die Säuerung gesichert und, namentlich in Verbindung mit vorhergegangener möglichster Keimfreimachung des Rahms bzw. der Milch, von reinem Geschmack. Allein schon die mit Hilfe von solchen „Reinkulturen" durchgeführte Säuerung von nicht keimfrei gemachtem Rahm beseitigte manchen in den Meiereien eingenisteten, mit den früheren Hilfsmitteln nicht oder kaum zu bekämpfenden Butterfehler, noch mehr aber war das der Fall, wenn der Rahm vorher durch Pasteurisieren von den in ihm enthaltenen, möglicherweise schädlich wirkenden Bakterien und Pilzen befreit wurde. Dieses Reinzuchtsystem brachte also außerordentliche Fortschritte besserer und aromatischerer und weiter von gleichmäßigerer Qualität, sowie ferner von wesentlich gesteigerter Haltbarkeit. Nachdem es gelungen war, die gröberen Fehler zu beseitigen und den Wohlgeschmack und die Haltbarkeit der Butter im in der Bereitung von Butter, man erzielte Butter sowohl von fehlerfreier wie von allgemeinen zu heben, legte man auch Wert darauf — und es ist dies in der Neuzeit eine besonders stark hervortretende Forderung — eine Butter zu erzeugen, die durch die verschiedenen Jahreszeiten bzw. verschiedenen Bedingungen der Milchproduktion hindurch von gleichbleibendem Charakter und gleichmäßiger Güte und Haltbarkeit ist: eine bestimmte Marke, und zwar eine große Marke, herzustellen, das heißt eine Butter bester Qualität in möglichst großer Menge. Im allgemeinen ist das heute schon erreicht, indem in gewissen Gegenden, so in den nordischen Ländern und in Schleswig-Holstein, auch teilweise schon im Süden Deutschlands, durch die Verwendung von pasteurisiertem Rahm und von Reinkulturen und durch die erziehlich wirkenden Butterprüfungen ein hoher Grad von Gleichmäßigkeit des Produktes erzielt wird. Immerhin kommt sie nicht in allen Gegenden den gesteigerten Anforderungen des Handels nach.

Aromabildung

So groß die Vorzüge des Reinzuchtsystems in der Butterei sind, so hat es doch schon sehr bald nach seiner praktischen Verwertung einen deutlichen Mangel erkennen lassen, den Mangel, daß das Erzeugnis eines kräftigen Aromas entbehrt. Der Butterkaufmann sträubte sich anfangs sehr gegen die Entgegennahme der „pasteurisierten" Butter, weil sie ihm, wie er sagte, nichtssagend, charakterlos war. Da er anderseits ihre Vorzüge, nämlich ihre Reinheit im Geschmack und ihre Haltbarkeit anerkennen mußte, so nahm er den Mangel an kräftigem Geschmack gegen diese Vorzüge in Kauf. Auch von wissenschaftlicher Seite wurde die schwache Seite des Reinkulturensystems eingesehen und zugleich versucht, ihr zu steuern. Wohl trifft es zu, daß der Geschmack und das Aroma der Butter in erster Linie von der Art der Milchsäurebakterie und ihren Eigenschaften bestimmt wird, aber eben nur in erster Linie; der zweite, insbesondere das Aroma kräftiger hervorhebende Faktor fehlt bei der alleinigen Verwendung einer noch so guten Milchsäurebakterie. Dies ist schon sehr bald von H. WEIGMANN wie auch von H. W. CONN betont worden durch den Ausspruch, daß der Säurewecker, wie er durch die spontane Säuerung einer rein gewonnenen guten Milch erzielt werde, dem mit Hilfe der Reinkultur einer vorzüglichen Milchsäurebakterie hergestellten an vollem Aroma und Wohlgeschmack überlegen sei, daß dem letzteren also zu seiner Vervollkommnung etwas fehle. Auch H. P. LUNDE fand das durch vergleichende Versuche bestätigt und ebenso zog J. R. CAMPBELL den „natural starter" oder „home starter" den Reinkulturen vor. Bakteriologische Untersuchungen solcher spontan gesäuerter Milch von bestem Geschmack wie von Butter bester Qualität nach altem System ließen nun erkennen, daß sie nicht allein eine Milchsäurebakterie mit besten Eigenschaften, sondern auch Begleitbakterien enthielten, die ihrer Einwirkung auf Milch nach „Aromawecker" sein konnten. Außerdem ergab sich die Tatsache, daß in Milch und Molkereiprodukten, überhaupt in der Natur, Bakterien und Hefen und selbst Pilze vorkommen, die einen besonderen Wohlgeruch zu erzeugen vermögen, darunter auch Bakterien, welche für gewöhnlich diese Eigenschaft nicht an sich tragen, vielmehr sogar unangenehm riechende und schmeckende Umsetzungen in der Milch und ihren Produkten hervorrufen. WEIGMANN führte diese Erscheinung auf die bekannte Standortsvariabilität der Bakterien zurück.

Als solche Aromaerzeuger sind im Laufe der Jahre folgende Organismen angegeben und zu Versuchen verwendet worden. In erster Linie erhoffte man einen günstigen Einfluß von Milchzucker alkoholisch vergärenden und Ester bildenden Hefen und Bakterien. H. WEIGMANN beschrieb eine solche Bakterie (Bacterium K), L. ADAMETZ und M. WILCKENS eine Torula, und da Kefir eine Alkohol und Ester bildende Torula enthielt, versuchte man einen besonders aromatischen Säurewecker mit Hilfe von Kefirkörnern oder von Mazun zu gewinnen. H. WEIGMANN fand in einer besonders feinen Isigny-Butter Hefen, welche ein blumenartiges Bukett erzeugen. A. E. SANDELIN beschrieb ebenfalls eine Anzahl in der Butter vorkommende Hefen.

Auch unter den der Coligruppe nahestehenden Milchsäurebildnern und unter den Coli- und Aerogenesbakterien selbst gibt es Varietäten mit esterartigen Produkten; so ist der HUEPPEsche Bacillus acidi lactici nicht ohne angenehmem Aroma. WEIGMANN machte Versuche mit einigen Fruchtester erzeugenden Colibakterien und R. REINMANN isolierte aus Butter eine Ester bildende Coliart; ferner steht der Bacillus aromaticus butyri SEWERIN, der ein angenehmes Obstaroma erzeugt, wohl der Coligruppe nahe, ebenso der

Bacillus aromaticus lactis von M. GRIMM und ein Bacillus aromaticus VAN DER LECK.

Ein von BECK beschriebener Micrococcus esterificans, der die Esterbildung sehr lange beibehalten soll, ist dem Staphylococcus pyogenes aureus ähnlich.

Den sogenannten Alkali bildenden Kurzstäbchen gehören an: Bacterium herbicola BURRI und DÜGGELI und Bacterium trifolii HUSS, die vermutlich miteinander identisch sind und einen an frisches Heu oder an Steinklee erinnernden Geruch erzeugen, der Milch aber sehr bald einen bitteren Geschmack geben.

Eine größere Zahl von Fruchtester erzeugenden, eine Art Ananas- oder Erdbeergeruch bildenden Bakterien befindet sich unter den Eiweiß- und Kaseinzersetzern, den sogenannten peptonisierenden oder Kaseasebakterien. Als erste solche wurde der Bazillus Nr. 41 CONN bekannt, der nach den Versuchen CONNS in Winterbutter einen für Grasbutter charakteristischen erfrischenden Geruch und Geschmack erzeugte. Dann fand A. MAASSEN einen sporenbildenden Bazillus, den Bacillus esterificans, der der Milch einen Geruch nach frischen Äpfeln gab. (H. HUSS hat eine nähere Beschreibung davon wie vom Bacterium herbicola und dem Bacterium trifolii gegeben.) Der Gruppe der Fluoreszenten, und zwar der die Gelatine verflüssigenden wie der sie nicht verflüssigenden Form (Bacterium fluorescens und putidum) gehören an: Bacillus esterificans fluorescens MAASSEN, Bacterium fragariae I und II GRUBER, Bacterium fragaroidea HUSS, Bacterium fragi EICHHOLZ, der Bacillus suaveolens A. SCLAVO und B. GOSIO, der Bacillus butyri aromafaciens KEITH und der Bacillus praepollens MAASSEN.

Schließlich finden sich unter der Sammelart Oidium lactis, von denen E. SCHNELL eine größere Anzahl beschrieben hat, Varietäten, die in Butter und in Käse einen angenehmen Geschmack verursachen. Bekannt sind die von P. MAZÉ als besondere Art aufgestellten Varietäten Oidium camenberti. WEIGMANN hat mit einer ähnlichen Varietät ebenfalls bei Butter einen feinen nußkernartigen Geschmack erzeugen können.

Neben dem Suchen nach günstig wirkenden Aromabildnern ging meist auch die Einsicht nebenher, daß man doch noch nicht die richtige Aromabakterie entdeckt habe. An und für sich war das von den meisten gefundenen Erregern erzeugte Aroma kein richtiges Butteraroma. Woraus dies besteht, wußte man nicht — aber man vermutete, daß es aus Fruchtestern wie das Aroma der Aromabakterien bestehen mochte, doch hat es nicht den etwas weichlichen Charakter wie das letztere, sondern ist erfrischend und kräftig. Man konnte aber annehmen, daß das Zusammenwirken mehrerer solcher Organismen das richtige Aroma bewirke, denn bei den meisten von ihnen ist es ziemlich einseitig gerichtet und auch zu stark hervortretend. Jedenfalls war und ist es Voraussetzung, daß die Erreger selbst nur in sehr geringer Menge in dem Säurewecker und im reifenden Rahm enthalten sind. Bei Versuchen, die man unmittelbar nach der Herstellung einer Mischkultur von einer kräftigen Milchsäurebakterie mit einem Aromabildner anstellte, konnte ein solches Verhältnis zur Not eingehalten werden, dagegen nicht mehr, wenn die Mischkultur älter wurde, also dem Gebrauch im praktischen Betriebe dienen sollte. Manche von den Aromabildnern, wie z. B. die Hefen und Oidien, wachsen auf säuerlichem Nährboden, also in Gemeinschaft mit Milchsäurebakterien, sehr gut und treten mit der Zeit zu stark hervor, anderseits verschwinden die eiweißlösenden Aromabakterien nach einiger Zeit ganz, weil sie durch die Säure der ihnen zugesellten Milchsäurebakterien geschwächt und allmählich bei Seite gedrängt werden. Diesem Übelstande des wechselnden gegenseitigen Mengenverhältnisses konnte möglicherweise dadurch begegnet werden, daß man, wie das mit Milchsäurebakterienkulturen schon geschehen war, Trockenkulturen bereitete, die die Mischung der beiden Kategorien im richtigen Verhältnis enthielt, aber auch das gelang nicht in dem erwarteten Maße.

Ein ganz besonderer Übelstand, der sich bei der Mehrzahl der Aromabakterien zeigt, ist der, daß die Aromaproduktion nur eine Nebenerscheinung in ihrer Umsetzungstätigkeit ist, daß sie vielmehr fast durchweg Umsetzungen — sei es am Fett oder an den Eiweißstoffen der Milch — bewirken, die mit wenig angenehmen Geschmacks- und Geruchsprodukten verbunden sind oder doch nach einiger Zeit zur Folge haben. Da diese arteigen sind, stellen sie sich unvermeidlich mehr oder weniger bald ein, entweder schon in dem säuernden Rahm oder später in der Butter, so daß die unangenehmen Geruchs- und Geschmacksprodukte in der fertigen Butter schon in der Anlage vorhanden sind und vorläufig nur verdeckt werden und erst nach einiger Zeit hervortreten, mit anderen Worten, die mit ihnen hergestellte Butter nicht haltbar ist.

Da die Aromaproduktion der aufgeführten Mikroorganismen, wie erwähnt, nicht arteigen, sondern nur eine Folge ihrer Standortsvariabilität ist, so geht sie auch, wenigstens bei der Mehrzahl derselben, bei der Weiterzüchtung namentlich auf den künstlichen Nährböden verloren und die nach langem Suchen oder durch Zufall aufgefundene Art hat ihre wertvolle Eigenschaft eingebüßt. Dem ist in gewissem Grad abzuhelfen, denn H. Weigmann hat an einigen Beispielen gezeigt, daß man den Bakterien die Eigenschaft der Aromaproduktion wieder anzüchten kann, wenn man sie auf geeigneten Nährsubstraten züchtet. Unmöglich aber dürfte es sein, den Bakterien oder Mikroorganismen die ihnen arteigenen Umsetzungen durch entsprechende Umzüchtung ganz abzugewöhnen, so daß sie sich bei der Aussaat und Züchtung in Milch nicht in kürzester Zeit wieder einstellen. Bei anderen Mikroorganismen scheint die Aromaproduktion eine bleibende Eigenschaft zu sein, so bei den Hefen und bei Oidium, und A. Maassen berichtet von seinem Bacillus praepollens, daß er die Esterbildung auch bei der Züchtung auf künstlichen Nährböden durch mehrere Jahre beibehalten habe.

Man muß also nach dem heutigen Stande der Frage doch wohl annehmen, daß diese Kategorie von Aromaerzeugern nicht diejenige ist, welche das charakteristische Butteraroma bewirkt, soweit dieses überhaupt Gärungsprodukt ist und nicht dem Butterfett vermöge seiner chemischen Zusammensetzung und infolge intestinaler Geruchsaufnahme schon von vornherein zu eigen ist. Jedenfalls wird man, soweit ihre Verwendung für die Butterbereitung in der Form von Kulturen in Frage kommt, nicht mit denjenigen rechnen können, welche saures Nährmedium nicht ertragen, also mit Milchsäurebakterien nicht gut in Symbiose leben können. Man müßte denn annehmen, daß die Aromabakterien im allgemeinen nur durch das der Milch und dem Milchfett mitgegebene Aroma wirksam sind. Sicher aber werden auch die säureliebenden und säureertragenden Aromaerreger, so weit sie keine stark hervortretenden fäulnisartigen oder doch unangenehmen Nebenumsetzungen bewirken, wie die Hefen und Oidien, nur in recht geringer Zahl im Säurewecker und im Rahm vorhanden sein dürfen, wenn sie das Aroma des letzteren und der Butter nicht einseitig machen sollen.

Das wirkliche Butteraroma

In neuerer Zeit hat man nun andere Aromabakterien gefunden, welche aromatische Stoffe in wesentlich geringerem Grade und von anderem Charakter erzeugen wie die bisher erwähnten; ihr Aroma ist milder und zarter und ihre Erreger gehören selbst zu den Milchsäurebakterien. Sie sind zuerst von F. W. J. Boekhout und J. J. Ott de Vries aufgefunden, als diese Autoren ihr Augenmerk auf die in guten Säureweckern sich vorfindenden Milchsäurebakterien mit sehr geringer Säurebildung richteten. Wenn man eine Anzahl der Kolonien von einer Aussaat eines guten Säureweckers auf Molkengelatine in Milch überimpft, so findet man unter ihnen solche, die wohl etwas säuern, die Milch aber nicht verändern, ihr auch kein Aroma erteilen; wenn man diese Milchkultur jedoch mit einer Milchsäurebakterie impft, so entwickeln beide zusammen nach mehreren Tagen den für einen guten spontan sauer gewordenen Säurewecker charakteristischen Geruch. Nach den Autoren findet man die wirklichen Aromaerreger am besten dadurch heraus, daß man diejenigen abgeimpften Milchkulturen, welche nach 5 Tagen bei 21 ° C nicht geronnen sind oder sonst keine Veränderung zeigen, mit einer guten Milchsäurebakterie impft: entwickelt sich dann in der Zeit vom 3. bis zum 5. Tage nach dieser Impfung ein zunehmend kräftiges saures Aroma, so enthielt die ursprüngliche Milchkultur die Aromabakterie. Diese tritt in zwei- und etwa viergliedrigen Streptokokken auf, wie eine Milchsäurebakterie. Die Kolonien sind verschieden groß — am größten, wenn sie mit echten Milchsäurebakterien zusammen ausgesät werden — durchschnittlich weniger als 1 mm messend, bald rund, bald unregelmäßig, meist von körnigem Inhalt oder mehr oder weniger opalisierend. Die Bakterien wachsen gut bei 21 bis 25° C, schon weniger gut oder nicht mehr bei 31 ° C; durch 10 Minuten langes Erhitzen in Milch auf 53 bis 57 ° C werden sie abgetötet. Von den bekannteren Zuckerarten vergären sie nur Dextrose, Laktose und Galaktose. Der Milchzucker in der Milch wird durch sie invertiert und die entstandene Dextrose teilweise in Essigsäure und andere flüchtige Säuren umgesetzt. Infolge der Inversion des Milchzuckers nimmt die Milch auch einen süßeren Geschmack an. Die Inversion geht aber nur gut bei 31° C vor sich, bei 20° C unterbleibt sie entweder oder sie ist nur schwach. Nach den Feststellungen der Autoren ist die Aromabildung ein Produkt der Symbiose der sogenannten Aromaerreger mit den Milchsäurebakterien, und zwar indem erstere in der Milch Stoffe bilden, durch deren Umsetzung mit Hilfe der Milchsäurebakterien das Aroma entsteht. Die Autoren vermuten, daß diese Stoffe Umsetzungsprodukte der „ungelösten Eiweißkörper" der Milch sein möchten. Ferner stellen sie fest, daß die Säurebildung durch die Symbiose der beiden Bakterien stark gefördert wird, indem sie in dieser mehr Säure bilden als beide zusammen in Einzelkultur.

Diesen vorbeschriebenen ganz verwandte Aromabakterien hat dann V. Storch bei seinen fortgesetzten eingehenden Untersuchungen über die Gewinnung eines guten Säureweckers gefunden. Die Beobachtung, die man bei sauerwerdender Milch immer machen kann, daß sie nämlich im Moment der Gerinnung einen angenehm säuerlichen Geruch besitzt, während die mit der besten Reinkultur einer Milchsäurebakterie gesäuerte pasteurisierte Milch das nicht tut, zwingt zu dem Schluß, daß in der Milch Bakterien oder Mikroorganismen enthalten sein müssen, welche diesen Geruch hervorbringen. Storch hat nun gefunden, daß, wenn er eine sauer gewordene Vollmilch mehrere Tage stehen, also übersäuern läßt, die eigentlichen Milchsäurebakterien so geschwächt werden, daß sie beim Umimpfen in sterilisierte Milch nur noch schwach säuern, und daß in solcher Milch die Aromabakterien in reicherer Zahl enthalten sind, sie also widerstandsfähiger gegen Säure sind wie die Milchsäurebakterien selbst. Er hat sie aus solcher übersäuerter Milch durch Aussaat auf Pepton-Milch-Gelatine herausgezüchtet, indem er nach 10tägiger Aufbewahrung von den Plattenkulturen bei 20° C die kleinsten, teilweise nur mit der Lupe sichtbaren Kolonien abimpfte. Diese haben die gleiche Form wie die von den gewöhnlichen Milchsäurebakterien, sind rund, ganzrandig, weiß und undurchsichtig. Die Bakterien sind länglichrund, nur gleich nach der Teilung kugelrund, etwa von 1 μ Länge und 0,75 μ Breite, also im ganzen etwas kleiner als durchschnittlich die Milchsäurebakterien.

Sie wachsen in Ketten von meist 5 bis 6, öfters auch in solchen mit 12 bis 16 Einzelindividuen, aber auch einzeln und zu zweien. Gramfärbung positiv. Die Stichkultur besteht aus einem dünnen unzusammenhängenden Faden. In Molke (frisch und sauer) lebhaftes Wachstum, wenn auch nicht wie in Milch, und nach längerer Zeit Bodensatz mit überstehender klarer Molke (bei Milchsäurebakterien trüb). Auch in Milch ist ihr Wachstum ein nicht ebenso rasches wie das von Milchsäurebakterien. Ihr Wachstums- und Säuerungsoptimum liegt bei 16 bis 17° C, mit Milchsäurebakterien zusammen aber bei 25° C und auch noch bei 20° C. Sie produzieren wesentlich mehr flüchtige Fettsäuren als die Milchsäurebakterien, insbesondere Ameisen- und auch Essigsäure und nur Spuren von Propion-, Butter-, Valerian- und Isovaleriansäure.

Auch von amerikanischen Forschern sind unter den gleichen Umständen die gleichen oder ähnliche Aromabakterien gefunden worden. B. W. HAMMER und D. E. BAILEY gingen ebenfalls von einem guten Säurewecker aus und fanden 2 Bakterien, die wohl nicht für sich allein, aber zusammen mit Milchsäurebakterien das bekannte Aroma der guten sauren Milch in der Form von flüchtigen Säuren produzieren. Sie nennen sie Strept. citrovorus und Strept. paracitrovorus, weil beide Zitronensäure in flüchtige Säuren umwandeln. Die Beschreibung, die HAMMER von ihnen gibt, stimmt mit derjenigen von BOEKHOUT-OTT DE VRIES und der von STORCH überein, vervollständigt dieselben jedoch in einigen Punkten. Beide Bakterien wachsen gut auf Molken- und auf Fleischwasser-Agar, nicht auf Fleischextrakt-Agar. Die von HAMMER angegebenen Maße sind 0,6 bis 1 μ Länge und Breite und bei Streckung bis 1,1 μ Länge. In Zuckerbouillon oft lange Ketten. Sie sind fakultativ anaerob. Keine oder fast keine Gasbildung, wenigstens nicht in Form von Blasen: Paracitrovorus erzeugt in Peptonmilch etwas mehr Gas. Beide bilden aus Rechtsmilchsäure Linksmilchsäure. Der Unterschied zwischen Str. citrovorus und Str. paracitrovorus liegt darin, daß letzterer bei 37° C wächst und viel Säure und flüchtige Säure bildet, ersterer nicht, ferner daß letzterer überhaupt ein kräftigerer Säurebildner ist: Lackmusmilch wird durch ihn in 1 bis 3 Tagen gerötet, und es tritt in älteren Kulturen sogar zum Teil Gerinnung (zuerst am Boden, später eventuell durch die ganze Flüssigkeit) ein, während Str. citrovorus sie kaum rötet und nicht verändert. Str. paracitrovorus bildet in Milch 0,4 bis 0,75 v. H. Säure auf Milchsäure berechnet. HAMMER hat mit Mischkulturen seiner Aromabakterien und Milchsäurebakterien bessere Butter erzielt als mit den Kulturen jeder Art für sich; erhöht wurde die Qualität noch durch Zusatz von 1 bis 2 v. H. Zitronensäure zum Rahm, indem dadurch die Menge der flüchtigen Säuren wesentlich erhöht wird (sie steigt bis auf 44,4 bis 96,6, im Mittel auf 74 v. H.). Der Autor meint, daß Kulturen der Aromabakterien allein vielleicht bei der Bereitung von Süßrahmbutter Verwendung finden könnten.

In Gemeinschaft mit SHERWOOD hat dann HAMMER gezeigt, daß in lange gereifter Muttersäure sich große Mengen flüchtiger Säure, und zwar von Essigsäure mit etwas Propionsäure befinden; diese stammen teils von Str. lactis her, dessen flüchtige Säure aus Essigsäure und verhältnismäßig viel Propionsäure besteht, teils von Str. citrovorus und paracitrovorus, die zum größten Teil Essigsäure bilden. Eine nochmalige Überprüfung von Str. paracitrovorus durch HAMMER und BAKER zeigt, daß er weder mit FREUDENREICHS Str. B noch mit EVANS Strept. X identisch ist, ferner, daß einige von den untersuchten Stämmen einer halbstündigen Erhitzung auf 65 bis 70° C widerstehen. Von 124 Stämmen bildete nur einer in Milch Schleim; Kapselbildung wurde nicht beobachtet.

S. ORLA-JENSEN rechnet die von den erwähnten Autoren aufgefundenen Aromabakterien zu dem von ihm aufgestellten Milchsäurebakteriengenus der

Betakokken. Diese sind Kapseln und teilweise Schleim bildende Kokken, die auf grünen Pflanzen und auf saftigen Wurzeln vorkommen, bei der Impfung in Milch zuerst schlecht, dann aber besser wachsen, je öfter sie in Milch umgeimpft werden. Ihr Wachstum wird durch Zusätze von Hefeextrakt, peptonisiertem Kasein, Rohrzucker wie auch von zitronensauren Salzen gefördert. Sie widerstehen einer 15 Minuten langen Erhitzung auf 60° C, selten aber einer solchen auf 65° C, wenn sie in Schleim eingehüllt sind jedoch einer solchen von 80 bis 85° C. Ihre Optimaltemperatur ist 30° C, die Maximal- 35 bis 37° C und die Minimaltemperatur 5 bis 7° C. Sie, insbesondere die Schleimbildner, entwickeln bei der Umsetzung der Zuckerarten Gas, in der Hauptsache Kohlensäure und mehr oder weniger Wasserstoff. Die in der Milch am häufigsten vorkommende, weil aus dem Kot der Kühe stammende Art ist Betacoccus bovis. Dieser oder andere Vertreter finden sich, wie auch STORCH und HAMMER versichern, immer in der Milch, wenn auch in geringer Zahl. Die Betakokken bilden auch wenig Säure und diese besteht in der Hauptsache aus Essigsäure und anderen flüchtigen Säuren. Dabei bauen sie Zitronensäure ab unter Bildung von Kohlensäure, doch ist dies keine bleibende Eigenschaft, denn sie verlieren dieselbe, je mehr sie in Reinzucht weitergeführt werden. Bei Zusatz von 10 bis 50% Hefeextrakt zur Milch wird ihre Säureproduktion erheblich gesteigert, und ORLA-JENSEN hat festgestellt, daß die Säure bei den Aromabakterien wie bei den Betakokken Linksmilchsäure ist. Bei der großen Variabilität der Milchsäurebakterien, wie insbesondere auch der Betakokken, hält es ORLA-JENSEN nicht für ganz ausgeschlossen, daß die hier in Frage kommenden Aromabakterien nichts anderes sind als eine geschwächte Form des Str. cremoris.

Während man früher vermutet hatte, daß das Butteraroma seinem chemischen Charakter nach esterartiger Natur sei, haben nunmehr C. B. VAN NIEL, A. J. KLUYVER und H. G. DERX gezeigt, daß zwar die flüchtigen Fettsäuren, insbesondere die Essigsäure, die, wie angegeben, die neuen Aromabakterien in größerer Menge produzieren, am Butteraroma Anteil haben, aber in anderer Form, nämlich in der von Diazetyl oder eines Komplexes von aromatischen Stoffen, in dem das Diazetyl immerhin die Hauptkomponente sein dürfte. Sie fanden nämlich, daß Proben von aromatischer Butter und von guten Säureweckern bei der Destillation mit Ferrichloridlösung Azetylmethylkarbinol abgaben, während Proben ohne Aroma die Karbinolreaktion nicht gaben, und sie stellten ferner, wenn sie für die Destillation größere Mengen, ½ oder 1 kg Butter, verwendeten, auch die Anwesenheit von Diazetyl, das Oxydationsprodukt von Azetylmethylkarbinol, selbst fest. Eine daraufhin vorgenommene Prüfung, ob auch von den beschriebenen Aromabakterien Azetylmethylkarbinol produziert werde, wie das von VAN NIEL z. B. bei Propionsäurebakterien gefunden worden ist und auch von anderen Bakterien erzeugt wird, hatte für Str. cromoris und Str. citrovorus und paracitrovorus ein völlig positives Ergebnis, während in den gleichen Kulturmedium (Hefenwasser — Dextrose — Kreide) Str. lactis, Str. faecium, Str. mastitidis, Str. thermophilus und Betacoccus arabinaceus keine Karbinolreaktion verursachten. Die Frage, wie die Aromabildung bzw. die Bildung von Diazetyl zustande kommt, ob durch Oxydation des von den Bakterien gebildeten Azetylmethylkarbinols, oder ob das Diazetyl direktes Stoffwechselprodukt ist und das Karbinol infolge Reduktion von seiten der anderen vorhandenen Milchsäurebakterien entsteht, ist noch offen. In dieser Beziehung ist nicht ohne Interesse, daß vor den genannten Forschern auch H. SCHMALFUSS und H. BARTHMEYER in Milchkulturen von Milchsäurebakterien das Vorhandensein von Diazetyl nachgewiesen haben, und VAN NIEL, KLUYVER und DERX halten es für notwendig, darauf hinzuweisen, daß Diazetyl zweifellos unter dem Einfluß von Milchsäurebakterien einer biochemischen Hydrierung unter Bildung von Azetylmethylkarbinol oder vielleicht sogar von 2, 3 Butylenglykol unterliegen kann und daß auf diesem Wege sogar ein anfänglich in Butter vorhandenes Aroma wieder verschwinden kann.

Die Bedeutung dieser Entdeckung wird von den holländischen Forschern darin gesehen, daß die Gewinnung einer aromatischen Butter nicht mehr so sehr abhängig ist von der Auswahl der Milchsäurebakterie — welche natürlich einen reinen Geschmack und Geruch erzeugen muß, daß man also bei der Herstellung der Butter sein Augenmerk mehr auf ihre Haltbarmachung (neben reiner Säuerung gutes Auswaschen der Butter) richten solle, „womit dann eine von bewußter Hand des Chemikers geleitete Veredelung des Produktes in Geruchshinsicht verknüpft werden könnte". Die Erfinder haben denn auch im November 1927 ein niederländisches Patent angemeldet. In einer Ausführung im Nederlandsche Weekblad wird neuerlich eine Gebrauchsanweisung angegeben, wonach man das Diazetyl — und zwar etwa 2 g auf die aus 500 Litern pasteurisiertem und mit Reinkultur angesäuertem Rahm gewonnene Butter — mit dem Buttersalz vermischt und mit diesem der Butter einverleibt. VAN NIEL, KLUYVER und DERX fanden bei ihren Untersuchungen ein Mengenverhältnis von 2 bis 4 g Diazetyl auf 1000 kg Butter, entsprechend 0,0002 bis 0,0004%. Ob mit dieser an sich wichtigen oder doch interessanten Entdeckung gerade der Milchwirtschaft ein großer Dienst geleistet ist, möchte der Verfasser in Frage stellen.

Für die Fortzüchtung von Milchsäurebakterien im Laboratorium und auf künstlichem Nährboden in Stichkultur hat sich nach S. H. AYERS und W. T. JOHNSON jun. als am günstigsten Kasein-Fleischwasser-Pepton-Gelatine oder -Agar mit einem Zusatz von Na_2HPO_4, Natriumzitrat und etwas Traubenzucker erwiesen. Die Kulturen sollen sich darin bis zu 4 Monaten lebensfähig erhalten. Für die Fortpflanzung in Milch ist im Auge zu behalten, daß junge, in raschem Wachstum begriffene Zellen die kräftigsten sind, ältere erst eine Verjüngung durchmachen müssen und daher Wachstumsverzögerung verursachen.

STORCH machte nun an seinen Kulturen, sowohl Milchsäure- wie Mischkulturen von diesen und Aromabakterien die allgemein bekannte Erfahrung, daß sie bei der Überführung in den praktischen Betrieb einer Schwächeperiode anheimfallen, die am dritten Tage am stärksten ist, beobachtete aber außerdem, daß die Mischkulturen ihren wertvollen Bestandteil, die Aromabakterien, ganz einbüßen. Versuche, unter welchen Bedingungen sie erhalten bleiben könnten, führten zu dem Ergebnis, daß dies der Fall ist, wenn die Züchtung (sowohl bei der Milchsäurebakterie wie bei der Mischung dieser mit Aromabakterien) nicht in der gewöhnlichen, schon längere Zeit aufbewahrten und daher lufthaltigen, sondern kurz vorher nochmals ausgekochten sterilisierten Milch, also in luftarmer Milch, erfolgt. Bei dieser Art der Züchtung, die am besten in 40 bis 50 cm hohen zylindrischen Gefäßen ausgeführt wird, werden sowohl die Milchsäurebakterien wie die Mischkulturen vor ihrer Schwächung beim Übergang in den praktischen Betrieb bewahrt. Sie werden ausdauernd jedoch erst dann, wenn diese Züchtung einige Zeit, etwa 2 Wochen lang, fortgesetzt wird.

STORCH ist der Meinung, daß, da diese Aromabakterien in jeder guten Milch enthalten sind, jede Meierei ihren Säurewecker, enthaltend Aromabakterien, selbst herstellen könne und daß diese durch Selbstsäuerung erhaltenen Säurewecker kräftiger seien als die im Laboratorium bereiteten. Wer selbst mit der Herstellung und Abgabe von „Reinkulturen" für die Meiereien zu tun gehabt hat, wird STORCH gerade im letzteren Punkte beipflichten, denn bei der bekannten

Erscheinung des Eintrittes eines Schwächezustandes am dritten Tage konnte man wenigstens bei der früheren Unmöglichkeit einer schärferen Unterscheidung der Milchsäurebakterienstämme leicht in Zweifel geraten, ob die in der Meierei aus der Reinkultur hergestellten Säurewecker noch den eingeführten Bakterienstamm enthielten, oder ob er durch einen aus der Meierei stammenden verdrängt worden war. An Hand der von STORCH angegebenen Methode scheint es nun möglich zu sein, einen bestimmten Stamm mit der Sicherheit in den Meiereibetrieb einzuführen, daß er darin auch verbleibt, womit für die Prüfung des Verhaltens der Milchsäurebakterien im praktischen Betrieb überhaupt ein guter Stützpunkt gegeben ist.

Mit der Herstellung des Säureweckers in der Meierei wäre allerdings anderseits wieder eine gewisse Unsicherheit in den Buttereibetrieb gebracht, indem es erfahrungsgemäß recht häufig nicht gelingt, aus einer oder einigen der eingelieferten Milchen einen guten Säurewecker zu bereiten. Ein wesentliches Moment für die Einführung des Reinkulturensystems war es ja, daß man mit ihm in den Buttereibetrieb die so oft vermißte Sicherheit einer normalen Säuerung hineintrug.

Bereitung des aromatischen Säureweckers

Die von STORCH eingeführte Methodik besteht also darin, daß man eine gute reine Milch in hoher Schicht (40 bis 50 cm) bei 25 bis 20° C zur spontanen Säuerung kommen läßt und durch Aufbewahrung bei der gleichen Temperatur während mindestens 5 Tagen der Übersäuerung überläßt. Von der geronnenen Milch werden die unteren Schichten 2 Wochen lang und darüber auf sterilisierte Magermilch die vor dem Gebrauch nochmals aufgekocht wurde, um sie luftfrei zu machen, ebenfalls in hoher Schicht übergeimpft und diese Kultur wieder 5 Tage stehen gelassen, bis die in ihr enthaltenen Milchsäurebakterien die Kraft verloren haben zu säuern oder überhaupt abgestorben sind. Von der letzten übersäuerten Milch wird eine Aussaat auf Pepton-Milch-Gelatine — nach den Angaben von BOEKHOUT und von HAMMER dürfte wohl auch Molkengelatine oder Molkenagar dieselben Dienste tun — gemacht und diese nach 10tägiger Aufbewahrung bei 20° C zur Abimpfung der R e i n z u c h t der A r o m a b a k t e r i e n in 25° warme Milch oder Molke benützt. Z u r B e r e i t u n g d e s a r o m a t i s c h e n S ä u r e w e c k e r s „Aromasäure“ werden ein bewährter Stamm von Milchsäurebakterien (Nr. 18, das heißt Streptoc. cremoris) und die reingezüchtete Aromabakterie im Verhältnis von 9:1 bis 1,2 zusammengegeben und wieder in ausgekochter sterilisierter Milch in hoher Schicht zwei Wochen lang umgeimpft, dieses Mal aber von Tag zu Tag. Die Kultur ist dann versandbereit und soll nunmehr nach STORCH die nötige Haltbarkeit besitzen, das heißt, in der Meierei ohne einer Schwächeperiode zu verfallen säuern und bei sachverständiger Behandlung und Überimpfung auf lange Zeit hinaus gebrauchsfähig erhalten werden können.

In der M e i e r e i erhält man einen selbstbereiteten guten Säurewecker, wenn man gute reine Milch wie oben bei 25 bis 20° C in hoher Schichtung zur Säuerung und Übersäuerung von etwa 2 bis 3 Tagen hinstellt und die unteren Schichten der geronnenen Milch mehrere Male in hochpasteurisierte Magermilch in hoher Schicht überimpft. Wie oben angegeben, ist mit dieser Meiereikultur nicht die Sicherheit gegeben wie mit der Mischreinkultur, da sie infolge ungeeigneten Ausgangsmaterials nicht immer gelingt.

S. ORLA-JENSEN empfiehlt zur Anreicherung und Reinzucht der Aromabakterien der Milch Hefeextrakt oder eines von den eben erwähnten Förderungsmitteln, etwa Zitronensäure, zuzusetzen und sie nach der Aussaat auf Gelatine, welche die gleichen Zusätze erhalten hat, herauszufischen. Mit einem Zusatz von Hefeextrakt zur Muttersäure hat er keine günstigen Erfolge gehabt.

Es wäre zu wünschen, daß die Frage, in welcher Weise, ob durch Zusätze oder durch eine bestimmte Züchtungsmethode, das Wachstum der Aromabakterien begünstigt wird, ohne daß die zur Reifung des Rahmes absolut nötigen Milchsäurebakterien geschwächt werden, einem weiteren energischen Studium unterworfen wird, da die bisherigen Versuche sowohl von STORCH wie von ORLA-JENSEN, wie es scheint, doch noch nicht zu wirklich praktisch verwertbaren Erfolgen geführt haben. Beide neigen der Ansicht zu, daß ein aromatischer Säurewecker allein schon durch die Ein- und Fortführung des Str. cremoris in den Buttereibetrieb erzielt werde, da sich die in jeder Milch vorhandenen Aromabakterien bei der Fortpflanzung des Säureweckers von selbst einstellen. Es ist dies eine Ansicht, die man von Praktikern oft zu hören bekommt, indem sie sagen, daß die fortgepflanzte Reinkultur immer besser, das heißt aromatischer und kräftiger werde, bis sie dann je nach den Umständen früher oder später nachläßt und untauglich wird. Wie schon betont, läßt ein solches Verfahren jedoch die mit der Einführung des Reinzuchtsystems in die Butterei beabsichtigte Sicherheit vermissen, und die oben gemachten Darlegungen beweisen, daß die Wissenschaft noch tiefer in die Biologie der Bakterien eindringen muß, um hier volle Klarheit zu schaffen (siehe Nachtrag).

Eine noch nicht genügend bearbeitete Frage ist ferner die, ob es zweckmäßiger ist, die für die Fortpflanzung des Säureweckers benützte Magermilch einer sehr hohen oder einer nur niedrigen Erhitzung, z. B. der Dauerpasteurisierung, auszusetzen. Bis noch in das neue Jahrhundert herein hat man die Magermilch in einem mit Dampf erhitzten Wasserbad zwei Stunden lang „gekocht"; heute begnügt man sich mit einer ¼- bis ½stündigen, ja noch kürzeren Erhitzung auf 90° C. Zweckmäßiger dürfte eine (doppelseitige) Momenterhitzung auf mindestens 85° C sein, wobei die Milch kaum einen Kochgeschmack erhält und nur wenig an löslichen Eiweißstoffen verliert. In Süddeutschland will man mit der dauerpasteurisierten Magermilch günstige Erfahrungen gemacht haben, und sie sind wohl nicht unbegründet, wenn man erwägt, daß die Milchsäurebakterien, also auch der Str. cremoris, in hocherhitzter, an löslichen Eiweißstoffen arm gewordener Milch schlecht wächst.

Wie schon erwähnt, ist nach STORCH die günstigste Temperatur für die Säuerung im Säurewecker 25 bis mindestens 20° C, denn das Säuerungsoptimum für den Str. cremoris ist 26 bis 28° C. Das für die Aromabakterien liegt niedriger, jedenfalls hat STORCH ermittelt, daß das günstigste Verhältnis für die Zahl der Aromabakterien zu den Milchsäurebakterien (9 bis 11% der letzteren), also der aromatischeste Säurewecker sich herausbildet, wenn die Mischkultur bei 16° C gehalten wird, er hat zugleich aber auch festgestellt, daß die Mischkultur von beiden die meiste Säure bei 25 und auch noch bei 20° C bildet.

Die Beimpfung der erhitzten und auf 25° C gekühlten Magermilch, zu der man früher größere Mengen Reinkultur verwendete, um einer schnellen und reinen Säuerung der Muttersäure und der späteren Säurewecker sicher zu sein, wird nach den neuen Erfahrungen besser mit nur ¼ bis ½ v. H. ausgeführt, weil man jetzt allgemein eine mildere Säuerung liebt und wohl auch, weil unter diesen Verhältnissen der Fortpflanzung des Sauers die Milchsäurebakterien nicht so lange ihrem eigenen Umsetzungsprodukt ausgesetzt sind und deshalb frischer und lebenskräftiger erhalten bleiben.

Daß auch mit den neuen Aromabakterien schlechte Resultate erzielt werden können, zeigen neue Versuche von F. W. J. BOEKHOUT und J. VAN BEYNUM.

Sie erzielten bei 337 Versuchen mit Aromabakterien (in Kombination mit geeigneten Milchsäurebakterien) 65 Fehlresultate und bei 211 Versuchen mit Milchsäurebakterien allein 145 solcher. Die dabei auftretenden Fehler waren zumeist: „unrein" und „sauer" bei den Versuchen mit Aromabakterien, und „unrein", „sauer", „speckig", „fettig", „stark", auch „faulig" bei den Versuchen mit den Milchsäurebakterien. Die Ursache dafür ist nach den genannten Autoren nicht etwa eine Infektion mit anderen Bakterien, sondern eine „fehlerhafte Säuerung". Es wäre notwendig festzustellen, welche Faktoren bei dieser tätig sind; nach den vorliegenden Versuchen scheint es weder die Pasteurisierungsweise des Rahmes noch der Einfluß der Luft oder der Kohlensäure zu sein, obwohl letztere, das heißt die Butterung unter Kohlensäureatmosphäre, weniger gute Resultate ergab wie die übliche Butterungsweise (siehe S. 106).

Die „Reinkulturen" des Handels bestehen seit ihrer Einführung durch STORCH und WEIGMANN aus der Kultur eines oder mehrerer Stämme von Milchsäurebakterien in sterilisierter Magermilch. Die Beobachtung, daß die sterilisierte Milch nicht gerade ein gutes Nährmedium ist, ist hier und da die Veranlassung zur Verwendung von nur dauerpasteurisierter Milch gewesen. Ferner galt es schon immer, wenn auch stillschweigend, als Regel, einem kräftig säuernden Stamm einen schwächer säuernden, aber möglichst aromatischen Stamm beizugesellen, noch bevor man Kenntnis von den Aromabakterien aus der Gattung der Betakokken hatte. Bei der Fortzüchtung der Kulturen im Laboratorium von Milch zu Milch stellte sich mit der Zeit eine Schwächung der Bakterien ein, die vielfach, ja meist mit einem Schleimigwerden verbunden war, und dieses Versagen mit der unangenehmen Begleiterscheinung trat bei der Überführung in den praktischen Betrieb ein, bevor es im Laboratorium wahrgenommen werden konnte. Ebenso versagen die Reinkulturen oft, wenn sie von dem Praktiker wochenlang aufbewahrt werden, um für den Fall einer Verunreinigung des in Benützung befindlichen Säurenweckers einen Vorrat zu haben. Es bestand daher das Bedürfnis nach „Trockenkulturen", dem seitens der Laboratorien Rechnung getragen wurde. Diese waren dann keine Reinkulturen, wenn, wie das anfänglich üblich war, Milchzucker oder Stärke zur Aufsaugung der flüssigen Kultur benützt wurde, ein Material, das nicht ohne Schaden bzw. überhaupt nicht zu sterilisieren war. H. WEIGMANN ließ deshalb durch die Firma Fr. Witte in Rostock i. Meckl Trockenkulturen mit anorganischem, sterilisierbarem Aufsaugungsmaterial in den Handel bringen. Später wurde von anderer Seite die Verwendung von frisch gefällter kolloidaler Kieselsäure vorgeschlagen. Die Trockenkulturen waren, wenn die Trocknung des Aufsaugungsmaterials vorsichtig ausgeführt wurde, längere Zeit wirksam, da, wie WEIGMANN und auch WEHMER feststellte, manche Stämme des Str. lactis mehrere Jahre lang, wenn auch etwas geschwächt, lebensfähig blieben. Immerhin war es notwendig, die Trockenkultur vor der Verwendung durch einige Umimpfungen in Milch in eine flüssige Reinkultur umzuwandeln, schon um die anorganischen Träger der Kultur zu beseitigen wie auch um die Lebens- und Säuerungskraft der Milchsäurebakterie aufzufrischen. In neuester Zeit scheint man die Herstellung von Trockenkulturen wieder aufnehmen zu wollen („Donin").

Vorbehandlung und Säuerung des Rahmes

Es ist eingangs schon erwähnt, daß die Benützung von Reinkulturen schon für die Ansäuerung von unpasteurisiertem Rahm große Vorteile brachte, vor allem da, wo die Säuerung abnormal verlief. Will man eine rein schmeckende und haltbare Butter erzielen, so müssen die im Rahm enthaltenen Bakterien völlig oder doch bis auf wenige durch Erhitzen desselben entfernt werden, weil unter ihnen immer solche sein werden, welche der Säuerung durch ihre Umsetzung der Milchbestandteile einen unreinen Charakter geben. Man ist sich bewußt, daß damit auch die günstig wirkenden, auch die ein Aroma bewirkenden Bakterien und Organismen mitbeseitigt werden: diese sollen ja aber durch die Zuführung der Kultur dem Rahm wieder einverleibt werden.

In welcher Weise der Rahm erhitzt wird, scheint weniger Einfluß auf die Güte der Butter zu haben. Bisher hat man in Pasteurisierapparaten nach altem System, meist Rührwerkspasteuren auf 90° und selbst 95° C erhitzt, und man hat den dabei auftretenden Kochgeschmack nicht gescheut, ja man hat diesen an der frischen Butter sogar gerne wahrgenommen, weil er eine gewisse Sicherheit für eine größere Haltbarkeit der Butter gab und sich nach einigen Tagen wieder verlor. In einigen Betrieben hat man mit Vorteil mit dem Momenterhitzer Tödt den Rahm bis auf 120 und 125° C erhitzt. Versuche, die Dauerpasteurisierung, und zwar die Erhitzung auf 63° C, für die Keimfreimachung des Rahmes zu benützen, sind in größerem Maßstabe noch nicht ausgeführt worden.

Bei den Ausführungen über die Vorbereitung des Rahmes für die Butterung ist schon gesagt, daß das bis dahin flüssige Milchfett mindestens vor der Butterung schon in den festen Zustand übergeführt sein müsse. Dies kann auf zweierlei Weise erreicht werden, einmal durch eine sehr starke Abkühlung des Rahmes (mindestens 8° C) und eine mehrstündige Kühlhaltung desselben, oder eine Abkühlung auf Wassertemperatur, etwa 10 bis 12° C, mit entsprechend längerer Kühlhaltung. Letzteres Verfahren wurde in den nördlichen Gegenden unter der Bezeichnung der K ü h l r e i f u n g d e s R a h m e s längere Zeit gehandhabt und ist auch da noch gebräuchlich, wo Eismaschinen noch nicht vorhanden sind und man noch Eisräume und Eisbehälter benützt. Man kühlt dabei den Rahm mit dem üblichen, am besten hohen und entsprechend weiten Rundkühler möglichst unter 12° C ab, säuert ihn an und verbringt ihn in den Vorraum des Eishauses mit einer Temperatur von etwa 10° C; am anderen Morgen hat der Rahm die nötige Butterungsreife und Butterungstemperatur von etwa 11° C, die als die für diesen Vorgang günstigste bezeichnet werden darf. Die Menge Säurewecker, welche man hierbei anwendet, wird in neuerer Zeit, eben weil man an der Butter wieder einen mildsauren Geschmack mehr liebt als den am Ende des vorigen Jahrhunderts beliebten kräftigen Geschmack, ebenfalls verhältnismäßig niedrig genommen (siehe unten).

Der Kühlreifung kann man den Vorzug nicht absprechen, daß sie einfach ist, daß der Rahm, ohne daß er viel gerührt zu werden braucht, in hohen fahrbaren Holztonnen — Holz ist für säuernde Milch immer einwandfreier als selbst das bestverzinnte Metall — langsam reift, daß also höchstwahrscheinlich die Säuerung aromatischer verläuft als bei höherer Temperatur und daß sie einer sehr starken Kühlung nicht bedarf. Die Gefahr, daß ein Teil der Fettkügelchen nicht genügend durchkühlt, dürfte nur dann eintreten, wenn das Kühlwasser selbst wärmer ist als 12° C, wenigstens gibt sich solches weder an der Ausbeute noch an der Konsistenz der Butter kund.

Unbestreitbar erreicht man die notwendige Durchkühlung und Kristallisierung des Fettes besser, wenn man den Rahm mit Doppel- (Wasser- und Sole-) Kühler auf unter 8° C, am besten etwa 5° C kühlt und etwa 3 Stunden kühl hält. Dieser tiefgekühlte Rahm muß dann aber für die Säuerung wieder angewärmt werden, weil die Milchsäurebakterien unter 10° C kaum arbeiten. Diese Aufwärmung erfolgt bis auf 16 bis 18° C. Man benützt für die Durchführung der Rahmreifung heute Rahmreifungswannen mit einem automatisch langsam schwingenden Röhrenkühler, der, hochgestellt, als Sole- oder Wasserkühler und, in den Rahm eingetaucht und mit Warmwasser gespeist, als Wärmevorrichtung und nach eingetretener Säuerung wieder als Kühler benützt werden kann. Die Säureweckermenge richtet sich nach der Beschaffenheit des Sauers. Besteht die Kultur aus schwach säuernden Bakterien, so wendet man etwa 6 bis 8 v. H. Säurewecker an, ist sie kräftiger, dann nur etwa 2 v. H. oder nur 1 v. H., in manchen nordischen Meiereien nimmt man sogar nur ½ v. H.

Die Säuerung des Rahmes bei höherer Temperatur hat den Vorzug, daß sie ziemlich rascher verläuft, innerhalb 6 bis 8 Stunden und daß man durch Abkühlung nach erfolgtem schwachem Dickwerden des Rahmes eine Nachreifung, in der vermutlich die Aromabakterien mehr zur Wirkung kommen, eintreten lassen kann. Man sichert sich so gewissermaßen zunächst die Säuerung, um die Aromabildung nachfolgen zu lassen.

Die Haltbarkeit der Butter möglichst zu erhöhen, eine „Dauerbutter" herzustellen, hat nicht nur für den Inlandsbedarf Bedeutung, sondern besonders für die Ausfuhr und für die Schiffsversorgung. Die Frage, ob es dafür besonderer Verfahren bedarf, ist durch einen großangelegten Versuch der Landwirtschaftskammer für die Provinz Schleswig-Holstein im Jahre 1912 gelöst worden, wobei die Butter einer größeren Anzahl von schleswig-holsteinischen Meiereien, in einfache Blechdosen umgepackt, Schiffen und Torpedobooten der Marine auf eine 1 bis 1½jährige Seereise (auch in tropische Gegenden) mitgegeben wurde. Auch die besterhaltenen, nach 1½ Jahren wohl altschmeckenden aber als Brotaufstrich noch recht gut genießbaren Proben waren nicht anders bereitet als mit Hilfe von peinlichster Sauberkeit, vorheriger Desinfektion aller Gefäße, Benützung guten Säureweckers und rationellen Reifungsverfahrens, einer Butterungstemperatur von etwa 11° C und völliger Entfernung der Buttermilch mit reinem guten Wasser.

Nachtrag

Nach erneuten Mitteilungen von dänischen Untersuchungen über die Biologie der Milchsäurebakterien und von Versuchen über die Gewinnung eines stetig gleichbleibenden aromatischen Säureweckers, die vom dänischen Molkereifachmann TH. A. JENSEN-HJALLESE ausgehen, ist die Aromabildung im Säurewecker auf einen natürlich verlaufenden Zellenzerfall der Milchsäurebakterien während der Säurebildung zurückzuführen. Dieser Zellenzerfall (die Autolyse) der Milchsäurebakterien wird gefördert durch eine längere Einwirkung des eigenen Umsetzungsproduktes auf die Zellen, also durch eine längere Aufbewahrung der Kultur derselben. Das Aroma wird aber erst dann geweckt, wenn dieser alten Kultur eine jüngere hinzugefügt wird. Das gleiche Resultat scheint erzielt zu werden, wenn man eine frische Kultur „einige Tage hinstellt" oder auch wenn man eine jüngere Kultur mit einer älteren mischt (siehe STORCH). [Dieses Vorgehen ist wohl das gleiche, das STORCH als X-Kultur bezeichnet.] JENSEN-HJALLESE hat nun gefunden, daß, wenn die Autolyse bei einer für die Vermehrung der Bakterie günstigen Temperatur (25 bis 27° C) stattfindet, sie so stark ist, daß in der Butter „unreiner" Geschmack entsteht. Deshalb muß der Säurewecker in dem Moment, wo die Vermehrung beendet ist und der Zellenzerfall beginnt (der Säuregrad ansteigt), eine Abkühlung erfahren, damit der Zellenzerfall langsamer vonstatten geht. An die Stelle der Abkühlung kann nach den Versuchen JENSENS auch oder noch besser die Pufferwirkung einer der säuernden Milchkultur zuzufügenden süßen Milch gesetzt werden, ein Verfahren, das JENSEN als Doppelsäuerung bezeichnet. Übertragen auf die Praxis, wird dabei folgendermaßen vorgegangen. Eine aus fettreicher und deshalb auch eiweißreicher frischer Morgenvollmilch separat gewonnene Magermilch wird in zwei Teile geteilt. Während die eine

Hälfte stark (etwa auf 6° C) gekühlt und kühl gehalten wird, läßt man die andere Hälfte nach Hinzufügung der Reinkultur oder des Säureweckers vom vorhergehenden Tage in der Menge von nur 0,25 v. H. bei 25 bis 27° C säuern. Nach 5 bis 7, im Mittel 6 Stunden, beginnt der Zellenzerfall und nun wird diesem Sauer die andere abgekühlte Hälfte der Magermilch zugesetzt. Dadurch erniedrigt sich die Temperatur auf 16 bis 17° C, bei der dann der Säurewecker bis zum Gebrauch stehen bleibt. Mit dem Zugießen der kalten Magermilch wird nun nicht nur die notwendige Abkühlung der Säuremilch erreicht, sondern auch noch ein anderer Zweck verfolgt. Infolge der Einwirkung der selbsterzeugten Säure umgeben sich die Milchsäurebakterien in der kräftig säuernden Magermilch mit einem sogenannten Säuregürtel (STORCHS X-Form der Bakterien), der vermutlich der Träger des Aromas ist. Dieses kommt erst zum Vorschein, wenn der Säurering entweder mit Alkali oder mit frischer, als Puffer wirkender Magermilch abgewaschen wird.

Auch bei der Säuerung des Rahmes bedient man sich der Zweiteilung in der angegebenen Weise. Die eine Hälfte bleibt bei etwa 10° C gekühlt stehen bis die mit 4 bis 5 v. H. des obigen Säureweckers versetzte und bei 21 bis 22° C säuernde andere Hälfte den Höhepunkt der Säuerung erreicht hat, worauf die Mischung erfolgt und die Säuerung und der Zellenzerfall bei etwa 16° C weitergeht.

Die Erfahrungen mit dieser Säuerungsmethode sollen außerordentlich günstige sein und insbesondere soll damit das so lange angestrebte Ziel der Gewinnung eines sich stets gleichbleibenden, gleich kräftigen und gleich aromatischen Säureweckers erreicht sein.

Literatur zu Rahmreifung

ADAMETZ, L. und M. WILCKENS: Milchwirtschftl. Untersuchungen des Tierphysiol. Instit. d. k. k. Hochschule f. Bodenkultur. Landw. Jahrbücher, 21, S. 131. 1892.

BECK: Über einen Fruchtester bildenden Mikrokokkus (Micr. esterificans). Arbeiten kais. Ges. Amt, 24, S. 256. 1906. — BOEKHOUT, F. W. J. u. J. VAN BEYNUM: Aroma bei der Rahmsäuerung. Zentralbl. f. Bakteriol., Abt. 2, 49, S. 373. 1919. — — Aromabacterien en Botergebreken. Vereeniging tot exploitatie eener proefzuivelboerderijte Hoorn. Verslag over het jaar 1926. S. 266. — BURRI, R. und DÜGGELI: Bakteriolog. Befund bei einigen Milchproben von abnormaler Beschaffenheit. Zentralbl. f. Bakteriol., Abt. 2, 15. 1905.

CAMPBELL, J. R.: Transactions of the Highland and agric. Soc. of Scotland. 1898. — CONN, H. W.: Bacteria in the dairy. The ripening of cream by artificial cultures of bacteria, VI. Ann. Rep. Storr's Exp. Stat. 1893. — — Experiments in ripening of cream with bacteria 41, VII. Ann. Rep. Storr's Exp. Stat. 1894, und Zentralbl. f. Bakteriol., Abt. 2, 1, S. 385. 1895. — — Cream ripening with pure cultures of bacteria. VII. Ann. Rep. Storr's Exp. Stat. 1894. — — A years experience with bacteria 41 in general dairying. VIII. Ann. Rep. Storr's Exp. Stat. 1895. — — The relation of pure cultures to the acid, flavour and aroma of butter. Zentralbl. f. Bakteriol. Abt. 2, 2, S. 409. 1896.

EICHHOLZ, W.: Erdbeerbazillus (Bacterium fragi). Zentralbl. f. Bakteriol., Abt. 2, 9, S. 425. 1902.

GRIMM, M.: Über einen neuen Aroma bildenden Bazillus, nebst einigen Bemerkungen über Reinkulturen für Exportbutter. Zentralbl. f. Bakteriol., Abt. 2, 8, S. 584. 1902. — GRUBER, TH.: Pseudomonas fragariae, eine Erdbeergeruch erzeugende Bakterie. Zentralbl. f. Bakteriol., Abt. 2, 9, S. 705. 1902, und ebenda, 14, S. 122. 1905.

HAMMER, B. W.: Agr. Exp. Stat. Ames Jowa. Res. Bull. No. 63. 1920; R. B. No. 65. 1920; R. B. No. 66. 1921; R. B. No. 67. 1921; R. B. No. 63. Volatile acid production of Str. lacticus and the organisms associated with it in starters; R. B.

No. 67. Sources of the flavour in butter. — — and D. E. BAILEY: The volatile acid production of starters and of organisms isolated from them. Ebenda, R. B. No. 55. 1919. — — and Baker. Ebenda. R. B. No. 81. 1923. — — and SHERWOOD: Ebenda. R. B. No. 80. 1923. — HUEPPE, F.: Untersuchungen über die Zersetzungen d. Milch durch Mikroorganismen. Mitteilungen kais. Gesundh. Amt, 2, S. 309. 1884. — HUSS, H.: Beitrag z. Kenntnis d. Erdbeergeruch erzeugenden Bakterien. Zentralbl. f. Bakteriol., Abt. 2, 19, S. 50. 1908. — — Morphologisch- physiologische Studien über zwei aromabildende Bakterien. Ebenda, 20, S. 50 u. 149. 1908.

JENSEN, TH. A., durch NIS PETERSEN: Neue dänische Erfahrungen über Säurekulturen in der Molkereipraxis. Südd. Molk. Ztg., 49, Nr. 44, S. 1501. 1928.

KEITH: Chemical News, 76. S. 151. 1897. — KRUSE, W.: Zentralbl. f. Bakteriol., Abt. 2, 34, S. 737. 1903.

LECK, J. VAN DER: Aroma bildende Bakterien in d. Milch. Zentralbl. f. Bakteriol., Abt. 2, 17, S. 366, 480 u. 647. 1906. — LEICHMANN, G.: Über die freiwillige Säuerung d. Milch, I. Milchztg., 23, S. 523. 1894, und II. Milchztg., 25, S. 67. 1896, ferner Zentralbl. f. Bakteriol., Abt. 2, 5, S. 344. 1899, und ebenda, 6, S. 248. 1900. — LISTER, J.: Quarterly journ. of microscop. science, 18, S. 977. 1878, und Transact. patholog. soc., 29. London. 1878. — LUNDE, H. P.: Forsög med Pasteurisering of söd Maelk og Flöde samt Anvendelse af god Syre som Middel til Bekämpelse af forskjellige Mälke- og Smörfejl. 22. Beretning kg. Veterin. og Landbowhojsc. Laborat., S. 67. 1891.

MAASSEN, A.: Fruchtäther bildende Bakterien. Arbeiten kais. Gesundh. Amt, 15, S. 500. 1899.

Nederlandsch Weekblad voor Zuivelbereiding en -Handel, 34, No. 25, 1929.

ORLA-JENSEN, S.: The lactic acid bacteria. Köpenhavn. 1919. — — Les bactéries d'arome du beurre. Le lait, 6, No. 53. 1926.

PASTEUR, L.: Comptes rendues de l'acad. Paris, 45, S. 913. 1857; 47, S. 224. 1858, u. 48, S. 337. 1859.

REINMANN, R.: Untersuchungen üb. d. Ursachen des Ranzigwerdens d. Butter. Zentralbl. f. Bakteriol., Abt. 2, 6, S. 131. 1900.

SANDELIN, A. E.: Die Hefen der Butter. Zentralbl. f. Bakteriol., Abt. 2, 51, S. 429. 1920. — SCHNELL, E.: Die auf Produkten d. Landwirtschaft u. d. landw. Gewerbe vorkommenden Oospora- (Oidium-) Varietäten. Zentralbl. f. Bakteriol., Abt. 2, 35, S. 1. 1912. — SCLAVO, A. u. B. GOSIO, zit. nach MAASSEN siehe oben. — SEVERIN, S. A.: Über eine neue in Butter Aroma bildende Bakterienart. Zentralbl. f. Bakteriol., Abt. 2, 11, S. 202 u. 260. 1904. — SCHMALFUSS, H. u. H. BARTHMEYER: Zeitschr. f. physiol. Chemie, 176, 282. 1928. — STORCH, V.: Nogle Undersögelser over Flödens Syrning. 18. Beretning fra Laboratorium for landökonomiske Forsög. 1890. — — Fortsatte Undersögelser over Fremstillingen af Syrevaekkere. 102. Beretning fra Forsögslaboratoriet. Köbenhavn. 1919.

VAN NIEL, C. B., A. J. KLUYVER und H. G. DERX: Biochem. Zeitschr., 210, S. 234. 1929.

WEIGMANN, H.: Die Säuerung des Rahms mittels Bakterienreinkulturen. Landw. Wochenbl. f. Schlesw.-Holstein, 40, S. 549. 1890, u. Milchztg., 19, S. 593 u. 944. 1890. — — Über d. gegenwärtigen Stand der bakteriol. Forschung auf milchwirtschftl. Gebiet. Milchztg., 25, S. 147. 1896, und Zentralbl. f. Bakteriol., Abt. 2. — — Studien üb. d. bei der Rahmreifung entstehende Aroma d. Butter. Milchztg., 25, S. 793, 810 u. 826. 1896, u. Zentralbl. f. Bakteriol., Abt. 2, S. 497. 1897. — — Über die Variabilität der Mikroben in bezug auf d. Hervorbringung von Geruchs- und Geschmacksprodukten. 5. Intern. Kongreß f. Milchwirtschaft 1911, 1. Abt., Frage 1, Nr. 4. — — Über d. Butterbereitung in d. Normandie. Bericht üb. d. 2. Allg. Milchw.-Tag. Paris 1905. Schriften des Deutsch. Milchw. Vereins Nr. 31. — — Versuche zur Bereitung von Dauerbutter. Milchw. Zentralbl., 44, Nr. 23 u. 24. 1915.

D. Die Butterbereitung

Von

O. Rahn-Ithaca N. Y.

a) Der Butterungsvorgang

Die alten Theorien

Nachdem man durch das Mikroskop die Fettkügelchen in der Milch entdeckt hatte, entstand allmählich die Ansicht, daß feste Hüllen um das Fett herum vorhanden sein müßten, da es ja sonst zusammenfließen würde, wenn die Milch erwärmt wird. Bei dieser Anschauung ist die Erklärung Aschersons (1840) für den Butterungsvorgang verständlich, welcher annahm, daß die mechanische Bearbeitung des Rahmes im Butterfaß den Zweck habe, die Hüllen der Fettkügelchen zu zerreißen, so daß das herausquellende Fett zusammenkleben und die Butterklümpchen bilden könne.

Die damals ganz unbewiesene Annahme besonderer Hüllen um die Fettkügelchen wurde 1876 durch Fleischmann bestritten, der die Beständigkeit der Milch und des Rahmes in Emulsionsform als Oberflächenspannungserscheinung schon erkannte. Im selben Jahre gab Soxhlet (1876) die Erklärung, daß die mechanische Erschütterung des Rahmes im Butterfaß den Zweck habe, die Fettkügelchen, die sich in flüssigem, unterkühltem Zustand befinden, in den festen Aggregatzustand überzuführen, in welchem allein sie Butterklümpchen bilden könnten. Die eine Voraussetzung dieser Theorie wurde schon 1881 von Storch angezweifelt und 1897 dadurch vollkommen untergraben, daß Storch bei 30° C, also bei fast vollkommen geschmolzenem Fett, noch leidlich normale Butter erhielt. Hittcher butterte später (1918) sogar bei 41° C. Die andere Voraussetzung, daß die Fettkügelchen im Rahm flüssig seien und erst durch Erschütterung in den festen Zustand übergeführt werden müssen, wurde von Richmond (1897), von Fleischmann (1902) und van Dam (1915, 1922) widerlegt, indem alle diese Forscher auf verschiedene Weise zeigten, daß in normal gekühltem, butterungsfertigem Rahm die Fettkügelchen schon vollkommen fest sind (S. 22 bis 24).

Die neuen Theorien

Trotzdem also um 1900 die Erklärung der Butterbildung durch das Festwerden der Fettkügelchen durch die Erschütterung ihre Existenzberechtigung verloren hatte, da sie auf falschen Voraussetzungen beruhte, dauerte es doch noch fast 20 Jahre, ehe eine neue Theorie die alte ersetzte. Fischer und Hooker erwähnen 1917 in einem Buch über die fettige Degeneration ganz beiläufig, daß ebenso wie in tierischen Geweben, so auch im Rahm eine Umkehrung des Emulsionstypus stattfinden könne, als deren Ergebnis dann die Butter entstehe. Diese Erklärung wurde zunächst von Hunziker (1920) in sein Lehrbuch von der Butter übernommen und ist auch in der zweiten Auflage (1927) vertreten; bald darauf brachten auch einige andere amerikanische Milchwirtschaftler (Gortner, 1923) neues Beweismaterial. Nach deren Ansicht — die übrigens auch von F. Soxhlet schon ausgesprochen worden ist — ist Rahm eine Emulsion vom Typus Fett in Wasser, und durch die mechanische Bearbeitung findet nun eine Umkehrung der Phasen statt und es entsteht eine Emulsion vom Typus Wasser in Fett, nämlich die Butter. Als wichtigsten Beweis führen sie an, daß während des Butterns die Leitfähigkeit geringer wird, also sich der Leitfähigkeit der Fettphase nähert und erst mit dem Augenblick der Butterbildung wieder auf die ursprüngliche Höhe ansteigt. Dieser Beweisführung hat Rahn (1926 a) widersprochen. Er bestätigt zwar die Veränderung der Leitfähigkeit beim Buttern, konnte aber eine gleiche Änderung auch beim Verbuttern von Magermilch erzielen, bei welcher eine Phasenumkehrung unmöglich ist. Würde tatsächlich eine Phasenumkehrung beim Rahm stattfinden, so müßte nicht nur eine Verringerung der Leitfähigkeit um etwa 50 % eintreten, sondern sie müßte praktisch gleich Null werden, da Fett ein Isolator ist. Die Änderung des elektrischen Widerstandes ist nach RAHN ganz einfach eine Folge der starken Schaumbildung im Rahm, welche den Weg von einer Elektrode zur andern verlängert, bei Rahm sowohl wie bei Magermilch.

Sodann wendet RAHN sich aber grundsätzlich gegen den Gedanken einer Phasenumkehrung, weil der butterungsfertige Rahm gar keine Emulsion ist. Eine Emulsion ist die Verteilung einer flüssigen Phase in einer andern flüssigen Phase. Das Fett in butterungsfertigem Rahm ist aber fest und daher ist derselbe keine Emulsion, sondern eine Suspension. Bei Suspensionen ist aber Phasenumkehrung undenkbar. Ebenso kann deshalb die Butter nicht als Emulsion von Wasser in Fett aufgefaßt werden, da auch hier das Fett fest ist. Auf diesen Punkt wird in dem Abschnitt f) beim Gefüge der Butter noch einmal zurückgegriffen werden.

Die zweite neue Theorie ist die Schaumtheorie von RAHN (1921a). Sie geht aus von den Beobachtungen von JOHANNES SIEDEL (1912 und 1905), daß ein Rahm von schaumloser Magermilch (S. 17) sehr schwer oder gar nicht buttert, und daß kurz vor dem „Brechen" des Schaumes fast alles Fett im Schaum sich befindet und der darunter befindliche flüssige Anteil des Rahmes sehr wenig Fett enthält. Im Lichte neuerer Ansichten und Erfahrungen über die Grenzflächenspannung ist die Erklärung kurz folgende:

In Milch und Rahm liegen die Fettkügelchen getrennt, ohne Neigung zum Zusammenfließen. Nur eine Änderung der Grenzflächenspannung Fett-Plasma kann diese Änderung bewirken. Solche Änderung ist chemisch praktisch undurchführbar, zum mindesten vom Standpunkte des Nahrungsmittelgesetzes unzulässig, denn es müßten größere Mengen chemischer Stoffe zugesetzt werden, um eine Erhöhung dieser Spannung zu bewirken. Dagegen gibt es ein einfaches physikalisches Mittel, die stabile Suspension zu stören, nämlich die Schaffung neuer Grenzflächen, die wir sehr einfach im Schaum erhalten können.

Zweck des Butterns ist das Sammeln der Fettkügelchen; sie sollen zu Klümpchen zusammengepreßt werden, so daß man sie von der Hauptmenge der wässerigen Phase trennen kann. Der mittlere Abstand der Fettkügelchen in Milch beträgt etwa 7 bis 8 μ. Durch die Rahmbildung wird dieser Abstand verringert: bei 20 % Fett auf etwa 2,2 μ, bei 30 % Fett auf etwa 1,4 μ. Aber immer noch hält die Adsorptionshülle um die Kügelchen diese vom Zusammenfließen ab. Jetzt benutzt man ein Mittel, um die Fettkügelchen noch näher aneinanderzubringen, man erzeugt einen Schaum. Der Schaum wirkt als Fettfilter. Das hat SIEDEL schon 1902 gezeigt, und diese Beobachtung ist durch mehrere neuere Fettgewinnungsverfahren vollauf bestätigt worden. Man gewinnt z. B. das Wollfett dadurch, daß man durch die bei der Wollwäsche resultierende Flüssigkeit bei 32 bis 38° C einen kräftigen Luftstrom hindurchbläst. Der entstehende Schaum enthält das Wollfett, das man durch Besprühen des Schaumes mit kaltem Wasser ausscheidet. CLAVEL (D.R.P. 314 090, 1918) gewinnt das Butterfett aus Milch, indem er durch hineingeblasene Luft einen Schaum erzeugt, der auf dem Sieb bleibt, wenn man die Milch hindurchgießt, und der das Milchfett enthält (zitiert nach CLAYTON, 1926).

Im Rahm wird durch das Buttern zunächst Schaum erzeugt und in diesem Schaum sammelt sich das Fett. Der Fettgehalt dieses Schaumes beträgt etwa

40 bis 50 %, so daß der mittlere Abstand der Fettkügelchen auf 0,6 bis 0,8 μ heruntergeht; es werden also die Fettkügelchen sich vielfach berühren, und da ihre Hüllen klebrig sind, werden sie zu großen Haufen sich zusammenballen. Aber diese Haufen sind noch nicht Butterklümpchen. Jedes Fettkügelchen hat noch seine Individualität gewahrt, und SIEDEL zeigte, daß, wenn man den Rahm in diesem Stadium vorsichtig erhitzt, die Fettkügelchen sich wieder vereinzeln. Der Zusammenhang der Einzelkügelchen ist recht lose.

Nun tritt aber ein neues Stadium ein, indem die Adsorptionsfilme der Schaumwände allmählich anfangen festzuwerden, wie dies schon für den gewöhnlichen Milchschaum (S. 16) gezeigt wurde. Die erstarrenden Schaumwände sind nicht mehr elastisch, sie können dem Anprall des Schlagwerkes nicht widerstehen, sie brechen zusammen. In diesen Schaumlamellen ist aber dicht gepreßt das Butterfett vorhanden, welches bisher durch das Schaumkissen vor dem Schlagwerk ziemlich geschützt wurde. Das in den zerbrechenden Lamellen festgeklebte Fett bildet nun Schollen, die durch den erstarrenden Schaumstoff noch zusammengehalten werden, und in der stark bewegten Flüssigkeit werden diese Schollen nun, nachdem die Dämpfung durch das Schaumkissen fortgefallen ist, schnell zu Klumpen zusammengeschlagen. Die kleinen Klümpchen treffen gegen andere und kleben fest, und so wachsen sie schnell an Größe, bis sie schließlich mit bloßem Auge sichtbar werden. In diesen Klümpchen sind die Fettkügelchen schon so stark aneinandergepreßt, daß sie beim Erwärmen einen großen Öltropfen bilden. Für diesen zweiten Vorgang, die Umwandlung der Haufen in Klümpchen, ist eine bestimmte Weichheit des Fettes notwendig. Ist es zu hart, so ist es nicht möglich eine Klumpung zu erzielen und die Butter bildet sich nicht.

Einen Begriff von der allmählichen Umwandlung der einzelnen Fettkügelchen erst in Haufen, dann in Klumpen gibt Abbildung 2. Als Beweise für die Schaumtheorie gibt RAHN an, daß alle Butterfässer so gebaut sind, daß sie Luft in den Rahm hineinarbeiten und daß sie alle höchstens halb voll sein dürfen, da sie sonst keine gute Ausbeute oder überhaupt keine Butter geben. Es hat auch Butterfässer gegeben, bei denen künstlich Schaum erzeugt wird, indem man während des Butterns Luft in den Rahm bläst. Mehrere Butterfässer sind auch gebaut worden, in denen die Butter ausschließlich dadurch erzeugt wird, daß man Luft durch den Rahm bläst. MARTINY (1895) zählt mehrere solcher Fässer auf, von denen eines hier wiedergegeben werden soll (Abb. 3).

Nach dieser Theorie müßten in der Butter noch die einzelnen Fettkügelchen des Rahmes, wenn auch mehr oder weniger deformiert, vorhanden sein. Die Butter müßte ferner Luftbläschen eingeschlossen enthalten. Die Bestätigung hierfür siehe S. 86.

Es gibt noch eine andere Möglichkeit der Butterbildung, nämlich durch Quetschen. Wo Rahm gequetscht wird, entsteht ein butterähnliches Produkt, z. B. am Drehpunkt von Rahmerhitzern, bei Rahmpumpen usw. RAHN erhielt Butter, wenn Rahm mit Glasperlen geschüttelt wurde. Um einzelne Glasperlen bildeten sich dünne Krusten eines butterähnlichen Produktes. SIEDEL hat auf diese von ihm schon früher erkannte Erscheinung ein Butterungsverfahren gegründet und eine neue Buttermaschine, die „Butterwiege“ konstruiert. Über diese Butterwiege, die vielleicht eine große Zukunft hat, und über die Eigenschaften der damit hergestellten Butter war bei Beendigung des Manuskripts noch nicht genügend Material veröffentlicht, um die Leistungen und Möglichkeiten des neuen Verfahrens zu übersehen.

Nach der allgemeinen Ansicht gehen die kleinen Fettkügelchen in die Buttermilch, während die größeren Kügelchen die Butter bilden. Diese Ansicht ist

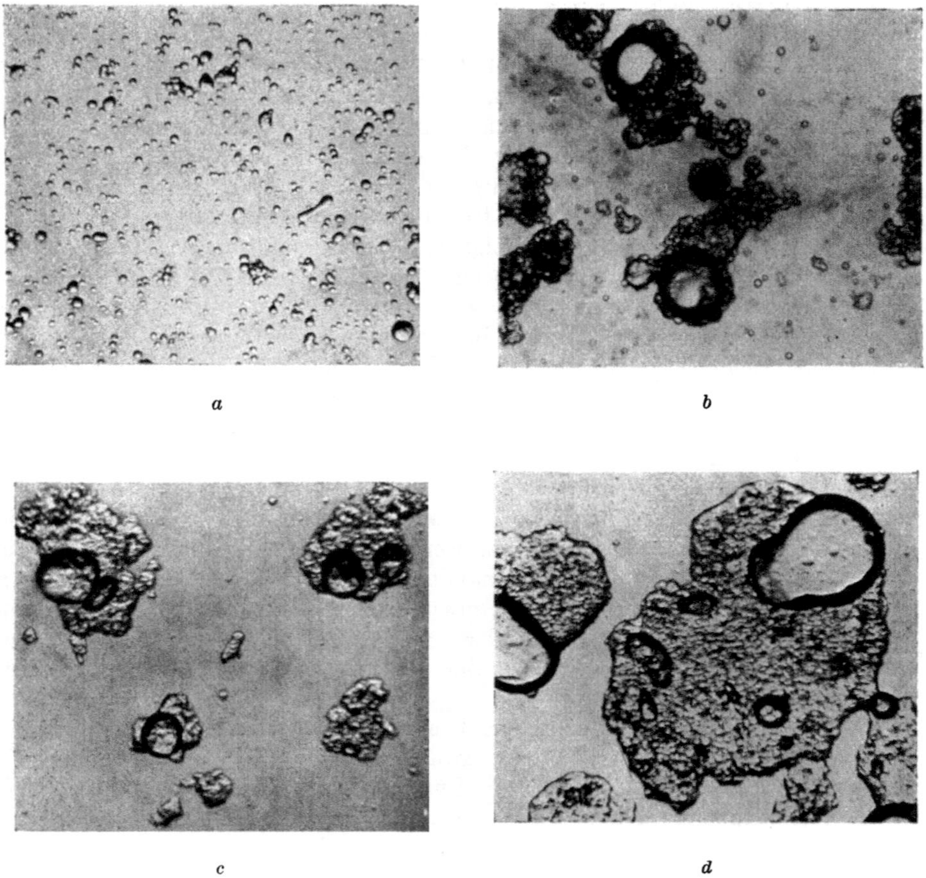

Abb. 2. Die Entstehung der Butterklümpchen aus den Fettkügelchen des Rahms
a nach 5 Minuten langem Buttern
b „ 15 „ „ „
c „ 30 „ „ „
d „ 50 „ „ „

von W. FAHRENBACH aufgestellt, von GUTZEIT widerstritten, neuerdings durch RAHN (1925 b) nochmals quantitativ untersucht und im großen und ganzen bestätigt worden. RAHN beobachtete beim Buttern im kleinen Glasbutterfaß eine geringe, aber deutliche Zersplitterung der Fettkügelchen, so daß die Buttermilch mehr kleinste Fettkügelchen enthielt als der ursprüngliche Rahm. Im großen Butterfertiger kam dies aber nicht vor. Der Anteil der einzelnen Fettkügelchen, welche in die Butter übergehen, gestaltet sich nach zwei Versuchen folgendermaßen:

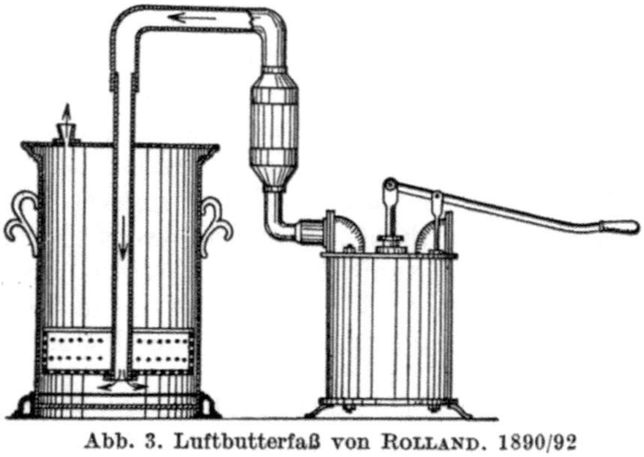

Abb. 3. Luftbutterfaß von ROLLAND. 1890/92

Tabelle 14. Butterungsfähigkeit der verschiedenen Fettkügelchengrößen

Von 100 Fettkügelchen gehen in die Butter:

bei einem Durchmesser von	0 bis 1 μ	bei Versuch	I 0%,	bei Versuch	II 0%
„ „ „ „	1 „ 2 μ	„ „	I 33%,	„ „	II 86%
„ „ „ „	2 „ 3 μ	„ „	I 68%,	„ „	II 72%
„ „ „ „	3 „ 4 μ	„ „	I 78%,	„ „	II 82%
„ „ „ „	4 „ 5 μ	„ „	I 95%,	„ „	II 97%
„ „ „ „	5 „ 6 μ	„ „	I 97%,	„ „	II 98%
„ „ „ „	6 „ 7 μ	„ „	I 99%,	„ „	II 99%
„ „ „ „	7 „ 8 μ	„ „	I 99%,	„ „	II 99%
„ „ „ „	8 „ 9 μ	„ „	I 100%,	„ „	II 99%

Die Fettkügelchen gehen also um so vollständiger in die Buttermilch, je kleiner sie sind. Aber die Fettkügelchen der Buttermilch sind größer im Durchschnitt als die Fettkügelchen der Magermilch. Außerdem werden kleine Klümpchen von Butter der Zusammenballung und dem Sieb entgehen, und so zeigt das Mikroskop deutliche Unterschiede zwischen Magermilch und Buttermilch. Die Schaumtheorie der Butterbildung in der ursprünglichen Rahnschen Fassung trifft nach der Ansicht von King (1930) nur für die ersten Stadien der Butterbildung zu. Die Butter bleibt nicht eine reine Fett-in-Wasser-Emulsion. Irgendwann, vielleicht erst beim Fertigbuttern oder Kneten, vielleicht schon früher, tritt eine Phasenumkehr ein.

Diese Phasenumkehr ist jedoch nicht identisch mit der von Gortner und Palmer angenommenen. King glaubt, daß nur ein Teil des Fetts aus den Fettkügelchen heraustritt oder herausgedrängt wird, und daß dieser die kontinuierliche Phase der Butter bildet. Seine Ansicht begründet King hauptsächlich durch seine Untersuchungen über das Gefüge der Butter, die auf Seite 90 behandelt werden.

Noch anders erklären Mohr und Brockmann (1930) die Butterbildung. Sie beobachteten beim Buttern eine Verringerung der Oberflächenspannung in der Buttermilch, also eine Anreicherung oberflächenaktiver Stoffe. Sie vermuten, daß die im Schaum geschaffene neue Oberfläche die aktiven Stoffe stark anzieht, wodurch die Fettkügelchen ihrer Hüllen ganz oder teilweise entblößt werden und dann leichter zusammenkleben. Dies deckt sich mit der Annahme von Dornic und Daire, und mit den Versuchen von Chapman (S. 4).

Auch konnten diese Verfasser bei mehrstündigem Buttern im geschlossenen, vollgefüllten Butterfaß ohne Schaumbildung Butter erhalten, wenn der Rahm sauer oder süß, aber gealtert war. Alsdann zeigte die Buttermilch nur eine geringe Zunahme oberflächenaktiver Stoffe, die Fettkügelchen müssen also ihre Hüllen ziemlich vollständig behalten haben. Ganz frischer, süßer Rahm gab auch bei 5stündigem Buttern ohne Schaum keine Butter. Mohr und Brockmann erklären dies so, daß bei ganz frischem Rahm die Hüllen der Fettkügelchen nur durch Schaum entfernt werden können, während sie beim Altern oder Säuern des Rahmes sich chemisch verändern und so die Butterbildung erleichtern.

Butterungstemperatur und Butterungsdauer

Der wichtigste Faktor beim Buttern ist zweifellos die Temperatur. Nach der Schaumtheorie ist dies leicht erklärlich. Die Haufenbildung der Fettkügelchen findet schon bei $+2^{0}$ C statt, aber keine Klumpenbildung. Die Klumpenbildung hängt ab von der Härte des Fettes. Rahn (1922) zeigte dies deutlich, indem er einen Rahm mit sehr hartem Fett bei sehr langsam steigender Temperatur butterte und von Zeit zu Zeit die Haufen und Klumpen verschiedener Größe (4 Größenklassen) unter dem Mikroskop auszählte.

Die Zahlen zeigen zunächst nur ein Ansteigen der Haufen, aber nicht der Klumpen, bis endlich die Temperatur von 16,5 ^{0} C erreicht ist. Während in den ersten 50 Minuten keine Klumpung des Rahmes festzustellen ist, geht bei dieser Temperatur binnen 12 Minuten alles Fett in Klumpen über.

Eine bestimmte Temperatur als die richtige Butterungstemperatur anzugeben ist nicht möglich, weil die Härte des Fettes in den Fettkügelchen von Rasse, Fütterung und Laktation der Kühe sowie von der Behandlung des Rahmes abhängt und nicht gemessen werden kann. Es gibt aber einen sehr einfachen indirekten Weg zur Bestimmung der richtigen Temperatur, nämlich die Dauer des Butterns. Die deutschen Butterfässer sind so gebaut, daß normaler Rahm bei der vorgeschriebenen Umdrehungszahl in 30 bis 45 Minuten normale Butter gibt. Buttert nun ein Faß im Betrieb zu schnell, so wird der Rahm das nächste Mal etwas kälter gebuttert werden, um die normale Zeit einzuhalten. Umgekehrt wird man bei zu langsamem Buttern den Rahm anwärmen.

Tabelle 15. Bildung von Haufen und Klumpen beim Buttern

Butterungs- Dauer Minuten	Butterungs- Wärme Grade	Größenklasse Probe	Haufen ¼	Haufen 1	Haufen 2	Haufen 3	Haufen Summe	Klumpen ¼	Klumpen 1	Klumpen 2	Klumpen 3	Klumpen Summe	Gesamtsumme
0		I	17	18	1	0	26	1	0	0	0	0	26
2½		II	119	15	0	0	45	3	1	0	0	2	47
5		III	162	18	0	0	59	6	0	1	0	6	65
10		IV	112	25	6	0	77	3	0	0	0	1	78
15		V	80	24	13	0	96	15	2	0	0	6	102
20	13,5	VI	50	30	6	6	163	1	0	0	0	0	163
30		VII	25	56	3	0	74	4	0	0	0	1	75
35		VIII	29	37	5	2	96	4	1	0	0	2	98
40	14,5	IX	56	46	8	0	92	7	1	0	0	3	95
45		X	59	46	6	2	117	9	0	0	0	2	119
50		XI	34	26	9	0	71	0	4	1	0	8	79
52	15,8	XII	15	18	10	0	62	7	8	2	0	18	80
55		XIII	1	8	4	4	88	2	11	3	3	72	160
60		XIV	6	8	5	0	30	0	13	3	0	25	55
62		XV	1	0	2	0	8	2	3	4	6	116	136
64	16,5	XVI	2	2	1	0	7	0	14	7	5	122	129
73		XVII	0	0	0	0	0	0	0	4	7	128	128
77	17,3	XVIII	0	0	0	0	0	0	1	3	8	141	141

Ist der Rahm zu kalt und das Fett zu hart, so erfolgt zwar Haufenbildung, aber keine Klumpung. Selbst stundenlanges Buttern ist ohne Wirkung, weil das harte Fett nicht zusammenklebt. Es gibt nur eine Möglichkeit, bei dieser Temperatur Butter zu erzielen, nämlich die Anwendung größerer Geschwindigkeit. Da selbst bei 4 ^{0} C geschlagene Schlagsahne die ersten Anzeichen einer Klumpung zeigt, so wird auch bei ganz kaltem Buttern eine Klumpung durch größeren Kraftaufwand möglich sein. Es ist jedoch sicher, daß dies nicht praktisch sein würde, denn durch dies Verfahren würde die Qualität der Butter sicher nicht verbessert, die Ausbeute wahrscheinlich verschlechtert werden. Buttert man bei zu tiefen Temperaturen, ohne die Temperatur konstant zu halten, so erhält man schließlich dadurch Butter, daß die Temperatur im Faß allmählich so weit steigt, bis das Fett weich genug ist, um zu klumpen (siehe Versuche von Hittcher 1918, in Tabelle 17).

Daß bei steigender Butterungstemperatur die Butterungsdauer verkürzt wird, zeigen alle planmäßigen Butterungsversuche (siehe Tabellen 16, 17, 18, 19), außerdem HITTCHER (1918), STORCH (1897) und ROSENGREEN (Tab. 23). Mit dieser Verkürzung der Butterungsdauer geht fast parallel ein allmähliches Ansteigen des Fettgehaltes der Buttermilch. Diese Fettverluste bei warmem Buttern erklärt RAHN (1922) sehr einfach folgendermaßen: Die Fettkügelchen sind um so leichter in Klümpchen zusammenzupressen, je weicher das Fett ist. Sobald die Klümpchen aber größer werden, stören sie die Schaumwände und das Buttern ist zu Ende. Bei schnellem Buttern wird dieser Zeitpunkt zu früh eintreten, ehe noch alles Fett aus dem Rahm in dem Schaum angesammelt ist. Nach der Zerstörung des Schaumes ist es nicht mehr möglich, die noch freien Fettkügelchen zu sammeln; sie gehen in die Buttermilch. Es gehört eine bestimmte Minimalzeit dazu, um alles Fett des Rahmes im Schaum zu sammeln, und diese Zeit ist das Mindestmaß für die Butterungsdauer.

Tabelle 16
Versuche von KLEIN und KLOSE über die Butterungstemperatur

Anfangswärme	Butterungsdauer		Fettgehalt der Buttermilch	Anzahl der Versuche
	Schwankungen	Mittel		
Grad	Minuten		Prozent	
9,75—10,0	36—42	37,6	1,02	7
10,5	34—43	36,3	1,12	5
11,0—11,5	31—40	35,3	0,78	4
12,0—12,5	29—31	30,0	1,01	2
13,0—14,0	19—24	21,0	1,26	3

Tabelle 17. Versuche von HITTCHER über verschiedene Butterungstemperaturen

Butterungswärme		Butterungsdauer	Fettgehalt		Wassergehalt der Butter
anfangs	am Schluß		Rahm	Buttermilch	
Grad		Minuten	Prozent		
11,2	12,0	30	17,5	0,41	13,65
8,1	12,0	31	22,1	0,48	13,60
9,2	11,6	38	20,4	0,46	13,25
10,5	11,4	35	18,7	0,42	13,55
8,9	10,6	39	20,6	0,38	13,65
6,6	10,5	44	19,4	0,41	13,85
5,8	10,4	57	19,5	0,46	14,20
6,8	10,2	56	17,4	0,41	13,90
4,8	9,6	76	20,6	0,39	14,10

Tabelle 18. Versuche von HITTCHER mit sehr hohen Butterungstemperaturen

Anfangswärme beim Buttern	Anzahl der Versuche	Butterungsdauer		Wassergehalt der Butter		Fettgehalt der Buttermilch
		Grenzen	Mittel	Grenzen	Mittel	
Grad		Minuten		Prozent		
6—10	3	75—100	90	12,5—13,6	13,0	0,62
13—16	3	33—52	45	12,3—13,5	12,7	0,59
21—22	2	14,5—21	18	11,2—13,0	12,1	1,03
24—31	5	3,5—15,5	7	10,4—13,0	11,2	4,94
32—41	6	3,5—47	23	10,0—13,6	12,2	4,44

Tabelle 19. Butterungsversuche von Hittcher über 24° C, nach der Butterungsdauer gruppiert

Butterungsdauer	Anfangswärme	Mittlerer Fettgehalt der Buttermilch
Minuten	Grad	Prozent
3,5—8,5	24, 26, 28, 30, 32	5,50
14,0—17,5	31, 34, 36	4,80
21,5—47	33, 38,5, 41	3,13

Die erste der 3 Tabellen von Hittcher (Tabelle 17) ist nach fallenden Temperaturen am Schluß der Butterung geordnet, weil bei diesen niedrigen Wärmegraden die Endtemperatur des Butterns wahrscheinlich der entscheidende Faktor für den ganzen Vorgang ist. Bei diesen Versuchen, die alle im Bereich des normalen Butterns liegen, ist der Einfluß auf die Zeitdauer des Butterns sehr deutlich ausgeprägt. Dagegen zeigt sich kein Einfluß auf die Ausbeute, gemessen am Fettgehalt der Buttermilch. Es darf also angenommen werden, daß die kürzeste Butterungsdauer, 30 Minuten, zur Sammlung aller Fettkügelchen im Schaum ausreichte. Auch in der Tabelle 16 nach Klein und Klose (1917) ist die Verringerung der Butterungsdauer durch die steigende Butterungswärme sehr auffallend, der Einfluß auf den Fettgehalt der Buttermilch dagegen innerhalb der Fehlergrenzen. Auch Tabelle 18 von Hittcher zeigt für die niedrigen Temperaturen dasselbe. Solange die Butterungsdauer nicht unter 30 Minuten sinkt, macht es wenig Unterschied im Fettgehalt der Buttermilch, ob es 30 oder 90 Minuten dauerte, bis die Butter sich bildete. Wird die Zeit aber kürzer als 30 Minuten, dann steigt der Fettgehalt der Buttermilch sofort recht schnell an. Selbst bei den ganz hohen Temperaturen machte es einen Unterschied, ob das Buttern schnell oder langsam vor sich ging. Bei einigen dieser Versuche bedurfte es einer ungewöhnlich langen Zeit, ehe Ausbutterung eintrat, wobei sich ein geringerer Fettgehalt in der Buttermilch ergab (siehe Tabelle 19). In 3 Versuchen wurde die Butter schon in 3,5 Minuten gebildet; die Buttermilch dieser Versuche zeigt einen mittleren Fettgehalt von 6,2%.

Neuere Untersuchungen von van Dam (1927 a), b), c) machen es aber wahrscheinlich, daß die Beziehungen zwischen Butterungsdauer und Fettgehalt der Buttermilch nicht ganz so einfach sind, wie Rahn es annimmt. Jedenfalls spielt auch der physikalische Zustand des Fettes eine Rolle und dieser ist wiederum durch die Art der Rahmkühlung bedingt. Die Versuche wurden so angestellt, daß der Rahm nach dem Pasteurisieren und Kühlen 24 Stunden lang in Eis gestellt wurde. Die Hälfte des Rahmes wurde dann kurze Zeit auf 40° angewärmt, um alles Fett zu schmelzen, und dann auf die Säuerungstemperatur heruntergekühlt; die andere, kaltgebliebene Hälfte wurde sehr vorsichtig auf dieselbe Temperatur angewärmt. Nach dem Säuern zeigten die beiden Proben trotz gleicher Butterungstemperatur und gleichem Säuregrad oft große Unterschiede. Der Fettgehalt der Buttermilch der wieder angewärmten Probe ist stets höher als bei der kalt gebliebenen Probe mit dem härteren Fett. Aber die Butterungsdauer ist manchmal länger, manchmal kürzer als in der Vergleichsprobe, wie die folgende Tabelle zeigt. Diese Versuche sind mit der Milch der gleichen Kühe bei gleicher Fütterung in 4 Tagen Abstand gemacht worden.

Beim Versuch I dauerte wegen der tiefen Säuerungstemperatur die Säuerung 40 Stunden und diese lange Zeit zugleich mit der niedrigen Temperatur verursachte ein ziemlich weitgehendes Festwerden des Fettes in der wieder angewärmten Probe. Dieses Fett ließ sich leicht zusammenfügen und der Rahm butterte schneller aus als der tiefgekühlte mit dem harten Fett. Aber der Fettverlust in der Buttermilch war größer. Bei der höheren Säuerungstemperatur wurde das Fett nicht mehr ganz fest. Dieser Rahm brauchte fast doppelt so lange zum Ausbuttern als der kaltgehaltene Vergleichsrahm. Trotz des längeren Butterns war auch hier der Fettgehalt der Buttermilch bei dem erwärmt gewesenen Rahm größer.

Tabelle 20. Butterung bei verschiedener Rahmbehandlung

Rahmbehandlung	Butterungs-temperatur	Reihe I, gesäuert bei 11,6° C		Reihe II, gesäuert bei 15,6° C	
		Butterungs-dauer	Fett in Buttermilch	Butterungs-dauer	Fett in Buttermilch
	Grad	Minuten	Prozent	Minuten	Prozent
dauernd kalt	11,7—12,0	54,25	0,33	—	—
angewärmt		49,75	0,42	—	—
dauernd kalt	13,0—13,25	36,25	0,35	—	—
angewärmt		35,50	0,47	—	—
dauernd kalt	15,0—15,2	22,0	0,48	—	—
angewärmt		20,5	0,57	—	—
dauernd kalt	16,0—16,15	—	—	17,0	0,33
angewärmt		—	—	36,5	0,91
dauernd kalt	17,0—17,2	15,0	0,60	13,0	0,44
angewärmt		13,75	0,77	31,5	0,98
dauernd kalt	18,0—18,15	12,75	0,70	10,7	0,54
angewärmt		10,67	0,93	27,0	1,08
dauernd kalt	19,0—19,1	12,0	0,81	10,0	0,78
angewärmt		9,25	1,12	24,25	1,30

Diese mit einem Präzisionsbutterfaß gemachten Versuche wurden von van Dam (1927 b) im praktischen Meiereibetrieb wiederholt. Durch zweistündige Tiefkühlung wurde der Fettgehalt der Buttermilch von 0,64 auf 0,60%, durch 22stündige Tiefkühlung auf 0,59% heruntergebracht (Mittelwerte von 13 und 21 Versuchen). Sodann machte van Dam (1927 c) 23 Doppelversuche mit tiefgekühltem Rahm, dessen Fett den Gleichgewichtszustand erreicht hatte und von dem eine Hälfte bei 13°C, die andere Hälfte bei 17°C verbuttert wurde. Bei den Molkereiversuchen ergab sich kein Unterschied im Fettgehalt der Buttermilch. Bei den Versuchen in den Präzisionsbutterfässern des Laboratoriums war jedoch der Fettgehalt der Buttermilch bei wärmerem Buttern deutlich höher. Van Dam vermutet eine teilweise Zersplitterung des Fettes bei höherer Temperatur, wie sie schon von Rahn (1925 b) gefunden worden war.

Aus allen diesen Versuchen schließt van Dam, daß die Beziehungen zwischen Butterungsdauer und Fettgehalt ziemlich kompliziert sind und daß der physikalische Zustand des Fettes eine wichtige Rolle spielt, denn der Fettgehalt der Buttermilch bleibt bei weichem Fett auch dann hoch, wenn die Butterungsdauer lang ist.

Es ist eine allgemeine Beobachtung, daß während des Butterns die Temperatur im Faß zunimmt. Die Ursache hierfür ist zunächst darin zu suchen, daß man im allgemeinen bei Temperaturen unter Zimmertemperatur buttert, so daß also Wärme von außen zugeleitet wird. Ist der Butterungsraum sehr kalt, so kann auch ein Sinken der Rahmtemperatur während des Butterns stattfinden. Außerdem findet Umsetzung der mechanischen Arbeit in Wärme statt. Ob daneben noch, vielleicht durch chemische Veränderungen (Oxydationen), Wärme entsteht, ist nicht nachgewiesen. Einzelne Kurven der allmählichen Wärmezunahme im Butterfaß lassen die Möglichkeit offen. Eingehende Versuche fehlen.

Der Fettgehalt der Buttermilch soll natürlich möglichst niedrig gehalten werden. Man darf in Norddeutschland bei saurem Rahm einen Fettgehalt der Buttermilch von 0,4 bis 0,6% als normal ansehen. Besonders geschickte Buttermeier kommen auch auf 0,3% herunter. Die amerikanischen Angaben mit 0,1% und noch weniger Fett in der Buttermilch sind vorwiegend Zahlen, die mit der BABCOCKschen Fettbestimmungsmethode ermittelt sind, welche bekanntlich bei Buttermilch wie Magermilch etwas zu niedrige Werte gibt.

Beim Verbuttern von süßem Rahm ist in Deutschland der Fettgehalt wesentlich höher. Man kann aber die süße Buttermilch durch die Zentrifuge wiederum entrahmen. Freilich läßt sich aus diesem süßen Buttermilchrahm nicht ohne weiteres Butter gewinnen (HESSELBERG, 1918), weil der Schaumstoff beim Buttern unlöslich geworden ist. Nach dem Säuern läßt sich der Rahm aber normal verbuttern. Auch ROSENGREEN (1913/14) erwähnt, daß sich saurer Buttermilchrahm verbuttern läßt, und MOHR und BROCKMANN (1930) erhielten sogar aus dem Rahm von süßer Buttermilch Butter.

In den Vereinigten Staaten wird sehr viel süßer pasteurisierter Rahm verbuttert, ohne daß man Klagen über schlechte Ausbeute hört oder es für wirtschaftlich hält, die süße Buttermilch nochmals zu entrahmen. Die Temperaturen entsprechen im allgemeinen den deutschen; man buttert im Sommer bei 9 bis 11,5°C, im Winter bei 12,5 bis 15,5°C, und zwar 45 bis 60 Minuten.

Ganz allgemein gilt die Regel, daß die Butterungsdauer vor allen Dingen von der Bauart des Fasses abhängt; sodann kommt die Geschwindigkeit des Butterns als wesentliches Moment hinzu. Man kann viel schneller buttern als es allgemein üblich ist, auch mit befriedigender Ausbeute, wie es z. B. die später noch zu erwähnenden Butterradiatoren und Extraktoren gezeigt haben, welche den aus der Zentrifuge kommenden Rahm sofort in Butter umwandeln. Es ist jederzeit möglich, die Butterungsdauer herunterzudrücken, indem man die Geschwindigkeit des Fasses erhöht; allerdings geschieht dies meistens auf Kosten der Qualität oder der Ausbeute.

Es soll hier noch erwähnt werden, daß nach Versuchen von VAN DAM und HOLWERDA (1927 c) die Ausbutterung durch die Art des Säureweckers nicht beeinflußt wird. In 35 Einzelversuchen, je 4 mit demselben Rahm, wurden 17 verschiedene Säurewecker verglichen. Die Unterschiede im Fettgehalt der Buttermilch bei den 4 Butterungen des gleichen Rahmes mit 4 verschiedenen Säureweckern waren nie größer als 0,05%, also innerhalb der Fehlergrenze der Analysenmethode. Der Einfluß des Fettgehaltes des Rahmes auf den Fettgehalt der Buttermilch wird auf Seite 50/51 noch besprochen werden.

Die Rolle der Eiweißstoffe

Bisher ist von den Eiweißstoffen der Milch nur der Schaumstoff erwähnt worden; es ist aber sehr wahrscheinlich, daß auch die andern Eiweißstoffe der Milch einen beträchtlichen Einfluß auf das Buttern haben. RAHN (1921 b) vermutete, daß das gelöste Kasein, das heißt das im Solzustande befindliche Kaseinkalzium, butterungsfeindlich sei, denn saurer Rahm, dessen Kasein unlöslich geworden ist, buttert schneller und vollständiger aus als süßer Rahm. Auch gewaschener Rahm buttert sehr viel leichter. Dagegen sind die Unterschiede zwischen rohem und erhitztem Rahm verhältnismäßig gering und danach scheint der Zustand des Albumins weniger Unterschied zu machen.

Um sich über die Rolle der Eiweißstoffe einen klaren Begriff zu verschaffen, stellten VAN DAM und HOLWERDA (1927 a) und b) mehrere Versuche mit verschiedenen Kasein- und Albumingehalten des Rahmes an. In allen Versuchen befand sich das Kasein im unlöslichen Zustand, denn die Butterung fand ganz dicht am isoelektrischen Punkt des Kaseins ($p_H = 4{,}6$) statt, bei welchem die Löslichkeit am allergeringsten ist (RAHN und SHARP, 1928, S. 183). Sie verdünnten einen sehr fetten Rahm mit verschiedenen Mengen von saurer Magermilch oder von Serum oder von angereichertem Kasein dieser Magermilch. Diese verschiedenen Rahmproben, alle mit gleichem Fettgehalt, wurden dann unter gleichen Bedingungen verbuttert. Da bei den verschiedenen Eiweißmengen der Säuregrad nach SOXHLET-HENKEL keinen Sinn gehabt hätte, wurde in allen Proben für die gleiche Wasserstoffionenkonzentration gesorgt. Die Butterungstemperatur war in allen Fällen 14° C.

Die folgende Tabelle zeigt eine Zusammenfassung zweier größerer Versuche. Sie zeigt, daß die Butterungsdauer durch das Kasein wenig beeinflußt wird, daß dagegen mit steigendem Kaseingehalt der Fettgehalt der Buttermilch abnimmt. Der Kaseingehalt ist nicht von VAN DAM und HOLWERDA berechnet worden, sondern von dem Verfasser aus den Angaben des Stickstoffgehaltes geschätzt worden. Die Werte sind nur als angenäherte zu betrachten.

Tabelle 21. Butterung bei verschiedenem Kaseingehalt

Zu 1 Liter fettreichen Rahmes wurden zugesetzt	Serum	1500 cm³	1000 cm³	500 cm³	0 cm³	0 cm³	0 cm³
	Magermilch	0 „	500 „	1000 „	1500 „	750 „	0 „
	Kasein	0 „	0 „	0 „	0 „	750 „	1500 „
Gesamt-Eiweißstickstoff in 100 g Rahm		243 mg	338 mg	418 mg	520 mg	638 mg	760 mg
Butterungsdauer		48 Min.	46 Min.	44 Min.	47 Min.	49 Min.	70 Min.
Fett in der Buttermilch		0,85%	0,65%	0,50%	0,45%	0,35%	0,32%
p_H		4,48	4,48	4,50	4,47	4,50	4,50
Gesamt-Eiweißstickstoff		242 mg	333 mg	427 mg	508 mg	685 mg	824 mg
Butterungsdauer		55,5 Min.	56 Min.	54 Min.	51 (?)	61 Min.	90 Min.
Fett in der Buttermilch		0,60%	0,50%	0,45%	0,40%	0,35 +	0,35 —
p_H		4,58	—	—	4,57	—	4,58
Kaseingehalt in 100 cm³ fettfreien Rahmes	I ..	0,84	1,56	2,17	2,94	3,84	4,76
	II ..	0,84	1,56	2,17	2,94	4,15	5,24

Tabelle 22. Butterung bei verschiedenem Albumingehalt

		Butterungsdauer			Fettgehalt der Buttermilch		
Zu 1 Liter fettreichen Rahmes wurden zugesetzt	Magermilch	1500 cm³	500 cm³	500 cm³	1500 cm³	500 cm³	500 cm³
	Serum	0 „	0 „	1000 „	0 „	0 „	1000 „
	Wasser	0 „	1000 „	0 „	0 „	1000 „	0 „
Geschätzter Gehalt an Kasein		2,94%	1,545%	1,545%	2,94%	1,545%	1,545%
Albumin		0,89%	0,52%	0,89%	0,89%	0,52%	0,89%
Versuch vom 1. Juli 1924		56 Min.	64 Min.	50 Min.	0,35%	0,45%	0,55%
9. „ 1925		46 „	46 „	49 „	0,35%	0,50%	0,50%
23. „ 1925		55 „	52 „	48 „	0,50%	0,40%	0,50%
29. „ 1925		66 „	60 „	55 „	0,35%	0,45%	0,50%
5. Aug. 1925		60 „	60 „	60 „	0,38%	0,50%	0,55%
Durchschnitt		57 Min.	56 Min.	52 Min.	0,39%	0,46%	0,52%

Die graphische Darstellung der Resultate (Abb. 4) zeigt eine solche Zunahme des Fettgehaltes der Buttermilch, daß man wohl die Kurve so extrapolieren könnte, als ob bei fehlendem Kasein überhaupt keine Butterbildung stattfinden würde. Das widerspricht aber der schon erwähnten Erfahrung, daß gewaschener Rahm sogar sehr schnell ausbuttert (SIEDEL, 1905).

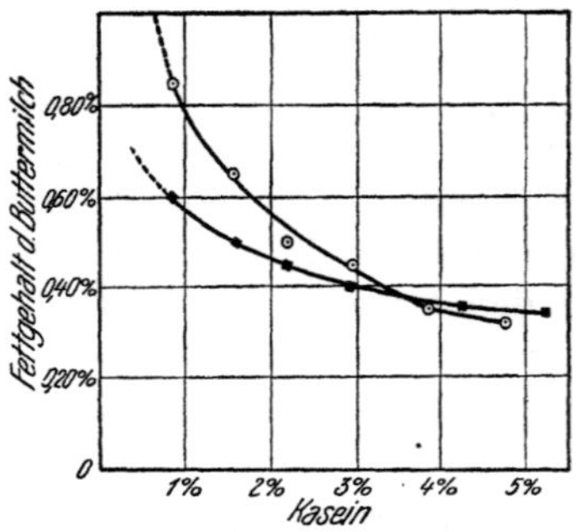

Abb. 4. Einfluß des ungelösten Kaseins im Rahm auf den Fettgehalt der Buttermilch

(nach VAN DAM und HOLWERDA)

Zur Aufklärung müssen also auch noch die Versuche von VAN DAM und HOLWERDA über den Einfluß des Albumins hinzugezogen werden. Leider sind hier nicht große Konzentrationsänderungen möglich gewesen. Der konzentriert gewonnene Rahm wurde teils mit Magermilch, teils mit Serum, teils mit Wasser verdünnt. Von den zahlreichen Versuchen sind nur 5 gleichzeitig mit allen 3 Verdünnungsmitteln durchgeführt worden. Nur diese sind in Tabelle 22 ausgeführt.

Auch hier ist wieder eine Schätzung des Kasein- und Albumingehaltes versucht worden, die aber noch unsicherer ist als im vorhergehenden Versuche, weil die Unterlagen spärlicher sind. Durch Wasserzusatz wurde die Butterungsdauer kaum vermindert, der Fettgehalt der Buttermilch aber erhöht. Verdünnung mit Serum verkürzte die Dauer des Butterns und ließ den Fettgehalt der Buttermilch noch mehr ansteigen.

Wir haben also die folgende Situation:

1. Erhöhung des unlöslichen Kaseins bei gleichem Albumingehalt erniedrigt den Fettgehalt der Buttermilch;

2. Erhöhung des gelösten Albumins bei gleichem Kaseingehalt erhöht den Fettgehalt derselben;

3. gleichzeitige Erhöhung des Gehaltes an löslichem Albumin und an unlöslichem Kasein erniedrigt den Fettgehalt der Buttermilch in geringerem Maße als wenn Kasein allein erhöht wird.

Über die Vermutung RAHNS, daß das gelöste Kasein butterungsfeindlich ist, sagen diese Versuche nichts aus, da in keinem Falle gelöstes Kasein vorhanden war. Einen sehr schönen Beweis geben dafür die Versuche von GUTHRIE und SHARP (1930), die in zahlreichen Butterungsversuchen den Säuregrad des Rahmes von p_H 0,6 bis 13,5 variierten. Die Butterungsdauer jeder Serie bei p_H 6,5 wurde gleich 100 gesetzt, und die relativen Butterungszeiten bei anderen Säuregraden entsprechend berechnet.

Bei zunehmender Säure (also bei abnehmender p_H) geht das Buttern schneller, bis bei p_H 4,2 ein Minimum erreicht ist. Dann steigt die Butterungsdauer schnell an zu einem scharfen Maximum bei p_H 3,2, und sinkt dann wieder etwas langsamer bis zur Hälfte der normalen Dauer bei p_H 0,6. Dies Verhalten zeigt die Butterungsfeindlichkeit des Kaseins sehr deutlich. Bei p_H 4,7, dem isoelektrischen Punkt, ist das Kasein ganz unlöslich, und das Buttern geht am schnellsten. Bei p_H 3 löst sich das Kasein in der Säure, und das Buttern ist verlangsamt. Bei noch stärkerer Säure wird das Kasein wieder unlöslich, und das Buttern ist entsprechend beschleunigt.

Auch alkalischer Rahm läßt sich verbuttern. Bei p_H 9 bis 10 tritt ein deutliches Maximum der Butterungszeit auf, welches dem Viskositätsmaximum alkalischer Kaseinlösungen entspricht. Bei p_H größer als 12 steigt die Butterungsdauer schnell an und bei p_H größer als 13,2 bildet sich überhaupt keine Butter mehr.

Zusatz von NaCl zum Rahm verursachte ein Fortfallen des Maximums bei p_H 3,2. Dieser Zusatz verhindert das Wiederauflösen des Kaseins bei diesem Säuregrad. Bei Zusatz von $CaCl_2$ fiel nicht nur das Maximum bei p_H 3, sondern auch das bei p_H 9 bis 10 fort. Leider erschien diese Arbeit zu spät, um die sehr lehrreichen Kurven über die Butterungsdauer hier aufzunehmen.

Daß peptonisiertes Kasein die Butterung sehr behindert, hat H. WEIGMANN an einer Anzahl von Beispielen aus der Praxis gezeigt. Infolge kalten, regnerischen Wetters war die Weidemilch wie der daraus gewonnene Rahm stark von peptonisierenden Bakterien bevölkert, welche sowohl die spontane wie die durch Säurewecker zu erzeugende Säuerung des Rahmes verhinderte und die Ausbutterung desselben nur unter sehr ungünstigen Bedingungen zustande kommen ließ. Ein Zusatz von Säure (am besten ausgekochte Milchsäure) gleich nach der Gewinnung des Rahmes half dem Übelstand ab.

Fettgehalt des Rahmes

Es ist möglich, aus süßer Milch Butter zu gewinnen (HITTCHER, 1918), aber der Kraftaufwand ist groß und die Ausbeute ist gering. Auch das Buttern von saurer Milch erfordert einen großen Kraftaufwand, aber die Ausbeute ist schon besser. Im Sommer sind die Molkereien öfters gezwungen, saure Milch zu verbuttern, wenn sie bereits so sauer angeliefert wird, daß sie nicht mehr entrahmt werden kann.

Das Verbuttern von Rahm hat vor allem den Vorteil der kleineren Flüssigkeitsmenge, die entsprechend sorgfältiger behandelt und gepflegt werden kann. Im allgemeinen entrahmt man in Deutschland so, daß der Rahm etwa 15% der Milchmenge beträgt und etwa 20 bis 25% Fett enthält. Dadurch kann Pasteurisierung, Kühlung und Reifung billiger und sorgfältiger geschehen, als wenn das ganze, siebenmal so große Milchquantum denselben Prozeß durchmachen müßte. Es liegt nun nahe zu fragen, ob man das Volumen nicht noch weiter verringern, also den Rahm noch fettreicher verbuttern könnte. Das ist bestimmt möglich; in Amerika verbuttert man den Rahm gewöhnlich mit 30 bis 32% Fett, aber höher pflegt man auch dort nicht zu gehen.

Über den Einfluß des Fettgehaltes auf die Verbutterung des Rahmes hat ROSENGREEN (1913/14) recht eingehende Versuche gemacht, von denen Tabelle 23 einige im Auszug wiedergibt. Es zeigt sich, daß mit steigendem Fettgehalt auch der Fettgehalt der Buttermilch steigt. Eine bessere Ausbeute ist also durch das Verbuttern des konzentrierteren Rahmes nicht zu erwarten. Die Unterschiede in der Butterungsdauer sind nur gering; der 18%ige Rahm butterte allerdings langsamer aus als der 31%ige; dagegen war durchweg der 20%ige Rahm schneller ausgebuttert als der 29%ige, so daß diese beiden Gegensätze sich gegenseitig aufheben. Der Einfluß der Temperatur auf Butterungsdauer und Fettgehalt der Buttermilch zeigt ganz das, was nach den früheren Besprechungen zu erwarten war.

ROSENGREEN weist darauf hin, daß der Fettgehalt der Buttermilch kein guter Maßstab für die Vollständigkeit des Ausbutterns sei, denn der Fettverlust hängt ja nicht nur von dem Fettgehalt der Buttermilch, sondern auch von der Menge derselben ab und die Menge wird bei 10 Rahmprozenten ganz anders sein als bei 15 oder 20 Rahmprozenten. Um alles in einer Zahl zu vereinigen, benutzt ROSENGREEN, dem Vorschlag ENGSTRÖMS folgend, als Maß für die Ausbutterung die Menge Fett in der Buttermilch von 100 kg Milch; diese soll nicht mehr als 50 g betragen.

Tabelle 23. Butterung bei verschiedenem Fettgehalt des Rahmes

Fettgehalt des Rahmes	Butterungsdauer bei einer Butterungstemperatur von				Fettgehalt der Buttermilch bei einer Butterungstemperatur von			
	9°	11°	13°	15°	9°	11°	13°	15°
Prozent	Minuten				Prozent			
31,23	39	32	24	15	0,66	0,60	0,88	1,20
29,80	39	43	35	26	0,50	0,49	0,71	1,01
29,26	49	35	25	18	0,49	0,59	0,83	1,45
26,22	68	49	34	26	0,45	0,45	0,51	0,71
20,69	35	42	30	23	0,34	0,38	0,44	0,59
18,30	60	44	30	23	0,40	0,44	0,58	0,72
Mittel	52	41	30	22	0,47	0,49	0,66	0,95
Gramm Fett in Buttermilch von 100 kg Milch					35	38	48	70

Tabelle 24. Ausbutterung bei verschiedenem Fettgehalt des Rahmes

Rahm-prozente	Fettgehalt in Rahm	Fettgehalt in Buttermilch	Fett in Buttermilch von 100 kg Milch	Rahm-prozente	Fettgehalt in Rahm	Fettgehalt in Buttermilch	Fett in Buttermilch von 100 kg Milch
	Prozent	Prozent	Gramm		Prozent	Prozent	Gramm
8,1	36,13	0,96	34	11,2	26,22	0,71	52
14,4	20,26	0,31	34	15,9	18,3	0,40	50
8,1	36,09	0,83	39	9,5	30,66	0,99	60
15,0	19,66	0,34	39	14,1	20,73	0,54	60
14,1	20,69	0,59	46	10,2	28,6	0,92	62
17,5	16,86	0,33	46	17,0	17,3	0,46	62
10,9	26,80	0,64	48	9,5	30,66	1,39	85
15,4	19,19	0,40	48	17,5	16,75	0,61	86

Um diese Beziehungen klarzulegen, seien aus den umfangreichen Tabellen Rosengreens einige Beispiele herausgegriffen. Jedes Paar stellt 2 Butterungen mit gleichem Fettverlust, aber verschiedenem Fettgehalt der Buttermilch dar. Das erste Beispiel der Tabelle 24 zeigt eine ausgezeichnete Ausbutterung trotz einem Fettgehalt der Buttermilch von 0,96%, weil aus dem 36%igen Rahm nur wenig Buttermilch entstehen konnte. Dagegen ist in der vorletzten Probe die Ausbutterung ganz ungenügend, trotzdem die Buttermilch nur 0,46% Fett enthält; aber die Menge der Buttermilch von dem sehr dünnen Rahm war so groß, daß der Verlust beträchtlich wurde.

In der Praxis hat diese Art der Berechnung trotz ihrer Richtigkeit wenig Eingang gefunden, weil dazu die Buttermenge und die Rahmmenge gemessen werden muß. Die Formel lautet:

$$F = \frac{(R-B)\cdot f_b}{100},$$

wo F den Gesamtverlust in der Buttermilch, R die Rahmprozente, B die Buttermenge von 100 kg Milch und f_b der prozentische Fettgehalt der Buttermilch ist. Auch ist dieser Maßstab dort von geringerer Bedeutung, wo immer bei annähernd demselben Fettgehalt des Rahmes gebuttert wird, und die meisten Molkereien versuchen doch, den Fettgehalt möglichst gleichmäßig zu halten.

Alle Versuche ROSENGREENS mit Rahm von verschiedenem Fettgehalt zeigen, daß bei etwa 25% Fett die Ausbeute am günstigsten sich gestaltet. Höherer oder niedrigerer Fettgehalt bedeuten einen größeren Verlust in der Buttermilch. So erhielt er als Mittelwert von 5 Versuchen, bei denen von derselben Milch Rahm mit 3 verschiedenen Fettgehalten gewonnen und verbuttert wurde, folgende Fettmengen in der Buttermilch von 100 kg Milch:

bei 34 bis 41% Fett	0,44 g
„ 23 „ 27% „	0,35 „
„ 17 „ 20% „	0,43 „

Trotzdem würde sich vielleicht allgemein wirtschaftlich ein Gesamtvorteil ergeben, wenn man bei höheren Rahmkonzentrationen arbeiten würde, da man aus derselben Milch statt 15% Rahm nur 10% Rahm gewinnen würde, also ein Drittel weniger an Pasteurisierungs-, Kühlungs- und Kraftaufwandkosten, und auch entsprechend weniger Kapitalaufwand für ein kleineres Butterfaß zu tragen hätte. Voraussetzung ist allerdings, daß die Qualität die gleiche bliebe. Das ist verschiedentlich angezweifelt worden. Die wesentlichste Schwierigkeit beim Verbuttern sehr fetten Rahmes besteht in seiner Zähflüssigkeit. Es ist nicht mehr möglich, im Butterfertiger bei normaler Butterungswärme die notwendige mechanische Bewegung zu erzielen. Besonders in den Winkeln bleibt der Rahm unverbuttert. Wärmt man aber an, so wird gerade bei so fettreichem Rahm die Butter schmierig werden. Mit den zur Zeit üblichen Butterfässern ist die Höchstgrenze des Fettgehaltes 35%.

Der Umstand, daß die Amerikaner ganz allgemein Rahm von 30 bis 32% verbuttern, entstammt bestimmten Gründen, die für deutsche Verhältnisse nicht maßgebend sind. Ausschlaggebend ist der Umstand, daß bei weitem der größte Teil der Butter aus Rahm gewonnen wird, den der Landwirt mit der Handzentrifuge gewinnt und der Meierei liefert. Der Landwirt hat Interesse daran, den Rahm möglichst fett zu liefern, da er nach Fettgehalt bezahlt wird und bei konzentriertem Rahm Transportkosten spart. Sodann ist das Verhältnis zwischen Arbeitslohn und Butterpreis ein sehr viel ungünstigeres als in Deutschland, so daß man selbst bei kleinen Qualitäts- und Fettverlusten infolge der Arbeitsersparnis konzentrierteren Rahm verbuttern würde. Anderseits hat sich die Molkereimaschinenindustrie diesen Wirtschaftsnotwendigkeiten angepaßt und liefert Butterfässer, die mit 30%igem süßen Rahm noch eine recht gute Ausbeute liefern. Allerdings darf man nie vergessen, daß die Fettbestimmung in Buttermilch nach BABCOCK etwas zu niedrige Werte gibt, und dies ist gewöhnlich die einzige wirkliche Kontrolle des vollständigen Ausbutterns.

Säuregrad des Rahmes

Saurer Rahm buttert schneller und vollständiger aus als süßer Rahm. Es ist aber nicht gleichgültig, wie hoch der Säuregrad des Rahmes ist. Bei Sauerrahmbutter pflegt man etwa 30° S.H. als den vorteilhaftesten Säuregrad zu halten. Der Begriff an sich ist nicht korrekt, weil ja nur die wässerige Phase des Rahmes säuert. Ein Rahm mit 20% Fett ist bei 30° S.H. ebenso sauer wie ein Rahm mit 30% Fett, der 26,25° S.H. zeigt. Beide haben denselben Säuregrad des fettfreien Plasmas, nämlich 37,5°. Dies hat ROEDER (1927) ganz klar dargestellt und man findet dort auch eine bequeme Umrechnungstabelle. In Schweden berechnet man gelegentlich für Butterungsversuche den Säuregrad des Plasmas.

Die folgende Tabelle zeigt 2 Versuchsreihen von HITTCHER, bei denen Rahm von verschiedenem Säuregrad unter sonst ziemlich gleichen Umständen verbuttert wurde. Die zweite Versuchsreihe ist nach dem HELMschen Verfahren gebuttert.

Tabelle 25. Buttern bei verschiedenem Säuregrad des Rahmes
I. 40 Versuche von HITTCHER

Anzahl der Versuche	Mittlerer Säuregrad	Mittlerer Fettgehalt		Wassergehalt der Butter	Salzgehalt
		Rahm	Buttermilch		
		Prozent		Prozent	
8	15,8 S.H.	20,8	1,11	13,6	1,28
17	26,9 „ „	17,2	0,51	14,9	1,17
15	33,9 „ „	19,9	0,40	15,8	1,28

II. 23 Versuche nach dem HELMschen Verfahren

Fettgehalt des Rahmes	Wassergehalt der Butter		Fettgehalt der Buttermilch	
	bei hohem Säuregrad	bei niedrigem Säuregrad	bei hohem Säuregrad	bei niedrigem Säuregrad
	Prozent		Prozent	
niedrig	14,1	13,2	0,50	0,44
hoch	14,8	13,9	0,71	0,63

Der erste Versuch zeigt eine starke Verringerung des Fettgehaltes der Buttermilch durch die vermehrte Säuerung des Rahmes. Dies ist die gewöhnliche Erscheinung. Auch die mehrfach erwähnten Versuche STORCHS zeigen das. Dagegen hat HITTCHER selbst in seiner zweiten Versuchsreihe eine Ausnahme geschaffen, indem der stärker saure Rahm eine um 0,06 bis 0,08% fettreichere Buttermilch gab. Durch die geringe Abweichung vom normalen Buttern durch das HELMsche Verfahren können diese Unterschiede nicht erklärt werden. Aber es darf nicht vergessen werden, daß bei den HITTCHERschen Versuchen für jede Butterung anderer Rahm genommen wurde, so daß die Versuche nicht streng vergleichbar sind.

Auffallend ist ferner der höhere Wassergehalt der Butter bei höherem Säuregrad; dies ist eine allgemeine Erscheinung, auf die auf Seite 77 noch zurückgegriffen werden wird.

VAN DAM und HOLWERDA (1927 d) verglichen die Ausbutterung von saurem Rahm mit übersäuertem. Sie fanden keinen Unterschied in der Butterungsdauer, wenn der Rahm lange und tiefgekühlt war. Dagegen nahm mit steigendem Säuregrad der Fettgehalt der Buttermilch immer weiter ab.

Trotz der schlechteren Ausbeute beim Verbuttern von süßem Rahm ist eine allgemeine Tendenz vorhanden, zu Süßrahmbutter überzugehen oder doch wenigstens weniger stark sauren Rahm zu verbuttern, besonders in den Butter exportierenden Ländern. Dies ist wohl hauptsächlich darauf zurückzuführen, daß beim Lagern der Butter unterhalb des Gefrierpunktes die Sauerrahmbutter leicht einen fischigen Geschmack annimmt, der in Süßrahmbutter fast niemals auftritt (siehe S. 120).

Einfluß der Pasteurisierung des Rahmes

Die Erfahrungen über den Einfluß der Pasteurisierung des Rahmes auf den Butterungsvorgang gehen weit auseinander. Die Gründe hierfür sind in der großen Verschiedenheit der Pasteurisierung und auch in der sehr verschiedenen Behandlung des Rahmes nach dem Pasteurisieren zu suchen. Momenterhitzung auf 90°C wird den Rahm anders beeinflussen als Dauererhitzung auf 63°. Sehr wichtig ist die Kühlung. Schnell und tiefgekühlter Rahm wird ein hartes Fett zeigen, während ein langsam und nicht genügend tiefgekühlter Rahm ein weiches Fett besitzt und daher eine entsprechende Butter geben wird; diese Unterschiede kommen nicht von der Erhitzung an sich, sondern von der verschiedenen Behandlung des Rahmes. Es darf aber als sicher angenommen werden, daß, abgesehen von den mit der Bakterienflora zusammenhängenden Eigenschaften (Reinheit des Geschmackes und Haltbarkeit), die Butter aus pasteurisiertem Rahm in keiner Eigenschaft besser ist als Butter aus rohem Rahm, daß also vom physikalisch-chemischen Standpunkt die Butter aus rohem Rahm das Ideal vorstellt und wir zufrieden sein müssen, wenn Gefüge, Wasserverteilung, Härte usw. in Butter aus pasteurisiertem Rahm ebenso gut sind als in Rohrahmbutter.

In einem Punkt unterscheidet sich der pasteurisierte Rahm physikalisch von dem rohen, er ist dünnflüssiger. Auch wenn pasteurisierter Rahm sofort nach der Erhitzung tiefgekühlt und längere Zeit kaltgehalten wird, er bleibt doch viel dünnflüssiger als der nicht erhitzte. Solcher Rahm wird sich leichter verbuttern lassen; das ist aber kein besonderer Vorteil, da die Butterfässer im allgemeinen auf pasteurisierten, dünnflüssigen Rahm eingestellt sind. Aber die Bildung von Schaum ist in einem dünnflüssigen Medium nicht so gut wie in dem gleichen Medium mit größerer Viskosität. Dies könnte eine Verlängerung des Butterns bedeuten. Nun ist aber die Zähflüssigkeit von Rahm eine sehr stark schwankende Größe und die Verringerung der Zähflüssigkeit durch die Pasteurisierung ist ebenfalls von Fall zu Fall verschieden, wie Dahlberg und Hening (1925) gezeigt haben. Es ist also unmöglich, diesen Faktor zahlenmäßig zu erfassen.

Ein anderer Unterschied zwischen hochpasteurisiertem und rohem Rahm liegt im geronnenen Albumin. Soviel wir wissen, hat diese Änderung keinen großen praktischen Einfluß auf die Butterung, obschon van Dam und Holwerda (S. 50) bei Laboratoriumsversuchen einen Einfluß des Albumins nachweisen konnten. Dagegen tritt ein anderer Unterschied in deutlichere praktische Erscheinung, nämlich eine Fettklumpung durch die Rührwerkserhitzer. Schon Rosengreen (1913/14) vermutete, daß die von ihm gefundenen Unterschiede in der Butterung von dauererhitztem und hocherhitztem Rahm durch mechanische Veränderungen des Fettes zu erklären seien. Dies wurde von Rahn und Mohr (1924 a) durch genaue mikroskopische Messungen bewiesen. Die Butterungsversuche zeigten keinen wesentlichen Unterschied zwischen rohem und dauererhitztem Rahm, während der hocherhitzte und geklumpte Rahm 22 Minuten weniger brauchte, um auszubuttern, aber dafür 0,13% mehr Fett in der Buttermilch zurückließ.

Tabelle 26. Vergleichende Butterung von rohem, dauererhitztem und hocherhitztem Rahm

	Mittel aus 7 Versuchen von Rahn und Mohr			Mittel aus 10 Versuchen von Rosengreen	
	roh	dauererhitzt	hocherhitzt	dauererhitzt	hocherhitzt
Klumpungszunahme	1	1,6	5,3	—	—
Butterungsdauer	62 Min.	61 Min.	39 Min.	52,2 Min.	41,4 Min.
Fettgehalt der Buttermilch	0,40%	0,46%	0,59%	0,48%	0,58%
Wassergehalt	13,70%	13,40%	13,50%	—	—

Da es bisher nicht üblich war, bei Butterungsversuchen die Fettklumpung und die Zähflüssigkeit des Rahmes zu messen, so ist es nicht möglich, ältere

Versuche eindeutig zu analysieren. Die Ergebnisse beim Vergleich von pasteurisiertem und rohem Rahm sind sehr widerspruchsreich. HITTCHER (1918) fand keine bemerkenswerten Unterschiede zwischen rohem und erhitztem Rahm, und ähnliche Befunde findet man ebenso wie das Gegenteil gelegentlich in der Literatur. Es ist recht gut möglich, daß alle diese Angaben nicht auf Versuchsfehlern beruhen, sondern wirklich zuverlässig sind. Die Bedingungen des einen Versuchsanstellers sind eben ganz andere gewesen als die des anderen; der eine hatte starke Viskositätsabnahme, aber keine Klumpung, der zweite hatte starke Fettklumpung im Pasteur, aber keine große Viskositätsabnahme, der dritte hatte keines von beiden, aber schlechte Kühlung des Rahmes. So können alle nur erdenklichen Widersprüche entstehen.

Milchbutter, Molkenbutter

Es ist im allgemeinen nicht vorteilhaft, Milch zu verbuttern, da die Ausbeute schlechter ist als bei vorheriger Entrahmung und Verbutterung des Rahmes. Der Fettgehalt der Zentrifugenmagermilch liegt nicht über 0,1%, der Fettgehalt der Buttermilch ist dagegen etwa 0,5%; es wird also beim Milchbuttern von dem Fett, das bei der Entrahmung auf die Magermilch entfallen würde, 0,4% weniger in Form von Butter gewonnen werden. Das bedeutet für je 1000 Liter Milch unter Annahme einer Entrahmung von 15% einen Fettverlust von 3,4 kg Fett, entsprechend 4 kg Butter. Außer diesem Fettverlust fällt noch mindestens ebenso schwer ins Gewicht, daß die Behälter für Reifung und Butterung und der Kraftaufwand für das Buttern von Milch anstatt Rahm unverhältnismäßig viel größer sein müßten.

Trotzdem wird aber noch gelegentlich Sauermilch anstatt Rahm gebuttert, und zwar dort, wo die Milch bereits so sauer angeliefert wird, daß die Entrahmung nicht mehr möglich ist, weil das Kasein sich ausscheiden würde. Es kommt auch vor, daß großstädtische Molkereien auf diese Weise in den Sommermonaten den großen Bedarf an Buttermilch decken und an dem Nebenprodukt so viel Gewinn erzielen, daß die Butter Nebensache wird.

HITTCHER hat hierüber in seinen schönen Untersuchungen über die Butterung (1918) 17 Versuche angestellt, die auf Seite 78 wiedergegeben sind. Der Fettgehalt der Buttermilch war bei den 8 stärker sauren Milchproben 0,57%, bei der schwächer sauren Milch 0,67%. Das Buttern dauerte im Durchschnitt 47 bzw. 54 Minuten.

HITTCHER hat auch in 11 Versuchen Butter aus süßer Milch hergestellt. Er butterte bei 14° bis 16,8°C und erhielt in 25 bis 70 Minuten, im Mittel in 41 Minuten Butter. Der mittlere Fettgehalt der Buttermilch war allerdings recht hoch, 0,86%. Das Verbuttern von süßer Milch kommt wohl in der Praxis überhaupt nicht vor.

Häufiger dagegen begegnet man der Molkenbutter. Beim Verkäsen von Vollmilch auf solche Hartkäse, die stark ausgerührt werden, in erster Linie also Schweizerkäse, gelangt ein gewisser Teil des Milchfettes in die Molke und diesen kann man durch die Zentrifuge wiedergewinnen und verbuttern. Allerdings gilt die Molkenbutter als Butter minderer Qualität, da ihr Gefüge lockerer ist als das von Rahmbutter. Es ist aber auch hier möglich, durch geschicktes Arbeiten die Qualität wesentlich zu verbessern. So empfiehlt SAMMIS (1915), die Rahmschraube bei der Molkenentrahmung so einzustellen, daß ein Rahm von 50 bis 75% Fett erzielt wird, den man mit gereifter Magermilch soweit verdünnt, daß man ihn verbuttern kann; man muß sehr kalt buttern und sehr kalt waschen, weil sonst die Molkenbutter die Neigung hat, weich zu werden.

Renovierte Butter

Die „renovierte“ oder umgearbeitete Butter wird wohl hauptsächlich in den Vereinigten Staaten hergestellt und spielt auch dort keine große Rolle. Wenn sie auch aus denselben Bestandteilen wie die Butter selbst besteht, so ist sie doch nichts anderes als eine mit Butterfett hergestellte Margarine. Die chemische Analyse wird sie daher als Butter erscheinen lassen, die physikalische Analyse stellt sie dagegen in eine Reihe mit der „Kunstbutter“.

Butter, die irgendwelche Geschmacks- oder Geruchsfehler hat, wird in Schmelzkesseln vorsichtig geschmolzen, in Absatzbassins von Wasser und Eiweiß getrennt, eventuell unter Zuhilfenahme von Zentrifugen, und dann wird durch das reine Fett bei 45°C Luft durchgeblasen, bis das Fett wieder geruchlos ist. Auch Neutralisierung durch Alkalien kann vorgenommen werden. Dieses „renovierte“ Fett wird dann mit einer gereiften Magermilch zu einer **Emulsion** verarbeitet, die entweder durch Abduschen mit Eiswasser oder auf einer Kühltrommel zum Erstarren gebracht wird. Weitere Einzelheiten sind bei HUNZIKER (1920) und GUTHRIE (1923) zu finden. Nach GUTHRIE ist die Anzahl der Betriebe, welche diese Umarbeitung vornehmen, in den Vereinigten Staaten von 81 im Jahre 1903 nach kurzem Anstieg bis auf 11 im Jahre 1920 gesunken.

Die Butterfässer

Alle Butterfässer sind so eingerichtet, daß ein Schaum im Rahm erzeugt werden kann. Zwei Methoden zur Schaumerzeugung sind von alters her im Gebrauch gewesen, das Schütteln und das Quirlen. Beide Verfahren sind bis in die Neuzeit hinein zur Buttererzeugung gebraucht worden; Wiegen- und Schaukelbutterfässer sind jetzt wohl ganz aus der Mode gekommen und die vollendetste Entwicklungsform des Quirlprinzips, nämlich das Holsteinische Butterfaß (Abb. 5), wird, obwohl es noch viele Anhänger hat, doch in wenigen Jahren vollkommen durch die Butterfertiger verdrängt sein. Die Versuche,

Abb. 5. Holsteinisches Butterfaß

Abb. 6. Butterfertiger mit ausziehbarem Knetwerk

Schlagbutterfässer mit liegender Welle zu bauen, haben nirgends große Verbreitung gefunden. Ein anderes Prinzip der Schaumerzeugung ist in dem Stoßbutterfaß verkörpert; der durch die Löcher des Stößers gepreßte Rahm erzeugt Wirbel, in denen die Luft gefangen wird. Man findet sie jetzt nur noch in den kleinsten Bauernwirtschaften der entlegensten Gegenden Deutschlands.

Die neuere Entwicklung der Butterungsmaschinen hat sich fast ausschließlich auf das Rollbutterfaß erstreckt, das heute so ziemlich als das einzige Butterfaß der Milch verarbeitenden Industrie angesehen werden darf. Ein wesentlicher Grund hierfür ist wohl darin zu sehen, daß sie mit einem Knetwerk versehen sind, welches es gestattet, die Butter im selben Fasse in einem Gang aus dem Rahm herzustellen. Das Rollbutterfaß, das man, mit einem Knetwerk versehen, gewöhnlich als Butterfertiger bezeichnet, ist vor allen Dingen also eine Zeit und Arbeit sparende Vorrichtung. Die Schaumerzeugung erfolgt dadurch, daß der Rahm beim Drehen des Fasses mitgenommen wird, schließlich zurückfällt oder -fließt, sobald er eine bestimmte Höhe erreicht hat, und durch diese Gegenströmung Luft einschließt. Die Geschwindigkeit des Fasses darf eine bestimmte Norm nicht überschreiten, da sonst der Rahm durch Zentrifugalkraft die ganze Umdrehung des Fasses mitmacht und keinen Schaum erzeugt. Hierdurch ist auch eine untere Grenze für die Größe der Rollbutterfässer gegeben. Wird der Durchmesser des Fasses zu klein, so wird der Rahm nicht mehr ein genügendes Gefälle haben, um Schaum zu erzeugen.

Abb. 7. Butterfertiger mit eingebautem Knetwerk

Zwei Haupttypen haben sich herausgebildet, die lange Form und die kurze, mühlsteinartige Form (Abb. 6). Der langgestreckte Butterfertiger hat das Knetwerk dauernd innen eingebaut (Abb. 7); die Mühlsteinform, das Simplexfaß, wird nach dem Buttern in der Mitte der Seitenwand geöffnet und das Knetwerk wird hineingeschoben.

Eine Abart des Rollbutterfasses bildet das Sturzbutterfaß (Abb. 8), das sich nicht um die Längsachse des Zylinders, sondern um die Querachse dreht. Diese Bauart ist im Großbetrieb nicht in Gebrauch, wohl aber in kleinsten Betrieben, z. B. in Gutsmolkereien, gut eingeführt.

Abb. 8. Sturzbutterfaß

Eine unendliche Menge von Vorkehrungen besonderer Art für Butterfässer ist erfunden worden, um das Buttern zu erleichtern, zu beschleunigen oder die Ausbeute zu erhöhen. Sie sind alle wieder verschwunden. FLEISCHMANN betont, daß es ganz leicht ist, auch mit einem gewöhnlichen Butterfaß die Butterungsdauer auf wenige Minuten herunterzudrücken, daß dies aber der Natur des Butterungsvorganges widerspricht und daß dadurch notwendig das Gefüge der Butter leiden müsse. Es wird bei diesen Neuerungen gewöhnlich auch ein anderer Punkt übersehen, nämlich die Notwendigkeit einer leichten und gründlichen Reinigung des Butterfasses.

Die interessanteste aller Neuerungen in der Konstruktion von Buttererzeugungsmaschinen war wohl die Erfindung von Vorrichtungen, welche den Rahm direkt von der Zentrifuge in Butter umwandeln. Schon 1889 wurde der Butterextraktor von JOHANNSSON und der Butterseparator von DE LAVAL gebaut, denen sich 1891 der amerikanische Butterakkumulator und 1895 der Radiator von SALENIUS anschlossen. Alle diese Versuche sind daran gescheitert, daß die Qualität der Butter nicht die gleiche war wie bei der in gewöhnlicher Weise hergestellten Butter. Es fehlte an Aroma, und die Wasserverteilung war zu fein und der Wassergehalt zu hoch. Merkwürdigerweise sind keine Beschwerden über zu schmierige Butter erhoben worden. Die Ausbutterung soll zufriedenstellend gewesen sein.

In der Buttererzeugung der ganzen Welt spielen nur drei Typen noch eine Rolle: Im Großbetrieb herrscht das Rollbutterfaß, dessen Bauart eine untere Grenze kennt, aber keine obere; es sind Fässer von ganz außerordentlichen Dimensionen gebaut worden, und es kann sowohl die Länge des Zylinders als auch der Durchmesser vergrößert werden, ohne Gefahr für eine Schädigung der Schaumerzeugung. Im Verschwinden aus dem Großbetrieb ist das Holsteinfaß, das eine obere Grenze hat, da man nur mit großen konstruktiven Schwierigkeiten in einem sehr großen Fasse eine gleichmäßige Schaumerzeugung durch die ganze Masse des Rahmes hindurch ermöglichen könnte. Eine untere Grenze gibt es nicht; man baut fast alle Glasbutterfäßchen nach diesem Prinzip, und zwar bis herunter zu 1 Liter Inhalt. Der dritte Typus ist das Sturzbutterfaß für Guts- und Bauernwirtschaften, das sowohl eine obere Grenze wie eine untere Grenze der Leistungsfähigkeit hat, die aber niedriger ist als die der Rollbutterfässer.

Vorbereitung des Butterfasses

Wie bei der Milch die Milchgeräte eine der hauptsächlichsten Ursachen des hohen Bakteriengehaltes sind und wie man durch sorgfältige, verständnisvolle Keimfreimachung der Milchgeräte den Bakteriengehalt der Milch stark herunterdrücken kann, so ist auch bei der Butter die Ursache geringer Haltbarkeit häufig in falscher Behandlung der Buttergeräte zu suchen.

Die Rahmreifungswanne hat große, glatte und leicht zugängliche Metallflächen oder Emailflächen, die leicht zu reinigen sind. Dasselbe gilt für die in die Wanne eintauchenden Kühlrohre. Ein Deckel für die Rahmwanne, der aber wegen der Schimmelgefahr keine freiliegenden Holzflächen oder Eisenteile haben darf, ist wünschenswert, nicht nur als Schutz gegen Kälteverluste, sondern auch als Schutz gegen Schimmelsporen und Bakterien der Luft.

Sehr viel schwerer ist das Butterfaß zu behandeln. In größeren Molkereien benutzt man jetzt fast ausschließlich den Butterfertiger, dessen Innenseite sehr viel schwerer zugänglich ist als die des Holsteinfasses oder auch des Simplexfasses. An manche Ecken und Winkel ist besonders wegen der Knetwalzen nur recht schwer heranzukommen. Das Schlimmste am Butterfaß ist aber, daß es aus Holz gemacht ist. Es ist kaum möglich, Holz ganz keimfrei zu machen. Eine wirklich ausreichende Dampfbehandlung greift das Butterfaß ziemlich stark an. Chemische Desinfektionsmittel dürfen nur mit großer Vorsicht benutzt werden, da die Poren des Holzes die Neigung haben, solche Stoffe aufzusaugen und nur sehr langsam wieder abzugeben. Stoffe mit ausgesprochenem Geschmack oder Geruch fallen überhaupt fort.

Im täglichen Betriebe pflegt man das Faß gleich nach dem Herausnehmen der Butter mit heißer Sodalösung auszubürsten, bei schnellem Gang damit durchzuspülen und dann mit vielem, reinem heißen Wasser gründlich nachzuspülen. Darauf läßt man das Faß bei offenem Deckel oberflächlich austrocknen. Vor der Wiederbenutzung muß das Faß wie alle Holzgeräte erst mit heißem, dann mit reichlich kaltem Wasser gespült werden, um die Poren des Holzes mit Wasser zu verstopfen. Wird nicht genügend kaltes Wasser genommen, so bleibt das Faß und die Knetwalzen warm, der Rahm wird angewärmt oder die Butter klebt am Holz.

Nur mit heißem Wasser behandelt ein großer Molkereiverband der Vereinigten Staaten, die „Land o'Lakes Creamery Co“ mit mehr als 400 Molkereien, die Butterfässer. Zunächst wird das Faß etwa ein Achtel voll mit Wasser von 60^0 bei schnellstem Gang durchgespült; dann wird das Wasser ausgekippt und das Faß wird dann mit kochendem Wasser drittel- bis halbvoll gefüllt und eine halbe Stunde bei schnellstem Gang gehalten, dann entleert und offen gelassen. Bei diesem Verfahren soll Kalkmilchbehandlung nur sehr selten nötig sein.

Diese Art der Reinigung, vielleicht abgesehen von der letzten, genügt aber nicht, um alle Keime im Fasse zu töten, und allmählich nimmt der Bakterien- und Schimmelgehalt des Fasses zu. Daher wird in solchen Betrieben, die Wert auf haltbare Butter legen, das Butterfaß allwöchentlich einer gründlichen Desinfektion unterzogen. Hierzu benützt man fast allgemein Kalkmilch, welche in neuen oder längere Zeit nicht benutzten Fässern mehrere Tage stehen soll, bei öfterem Umdrehen des Fasses. Eine kleine Abänderung hat nach vielem Probieren Shutt (1927) vorgeschlagen: 5 bis 10 Pfund gebrannter Kalk werden in 50 Liter Wasser gelöscht, und nach dem Absetzen wird die obere, klare Flüssigkeit ins Butterfaß gegossen. Dort wird sie direkt mit dem Dampfschlauch bis zum Kochen erhitzt. Dann läßt man das Faß 15 Minuten bei langsamem Gang laufen, erhitzt die Kalkmilch noch einmal und läßt nun das Faß nochmals 15 Minuten bei schnellem Gang sich drehen. Dann wird das Faß bis oben hin mit kaltem Wasser gefüllt und bleibt dann mit der verdünnten Kalkmilch ein bis zwei Tage stehen. Nach gutem Nachspülen ist dann das Faß gebrauchsfertig. Sollte es sich noch klebrig anfühlen, so wird es mit einer zweiprozentigen Schwefelsäure behandelt, doch ist das nur sehr selten nötig. Die Anwendung von Schwefelsäure ohne Vorbehandlung mit Kalk fand Shutt wenig wirksam vom bakteriologischen Standpunkt. Nach der Kalkbehandlung ist dagegen das Faß frei von Schimmeln und Hefen, während vor der Behandlung sich allwöchentlich etwa 100 Schimmel und 2500 Hefen pro 1 cm^3 Spülwasser ansammeln.

Eine sehr gründliche Dampfsterilisierung erzielte Procter (1925). Er benutzte je 4 Butterfässer von 40 und 70 Liter Inhalt für folgende vergleichende Versuche; alle Fässer wurden zur gründlichen Infektion 2 Tage mit Sauermilch stehen gelassen, dann wurden sie kalt ausgespült und mit heißem Wasser und Soda ausgebürstet. Dann wurden sie verschieden weiterbehandelt: Faß I wurde nur kalt nachgespült, 2 Stunden abgetropft und mit einem sterilen Deckel verschlossen; Faß II wurde mit 8 Liter kochendem Wasser nachgebrüht; Faß III wurde mit Dampf behandelt, bis man auf der Außenseite des Fasses die Hand nicht länger halten konnte; Faß IV wurde genau wie Faß III behandelt, nur 2 Minuten länger. Die Fässer blieben dann 24 Stunden stehen und wurden dann mit gleichen Wassermengen ausgespült, unter Zuhilfenahme von sterilen Wattebauschen an langem Draht zum Losreiben der Bakterien von dem Holze. Das Ergebnis war bei je 10 Versuchsreihen mit kleinen und großen Fässern folgendes: Bei Behandlung I, Nachspülen nur mit kaltem Wasser, nach 24 Stunden in 1 cm^3 Spülwasser 48000 bis 10 Millionen Keime, darunter meistens mehr als 100 Bact. coli in den kleinen Fässern, 14000 bis 37 Millionen Keime in den großen Fässern, darunter meistens mehr als 1000 Bact. coli. Beim Ausbrühen mit heißem Wasser (Faß II) wurden nur 3000 bis 56000 Keime in den kleinen, 2000 bis 9000 Keime in den großen Fässern gefunden (mit einer Ausnahme von 7 Millionen), dabei in allen Versuchen nur ein einziges Mal Bact. coli. Die ausgedämpften Fässer waren recht keimarm, und die beiden Versuche zeigten keinen großen Unterschied; das Spülwasser enthielt zwischen 0 und 40 Keime, und von diesen insgesamt 40 Versuchen war nur einmal ein Ausnahmefall von 396 Keimen zu verzeichnen. Bact. coli wurde niemals gefunden. Das Ausdämpfen ist also ein recht wirksames Verfahren zur Sterilisierung des Butterfasses. Leider schweigt sich der Verfasser darüber aus, wie stark diese Behandlung das Faß schädigt.

In der Milchwirtschaft hat man sehr rigoros alle Holzgeräte durch Metall oder andere leicht zu sterilisierende Materialien ersetzt. Es hat daher auch nicht an Versuchen gefehlt, das Butterfaß ohne Holz herzustellen. Für kleinste Betriebe gibt es auch Butterfässer aus Glas, Emaille, Metall, Steingut usw., aber für den Molkereibetrieb sind alle Bemühungen um einen brauchbaren Ersatz des Holzes vergeblich gewesen. Metalle sind deshalb nicht erwünscht, weil einmal die Butter am Metall klebt, dann aber auch, weil Spuren von Metall den Geschmack der Butter und deren Haltbarkeit ganz außerordentlich schädigen können. Für Gutsmeiereien sollten wohl Sturzbutterfässer aus Steingut eine gewisse Zukunft haben.

b) Waschen, Salzen und Kneten der Butter

Das Waschen

Die fertiggekirnte Butter wird gewöhnlich gewaschen. Man läßt die Buttermilch ablaufen, gießt kaltes Wasser hinzu und läßt den Butterfertiger einige langsame Umdrehungen machen. Dieses Waschen soll die Buttermilch herausbringen, die Butter arm an Eiweiß machen und dadurch deren Haltbarkeit erhöhen.

Freilich ist die Menge der auf diese Weise aus der Butter entfernten Buttermilch nicht so sehr hoch zu veranschlagen, denn wir werden in Anbetracht der Entstehung der Butter durch Aneinanderpressen der einzelnen Fettkügelchen uns sagen müssen, daß die hierbei eingeschlossene Buttermilch unmöglich wieder herausgewaschen werden kann. Man ist schließlich zu der Frage berechtigt, ob es denn überhaupt viel Wert hat, die Butterkörnchen außen abzuwaschen, wenn sie innen doch voller Buttermilch sind. Die Untersuchungen von Boysen (1927) über die Wasserverteilung der Butter zeigen uns den Weg zur Lösung dieser Frage.

Die Tröpfchen, welche beim Buttern zwischen den einzelnen Fettkügelchen eingeschlossen werden, sind sehr klein, meistens nicht größer als 5 μ, und sind praktisch voneinander getrennt, d. h. die Verbindungskanäle sind so eng, daß auch die kleinsten Bakterien nicht von einem Tröpfchen zum andern gelangen können (siehe S. 90 bis 92). Diese Tröpfchen machen mehr als die Hälfte des Gesamtwassergehaltes der fertigen Butter aus, und aus ihnen kann weder Eiweiß noch Säure noch Milchzucker herausgewaschen werden. Ganz anders aber steht es mit den großen Tropfen, welche die Zwischenräume erfüllen, welche beim Kneten der Butter zwischen den Butterkörnchen sich bilden. Durch das Waschen wird die Zusammensetzung dieser Tröpfchen sehr verändert; hier kann Eiweiß sowie Milchzucker so gut wie vollständig herausgewaschen werden. Da diese Tröpfchen wesentlich größer sind als die beim Kirnen entstehenden, und da die Infektionsgefahr beim Waschen sehr viel größer ist als beim Buttern eines pasteurisierten, mit einer Reinkultur gesäuerten Rahmes, so ist es wichtig, die Flüssigkeit in diesen Tröpfchen für Bakterienwachstum möglichst ungeeignet zu machen, indem man namentlich das zu unangenehmen Geschmacksstoffen Anlaß gebende Eiweiß möglichst vollständig zu entfernen sucht.

Als Anzeichen für ein gutes Auswaschen der Butter pflegt man Laketröpfchen aus der Butter herauszudrücken; sie sollen vollkommen klar sein. Trotzdem nun die Butter etwa ½ % Eiweiß enthält, die sich auf die 16 % Wasser so verteilen, so daß die Zusammensetzung etwa einer schwach verdünnten Magermilch entsprechen würde, ist doch bei gut gewaschener Butter die Lake tatsächlich klar. Das kommt daher, daß man die kleinen Buttermilchtröpfchen aus der Butter nicht herausdrücken kann. Die großen Tropfen zeigen aber sehr deutlich, ob die Butterklümpchen von der anhaftenden Buttermilch befreit wurden oder nicht. Man kann also diesen Maßstab wohl gelten lassen, und man kann auch verstehen, wie das Waschen der Butter einen Zweck hat, wenn auch sehr viel Buttermilch in der Butter zurückbleibt. Die Buttermilchtröpfchen und die Waschwassertröpfchen sind eben zwei Tropfensorten, die zum großen Teile getrennt nebeneinander bestehen, und selbst das Salzen und Kneten bringt da keine großen Änderungen mehr, wie wir später sehen werden. Die kleinsten Tröpfchen mit den konzentrierten Nährstoffen sind mechanisch gegen Bakterieninfektionen geschützt, allerdings nicht gegen Schimmelpilze, wie später gezeigt werden soll.

Das Waschen der Butter wird um so vollständiger sein, je kleiner die Korngröße ist, bei der das Waschen vorgenommen wird. Man kann sogar noch einen großen Schritt weitergehen und bereits den Rahm waschen, ehe man überhaupt mit dem Buttern anfängt. Solch mit Wasser verdünnter und wieder zentrifugierter Rahm buttert sehr leicht; es ist aber nicht üblich, solchen Rahm herzustellen, da mit dem größten Teile des Milchplasmas auch das Aroma weggewaschen wird. Es wird in den Fachzeitungen immer wieder anempfohlen, für die Herstellung von Dauerbutter auf ein möglichst feines Korn hinzuarbeiten und dann gründlich zu waschen; es ist dem Verfasser aber nicht gelungen, einen planmäßigen Versuch zu finden, wo derselbe Rahm einmal auf großes Korn, ein anderes Mal auf feines Korn verarbeitet wurde und wo dann die erstere Butter sich schlechter hielt als die letztere. Es hat also den Anschein, als ob dieser Rat nicht auf Erfahrung begründet, sondern rein spekulativer Art ist.

Das Waschen der Butter hat nur dann Zweck, wenn das Korn noch locker liegt, so daß das Waschwasser zwischen die Körnchen dringen und wirklich die Buttermilch fortwaschen kann. Ist die Butter schon „zusammengedreht", wie das besonders im Holsteinfaß leicht vorkommt, bedeutet das Waschen nicht viel mehr als eine Abkühlung der fertigen Butter. Dies wird bei allen den Butterfässern der Fall sein, wo die Butter zum Waschen aus dem Butterfaß herausgenommen werden muß. Hier haben die Butterfertiger einen großen Vorteil vor den meisten andern Fässern.

Im Butterfertiger läßt man die Buttermilch gut ablaufen, ehe man das Waschwasser hinzufügt. Nur wenn die Butter sehr weich sein sollte, würde es besser sein, recht kaltes Waschwasser schon hinzuzufügen, ehe alle Buttermilch abgelaufen ist und durch ihr eigenes Gewicht die Klümpchen zu großen schmierigen Massen zusammenkleben, die sich nicht mehr durch Waschen auseinanderteilen lassen. Dieses Verfahren, die Verdünnung des gesamten Butterungsgutes mit Waschwasser ohne die Buttermilch ablaufen zu lassen, wird für Dauerbutter empfohlen (Weigmann, 1915). Es wird in der Normandie, deren Produkte als fein und haltbar bekannt ist, allgemein angewandt. Freilich ist dann die

Buttermilch höchstens noch zur Schweinefütterung zu brauchen. Das Waschwasser soll bei ganz normalem Butterungsverlauf ein wenig kälter sein als die ablaufende Buttermilch; dies wird aber in erster Linie von der Härte der Butterkörnchen abhängen. Bei weichem Fett gibt man kaltes, bei zu hartem Fett etwas wärmeres Waschwasser zu. Die Regel ist, daß das ablaufende Waschwasser klar sein soll; um das zu erreichen, wird man im allgemeinen zwei- bis dreimal waschen müssen. Es besteht Gefahr, durch zu häufiges Waschen das Aroma der Butter zu vermindern, doch hat die Erfahrung gezeigt, daß bei zwei- bis dreimaligem Waschen der Verlust kaum merkbar ist, daß jedenfalls nach wenigen Tagen das Aroma, das ja hauptsächlich an das Fett gebunden ist, wiederkehrt. Das, was man Aromaverlust beim Waschen nennt, ist eigentlich nur der eingetretene Mangel an kräftig sauer schmeckender Buttermilch.

Salzen und Kneten

Die gewaschene Rohbutter ist ein lockerer Haufen von Fettklümpchen, deren Zwischenräume von verdünnter Buttermilch angefüllt sind. Durch geschicktes Kneten kann dieselbe teilweise herausgearbeitet werden. Zugleich bekommt dadurch die Butter ein festes, einheitliches Gefüge. Gewöhnlich enthält die Rohbutter weit mehr als 16 % Wasser, meistens 18 bis 25 %. Das Herauskneten dieses Flüssigkeitsüberschusses ist in erster Linie durch die Temperatur bedingt. Die Härte des Fettes entscheidet im allgemeinen über die Menge des herausgekneteten Wassers. Bei weichem Fett schließen sich schon bei dem geringsten Druck die Kanäle, durch die das Wasser zwischen den Butterklümpchen in Verbindung steht, und ein Heraustreten größerer Wassertropfen, welche ablaufen könnten, wird dadurch erschwert. Bei hartem Fett lassen sich diese Kanäle dagegen nur langsam zusammenpressen und das Wasser dieser Kanäle wird in großen Tropfen oder gar in kleinen Strömen herausgedrückt. Hat man zu warm gebuttert, so empfiehlt es sich also, die Butter erst tiefzukühlen, ehe man sie auf den Knetteller bringt.

Obschon auch ungesalzene Butter ihren Marktpreis hat, wird doch bei weitem der größte Teil der deutschen Produktion wie auch der Weltproduktion gesalzen. Dadurch erzielt man einmal eine haltbare Butter, außerdem gelingt es auch bei gesalzener Butter besser als bei ungesalzener, den Wassergehalt zu kontrollieren.

Das Salzen nimmt man mit der Rohbutter unmittelbar nach dem Waschen vor. Entweder salzt man auf dem Knetteller, indem man auf die Rohbutter die abgewogene Salzmenge langsam aufstreut, während der Teller sich dreht. Oder man salzt im Butterfertiger, indem man die auf den ruhenden Knetwalzen hochgebrachte Rohbutter möglichst gleichmäßig mit Salz bestreut und dann das Knetwerk wieder in Gang bringt. Beim Tellerkneter pflegt man das Salz in der Rohbutter durch nur wenige Umdrehungen zu verteilen, dann die Butter meist bis zum nächsten Morgen kalt liegen zu lassen, um dann erst, nachdem das Salz gewirkt hat, also nach dem Auslaken, die Butter fertigzukneten. Bei den Butterfertigern sucht man dagegen in einem Knetgange unmittelbar nach dem Buttern fertig zu werden. Das Salzen mit konzentrierter Lake kommt in der Praxis wohl kaum vor.

Um die Wirkung des Salzes auf die Butter zu verstehen, ist es notwendig, daß wir uns einen klaren Begriff von der Wasserverteilung in der Butter machen. Die Schaumtheorie lehrt, daß die Butter durch Zusammenkleben und Aneinanderpressen der Rahmfettkügelchen entsteht. Die Zwischenräume zwischen den Fettkügelchen sind also mit Buttermilch gefüllt. Sie sind kleiner als die Fettkügelchen selbst und werden durch das Buttern und Kneten nicht mehr wesentlich verändert. Neben diesen kleinsten Buttermilchtröpfchen unter 5 μ Durchmesser sind nun noch die beim Zusammenkleben der kleineren Klümpchen zu größeren Klümpchen entstandenen Zwischenräume vorhanden; diese sind in der Rohbutter in jeder Größe zu finden, von der Dimension eines Fettkügelchens aufwärts bis zu deutlich sichtbaren Wasserlöchern in der Rohbutter. Die kleinsten Tröpfchen durch Kneten aus der Butter zu entfernen ist unmöglich. Dagegen können die mittleren Tropfen zum Teil, die großen zum größten Teil herausgeknetet werden. Hierüber gibt eine Untersuchung von Boysen (1927) Aufschluß, welcher in Anlehnung an die Arbeiten von Storch (1897) mit einem recht genauen Meßverfahren die Größe der einzelnen Wassertröpfchen bestimmt und auch den Einfluß des Salzens und Knetens eingehend untersucht hat. Er findet folgende Verteilung des Wassers in den verschiedenen Stadien der Butterbehandlung.

Tabelle 27. Einfluß des Salzens

Der Wassergehalt der Butter verteilt sich auf die verschiedenen Tropfengrößen wie folgt:

(Mittel aus 10 Versuchen von Boysen)

Tropfengröße	Vor dem Salzen	Nach dem Salzen	Zunahme durch das Salzen
	Prozent		
unter 15 μ	11,31	7,01	— 4,30
15—100 μ	1,37	1,39	+ 0,02
über 100 μ	1,48	3,96	+ 2,48
Gesamtwassergehalt	14,16	12,36	— 1,80

Boysen untersuchte ferner den Mechanismus der Salzwirkung und fand, daß nicht eine Diffusion des Salzes, sondern eine Osmose stattfindet. Es bewegt sich also nur das Wasser zum Salz und nicht umgekehrt. Er konnte dies besonders deutlich durch mikrokinematographische Filmaufnahmen zeigen (Abb. 11).

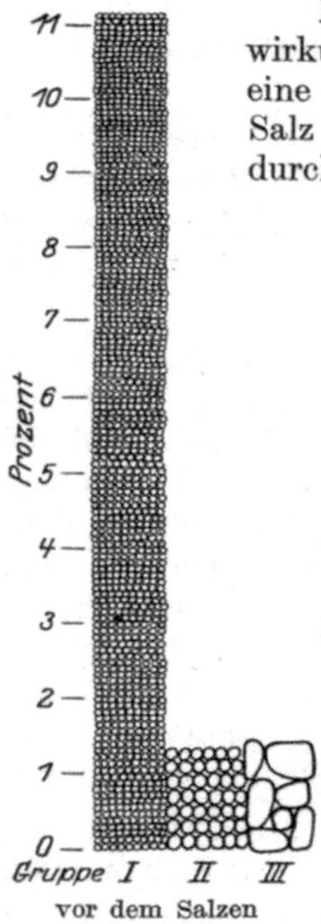

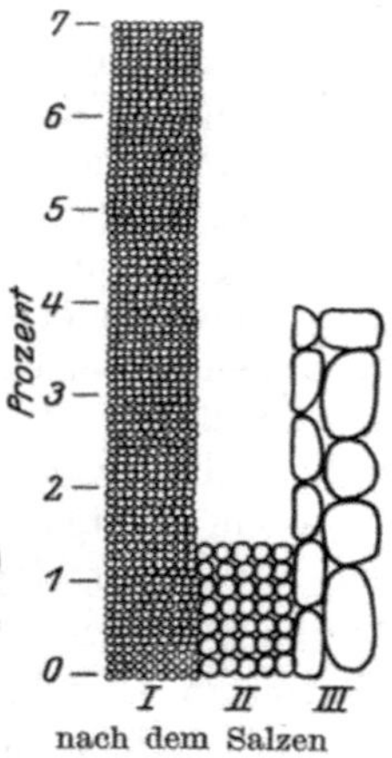

Abb. 9. Einfluß des Salzens auf die Verteilung der Tropfengröße des Wassers in der Butter

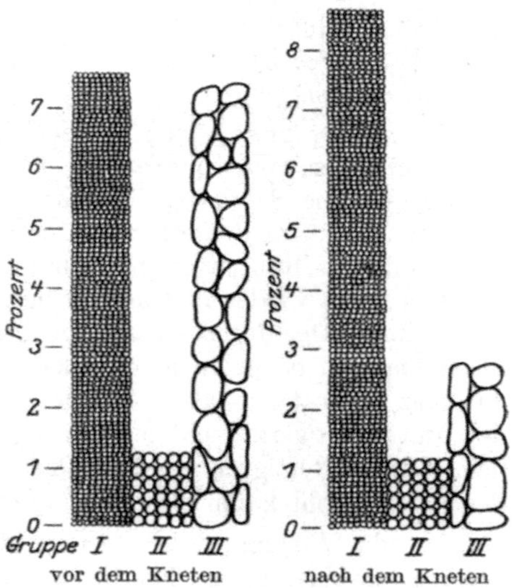

Abb. 10. Einfluß des Knetens auf die Verteilung der Tropfengröße des Wassers in der Butter

(nach Boysen)

Tabelle 28. Einfluß des Knetens

Der Wassergehalt der Butter verteilt sich auf die verschiedenen Tropfengrößen wie folgt:

(Mittel aus 19 Versuchen von BOYSEN)

Tropfengröße	Vor dem Kneten	Nach dem Kneten	Zunahme durch das Kneten
	Prozent		
unter 15 μ	7,55	8,67	+ 1,12
15—100 μ	1,25	1,18	— 0,07
über 100 μ	7,34	2,82	— 4,52
Gesamtwassergehalt	16,14	12,67	— 3,47

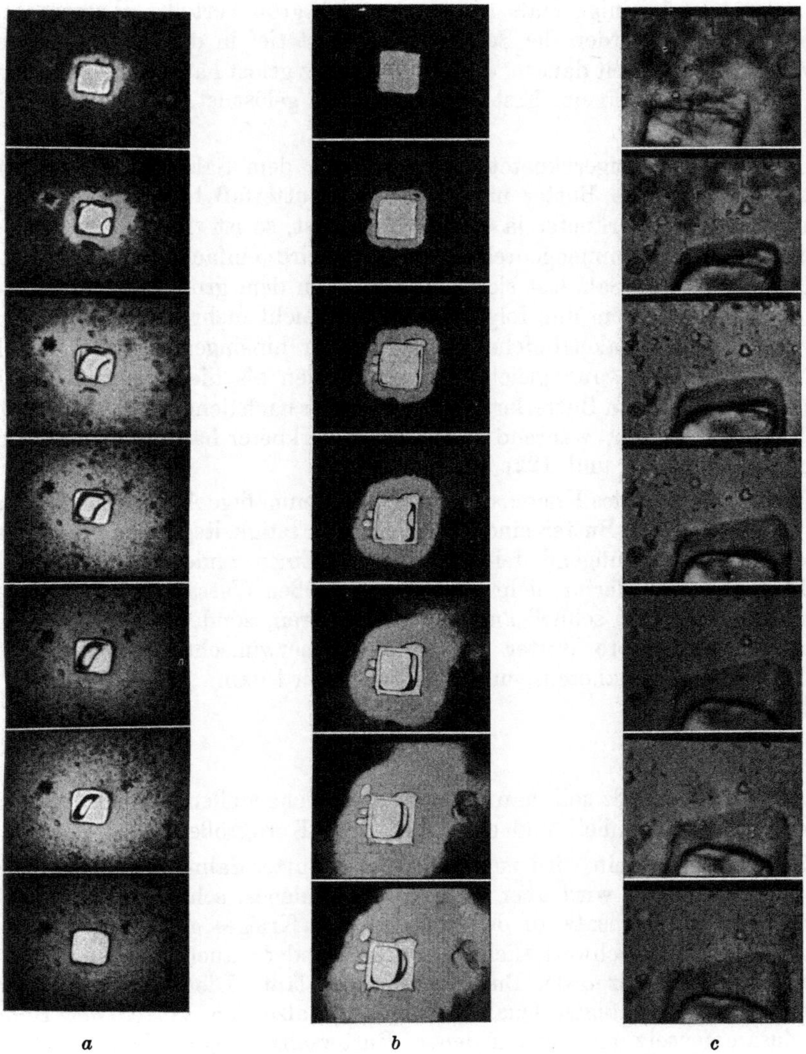

a *b* *c*

Abb. 11. Auflösung eines Salzkristalls in Rohbutter. Mikrokinematographische Aufnahme von BOYSEN. *a* und *b* 45fache, *c* 400fache Vergrößerung

Das Aufklären des Gesichtsfeldes bei den schwächeren Vergrößerungen kommt daher, daß die Wassertröpfchen verschwinden, die vorher die Butter undurchsichtig machten, so daß das Fett allmählich wasserfrei und daher durchsichtig wird. Das Wasser aller der verschwundenen Tröpfchen erscheint als Lake um den Salzkristall herum.

Dies Bild zeigt und erklärt auch die Bildung weniger großer Tropfen aus vielen kleinen. Würde das Salz nach dem Wasser hin diffundieren, so könnte keine Bildung größerer Tropfen stattfinden und das Salz würde die Dispersion des Wassers im Fette nicht verändern können. Dies stimmt überein mit der Beobachtung von RAHN (1926 a), daß in ungesalzene Butter, die 3 Monate in Salzlake gelegen hatte, das Salz nur 1,5 cm weit eingedrungen war.

Mit diesem Einblick in die Wirkungsweise des Salzes auf die Wassertröpfchen der Rohbutter werden auch die Unterschiede, welche in der Wirkungsweise von Tellerkneter und Butterfertiger bestehen, etwas verständlicher. Beim Kneten auf dem Teller kommt die Butter schon leidlich trocken auf den Kneter. Man knetet noch einige Male herum, um das grob verteilte Wasser abfließen zu lassen. Dann werden die Salzkristalle sofort tief in die Butter eingeknetet. Es wird nun einige Zeit dauern, ehe sich alles Salz gelöst hat, und zwar bei grobem Salz länger als bei feinem. Erst wenn alles Salz gelöst ist, soll die Butter fertiggeknetet werden.

Beim Butterfertiger knetet man nicht vor dem Salzen das grob verteilte Wasser fort. Da die Butter nicht aus dem Butterfaß herausgenommen wird, wie es bei dem Tellerkneter ja unvermeidlich ist, so ist sie lockerer im Gefüge. Sie ist nicht „zusammengedreht", sondern wird einfach auf der Knetwalze hochgebracht. Das Salz löst sich sehr schnell in dem großen Wasserüberschuß, und es werden bei dem nun folgenden Kneten nicht mehr Salzkristalle, sondern vorwiegend schon Laketröpfchen in die Butter hineingearbeitet. Diese lassen sich sehr viel feiner und gleichmäßiger verteilen als die Salzkristalle. Daher ist es möglich, mit dem Butterfertiger unmittelbar nach dem Buttern und Waschen gleich fertigzukneten, während dies beim Tellerkneter häufig eine bunte Butter geben würde (S. 93 und 122).

Über die Dauer des Knetens lassen sich zahlenmäßige Angaben nicht machen. Man knetet, bis die Butter einen bestimmten Festigkeitsgrad erreicht hat und bis das Wasser genügend fein verteilt ist. Einen anderen Maßstab als die Erfahrung gibt es hierfür nicht. Butter mit großen Wassertröpfchen wird nicht nur naß bleiben und schnell an Gewicht verlieren, sondern wird auch weniger haltbar sein. Lockere Butter ist ebenfalls unerwünscht. Anderseits besteht die Gefahr des Überknetens, und die Butter wird dann salbig, schmierig oder „dick".

Das Buttersalz

An das Buttersalz soll man dreierlei Ansprüche stellen: Chemische Reinheit, bakteriologische Reinheit und eine bestimmte Korngröße.

Ziemlich allgemein wird zum Salzen der Butter Salinensalz, also Siedesalz, benutzt. Neuerdings wird aber auch ein gemahlenes, sehr reines Steinsalz geliefert, das, im Gegensatz zu den während des Krieges gelieferten Steinsalzen, nicht nur frei von schwerlöslichen Stoffen, sondern auch rein im Geschmack ist und sich zum Salzen der Butter verwenden läßt. Die Siedesalze haben den Vorteil der gleichmäßigen Qualität, die Steinsalze den Vorteil der Billigkeit. Die Zusammensetzung verschiedener Buttersalze zeigen folgende Tabellen von RIEDEL (1926).

Tabelle 29

	1. Saline Lüneburg	2. Saline Lüneburg	3. Saline Lüneburg	4. Saline Lüneburg	5. Saline Stade	6. Saline Süllbeck	7. Saline Schöningen	8. Saline Eggestorf	9. Saline unbekannt
Aussehen	rein weiß	rein weiß	rein weiß	rein weiß	leicht grau	leicht gelb	rein weiß	rein weiß	leicht gelb
Rückstand beim Lösen	0,00%	0,02%	0,00%	0,02%	0,00%	0,14%	0,02%	0,02%	0,16%
Filterrückstand	grau	braun	braun	braun	braun	braun	braun	braun	braun
Eisen	vorhanden	vorhanden	vorhanden	vorhanden	vorhanden	vorhanden	vorhanden	vorhanden	vorhanden
Feuchtigkeit	0,04%	0,56%	0,13%	0,16%	0,93%	0,28%	0,20%	0,11%	2,18%
Natriumchlorid	97,42%	98,65%	98,58%	98,09%	96,08%	95,08%	96,56%	97,47%	94,72%
Kaliumchlorid	0,05%	0,13%	0,11%	0,14%	0,30%	0,30%	Spuren	0,10%	0,03%
Magnesiumchlorid	0,33%	0,05%	0,02%	0,17%	0,26%	0,26%	0,05%	0,07%	Spuren
Kalziumchlorid	—	—	—	—	—	—	0,32%	—	0,22%
Natriumsulfat	0,23%	0,28%	0,12%	0,11%	0,27%	0,92%	nicht vorh.	0,03%	nicht vorh.
Kalziumsulfat	nicht vorh.	0,19%	0,17%	0,25%	nicht vorh.	0,43%	0,54%	0,17%	1,43%
Reaktion	alkalisch	alkalisch	alkalisch	alkalisch	neutral	neutral	alkalisch	alkalisch	alkalisch
Soda	0,08%	0,03%	0,02%	0,01%	nicht vorh.	nicht vorh.	0,03%	0,06%	0,06%
Bakteriologische Untersuchung	Schimmelpilze, gelbe und orangefarbene Kokken	Schimmelpilze, gelbe Kokken	viel Schimmelpilze, gelbe Kokken	viel Schimmelpilze, gelbe Kokken	sehr unangenehm, knoblauchartig riechende Schimmelpilze, gelbe Kokken	Schimmelpilze, gelbe Kokken	viel Schimmelpilze, gelbe Kokken	Schimmelpilze	Keine Schimmelpilze

Tabelle 30

	1. Saline Lüneburg	2. Saline Lüneburg	3. Saline Lüneburg	4. Saline Stade	5. Saline Süllbeck	6. Saline unbekannt	7. Saline Schöningen	8. Saline Lüneburg	9. Saline Eggestorf
	Prozent								
über 2 mm	0,00	0,00	0,00	0,00	0,75	3,60	0,00	0,00	0,00
1,5—2 mm	0,25	0,00	0,00	0,10	6,35	4,30	0,00	0,00	0,00
1,25—1,5 mm	0,35	0,40	0,50	1,25	7,85	5,30	0,20	0,20	0,10
1,0—1,25 mm	1,40	2,20	2,30	8,10	16,35	32,60	6,50	1,30	0,20
0,5—1,0 mm	9,50	4,70	6,80	14,25	16,10	29,20	15,40	5,20	1,70
unter 0,5 mm	88,55	92,70	90,40	76,35	52,60	25,00	77,90	93,30	98,00

Die Korngröße des Salzes ist bei dem Kneten auf dem Teller von größerer Bedeutung als beim Butterfertiger, wie aus den obigen Erklärungen über die Wirkung des Salzes verständlich ist. Eine Norm für die „beste Korngröße“ gibt es nicht. Verschiedene Personen werden verschiedene Korngrößen bevorzugen, je nach ihrer Arbeitsmethode. Wer die Butter schon sehr trocken auf den Teller bringt, wird ein feineres Salz brauchen als der, welcher nasse Butter zu kneten gewöhnt ist.

Die bakteriologische Reinheit des Salzes ist nicht ohne weiteres so selbstverständlich, wie mancher annehmen möchte. Man kennt eine Anzahl Bakterien und Hefen, welche in gesättigter Salzlake noch sich vermehren können. Andere Mikroorganismen wachsen vielleicht nicht in ganz starken Salzlösungen, bleiben aber doch am Leben und entwickeln sich, sobald sie in weniger salzige Umgebung kommen (S. 105 und 106). Es ist also recht gut möglich, daß feuchtes Salz große Mengen von Mikroorganismen beherbergen kann, die unter Umständen der Butter gefährlich werden (Weigmann, 1925).

Die Gefahr eines bakteriologisch zu beanstandenden Salzes ist nicht groß, wenn das Salz von dem Gewinnungsort trocken in Fässern oder Kisten verpackt und so verschickt wird. Das frisch gewonnene Salz ist sehr arm an Bakterien. Die Gefahr liegt im Versand in Säcken und vor allen Dingen in einer falschen Lagerung in der Meierei. Wenn das Salz an einem feuchten Ort, z. B. im Keller oder im Butterungsraum, steht oder gar in Säcken auf dem Fußboden liegt, dann besteht die Möglichkeit, daß Salz die Butter nicht verbessert, sondern verschlechtert. Dies ist tatsächlich durch Lauterwald (1926) als Regel beobachtet worden. Bei den Butterprüfungen der D. L. G. 1926 wurden mit Preisen bedacht:

von 214	Proben	ungesalzener	Butter	87,4 %,
„ 319	„	gesalzener	„	53,6 %,

obschon man doch das Gegenteil erwarten müßte. Da im allgemeinen die Fehler in der frischen Butter noch nicht vorhanden sind, sondern erst allmählich sich entwickeln, so ist anzunehmen, daß im Salze nicht etwa schlecht schmeckende Bestandteile vorkommen, sondern solche Stoffe, welche die chemische Zersetzung des Fettes beschleunigen. Hierher gehört zunächst das Chlornatrium selbst, welches das Fischigwerden begünstigt (S. 120). Ferner besteht die Möglichkeit von Metallspuren im Salz, welche das Talgigwerden fördern würden (S. 123). Außerdem fürchtet man auch kohlensaure Salze, weil diese die Milchsäure neutralisieren und so die Haltbarkeit herabsetzen.

Die Verpackung der Butter

Während die Hausfrau die Vorratsbutter fast immer in Steingut packt, benutzt der Großhandel fast ausschließlich Holztonnen verschiedener Form und Größe. Zweifellos ist Steingut ein recht gutes Verpackungsmaterial für Butter, und Holz ist recht ungeeignet. Einmal ist es häufig mit Mikroorganismen besät, besonders mit Schimmelsporen; sodann ist Holz schwer zu reinigen und zu sterilisieren und schließlich ist es nicht wasserdicht, sondern zieht das Wasser aus der Butter an, und während es nach außen hin Wasser verdunstet, zieht es immer neues Wasser aus der Butter an. Dadurch entstehen Gewichtsverluste, die gar nicht gering sind. Fleischmann (1922) erwähnt einen größeren Versuch, bei welchem frische Butter mit einem Wassergehalt von 13,15 % im Butterkeller in Holztonnen gelagert wurde und dabei in einem Monat 1,07 %, in 4 Monaten 6,46 % des Buttergewichtes verlor. Solche große Verluste sind Ausnahmen und deuten auf lakende Butter. Aber die Verluste sind recht beträchtlich (siehe unten und S. 82). Die Wasserverluste haben einen weiteren Nachteil; die Butter beginnt zu schrumpfen, und schließlich entsteht zwischen Butter und Faßwand ein Zwischenraum, in welchem Schimmel sich gern einnisten und die Butter schnell verderben.

Natürlich hat es nicht an Versuchen gefehlt, diesen Übelständen abzuhelfen. Ein leichtes, billiges und haltbares Material, das für diesen Zweck besser geeignet wäre als Holz, hat man noch nicht gefunden, daher ist man dazu übergegangen, die Fehler des Holzes durch Paraffinieren zu beheben. ROGERS (1906) hat die Wirkung des Paraffins studiert und daraufhin das Paraffinieren der Butterbehälter allgemein empfohlen. Es ist vor allem für die Drittelfässer geeignet, aber kann auch auf alle anderen Formen angewendet werden. Man dämpft zuerst die Tonnen, um die Poren zu öffnen, läßt sie dann schnell trocknen und bürstet dann oder schmiert das heiße Paraffin von etwa 120 bis 125° C in dünner Schicht in die noch heiße Tonne; darauf stellt man sie mit der offenen Seite nach unten zum Abtropfen. Wenn das Holz nicht trocken ist, dringt das Paraffin nicht in die Poren, und wenn das Holz nicht heiß ist, kühlt das Paraffin zu schnell ab, wird ungleichmäßig und bindet nicht, sondern blättert wieder ab. Ein richtig paraffiniertes Faß ist wasserdicht. ROGERS fand folgende Wasserverluste in je 12 Faß Butter:

	Mit Paraffin	Ohne Paraffin
Gewicht sofort nach dem Packen	$757^1/_4$ Pfund	$766^1/_4$ Pfund
Gewicht 8 Tage später	756 ,,	759 ,,
Verlust	$1^1/_4$ Pfund	$7^1/_4$ Pfund
	0,17 %	0,95 %

Man hat jetzt auch einfache Vorrichtungen, welche die Tonnen mit Paraffin ausspritzen; dies gibt einen recht gleichmäßigen, dünnen und sparsamen Überzug.

Wie später (S. 105) gezeigt werden wird, entwickeln sich die Mikroorganismen der Butter hauptsächlich an der Außenseite, dort, wo die Luft hinkommen kann. Es muß daher angestrebt werden, die Luft von der Butter möglichst fernzuhalten. Dies geschieht durch festes Einstampfen der Butter in die Fässer. Der glasierte Steinguttopf ist dem Holzfaß überlegen, da er von den Seiten her keine Luft durchläßt. Die Paraffinierung der Holzkübel hilft ebenfalls, die Luft von den Seiten her abzuschließen.

Der größeren Sauberkeit wegen und um eine direkte Berührung der Butter mit dem Holze zu vermeiden, werden gewöhnlich die Tonnen mit Pergamentpapier ausgelegt. Bei paraffinierten Fässern wäre dies wohl nicht absolut nötig, aber es wird doch recht häufig getan. Das Pergamentpapier soll eine halbe Stunde in ganz heißer Salzlacke liegen, damit alle Hefen, Schimmel und Bakterien abgetötet werden; zugleich wird hierbei der manchmal vorhandene Zucker aus dem Papier herausgelaugt, der sonst den Schimmeln und Hefen ein vollkommener Nährstoff gewesen wäre. Tonnen, die nicht paraffiniert sind, müssen mit heißer Salzlake gründlich ausgebürstet werden, so daß sie richtig heiß werden. Daß nicht alles Pergamentpapier gleich gut für die Verpackung von Butter ist, zeigten die Untersuchungen von BURR und WOLFF (1910).

Für den Kleinhandel gebraucht man die Butter in Pfunden und halben Pfunden ausgewogen. Es ist sehr viel appetitlicher und auch hygienisch wünschenswert, daß das Auswiegen schon in der Molkerei geschieht, weil dadurch die direkte Berührung der Butter mit der Außenwelt verhindert wird und sie tatsächlich so sauber wie sie hergestellt wurde auch in die Hände des Verbrauchers gelangt. Das Auspfunden geschieht entweder dadurch, daß so viel Butter auf die Waage gelegt wird, bis das Gewicht voll ist, oder man benutzt Formen, bei Bauernbutter gewöhnlich geschnitzte Holzformen, die genau ein halbes oder ganzes Pfund enthalten. In den Molkereien sind einfache rechtwinkelige Formen üblich, in welche die Butter mit einem einfachen Hebeldruck hineingepreßt wird. Die Größe dieser Formen ist verstellbar, und das Gewicht muß stets nachgeprüft werden, weil die Butter nicht stets das gleiche spezifische Gewicht hat; es schwankt hauptsächlich wegen des verschiedenen Luftgehaltes (S. 86).

Die Großbetriebe benutzen komplizierte Maschinen, bei denen gewöhnlich die Butter durch eine rechteckige Öffnung gepreßt wird; aus dem herausgepreßten rechtkantigen Butterstreifen schneidet die Maschine mit einem Draht Pfundstücke ab. Die neueren Modelle dieser Maschinen wickeln diese Butterstücke in Pergamentpapier und umhüllen sie dann noch mit einem Karton, der paraffiniert ist. Diese Stücke können dann noch über eine automatische Waage laufen, die alle zu leichten Stücke heraussortiert.

c) Die Zusammensetzung der Butter

Chemische Zusammensetzung

Die Butter besteht aus denselben Bestandteilen, aus denen der Rahm und die Milch zusammengesetzt sind. Der einzige Unterschied beruht in einem verschiedenen Mengenverhältnis der einzelnen Bestandteile, von denen die Anreicherung des Fettes die auffallendste ist. Außerdem wird der Butter gewöhnlich Salz zugesetzt.

Die Schwankungen in der Zusammensetzung der Butter sind dadurch, daß das Fett einen so überwiegenden Anteil ausmacht, verhältnismäßig gering; dies ist um so mehr ausgeprägt, als die gesetzliche Höchstgrenze für den Wassergehalt 16% ist und daher Butter mit höherem Wassergehalt nicht als normale Butter angesehen wird. Einen Begriff von den Schwankungen der Zusammensetzung der Butter geben uns die Zusammenstellung in FLEISCHMANNS Lehrbuch (1922) und die 695 Analysen amerikanischer Butter von THOMPSON, SHAW und NORTON (zitiert nach HUNZIKER, 1920).

Tabelle 32. Schwankungen in der Zusammensetzung der Butter

	Nach FLEISCHMANN	Nach THOMPSON, SHAW und NORTON		
		Durchschnitt	Maximum	Minimum
	Prozent	Prozent		
Fett	80,0 —91,0	82,41	87,39	73,49
Wasser	6,0 —16,0	13,90	20,65	10,13
Sonstige organische Stoffe	0,80— 2,0	1,18	3,42	0,12
Salz + Asche	—	2,51	5,98	0,68
Asche	0,10—0,28	—	—	—

Die Anzahl vollständiger Butteranalysen ist nicht sehr groß. Infolge der gesetzlichen Grenze für den Wassergehalt ist freilich die Anzahl der Bestimmungen des Wassergehaltes unzählbar. Aber damit ist meistens die Analyse der Butter beendet. Manchmal wird auch der Fettgehalt der Butter mittels des Butyrometers bestimmt. Schnell ist auch das Salz festgestellt, da man den wässerigen Auszug der Butter leicht mit Silbernitrat titrieren kann. Sehr selten schon bestimmt man den Eiweißgehalt. Sind all diese Bestandteile festgestellt, so könnte man den Milchzucker und die übrigen Bestandteile, z. B. Milchsäure, Zitronensäure, durch Differenz bestimmen, wenn die anderen Analysen genau genug wären. Die Fettbestimmung mittels des Butyrometers ist bestimmt nicht genau genug, um solche Differenzberechnung zu erlauben (RAHN, 1926 b). Da die Fehler sich summieren können, besteht die Gefahr, daß der Restbestand viel zu groß oder viel zu klein wird. Die Fehlerwahrscheinlichkeit ist fast so groß als die gesamte Milchzuckermenge. Eine Butteranalyse kann nur dann als vollständig gelten, wenn der Milchzucker und die Milchsäure wirklich bestimmt und nicht nur berechnet wurden.

Wenn wir vom zugesetzten Salz absehen, machen Fett + Wasser über 98% der gesamten Butter aus. Vom Standpunkt des Nährwertes spielen die anderen Stoffe also keine Rolle; nur das im Fett gelöste Vitamin A bzw. D ist als Aktivator, wenn auch nicht als eigentlicher Nährstoff von Bedeutung. Trotzdem ist es nicht zulässig, die Zusammensetzung der Butter zu berechnen unter der Annahme, daß Eiweiß und Milchzucker in der Butter im selben Verhältnis vorhanden sind wie in Milch; wir finden verhältnismäßig mehr Eiweiß und weniger Milchzucker in der Butter.

Tabelle 33. Mittlere Zusammensetzung der Butter nach FLEISCHMANN

	Süßrahmbutter, nicht gesalzen		Sauerrahmbutter, gesalzen		Milchbutter	
	nicht gewaschen	gewaschen	nicht gewaschen	gewaschen	nicht gesalzen	gesalzen
	Prozent		Prozent		Prozent	
Fett	83,50	83,75	84,75	84,60	83,00	83,50
Wasser	15,00	15,00	12,00	12,50	14,60	12,50
Eiweißstoffe	0,60	0,53	0,50	0,48	1,08	0,80
Sonstige organische Stoffe	0,77	0,60	0,55	0,42	1,20	1,00
Asche + Salz	0,13	0,12	2,20	2,00	0,12	2,20
	100,00	100,00	100,00	100,00	100,00	100,00

Tabelle 34. Mittlere Zusammensetzung der Butter

	Nach HITTCHER, gesalzen	Nach HUNZIKER	
		gesalzen	ungesalzen
	Prozent	Prozent	
Fett	82,8	82,5	84,0
Wasser	14,82	13,9	14,5
Eiweiß	0,665	0,6	0,85
Milchzucker	0,285	0,25	0,30
Milchsäure	—	0,15	0,15
Asche	0,11	0,10	0,20
Salz	1,32	2,50	0,0

Zwischen der oberen und der unteren Tabelle besteht ein Unterschied in der Menge des Milchzuckers. Die FLEISCHMANNschen Zahlen sind doppelt so hoch wie die der unteren, neueren Analysen, und es ist wahrscheinlich, daß FLEISCHMANN die „sonstigen organischen Stoffe" durch Differenz bestimmte und daß die Analysenverfahren zur Zeit dieser Analysen noch mit einem ziemlich großen Fehler behaftet waren.

In der Zusammensetzung deutscher und amerikanischer Butter ist kein Unterschied vorhanden, wie ja auch nicht anders zu erwarten ist, da die Herstellung nicht wesentlich verschieden und die gesetzliche Höchstgrenze für den Wassergehalt in beiden Ländern gleich ist. Nur der Salzgehalt der amerikanischen Butter ist, dem dortigen Geschmack entsprechend, höher.

Die Regelung des Wassergehaltes

Der wichtigste Faktor bei der Regelung des Wassergehaltes der Butter ist das Kneten. Fast alle Fehler, welche bei der Herstellung der Butter gemacht worden sind, sei es durch zu warmes Buttern, falsche Rahmbehandlung, zu warmes oder zu kaltes Waschwasser, durch Überbuttern und was sonst noch beim Buttern falsch gemacht werden kann (und die Anzahl der Möglichkeiten ist sehr groß), alle diese Fehler können, wenigstens soweit sie den Wassergehalt betreffen, durch sachkundiges Kneten wieder gutgemacht oder doch wenigstens recht weitgehend ausgeglichen werden, wenn es sich nicht gerade um ganz ungewöhnlich grobe Verstöße gegen alle Regeln handelt. Anderseits können Fehler beim Kneten niemals wieder ganz gutgemacht werden, ohne das Gefüge der Butter stark zu schädigen. Aus diesen Gründen darf man wohl das Kneten als den ausschlaggebenden Faktor für den Wassergehalt betrachten.

Eben dieser überragende Einfluß des Knetens ist wohl die Ursache dafür, daß trotz der unendlich vielen Butterungsversuche so gut wie gar kein wirklich klares Material über den Einfluß der verschiedenen Maßnahmen bei der Rahmbehandlung, beim Buttern und bei der Butterbehandlung auf den Wassergehalt der fertigen Butter vorhanden ist. So viele Versuche widersprechen sich, so viele sind ergebnislos verlaufen. Es ist ganz verständlich, daß Butterungsversuche von einem sachverständigen Butterfachmann angestellt werden müssen. Ein solcher wird aber eine weiche Butter anders kneten als eine harte und eine nasse Butter anders als eine trockene. So gleicht er unbewußt, in der besten Absicht, vorhandene Unterschiede durch das Kneten aus und das Endergebnis ist ein ziemlich gleichmäßiger Wassergehalt, trotz großer anfänglicher Unterschiede. Man täte vielleicht besser, den Wassergehalt der Rohbutter als Maßstab zu benützen, aber es kommt außer dem Wassergehalt der Rohbutter für die Beurteilung der fertigen Butter (das Werturteil) noch ein anderer wichtiger Faktor dazu, nämlich die Möglichkeit, den Überschuß der Rohbutter an Wasser überhaupt herauszubringen. Bei einer zu warm und zu weich gebutterten Butter wird dies sehr schwer sein, bei einer normal gebutterten dagegen leicht. Der Wassergehalt der Rohbutter allein genügt also nicht zur Beschreibung der Verhältnisse.

Hunziker, Mills und Spitzer (1912) kommen auf Grund sehr umfangreicher Untersuchungen über die Wasserkontrolle der Butter zu folgendem Schluß: „Das Geheimnis der Regelung des Wassergehaltes der Butter liegt in der Regelung der Butterungstemperatur und in der Anpassung der beim Kneten (im Butterfertiger) vorhandenen Wassermenge an die chemisch, physikalisch und mechanisch bestimmten Eigenschaften des Butterfettes und in regelmäßigen Wasserbestimmungen." Das heißt mit einfachen Worten, daß das Kneten eine Kunst ist, die man lernen muß, da es keine klaren, meßbaren, eindeutigen Verfahren gibt, um aus dem Kneten eine Wissenschaft zu machen.

Immerhin ist es eine jedem Fachmann geläufige Erfahrung, daß weiches Fett, sei es beim Buttern, Waschen oder Kneten, eine wasserreiche Butter gibt, hartes Fett dagegen eine trockene Butter.

Die Härte des Fettes in der Milch ist großen Schwankungen unterworfen. Es ist bisher nicht möglich, diese Härte auf einfache Weise im Rahm zu bestimmen. Es ist aber allgemein bekannt, daß die Härte durch geringe Schwankungen der Temperatur schon sehr stark geändert werden kann. Ist die Butter einmal gebildet, so kann man an dem Verhalten der Butterklümpchen schon sehen, ob das Fett weich oder hart ist. Wir haben auch einen indirekten Maßstab in der Butterungsdauer (siehe S. 46 bis 49). Zu schnelles Buttern deutet auf zu weiches

Fett, zu langsames Buttern auf zu hartes Fett. Ist das Fett beim Buttern zu weich gewesen, wird man versuchen, es durch Waschen mit Wasser, das kälter ist als die ablaufende Buttermilch, auf einen normalen Härtegrad und dadurch indirekt auf einen normalen Wassergehalt zu bringen. Umgekehrt wird man eine zu kalt gewonnene Rohbutter mit Wasser waschen, das etwas wärmer ist. Warmes Waschwasser erhöht den Wassergehalt der Butter ein wenig, kaltes Waschwasser kann ihn herabsetzen. Als Regel gilt es, den Wärmegrad des Waschwassers 1 bis 2° unter der Temperatur der ablaufenden Buttermilch zu wählen.

Trotzdem die Härte des Fettes allgemein als wichtiger Faktor anerkannt ist, fällt es doch schwer, dies zahlenmäßig zu belegen, soweit die Butterungswärme in Betracht kommt. Man würde aus dieser Regel schließen, daß im Sommer, wo das Fett infolge des Weideganges weicher ist als im Winter und wo infolge der höheren Außentemperatur die Butter selbst in den Meiereien leicht zu warm gebuttert wird, der Wassergehalt im großen Durchschnitt höher sein sollte als im Winter. Die Zusammenstellung BENNO MARTINYS aus dem Jahre 1898 zeigt aber gerade das Gegenteil. Allerdings glaubte MARTINY selbst nicht, daß dieses Material trotz der großen Zahl der Untersuchungen die Verhältnisse der deutschen Buttererzeugung ganz richtig wiedergab. Untersuchungsergebnisse von Butterproben, welche zwecks Prüfung auf einen etwaigen zu hohen Wassergehalt an die Versuchsstation für Molkereiwesen in Kiel in den Jahren 1903 bis 1913 eingesandt wurden, haben ebenfalls keinen Unterschied im Wassergehalt der handelsfertigen Weidebutter gegen solche Stallbutter erkennen lassen (siehe H. WEIGMANN: Die Tätigkeit der Versuchsstation für Molkereiwesen in Kiel von 1889 bis 1914, S. 17).

Tabelle 35. Jahreszeit und Wassergehalt
Zusammenstellung von 1685 Analysen nach MARTINY

Art der Butter		Sommerbutter				Winterbutter			
		Anzahl der Proben	Wassergehalt höchster	Wassergehalt niedrigster	Wassergehalt mittlerer	Anzahl der Proben	Wassergehalt höchster	Wassergehalt niedrigster	Wassergehalt mittlerer
			Prozent	Prozent	Prozent		Prozent	Prozent	Prozent
Meiereibutter	ungesalzen	226	18,50	9,10	13,36	279	23,60	10,10	14,46
	gesalzen	263	18,96	8,36	12,37	214	18,40	8,49	13,27
Bauernbutter	ungesalzen	151	25,10	6,30	12,42	62	20,70	3,68	11,93
	gesalzen	177	45,47	7,27	16,02	281	49,02	8,76	16,26
Dauerbutter, gesalzen		8	13,70	8,70	10,56	24	21,30	7,20	15,04
Gesamtmittel		825	—	—	12,95	860	—	—	14,19

Eine neuere statistische Zusammenstellung machte LINDEMANN (1922). Dies Material ist sehr viel einheitlicher, da es sich um gute Butter derselben ostholsteinischen Meiereien, die zur Butterschau geschickt worden war, handelte. Die Zahlen für den Wassergehalt sind auffallend einheitlich und zeigen nur 0,2% Unterschied zwischen November 1920 und Dezember 1921 und einen um 0,3 bis 0,5% höheren Wassergehalt im Juni. Da die meisten dieser Meiereien wohl Kühlvorrichtungen hatten, so ist dieser Unterschied so, wie man ihn erwarten sollte. Es sei hier noch auf eines hingewiesen, das zu erklären ohne genaueste Kenntnis der Verhältnisse nicht möglich ist, nämlich, daß die Butter im Kreise Stormarn in jeder der 3 Prüfungen erheblich höher war als in jedem der anderen Kreise und daß die Butter im benachbarten Kreise Lauenburg den niedrigsten Wassergehalt hat.

Tabelle 36. Jahreszeit und Wassergehalt
Zusammenstellung von 314 Proben von Lindemann

	November 1920		Juni 1921		Dezember 1921		Gesamt-durch-schnitt
	Anzahl	Wasser Prozent	Anzahl	Wasser Prozent	Anzahl	Wasser Prozent	
Kreis Segeberg....	23	13,8	22	13,8	22	13,5	13,6
„ Plön........	23	13,7	21	14,1	27	13,2	13,7
„ Bordesholm .	16	13,1	13	14,0	16	13,7	13,6
„ Oldenburg...	13	13,8	14	14,0	17	13,9	13,9
„ Prov. Lübeck	10	13,5	8	13,7	9	14,7	13,6
„ Stormarn ...	7	14,4	8	14,4	8	14,8	14,5
„ Lauenburg ..	10	13,4	16	13,7	11	13,5	13,5
Mittel.......		13,6		14,1		13,8	

Außer diesen Zusammenstellungen über den Einfluß der Jahreszeit, die einmal einen kleinen Bezirk, ein anderes Mal ganz Deutschland umfassen, ist nun auch eine Reihe von Butterungsversuchen vorhanden, bei denen die Wirkung verschiedener Butterungstemperaturen auf den Wassergehalt untersucht wurde. Rahn (1924 c) hat die Versuche von Hittcher zusammengestellt und gezeigt, wie man je nach der Auswahl der Versuche sowohl eine Zunahme als auch eine Abnahme des Wassergehaltes durch die Steigerung der Butterungswärme beweisen kann. Durch Trennung der Sommerbutter von der Winterbutter gelang es ihm aber, einige Klarheit in die scheinbaren Widersprüche zu bringen. Tabelle 37 zeigt die Ergebnisse. Es geht daraus hervor, daß Hittcher im Sommer wärmer gebuttert hat als im Winter; im Sommer wurden 21% aller Proben unter 14° gebuttert, im Winter 22%; im Sommer wurden 25% aller

Tabelle 37. Butterungsendwärme, Jahreszeit und Wassergehalt
120 Versuche von Hittcher

Butterungs-endwärme	Wassergehalt der Sommerbutter in Prozent					Wassergehalt der Winterbutter in Prozent				
	bei einer Butterungsdauer				Ge-samt-mittel	bei einer Butterungsdauer				Ge-samt-mittel
	15—30	31—45	46—60	über 60		15—30	31—45	46—60	über 60	
	Minuten					Minuten				
Mittelwert										
9—12° C	—	[14,6]	—	—	[14,6]	—	13,6	14,1	[14,1]	13,8
12—14° C	15,4	14,6	14,0	13,8	14,5	[13,7]	13,2	13,2	[14,5]	13,3
14—15° C	15,4	14,2	14,3	[13,2]	14,4	[14,0]	13,7	13,0	[13,1]	13,3
15—16° C	17,0	14,9	15,2	—	15,5	[13,0]	13,5	[13,6]	—	13,4
über 16° C	[18,0]	[14,6]	[14,6]	[14,2]	15,1	[13,9]	[12,0]	—	—	[13,0]
Mittelwert..	16,1	14,5	14,5	13,7	—	13,8	13,5	13,2	13,5	—
	Anzahl der Versuche				Summe	Anzahl der Versuche				Summe
9—12° C	0	1	0	0	1	0	4	2	1	7
12—14° C	4	9	2	5	20	1	3	9	2	15
14—15° C	6	13	8	2	29	1	6	8	1	16
15—16° C	5	9	5	0	16	1	3	1	0	5
über 16° C	1	3	1	1	9	1	1	0	0	2
Summe...	16	35	16	8	75	4	17	20	4	45

Proben bei Temperaturen über 15° gebuttert, im Winter nur 7%. Dadurch ist der Wert auch dieser größten aller Versuchsreihen, die zur Verfügung steht, stark gemindert. Bei der Sommerbutter finden wir eine deutliche, wenn auch geringe Steigerung des Wassergehaltes der Butter mit der Butterungswärme, aber bei der Winterbutter ist nicht der geringste Einfluß wahrzunehmen, weil auch die am wärmsten gebutterten Proben nicht so warm waren, daß das ziemlich harte Winterfett zu weich wurde. Dagegen zeigt die Tabelle einen anderen recht wichtigen Punkt, nämlich den Einfluß der Butterungsdauer auf den Wassergehalt; derselbe ist viel ausgesprochener als der Einfluß der Temperatur und auch bei der Winterbutter noch angedeutet.

Tabelle 38. Verschieden schnelles Buttern im Stoßbutterfaß

Stöße in der Minute	Butterungsdauer in Minuten		Fettgehalt der Buttermilch in Prozent		Wassergehalt der Butter in Prozent		Anzahl der Versuche
	Grenzen	Mittel	Grenzen	Mittel	Grenzen	Mittel	
36—37	115—120	117,5	0,42—0,44	0,43	13,0—14,0	13,5	2
70—73	33—52	45	0,44—0,75	0,56	12,25—13,5	12,68	3
100—105	25—40	30,5	0,46—0,59	0,52	12,15—14,75	13,0	4
132—160	11—28	18,1	0,38—0,89	0,55	12,55—22,0	15,63	7

Die Butterungsgeschwindigkeit ist ein wichtiger Faktor für die Regelung des Wassergehaltes der Butter; vielleicht ist dies der wichtigste Faktor und der Einfluß der Temperatur ist vielleicht nur ein indirekter, insofern als die höhere Temperatur ein schnelleres Buttern verursacht. Die vorstehende Tabelle läßt jedenfalls vermuten, daß der Einfluß der Butterungsdauer größer ist als der Einfluß der Temperatur.

Man kann sich leicht eine Vorstellung davon machen, wie bei schnellem Buttern die Fettkügelchen so schnell kleine Häufchen und Klümpchen bilden, daß die Buttermilch zwischen den Klümpchen nicht Zeit hat, auszutreten; sie wird eingeschlossen, allseitig von Fett umgeben und so entstehen viele größere und kleinere Wassereinschlüsse, die nicht vollständig beim Kneten entfernt werden können.

Außer der höheren Temperatur gibt es noch eine Anzahl anderer Mittel, um die Butterbildung zu beschleunigen. Das Einfachste ist ein schnelleres Bewegen des Butterfasses bzw. des Schlagwerkes. Nur wenige Versuche hierüber sind veröffentlicht. Ein Beispiel hierfür ist jedoch in den schon auf S. 50 erwähnten Vorrichtungen gegeben, welche den Rahm sofort, wie er aus der Zentrifuge kommt, in Butter umwandeln. Das Buttern dauert in diesen Maschinen weniger als 1 Minute und die Bewegung des Rahmes ist eine ungeheuer schnelle. Der Erfolg war aber ein sehr hoher Wassergehalt, der sich auch durch Kneten nicht mit Sicherheit auf die gesetzliche Grenze herunterdrücken ließ, so daß diese Verfahren wieder aus den Molkereien verschwunden sind. Tabelle 37 zeigt einen Versuch von HITTCHER (1918) mit einem Stoßbutterfaß, das verschieden schnell gestoßen wurde. Der Anstieg des Wassergehaltes bei sehr schnellem Buttern ist unverkennbar.

Dasselbe schnelle Buttern erreicht man jedoch auch durch verschiedene Faßfüllung beim Rollbutterfaß. Je weniger Rahm im Faß ist, um so höher kann der Rahm beim Umdrehen des Fasses mitgenommen werden, um so größer ist also die Fallhöhe und um so stärker die Bewegung der Butterungsflüssigkeit. Wir dürfen also bei geringer Faßfüllung ein schnelleres Ausbuttern erwarten. Die Versuche von HITTCHER zeigen, daß diese Überlegung richtig ist. Trotzdem der Rahm bei den Versuchen mit geringer Faßfüllung 2° kälter war als bei halbvollem Fasse, war doch die Butterungsdauer sehr viel geringer. Der Einfluß der größeren Butterungsgeschwindigkeit auf den Wassergehalt der Butter ist recht deutlich.

HUNZIKER (1927) betont ebenfalls das schnellere Buttern bei geringerer Füllung.

Tabelle 39. Faßfüllung, Butterungsdauer und Wassergehalt der Butter

Faßfüllung	Fettgehalt Rahm	Fettgehalt Buttermilch	Butterungs-Temperatur	Butterungs-Dauer	Wassergehalt der Butter	Anzahl der Versuche
	Prozent	Prozent	Grad	Minuten	Prozent	
1/5 = 20% ..	18,1	0,50	10,0	35	15,9	5
2/5 = 40% ..	17,7	0,42	10,4	44	15,2	4
1/2 = 50% ..	17,6	0,40	12,2	50	14,5	3

Ein anderes indirektes Mittel zur Beschleunigung des Butterns ist **das Säuern des Rahmes.** Mit steigendem Säuregrad sinkt die Butterungsdauer und damit steigt der Wassergehalt der Butter. Es ist allerdings gut möglich, daß diese beiden Änderungen in keinem ursächlichen Zusammenhang stehen. Das Säuern verursacht weitgehende kolloidale Änderungen der Eiweißstoffe in der Milch und deren Wasserbindungsvermögen wird wahrscheinlich bei dem Wassergehalt der Butter eine wesentliche Rolle spielen; nur kennen wir sie nicht. Wie dem auch sei, ob der Zusammenhang kausal ist oder ein zufälliger, jedenfalls ist es dem Fachmann bekannt, daß der Wassergehalt der Butter vom Säuregrad des Rahmes abhängt und daß bei zu saurem Rahm die Gefahr besteht, daß der Wassergehalt der Butter zu hoch ausfällt. Hierüber hat Hittcher eine recht große Anzahl Versuche gemacht.

Im ersten Versuch ist bei der schwachen Säuerung die Butterungsdauer verlängert anstatt verkürzt; der Wassergehalt folgt der Butterungsdauer und nicht dem Säuregrad.

Tabelle 40. Säuregrad des Rahmes und Wassergehalt der Butter

Beschreibung des Rahmes	Säuregrad	Fettgehalt Rahm	Fettgehalt Buttermilch	Butterungsdauer	Wasser in Butter	Anzahl der Versuche
		Prozent	Prozent	Minuten	Prozent	
Frisch, roh	5,9	18,1	3,95	32,4	15,63	4
24 Stunden alt ...	14,1	19,6	2,19	48,3	13,18	3
9—20° S. H.	15,8	20,8	1,11	35,2	13,61	8
22—30° S. H.	26,9	17,2	0,51	38,6	14,87	17
30—38° S. H.	33,9	19,9	0,49	27,6	15,80	15
Schwach sauer	18,8	—	0,95	42,9	14,00	15
Mittelstark sauer .	28,9	—	0,51	44,1	13,93	69
Stark sauer	33,9	—	0,44	38,1	14,51	38

Selbst beim Verbuttern saurer Milch besteht diese Parallele zwischen Butterungsdauer und Wassergehalt der Butter, wie die folgenden 17 Versuche von Hittcher zeigen:

Tabelle 41. Säuregrad der Milch und Wassergehalt der Milchbutter

Säuregrad S. H.	Fettgehalt Milch	Fettgehalt Buttermilch	Butterungs-Temperatur	Butterungs-Dauer	Wasser in Butter	Anzahl der Versuche
	Prozent	Prozent	Grad C	Min.	Prozent	
36,9	3,2	0,57	16,3	54,5	12,96	8
32,6	3,1	0,67	16,6	47,3	13,48	9

Die sauere Milch butterte im Gegensatz zum Rahm langsamer als die weniger saure und der Wassergehalt der Butter folgte nicht dem Säuregrad der Milch, sondern der Butterungsdauer. Im Gegensatz zu der Rahmbutter zeigte also die Milchbutter bei höherem Säuregrad einen niedrigeren Wassergehalt; in Übereinstimmung mit der Rahmbutter zeigte aber die Milchbutter einen um so höheren Wassergehalt, je schneller sie gebuttert war. Dies zugleich mit der ersten Versuchsreihe der vorigen Tabelle scheint darauf hinzuweisen, daß vielleicht doch die Butterungsgeschwindigkeit die primäre Ursache des hohen Wassergehaltes ist und daß der Säuregrad sowie die Temperatur erst indirekt, durch die Butterungsdauer, auf den Wassergehalt wirken.

Nach Ansicht einiger Forscher übt auch die Größe der Fettkügelchen einen Einfluß auf den Wassergehalt aus. So fand BURR (1910), daß Rahm mit vorwiegend kleinen Fettkügelchen eine wasserreiche Butter gab. Doch ist dieser Versuch nicht eindeutig, da der Vergleichsrahm nicht von denselben Kühen zur gleichen Zeit stammte. MEIJERINGH (1911) bestreitet daher auch die Allgemeinheit dieser Ergebnisse. Andere Forscher fanden sogar das Gegenteil. HUNZIKER, MILLS und SPITZER (1921) fanden, daß Rahm mit kleinen Fettkügelchen eine Butter mit niedrigerem Wassergehalt gab als Rahm mit großen Fettkügelchen. Ob dies durch verschiedene Butterungsdauer zu erklären ist, ließ sich nicht feststellen.

Der Einfluß des Pasteurisierens des Rahmes auf den Wassergehalt der Butter ist ein ebenso unsicherer Faktor als bei dem Einfluß auf den Butterungsvorgang überhaupt (siehe S. 56 bis 58). Die dort angegebene Tabelle von RAHN und MOHR zeigt allerdings einen großen Unterschied in der Butterungsdauer, aber keinen Unterschied im Wassergehalt der Butter. Man darf hieraus nicht ohne weiteres schließen, daß es sich hier um eine Ausnahme von der Regel handelt; es war in jedem Falle derselbe Rahm benutzt und verschieden behandelt worden und die Größe der Fettkügelchen war vom Anfang an die gleiche; durch die Hochpasteurisierung ist jedoch bereits eine teilweise Butterung eingetreten und die Butterung dauerte deshalb in diesem Rahm entsprechend kürzer, weil die erste teilweise Butterung mit anderen Mitteln nicht mitgerechnet worden ist.

Sowohl HITTCHER wie auch HUNZIKER (1920) finden jedoch, daß im großen und ganzen das Pasteurisieren den Wassergehalt der Butter etwas herabsetzt. Ob dies dadurch geschieht, daß das Quellungsvermögen der Eiweißstoffe verringert wird oder ob das Fett physikalisch oder chemisch sich ändert, ist noch ganz ungeklärt.

Ein weiterer Faktor für die Änderung des Wassergehaltes ist der Fettgehalt des verbutterten Rahmes. HITTCHER findet in seinen 16 Versuchen, daß Rahm mit rund 34% eine sehr schlechte Ausbeute gibt, daß aber der Wassergehalt der Butter nicht anders ist, als wenn er Rahm mit 20 oder gar nur mit 13% Fett verarbeitete. Zu ganz anderen Ergebnissen kommt dagegen HUNZIKER. Er beobachtete bei fetterem Rahm ein schnelleres Buttern, während HITTCHER ein langsameres Ausbuttern angibt, und einen höheren Wassergehalt bei fetterem Rahm, während HITTCHER keinen Unterschied fand. Diese Widersprüche sind leicht zu erklären, wenn man bedenkt, unter welchen Bedingungen die beiden Forscher ihre Versuche anstellten. HITTCHER arbeitete mit einem Handbutterfertiger von 60 Litern Gesamtinhalt, den er etwa $^1/_3$ vollfüllte, so daß rund 20 Liter Rahm zur Verarbeitung kamen. Ein Rahm mit 32 bis 35% Fett ist gewöhnlich so dickflüssig, daß er in einem so kleinen Fasse, das in seiner ganzen Bauart und Geschwindigkeit auf einen Rahm von 20% Fett zugeschnitten ist, nicht die zum Ausbuttern nötige Bewegung bekommen konnte. So erklärt sich die lange Butterungsdauer von 57 Minuten und auch die schlechte Ausbeute, und das langsame Buttern erklärt wiederum, warum der Wassergehalt durch den Fettgehalt nicht beeinflußt wurde. HUNZIKER arbeitete dagegen mit einem amerikanischen Butterfaß, das auf einen mittleren Fettgehalt des Rahmes von etwa 30% berechnet ist; er erhält bei höherem Fettgehalt ein schnelleres Ausbuttern, weil er die nötige Bewegung in den Rahm hineinbekommt und wegen des geringeren Abstandes der Fettkügelchen voneinander ein schnelleres Zusammenballen erzielt. Das schnellere Ausbuttern erklärt wieder leicht den höheren Wassergehalt. Dies ist ein recht typisches Beispiel dafür, wie schwierig es ist, Butterungsversuche zu vergleichen.

Die Korngröße, bis zu welcher gebuttert wird, ist ein ganz neuer Faktor, der mit den bisher erörterten Einflüssen auf den Wassergehalt in keiner Beziehung steht. Der Einfluß der Korngröße ist den Praktikern schon lange bekannt. Besonders gefürchtet ist das Überbuttern, weil es kaum möglich ist, aus solcher Butter das Wasser bis zu einem erträglichen Grade wieder herauszubringen.

Hittcher teilte 127 vergleichbare Versuche nach der Größe des Kornes in 5 Gruppen; bis zur Erbsengröße scheint der Durchmesser der Butterklümpchen wenig Einfluß zu haben, von da an aber nimmt der Wassergehalt mit der Korngröße recht deutlich zu.

Nun ist es aber bei Tabelle 42 doch fraglich, ob die einzelnen Gruppen miteinander vergleichbar sind. Es ist soeben festgestellt worden, daß die sehr wasserreichen Butterproben sich durch sehr kurze Butterungsdauer auszeichnen. Vergleicht man nun die Butterungsdauer dieser 5 Gruppen, so fällt sofort Gruppe 4 mit nur 27 Minuten durchschnittlicher Butterungsdauer und nur 35 Minuten Höchstdauer auf. Es ist also sehr wohl anzunehmen, daß der hohe Wassergehalt dieser Gruppe durch das zu schnelle Ausbuttern bereits erklärt ist und daß die Korngröße wenig damit zu tun hat.

Tabelle 42. Korngröße und Wassergehalt
127 Versuche von Hittcher

Anzahl d. Versuche	Korngröße	Anfangswärme Grad C		Butterungsdauer in Min.		Fettgehalt in Prozent		Wassergehalt in Prozent	
		Grenzen	Mittel	Grenzen	Mittel	Rahm	Buttermilch	Grenzen	Mittel
20	feiner als Stecknadelköpfe	10,0—15,4	12,9	30—76	49,7	16,5	0,55	11,1—16,0	13,7
52	1—2 mm	7,0—15,8	11,4	20—90	43,3	17,8	0,47	12,0—18,3	14,5
39	erbsengroß	6,8—14,6	11,9	23—81	43,3	17,4	0,42	11,4—15,7	14,0
9	etwas zusammengebuttert	8,1—14,5	11,4	16—35	27,2	21,3	0,59	13,6—18,0	15,0
7	ganz zusammengebuttert	8,9—11,8	10,5	24—77	40,7	23,1	0,65	14,7—19,0	16,2

Tabelle 43. Korngröße und Wassergehalt
15 Doppelversuche von Hunziker

Anzahl der Versuche	Richtige Korngröße				Zu großes Korn			
	Korngröße	Butterungswärme	Fett in Buttermilch	Wasser in Butter	Korngröße	Butterungswärme	Fett in Buttermilch	Wasser in Butter
	mm	Grad C	Prozent	Prozent	mm	Grad C	Prozent	Prozent
4	3	9,3	0,55	14,4	9	9,3	0,41	14,0
4	3	10,0	0,15	14,3	18	10,0	0,15	13,3
2	3	9,7	0,16	14,4	25	9,7	0,20	13,6
2	3	10,0	0,22	14,3	200	10,0	0,24	14,4
2	3	13,6	0,70	13,9	37	13,6	0,41	14,0
1	3	13,3	—	15,5	62	13,3	—	15,0

Hunziker (Tabelle 43) findet, daß das Überbuttern nicht den Wassergehalt erhöht, wenn die Butterkörnchen die richtige Härte haben, sondern daß dann sogar Wasser aus der Butter herausgeschlagen wird. Nur bei sehr weicher Butter nimmt der Wassergehalt beim Überbuttern zu, aber stets auf Kosten des Gefüges. Er warnt deshalb davor, absichtlich zu lange zu buttern, um einen hohen Wassergehalt und damit einen hohen Verdienst zu erzielen. Das Verfahren macht sich nicht bezahlt.

Die Versuche von HUNZIKER wurden so angestellt, daß ein Teil des Rahmes bis zur richtigen Korngröße von 3 mm, ein anderer Teil unter sonst ganz gleichen Bedingungen bis zu größerem Korn gebuttert wurde. Die bei 9 bis 10 °C gebutterten Rahmproben, welche die 4 oberen Reihen der Tabelle mit zusammen 12 Doppelversuchen darstellen, zeigen eine Abnahme des Wassergehaltes mit steigender Korngröße, die im Durchschnitt 0,59% beträgt. Von den 3 bei 13,3 bis 13,6° C gebutterten Proben zeigen 2 eine Zunahme des Wassergehaltes von 0,1% und einer Abnahme von 0,5%. Die Butterungsdauer ist leider bei diesen Versuchen nicht angegeben. MEIJERINGH (1911) fand aber in vergleichenden Versuchen mit demselben Rahm, daß bis zur Getreidekorngröße der Butterklümpchen der Wassergehalt zwar unbeeinflußt bleibt, daß er aber stark ansteigt, sobald Bohnengröße erreicht ist.

Damit sind die Einflüsse erschöpft, welche beim Buttern einen Einfluß auf den Wassergehalt der Butter ausüben könnten. Obschon die Ansteller der bisher aufgezählten Versuche es nicht erwähnen, darf man wohl annehmen, daß sie sich bemüht hatten, den Wassergehalt der Butter möglichst normal zu gestalten und daß die festgestellten Unterschiede nur dann bemerkt wurden, wenn es trotz aller Bemühungen nicht möglich war, den Wassergehalt anders zu bekommen.

Der Einfluß des Waschens ist schon zu Anfang dieses Abschnittes behandelt worden. Es ist nur die Temperatur des Waschwassers von Ausschlag, es handelt sich also nur um die Härte des Fettes. Bei hartem Fette kann die Butter im Waschwasser an Wassergehalt verlieren, bei weichem Fette unter Umständen sogar zunehmen. Bei der Herstellung der Hamburger Faktoreibutter, welche durchweg einen höheren Wassergehalt aufwies, ist dieser durch Waschen und Kneten mit warmem Wasser erzielt worden.

Das Salzen und Kneten sind die beiden wichtigsten Faktoren bei der Wassergehaltsregelung. Gewöhnlich wirken beide zusammen, da man gewöhnlich gesalzene Butter herstellt und das Salzen mit dem Kneten in einem Bearbeitungsgang vereinigt. Es soll aber zunächst das Kneten als solches besprochen werden. Wie schon bei der Besprechung des Knetens (S. 65 bis 68) gezeigt wurde, sind in der Rohbutter viele große Wassertröpfchen vorhanden. Diese können teilweise aus der Butter herausgeknetet werden, und zwar um so vollständiger, je härter die Butter ist. Zwischen dem Kneten im Butterfertiger und dem Kneten auf dem Knetteller bestehen grundsätzliche Unterschiede. Um auf dem Teller kneten zu können, muß die Butter eine gewisse Festigkeit bereits haben; man knetet auf dem Teller im allgemeinen eine trockenere Butter als im Butterfertiger. Das herausgeknetete Wasser läuft auf dem Knetteller ab. Es gibt keine Möglichkeit, das Wasser zu halten, um es wieder hineinzukneten. Im Butterfertiger hat man es in der Gewalt, das herausgeknetete Wasser nach Belieben ablaufen zu lassen oder wieder in die Butter hineinzukneten. Anderseits hat man bei dem Knetteller den Vorteil, daß man die Butter jederzeit vor Augen hat, während das bei dem Butterfertiger nicht der Fall ist; da muß jedesmal das Faß geöffnet werden, um hineinsehen zu können. Beide Vorteile verbinden die Butterfässer vom Simplextypus.

Ist das Fett weich, so wird der Wassergehalt beim Kneten wenig verändert werden, denn die großen Wassertröpfchen verteilen sich leicht in dem weichen

Fett und werden so klein, daß die Neigung zum Abfließen ganz verschwindet. In hartem Fett lassen sich die Wassertröpfchen nur schwer zerkleinern. Die großen Wassertröpfchen sind schon nach wenigen Umdrehungen des Kneters herausgearbeitet. Ein zu langes erstes Kneten jedoch wird das Wasser wieder in die Butter hineinarbeiten.

Das Salz hat, wie auf Seite 66 gezeigt wurde, die Eigenschaft, die Wassertröpfchen anzuziehen und aus vielen kleinen Tröpfchen wenige große zu machen; es vergröbert also die Dispersion der wässerigen Phase. Infolge dieser Vergröberung läßt sich aus gesalzener Butter mehr Wasser entfernen als aus ungesalzener. Allgemein wird auch das Salz als ein Mittel zur Herabdrückung des Wassergehaltes in zu nasser Butter verwendet. Man verteilt das Salz durch möglichst geringes Kneten und läßt das Salz etwa 24 Stunden lang wirken; dann knetet man die ganz kalte und harte Butter vorsichtig, indem man dem herausgekneteten Wasser reichlich Zeit zum Ablaufen läßt. Auf diese Weise gelingt es häufig, den Wassergehalt einer zu feucht erhaltenen Butter auf das gesetzliche Maß herunterzudrücken.

Die Kontrolle des Wassergehaltes beim Kneten erfolgt beim Knetteller hauptsächlich durch die Temperatur, während beim Butterfertiger auch die Möglichkeit des Knetens mit fest geschlossener Tür bleibt, um den Wassergehalt hoch zu halten.

Die fertig gesalzene und geknetete Butter verliert noch an Wasser beim Lagern. Die Verluste sind zweierlei Art, Verdunstung und Auslaken. Gegen die Verdunstung schützt am besten eine tiefe Lagerungstemperatur; Pergamentpapier wird ebenfalls einen gewissen Schutz ausüben. Das Einstreuen von Salz oder das Eintauchen von Pergamentpapier in starke Salzlake wird das Heraustreten von Wasser begünstigen, da Salz das Wasser aus den umliegenden Schichten der Butter anzieht. Die Wirkung wird allerdings wohl nicht sehr groß sein. Das Heraustreten ganzer Laketröpfchen ist ein Butterfehler, ein Fehler im Gefüge der Butter, der auf Seite 92 und 122 besprochen werden wird. Nach Dahlberg (1922) beträgt der Gesamtwasserverlust normaler Butter im Kühlhaus bei 6 Monate langem Lagern 1%, während der Verlust bei lakender Butter im Mittel einer größeren Anzahl Versuche 4,2% betrug (S. 70).

Um einen Begriff von den Wassermengen zu geben, welche durch das Salzen und Kneten aus der Butter herausgebracht werden, sei eine Zusammenstellung einiger Versuche verschiedener Forscher gegeben.

Tabelle 44. Einfluß des Salzens und Knetens auf den Wassergehalt der Butter

Versuchsansteller	Art der Butter	Wassergehalt			Wasserverlust	
		Rohbutter	nach dem ersten Kneten	nach dem Salzen und zweiten Kneten	durch das erste Kneten	durch das Salzen und zweite Kneten
			Prozent		Prozent	
Hittcher (1918)	normal	19,4	14,0	12,4	5,4	1,7
	stark überbuttert	32,2	27,9	15,2	4,3	12,7
Henzold (1894)	normal	19,0	15,0	11,6	4,0	3,4
	3 Min. überbuttert	22,4	19,6	15,4	2,9	4,1
	zu warm gebuttert	28,6	26,8	18,2	1,8	8,6
Eichloff	normal	17,6	13,5	12,0	4,2	1,4
Du Roi	normal	—	13,7	12,1	—	1,6
Hunziker (1920)	normal	23,3	19,6	14,5	3,7	5,1

Zusammenfassend kann man folgendes über den Wassergehalt der Butter mit ziemlicher Bestimmtheit aussagen:

Der Wassergehalt nimmt zu:

1. mit abnehmender Füllung des Butterfasses,
2. mit kürzerer Butterungsdauer,
3. mit zunehmender Weichheit des Fettes beim Buttern und Kneten,
4. mit zunehmendem Säuerungsgrad des Rahmes,
5. mit der Dauer des Waschens, besonders bei warmem Waschwasser.

Der Wassergehalt ist ferner abhängig:

1. von der Art des Butterfasses,
2. von der Butterungsendwärme,
3. von der Pasteurisierung des Rahmes,
4. vom Salzen,
5. vom Kneten.

Eiweißgehalt der Butter

Bei der Besprechung der Butterungstheorie ist die Annahme gemacht worden, daß die Fettkügelchen von Hüllen umgeben sind, in denen Eiweiß angereichert ist und daß außerdem das Festwerden des im Schaum konzentrierten Eiweißes eine Rolle spielt. Es sind also 2 unlöslich werdende Eiweißstoffe in der Butter vorhanden, die voraussichtlich nicht ausgewaschen werden können, und man müßte hiernach einen ziemlich hohen Eiweißgehalt in der Butter annehmen. Dies wird durch die Analysen tatsächlich bestätigt.

Aus den durch viele Auflagen von FLEISCHMANNS Lehrbuch der Milchwirtschaft hindurchgehenden Durchschnittswerten für die Zusammensetzung der Butter (Tabelle 32, S. 72) ergibt sich das folgende Verhältnis von Wasser zu Eiweiß:

Tabelle 45. Verhältnis von Wasser zu Eiweiß in Butter

	Wassergehalt	Eiweißgehalt	Verhältnis von Wasser zu Eiweiß
	Prozent		
Süßrahmbutter, ungesalzen, nicht gewaschen	15,00	0,69	100 : 4,0
„ „ gewaschen	15,00	0,53	100 : 3,5
Sauerrahmbutter, gesalzen, nicht gewaschen	12,00	0,50	100 : 4,2
„ „ gewaschen	12,50	0,48	100 : 3,8
Milchbutter, ungesalzen	14,60	1,08	100 : 7,4
„ gesalzen	12,50	0,80	100 : 6,4

Tabelle 46. Verhältnis von Wasser zu Eiweiß in Butter und Rahm

	Rahm			Butter		Wasser zu Eiweiß = 100:	
	Fett	Eiweiß	Wasser	Eiweiß	Wasser	Rahm	Butter
	Prozent			Prozent			
Pasteurisierter Rahm	19,13	2,502	[74,0]	0,703	14,90	3,8	4,7
Roher, normal gesäuerter Rahm	20,13	2,629	[73,1]	0,712	15,57	3,6	4,6
„ schnell „ „	16,19	2,804	[70,79]	0,822	16,29	4,0	5,0

Die Anzahl von Butteranalysen, bei denen auch der Eiweißgehalt bestimmt wurde, ist nicht sehr groß. HITTCHER (1918) hat in seiner großen Arbeit über das Buttern eine größere Anzahl solcher Analysen durchgeführt. Beim Studium der Pasteurisierung des Rahmes auf den Butterungsvorgang sind Wasser- und

Eiweißgehalt der Butter sowie Fett- und Eiweißgehalt des Rahmes bestimmt worden. Die Angabe des Wassergehaltes des Rahmes fehlt, aber man kann denselben mit genügender Genauigkeit für unsere Zwecke berechnen, wenn man die Trockenmasse des Plasmas zu 8,5% annimmt.

Außer diesen 10 Versuchen gibt Hittcher noch weitere 37 Versuche an, bei denen der Eiweißgehalt nur in Butter, nicht aber im Rahm bestimmt wurde. In der gewaschenen Butter war das Verhältnis von Wasser zu Eiweiß wie 100:3,2 und 3,3, bei der ungewaschenen wie 100:4,4 und 4,5. Durch das Waschen sind also rund 25% des Eiweißes ausgewaschen worden. Bei Butter aus saurer Milch findet Hittcher das ungewöhnlich hohe Verhältnis 100:6,98, welches mit den Fleischmannschen Zahlen in Tabelle 32 gut übereinstimmt. Eine Erklärung hierfür konnten weder Fleischmann noch Hittcher, noch der Verfasser geben.

Aus den von Hunziker (1920) gegebenen Durchschnittswerten für amerikanische Butter errechnet sich das Wasser-Eiweiß-Verhältnis zu 100:4,35 in gesalzener, 100:5,86 in ungesalzener Butter. Auch Siedel (1902 und 1905) gibt entsprechende Zahlen.

Aus diesem Material geht recht bestimmt hervor, daß das fettfreie Plasma der Butter nicht dieselbe Zusammensetzung wie Buttermilch hat, auch nicht mit verdünnter Buttermilch zu vergleichen ist, sondern daß das Verhältnis des Eiweißes zu den übrigen Milchbestandteilen verändert worden ist. Beim Buttern erhalten wir also nicht nur eine Anreicherung des Fettes, sondern zugleich auch eine Anreicherung von Eiweiß. Es ist also nicht statthaft, die Zusammensetzung der Butter theoretisch so abzuleiten, daß man den Wassergehalt bestimmt und alsdann die übrigen Bestandteile entsprechend ihrer Verteilung in der Buttermilch einsetzt.

Chemische Untersuchungen über das in der Butter enthaltene Eiweiß sind außer von Storch (1897) nicht unternommen worden. Allerdings sind die bei Erwähnung der Hüllen um die Fettkügelchen aufgezählten Untersuchungen über den Hüllenstoff mit der Untersuchung des Buttereiweißes gleichzusetzen.

Milchzuckergehalt der Butter

Über den Milchzuckergehalt der Butter sind wir noch sehr wenig unterrichtet. Wenn schon die Anzahl der Untersuchungen über den Eiweißgehalt der Butter gering ist, so ist die Anzahl der Milchzuckerbestimmungen noch viel geringer.

Da Milchzucker nicht oberflächenaktiv ist, so ist mit einer Adsorption nicht zu rechnen, und das Verhältnis von Wasser zu Milchzucker in Butter dürfte nicht größer sein als in Milch, also nicht größer als 100:5,25. Gewöhnlich wird die Butter aus gesäuertem Rahm hergestellt, in welchem schon etwa 1% Milchzucker vergoren ist. Sodann wird die Butter gewöhnlich gewaschen und dabei wird, wenn wir aus den Erfahrungen mit Eiweiß einen Schluß ziehen dürfen, etwa ein Viertel des vorhandenen Zuckers fortgewaschen werden. Immerhin wird noch genug Milchzucker übrig bleiben, um die Milchsäurebakterien ihre Säuerung bis zum Endpunkt durchführen zu lassen, und es wird auch dann noch, nach Erreichung der Maximalsäuregehalte, Milchzucker unvergoren bleiben, wenn nicht die Butter ungewöhnlich stark gewaschen ist. Wenn auch beim Käse der Milchzucker in der Käsemasse in wenigen Tagen ganz verschwunden ist, so liegen die Verhältnisse bei der Butter doch ganz anders, da hier die große Anreicherung der als Puffer wirkenden Eiweißstoffe ganz fortfällt und die Existenzbedingungen für die Milchsäurebakterien kaum anders sind als in Milch.

Nachdem wir aber bei dem Eiweiß gesehen haben, daß man sich auf theoretische Berechnungen allein nicht verlassen darf, sei hier aus den zu Beginn dieses Abschnittes angegebenen Butteranalysen die auf 100 Teile Wasser entfallende Milchzuckermenge berechnet. Für Milch mit 4,6% Milchzucker und 87,75% Wasser entfallen auf 100 Teile Wasser 5,25 Teile Milchzucker. In Butter sollten wir weniger erwarten, es sei denn, daß es sich um ungewaschene Süßrahmbutter handelt. Aus der Tabelle 32, S. 72, von FLEISCHMANN erhalten wir auf je 100 Teile Wasser

bei Süßrahmbutter, nicht gewaschen: 5,1 Teile
„ „ gewaschen : 4,0 „
„ Sauerrahmbutter, nicht gewaschen: 4,6 „
gewaschen : 3,9 „
„ Milchbutter, nicht gesalzen : 8,2 „
gesalzen : 8,0 „

Die Zahlen für Milchbutter scheinen ganz unmöglich, und es sei hier auf die Notiz beim Vergleich der Butteranalysen aufmerksam gemacht, daß es sich bei diesen alten FLEISCHMANNschen Zahlen um Bestimmungen nach der Differenzmethode handelt, bei denen der analytische Fehler recht groß ist. Die neueren Bestimmungen von HITTCHER und von HUNZIKER (Tabelle 47), geben ganz andere Werte.

Auf 100 Teile Wasser entfallen

bei Hittcher .... 1,9 Teile Milchzucker
bei Hunziker, gesalzen ..... 1,8 „ „
„ „ ungesalzen .. 2,1 „ „

Diese Zahlen scheinen viel wahrscheinlicher als die nach den FLEISCHMANNschen Analysen berechneten. Aber gerade für Sauermilchbutter findet auch HITTCHER das sehr hohe Wasser: Milchzuckerverhältnis 100:14,5, und in anderen Versuchen, deren Angaben leider unvollständig sind, ist bei den 4 Sauermilchbuttern die Menge der stickstofffreien Substanzen höher als die Eiweißmenge, während bei der Rahmbutter das Gegenteil der Fall ist.

HUNZIKER hat (1920) auch eine größere Anzahl direkter Milchzuckerbestimmungen in Butter gemacht, um festzustellen, wie der Milchzuckergehalt der Butter sich beim Lagern ändert.

Tabelle 47. Milchzuckergehalt in frischer und alter Butter

Rahmbehandlung	Alter der Butter		
	frisch	1 Monat	3 Monate
	Prozent		
Roh	0,399	0,367	0,336
20 Minuten 63°	0,398	0,360	0,353
74° Moment	0,388	0,343	0,315
85° „	0,389	0,360	0,350

Die Abnahme des Milchzuckers ist also in allen Fällen recht gering. Die Milchzuckerkonzentration betrug, bei Annahme eines Wassergehaltes der Butter von 15%, 2,2 bis 2,6 Teile auf 100 Teile Wasser. Der Zucker verschwindet also nicht mit der Zeit vollständig, sondern die Zersetzung erreicht sehr bald ein Gleichgewicht, da kein Stoff vorhanden ist, der größere Mengen Säure binden kann. HUNZIKER bestimmte in den obigen Butterproben auch zugleich den Säuregehalt und fand diesen in der Rohbutter zu 0,30%, in den anderen Proben zu 0,20 bis 0,28%. Dieses würde, auf 100 Teile Wasser umgerechnet, einen Milchsäuregehalt von 1,3 bis 2,0% bedeuten. Dies scheint doch sehr hoch, da gewöhnlich die Milchsäurebakterien nicht mehr als 0,8 bis 1% Milchsäure in Milch erzeugen können. Möglicherweise hängt dies mit der Eiweißanreicherung in der Butter zusammen.

Der Salzgehalt der Butter

Der Zweck des Salzens der Butter ist einmal die Befriedigung eines allgemeinen Geschmacksbedürfnisses und dann auch eine Vermehrung der Haltbarkeit. Der Handel, auch der Großhandel, kennt ungesalzene Butter, ihre Herstellung beschränkt sich aber auf Süddeutschland.

Die Menge des zugesetzten Salzes ist eine Sache der Übereinkunft. In Deutschland salzt man gewöhnlich so, daß die fertige Butter etwa 1,5 bis 2% Salz enthält. Nach den älteren Analysen zu schließen, hat man früher stärker gesalzen. Amerika rechnet 2,5% Salz als normalen Salzgehalt.

Die Haltbarkeit wird nicht von dem Salzgehalt allein, sondern auch vom Wassergehalt abhängen, denn das wirksame Agens ist die Konzentration der Lake in der Butter (S. 102). Es läßt sich leicht überschlagen, daß bei 15% Wasser und 1,5% Salz eine 10%ige Lake entstehen muß. Dies dürfen wir als durchschnittliche Lakekonzentration ansehen.

Man kann leicht sehen, daß bei einem bestimmten Salzgehalt, der von dem Wassergehalt abhängt, das Salz nicht mehr ganz gelöst werden kann und daher in Kristallform zurückbleibt. Wenn alles Salz sich gleichmäßig im Wasser der Butter verteilen würde, würden bei 10% Wasser höchstens 3,57% Salz, bei 12% Wasser 4,28%, bei 14% Wasser 5,0% und bei 16% Wasser 5,71% Salz gelöst werden. Nach den Untersuchungen über die Wasserverteilung ist es aber wahrscheinlich, daß eine ganz gleichmäßige Verteilung des Salzes in der Butter nicht möglich sein wird. Immerhin haben wir in deutscher Butter selten so hohe Salzmengen.

Luftgehalt der Butter

Daß in der Butter Luft in ziemlich beträchtlichen Mengen regelmäßig enthalten ist, hat Rogers (1909) zuerst festgestellt. Er bestimmte nicht genau quantitativ den Luftgehalt, sondern beschränkte sich darauf, festzustellen, daß in Butter gewöhnlich genügend Sauerstoff vorhanden ist, um eine Oxydation bestimmter Fettbestandteile einzuleiten, und daß durch Überarbeitung der Butter mehr Luft in dieselbe hineingearbeitet wird. Diese Oxydation ist die Ursache des Fischigwerdens der unter 0° gelagerten Butter (S. 111 und 114).

Die Versuche von Pickerell und Guthrie (1915), das „Porenvolumen" der Butter aus der Dichte der Butter und der Dichte der Bestandteile zu errechnen, war nicht sehr erfolgreich, da die Dichte der einzelnen Bestandteile recht bedeutend schwankt. Die gefundenen Mittelwerte für den Luftgehalt, 3,69% des Buttervolumens, und die Grenzwerte 0,5% und 6,0% stimmen jedoch mit den von Rahn und Mohr bestimmten Werten recht gut überein.

Rahn und Mohr (1924b) bestimmten den Luftgehalt der Butter, indem sie in einem geschlossenen, mit Wasser gefüllten Glasbehälter die Butter schmolzen und die Menge des dadurch freigewordenen Gases indirekt durch seine Ausdehnung bei Druckverminderung maßen. Sie fanden als Durchschnittswert von 290 Butterproben 4,2 cm³ Luft in 100 g Butter. Die Werte schwankten zwischen 0,97 und 8,38%.

Die Faktoren, welche die großen Unterschiede im Luftgehalt bewirkten, konnten nicht festgestellt werden. Weder die Art des Butterfasses noch andere

Butterungsbedingungen schienen die Unterschiede erklären zu können. Es war jedoch recht ersichtlich, daß die Jahreszeit einen großen Einfluß hatte; der Luftgehalt wurde monatlich an 10 wahllos von den Butterauktionen entnommenen Proben bestimmt und zeigte folgende Mittelwerte: Januar 2,51%, März 3,39%, Mai 4,00%, Juni 4,96%, August 4,56%, September 4,41%, Oktober 5,26%, November 3,06%. In der Weidezeit war also der Luftgehalt deutlich höher als während der Zeit der Stallfütterung. Eine andere wichtige Beobachtung war die, daß bestimmte Molkereien stets einen niedrigen, andere stets einen hohen Luftgehalt der Butter aufweisen (Tabelle 48). Meierei E hatte stets sehr niedrige Werte, O und P stets sehr hohe.

Tabelle 48. Luftgehalt der Butter verschiedener Meiereien (Kubikzentimeter Luft in 100 g Butter)

	Meierei														
	A	B	C	D	E	F	G	H	I	K	L	M	N	O	P
Januar	—	—	—	—	2,2	—	—	—	—	1,5	1,3	—	—	—	—
März	—	4,5	—	—	—	2,9	3,2	2,9	4,9	—	—	—	—	—	—
Mai	—	—	4,3	—	—	—	—	—	5,9	3,4	—	3,3	—	—	5,1
Juni	—	—	6,7	—	1,6	6,6	4,7	6,6	—	—	—	—	—	—	4,7
Juli	—	—	—	—	—	—	—	—	—	—	—	—	—	7,06	4,4
August	5,8	—	—	7,9	3,1	—	—	—	—	—	—	—	—	—	8,8
September ...	—	5,9	—	—	2,2	4,5	—	4,5	—	—	—	—	—	8,1	5,7
Oktober	8,4	—	—	5,7	—	—	—	—	—	—	—	—	2,3	—	5,7
November ...	—	—	—	—	2,2	2,1	—	2,1	—	—	5,1	2,7	1,9	—	4,8

Obschon es nicht möglich gewesen ist festzustellen, welches die maßgebenden Faktoren für den Unterschied des Luftgehaltes in diesem Falle waren, so verdient die Tatsache an sich doch Beachtung, da zweifellos zwischen Luftgehalt und Haltbarkeit der Butter ein ursächlicher Zusammenhang besteht.

Physikalische Zusammensetzung der Butter

Die Bestandteile der Butter sind in den vorstehenden Seiten auseinandergesetzt worden. Es macht aber einen sehr großen Unterschied, wie diese Bestandteile, die größtenteils nicht ineinander löslich sind, räumlich angeordnet sind. Es ist verhältnismäßig leicht, Butter zu erhalten, welche den Anforderungen der Nahrungsmittelgesetzgebung entspricht, die also chemisch einwandfrei ist; es ist sehr viel schwerer, Butter zu erzeugen, welche den Anforderungen des Marktes genügt, die also die richtige physikalische Beschaffenheit hat.

Die Untersuchungen über die Physik der Butter haben gerade erst in den letzten Jahren begonnen. Nur einzelne isoliert gebliebene Versuche über die Härte und die Wasserverteilung der Butter, die nicht weiter planmäßig ausgewertet wurden, sind alles, was vor 1920 unsere Kenntnis der physikalischen Zusammensetzung der Butter ausmachte.

Die Butter besteht aus Fett, aus einer wässerigen Phase, in der die löslichen Milchbestandteile und das Salz vorhanden sind, aus mehr oder weniger festgewordenem Eiweiß und aus Gas. Wir müssen uns zunächst ein Bild von der Anordnung der ersten 3 Phasen machen; die vierte Phase, die Luft, können wir vorläufig fortlassen. Die wässerige Phase soll hier kurz als Wasser bezeichnet werden.

Gefüge der Butter

Die allgemeine Ansicht ist wohl heute noch die, daß die Butter aus einer kontinuierlichen Fettmasse besteht, in welcher kleine Tröpfchen von Wasser,

Lake, Buttermilch zusammenhanglos und in rein zufälliger Anordnung verteilt sind. Allerdings geben die meisten deutschen Lehrbücher über Milchwirtschaft überhaupt keine Ansicht über das Gefüge der Butter, aber man kann diese Anschauung aus den übrigen Äußerungen schließen. Dieses Gefüge der Butter müßte entstehen, wenn die Butter durch Phasenumkehrung entstünde. Dies ist aber nach RAHN (siehe Theorie der Butterung) wenig wahrscheinlich. Nach der Schaumtheorie ist dagegen die Butter im wesentlichen nichts anderes als ein Rahm mit so viel Fett, daß die Fettkügelchen nicht mehr die runde Form behalten können, sondern mehr oder weniger plattgepreßt sind. Physikalisch-chemisch ausgedrückt, ist nach der Phasenumkehrungstheorie das Fett die kontinuierliche Phase, nach der Schaumtheorie bildet dagegen die wässerige Phase bzw. das gelierte Eiweiß der Fettkügelchenhüllen die kontinuierliche Phase.

Wie schon auf Seite 44 erwähnt wurde, nimmt aber KING (1928, 1930) wieder eine kontinuierliche Fettphase an. MOHR und BROCKMANN (1930) haben aus ihren Versuchen über die Butterbildung keine direkten Schlüsse auf das Buttergefüge gezogen, doch nehmen auch sie wahrscheinlich eine kontinuierliche Fettphase an, da sie von einem Zusammenfließen der Fettkügelchen sprechen.

Die beiden möglichen Typen des Buttergefüges, je nachdem entweder Fett oder Hüllenstoff die kontinuierliche Phase ist, sind in Abb. 12 schematisch wiedergegeben.

Die zur Stützung der Phasenumkehrungstheorie aufgestellte Behauptung, daß Butter Filtrierpapier fettig und nicht naß macht, kann wohl nicht aufrechtgehalten werden. Wenn man eine sehr warme und überarbeitete Butter probiert, kann das wohl stimmen, aber mit einer gut bearbeiteten Butter bei normalen Temperaturen wird das Papier auch naß. Braucht man doch oft besondere Maßregeln, um das Wasser in der Butter überhaupt festzuhalten.

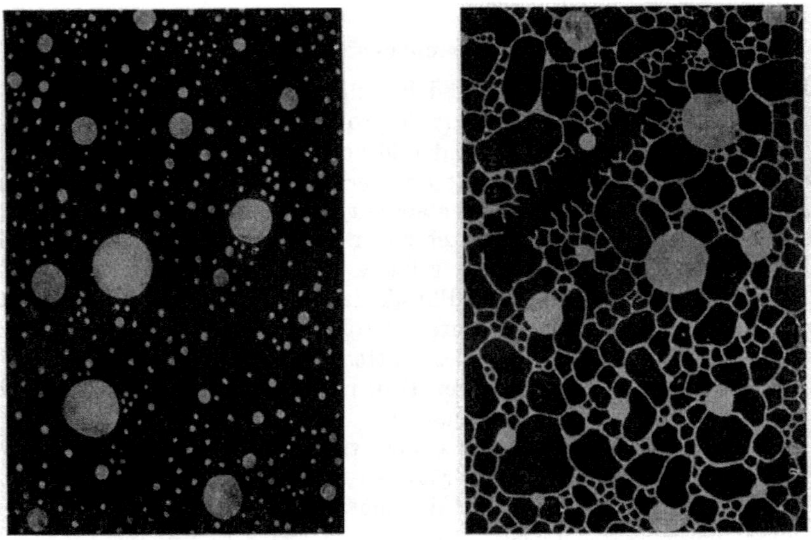

a *b*

Abb. 12. Das Gefüge der Butter nach den beiden neuen Theorien (nach RAHN)
a bei Annahme der Phasenumkehrung, *b* bei Annahme der Schaumtheorie

Für die Annahme, daß das Wasser in der kontinuierlichen Fettmasse der Butter zusammenhanglos verteilt ist, spricht nur die Form der Tröpfchen. Sie zeigen sich unter dem Mikroskop als mehr oder weniger kugelförmig, und es scheint fraglich, ob dies allein durch Grenzflächenkräfte erklärt werden kann. Anderseits darf man bezweifeln, daß die kleinsten Tröpfchen wirklich so rund sind wie sie scheinen. Das mikroskopische Bild ist nicht absolut richtig. Alle anderen Beobachtungen sprechen aber für das Fortbestehen der Hüllen der Fettkügelchen in Butter. STORCH zeigte schon 1897, daß man im Dunkelfeld die Fettkügelchen der Butter noch deutlich erkennen kann. RAHN fand, daß beim Trocknen der Butter unter dem Deckglas zarte, kugelförmige Umrisse sichtbar werden, die kaum anders als die Hüllen der Fettkügelchen gedeutet werden können. BOYSEN (1927) photographierte Butter in polarisiertem Licht, und seine Bilder zeigen deutlich Krystalle in der Butter, deren Größe, Häufigkeit und Lagerung die Existenz der einzelnen Fettkügelchen beweisen.

Außer diesen mikroskopischen Beweisen gibt es noch physikalische, welche auch für die Praxis der Butterbehandlung von Bedeutung sind. Zunächst zeigte HUNZIKER (1920) und RAHN (1926a), daß Butter beim Liegen an der Luft ziemlich schnell Wasser verliert. RAHN schloß anfangs hieraus auf eine kontinuierliche Verbindung des Wassers im Innern der Butter mit der Außenseite, aber er fand durch besondere Versuche, daß auch durch geschlossene Wände von festem Fett Wasser verdunsten kann. Er konnte aber zeigen, daß Salz durch geschlossene Fettwände nicht hindurchwandern kann, während Salz in die Butter zwar sehr langsam, aber doch mit meßbarer Geschwindigkeit eindringt. In 3 Monaten war das Salz 1,5 cm tief eingedrungen. Sehr viel wichtiger ist der von BOYSEN gebrachte Beweis, daß beim Salzen der Butter nicht das Salz nach dem Wasser sich hinbewegt, sondern umgekehrt das Wasser nach dem Salz hingeht. Die in Abb. 11, Seite 65, wiedergegebenen Filmaufnahmen zeigen das recht schön. Bei den schwächeren Vergrößerungen (a und b) sieht man, wie die undurchsichtige Butter in der Nähe des Salzkristalles allmählich klar und durchsichtig wird, weil die Wassertröpfchen in immer weiterem Umkreis verschwinden. Zugleich bildet sich um den Kristall herum eine Lakeschicht. BOYSEN hat das Volumen dieser Schicht berechnet und gefunden, daß es gut mit der Wassermenge der verschwundenen Tröpfchen übereinstimmt. Das Wasser wird also von dem Salz angezogen wie in einer osmotischen Zelle und die Hülle der Fettkügelchen spielt die Rolle der semipermeabeln Wand. Um jeden Zweifel darüber zu beheben, ob nicht das Fett in sehr dünnen Schichten ebenfalls als semipermeable Wand wirken könnte, machte BOYSEN eine Emulsion von Magermilch in Fett und preßte in diese sowie in rohe Butter Salzkristalle. Das Ergebnis zeigen Abb. 13a und b. Bei der Emulsion Wasser in Fett, die also der üblichen Vorstellung von dem Gefüge der Butter entspricht, hat nach 90 Minuten noch keine Änderung stattgefunden, selbst in der unmittelbaren Umgebung des Salzkristalles sind die Fettkügelchen genau so groß wie zu Anfang; der Kristall selbst zeigt keine Spur von Lakebildung. Bei der Butter dagegen ist schon nach 30 Minuten deutlich die Lake zu sehen und um das Salz herum ist eine klare Zone entstanden, die das Verschwinden der Wassertröpfchen anzeigt. Die Annahme einer kontinuierlichen Fettphase ist gerade durch diesen Versuch ganz unmöglich gemacht worden.

Wir müssen uns also die Butter aus einzelnen Fettkügelchen bestehend denken, die zum größten Teile noch durch ihre festgewordenen Hüllen voneinander getrennt und durch diese Hüllen zusammengeklebt sind. Die Dicke dieser Schicht haben RAHN und SHARP (1928) aus der Oberfläche der Fettkügelchen und der Wasserverteilung in Butter berechnet; darnach kann der mittlere Durchmesser dieser Schicht höchstens 36 $\mu\mu$, also 0,000036 mm, betragen, ist aber wahrscheinlich bedeutend kleiner. TROY und SHARP (S. 15) schätzten die Hülle der Fettkügelchen auf 0,000019 mm. Sie ist also kleiner als die Grenze der mikroskopischen Sichtbarkeit, kaum ein Zehntel des Durchmessers der kleinsten Bakterien. Dadurch erklärt es sich, daß man auf diese Schicht bisher noch nicht geachtet hat.

a *b*

Abb. 13. Auflösung eines Salzkristalls (nach BOYSEN)
a in der Emulsion Wasser in Fett nach 90 Minuten, *b* in Butter nach 30 Minuten

Wenn die Butter einfach dadurch entsteht, daß die runden Fettkügelchen aneinanderkleben und dann ineinandergepreßt werden, dann muß man annehmen, daß zwischen den Fettkügelchen Buttermilchtröpfchen eingeschlossen werden. Diese Tröpfchen müßten dann etwa ebenso zahlreich sein wie die Fettkügelchen selbst, und sollten meistens kleiner sein als die Fettkügelchen. Alles dies hat BOYSEN berechnet und bestätigt gefunden. 1 mg Butter besteht aus 9 bis 25 Millionen, im Mittel aus 17 Millionen Fettkügelchen, wenn sie vorwiegend aus Milch von Niederungsvieh hergestellt ist. Die durchschnittliche Anzahl der Wassertröpfchen in fertig gekneteter und gesalzener Butter ist 11,3 Millionen. Die durchschnittliche Größe der Fettkügelchen in Butter ist etwa 5 μ, da die kleineren Fettkügelchen in Magermilch und Buttermilch zurückbleiben. Von den 11,3 Millionen Wassertröpfchen der fertigen Butter sind 11,066800 kleiner als 3 μ, 180700 zwischen 3 und 5 μ, und nur 72000 = 0,69% aller Tröpfchen größer als die durchschnittlichen Fettkügelchen.

Diese kleinen Tröpfchen sind es, welche beim Waschen der Butter (S. 63, 66 und 67) nicht verändert werden, sondern ihren Eiweiß- und Milchzuckergehalt behalten, während die größeren durch das Waschen sehr stark verdünnt werden. Man muß sogar annehmen, daß beim Salzen wohl das Wasser, aber nicht die gelösten Bestandteile nach dem Salze hinwandern und daß daher eine Konzentrierung der Milchbestandteile eintritt.

Dieser Ansicht über das Gefüge der Butter hat neuerdings KING (1928, 1930) widersprochen. Zwei wesentliche Punkte führt er zugunsten einer kontinuierlichen Fettphase in der Butter an: Einmal diffundiert der fettlösliche Farbstoff Sudan III in der Butter etwa 6mal so schnell als Kochsalz, und ferner konnte KING durch Verdünnung von Butter mit Butteröl (dem bei langsamem Erstarren des Butterfettes sich abscheidenden flüssigen Bestandteil) mikroskopisch sowohl Fettkügelchen wie Wassertröpfchen unterscheiden. Er nimmt daher an, daß irgendwann während des Butterungsvorganges oder auch erst beim Kneten ein Teil der Fettkügelchen das Fett freigibt, welches dann zusammenklebt und die kontinuierliche Phase bildet. In diesem Fett sind dann sowohl die Wassertröpfchen wie die noch erhalten gebliebenen Fettkügelchen verteilt.

HOLM (1928) hat ebenfalls angenommen, daß ein Teil des Fettes in der fertigen Butter nicht von Hüllen umgeben ist, doch fügt er hinzu, daß streng genommen das hydratisierte Kolloid die kontinuierliche Phase ist. Dies ist im wesentlichen nichts anderes als was RAHN (1928) schon im Bild Abb. 12 andeutete, nämlich ein teilweises Zerreißen der zarten Membranen bei der Bearbeitung der Butter: „Auch durch das Kneten werden diese Adsorptionsfilme nicht ganz zerstört und bilden immer noch eine kontinuierliche Schicht.“

Die beiden Beobachtungen, daß sowohl das wasserlösliche Salz wie der fettlösliche Farbstoff in die Butter hineindiffundieren, scheinen sich zu widersprechen. KING glaubte zunächst an eine Lezithin-Löslichkeit des Salzes, doch scheinen die 1928 angekündigten Versuche kein positives Ergebnis gehabt zu haben. RAHN hat den Nachweis geführt, daß auch durch ganz dünne Fettschichten das Salz nicht hindurchdiffundiert. Dagegen fehlt bei KING der Nachweis, daß der Farbstoff durch dünne Schichten von Wasser oder Hüllenstoff (der wahrscheinlich Lezithin enthält) zurückgehalten wird. Es läßt sich nun leicht zeigen, daß Sudan III in der Hüllenschicht löslich ist. Wenn man einen Tropfen farbstoffgesättigten Öls neben einen Tropfen Rahm auf ein Deckgläschen tut, so daß die Tropfen sich berühren, und sie in einer feuchten Kammer vor dem Eintrocknen schützt, sieht man nach einigen Tagen eine deutliche Diffusionszone, und das Mikroskop zeigt, daß auch ganz isoliert liegende Kügelchen gefärbt werden. Man sieht diese Diffusion auch in Rahm, der mit Phenol konserviert und mit Gelatine zum Erstarren gebracht wurde, um Konvektionsströme zu verhindern, und dann mit Sudan-gesättigtem Baumwollsaatöl überschichtet wurde. Natürlich ist die Diffusion langsamer als in reinem Fett oder in Butter.

Diese Versuche widerlegen den wesentlichsten Beweis von KING für die Kontinuität der Fettphase. Aber sie beweisen noch nicht die Kontinuität der wässerigen Phase. Die Frage des Gefüges der Butter muß nach wie vor unentschieden gelten. Der Verfasser ist geneigt, die wässerige Phase, d. h. das hydratisierte Eiweiß oder Lezithin, die Hüllen der Fettkügelchen, als die kontinuierliche Phase anzusehen, die natürlich durch Kneten oder andere mechanische Behandlung teilweise unterbrochen sein kann.

Die Annahme, daß das Wasser in dem Fett in einzelnen, zusammenhanglosen Tröpfchen verteilt ist, während das Fett eine kontinuierliche Masse bildet, trifft bis zu einem gewissen Grade für die Margarine zu. Bei der Emulsion in der „Kirne“ wird die gesäuerte Magermilch in der Fettmischung recht fein verteilt. Wenn diese Emulsion als solche langsam erstarrt, wird sie durch die Kristallisation des Fettes recht hart und bröckelig. Man kühlt daher die Emulsion gewöhnlich ganz schnell durch einen scharfen Strahl von Eiswasser. Dadurch entstehen kleine Fettflocken, in denen die Magermilch regellos in Tröpfchen verteilt ist. Um diese Fettflocken herum bildet sich nun wieder ein Wasserfilm, der beim Walzen und Kneten wahrscheinlich erhalten bleiben wird. Es sind also beide Emulsionstypen in der Margarine vorhanden, eine sehr feine Dispersion von Magermilch in Fett, und dann eine ziemlich grobe Dispersion von Fett (mitsamt seinen Magermilcheinschlüssen) in Wasser oder Lake. Ob das Salz beim Salzen der Margarine wirklich bis in die feinsten Magermilchtröpfchen gelangt, ist darnach recht zweifelhaft. Vielleicht ist dies auch der Grund, warum die Margarineindustrie die fettlösliche Benzoesäure allen anderen Konservierungsmitteln vorzieht.

Wasserverteilung in der Butter

Über die Wasserverteilung in der Butter ist bei Gelegenheit der Abschnitte über das Salzen und Kneten sowie in den vorstehenden Seiten so viel gesagt worden, daß nur wenig zu sagen übrig bleibt. Als erster hat STORCH schon 1897 die Wasserverteilung sehr gründlich und quantitativ studiert, und es ist überraschend, wie wenig Aufmerksamkeit die praktische Milchwirtschaft diesen doch für die Praxis recht wichtigen Untersuchungen geschenkt hat. STORCH machte sehr wahrscheinlich einen Fehler in seiner Annahme, daß der Unterschied zwischen der analytisch bestimmten Wassermenge und der Wassermenge, die er aus der Anzahl und Größe der Tröpfchen berechnete, aus allerkleinsten Tröpfchen bestehen müßte; BOYSEN hat das Gegenteil angenommen, nämlich, daß dieser Unterschied durch solche Tröpfchen kommt, die größer als 100 μ sind, und seine Annahme hat mehr Wahrscheinlichkeit für sich. HUNZIKER hat ebenfalls verschiedentlich die Wasserverteilung studiert und sehr viel zu einer Klärung über die Bedeutung der Wasserverteilung für das Gefüge der Butter beigetragen. Seine Messungen sind aber mehr als Schätzungen zu bezeichnen. BOYSENS Messungen (1927) sind schon mehrfach erwähnt als die neuesten und gründlichsten.

Das Durchschnittsergebnis aller seiner Untersuchungen über die Wasserverteilung faßt BOYSEN in einer Tabelle und in einer Abbildung zusammen, die beide hier wiedergegeben werden sollen. Nach diesen Durchschnittszahlen enthält die Rohbutter rund 21% Wasser, von denen die Hälfte in großen Tropfen von mehr als 100 μ Durchmesser vorhanden ist, aber auch 6,5% in Form ganz kleiner Tröpfchen unter 15 μ. Das Salzen verursacht ein Zusammenziehen der vielen kleinsten Tröpfchen in wenige größere (über den Mechanismus siehe Salzen, S. 66) und das Kneten bewirkt das Heraustreten eines großen Teiles der großen Wasser- und Laketropfen sowie das Zerkleinern eines geringeren Anteiles der größten Tröpfchen in mittlere. Das Endergebnis ist, daß die Menge der kleinsten sowie der größten Wassertröpfchen abnimmt und die Menge der mittleren Tröpfchen etwas zunimmt. Abb. 14 zeigt dies ebenfalls recht deutlich.

Tabelle 49. Durchschnittliche Wasserverteilung in der Butter

Tröpfchengröße	Rohbutter		Fertige gesalzene Butter	
μ	Anzahl	Prozent	Anzahl	Prozent
unter 3	17175400	6,47	11066800	3,97
3—5	317540	1,12	180000	0,61
5—10	72080	1,67	60230	1,33
10—15	9040	0,97	11570	1,18
15—25	620	0,27	600	0,25
25—35	115	0,17	160	0,23
35—45	46	0,16	69	0,23
45—55	20	0,14	29	0,19
55—65	8,5	0,10	16	0,18
65—75	6	0,11	12	0,22
75—85	2,5	0,07	6,5	0,17
85—95	2,5	0,10	5,1	0,19
über 100	—	10,28	—	3,61
Summe...	17600000	21,63	11300000	12,36

Ist die Wasserverteilung in der Butter zu fein, dann erscheint die Butter trübe oder dick. Ist die Wasserverteilung zu grob, so haben die Tröpfchen die Neigung, aus der Butter herauszutreten und die Butter ist lakend.

Daß lakende Butter nicht einen zu hohen Wassergehalt hat, hat schon STORCH (1897) gefunden. Er zeigte in sehr guten Mikrophotographien, von denen zwei in Abb. 15 und 16 wiedergegeben sind, daß in der lakenden Butter sehr große Wassertröpfchen vorhanden sind, welche beim Stehen und besonders bei Erschütterungen der Butter auf dem Transport allmählich heraustreten und fortfließen. Er belegte dies auch durch Auszählen der verschiedenen Tropfengrößen. Die Ursache des Lakens liegt in dem zu frühen Fertigkneten der Butter, ehe das Salz sich vollkommen gelöst hat. Das feste Salz läßt sich nicht durch Kneten feiner verteilen, und so entstehen erst nachher ganz große Laketröpfchen, welche so schwer sind, daß sie von dem Fett nicht gehalten werden können. DAHLBERG (1922) machte planmäßige Versuche darüber, in welchem Stadium der Butterbereitung die Wasserlässigkeit entsteht, und er fand, daß das Kneten das ausschlaggebende Stadium ist; sehr kaltes Waschwasser hatte ebenfalls die Entstehung lakender Butter zur Folge. Zwischen Wassergehalt der Butter und Wasserlässigkeit besteht kein ursächlicher Zusammenhang. Lakende Butter wird durch nachträgliches Kneten wieder ganz normal.

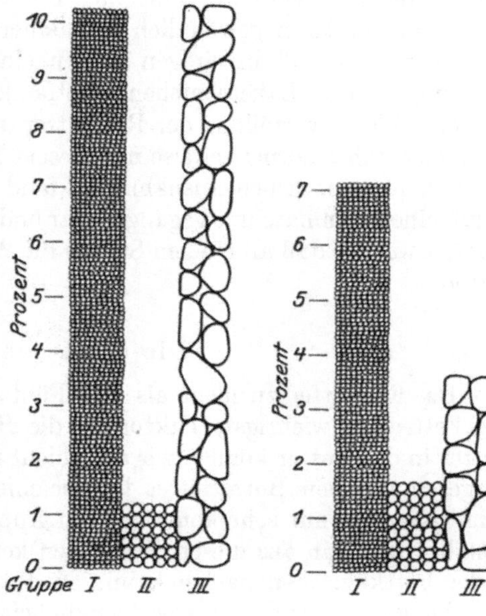

Abb. 14. Durchschnittliche Wasserverteilung im Butter (nach BOYSEN)
a Rohbutter *b* Fertige, gesalzene Butter

Ein anderer Salz- und Knetfehler ist die „bunte Butter". STORCH (1897) zeigte, daß bei Butter gelegentlich hellere und dunklere Stellen nebeneinander

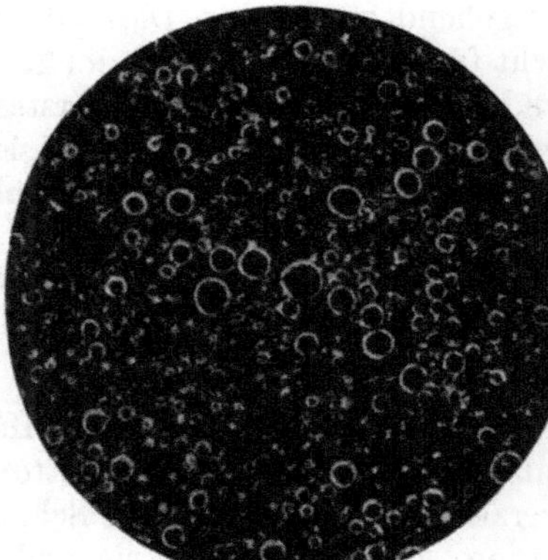

Abb. 15

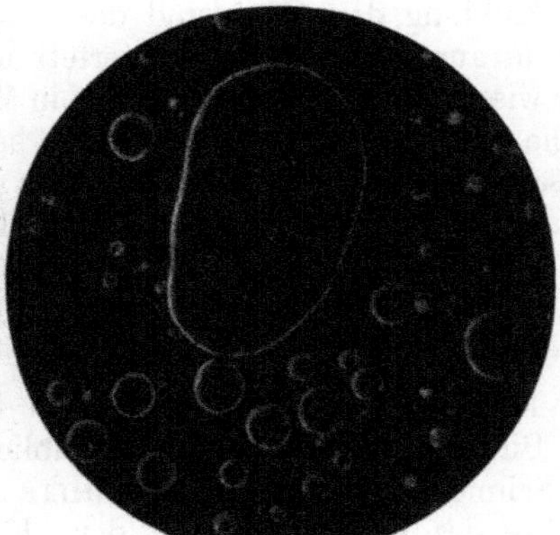

Abb. 16

Abb. 15 und 16. Mikrophotographien der Wasserverteilung in trüber (Abb. 15) und in lakender (Abb. 16) Butter (nach STORCH)

auftreten und daß die Wasserverteilung in den hellen Stellen feiner ist als in den dunkeln. Dies wurde durch HUNZIKER (1920) bestätigt, welcher die verschiedenen Schattierungen dadurch erklärte, daß das wasserfreie Fett durchscheinend und dunkelgelb ist, und um so heller und undurchsichtiger wird, je feiner das Wasser darin verteilt ist, weil dadurch mehr Licht reflektiert wird. Seine Mikrophotographien von den verschiedenen Stadien der Bearbeitung der Butter sind recht überzeugend. Die verschiedene Wasserverteilung in derselben Butter kann gewöhnlich nur daher rühren, daß das Salz ungleich verteilt wurde, so daß in einigen Stellen eine starke Konzentration des Wassers in wenige große Laketröpfchen stattfand, während an den salzfreien Stellen die feine Wasserverteilung der Rohbutter durch das Kneten immer feiner wurde. Man wird daher normalerweise mit diesem Butterfehler nur bei gesalzener Butter rechnen können. Einen Ausnahmefall fand BOYSEN (1927) in einer Probe, welche durch eine Formmaschine gegangen war und vermutlich ungleichmäßig gequetscht worden war, so daß an einigen Stellen die Wassertröpfchen fein zerrieben worden waren.

Die Härte der Butter

Da die Butter zu mehr als vier Fünfteln aus Fett besteht, wird die Härte des Fettes der wichtigste Faktor für die Härte der Butter sein. Die Härte des Fettes in der Butter können wir aber nicht für sich messen. Die Härte des reinen ausgeschmolzenen Butterfettes ist verschiedentlich gemessen worden, mit sehr primitiven wie mit sehr komplizierten Apparaten, und stets hat es sich herausgestellt, daß man aus diesen Messungen keinen Schluß auf die Härte des Fettes in den Fettkügelchen machen kann. Die Härte des Fettes ist nämlich vollkommen verschieden, je nach der Geschwindigkeit der Kühlung und der Temperatur, bis zu welcher gekühlt wurde. RAHN und SHARP (1928) fanden, daß Butterfett, wenn es sehr langsam erstarrte, so weich war, daß eine Metallkugel, die aus 50 cm Höhe herunterfiel, vollkommen einsank, und daß dieses Fett, wenn es einmal so erstarrt war, auch bei längerer Tiefkühlung nicht härter wurde. Wenn dieses Fett aber geschmolzen und sofort in eine Kältemischung getan wurde, wurde es so hart, daß dieselbe Metallkugel bei derselben Temperatur der Messung nur wenige Millimeter in das Fett einschlug und durch die Elastizität des harten Fettes wieder hochsprang und fortrollte; es ist darnach möglich, durch die Art der Kühlung den Härtegrad des Fettes weitgehend zu regeln. Dies gilt aber nur für ausgeschmolzenes Butterfett und nicht für die Fettkügelchen im Rahm. Wir wissen, daß die Fettkügelchen in Milch und Rahm nur sehr langsam erstarren (siehe S. 23 Rahmkühlung) und daß besondere Maßnahmen nötig sind, um sicher zu sein, daß alles Fett im Rahm vor dem Buttern in den festen Zustand übergegangen ist. Wir können mit großer Wahrscheinlichkeit voraussagen, daß das Fett in einem sehr schnell und sehr tief gekühlten Rahm härter sein wird als in einem langsam gekühlten, und es ist durch neue Versuche von VAN DAM (1927c) auch möglich, dies zahlenmäßig zu belegen.

Freilich wissen wir aber, daß die Härte des Fettes allein nicht für die Härte der Butter maßgebend ist. Der übliche Maßstab für die Härte des Fettes ist der Schmelzpunkt. HUNZIKER, MILLS und SPITZER (1912) verglichen die Schmelzpunkte des Butterfettes mit der „Kompression" der Butter, die sie dadurch bestimmten, daß sie Butterstücke von einheitlicher Form und Temperatur einem gleichen Druck aussetzten und die Zusammenpressung in Millimetern maßen. Je höher die Kompression, um so weicher ist also die Butter. Ihre Untersuchungen zeigten im allgemeinen, daß mit steigendem Schmelzpunkt des Fettes die Butter härter, also die Kompression kleiner wurde. Unter den zahlreichen Proben fand sich aber auch eine ganze Reihe, bei denen das Gegenteil der Fall war, wie folgende Tabelle zeigt:

Tabelle 50. Schmelzpunkt des Fettes und Härte der Butter

Normale Beziehungen

	Schmelzpunkt hoch	Kompression gering	Schmelzpunkt niedrig	Kompression stark
	Grad	mm	Grad	mm
	35,5	6,3	32,1	37,5
	35,8	15,6	31,9	42,2
	35,2	18,8	33,6	40,6
	35,2	12,5	33,4	62,5
Mittel	35,4	13,3	32,8	45,7

Unnormale Beziehungen

	Schmelzpunkt hoch	Kompression stark	Schmelzpunkt niedrig	Kompression gering
	Grad	mm	Grad	mm
	34,5	70,8	31,9	20,3
	35,1	42,5	32,6	14,6
	34,2	37,5	33,3	3,1
	34,0	41,7	33,3	18,8
Mittel	34,5	48,1	32,8	14,2

Butter kann also hart sein, trotz niedrigen Schmelzpunktes des Fettes, und sie kann weich sein, trotz eines hohen Schmelzpunktes des Fettes. Die physikalische Beschaffenheit des Fettes kann also von größerer Bedeutung sein als die chemische Zusammensetzung. Die Zusammenhänge sind allerdings noch recht unklar.

Van Dam bestimmte ebenfalls nach dem Hunzikerschen Verfahren die Härte der Butter und er verglich Butter aus tiefgekühltem Rahm mit Butter aus weniger tiefgekühltem Rahm. Um aber bestimmt deutliche Unterschiede zu bekommen, gebrauchte er anstatt eines Gewichtes drei verschiedene von 500 g, 750 g und 1000 g zur Deformation der Butter und erhielt daher für jede Butter drei verschiedene Härtemaße. Die erste Reihe der Tabelle 51 gibt die Wirkung einer zweistündigen Kühlung, die zweite zeigt eine 22stündige Kühlung.

Wenn auch van Dam selbst darauf hinweist, daß diese Art der Härtebestimmung nicht sehr genau ist und auch nur einen der verschiedenen Faktoren des Gefüges der Butter angibt, so sind die Unterschiede doch groß und eindeutig, und man kann wohl behaupten, daß die Härte der Butter in ziemlich weiten Grenzen durch die Behandlung des Rahmes geregelt werden kann. Dies war von Rahn und Sharp (1928) schon aus den Zahlen über die verschiedene Härte des ausgeschmolzenen und verschieden gekühlten Butterfettes angenommen worden und findet sich hier schon bestätigt.

Tabelle 51. Die Härte der Butter bei verschiedener Kühlung des Rahmes

Dauer der Tiefkühlung	Anzahl der Versuche	Temperatur des Rahmes beim			Butterungsdauer	Fett in Buttermilch	Kompression in Millimetern		
		Kühlen	Reifen	Buttern					
Stunden		Grad			Minuten	Prozent	500 g	750 g	1000 g
0	13	9,8—11,25	12,9—13,8	15,2	55,5	0,64	11,0	15,8	20,4
2	13	1,08—3,44	12,6—13,8	15,05	53.0	0.60	6,6	11,3	16,3
0	21	12,5—12,9	12,2—13,9	15,2	56,2	0,64	10,2	16,6	20,6
22	21	1,4—3,5	11,8—13,8	15,1	52,4	0,59	6,2	11,0	15,8

Wenn auch das Fett den größten Teil der Butter ausmacht, so werden doch die anderen Bestandteile ebenfalls einen bestimmten Einfluß auf die Härte ausüben. Auf den vorstehenden Seiten war es als das Wahrscheinlichste hingestellt worden, daß in der Butter die Fettkügelchen noch fast ganz erhalten und nur etwas durch das Zusammenpressen deformiert seien und daß sie durch den Hüllenstoff der Fettkügelchen zusammengeklebt seien. Darnach würde die Härte der Butter von zwei Faktoren abhängen, von der Härte der Fettkügelchen und von der Klebkraft der Hüllen. Man kann die Butter mit einem Bauwerk aus Steinen und Mörtel vergleichen; die Festigkeit eines solchen Bauwerkes wird einmal von der Festigkeit der Steine und dann auch von der Festigkeit des Mörtels abhängen. In der Rohbutter haben wir sehr viel und sehr weichen „Mörtel". Sind die „Steine" hart und der „Mörtel" weich, so ist die Butter krümelig, kurz, bröckelig. Ist dagegen der „Mörtel" hart und die „Steine" weich, so erhalten wir schmierige Butter. Daß die Hülle um die Fettkügelchen wahrscheinlich gelatineartig halbfest, gallertartig ist, ist schon verschiedentlich betont worden. Es läßt sich leicht vorstellen, daß geringe Änderungen die Härte dieser dünnen Zwischenschicht sehr stark beeinflussen können.

Sodann wird wahrscheinlich der Dispersionsgrad der wässerigen Phase in der Butter und vielleicht auch bis zu einem gewissen Umfang der Dispersionsgrad der Gasphase die Härte der Butter beeinflussen.

d) Beurteilung der Butter

Man unterscheidet im allgemeinen 3 Gruppen von Butterfehlern: Fehler im Aussehen, Fehler im Gefüge und Fehler im Geruch und Geschmack. Die Fehler im Aussehen sind eindeutig festzustellen; Gefügefehler sind schon schwieriger zu beurteilen, weil geeignete und einfache Meßmethoden fehlen, und die Geschmacks- und Geruchsfehler sind vollends gar nicht meßbar, oft nicht einmal genau beschreibbar, und ihre Beurteilung ist ganz allein von der Sinnenschärfe, dem Geschick und der Erfahrung des Prüfenden abhängig. Während jeder Chemiker bei der Bestimmung des Wassergehaltes einer Butterprobe dieselbe Zahl finden würde, ist es sehr gut denkbar, daß dieselbe Butterprobe von verschiedenen Gutachtern ganz verschieden beurteilt wird. Ja sogar ein und dieselbe Person könnte an verschiedenen Tagen dieselbe Butter verschieden beurteilen, denn Änderungen im Gesundheitszustand und auch andere Einflüsse, wie Rauchen, Speisen und Getränke, können das Urteil beeinträchtigen. Solange wir keinen anderen Maßstab zur Geschmacksprüfung haben als die Zunge, die bei jedem Menschen verschieden ist, so lange wird die Beurteilung von Butter (und von allen anderen Nahrungsmitteln) ein Kompromiß bleiben. Es ist leider noch kein Weg zu sehen, wie wir einen unpersönlichen Maßstab für den Geschmack schaffen könnten.

Um die Willkür bei der Butterprüfung aber doch nach Möglichkeit auszuschalten, pflegt man jede Probe von 2 Richtergruppen prüfen zu lassen, welche unabhängig voneinander arbeiten und erst nach beendeter Prüfung ihre Ergebnisse vergleichen. Hierbei hat es sich als vorteilhaft herausgestellt, daß beide Gruppen zunächst einzelne Proben gemeinsam richten und durchsprechen, um gewissermaßen ein Übereinkommen zu treffen, wie scharf gerichtet werden soll. Das Endergebnis der beiden getrennt arbeitenden Gruppen stimmt gewöhnlich recht gut überein; Abweichungen bis zu einem Punkt sind immerhin ziemlich häufig und Abweichungen bis zu zwei Punkten kommen vor. Eine Zusammenstellung des Umfanges der Abweichungen ist dem Verfasser nicht bekannt; Material liegt genügend vor. Eine Übersicht über eine größere Zahl von Butterprüfungen mit einer Berechnung des wahrscheinlichen Fehlers würde bestimmt von Wert sein, denn die Ansichten über die Zuverlässigkeit der Butterbeurteilung gehen sehr weit auseinander, und der zahlenmäßige Beleg würde uns genau zeigen, was von der jetzigen Art des Richtens zu erwarten ist.

Das Punktiersystem der Deutschen Landwirtschaftsgesellschaft

Man hat in Deutschland für die Beurteilung der Butter ein Punktiersystem anerkannt, welches der vollkommen fehlerfreien Butter 20 Punkte gibt. Davon gelten als Höchstwerte

für Geschmack (Reinheit, Aroma, Salz)	10	Punkte,
„ Geruch	2	„
„ Ausarbeitung (Wasser- und Milchgehalt)	4	„
„ Aussehen (Reinheit, Farbe, Schimmer)	2	„
„ Gefüge (Zusammenhang, Härtegrad, Streichbarkeit)	2	„

Andere Systeme

Schleswig-Holstein macht von dieser Bewertung eine Ausnahme; das dort übliche System erlaubt nur 15 Punkte für die beste Butter. Diese Ungleichmäßigkeit wirkt störend auf den Handel. Das Kaufen der Butter nach Punktzahl, ohne die Ware gesehen zu haben, wird hierdurch erschwert.

Interessant ist der Vergleich mit der Bewertung der einzelnen Eigenschaften in anderen Ländern. Die Vereinigten Staaten haben 100 Punkte als Höchstzahl. Die Bewertung, auf unser deutsches System mit 20 Punkten umgerechnet, ergibt

für Geschmack und Geruch	9	Punkte,
„ Gefüge	5	„
„ Farbe	3	„
„ Salz	2	„
„ Verpackung	1	„

Die Begriffe decken sich nicht ganz, aber Deutschland bewertet Geruch und Geschmack mit zusammen 12 Punkten viel höher als Amerika, dagegen rechnet Amerika 3 Punkte für Farbe, welche wir ganz nebensächlich behandeln.

e) Normale und unnormale Veränderungen der Butter

Einteilung der Veränderungen nach ihrer Ursache

Die Butter kann unter Umständen gleich nach dem Buttern minderwertig sein, wenn schlechter Rahm oder gar schon schlechte Milch verwendet wurde. Dies trifft besonders für Fehler in der Fütterung zu sowie für Fehler beim Buttern. Gewöhnlich wird aber die zuerst gute Butter allmählich schlechter. Wir können unterscheiden:

1. Fehler, welche durch falsche Fütterung entstehen; hierher gehören Fehler durch zu hartes oder zu weiches Fett oder durch Geruchs- und Geschmacksstoffe, die durch das Futter in die Milch gelangt sind, wie z. B. Rüben-, Knoblauch- oder Zwiebelgeschmack, oder bitterer Geschmack durch Lupinenfütterung. Diese Fehler sind im Prinzip schon im Abschnitt I, 3 des 1. Bandes, 2. Teil behandelt.

2. Fehler, welche durch falsche mechanische Behandlung des Rahmes oder der Butter entstehen; diese sind im Prinzip schon auf den vorstehenden Seiten behandelt. Hierher gehören salbige, nasse, wasserlässige Butter, Butter mit trüber Lake, bunte Butter usw.

3. Fehler, welche sich langsam in der Butter entwickeln und welche durch die Einwirkung von Mikroorganismen entstehen. Dies sind fast immer Geschmacksfehler, seltener Verfärbungen. Die Butter ist ein eigenartiger Nährboden für Bakterien, Hefen und Schimmel, darauf ist in dem folgenden Abschnitt besonders eingegangen.

4. Fehler, welche sich langsam in der Butter entwickeln und welche auf chemische Ursachen zurückzuführen sind. Hierher gehören besonders das Talgigwerden und das Fischigwerden. Diese Fehler werden im Anschluß an die bakteriologischen Zersetzungen genauer behandelt werden.

Bakteriologische Ursachen

Die Butter als Nährboden für Mikroorganismen

Die Butter besteht aus etwa 80 bis 85% Fett, 0 bis 3% Salz und 10 bis 17% einer mehr oder weniger verdünnten Buttermilch, dem Butterplasma. Das Plasma ist in kleinen Tröpfchen in der Butter verteilt und diese Tröpfchen stehen wahrscheinlich durch äußerst enge Schichten des Fettkügelchen-Hüllenstoffes miteinander in Verbindung. Diese Verbindungen sind so dünn, daß auch ganz kleine Bakterien nicht hindurchschlüpfen könnten. Wenn also ein Bakterium in einem Tropfen eingeschlossen ist, so kann es aus diesem Gefängnis nicht heraus; es kann sich in diesem Tropfen nur so weit vermehren, als Nahrung und Raum es zulassen. Diese Beschränkung gilt nicht für Schimmel, denn diese können mit ihren Hyphen solch dünne Scheidewände, wie die Fettkügelchen sie bieten, leicht mechanisch durchbohren. Vielleicht sind auch die Kahmhefen hierzu fähig.

Wenn man mit diesen Überlegungen die Tabelle 49 (S. 92) von Boysen über die Wasserverteilung in der Butter betrachtet, so gewinnt diese an Bedeutung. Nehmen wir an, der verbutterte Rahm hätte 500000000 Milchsäurebakterien in 1 cm³ enthalten. Die Anzahl der Tropfen in Butter ist viel größer, rund 10 Milliarden in 1 g, so daß unmöglich alle Tropfen ein Bakterium enthalten können; es müssen mindestens 95% aller Tröpfchen keimfrei sein. Unter Zugrundelegung der erwähnten Tabelle über die durchschnittliche Wasserverteilung läßt sich leicht berechnen, wieviel von dem Plasma in der Butter bakterienhaltig und wieviel keimfrei ist.

In der Durchschnittsbutter finden wir, daß die kleinsten Tröpfchen, mit einem Durchmesser kleiner als 3 μ, 3,97% des Buttergewichtes ausmachen. 100 g Butter enthalten also 3,97 g Plasma in feinster Verteilung mit 500 Millionen Bakterien je 1 cm³, also insgesamt 1985 Millionen Bakterien. Die 3,97 g Plasma sind auf 1106680000000 Tröpfchen verteilt. Darnach kann also immer nur ein Bakterium auf 550 Tropfen kommen und der Rest, das sind 99,5%, muß keimfrei sein und keimfrei bleiben. Das klingt zunächst wie ein Rechenfehler, aber es wird verständlicher, wenn man überlegt, daß 1 cm³ = 1000000000000 μ^3 ist, und daß bei 500 Millionen Bakterien in 1 cm³ jede Zelle noch einen Spielraum von 2000 μ^3 hat. Dagegen ist das Durchschnittsvolumen der kleinsten Tröpfchen in Butter nur 3,59 μ^3. Wenn also der große Spielraum in so kleine Tröpfchen aufgeteilt wird, so ist es begreiflich, daß ein großer Teil dieser kleinsten Tröpfchen keimfrei werden muß. So erklärt es sich, daß beim Buttern von saurem Rahm von den 3,97 g Plasma in Form kleinster Tröpfchen 3,95 g keimfrei und nur 0,02 g bakterienhaltig sind.

Bei der nächsten Tropfengröße sind schon mehr Tropfen infiziert, und wenn man diese Rechnung für alle Tropfengrößen durchführt, so ergibt sich, daß von den 12,36 g Wasser in der Butter rund 6,3 g oder 48% keimfrei sein müssen. Der Anteil des keimfreien Plasmas nimmt um so mehr zu, je weniger Bakterien im Rahm vorhanden sind. RAHN und BOYSEN (1928) berechneten für Durchschnittsbutter folgende Mengen keimfreien Plasmas:

	Bakterien in 1 cm³ Buttermilch oder Plasma unmittelbar nach dem Buttern:	Von dem Plasma in der Butter sind keimfrei:
Übersäuerter Rahm	1000000000 Bakterien	45,2%
Saurer Rahm	100000000 ,,	57,4%
Schwach saurer Rahm ..	10000000 ,,	62,5%
Kurz vor dem Säuern ..	1000000 ,,	70,7%
Pasteurisierter Rahm...	100000 ,,	88,0%
	10000 ,,	99,0%
	1000 ,,	99,9%

Wie diese große Menge keimfreier Flüssigkeit in der Butter sich auswirkt, bestimmten RAHN und BOYSEN (1928) durch Vergleich der Säurebildung in der Gesamtflüssigkeit in der Butter mit der Säurebildung in der entsprechenden Buttermilch. Hierzu wurde ungewaschene, ungesalzene Butter aus pasteurisiertem, süßem Rahm besonders hergestellt. In solcher Butter war das Plasma vollkommen identisch mit der Buttermilch, und wenn irgendwelche Unterschiede in der Säurebildung auftraten, so konnten sie nur durch die verschiedene physikalische Verteilung der Flüssigkeit bedingt sein. Außer der ungewaschenen Butter wurde aus demselben Rahm auch gewaschene Butter hergestellt, die ebenfalls ungesalzen blieb. Von jeder dieser beiden Buttersorten wurde ein Teil überknetet, um die Wasserverteilung möglichst fein zu machen. Alle diese Proben standen neben der Buttermilch in einem dunklen Raume bei 22° C. Von Zeit zu Zeit wurde ein Teil der Butter ausgeschmolzen und das vom Fett möglichst befreite Plasma wurde titriert, desgleichen die Buttermilch. Vorher schon war die Wasserverteilung in den Butterproben gemessen worden und daraus und aus der Keimzahl der Buttermilch unmittelbar nach dem Buttern (50000 Bakterien in 1 cm³) die infizierte Plasmamenge berechnet. Tabelle 52 zeigt die Säuremengen in Soxhlet-Henkel-Graden.

Der letzte Teil der Tabelle zeigt die Säurezunahme innerhalb in Prozenten der Zunahme außerhalb der Butter. Hieraus können wir die vergleichsweise Verzögerung der Säurebildung durch die Verteilung in feinste Tröpfchen ersehen. Bei der ersten Butter sind nur 30% des Plasmas infiziert, daher sollte die Säure in diesem Plasma nur 30% der Säuremenge in Buttermilch betragen. Das stimmt auch einigermaßen an den ersten beiden Tagen. Dann aber steigt die Säuremenge schnell über dieses Maß. In den beiden gewaschenen Butterproben dagegen ist selbst nach 11 Tagen diese Grenze noch nicht überschritten.

Ein zweiter Versuch hatte ein ähnliches Ergebnis;: die ungewaschene Butter mit 15% infiziertem Plasma hatte nach 4 Tagen 24 bis 29%, nach 7 Tagen 27 bis 32% der Säuremenge der Vergleichsbuttermilch erreicht, stieg dann aber auf 62 bis 66%; die gewaschenen Proben blieben 7 Tage unter der Infektionsgrenze (31 bis 44%) und stiegen dann auf 68 bis 69%.

Die Berechnung des keimfreien Plasmas scheint also im Prinzip richtig zu sein. Diese Beschränkung gilt für einige Zeit, aber dann gelingt es den Bakterien, langsam auch das Plasma der nicht infizierten Tröpfchen teilweise zu zersetzen. Dies kann man gut durch langsame Diffusion in den sehr engen Verbindungen zwischen den Wassertröpfchen der Butter erklären. Auch eine langsame Diffusion der Milchsäure durch das Fett hindurch wäre im Prinzip denkbar, da das Fett Milchsäure lösen kann. Rahn und Boysen konnten aber durch besondere Versuche feststellen, daß im Laufe von 2 Monaten keine Milchsäure durch eine Schicht von 5 mm festen Fettes hindurch diffundiert.

Tabelle 52. Säureentwicklung im Plasma ungesalzener Butter

	Nicht gewaschen		Gewaschen		Buttermilch
Geknetet	normal	zu stark	normal	zu stark	
	Prozent		Prozent		Prozent
Anteil infizierten Wassers .	30,6	22,0	23,0	43,2	100
Bezeichnung	A	B	C	D	—
Säuregrad des Plasmas					
Frisch	11,10	11,10	5,43	4,57	10,30
1 Tag alt	13,00	12,29	7,14	5,16	17,83
2 „ „	16,57	13,43	8,60	6,70	27,88
3 „ „	24,86	18,86	—	—	29,43
11 „ „	—	—	10,00	8,58	—
Zunahme der Säuregrade des Plasmas					
in 1 Tag	1,90	1,19	1,71	0,59	7,53
„ 2 Tagen	5,47	2,33	3,17	2,13	17,58
„ 3 „	13,76	7,76	—	—	19,13
„ 11 „	—	—	4,57	4,01	—
Säurezunahme für Buttermilch = 100					
in 1 Tag	25	11	23	8	100
„ 2 Tagen	31	13	18	12	100
„ 3 „	72	41	—	—	100
„ 11 „	—	—	24	21	100

Das Waschen der Butter

Unter diesem Gesichtspunkt erhält das Waschen der Butter seine besondere Bedeutung. Von der Wassermenge in der Butter ist fast die Hälfte in Tröpfchen mit weniger als 15 μ Durchmesser vorhanden. Es ist auf Seite 92 als wahrscheinlich angenommen, daß diese kleineren Tröpfchen während des Butterns entstehen und einfach die Zwischenräume zwischen den zusammengelagerten Fettkügelchen vorstellen. Diese Tröpfchen sind innerhalb der Butterkörnchen praktisch unangreifbar eingelagert und werden auch durch das Waschen der Butter gar nicht betroffen; sie enthalten unverdünnte Buttermilch. Die größeren Tröpfchen dagegen entstehen durch das Zusammenlagern der Butterkörnchen beim Waschen und Kneten. In ihnen ist die Buttermilch so weit verdünnt, daß sie klar aussieht, denn Butter soll doch so lange gewaschen werden, bis das Waschwasser klar ist. Die Nährstoffkonzentration in den großen Tropfen kann man abschätzen. Im Abschnitt über die Zusammensetzung der Butter ist festgestellt worden, daß beim Waschen der Butter etwa die Hälfte des Milchzuckers und ein Viertel der Eiweißstoffe herausgebracht werden kann. Da die kleinen Tröpfchen, die etwa die Hälfte des Gesamtwassers der Butter darstellen, durch das Waschen nicht verändert werden, so ergibt sich für die großen Tröpfchen in gewaschener Butter, daß sie immer noch Eiweiß, aber sehr wenig Milchzucker enthalten werden.

Wenn wir nun bedenken, daß die Bakterien hauptsächlich in den größeren Tropfen sich befinden, während die kleineren fast alle keimfrei sind, so erzielt man durch das Waschen den sehr erwünschten Zustand, daß die Nährstoffe der Bakterien sich hauptsächlich in den kleinsten Tröpfchen befinden, die für die Bakterien gar nicht zugänglich sind. Die Bakterien werden also von ihrer Nahrung getrennt und die Mehrzahl befindet sich in einer sehr stark verdünnten Nährlösung, was aber aus der Gesamtanalyse der Butter nicht zu ersehen ist. Die Versuche von RAHN und BOYSEN bestätigen diese Annahme. Sie haben unter ihren Versuchen 3 Paare von Butterproben, an denen sich diese starke Behinderung der Säurebildung durch das Waschen zeigen läßt.

Tabelle 53. Säurezunahme in gewaschener und ungewaschener Butter

	1. Tag	2. Tag	3. Tag	4. Tag	7. Tag	11. Tag	32. Tag	64. Tag
A. Ungewaschen	1,9	5,5	13,8	—	—	—	—	—
C. Gewaschen	1,7	5,5	—	—	4,6	—	—	—
B. Ungewaschen	1,2	2,3	7,8	—	—	—	—	—
D. Gewaschen	0,1	2,1	—	—	4,0	—	—	—
I. Ungewaschen	—	—	—	4,8	—	5,9	12,3	12,3
II. Gewaschen	—	3,3	—	5,3	—	6,7	11,7	14,7

Die ersten beiden Paare zeigen das Zurückdrängen der Säurebildung durch das Waschen sehr deutlich. Das letzte Paar scheint eine Ausnahme zu bilden. Dies liegt aber daran, daß bei der Anfangssäurebestimmung bei Probe I wahrscheinlich ein Fehler unterlaufen ist. Diese Probe zeigte nämlich in den ersten beiden Tagen eine Säureabnahme — das erscheint ausgeschlossen und deutet auf einen Titrierfehler hin. Lassen wir diese erste Bestimmung fort und betrachten wir den zweiten Tag als den Anfang, dann finden wir die folgenden Säurezunahmen, die mit den ersten beiden Paaren übereinstimmen:

Ungewaschen:	4,82	5,92	12,32	12,32
Gewaschen:	2,00	3,42	8,42	11,42

Das Waschen der Butter bewirkt also in allen Fällen, daß die Bakterientätigkeit in dem Plasma der Butter stark zurückgedrängt und verlangsamt wird.

Das Kneten der Butter

Die Versuche von RAHN und BOYSEN, durch Überkneten der Butter eine feinere Wasserverteilung zu erzielen, gelangen nicht in allen Fällen, weil häufig neues Wasser in die Butter hineingeknetet wurde; wenn also auch das in der Butter schon vorhandene Wasser deutlich zerkleinert wurde, so kam doch neues Wasser in großen Tropfen hinein und gab so ein ganz falsches Bild von den tatsächlichen Verhältnissen. Das hinzugekommene Wasser war natürlich nährstoffarm und bakterienarm, konnte also die Säurebildung nicht sehr beeinflussen. Trotzdem also die Wasserverteilung nach dem Überkneten oft gröber anstatt feiner geworden war, so war die Säurebildung doch in fast allen Proben stark verringert worden. Es sollen hier nur die ungesalzenen Proben angeführt werden. Die Ergebnisse zeigt Tabelle 54. Die obere Butter jedes Paares ist die normale, die untere die überknetete Probe.

Die Unterdrückung der Bakterientätigkeit durch das Überkneten ist recht beachtenswert; wie aus den Mittelwerten hervorgeht, ist die Säurezunahme in der überkneteten Butter nur etwa halb so groß als in der normal bearbeiteten. Die Ursache ist eine rein physikalische, nämlich die feinere Verteilung des Wassers und vielleicht auch, nach der Ansicht von RAHN und BOYSEN, durch teilweises Reißen der Verbindungen zwischen den Wassertröpfchen verursacht, weil dieses die Diffusion erschweren oder verhindern würde.

Tabelle 54. Säurezunahme in normaler und überarbeiteter Butter

Probe	1. Tag	2. Tag	3. Tag	4. Tag	7. Tag	11. Tag	24. Tag	32. Tag	64. Tag
Säurezunahme in Graden Soxhlet-Henkel									
A	1,90	5,47	13,7	—	—	—	—	—	—
B	1,19	2,33	7,76	—	—	—	—	—	—
C	1,71	3,17	—	—	—	4,57	—	—	—
D	0,59	2,13	—	—	—	4,01	—	—	—
II	—	3,28	—	5,28	6,70	—	—	11,70	14,70
III	—	2,97	—	4,57	5,75	—	—	11,97	14,57
N	—	3,3	—	—	8,2	10,5	—	—	—
U	—	0,8	—	—	4,2	4,7	—	—	—
Z	—	0,5	—	—	2,2	1,3	—	—	—
„Überknetet“ in Prozenten von „Normal“									
A:B	63	42	56	—	—	—	—	—	—
C:D	35	67	—	—	—	88	—	—	—
II:III	—	91	—	87	78	—	—	102	99
N:U	—	24	—	—	51	45	—	—	—
N:Z	—	15	—	—	27	12	—	—	—
Mittel	49	48	56	87	52	48	—	—	—

Wenn wir also beobachten, daß die Importbutter oft äußerst weitgehend bearbeitet ist, so ist dies nicht nur dadurch zu erklären, daß man den Wassergehalt hochbringen und ein Auslaken der Butter verhindern will, sondern es ist damit auch zugleich auf mechanischem Wege eine größere Haltbarkeit erreicht worden.

Es ist aus diesen Überlegungen auch ohne weiteres verständlich, daß es einen Unterschied machen muß, ob eine bestimmte Infektion der Butter schon im Rahm vorhanden ist oder erst nach dem Buttern während des Waschens und Knetens in die Butter gelangt. Was während des Waschens und Knetens in die Butter gelangt, kann sich nur in den großen aber nährstoffarmen Tropfen vermehren und kommt mit der Hauptmenge der Nährstoffe der Butter nicht in Berührung. Unter diesen Bedingungen kann sich Bacterium fluorescens sehr gut vermehren, denn es ist eigentlich ein Wasserbakterium und an sehr verdünnte Nährlösung gewöhnt, während z. B. die Milchsäurebakterien, die ziemlich anspruchsvoll in ihrer Nahrung sind, in solch verdünnten Lösungen nicht gedeihen.

Das Salzen

Die Wirkung des Salzes in der Butter hängt nicht nur vom Salzgehalt allein ab, sondern auch vom Wassergehalt der Butter. Ausschlaggebend ist das Verhältnis von Salz zu Wasser, das heißt der Salzgehalt des Plasmas. 1,5% Salz bei 15% Wasser gibt eine 10prozentige Lake, welche manchen Milchsäurebakterien und Stäbchenbakterien noch ein langsames Wachstum gestattet, während 1,5% Salz bei 10% Wasser eine 15prozentige Lake bedeutet, die fast alle in der Milch vorkommenden Bakterien unterdrückt.

Die älteste planmäßige und umfangreiche Untersuchung über die antiseptische Wirkung des Salzes ist wohl die von PETTERSSON (1900), welcher nicht mit Butter, sondern mit Pökelfleisch und Salzfischen arbeitete und dabei beobachtete, daß die Stäbchenbakterien in Lösungen mit mehr als 10 bis 12% Salz nicht gediehen, während die Kokken zum Teil noch bei 18% sich reichlich, wenn auch langsam vermehrten und selbst bei 23% noch in geringen Mengen vorhanden waren. Dagegen erschienen die wilden Hefenarten erst bei 14% Salz und waren in allen konzentrierten Salzlösungen vorhanden. Sie sind von der Heringslake und vom Pökelfleisch genügend bekannt.

Orla-Jensen (1902) machte bei seinen gründlichen Untersuchungen über das Ranzigwerden der Butter nur wenige Versuche über den Einfluß des Salzes auf die Butterschädlinge. Durch Waschen der Butter mit 25prozentiger Salzlake konnte er sowohl Bacterium fluorescens wie Oidium lactis so schädigen, daß die Organismen fast alle verschwanden, dagegen zeigte sich Cladosporium butyri sehr resistent. Leider ist die Konzentration der Lake nur in einem Falle, bei Bacterium fluorescens, mit 21,6% angegeben.

Kraus (1905) machte rein empirische Haltbarkeitsproben mit Butter, die nach verschiedener Weise hergestellt war und verschiedenen Salzgehalt bekommen hatte. Bakteriologische Untersuchungen wurden gar nicht vorgenommen. Kraus kam zu folgendem Schluß: Butter ohne Kochsalz hält sich schwierig; ein wesentlicher Unterschied in der Haltbarkeit der mit 3 oder 5% Kochsalz versetzten Proben war nicht zu beobachten. Ein Kochsalzzusatz von 6 oder 10% beeinträchtigt die Haltbarkeit der Butter.

Die Erklärung hierzu glaubt Fettick (1909) darin zu sehen, daß bei 2 bis 3% Salz in Butter den Milchsäurebakterien noch Gelegenheit zu langsamer Entwicklung gegeben ist, so daß sie jedenfalls nicht schneller absterben als die Butterschädlinge und daß sie diesen noch die Waage halten können. 4 bis 5% Salz schädigt dagegen die Milchsäurebakterien schon so sehr, daß sie unter Umständen schon in einer Woche tot sein können; andere Bakterien bekommen alsdann die Oberhand. Diese Annahme ist experimentell nicht sehr gut begründet und die Versuche Fetticks mit nachträglicher Beimpfung sterilisierter Butter sind in der Technik nicht so einwandfrei wie die älteren Versuche Orla-Jensens, der den Rahm sterilisierte, alsdann beimpfte und nunmehr erst verbutterte. Jedenfalls aber zeigen Fetticks Versuche, daß die Milchsäurebakterien, die Schimmelpilze und Bacterium fluorescens sehr empfindlich waren, während Bacterium coli, Streptothrix und Sporenstäbchen in einer Butter mit 6% Salz noch nach einer Woche in großen Mengen am Leben waren und daß eine Hefe sich sogar in Butter mit 3% Salz (21% Salz im Plasma) noch deutlich vermehrte.

Dies stimmt überein mit dem Ergebnis von Rahn, Brown und Smith (1909), welche die salztoleranten Organismen in Butter dadurch zählten, daß sie zum Plattengießen Agar benutzten, dessen Salzgehalt dem Salzgehalt des Plasmas der untersuchten Butter genau entsprach. Während auf normalem Agar sich etwa 15 Millionen Bakterien auf je 1 g Butter entwickelten, waren auf den Platten mit 9% Salz nur etwa 250000 Keime, bei 12% Salz nur noch 10000 Bakterien, 30000 Hefen und 2000 Oidien gewachsen. Bei 19% Salz im Agar wuchsen nur noch 2 Hefen und 2 Schimmel aus einem Gramm Butter.

1911 fand Orla-Jensen in dänischer Butter die Hefen als größte Schädlinge. Fettspaltung trat besonders dann ein, wenn die Butter oder der Rahm durch Milchsäurebakterien besonders stark gesäuert war. 1921 gibt derselbe Verfasser in seiner Monographie über die Milchsäurebakterien auch deren Wachstumsgrenzen bei Salzzusatz. Von den 25 untersuchten Milchsäurestreptokokken können bei 10,5% Salz im Nährboden nur noch 6 langsam säuern und 3 versagten bereits bei 5,5%. Dagegen wuchsen sämtliche Mikrokokken und Sarzinen (dort Tetrakokken genannt) noch bei 15,5%. Von 22 anderen Milchsäure bildenden Bakterien konnten nur 2 bei 10,5%, aber keines bei 16,5% Salz gedeihen.

Recht umfangreiches Material aus der Praxis gibt Macy (1927).

Tabelle 55. **Einfluß des Salzgehaltes der Butter auf den Gehalt an Schimmeln und Hefen**

	Bei 2700 Butterproben wurden in 1 g Butter gefunden	
	mehr als 100 Schimmel	mehr als 100 Hefen
	Prozent	
Ungesalzen	bei 78,9	bei 41,2
0,5—1,0% Salz	„ 50,0	„ 16,7
1,0—1,5% „	„ 19,4	„ 51,6
1,5—2,0% „	„ 11,5	„ 28,6
2,0—2,5% „	„ 6,2	„ 20,8
2,5—3,0% „	„ 4,0	„ 15,3
3,0—3,5% „	„ 5,4	„ 7,7
3,5—4,0% „	„ 4,1	„ 4,1
4,0—6,0% „	„ 0	„ 0

In 2700 Butterproben waren Hefen und Schimmel gezählt worden, außerdem wurde jedesmal der Salz- und Wassergehalt bestimmt. Die eingesandten Proben waren 1 bis 14 Tage alt. Aus den Ergebnissen ist in Tabelle 55 ein kurzer Auszug wiedergegeben. Es ist deutlich zu erkennen, wie die Schimmel viel empfindlicher gegen Salz sind als die Hefen. Die Angabe 0 Schimmel und Hefen bedeutet nur, daß keine der Proben mehr als 100 Organismen dieser Art hatte. Tatsächlich enthielten 33% aller Proben mit mehr als 4% Salz noch zwischen 10 und 50 Schimmel im Gramm und 57% enthielten 11 bis 50 Hefen.

Nach allem, was bisher über die Verteilung des Wassers in der Butter gesagt ist, erscheint es noch gar nicht sicher, daß alle Wassertröpfchen in der Butter denselben Salzgehalt haben. Das Salz wird erst nach dem Waschen zugefügt, wenn die kleinsten Tröpfchen schon eingeschlossen sind. Zunächst werden also nur die großen Wassertröpfchen Salz enthalten. Dann setzt sehr schnell der Ausgleich ein, der auf Seite 67 durch die Filmaufnahmen von BOYSEN erläutert ist. Darnach saugen die Salzkristalle alle kleinsten Tröpfchen der Umgegend sehr schnell auf. Daß dies Aufsaugen aber in allen Teilen der Butter ganz gleichmäßig vor sich geht, ist schon deshalb nicht sehr wahrscheinlich, weil es nicht möglich sein wird, das Salz oder die Lake in der Butter so vollkommen gleichmäßig zu verteilen. Durch das sofortige Fertigkneten im Butterfertiger, ohne erst die Butter „durchlaken" zu lassen, wird eine ungleichmäßige Verteilung ebenfalls begünstigt. Und wenn auch schließlich alle Tröpfchen Salz enthalten, so mögen die Konzentrationen immerhin noch recht verschieden sein.

Nur so läßt es sich wohl erklären, daß eine gesalzene Butter verdirbt, z. B. durch Bacterium fluorescens ranzig wird, trotzdem sie genügend Salz enthält, um durch den Salzgehalt des Plasmas jede Entwicklung des Bakteriums unmöglich zu machen. Man kann doch unmöglich alles Verderben gesalzener Butter durch Hefen oder durch chemische Wirkungen des Salzes erklären.

Auch bei den Versuchen von RAHN und BOYSEN (1928) ist eine verschiedene Salzkonzentration in verschiedenen Tröpfchen derselben Butter recht wahrscheinlich. So zeigt z. B. in Versuch II das Plasma der gesalzenen Butter eine geringe allmähliche Säurezunahme, während das aus derselben Butter unmittelbar nach dem Kneten ausgeschmolzene Plasma, das also chemisch wie bakteriologisch vollkommen dem Plasma in der Butter entspricht, einen geringen Rückgang der Säure zeigte. Die einfachste Erklärung hierfür ist wohl die Annahme, daß die Salzverteilung in der Butter nicht ganz gleichmäßig war, so daß in einzelnen Tröpfchen noch etwas Säure gebildet werden konnte.

Die schnellen Fortschritte der letzten Jahre in unserer Kenntnis von dem Gefüge der Butter werden uns wohl bald Aufklärung darüber bringen, wie es sich mit der Salzverteilung in der Butter verhält.

Der Luftgehalt

Es ist eine recht auffällige Sache, daß fast ohne Ausnahme die Mikroorganismen, welche die Butter schädigen, obligate Aerobier sind, die ohne Sauerstoff sich nicht vermehren können. In diese Gruppe gehören zunächst alle Schimmelpilze, namentlich Oidium, Cladosporium und Penicillium, ferner Bacterium fluorescens und prodigiosum. Dagegen gedeihen die meisten Milchsäurestreptokokken mindestens ebensogut ohne Luft, und auch Bacterium coli und aerogenes können ohne Luft sehr gut gedeihen, solange sie Milchzucker als Nahrung haben, aus dem sie den zum Leben nötigen Sauerstoff beziehen können.

Die Spaltung des Fettes in Glyzerin und Fettsäuren, welche ganz allgemein der erste Schritt der Fettzersetzung ist, vollzieht sich auch ohne Sauerstoff. Hierdurch wird die Butter bereits ranzig, denn durch diese Spaltung entsteht freie Buttersäure. Es ist aber klar, daß schon eine bestimmte Menge von Bakterien vorhanden sein muß, die das Butterfett in genügenden Mengen spaltet, so daß ein deutlicher Buttersäuregeruch und -geschmack bemerkbar wird. Bei der unglaublichen Winzigkeit der Bakterien ist das ein nicht zu übersehender Punkt. Wenn also durch das Waschwasser einige tausend Zellen von Bacterium fluorescens in jedes Gramm Butter hineingelangen, so ist diese Anzahl bestimmt zu gering, um die Butter merklich zu zersetzen. Die große Vermehrungsgeschwindigkeit der Bakterien birgt aber die Gefahr in sich, daß in einem halben Tage schon aus den Tausenden Millionen geworden sind, die dann allerdings ziemlich schnell die Butter zersetzen. Die Gegenwart einer geringen Menge schädlicher Bakterien ist also noch nicht der unbedingte Ruin der Butter, man muß nur ihre Vermehrung verhindern. Zu dieser Vermehrung brauchen die meisten der Butterschädlinge Luftsauerstoff.

Die Bedeutung des Luftsauerstoffes für die Haltbarkeit hat Orla-Jensen (1902) ganz klargelegt, indem er die Entwicklung der Bakterienflora an der Oberfläche und im Innern von Sauerrahm- und von Süßrahmbutter quantitativ studierte. Aus seinen vielen Versuchen sei nur einer hier angeführt:

Tabelle 56. Die Entwicklung der Mikroflora von Süßrahmbutter (Keimzahlen in 1 g Butter)

	Oberfläche			Inneres		
	Gesamtkeimzahl	Verflüssigende Bakterien	Oidium lactis	Gesamtkeimzahl	Verflüssigende Bakterien	Oidium lactis
Frisch	3550000	660000	1200	3550000	660000	1200
3 Tage	47000000	1000000	8800	15500000	220000	400
7 „	13621000	120000	10000	19000000	60000	0
14 „	6500000	12000	100000	5000000	2000	0
4 Wochen	4250000	0	200000	780000	0	0
6 „	1600000	—	40000	480000	—	0

Die Entwicklung ist nicht nur an der Oberfläche sehr viel lebhafter als im Innern, sondern es entwickeln sich auch ganz andere Organismen. So waren die verflüssigenden Bakterien an der Oberfläche der Butter vorwiegend die gefürchteten Arten Bacterium fluorescens und Bacterium prodigiosum, während im Innern sich hauptsächlich solche Arten entwickelten, die das Fett gar nicht angriffen. Ganz auffallend deutlich ist auch das Luftbedürfnis von Oidium lactis hier zu erkennen. Dementsprechend waren denn auch die Säurezahlen des Fettes (1 cm^3 Normalalkali zur Neutralisierung von 100 g Fett) im Innern viel niedriger als an der Außenseite. Ein Versuch von ORLA-JENSEN, Butter bei Luftabschluß zu halten, gab folgende Säurezahlen: Frisch 1,7; nach 5 Wochen an der Luft 22,0; nach 5 Wochen bei Luftabschluß 8,0.

ORLA-JENSEN machte auch eine größere Anzahl Versuche, indem er sterilisierten Rahm mit verschiedenen Bakterien beimpfte und dann verbutterte. Bacterium fluorescens wurde bei solchen Versuchen durch Milchsäurestreptokokken nicht an der Vermehrung gehindert, wie der folgende Versuch zeigt:

Tabelle 57. Bacterium fluorescens und Streptococcus lactis in Mischkultur in Butter
(Keimzahlen in 1 g Butter)

	Bacterium fluorescens	Streptococcus lactis	Säurezahl
Frisch	140000	140000	1,0
Oberfläche nach 1 Woche	14000000	40000000	5,9
Oberfläche „ 2 Monaten	0	7600	20,5
Inneres „ 2 „	0	100000	10,3

Aber auch im Innern der Butter ist noch Luft vorhanden, wie auf Seite 86 gezeigt wurde. Der Sauerstoff dieser Luft wird bei Gefrierbutter zum Teile chemisch gebunden. Es ist recht wahrscheinlich, daß er bei wärmerem Lagern der Butter sehr schnell von den Mikroorganismen der Butter verbraucht wird, die dadurch wenigstens eine kurze Zeit hindurch sich vermehren können. Leider fehlen alle Versuche über die Beziehungen zwischen Luftgehalt und Haltbarkeit der Butter sowie auch über die Abnahme des Sauerstoffgehaltes der in der Butter eingeschlossenen Luft. Wir können uns daher nur ein sehr unvollständiges Bild von der Bedeutung des Luftgehaltes der Butter für die Praxis machen.

Aus Amerika stammt ein Verfahren, den Rahm anstatt in Luft in Kohlensäureatmosphäre zu verbuttern und so die Luftbläschen durch Kohlensäurebläschen zu ersetzen. Es ist nicht schwer, mehrere der sehr günstigen Beurteilungen dieses Verfahrens als Reklame zu erkennen, und einige neutrale Versuchsansteller, wie PRUCHA, BRANNON und RUEHE (1924) und HUNZIKER (1924 und 1925), konnten bei ihren Versuchen gar nichts finden, was zugunsten der Kohlensäurebutter sprach.

Säuregrad des Plasmas

Die ungleiche Verteilung von Wasser, Nährstoffen und Salz in der Butter löst noch eine andere Frage, die schon lange den Milchwirtschaftlern Schwierigkeiten machte. In der Butter aus saurem Rahm können sich nämlich Bakterien vermehren, die in saurer Milch nicht wachsen können. Z. B. wird die Butter öfters ranzig durch Bacterium fluorescens, seltener durch Bacterium prodigiosum, welche beide in saurer Milch nicht gedeihen können. Es war unverständlich, wie diese Organismen in Sauerrahmbutter einen geeigneten Nährboden finden konnten. Nachdem einmal nachgewiesen ist, daß die großen Tröpfchen nicht genügend Milchzucker enthalten, um eine starke Milchsäurebildung zu erlauben, ist diese Frage kein Problem mehr. Die Entwicklung gerade dieser beiden Bakterien wird um so leichter verständlich, weil diese Bakterien ja stets aus dem Waschwasser oder den Butterungsgeräten, aber niemals aus dem gereiften Rahm stammen (vorausgesetzt, daß dieser vorher pasteurisiert war).

Aus dem gereiften Rahm können dagegen sehr wohl verschiedene schädliche Rassen des Bacterium coli oder Bacterium aerogenes stammen, da diese in ziemlich saurer Lösung sich noch gut vermehren können. Die meisten Hefen sowie Oidium, Cladosporium und viele andere Schimmel ziehen sogar einen ziemlich stark sauren Nährboden dem neutralen vor und wachsen in saurer Milch schneller als in frischer.

Der Säuregrad, der die Entwicklungshemmung eines Bakteriums bestimmt, ist nicht der Säuregrad nach SOXHLET-HENKEL, also nicht die titrierte Säure, sondern die elektrisch gemessene Konzentration der Wasserstoffionen, welche gewöhnlich durch die Wasserstoffzahl, p_H, ausgedrückt wird. Die folgende Tabelle von BAKER, BREW und CONN (1919) zeigt die Säurebildung zweier Stämme von Streptococcus lactis; der erste säuerte sehr schwach und brachte die Milch in 24 Stunden nicht zur Gerinnung, trotzdem die Bakterien gut wuchsen; der Gerinnungspunkt liegt bei $p_H = 4{,}6$, dem isoelektrischen Punkte des Kaseins, bei dem es am wenigsten löslich ist. Mit 23° S. H. in 24 Stunden würde die Kultur zur Rahmreifung ungeeignet sein. Der andere Stamm wuchs und säuerte dagegen kräftig. Je höher der Säuregrad, um so niedriger die Wasserstoffzahl.

Über die Säuregrade, welche die verschiedenen Bakterienarten im Wachstum behindern, liegen zwar noch nicht viele, aber doch einige Untersuchungen vor. COHEN und CLARK (1919) geben einige Kurven, aus denen man die Grenzen errechnen kann. Nach diesen Ausführungen wächst Bacterium coli noch gut zwischen den p_H-Grenzen 5,0 und 8,5, Bacterium aerogenes sehr gut noch bei $p_H = 4{,}5$, Bacterium (Proteus) vulgare dagegen entwickelt sich nicht auf Nährböden saurer als p_H 7,0. Dies stimmt nicht ganz überein mit den von WAKSMANN (1927) zusammengestellten Zahlen, die in Tabelle 58 wiedergegeben sind, soweit sie für die Butter von Interesse sind.

Tabelle 58. **Säuregrad, Wasserstoffzahl und Bakterienzahl zweier Milchsäurebakterienkulturen in Milch bei 20° C**

Stunden	Stamm I			Stamm II		
	Bakterienzahl in 1 cm³	Säuregrad		Bakterienzahl in 1 cm³	Säuregrad	
		S. H.	p_H		S. H.	p_H
0	6 000	7,2	6,50	3 000	7,2	6,50
15	405 000 000	8,9	6,26	35 000 000	7,6	6,43
16	590 000 000	9,8	6,20	115 000 000	8,1	6,39
17	815 000 000	10,4	6,08	205 000 000	8,6	6,31
18	1 150 000 000	11,6	6,02	395 000 000	9,3	6,21
19	1 190 000 000	12,8	5,88	645 000 000	10,9	5,91
20	1 670 000 000	14,4	5,70	1 120 000 000	13,2	5,75
21	1 690 000 000	16,0	5,60	1 430 000 000	16,7	5,46
22	2 030 000 000	17,8	5,46	2 400 000 000	21,7	5,18
23	2 200 000 000	19,8	5,34	3 600 000 000	29,5	4,73
24	2 650 000 000	23,8	5,12	2 850 000 000	32,8	4,57
40	—	—	—	4 800 000 000	40,6	4,32
64	—	—	—	2 550 000 000	46,1	4,17

Leider fehlen gerade für einige wichtigste Butterorganismen die Angaben, so für Oidium lactis, Cladosporium butyri, Bacterium fluorescens und Bacterium prodigiosum. Es ist aber sicher, daß alle Schimmel noch auf sehr stark sauren Medien sehr gut gedeihen, wie ja auch das Beispiel des Penicillium italicum in obiger Tabelle zeigt, das selbst bei einer so niedrigen p_H-Zahl wie 1,6 bis 1,8 noch wachsen kann. Ähnliche Zahlen sind auch für Aspergillus weniger bekannt.

Die Hefen stehen an Säuretoleranz den Schimmeln wenig nach, und keine durch Bakterien gesäuerte Lösung wird den Hefen zu sauer sein.

Tabelle 59. Höchste, beste und niedrigste Säuregrade für das Wachstum einiger Mikroorganismen

	Höchstgrenze	Optimum	Mindestgrenze
	pH		
Bacterium coli	4,4	6,5	7,8
Bacterium (Proteus) vulgare	4,4	6,5	8,4
Bacterium pyocyaneum	5,6	6,8	8,0
Bacillus subtilis	4,2	7,5—8,5	9,4
Bacillus putrificus	5,8	6,8	8,5
Penicillium italicum	1,6—1,8	—	9,1—9,3

Aber auch Bacterium coli und besonders Bacterium aerogenes werden in ziemlich sauren Lösungen noch fortkommen können. Denken wir uns in die stärker säuernde Reinkultur von Stamm II aus Tabelle 58 einige Kolonbakterien verpflanzt; sie würden sich neben den Milchsäurebakterien noch 22 Stunden lang vermehren können, ehe sie den Säuregrad $p_H = 5{,}0$ unterschreiten, der das Wachstum verhindert. Bei diesem Säuregrad vermehren sich aber die Milchsäurebakterien auch nicht mehr, wie die Bakterienzählungen der Tabelle 58 zeigen. Es ist also nicht verwunderlich, wenn Hefen, Schimmel oder auch Bacterium coli oder Bacterium aerogenes in den Rahmreifungskulturen sich einnisten. Dagegen würde Bacterium (Proteus) vulgare nach den Angaben von COHEN und CLARK wenig Aussicht haben, mit den Milchsäurebakterien zu konkurrieren, da schon bei der geringsten Säurebildung diese Bakterien ihr Wachstum einstellen müßten. Allerdings ist nach den Angaben von WAKSMANN die Hemmungsgrenze für Säure bei diesen Bakterien dieselbe wie bei Bacterium coli. Auch Bacterium fluorescens kann in dem Wettbewerb nicht bestehen, wenn wir annehmen dürfen, daß es dieselben Wachstumgrenzen hat wie sein nächster Verwandter Bacterium pyocyaneum. Bei $p_H = 5{,}6$ stellt es sein Wachstum vollkommen ein und schon längere Zeit vorher wird es nur noch sehr kümmerlich sich vermehren.

So wird es verständlich, wenn WEIGMANN (1924, S. 308) mehrere Fälle aufzählt, wo durch Bakterien aus der Gruppe des Bacterium coli oder aerogenes die in der Molkerei fortgezüchtete Reinkultur von Tag zu Tag immer mehr verunreinigt wurde, weil diese Bakterien bei höherer Temperatur schneller sich vermehren als die Milchsäurestreptokokken.

Das umfangreichste Material hierfür ist wohl die Prüfung von 741 Säureweckern der Praxis durch HENNEBERG und WINNEGGE (1928). Sie fanden 22% aller Proben infiziert, und zwar wurden 273mal Hefen festgestellt, 68mal Schimmel und 68mal säurebildende Bakterien. Die einzelnen Befunde können folgendermaßen zusammengestellt werden:

Tabelle 60. Infektion von Säureweckern der Praxis

	161	Proben aus	14	Meiereien	enthielten	Milchzuckerhefen
	108	„ „	14	„	„	Torulahefen
	4	„ „	4	„	„	Kahmhefen
Zusammen: Hefen	273	Proben				
	42	Proben aus	4	Meiereien	enthielten	Monilia
	26	„ „	8	„	„	Oidium
Zusammen: Schimmel	68	Proben				

	48 Proben aus	9 Meiereien enthielten	Bacterium coli
	20 „ „	6 „ „	Lactobacillus
Zusammen: Säurebildner	68 Proben		
	19 Proben aus	5 Meiereien enthielten	andere Stäbchen
	7 „ „	2 „ „	Sporenbildner
	5 „ „	1 „ „	Bacterium fluorescens
Zusammen: Sonst. Bakt.	31 Proben		

77% aller Infektionen waren also durch die säureliebenden Hefen und Schimmel verursacht, 15% durch säuretolerante Bakterien und nur 7% durch andere Bakterien, unter denen Bacterium fluorescens am seltensten vorkam. Dies zeigt also, daß im Säurewecker manche gefährliche Butterfeinde nicht gedeihen können, und da sie durch die Pasteurisierung sicher abgetötet werden, so kommen sie während der Verarbeitung hinein; Butterfaß und Waschwasser sind wohl die gefährlichsten Quellen der Verunreinigung der Butter.

Schimmel und Hefen sind also als die gefährlichsten Feinde der Butter anzusehen, da weder die Säure des Plasmas noch die Verteilung der Wassertröpfchen und bei Hefen auch nicht einmal das Salzen einen Schutz bietet.

Chemische Veränderungen der Butter

Solange man Butter aus rohem Rahm herstellte, war die Butter nur wenig haltbar und die Veränderungen waren so regelmäßig durch Mikroorganismen hervorgerufen, daß man an chemische Veränderungen der Butter gar nicht dachte und sie auch nicht bemerkte, weil die bakteriellen Veränderungen so viel schneller auftraten. Durch die Pasteurisierung des Rahmes, durch Anwendung von Reinkulturen und vor allem durch die Ausbildung der Buttermeier in der Bakteriologie ist es nun allmählich gelungen, die Zersetzung der Butter durch Bakterien ziemlich weit zurückzudrängen. Ganz besonders hat sich das Bild von der Haltbarkeit aber dadurch geändert, daß man dazu überging, Butter bei Temperaturen weit unter dem Gefrierpunkt aufzubewahren. Temperaturen von — 15 bis — 20° C sind jetzt nicht ungewöhnlich, um die Sommerbutter für den Winterverbrauch zu lagern. Bei diesen Temperaturen findet keine Bakterienentwicklung mehr statt, im Gegenteil nimmt die Zahl der Bakterien in Butter unterhalb 0° ziemlich schnell ab (Sayer, Rahn und Farrand, 1908, Rahn, Brown und Smith 1909).

Trotzdem beobachtete man an dieser Butter häufig Geschmacksverschlechterungen, und diese wurden besonders ausgeprägt, wenn die Butter nach Beginn der Zersetzung aus dem Gefrierraum herausgenommen und einige Zeit bei wärmerer Temperatur gelagert wurde. Es konnte also kaum ein Zweifel bestehen, daß diese Veränderungen chemischer Natur sein mußten.

Oxydation des Fettes

Einen Butterfehler durch chemische Veränderung des Fettes hat man freilich schon lange vor der Entdeckung der Bakterien gekannt, nämlich das Talgigwerden der Butter durch den Einfluß des Lichtes. Es handelt sich hier um eine Oxydation der Ölsäure wahrscheinlich zu Dioxyölsäure, welche talgig schmeckt. Diese Oxydation findet im Dunkeln sehr langsam, im Licht dagegen recht schnell statt, und bekanntlich wird der Wert der Butter stark herabgesetzt, wenn Rahm oder Butter kurze Zeit dem direkten Sonnenlicht oder längere Zeit dem zerstreuten Tageslicht ausgesetzt worden sind.

Neuere Forschungen über das Talgigwerden der Trockenmilch von Greenbank und Holm (1924, 1925) sowie von Holm, Wright and Greenbank (1927), welche die Menge des vom Fette verbrauchten Sauerstoffes bestimmten, haben ergeben, daß dieser Oxydationsvorgang autokatalytisch ist; wenn die Oxydation erst einmal eingesetzt hat, dann geht sie immer schneller weiter. Dadurch erklärt sich ohne weiteres die starke Wirkung einer nur kurzen Sonnenbelichtung. Ferner wurde auch festgestellt, daß Spuren von Metallen oder Metallsalzen die Oxydation beschleunigen.

Die Beeinträchtigung des Geschmackes der Butter durch Metallsalze, namentlich durch Kupfer und Eisen, ist nun an sich den Fachleuten schon lange bekannt gewesen, nur ist die Erklärung eine andere; man nahm an, daß sich bei der Rahmreifung milchsaures Kupfer oder Eisen bildete und daß dieses einen talgigöligen Geschmack verursacht. So fand J. Siedel (1891) Butter, die durch Eisenrost talgigölig geworden war, und H. Höft (1909) zeigte, daß ein geringer Zusatz von Eisensalzen zum Rahm (0,2 bis 3,3 mg Eisen auf 1 Liter Rahm) die Butter ölig machte. Der ölige Geschmack tritt ziemlich bald auf, entwickelt sich jedoch mehr und mehr.

Daß das Metall als Katalysator wirkt, haben dann Rogers, Berg, Potteiger und Davis (1913) in einer sehr sorgfältigen Studie über die Geschmacksveränderungen der Lagerbutter gezeigt, in welcher auch die ältere Literatur zusammengestellt ist. Alle Versuche wurden mit Butter angestellt, die bei — 17° C gelagert wurde, so daß alle Bakterientätigkeit ausgeschlossen war. Auch die Enzyme der Bakterien, namentlich die lipolytischen und proteolytischen, arbeiten bei dieser Temperatur nicht mehr, wie durch besondere Versuche festgestellt wurde. Trotzdem zeigte die Analyse der Gase in der Butter, daß eine langsame Oxydation in der Butter stattfand. Die Luft aus den in Konservenbüchsen eingeschlossenen Butterproben (je 700 bis 800 g) wurde mit einer besonderen Vorrichtung nach dem Schmelzen der Butter herausgepumpt, gemessen und analysiert. Es ergaben sich im Mittel von 5 Proben nach dreimonatigem Lagern bei — 17° C folgende Unterschiede:

	Frisch	Gelagert
	Kubikzentimeter	
Stickstoff	51,0	51,5
Kohlensäure	38,4	38,0
Sauerstoff	21,4	12,3
Gesamtgasgehalt	110,8	101,8

Es war also nichts weiter geändert worden, als daß etwa die Hälfte des Sauerstoffes verschwunden war. Was aus dem Sauerstoff geworden war, konnte in Anbetracht der geringen Mengen nicht festgestellt werden.

Rogers und seine Mitarbeiter gingen dann an eine planmäßige Untersuchung über den Einfluß des Eisens. Es gelang ihnen trotz größter Vorsicht, trotz Benutzung von Emailwannen zum Reifen des Rahmes und trotz Verwendung sorgfältigst geprüfter, neuer Zentrifugen und Butterfässer nicht, eine ganz eisenfreie Butter zu erhalten; die geringste Eisenmenge war 4,6 mg Eisen im Kilogramm Butter. Ein kleiner Teil des Eisens war auch im Fett direkt löslich, wie der folgende Auszug einer umfangreicheren Tabelle zeigt:

Tabelle 61. Verteilung des Eisens in der Butter

Eisenzusatz zum Rahm	Gesamte Butter	Fett	Plasma
0 mg je 1 Liter Rahm	4,62 mg je 1 kg	1,27	3,35
0 „ „ 1 „ „	9,11 „ „ 1 „	0,37	8,74
10 „ „ 1 „ „	10,99 „ „ 1 „	0,36	10,63
20 „ „ 1 „ „	25,60 „ „ 1 „	3,25	22,35

Butter ohne Eisenzusatz und Proben mit verschieden großen Zusätzen von Eisen- oder Kupfersalzen wurden bei — 17° C gelagert und von Fachleuten von Zeit zu Zeit gerichtet. Es stellte sich bei allen Versuchen heraus, daß die Butter mit Metallzusatz zunächst ölig und schließlich tranigfischig wurde; wenn auch die Vergleichsprobe ohne Metallzusatz häufig denselben Fehler aufwies, so war er durch den Metallzusatz doch stets beschleunigt und verstärkt worden. Es ist daher die Ansicht von ROGERS, daß nicht das Metall an sich geschmeckt wird, sondern daß vielmehr die Metallspuren einen normalerweise nur ganz langsam vor sich gehenden chemischen Zersetzungsvorgang stark beschleunigen.

Über die relative Gefahr der einzelnen Metallarten für Fett und Milch gibt HUNZIKER (1923) eine gute Zusammenstellung. Die Berührung mit Metallflächen ist vom Augenblick des Melkens bis zum Augenblick des Verzehrens eine stete Gefahr für die Butter. Rostige Milcheimer und rostige Kannen, blanke Kupferflächen im Annahmebassin, im Pasteur oder in der Rahmwanne, eisenhaltiges Wasser, Rostansatz am Kneter verringern die Haltbarkeit der Butter. Es wäre sogar denkbar, daß die Milch schon vom Kupferlecksalz der Tiere Kupferspuren enthält. Allerdings haben TITZE und WEDEMANN (1911) gezeigt, daß kein Kupfer in die Milch übergeht, wenn die Kühe mit Blättern gefüttert werden, die mit Bordeauxbrühe besprengt waren. Daß das Zink der verzinkten Eimer von saurer Milch stark gelöst wird und daß die Butter bei Benutzung eines darin bereiteten Säureweckers talgigölig wird, ist eine in Norddeutschland seit langem gemachte Erfahrung. Über die Löslichkeit von Zink (Weißblech) in Buttermilch machen BURKE, WOODSON und HELLER (1928) quantitative Angaben. Auch die Angaben von EISENHUTH und SEIDEL (1928) sind recht wertvoll.

KING (1930) berechnete aus den Zahlen von BOYSEN über die Wasserverteilung in Butter (S. 92), daß die Grenzfläche Wasser/Fett etwa 150 m² je 1 kg Butter beträgt. Von dieser Grenzfläche entfallen 97,7 % auf die kleineren Tröpfchen unter 15 μ und nur 2,3 % auf die größeren, die aus dem Waschwasser stammen. Danach sollte es einen großen Unterschied machen, ob Eisen bereits im Rahm vorhanden ist oder erst mit dem Waschwasser in die Butter gelangt. KING fand eine Bestätigung in Versuchen von MUNDINGER, welcher bei Zusatz von Eisenlaktat zum Rahm eine sofort talgig schmeckende Butter erhielt, während das Kneten guter Butter mit Eisenlaktat diese erst nach 29 Tagen merklich talgig machte.

Spaltung des Lezithins

Ein anderer Geschmacksfehler der Lagerbutter, das Fischigwerden, ist ebenfalls als ein chemischer Vorgang erkannt worden, und zwar zuerst durch ROGERS (1909). Er zeigte, daß dieser Geschmack hauptsächlich sich in solcher Lagerbutter einstellte, die aus saurem Rahm gewonnen war; durch Zusatz von Milchsäure konnte er die Entwicklung des fischigen Geschmackes beschleunigen. Hoher Salzgehalt und Überarbeiten der Butter begünstigten ebenfalls den Fischgeschmack. Diese Beobachtungen wurden durch spätere Untersuchungen bestätigt. Auch hier wurde eine Beschleunigung durch Schwermetallsalze beobachtet. Als Ursache des fischigen Geschmackes wurde Trimethylamin gefunden. Da die Milcheiweißstoffe durch direkte Spaltung kein Trimethylamin geben können, so wurde angenommen, daß das Lezithin, von dem sich etwa 0,1 % in Butter befinden, die Muttersubstanz dieses fischigen Geschmackes ist. Die Versuche von SOMMER (1923) geben einen recht guten Beweis hierfür. SOMMER machte eine Lezithinemulsion und setzte Salz und Säure hinzu in dem Verhältnis, in dem sie in Butter vorkommen. In der Tabelle 62 sind die Angaben für Salz und Säure in ihrer relativen Konzentration in Butter angegeben; um die absolute Konzentration beim Versuch zu bekommen, müssen die Zahlen mit 6,25 multipliziert werden. Die erste Versuchsreihe zeigt die Menge des in Trimethylamin umgesetzten Lezithins in Prozenten der Gesamtlezithinmenge nach 6 Wochen bei 35° C; die zweite Versuchsreihe wurde nach 3 Wochen bei 28° C untersucht. Die Zersetzung des Lezithins in Trimethylamin und die Beschleunigung dieser Zersetzung durch Säure, Salz und Sauerstoff sowie sauerstoffübertragende Katalysatoren, wie Eisensalz, sind dadurch bewiesen.

Tabelle 62. Zersetzung des Lezithins in Trimethylamin (Trimethylamin in Prozenten der gesamten Lezithinmenge)

	Ohne Säure			0,25% Milchsäure			0,50% Milchsäure		
Na Cl-Zusatz	0%	2%	4%	0%	2%	4%	0%	2%	4%
Ohne weitere Zusätze	4,99	5,17	5,17	5,60	6,20	6,20	5,69	5,89	7,07
0,1% milchs. Eisen	4,74	0,86	0,86	5,69	5,86	5,77	5,69	7,32	7,75
1 cm³ H_2O_2	4,31	5,26	5,17	8,62	11,20	11,20	9,48	22,40	22,83
Ohne weitere Zusätze	1,89	2,85	2,85	4,22	5,60	5,60	4,48	5,77	6,29
0,1% milchs. Eisen	1,46	1,66	2,50	3,32	4,98	5,77	4,32	7,41	7,41
1 cm³ H_2O_2	2,49	5,77	5,77	8,79	11,29	11,20	10,34	13,78	14,04
Sauerstoffatmosphäre	2,46	2,85	2,85	6,55	14,65	14,82	10,52	17,23	17,75
Milchs. Fe + Sauerstoffatmosphäre	2,50	4,65	4,99	6,60	8,43	8,13	7,93	8,87	9,13

Die Beschleunigung der Bildung von Trimethylamin durch die Säure erklärt sich durch die Hydrolyse des Lezithins, wie durch besondere Versuche bewiesen wurde. Salz vergrößert die Löslichkeit des Lezithins; außerdem muß gesalzene Butter stärker bearbeitet werden als ungesalzene und dadurch wird die Luft feiner verteilt, und die Abspaltung des Trimethylamins scheint mit einem Oxydationsvorgang verknüpft zu sein. Die Schwermetallsalze wirken katalytisch auf irgendeine Stufe dieses Spaltungsvorganges. Pasteurisierung des Rahmes verringert den Gehalt der Butter an Lezithin (Supplee, 1909, Dornic und Daire, 1910), so daß die Gefahr des Fischgeschmackes auch dadurch geringer wird.

Die Feststellung der Amerikanischen Reichsanstalt für Milchwirtschaft (Rogers, 1909), daß Butter aus saurem Rahm bei längerem kalten Lagern stark zum Fischigwerden neigt, während dies bei Süßrahmbutter sehr selten eintritt, hat seit etwa 1912 dazu geführt, daß in den Vereinigten Staaten der Rahm gewöhnlich gleich nach dem Pasteurisieren und Kühlen verbuttert wird, entweder ohne jeden Zusatz oder nach Zusatz von Reinkultur. Hunziker (1920) gibt in der ersten Auflage seines Buches für Butter, die sofort verzehrt werden soll, einen Säuregrad von 22 bis 26° S. H. als am besten an, bei 30% Fett. Für Dauerbutter ist dieser Säuregrad nach seiner Meinung aber viel zu hoch und in der zweiten Auflage (1927) gibt er 14° S. H. als Höchstgrenze an. Bei der Herstellung von Butter für die Marine der Vereinigten Staaten darf der Rahm nicht mehr als 10,4° S. H. haben (siehe Abschnitt „Dauerbutter"). Ein großer Verband von mehreren hundert Molkereien in Minnesota, die Land o Lakes Company, die eine gleichmäßige Butter unter einer einheitlichen Marke herstellt, verbuttert keinen Rahm mit mehr als 8,8° S. H.; Reinkultur wird nicht zugesetzt.

Neuerdings sind aber doch wieder Bestrebungen im Gange, den Reinkulturen eine gewisse Existenzberechtigung zu geben. Es hat sich nämlich herausgestellt, daß beim Preisrichten durchschnittlich die Butter mit Reinkultur etwas höher bewertet wird. Auch wird die Haltbarkeit der Butter durch den Zusatz von Reinkulturen nicht beeinträchtigt, solange man dafür sorgt, daß der Rahm nicht wirklich sauer wird. Bei einem Wettbewerb des Reichsverbandes der amerikanischen Buttermeier (National Creamery Buttermakers Association) im Jahre 1924 wurden 307 Butterproben von Juni bis Oktober im Lagerhaus unter 0 °C aufbewahrt und vorher und nachher gerichtet (MACY, 1925). 116 Proben waren aus Rahm mit weniger als 9° S. H. hergestellt und von diesen erhielten die mit Reinkultur hergestellten Proben im Durchschnitt 93,44 Punkte[1]) frisch und 92,90 Punkte nach dem Lagern, während die ohne Reinkultur hergestellte Butter nur 92,51 bzw. 92,03 Punkte bekam. Ein so geringer Säuregrad scheint also die Haltbarkeit nicht zu schädigen, aber das Aroma zu verbessern. Dagegen hatte keine einzige Probe mit mehr als 13° S. H. im Rahm eine hohe Punktzahl erzielt, weder frisch noch nach dem Lagern.

Auch im Staate Minnesota ergab das Preisrichten ähnliche Durchschnittswerte zugunsten der Reinkultur:

Tabelle 63

	1924		1925	
	Proben	Punktzahl	Proben	Punktzahl
Ohne Reinkultur	164	92,37	132	92,35
Mit Reinkultur	145	92,79	226	93,23

Man wünscht also das Aroma der Reinkulturen, aber nicht ihre Säure, die man vor 25 Jahren als einen wesentlichen Faktor für die Haltbarkeit ansah.

Dasselbe Ergebnis zeigt auch der leider nicht in allen Punkten verständliche Bericht von PETERSEN (1927) über die mehrjährigen Versuche der Schwedischen Molkereiversuchsstation. Die 50 Molkereien, die sich an dem Versuch beteiligten, schickten desinfizierte Rahmproben sowie Butterproben an die Zentralanstalt. Die Butterproben wurden nach dem Säuregrad des Rahmes geordnet und nach 10 und 20 Tagen auf Geschmack geprüft. Teilt man diese geordneten Butterproben in 2 gleiche Teile, so ergaben sich je 24 bzw. 25 Molkereien mit saurem Rahm und ebensoviele mit weniger saurem Rahm. In jedem Falle war im Durchschnitt die aus weniger saurem Rahm erhaltene Butter höher bewertet worden, und dieser Unterschied vergrößerte sich noch wesentlich beim Lagern der Butter.

Tabelle 64. **Punktzahl schwedischer Butter nach zwei Punktiersystemen**

Versuchszeit	Mittlerer Säuregrad des Rahms S.H.	Nach 10 Tagen		Nach 20 Tagen	
		Punktzahl	Runemaerke	Punktzahl	Runemaerke
März	25,4	10,0	88	7,4	8
	19,7	10,7	83	7,6	25
	+ 5,7	+ 0,2	+ 5	+ 0,2	+ 17
August	28,7	10,5	79	5,7	4
	20,4	9,9	63	6,7	29
	+ 8,3	+ 0,6	+ 16	+ 1,0	+ 25
Dezember	26,8	11,0	92	8,2	12
	21,4	10,2	84	8,3	16
	+ 5,4	+ 0,8	+ 8	+ 0,1	+ 4

[1]) Über das amerikanische Punktiersystem siehe S. 97.

In dieser Tabelle ist der Säuregrad des Rahmes auf Soxhlet-Henkel-Grade bei 25% Fett umgerechnet worden, da die im Original benutzte Angabe von 1 cm³ Zehntellauge auf 100 cm³ Rahmplasma zwar theoretisch richtiger, aber doch erst nach Umrechnung dem deutschen Milchfachmann geläufig ist.

Man ist also auch hier zu dem Ergebnis gekommen, daß man zwar wohlschmeckende Butter aus stark saurem Rahm herstellen kann, daß aber die Haltbarkeit bei stark saurem Rahm bedeutend geringer ist. Bei diesen Versuchen wurde ebenfalls festgestellt, daß stark gesalzene Butter im allgemeinen niedriger punktiert wird als mild gesalzene und daß wiederum zwischen dem Salzeinfluß und dem Säuregrad des Rahmes beim Buttern irgendwelche Beziehungen bestehen.

Schädigung durch Salz

Ganz allgemein scheint man in den letzten Jahren immer mehr zu der Überzeugung zu kommen, daß das Salz nicht nur konservierend wirkt, sondern auch einen geschmackverschlechternden Einfluß haben kann. Dies ist natürlich nicht auf bakteriologischem Wege, sondern nur chemisch zu erklären. Allerdings hat Fettick (1909) eine bakteriologische Erklärung dafür gegeben, daß mild gesalzene Butter länger frisch bleibt als stark gesalzene (S. 103); aber es fehlen alle Beweise für den vermuteten Konkurrenzkampf in der Butter und für den selektiven Einfluß des Salzes.

Dahlberg (1923) hat die neueren Arbeiten, welche gegen das starke Salzen der Butter sprechen, zusammengestellt. Es sei auch hier nochmals auf die Beobachtung von Lauterwald (1926) hingewiesen, daß bei den großen Butterschauen die ungesalzene Butter im allgemeinen besser abschneidet als die gesalzene. Dies zusammen mit den auf vorstehender Seite erwähnten schwedischen Untersuchungen (Petersen) deutet bestimmt darauf hin, daß das Salz irgendwie einen Vorgang hervorruft oder beschleunigt, der in ungesalzener Butter gar nicht oder nur sehr langsam vor sich geht.

Daß das Salz die Entstehung des Trimethylamins aus Lezithin beschleunigt, ist eben schon erwähnt worden. Ob es nun außer dieser Veränderung noch andere Vorgänge gibt, die durch Salz beschleunigt werden könnten, ist unbekannt. Es wäre auch zu untersuchen, ob das angewendete Salz nicht Metallspuren enthält.

An eine andere Möglichkeit zur Erklärung des schädlichen Einflusses des Salzes dachte Boysen (1928). Ausgehend von der Annahme, daß Milchsäure chemisch auf das Fett oder einen der Bestandteile im Fett einwirkt, stellte er zunächst fest, daß Milchsäure sich in Butterfett löst. Dann bestimmte er den Verteilungskoeffizienten der Milchsäure zwischen gleichen Teilen Wasser und Fett und fand, daß von der Milchsäure etwa 200 Teile im Wasser gelöst bleiben für jeden Teil, der in das Fett geht. Wird aber zu dem Wasser 25% Salz zugesetzt, so geht etwa doppelt soviel Säure ins Fett und die Verteilung ist etwa 100 : 1. Wenn also der Rahm 30° S.H. zeigt, so wird in der ungesalzenen Butter das Fett 0,003% Milchsäure enthalten, bei gesalzener Butter aber 0,006%. Essigsäure, die durch Bacterium coli gebildet wird, geht leichter in das Fett als die Milchsäure.

Weitere Versuche zeigten aber, daß weder Metall (Eisensalz) noch Milchsäure noch Salz auf das Butterfett einwirken, wenn es rein ausgeschmolzen ist. Fett mit solchen Zusätzen wurde bei Zimmertemperatur 6 Wochen lang im Dunkeln gehalten, ohne daß ein fischiger Geschmack oder sonst eine Veränderung eintrat. Es scheint also doch, daß die Bildung des fischigen Geschmackes und auch anderer Geschmacksverschlechterungen an die Gegenwart von Wasser oder Eiweiß gebunden ist.

Die Butterfehler, ihre Ursache und Verhütung

Im Laufe der Besprechung über die Herstellung der Butter sind schon sehr viele Hinweise darüber gegeben worden, wie sich die einzelnen Fehler bei der Herstellung im fertigen Produkt auswirken werden. Im vorstehenden Abschnitt ist dann noch auf die Möglichkeiten der langsamen Veränderungen durch bakteriologische oder chemische Einwirkungen im allgemeinen hingewiesen worden. In diesem Abschnitt sollen nun noch einmal zusammenfassend alle unnormalen Erscheinungen bei der Butter besprochen werden, und zwar diesmal geordnet allein nach der Beurteilung des Käufers oder Verzehrers, nicht nach der Ursache des Entstehens. Wir halten uns dabei am besten an die Vorschriften der Deutschen Landwirtschaftsgesellschaft für das Preisrichten der Butter und teilen die Butterfehler ein in Geschmacks- und Geruchsfehler, Fehler in der Ausarbeitung, Fehler im Aussehen und Fehler im Gefüge.

Fehler im Geschmack und Geruch

Das Ranzigwerden pflegt man auch wohl als eine normale Zersetzung der Butter aufzufassen wie das Sauerwerden der Milch. Ebenso wie es der höchstentwickelten Milchindustrie gelungen ist, Milch auf den Markt zu bringen, die nicht oder nur sehr spät säuert, so ist es auch möglich, Dauerbutter herzustellen, die nicht ranzig wird. Beides sind Spitzenleistungen; aber bei der Butter ist diese Höchstleistung dadurch etwas erleichtert, daß man Hitze anwenden kann, die bei der Vorzugsmilch wenigstens direkt nicht verwandt werden darf.

Der Begriff der Ranzigkeit ist nicht genau definiert, da es nicht möglich ist, einen Geschmack genau zu beschreiben. Gewöhnlich pflegt man aber damit den Geruch und Geschmack nach Buttersäure zu verbinden. Es erscheint sehr wünschenswert, dies als Definition des ranzigen Geschmackes zu wählen, da Buttersäure auch dem Laien leicht erkenntlich ist und da kein anderer Geschmacksstoff so leicht zu definieren ist wie die Buttersäure.

Alles Butterfett enthält Buttersäure an Glyzerin gebunden. Bei einer Zersetzung des Butterfettes wird also neben anderen teils stark, teils gar nicht schmeckenden Säuren Buttersäure entstehen; daher werden wir also beim Auftreten des Buttersäuregeschmackes zunächst an Fettspaltung denken. Die fettspaltenden Mikroorganismen in Butter glaubte man früher beschränkt auf eine größere Anzahl Schimmelpilze und ganz wenige Bakterienarten, unter denen Bacterium prodigiosum und fluorescens die gefährlichsten sind. Neuerdings hat HENNEBERG eine größere Anzahl fettspaltender Hefen und Bakterien gefunden.

Die häufigsten Erreger des Ranzigwerdens sind die beiden Schimmel Oidium lactis und Cladosporium butyri, welche normale Bewohner der Milch und der Molkereien sind, genau so wie die Milchsäurebakterien (ORLA-JENSEN, 1902). Insbesondere lieben sie Milchsäure und stellen sich überall dort ein, wo Milchreste säuern. Sie entwickeln sich im Molkenbehälter und im Buttermilchbassin ebenso wie im schlecht gereinigten Butterfaß. Aber auch an den Wänden und Decken sowie in den Fußbodenritzen der Molkereien sind sie vorhanden und nur durch sehr planmäßige Bekämpfung der Schimmel kann eine haltbare Butter erzielt werden. Durch eine Schimmelbekämpfung wird auch die Anzahl der Hefen in der Butter verringert werden, die auch gelegentlich als Fettspalter auftreten können. Die Hefen haben ähnliche Lebensbedingungen wie die Schimmel und manche von ihnen spalten Fett, wie ORLA-JENSEN (1911) und SANDELIN (1919) zeigten.

Unter den Bakterien, welche die Butter ranzig machen können, ist Bacterium fluorescens das häufigste und gefährlichste. Es ist ein Bewohner des Wassers, regelmäßig in Bächen, Flüssen und Seen, häufig in Brunnen zu finden. Als gewöhnlicher Fäulniserreger ist es in Erde und Staub häufig und daher auch in Milch. Wo ein Tümpel Wasser in dem ausgetretenen Molkereifußboden stehen bleibt, wo in einem Rohrstück oder einer Pumpe nach dem Waschen milchhaltiges Waschwasser zurückbleibt, wird man fast immer dieses anspruchslose, in „reinem" Wasser sich noch vermehrende Bakterium antreffen. Es wird beim Pasteurisieren mit Leichtigkeit abgetötet, ist also weder in pasteurisiertem Rahm noch in Reinkulturen zu finden, da es die Säure nicht liebt (S. 107 und 109). Am häufigsten gelangt es wohl aus dem schlecht gereinigten Butterfaß oder mit dem Waschwasser in die Butter.

Alles dieses gilt auch für die anderen fettspaltenden Bakterien, obschon diese sehr viel seltener vorkommen; Bacterium prodigiosum ist das bekannteste. Soweit diese Bakterien aus dem Wasser der Molkerei stammen (und das ist in den meisten Fällen der Fall), kann man sich durch Filtration oder Sterilisation des Wassers schützen. Knudsen (1927) schlägt sogar vor, Chlor zur Wassersterilisierung zu benutzen, da dieses schnell und sicher wirkt und selbst in ziemlich großen Mengen nicht den Geschmack der Butter beeinflußt, dagegen die Haltbarkeit der mit chlorhaltigem Wasser gewaschenen Butter sehr verlängert.

Schimmlige und staffige Butter. Da viele Schimmelpilze das Butterfett unter Entwicklung eines Buttersäuregeschmackes zersetzen können, so ist die Unterscheidung zwischen ranziger und schimmliger Butter keine ganz scharfe. Im allgemeinen nennt man aber eine Butter nur dann schimmlig, wenn entweder der Schimmel deutlich zu sehen ist oder wenn der Geschmack deutlich schimmligmuffig oder staffig ist. Die als Ursache der Ranzigkeit so gefürchteten Schimmel Oidium lactis und Cladosporium butyri sind farblose Schimmel, die auch in stark ranziger Butter nicht zu sehen sind. Dagegen treten in der Butter häufig auch farbige Cladosporien auf, gewöhnlich schwarz oder auch gelb (Henneberg, 1926, Weigmann, 1924), und ferner die gewöhnlichen Brot- und Obstschimmel, Penicillium- und Aspergillusarten, die meistens graugrün an der Oberfläche wachsen, im Innern aber auch andere Färbungen annehmen können. Diese Schimmel sind nicht so wie die beiden vorgenannten Ranzigkeitsschimmel an Milchsäure angepaßt, sind aber dafür sehr häufig in der Natur zu finden und gedeihen an feuchten Kellerwänden, auf feuchtem Holz und Leder und auch sonst überall, wo Feuchtigkeit dauernd auf irgendwelchen Gegenständen bleibt.

Aus der Art der Verteilung der Schimmel in der Butter kann man schon manches über ihren Ursprung sagen; ist die Butter mit Schimmel ganz durchwachsen, so muß der Schimmel schon während des Butterns in die Butter gelangt sein, und es empfiehlt sich, auf die Reinigung des Butterfasses und des Kneters sowie auf die Deckel der Rahmwanne zu achten. Ist dagegen der Schimmel nur an der Außenseite der gepackten Butter, so liegt die Ursache entweder im Packmaterial oder in einem schimmligen Lagerraum. Das Holz der Butterversandkübel und -tonnen, auch der ganz neuen, ist oft mit Sporen verschiedener Schimmel vollkommen übersät und die darin versandte Butter wird leicht schimmlig oder staffig. Es ist daher empfehlenswert, die Butterfässer zu paraffinieren (siehe S. 71); durch das Paraffin können die Schimmel nicht hindurchwachsen. Das Ausspülen mit heißer Lake ist nicht so wirksam, da Schimmelsporen auf kurze Zeit ziemlich hohe Temperaturen vertragen können; auch wirkt starke Lake nicht immer tötend, sondern verzögert nur das Wachstum einige Zeit. Der Schutz durch Pergamentpapier wird gewöhnlich zu hoch angeschlagen, da Schimmel selbst durch dünnes Stanniol sich hindurchbohren können. Außerdem enthält auch das Pergamentpapier manchmal Schimmelsporen; es sollte daher ebenfalls mit kochender Lake gebrüht werden, ehe man es benutzt.

Die Bekämpfung der Schimmel ist deshalb schwieriger als die der Bakterien, weil die Sporen der Schimmel nicht in Flüssigkeiten, sondern an deren Oberfläche in der Luft entstehen und durch Zugluft, die ja in Molkereien fast immer vorherrscht, überall hingetragen werden. MACY (1925) gibt einen kurzen Überblick über die Schimmelbekämpfungsstudien der Universität Minnesota. Die größten Verluste an Qualität der Butter im Staate Minnesota stammen von Schimmeln. Aller rohe Rahm enthält Schimmelsporen, die aber durch richtige und sorgfältige Pasteurisierung vollkommen getötet werden können. Die Hauptquellen für Schimmel sind Butterfaß, Rohre und Pumpen. Mechanische Sauberkeit, Bürsten mit heißem Wasser und Ausdämpfen ist zuverlässiger als chemische Desinfektion. Auch Rahmreifungskulturen mit Schimmeln sind gefunden worden; sie müssen sofort durch ganz neue ersetzt werden.

Ein sehr wertvolles Hilfsmittel für die Schimmelbekämpfung ist das regelmäßige Zählen von Schimmeln und Hefen in der frischen Butter, das seit einigen Jahren in vielen milchwirtschaftlichen Instituten Amerikas und Kanadas geübt wird. Man benutzt dazu einen Würze- oder Malzagar, dem unmittelbar vor dem Gebrauch 4 cm^3 5%ige Milchsäure auf 100 cm^3 zugesetzt werden ($p_H = 3{,}5$). SHUTT (1924) fand, daß nach halbjährigem Lagern der Butter bei — 12° C nur eine von 20 Proben die gleiche Punktzahl erhielt wie zu Beginn. Diese Probe enthielt nur 1 Schimmel und 70 Hefen per 1 g. Von den 4 Proben, die 0,5 Punkte verloren hatten, hatte eine hohen Hefegehalt; von den 3 Proben, die 1 Punkt verloren hatten, war ebenfalls eine mit hohem Hefegehalt. Die übrigen 12 Proben verloren 1,5 bis 4 Punkte; unter ihnen waren 6 mit geringem Schimmelgehalt, aber nur eine mit geringem Hefegehalt; die meisten Proben hatten mehr als 100000 Hefezellen per 1 g Butter. LUND (1920) konnte so enge Beziehungen zwischen Hefegehalt und Haltbarkeit nicht finden.

MACY (1925) findet in der regelmäßigen Schimmelkontrolle einen guten Maßstab für die Reinlichkeit der Molkereien. Manche liefern stets Butter mit hohem Schimmel- und Hefegehalt, andere haben stets niedrige Zahlen. Gelegentlich kommen unerklärliche Unregelmäßigkeiten vor; aber man braucht ja nur 1 Viertelliter alten Rahm in die Rahmreifungswanne zu gießen und die Haltbarkeit der Butter ist schon sehr in Frage gestellt. Nach unveröffentlichten Untersuchungen von SHUTT besteht, wie zu erwarten war, ein Parallelismus zwischen Hefe- und Bakteriengehalt der Butter. Die Untersuchung von 45 Butterproben zeigte folgende Bakterienzahlen (Plattenzählung) je 1 g Butter:

6 Proben mit	1 bis	100	Hefen hatten im Mittel	36583	Bakterien je	1 g
10 „ „	100 „	1000	„ „ „ „	96750	„ „	1 „
13 „ „	1000 „	5000	„ „ „ „	868684	„ „	1 „
4 „ „	5000 „	10000	„ „ „ „	353000	„ „	1 „
6 „ „	10000 „	100000	„ „ „ „	2878000	„ „	1 „
6 „ „	über	100000	„ „ „ „	6230000	„ „	1 „

Saure oder käsige Butter. Der saure und der käsige Geschmack sind recht gut definiert. Hier handelt es sich niemals um eine Zersetzung des Fettes (außer wenn wir den Geschmack nach Roquefortkäse mitrechnen), sondern um eine Zersetzung des Eiweißes. Eine häufige Ursache ist eine zu starke Säuerung des Rahmes; dadurch gerinnt das Kasein klumpig und wird beim Buttern zwischen den Butterklümpchen festgehalten, so daß es auch durch Waschen nicht zu entfernen ist. Dieses Kasein unterliegt alsdann einer Zersetzung, welche der

Käsereifung ähnlich ist. Je nach dem Alter wird die Butter mehr sauer oder mehr käsig schmecken. Auch schlechtes Waschen kann denselben Fehler hervorrufen. Das Kasein als solches schmeckt nicht käsig; es muß erst zersetzt werden. Dabei sind nach Orla-Jensen (1911) Hefen häufig beteiligt. Dies ist auch schon deshalb wahrscheinlich, weil Hefen in Butter häufig vorkommen (siehe oben) und weil auch im Harzkäse und Limburger Käse Hefen bei der Reifung tätig sind.

Macy (1925) unterscheidet 3 Arten käsiger Butter, solche mit Roquefort-, solche mit Limburger- und solche mit Harzkäsegeschmack. Daß Roquefortschimmel gelegentlich in Butter gelangen, ist ab und zu beobachtet worden, und da der Roquefortgeschmack auf einer Fettzersetzung beruht, so ist es verständlich, daß die Butter diesen Geschmack leicht annimmt. Der Limburgergeschmack ist hauptsächlich an gesalzener Butter beobachtet worden; mehrere Arten von Bakterien sind isoliert worden, welche in Rahm geimpft wurden und der daraus hergestellten Butter denselben Geschmack erteilten. Vielleicht handelt es sich um salzliebende Bakterien der Arten, die im Weißlackerkäse vorkommen[1]). — Dagegen war der Harzkäsegeschmack vorwiegend in ungesalzener Butter zu finden. Es wird vermutet, daß dieser Geschmack nicht von einem Bakterium, sondern von einem Schimmel verursacht wird.

Lauterwald (1924) gibt an, daß käsige Butter auch dann entstehen soll, wenn Milchrahm und Molkenrahm zusammengebuttert werden. Es ist nicht leicht, hierfür eine Ursache oder Begründung zu finden.

Ein scharf saurer Geschmack kann sich in Butter gelegentlich entwickeln, wenn Essigsäure durch irgendwelche Bakterien gebildet wird. Auch einige Rassen der gewöhnlichen Milchsäurestreptokokken geben eine sehr scharf schmeckende Säure.

Hefige Butter. In den vorstehenden Seiten ist viel von Hefen in Butter gesprochen worden, aber diese Hefearten geben keinen Hefegeschmack. Dazu bedarf es im allgemeinen der Milchzucker vergärenden Hefen, die zwar in der Natur ziemlich selten vorkommen, aber anderseits in der Milch, besonders in saurer Milch, vorzüglich gedeihen und sich daher in einer Molkerei leicht einnisten können, wenn nicht die nötige Sorgfalt und Reinlichkeit herrscht. Rosengreen (1912).

Hammer und Cordes (1920) fanden eine solche Hefe, der sie den Namen Torula cremoris gaben, häufig in gärendem, altem Rahm. Die Butter bekommt dadurch einen ausgesprochen hefigen und später bitteren Geschmack, wird aber nicht ranzig, da diese Torula das Fett gar nicht angreift. Beim Auftreten dieses Fehlers ist also sowohl der Pasteur wie die Reinkultur und das Butterfaß zu prüfen.

Rübengeschmack in Butter. Häufig tritt Rübengeschmack der Butter dort in Erscheinung, wo im Herbst das Vieh allzu stark mit Rüben und besonders mit Rübenblättern gefüttert wird. Die Geschmacksstoffe der Rüben gelangen wenig oder gar nicht verändert (meist auf indirektem Wege) in die Milch wie das ja auch bei anderen Futtermitteln teils unangenehm empfunden wird, so z. B. bei Zwiebeln, Knoblauch und Kohl, anderseits aber freudig begrüßt wird, wie z. B. bei den aromatischen Futterkräutern der Alpenweiden. Im Stall, in welchem Rüben gefüttert werden, nimmt die Milch den Geruch davon auf.

---

[1]) Hunziker (1927) bezeichnet den Geschmack als faulig; ein großer Kokkus in Verbindung mit Hefe soll die Ursache sein. Der Fehler findet sich besonders bei Butter aus zu stark neutralisiertem Rahm.

Starkes Entlüften der Milch oder des Rahmes, und zwar dort, wo der Fehler regelmäßig längere Zeit hindurch auftritt, durch eine besondere Entlüftungsanlage ist das einzige Mittel zur Behebung dieses Fehlers, wenn eine Änderung der Fütterung nicht durchzuführen ist.

Es ist aber, hauptsächlich durch die ausdauernden Untersuchungen WEIGMANNS (1924), festgestellt worden, daß auch bestimmte Bakterien diesen Geschmack hervorrufen können und dann kann dieser Fehler auch dort auftreten, wo keine Rüben gefüttert werden. Es sind verschiedene solche Bakterienarten gefunden worden, die entweder zur Gruppe des Bacterium coli oder des Bacterium fluorescens gehörten. Auch einige Arten von Oidium können Rübengeschmack hervorrufen oder doch verstärken.

Sind Mikroorganismen die Ursache des Rübengeschmackes, so können sie mit Sicherheit durch Pasteurisieren abgetötet werden; aber meistens haben sie den Rübengeschmack schon der Milch mitgeteilt, ehe sie entrahmt wird, und dann muß neben der Pasteurisierung die Entlüftung angewendet werden. Ein Verfahren ohne das andere ist unwirksam. Außerdem ist die Quelle der Bakterien zu suchen. Bei Sammelmilch sollten zunächst diejenigen Milchproben, die diesen Geschmack enthalten oder beim Stehenlassen entwickeln, festgestellt und von der Verarbeitung ausgeschlossen werden. Es kann aber auch die Ursache in der Molkerei selbst liegen. Die Oidienarten und Coliarten können sich in der Rahmreifungskultur entwickeln, die Fluoreszensarten können im Wasser oder im Butterfaß sich vermehren.

Kohlgeschmack, Zwiebelgeschmack und andere Futtereinflüsse. Wie bei den Rüben, so können auch bei anderen Futtermitteln unangenehme Geschmacksstoffe sich der Milch mitteilen. Bei sehr hervorstechenden, flüchtigen Aromastoffen, z. B. bei Sauerfutter, kann die Milch auch direkt aus der Luft diese Stoffe anziehen, wenn beim Melken nicht die nötige Sauberkeit herrscht und die Milch lange Zeit in offenen Gefäßen im schlecht gelüfteten Stalle steht. Das Gegenmittel ist, wie beim Rübengeschmack, Entlüftung.

Bei Kohlgeschmack ist ebenfalls, wie beim Rübengeschmack, die Ursache oftmals nicht das Futter, sondern ein Bakterium. Zur Abstellung dieses Fehlers muß dann, wie oben angegeben verfahren werden.

Talgige Butter. Der Begriff „talgig“ ist nicht scharf von dem Begriff „ölig“ zu trennen; dagegen kann man diesen Geschmack von dem ranzigen scharf trennen, wenn man, wie oben vorgeschlagen, den Buttersäuregeschmack als das Charakteristikum der Ranzigkeit annimmt. Dies schließt natürlich nicht aus, daß eine Butter gleichzeitig ranzig und talgig sein kann.

Wie auf Seite 109 schon eingehend ausgeführt wurde, ist der talgige Geschmack in erster Linie auf eine Oxydation der Ölsäure zurückzuführen. Zwei Faktoren verursachen den talgigen Geschmack: einmal starke Belichtung der Butter, entweder durch Sonnenlicht, das in sehr kurzer Zeit schon die Butter gründlich verderben kann, und dann die Gegenwart von Spuren von Metall oder Schwermetallsalzen, unter denen Kupfer oder Eisen die häufigsten und gefährlichsten sind.

Mit Recht rügt LAUTERWALD (1924) das Auslegen von Butter und anderen Fetten in den Schaufenstern der Läden.

Auch längere Belichtung der Butter durch zerstreutes Tageslicht kann ein Talgigwerden der Butter verursachen. Es gilt deshalb als erste Regel, daß Butterungsräume, Rahmreifungsräume und Butterlagerräume entweder sehr dunkel sein müssen oder doch gelbrote Fenster oder eine Verdunklungsvorrichtung haben sollten.

Ölige Butter. Bei dem Auftreten öliger Butter gehen die Urteile der Sachverständigen oft weit auseinander. Ist der Fehler deutlich ausgeprägt, wird er gewöhnlich sehr scharf gerügt. Als Ursache kommt zunächst dieselbe wie bei der talgigen Butter in Betracht, nämlich die Gegenwart von Metallen oder deren Salzen, deren Wirkungsweise auf Seite 110 ausführlicher erörtert wurde. Kupfer ist der Hauptbestandteil der meisten Molkereimaschinen. Die Verzinnung wird durch das tägliche Reinigen der Maschinen mit alkalischen Waschpulvern allmählich weggelöst oder weggerieben und die blanke Kupferfläche kommt zum Vorschein. Ist diese Kupferfläche nicht geputzt, sondern schwarz oxydiert oder mit grünen Kupfersalzen bedeckt, dann ist die in die Milch übergehende Metallmenge noch viel größer. Aber auch das Eisen hat viele Wege, um in die Milch zu gelangen; rostige Milchkannen, schadhafte Warmwasser- oder Dampfrohre beim Spülen des Butterfasses, ungepflegte Eisenteile am Knetwerk, eisenhaltiges Waschwasser, rostige Nägel am Deckel der Rahmwanne, selbst eine verrostete Glasdacheinfassung über dem Salzlagerraum sind schon als Ursachen öliger Butter entdeckt worden. Schon 1891 ist von Siedel und Weigmann (Weigmann, 1924) Eisen in Milch als Ursache des öligen Geschmackes festgestellt worden. Die ausführlichste und gründlichste Studie darüber gab Rogers (1913).

Aber der ölige Geschmack kann auch andere Ursachen haben. Es mag ein Tropfen Schmieröl in die Milch, die Butter oder den Rahm gefallen sein, selbst Staufferfett kann durch die Unachtsamkeit eines Gehilfen in die Butter gelangen. Sodann ist selbst die Möglichkeit eines Futtereinflusses nicht von der Hand zu weisen. Verdorbene Ölpreßrückstände bewirken eine eigentümliche Geschmacksveränderung des Fettes, die man wohl als ölig bezeichnen könnte.

Sodann sind auch Mikroorganismen gefunden worden, die öligen Geschmack bewirkten. Orla-Jensen hat eine Rosahefe gefunden und C. O. Jensen sogar Milchsäurebakterien, die der Butter maschinenölartigen Geschmack gaben (zit. nach Weigmann, 1924).

Fischige Butter. Auch hier ist wieder die Geschmacksdefinition nicht ganz klar, außer wenn der Fehler sehr scharf ausgeprägt ist. Die Grenze zwischen ölig, tranig und fischig ist willkürlich.

Als Ursache kommt zunächst die Verfütterung von Fischfuttermehl in Frage, doch ist diese Ursache eine ungewöhnliche. Weigmann (1924) vermutet, daß bestimmte Milchsäurebakterien einen fischigen Geschmack verursachen können, und ist auch der Ansicht, daß Magnesiumsalze im Buttersalz unter Umständen Fischigkeit hervorrufen.

Über die Entstehung des fischigen Geschmackes in Lagerbutter bei Temperaturen unter dem Gefrierpunkt durch chemische Zersetzung des Lezithins in Butterfett durch Milchsäure, besonders in Gegenwart von Metallspuren, ist auf Seite 112 ausführlich berichtet worden.

Seifige Butter. Seife entsteht, wenn Alkalien auf Fett wirken; so ist es leicht begreiflich, daß ein seifiger Geschmack in Butter dadurch entstehen kann, daß alkalische Reinigungsmittel aus den Rohren, Kannen oder Behältern nicht vollkommen ausgewaschen worden sind. Man benutzt in der Molkerei mit Vorliebe alkalische Reinigungsmittel, da sie das Fett besser angreifen. Soda und Kalkmilch sowie die meisten unter einem besonderen Handelsnamen angepriesenen Reinigungsmittel sind alkalisch. Alkalien pflegen an den Oberflächen, besonders an Holz, sehr zu haften, daher ist ein sehr gründliches mehrmaliges Nachspülen aller gereinigten Milchgeräte sehr notwendig. Seifige Butter entsteht auch, wenn beim Neutralisieren alten, sauren Rahmes zuviel von dem Neutralisationsmittel zugesetzt wird.

Es gibt auch Bakterien, welche Butter einen seifigen Geschmack verleihen können. Sie treten ziemlich selten auf, und obschon mehrere Arten bekannt sind, haben sie doch keine große praktische Bedeutung.

Bittere Butter. Einen bitteren Geschmack kann die Butter bereits durch die Fütterung bekommen haben. Lupinen, Senf, Laubblätter, Kastanien und Eicheln sind öfters die Ursache dieses Fehlers; auch Bohnen und Wrucken sollen eine bittere Butter verursachen können. Die Bitterstoffe können aus der Milch nicht entfernt werden; nur eine Änderung des Futters kann diesen Fehler beheben.

Bitterer Geschmack kann ferner von schlechtem Buttersalz herrühren. Magnesiasalze sind bekannt als Bittersalze, aber es gehört schon ein ziemlich hoher Gehalt an Magnesiasalzen dazu, um Butter wirklich bitterschmeckend zu machen. Es ist nicht wahrscheinlich, daß heute noch Buttersalze mit so hohem Magnesiagehalt im Handel sind.

Als weitere Ursache bitterer Butter ist Rost in Milchkannen oder Milchrohren gefunden worden.

Gar nicht ungewöhnlich sind auch Bakterien, die einen bitteren Geschmack verursachen. Bei der Spaltung der Eiweißstoffe entstehen leicht bitterschmeckende Spaltungsprodukte; in älteren Lehrbüchern findet man die summarische Behauptung, daß Peptone bitter schmecken. Jedenfalls ist es begreiflich, daß durch bestimmte Zersetzung des Eiweißes in der Milch oder Butter solch ein Geschmack entstehen kann. Das älteste Beispiel solcher durch Mikroorganismen bittergemachten Butter ist wohl das von HARRISON (1900), der eine Torula als Ursache fand. Die Torulaarten können Säure gut vertragen. Auch HAMMER und LORDES (1920) fanden, daß hefigschmeckende Butter, welche Torula cremoris enthielt, später bitter wurde (S. 118).

Es gibt auch Milchsäurebakterien, die einen bitteren Geschmack in Butter erzeugten, so Streptococcus casei amari ORLA-JENSEN.

Sonstige Geschmacksfehler. Geschmacksempfindungen können wir nur dadurch anderen Menschen begreiflich machen, daß wir ihnen sagen, die Butter schmeckt wie irgend ein anderer bekannter Stoff. Da nun aber die Erfahrungen eines jeden Menschen verschieden sind und die Geschmacksnerven ebenfalls, so stößt man oft auf einen Geschmack, den man anderen nicht begreiflich machen kann.

Es gibt ferner Butter, die verschiedene Geschmacksfehler in sich vereint; sie kann käsig, sauer, ranzig und talgig zu gleicher Zeit sein. Je weniger sorgfältig die Butter hergestellt wurde, um so wahrscheinlicher ist die Häufung der Fehler. Bei älterer Butter aus rohem Rahm ist die Wahrscheinlichkeit solcher Häufungen besonders groß. Wenn Butter z. B. jauchig faulig schmeckt, so ist entweder der Rahm überhaupt nicht pasteurisiert gewesen oder es liegen irgendwo grobe Sauberkeitsfehler vor. Solch ein Sammelsurium von Butterfehlern pflegt der Richter gewöhnlich kurz mit der Bemerkung abzutun, daß die Butter „nach dem Kuhschwanz" schmecke.

Fehler in der Ausarbeitung

Die Fehler in der Ausarbeitung der Butter sind in den Abschnitten über das Buttern, das Salzen, Kneten und Waschen der Butter schon so ausführlich behandelt worden, daß hier nur noch einmal ganz kurz darauf hingewiesen werden soll.

Trübe Lake. Diese gilt stets als Beweis, daß die Butter nicht genügend lange oder zur falschen Zeit gewaschen ist oder falsch geknetet wurde. Trübe

Lake gilt als ein Anzeichen dafür, daß die Butter sich nicht lange halten wird (siehe S. 64 und 82).

Lakende Butter. Wenn die Laketröpfchen der Butter zu groß sind, neigen sie dazu, zusammenzufließen und aus der Butter herauszutreten. Die Ursache liegt gewöhnlich in falschem Salzen und Kneten (siehe S. 82 und 92).

Salbige Butter. Salbige Butter ist gewöhnlich ein Knetfehler; sie entsteht durch zu langes Kneten oder durch Kneten zu warmer Butter. Dadurch werden Fettkügelchen so ineinandergepreßt, daß sie ihre Individualität vollkommen verlieren, und das ganze Fett wird eine homogene Masse, in welcher die Wassertröpfchen sehr fein verteilt liegen.

Fehler im Aussehen

Bunte Butter. Unter bunter, streifiger, marmorierter oder flammiger Butter versteht man Butter, bei welcher man helle und dunklere Partien dicht nebeneinander sieht, entweder in Flecken, Streifen oder Wellen. Dieser Fehler kann dadurch entstehen, daß die Butterfarbe zu spät zu dem Rahm zugesetzt wurde und sich nicht mehr vollständig verteilen konnte. Gewöhnlich ist aber die Ursache in einer ungleichen Wasserverteilung zu suchen, die wiederum durch schlechte Salzverteilung bedingt wurde (siehe S. 68). Der Fehler ist also ein Salz- oder Knetfehler.

Man würde daraus schließen müssen, daß dieser Fehler nur bei gesalzener Butter auftreten könnte. Das ist auch im allgemeinen der Fall. In ungesalzener Butter kann er nur dann auftreten, wenn zwei verschiedene Buttersorten von verschiedener Farbe zusammengeknetet werden. Einen Ausnahmefall beobachtete Boysen (1927), wo Butter durch eine Butterformmaschine so gequetscht wurde, daß die Wasserverteilung in einem Teile der Butter viel feiner wurde und daher diese Teile weißlicher waren als die übrige Butter.

Obschon es sich hier um einen nicht sehr bedeutenden Fehler handelt, da bunte Butter einen normalen Geschmack und Nährwert hat und auch nicht unappetitlich aussieht, wird doch dieser Fehler gewöhnlich sehr streng beurteilt, weil das Publikum solche Butter für verdächtig und verfälscht hält; insbesondere wird häufig vermutet, daß zu der Butter Margarine zugeknetet sei.

Eine ganz andere Art von bunter Butter tritt unter Umständen auf, wenn übersäuerter Rahm verbuttert wird. Dann kann gelegentlich das Kasein in feinen geschlossenen Klümpchen gerinnen, die beim Buttern zwischen die Fettteilchen eingeschlossen werden und in der fertigen Butter als feinste weiße Pünktchen erscheinen. Diese Butter wird auch als „käsig aussehend“ bezeichnet.

Farbige Butter. Milch und Käse werden durch Mikroorganismen häufig verfärbt. Bei Butter ist dies verhältnismäßig selten der Fall, denn es gehört schon eine große Menge Farbstoff dazu, um die große Fettmenge, die doch gewöhnlich schon eine ausgeprägte gelbe Farbe hat, umzufärben. Einige Fälle von roten Flecken in Butter sind bekannt; in einem Falle war eine Rosahefe, in einem anderen ein kleines, bewegliches, sporenloses Stäbchen die Ursache. Grünlichgelbliche Verfärbungen sind bemerkt worden, wenn fluoreszierende Bakterien in großen Mengen in der Butter vorkamen, aber solche Fälle sind ebenfalls sehr selten.

Viele Schimmelpilze, auch farblose Arten, entwickeln kräftige, fettlösliche Farbstoffe, wenn sie in fetthaltigen Nährböden wachsen (Rahn, 1905). Daher wird man in schimmliger Butter häufig grünliche Flecken oder Streifen (von Penicilliumarten herrührend) oder auch gelbrote (von Oidium) oder schwarze Flecken (von Cladosporium oder Alternaria) finden können. Die Butter ist dann aber gewöhnlich bereits derart ranzig, daß sie für Genußzwecke nicht mehr in Frage kommt.

Talgiges Aussehen. Wie schon beim talgigen Geschmack bemerkt wurde, kann Butter das Sonnenlicht nicht vertragen; bei nur kurzer Belichtung durch die direkte Sonne oder bei längerer Belichtung durch zerstreutes Tageslicht wird die Butter nicht nur geschmacklos, sondern sie verliert auch ihre gelbe Farbe, da der natürliche Farbstoff der Butter nicht „lichtecht" ist. Vermutlich ist auch dies ein Oxydationsvorgang. Die Butter wird dadurch talgig, weiß und unansehnlich.

Nach den auf Seite 109 angeführten Untersuchungen über die Zersetzung der Fette ist anzunehmen, daß in Gegenwart von Metallspuren auch ohne Belichtung der Butterfarbstoff sich zersetzen wird.

Unsaubere Butter. Von allen Nahrungsmitteln verlangt man Sauberkeit, und Fremdkörper irgendwelcher Art sollten sorgfältigst vermieden werden. Ein Holzsplitterchen in der Butter ist ziemlich harmlos, eine Fliege ist schon recht peinlich und ein Menschenhaar ist höchst unangenehm. Fliegen müssen vom Butterungsraum und von der Rahmwanne mit allen Mitteln ferngehalten werden. Zur allgemeinen Sauberkeit eines Nahrungsmittelbetriebes gehört auch eine saubere Kopfbedeckung der Angestellten.

Fehler im Gefüge

Weiche, schmierige Butter. Solche Butter entsteht dann, wenn der Rahm vor dem Buttern nicht genügend gekühlt war oder wenn zu warm gebuttert oder geknetet wurde. Diese Fehler treten natürlich dann am häufigsten auf, wenn das Butterfett weich ist, also im Frühjahr auf der frischen Weide. Aber auch bei weichem Fett kann eine leidlich feste Butter hergestellt werden, wenn nur auf die richtige Temperatur beim Kühlen, Buttern und Kneten geachtet wird. Die Härte der Butter hängt nicht allein vom Schmelzpunkt des Fettes ab (S. 95).

Harte, kurze, krümelige Butter. Solche Butter entsteht bei sehr kaltem Buttern oder bei Rüben- oder Strohfütterung, die ein sehr hartes Butterfett geben. Die Gegenmaßnahme ist ein höherer Wärmegrad beim Buttern und Kneten. Es handelt sich hier gerade um das Gegenteil des vorstehenden Fehlers und die Abhilfe verlangt gerade die gegenteiligen Maßnahmen.

Salbige, dicke, trübe Butter. Die Bezeichnungen dick und trübe sind Bemühungen, einen Zustand zu beschreiben, den man kaum beschreiben kann. Solche salbige oder dicke Butter entsteht nicht durch zu weiches Fett, sondern gewöhnlich durch zu langes oder zu warmes Kneten. Die Wassertröpfchen sind in dieser Butter sehr fein verteilt, daher das „trübe" oder „dicke" Aussehen. STORCH (1897) zeigte durch Butterungsversuche mit bestimmten Reinkulturen, daß auch durch gewisse Bakterien dieser Fehler hervorgerufen werden kann.

Nicht schließende Butter. Eine nicht gut zusammenschließende, lockere Butter soll dann entstehen, wenn der Rahm zu langsam gekühlt wird. Dies stimmt überein mit dem Befund von RAHN und SHARP (1928, S. 124), daß schnell gekühltes Fett hart und elastisch ist, langsam gekühltes aber weich und körnig, manchmal breiig, mit der Neigung, Öl abzuscheiden. Wenn dies die Ursache ist, dann besteht wenig Aussicht, durch Kneten bei tiefer Temperatur dem Übelstand abzuhelfen.

Lakende Butter. Wasserlässige oder lakende Butter ist von der lockeren, nichtschließenden Butter verschieden. Lockere Butter ist wie ein Sandhaufen, aus vielen Einzelkörnchen bestehend, die nicht gut binden; dagegen ist lakende Butter wie ein Sieb; die einzelnen Teilchen halten sehr gut zusammen, die Butter ist fest, nur wird das Wasser nicht gehalten.

Dieser Fehler ist ein Salz- oder Knetfehler und ist auf Seite 80 eingehend besprochen.

Grießige Butter. Dieser Fehler ist in Deutschland selten beobachtet: LAUTERWALD (1924) erwähnt ihn als Ausnahme. Dies erklärt sich daher, daß die Ursache in einer zu starken Bearbeitung des Rahmes zu suchen ist. In Amerika, wo der Sammelrahm oft allerlei Vorrichtungen passieren muß, ehe er verbuttert werden kann, ist der Fehler häufiger. Er entsteht daher, daß das Fett beim Erhitzen des Rahmes ölartig schmilzt. Das Öl erstarrt dann beim Kühlen in ziemlich großen Fettkristallen, die auf der Zunge nicht sofort schmelzen wie die kleinen Kristalle in den Fettkügelchen. So entsteht das „grießige" Gefühl. Zu starke Überarbeitung kann geschehen im Rührwerkspasteur bei zu großer Tourenzahl (RAHN und MOHR 1924 a) oder beim Luftdurchpressen durch den Rahm in manchen Entlüftungsapparaten.

f) Butterausbeute

Die Butterausbeute wird in der Praxis häufig darnach beurteilt, wieviel Liter Milch für ein Pfund Butter nötig gewesen sind. Das ist grundsätzlich falsch; es handelt sich doch immer nur darum, wieviel von dem Fett der Milch in der Butter wiedergewonnen wird. Die Butterausbeute hängt also in erster Linie von dem Fettgehalt der Milch ab. Von diesem Fett geht ein Teil beim Entrahmen in der Magermilch verloren (Teil A). Ein weiterer Teil verbleibt in der Buttermilch (Teil B). Die fertige Butter enthält aber wiederum auch Stoffe, die nicht Fett sind, vor allem Wasser. Nennen wir den Fettgehalt der Butter F, dann muß $F+A+B$ gleich dem Fett in der Milch sein.

Diese 3 Fettmengen A, B und F lassen sich genügend genau berechnen, um eine Ausbeuteformel für die Butter daraus zu konstruieren. Um von vornherein eine Normalmilchmenge zu haben, sollen die weiteren Berechnungen alle auf 100 kg Milch bezogen werden. Bei der üblichen Rahmkonzentration von 20 bis 25% Fett soll man annehmen, daß der Fettgehalt der Magermilch bei sachgemäßer Behandlung der Zentrifuge 0,1% nicht übersteigt. Trotzdem soll er in der Aufstellung der allgemeinen Ausbeuteformel durch die allgemeine Zahl f_m ausgedrückt werden.

Während der Fettverlust beim Entrahmen sich sehr genau und ohne Schwierigkeiten feststellen läßt, ist das bei dem Fettverlust durch das Buttern nicht mehr ganz genau möglich. Es kommen Fettverluste im Knetwasser und Waschwasser vor, deren Bestimmung wohl möglich ist, aber nie versucht wird, weil sie bei ordnungsmäßigem Buttern sehr gering sind. Außerdem ist es nicht möglich, den „Arbeitsverlust" (siehe S. 129) in mathematische Form zu kleiden.

Die genaueste Ausbeuteformel

100 kg Milch mit dem Fettgehalt f geben R kg Rahm mit dem Fettgehalt f_r und (100 — R) kg Magermilch mit dem Fettgehalt f_m. Die Gesamtfettmenge von Rahm + Magermilch muß gleich der Fettmenge in der Vollmilch sein, wenn alles in Kilogrammen gerechnet wird.

$$\frac{R \cdot f_r}{100} + \frac{(100 - R)\, f_m}{100} = f$$

$$R \cdot f_r + 100\, f_m - R f_m = 100\, f$$

$$R\,(f_r - f_m) = 100\, f - 100\, f_m$$

$$R = \frac{100\,(f - f_m)}{f_r - f_m}.$$

Wir nennen die fertige Buttermenge, die aus diesen R kg Rahm entsteht, x kg. Die Butter soll den Fettgehalt F% und den Wassergehalt W% haben. Die fettfreie Trockenmasse der Butter ist also $100—F—W$; dieser Ausdruck gibt uns den Gesamtbetrag von Eiweiß, Milchzucker, Asche und Salz. Die weiteren Berechnungen gelten also für gesalzene wie ungesalzene Butter, da der Salzgehalt, obschon er an sich nicht angegeben ist und nicht als solcher in der Formel vorkommt, doch in dieser mitinbegriffen ist.

Die Buttermilchmenge, welche aus R kg Rahm entsteht, können wir zwar nicht ganz genau, aber doch genau genug für alle praktischen Zwecke berechnen, wenn wir vom Rahm zunächst die Fettmenge der Butter abziehen und dann auch noch das in dieser Butter enthaltene Wasser. Die Fettmenge in x kg Butter ist $\frac{xF}{100}$ kg, wenn F der Fettgehalt ist. Die Wassermenge in x kg Butter ist $\frac{Wx}{100}$ kg. Tatsächlich ist bei dieser Berechnung die fettfreie Trockenmasse der Butter nicht berücksichtigt. Da es sich aber hier nur darum handelt, die Buttermilchmenge zu berechnen, um daraus den Fettverlust in der Buttermilch zu erhalten, so kann dieser kleine Fehler ruhig hingenommen werden, um die Ausbeuteformel einigermaßen übersichtlich zu gestalten [1]).

Die Buttermilchmenge ist dann

$$R - \frac{x\,F}{100} - \frac{x\,W}{100}.$$

Der Fettgehalt der Buttermilch sei mit f_b bezeichnet; das Fett in der Buttermilch wiegt dann

$$\frac{f_b}{100}\left(R - \frac{x\,F}{100} - \frac{x\,W}{100}\right).$$

Dieses Fett aus der Buttermilch, zu der Fettmenge in x kg Butter hinzugezählt, muß gleich dem Fettgehalt des gesamten Rahmes sein.

$$\frac{x \cdot F}{100} + \left(R - \frac{x\,F}{100} - \frac{x \cdot W}{100}\right)\frac{f_b}{100} = \frac{R \cdot f_r}{100}$$

$$\frac{x \cdot F}{100} - \frac{x F f_b}{10000} - \frac{x \cdot W \cdot f_b}{10000} = \frac{R \cdot f_r}{100} - \frac{R\, f_b}{100}$$

$$\frac{x}{100}\left(F - \frac{F\, f_b}{100} - \frac{W f_b}{100}\right) = \frac{R(f_r - f_b)}{100}$$

$$x = \frac{R\;(f_r - f_b)}{F - \frac{f_b\,(F + W)}{100}}.$$

Wir setzen den oben gefundenen Wert für R ein und erhalten dann die endgültige Ausbeuteformel für die Butter aus 100 kg Milch:

$$x = \frac{100\,(f - f_m)\,(f_r - f_b)}{(f_r - f_m)\left(F - \frac{(F + W)\,f_b}{100}\right)}$$

In dieser Formel ist (abgesehen von dem schon erwähnten kleinen Fehler bei der Berechnung der Buttermilchmenge) auch noch der Fettverlust im Waschwasser und Knetwasser unberücksichtigt geblieben. Da diese Fettmengen in keinem noch so gut kontrollierten Betrieb bestimmt werden, sind sie aus der Formel fortgelassen. Diese Formel kommt aber, trotzdem sie nicht absolut

---

[1]) Der Fehler beträgt höchstens 3% des Buttergewichtes, das sind bei 100 Teilen Rahm 0,6 Teile auf 80 Teile Buttermilch, also 0,8% der Gesamtbuttermilch; der Fehler in der Fettausbeute betrüge bei einem Fettgehalt der Buttermilch von 0,5% auf 100 kg Rahm mit 32 kg Fett insgesamt nur 2,4 g Fett.

ist, der wirklichen Butterausbeute am nächsten. Hiernach ist die Ausbeute von nicht weniger als 6 Variablen abhängig, die alle voneinander ganz oder doch teilweise unabhängig sind und in verschiedenen Betrieben ziemlich große Unterschiede zeigen. Diese Faktoren sind:

Fettgehalt der Milch,
Fettgehalt der Magermilch,
Fettgehalt des Rahmes,
Fettgehalt der Buttermilch,
Fettgehalt der Butter (hierdurch kommt auch der Salzgehalt zum Ausdruck),
Wassergehalt der Butter.

Es ist von vornherein anzunehmen, daß diese Faktoren die Ausbeute nicht alle gleichmäßig beeinflussen, und es ist daher nötig, für eine Reihe von Fällen zu berechnen, wie dieser oder jener Faktor die Ausbeute beeinträchtigt. Darnach kann man sich dann ein Bild davon machen, welche Faktoren in erster Linie zu berücksichtigen sind. Die folgenden Berechnungen sind alle angestellt worden unter der Annahme, daß 100 kg Milch mit einem Fettgehalt von 3,2% Fett verarbeitet werden, und zwar sind folgende Normalwerte angenommen, wenn nichts Besonderes vermerkt ist: Magermilch 0,1% Fett, Rahm 25% Fett, Buttermilch 0,5% Fett, Butter: 82% Fett, 15% Wasser.

Tabelle 65

Butterausbeute auf 100 kg Milch mit 3,2% Fett

I. Fettgehalt der Magermilch ist die einzige Variable:				
Fettgehalt der Magermilch		0,05 %	0,10 %	
Butterausbeute		**3,79 kg**	**3,74 kg**	
II. Fettgehalt des Rahmes als einzige Variable:				
Fettgehalt des Rahmes	20%	25%	30%	
Butterausbeute	**3,72 kg**	**3,74 kg**	**3,75 kg**	
III. Fettgehalt der Buttermilch als einzige Variable:				
Fettgehalt der Buttermilch	0,3%	0,5%	0,7%	
Butterausbeute	**3,76 kg**	**3,74 kg**	**3,71 kg**	
IV. Wassergehalt der Butter als einzige Variable:				
Wassergehalt der Butter	13,0%	14,0%	15,0%	16,0%
Fettgehalt der Butter	84,0%	83,0%	82,0%	81,0%
Butterausbeute	**3,65 kg**	**3,70 kg**	**3,74 kg**	**3,79 kg**

Hier sind nur die 4 Variablen in die Berechnung eingeschlossen, die vom Buttermeier abhängen; der Hauptfaktor, der Fettgehalt der Milch, den der Buttermeier nicht ändern kann, wird später noch besprochen. Der Wassergehalt und Fettgehalt der Butter sind zusammen erwähnt, da diese beiden Werte voneinander abhängig sind. Die Berechnung ist für mild gesalzene Butter gemacht, wie man aus der Annahme einer fettfreien Trockenmasse der Butter von 3% ohne weiteres ersieht. Daß für jede Zunahme von 1% Salz die Buttermenge um 1% zunimmt ist selbstverständlich, aber nicht so wichtig, da der Salzgehalt ja nicht von dem Verkäufer, sondern von dem Käufer bestimmt wird, insofern als eine übersalzene Butter niedriger im Preise steht.

Den meisten Eindruck auf die Ausbeute macht der Wassergehalt der Butter. Die Steigerung um 1% ergibt aus 100 kg Milch 50 g mehr Butter, also 1 Pfund auf je 1000 Liter Milch. Das schärfere Ausbuttern ist ebenfalls von Bedeutung; für jedes Zehntelprozent Fett weniger in der Buttermilch steigt die Butterausbeute um 10 g auf 100 Liter, also um fast 1 Viertelpfund auf 1000 Liter Milch. Eine Steigerung der Entrahmungsschärfe von 0,1% auf 0,05% Fett in der Magermilch würde ebenfalls für je 1000 Liter Milch 1 Pfund Butter mehr geben.

Sehr wenig Eindruck macht der Fettgehalt des Rahmes. Die rechnerisch sich ergebende geringe Zunahme ist auch noch nicht einmal richtig, denn bei der Berechnung ist nicht berücksichtigt worden, daß der Fettgehalt der Buttermilch ansteigt, wenn der Fettgehalt des Rahmes zunimmt. Nach den Angaben ROSENGREENS ist die Ausbutterung bei einem Fettgehalt des Rahmes von etwa 25% am günstigsten.

Betrachten wir nun noch kurz die Butterausbeute in ihrer Abhängigkeit vom Fettgehalt der verarbeiteten Milch. Wir setzen zu dieser Berechnung alle die zur Berechnung von Tabelle 65 angenommenen Normalwerte in die Ausbeuteformel ein und erhalten dann

$$x = 1{,}207\ (f - 0{,}1).$$

Dies wäre die Ausbeute, wenn tatsächlich die Milch immer bis zu 0,1% Fett entrahmt, der Rahm immer bis auf 0,5% Fett ausgebuttert und die Butter immer auf 15% Wasser und 82% Fett gehalten würde. Irgendwelche andere Arbeitsverluste sind nicht berücksichtigt. Dann bekämen wir folgende Butterausbeuten:

Fettgehalt	der	Milch	2,6%,	Butter aus	100 kg	Milch	3,018	kg
,,	,,	,,	2,8%,	,, ,,	100 ,,	,,	3,259	,,
,,	,,	,,	3,0%,	,, ,,	100 ,,	,,	3,500	,,
,,	,,	,,	3,2%,	,, ,,	100 ,,	,,	3,742	,,
,,	,,	,,	3,4%,	,, ,,	100 ,,	,,	3,983	,,
,,	,,	,,	3,6%,	,, ,,	100 ,,	,,	4,224	,,
,,	,,	,,	3,8%,	,, ,,	100 ,,	,,	4,466	,,
,,	,,	,,	4,0%,	,, ,,	100 ,,	,,	4,707	,,

Die Steigerung des Fettgehaltes der Milch um 0,1% ergibt also eine Zunahme der Buttermenge um rund 120 g auf je 100 Liter verarbeitete Milch, das macht bei 1000 Liter täglich im Monat 72 Pfund mehr.

Die tatsächliche Butterausbeute

Die theoretisch höchstmögliche Ausbeute wird dann erreicht, wenn das gesamte Milchfett ohne jeden Verlust in Butter mit 80% Fett, 16% Wasser übergeführt würde. Bei 3,2% Fett in der Milch würde man aus 100 kg Milch 4,0 kg Butter erhalten. Dies Ergebnis ist unmöglich, weil in Magermilch und Buttermilch stets Fett zurückbleibt. Dagegen kann 3,6 kg von jeder gut geleiteten Molkerei erreicht werden.

Die eigentliche Beurteilung der sachgemäßen Milchverarbeitung ergibt sich aus dem Verhältnis von Buttermenge zu Fettmenge. Den unerreichbaren Maximalwert hatten wir zu 4 kg für je 3,2 kg Fett, also zu 125 kg für je 100 kg Fett in der Milch gefunden. Das wären 25% mehr Butter, als Fett angeliefert wurde. Dieser Überschuß (der „Overrun“ der amerikanischen Ausbeuteberechnung) gibt das klarste Bild von der Art der Betriebsführung. Man berechnet also

$$100 \times \text{Buttermenge} : \text{Fettmenge in der Milch}$$

und zieht 100 ab, um den Überschuß zu bekommen. Für den unerreichbaren Höchstwert hatten wir 25% gefunden. Für die gut erreichbare Ausbeute von 3,6 kg bei 3,2% Fett in der Milch ergibt sich ein Überschuß von 12,5%. Der erreichbare Wert ergibt sich aus der vorstehenden Liste, wo wir aus 100 kg Milch mit 3,2% Fett 3,742 kg Butter als normale Höchstgrenze für mild gesalzene Butter errechnet hatten. Davon muß noch 1% als mittlerer Arbeitsverlust abgezogen werden (siehe später), so daß aus 3,2 kg Fett 3,705 kg Butter entstehen. Dies gibt einen Überschuß von 15,8% als höchste, ohne ungewöhnliche Maßnahmen erreichbare Ausbeute. Normale Überschußzahlen der Praxis sind 11 bis 13% für ungesalzene, 12 bis 14% für gesalzene Sauerrahmbutter. Jedes Prozent Salz mehr bedeutet 1% Überschuß mehr.

Wird anstatt der Milch Rahm eingekauft und verbuttert, dann kann man ebenfalls eine Überschußberechnung anstellen, muß dabei aber berücksichtigen, daß der Fettverlust in der Magermilch nicht miteingerechnet ist, der etwa 3% des gesamten Milchfettes beträgt; man muß also einen um etwa 3% höheren Überschuß annehmen, wenn der Überschuß aus dem Fettgehalt des Rahmes errechnet wird.

In der Praxis findet man häufig noch die Angabe, wieviel Liter Milch zu 1 Pfund Butter gebraucht werden. Diese Angabe besagt nur so viel, daß man bei einem Mehrverbrauch dem Grund dafür nachgehen muß, ob es am Fett oder an schlechter Arbeit liegt. Ein geschickter Buttermeier mag viel Milch brauchen, weil die Milch fettarm ist, und ein nachlässiger Buttermeier mag wenig Milch brauchen, weil diese sehr fettreich ist. Aus den in vorstehender Tabelle angegebenen Idealzahlen errechnet sich die Milchmenge, die zu 1 Pfund Butter nötig ist:

bei	2,6%	Fett	zu	16,6	Liter
„	3,2%	„	„	13,3	„
„	3,6%	„	„	11,8	„
„	4,0%	„	„	10,6	„

Dies sind die niedrigsten wahrscheinlichen Zahlen, und die Zahlen der Praxis liegen höher; immerhin sind die obigen Zahlen möglich. Es ist aber ohne weiteres klar, daß die Angabe der pro 1 Pfund Butter verbrauchten Literzahl ohne Angabe des Fettgehaltes keine Auskunft darüber gibt, ob wirtschaftlich oder unwirtschaftlich gearbeitet wurde.

Die Ausbeuteformeln der Praxis

Auf Seite 125 war die genaueste Ausbeuteformel für Butter

$$x = \frac{100\,(f - f_m)\,(f_r - f_b)}{(f_r - f_m)\,(F - 0{,}01\,f_b\,(F + W)}$$

gegeben worden, aus der sich ergab, daß die Butterausbeute von 6 verschiedenen Faktoren abhängt. Mit solcher Formel kann die Praxis nicht arbeiten. Trotzdem ist es aber für die Betriebskontrolle notwendig, die tatsächliche Butterausbeute mit der möglichen, theoretischen Ausbeute zu vergleichen. Daher hat man bestimmte Zahlen in der obigen Formel (oder in ähnlich abgeleiteten Formeln) als konstant angenommen und hat als einzige Variable den Fettgehalt der Milch gelassen. Diese als konstant angenommenen Zahlen haben sich im Lauf der Zeiten geändert. Der Fettgehalt der Magermilch betrug nach Einführung der Zentrifugen in der ersten Fleischmannschen Formel 0,25%, später 0,20% und heutzutage ist selbst 0,1% bei guter Bedienung der Zentrifugen schon zu hoch. Ebenfalls ist der Fettgehalt der Buttermilch durch die Einführung von Kühlmaschinen heruntergegangen. Dagegen ist der Wassergehalt der Butter im Steigen begriffen. Alle Maßnahmen drängen also auf eine Vermehrung der Butterausbeute hin und die Formeln müssen also von Zeit zu Zeit geändert werden.

Aber selbst in der obigen vollständigsten Ausbeuteformel ist ein Faktor unberücksichtigt geblieben, weil er nicht formelmäßig in Rechnung gesetzt werden kann; das ist der Verlust der kleinen Fettmengen, die an den Wänden der Wannen und Geräte und Butterfässer trotz Nachspülens haften bleiben, die durch Schäumen oder Vergießen von Milch sowie durch Waschwasser und Knetwasser verlorengehen. PUCK (1924) hat diesen Verlust durch 9 praktische Versuche in der Lehrmeierei Kiel gemessen, indem er eine vollständige Fettbilanz zog und allen nur denkbaren Ursachen eines Fettverlustes nachspürte. Der unvermeidliche Arbeitsverlust an Fett betrug bei diesen 9 Versuchen beim Entrahmen 0,36 bis 0,47%, im Mittel 0,41% des Gesamtfettes der Milch, beim Verbuttern 0,53 bis 1,27%, im Mittel 0,62%. Insgesamt ist also der Arbeitsverlust beim Buttern 1,03% des Gesamtfettes der Milch. Dieser Verlust ist in keiner der Ausbeuteformeln, außer der von PUCK selbst, berücksichtigt worden.

PUCK gibt ferner eine Zusammenstellung der bekannteren Ausbeuteformeln (mit Literaturangaben), die er dann auf seine 9 Versuche in der Praxis anwendet. Die folgende Tabelle gibt einen Auszug aus dieser Zusammenstellung zugleich mit Angabe, wieviel Prozente an Butter mehr oder weniger in den 9 Versuchen erhalten wurden.

Die Formel von PUCK und die ältere HITTCHERsche Formel stimmen mit den 9 Versuchen PUCKs am besten überein. Dagegen erreicht die Ausbeute nicht die Formeln von HESSE, ROSENGREEN und die neuere Formel von HITTCHER; der Grund ist wohl vor allem in dem hohen Fettgehalt der Magermilch bei den 9 Versuchen zu suchen (Mittelwert 0,132%); der Fettgehalt der Buttermilch betrug im Mittel 0,548%, war also auch höher als der deutsche Durchschnitt für Sauerrahm sein sollte.

Tabelle 66. Butterausbeuteformeln der Praxis

Verfasser	Formel	In der Praxis erhaltene Mehrausbeute Prozent
FLEISCHMANN	$B = 1{,}155\ (f_v - 0{,}085)$	+ 0,91
HELM	$1{,}15\ (f_v - 0{,}09)$	+ 0,62
HESSE	$1{,}198\ (f_v - 0{,}16)$	— 1,25
ROSENGREEN	$\frac{100}{F}\ (f_v - 0{,}12)$	— 2,32
Deutscher Kontrollverein	$1{,}19\ (f_v - 0{,}14)$	— 1,24
Dänischer „	$1{,}16\ (f_v - 0{,}15)$	+ 1,40
HITTCHER	$1{,}2\ (f_v - 0{,}26)$	— 0,24
HITTCHER	$1{,}2\ (f_v - 0{,}21)$	— 1,00
PUCK	$1{,}155\ (f_v - 0{,}1)$	+ 0,26
Formel Seite 124	$1{,}207\ (f_v - 0{,}1)$	—

Erhöhung der Butterausbeute

Die Butterausbeute in einem Betrieb wird im wesentlichen von 3 Faktoren abhängen; vom Wassergehalt der Butter, vom Fettgehalt der Buttermilch und vom Fettgehalt der Magermilch.

Der Wassergehalt der Butter ist der wichtigste Faktor. Er liegt bei gesalzener Butter jetzt im Durchschnitt bei 15%; er darf bis zu 16%, bei ungesalzener Butter bis zu 18% steigen. Die Steigerung um 1% gibt eine Mehrausbeute von 1%, das sind bei einer täglichen Verarbeitung von 3000 Litern im Monat 90 Pfund Butter. Dem Konsumenten ist damit freilich nicht gedient, denn er würde für dasselbe Geld etwas weniger Fett und etwas mehr Buttermilch bekommen. Aber bei der Importbutter kann er mit Sicherheit auf einen Wassergehalt sehr nahe an 16% rechnen, und man sollte doch dem deutschen Buttererzeuger dieselben Verdienstmöglichkeiten zubilligen, die der ausländische

Erzeuger auf dem deutschen Markte hat. Der ausländische Erzeuger läßt sich lieber Abstriche in der Qualität wegen Überarbeitung der Butter machen, als daß er auf den Mehrgewinn durch den höheren Wassergehalt verzichtet.

Die genaue Kontrolle des Fettgehaltes von Magermilch und Buttermilch ist ebenfalls erforderlich, wenn der Buttereibetrieb gewinnbringend sein soll. Die Qualität von Magermilch und Buttermilch wird nicht wesentlich verbessert, wenn etwas mehr Fett darin zurückbleibt, jedenfalls wird sie nicht höher bezahlt; aber die Butterausbeute wird geringer. Täglich 1 Pfund Butter mehr deckt alle Unkosten die aus der regelmäßigen Betriebskontrolle entstehen. Diese Kontrolle muß sich auch in kleinen Betrieben darauf erstrecken, den Fettgehalt der Milch und den Wassergehalt der Butter täglich, den Fettgehalt der Magermilch und Buttermilch zwei- bis dreimal wöchentlich zu bestimmen. Dieser geringe Aufwand macht sich stets sehr gut bezahlt. Er ist ebenso notwendig für einen geordneten Betrieb wie die regelmäßige Buchführung.

k) Haltbarmachung der Butter

Die Haltbarkeit der Butter kann auf verschiedene Weise erzielt werden. Gewöhnlich versucht man durch sehr sorgfältige Herstellung und sorgfältige Verpackung und Lagerung die Butter vor dem Ranzigwerden und Verderben zu bewahren. Solche Butter nennt man gewöhnlich Dauerbutter. Früher pflegte man sie auch wohl als „präservierte Butter“ zu bezeichnen, doch ist dieser irreführende Name jetzt ganz aus dem Gebrauch gekommen. Sodann kann man Konservierungsmittel zusetzen, welche das Bakterienwachstum verhindern, und schließlich kann man die Butter bei Temperaturen lagern, welche jede Entwicklung von Mikroorganismen unmöglich machen.

Unter diesen 3 Möglichkeiten ist für Deutschland die Dauerbutter die wichtigste; sie soll deshalb am ausführlichsten besprochen werden.

Dauerbutter

Über die Herstellung von Dauerbutter ist schon sehr viel geschrieben worden. Fast in jedem Jahrgang der Molkereifachzeitungen wird man Anfragen hierüber und Antworten aus der Praxis finden können. Trotzdem ist die Anzahl deutscher Molkereien, die Dauerbutter herstellen können, recht gering, wie die alljährlichen Dauerwarenprüfungen der Deutschen Landwirtschafts-Gesellschaft zeigen. Bei der Herstellung von Dauerbutter sind so viele Punkte zu berücksichtigen, daß das Thema in kurzen Fragen und Antworten nicht zu erledigen ist. Wer regelmäßig und erfolgreich Dauerbutter herstellt, dem ist manches schon so in Fleisch und Blut übergegangen, daß er gar nicht daran denken wird, es in seinen Antworten zu erwähnen; und doch bleibt der Erfolg bei weniger erfahrenen Fachleuten oft aus, trotzdem sie alle besonderen Vorschriften für Dauerbutter genau beachtet haben, aber irgendwo einen grundsätzlichen Fehler machen, an dessen Möglichkeit der Erfahrenere, der sein Wissen in der Fachzeitung bekanntgab, nicht gedacht hat.

Die älteren Versuche zur Herstellung von Dauerbutter hat Kraus (1905) gut zusammengestellt. Die letzte gründliche Untersuchung über Dauerbutter verdanken wir Weigmann (1915), der an Hand eines ziemlich umfangreichen Materials von Deutschen Landwirtschafts-Gesellschafts-Dauerprüfungen und auf Grund eigener Versuche wertvolle Fingerzeige gibt. Die Landwirtschaftskammer Schleswig-Holstein unternahm gemeinsam mit der Marineverwaltung eine große praktische Prüfung von Dauerbutter, an der sich eine größere Anzahl Molkereien beteiligte. Die Butter wurde in Blechbüchsen eingelötet, von großen und kleinen Kriegsschiffen mitgenommen und nach ½ bis 1½ Jahren wieder zurückgeliefert und alsdann begutachtet. Hierbei erfolgte auch zugleich eine bakteriologische Prüfung. Dies ist wohl die letzte große Dauerbutterprüfung in Deutschland gewesen, denn während des Krieges und der Hungersnot verboten sich solche Versuche von selbst, und erst in den letzten Jahren hat die Deutsche Landwirtschafts-Gesellschaft die Dauerwarenprüfungen wieder in vollem Umfange aufgenommen.

Wie WEIGMANN sehr richtig betont, ist mit dem Pasteurisieren und der Reinkultur allein noch keine Dauerbutter erzielt. Das Wesentlichste ist größte Sorgfalt in allen Operationen und ein volles Verständnis von jedem Vorgang, von der Zentrifuge bis zur Verpackung und Lagerung. Vielleicht der wichtigste Punkt ist das Verständnis für „bakteriologische Sauberkeit". Diese ist etwas verschieden von der gewöhnlichen oder der „chemischen" Sauberkeit. Schmutz kann man sehen, aber Bakterien nicht. Bakteriologisch gedacht ist städtisches Leitungswasser zum Waschen der Butter besser geeignet als destilliertes Wasser, denn das letztere enthält oft viele Tausende von Bakterien, während das Leitungswasser selten mehr als einige hundert Bakterien enthält. Chemisch gedacht ist eine mit Soda ausgewaschene und mit Wasser nachgespülte Rahmwanne sauber, bakteriologisch aber nicht.

Es würde zu weit gehen, alle die Punkte noch einmal eingehend zu erörtern, auf die es bei der Herstellung der Dauerbutter ankommt, da alle schon auf den vorstehenden Seiten eingehend besprochen sind. Die Herstellung ist ja nichts Besonderes, sie unterscheidet sich von der Herstellung gewöhnlicher Butter nur dadurch, daß man in allem eine ungewöhnliche Sorgfalt walten läßt. Es soll daher nur eine kurze Übersicht gegeben werden mit dem Hinweis auf die früheren Ausführungen.

Drei Möglichkeiten gibt es, die den Geschmack der Butter verderben: Verwendung schlecht schmeckenden Rahmes, Veränderung der Butter durch chemische Umsetzungen und Veränderung durch die Tätigkeit von Mikroorganismen.

I. Schlecht schmeckender Rahm

In diesem Falle liegt entweder ein sehr alter, schon teilweise gesäuerter oder zersetzter Rahm vor oder die Kühe waren falsch gefüttert. Entlüftung im ersteren Fall ist aussichtslos, im zweiten Falle unsicher. Ganz allgemein wird wohl niemand versuchen, aus solchem Rahm Dauerbutter zu machen.

II. Chemische Veränderungen

Drei verchiedene chemische Einflüsse sind bekannt:

1. Sauerstoff und Metall als Sauerstoffüberträger müssen vermieden werden, da diese talgigen und öligen Geschmack bewirken (S. 119/120). Die Vermeidung von Eisen und Kupfer ist nicht so leicht wie es scheint, weil die Möglichkeiten für das Eindringen dieser Metalle in Butter sehr groß sind. Auch Licht muß vermieden werden.

2. Der Rahm darf keinen hohen Säuregrad haben, weil dadurch fischiger Geschmack begünstigt wird (S. 56). Der Rahm darf also nur schwach säuern, und es muß das Butterungsgut nur auf Stecknadelkopfgröße gebuttert werden und muß dann gründlich gewaschen werden.

3. Es soll nicht mehr als 3% Salz genommen werden; das Salz muß ganz einwandfrei trocken und zugedeckt gelagert gewesen sein und darf keine Metallspuren enthalten. Salz oder irgendein Bestandteil des Salzes wirkt auf chemische Zersetzungen in der Butter beschleunigend (S. 114).

III. Bakteriologische Veränderungen

Die Möglichkeiten zur Zersetzung der Butter durch Mikroorganismen können nicht alle wieder aufgezählt werden; die Abwehrmaßnahmen sind für die meisten Fehler dieser Art dieselben.

4. Pasteurisierung des Rahmes ist unbedingt notwendig; die Temperatur soll höher sein als bei der Milchpasteurisierung (S. 56). Nach dem Pasteurisieren muß sofort schnell und tief gekühlt werden.

5. Rahmsäuerung ist nicht unbedingt notwendig, aber wegen des Aromas empfehlenswert. Der Rahm soll nicht scharf gesäuert werden (S. 55). Eine einwandfreie Reinkultur ist selbstverständlich.

6. Peinlichste Säuberung aller Rohrleitungen und Rinnen sowie der Rahmwanne nach dem Gebrauch.

7. Gründliches Ausdämpfen aller Rohrleitungen und Rinnen und der Rahmwanne einschließlich des Deckels der Rahmwanne nach der Säuberung.

8. Trocknenlassen der Rohre, Rinnen und Rahmwanne nach dem Ausdämpfen (nicht aber Austrocknen mit einem Tuch, sondern im Gegenteil Schützen aller ausgedämpften Geräte vor jeder Berührung). Jedes naßgebliebene Stück kann eine gefährliche Infektionsquelle werden.

9. Gründliches Säubern des Butterfasses und nachträgliches Trocknenlassen.

10. Durchspülung der ganzen Apparatur (Pasteurisierungsapparat, Rohrleitungen, Kühler) mit heißem Wasser, indem man die Apparatur mit Wasser statt mit Milch 5 bis 10 Minuten arbeiten läßt.

11. Ausspülen des Butterfasses vor dem Gebrauch mit kochendem und darauf mit kaltem Wasser bei raschem Umgang.

12. Buttern bis zur Stecknadelkopfgröße. Je größer das Korn, um so unvollständiger das Waschen (S. 64).

13. Waschen der Butter mit eisenfreiem, wenn nötig mit sterilisiertem Wasser, bis das Waschwasser klar bleibt. Wasser, das von einer regelmäßigen bakteriologischen Prüfung als einwandfrei befunden wird (z. B. städtische Wasserleitungen) sollte direkt benutzt werden. Andernfalls ist alles zum Waschen der Butter und zum Nachspülen der gereinigten Geräte benutzte Wasser zu sterilisieren, am besten mit Dampf in Milchkannen oder Rahmständern (aber nicht durch direktes Einleiten desselben, wegen der Gefahr, daß Rost in das Wasser kommt). Kühlen des sterilisierten Wassers nicht durch Hineinwerfen von Eis, sondern durch Einstellen der Kannen oder Ständer in Eiswasser. Sterilisiertes Wasser sollte nicht lange stehen, sondern ziemlich kurz vor dem Gebrauch erst sterilisiert werden.

14. Salzen mit nicht mehr als 3% Salz.

15. Sehr gründliches Kneten, soweit es ohne Schädigung des Gefüges irgend möglich ist (S. 65ff).

16. Verpackung: Falls in Holzfässern, sollten die Behälter paraffiniert werden und die Butter ohne Pergamentpapier direkt eingestampft werden. Wird nicht paraffiniert, muß Faß wie Pergamentpapier mit kochend heißer Salzlake längere Zeit gründlich in Berührung bleiben. Für Tropenversand und Versorgung von Schiffen auf weiten Reisen ist Einlöten in Blechdosen ohne jeden Luftraum das beste. In allen Fällen ist sorgfältigst darauf zu achten, daß in der Butter keine Lufträume bleiben (S. 71).

17. Lagerung der Butter sollte so kalt wie möglich sein. Zu tiefe Kühlung ist unmöglich (S. 113).

Dies wäre eine kurze Übersicht über die wichtigsten Punkte. Nach Ansicht des Verfassers sind die häufigsten Ursachen geringer Haltbarkeit ungenügende

Reinigung des Butterfasses, schlechtes Waschwasser und die Gegenwart von Eisen oder Kupfer in der Butter.

Während die deutsche Marine bei ihren Buttereinkäufen Vorbehalte betreffs der Haltbarkeit machte, hat die amerikanische Marine einen anderen Weg eingeschlagen. Sie schreibt genau vor, wie die Butter hergestellt werden soll, und läßt dauernd diejenigen Molkereien, welche Butter für die Marine herstellen, durch sachverständige Beamte kontrollieren. Die Vorschriften sollen hier nicht vollkommen wiedergegeben werden; sie sind in verschiedenen Stellen, so z. B. in von Venske (1927) angeführt. Dieses Vorgehen hat dem Begriff „Navy Butter" eine ganz bestimmte Qualitätsbezeichnung gegeben.

Einzelne Punkte werden von gewisser Bedeutung sein. Zunächst wird es interessieren, daß Navy Butter Süßrahmbutter ist. Der Rahm muß süß und nicht neutralisiert gewesen sein. Er muß mindestens 30 Minuten lang auf 63° C erhitzt werden oder bei Schnellerhitzung auf mindestens 82° C und der Säuregrad darf beim Verbuttern nicht mehr als 10,4° S.H. betragen. Die Butter darf nicht mehr als 15,5% Wasser und nicht weniger als 80% Fett enthalten. Der Salzgehalt muß zwischen 2,5 und 3,25% liegen. Andere Konservierungsmittel sind verboten. Sodann muß die Butter beim Richten mindestens 94 Punkte erhalten (Höchstzahl 100 Punkte, siehe S. 97). Diese Butter wird entweder in Dritteln von 60 Pfund oder in ebenso schweren würfelförmigen Kisten versandt oder, für Tropenschiffsausrüstung, in Blechbüchsen von 5 Pfund Inhalt eingelötet. Es handelt sich hier nicht um einen Versuch, sondern um die Herstellung von 900000 Pfund Butter jährlich. Es verdient Beachtung, daß für alle Zwecke Süßrahmbutter vorgezogen wird.

Haltbarmachung durch Konservierungsmittel

Der Zusatz von Konservierungsmitteln irgendwelcher Art außer Kochsalz ist in Deutschland sowie in den Vereinigten Staaten verboten. Auch England hat seit dem 1. Januar 1928 Konservierungsmittel (Borsäure wurde gewöhnlich benutzt) in Importbutter verboten. Es erübrigt sich daher, auf den Wert der verschiedenen chemischen Zusätze einzugehen, welche früher benutzt wurden.

Ganz allgemein ist die Wirkung dieser Zusätze nie sehr befriedigend gewesen und auch heute noch erscheint die Wirkung in Margarine, die öfters noch auf diese Weise haltbar gemacht wird, im Verhältnis zu der geringen Wassermenge recht gering. Dies ist wohl durch die Verteilung des Wassers zu erklären. Ein Teil der Tröpfchen wird das Desinfektionsmittel in großen Mengen enthalten, dafür werden andere ganz frei davon sein und auch bleiben und hier geht dann die Zersetzung ungestört weiter vor sich. So erklärt es sich wohl auch, daß die Benzoesäure in der Margarineindustrie bevorzugt wird, denn sie ist fettlöslich und wird nach den physikalischen Verteilungsgesetzen sich allmählich gleichmäßig auf alle Wassertröpfchen verteilen.

Es darf bei der Benutzung von Konservierungsmitteln nie vergessen werden, daß hierdurch nur die biologische Zersetzung der Butter verhindert werden kann, aber nicht die chemische. Es steht sogar zu befürchten, daß die chemische Zersetzung beschleunigt wird. So fand Sommer (1923), daß das Fischigwerden durch Zusatz von Wasserstoffsuperoxyd beschleunigt wird, da die Bildung von Trimethylamin ein Oxydationsvorgang ist (S. 112).

Gefrierbutter

Seitdem die Möglichkeit besteht, Kälte auf mechanischem Wege zu erzeugen, ist dies Verfahren auch zur Haltbarmachung von Nahrungsmitteln mehr und mehr herangezogen worden. Während pflanzliche Nahrungsmittel, wie Gemüse und Obst, Temperaturen unter 0° nicht vertragen können, schadet die Gefriertemperatur dem Fleisch, Geflügel, Fisch nicht, und von den Molkereierzeugnissen ist besonders die Butter für Gefrierhauslagerung geeignet. In Deutschland macht man hiervon noch verhältnismäßig wenig Gebrauch. Die Gefrierverfahren für Nahrungsmittel wurden hauptsächlich von den Exportländern entwickelt, welche große Vorräte aufstapelten, um sie bei günstiger Marktlage abzustoßen. In erster Linie kommen hier die Vereinigten Staaten in Betracht und ihnen folgten auf dem Fuße die Exportländer Südamerikas. In den Vereinigten Staaten befindet sich etwa die Hälfte der vorhandenen Butter in Gefrierhäusern. Die Entwicklung der Maschinenindustrie hat es mit sich gebracht, daß immer tiefere Temperaturen zur Lagerung der Butter benutzt wurden und zur Zeit darf man wohl 0° F, das sind —17,7° C, als Durchschnittstemperatur ansehen.

Der Umstand, daß das Gefrieren in so umfangreichem Maße angewendet wird, ist in sich wohl schon ein Beweis dafür, daß diese nicht ganz billige Lagerungsweise sich doch bezahlt macht. Theoretisch ist dies wohl begreiflich. Bei so niedrigen Temperaturen ist eine Zersetzung der Butter durch Mikroorganismen ausgeschlossen. Zwar haben Rahn, Brown und Smith (1909) Anzeichen dafür gefunden, daß in gesalzener Butter bei — 6° C sich eine Torulahefe noch langsam vermehrt, aber daß sie eine nennenswerte Zersetzung hervorrufen kann, ist unwahrscheinlich, und daß bei noch viel tieferen Temperaturen die Butter biologisch verderben kann, ist ganz ausgeschlossen. Aber auch die chemischen Zersetzungen der Butter werden sehr gehemmt sein. Chemische Vorgänge werden in der Regel durch eine Erhöhung der Temperatur um 10° C in ihrer Geschwindigkeit verdoppelt oder verdreifacht, also werden sie durch eine Abkühlung nur etwa ½- bis ⅓mal so schnell verlaufen. Bei — 18° C, also fast 40° unter der Zimmertemperatur, sollte die chemische Zersetzung nur etwa $^1/_{16}$ von derjenigen bei Zimmerwärme betragen. Es würde also ein Tag bei + 22° C entsprechen 16 Tagen bei — 18° C, und so würde die Butter im Gefrierhaus in einem Monat nicht weiter verderben als in 2 Tagen bei 22° C. Außerdem ist der Gewichtsverlust der gefrorenen Butter geringer als bei der warmen. Es sprechen also mehrere theoretische Gründe für Gefrierbutter.

Es fragt sich aber, ob nicht auch gewichtige Gründe dagegen sprechen. Geschmacklich wird die Butter nicht beeinträchtigt, vorausgesetzt, daß der Lagerraum sauber und geruchlos ist. Dagegen wird manchmal behauptet, daß das Gefüge leide, und daß Gefrierbutter bei Zimmerwärme schneller verderbe als frische Butter. Das schnellere Verderben ist schwer nachzuweisen, weil eine Vergleichsprobe fehlt. Theoretische Gründe für das schnelle Verderben sind nicht recht einzusehen. Dagegen ist eine Lockerung des Gefüges durch das Gefrieren denkbar und dadurch das raschere Verderben erklärlich.

In den Vereinigten Staaten befindet sich die Butter durchschnittlich etwa 4½ Monate im Gefrierraum, und die Kosten für diese Kühlhaltung betragen etwa RM 0,80 bis RM 1,20 für 100 Pfund im ersten Monat und darauf etwa RM 0,50 bis RM 0,80 für jeden weiteren Monat. Die direkte Übertragung dieser Zahlen auf deutsche Verhältnisse scheint aber nicht zulässig, da nur bei großen Kühlhäusern die Kosten gering sind und bei kleineren Betrieben ganz erheblich größer werden.

Die Wirksamkeit einer guten Kühlung läßt sich leicht aus den folgenden Angaben von Rogers, Thompson und Keithley (1912) ersehen, welche nach 3 monatiger Lagerung bei —7° C einen durchschnittlichen Verlust von 3,6 Punkten beim Richten der Butter feststellten; bei — 12° C verlor dieselbe Butter nur 3,0 Punkte und bei—18° C nur 1,9 Punkte (alle Punkte nach dem amerikanischen

Punktiersystem). HUNZIKER empfiehlt (1927) sogar — 23° C als wirtschaftlich noch besser.

Das Gesetz der Vereinigten Staaten verlangt, daß alle Butter, die länger als 30 Tage gefroren gewesen ist, deutlich sichtbar auf allen Verpackungen die Bezeichnung Gefrierbutter (Cold Storage) tragen muß.

Literatur

ABDERHALDEN und W. VÖLTZ: Beiträge zur Kenntnis der Zusammensetzung und der Natur der Hüllen der Milchkügelchen. Zeitschr. f. physiol. Chemie, 59, 13. 1909. — ASCHERSON: Über den physiologischen Nutzen der Fettstoffe und über eine neue auf deren Mitwirkung begründete und durch mehrere neue Tatsachen unterstützte Theorie der Zellenbildung. Arch. f. Anat. und Physiol. 44, 1840.

BABCOCK, S. M.: The constitution of milk, and some of the conditions which affect the separation of cream. Wisconsin Agr. Experiment Station Bulletin, Nr. 18. 1889. — BAKER, BREW and CONN: Relation between lactic acid production and bacterial growth in the souring of milk. New York (Geneva) Experiment Station Bulletin Technical, Nr. 74. 1919. — BANCROFT, W. D.: Applied Colloid Chemistry. New York: McGraw-Hill. 1926. — BOYSEN, H.: Die Wasserverteilung in der Butter. Milchw. Forschungen, 4, 227. 1927. — Noch nicht veröffentlicht. 1928. — BROUWER, E.: Over het wezen der vetbollet jet-agglutinatie. IV. Vereeniging tot exploifatic eener proofzuivelboerderij te Hoorn. Verslag over het jaar 1924, S. 18. — BROWN, C. W. and K. PEISER: A study of the factors which influence the resistance of lactic acid bacteria to heat. Michigan Agr. College Technical Bulletin, Nr. 30. 1916. — BURG, VAN DER: Die Bewegung eines Fettkügelchens in der Milch. Forschungen auf dem Gebiet der Milchwirtschaft, 1, 154, 1921. —BURKE, WOODSON and HELLER: The possible toxicity of buttermilk soured in tin containers. Journ. of Dairy Science, 11, 78. 1928. — BURR, A.: Ist der wirkliche Fettgehalt transportierten Rahmes nach Ankunft in der Molkerei einwandfrei festzustellen? Molkereiztg. Hildesheim, Nr. 73, 16. September 1910. — — und A. WOLFF: Prüfung von Pergamentpapier auf Brauchbarkeit zum Einschlagen von Butter. Milchw. Zentralbl., 6, 241. 1910.

CHAPMAN, O. W.: The effect of lecithin upon butterfat determinations. Journ. Dairy Science 11, 270. 1928. — CLAYTON: Emulsionsprobleme der Butter- und Margarinetechnik. Zeitschr. f. d. dtsch. Öl- und Fettindustrie, 46, 321. 1926. — COHEN, B. and WM. M. CLARK: The growth of certain bacteria in media of different hydrogen ion concentrations. Journ. of Bacteriology 4, 409. 1919.

DAHLBERG, A. C.: The causes of leaky butter. Journ. of Dairy Science, 5. 421. 1922. — The influence of salt on the flavor of butter. Proceedings, Worlds Dairy Congress Washington, II, 966. 1923. — — und J. C. HENING: Viscosity, surface tension and whipping properties of milk and cream. New York (Geneva) Experiment Station Technical Bulletin, Nr. 113. 1925. — DAM, W. VAN: Über den Einfluß der Temperatur und des Futters auf den physikalischen Zustand des Milchfetts. Landwirtschaftl. Versuchsstationen, 86, 393. 1915. — Opstellen over moderne zuivelchemie, 2. Aufl. 1922. — De invloed van de karnetemperatuur op karntijd en vetgehalte der karnemelk als functie van den physischen toestand van het melkvet. Verslagen van landbouwkundige onderzoekingen der Rijkslandbouwproefstations, 32, 223. 1927. — Technische proeven over den invloed van laag afkoelen van den room op de stevigheid van versch bereide boter en op het vetgehalte der karnemelk. Ibid., 32, 234. 1927. — Technische proeven over den invloed van de karntemperatuur op het vetgehalte der karnemelk, bij de bereiding van boter uit diep afgekoelden room. Ibid. 32, 243. 1927. — — en B. J. HOLWERDA: De beteekenis van de gesuspendeerde kaasstoff bij het verkarnen van zuren room. Ibid., 32, 385. 1927. — — De invloed van de concentratie der oplosbare eiwitstoffen van gezuurden room op het vetgehalte der karnemelk en op den karnduur. Ibid., 32, 401. 1927. — — Oefent de aard van het zuursel invloed uit op het vetgehalte der karnemelk en op den karnduur.

Ibid., 32, 411. 1927. — — Over den invloed van hooge zuurheitsgroden van den room op het vetgehalte der karnemelk en op den karnduur. Ibid., 32, 407. 1927. — — en Sirks, H. A.: Onderzoekingen over de oprooming volgens het Friesche systeem. Ibid., 26, 106. 1922. — Dornic et Daire: Beitrag zur Kenntnis des Lezithins der Milch. Ann. Fals. 3, 533. 1910.

Eisenhuth, K. und K. Seidel: Die Auflösung von Metall bei der Quargherstellung. Molkereiztg. Hildesheim, 42, 107. 1928.

Fahrenbach, W.: Über den Einfluß der Größe der Fettkügelchen auf den Butterungsvorgang. Dissert. Leipzig. 1896. — Fettick: Welcher Kochsalzgehalt ist für Dauer- oder Exportbutter zulässig? Zentralbl. f. Bakteriol., Abt. 2, 22, 32. 1909. — Fleischmann, W.: Das Molkereiwesen. Braunschweig: Vieweg und Sohn. 1876. — Über die spezifische Wärme der Milch. Journ. f. Landwirtschaft, 50, 33. 1902. — Lehrbuch der Milchwirtschaft, 6. Aufl. Berlin: P. Parey. 1920 — Fischer, M. H. and M. O. Hooker: Fats and fatty degeneration, p. 93. New York: Wiley and Sons, 1917.

Gortner, R. A.: The application of colloid chemistry to some agricultural problems. Colloid Symposium Monograph, I, 392, 1923. — Greenbank, G. R. and G. E. Holm: Some factors concerned in the autooxidation of fats. Journ. of Industrial and Engin. Chemistry, 16, 598. 1924. — Greenbank, G. R.: Measurement of susceptibility of fats to oxidation. Ibid., 17, 625. 1925. — Grimmer, W. und G. Schwarz: Zur Kenntnis des Zentrifugenschlamms. Milchw. Forschungen, 2, 163. 1924/25. — Guthrie, E. S.: The book of butter, 2. Aufl. New York: Mac Millan Co. 1923. — — and P. F. Sharp: The effect of the hydrogen ion concentration on the churning time of cream. Journ. Dairy Science 14, Nr. 1. 1931. — Gutzeit: Beitrag zur Kenntnis der die Aufrahmung der Milch beeinflussenden Faktoren. Kühn-Archiv, 11, 63. 1926. — Die Schwankungen der mittleren Größe der Fettkügelchen in der Kuhmilch usw. Landw. Jahrbücher, 24, 539. 1895.

Hammer, B. W.: Pasteurization of cream for buttermaking. Iowa Experiment Station Bulletin, Nr. 156. 1914. — Studies on the creaming ability of milk. Iowa Experiment Station, Research Bulletin, Nr. 31. 1916. — — and Cordes: A study of lactose fermenting yeasts in yeasty cream. Iowa Experiment Station, Research Bulletin, Nr. 61. 1920. — Harrison: Die Lebensdauer des Tuberkelbazillus im Käse. Landw. Jahrbuch d. Schweiz, 14, 317. 1900. — Hattori: Membrane of the fat globule of milk. Journal Pharmac. Soc. Japan, Nr. 516, 123. Ref. in Chemical Abstracts, 19, II, 2380. 1925. — Heckma, E. en E. Brouwer: Over melkschuimvliesjes en de aan hunne forming ten grondslag liggende substantie. Verslagen v. Landbouwkundige oenderzoekingen d Rijkslandbouw proefstations, 28, 46. 1923. — — Over het wezen der vetbolletjes-agglutinatie. Vereeniging tot exploitatie eener proefzuivelboerderij te Hoorn. Verslag over het jaar 1924, S. 36. — Henneberg, W.: Handbuch der Gärungsbakteriologie, 2. Aufl. Berlin: P. Parey. 1926. — — und E. Winnegge: Bakteriologische Untersuchungen von Säureweckerproben aus der Praxis während eines Jahres. Molkereiztg., Hildesheim. 42, 576. 1928. — Henzold, O.: Wassergehalt schleswig-holsteinscher Butter. Milchzeitung, 23, 685. 1894. — Bittere Butter. Milchzeitung, 31, 822. 1902. — Hesselberg: Süß oder sauer buttern? Deutsche Milchw. Zeitung, 23, S. 323. 1918. — Hittcher, K.: Versuche mit zwei Astra-Handbutterfertigern, verbunden mit eingehenden Studien über den Butterungsvorgang. Landwirtsch. Jahrbücher, 51, 489. 1918. — Höft: Über das Verhältnis der stickstoffhaltigen Bestandteile in Milch und Rahm. Milchw. Zentralbl., 3, 521. 1907. — Kann man aus dem chemischen Nachweis von Eisen in der Butter auf eine Qualitätsverminderung der Butter schließen? Milchwirtsch. Zentralbl., 5, 250. 1909. — Holm, G. E.: in „Fundamentals of Dairy Science", p. 182. New York. 1928. — —, Wright, P. A. and Greenbank: Variations in the susceptibility of the fat in dry whole milks to oxidation when stored at various temperatures and in various atmospheres. Journ. of Dairy Science, 10, 33. 1927. — Hunziker, O.: The Butter Industry, 1. Aufl. Selbstverlag. 1920. — The Butter Industry, 2. Aufl. Selbstverlag. 1927. — Selection of metals in the construction of dairy equipment. Proc. World Dairy Congress Washington, II, 1189. 1923. — Facts about carbonated butter. Journ. of Dairy Science, 7, 5. 1924. — Additional facts about carbonated butter. New York Produce Review, 60, 2. 1925. — — MILLS, H. C. and C. SPITZER: Moisture control of butter: I. Factors not under the control of the buttermaker. Indiana Agr. Experiment Station, Bulletin, Nr. 159. 1912. — — — Pasteurization of cream for buttermaking. Indiana Experiment Station, Bulletin, Nr. 203. 1917.

KING, N.: Über die Struktur der Butter. Milchw. Forschungen, 8, 423. 1928. — Über die Grenzfläche Wasser-Fett in der Butter. Ebenda, 9, 501. 1930. — Zur Kenntnis der kontinuierlichen Phase der Butter. Ebenda, 10, 68. 1930. —Kolloidchemie der Butter. Kolloidzeitschr. 52, 319. 1930. — KLEIN und KLOSE: Butterungsversuche zum Zweck der näheren Ermittlung und Begrenzung des vom jeweiligen Säuerungsgrad und Fettgehalt des Rahms auf den Butterungsvorgang ausgeübten Einflusses. Milchwirtsch. Zentralbl., 46, 209. 1917. — KNUDSEN, S.: Die Beeinflussung der Qualität der Molkereiprodukte durch Wasserinfektion. Tidskrift for Landökonomi. Referiert in Molkereiztg. Hildesheim, 41, 2803. 1927. — KOESTLER: Congrès International de Laiterie 1926. — KRAUS, A.: Untersuchungen über den Einfluß der Herstellung, Verpackung und des Kochsalzgehaltes der Butter auf ihre Haltbarkeit. Arbeiten aus dem Kaiserl. Gesundheitsamt, 22, 235. 1905.

LAUTERWALD, F.: Lehrbuch der Milchwirtschaft, 2. Aufl. Hannover: Schaper. 1920. — Die Butterfehler und ihre Ursachen. Berlin: Hermann Hanns. 1924. — Was lehrt uns die diesjährige Butterprüfung auf der Ausstellung der D. L. G. in Breslau? Molkereiztg. Hildesheim, 40, Nr. 78. 1926. — LINDEMANN: Butterausstellungen des Meiereiverbandes für Ost-Holstein. Landwirtsch. Wochenblatt f. Schleswig-Holstein, 72, 121. 1922. — LUND, T. H.: Yeast in pasteurized cream butter. Creamery and Milk Plant Monthly, 10, 30. 1920.

MCINERNEY, T. J. und P. F. SHARP: The distribution of fat in gravity cream. 17th Annual Report, Internat. Association of Dairy and Milk Inspectors, p. 256. 1928. — MACY, H.: Bacteriological Problems in Buttermaking, S. 52. New York Produce Review vom 11. November 1925. — Mold and yeast counts and their relation ot the composition of butter. Journ. of Dairy Science, 10, 384. 1927. — MARTINY, B.: Der Wassergehalt der Butter. Landwirtsch. Jahrbücher, 27, 773. 1898. — Kirne und Girbe. Berlin. 1895. — MEIJERINGH: Studie over de factoren op het vochtgehalte der boter van invloed. Proefschrift. 1911. — MOHR, W. und C. BROCKMANN: Oberflächenspannungsmessungen an Milch. Milchw. Forschungen, 10, 72. 1930. — — Beiträge zum Butterungsvorgang. Ebenda, 10, 173. 1930.

ORLA-JENSEN, S.: Studien über das Ranzigwerden der Butter. Zentralbl. f. Bakteriol., Abt. 2, 8, 11. 1902. — — Studien über dänische Butter. Zentralbl. f. Bakteriol., Abt. 2, 29, 610. 1911. — — The lactic acid bacteria. Kopenhagen: And. Fred. Höst und Sön. 1919. — — Dairy Bacteriology, 2. Aufl. Philadelphia. 1921.

PALMER, L. A. and E. O. ANDERSON: Physico-chemical factors influencing cream rising. Journ. of Dairy Science, 9, 1. 1926. — PETERSEN, N.: Neue schwedische Versuche über den Einfluß der Säuerung auf die Qualität der Butter. Molkereiztg. Hildesheim, 41, 2566. 1927. — PETTERSSEN, A.: Experimentelle Untersuchungen über das Konservieren von Fisch und Fleisch mit Salzen. Arch. f. Hygiene, 37, 171. 1900. — PICKERILL, H. M. and E. S. GUTHRIE: Two factors causing variation in the weight of print butter. New York (Cornell) Experiment Station, Bulletin, 355. 1915. — PROCTER, F.: The influence of different methods of cleansing dairy utensils on the bacterial content of churns and on the keeping properties of milk. Journ. of Hygiene, 24, 419. 1925. — PRUCHA, M. J., J. M. BRANNON and H. A. RUEHE: Carbonation of butter. Journ. of Dairy Science, 8, 4. 1925. — PUCK, E.: Die Butterausbeuteformeln in Theorie und Praxis unter besonderer Berücksichtigung des Faktors Arbeitsverlust. Milchwirtsch. Forschungen, 1, 331. 1924. — Ein kurzer Überblick über die Milchwirtschaft Argentiniens. Molkereiztg. Hildesheim, 42, 499. 1928.

RAHN, O.: Die Zersetzung der Fette. Zentralbl. f. Bakteriol., Abt. 2, 15, 422. 1925. — Untersuchungen über die Rahmbildung. Forschungen auf dem Gebiet der Milchwirtschaft, 1, 153. 1921. — Untersuchungen über den Butterungsvorgang, I. Eine Oberflächenspannungstheorie. Ibid., 1, 309. 1921. — Untersuchungen über den Butterungsvorgang, II. Die Butterungswärme. Ibid., 2, 76. 1922. — Veränderungen des spezifischen Gewichts der Milch durch Molkereimaschinen. Molkereiztg. Hildesheim, 38, 779. 1924. — Neuere Untersuchungen über die Aufrahmung. Molkereiztg. Hildesheim, 38, 1321. 1924. — Der Wassergehalt der Butter. Milchwirtsch. Forschungen, 1, 294. 1924. — Die Bedeutung des Temperaturkoeffizienten für das Studium der Milchpasteurisierung. Milchwirtsch. Forschungen, 2, 373. 1925. — Die Verteilung des Fetts in der Milch. Milchwirtsch. Forschungen, 2, 383. 1925. — Zur Theorie der Butterbildung. Milchwirtsch. Forschungen, 3, 519. 1926. — Fettgehalt und spezifisches Gewicht des Rahms. Milchwirtsch. Forschungen 3, 512. 1926. — Unveröffentlicht. 1928. — und H. BOYSEN: Die Verteilung der Bakterien in der Butter. Milchwirtsch. Forschungen, 7, 214. 1928. — BROWN C. W. and L. M. SMITH: Keeping qualities of butter, II and III. Michigan Agr. Experiment Station Research Bulletin, 2. 1909. — und W. MOHR: Fettverteilung in pasteurisiertem Rahm. Milchwirtsch. Forschungen, 1, 363. 1924. — — Der Luftgehalt der Butter. Milchwirtsch. Forschungen, 1, 213. 1924. — und P. F. SHARP: Physik der Milchwirtsch. Berlin: Paul Parey. 1926. — RICHMOND, H. D.: Dairy Chemistry. London: Griffin and Co. 1899. — RIEDEL: Salz, Wasser und Pergamentpapier und ihre Einwirkung auf die Qualität der Butter. Molkereiztg. Hildesheim, 55. 1926. ROEDER, H.: Der Säuregrad des Rahms in der Butterei. Molkereiztg. Hildesheim, 41, 2193. 1927. — ROGERS, L. A.: Prevention of molds in butter tubs. U. S. Department of Agriculture, Bureau of Animal Industry Bulletin, 89. 1906. — Fishy flavor in butter. Ibid., Circular, 146. 1909. — BERG W. N., POTTSTEIGER and DAVIS: Factors influencing the change in flavor in storage butter. Ibid., Bulletin, 162. 1913. — TOMPSON S. C. and F. J. KEIDLY: The manufacture of butter for storage. Ibid., Bulletin, 148. 1912. — ROSENGREN, L. F.: Untersuchungen nach der Ursache des sogenannten Hefegeschmacks der Butter. Milchwirtsch. Zentralbl., 41, 321. 1912. — Über das scharfe Ausbuttern und damit zusammenhängende Fragen. Milchwirtsch. Zentralbl., 42, 713 und 43, 1. 1913/14.

SAMMIS, F. L.: Cheesemaking. Madison, Wis.: Mendota Book Co. 1924. — SANDELIN: Die Hefen der Butter. Helsingfors. 1919. — SATTLER, W.: Untersuchungen über die Absterbegeschwindigkeit einiger für den Molkereibetrieb wichtiger Bakterien. Milchwirtsch. Forschungen, 7, 100. 1928. — SAYER, W., FARRAND B. and O. RAHN: Keeping qualities of butter, I. Michigan Agr. Experiment Station Research Bulletin, 1, 1908. — SEELEMANN: Über die Lebensdauer von Typhus- und Paratyphusbakterien in Milchprodukten. Milchw. Forschungen, 3, 414. 1926. — SHARP, P. F.: Physical constants of the milk influencing the centrifugal separation of cream at various temperatures. Journ. of Dairy Science. 1928. — SHUTT, D. B.: The relation between yeasts and molds and the keeping quality of butter. Journ. of Dairy Science, 7, 357. 1924. — Care of Creamery Equipment. Canadian Dairy and Ice Cream Journ., p. 24, August 1927. — SIEDEL, J.: In welcher Weise können schlecht verzinnte Satten Ursache fehlerhafter Butter sein? Landw. Wochenbl. f. Schleswig-Holstein, Nr. 42. 1891 und Milchztg. — Über einige den Butterungsvorgang betreffende Beobachtungen und eine hierauf begründeten Erklärung der Butterbildung. Molkereiztg. Hildesheim, 16, 505. 1902. — Einige den Butterungsvorgang betreffende Versuchsergebnisse. Molkereiztg. Hildesheim, 19, 599. 1905. — Der Butterungsvorgang. Molkereiztg. Hildesheim, 43, Nr. 28. 1929. — und HESSE: Über das Schäumen der Milch bei der Entrahmung mittels Zentrifugen. Molkereiztg. Hildesheim, 14, 638. 1900. — SIRKS, H. A.: De agglutinatie der vet bolletjes en hunne electrische lading. Verslagen van landbouwkundige onderzoekingen der Rijkslandbouw proefstations, 39, 137. 1924. — Over den invloed van den aggregatstoestand van het melkvet op de oproming volgens het Friesche systeem. Ibid., 32, 5. 1927. — De viscositeit der melk, in verband mit de oproming. Ibid., 32, 252. 1927. — SOMMER, H. H.: Fishy flavor in butter. Proceedings, Worlds Dairy Congress Washington, II, 974. 1923. — SOXHLET, F.: Untersuchungen über die Natur der Milchkügelchen und eine neue Theorie des Butterungsprozesses. Landwirtsch. Versuchsstationen, 19, 118. 1876. — STORCH, V.: Untersuchung über die Butterbildung beim Buttern sowie über die chemische und physikalische Beschaffenheit der Butter. Milchztg., 10, 589. 1881. — Untersuchungen über einige häufig vorkommende Konsistenzfehler der Butter. Milchztg., 26. 1897. — SUPPLEE, G. S.: The lecithin content of butter and its possible relationship to the fishy flavor. New York (Cornell) Experiment Station Memoir 29. 1919.

TITZE und WEDEMANN: Beitrag zur Frage, ob das dem tierischen Körper einverleibte Kupfer mit der Milch ausgeschieden wird. Arbeiten aus dem Kaiserl. Gesundheitsamt, 38, 125. 1911. — TROY, H. C. and P. F. SHARP: Physical factors influencing the formation and the fat content of gravity cream. Journ. of Dairy Science. 11, 189. 1928.

VÖLTZ, W.: Untersuchungen über die Serumhüllen der Milchkügelchen. PFLÜGERS Arch., 102, 373. 1904. — VENSKE: Hoards Dairyman. 1927.

WAKSMANN, S.: Principles of Soil Microbiology. Williams and Wilkins, Baltimore. 1927. — WEIGMANN, H.: Über auffälliges Verhalten von Milch, welche im Sommer 1902 auf der Weide gewonnen ist. Arbeiten d. Vers.-Stat. f. Molkereiwesen, 3. H., S. 60. 1903. — Erfahrungen und Versuche mit den vereinigten Butter- und Knetmaschinen. Schriften des Deutschen Milchw. Vereins Nr. 33. 1906. — Versuche zur Bereitung von Dauerbutter. Milchw. Zentralbl., 44, Nr. 23 und 24. 1915. — Pilzkunde der Milch, 2. Aufl. Berlin: P. Parey. 1924. WEIGMANN H. H. jun.: Über den Dispersionsgrad des Fettes in der Milch. Milchwirtsch. Forschungen, 4, 259. 1927. — WHITTAKER, H. A., ARCHIBALD, SHERE and CLEMENT: Effect of various factors on the creaming ability of market milk. U. S. Department of Agriculture, Bulletin Nr. 1344. 1925. — WOLL, BABCOCK and RUSSELL: Conditions affecting the consistency of milk. 20th Annual Report, Wisconsin Experiment Station, p. 183. 1903.

II. Die Käserei

1. Lab und Labpräparate

Von

W. Grimmer-Königsberg

Mit 6 Abbildungen

Vorkommen von Labfermenten

Aus uralter Erfahrung wissen wir, daß Milch, die mit Extrakten von Säugetiermägen oder mit gewissen Pflanzensäften versetzt wird, gerinnt. LIEBIG war der Meinung, daß es sich hierbei um eine Säuregerinnung handle; aber schon SELMI und nach ihm HEINTZ konnten die Unhaltbarkeit dieser auch von SOXHLET geteilten Auffassung nachweisen, indem sie zeigten, daß eine „Labgerinnung" der Milch auch bei alkalischer Reaktion derselben auftreten kann, und daß die dabei anfallende Molke noch immer alkalische Reaktion besitzt. Den endgültigen Beweis dafür, daß die Labgerinnung mit einer Säurefällung nicht das geringste zu tun hat, erbrachte HAMMARSTEN, indem er zeigte, daß auch in vollkommen zuckerfreien Kaseinatlösungen eine Gerinnung erzielt werden kann. Er sprach diese Wirkung einem besonderen Ferment, dem Labferment oder Chymosin, zu, welches das Kasein in zwei neue Substanzen zerlegt, deren eine bei Gegenwart von Kalksalzen unter Verhältnissen, wie sie in der rohen Milch vorhanden sind, unlöslich ist (Käse), deren andere jedoch in Lösung bleibt. ROESE und SCHULZE bezeichneten die unlösliche Komponente als Parakasein.

In der Folgezeit wurden in zahlreichen tierischen und pflanzlichen Geweben Fermente gefunden, die die Milch ebenfalls zu laben vermögen. So erwähnt

Peters folgende Pflanzen: Labkraut (Galium molluga), Artischocke (Cynara scolymus), verschiedene Distelarten (Carduus macrocephalus, Carduus summanus), aus denen er labhaltige Extrakte herstellen konnte. Vor ihm fanden Baginsky Labfermente im Melonenbaum (Carica papaya) und in der Feige (Ficus carica), Lea in dem Samen einer indischen Nachtschattenpflanze, Withania coagulans, Green im Rizinussamen, in Erbsen, Lupinen und Stechäpfeln (Datura stramonium). Javillier fand Labfermente in einer großen Zahl von Pflanzen, deren labende Wirkung der Bevölkerung gewisser Länder vielfach schon lange bekannt war, z. B. Pinguigula vulgaris und andere. Gerber hat dann eine große Zahl von tierischen und pflanzlichen Labfermenten genau untersucht und die Verschiedenheit der letzteren von den tierischen Labfermenten erwiesen. Ihre Optimaltemperatur liegt wesentlich höher, und zum großen Teile vermögen sie auch gekochte Milch zur Gerinnung zu bringen. Je nach dem Reaktionsoptimum unterscheidet er basiphile und azidophile Labarten. Extrem basiphil sind z. B. das Lab von Maclura und der 10füßigen Crustaceen, extrem azidophil das Lab des Kalbes und des Schweines. Zwischen diesen Labarten reihen sich die verschiedenen anderen Labarten je nach ihrem Verhalten gegen organische und Mineralsäuren ein.

Lab und Pepsin

Schon ziemlich früh erkannte man, daß mit der Labwirkung in der Regel auch eine Proteolyse verbunden ist und umgekehrt. So gelang es weder Nencki und Sieber noch Pekelharing, bei ihren Bemühungen, ein möglichst reines Pepsin herzustellen, eine Labwirkung vollständig auszuschalten. Nencki und Sieber folgern daraus, daß dem Pepsin die Fähigkeit zukomme, sowohl Eiweiß zu verdauen wie auch Milch zu laben. Sie nehmen hierbei an, daß das Riesenmolekül Pepsin eine große Zahl von Seitenketten besitze, deren eine oder einige dank ihrer Konstitution bei saurer Reaktion Eiweiß abbauen, bei neutraler Reaktion unwirksam sind und bei alkalischer Reaktion so beeinflußt werden, daß diese Fähigkeit dauernd verlorengeht, während nunmehr andere Seitenketten eine Labwirkung entfalten. Pekelharing schließt sich dieser Auffassung vollkommen an. Demgegenüber hatte schon Hammarsten das von ihm aus Kälbermagen hergestellte Labferment (Chymosin) als ein besonderes, vom Pepsin verschiedenes Ferment angesprochen. Pawlow und Parastschuk dagegen stellten sich auf den Standpunkt, daß Lab- und Pepsinwirkung überhaupt nicht voneinander zu trennen seien, indem sie den Nachweis zu führen versuchten, daß zwischen beiden Wirkungen strenge Proportionalität bestehe. In der Folgezeit bildeten sich geradezu zwei Parteien, die Anhänger Hammarstens, die sogenannten Dualisten, und die der Pawlowschen Schule, die Unitarier. Eine zusammenfassende Studie über diese Kämpfe siehe bei Grimmer. Die Gegensätze waren in erster Linie dadurch bedingt, daß Hammarsten mit Kalbsmageninfusionen arbeitete, Pawlow hingegen mit Hunde- und Schweinemagensäften. Heute wissen wir, daß Lab und Pepsin tatsächlich verschiedene Substanzen sind, daß anderseits aber die Labfähigkeit eine Eigenschaft der verschiedensten proteolytischen Fermente ist, wie ja die Labwirkung selbst auch eine Proteolyse vorstellt. Hammarsten gelang es in einwandfreier Weise, Pepsin und Chymosin voneinander zu trennen. Er versetzt stark saure Kalbsmageninfusionen mit Alkalikaseinatlösungen so lange, als das zunächst ausfallende Kasein sich wieder löst. Dann fügt er so lange n/10 NaOH zu, bis bei noch saurer Reaktion eine reichliche Kaseinfällung erfolgt. Mit dieser wird der weitaus größte Teil des Pepsins niedergerissen, während das Filtrat hiervon den größten Teil des Chymosins, aber fast gar kein Pepsin enthält. Eine andere Trennungsweise ist folgende: die Drüsenschicht des Kälberlabmagens wird mit Kochsalz fein zerrieben und in dünner Schicht an der Luft getrocknet. Diese Masse wird mit der 2½fachen Menge Wasser vollständig erschöpft und zentrifugiert. Der Bodensatz enthält das Chymosin, die Lösung das Pepsin. Späterhin fanden GRIMMER und HINKELMANN in Bestätigung und weiterer Ausführung von Beobachtungen von LÜERS und DIEM, daß Tonerdegel aus einer Lab und Pepsin enthaltenden Lösung zunächst in der Hauptsache Pepsin und erst bei weiterer Steigerung des Adsorptionsmittels das Labferment adsorbiert. In dem gleichen Sinne wirkt nach FRENCH Eiereiweiß.

Wir nehmen heute an, daß das Pepsin ebenso wie viele andere proteolytische Enzyme labende Eigenschaften besitzt (Parachymosin), daß es aber grundverschieden von dem eigentlichen Kälberlab (Chymosin) ist, dessen proteolytische Fähigkeiten sehr viel geringer sind und sich bei einer sehr viel geringeren Wasserstoffionenkonzentration auswirken, dessen Labungsfähigkeit aber im Verhältnis zur Proteolyse sehr viel größer ist als die gleichen Eigenschaften des Pepsins.

Chemismus der Labwirkung

Lange Zeit hat man das Chymosin als eine Kasease, d. h. ein spezifisch auf Kasein wirkendes Ferment angesprochen, das andere Eiweißkörper nicht abzubauen vermag. HAMMARSTEN konnte aber zeigen, daß auch Erbsenlegumin unter Bedingungen, bei denen Pepsin völlig unwirksam ist (neutrale Reaktion), vom Chymosin angegriffen wird. Er vermutet, daß möglicherweise noch andere besonders leicht angreifbare Eiweißkörper existieren, die dem Abbau durch Chymosin zugänglich sind.

Als Protease spaltet das Chymosin das Kasein in Parakasein und eine wasserlösliche Substanz, das sogenannte Molkeneiweiß. Diese zuerst von HAMMARSTEN festgestellte Tatsache ist späterhin von verschiedenen Autoren, in erster Linie von SPIRO, SCHMIDT-NIELSEN, PETRY und VAN HERWERDEN bestätigt worden. Nach den Untersuchungen SPIROS geht diese Spaltung schon bei Temperaturen unter 20° C vor sich, die Menge des löslichen Stickstoffs schwankte zwischen 5 und 15% des angewandten Kasein-Stickstoffs. Nach FULD und PETRI erfolgt sie sogar schon bei Eisschranktemperatur. Die Menge der entstehenden Molkenalbumose ist von der Zeitdauer der Einwirkung des Labes abhängig. So fand SCHMIDT-NIELSEN nach 15 Minuten langer Einwirkung 3%, nach 6 Stunden 4,5% des Kaseinstickstoffes als Albumosenstickstoff. FRIEDHEIM allerdings fand bei Frauenmilch nach 15 Minuten schon ebensoviel Molkenalbumose wie nach 24 Stunden. Bei verschiedenen Milcharten war die Menge derselben nach seinen weiteren Untersuchungen recht wechselnd. Die auf diese entfallende Stickstoffmenge betrug z. B. bei Kuhmilch zirka 10%, Büffelmilch 2%, Ziegenmilch 11%, Frauenmilch 11,5%, Eselmilch 4% des Gesamtstickstoffs. Zu berücksichtigen ist hierbei allerdings, daß der Gesamtstickstoff nicht bei allen Milcharten in dem gleichen Verhältnis zum Kaseinstickstoff steht.

Für die Eigenschaften der Molkenalbumose sind von den verschiedensten Autoren fast ebensoviele verschiedene Angaben gemacht worden. Schon diese Differenzen deuten darauf hin, daß es sich bei dieser um keinen einheitlichen Körper, sondern vielleicht um ein Gemisch verschiedener Substanzen handelt, das offenbar unter dem Einflusse des Labes sich noch weiter verändert. Darauf deuten auch die Beobachtungen von GRIMMER, KURTENACKER und BERG, welche fanden, daß das nach kurz dauernder Wirkung des Labfermentes erhaltene

Molkenprotein noch hitzekoagulabel war, nach länger dauernder Einwirkung jedoch nicht mehr, so daß ein weiterer Abbau der Albumose wahrscheinlich ist.

Andere Autoren leugnen das Auftreten einer Molkenalbumose. van Slyke und Bosworth nehmen an, daß das Kasein unter dem Einflusse des Labes in zwei Moleküle Parakasein vom halben Molekulargewicht gespalten wird; Couvreur und Inichoff lehnen eine Kaseinspaltung überhaupt ab. Beide Versuche sind aber nicht beweisend; die von Couvreur deshalb nicht, weil er die Milch mit Lab in sehr kurzer Zeit zur Gerinnung brachte und die Molke sofort erhitzte, wobei die eventuell gebildete Molkenalbumose mit ausflocken mußte (Grimmer, Kurtenacker und Berg); diejenigen von Inichoff deshalb nicht, weil dieser zu Unrecht annimmt, daß die bei einer Spaltung des Kaseinmoleküls neu auftretenden und nach der Maskierung der Aminogruppen durch Formalin meßbaren Karboxylgruppen in so großer Zahl vorhanden sein müßten, daß deutliche Unterschiede bei der Titration nach Sörensen zu beobachten seien. In Wirklichkeit genügt zu einer Spaltung, daß eine einzige Bindung gelöst wird. Der Nachweis dieses Vorganges ist aber bei dem Riesenmolekül des Kaseins mit den von Inichoff gewählten Mitteln als ausgeschlossen zu betrachten. Vorläufig werden wir an der Annahme festhalten, daß die Labwirkung tatsächlich eine, wenn auch nicht sehr weitgehende Spaltung des Kaseins darstellt, die mit der Einwirkungsdauer des Labfermentes fortschreitet, in der Weise, daß die Menge der abgespaltenen „Molkenalbumose" innerhalb gewisser Grenzen zunimmt, daß weiterhin die Molkenalbumose unter dem Einflusse des Labes abgebaut wird, so daß sie zunächst noch hitzekoagulabel ist, späterhin aber in einfache Bausteine peptonartigen Charakters zerfällt, die beim Erwärmen der Lösung nicht mehr ausgeflockt werden können. Man wird demnach die Molkenalbumose nicht als eine wohlcharakterisierte einheitliche Substanz ansprechen können, wird sie vielmehr als ein Gemisch der verschiedensten Abbaustufen eines Spaltproduktes des Kaseins ansehen müssen. Das gleiche gilt natürlich auch für das Parakasein, dessen Schwankungen in der Zusammensetzung aber, da sein Molekül sehr viel größer ist als das der Molkenalbumose, entsprechend geringere sind. Die elementare Zusammensetzung des Parakaseins ist von verschiedenen Autoren bestimmt worden. Eine Übersicht über die erhaltenen Resultate gibt die Tabelle 1:

Tabelle 1

		C	H	N	S	P
		%				
Hammarsten	Kasein	52,96	7,05	15,65	—	—
	Parakasein	**52,88**	**7,00**	**15,84**	—	—
Roese und Schulze	Parakasein	**53,94**	**7,14**	**15,14**	**1,01**	—
Geake	Kasein	53,20	7,09	15,61	1,015	0,731
	Parakasein	**53,05**	**7,03**	**15,62**	**1,009**	**0,809**
Freid	Kasein	52,7	7,08	16,2	0,84	0,87
	Parakasein	**53,7**	**8,03**	**15,3**	**0,81**	**0,86**
Bosworth	Kasein	53,50	7,13	15,80	0,72	0,71
	Parakasein durch Lab	**53,50**	**7,26**	**15,80**	**0,72**	**0,71**
	„ Trypsin	**53,47**	**7,19**	**15,78**	**0,72**	**0,71**

Wenn man von den unwahrscheinlichen Analysenergebnissen von Freid absieht, ergibt sich eine weitgehende Übereinstimmung in der Zusammensetzung von Kasein und Parakasein, die Bosworth und seine Mitarbeiter sehr wohl veranlassen konnte, die Spaltung des Kaseins in zwei Parakaseinmoleküle anzunehmen. Anderseits läßt der Unterschied im Phosphorgehalt bei den Werten von GEAKE ohne weiteres den Schluß zu, daß das Parakaseinmolekül um zirka 10% kleiner ist als das des Kaseins. Das Basenbindungsvermögen von Kasein und Parakasein ist mehrfach festgestellt worden, wobei sich nicht unerhebliche Unterschiede zeigten. Während BOSWORTH und VAN SLYKE fanden, daß Parakasein ein doppelt so großes Basenbindungsvermögen besaß als Kasein, fand PERTZOFF nur ein 1,5mal so großes, so daß das Äquivalentgewicht des Parakaseins nach den amerikanischen Autoren nur die Hälfte desjenigen des Kaseins, nach PERTZOFF jedoch 2/3 beträgt.

Wesentlich größere Unterschiede als in der chemischen Zusammensetzung zeigen die physikalischen Eigenschaften der beiden Substanzen. Die Fällungsgrenzen von Parakaseinalkalilösungen gegen Ammoniumsulfat sind nach LAQUEUR niedriger als die für Kaseinalkalilösungen ermittelten. Außerdem fand in Alkalikaseinatlösungen, die der Labwirkung ausgesetzt waren, eine Abnahme der Viskosität bis zu 15% statt. ZAYKOWSKI fand die optische Drehung niedriger als die von Kaseinlösungen, wie die Zusammenstellung in Tabelle 2 zeigt. Es handelt sich um 1%ige Eiweißlösungen, die in 25 cm³ die angegebenen Mengen n/10 NaOH enthielten.

Tabelle 2

cm³ n/10 NaOH	Kasein		Parakasein			
	1	2	1	2	3	4
4	110,47	110,02	99,94	99,1	99,02	99,22
6	115,23	115,33	102,41	102,28	102,3	102,34
8	117	116,98	104,16	103,92	104,15	104,02
10	116,98	117,01	107,78	107,87	107,88	107,91
12	116,72	116,85	107,25	107,87	107,9	107,88
14	116,92	116,92	107,54	107,1	107,99	107,9

Es ergibt sich hieraus weiterhin, daß das Maximum der Drehung für das Kasein bei einem niedrigeren Alkaligehalt erreicht ist als für das Parakasein. Alle diese Verhältnisse sprechen dafür, daß das Parakasein ein kleineres Molekül besitzt als das Kasein.

Die Labgerinnung

Kaseinlösungen in Alkali geben mit Lab keine Gerinnung. Erst wenn sie mit löslichen Kalksalzen in bestimmten Proportionen versetzt werden, tritt eine solche ein. Frische Wiederkäuermilch, die bei niederen Temperaturen der Labwirkung ausgesetzt wurde, gerinnt ebenfalls nicht, sondern erst, wenn das Milchlabgemisch auf bestimmte Temperaturen erwärmt wird. Wird die Milch vor dem Labzusatz mit Ammoniumoxalat versetzt, ist ebenfalls keine Gerinnung zu beobachten. Das gleiche ist der Fall, wenn die Milch zuvor hoch erhitzt wurde. Zusatz löslicher Kalksalze läßt auch hier wieder eine Gerinnung eintreten. Milch, welche einen Alkalizusatz erhielt, gerinnt je nach der Höhe desselben langsamer als nicht alkalisierte Milch oder überhaupt nicht; ansaure Milch gerinnt um so rascher, je höher die Azidität gestiegen ist. Die Labgerinnung ist somit von folgenden Faktoren abhängig:

1. von der Anwesenheit löslicher Kalksalze in der Milch,
2. von der vorausgegangenen Erhitzung der Milch,
3. von der Azidität der Milch,
4. von der Einwirkungstemperatur des Labes auf die Milch.

Die Spaltung des Kaseins in Parakasein und Molkenprotein ist von der Anwesenheit der Kalksalze unabhängig, wie die Versuche von HAMMARSTEN, SPIRO, LAQUEUR und vielen anderen gezeigt haben. Sie erfolgt auch in nicht gerinnendem Material. Die Gerinnung aber der Milch und von Kaseinlösungen ist von der Parakaseinbildung einerseits abhängig, weiterhin von der Anwesenheit zwei- oder dreiwertiger Kationen in der Lösung. In der Milch ist das Kalzium die die Gerinnung hervorrufende Ursache. Worin die Wirkung des Kalziums besteht, ist bis heute noch nicht restlos geklärt. EUGLING nahm an, daß der Käsestoff der Milch eine Komplexverbindung des Kaseins mit tertiärem Kalziumphosphat sei, die durch das Labferment partiell zerlegt wird, was die Abscheidung des Parakaseins zur Folge habe, das nunmehr an saures Kalziumphosphat gebunden sei, da im Labserum der Ca-Gehalt gegenüber dem Tonzellenserum relativ stärker angestiegen war als der P_2O_5-Gehalt. Das Labgerinnsel hatte einen geringeren Kalkphosphatgehalt als der in ungelabter Milch enthaltene Käsestoff, der durch Alkohol, durch Aussalzen oder durch Filtration durch Ton erhalten worden war. Gegen die EUGLINGsche Auffassung wendet sich SÖLDNER, der darauf hinweist, daß eine Lösung von Kasein in Kalkwasser weder ohne noch nach dem Zusatz von tertiärem Kalziumphosphat durch Lab zur Gerinnung zu bringen ist, sondern erst nach dem Zusatze eines löslichen Kalksalzes, wobei es gleichgültig ist, ob es sich um das Chlorid oder das lösliche Phosphat handelt. Nach ihm existiert in der frischen Milch überhaupt kein Kalziumkaseinphosphat, sondern nur Kalziumkaseinat und daneben Kalziumphosphat. Zu dem gleichen Schlusse kamen neuerdings VAN SLYKE und BOSWORTH. Nach HAMMARSTEN, der diese Versuche schon vorher mit dem gleichen Ergebnisse durchgeführt hatte, geht das an sich in Wasser lösliche Kalziumparakaseinat mit den vorhandenen gelösten Kalksalzen eine Komplexverbindung ein, die nunmehr ausflockt. Dieser Auffassung schließen sich auch ARTHUS und PAGÈS an. Es bestehen also Beziehungen zwischen dem Kolloid Parakasein und dem Elektrolyten Ca. Diese Beziehungen suchen RICHARDSON und PALMER zu klären. Sie bestimmten mit Hilfe der Kataphorese den isoelektrischen Punkt des Labes zu $p_H = 6{,}9$ bis 7,0. Ein Zusatz von Lab zu Kaseinlösungen mit einem p_H von 6,1 bis 6,9 verringerte die kataphoretische Wanderung der Kaseinmizellen. Die elektrische Ladung der negativ geladenen Kaseinmizellen wird somit herabgesetzt. Ein Zusatz von Lab aber zu schwach alkalischen Kaseinlösungen ($p_H = 7{,}0 - 7{,}25$) erhöht die kataphoretische Wanderung. Das gleiche ist der Fall, wenn die schwach sauren Lösungen erhitzt werden. Fügt man zu diesen erhitzt gewesenen Kaseinlösungen aber Lab hinzu, so tritt wieder eine Herabsetzung der kataphoretischen Wanderungsgeschwindigkeit ein.

In derselben Weise wie das Kalzium wirken nun noch verschiedene andere zweiwertige und selbst dreiwertige Kationen. Schon LUNDBERG und nach ihm ARTHUS und PAGÈS ersetzten es mit gutem Erfolge durch seine nächsten Verwandten, Barium und Strontium. Nach den Beobachtungen von LÖRCHER kann es weiterhin durch Zink, Magnesium, Kadmium und Aluminium ersetzt werden; nach den Untersuchungen von MARUI außerdem durch Kupfer. Der letztgenannte Autor macht hierbei darauf aufmerksam, daß alle diese Kationen unlösliche Phosphate zu bilden vermögen, die hierbei vielleicht eine Rolle spielen. In weiterer Ausführung dieses Gedankens zeigte er, daß unter besonderen Verhältnissen selbst Kalziumoxalat eine mit Lab behandelte Kaseinlösung auszuflocken vermag. Im übrigen fand er ebenso wie BOSTROM, daß sehr geringe Mengen dieser Salze die Labgerinnung begünstigen, größere dagegen vielfach hemmen.

Im Zusammenhange hiermit interessiert uns die Tatsache, daß erhitzt gewesene Milch um so langsamer und um so schlechter gerinnt als rohe, je höher und je länger sie erhitzt worden ist. Ein anschauliches Bild über diese Verhältnisse geben neben vielen anderen die Untersuchungen von WEINLIG, dessen Versuchsergebnisse in Tabelle 3 niedergelegt sind. Er ließ in allen Fällen 5 cm³ einer 1%igen Labpulverlösung bei 35° C auf 100 cm³ Milch wirken.

Tabelle 3

Säuregrad der Milch	roh	Höhe und Dauer der Erhitzung				
		60° 30′	65° 20′	70° 10′	75° 5′	80° 1′
		Gerinnungszeiten in Sekunden				
7,3	119,1	141,0	140,8	147,1	162,5	183,7
7,2	126,7	133,8	143,6	149,4	165,0	169,6
6,7	99,0	105,3	109,5	120,7	135,2	150,5
7,2	113,5	125,0	126,9	137,5	152,4	158,0

Die Verzögerung in der Labgerinnung ist bei einer Erhitzung der Milch bis auf 70° C verhältnismäßig gering; darüber hinaus macht sie sich schon bei ganz kurzen Erhitzungszeiten in sehr erheblichem Maße bemerkbar. Im übrigen zeigte sich, daß das Gerinnsel bei der für 30 Minuten auf 60° C erhitzten Milch ebenso wie bei roher Milch fest und porzellanartig war. Mit steigender Temperatur aber wurde es immer lockerer. Die für 1 Minute auf 80° C erhitzte Milch hatte nur noch ein ganz loses Gefüge. Beim Erhitzen auf Kochtemperatur und darüber hinaus tritt überhaupt keine Gerinnung mehr ein. Nach SÖLDNER ist der Grund hierfür in einer Umsetzung der thermolabilen Kalksalze zu suchen, die beim Erhitzen unlöslich werden. Einleiten von Kohlensäure oder Zusatz löslicher Kalksalze zu der erhitzt gewesenen Milch stellt ihre Labfähigkeit wieder her. Allerdings bleibt das Gerinnsel schwammig und locker. Daß die verminderte Labfähigkeit nicht durch Veränderungen des Kaseins bedingt ist, zeigte MARUI, der aus erhitzten Kaseinlösungen, die sich mit Lab nicht mehr zur Gerinnung bringen ließen, das Kasein ausfällte und erneut löste. Diese Lösungen labten ebenso wie die ursprünglichen nicht erhitzten.

Da erhitzt gewesene Milch in der Regel eine etwas geringere Titrationsazidität besitzt als rohe Milch, vermuteten verschiedene Autoren, daß durch die schwächer saure Reaktion die Labgerinnung gehemmt oder aufgehoben würde, ein Schluß, der um so näher lag, als durch Alkalizusatz zur Milch die Labwirkung gehemmt, durch Säurezusatz gefördert wird. Demgegenüber zeigt VAN DAM, daß die Wasserstoffionenkonzentration frisch erhitzter Milch sogar höher ist als die der rohen Milch und erst bei längerem Stehen sich dieser wieder nähert. Interessant in diesem Zusammenhange ist die von VAN DAM mitgeteilte Beobachtung von SOXHLET, wonach die Milch sofort nach der Erhitzung sich mit Lab noch dicklegen läßt, späterhin jedoch nicht mehr. Das gleiche fand nach einer mündlichen Mitteilung MATTICK in Reading. VAN DAM ist der Ansicht, daß die Menge des kolloiden Kalkes maßgebend für die Labgerinnung sei, nicht diejenige des gelösten Kalkes. Er fand, daß bei Oxalatmilch, deren Oxalsäuregehalt auf die bestimmte Menge des gelösten Kalkes berechnet worden war, noch immer 75% des gelösten Kalkes vorhanden waren, die Oxalsäure also offenbar mit dem kolloiden Kalk reagiert hatte. Diese Milch zeigte keine Labgerinnung mehr. Anderseits aber konnte Milch, der durch Dialyse eine viel größere Menge gelösten Kalkes entzogen worden war, zur Gerinnung gebracht werden. Auch in labträger Milch fand er keine Erniedrigung des gelösten, sondern des kolloidalen Kalkes. Diese Förderung der Labgerinnung durch Zusatz von $CaCl_2$ ist für ihn keine Folge der erhöhten Menge löslichen Kalkes, sondern lediglich eine Folge der dadurch bedingten Erhöhung der Wasserstoffionenkonzentration, mit deren Steigerung die Beschleunigung der Labgerinnung parallel läuft. Anderseits konnte Koestler in labträger Milch weder eine Erniedrigung des gelösten noch des kolloidalen Kalkes finden.

Daß die Säuerung der Milch einen fördernden Einfluß auf die Labgerinnung hat, ist schon lange bekannt. Innerhalb gewisser Grenzen läuft nach van Dam diese Beschleunigung parallel zur Wasserstoffionenkonzentration, eine Auffassung, die von Allemann und Allemann und Schmidt bestätigt wird. Grimmer und seine Mitarbeiter konnten diese Verhältnisse jedoch nicht bestätigen. Sie finden vielmehr direkte Beziehungen zwischen Gerinnungszeit und Titrationsazidität, dergestalt, daß die erstere eine logarithmische Funktion der letzteren ist, wie aus folgendem Beispiel von Grimmer und Krüger hervorgeht (Tabelle 4):

Tabelle 4

Säuregrad nach Soxhlet-Henkel	Gerinnungszeit in Sekunden	
	gefunden	berechnet
6,5	1035	1016
7,2	650	650
8,2	365	366
8,6	294	298
8,8	272	271
9,4	212	210
10,2	160	160
10,5	148	147
10,8	140	137

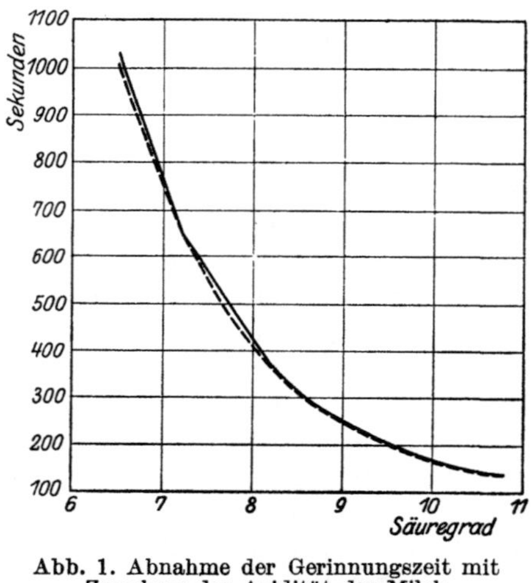

Abb. 1. Abnahme der Gerinnungszeit mit Zunahme der Azidität der Milch
—— gefundene Werte ------ berechnete Werte

In Abbildung 1 sind die Werte graphisch dargestellt, wobei die ausgezogene Linie die tatsächlich gefundenen Werte, die gestrichelte Kurve die berechneten Werte wiedergibt. Ein weiteres Beispiel von Grimmer und Rudzik in Tabelle 5 zeigt, um wieviel besser die Beschleunigung sich dem von Grimmer und Krüger aufgestellten Gesetze anpaßt, als der van Damschen Annahme.

In diesem Beispiele steigt die Wasserstoffionenkonzentration von 4,11 auf $29{,}5 \cdot 10^{-7}$, d. h. auf das 7,18fache, während die Beschleunigung der Labungsgeschwindigkeit nur auf das 4,29fache steigt.

Wir müssen berücksichtigen, daß bei der Säuerung der Milch nicht nur die Wasserstoffionenkonzentration ansteigt, sondern daß gleichzeitig auch die Menge des kolloiden und ungelösten Kalkes vermindert, die des gelösten Kalkes gesteigert wird, also Faktoren in Erscheinung treten, die außer der Wasserstoffionenkonzentration zweifellos auch die Labgerinnung beeinflussen. van Dam gibt zwar selbst schon an, daß die Proportionalität zwischen Wasserstoffionenkonzentration und Gerinnungsgeschwindigkeit dann aufhört, sobald aus Kaseinkalk Kalziumionen abgespalten werden. Das ist aber nach den Untersuchungen von Grimmer und Paape schon sehr frühzeitig der Fall. Bei der Verdünnung der Milch mit Wasser wird ihre Labfähigkeit in ganz erheblichem Maße herabgesetzt. Nach Kalantar gerinnt eine Mischung von 60 Teilen Milch und 40 Teilen

Wasser in der 3,5fachen Zeit, eine Mischung von gleichen Teilen Milch und Wasser in der 17fachen Zeit, in welcher unverdünnte Milch gerinnt. Da Zusatz von Salzsäure die Verhältnisse nur ganz unbedeutend bessert, wird man kaum die Abnahme der Wasserstoffionenkonzentration durch die Verdünnung dafür verantwortlich zu machen haben, sondern andere, bisher noch ungeklärte Verhältnisse.

Tabelle 5

Säuregrad nach SOXHLET-HENKEL	H-Ionenkonzentration 10^{-7}	Gefundene		Berechnete Beschleunigung	
		Gerinnungszeiten Sekunden	Geschwindigkeit	nach GRIMMER und KRÜGER	nach VAN DAM
8,46	4,11	416	100	100	100
9,5	6,27	283	147	147	128
10,53	8,43	213	195	193	157
11,63	11,2	174	239	242	193
12,68	13,4	142	293	289	222
13,64	20,2	119	350	333	311
15,78	29,5	97	429	429	429

Durch Zusatz von Alkali zur Milch geht die Labungsgeschwindigkeit rapide zurück, was einmal darin begründet ist, daß die Wasserstoffionenkonzentration in entsprechendem Maße abnimmt, dann aber auch darin, daß ein Alkaliaustausch gegen Kalk stattfindet. Hierdurch läßt sich auch die Erscheinung erklären, daß durch Zusatz von Alkalisalzen zur Milch, namentlich von solchen schwacher Säuren, die Labgerinnung gehemmt wird. Nach LÖRCHER machen sekundäres Kaliumphosphat und Lithiumchlorid eine Ausnahme, sie beschleunigen die Labwirkung. BOSWORTH und VAN SLYKE nehmen an, daß durch Zusatz von Natriumzitrat zu Milch das Kalziumkaseinat in Kalziumnatriumkaseinat umgewandelt wird, das durch Lab nicht mehr fällbar sei. Das Ferment selbst ist ebenfalls alkaliempfindlich und wird bei länger andauernder alkalischer Reaktion allmählich unwirksam. Wie aber HAMMARSTEN zeigen konnte, ist es viel weniger empfindlich als Pepsin, das hierbei in ganz kurzer Zeit vernichtet wird, so daß auf diese Weise eine Trennungsmöglichkeit beider Fermente gegeben ist.

Wenn man die gleiche Labmenge bei verschiedener Temperatur auf die gleiche Milchmenge wirken läßt, so gerinnt die Milch nach ganz verschiedenen Zeiten. Die ersten Untersuchungen nach dieser Richtung dürften von SEGELCKE und STORCH herrühren, nach denen bei 41,25° C die optimale Gerinnung erzielt wird. Weitere Untersuchungen wurden von FLEISCHMANN angestellt, der im Mittel dreier Untersuchungen folgende Werte fand (Tabelle 6):

Tabelle 6

Temperatur °C	Gerinnungszeit Minuten	Temperatur °C	Gerinnungszeit Minuten	Temperatur °C	Gerinnungszeit Minuten
15	—	35	6,95	43	6,24
20	32,17	36	6,74	44	6,44
25	14,00	37	6,55	45	6,74
30	8,47	38	6,39	46	7,16
31	8,15	39	6,26	47	7,72
32	7,79	40	6,15	48	8,44
33	7,47	41	6,06	49	10,00
34	7,19	42	6,12	50	12,00

KÖNIG fand ganz analoge Verhältnisse, wie aus folgender Tabelle 7 ersichtlich ist.

Tabelle 7

Temperatur °C	Gerinnungszeit Min.	Temperatur °C	Gerinnungszeit Min.
5	—	35	6
10	120	40	6
15	53	45	7
20	24	50	9
25	16	53	20
30	9	55	120

Auch späterhin ist ein bei zirka 40° C liegendes Optimum von verschiedenen Autoren festgestellt worden. Nach MADSEN und WALBUM folgt die Kurve der Formel von ARRHENIUS. GRIMMER und KRÜGER fanden, daß, soweit Temperaturen bis 40° C aufwärts in Frage kommen, die Gerinnungszeiten eine logarithmische Funktion der Temperatur vorstellen. Die Kurve verläuft nach der Gleichung:

$$\log (y_1 - a) - \log (y_2 - a) = c\ (x_2 - x_1)$$

in welcher x_1 und x_2 die Temperaturen, y_1 und y_2 die entsprechenden Gerinnungszeiten, vermehrt um a, bedeuten. Folgendes Beispiel (Tabelle 8) und die dazu gehörige Kurve in Abbildung 2 bestätigen das Gesagte.

Tabelle 8

Temperatur °C	20	22	24	26	28	30	32	34	36	38	40
Gerinnungszeiten gefunden Sekunden .	792	456	245	155	100	73	54	47	42	38	34,5
berechnet Sekunden .	792	455	268	163	105	73	55	45	40	37	34,5

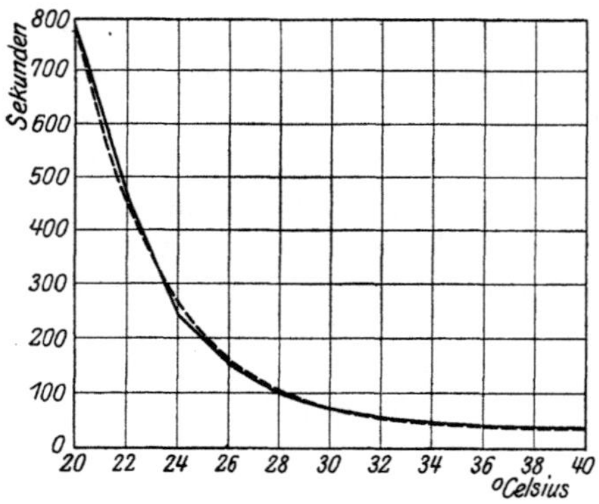

Abb. 2. Abnahme der Gerinnungszeiten mit steigender Temperatur der Milch
——— gefundene Gerinnungszeiten
-------- berechnete Gerinnungszeiten

Die Abnahme der Labwirkung oberhalb 40° C ist auf eine Vernichtung des Fermentes zurückzuführen, wie zahlreiche Versuche dargetan haben. Das Labferment ist außerordentlich thermolabil und jedenfalls, wie schon HAMMARSTEN zeigte, sehr viel empfindlicher als Pepsin unter den gleichen Verhältnissen. Für die Geschwindigkeit und den Umfang der Vernichtung spielen die Reaktion, die Konzentration und das Lösungsmittel eine erhebliche Rolle. KÖNIG ließ auf 1%ige Labextraktlösungen verschiedene Temperaturen 30 Minuten bzw. 1 Stunde einwirken und bestimmte dann die Labungszeit. Die erhaltenen Resultate sind in Tabelle 9 enthalten.

Tabelle 9

Einwirkungstemperatur	35°	33°	30°	25°	20°	15°	10°	5°
Dauer der Einwirkung	Gerinnungszeiten der Milch in Minuten							
30′	54	—	32	25	20	22	21	20
60′	118	93	30	23	20	19	19	19

Eine geringe Beeinträchtigung der Labwirkung findet somit schon bei einer 30 bis 60 Minuten langen Aufbewahrungsdauer der Lablösung bei 25° C statt, die aber noch nicht sehr ins Gewicht fällt. Bei 30° C wird sie schon deutlicher, aber die Dauer der Einwirkung scheint noch keine Rolle zu spielen. Erst bei noch höheren Temperaturen findet eine stärkere Abnahme der Fermentwirkung mit zunehmender Erwärmungsdauer zu.

Wurden dagegen die unverdünnten Labextrakte den verschiedenen Temperaturen für ½ Stunde ausgesetzt, so ergaben sich für die nachträglich verdünnten wesentlich geringere Schwächungen, ebenso wenn die Labextrakte statt mit Wasser mit abgekochter Milch verdünnt wurden, wie die Zusammenstellung in Tabelle 10 zeigt:

Tabelle 10

Einwirkungstemperatur	35°	33°	30°	25°	20°	15°	10°	5°
Unverdünnt erwärmt	21′	20′	18′	16′	12′	12′	12′	12′
In Milch erwärmt	21′	—	18′	15,5′	15′	14′	13′	13′

Wurden die Extrakte in Glyzerin gelöst und erwärmt, so konnte bis 40° C überhaupt keine Schädigung beobachtet werden, erst bei 45 bis 50° C war eine geringe Zunahme der Gerinnungszeit zu verzeichnen. Nach SIEGFELD findet eine geringgradige Schwächung der verdünnten Fermentlösung schon bei der Aufbewahrung bei Zimmertemperatur statt. Eine vollständige Vernichtung der Wirksamkeit erfolgte bei einstündigem Stehen bei 40° C, während konzentrierte Lösungen sowie Verdünnungen mit 10%igen und gesättigten Kochsalzlösungen um so stabiler waren, je höher der Kochsalzgehalt war. Vgl. auch BRÄULER. Eine große Rolle spielt hierbei auch die Reaktion. Schwach saure Lablösungen erweisen sich gegen die Erwärmung stabiler als neutrale oder gar alkalische, die ganz besonders thermolabil sind.

Vollkommen trockenes Lab läßt sich sogar über 100° erhitzen, ohne nennenswert geschädigt zu werden.

Die Zeit, innerhalb welcher die Milch durch das Lab zur Gerinnung gebracht wird, ist in hohem Maße auch von der Labmenge abhängig. SEGELCKE und STORCH fanden zunächst, daß die Gerinnungszeiten sich fast genau umgekehrt proportional den Fermentmengen, die der gleichen Milchmenge zugesetzt waren, verhielten. Das Produkt aus Fermentmenge und Gerinnungszeit soll danach eine Konstante darstellen, SOXHLET bestätigte diese Annahme und schuf auf dem so begründeten „Zeitgesetz" den Begriff der Labstärke, der in der Folgezeit die Grundlage zur Wertbestimmung der Labpräparate bildete. Nach einer großen Zahl späterer Untersuchungen besteht aber diese Konstanz überhaupt nicht. Es scheint vielmehr, als wenn von ganz minimalen Labmengen ausgehend, mit zunehmender Labmenge die Produktzahlen zunächst einem Minimum zustreben. Nach dessen Erreichung aber findet mit weiterer Steigerung der Labmengen auch wieder eine, und zwar sehr erhebliche Steigerung der Produktzahlen statt, die jetzt asymptotisch einem Maximum zustreben. Der erste Abschnitt, der außerordentlich lange Gerinnungszeiten voraussetzt, die bei Laboratoriumsversuchen nur ausnahmsweise erzielt werden, ist dementsprechend sehr viel seltener beobachtet worden als der zweite, der die Wiederzunahme der Produktzahlen deutlich erkennen läßt. Ein recht schönes Beispiel für eine ziemlich vollständige Kurve, in der beide Abschnitte deutlich zum Ausdrucke kommen, geben MADSEN und WALBUM, die folgende Werte erhielten (Taballe 11).

Tabelle 11

Labmenge l	Gerinnungszeit t	$l \cdot t$	Labmenge l	Gerinnungszeit t	$l \cdot t$
0,0017	240′	0,41	0,007	30′	0,21
0,00185	180′	0,33	0,013	20′	0,26
0,0028	100′	0,28	0,024	11′	0,26
0,004	70′	0,28	0,05	6′	0,30
0,005	50′	0,25	0,08	4′	0,32

Aus Untersuchungen von PETERS, LÖRCHER, ALLEMANN und SCHMIDT, KÖNIG, LENK und anderer ergibt sich zweifelsfrei ein Anstieg der Produktzahlen mit zunehmender Labmenge. GRIMMER und KRÜGER konnten zeigen, daß dieser Zweig der Kurve sich der Gleichung für monomolekulare Reaktion anpassen läßt, daß die Produktzahlen sich als logarithmische Funktion der Labmengen berechnen lassen, wie aus folgendem Beispiele (Tabelle 12) und den in Abb. 3 und 4 wiedergegebenen Kurven hervorgeht.

Tabelle 12

Labmenge mg	Gerinnungszeiten Sekunden		Produktzahlen	
	gefunden	berechnet	gefunden	berechnet
1	1023	1029	1023	1029
3	371	382	1113	1146
4	300	300	1200	1200
5	252	250	1260	1252
6	216	216	1278	1300
8	174	174	1408	1391
10	147	147	1470	1472
15	111	110	1665	1643
20	89	89	1780	1775
25	75	75	1875	1876
40	52	52	2080	2064
50	43	43	2150	2129

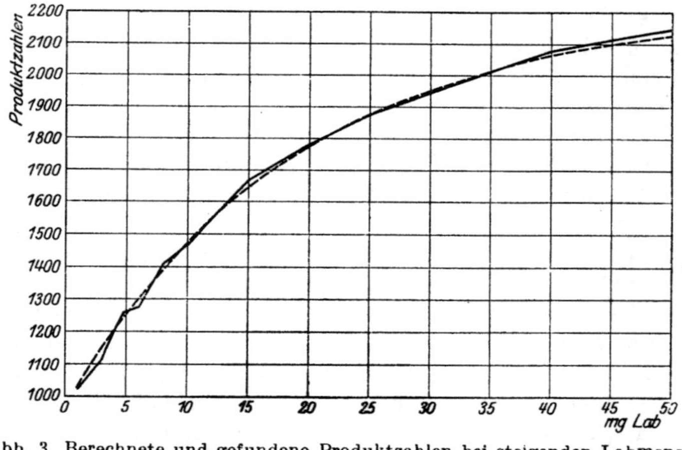

Abb. 3. Berechnete und gefundene Produktzahlen bei steigenden Labmengen
——— gefundene Werte - - - - - - - berechnete Werte

Wie bereits erwähnt, fand LAQUEUR, daß die Viskosität von Alkalikaseinatlösungen unter der Einwirkung von Lab abnimmt. Bei der Milch als einem kalkhaltigen Material liegen die Verhältnisse anders. Die Viskosität der Milch nimmt mit zunehmender Einwirkungsdauer immer mehr und mehr zu, bis zuletzt Gerinnung eintritt. Je nach der angewandten Temperatur und der Labmenge ändert sich die Viskosität in verschiedener Weise. GUTZEIT legte Milch bei 15°, 20° und 30° dick und wählte die Labmengen so, daß in allen 3 Fällen die Gerinnung zu annähernd gleichen Zeiten eintrat. In Abständen von 5 Minuten wurde die Viskositätsänderung bestimmt. Er erhielt hierbei folgende Resultate (Tabelle 13):

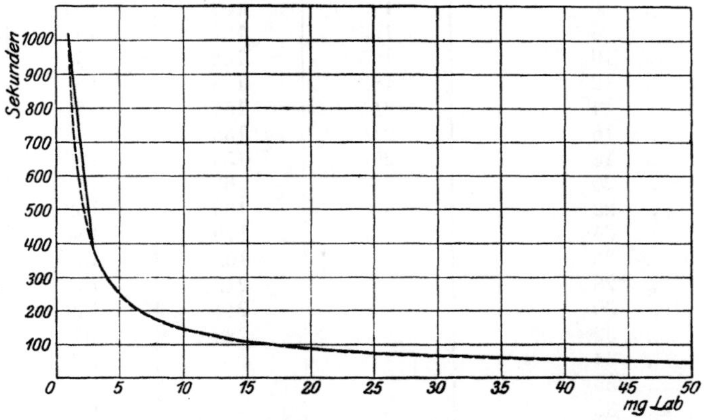

Abb. 4. Berechnete und gefundene Gerinnungszeiten bei steigenden Labmengen
——— gefundene Werte -------- berechnete Werte

Tabelle 13

Beobachtungszeit in Minuten	Einwirkungstemperatur		
	15°	20°	30°
5	1,492	1,517	1,390
15	—	1,648	1,392
20	1,666	—	—
25	—	1,822	1,411
30	1,787	1,913	—
35	—	—	1,512
40	1,970	2,269	—
45	2,000	2,597	1,879
50	2,244	3,024	2,573
55	2,465	geronnen	geronnen
60	2,737	—	—
65	3,101	—	—

Es ergibt sich hieraus, daß bei niederen Temperaturen und großen Labmengen die Viskosität anfangs rascher, später langsamer ansteigt als bei höheren Temperaturen mit geringeren Labmengen.

LÜERS und DIEM arbeiteten nur bei 35° C mit verschiedenen Labkonzentrationen und erhielten folgende Werte (15 cm³ Milch) (Tabelle 14):

Aus Tabelle 14 und Abbildung 5 geht hervor, daß die Viskosität zunächst ab-, späterhin wieder zunimmt. Es zeigt sich auch hier, daß bei größeren Labmengen der Anstieg von Anfang an ein bedeutender ist, während bei kleineren Labmengen die Viskosität um so länger bei dem Minimum verharrt, je geringer die zugesetzte Labmenge ist und erst allmählich wieder eine Zunahme erfährt. Dementsprechend verlaufen die Kurven um so flacher, je geringer die Labmenge ist. Die gleiche Erscheinung bei den Versuchen von GUTZEIT ist also in erster Linie durch die Labmenge bedingt, weniger durch die verschiedene Temperatur.

Tabelle 14

Versuchsdauer in Minuten	1 mg Lab	0,5 mg Lab	0,33 mg Lab	0,25 mg Lab
ohne Lab	159	159	159	159
sofort nach Labzusatz	156	155	155	155
nach 2	152	153	154	153
„ 4	150	152	154	155
„ 6	153	152	153	153
„ 8	155	151	153	154
„ 10	165	152	151	150
„ 12	182	153	151	152
„ 14	211	154	151	152
„ 16	243	155	150	152
„ 18	299	159	150	152
„ 20	—	163	151	153
„ 22	—	169	152	153
„ 24	—	179	154	152
„ 26	—	192	155	153
„ 28	—	212	157	152
„ 30	—	241	159	153
„ 32	—	288	163	153
„ 34	—	—	167	153
„ 36	—	—	173	153
„ 38	—	—	185	154
„ 40	—	—	197	156
„ 42	—	—	218	158
„ 44	—	—	245	159
„ 46	—	—	283	165
„ 48	—	—	326	171
„ 50	—	—	—	178
„ 52	—	—	—	188
„ 54	—	—	—	198
„ 56	—	—	—	216
„ 58	—	—	—	240
„ 60	—	—	—	268
„ 62	—	—	—	305

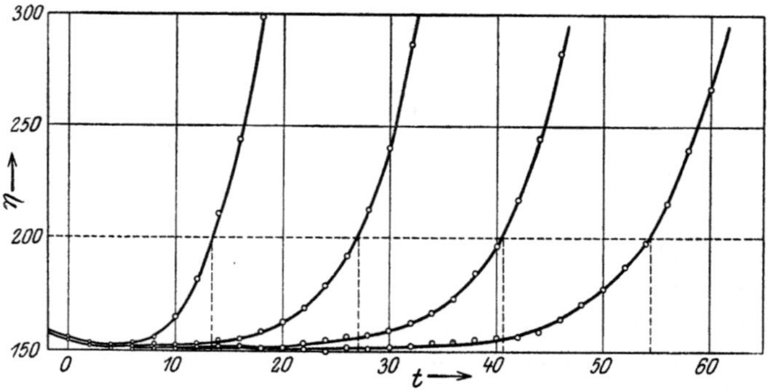

Abb. 5. Änderung der Viskosität der Milch während des Labungsvorganges (nach Lüers und Diem)

Kreidl und Neumann fanden in allen von ihnen untersuchten Milcharten mit Ausnahme der Frauenmilch ultravisible Teilchen, die sogenannten Lactokonien, und konnten beobachten, wie unter der Einwirkung des Labes diese Partikelchen zu allmählich immer größer werdenden Flocken agglutinierten bzw. bei Frauenmilch überhaupt erst entstanden. Diese Erscheinung erklärt die allmähliche Zunahme der Viskosität mit Lab versetzter Milch.

Die beiden Schmidt-Nielsen fanden, daß wäßrige Lablösungen beim Schütteln „inaktiviert" wurden. Glyzerin- oder Säurezusatz setzte diese Erscheinung herab;

beim Stehenlassen der inaktivierten Lösungen trat Reaktivierung ein. Schließlich wurde gefunden, daß es sich nicht um eine eigentliche Inaktivierung handelte, sondern um eine Anreicherung des Fermentes in dem sich beim Schütteln bildenden Schaum.

Die Darstellung von Labpräparaten

Als Ausgangsmaterial für die Herstellung der in der Käserei verwendbaren Labpräparate dient fast ausschließlich der Labmagen junger Saugkälber.

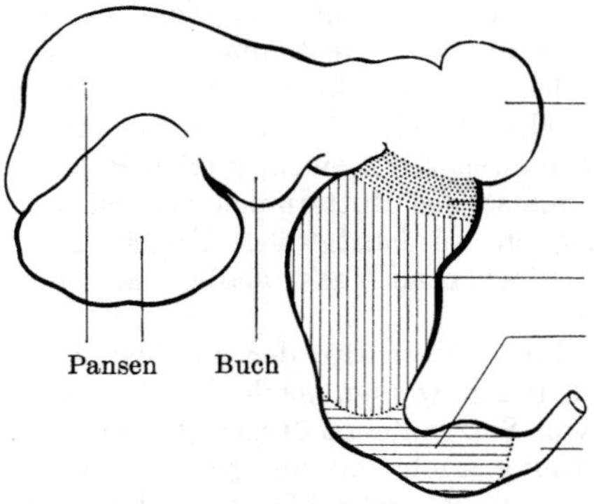

Abb. 6. Magen vom Kalb im Alter von 1 Jahr

Wie Abb. 6 zeigt, zerfällt er in 3 Abteilungen, die Kardiadrüsen-, die Fundusdrüsen- und die Pylorusdrüsenregion. Die Kardiadrüsenregion ist fermentfrei, die Pylorusdrüsenregion enthält nach den Untersuchungen von HEKMA und BROUVER etwa ½ bis ⅓ der Fermentmenge, die in der Fundusdrüsenregion enthalten ist. Es wäre also immerhin lohnend, aus jener auch Labferment zu gewinnen, wenn nicht der große Schleimgehalt die Darstellung des Fermentes außerordentlich erschweren würde. So beschränkt man sich auf die Fundusdrüsenregion. Die frischen Mägen zu verarbeiten, ist nicht zweckmäßig, da man in diesem Falle sehr schleimreiche Präparate erhält. Sie müssen erst getrocknet werden. Die Schleimsubstanz verliert dann ihr Quellungsvermögen zum größten Teile, so daß bei der nachfolgenden Extraktion nur noch wenig davon in Lösung geht. Am wertvollsten, weil am gehaltreichsten, sind die Mägen ganz junger Saugkälber, die noch keine Beifütterung erhalten haben. Je älter die Tiere werden, um so mehr tritt die Menge des Labfermentes zugunsten des Pepsins zurück, um so geringer wird die Labausbeute aus der gleichen Gewichtsmenge Magen.

Die Labmägen werden, nachdem sie entleert worden sind, aufgeblasen, zugebunden und an einem trockenen, mäßig warmen und luftigen Orte zum Trocknen aufgehängt. Nach etwa 3 Monaten sind sie dann weiterhin verarbeitungsfähig. Eine längere Aufbewahrung hat keinen Zweck, da mit zunehmendem Alter die Fermentmenge allmählich zurückgeht. Die Mägen werden nun aufgetrennt, die Hälse (Kardia und Pylorus) abgeschnitten und der mittlere Teil, nachdem oberflächliche Verunreinigungen entfernt sind, weiter verarbeitet. Diese weitere Verarbeitung erfolgt zum Teil noch jetzt in den Käsereien, die mit sogenanntem „Naturlab“ arbeiten, teils in Fabriken, welche die käuflichen Labextrakte und Labpulver, bei den Käsereien fälschlicherweise als „Kunstlab“ bezeichnet, herstellen.

Die Käser bereiten sich aus dem Fundusteile des getrockneten Labmagens Labkugeln oder Labrollen. Die Herstellung der ersteren gestaltet sich nach einer von TEICHERT wiedergegebenen Beschreibung von STEINEGGER folgendermaßen:

„Ein Dutzend gereinigte Labmägen werden in 1 cm breite Streifen geschnitten und unter Zugabe von 30 g Kochsalz und wenig Safran gemischt. Nun wird $^1/_{10}$ Liter Schotten oder Sauer hinzugefügt, nochmals gut durchgemischt, bis die Stückchen aneinander kleben bleiben, und dann die notwendige Menge abgewogen und zu Kugeln geballt (2 bis 2,5 g der so zubereiteten Mägen dicken 1 Liter Milch von 35° C in ungefähr 30 Minuten). Darauf werden diese Kugeln getrocknet, was gewöhnlich auf einem warmen Ofen geschieht. Die Größe der Kugeln richtet man nach dem Inhalt der Käsekessel, etwa 10 bis 15 bis 20 g (entsprechend 500 bis 750 bis 1000 Liter Kesselmilch). Schließlich fertigt man noch eine gewisse Zahl etwas kleinerer Kugeln (2 bis 5 g) zum Ausgleich an.“ Aussberg empfiehlt das Trocknen der Kugeln auf einem Siebe. In der Sonne darf die Trocknung nicht erfolgen.

Nach Fleischmann wurden die getrockneten Kälbermägen, nachdem sie von Fett usw. befreit waren, fein gehackt, mit 5% eines Gemenges von Pfeffer und Salz versetzt, dann in Weinessig eingeweicht, zu einem großen Ballen vereinigt und nach 12- bis 24stündigem Stehen mit so viel Buttermilch vermischt, daß die Masse Zusammenhalt gewinnt und bequem zu faustgroßen Kugeln geformt werden kann. Diese Kugeln werden 3 bis 4 Wochen an einem mäßig warmen Ort getrocknet und schließlich schwach geräuchert.

Bei der Herstellung von Labrollen wird der Fundusteil in breite Streifen geschnitten. Mehrere solcher Streifen werden nach der Anfeuchtung mit Schotten unter schichtweiser Zugabe von Salz aufeinandergelegt und zu einer Rolle fest zusammengewickelt. Die Trocknung erfolgt in der gleichen Weise wie bei den Labkugeln. Von den getrockneten Rollen schneidet man dann jeweils die benötigte Menge ab. Teichert empfiehlt, die Behandlung der Labmägen mit Reinkulturen von Bacterium casei ε (Thermobacterium helveticum) vorzunehmen. Dies hat ebenso wie die Verwendung saurer Molke, Essig usw. den Zweck, die in den Mägen in reichlicher Menge enthaltenen Blähungserreger und Fäulnisbakterien in ihrer Entwicklung zu hemmen und Säurebildner zu fördern.“

Die Labkugeln und -rollen dienen dem Käser zur Herstellung des Labansatzes. Die für einen Kessel Milch benötigte Menge Material wird fein zerrieben und mit saurer Schotte angesetzt. Ist nach 24 bis 48 Stunden die Extraktion beendet, so wird die Masse durch ein Seihtuch gegossen und das Filtrat der Kesselmilch zugesetzt.

Während die so hergestellten Labpräparate eine wechselnde, stets aber nur geringe Wirksamkeit besitzen, ist das sogenannte „Kunstlab“ wesentlich gehaltreicher. Ein derartiges, allerdings sehr schwach wirkendes Präparat wurde schon 1872 auf der Wiener landwirtschaftlichen Ausstellung gezeigt, das von einem Franzosen, Léon Krick, hergestellt wurde. Späterhin hat Soxhlet die Bedingungen zur Herstellung haltbarer Labextrakte genau studiert. Seine Ergebnisse bilden noch heute die Grundlage zur fabrikatorischen Herstellung von Labpräparaten. Eines der ersten Patente ist das D.R.P. 34043 vom 18. Dezember 1885, welches Dr. Moritz Blumenthal zur Herstellung von Pepsin, Chymosin, Pankreatin usw. erteilt wurde. Danach ist die Herstellungsweise von Labextrakten und von Labpulver folgende:

Labextrakt

2000 getrocknete Labmägen werden fein zerschnitzelt und in einem Gefäß von 1500 bis 2000 Liter Inhalt mit 1000 Liter Wasser, in dem 50 kg Kochsalz und 40 kg Borsäure gelöst wurden, versetzt. Als Antiseptikum kann an Stelle der Borsäure auch Glyzerin, Thymol, Alkohol (letzterer in einer Menge von zirka 10%) verwendet werden. Dieses Gemisch läßt man bei Zimmertemperatur etwa 4 bis 6 Tage unter ständigem Rühren stehen. Dann wird die Extraktionsflüssigkeit in ein anderes Gefäß abgezogen; die extrahierten Magenschnitzel werden zur Befreiung von den letzten Flüssigkeitsresten zentrifugiert. Durch Erhöhung des Salzgehaltes auf 10% und Zusatz geringer Mengen von Salzsäure wird die bisher trübe Flüssigkeit geklärt, indem hierbei Schleimsubstanz ausfällt, die feste Partikelchen mit niederreißt. Der Fermentverlust durch mit niedergerissenes Lab ist ganz unbedeutend. Durch Filterpressen wird die Flüssigkeit geklärt.

In der Regel erhält man hierbei klare Extrakte, die eine sogenannte Labstärke von 12000 bis 20000 besitzen. Die Wirksamkeit geht aber im Verlaufe von 2 bis 3 Monaten um zirka 30% zurück, um sich dann kaum noch zu verändern. Holwerda glaubt die Ursache hierfür in folgendem gefunden zu haben. Bekanntlich wird das Labferment in Form seines Zymogens, als inaktive Vorstufe, sezerniert. Erst durch Säuren wird es in die aktive Modifikation übergeführt. Eine andere Auffassung hat Hedin hierüber. Er nimmt an, daß das Lab in aktivem Zustande produziert wird, mit ihm gleichzeitig aber ein Hemmungskörper, der durch Säuren zerstört wird. Welche Meinung die richtige ist, ist für die praktischen Verhältnisse belanglos. Holwerda fand nun, daß die günstigste Aktivierungsazidität bei etwa $p_H = 4{,}8$ liegt; darüber und darunter erfolgt sie wesentlich langsamer. Diese Optimalazidität wirkt aber auf die Dauer schädigend auf das Ferment; es wird allmählich zerstört. Erst bei einem oberhalb 5 liegenden p_H nimmt die Schädigung ab und verschwindet dann vollständig. Die Aktivierungsgeschwindigkeit geht aus Tabelle 15 hervor:

Tabelle 15

p_H der Lablösung		Gerinnungszeiten der Milch nach der Herstellung			
		1 Tag	2 Tage	3 Tage	4 Tage
Aktivierungstemperatur 25° C	5,72	206″	206″	196″	192″
	5,37	182″	180″	162″	160″
	4,86	**146″**	**146″**	**145″**	**145″**
	4,47	149″	162″	161″	169″
	3,78	341″	398″	426″	431″
Aktivierungstemperatur 37° C	5,81	293″	240″	240″	234″
	5,16	**125″**	**126″**	**126″**	**125″**
	4,74	127″	134″	154″	173″
	4,44	141″	164″	176″	173″
	4,25	180″	229″	264″	290″

Über die Haltbarkeit der bei verschiedenen p_H aufbewahrten Lablösungen unterrichtet Tabelle 16. Es wurde hierbei das Proferment bei $p_H = 4{,}8$ aktiviert. Ein Teil der Lösung wurde bei dieser Azidität belassen, ein anderer wurde bis auf $p_H = 5{,}37$ und ein dritter bis auf $p_H = 6{,}06$ abgestumpft. Nach verschieden langer Zeit wurde dann die Gerinnungszeit der Milch mit den verschiedenen Präparaten bestimmt.

Tabelle 16

p_H der Lablösung	Gerinnungszeit nach Tagen		
	19	57	100
4,80	187″	206″	248″
5,37	171″	169″	168″
6,06	171″	170″	169″

Holwerda schlägt infolgedessen vor, die Aktivierung des Fermentes bei $p_H = 4{,}80$ vorzunehmen und dann die Lablösungen sofort auf p_H 5,3 bis p_H 6,3 abzustumpfen.

Labpulver

Bei vollständiger Sättigung der schleimfreien Lösungen mit Kochsalz unter Anwendung eines Überschusses davon fällt ein feiner Niederschlag, in dem das Ferment enthalten ist. Pepsin verbleibt in der salzsauren Lösung. Der kochsalzhaltige Niederschlag wird abfiltriert, auf Horden dünn ausgebreitet und vorsichtig bei Zimmertemperatur getrocknet. Dann wird die Masse fein gemahlen und durch Zusatz von Kochsalz in einer Mischmaschine auf die gewünschte Stärke eingestellt.

Man kann die Labmägen auch mit verdünnter Salzsäure extrahieren. Nach Angabe von SOXHLET und LÖRCHER erhält man dabei fermentreichere, nach Angabe von GRATZ dagegen fermentärmere Lösungen. LEITCH extrahiert bei nahezu neutraler Reaktion mit einem Gemisch von Kochsalz und Chlorkalzium. Ein besonderer Vorteil ist damit meines Erachtens nicht verbunden, da Chlorkalzium zwar Pepsin, nicht aber Chymosin zu aktivieren vermag.

Die Einstellung der Labextrakte erfolgt in der Regel auf eine Stärke von 10000, die der Labpulver auf eine solche von 100000.

Literatur

ALLEMANN, O.: Die Bedeutung der Wasserstoffionen für die Milchgerinnung. Biochem. Zeitschr., 45, S. 346. 1912. — ALLEMANN, O. und H. SCHMID: Über die Festigkeit des durch Lab erzeugten Milchkoagulums. Landwirtschaftl. Jahrb. d. Schweiz, S. 357. 1916. — ARTHUS, M. und PAGÈS: Recherches sur l'action du lab et la coagulation du lait. Arch. de physiol., 2, S. 330, 540. 1890.

BAGINSKY, ADOLF: Über das Vorkommen und Verhalten einiger Fermente. Zeitschr. f. physiol. Chem., 7. S. 209. 1882. — BOSTROM, E. F.: On the coagulation of milk by rennin. Proc. of the Soc. f. exper. biol., 21, S. 301. 1924. — BOSWORTH, ALFRED, W.: The action of rennin on casein. Journ. of biol. Chem., 15, S. 231. 1913; 19, S. 397. 1914. — BOSWORTH, ALFRED, W. und LUCIUS L. VAN SLYKE: Preparation and composition of basic calcium caseinate and paracaseinate. Journ. of biol. Chem., 14, S. 207. 1913. — — Why sodium citrate prevents curdling of milk by rennin. Amer. journ. of diseases of children, 7, S. 298. 1914. — BRÄULER, R.: Der Einfluß verschiedener Labmengen und verschiedener Temperaturen auf die Gerinnung der Milch und auf die mikroskopische Struktur der Kasein- und Fibringerinnsel. PFLÜGERS Arch., 133, S. 519. 1910.

COUVREUR, E.: L'action du lab est-elle un dédoublement? Cpt. rend. soc. biol. 69, S. 579. 1910; 70, S. 23. 1911.

DAM, W. VAN: Über die Änderung des Säuregrades durch Erhitzen. Milchwirtschaftl. Zentralbl., 5, S. 154. 1909. — Beitrag zur Kenntnis der Labgerinnung. Zeitschr. f. physiol. Chemie, 58, S. 295. 1909.

EUGLING, WILHELM: Studien über das Kasein in der Kuhmilch und über die Labfermentwirkung. Die landwirtschaftl. Versuchsstationen, 31, S. 391. 1885.

FLEISCHMANN: Das Molkereiwesen Braunschweigs, S. 745. 1876. — FREID, ITZKO: Über den Unterschied von Kasein und Parakasein. Diss. Breslau 1914. — FRENCH, B. E.: Specific absorption studies upon calf rennin. Proc. of the soc. of exper. biol. and med., 23, S. 765. 1926. — FRIEDHEIM, M.: Die Stickstoffverteilung in der Kuh-, Büffel-, Ziegen-, Frauen- und Eselsmilch bei Säure- und Labfällung. Bioch. Zeitschr., 19, S. 131. 1909. — FULD, E.: Zur Theorie und Technik des sogenannten MORGENROTH-Versuches. Bioch. Zeitschr., 4, S. 54. 1907.

GEAKE, A.: Caseinogen and casein. Bioch. journ., 8, S. 30. 1914. — GERBER, E.: La présure des crucifères. Cpt. rend., 145, S. 92. 1907. — La présure des rubiacées. Cpt. rend., 145, S. 284. 1907. — Les agents de la coagulation du lait dans le suc du murier de Chine (Brousonnetia papyrifera). Cpt. rend., 144, S. 830. 1907; weitere zahlreiche Arbeiten in Cpt. rend., 144, 1907 bis 150. 1910 und in Cpt. rend. Soc. biol., 63. 1908 bis 74. 1913. — GRATZ: Die Bereitungsweise von Labpulver. Milchwirtschaftl.

Zeitschr. Wien, 26, S. 7, 49. 1919. — GREEN: On the germination of the seed of Castor oil plant. Proc. of the R. Soc., 48, S. 391. 1890. — On vegetable ferments. Ann. of botanic, 7, S. 93. 1895. — GRIMMER: Über den derzeitigen Stand der Identitätsfrage von Pepsin und Chymosin. Milchwirtschaftl. Zentralbl., 7, S. 481. 1911. — GRIMMER, W. und ERHARD HINKELMANN: Beiträge zur Kenntnis der Labwirkung. Milchwirtschaftl. Forsch., 6, S. 274. 1928. — GRIMMER, W. und M. KRÜGER: Beiträge zur Kenntnis der Labwirkung. Milchwirtschaftl. Forsch., 2, S. 457. 1925. — GRIMMER, W. und WALDEMAR PAAPE: Beiträge zur Kenntnis der Säuerung der Milch. Milchwirtschaftl. Forsch., 9, S. 88. 1929. — GRIMMER, W. und W. RUDZIK: Beiträge zur Kenntnis der Labwirkung II. Milchwirtschaftl. Forsch., 3, S. 361. 1926. — GRIMMER, W., C. KURTENACKER und R. BERG: Zur Kenntnis der Serumeiweißkörper der Milch. Bioch. Zeitschr., 137, S. 465. 1923. — GUTZEIT, ERNST: Über Änderungen in der physikalischen Beschaffenheit der Milch unter Einwirkung von Labflüssigkeiten vor Eintritt der Gerinnung. Milchztg., 24, S. 745. 1895.

HAMMARSTEN, O.: Über die Milchgerinnung und die dabei wirkenden Fermente der Magenschleimhaut, zit. nach MALYS Jahresber., S. 118. 1872. — Über den chemischen Verlauf bei der Gerinnung des Kaseins mit Lab. Ebenda, S. 135. 1874. — Zur Kenntnis des Kaseins und der Wirkung des Labfermentes. Ebenda, S. 158. 1877. — Über die Darstellung von pepsinarmen oder pepsinfreien Chymosinlösungen. Zeitschr. f. physiol. Chemie, 74, S. 142. 1911. — Studien über Chymosin- und Pepsinwirkung II. Ein neues Verfahren zur Aufhebung der Parallelität zwischen Chymosin- und Pepsinwirkung. Zeitschr. f. physiol. Chemie, 94, S. 104. 1915. — Studien über Chymosin- und Pepsinwirkung V. Wirkung der Enzyme auf Erbsenlegumin. Zeitschr. f. physiol. Chemie, 102, S. 10. 1918. — HEDIN, S. G.: Über das Labzymogen des Kalbsmagens. Zeitschr. f. physiol. Chemie, 72, S. 187. 1911. — HEINTZ, W.: Über die Ursache der Koagulation des Milchkaseins durch Lab und über die sogenannte amphotere Reaktion. Journ. f. prakt. Chemie. N. F., 6, S. 374. 1873. — HEKMA, E. und E. BROUWER: Lokalisation des Labenzyms in getrockneten Labmägen. Verslagen landbouwkundige onderzoekingen, 28, S. 78. 1923. — HERWERDEN, M. VAN: Beitrag zur Kenntnis der Labwirkung auf Kasein. Zeitschr. f. physiol. Chemie, 52, S. 184. 1907. — HOLWERDA, B. J.: Über die Aktivierung des Labzymogens. Bioch. Zeitschr., 134, S. 381. 1923. — Recherches sur la fabrication de la présure. Le Lait, 3, S. 765. 1923.

INICHOFF, G. S.: Über die chemische Wirkung des Labfermentes. Bioch. Zeitschr., 131, S. 97. 1922.

JAVILLIER, M.: Contribution à l'étude de la présure chez les végétaux. Thèse de Paris. 1903.

KALANTAR, AW. A.: Das Gerinnen der in verschiedenem Maße verdünnten Milch unter Einwirkung des Labfermentes. Ann. d. Labor. f. Milchw. a. d. Landw. Timirjasew-Akademie, 2, S. 3. 1925 (russisch mit deutscher Zusammenfassung). — KÖNIG, ADOLF: Untersuchungen über den Einfluß von Temperaturen auf Fermente, insbesondere von Lab und Pepsin. Bioch. Zeitschr., 110, S. 266. 1920. — KOESTLER, G.: Der Kalkgehalt der Milch und dessen Bedeutung für die Käsebereitung. Schweiz. Milchztg. Nr. 35 ff. 1923. — KREIDL, A. und A. NEUMANN: Ultramikroskopische Beobachtungen über das Verhalten der Kaseinsuspensionen in der frischen Milch und bei der Gerinnung. PFLÜGERS Arch., 123, S. 523. 1908.

LAQUEUR, E.: Über das Kasein als Säure und seine Unterschiede gegen das durch Lab veränderte (Parakasein). Theorie der Labgerinnung. Diss. Breslau. 1905. — LEA: On a rennet ferment contained in the seeds of Withania coagulans. Proc. of the R. soc., 36, S. 55. 1885. — LEITCH, RENWICK, H.: Experimente über die Fabrikation von Lab auf einer ausgedehnten Grundlage. Milchwirtschaftl. Forsch., 2, S. 42. 1924. — LENK, EMIL: Revision des Labgesetzes. Bioch. Zeitschr., 178, S. 105. 1926. — LIEBIG, JUSTUS v.: Chemische Briefe, 6. Aufl., 18. Brief, S. 142. 144. 1878. — LÖRCHER: Über Labwirkung. PFLÜGERS Arch., 69, S. 183. 1898. — LÜERS, HEINRICH und ALBERT DIEM: Über die Adsorptionsreinigung des Labenzyms und eine neue Methode zur Ermittlung der Labkonzentration. Milchwirtschaftl. Forsch., 2, S. 405. 1925. — LUNDBERG: Kleine Beiträge zur Kenntnis des Kaseins. MALYS Jahresbericht, S. 11. 1876.

Madsen, Th. und L. E. Walbum: Recherches sur l'affaiblissement de la présure. Festschr. f. Olof Hammarsten, S. 24. 1896. — Marui, S.: Untersuchungen über das Labferment. I. Die Wirkung der Erhitzung auf die Gerinnbarkeit des Kaseins. Bioch. Zeitschr., 173, S. 363. 1926; II. Die Ersetzbarkeit des Kalziums durch andere Ionen. Ebenda, S. 371; III. Ersetzbarkeit der Phosphate durch andere Substanzen. Ebenda, S. 381.

Nencki, M. und H. Sieber: Beitrag zur Kenntnis des Magensaftes und der chemischen Zusammensetzung der Enzyme. Zeitschr. f. physiol. Chemie, 32, S. 291. 1901.

Pawlow, J. P. und S. W. Parastschuk: Über die ein und demselben Eiweißfermente zukommende proteolytische und milchkoagulierende Wirkung verschiedener Verdauungssäfte. Zeitschr. f. physiol. Chemie, 42, S. 415. 1904. — Pekelharing, C. A.: Mitteilungen über Pepsin. Zeitschr. f. physiol. Chemie, 35, S. 8. 1902. — Pertzoff, Wladimir: The effect of rennin on casein. I. The solubility of paracasein in sodium hydroxide. Journ. of general physiol., 10. S. 987. 1927. — Peters: Untersuchungen über das Lab und labähnliche Fermente. Preisschr. Rostock. 1894. — Petry, E.: Über die Einwirkung des Labfermentes auf Kasein. Hofmeisters Beiträge zur chem. Physiol. u. Pathol., 8, S. 339. 1906.

Richardson, G. A. und L. S. Palmer: Rennin action in relation to electrokinetic phenomena. Journ. of physical chem, 33, S. 557. 1929. — Röse, B. und E. Schulze: Über einige Bestandteile des Emmentaler Käses. Die landwirtschaftl. Versuchsstationen, 31, S. 115. 1885.

Schmidt-Nielsen, S.: Über die Aussalzbarkeit des Kaseins und Parakaseins durch Kochsalz. Hofmeisters Beiträge zur chem. Physiol. u. Pathol., 9, S. 311. 1907; Die Beziehung des Molkeneiweißes zur Labgerinnung (Parakaseinbildung). Hofmeisters Beiträge zur chem. Physiol. u. Pathol., 9, S. 322. 1907. — Schmidt-Nielsen, Signe und Sigval Schmidt-Nielsen: Zur Kenntnis der Schüttelinaktivierung des Labes. I. Zeitschr. f. physiol. Chemie, 60, S. 426. 1909. — II. Ebenda, 68, S. 317. 1910. — Über den Einfluß der Säuren auf die Schüttelinaktivierung des Labes. Zeitschr. f. physikal. Chemie, 69, S. 547. 1909. — Segellke und Storch, zit. nach Milchztg., 3, S. 997. 1874. — Selmi: Journ. de pharm. et de chim., 9, S. 265. 1846, zit. nach Heintz. — Siegfeld, M.: Die Einwirkung mäßiger Wärme auf das Labferment. Milchwirtschaftl. Zentralbl., 3, S. 426. 1907. — Slyke, Lucius van und Alfred W. Bosworth: Method of preparing ashfree casein and paracasein. Journ. of biol. Chem., 14, S. 203. 1913. — Preparation and composition of unsaturated or acid caseinates and paracaseinates. Journ. of biol. Chem., 14, S. 211. 1913. — Valency of molecules and molecular weights of casein and paracasein. Journ. of biol. Chem., 14, S. 227. 1913. — Condition of casein and salts in milk. Journ. of biol. chem., 20, S. 135. 1915. — Söldner, Friedrich: Die Salze der Milch und ihre Beziehungen zu dem Verhalten des Kaseins. Die landwirtschaftl. Versuchsstationen, 35, S. 351. 1888. — Soxhlet, Franz: Beiträge zur physiologischen Chemie der Milch. Journ. f. prakt. Chemie N. F., 6, S. 1. 1873. — Die Darstellung haltbarer Labflüssigkeiten. Milchztg., 6, S. 513. 1877. — Spiro, K.: Beeinflussung und Natur des Labungsvorganges. Hofmeisters Beiträge zur chem. Physiol. u. Pathol., 8, S. 365. 1906.

Teichert, Kurt: Über die Bereitung von Labkugeln. Milchwirtschaftl. Zentralbl., 7, S. 74. 1911.

Weinlig, August F.: Physikalische und chemische Veränderungen der Milch beim Pasteurisieren. Forsch. a. d. Gebiete der Milchwirtschaft u. d. Molkereiwesens, 2, S. 127. 1922.

Zaykowsky, J.: Die Einwirkung des Chymosins auf die Eiweißstoffe der Milch II. Fermentforschung, 8 (N. F. 1), S. 537. 1926.

2. Allgemeine Technik mit Begründung der einzelnen Handhabungen

Von

H. Weigmann-Kitzeberg-Kiel

Mit 13 Abbildungen

„Käse“ ist das aus Milch, Rahm, teilweise oder völlig entrahmter Milch (Magermilch), Buttermilch oder Molke oder aus Gemischen dieser Flüssigkeiten durch Lab oder durch Säuerung (bei Molke durch Säuerung und Kochen) abgeschiedene Gemenge aus Eiweißstoffen, Milchfett und sonstigen Milchbestandteilen, das meist gepreßt, geformt und gesalzen, auch mit Gewürzen versetzt ist und entweder frisch oder auf verschiedenen Stufen der Reifung zum Genusse bestimmt ist.

Diese in den „Entwürfen zu Festsetzungen über Lebensmittel“ nach eingehenden Beratungen mit Sachverständigen der Milchwirtschaft und der Nahrungsmittelkontrolle — herausgegeben vom Reichsgesundheitsamt — niedergelegte Definition des Begriffes Käse zeigt, daß Käse kein einheitliches Produkt ist und daß es auf recht verschiedene Weise zustande kommt. Das einzig Einheitliche ist, daß es auf eine Trennung des hauptsächlichen Eiweißstoffes bzw. der Eiweißstoffe der Milch vom Wasser und den „löslichen“ Teilen derselben ankommt. Wie erwähnt, kann diese Trennung auf zweierlei Weise, durch Lab und Säuerung, eventuell unter Zuhilfenahme von Hitze, erfolgen und diese beiden Ausscheidungsmittel geben den mit ihnen hergestellten Erzeugnissen zugleich auch einen bestimmten Charakter, so daß man zwei Hauptgruppen von Käsen unterscheidet: Labkäse und Quarg- oder Sauermilchkäse. Es gibt auch Übergänge, indem bei der Verwertung mancher Käsesorten sowohl Säure- wie Labgerinnung in Anwendung gebracht wird. Die Labkäse sind in frischem Zustande kaum genießbar, man läßt sie also reifen, die Sauermilchkäse werden vielfach, namentlich wenn sie aus Rahm oder auch aus Magermilch mit Zusätzen bereitet sind, frisch verzehrt, der größere Teil von ihnen, insbesondere die aus Magermilch bereiteten, unterliegen ebenfalls einer Reifung. Auch diese ist verschieden geartet, je nachdem der ihr unterliegende Stoff mehr oder minder stark sauren Charakter hat. Wenn auch in jedem Käse die Reifung sich auf saurem Nährboden vollzieht, so ist sie doch nur dann eine gleichmäßige, die ganze Masse mehr oder minder gleich stark beherrschende, wenn der Säuregrad derselben ein nicht zu hoher ist, andernfalls müssen Säure verzehrende oder Ammoniak bildende, also neutralisierende Organismen zu Hilfe kommen, als welche nur aerobe Lebewesen, Hefen, Rahmhefen, Oidien, Schimmelpilze und gewisse Bakterien in Betracht kommen, so daß sich der Reifungsvorgang von außen nach innen fortschreitend vollzieht. Bei Labkäsen macht man noch einen Unterschied je nach der Festigkeit des Teiges, indem man sie in Hart- und Weichkäse trennt, erstere wieder als Reibkäse bezeichnet, wenn sie so trocken und hart sind, daß sie sich nicht gut schneiden lassen und gerieben werden müssen. Die in früherer Zeit mehr zum Hausgebrauche hergestellten Kochkäse, wozu man angereiften Quarg benutzte, tauchen neuerlich in anderer Form, als Schmelzkäse, wieder auf und werden in besonderen Apparaten auch aus Labkäsen, z. B. Emmentaler, Cheddar und anderen, bereitet.

Die Hartkäse zeichnen sich durch einen festen Teig mit geringem Wassergehalt (etwa 30%) aus und sind demgemäß auch haltbar, auch erfordert ihre Reifung, die gleichmäßig durch die ganze Masse erfolgt, eine längere Zeit, und zwar um so länger, je fester und wasserärmer der Teig ist. Sie werden ziemlich rasch eingelabt, der Bruch wird stark zerkleinert und bei den meisten durch Nachwärmen trocken gemacht, schließlich durch Pressung noch von der anhängenden Molke befreit. Sie haben meist eine zylindrische Form und besitzen ein Gewicht von einigen bis mehreren Kilogramm.

Die Hartkäse mit weniger festem Teig werden als Schnittkäse bezeichnet, wenn sie mit dem Messer in Scheiben geschnitten werden können, und als halbschnittige Käse oder weiche Schnittkäse, wenn sie zwischen letzteren und Weichkäsen stehen. Der Wassergehalt — der übrigens bei allen Käsen, bei den weniger harten Käsen aber noch mehr als bei den eigentlichen Hartkäsen vom Fettgehalt abhängt, indem die fetteren Käse weniger Wasser enthalten als die weniger fetten — beträgt bei den Schnittkäsen rund 35 bis 45%, bei der halbschnittigen Käse etwa 40 bis 50%.

Die Weichkäse besitzen einen noch wasserhaltigeren Teig (50 bis 60%), ihre Besonderheit, die sie mit der nachfolgenden Gruppe teilen, besteht darin, daß sie von außen reifen, teils mit Hilfe bestimmter Bakterien allein, teils unter weiterer Mithilfe von Pilzen. Jede der beiden Reifungsarten verleiht ihnen einen ausgesprochenen, sie kennzeichnenden Geruch und Geschmack.

Die Quarg- oder Sauermilchkäse werden entweder gereift oder frisch genossen. Die Reifung erfolgt ebenfalls von außen her und entspricht dann meist derjenigen der Weichkäse mit Bakterienreifung.

Man kann also, wenn auch nicht immer zutreffend, die verschiedenen Käsesorten — deren Zahl ungemein groß ist und von denen nur die bekanntesten aufgeführt werden sollen — ihrem Charakter und ihrer Festigkeit nach in folgendes Schema bringen:

A. **Labkäse.** Die Gerinnung wird ausschließlich oder doch vorwiegend durch Lab bewirkt.

I. Hartkäse. Sie werden mehr oder minder stark gepreßt.

1. Reibkäse. Sie können ihrer Trockenheit wegen nur gerieben genossen werden (Grana, Greyerzer, Spalen-, Saanen-Käse).

2. Schnittkäse. Sie werden (wie auch die Reibkäse) nachgewärmt, lassen sich aber in Scheiben schneiden.

a) Emmentaler Art. Hohe Nachwärmung (Emmentaler oder Schweizer Käse, Herregoads-Käse, Bellelay);

b) Holländer Art (Gouda, Edamer);

c) Cheddar-Art. Kräftige Nachsäuerung des Bruches. Pressung (englischer und amerikanischer Cheddar, Chester, Cantal, Cacio cavallo);

d) Tilsiter Art. Nachgewärmt, nicht gepreßt, daher weicher Schnittkäse, geschmiert, aber nicht von außen reifend (Tilsiter, Appenzeller Käse).

II. Weichkäse. Keine Pressung. Reifung von außen.

3. Käse, deren Reifung hauptsächlich durch Bakterien (ohne sichtbaren Schimmel) erfolgt. Geschmierte Käse.

a) Käse nach Limburger Art (Limburger, Romadur, Backstein-Käse, Stangenkäse, brick cheese, Steinbuscher, Brioler, Schloßkäse, Schwarzenberger, Weißlacker);

b) Käse nach Münster Art (Münster-Käse, Gérome, Bel Paese, Beaumont, Mainauer, Mondseer und verschiedene Schachtelkäse);

c) Käse, die nicht geschmiert, aber mit Salzwasser gewaschen werden (Livarot, Mont d'Or).

4. Käse, deren Reifung hauptsächlich durch Schimmel- und andere Hyphenpilze erfolgt. Mit reichlicher oder mit wenig Rotschmiere.

a) Weißschimmelkäse (Camembert, Brie, Coulommier, Neufchâtel, Bondon, Carré, Gournay);

b) Blauschimmelkäse (Roquefort, Stilton, Gorgonzola, ·Sex, Septmoncel, Sassenage, Mont Cenis).

5. Käse, welche frisch genossen werden. Die Gerinnung kommt zugleich durch Lab und durch Säuerung zustande (frische Rahmkäse, Neufchâtel (frais), Petit Suisses, Gervais, Malakoff, Carré, englische Rahmkäse).

B. **Quarg-** oder **Sauermilchkäse.** Die Gerinnung wird durch Säuerung, teilweise unter Zuhilfenahme von Lab herbeigeführt.

6. Frische Käse, ohne Reifung genossen (frischer Quarg aus Magermilch, in verschiedenen Formen und unter verschiedenen Namen: Matte Schichtkäse, Sahneschichtkäse, Joghurtkäse).

. 7. Gereifte Sauermilchkäse (Harzer, Mainzer Käschen, Olmützer Quargeln, Soldiner, Nieheimer Käschen, Berliner Goldleisten und Leichenfinger, Münchener Bierkäse usw.).

8. Gereifte Käse aus gesäuerter und gekochter Milch (Schabziger, Grüner Kräuterkäse, Gammelost).

C. **Kochkäse und Schmelzkäse** (Topfkäse, Kieler Fettkäse, Emmentaler, Gouda, Cheddar usw. ohne Rinde).

D. **Käse aus Molke.** Mysost.

Eine weitere Unterscheidung wird bedingt durch die Herkunft oder Art der Milch, denn es gibt außer Käsen aus Kuhmilch — in manchen Ländern in der Überzahl — auch solche aus Schafmilch, Ziegenmilch wie auch aus Mischungen von Milch dieser und jener Tierart. Weiter kommt eine Verschiedenheit in bezug auf den Fettgehalt der verwendeten Milch in Betracht, je nachdem Vollmilch mit Rahmzusatz oder Vollmilch oder weniger oder mehr entrahmte Milch bzw. Mischungen von Vollmilch mit verschiedenen Mengen Magermilch oder diese allein zur Bereitung des Käses dient.

Die Mannigfaltigkeit der Käsesorten und die Schwierigkeit einer strengen Klassifizierung zeigen sich ferner noch darin, daß man bei manchen Käsesorten im Zweifel sein kann, ob man sie zu den Hartkäsen oder zu den Weichkäsen rechnen soll, und ebenso unscharf ist die Trennung zwischen Lab- und Sauermilchkäsen, denn z. B. die frisch genossenen Käse, die feinen Rahmkäse, verdanken ihre Entstehung sowohl einer Lab- wie einer Säuregerinnung.

Die gegebene Zusammenstellung läßt auch erkennen, daß die Käserei in allen Ländern, welche Milchwirtschaft betreiben, zu Hause ist, in manchen Ländern mehr, in anderen weniger; manche Länder, wie Italien, Frankreich, Schweiz und Holland, in denen die Milchwirtschaft wesentlich älter ist, zeichnen sich durch einen Reichtum verschiedener Sorten aus, während andere Gegenden, in denen die Milchwirtschaft überhaupt und insbesondere die Käserei erst später sich einer besseren Pflege erfreuen durfte, weniger eigene Sorten herausgebildet, vielmehr solche von anderen benachbarten Gegenden übernommen haben. Manche Sorten haben durch besondere Eigenschaften eine größere Beliebtheit erfahren und haben, von kapitalkräftigem Handel unterstützt, Weltruf erlangt, sie sind deshalb auch in anderen Ländern hergestellt worden. Die Namen solcher wie der meisten Sorten weisen auf eine bestimmte Stadt oder Gegend hin, in denen sie ihre eigentliche Heimat haben[1]). Man darf annehmen, daß es auch da einzelne Personen gewesen sind, welche die Bereitung eines Käses mit gewissen Eigenschaften und mit bestimmtem Geschmack erdacht haben, wie man ein Rezept für eine Speise oder ein Gebäck ausfindig macht, daß diese Bereitungsweise unter den Bewohnern des Ortes bekannt geworden, dann von ihnen oder von Familien als Geheimnis bewahrt, schließlich aber doch mehr und mehr Allgemeingut geworden

[1]) Betr. „Emmentaler“, siehe Anm. 1, S. 193.

ist, zunächst im betreffenden Lande, später über dieses hinaus. Zumeist ist sie von Einheimischen der Heimatländer in andere Länder überführt worden, so die Methode der Emmentaler Bereitung nach Deutschland, Österreich und Amerika, des Limburger von Belgien nach dem Allgäu, der französischen Weichkäse nach dem Westen Deutschlands, der Cheddarkäse von England und Schottland nach Amerika und Australien usw. Die Herstellung der verschiedenen Käsesorten kennt daher heute keine Beschränkung mehr, und ihre Namen sind Sorten- oder Gattungsbezeichnungen; anderseits ist es unzulässig und eine Täuschung, wenn Käsesorten, die in einem Lande nicht beheimatet sind, mit Attrappen und Anpreisungen in den Handel gebracht werden, welche beim Käufer den Eindruck erwecken müssen, als ob er im Ursprungslande bereitet wäre. Wenn man von einem Herkunftslande spricht, so nur in dem Sinne, daß sich in diesem Lande die Fabrikationsmethode einer gewissen Käsesorte nach und nach herausgebildet hat. Sicher darf man auch annehmen, daß eine Käsesorte nicht bloß dem Erfinder zu danken ist, sondern daß es auch das Produkt der klimatischen und dementsprechend pilzbiologischen Verhältnisse ist. Es ist aber keineswegs ausgeschlossen, daß sich solche Verhältnisse auch anderwärts finden und die Herstellung eines Erzeugnisses, sei es Käse oder eine andere Speise, in gleicher Güte ermöglichen. Durch die seitens der Wissenschaft und der Technik an die Hand gegebenen Mittel sind wir außerdem überhaupt nicht mehr an regionale Bedingungen gebunden und sind, wenn auch heute noch nicht ganz, so doch in naher Zukunft, in der Lage, sämtliche verschiedene Käsesorten zu bereiten, auch mehr und mehr in gleicher Qualität.

Die Prüfung der Milch auf Gehalt und Käsereitauglichkeit und ihre Vorbereitung zum Käsen

Bevor die Milch zur Käsebereitung verwendet wird, ist es gut, sie auf ihre Güte und Brauchbarkeit zu untersuchen: auf ihren Gehalt und ihre Unverfälschtheit wie auf ihre Tauglichkeit für den vorliegenden Zweck. Es kommen dabei die Methoden für die Feststellung des Fettgehaltes und der Trockenmasse in Betracht, anstatt der letzteren die Bestimmung des spezifischen Gewichtes und Berechnung der Trockenmasse aus ihm und dem Fettgehalt nach der Fleischmannschen Formel; ferner die Berechnung eines eventuellen Wasserzusatzes an Hand der fettfreien Trockenmasse und eines eventuellen Magermilchzusatzes bzw. einer Entrahmung durch den Vergleich des Fettgehaltes der fraglichen Milch mit einer Stallprobe; schließlich die sogenannten biologischen Methoden, in erster Linie die Alkoholprobe, die Alizarolprobe und Kataleseprobe (auf Milch von krankem Tier), Reduktaseprobe (Menge der Keime), Gärprobe und insbesondere Labgärprobe (auf Blähungserreger) oder Gärreduktaseprobe (auf beides); nötigerweise vielleicht auch die Prüfung auf vorausgegangene Erhitzung. Zollikofer berichtet, daß die Gärreduktaseprobe in der Emmentalerkäserei ausgezeichnete Dienste getan habe. Zeiler und Berwig haben auch die Vereinigung der Reduktaseprobe mit der Labgärprobe, also eine Labgär-Reduktaseprobe, auf ihre Brauchbarkeit für den vorliegenden Zweck geprüft und sie in gleichem Maße zuverlässiger für eine Vorausbestimmung des Verhaltens der Käse befunden, wie die Labgärprobe zuverlässiger ist als die Gärprobe. Es ist natürlich ausgeschlossen, diese Prüfungen sämtlich jeden Tag vorzunehmen, man wird sie aber nach Bedarf anwenden; einige, wie die Säureprüfung, Fettgehaltprüfung und in besonderen, erfahrungsgemäß gefährlichen Zeiten auch die Labgärprobe, wird man immerhin ständig vornehmen müssen. Die letztere Methode ist eine der besten Methoden auf Käsereitauglichkeit, wenn sie zugleich dazu benutzt wird, die Labgerinnungsfähigkeit der Milch zu ermitteln, also die Zeit festzustellen, innerhalb welcher die Gerinnung eintritt; eine Verzögerung derselben deutet auf Kalkmangel in der Milch und zieht gewisse Fehler des Käses nach sich. Insbesondere in der Hartkäserei und hier noch besonders in der Emmentalerkäserei besteht das Bedürfnis, sich vor der Einlabung zu vergewissern, ob die Milch in der normalen Zeit die Gerinnung eingehen, und ob der Bruch die genügende Festigkeit haben wird. Aber auch in der Weichkäserei gibt die Labprobe, die man als solche allein anstellen kann, wertvolle Aufschlüsse, indem eine Labzeit, die über die normale hinausgeht, auf eine Beeinträchtigung der Haltbarkeit der Käse hinweist, die um so sicherer zu erwarten ist, wenn die Art der Gerinnung nicht einwandfrei ist (ZEILER und BERWIG).

Das Wesen, insbesondere aber die eigentliche Ursache und die Verhütung dieser „labträgen" Milch ist leider noch immer nicht völlig geklärt. Als sicher erwiesen darf man ansehen, daß in irgendeiner Form Kalkmangel vorliegt; ob dies aber in Form von Kalksalzen oder in der Form des Kalkkaseins, also der Bindung des Kalks an Kasein der Fall ist, darüber geben die vorliegenden Untersuchungen noch keinen genügenden Aufschluß. Zu den labträgen, also nach dem Zusatz der normalen Menge Lab nur langsam und mit mehr oder weniger weichem oder schwammigem, nicht trocken werdenden, die Molke schlecht abgebendem Bruch gerinnenden Milchen gehört schon die Milch altmilchender Kühe, die sogenannte räße und räß-salzige, ferner die Milch kranker Kühe. Außerdem glaubt man ziemlich allgemein die Erfahrung gemacht zu haben, daß kalkarmes Futter, wie es infolge Auslaugung durch Regen, infolge intensiver Güllewirtschaft und anderer Umstände entsteht, bei fortgesetzter Darreichung auch kalkarme Milch erzeuge, und daß man diesem Übelstande durch Beifütterung von Schlämmkreide oder besser phosphorsaurem Kalk mit etwas Kochsalz begegnen könne, ja es wird mehrfach berichtet, daß man durch solche Zufütterung tatsächlich die Gewinnung normaler Milch ermöglicht habe (W. VAN DAM, H. ROEDER u. a.). Daß bei starker Rübenblattfütterung eine kalkarme Milch erzeugt wird und diesem Übelstand durch Beifütterung von Schlämmkreide abgeholfen werden kann, ist eine bekannte Tatsache. Von mancher Seite glaubt man Beziehungen zwischen Kalkgehalt des Bodens und dem der Milch annehmen zu müssen, und J. MAYER findet eine solche Annahme durch seine Untersuchungen im Allgäu bestätigt. Untersuchungen von K. WURSTER lassen dagegen keinen Zusammenhang zwischen Bodenart bzw. Bodenverhältnissen, Futter und Milch in bezug auf den Kalkgehalt erkennen, nicht an der Sammelmilch einer Käserei noch an Einzelmilchen. WURSTER ist der Meinung, daß nicht der Gesamtkalkgehalt, sondern die „Bindungsform des Milchkalkes" den Labprozeß beeinflusse. Möglicherweise geben Untersuchungen über das Verhältnis von Kalk zur anorganisch gebundenen Phosphorsäure einen Aufschluß über das Verhalten der Milch zum Lab. So hat RICHTER festgestellt, daß das Verhältnis $\frac{\text{Ca O}}{\text{anorg. } P_2\,O_5}$ bei anormaler Milch niedriger als 1 (etwa 0,94) ist, während es bei normaler Milch gleich 1 oder nahe an 1 ist. Auch findet er, daß durch Fütterung von Weizenkleie und veredelter Weizenkleie (Biovita) der Kalkgehalt und durch Schlämmkreidefütterung die Menge der organisch gebundenen Phosphorsäure erhöht werde. Die Rübenblattfütterung verursacht außer Kalkmangel auch Phosphorsäureüberschuß. Jedenfalls ist mit G. KÖSTLER anzunehmen, daß der Mineralstoffwechsel, speziell die Kalkassimilation wie in der „kranken" so auch in der labträgen Milch auf irgendeine Weise gestört ist. Praktisch, in der Käserei, begegnet man den damit verbundenen Nachteilen entweder durch den Zusatz eines Säureweckers oder durch einen Zusatz von Chlorkalzium. Nach amerikanischen Versuchen an Cheddarkäse setzt man von letzterem zu 100 Liter Milch 100 g zu, die in 1 Liter Wasser gelöst sind; es soll dabei auch eine Mehrausbeute an Käse in Höhe von 0,6% erzielt werden (W. V. Price). In der Emmentalerkäserei werden bei Gerinnungsstörungen von der Schweizer Molkereischule Rütti auf 100 Liter Kesselmilch 5 bis 10 g Chlorkalzium (in 1 Liter gelöst) empfohlen.

Fettgehaltsstufen. Vereinbarung auf einen Mindestfettgehalt. Einstellung der Milch auf Fettgehalt. Die Mehrzahl der Käse wird mit verschiedenem Fettgehalt, also aus verschieden fetthaltiger Milch hergestellt. Man unterscheidet deshalb in der Hauptsache zwischen überfetten, vollfetten, halbfetten und mageren Käsen, das heißt Käsen, die aus überfetter (mit Rahm gemischter), vollfetter (nicht abgerahmter), aus halbabgerahmter und aus abgerahmter Milch bereitet sind. Da die Begriffe vollfett, halbfett, mager durchaus wandelbar sind, und der Fettgehalt der Milch nicht bloß an sich, sondern auch in seiner Beziehung zu den übrigen Bestandteilen nach Rasse, Laktation, Fütterung und sonstigen Umständen verschieden hoch ist, so hat sich, um den Unsicherheiten und Übervorteilungen im Handel vorzubeugen, die Notwendigkeit ergeben, die verschiedenen Fettgehaltsstufen auch zahlenmäßig festzulegen. Das brachte ziemliche Schwierigkeiten mit sich, insofern, als, allgemein genommen, der prozentische und der relative (zur Trockenmasse) Fettgehalt der Milch der Gebirgsrassen ein höherer ist als der der Niederungsrassen — so zwar, daß man bei der Bereitung mancher Käsesorten in Gegenden mit fettreicher Milch, so in Frankreich bei den Weichkäsen, in der Schweiz beim Emmentaler Käse (wenigstens zeitweise), nicht wirklich vollfette Milch, sondern eine Mischung von schwach abgerahmter Abend- und vollfetter Morgenmilch verwendet — und man deshalb annahm, daß der Fettgehalt der aus Milch von Niederungsvieh hergestellten Käse in seinem Verhältnis zur Trockenmasse niedriger sein müsse als derjenige von Käsen, die in den Gegenden mit Gebirgsrassen bereitet sind. Das hat insofern eine gewisse Berechtigung, als bekanntlich der Gehalt der Milch an Fett bei einer allgemeinen Gehaltssteigerung in etwas höherem Maße zunimmt als die übrigen Bestandteile, die gehaltreichere Milch der Gebirgsrassen also einen höheren Fettgehalt in der Trockenmasse aufweist als die Milch der Niederungsrassen. Der Unterschied ist aber doch nicht so erheblich, daß er bei der Käsebereitung sehr ins Gewicht fällt, und wenn auch zu dem genannten Grunde noch der hinzukommt, daß die Fettkügelchen der Milch der Niederungsrassen im allgemeinen kleiner sind und leichter der Umfassung im ausgeschiedenen Käsestoff entwischen als in der Milch der Gebirgsrassen, so haben doch die Erörterungen dieser wichtigen Frage des Fettgehaltsminimums für die „vollfetten" Käse und die sich daran anschließenden Untersuchungen gezeigt, daß man auch aus der Milch der Niederungsrassen Käse gewinnen kann, die gewissen Normen für den Fettgehalt der Trockenmasse entsprechen. Als eine solche Norm, das heißt als den Mindestfettgehalt, hat man bislang für die vollfetten Käse 40% vereinbart, die fortgesetzten Untersuchungen der holländischen Kontrollstationen an wirklich vollfetten Käsen haben aber gezeigt, daß mit ganz seltenen Ausnahmefällen ein Fettgehaltsminimum von 45% sehr wohl eingehalten werden kann. Man ist deshalb auch im Rheinland, wo Gouda und Edamer Käse schon seit einem Jahrhundert hergestellt werden, dazu übergegangen, für sogenannte Markenkäse einen solchen Fettgehalt zu garantieren.

Eine Einheitlichkeit in den Vereinbarungen bzw. Vorschriften besteht bis zum Augenblick noch nicht. In den vom deutschen Reichsgesundheitsamt herausgegebenen „Festsetzungen über Lebensmittel" ist bislang noch an der früheren Einteilung nach Fettgehalt festgehalten, wonach unterschieden werden:

Rahmkäse (Sahnekäse)	mit mindestens	50%	*ft*
Fettkäse (vollfetter Käse)	,, ,,	40%	,,
¾fetter Käse	,, ,,	30%	,,
½fetter Käse	,, ,,	20%	,,
¼fetter Käse	,, ,,	10%	,,
Magerkäse	,, weniger als	10%	,,

Die Fettgehaltsstufe ,,Doppelrahmkäse" ist bis zur Herausgabe der Festsetzungen über Käse (1913) nicht vorgesehen gewesen, der Stufenleiter entsprechend würde man für diese einen Mindestfettgehalt von 60% in der Trockenmasse fordern müssen, in Frankreich ist für den Double creme ebenfalls ein solcher von 60% vorgeschrieben.

Es ist zu erwarten, daß im gesamten Deutschen Reiche der Fettgehalt für die als vollfett geltenden Käse auf 45% festgesetzt wird, nachdem dies in Bayern und Württemberg durch die Verordnungen vom 24. Juni 1924 bzw. 23. September 1924 für Rundkäse nach Schweizer Art, für Käse nach Tilsiter und Holländer Art sowie für ,,kennzeichnungspflichtige Weichkäse Klasse 1" geschehen ist. Man steht in Deutschland überhaupt auf dem Standpunkt, daß die Bezeichnungen ,,vollfett" usw. viel zu unsicher ist, und eine aus diesem Begriff hervorgehende Normierung oder Standardisierung des Fettgehaltes der Trockenmasse zu Unklarheiten im Handel und vor Gericht führen kann, und hält es für richtiger, die Kennzeichnungen vollfett usw. überhaupt fallen zu lassen und die Käse nur nach Fettgehalt zu handeln. Die genannten Länder Bayern und Württemberg haben auch schon den Anfang mit dieser Kennzeichnung gemacht, indem sie unterscheiden: Klasse 1 mit 45%, Klasse 2 mit 40%, Klasse 3 mit 30%, Klasse 4 mit 25% und Klasse 5 mit 20% Mindestfettgehalt.

Österreich schreibt für Rahmkäse 55%, für vollfette 45%, ¾fette 35%, ½fette 25%, ¼fette Käse 15% Mindestfettgehalt vor; ebenso die Schweiz nach den Verordnungen vom 8. Mai 1914 und den Abänderungen vom 1. Juli 1922 und 9. März 1923. Frankreich gibt an für Camembert, Brie, Coulommiers sowie für Gruyère 45%, für Roquefort 47 bis 50%, für Port de Salut 40%, für Cantal und Neufchâtel 50%, für Gervais 68 bis 75% (eine Vorschrift für Gervais dürfte wohl kaum bestehen). Die Vereinigten Staaten von Nordamerika geben für Cheddar cheese und seine Variationen (stirred curd cheese und pineapple cheese) wie auch für Neufchâtel 50%, für Gouda, Emmentaler, Camembert und Brie 45% an.

Wenn nun auch nicht zu bestreiten ist, daß auch die weniger fettreiche Milch, wenn sie unabgerahmt verarbeitet wird, fast immer einen Käse mit 45% Fett in der Trockenmasse gibt, so ist doch fraglich, ob es nicht aus wirtschaftlichen Gründen richtiger sein dürfte, Käse mit 40% herzustellen und diese natürlich nicht als ,,vollfette", sondern mit ihrer Fettgehaltsangabe in den Handel zu bringen. Für die Volksernährung macht es keinen Unterschied, ob die 5% Fett der Trockenmasse im Käse oder in der Form von Butter zur Verfügung stehen, dagegen ist es für die heute so geringe Rentabilität der Landwirtschaft eine wichtige Frage, ob sich dieses Fett nicht noch besser in der Butter bezahlt macht als im Käse. Dagegen erscheint die Forderung berechtigt, daß Käse mit Sortenbezeichnung und ohne besondere Angabe des Fettgehaltes denjenigen Fettgehalt haben soll, mit dem die betreffende Sorte im Heimatland hergestellt wird. Wenn also z. B. Goudakäse ohne Fettgehaltsangaben verkauft wird, so wird der Käufer mit Recht voraussetzen können, daß er Gouda mit 45% Fett in der Trockenmasse einkauft. Diese Voraussetzung dürfte auch dann ihre Gültigkeit haben müssen, wenn die Sorte mit dem Ausdruck ,,nach Art" bezeichnet ist.

Die Einstellung der Milch auf einen bestimmten Fettgehalt, wie sie eine Käsesorte vorschreibt, ist, auch wenn es sich um „vollfette“ Käse handelt, teilweise mit einer Zumischung von abgerahmter Milch zu Vollmilch verbunden. Wo wirklich unabgerahmte Vollmilch verwendet wird, bedarf es natürlich keiner Einstellung, und solche Milch liefert auch in den Gegenden mit Niederungsvieh durchweg (wenigstens in Sammelmilch) einen Käse mit 45% Fett in der Trockenmasse. Für die Einstellung der Milch auf eine Kesselmilch mit bestimmtem, für die gewünschte Fettgehaltsstufe des Käses erforderlichem Fettgehalt gibt es mehrere Zahlenzusammenstellungen oder auch Formeln, ferner Hilfsmittel in Form von Rechenschiebern, wie der Kesselmilch-Einsteller von H. ROEDER, oder in Form eines Rechenbrettes von KREDICT (für holländische Käse). Alle diese Angaben haben eine Voraussetzung, die im allgemeinen so ziemlich, in besonderen Fällen jedoch auch nicht zutrifft, das ist die Annahme, daß der Gehalt der Milch an fettfreier Trockenmasse, speziell an Kasein, so ziemlich der gleiche ist, und daß die Fabrikation des Käses in normaler Weise verläuft. H. MARTIN, der im ersten Halbjahr 1923 gegen 100 Milchproben aus verschiedenen Käsereien des Allgäus untersucht hat, fand aber z. B. den niedrigsten Kaseingehalt zu 2,28% (im Oberland), den höchsten zu 3,28% (im Unterland, Donaugegend). Das Mittel betrug 2,80%. Der Gehalt an Milchzucker betrug im Mittel 4,90%, im Minimum 4,38%, im Maximum 5,25%. Da sich der Gehalt dieser Milchbestandteile neben dem Fettgehalt im spezifischen Gewicht ausdrückt, gibt MARTIN eine Zusammenstellung, aus der man bei bestimmtem Fettgehalt und spezifischem Gewicht den Fettgehalt der Trockenmasse im Käse (Weichkäse) ersieht.

Tabelle 1. Fettgehalt der Kesselmilch in Prozenten

Spezifisches Gewicht der Milch	0,7	1,4	2,1	2,8	3,5
	Fettgehalt der Trockenmasse des Käses in Prozenten				
1,0300	17,4	31,8	43,8	53,9	62,7
1,0310	16,9	30,9	42,7	52,7	61,3
1,0320	16,5	30,1	41,7	51,6	60,1
1,0330	16,0	29,4	40,7	50,5	58,9
1,0340	15,6	28,7	39,8	49,4	57,8
1,0350	15,2	28,0	38,9	48,4	56,7
1,0360	14,8	27,4	38,1	47,5	55,6

Ein Käse, der 20% Fett in der Trockenmasse haben soll, wird also eine Kesselmilch erfordern, deren Fettgehalt zwischen 0,80 und 0,90% liegt. Manche Käserei wird mit einem niedrigeren Fettgehalt auskommen, manch andere auf 0,95% einstellen müssen. Jedenfalls liegt es im Interesse der Käserei, den höheren Fettgehalt einzuhalten, um bei der Kontrolle bestehen zu können.

FR. J. HERZ hat für Weichkäse eine Formel aufgestellt, nach welcher der Fettgehalt der Trockenmasse im Käse aus dem Fettgehalt der Kesselmilch zu ermitteln ist. Die Formel heißt: $(f - \frac{1}{10} f + 3) : (f - \frac{1}{10} f) = 100 : x$, wobei 3 die Durchschnittsmenge Kasein einschließlich des Anteils anderer in den Käse übergehenden Bestandteile der Milch bedeutet. Die aus dieser Formel sich ergebende Umkehrung zur Berechnung des Fettgehaltes der Kesselmilch für einen geforderten Fettgehalt der Trockenmasse würde dann sein:

$$x\ (f\text{-Kesselmilch}) = \frac{30\, f_t}{900 - 9\, f_t},\ (f_t \text{ Fettgehalt der Trockenmasse}).$$

Diese Formeln ergeben natürlich auch wieder nur Annäherungswerte, was schon daraus ersichtlich, daß der Kaseingehalt bzw. der Gehalt an Stoffen, die in den Käse übergehen, auf die Durchschnittszahl 3 festgelegt ist.

Wenn man weiß, wie hoch der Fettgehalt der Kesselmilch sein muß, um einen Käse von bestimmtem Fettgehalt der Trockenmasse zu erzielen, läßt sich errechnen, wie groß die Mengen abgerahmter Abendmilch und unabgerahmter Morgenmilch sein müssen, um die Kesselmilch mit dem verlangten Fettgehalt herzustellen. Ein sehr einfaches Schema erleichtert diese Rechnung. Man zeichnet ein Rechteck, zieht die Diagonalen und versieht die beiden linken Ecken mit dem zehnfachen Wert des Fettgehaltes der fetteren Morgenmilch (unten) und dem zehnfachen Fettgehalt der abgerahmten, also fettärmeren Abendmilch (oben), und schließlich den Schnittpunkt der Diagonale mit dem verzehnfachten Fettgehalt, den die Kesselung haben soll. Nimmt man der Einfachheit halber zunächst an, die Abendmilch bestehe aus zentrifugal entrahmter Milch mit 0,1% Fett, so gestaltet sich das Schema folgendermaßen:

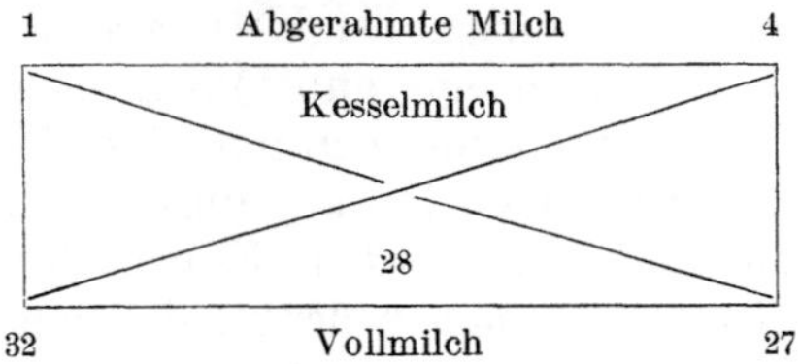

Wenn also die Kesselmilch 2,8% Fett enthalten soll, so muß sie aus der vorhandenen Vollmilch mit 3,2% (Morgenmilch) Fett und (völlig) entrahmter Abendmilch im Verhältnis von 27 zu 4 gemischt werden.

Angenommen, die etwa halbabgerahmte Abendmilch habe noch 1,2% Fett, so würde sich bei Einstellung der Zahlen in der angegebenen Weise ein Mischungsverhältnis von 16 Teilen Morgenmilch mit 3,2% Fett und 4 Teilen Abendmilch mit 1,2% Fett ergeben, und eine Kesselmilch von 2,8% Fett in der Menge von 20 Teilen.

Eine von G. Wenger von der Molkereischule Rütti bei Bern für diesen Fall angegebene Formel heißt: $x = \frac{a\,(d-f)}{c-d}$, worin x die gesuchte Menge Morgenmilch mit dem Fettgehalt c, und a die vorhandene Menge Abendmilch mit dem Fettgehalt f, d den Fettgehalt der Kesselmilch bedeutet. Auf das oben benützte Zahlenbeispiel angewendet, würde $x = 4a$ sein, das heißt die Menge Morgenmilch würde die 4fache Menge der Abendmilch sein müssen, oder das Mischungsverhältnis müßte wie angegeben 16:4 sein.

Für den Fall, daß die Abendmilch fettreicher ist als die Kesselmilch zu sein braucht, wird man sowohl die Abend- wie die Morgenmilch mit Magermilch auf den niedrigen Fettgehalt einzustellen haben, wozu wiederum das Schema dienlich ist, jedoch mit der Zahl 1 links oben. Das setzt natürlich voraus, daß man die erforderlichen Mengen Magermilch zur Verfügung hat. Oder man kann die von G. Wenger dafür aufgestellte Formel: $y = \frac{100\,a\,(f-d)}{(100-r)\,(d-b)}$ benützen, worin y die Menge Morgenmilch bedeutet, die ausgeschleudert werden muß, um die aus ihr gewonnene Magermilch mit dem Fettgehalt b durch Mischung mit der vorhandenen Menge Abendmilch a mit dem Fettgehalt f auf den Fettgehalt d der Kesselmilch zu bringen und ferner r die Menge Rahm, welche man von 100 kg Milch abgenommen hat. Da dabei noch ein Rest Morgenmilch übrig bleibt, wird man auch von dieser eine bestimmte Menge entrahmen müssen, um mit der davon erzielten Magermilch den nicht entrahmten Teil auf den erforderlichen Fettgehalt der Kesselmilch zu bringen. Die Formel dafür ist:

$$z = \frac{1}{1 + \left(\frac{100-r}{100}\right)\left(\frac{d-b}{c-d}\right)}.$$

z bedeutet denjenigen Anteil von jedem Kilogramm der noch übrig gebliebenen Morgenmilch, der zu entrahmen ist. Die Bedeutung der übrigen Buchstaben ist die gleiche wie oben.

Es ist immer wieder zu betonen, daß alle diese Berechnungen nur Annäherungswerte ergeben, und daß es deshalb notwendig ist, den Fettgehalt der Kesselmilch mit einem Sicherheitszuschlag von etwa 0,1% zu versehen.

Der Säuregrad der Milch und des Käses. Für das gute Gelingen eines Käses ist es das erste Erfordernis, daß nur reinlich gewonnene und gut behandelte Milch verwendet wird. Schmutzige Milch gibt leicht blähende, und säuerlich gewordene Milch auch säuerliche, „pockernde" oder sonstwie fehlerhafte Käse. Die Milch soll also frisch und süß nach der Käserei gebracht werden. Besonders empfindlich gegen wenig gepflegte Milch sind die feinen Weichkäse wie die frischen Rahmkäse, ferner die Emmentaler Käse, aber auch viele andere Sorten — überhaupt alle Käse verlangen eine gute Milch als Rohstoff.

Trotzdem man nun die Anlieferung von nur süßer Milch verlangt, läßt man diese vor dem Labzusatz eine gewisse Reifung durchmachen, das heißt man läßt sie bis zu einem gewissen Grad sauer werden. Es liegt darin scheinbar ein Widerspruch, der sich aber löst, wenn man bedenkt, daß eine säuerlich angelieferte Milch meist nicht bloß eine Säuerung, sondern auch verschiedene andere Umsetzungen durchgemacht hat, während in der Käserei der Reifungsprozeß von sachkundiger Hand geleitet und überwacht wird. Dieser soll nämlich ein möglichst reiner Säuerungsvorgang sein. Man leitet ihn deshalb jetzt ziemlich allgemein durch den Zusatz einer kleinen Menge Säurewecker ein, um sich zu vergewissern, daß auch wirklich genügende Mengen Milchsäurebakterien vorhanden sind. Denn die Reifung des Käses ist ein Vorgang, der sich auf saurem Nährboden vollzieht, und eine Käsemasse, die nicht zunächst einer Säuerung unterlegen hat, verfällt der Fäulnis.

Der Säuregrad der Käsemilch darf natürlich nicht hoch sein: eine Milch, welche die einfache Alkoholprobe nicht mehr besteht, also zwischen 9 und 10 SOXHLET-HENKELsche Säuregrade besitzt, ist nicht mehr käsereitauglich. In den meisten Fällen verfährt man so, daß man die Abendmilch über Nacht stehen läßt, um sie am nächsten Tage zusammen mit der frischen Morgenmilch zu verarbeiten. Die Abendmilch hat dann eine schwache Säuerung durchgemacht — sie hat auch etwas aufgerahmt, und es wird ihr dann, weil ganze Vollmilch für manche Käsesorten ungeeignet ist, etwas Rahm abgenommen — und gibt nun der gesamten Milch den richtigen Säuregrad. Dieser darf bei den eigentlichen Hartkäsen den natürlichen Säuregrad, der durchschnittlich 6,5 bis 7° S. H. (SOXHLET-HENKEL) beträgt — in der Milch der Gebirgsrassen mit dem höheren Kaseingehalt meist 7, in derjenigen der Niederungsrassen 6,5 bis sogar zu 6° herunter — nur wenig überschreiten, bei halbfesten Käsen und den Weichkäsen, welche nicht mit Schimmel reifen, darf er gut 1° mehr betragen — bei Tilsiter Käse z. B. 8 bis 8,5° S. H. —, während man ihn bei den Weichkäsen mit Schimmelreifung, z. B. beim Camembert, bis auf 8,5 bis 9° S. H. ansteigen läßt. Die frischen Weichkäse (Gervais, Neufchâtel), obwohl ihr Gelingen eine süße Milch voraussetzt, werden sogar aus Milch bereitet, die neben einer schwachen Labgerinnung zugleich eine schwache Säuregerinnung durchgemacht hat.

Die Wirkung der Erhöhung des natürlichen Säuregrades durch Selbstsäuerung oder den Zusatz eines Säureweckers besteht sowohl darin, daß die Menge der löslichen für die Labgerinnung nötigen löslichen Kalksalze vermehrt wird, wie auch darin, daß die Milch eine größere Menge der für die Einleitung einer richtigen Reifung nötigen Milchsäurebakterien erhalten hat.

Da der Säuerungsprozeß bei der Selbstsäuerung nicht immer genügend rein ist, sondern durch die Mitwirkung verschiedener anderer Bakterienarten, wie Kokken, Kolibakterien, Bacterium fluorescens, Bacterium vulgare und andere Eiweißlöser, mehr oder weniger aufgehalten und geschmacklich beeinträchtigt wird, so sichert man ihn entweder (wie schon gesagt) durch den Zusatz eines Säureweckers oder aber noch zweckmäßiger durch eine Pasteurisierung der Milch und einen Säureweckerzusatz. Ein solcher ist vor allem dann nötig, wenn es der Milch an Kalk fehlt, und wenn sie an sich zu wenig Milchsäurebakterien enthält und ihre Flora so ziemlich von den oben genannten Bakterienarten beherrscht wird. Das ist der Fall, wenn das Rauhfutter, speziell das Heu, kalkarm und durch Regen ausgelaugt ist, bzw. wenn, wie oft im Frühjahr, naßkalte Witterung herrscht und sich in Gegenden mit Weidegang die Weideflora in der angegebenen Weise entwickelt. Überhaupt ist das Frühjahr für die Käserei eine gefährliche Jahreszeit, teils aus dem letzteren Grunde, teils weil die Milch infolge des Durchfalls, an dem die Kühe bei der Grünfütterung leiden, viele sehr aktive Koli- und Aerogenesbakterien enthält, und teils auch, weil der Säuregrad, der in der Frischmilchendzeit am größten ist, schon etwas abgenommen hat. Die Käse blähen dann leicht. Wenn dies auch in heißen Sommermonaten vielfach der Fall ist, dann liegt das außer der hohen Temperatur wohl daran, daß entweder die Milch im Euter schon Veränderungen erfahren hat (durch die Euterkokken), oder daß durch die Aufnahme gewisser Futterpflanzen die Milch reicher als sonst an Koli- und Aerogenes-Bakterien ist. Auch der Herbst ist da, wo Rüben gebaut werden, eine gefährliche Zeit für die Käserei, weil dann die Milch infolge von Rübenblattfütterung sehr kalkarm ist.

Pasteurisieren der Käsemilch. Für die Pasteurisierung der Käsemilch ist die Hocherhitzung an sich nicht oder nur bedingungsweise geeignet. Bedingung ist nämlich, daß die Eiweißstoffe und die Salze der Milch nicht oder doch nur in sehr geringem Maße durch die Erhitzung verändert werden, weil sonst die Milch nicht gut einlabt und der Bruch zu weich und wasserhaltig, auch überhaupt nicht bindig genug ist. Dieses ist bei einer Erhitzung auf über 75° C (und eigentlich auch schon bei niedrigerer Temperatur, wenn sie länger anhält) immer der Fall. Es kommt deshalb darauf an, die höheren Wärmegrade so kurz auf die Milch einwirken zu lassen, daß wohl die Bakterien — deren lebendes Eiweiß offenbar noch empfindlicher ist als das ebenfalls sehr empfindliche, aber immerhin tote Eiweiß und die Salze der Milch — abgetötet oder stark geschwächt werden, die letzteren aber nur einer geringen Veränderung unterliegen. Daß sich dazu die gewöhnlichen Kessel-Rührwerks-Erhitzer, überhaupt solche Pasteurisierungsapparate nicht gut eignen, in denen die Milch sich ungleich lang aufhält, dürfte nach den Ausführungen in IX, 2 b einleuchtend sein. Dagegen lassen sich die Momenterhitzer, in denen die Milch möglichst ungeteilt hindurchgeht, wie der Biorisator, und der TÖDT-Apparat, Montana usw. sehr wohl dazu verwenden. H. WEIGMANN hat in Gemeinschaft mit H. TÖDT Versuche in großem Maßstabe über die Pasteurisierung der Milch in dem von letzterem erfundenen Momenterhitzer auf 80 bis 85° C für die Bereitung von Gouda- und Tilsiter Käse durchgeführt, und sie ergaben bei einer wenig veränderten Arbeitsweise ausgezeichnete Resultate; ebenso Versuche, welche H. DIBBERN mit TÖDT angestellt hat. Besonders gut gerieten die Gouda-Käse. Die Tilsiter Käse hatten anfänglich etwas den Charakter des Holländer Käses, doch gelang es TÖDT durch entsprechende Änderung des Säuregrades und der Bruchbearbeitung typische Tilsiter Käse mit dem zwischen Gouda und geschmierten Weichkäsen liegenden Charakter herzustellen. Bei diesen Versuchen wurden einige bemerkenswerte Besonderheiten wahrgenommen. Die mit pasteurisierter Milch hergestellten Gouda-Käse unterschieden sich vorteilhaft durch einen zarten Teig, so daß die aus halbfetter Milch bereiteten Käse einen größeren Fettgehalt vortäuschten. Außerdem wurde an ihnen wie an den Tilsitern eine größere Ausbeute festgestellt, die offenbar auf eine Ausscheidung an Albumin und vermutlich etwas größeren Wassergehalt zurückzuführen ist. O. Wennevold, wie auch L. Fr. Rosengren haben selbst mit Milch ziemlich gute Resultate erzielt, die mit den üblichen, ungleich arbeitenden Hocherhitzern pasteurisiert war, ebenfalls unter Anwendung eines Säureweckers sowie einer größeren Menge Lab; ersterer hat mit Milch gearbeitet, welche auf 85° C erhitzt war, letzterer mit solcher von 75° C. Nach Mitteilungen aus Neuseeland wird dort die Käsereimilch durchweg entweder kurz auf 70 bis 71° C erhitzt oder bei 63° C und 20 Minuten dauerpasteurisiert: die Käse sollen sich durch größere Gleichmäßigkeit der Qualität und durch bessere Haltbarkeit auszeichnen, und ferner soll die Ausbeute eine etwas erhöhte sein.

In Dänemark wird die Pasteurisierung der Käsemilch mit den üblichen Rührwerksapparaten ausgeführt, dabei allerdings nur auf 68 bis höchstens 70° C erhitzt, und in Holland wendet man 90 bis 95° C an, wobei man die Festigkeit des Bruches durch eine Zugabe von Chlorkalzium herbeiführt, beides in der Absicht, eine größere Ausbeute zu erzielen, die 1,5 bis 4% betragen soll. Die Zugabe von Chlorkalzium bewirkt überhaupt nicht bloß eine größere Festigkeit des Bruches, sondern auch eine Mehrausbeute, doch leidet die Zartheit des Teiges und auch der Geschmack des Käses etwas darunter (W. V. Price). Auch für Romadur-Käse hat sich die Pasteurisierung der Milch bewährt; man zieht dabei eine kurze Erhitzung auf 70 bis 75° C der Dauererhitzung vor.

Aber auch die Dauerpasteurisierung eignet sich für die bakteriologische Verbesserung der Käsereimilch, um so mehr als sie die Milch und ihre Bestandteile noch weniger denaturiert als die anderen Erhitzungsweisen. Sie wird wohl deswegen weniger angewendet, weil sie mehr Raum und Zeit beansprucht. Die Versuche von Rosengren zeigten, daß die Dauerpasteurisierung wie auch eine kurzdauernde Erhitzung auf 74° C eine sehr schlechte, starke Blähung verursachende Milch so zu verbessern vermag, daß sie — mit einem geringen Anteil Salpeter vermengt, der vielleicht gar nicht notwendig war — normale Käse gab. E. Haglund, Stockholm, und die Landbau-Hochschule in Kopenhagen untersuchten zugleich den Einfluß der Dauerpasteurisierung auf die Ausbeute an Käse. Ersterer stellte fest, daß die pasteurisierte Milch eines etwas vermehrten Labzusatzes und eines längeren Ausrührens bedarf, sowie daß etwas Fett und Käsestoff verlorengeht, daß dieser Verlust aber sehr gemindert werden kann und kaum noch in Betracht kommt, wenn die Milch sogleich nach der Erhitzung stark, unter 10° C, abgekühlt wird, statt sie nur auf Labtemperatur zu verbringen. Auch bei den Versuchen an der Landbau-Hochschule in Kopenhagen ergab sich ein Minderertrag, der hier aber einem geringeren Gehalt an Wasser zugeschrieben wird, während ein Verlust an Fett und Käsestoff nicht bemerkt worden ist, im Gegenteil ein allerdings ganz geringer Mehrertrag davon sich ergab. Dieser Gegensatz dürfte wohl auf eine verschiedene Arbeitsweise zurückzuführen sein. Auch bei der Herstellung von Camembert und anderen Weichkäsen hat man mit einer Niedrigpasteurisierung, die auch nicht einmal auf 30 Minuten ausgedehnt zu werden braucht, vorzügliche Resultate erzielt.

Zeiler und Berweg finden, daß bei Weichkäsen eine Erhitzung auf 63° C während 15 Minuten genügt, und bei Camembert sollen sogar mit 5 Minuten vorzügliche Resultate erzielt worden sein.

Wenn von Praktikerseite noch mehrfach Einwände gegen das Pasteurisieren der Käsereimilch vorgebracht werden, so liegt das daran, daß man sich bei dem Werte, der auf dem Spiele steht, nicht leicht entschließt, eine andere Arbeitsweise zu versuchen. Diese besteht aber eigentlich nur in der Anwendung einer größeren Menge Lab, im Zusatz einer geringen Menge Säurewecker — es genügen nach unseren Versuchen bei Gouda-Käsen 0,1 bis 0,25% — in einem besonders vorsichtigen Schneiden und Ausrühren und längerem Ausrühren. Insbesondere hat man von Praktikerkreisen immer bestritten, daß es möglich sei, aus pasteurisierter Milch Käse nach Emmentaler Art zu bereiten. Versuche des Molkereidirektors GUTSCHMIDT in Aschbach (Österreich) haben erwiesen, daß man sogar aus gewöhnlicher Bahnmilch, wenn sie dauerpasteurisiert wird, mit Pulverlab und Reinkulturen Emmentaler Käse machen kann, die bei einer Ausstellung als „sehr gut" bezeichnet wurden und nach dem Urteil der von der Qualität des Käses überraschten Preisrichter dem Schweizer Emmentaler „hinsichtlich Geschmack, Teig und Lochung" nahe kamen. Inzwischen hat das Verfahren der Herstellung von Emmentaler Käsen aus dauerpasteurisierter Milch in Österreich weitere Verbreitung gefunden, so wird aus den Käsereien Eggelsberg und Lengau in Oberösterreich berichtet, daß sie ihren Betrieb gänzlich auf dieses Verfahren umgestellt haben. Die Käse haben eine normalere Lochung, sind um einige Wochen früher verkaufsreif und die Ausbeute ist erhöht (K. FRISCHLING).

Aus vergleichenden Versuchen von PRICE und PRICKELT über die Frage, welche Methode der Pasteurisierung für die Bereitung von Cheddarkäse die zweckmäßigere sei: die Momenterhitzung, die Momentdauererhitzung oder die eigentliche Dauererhitzung, geht hervor, daß das letztere Verfahren wohl das geeignetste ist, weil der bei ihm gewonnene Bruch dem der rohen Milch am nächsten kommt; doch auch der Bruch der momentdauererhitzten Milch ist von diesem kaum zu unterscheiden. In der momenterhitzten Milch verzögert sich die Labgerinnung, die durch jede der drei Arten der Behandlung beeinträchtigt wird, am meisten. Mit welchem Apparat die „Momenterhitzung" ausgeführt worden ist, geht aus der Mitteilung freilich nicht hervor, gewöhnlich wird in U. S. A. darunter die übliche Hocherhitzung verstanden. Die angewandte Temperatur war 71 bis 74° C. Die „Momentdauererhitzung" wurde herbeigeführt, indem die Milch rasch auf 62,5 bis 65,5° C erhitzt, in der Käsewanne gesammelt, in dieser 22 Minuten auf dieser Temperatur gehalten und innerhalb 11 Minuten auf 31° C abgekühlt wurde.

Die Frage, ob die pasteurisierte Milch eines größeren oder geringeren Säureweckerzusatzes bedarf als die rohe Milch, entbehrt noch der Entscheidung, indem von den verschiedenen Versuchsanstellern der eine eine größere, der andere eine geringere Menge gegenüber der rohen Vergleichsmilch angewandt hat. So empfehlen HOCHSTRASSER und PRICE für dauerpasteurisierte Milch (63° C mal 30 Minuten), die sie zur Bereitung von Camembert-Käse verwenden, 4 bis 5% Säurewecker statt 3 bis 4% für die gleiche nicht pasteurisierte Milch, TÖDT empfiehlt für momenterhitzte Milch — gleichgültig, ob auf 75, 85 und selbst 90° C erhitzt ist — eine geringere Menge Säurewecker für die Bereitung von Tilsiter. Andere Angaben widersprechen sich ebenso. Es ist in dieser Beziehung zu beachten, daß der Säurewecker in der Hauptsache zwei Aufgaben zu erfüllen hat, nämlich die unter Umständen verminderte Labfähigkeit der erhitzten Milch wiederherzustellen und in zweiter Linie die Aufgabe, der Milch einen gewissen Reife- oder Säuregrad zu geben. Es dürfte klar sein, daß die veränderte Labfähigkeit einen größeren Säureweckerzusatz schon aus dem Grunde verlangt, weil die teilweise unlöslich gewordenen Salze wieder gelöst werden müssen, was man schon durch einfachen Säurezusatz erreicht (Casol, Salzsäurezusatz zu pasteurisierter Milch bei Cheddar-Bereitung siehe unten). Dann ist zu vermuten, daß die mit dem Säurewecker zugesetzte Menge Säure auch einen günstigen Einfluß auf die kolloide Beschaffenheit, vielleicht auch auf die chemische Konstitution des Kaseins ausüben wird. Eine in einem Rührwerksapparat älterer Konstruktion hocherhitzte und wohl auch eine in solchem Apparat angewärmte und dann im Dauererhitzer warmgehaltene Milch werden also eines verstärkten Zusatzes bedürfen.

Zwecks Erfüllung der zweiten Aufgabe des Säureweckers sind der pasteurisierten Milch die beim Erhitzungsprozeß zugrunde gegangenen oder geschwächten Milchsäurebakterien (Streptococcus lactis und cremoris, wie auch Milchsäurelangstäbchen) wieder einzuverleiben. In der rohen Milch sind solche in den meisten Fällen schon vorhanden, es kommt also bei einem Säureweckerzusatz zu dieser hauptsächlich darauf an, einem eventuellen Mangel, der zu Zeiten auftritt, abzuhelfen oder auch bei einem großen Bakteriengehalt der Milch, in welchem Falle dann die für die Käserei weniger günstigen Bakterien zumeist in der Überzahl sind, den Milchsäurebakterien zur Vorherrschaft und zur Unterdrückung der Schädlinge zu verhelfen. In der pasteurisierten, ziemlich keimfrei gemachten Milch fällt vor allem der Kampf der frisch zugeführten Milchsäurebakterien mit den anderen Keimen weg, sie werden sich demnach rascher vermehren und die von ihnen erzeugte Milchsäure wird, wenn die Milch durch die richtige Art der Pasteurisierung in ihrer Labfähigkeit nicht geschwächt ist, der eigentlichen Reifung der Milch zugute kommen. Man wird also damit rechnen können, daß die momentan und die etwa 15 Minuten dauererhitzte Milch mit einem geringeren Säureweckerzusatz auskommen werden. Es wird denn auch in fast allen solchen Fällen berichtet, daß man mit einer Säureweckermenge von 0,15 bis 0,20% ausgekommen sei. So fanden Zeiler und Berwig, daß bei Weichkäsen eine Menge von 0,10 bis 0,20% genügte, um normale Reifungsverhältnisse herzustellen, und Tödt wendet bei Tilsiter und bei Goudakäse ebenfalls nur rund 0,15% Säurewecker an: bei Vollmilch etwas weniger, bei halbfetter Milch etwas mehr.

Inwieweit der Reifungscharakter des Käses eine größere oder geringere Menge Säurewecker beansprucht, bedarf ebenfalls noch der weiteren Erfahrung bzw. Versuchsanstellung. Vermutlich wird man der für Weich- und halbfeste Käse bestimmten pasteurisierten Milch weniger Säurewecker zufügen dürfen als der Milch, aus welcher Hartkäse bereitet werden, und unter ersteren wird denjenigen, welche nicht säuerlichen Charakter tragen, wiederum nur eine geringere Menge Säurewecker zuträglich sein. Denn es darf angenommen werden, daß während der länger dauernden Einlabung der für Weichkäse bestimmten Milch eine ziemliche Vermehrung der Milchsäurebakterien eintreten wird, welche dann möglicherweise zu einer Übersäuerung des Bruches führt.

Jedenfalls aber — und dies hervorzuheben ist notwendig — bedarf die pasteurisierte Milch immer der Zufügung eines Säureweckers, weil andernfalls die daraus bereiteten Käse mißraten würden. Es muß dabei aber wieder ein Unterschied gemacht werden, wie hoch sich der Säuregrad der angelieferten Milch selbst stellt, insofern als man bei einem Säuregrad, der den natürlichen bereits etwas übertrifft, die Menge Säurewecker einschränken muß, damit der für die betreffende Käsesorte nötige Reifegrad der Milch nicht überschritten wird. Das macht die an und für sich wünschenswerte Feststellung des Säuregrades an der angelieferten oder der (pasteurisierten) Kesselmilch zur Bedingung, wobei man nicht vergessen darf, daß die pasteurisierte Milch einen um fast 1° S. H. niedrigeren Titrationssäuregrad besitzt als die unerhitzte. Man wird also z. B. bei einer Milch mit 6½ bis 7° S. H. etwa 0,2%, zu einer solchen mit 7 bis 7½° S. H. nur 0,15% Säurewecker hinzufügen. Und nicht minder wichtig ist die Feststellung des Säuregrades am Schluß oder gegen Ende der Ausarbeitung des Bruches, der „Endsäure“, da diese ja noch genaueren Aufschluß darüber gibt, mit welchem Säuregrad der Bruch der Reifung übergeben wird. Nach Feststellung von H. Tödt, der die Zunahme des Säuregrades in der Weise prüft, daß er in den Käsekessel ein Fläschchen Kesselmilch einhängt, von dem sich nach Bedarf Proben zur Säurebestimmung entnehmen lassen, darf bei Tilsiter Käse und bei Benützung von Vollmilch die Endsäure 9 bis 10^0 S.H., bei halbfetter und magerer Milch 8 bis $8\frac{1}{2}^0$ S. H. betragen.

Die einzelnen Operationen bei der Käsebereitung

Die Käsewannen. Die Käsewannen sind teils rund, teils vierkantig. Die runden Wannen oder Käsekessel sind halbkugelig oder unterhalb der Öffnung etwas eingezogen (Schweizer Form) und sind aus Kupfer gefertigt (siehe Abb. 4, S. 179). Bei der veralteten dänischen Käsewanne, die früher auch in Schleswig-Holstein üblich war, der „Käsebalge“, ist der Boden nicht rund, sondern in der Mitte erhöht gewesen; sie war in einen Holzbottich eingesetzt, in welchen zur Erwärmung der Milch Dampf eingeleitet wurde. In kleineren Betrieben wird die Käsebalge noch benützt, dann aber meist mit kugelschaligem Boden und auch mit eingezogenem Rand.

Die vierkantigen Wannen stammen aus der Oneida-Gegend im Staate New York U. S. A. und werden deshalb noch vielfach Oneida-Wannen genannt. Sie bestehen aus verzinntem Kupferblech oder auch nur verzinntem Eisenblech oder aus nicht verzinntem Stahlblech, das, wenn es gut trocken gehalten wird, nicht rostet, und sind entweder mit flachem oder mit halbrundem bzw. abgerundetem Boden versehen und haben entweder scharfe oder abgerundete Seitenecken (siehe Abb. 1 und 2, S. 177). Sie sind ebenfalls in einen Holz- oder Eisenkasten eingelassen, so daß unter ihnen ein Hohlraum für die Heizung mit Dampf oder warmem Wasser frei ist. Es lassen sich solche vierkantige Käsewannen ganz aus Holz ohne Einsatz verwenden, nur müssen sie dicht sein, sehr rein gehalten und durch Bestreichen mit Kalkmilch des öfteren desinfiziert werden.

Die bisher genannten Käsewannen werden sowohl für die Bereitung von Weichkäsen wie von Hartkäsen verschiedener Art verwendet, mit Ausnahme der Käse nach Emmentaler Art. Für diese benützt man runde Kessel, die entweder mit einem Mantel umgeben oder eingemauert sind und meist mit direktem Feuer beheizt werden. Früher hing der Käsekessel an einem „Galgen“, und das Feuer unter ihm war offen, über ihnen ein Kamin für den Rauchabzug. Eine höhere Stufe war dann die Mantelfeuerung; jetzt ist man ziemlich allgemein zu den eingemauerten Kesseln mit beweglichem Feuerwagen oder zu Kesseln mit Holzmantel bei Dampfbetrieb übergegangen (siehe Abb. 3 und 4, S. 178 u. 179).

Vorwärmen. Die Anwärmung der Milch, das sogenannte Vorwärmen, muß vorsichtig geschehen; es kommt darauf an, daß jedes Teilchen Milch gleichmäßig lang auf der gleichen Temperatur gehalten sei. Es ist zu bedenken, daß der „Käsestoff“ der Milch, das Kasein, ein Kolloid ist, das sich mit der Temperatur und der Dauer deren Einwirkung kontrahiert und vermutlich auch in seinem Aufbau verändert, daß eine verschiedene Behandlung in dieser Beziehung Käsestoffteilchen verschiedener Dichte zur Folge hat, so daß die Bruchkörner, die sich aus ihnen zusammensetzen, eine ungleich dichte und deshalb weniger gut zusammenhaltende Masse darstellen.

Auf die gleiche Ursache, das heißt auf die ungleiche Dichte des Käsestoffes in der Milch und dann im Bruch ist die Erfahrung zurückzuführen, daß gefahrene Milch bei der Emmentaler Käserei einen weniger guten Käse gibt als getragene. Nach W. Müller gerinnt geschüttelte Milch mit Lab langsamer als nicht geschüttelte. Ja man hat die Beobachtung gemacht, daß die Zentrifugenmagermilch nicht nur deshalb, weil sie weniger Fett enthält, sondern weil der Käsestoff während des Schleuderns unter starkem Druck steht, einen weniger schnittigen Teig im Käse gibt als freiwillig abgerahmte Milch — was freilich vermutlich auch darauf zurückzuführen ist, daß die zentrifugierte Milch gewisse Eiweißstoffe, die zur Bindigkeit des Bruches beitragen, nicht mehr oder nur noch in geringer Menge enthält.

Die Vorwärmung kann entweder in einem Erhitzungsapparat, wie man ihn als Vorwärmer für die Zentrifugierung der Milch benützt, geschehen oder in der Käsewanne selbst. Früher wurde zur Anwärmung der Gesamtmilch ein Teil höher erhitzt, auf 60 bis 70° C, und zur nicht erhitzten gegeben; neuerlich wird in manchen Gegenden, z. B. in Dänemark, die Vollmilch im Vorwärmer auf diese Temperatur und mit der gekühlten Magermilch auf die Labtemperatur gebracht.

Einlabung. Bevor die Milch den Labzusatz erhält, „eingelabt" wird, muß sie auf die Labtemperatur gebracht werden. Diese ist verschieden hoch, je nachdem man Weichkäse oder Hartkäse macht; sie ist auch verschieden hoch, je nach der Art der Käse dieser Klassen. Man nimmt sie besonders niedrig für die frisch genossenen Weichkäse, so für Gervais und Neufchâteler zu etwa 15 bis 20° C, dagegen für die reifenden Weichkäse, deren Labungsdauer einige Stunden beträgt, etwa 28 bis 30° C, für die eigentlichen Hartkäse, z. B. Emmentaler, 32 bis 34° C. Ebenso richtet man sich beim Einstellen der Labtemperatur nach dem Fettgehalt der Milch, indem man Käse aus magerer Milch bei niedrigerer Temperatur einlabt als Käse aus halbfetter oder vollfetter Milch. So nimmt man zu magerem Schweizerkäse eine Labtemperatur zwischen 29 und 31° C, zu halbfetten Käsen 30 bis 32,5° C und zu fetten Käsen 31 bis 35° C. Es ist dies durch den Umstand begründet, daß fette Milch einen lockeren Bruch gibt, so daß man die genügende Festigkeit des Bruches durch höhere Labtemperatur erzielen muß.

Als Lab wird zumeist das Trockenlab, sonst auch die Labflüssigkeit von der Stärke 1:10000, verwendet. Da die Löslichkeit des ersteren je nach dem Präparat verschieden leicht ist, das eine Präparat mehr unlösliche Bestandteile hinterläßt als ein anderes, so ist es gut, es einige Zeit, etwa 1 Stunde, vorher aufzulösen und bei Käsen, bei denen es darauf ankommt, daß der Teig außerordentlich zart und gleichartig, nicht körnig ist, wie bei den frischen Quarg- und Rahmkäsen, auch vor dem Gebrauch noch zu filtrieren. Denn die unlöslich gebliebenen Flocken, die sich in den Präparaten meist zeigen, halten durch Adhäsion immer etwas mehr Lab zurück, als die Lösung enthält, und veranlassen beim Dickwerden der Milch um sich herum eine schnellere und dichtere Gerinnung. Man benützt deshalb bei den genannten Käsesorten und auch sonst gerne das flüssige Lab. Bezüglich des Labes für Emmentaler Käse siehe dort.

Die Dicklegung der Milch durch das Labferment ist ein zeitlich fortschreitender Vorgang und es sind bei ihm zwei Momente zu unterscheiden: Der Moment, in welchem die Milch anfängt zu „ziehen", d. h. dicklich zu werden („Gerinnungsmoment" KÜRSTEINERS), und der Moment, in welchem die Milch „schnittreif" ist, der „Dickungsmoment". Dieser wird durch die Fingerprobe festgestellt.

Bruch und Quarg. Die Ausscheidungen durch Lab und durch Säuerung sind, wie früher schon ausgeführt ist, chemisch verschieden, indem das Labgerinnsel aus Parakaseinkalk — nach HAMMERSTEN Käsestoff genannt — besteht, das Säuregerinnsel aus Kasein. Das Labgerinnsel, wie auch das bei einer ungestörten Säuerung entstehende Säuregerinnsel, stellt eine weiße, festweiche kuchenartige Masse dar, die bei näherer Untersuchung aus einem Netzwerk von dicken Fäden besteht, in welche das Fett und die Molke bzw. das Serum samt Bakterien und sonstigen suspendierten Stoffen eingeschlossen sind (siehe Abb. 11, S. 187). Die Entstehung dieses Netzwerkes ist nach E. Hekma dem Umstande zu verdanken, daß die Milch neben Fettkügelchen und Leukozyten auch scheibenartige bis kugelige, nur ultramikroskopisch erkennbare feinste Gebilde enthält, die er in Übereinstimmung mit Kreidl und Neumann Milchplättchen (analog den Blutplättchen im Blute) nennt, sowie ferner einen faserigen fibrinartigen Eiweißstoff, der die Verbindung und das Zusammenkleben und -rollen dieser Milchplättchen bewirkt. Bei stärkerem Zusammenziehen dieser Masse unter der Nachwirkung des Labes (wie der Säuerung) entsteht dann ein fester Kuchen: es hat sich aus dem Sol ein Gel gebildet, und zwar irreversibel (nicht rückbildbar).

Dieser (mehr oder weniger feste) Kuchen heißt, soweit er durch Lab entstanden ist, Bruch, Dickete oder auch Matte (bei der auch Säure mitwirkt), auch Labquarg und gegenüber dem reifen Käse Rohkäse; soweit er der Säuerung zu verdanken ist, Quarg oder Säurequarg. Beide sind, wie oben angegeben, der Grundstoff für die verschiedenen Käse und werden teils als solche oder zumeist nach einer bestimmten Reifung in den Handel gebracht und genossen.

Je nach der Art des Käses wird dieser Bruch bzw. Quarg entweder ganz, das heißt in größeren Stücken verwendet, oder in minderem oder stärkerem Maße zerkleinert. So wird z. B. bei einigen Weichkäsen, so beim Camembert und Brie, der ziemlich weiche Bruch mit besonderen Schippen oder Kellen nach und nach in größeren Stücken abgehoben und in die Formen übergeführt, in denen er sich durch den eigenen Druck allmählich festigt, bei anderen, so bei den Käsen nach Limburger Art, in große Stücke geschnitten, bei den Hartkäsen in kleine Würfel zerteilt und durch weitere Behandlung (Ausrühren) noch weiter zerkleinert. Der aus der Säuregerinnung hervorgehende Quarg wird, wenn er nicht frisch genossen, sondern zu Käse verarbeitet wird, ebenfalls durch Schneiden und Ausrühren zerkleinert.

Der Zweck dieser verschiedengradigen Zerteilung ist der, dem Koagulum eine verschiedene Festigkeit und verschiedenen Gehalt an Molken und mit diesem eine bestimmte Reifungsrichtung zu geben. Die in die Bruchmasse eingeschlossene Molke mit ihrem Milchzucker ist es, die den Säuregrad des Käses bestimmt, indem sie der Säuerung verfällt und bei größerer Menge eine solche Menge Säure entstehen läßt, daß dem Rohkäse mehr oder weniger sämtlicher Kalk entzogen wird oder, bei geringerer oder ganz geringer Menge, der Parakaseinkalk nur zum Teil oder nur ganz wenig seines Kalkanteils beraubt wird.

Bei manchen Käsesorten, so z. B. beim Gervais, bei dessen Bereitung der Milch so wenig Lab zugesetzt wird, daß die Gerinnung erst in 24 bis 36 Stunden erfolgt und wobei der Säuregrad der Milch allmählich ansteigt, kann man im Zweifel sein, ob die Käsemasse, die Matte, noch aus Parakasein und nicht vielmehr aus einem Gemisch von diesem und Kasein besteht.

Bei den anderen Weichkäsen entzieht die während des Formens und Pressens entstehende Menge Säure dem Parakaseinkalk so ziemlich ganz seinen Kalk, während dies bei den Hartkäsen um so weniger der Fall ist, je fester und trockener der Bruch gemacht worden ist. Die große Säuremenge in den Weichkäsen bzw. Säuremilchkäsen verhindert eine tiefer greifende Umsetzung des Parakaseins bzw. Kaseins und damit die Reifung dieser Käse innerhalb der Masse. Diese muß vielmehr, wie schon gesagt, von außen her eintreten mit Hilfe von Säure neutralisierenden oder Säure verzehrenden Organismen. Der aus Parakaseinkalk bestehende Teig der Hartkäse vermag die Säure genügend zu neutralisieren, so daß die Reifung auch im Innern und gleichmäßig durch die ganze Masse vor sich gehen kann.

Das Vorkäsen. Wenn die Festigkeit des Bruches und damit sein Molken- oder, wie man schlechtweg sagt, sein Wassergehalt eine so große Rolle spielt, dann ist die erste Verrichtung bei der Bereitung des Käses, das „Käsen" oder „Vorkäsen", eine der wichtigsten Arbeiten des Käsers. Sie beginnt damit, daß dieser prüft, ob die ausgeschiedene Masse, der Bruch wie der Säurekuchen, die für eine Bearbeitung richtige Konsistenz besitzt. Diese Prüfung wird durchweg mit dem Finger ausgeführt, der senkrecht in die geronnene Masse eingetaucht und langsam durch Beugung waagrecht herausgehoben wird. Bricht die Masse über dem Finger scharfkantig, so ist sie schnittreif, im anderen Fall ist für eine weitere Festigung zu sorgen. Ist diese nämlich nicht vorhanden, dann tritt bei Verwendung von Vollmilch unvermeidlich ein Verlust an Fett ein, da die Fettkügelchen aus der weichen Masse leicht entweichen und in die Flüssigkeit übertreten, und ferner zerfällt die Bruchmasse selbst leicht oder spaltet Teilchen ab, so daß auch hiervon gewisse Mengen für den Käse verlorengehen, es wird viel „Staub" gebildet. Die Molke oder das Serum ist in solchem Falle trüb und weißlich. Anderseits muß, namentlich bei der Bereitung von Weichkäsen, darauf geachtet werden, daß die Masse sich nicht zu sehr zusammenzieht, nicht zu fest wird, weil sie sich sonst nicht mehr genügend bzw. leicht zerkleinern und bearbeiten läßt und Weichkäse sich überhaupt kaum oder nicht mehr herstellen läßt. Die Zeit des Schnittreifseins muß also gut abgepaßt werden.

Überlegen, Schneiden und Zerkleinern. Ist die Schnittreife eingetreten, dann wird zum Schneiden selbst geschritten. Eine Vorbedingung dafür ist, daß die gesamte Gelmasse von gleichmäßiger Konsistenz ist. Da diese von gleichmäßig auf sie einwirkender Wärme abhängig ist, und die oberen Schichten im Käsekessel trotz Zudeckens desselben immer etwas kühler und weicher sind, so schält man diese zunächst ab und legt sie an den Rand, wo sie nach unten gleiten und die untere Wärme annehmen. Diese Manipulation nennt man das Überlegen. Bei der Herstellung von Fettkäsen, namentlich bei den langsam labenden oder säuernden Weichkäsen, ist die Notwendigkeit dieses Überlegens noch begründet durch den Umstand, daß die Vollmilch während des langsamen Gerinnens aufrahmt und die oberen Schichten somit fettreicher sind als die unteren, ein Ausgleich also stattfinden muß, wenn der Fettgehalt des Käses nicht ein völlig ungleicher sein soll.

Dem Überlegen folgt das Schneiden oder „Brechen" des Koagulums. Dieses wird mit der Hand, und zwar mit dem „Käseschwert" oder „Käsesäbel" oder mit „Bruchmessern", neuerlich vielfach, am meisten in Holland und wenigstens in Käsereigroßbetrieben, mit mechanisch angetriebenen Schneidevorrichtungen ausgeführt. Solche sind unter anderen das System VAN DER GOOT der Firma F. H. Pijttersen in Sneek und die Käsemaschine System LANFERS-SCHWARZHAUPT der Firma A. Lanfers in Groningen. Die Konstruktion dieser Maschinen besteht kurz darin, daß ein die Breite (oder halbe Breite) der länglichen Käsewanne einnehmendes Bruchmesser mit Hilfe einer Laufkatze durch das Koagulum hindurchgezogen wird. Zur besseren Ausnützung der Arbeit der Messer sind die Käsewannen an den Enden nicht eckig, sondern rund ausgeschweift (siehe Abb. 1 und 2). Die Messer sind bei diesen Apparaten auf der einen Seite scharf zum Schneiden, auf der anderen Seite stumpf zum Rühren. Die neue Käsebruchbearbeitungsmaschine Type KM der Firma Lanfers-Groningen enthält zwei kleine Elektromotoren, von denen der eine die Hin- und Herbewegung des Wagens, der andere die rotierende Bewegung der Messer besorgt.

Wenn das Schneiden mit der Hand geschieht, wird das Koagulum sowohl senkrecht wie waagrecht und auch quer, also nach 3 Richtungen geschnitten, so daß die Masse in Würfel zerteilt wird. Man benützt dazu Bruchmesser mit vertikalen und horizontalen Schneiden. Auch die Schneidemaschinen sind mit solchen Bruchmessern ausgerüstet, so daß auch mit ihnen vertikale und horizontale Längsschnitte, aber keine Querschnitte ausgeführt werden können, die Querteilung erfolgt dann durch die Rührbewegung, auf welche diese Maschinen

Abb. 1
Käsemaschine LANFERS-SCHWARZHAUPT Konstruktion der Laufkatze

ebenfalls eingerichtet sind. Bei der abgebildeten Maschine werden die beiden Messer — welche entweder beide vertikale oder horizontale Schneiden besitzen oder das eine vertikale und das andere horizontale Schneiden trägt — in der Längsrichtung der Wanne durch das Koagulum gezogen, machen am Ende eine halbe Drehung und kehren zurück. Dieses erste Schneiden, „Vorschneiden", wie es bei Benützung der Maschinen heißt, geschieht in langsamem Zug, für die weitere Bearbeitung wird dann eine schnellere und zugleich rotierende Bewegung angewandt; die Laufkatze ist dafür entsprechend eingerichtet.

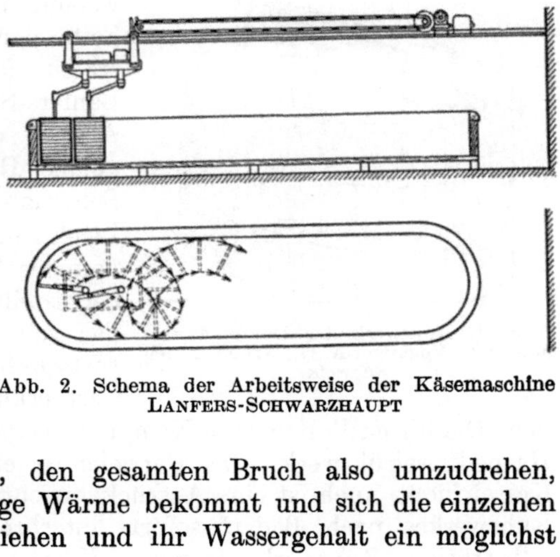

Abb. 2. Schema der Arbeitsweise der Käsemaschine LANFERS-SCHWARZHAUPT

Dem Schneiden folgt das Überziehen, das ebenfalls den Zweck hat, die oberen kühleren Schichten nach unten zu bringen, den gesamten Bruch also umzudrehen, damit er eine möglichst gleichmäßige Wärme bekommt und sich die einzelnen Bruchteile gleichmäßig zusammenziehen und ihr Wassergehalt ein möglichst gleichmäßiger werde.

Darauf folgt die weitere Ausarbeitung und Zerteilung des Bruches auf eine bestimmte, für die betreffende Käsesorte geeignete Korngröße, das „Aufdaskornkäsen". Für die Handarbeit benützt man dazu den Bruchrührer oder Bruchbrecher oder die Käseharfe. Es kommt darauf an, den Bruchstücken, die beim Schneiden immerhin noch nicht die nötige Zerteilung erfahren konnten, die erforderliche Größe zu geben, und zwar so gleichmäßig, wie nur möglich. Es wirkt dabei neben der Zerreißung durch die Drähte der Bruchbrecher die Kontraktion mit, welche durch die Nachwirkung des Labes ausgeübt wird. Diese Arbeit erfordert die besondere Aufmerksamkeit des Käsers, damit der Bruch nicht etwa zu stark zerteilt werde, bevor er sich genügend zusammengezogen hat, und umgekehrt nicht etwa zu fest werde, bevor die nötige Zerkleinerung erzielt ist. Die Nachwirkung des Labes besteht nämlich darin, daß die Bruchstücke sich nach und nach kontrahieren, die Molke auspressen und damit fester werden. Es darf dies nicht rasch und auch nicht an zu großen Stücken geschehen, weil sonst hauptsächlich die äußeren Schichten von dieser Kontraktion erfaßt werden und die inneren Schichten des Bruchstückes wasserhaltig bleiben. Der Prozeß muß also langsam verlaufen, und die Zerteilung der Bruchstücke muß in entsprechendem Zeitmaß erfolgen. Ist das Verhalten der Milch gegenüber dem Lab derart, daß sie rasch koaguliert, muß auch die Zerteilung entsprechend rasch vorgenommen werden; ist das Umgekehrte der Fall, so kommt es mehr darauf an, den Bruch umzurühren und die Bruchkörner in der Molke schwebend und auseinanderzuhalten, damit sie nicht zusammenkleben, und damit sie Zeit haben, sich zusammenzuziehen, bevor sie noch weiter zerteilt werden. Man benützt dann auch ein Instrument, das mehr Rührer als Zerkleinerer ist, den Bruchquirl, so namentlich in der Emmentaler Käserei, wo der Bruch schließlich nur noch „gebrannt" wird.

Abb. 3. Rührwerk der Dampfkäsereianlage H. Vogt-Gut A. G., Arbon in der Schweiz

Statt der Bearbeitung des Bruches und des nachfolgenden Ausrührens mit der Hand, bedient man sich wiederum der schon erwähnten maschinellen Einrichtungen, nur daß an die Stelle der Schneidemesser oder der scharfen Seite der Messer und der linearen Bewegung besondere Rührer bzw. die stumpfe Seite der Messer und rotierende Bewegung treten (siehe Abb. 2 der Käsemaschine Lanfers-Schwarzhaupt in Groningen und Abb. 3 das Rührwerk der Dampfkäsereianlage H. Vogt-Gut A. G., Arbon in der Schweiz, sowie das Leiter-Rührwerk System Liechti u. Co., Langenau, Bern, Abb. 4). Das von der Firma O. Fleschhut in Immenstadt hergestellte mechanische Rührwerk „Allgäu", das von der Prüfungskommission für milchwirtschaftliche Geräte für neu und beachtenswert erklärt wurde, ist dem Vogtschen ähnlich. Die Firma F. Kühne in Kempten (bayerisches Allgäu) führt ein sogenanntes Haspelkesselrührwerk. Das Getriebe ist eingekapselt, damit nicht Öl in den Kessel fließt, auch ist eine Ausrückvorrichtung vorhanden, damit der Gang des Rührwerkes nach Bedarf sofort unterbrochen werden kann. Ein ähnliches selbsttätiges Rührwerk für runde Käsekessel mit elektrischem Antrieb wird von den Astra-Werken gebaut. Neuestens sind mit Erfolg Propeller-Rührwerke in Verwendung gekommen.

Das Nachkäsen und Formen. Bei dem nun folgenden „Nachkäsen", das in einem Ausrühren und bei den eigentlichen Hartkäsen in einem Nachwärmen besteht, soll der Bruch nicht mehr zerkleinert werden, sondern sich nur noch unter dem Einfluß der Wärme zusammenziehen. Bei den Hartkäsen der Emmentaler Gruppe wird der Bruch unter ständigem Umrühren auf etwas über 55° C erwärmt, „gebrannt". Tilsiter Käse werden bei über 40° C, Gouda unter 40° C, Edamer bei 35 bis 37° C nachgewärmt. Die verschiedene Höhe der Nachwärmetemperatur bewirkt dann auch in gewissem Grad eine Auslese der für die Reifung

Abb. 4. Käsekessel mit Leiter-Rührwerk

bestimmten Bakterien. Dieses Nachwärmen und „Ausrühren" hat den Zweck, die Bruchkörner noch trockener zu machen. Der Bruch ist dann fertig oder „gar", wenn er beim Zusammenpressen in der Hand nicht mehr stark zusammenklebt, sondern leicht bricht, immerhin aber eine gewisse Weichheit besitzt. Er hat dann auch eine für die verschiedenen Käsesorten verschiedene Größe. Bei den Weichkäsen wird, wie schon angedeutet, der Bruch entweder in größeren Stücken oder in Apfel- bis Walnußgröße in die Formen geschöpft, bei halbfesten Käsen z. B. Tilsiter auf Bohnen- bis Erbsengröße, bei Goudakäse auf Weizenkorn- und bei Edamer auf Hagelkorngröße, bei fetten Käsen der Emmentaler Gruppe auf Weizenkorn- bis Hanfsamengröße gebracht.

Für die Beurteilung der Bruchkörner auf ihre Kernigkeit und Trockenheit hat man bisher nur den Maßstab, den die praktische Erfahrung an die Hand gibt: das Zusammendrücken einer Handvoll Bruch in der Handfläche, um festzustellen, ob die Bruchkörner trocken genug und doch nicht zu trocken sind. Man versucht neuerlich, die praktische Erfahrung mehr und mehr durch genauere, möglichst zahlenmäßige Feststellungen mit Hilfe von Apparaten zu ersetzen, so die Festigkeit des Bruches mit dem schon erwähnten Koagulometer von ALLEMANN und SCHMID und die Festigkeit der Bruchkörner durch einen von K. VAS angegebenen Meßapparat, ebenfalls Koagulometer genannt. Er beruht auf dem Gedanken, daß die Festigkeit oder Kernigkeit der Bruchkörner dadurch meßbar zum Ausdruck kommt, daß diese beim Zusammenpressen einen ihrer Festigkeit entsprechenden Widerstand leisten. Der Apparat (Abb. 5) setzt sich aus folgenden Teilen zusammen: einem durchlöcherten Metallgefäß *a*, in welches der Bruch hineingebracht wird, einer runden Metallplatte, die genau in dieses Gefäß hineinpaßt (der Stempel) und an einer Zahnradstange *b* befestigt ist, auf welcher eine Platte *c* aufsitzt zur Aufnahme der Gewichte. Die Zahnradstange läuft an einem Zahnrad auf und ab, das mit einem Zeiger verbunden, der sich an einer Skala entlang bewegt. Der aus dem Käsekessel entnommene Bruch wird zunächst durch Schütteln in der hohlen Hand möglichst von der anhaftenden Molke befreit und in der Menge von rund 20 g im Metallgefäß *a* gleichmäßig ausgebreitet, die auf der Zahnstange aufsitzende Platte dann mit einem 500-Gramm-Gewicht belastet. Der Zeiger nähert sich durch das allmähliche Zusammenpressen des Bruches bis zu einem bestimmten Grade dem Nullpunkt, den der Zeiger einnimmt, wenn der Stempel auf dem Boden des durchlochten Metallgefäßes aufsitzt. Nimmt man zu verschiedenen Zeitpunkten der Bruchbearbeitung Proben heraus und nimmt eine Bestimmung der Festigkeit vor — die immerhin schnell auszuführen wäre —, so wird man wahrnehmen, daß die „Koagulumzahl" mit der Festigkeit zunimmt.

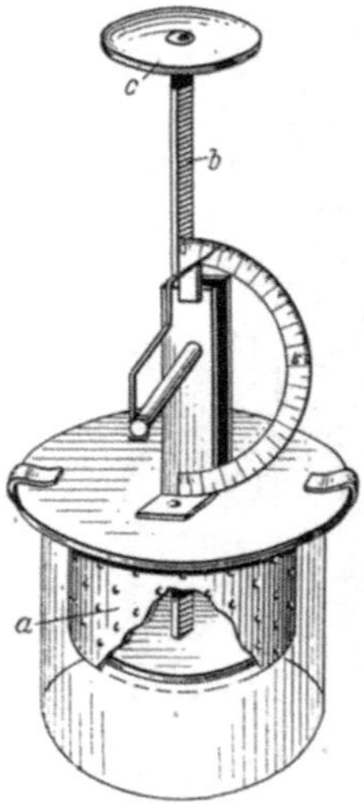

Abb. 5. Koagulometer nach VAS

In der Praxis wird man bei der Beurteilung der Festigkeit der Bruchkörner zunächst noch immer auf das Gefühl und auf das Gesicht angewiesen sein; solche Methoden, wie die vorliegende, namentlich wenn sie genauer durchgearbeitet sein werden, haben jedoch einen nicht zu verkennenden wissenschaftlichen Wert: sie schaffen mit der Zeit festere Anhaltspunkte für gewisse Vorgänge in der Praxis, für deren Beurteilung ein zahlenmäßiger und deshalb vergleichbarerer als nur der individuelle Maßstab erwünscht ist.

W. WINKLER schlägt vor, zur Bestimmung der Festigkeit oder Dichte des Bruches Kochsalzlösungen von bestimmter Konzentration zu verwenden, in welchen der hineingeworfene Bruch schweben bleibt, ähnlich wie es seinerzeit F. I. HERZ für die beiläufige Fettbestimmung in gewissen Käsesorten angegeben hat. Wie aber bei der Methode HERZ' nicht nur der Fettgehalt von Einfluß war, sondern auch die Härte bzw. der Wassergehalt des Bruches, so ist umgekehrt bei der Bestimmung der Dichte oder Festigkeit des Bruches mittels der Salzlösungen der Fettgehalt des Käsebruches nicht ohne Einfluß. Wenn immer mit einem gleichen oder möglichst gleichen Fettgehalt der Kesselmilch gearbeitet wird, wie z. B. in der Emmentaler Käserei, wird man diese Methode sehr gut verwenden können. Bei der Bereitung von Emmentaler Käsen wird beispielsweise das Vorkäsen in der Regel als beendet betrachtet werden können, wenn der Bruch in einer 6½%igen Kochsalzlösung eine Zeitlang schweben bleibt oder wenn er in einer 6%igen Lösung gerade noch untergeht, in einer 7%igen aber schon oben schwimmt. Fertig ausgerührt oder zum Ausheben reif wird der Bruch gewöhnlich sein, wenn er in einer 10½%igen Kochsalzlösung schwebt oder in einer 11%igen gerade schon oben schwimmt, in einer 10%igen aber gerade noch untergeht. Große und kleine Körner verhalten sich, da es ja nur auf das spezifische Gewicht ankommt, ganz gleich. Körner, die obenauf schwimmen, gehen in einiger Zeit unter, weil ihnen das Salzwasser Wasser entzieht. Die Methode muß dem Betriebe angepaßt werden, ist aber nicht umständlich, da dieselben Salzlösungen, wenn man immer nur wenige Körner probiert, mehrere Tage hindurch verwendet werden können.

Wenn der Bruch fertig ist, wird er bei manchen Käsen durch eine Bruchmühle gegeben, bei den meisten Sorten in die entsprechenden Formen übergeführt, die ihrer Gestalt, Weite und Höhe nach je nach der Sorte wieder verschieden sind. Die Bruchmühle wendet man bei den feineren frischen Weichkäsen und auch bei den Sauermilchkäsen an, um die Masse möglichst zart und gleichmäßig zu machen, teilweise auch um noch dazwischen gemischten Rahm oder Butter (Rahmkäse) besser mit der Bruchmasse zu vereinigen, bei Käse der Cheddarart um den Bruch noch weiter zu zerreiben und zu zerkleinern. Bevor der Bruch in die Bruchmühle gebracht wird, wird die Molke abgelassen, in vielen Fällen wird der Bruch während des Durchganges durch die Mühle zugleich gesalzen. Bei den Weichkäsen, bei denen die Bruchmasse nicht durch Ausrühren von der Molke getrennt wird, dienen die Formen zugleich zu dieser Trennung, indem sie so eingerichtet sind, daß die Molke leicht abläuft. Sie sind dann meist auch entsprechend höher oder besitzen Aufsätze, weil sich der weiche Bruch mehr und mehr zusammenzieht und absetzt. Damit dies in genügender Weise erfolgt, muß der Raum, in welchem dieses Einfüllen und Formen geschieht, eine entsprechend mäßig warme Temperatur haben.

Das Pressen. Wenn der Bruch wie bei den Schnitt- und Hartkäsen ausgerührt wird, läßt man vor dem Ausschöpfen desselben die Molke zum größeren Teil oder ganz ab und bringt ihn rasch in die etwas vorgewärmten Formen, aus denen dann ebenfalls die mitgenommene bzw. anhaftende Molke abtropft und bald nachher abgepreßt wird. Dieses Pressen wird bei den frischen Weich- wie bei den Sauermilchkäsen mit der ganzen Masse des Bruches bzw. Quarges vorgenommen und hat hier nur den Zweck, diese von der anhaftenden Flüssigkeit zu befreien (Quargpressen), bei den Hartkäsen verbindet man damit auch den Zweck, die entsprechend trockenen Bruchkörner zum Zusammenkleben und die Bruchmasse in eine bestimmte Form zu bringen. Um sie dabei auch äußerlich zusammenzuhalten, hüllt man sie in mehr oder weniger feinmaschige Tücher, die sogenannten Käsetücher, ein. Der Druck, welchem die Käse dabei ausgesetzt sind, ist nach der Sorte und der dabei beliebten Festigkeit verschieden groß, er beträgt bei Edamer Käse etwa das 6-, beim Gouda das 8-, beim Emmentaler sogar das 20fache des Eigengewichtes, er darf jedoch nicht gleich mit der vollen Stärke einsetzen, sondern soll nur nach und nach zu dieser anwachsen, weil sich sonst die äußeren Schichten des Bruches fest schließen und die Molke der inneren Schichten nicht mehr hindurchpassieren lassen, was dann saure und meist auch blähende Käse gibt. Man hat daher die früher vielfach angewandten Pressen, die mit ihrem ganzen Gewicht und noch aufgesetzten Beschwerungen wirkten, wie z. B. die holsteinische Kastenpresse aufgegeben und benützt nur noch Hebel- oder Schraubenpressen. Als Typen seien abgebildet: die Wandhebelpresse in ihrer ursprünglichen Form (Abb. 6) und in zwei Reihen an einem Gestell angeordnet, System VAN DER GROOT (Abb. 7), ferner eine doppelte, zweihebelige Käsepresse für mehrere Käse, wie sie zur Pressung von Gouda-Käse viel verwandt wird (Abb. 8, siehe auch die Gouda-Formen), dann eine schweizerische Hebelpresse und eine amerikanische Schrauben- und Hebelpresse (Abb. 9 und 10).

Wenn man die von der Presse ablaufende Molke auf ihren Säuregehalt untersucht, so wird man wahrnehmen, daß dieser schon bald nach dem Einbringen des Käses in die Presse mehr und mehr ansteigt und nach etwa 12 Stunden seinen Höchstbetrag erreicht. Im Käsekessel während der Verarbeitung nimmt der Säuregehalt der Milch wie der der Molke nur wenig zu.

Das Salzen der Käse. Mit dem Salzen der Käse verfolgt man mehrerlei Zwecke. Es ist zunächst notwendig, um dem Käse einen kräftigen Geschmack zu geben; die nicht gesalzenen Käse schmecken fade. Dann gibt das Salz dem Käse mehr Haltbarkeit, als dies ohne Salz der Fall wäre, und es regelt die Reifung, indem es diese nach Bedarf verlangsamt, namentlich bei den von

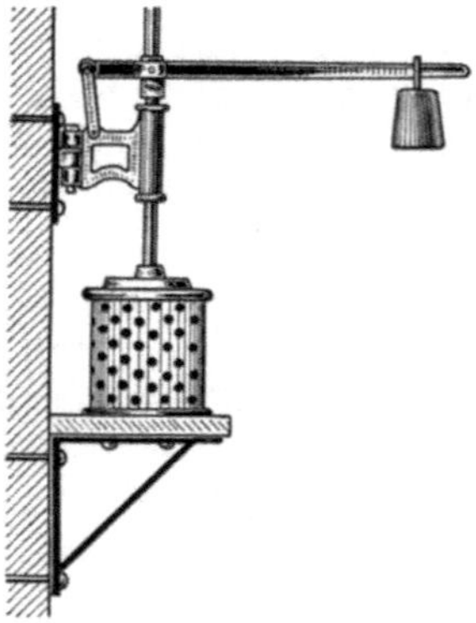

Abb. 6
Wandhebelpresse

Abb. 7. Einfache (Wand-) Hebelpresse in zwei Reihen angeordnet

außen her reifenden Weichkäsen, und indem es dem Käseteig Wasser entzieht. Es ist ferner nicht unwahrscheinlich, daß es insofern an der Reifung des Käses beteiligt ist, als Kochsalz das Parakasein-Monolaktat aufzuquellen und zu lösen vermag und es so den Teig plastisch macht.

Abb. 8. Doppelte zweihebelige Käsepresse für Gouda-Käse

Der Entzug von Wasser (Molke) ist dann von besonderem Nutzen, wenn der Bruch aus irgendwelchen Gründen weicher als wünschenswert ist und ihm die Feuchtigkeit rasch entzogen werden soll (Salzen im Bruch). Es ist das dann empfehlenswert bzw. notwendig, wenn man Sorge haben muß, daß der Käse blähen wird. Man kann in solchem Fall oder wenn man eine andere Maßnahme gegen das Blähen (Pasteurisieren) noch unterstützen will, das Salzen im Bruch auch durch ein Salzen in der Molke (in der Wanne) ersetzen, was deshalb vielleicht empfehlenswerter ist, als es gleichmäßiger ist. Man löst z. B. auf je 100 Liter Kesselmilch 0,1 kg Kochsalz in einer Menge Wasser, daß eine fast konzentrierte Salzlake entsteht, verteilt diese rasch und gleichmäßig auf die Molke und rührt den Bruch rasch mit dem Bruchbrecher um (an der langen Käsewanne 2 Mann). Daß die Blähungserreger (Bacterium coli und aerogenes) gegen Kochsalz sehr empfindlich sind und daß das Salzen im Bruch eine Art Auslese der im Käse enthaltenen Mikroorganismen bewirkt, hat unter anderen auch F. M. MUSKOTEN gezeigt. Bei Quarg und Quargkäsen preßt man den Quarg vorher genügend aus, damit nicht zuviel Salz durch Lösung in der Feuchtigkeit verloren geht.

Abb. 9. Schweizerische Hebelpresse

Neben dem Salzen im Bruch bzw. in der Molke sind die 2 gebräuchlichsten Methoden der Salzung das Trockensalzen und das Salzen im Salzbade. Bei ersterem wird das Salz auf die Außenseiten des Käses aufgetragen

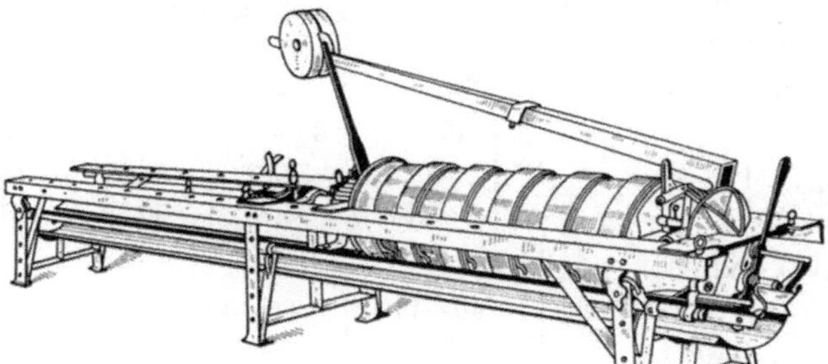

Abb. 10. Amerikanische Schrauben- und Hebelpresse

und mit der Hand etwas in die Rinde eingerieben. Es entzieht zunächst dieser die Feuchtigkeit und macht sie fester, es löst sich aber auch auf und dringt auf dem Wege der feinen Zwischenräume zwischen den Bruchkörnern in das Innere des Käses ein, sich durch Diffusion nach und nach gleichmäßig verteilend. Weichkäse werden an der Randseite öfter, meist doppelt so oft, mit Salz versehen und verrieben als die Flachseiten, weil sie fester gemacht werden muß, damit der Käse nicht die Form verliert. Das Trockensalzen wird bei den kleineren Weichkäsen nur einmal, bei den größeren einige Male vorgenommen, bei den Hartkäsen längere Zeit fortgesetzt. Vor dem nächstfolgenden Salzen werden immer die auf der Rinde stehenden Laketropfen abgewischt. Es darf im Anfange nicht gleich zuviel Salz gegeben werden, weil sich sonst die Rinde des Käses durch zu rasches Austrocknen schließt und das Innere für die Aufnahme von Salz und die Abgabe von Molke verschlossen bleibt. Solche Käse werden innen sauer, reifen nicht und blähen leicht, werden auch leicht bitter. Wenn man zu lange salzt, also dem Käse zuviel Salz gibt, so verliert er den guten Geschmack, wird unter Umständen im Teig auch rauh und bei Weichkäsen „weißschmierig". Zuwenig Salz veranlaßt leicht eine schlechte, fehlerhafte Reifung und ein schlechtes Zusammenhalten des Teiges bei Weichkäsen.

Das Maß der Aufnahme von Salz beim Trockensalzen hängt vom Wassergehalt des Käses und der Korngröße des Salzes ab. Je wasserreicher der Käse ist, um so mehr Salz nimmt er auf, und das gleiche ist der Fall, je feiner das Salz ist.

Wassergehalt, Salzgehalt und Struktur der Käse

Der **Wassergehalt** ist bei Weichkäsen bekanntlich größer als bei Hartkäsen. Untersuchungen darüber liegen mehrfach vor. Er ist z. B. gefunden worden für:

Emmentaler Käse, vollfett mindestens 45% Fettgehalt zu 33,18 und 33,66% nach Schweizer Analytikern (JENSEN und PLATTER) und zu 35% (Mittel) in Allgäuer Emmentaler (PETER und KÖSTLER)

Gouda Käse (nach VAN GULIK)

Fettgehalt i. Tr. %, vollfett, mehr als 45	40	30	20
Wassergehalt % ... 37,0—55,6	46,2—56,4	43,5—59,1	48,5—64,5

Tilsiter Käse a) nach BURR und Mitarbeiter, b) nach TEICHERT und SCHLAG)

Fettgehalt i. Tr. ... %	über 40	30—40	20—30	10—20	unter 10
Wassergehalt % a)	40,61	47,31	49,43	49,36	52,63
Wassergehalt % b)	42,85	49,48	51,71	52,33	61,60

Wilstermarsch-Käse mit verschiedenem Fettgehalt, Mittel: 44,98%, Höchst: 52,28%; in ausgereiftem, ¼- bis 1½jährigem Käse 48,5 bis 49% (BURR, SCHLAG und MOHR).

Limburger Käse

Fettgehalt i. Tr. ... %	40—45	30—40	20—30	10—20	unter 10
Wassergehalt % a)	53,23	52,07	55,03	58,58	56,45
Wassergehalt % b)	50,64	55,95	60,12	61,83	63,47

Romadur-Käse

Fettgehalt ... %	40—45	35—40	20—25	10—20
Wassergehalt % a)	55,37	54,82	63,20	60,99
Wassergehalt % b)	Hier gelten die gleichen Zahlen wie bei Limburger			

Weißlacker Käse

Fettgehalt i. Tr. ... %	über 50	40—50	30—40	20—30	10—20	unter 10
Wassergehalt ... %	50,40	51,23	57,33	58,40	61,48	64,42

Camembert-Käse

Fettgehalt i. Tr. ... %	50—60	45—50	30—40	20—30	10—20	unter 10
Wassergehalt % a)	55,44	54,30	59,35	65,40	61,70	66,80
Wassergehalt % b)	51,15	55,96	60,47	62,37	64,53	63,50

Die Untersuchungen über den **Salzgehalt** der verschiedenen Käsesorten sind nicht immer nach einheitlichen, gleiche Resultate ergebenden Methoden ausgeführt. Eine Zusammenstellung von Untersuchungen, die nach einer einheitlichen Methode (VAN DER BURG)[1]) ausgeführt sind, gibt A. MEYER. Danach enthält:

Tabelle 2

Käsesorte	Anzahl der Analysen	Kochsalzgehalt absolut Schwankung	Kochsalzgehalt absolut Mittel	Kochsalzgehalt in der Trockenmasse Schwankung	Kochsalzgehalt in der Trockenmasse Mittel
Romadur 20%	91	2,81—4,79	3,90	6,85—13,02	9,70
„ 40%	73	2,81—4,71	3,80	6,07—11,90	8,75
Dessertkäse 20%	38	3,04—4,80	3,90	6,91—11,90	9,75
„ 40%	31	3,39—4,30	3,80	6,80—10,80	8,35
Stangenkäse 20%	254	3,90—5,90	4,90	9,00—16,00	12,50
„ 40%	7	2,92—4,09	3,30	5,40— 9,40	7,08
„ 50%	3	3,51—4,44	3,94	7,41— 8,04	7,63
Weißlacker 40—50%	16	6,20—8,50	7,60	12,06—20,21	16,66
Münsterkäse 45%	2	3,10—3,60	3,35	6,10— 6,98	6,54
Steinbuscher 40%	2	2,22—2,86	2,54	4,27— 5,58	4,92
Camembert 40%	40	2,54—3,90	3,10	4,62— 8,73	6,84
Rahmkäse „Schöne Heimat" 50%	8	1,81—2,34	2,00	3,29— 4,52	3,79
Gorgonzola	2	2,75—2,96	2,85	4,54— 4,84	4,69
Tilsiter 20%	6	2,15—3,04	2,55	3,77— 5,67	4,69
„ 40%	6	2,13—2,74	2,39	3,75— 4,77	4,16
Parmesankäse	2	1,72—1,90	1,81	2,40— 2,60	2,50
Emmentaler	165	1,10—2,25	1,90	1,61— 3,53	2,76
Kräuterkäse:					
A. Gesalzener Rohzieger	2	4,95—5,17	5,06	11,64—11,79	11,72
B. Weicher Kräuterkäse	5	4,21—5,53	4,74	9,89—12,44	11,00
C. Harter Kräuterkäse	3	6,55—6,99	6,76	11,29—11,99	11,60
Schmelzkäse:					
A. Emmentaler	17	1,08—1,63	1,35	1,96— 3,03	2,47
B. „ mit Stangenkäse	6	1,81—2,16	2,00	4,98— 6,82	5,61
C. Kräuterkäse mit Emmentaler	5	1,75—2,84	2,08	5,18— 5,75	5,38

Bis auf Gorgonzola und Parmesankäse sind alle angeführten Käse Allgäuer Fabrikate.

Die Angaben über den Kochsalzgehalt in der Trockenmasse der Käse lassen erkennen, daß mit Ausnahme der zart gesalzenen Rahmkäse die Weichkäse einen höheren Salzgehalt besitzen, und daß insbesondere die Kräuterkäse und die Weißlacker sehr salzhaltig sind. Bei den ersteren beabsichtigt man mit der größeren Salzgabe eine größere Haltbarkeit, auch sind sie dieserhalb getrocknet, beim Weißlacker will man damit den besonderen, scharfen Reifungscharakter erzielen. Nach A. MEYER setzt die Weißschmierigkeit der Käse nach Limburger Art mit einem Kochsalzgehalt von etwa 6% ein (bei Stangenkäse nach dem 6., beim Romadur nach dem 4. Salzen). Die Hartkäse, insbesondere der Emmentaler, enthalten nur wenig Kochsalz.

Die Geschwindigkeit und das Maß der Aufnahme von Salz durch den Käse hängt außer von seinem Wassergehalt auch von der Feinheit des Salzes ab. Es ist nicht gut, feines, etwa Buttersalz, beim Käse zu verwenden, denn es löst

[1]) Die Methode VAN DER BURG besteht kurz darin, daß die Käsemasse mit Normal-Natronlauge gelöst und das Eiweiß mit Salpetersäure (25%ig) gefällt wird, Auffüllung auf 100 cm³, Umschütteln und Filtrieren. 50 cm³ werden nach VOLHARD titriert.

sich zu rasch auf, verursacht ein Schließen und Hartwerden der Rinde, bevor die Molken genügend aus dem Käse ausgetreten sind, und kann infolgedessen Veranlassung zum Sauerwerden und Blähen der Käse werden. Versuche von W. Stocker mit Salinensalz verschiedener Korngröße zeigen auch, daß der Verbrauch an Salz und damit die Betriebskosten durch die Verwendung von feinem Salz nicht unwesentlich erhöht werden. Er berechnet, daß bei einer täglichen Verkäsung von 2000 Liter Milch durch die Verwendung von sehr feinem Salz (Friedrichshaller) 1,5 Zentner, bei solcher von mittelfeinem Salz (Wilhelmshaller) 1,2 Zentner Salz monatlich mehr verbraucht wurden, als wenn mit dem gröberen Salz aus bayerischen Salinen gesalzen wurde. Die richtige Korngröße ist nach ihm für Weichkäse 1,8 bis 2 mm. Solches Salz läßt sich, wo es notwendig ist, bei der Behandlung der Käse im Beizkeller wieder abklopfen oder abstreifen, was mit dem feinen Salz nicht gelingt.

Das Salzen im Salzbade verursacht weniger Arbeit, ist bequemer und ist deshalb beliebter, während das Trockensalzen den Vorzug hat, erstens daß es, weil die Salzung eine langsamere ist, dem Käse eine dünnere und weichere Rinde gibt, und zweitens den Käser zwingt, seine Käse täglich in die Hand zu nehmen und anzusehen, womit dann manchem Fehler beizeiten vorgebeugt werden kann. Das Salzbad besteht aus einer Salzlauge, die man in einem Gefäß, am besten in einem Trog von Holz oder Zement, aufbewahrt. Die Lauge oder Lake (oder auch Pökel) macht man verschieden kräftig: sie ist nahezu oder völlig gesättigt. Gesättigt ist sie dann, wenn das Wasser kein Salz mehr aufnimmt und von diesem ein Rest am Boden bleibt; es enthält dann bei gewöhnlicher Temperatur etwa 26% Salz. Es ist aber nicht empfehlenswert, den frischen Käse von der Presse weg in eine konzentrierte Lake zu geben, weil sich dann, wie schon erwähnt, die Rinde leicht zu fest schließt und dem Käse zum mindesten eine dickere Rinde gibt, als wenn er trocken gesalzen wird. Da der Käse aber an das Salzbad Wasser abgibt und ihm Salz entzieht, so ist es notwendig, der Lake wieder Salz hinzuzufügen, damit sie nicht zu dünn werde. Man tut das meist, indem man dem schwimmenden und mit einer Seite aus dem Bade herausragenden Käse eine der Größe desselben entsprechende Prise Salz aufstreut, die beim Umdrehen des Käses am nächsten Tag im dünner gewordenen Bade sich löst. Ein zu dünn gewordenes Salzbad fault leicht und macht den eingetauchten Käse schmierig. Um die Stärke der Pökel kontrollieren zu können, hat man eine Spindel, die Salzwaage, konstruiert, die nach dem spezifischen Gewicht den Salzgehalt angibt. Eine neuerliche vorzügliche Einrichtung, um den Salzgehalt der Pökel auf gleicher Höhe zu halten, ist die, daß man sie mittels einer Zirkulationsvorrichtung über einem mit Salzstein gefüllten Behälter leitet. Um das Salzbad auch bei kleineren Käsen (Weichkäsen, z. B. Camembert) anwenden zu können, in der Absicht, sich die Mühe des Trockensalzens bei den vielen Einzelstücken zu ersparen, benützt man feste Lattengerüste für die Lagerung der Käse, welche mittels einer Hebevorrichtung in das Salzbassin eingetaucht und wieder herausgehoben werden können (System Vaslin).

Das Salzbad kann unter Umständen auch die Ursache zu fehlerhaftem Geschmack der Käse werden, nämlich dann, wenn es alt wird, in welchem Fall es dann sehr keimreich und angereichert ist mit Mikrokokken- und Torulaarten (Muscoten).

Innere Struktur der Käse. Schon bei früheren mikroskopischen Untersuchungen des Käseteiges auf die Art des Auftretens und der Verteilung der Bakterien hat man festgestellt, daß der Käseteig wenigstens bei den Hartkäsen keine gleichmäßige, gleichsam geschmolzene Masse ist, sondern daß er vielmehr von weiteren und engeren Kanälen durchzogen ist, die gelegentlich zu Bruchlöchern, wohl auch zu den Augen mancher Sorten zusammenlaufen. Erst neuerlich hat man sich durch Anwendung der Differentialfärbung ein vollkommeneres Bild der Struktur des Käseteiges zu machen vermocht. Ein sehr klares Bild geben zwei Abbildungen von W. ERNST, die eine den Schnitt durch ein Labgerinnsel (24 Stunden bei 37 ° C gehalten) in starker Vergrößerung, die andere das Gefüge eines Hartkäses bei schwacher Vergrößerung darstellend (Abb. 11 und 12). Beide Bilder zeigen, wie das Koagulum, dieses noch mehr als der Käseteig, von Kanälen durchzogen ist. Am letzteren Bild ist außerdem zu erkennen, daß die einzelnen Bruchteile des Teiges bei Hartkäsen nicht aus einer homogenen, sondern körnigen Masse bestehen. Untersuchungen von TH. L. HENKEL jun. an verschiedenen Hart- und Weichkäsen gaben weiter den Aufschluß, daß zwischen diesen beiden großen Gruppen von Käsen in bezug auf die Struktur des Teiges wesentliche Unterschiede bestehen, insofern als bei den Weichkäsen von einer solchen Struktur, das heißt von einem Durchzogensein des aus körnigen Bruchteilen bestehenden Teiges mittels Kanälen, nicht mehr gesprochen werden kann. Diese Kanäle sind, wie sowohl HENKEL wie der noch zu erwähnende holländische Forscher E. HEKMA, der dieses Studium zuerst aufgenommen hat, fanden, mit einer ziemlich homogenen Flüssigkeit erfüllt, die vermutlich aus löslichen oder löslich gewordenen Eiweißstoffen des Käses (Molkeneiweiß, Umsetzungsprodukten des Parakaseins), Milchsäure und Kalksalzen usw. besteht.

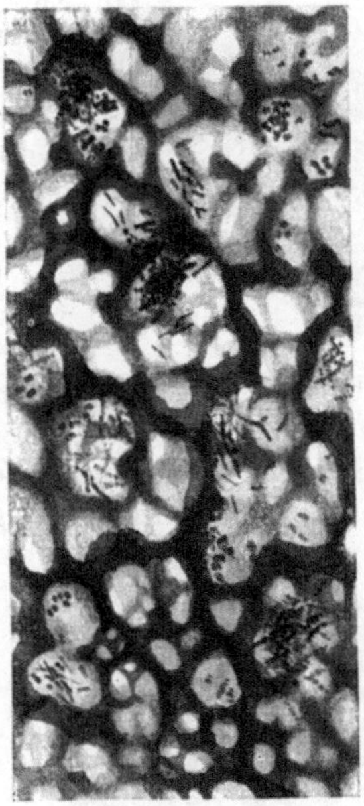

Abb. 11. Schnitt durch ein Labgerinnsel in starker Vergrößerung (nach ERNST)

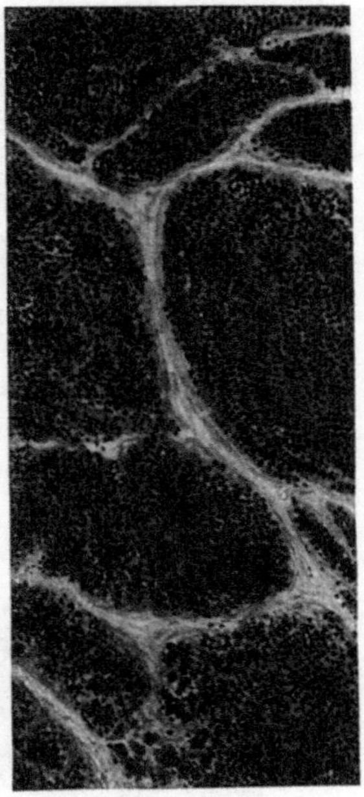

Abb. 12. Gefüge eines Hartkäses bei schwacher Vergrößerung (nach ERNST)

Nach HENKEL erweist sich der differential gefärbte Teig vom Emmentaler Käse als „eine gleichmäßig gekörnte Masse, in der Fett wie Käsestoff nicht miteinander verbunden sind, sondern als kleinste Körner nebeneinander einzeln liegen, welche wie Marmor von dunklen Adern (den Kanälen) der zusammengeflossenen Käseflüssigkeit durchzogen ist“. Bei dem Edamer Käse sind die Kanäle „durchwegs breiter und stärker getrübt als beim Emmentaler“. Die Bruchteile bestehen wie bei letzterem aus Körnern von Fett und Eiweißsubstanz, doch sind die Körner viel kleiner als bei diesem. Der Tilsiter Käse bildet, wie oben mit Bezug auf seine Reifungsrichtung schon ausgeführt ist, den Übergang zu den Weichkäsen nach Limburger Art. Das Gefüge weicht von dem der Hartkäse sehr stark ab. „Das ganze Gesichtsfeld erscheint wie mit dunklen Tupfen, welche einen deutlichen Rand besitzen, übersät, so daß sie in die dunkel erscheinende Käseflüssigkeit ohne jede Schattierung eingebettet erscheinen.“

Besonders kennzeichnend ist, daß jedes einzelne Fett- sowie Käseteilchen von einer Randzone umgeben ist und so von der gleichmäßig trüben, blau gefärbten Flüssigkeit abgehoben ist.

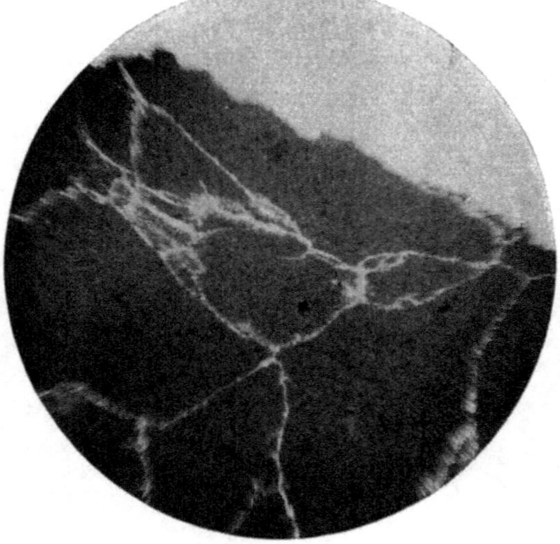

Abb. 13. Schnitt durch den Rindenteil eines Edamer Käses (nach Hekma)

Bei den Weichkäsen ist in der gereiften Zone eine Struktur wie bei den Hartkäsen nicht mehr vorhanden, „die einzelnen Käseteilchen liegen ganz lose nebeneinander, ohne besondere Trennung durch Flüssigkeitsschichten". Beim Weißlacker ist auch nicht einmal mehr ein Gefüge aus kleinen Körnern erkennbar, er stellt vielmehr „eine ganz gleichmäßig trübe Masse von bläulichvioletter (Eiweiß) und rotbrauner (Fett) Tonung dar".

Die Untersuchungen von E. Hekma an Edamer und Gouda-Käse geben weiteren interessanten Aufschluß. So zeigt er, daß die Kanäle bis unter bzw. bis in die Rinde des Käses hineinreichen und daß so die Kommunikation von außen nach innen und durch die Kanäle mit den Bruchlöchern und Augen hergestellt ist (Abb. 13 u. 13a). Ferner aber stellt Hekma noch fest, daß in den Kanälen wie auch in den Quargteilchen rundliche Körperchen sich vorfinden, die entweder Sphärite aus phosphorsaurem Kalk oder die von Hekma und E. Brouwer entdeckten Schaumhäutchen oder Schaumbläschen in veränderter Gestalt sind. Außerdem kommen durch die Färbung auch die in der Milch enthaltenen Leukozyten und andere Zellen zum Vorschein, und zwar in Käsen aus pasteurisierter Milch häufiger als in solchen aus roher Milch.

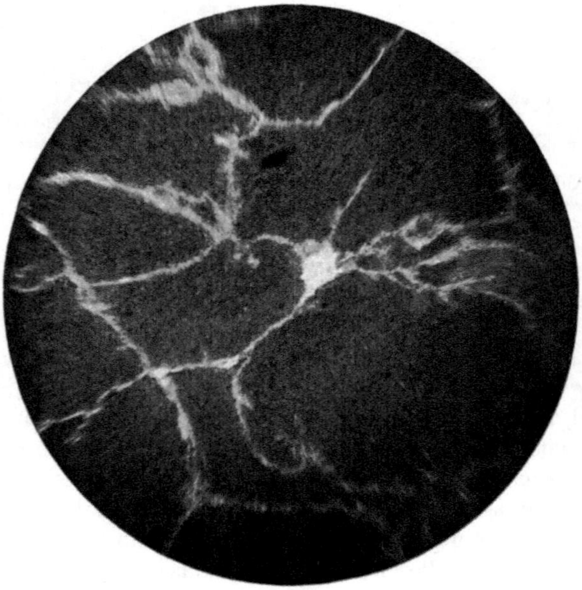

Abb. 13a. Schnitt durch das Innere eines Edamer Käses (nach Hekma)

Der Reifungsraum

Von großer Wichtigkeit ist auch die Beschaffenheit des Reifungsraumes, vor allem die Temperatur und der Feuchtigkeitsgehalt der Luft in ihm. Denn die verschiedenen

Klassen und Gattungen der Käse bedürfen zu ihrer Reifung einer verschieden hohen Temperatur und, je nachdem sie äußerlich trocken oder mit einer Schmiere versehen sein sollen, einer verschiedenen Luftfeuchtigkeit. So brauchen die Hartkäse eine höhere Reifungstemperatur als die Weichkäse und diese zur Bildung der Schmiere bzw. zur Rotbildung eines feuchteren Raumes als die trockenen Hartkäse. Von besonderer Wichtigkeit ist es, daß sowohl die Temperatur wie die Feuchtigkeit möglichst gleichmäßig und nicht zu sehr von der Außentemperatur usw. beeinflußt sind. Man legt deshalb die Reifungsräume gerne unterirdisch oder auch halbunterirdisch an und spricht dann von Kellern; bei den Weich- und Sauermilchkäsen beginnt die Reifung in oberirdischen Trocken- (bzw. Schwitz-) Räumen und setzt sich zwecks Rotbildung in kühlen Kellerräumen fort. Einige aus der Praxis stammende Angaben illustrieren den Temperatur- und Feuchtigkeitsbedarf der verschiedenen Käsesorten.

Tabelle 3

Käsesorte	Trocken- bzw. Beizraum		Reifungsraum		
	Temperatur °C	Feuchtigkeit %	Temperatur °C	Feuchtigkeit %	
Roquefort	10—8	feucht	7—8	90—100	Kaltreifung
Gorgonzola	13—12	„	5—10	—	Kaltreifung
Cheddar	—	—	3—5	—	Kaltreifung
Camembert	15—13	60—70	10—12	90—95	
Brie	14—13	85—90	11—12	85—90	
Limburger	17—15	85—90	11—14	90—95	
Sauermilchkäse (Harzer)	15—10	—	12—15	—	Schwitzraum 17—18° C
Tilsiter	—	—	15—18	90—92	
Gouda	—	—	15—17	90	
Emmentaler	—	—	17—26	85—90	

Die für die Abtrocknung der Weich- wie auch der Quargkäse notwendigen Trocken- und Beizräume, in denen die Käse der Salzung unterliegen, müssen namentlich da, wo die Reifung durch Schimmelbildung eingeleitet wird, entsprechend luftig sein, bei der einen Käsesorte mehr, bei der anderen weniger. Damit die Temperatur möglichst gleichmäßig erhalten werden kann, ist eine **Heizungseinrichtung** (für den Winter) nötig. Diese kann entweder in einem Ofen oder in einer Dampf- oder Warmwasserheizanlage bestehen. Als Öfen benützt man gerne Steinöfen, das heißt aus Ziegelsteinen gemauerte Öfen oder eiserne Öfen, die mit feuerfesten Steinen ausgemauert sind. Sie haben den Vorteil der Billigkeit und den, daß sie die einmal angenommene Wärme lange halten und nur langsam abgeben, also eine verhältnismäßig gleichmäßige Wärme aufrechterhalten. Sie haben aber wie alle Öfen den Nachteil, daß die von ihnen ausgehende Wärme im Raume nicht völlig gleichmäßig verteilt ist, die eisernen Öfen noch den, daß sie in der feuchten Luft leicht rosten. Anstatt mit Kohle zu heizen, bedient man sich besser einer Dampfzuleitung, die so eingestellt werden kann, daß sie über Nacht etwas kräftiger ist.

Die Beheizung größerer Kellerräume erfolgt am besten durch eine Warmwasseranlage, wie sie jetzt allgemein üblich ist, jedoch ohne Rippenkörper, sondern mit Röhren, die unter den Käsegestellen hingeführt werden. Die sonst kälteren unteren Bänke werden auf diese Weise zu den wärmeren, für diejenigen Käse geeigneten gemacht, die in der Reifung etwas zurückgeblieben sind.

Zur Aufrechterhaltung der nötigen Feuchtigkeit wird entweder der Boden des Kellers von Zeit zu Zeit mit Wasser besprengt oder bei Dampfheizungsanlagen ein Dampfhahn geöffnet, oder es sind auf den Röhren der Warmwasserheizung Verdampfungsschalen angebracht, die freilich immer mit Wasser gefüllt sein müssen.

Der in Hundertteilen ausgedrückte Feuchtigkeitsgrad der Luft ist relativ, das heißt er bezieht sich auf die in der Luft von der gleichen Wärme höchstmögliche Wassermenge. Zu seiner Feststellung dient das Psychrometer mit der von W. FLEISCHMANN ausgearbeiteten Feuchtigkeitsgrad-Tabelle. Die Benützung einer solchen ist überflüssig gemacht durch den Feuchtigkeitsmesser von R. HAMMERSCHMIDT, dessen Gradeinteilung so getroffen ist, daß man nur die Grade des trockenen Thermometers, die hier niedriger sind, von denen des feuchtgehaltenen Thermometers abzuziehen braucht, um im Besitze der prozentischen Feuchtigkeitsangabe zu sein.

Eine wünschenswerte Gleichmäßigkeit von Temperatur und Feuchtigkeit ist am besten durch unterirdische oder bei ansteigendem Terrain in den Boden hingeführte Räume gegeben. Es ist nur dafür zu sorgen, daß nicht Grundwasser eindringen kann, weshalb man den Boden mit Zement oder Asphalt oder auch mit hartgebrannten, in Zement oder Asphalt eingebetteten Klinkern auslegt. Wo das Eindringen von Grundwasser nicht zu befürchten ist, läßt man den Boden unter den Gestellen auch wohl unbedeckt. Lagerräume für Hartkäse sollen kühl und mäßig feucht sein, damit die Käse nicht schimmeln und doch nicht viel an Gewicht verlieren, die Keller werden deshalb oft mit einer Erdschicht bedeckt. Eine Belüftung der Keller und Lagerräume ist vor allem bei Weichkäsen und besonders solchen nach Limburger Art nötig. Sie kann in verschiedener Weise herbeigeführt werden, es ist jedoch eigentliche Zugluft zu vermeiden. Wo eine künstliche Kühlung der Räume nötig ist, muß die gekühlte Luft durch Schächte zugeführt werden, von denen aus sie langsam in den Raum herabfällt, oder man führt gekühltes Wasser bzw. Sole in Röhren unter der Decke hin.

Literatur

103. Beretning fra Forsögslaboratoriet Kopenhagen. 1919. Forsög med Ostning af raa, af moment pasteuriseret og af langtids pasteuriseret maelk. — BURR, A.: Molk. Ztg., Jahrg. 1915, Nr. 7 bis 10. Hildesheim. — BURR, A. und Mitarbeiter: Ebenda, Jahrg. 1921, Nr. 28 bis 30. — BURR, A. und M. STEFFEN: Betr. Wilstermarsch-Käse. Mittlg. d. Dtsch. Milchw. Vereins, Jahrg. 1919, Februarnummer. — BURR, A., H. SCHLAG und P. MOHR: Studium über den Wilstermarsch-Käse. Milchw. Ztg., Jahrg. 1928, Nr. 31/32. Stendal. — BURR und H. SCHLAG: Molk. Ztg., Jahrg. 1927, Nr. 65. Hildesheim.

DIBBERN, H.: Käsungsversuche mit dem TÖDTschen Apparat. Molk. Ztg., 39, Nr. 112, S. 2023. Hildesheim. 1925.

EICHLOFF, K.: Einige Hilfsmittel, die mit Erfolg in holländischen Käsereien angewendet werden. Süddtsch. Molk. Ztg., 48, Nr. 34, S. 1002. 1927. — Entwürfe zu Festsetzungen über Lebensmittel. H. 4. Käse. Herausgeg. vom Kais. Gesundheitsamt. Berlin: J. Springer.

FRISCHLING, K.: Die Erzeugung von Käsen nach Emmentaler Art aus dauerpasteurisierter Milch. Österr. Milchw. Ztg., 37, Nr. 16, S. 207, 1930 und ebenda, Nr. 21, S. 275.

GUTSCHMIDT: Siehe Süddtsch. Molk. Ztg., 49, Nr. 12, S. 372. 1928, und Milchw. Ztg., 35, Nr. 6, S. 83. Wien. 1928.

HAGLUND, E.: Käsen mit langpasteurisierter Milch (Förberetende Forsök med ystning av langtids pasteuriserad mjolk). 140. Mitteilung der Zentralanstalt für Versuchswesen auf dem Gebiete der Landwirtschaft. Meiereiversuch Nr. 11. 1917. — HAMMARSTEN, O.: Lehrbuch der physiologischen Chemie, 11. Aufl., 1926.

— HEKMA, E.: Over de in de melk gesuspendeerde plaatsje und Over een onder levinvloed in de melk verschijnende draadvormige stof. Vereeniging tot explotatie eener proefzuivelborderij te Hoorn. Verslag over het jaar 1921. S. 1 und 11 und Zur Kenntnis der Käsestruktur (Edamer und Gouda). Milchw. Forsch., 3., S. 350. 1926. — HENKEL, TH. L. jun.: Zur Kenntnis der Struktur der Käsesorten. Süddtsch. Molk. Ztg., 48, Nr. 35, S. 1025. 1927. — HOCHSTRASSER, W. und W. V. PRICE: Die Fabrikation von Camembertkäse aus pasteurisierter Milch. Milchw. Forschungen, 5, S. 30. 1927.

JENSEN, ORLA- und PLATTER: Landwirtschaftliches Jahrbuch der Schweiz. 1906.

KREIDL und NEUMANN: Ultramikroskopische Beobachtungen über das Verhalten der Kaseinsuspensionen in der frischen Milch und bei der Gerinnung. PFLÜGERS Arch. f. d. ges. Physiol., 123, S. 593. 1908.

MARTIN, H.: Milchw. Forsch., 2, S. 16. 1924. — MAYER, J.: Dissert. München. 1926. — MEYER, A.: Untersuchungen über den Kochsalzgehalt und die Weißschmierigkeit der Käse. Milchw. Forsch., 10, S. 231. 1930. — MÜLLER, W.: Über den Einfluß der Behandlung der Milch auf ihre Labfähigkeit. Biochem. Zeitschr., 46, S. 94. 1912. — MUSCOTEN, F. M.: Milchw. Forsch., 9, S. 51. 1929.

PETER, A. und G. KÖSTLER: Jahresbericht der Molkereischule Rütti. 1908. — PRICE, W. V.: Journ. of dairy science, 10, Nr. 5, S. 373. 1927, durch Milchw. Forsch., 6, Ref., S. 83. 1928. — PRICE, W. V. und P. S. PRICKETT: A comparison of three methods of pasteurizing milk for cheddar cheesemaking. Journ. of dairy science. 11, 169; 1928, durch Milchw. Forsch., 8, Ref., S. 26. 1929.

RICHTER, K.: Vortrag auf der Milchwirtschaftlichen Woche, Kiel, 1929, erscheint demnächst in d. Milchw. Forsch. — RÖDER, H.: Tätigkeitsbericht des Vereins zur Förderung der Milchwirtschaft in Ostpreußen. 1926/27. — ROSENGREN, L. FR.: Ostbereidning av pasteuriserad mjölk. 1921. Mitteilung 215 der Zentralanstalt (Stockholm), Meiereiversuch Nr. 20. — Rütti: Jahresbericht der Molkereischule Rütti. 1921/22.

SAMMIS, J. L. und A. T. BRUHN: The manufacture of cheddar cheese from pasteurized milk. Univ. Wisc. Agr. Exp. Stat. Research Bull. 27. Dez. 1912. — STOCKER, W.: Versuche mit Käsesalzen verschiedener Körnung. Milchw. Forsch., 8, S. 533. 1929.

TEICHERT, K. und H. SCHLAG: Untersuchungen über den Wassergehalt des Käses. Milchw. Forsch., 7, S. 259. 1929. — TÖDT, H.: Einiges über das Verkäsen erhitzter Milch. Milchw. Ztg., 35, Nr. 22, S. 861. Stendal. 1930.

VAN DAM, W.: Zeitschr. f. physiol. Chemie, 9, S. 58. 1908. — VAS, K.: Koagulometer zur Beurteilung des Käsebruches. Milchw. Forsch., 6, S. 231. 1928. — VASLIN, M. P.: Le salage de Camembert en bain de saumure. Le lait, 5, Nr. 42, S. 113. 1925.

WEIGMANN, H.: Käsungsversuche mit pasteurisierter Milch. Molk. Ztg., 37, Nr. 46 bis 48. Hildesheim. 1923. — Käsungsversuche mit dem TÖDTschen Apparat. Molk. Ztg., 39, Nr. 138. Hildesheim. 1925. — WITT, G. A.: Die heiztechnischen Einrichtungen der Käserei und ihre Nebenapparate. Bern: Milchwirtschaftl. Verlag K. J. Wyss' Erben. — WURSTER, K.: Die Beziehungen des Kalkgehaltes der Allgäuer Böden zu dem Kalkgehalt und der Labfähigkeit der Milch. Milchw. Forsch., 7, S. 259. 1929.

ZEILER, K. und A. BERWIG: Betrachtungen zur Erkennung der Käsereitauglichkeit der Milch. Milchw. Forsch., 10, S. 132. 1930. — ZOLLIKOFER, E.: Jahresbericht der Molkereischule Rütti 1929/30, S. 26.

3. Die bekannten Käsesorten und die Technik ihrer Herstellung

Von
W. Weigmann-Kitzeberg-Kiel

Mit Abbildung 14 und 15

Wie aus der oben angegebenen Einteilung der Käse nach ihren Besonderheiten bereits ersichtlich, lassen die in einer Klasse zusammengefaßten Käse nicht bloß in der äußeren Form und in der Beschaffenheit des Teiges, sondern auch in der Geschmacksrichtung usw. Gemeinsamkeiten erkennen, sodaß man geneigt ist, sie zu Gruppen zusammenzufassen. Dabei ergibt sich zugleich, daß eine solche Zusammenfassung bis zu einem gewissen Grade mit einer lokalen Zusammenfassung bzw. Trennung zusammenfällt, insofern als gewisse Gruppen ihr Erzeugungsgebiet ganz oder hauptsächlich in bestimmten Ländern oder in Gegenden bestimmten Charakters haben, so die Emmentaler Käse und verwandte Sorten (Reib- und Schnittkäse) in den Alpengegenden, die Holländer Käse in den nordwestlichen Niederungen Europas, die Tilsiter im Nordosten, die kräftig schmeckenden Limburger und die Sauermilchkäse im mittleren Teil des Kontinents, die zarteren Schimmelweichkäse im Westen usw.

Im nachfolgenden soll eine kurze Charakteristik der erwähnten einzelnen Gruppen und eine kurze Beschreibung der Herstellung ihrer bekanntesten Vertreter gegeben werden.

A. Labkäse

I. Hartkäse

Der vollkommenste Typ der Hartkäse ist der Emmentaler Käse und seine Verwandten. Ein Teil der letzteren wird besonders trocken gemacht, und solche Käse finden dann als Reibkäse Verwendung.

Die Reibkäse, auch Hobelkäse genannt, werden deshalb in so harter Beschaffenheit hergestellt, damit sie als Dauerware dienen können. Ihre Bereitung ist vermutlich auf Sitten und Gebräuche im Familienleben mancher Gegenden zurückzuführen. Sie ist hauptsächlich in den schweizerischen und italienischen Alpenländern zu Hause. Infolge ihrer Trockenheit reifen die Käse sehr langsam.

1. Reibkäse

Die bekanntesten Reibkäse sind der Spalenkäse oder Sbrinze, auch Sbrinzenkäse, der Saanenkäse, der Greyerzer- und der Walliser Reibkäse, sämtlich in der Schweiz beheimatet, ferner die italienischen Reibkäse: der Grana- oder Parmesankäse und der alt gewordene Cacio cavallo. Die Fabrikation der schweizerischen Reibkäse ist im allgemeinen die gleiche wie die des Emmentalers, doch wird der Bruch durch weiteres Auskäsen noch mehr zerkleinert und zugleich seine Bindigkeit erhöht. Bei der Bereitung des Parmesankäses wird der Bruch ebenfalls stark ausgerührt, die dazu verwendete Milch soll jedoch gut reif sein (9 bis 12° S. H.). Die Käse bekommen erst im 2. bis 3. Jahre die nötige Reife und verbessern sich im Geschmack bis zum 5. Jahr, von wann ab sie langsam in Qualität zurückgehen. Der Wassergehalt nimmt mehr und mehr ab, bis auf 30 und selbst 25%.

Der Grana- oder Parmesankäse

Dieser Käse wird im großen Umfange in Oberitalien hergestellt; die jährliche Produktion soll 60000000 kg betragen. Er bildet einen Welthandelsartikel. Man unterscheidet 2 Sorten. 1. den Lodisaner Parmesan in Laiben von

40 bis 50 kg und den Reggianer Parmesan in Laiben von 25 bis 30 kg. Der letztere ist etwas weicher gemacht und dient nicht nur als Reibkäse wie der erstere, sondern auch als Tafelkäse. Er wird auch etwas fetter hergestellt, mit einem Fettgehalt von 38 bis 40% Fett in der Trockenmasse, während der Lodisaner nur 24 bis 26% Fett in der Trockenmasse enthält. Der letztere ist somit ein halbfetter Käse, während der erstere dreiviertelfett ist. Beide Sorten werden aus handabgerahmter Milch mit etwas höherem Säuregrad oder auch aus künstlich angesäuerter Milch hergestellt. Beim Lodisaner ist der Anfangssäuregrad der Milch gewöhnlich 9 bis 12^0 S. H., während beim Reggianer der Säuregrad nur 9 bis 10^0 betragen soll. Der nötige Säuregrad der Milch wird gewöhnlich durch Zusatz von saurer Molke vom vorhergehenden Tage erzielt.

Gegenwärtig werden aber vielfach Reinkulturen von bestimmten Milchsäurebakterien verwendet. Prof. Gorini in Milano verwendet sowohl Langstäbchen als auch lab- und säureproduzierende Bakterien in Molkenkultur. Auch die Professoren Besana und Fascetti in Lodi haben besondere Reinkulturen zusammengestellt.

Eingelabt wird bei 32 bis 35^0 C, und die Gerinnung soll in 20 bis 30 Minuten erfolgen. Der Bruch wird zerkleinert und mit einer Käseharfe so weit verrührt, daß die Körner erbsengroß sind. Es wird nun etwas Safranpulver zugemischt und mit der Molke die Säureprobe gemacht. Der Säuregrad der Molke soll 5,6 bis 6^0 S. H. betragen und es wird bei allmählichem Anwärmen so lange gerührt, bis dieser Säuregrad erreicht ist. Das Nachwärmen geschieht auf 48 bis 50^0 C beim Lodisaner und auf 52 bis 55^0 C beim Reggianer Parmesan. Man läßt nun den Käse im Kessel sich zusammensetzen und hebt ihn im ganzen aus wie beim Emmentaler. Der Käse wird nun auch gepreßt, was beim Lodisaner öfter nicht erforderlich ist, und dann gesalzen. Die Rinde wird mit Leinöl eingerieben, um das Austrocknen zu verhindern, und außerdem mit Kienruß oder Beinschwarz, oder auch durch Einreiben mit Nußblättern geschwärzt. Der Parmesankäse eignet sich vorzüglich für den Export in die Tropen. Er ist, wie die übrigen Reibkäse, z. B. der Sbrinzkäse, nur ganz klein gelocht.

2. Schnittkäse

a) Gruppe der Emmentaler Käse[1]

Zu der Gruppe der Emmentaler Käse gehören der echte Emmentaler, auch Schweizer Käse genannt, der Allgäuer Emmentaler oder Allgäuer Rundkäse, der Rundkäse nach Emmentaler Art der Elbinger Niederung, der finnische Emmentaler, der schwedische Herregoadskäse, der amerikanische Schweizer oder Emmentaler Käse, die Tiroler und Vorarlberger Rundkäse, auch noch als Halbemmentaler (kleiner, vollfett bis dreiviertelfett und von weicherem Teig) und Groyerkäse bezeichnet, dann aus der gleichen Gegend (noch kleiner und weicher wie der vorhergehende) die weniger bekannten Sorten Bellelay (Mönchskopf), der im Keller allerdings geschmiert wird und geschabt und auf Brot gestrichen genossen wird, der Montasio aus den Karnischen Alpen und der Fontina (Piemont) sowie der ebenfalls weiche Battelmattkäse, ferner die Reibkäse: Saanen-, Spalen-, auch der Gruyère-Käse, soweit er mit festem trockenem Teig hergestellt wird, schließlich der Magerkäse nach Schweizer Art.

[1]) Nach einer neuen Feststellung von A. Fehr stammt der Name „Emmentaler" (Käse) nicht, wie man bisher allgemein angenommen hat, vom Tal der Emme in der Schweiz her, sondern vom Wort armentum, der lateinischen Bezeichnung für Schwaige, d. i. Milchwirtschaftsbetrieb. Schon im 13. Jahrhundert wird von armentaler Käse, caseus armentalis, gesprochen, so daß man annehmen muß, daß aus „Armentaler" „Emmentaler" geworden ist.

Die Bereitung der Gruppe der Emmentaler Käse ist gekennzeichnet durch eine kurze Labzeit (20 bis 30 Minuten), kleines Bruchkorn (erbsen- bis bohnengroß), starkes Nachwärmen, sogenanntes Brennen (54 bis 58° C) mit folgendem Ausrühren, bis der Bruch trocken genug ist und die Größe von Weizen- bis Hanfkorngröße hat. Als Lab wird zum großen Teil noch Naturlab verwendet, das mit einem aus geschotteter Molke bereiteten Sauer angesetzt und im Labschrank bebrütet wird. Dieser Labansatz enthält neben den Milchsäurebakterien der Art Streptococcus lactis als eigentliche Reifungsbakterien die sogenannten Milchsäurelangstäbchen und von diesen speziell das Thermobacterium helveticum (Bacterium casei epsilon) und eine Mykoderma, außerdem gewisse Propionsäurebakterien. Den letzteren schreibt man die Augenbildung zu, dem Thermobacterium helveticum die eigentliche Reifung und den spezifischen Geschmack und Geruch des Emmentalers.

Der Wassergehalt des Emmentalers beträgt im Mittel 32 bis 33%, der Fettgehalt der Trockenmasse 45% und darüber. Der Emmentaler hat die Form eines Mühlsteines von 70 bis 80 cm im Durchmesser und eine Höhe von 12 bis 15 cm und ein Gewicht von etwa 60 bis 100 und mehr Kilogramm. Der am meisten gehandelte von den Reibkäsen, der Spalenkäse, ist 15 bis 25 kg schwer und von ähnlicher Form.

Der Emmentaler Käse

Die Zurichtung des Labes. Für das Einlaben der Milch hat man in der Emmentaler Käserei früher allgemein das aus Kälbermägen bereitete Naturlab unter Ansatz desselben mit einem aus geschotteter Molke und öfter einer Reinkultur von Bacterium casei epsilon bereiteten „Sauer“ verwendet. In neuerer Zeit, nach vielfachen Versuchen und Erfahrungen, benützt man, weil es sicherer ist, an Stelle des Naturlabes das sogenannte Kunstlab, und zwar Pulverlab mit Reinkulturen. Das hat einmal den Vorteil, daß man die Stärke des Labes besser vorausbeurteilen kann, und dann, daß das fertige Lab reiner ist von allen Nebenbestandteilen und Bakterien des oft recht unsauberen und unappetitlichen Naturlabes. Dabei hat man anderseits die Erfahrung machen müssen, daß die mit solchem Lab, insbesondere mit süßer oder auch saurer geschotteter Molke hergestellten Käse nicht immer fehlerfrei sind, sondern recht häufig und gerade dann, wenn aus berechtigter Vorsicht die Milchtransportkannen nicht zur Rücksendung von Molke an die Lieferanten benützt wurden, einen bitterlichen Geschmack bekommen. Es ist das vermutlich darauf zurückzuführen, daß die langsamer wachsenden Milchsäurelangstäbchen nicht verhindern können, daß andere, eiweißlösende und dabei bitteren Geschmack erzeugende Bakterien und Hefen sich vor Eintritt des sie schädigenden Säuregrades vermehren. Es hat sich dann auch ergeben, daß diesem Nachteil vorgebeugt wird, wenn man zum Labansatz nicht allein eine Kultur von Bacterium casei epsilon (oder Thermobacterium helveticum), sondern zugleich auch eine solche von dem schnell wachsenden und säuernden gewöhnlichen Milchsäurebakterium, dem Streptococcus lactis, verwendet.

In der Praxis verfährt man dabei folgendermaßen: Vor allem ist es wichtig, daß reinlich und sorgfältig gearbeitet wird. Das bezieht sich in erster Linie auf die für das Ansetzen des Labes benützten Töpfe, die bei erstmaliger Verwendung ausgekocht, später mit heißem Wasser ausgebrüht werden müssen. Aluminiumtöpfe haben sich nicht bewährt, sie werden „angefressen“. In den gereinigten Topf von 4 bis 5 Liter Inhalt gibt man dann 2 Liter einer gut geratenen Kultur von Bacterium epsilon, füllt den Topf mit Molke (Sirte), wie sie aus dem Käsekessel nach dem Ausrühren genommen wird, nach dem Zentrifugieren und Abkühlen auf 32° C auf und stellt ihn in den Wärmeschrank, wo er bei 30° C 40 Stunden lang (nicht über 48 Stunden) bis zur Verwendung seines Inhaltes stehen bleibt. Statt der Reinkultur wird jetzt allgemein die sogenannte Käsereikultur angewendet, d. h. eine in der Käserei selbst zum erstenmal aus Reinkultur, dann aber durch Fortimpfung bereitete Kultur. Die Sirte ist ungeschottete, d.h. nicht hoch erhitzte Molke. Sie kann auch Fettsirte sein, d.h. sie braucht nicht vorher zentrifugiert zu werden, sondern man nimmt sie sofort nach dem Ausrühren aus dem Käsekessel und fügt sie ohne Abkühlung auf die Bebrütungstemperatur der Käsereikultur zu, nimmt dann aber nach dem zweitägigen Bebrüten das Fett ab. Der Säuregrad der so bereiteten Kultur beträgt 20 bis 30° S. H.

Das Labpulver wird erst vor der Zugabe der Käsereikultur zur Milch in der ersteren aufgelöst. Im allgemeinen nimmt man bei der vorgeschriebenen Stärke von 1:100000 ein gestrichenes Löffelchen voll, also 1 Gramm auf 100 Liter Milch. In Betrieben, die daran leiden, daß der Käseteig reichlich fest, „knebelig" ist, empfiehlt es sich, weniger zu nehmen und die Nachwärmung, das „Brennen", bei etwas niedrigerer Temperatur, etwa 52 bis 53° C vorzunehmen. Die Menge des Zusatzes von Sirten-Käsereikultur zu 500 Liter Milch beträgt 1½ bis 2 Liter. Sollte Neigung bestehen, daß die Käse reichlich offen werden, dann ist es gut, der Kesselmilch noch 1 bis 2 Liter gewöhnliche Käsereikultur zuzusetzen. Die Bezeichnung für das nach dieser neuen Methode bereitete Lab ist „Sirten-Käsereikulturlab" oder, wenn unzentrifugierte Sirte benützt wird, „Fettsirten-Käsereikulturlab". Die biologischen Bestandteile dieses Labes sind Thermobacterium helveticum (Bact. epsilon), Streptococcus lactis und öfter auch etwas Hefe. Die normale Zusammensetzung gibt die Abb. 14 wieder. Es empfiehlt sich, diese Zusammensetzung einer etwa halbmonatlichen Kontrolle zu unterwerfen. Die Bebrütung erfolgt am besten und sichersten in einem automatisch regulierbaren Labtemperierschrank, wie sie heute von mehreren Firmen hergestellt werden, oder auch, und zwar für kleinere und Alpenkäsereien, in einem Wärmekästchen, das horizontal abgeteilt ist, oben die abwechselnd gebrauchten 2 Töpfe — hier von nur 1 Liter Inhalt —, unten ein viereckiges mit heißem Wasser gefülltes Gefäß enthaltend. Für die Bereitung des Sauers bedarf es ebenfalls einer möglichst gleichmäßigen Temperatur von 35 bis 40° C, weshalb man auch für diesen Zweck einen Temperierschrank, einen „Isolierschrank" oder „Isolierkasten", verwendet. Es kommt dabei darauf an, daß die genannte Temperatur nicht niedriger wird, so daß also die Isolierung eine gute sein muß[1]).

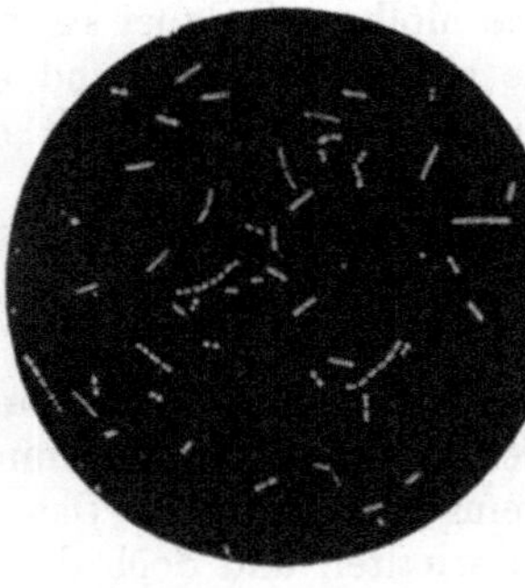

Abb. 14. Die bakteriologischen Bestandteile der Fettsirten-Käsereikultur (Milchsäurelangstäbchen u. Milchsäurestreptokokken)

[1]) In der Käsereischule Weiler im Allgäu wird mit Vorteil die sogenannte „wilde Kultur" angewendet. Diese wilde Kultur erhält man dadurch, daß man Schotte bei 95° C aus dem Kessel nimmt, auf 63 bis 65° C abkühlt und dann im Wärmekasten 1 bis 2 Tage stehen läßt. Sie hat einen Säuregrad von 20 bis 28 S. H. und wird jeden zweiten Tag erneuert. Zeigt der Käse zuviel Ansatz, so wird statt der wilden Kultur eine Reinkultur von Thermobacterium helveticum verwendet oder auch ersterer zugesetzt. Jedenfalls ist es notwendig, alle Reinkulturen sorgfältig auf Geschmack und womöglich mikroskopisch zu untersuchen.

Zeigen die Käse in einem Betrieb durchweg eine zu geringe Zahl von Augen, dann empfiehlt es sich nach J. KÜRSTEINER, eine kleine Menge einer Propionsäurekultur zuzusetzen.

Das Einlaben der Milch geschieht meist bei 35° C. Die Milch soll einen Säuregrad von nicht mehr als 8,5 S. H. haben und das Dicklegen 25 bis 30 Minuten dauern. Säuerliche Milch erzeugt härteren Teig und leicht Nißlerkäse. Hat die Milch einen höheren Säuregrad, so muß frische Milch oder abgekochtes Wasser zugesetzt werden. Nach dem Einlaben wird der Kessel zugedeckt. Zur Ermittlung der richtigen Festigkeit der „Dicketen" dient die Fingerprobe. Zu früh darf man nicht anfangen zu arbeiten, weil man sonst zuviel Staubbruch bekommt, und zu spät nicht, weil sonst der Bruch zu hart wird und sich nicht mehr so leicht zerteilen läßt.

Käsereien, welche unter Gerinnungsstörungen oder darunter leiden, daß der Bruch beim Nachwärmen trotz längerem Ausrühren nicht trocken werden will, kann nach den Versuchen an der Molkereischule RÜTTI empfohlen werden, zur Milch etwas Chlorkalzium zuzusetzen: auf 100 Liter Milch 5 bis 10 Gramm trockenes, gekörntes Chlorkalzium in 10 Liter Wasser gelöst. (G. KÖSTLER.)

Das Vorkäsen. Das Überlegen wie auch das Zerschneiden mit dem Käsesäbel oder besser einem Schneideinstrument, welches 6 vertikale Messer hat, erfolgt, wie früher beschrieben. Die gedickte Milch wird dadurch in vertikale Prismen von 2 bis 3 cm Dicke zerlegt, die Prismen werden dann, wie früher erwähnt, mit 2 Schueffen verzogen. Das weitere Zerteilen des Bruches erfolgt nun vorsichtig mit der Harfe, bis die Bruchkörner 5 bis 10 mm groß sind, 40% davon, etwa 5 bis 6 mm, die übrigen teils größer, teils kleiner. Die Molke soll dabei strohgelb und möglichst klar sein. Ist sie grünlich, so ist sie schon säuerlich, und es muß schneller gearbeitet werden; ist sie weißlich, so ist das ein Zeichen, daß sich Fett ausscheidet, es muß dann langsamer gearbeitet werden, auch kann man etwas absitzen lassen. Nach etwa 8 bis 15 Minuten soll die richtige Bruchkorngröße erreicht, das sogenannte Bruchmachen beendet sein, und es wird nun mit dem Brecher oder dem Rührwerk weitergerührt. Man läßt aber mit Vorteil wiederholt auf einige Zeit absitzen; dadurch kommen die Bruchkörner an die warme Kesselwand und ziehen sich besser zusammen, kühlen nicht so leicht aus und werden auch weniger ausgelaugt. Das Absitzenlassen hat also den Zweck, den Käse saftig zu erhalten und doch die Molke genügend auszupressen. Es wird deshalb öfter wiederholt. Nach 30 bis 45 Minuten Vorkäsen soll der Bruch die nötige Festigkeit erreicht haben; er soll kernen, oder „griffig" sein, und die Bruchkörner sollen gleichmäßig matt, nicht einige glänzend sein.

Das Nachkäsen. Nun folgt gewöhnlich ein längeres Absitzenlassen von 10 bis 15 Minuten, dann wird der Bruch aufgerührt und dem langsamen Nachwärmen unterworfen, und zwar binnen 20 bis 30 Minuten unter stetem Rühren auf 54 bis 55° C[1]), dann wird das Feuer oder der Dampf abgestellt und es wird der Bruch trocken gerührt, das heißt so lange, bis die in einer Hand zusammengedrückten Bruchkörner einen Zapfen bilden, der über dem Finger bricht und sich zwischen den Händen leicht in einzelne Körner zerreiben läßt. Dieses „Ausrühren" oder „Trockenrühren" dauert 25 bis 50 Minuten. Zum Schluß

---

[1]) Ein höheres Nachwärmen, auf 59° und 60° C, wie es auch noch vorkommt, erzeugt leicht Nußschalenlochung und „Stinker" (das Wuchern von Bacillus putrificus, der größere Höhlen und Löcher im Käse und Limburger Käsegeruch erzeugt).

wird der Käse zusammengerührt und der Rührstock vertikal gestellt, damit sich ringsum die Käsekörner zu Boden setzen. Dieses Zusammenrühren darf nicht zu energisch geschehen, so daß etwa ein tiefer Trichter entsteht, weil sonst die Käsekörner entmischt werden, das heißt die schweren Körner nach auswärts fliegen, und die leichteren und der Käsestaub in der Mitte liegen bleiben. Das gibt dann die Veranlassung zu ungleichgelochten und zu randhohlen Käsen. Bei der ganzen Arbeit hat man darauf zu sehen, daß man möglichst gleichmäßige Bruchkörner und wenig Käsestaub bekommt. Zum Schluß haben die Körner einen Durchmesser von 4 bis 5 mm, die größten bis 7, die kleinsten 1 bis 2 mm.

An manchen Orten wird der Bruch noch feiner gemacht, oft bis Hirsekorn groß. Dadurch vermeint man die Molke besser zu entfernen und dem Blähen entgegenzuarbeiten. Es ist jedoch zu bedenken, daß diese kleinen Körner beim Rühren zu stark ausgelaugt werden und dadurch der Geschmack leidet und der Teig leicht zu trocken wird. Auch wird die Ausbeute geringer.

Die Zeit des Vorkäsens und des Ausrührens hat sich hauptsächlich nach der Milch und ihrem Säuregrad zu richten. Man findet da jedoch die größten Verschiedenheiten. Während die einen Käser das Hauptgewicht auf das Ausrühren legen und dieses auch bis zu einer Stunde ausdehnen, verlegen andere, und zwar solche, die einen feinen Bruch erzeugen, den größten Teil der Zeit auf das Vorkäsen. Das Vorkäsen wird dann auf 1 bis 1½ Stunden ausgedehnt. Es ist nun selbstverständlich, daß sich während dieses langen Vorkäsens bei einer Temperatur von 30 bis 33° C hauptsächlich die Milchsäurebakterien vom Typus Streptococcus lactis entwickeln und der Säuregrad der Molke dabei zunehmen muß, während beim längeren Ausrühren hauptsächlich Langstäbchen ihre günstigen Ernährungsbedingungen finden. Im ersten Falle steigt der Säuregrad der Molke gewöhnlich über 5° S. H., während er sich sonst zwischen 5 und 4,5° hält. Wird aber die Molke zu sauer und der Käsebruch zu fest, so ist damit die Gefahr verbunden, daß der Teig zu trocken wird und der Käse leicht springt. Es dürfte deshalb für die meisten Fälle besser sein, einen gröberen Bruch zu erzeugen und durch häufiges Absitzenlassen das Molkenauspressen zu unterstützen.

Ausheben und Pressen. Hat sich der Bruch am Kesselboden in einem Kuchen zusammengesetzt, so wird ein Teil der Molke abgeschöpft, und durch Zugießen von etwas Wasser oder auch abgekühlter Molke die Temperatur auf unter 50° C gebracht, damit dann der Käse mit einem Tuch, das über eine Stahlspange gespannt ist, unterfahren und so herausgenommen werden kann. Bequemer wird das Ausheben durch eigene Aushebeapparate gemacht, die es dem Käser ersparen, mit den Armen in der heißen Molke zu arbeiten. Der Käse wird darauf mittels eines Flaschenzuges gehoben und auf einer Schiene an der Decke hängend zur Presse gebracht. Nunmehr kommt es darauf an, daß man die Molke genügend aus dem Käse entfernt. Der Käse wird zunächst in den Järbreif gegeben, ins Käsetuch eingeschlagen und darauf mit den flachen Händen, gewöhnlich von 2 bis 3 Personen, rasch geknetet, so daß der größte Teil der Molke abfließt. Dann wird leicht gepreßt, der Käse aber nach 5 Minuten umgewendet. Ob er die richtige Konsistenz und Rinde erhalten hat, wird in der Weise geprüft, daß man die Oberfläche mit der Hand leicht reibt. Es müssen sich dann von der Rinde leicht kleine Krümmel abreiben lassen oder, wie man sagt, der Käse muß „sanden"; ferner: drückt man die Finger in den Käseteig ein, dann muß die Rinde leicht spalten. Das sind Zeichen, daß der Käsebruch genügend trocken war und daß er die Molke abfließen läßt.

Beim Pressen muß man ebenfalls sehr sorgfältig darauf achten, daß die Molke am Rande gut abfließen kann. Dazu wird das Käsetuch öfter gehoben und der Pressedruck leicht eingesetzt. Ist der Molke der Austritt am Rande versperrt, so bilden sich im Käse unter dem Järbrand Spalten, Höhlungen oder Blähungen. Nun wird das Tuch mit einem anderen nassen Tuch ausgetauscht und nach 20 Minuten der Käse neuerlich gewendet, was im Laufe des Tages noch 4- bis 5mal geschieht. Am Nachmittag werden die Tücher trocken aufgelegt und am nächsten Tag wird der Käse ohne Tücher glattgepreßt; dabei werden die scharfen, etwas vorstehenden Kanten mit dem Messer etwas abgerundet und der Käse wird nun mit dem Erzeugungsdatum und etwa mit der Fettgehaltsangabe gezeichnet. Die Oberfläche soll eine schön blumige Zeichnung und keine Sirtennester zeigen.

Salzen und Kellerbehandlung. Der Käse kommt dann in den Salzkeller oder in einen Übergangskeller, damit er langsam auskühlt. Er bleibt hier 1 bis 2 Tage liegen und wird mit Salz bestreut. Am nächsten oder dritten Tag kommt er in ein 20- bis 24%iges Salzbad, das nicht zu kalt sein soll. Jeder rasche Temperaturwechsel ist für den Käse von Nachteil und darum ist es auch vorteilhaft, das erste Salzbad, in welches der Käse gegeben wird, auf etwa 18° C zu halten und den Käse erst am zweiten Tag in das kalte Salzbad mit 12° C zu geben. Der Käse bleibt 2 bis 3 Tage im Salzbad, wird täglich gewendet und bleibt dann 3 Tage lang im Salzkeller auf trockenem Deckel liegen, wird aber jeden Tag gewendet und etwas gesalzen. Hierauf gibt man ihn für 14 bis 21 Tage in den Übergangskeller mit einer Temperatur von 12 bis 15° C, damit er nach und nach für die Temperatur des Gärkellers, der gewöhnlich 18 bis 22° C hat, vorbereitet wird.

Der Gärkeller ist von außerordentlicher Wichtigkeit für das weitere Gelingen des Käses. Hier macht der Käse die eigentliche Reifung durch. Er bekommt die Lochung, die nach den Bedürfnissen des Marktes 15 bis 25 mm, nach A. PETER 10 bis 20 mm weite, regelmäßige, mattglänzende, kugelrunde Löcher aufweisen soll, bekommt einen besseren Geschmack und wird im Teig löslicher. Sehr wichtig ist es, daß der Gärkeller nicht zu trocken ist, sonst springen die Käse, und die Rinde wird hart. Die Feuchtigkeit muß entgegen früheren Angaben 85 bis 90% betragen und diese Feuchtigkeit soll im Keller gleichmäßig verteilt sein. Die Heizung des Gärkellers geschieht am besten durch Warmwasser, das entweder in mit Schirm überdeckten Röhren unter der untersten Bankung läuft oder vom Warmwasserofen aus in einzelne Radiatoren verteilt wird. Dadurch sind die untersten Käse einer ziemlich warmen und trockenen Luft ausgesetzt und bekommen eine gute Rinde, während die oberen mehr Feuchtigkeit haben. Die Feuchtigkeit im Gärkeller wird am besten durch gleichmäßigen und gelinden Dampfauslaß unter der Decke erzielt. Der Gärkeller muß außerdem unter den Gestellen einen offenen Boden haben, damit die Erdfeuchtigkeit herausdringen kann. Nicht so gut sind die Ofenheizung und die Boilerheizung, weil sie viel zu einseitig sind und die einen Käse überheizt und weich werden, die anderen zu wenig Wärme bekommen. Der Gärkeller soll deshalb auch nicht, wie man es so häufig findet, im ersten Stock angelegt werden, sondern ebenerdig oder zur Hälfte in der Erde liegen. Im Gärkeller bleiben nun die Käse 10 bis 12 Wochen und wandern in dieser Zeit in den Gestellen von unten nach oben. In den Gärkellern wird der Käse dreimal in der Woche gesalzen. Das Salz muß aber sofort verrieben werden, wenn es zergangen ist, sonst entstehen Salzflecken. Nach etwa 4 Wochen, die der Käse im Gärkeller zugebracht hat, fängt er an zu tönen, d. h. er bekommt einen volleren Ton von den Poren, die sich bilden. Geht der Käse zu stark auf, bekommt er also zuviel Lochung oder geht er gar in Blähung über, so muß er sofort in einen kühlen Keller gebracht werden. Käse, die zu stark ansetzen, werden auch stärker gesalzen. Das Salz ist gärungshemmend; versalzene Käse reifen schwer. Die Feuchtigkeit im Gärkeller wird auch häufig dadurch erzielt, daß man feuchte Tücher aufhängt oder daß man Wasser in dünnen Strahlen aus Röhren ausspritzen läßt. Am besten ist natürlich Erdfeuchtigkeit, unterstützt durch gelindes Dämpfen. Sind die Käse genügend aufgegangen, nach 8 bis 10 Wochen, so kommen sie in den Übergangskeller von 17 bis 18° C und werden auch hier dreimal in der Woche gesalzen, um zum Schluß in dem Lagerkeller bei 12 bis 15° C zu landen, wo sie nur zweimal in der Woche ganz wenig gesalzen und gewendet werden. Auch in dem Lagerkeller muß man für eine entsprechende Feuchtigkeit sorgen, sonst ist der Gewichtsverlust zu groß. Nach etwa 4 bis 5 Monaten ist der Käse verkaufsbereit und nach 5 bis 6 Monaten schnittreif.

Wie oben (S. 171) schon ausgeführt worden ist, ist es nun — was man bisher für unmöglich gehalten hat — gelungen, auch Emmentaler Käse aus pasteurisierter Milch zu bereiten. Daß es sich dabei nicht um einen vorübergehenden Erfolg handelt, geht aus einer Mitteilung der Wiener Milchwirtschaftlichen Zeitung (W. WINKLER) hervor, wonach die oberösterreichische Genossenschaftskäserei Eggelsberg, die dauernd mit ungünstigen Milchverhältnissen zu kämpfen hatte und nur ein geblähtes und geschmacklich fehlerhaftes Produkt erzielen konnte, schon seit einem Jahr nur noch mit dauerpasteurisierter Milch arbeitet. Die Milch wird im Käsekessel unter steter Durchmischung mit dem gewöhnlichen Rührwerk 20 bis 30 Minuten lang auf 62 bis 63° C erwärmt und darauf über dem Röhrenkühler abgekühlt. Abend- wie Morgenmilch werden für sich gleich nach der Einlieferung pasteurisiert, erstere am Morgen entrahmt, die Kesselmilch mit etwas hochpasteurisierter Magermilch und mit 10 bis höchstens 15% Rohmilch und dann mit einer vom Konsulenten des Milchwirtschaftlichen Vereines für Österreich, Ing. H. FRÜHWALD, hergestellten Mischkultur in sterilisierter Molke versetzt. Da der Bruch immerhin etwas weicher bleibt und zuletzt im allgemeinen etwas zäher und rauher ist als der Bruch von roher Milch, so arbeitet man dem durch ein größeres Korn, durch vorsichtiges Arbeiten und wiederholtes Absitzenlassen entgegen. Die Käse waren niemals mehr gebläht, der Teig der meisten Käse erwies sich bei einer Besichtigung des Lagers durch eine Kommission als geschmeidig, mit (zum größeren Teil) sehr schöner Lochung und von reinem Geschmack. Außerdem war die Ausbeute etwas erhöht und die Käse waren um einige Wochen früher reif. In einer anderen, im Salzburgischen liegenden Käserei hat FRÜHWALD ohne Zusatz von roher, also nur mit dauerpasteurisierter Milch Emmentaler Käse bereitet, die im Vergleich zu den aus der besseren Milch des gleichen Tages hergestellten höher qualifiziert werden konnten und guten Geschmack hatten. Es sind nun noch weitere Käsereien zu dieser Methode übergegangen.

b) Holländer Käse

Eine andere Gruppe ist die der Holländer Käse, wozu hauptsächlich der Gouda- und der Edamer Käse und ihre Unterarten zu rechnen sind. Sie haben einen noch ziemlich festen, aber doch gut schnittigen Teig mit einem durchschnittlichen Wassergehalt von 40 bis 48% und bei wirklich vollfetten Käsen mit einem mittleren Fettgehalt von rund 47% in der Trockenmasse, bei Benützung von Mischmilch von abgerahmter Abend- und frischer Morgenmilch von rund 40%.

Die Form des Goudakäses und seiner Abarten ist die eines flachen runden Laibes mit abgerundeten Seitenflächen, bei 8 bis 10 kg Gewicht von etwa 35 cm Durchmesser und 10 bis 12 cm Höhe; doch wechseln Größe und Gewicht. Der Teig ist mit nicht sehr vielen ungleichmäßigen, geschlitzten Augen oder Bruchlöchern durchsetzt, beim „Derby“-Käse sind die Augen rund und noch weniger zahlreich. Der Geschmack ist mild, aber nicht süßlich wie beim Emmentaler, bei älteren Käsen etwas kräftiger und aromatisch. Von den besonderen Sorten ist am geschätztesten der aus völlig süßer, eben gewonnener Milch hergestellte Bauernkäse, ebenso der Maikäse. Kleiner und etwas weicher ist der Juden- und der Heemraads- (fälschlich Geheimrats-) Käse, der weniger fette friesische Käse und der festere und mit runden Augen versehene Derby-Käse. Aus magerer Milch hergestellt sind der Kommynde Kaas (Kümmel- oder Gewürzkäse), der Leydener oder Schlüssel-Käse (Wappen von Leyden), der im Groningschen hergestellte Kanterkaas, der Naegeles- (Gewürznelken-) Käs usw. Der Friesische und der Derby-Käse sind seitlich nicht ausgebaucht, sondern besitzen gerade Seitenflächen. Der Texelkäse ist ein Schafkäse.

Der Edamer Käse zeichnet sich vor dem Gouda wie vor fast allen Käsen durch seine kugelige Gestalt aus. Die Größe und Schwere ist verschieden, von 2 bis 6 Kilogramm, am gangbarsten sind die Käse von 2 und 4 Kilogramm. Der Teig ist von gleicher Beschaffenheit wie beim Gouda, doch hat er mehr säuerlichen Charakter als dieser. Die Lochung ist ebenfalls wenig reichlich, ungleich und schlitzig; immerhin hat man eine Zeitlang auch Käse mit runden Augen (sogenannter Schweizer Lochung, jedoch kleiner) hergestellt. Die fast nicht mehr bereiteten Kommissionskäse waren auf zwei entgegengesetzten Seiten etwas abgeplattet.

Zu dieser Gruppe dürfte auch der Port Salut oder der Trappistenkäse, wie er in Südfrankreich hergestellt wird, zu rechnen sein. Er ist flach, mißt 18 bis 25 cm im Durchmesser, ist 3 bis 5 cm hoch und hat einen ziemlich geschlossenen Teig. Im Geschmack nähert er sich besonders dem Goudakäse.

Der Goudakäse

Die Bereitung des Goudakäses erstreckt sich in den Niederlanden auf den südlichen, weniger auf den mittleren und nördlichen Teil und liegt hauptsächlich in den Händen der Bauern, daneben gibt es verhältnismäßig nur wenige Käse-„Fabriken“, meist auf genossenschaftlicher Grundlage. Nach Deutschland ist sie 1825 von einer Landwirtstochter, Maria Reymer, späteren Frau Voss[1]), verpflanzt worden und hat sich ebenso wie die Bereitung von Edamer Käse am Niederrhein ausgebreitet, von wo aus sie auch im übrigen Deutschland da und dort Platz gegriffen hat. Die deutsche Produktion an sogenanntem Holländer Käse ist zur Zeit nicht groß — L. Müller schätzt sie 1925 auf 9½ Millionen Pfund jährlich —, weil die Einfuhr von Holland nach Deutschland zu entsprechendem Preise ihr entgegensteht.

Die Fabrikation von Gouda- und von Edamer Käse ist nicht so schwierig wie die von Emmentaler Käse, doch hängt ihr Gelingen eben auch von der Güte des Ausgangsmaterials, der Milch, ab. Die Bauernkäse sind deshalb immer noch die besseren, weil die Milch bei ihnen in völlig frischem Zustande verwendet oder bei einmaliger Bereitung am Tage doch sorgfältig behandelt wird. Anderseits hat dies den Nachteil, daß nicht leicht eine größere einheitliche Handelsmarke zustande kommt.

[1]) Ihr ist im Jahre 1929 auf ihrem Heimatsgute ein Denkmal gesetzt worden.

Der Goudakäse hat die Form eines flachen Laibes mit ausgebuchteten Seiten. Je nach der Schwere, die von 12 zu 8, 7, 5 und 3 kg wechselt, ist der Durchmesser weniger, die Höhe verschieden. Die großen Käse haben einen Durchmesser von 35 bis 40 und eine Höhe von 10 bis 12 cm, etwa ⅓ des jeweiligen Durchmessers. Außerdem ist die prismatische Brotform üblich geworden. Sie werden zu allermeist aus Vollmilch bereitet, doch wird in Nordholland, wo die genossenschaftliche Verarbeitung die übliche ist, wiederum zumeist die Abendmilch abgerahmt, so daß Käse mit 40% Fett in der Trockenmasse gewonnen werden, und ebenso werden in Friesland Magerkäse aus Zentrifugen-Magermilch hergestellt. Die Käse aus Vollmilch besitzen einen mittleren Fettgehalt von 47% Fett in der Trockenmasse. Am Niederrhein hat sich ebenfalls die genossenschaftliche Verarbeitung herausgebildet — es bestanden 1925 115 genossenschaftliche und einige größere Privatkäsereien — und man ist bestrebt, die Qualität durch Einführung einer regelmäßigen Milch- und Molkereikontrolle zu heben. Seit einigen Jahren ist entsprechend dem Vorgehen in Holland auch eine Garantiemarke für vollfette Käse mit 45% Mindestfettgehalt in der Trockenmasse eingeführt worden.

Der aus Vollmilch bereitete Goudakäse ist von zartem, geschmeidigem, und mit geschlitzter Lochung versehenem Teig und, wenn ausgereift, von mildem, aromatischem Geschmack, und zwar von besonderem, weder mit dem Emmentaler- noch mit dem Tilsitergeschmack verwandtem Charakter. Zur Sicherung der Reifung gibt man der Milch seit einiger Zeit eine Kultur der gewöhnlichen Milchsäurebakterie (Streptococcus lactis), einen „Säurewecker", zu, wofür sich nach den Erfahrungen der nordholländischen Versuchsstation Hoorn mildsäuernde Rassen am besten eignen. Die Menge des Zusatzes muß sich auf ein geringes Maß — 20 bis 50 cm³ auf 100 Liter — beschränken, weil der Käse sonst leicht kurzen Teig bekommt, was besonders dann der Fall sein würde, wenn, wie in den Käsefabriken und in den Genossenschaftskäsereien, Sammelmilch verarbeitet wird. Der Zweck dieses Zusatzes ist der, der schädlichen Wirkung mancher Bakterien, insbesondere der Blähung erzeugenden Kolibakterien, vorzubeugen. In früherer Zeit hat man dazu die sogenannte lange Wei, eine durch degenerierte Milchsäurebakterien säuerlich und schleimig gewordene Molke verwendet, doch ist man nach Erkennung des Wesens dieser davon ab- und zur Kultur von richtigen Milchsäurebakterien übergegangen. Daß sich dem Fehler des Blähens der Käse mit noch größerer Sicherheit durch Pasteurisieren der Milch mit gleichzeitiger Verwendung eines Säureweckers begegnen läßt, zeigen unter anderem Versuche in der dänischen staatlichen Versuchsmolkerei Hilleröd, wobei die Goudakäse aus dauerpasteurisierter Milch (Sammelmilch) mit 11 Punkten, die aus roher Milch mit 8,27 Punkten im Durchschnitt bewertet wurden.

Die Milch wird nach Zusatz von etwas Käsefarbe und des Säureweckers bei 31° C (30 bis 33° C) mit hauptsächlich flüssigem Lab innerhalb 30 bis 35 Minuten dickgelegt. Die nicht vollfette und noch mehr die magere Milch verlangt eine niedrigere Labtemperatur. Die eben schnittreife Masse wird dann vorsichtig mit der Käselyra oder mit Bruchmessern (mit senkrechten wie mit waagrechten Schneiden), neuerlich mit den im Abschnitt „Allgemeine Technik" erwähnten mechanischen Schneidevorrichtungen in kleine Würfel zerteilt. Das Schneiden erfordert die Zeit von etwa 20 Minuten. Es folgt dann ein Absitzenlassen des Bruches in der Dauer von etwa 10 Minuten, worauf man die überstehende Molke zum Teil ablaufen läßt und den Bruch mit dem Bruchrührer oder mit einer elektrischen Rührmaschine (siehe oben S. 178) 20 bis 30 Minuten lang bearbeitet, bis er Erbsengröße erreicht hat. Man läßt ihn darauf sich am Boden sammeln, läßt wieder einen Teil der Molke ablaufen und beginnt mit dem Nachwärmen, das etwa 10 Minuten dauert und wobei 37 bis 40 — in der Utrechter Gegend 37, in Südholland 40 bis 42 — bei Ausfuhrkäsen 40 bis 43° C Temperatur angewendet wird. In Holland folgt dem Nachwärmen noch ein weiteres Auswirken des Bruches, in Deutschland führt man das während des Nachwärmens aus, das dann auch länger, 20 bis 25 Minuten, dauert. Die Bruchkörner haben zuletzt Weizenkorngröße. Man zieht dann den Bruch unter gleichzeitigem Ablassen des Restes an Molke nach einer Seite zusammen, beschwert ihn etwas und gibt ihn in die Formen. Diese werden vor der Füllung in der warmen Molke angewärmt und angefeuchtet. Die Formen stellen flache, weite Töpfe dar mit flachem, am Rande abgerundetem Boden und einem dicht eingepaßten Deckel. Der Bruch wird möglichst in großen Stücken eingefüllt, bleibt mehrere Minuten in ihnen, wird zwei- bis dreimal gewendet, dann in ein Käsetuch eingeschlagen, eine gute halbe Stunde in ihnen warm stehen gelassen, mit dem Deckel der Form bedeckt und unter die Presse gebracht. Man preßt anfangs nur gelinde mit 2 bis 3 kg auf 1 kg Käse, steigert den Druck aber unter jedesmaligem Wenden bis auf etwa 8 kg. Die in Holland übliche Form der Pressen siehe Abb. 7 und 8.

Die Salzung erfolgt im Salzbad, das anfangs nur 16 bis 17%, vom zweiten Tage ab 22 bis 24% Salz enthält. Die Dauer hängt von der Größe der Käse ab, bei kleinerem Käse beträgt sie 3 bis 5, bei größerem 7 bis 8 Tage. Die schwimmenden Käse werden auf der herausragenden Oberfläche mit Salz bestreut und täglich gewendet. Die Temperatur des Salzbades beträgt 12 bis 14° C. Ist die Salzung zu stark, so entstehen weißrandige Käse. Nach dem Herausnehmen aus dem Salzbad läßt man die Käse einen Tag lang abtrocknen und bringt sie in den Reifungskeller, der eine Temperatur von 15 bis 17° C und einen Feuchtigkeitsgrad von 90% haben soll; nach 4 Wochen werden sie in einen etwas kühleren Keller gebracht. Während der Reifung werden sie zuerst täglich, dann weniger häufig gewendet und trocken abgerieben. Die Rinde soll nur wenig feucht bleiben und keine eigentliche Schmiere absetzen. Nach 3 bis 4 Monaten sind die Käse genußreif. Sie werden zwecks besserer Haltbarkeit nach gründlichem Abschaben mit Leinöl eingerieben und glatt gemacht oder mit Paraffin überzogen. Den der holländisch-staatlichen bzw. freiwilligen Kontrolle unterworfenen Käsen wird eine nach besonderem Verfahren aus Kasein hergestellte Marke eingepreßt, welche die Garantie dafür gibt, daß die Käse aus vollfetter Milch hergestellt sind und den Mindestfettgehalt von 45% in der Trockenmasse besitzen. Auch in Deutschland wird künftig den „Markenkäsen" eine solche, jedoch verschieden gestaltete Marke eingefügt.

Über die Beziehung zwischen Fettgehalt der Milch und dem Fettgehalt der Trockenmasse des Käses gibt eine Zusammenstellung von I. VAN GULIK guten Aufschluß; die Zahlen können auch als maßgebend für das Verhältnis von Fett zur Trockenmasse in der Milch des schwarzbunten holländischen Viehes angesehen werden.

Fettgehalt der Milch	Anzahl der Proben	Fettgehalt der Trockenmasse im Käse niedrigster	höchster
2,5—3,0%	18	44,3	49,6
3,0—3,5%	20	44,2	51,9
3,5—4,0%	10	47,5	53,2
4,0—4,22%	3	49,1	54,1

Man ersieht aus diesen Zahlen, daß bei höherem Fettgehalt der Milch auch der Fettgehalt in der Trockenmasse des Käses ansteigt, was die Regel bestätigt, daß der Fettgehalt der Milch nicht im gleichen Verhältnis zu den übrigen Bestandteilen der Milch, sondern in vermehrtem Grade, mehr einseitig ansteigt. Jedoch ist dies durchwegs nicht in entsprechendem Maße der Fall — VAN GULIK gibt sogar ein Beispiel an, das zeigt, daß aus einer Milch mit 2,51% Fett bei gleicher Arbeitsweise und gleichem Fettgehalt der Molke ein Käse mit ungefähr dem gleichen Fettgehalt der Trockenmasse erzielt wurde wie aus einer Milch mit 4,18% Fett. Durch die angegebenen Zahlen wird dann auch die Erfahrung bestätigt, daß auch eine fettarme — nicht eine fettärmer gemachte, also teilweise entrahmte — Milch einen Käse mit rund 45% Fett in der Trockenmasse ergibt, wenn nicht geradezu schlecht gearbeitet wird, so daß viel Fett in die Molke übergeht, oder die Milch irgendwie weniger käsereitauglich ist. Auf solche Vorkommnisse, vielleicht auch auf Rahmentziehung, muß es wohl zurückgeführt werden, wenn auch in Holland trotz der im Jahre 1906 eingeführten staatlichen Kontrolle noch in den Jahren 1920 und 1921 unter 18 bis 34,5 tausend Proben doch noch über 500, das ist 3 bzw. 1,5%, einen Fettgehalt in der Trockenmasse unter 45% besaßen (J. SWAVING). Der mittlere, also normale Fettgehalt in der Molke ist nach VAN GULIK 0,4%, nach TYMSTRA und DE WAAL $^1/_{10}$ des Fettgehaltes der Milch. Weiter hat sich aus den Untersuchungen des ersteren Autors ergeben, daß die aus der Abendmilch bereiteten Käse fettreicher sind (um etwa 1,5% Fett in der Trockenmasse) als die aus Morgenmilch, welche um 0,22% fettärmer ist als die Abendmilch. Auch die Molke aus der Abendmilch ist die fettreichere, wie überhaupt die Molke aus der fettreicheren Milch die fettreichere ist.

Für den Wassergehalt des vollfetten Goudakäses gibt J. SWAVING aus den Untersuchungen der Jahre 1912, 1914, 1917 und 1919 Zahlen an, aus denen sich — allerdings ohne Berücksichtigung der jedesmaligen Mengen Käse, was aber bei den geringen Schwankungen ohne besonderen Einfluß ist — folgende Durchschnittswerte errechnen:

Alter des Käses	Wassergehalt	Alter des Käses	Wassergehalt
1 Woche	46,5	2—3 Monate	42,25
1—2 Wochen	45,9	3—4 „	41,9
2—3 „	45,7	4—6 „	41,7
3—4 „	44,5	6—12 „	38,5
4—6 „	43,3	überjährig	35,8
6—8 „	42,8		

Neuerlich wird in Deutschland sogenannter **Joghurtkäse** bereitet, der dem Gouda in der Form ähnlich, aber kleiner ist und einen dem Gouda ziemlich gleichen und aromatischen Geschmack besitzt.

Der Edamer Käse

Die Heimat des Edamer Käses ist Nordholland. Er wird dort zum größeren Teil (90%) von Fabriken, zum kleineren Teil (10%) in bäuerlichen Betrieben bereitet. Die Fabriken erhalten entweder die Vollmilch geliefert oder sie bekommen vom Landwirt die sogenannte Tagesmilch, das ist ein Gemisch von schwach abgerahmter Abend- und frischer, unabgerahmter Morgenmilch. Das ergibt dann eine Milch von etwa 2,5% Fett und einen Käse von mindestens 40% Fett in der Trockenmasse, wie er für den Edamer Käse normal ist. Die mit Vollmilch belieferten Fabriken entrahmen die Milch selbst und bereiten aus dem entzogenen Rahm Butter. Es werden aber auch magerere Käse mit 30 und 20% Fett in der Trockenmasse hergestellt. Der Edamer Käse hat Kugelform und wiegt gewöhnlich 2 kg. Die ebenfalls runden Kommissionskäse wiegen 4, und die sogenannten mittleren Käse, die Middelbare — weil es früher noch größere Käse gab — 6 kg.

Für die Bereitung wird die Temperatur der Milch auf 27 bis 30° C und der Säuregrad auf 8,5° S. H. eingestellt. Die für Edamer Käse bestimmte Milch ist also schon ziemlich säuerlich, und auch der Käse hat etwas mehr säuerlichen Charakter, um so mehr ist darauf zu achten, daß dies ein gewisses Maß nicht überschreitet. Je nach der Beschaffenheit der angelieferten Milch setzt man 0,5 bis 1% Säurewecker zu, der aus einem mäßig säuernden Stamm von Streptococcus lactis bestehen soll. Die Milch wird außerdem ziemlich gut, mit 3,5 bis 4,0 g Käsefarbe auf 100 Liter Milch, gefärbt.

Die Labgerinnung soll innerhalb 30 bis 35 Minuten eintreten. Das Schneiden nimmt 10 bis 20 Minuten in Anspruch, wobei der Bruch Bohnen- bis Erbsengröße erhält. Dann läßt man diesen absitzen und die Hälfte der überstehenden Molke ablaufen. Nun wird der Bruch weiter ausgerührt, entweder mit den Händen oder mit den modernen Schneide- und Rührmaschinen, 40 bzw. 80 Minuten, und wärmt dabei auf rund 35° C nach. Der Bruch für den Edamer Käse wird also noch weniger „gebrannt" als der für den Goudakäse. Nachdem er sich bis auf Hagelkorn- oder Gerstenkorngröße zusammengezogen hat und bei der Probe in der Hand nach dem Zusammenpressen wieder auseinanderfällt, läßt man die Molke ganz abfließen, was man dadurch beschleunigt, daß man den Bruch auf die eine Seite der Wanne schiebt. Man beschwert ihn leicht, arbeitet ihn nochmals, aber möglichst schnell, durch und bringt ihn in die Formen.

Die Käseformen sind aus Holz und bestehen aus 2 Teilen, dem unteren größeren, topfförmen mit Fuß und dem Deckel. Beide Teile sind rund ausgehöhlt, so daß ihre Höhlung, wenn beide Teile aufeinander gesetzt werden, eine Kugel bildet. Das untere Stück faßt ungefähr ¾ der ganzen Kugel; es ist auch am Boden mit einigen Löchern durchbohrt, damit die Molken abfließen können. Das Füllen der Formen geschieht möglichst rasch, damit der Bruch nicht abkühlt, weshalb man es in kleineren Betrieben meist in der Wanne, sonst auf fahrbaren Tischen ausführt. In den Formen wird der Käse zwei- bis dreimal gewendet, damit die Molke gleichmäßig abläuft, und kommt dann, nachdem er in ein Käsetuch eingeschlagen ist, mit den Formen — einzeln oder einige aufeinandergestellt — in die Presse, damit die anfangs noch ellipsoidische Form mehr und mehr eine runde wird. Als Pressen dienen entweder die einfachen Wandhebelpressen, die reihenweise auf einen Preßtisch nebeneinandergestellt sind, oder englische bzw. diesen nachgebildete Pressen (siehe oben). Die allmählich anwachsende Belastung beträgt schließlich das Sechsfache des Eigengewichtes, ist also im allgemeinen nur eine geringe (beim Goudakäse, wie erwähnt, bis zum Achtfachen). Die Dauer der Pressung hängt von der Größe des Käses ab, ist aber im ganzen wieder eine kürzere als beim Goudakäse.

Das Salzen wurde früher sehr viel mehr mit der Hand ausgeführt, geschieht jetzt aber zumeist im Salzbad. Je nach Größe verbleiben die Käse in diesem 3 bis 5 Tage. Ein zu starkes Salzen hat auch hier ein Weißrandigwerden zur Folge. Darauf werden die Käse nach der Käsekammer gebracht, wo sie auf Brettern mit lochartigen Ausschnitten von etwa dem ⅓ bis ½ Durchmesser des Käses und abgeflachten Rändern etwa 10 Tage liegen und werden dann in einem Wasserbad oder in einer besonderen, für diesen Zweck gebauten Waschmaschine von der Form der Rollbuttermaschinen mit Wasser von 10 bis 15° C gewaschen. In den Käsekellern, die in Holland durchwegs oberirdisch sind, soll die Temperatur nicht unter 10° C und nicht über 22° C betragen. Die Käse werden auf den Gestellen mit ihren ausgeschnittenen Regalen anfangs täglich, dann weniger oft umgedreht, damit sie rund bleiben. Schließlich werden sie teils gefärbt, das heißt mit Tournesol und Berlinerrot rot („Rotköpfe"), oder nur mit abgekochtem Leinöl angestrichen, nach nur vier- bis fünfwöchiger Lagerung, auf den Markt gebracht, wo sie in großen Stapeln wie Kanonenkugeln auf dem Platze vor der städtischen Waage lagern. Die eigentliche Reife tritt erst nach 8 bis 10 Wochen ein. In neuerer Zeit wird auch der Edamer Käse in Brotform gebracht.

100 kg Vollmilch geben 10 bis 11 kg frischen und 8 bis 9 kg reifen Käse. Der Fettgehalt der aus „Tagesmilch" gemachten Käse beträgt wohl durchwegs über 40% in der Trockenmasse. Der Edamer Käse hat eine feste, aber nicht dicke Rinde und läßt sich gut versenden. Er wird in gefächerten Kisten zu etwa 8 Stück verpackt.

c) Der Tilsiter Käse

Der Tilsiter Käse ist ein Schnittkäse mit weicherem Teig als der Goudakäse und mit ziemlich kräftigem, dem Limburger Käse sich annäherndem Geruch und Geschmack. Er ist ebenfalls von zylindrischer Form, aber von scharfkantigem Rand, hat in der Normalform 23 bis 26 cm Durchmesser und 9 bis 10 cm Höhe und wiegt 4½ bis 5 kg. Die Oberfläche ist mit einer rotbraunen Schmiere bedeckt, weshalb man ihn auch zu den Schmierkäsen rechnet, der Teig mit kleinen geschlitzten Bruchlöchern durchsetzt („Schlitzlochung"). In der Schweiz und im Allgäu werden auch kleinere Tilsiter Käse von 2 kg und mit weicherem Teig gemacht, die dann auch im Geruch und Geschmack dem Limburger noch mehr ähnlich sind, sich jedoch von den eigentlichen Weichkäsen durch die gleichmäßige Innenreifung unterscheiden. Diese „Tilsiter" werden dann auch mit Recht zu den Weichkäsen gerechnet wie dies von mancher Seite geschieht. Der eigentliche „Tilsiter" ist aber ein Hartkäse, es verbindet ihn nur das mit den Weichkäsen nach Limburger Art, daß er infolge des Schmierens einen schwachen Geschmack nach dieser Käsegattung besitzt. Der Tilsiter wird meist 40- und 20%ig und mager, aber auch ¾- und ¼fett, hergestellt.

Die Heimat des Tilsiter Käses ist Ostpreußen, insbesondere das nordöstliche Ostpreußen, die weitere Umgebung von Tilsit und Insterburg.

Er ist dem Geschmacke und seiner Beschaffenheit nach die Übergangsform vom Goudakäse zu den Weichkäsen nach Limburger Art. Dies wird durch die Besonderheiten seiner Herstellungsweise erreicht, die darin bestehen, daß der Bruch nachgewärmt, der Käse aber nicht gepreßt, dagegen geschmiert wird. Seine Urform ist eben der Goudakäse, der der Überlieferung nach von eingewanderten Holländern in die dortige Gegend verpflanzt wurde. Durch Anpassung an die klimatischen, pilzbiologischen und wirtschaftlichen Verhältnisse ist der Gouda zum Tilsiter geworden.

Seine Bereitung liegt hauptsächlich in den Händen von Privaten, welche die Milch von den großen Gütern geliefert erhalten, weniger in den von Genossenschaften, da die Zufuhr von den Gütern in größeren Mengen und auf ziemlich weite Entfernung erfolgt. Die Milch ist teilweise schon in einer schwachen Säuerung begriffen, sie braucht also in der Käserei keine Reifung mehr durchzumachen. Man rechnet mit einem Säuregrad von 8 bis $8{,}5^0$ S. H. in der Kesselmilch. Der süßen Milch setzt man zwecks Reifung einen Säurewecker in der Menge von 0,5% zu. Ist die Milch gut pasteurisiert, also fast frei von Keimen, dann darf der Säurezusatz nur gering sein, weil der Käse sonst säuerlich und der Teig „kurz“ wird, man wendet dann, nach den Erfahrungen von TÖDT, nur 0,15% an. Die Labtemperatur beträgt bei Vollmilch im Sommer 33, im Winter 35° C, bei halbfetter Milch 28 bzw. 30° C, bei Magermilch 26° C. Der Farbzusatz ist mäßig. Die Gerinnung tritt in 30 bis 35 Minuten ein. Das Koagulum wird leicht fest, es ist deshalb der richtige Augenblick für das Käsen abzupassen, und das Vorkäsen ist verhältnismäßig rasch durchzuführen. Auch wird der Bruch nach dem Verschöpfen der oberen Schichten ziemlich grob geschnitten, verzogen und mit dem Bruchrührer oder der Käseharfe verrührt, bis Bohnengröße erreicht ist, worauf man — namentlich bei süßer Kesselmilch — den Bruch kurz absitzen und die Molke ablaufen läßt und sodann weiter verrührt, bis der Bruch Erbsengröße erreicht hat. Das Nachwärmen wird bei 40° C vorgenommen. Dabei wird der Bruch noch weiter ausgerührt, bis er bei der Bruchprobe sich fest anfühlt, nicht zusammenklebt, sondern ziemlich leicht auseinanderfällt. Er soll dann Erbsen- bis Hanfsamenkorngröße haben. Ist er nicht genügend trocken, dann wird der Käse leicht bitter im Geschmack. Nachdem die Formen in der Molke angewärmt sind und diese abgelassen ist, wird der Bruch mittels eines Schöpfers mit gelochtem Boden in die mit einem Käsetuch ausgelegten Formen eingefüllt, was rasch geschehen muß, damit der Bruch dabei gleichmäßig warm bleibt. Die zylindrischen Formen sind von verzinntem Eisenblech und am Boden und am Umfang durchlocht; sie haben einen Durchmesser von 26 cm und eine Höhe von etwa 28 cm, wovon 2 bis 3 cm auf den Fußring kommen. Es ist sehr darauf zu achten, daß die Formen gleichmäßig vollgefüllt werden, damit die fertigen Käse gleichhoch sind und eine gleichmäßige Handelsware darstellen. Zweckmäßig stellt man die Formen in Reihen nebeneinander und legt auf diese ein entsprechend großes und breites, starkes, gekantetes Weißblech mit großen, in die Öffnung der Formen eingreifenden Ausschnitten. Der auf die Weißblechtafel ausgegossene Bruch kann dann leicht und gleichmäßig in die Formen verteilt werden. In der ersten Stunde wird der Käse drei- bis viermal, in der zweiten Stunde zweimal, dann einmal und darauf weniger häufig gewendet.

Eine Pressung wird beim Tilsiter Käse nicht vorgenommen.

Am folgenden Tage wird der Käse aus den Formen genommen und der Salzung zugeführt. Diese geschieht entweder, und zwar zumeist, durch Trockensalzen oder im Salzbad oder auch teils in letzterem und teils durch ersteres. Das Trockensalzen empfiehlt sich namentlich dann, wenn man mit Milch zu tun hat, welche leicht blähende Käse gibt; der Käse soll auch feiner im Geschmack sein. Die Käse werden dabei an 4 bis 5 Tagen im Salz an den Seiten und auf der einen Seite gut eingerieben, am nächsten Tage unter Wenden auf der anderen Seite. Oder man salzt 3 Tage im Salzbad und 2 Tage trocken. Das Salzbad soll eine Temperatur nicht über 15° C haben.

Die gesalzenen Käse läßt man zuerst einige Tage abtrocknen und bringt sie dann in den Reifungskeller, der eine möglichst gleichmäßige Temperatur von 15° C und einen Feuchtigkeitsgehalt von 92 bis 94% haben soll, jedenfalls feuchter sein muß als beim Gouda- und Edamer Käse.

Auf dem Lager werden die Käse zuerst täglich, nach etwa 14 Tagen alle 2 Tage, später in der Woche zweimal gewendet und gewischt. Es bildet sich dabei eine gelblich-rötliche Schmiere, die beim Wischen teils weggenommen, durch die nasse Behandlung aber auch wieder gepflegt wird. Die Käse werden mit Wasser oder — wenn die Rinde sehr weich ist — mit schwachem Salzwasser mittels Tuch ab- und trockengewischt und auf das trockene Brett gelegt. Die Bretter müssen sehr rein gehalten und des öfteren mit Kalkmilch desinfiziert werden.

Das Wischen und Schmieren der Käse hat den Zweck, etwaige Schimmelbildung auf der Rinde nicht aufkommen zu lassen und zugleich einen weniger oder mehr dichten Abschluß in dieser herbeizuführen, welcher das Wachstum des anaeroben Plectridium foetidum oder des Bacillus putrificus, der dem Käse den Limburger Käsegeruch und -geschmack verleiht, ermöglicht. Wie Seite 187 und 188 gezeigt ist, sind die Hartkäse von zusammenhängenden Rissen und Kanälchen bis an die Oberfläche durchzogen. Werden diese Kanälchen mit Hilfe der Schmiere verstopft, und wird der Sauerstoff durch die in der Schmiere wachsenden exquisit aeroben Rotschmierebakterien weggenommen und verhindert, in das Innere zu dringen, dann gedeiht der Bacillus putrificus, die Bakterie des Limburger Käsegeruchs, sehr gut. Alle Käse, welche geschmiert werden, besitzen infolgedessen diesen spezifischen Geruch mehr oder minder, je nachdem die Schmierung ausgiebiger ist als bei den Weichkäsen nach Limburger Art oder eine weniger dichte und schließlich abgetrocknete ist wie beim Tilsiter Käse.

An der Reifung des Tilsiter Käses sind dann neben den gewöhnlichen Milchsäurebakterien (Streptococcus lactis), Säure und Lab bildenden Kokken und den Milchsäurelangstäbchen nach W. Grimmer und L. Prinz, auch — und gegen den Schluß der Reifung hauptsächlich — Bakterien der Mesentericus-Gruppe beteiligt, ferner auch das auf der Rinde die gelbe Schmiere bildende Bacterium linens mit seinen Abarten.

Die Bereitung von Tilsiter Käse aus pasteurisierter Milch ist schwieriger als die anderer Käsesorten, besonders des Goudakäses mit derart behandelter Milch, weil es nicht immer gelingt, den typischen Geruch und Geschmack dieses Käses herauszubringen, erstere vielmehr meist demjenigen von Gouda ähneln; es fehlt der schwache Limburger Beigeschmack. Man muß aus dieser Erfahrung doch wohl den Schluß ziehen, daß die Ursache davon der Mangel an der den Limburger Geschmack verursachenden Bakterie ist und dieser Mangel wiederum der Methode der Pasteurisierung bzw. der bei dieser angewandten Temperatur zuzuschreiben ist. Es ist dem Verfasser bisher nur eine Stelle bekannt, an der seit längerer Zeit — mehr als 2 Jahre hindurch — täglich ohne Unterbrechung Tilsiter Käse in völlig normaler Beschaffenheit aus pasteurisierter Milch gemacht werden: es ist dies die Milchzentrale Lensahn in Holstein. Nach mehrjährigem, unsicherem Probieren, hat der Leiter dieser mit teilweise weit hergeholter Gutsmilch arbeitenden Meierei, Inspektor Tödt, folgendes Verfahren als das zum Ziele führende ausfindig gemacht.

Die mit dem Tödtschen Momenterhitzer in seiner vollen oder etwas eingeschränkten Leistung auf 85° C erhitzte, dabei unter einem Druck von 1 bis $1^1/_2$ Atm. stehende Milch erhält neben der üblichen Menge Käsefarbe einen Säureweckerzusatz von 0,15% und einen Labzusatz (Pulverlab eine ½ Stunde vorher in Wasser gelöst) von 1¼ g auf 100 Liter Milch. Der Säurewecker ist aus einer Kultur von Streptococcus lactis und cremoris sowie einem kleinen Zusatz von Joghurt-Bakterien bereitet. Die Käsemilch — eine Probe davon in einer besonderen Flasche während der Käsung im Käsekessel hängend — soll am Schlusse der Verkäsung bei Vollmilch 9,0 bis 10,0° S. H. Säure haben, bei halbfetter Milch 8 bis 8,5° S. H. Die Einlabung wird bei Vollmilch bei 35° C, bei halbfetter und magerer Milch bei 33° C vorgenommen. Die Labgerinnung tritt nach 18 bis 20 Minuten ein und ist nach 40 bis 42 Minuten beendet. Der Bruch wird in 15 Minuten bis auf Bohnengröße zerkleinert und nach weiteren 20 Minuten langem Verrühren wird auf 42° C, bei halbfetter Milch auf 35 bis 36°C nachgewärmt. Der Bruch hat die nötige Festigkeit nach 50 bis 60 Minuten erreicht.

Die Käse sind seit Benützung pasteurisierter Milch frei von Blähung und haben einen normalen, nicht allzu scharfen, aber typischen und reinen Tilsiter Käsegeschmack.

Der Tilsiter Käse wird mit 45 und mit 20% Fett in der Trockenmasse hergestellt. Nach dem Beschluß des Käsereiausschusses des Deutschen Milchwirtschaftlichen Reichsverbandes sind beim Handel der Käse nach ihrem Fettgehalt die Zahlen für den Fettgehalt in der Trockenmasse maßgebend. Käse mit 45% Fett in der Trockenmasse darf daneben die Bezeichnung „vollfett", ein solcher mit 40% Fett in der Trockenmasse die Bezeichnung „fett" führen, Käse mit 20% Fett in der Trockenmasse gilt als „halbfett". Die Befürchtung, daß die Milch von Niederungsrassen mit geringerem Fettgehalt als 3% Käse mit weniger als 45% Fett in der Trockenmasse ergeben könnte, und die oft ausgesprochene Meinung, daß man gerade bei Tilsiter Käse einen über 40% in der Trockenmasse liegenden Fettgehalt nicht garantieren könne, treffen bei normaler Milch und richtiger Arbeit nur bei besonders niedrigem Fettgehalt zu. GAY, welcher die Beziehungen zwischen Fettgehalt der Milch und Fettgehalt in der Trockenmasse des Tilsiter Käses in 39 Käsereien Ost- und Westpreußens verfolgt hat, ist an Hand seiner Belege der Überzeugung, daß aus normaler Milch immer ein Tilsiter Käse mit mehr als 40% Fett in der Trockenmasse zu gewinnen sei. Unabgerahmte Milch mit 2,4% Fett gab immer noch einen Käse mit 42,28% und eine Milch mit 2,7% Fett einen solchen mit 47,8% Fett in der Trockenmasse. Allerdings scheinen die Beziehungen zwischen dem Fettgehalt der Milch und dem Fettgehalt der Trockenmasse beim Tilsiter Käse nicht so regelmäßig und gesichert zu sein, wie z. B. beim Emmentaler Käse. Auch in der Schweiz, wo Tilsiter Käse ebenfalls hergestellt werden, hat man diese Unsicherheit beobachtet. Man darf aber annehmen, daß sie in der noch nicht so festgelegten Fabrikationsweise des Tilsiters wie des Emmentalers beruhen.

Bei der Bearbeitung des Bruches darf, worauf E. KRUGGEL namentlich die auf Weichkäserei eingestellten Allgäuer Käser — im Allgäu wird im Spätherbst, wenn der Absatz der weniger haltbaren Käse nach Limburger Art stockt, vielfach Tilsiter Käse gemacht — aufmerksam macht, nicht zu langsam vorgegangen werden, weil dies leicht zu einer Übersäuerung des Bruches führen würde. Unter Umständen ist es gut, dem Bruch nach der Entfernung der Molke 5 bis 10% Wasser zuzusetzen; auch empfiehlt sich eine vorläufige Salzung des Bruches mit 1½ bis 2% Salz (siehe oben Abschnitt „Salzen"). Solcher, im Bruch gesalzener Käse wird dann nur 2 statt 3 Tage im Salzbad (18%ig) gelassen.

Ganz ähnlich wie der Tilsiter wird der Appenzeller Käse hergestellt. Sein Geschmack ist ziemlich ähnlich, obwohl er am Schlusse seiner Bereitung in eine „Sulz" gelegt wird, die neben Käseschmiere und Salz auch Hefe und Gewürze (Thymiankraut) enthält. Ebenso ist der **Werder** Käse dem Geschmack nach ein Tilsiter Käse, wenngleich seine Form dem Goudakäse ähnlich ist. Da er von eingewanderten Holländern zuerst hergestellt worden ist, so ist anzunehmen, daß diese einen Goudakäse bereiten wollten, daß dieser aber eine andere Reifung eingegangen ist.

d) Im Bruch nachgesäuerte Käse

Eine dritte Gruppe der Schnittkäse ist die des Cheddar- und Chester-Käses, welche dadurch charakterisiert ist, daß der Bruch eine Säuerung durchmacht, bevor er in die Form kommt, in denen er stark gepreßt wird. Die genannten Sorten haben beide die gleiche Form, sind zylindrisch, von etwa 35 cm Durchmesser und fast ebensolcher Höhe. Der Cheddar wird nachgewärmt (etwa 38° C), der Chester nicht. Der Teig dieser Käse ist stark gefärbt, wachsartig, geschlossen, ohne Lochung, von Geschmack mild, nußkernartig.

Hierher gehören in gewissem Sinne auch der Grana- und der Parmesankäse, insofern als sie aus ziemlich angesäuerter Milch bereitet werden und der saure Bruch durch Nachwärmen auf 50 bis 55° C „reif“ und trocken gemacht wird; ferner der Cacio cavallo und der bulgarische Kaskaval (Schafmilch). Der Granakäse hat Laibform, die Seitenfläche ist stark abgerundet, der Durchmesser entweder 35 oder 65 cm groß, die Höhe etwa 18 cm. Der Cacio cavallo hat verschiedene Formen, so die einer Rübe oder Flasche oder eines Kürbisses. Auch beim Cantalkäse macht der Bruch vor der Formung eine Säuregärung durch, durch welche er eine ziehige Beschaffenheit annimmt. Sogar seine Form gleicht der des Cheddarkäses, indem er fast ebenso hoch wie breit ist, nämlich 30 bis 35 cm im Durchmesser, und ein Gewicht bis zu 50 kg hat. Der Geschmack ist etwas pikant, ohne ausgesprochenem Aroma.

Bereitung des Cheddarkäses. Trotzdem der Bruch des Käses eine Säuerung durchmacht, legt man großes Gewicht darauf, daß die dazu verwendete Milch möglichst süß ist. Da der Käse nicht bloß wachsartige Beschaffenheit, sondern auch ebensolche Farbe haben soll, wird die Milch ziemlich gut mit Orleanfarbe versetzt. Die Einlabung geschieht bei 30° C, zugleich aber setzt man der Milch der Sicherheit der Reifung und des Eintritts der richtigen Säuerung wegen einen Säurewecker in der Menge von 1 bis 2%, je nach dem Säuregrad der Milch, zu. Vielfach — und zwar am allermeisten in Neuseeland, das England reichlich mit Cheddarkäse versorgt, der dann auch entsprechend haltbar sein muß — wird jetzt die Milch vorher pasteurisiert, das heißt in einem kontinuierlich arbeitenden Hocherhitzungsapparat nur kurz auf 71 bis 72° C erhitzt und dann sogleich wieder gekühlt, oder auch einer Art Dauerpasteurisierung ausgesetzt, indem sie etwa 20 Minuten lang auf 63° C erwärmt wird. J. L. Sammis und A. T. Bruhn haben schon in den Jahren von 1905 bis 1911 ein Verfahren für die Bereitung von normalem und einwandfreiem Cheddarkäse aus pasteurisierter Milch ausgearbeitet, das mit Ausnahme der Vorbereitung der Milch von der üblichen Methode bei Verwendung roher Milch nicht oder kaum abweicht. Nach ihren Angaben ist die gegenüber der älteren Methode wenig abweichende Bereitungsweise kurz die folgende. Die in der erwähnten Weise pasteurisierte Milch erhält, damit sie in normaler Weise labt, in kleinen Teilmengen einen Zusatz von 1% einer Normallösung von reiner Salzsäure und nimmt damit einen Säuregrad von 0,25% Säure (auf Milchsäure berechnet) an. Die Verwendung von Chlorkalziumlösung — wonach zu 100 Liter Milch 100 g Chlorkalzium in 1 Liter Wasser gelöst zugesetzt werden sollen und man nur die Hälfte Lab nötig hat, auch eine Mehrausbeute von ½% erzielen soll — hat sich nicht bewährt, anderseits hat diejenige von Salzsäure keine hygienischen Bedenken, um so weniger, als 95% davon in die Molke übergehen. Sodann erhält die Milch noch einen Zusatz von 0,75% eines Säureweckers, der aus einer Kultur eines Gemisches von gewöhnlichen Milchsäurebakterien (Streptococcus lactis), Milchsäurelangstäbchen und Säure und Lab bildenden Kokken besteht, denen nach den Untersuchungen amerikanischer Forscher die Reifung des Cheddars zu verdanken ist.

Der Vorzug dieser Methode besteht darin, daß Großbetriebe, in denen Milch verschiedener Qualität verarbeitet werden muß, ein Rohmaterial zur Verfügung haben, das völlig gleichmäßig ist und Tag für Tag nach ungefähr dem gleichen Schema verarbeitet werden kann und demnach auch ein gleichmäßiges und, wie die Beurteilung von sachverständigen Händlern erweist, ein nur ausnahmsweise weniger gutes, sonst immer sehr gutes Produkt erzielt wird.

Außerdem ist die Ausbeute eine nicht unwesentlich bessere, z. B. bei Käsen, die 100 Tage bei 15 bis 20° C gelagert haben, beträgt die Mehrausbeute, die zum Teil allerdings auf einen höheren Wassergehalt zurückzuführen ist, 4,22% gegenüber gleich behandelten Käsen aus roher Milch.

Bei einem Labzusatz von 2 Unzen auf 1000 Pfund Milch (also von 12,5 g auf 100 kg Milch) beginnt bei der Temperatur von 30° C die Gerinnung innerhalb 17 Minuten und ist in 25 Minuten beendet, so daß das Koagulum schnittreif ist. Zum Schneiden bedient man sich eines senkrecht und eines waagrecht geteilten Bruchmessers oder einer Art Lyra, von denen die eine mit senkrecht, die andere mit waagrecht gespannten Drähten versehen ist. Damit die Bruchstücke nicht zusammenkleben, werden sie mittels eines für diesen Zweck besonders konstruierten Drahtkorbes, neuerlich durch ein mechanisches Rührwerk, ständig aufgerührt und in Bewegung erhalten. Das Nachwärmen wird langsam ausgeführt, so zwar, daß die Wärme innerhalb 5 Minuten nur um 1 ½° C zunimmt, bis sie 40° C erreicht, welche Temperatur der Bruch behalten soll, bis die Molke abgelassen werden kann, also 1 Stunde und 25 Minuten lang. Auch hierbei muß der Bruch natürlich ständig in Bewegung erhalten werden. Die Säuerung soll dabei nur wenig zunehmen, und es ist notwendig, den Säuregrad während dieser Zeit zu kontrollieren. Das geschieht in der Praxis vielfach durch die sogenannte Heißeisenprobe. Sie besteht darin, daß man Bruchteile auf ein erwärmtes Eisen, etwa ein Stück Gasrohr, von der Wärme eines heißen Bügeleisens bringt und sie wieder davon abzunehmen sucht: sie erweisen sich dann, wenn der Bruch eine gewisse Säuerung erlangt hat, als „ziehig", also klebrig, so daß sie sich in kurze bis längere Fäden ausziehen lassen. Sind diese noch kurz, etwa 3 bis 4 mm lang, dann hat der Bruch die für den Cheddarkäse richtige Säuerung erlangt, sind sie länger, so ist dieser Grad der Säuerung schon überschritten, der Käse wird dann säuerlich und weichlich. Man hilft sich dann durch Ablassen von Molken und Zugabe von angewärmtem Wasser, um dem Bruch die Säure wieder möglichst zu entziehen. Man kann den Säuregrad des Bruches auch indirekt feststellen, indem man die Molke darauf untersucht. Er soll in ihr nicht über 8,1° S. H. betragen.

Durch entsprechendes Heben und Senken der Käsewanne wird der Bruch dann in 10 bis 13 cm dicke Lage auf einen mit einem Tuch belegten Lattenrost gebracht, auf diesem Tuch gesammelt und durch Überschlagen der Ecken und Enden mit ihm bedeckt. Nach 10 bis 15 Minuten langer Lagerung wird er in ziemlich quadratische Stücke von etwa 20 cm Seitenlänge zerteilt. Die Stücke werden darauf 15 Minuten nach Beginn des Abteilens und dann wieder alle 10 Minuten sechsmal, bis zum Verlauf von insgesamt 1 Stunde und 30 Minuten umgewendet, damit die Molke gut ablaufen kann. Hierauf geht der Bruch, der eine etwas faserige Struktur angenommen hat, durch eine Mühle, deren Walzen mit Spitzen oder mit Messern versehen sind. Der damit in kleine gleichmäßig große Stücke zerteilte Bruch fällt in die Wanne zurück, wo er mit der Hand alle 10 Minuten durchgearbeitet wird, bis er nach 1 Stunde mit 2 bis 2½% Salz vermischt wird, was wieder 20 Minuten Zeit in Anspruch nimmt. Der Bruch soll dann noch eine Wärme von 28 bis 30°C besitzen. Damit er während des Einfüllens in die Formen nicht weiter abkühlt, wird er kurz davor in Haufen abgeteilt und mit je einem Tuch bedeckt. In den Formen wird die Masse zuerst mit der Hand leicht gepreßt, dann getucht und wieder in die Form und in die Presse gegeben, in der sie über Nacht verbleibt.

Als Pressen dienen die im vorigen Abschnitt erwähnten und abgebildeten kombinierten Schrauben- und Hebelpressen. Am nächsten Tage wird der Käse in einen Raum von 20° C gebracht, wo er abtrocknen soll und täglich einmal gewendet wird. Nach 5 bis 10 Tagen, je nachdem er abgetrocknet ist, wird er paraffiniert. Er wird dabei nur 5 Sekunden in das 110 bis 120° C heiße Paraffinbad eingetaucht und über demselben abtropfen gelassen, damit die Paraffinschicht möglichst dünn ist. Etwa eine Woche alt, kommt der Käse in den Reifungsraum, dessen Temperatur verschieden hoch ist, je nachdem er längere Zeit darin aufbewahrt wird, wobei man ihn bei niedriger Temperatur (1 bis 2° C) lagert oder um ihn besonders fest werden zu lassen, eine Temperatur von 25° C anwendet. Der Käse muß dann im letzteren Falle öfters umgedreht werden, weil er dabei an Feuchtigkeit verliert und einschrumpft, und es muß dann besonders darauf geachtet werden, daß die Paraffinschicht nicht rissig wird, weil sich in den Rissen leicht Schimmel einnistet. Bei 7,5 bis 13° C reift der Käse sehr schön.

Über die Beziehung zwischen dem Fettgehalt der Milch und dem der Trockenmasse im Käse glaubt J. VAN SLYKE folgendes Schema aufstellen zu können:

Fettgehalt der Milch	Fettgehalt der Trockenmasse im Käse	Fettgehalt der Milch	Fettgehalt der Trockenmasse im Käse
3,00	53,5	4,00	55,7
3,25	54,0	4,25	56,2
3,50	54,6	4,50	56,7
3,75	55,2		

Ebenso macht er Angaben über die Beziehung des Fettgehaltes der Milch zur Käseausbeute:

Fettgehalt der Milch	kg Käse aus 100 kg Milch	kg Käse aus je 1 kg Fett in 100 kg Milch
3,00	8,30	2,77
3,25	8,88	2,73
3,50	9,45	2,70
3,75	10,03	2,67
4,00	10,60	2,65
4,25	11,17	2,63
4,50	11,74	2,61
4,75	12,31	2,59
5,00	12,90	2,58

Abgesehen von der erzielten Gesamtmenge Käse, die, wie die Tabelle zeigt, mit dem Fettgehalt der Milch selbstverständlich ansteigt, ist der Faktor bei der fettreicheren Milch ein geringerer: entsprechend der Erhöhung des Fettgehaltes von 3 auf 5% müßte die Ausbeute aus 100 kg der fettreicheren Milch nicht 12,90, sondern 13,8 kg sein. Der Ausbeutefaktor wird also immer niedriger, je fettreicher die Milch ist; mit anderen Worten, es ist nicht wirtschaftlich, wenn man die fettreiche Milch gerade zur Käserei verwendet, sie läßt sich bei entsprechenden Butterpreisen vermutlich besser zur Butterbereitung ausnützen. Es ist deshalb auch von jeher so gewesen, daß man die Kühe von Rassen mit fettreicher Milch als Butterkühe bezeichnete und diejenigen von Rassen mit fettärmerer Milch als Käsekühe.

e) Harte Schaf- und Ziegenkäse

Eine besondere Gruppe von festen Labkäsen bilden gewisse Schaf- und Ziegenkäse, so der italienische Pecorino (Schafkäse), ferner verschiedene französische Käse, die meist aus einem Gemisch von Ziegen- und Kuhmilch oder von Ziegen-, Schaf- und Kuhmilch bereitet werden, so der Sassenage, der Septmoncel, der Mont d'Or, der Mont Cenis und andere.

II. Weichkäse

Die Weichkäse besitzen, wie der Name sagt, einen weichen und demgemäß ziemlich wasserreichen Teig, der Wassergehalt beträgt durchschnittlich 50 v. H. und darüber. Dieser hohe Wasser- richtiger Molkengehalt bringt es mit sich, daß die Menge der aus dem verbleibenden Milchzucker entstehenden Säure von dem Käsestoff (Parakaseinkalk) und den Kalksalzen nicht mehr neutralisiert zu werden vermag und daß deshalb — vielleicht nur zu einem Teil — zweifach milchsaures Kasein (Parakasein- bzw. Kaseindilaktat) entsteht, das einer weiteren Umsetzung durch die Milchsäurebakterien — derjenigen der Art Streptococcus lactis, wie der der Milchsäurelangstäbchen — widersteht oder doch nicht in einen als Reifung zu bezeichnenden Zustand versetzt zu werden vermag. Die Weichkäse reifen deshalb nicht gleichmäßig durch die ganze Masse, sondern von außen her, das heißt sie reifen da, wo säureverzehrende oder alkalibildende Bakterien, Hefen und Pilze den Säuregrad der Käsemasse soweit vermindern, daß die vorhandenen, Eiweiß zersetzenden Bakterien in ihrer Art tätig sein können. Je nachdem die die Säure vermindernden Organismen Bakterien oder Hefen und Pilze sind, unterscheidet man Weichkäse ohne Schimmelreifung und Weichkäse mit Schimmelreifung. Die ersteren zeigen statt eines Schimmelüberzuges eine rotgelbe bis bräunliche Schmiere, sie werden geschmiert und gewaschen, die letzteren nicht. Der auf den geschmierten Käsen sich bildende rotbraune, schleimige Überzug wird von verschiedenen Rassen des Bacterium linens erzeugt, der scharfe, für diese Käsegruppe charakteristische Geruch und Geschmack, den man als Limburger Käsegeruch bezeichnet, teils von Micrococcus limburgensis, teils von Plectridium foetidum (Bacillus putrificus). Auch Micrococcus casei liquefaciens sowie Bacillus mesentericus spielen dabei eine Rolle (Wolff, Löhnis, Grimmer und Brand, Steinfatt). An der Reifung durch Schimmel beteiligen sich gewisse Oidium- wie Penicilliumarten, letztere in besonderem Maße. In neuerer Zeit wird der Reifung der Weichkäse — auch des zwischen Hart- und Weichkäsen stehenden Tilsiter Käses und der Sauermilchkäse — künstlich nachgeholfen, indem man sie mit einem Schnellreifungsmittel, dem von von der Heyde erfundenen „Diakasol" schmiert (Teichert und Stocker, siehe auch Thüringer Stangenkäse).

Da der Käseteig wasserhaltig sein soll, wird der Labprozeß zum Teil so eingerichtet, daß er langsam vor sich geht, und die Verarbeitung so, daß sich der Bruch nicht oder nur wenig zusammenzieht; er kommt also noch verhältnismäßig weich und in großen Stücken in die Form. Ein Pressen erfolgt natürlich nicht, die Käse nehmen ihre Gestalt nur durch Zusammensintern in der Form an und durch die Bildung einer Rinde infolge kräftigeren Salzens der Außenflächen.

Von den Weichkäsen, welche den Charakter der nicht geschimmelten Käse am schärfsten zum Ausdruck bringen, sind die Käse nach Limburger Art zu nennen. Es sind meist Käse von rechteckiger bis quadratischer Form von sehr kräftigem, für manche Personen unangenehmen Käsegeruch und -geschmack, die ihren Ursprung in dem durch das Schmieren — das heißt durch das glatte Ausstreichen der an der Oberfläche entstehenden gelblichen Schmiere — bedingten Luftabschluß haben.

a) Der Limburger und Allgäuer Limburger

oder Backsteinkäse ist der Typ dieser Gruppe. Er ist quadratisch, von 9 bis 12 cm Seitenlänge und 4 bis 5 cm Höhe, etwa 0,4 bis 0,75 kg schwer. Die Bezeichnung Backsteinkäse ist jetzt mehr auf Käse aus Magermilch beschränkt. Der Teig ist halbfest, geschlossen, in noch ungereiftem Zustande weiß, an den gereiften und in Reifung übergehenden Stellen weich, glasig bis weißlich. Es wird meist ½ bis ¾ fette Milch verwendet, so daß Käse mit einem Fettgehalt von 30 bis 40 v. H. in der Trockenmasse gewonnen werden.

Die Limburger Käse werden entweder vollfett oder richtiger fett, das heißt mit 40% Fett in der Trockenmasse, oder 30,20 und 15%ig hergestellt. Sie haben die Form eines quadratischen niedrigen Prismas, messen beim vollfetten echten Limburger meist 15 cm im Quadrat und 8 cm in der Höhe und wiegen durchschnittlich 1 kg; die Allgäuer Limburger sind etwas kleiner und niedriger und wiegen ½ kg. Die Romadur- und die Stangenkäse sind länglich prismatisch. Die ersteren sind 11 bis 12 cm lang und 4 bis 5 cm breit und hoch und etwa 0,4 kg schwer, werden aber auch in den verschiedensten Größen und Gewichten hergestellt. Die Stangenkäse sind meist 20 cm lang und 5½ bis 7 cm breit und hoch und wiegen etwa 0,8 kg, doch werden auch sie vielfach kleiner und leichter gemacht. Mit dem Namen Backsteinkäse oder Backsteiner bezeichnet man jetzt die weniger als halbfetten Limburger.

Die Bereitung von Limburger und Backsteinkäse wie auch der Romadur- und Stangenkäse wird hauptsächlich im bayerischen und württembergischen Allgäu (im sogenannten Unterland) gepflegt, ist aber auch in Österreich, wo sie meist unter dem Namen Schwarzenberger gehen, und im übrigen Deutschland verbreitet. In anderer Gestalt, und dann meist auch mit verfeinertem Geschmack, führen die Käse nach Limburger Art verschiedene Namen.

Für die Einlabung rechnet man im Allgäu eine Dauer von rund 1 Stunde (50 Minuten bis zum Beginn des Gerinnens und weitere 15 Minuten bis zur festen Gerinnung). Man nimmt dazu eine Labtemperatur von 27 bis 32° C im Sommer und von 30 bis 35° C im Winter. In anderen Gegenden bedient man sich einer kürzeren Einlabungsdauer und dementsprechend einer etwas höheren Einlabungstemperatur, wobei man allerdings sehr Rücksicht auf die Beschaffenheit der Milch nehmen muß, indem man für eine Milch, die bei Fütterung von Fabrikationsrückständen gewonnen ist, den Labprozeß langsamer verlaufen läßt. Im übrigen hängt dieser bekanntlich sehr vom Säuregrad der Milch ab und wird bei Mitverwendung von reifer (und abgerahmter) Abendmilch ebenfalls entsprechend ausgedehnt. Man rechnet im Allgäu mit einem Säuregrad von 8 bis 8½° S. H.

Hat das Koagulum die nötige Festigkeit erlangt, dann nimmt man zunächst das „Verschöpfen" vor, das heißt man schält mit der Kelle von der Mitte aus die obere Schicht des Koagulums ab und legt die Stücke vorsichtig an den Rand desselben, womit man eine bessere Warmhaltung und Ausdickung dieser kühleren Schichten der Dickete erzielen will. Dabei scheidet sich schon etwas Molke aus, aus deren Farbe man einen Schluß auf das genügende Ausdicken der Milch ziehen kann: ist sie trüb und noch weißlich, dann muß man noch etwas nachdicken lassen und langsam arbeiten, ist sie grünlich, dann ist der Bruch etwas säuerlich geworden; die ausgetretene Molke soll vielmehr gelb sein. Ist das der Fall, dann kann mit dem „Verschneiden" der Dickete begonnen werden. Man bedient sich dazu des Käsesäbels oder des (zweischneidigen) Käseschwertes oder, wenn die Käsewanne nicht rund sondern länglich viereckig ist, des Bruchschneiders und des waagrechten Bruchmessers, um die Bruchsäulen der Höhe nach zu teilen. Nachdem sich der Bruch etwas gesetzt hat, werden bei Benutzung der runden Wanne die Bruchsäulen verzogen und mit der Kelle in Stücke zerteilt. Diese werden zunächst hühnereigroß gemacht, dann nach 5 Minuten langem Absitzen nochmals verzogen und auf Wallnußgröße verbracht. In der langen Wanne wird der Bruch mit dem Bruchrührer verrührt. Die Arbeit des Verziehens muß langsam und vorsichtig geschehen, weil der Bruch nicht so klein und fest ist wie bei Hartkäsen, vielmehr eine gewisse Weichheit besitzt; sie zieht sich ungefähr 1 bis 1½ Stunden hin.

Hat der Bruch die richtige Größe und Festigkeit, dann läßt man ihn wieder absitzen und schöpft die Molke aus bzw. läßt sie ablaufen, bis der Bruch wieder sichtbar wird, worauf dieser in die Formen oder Modeln übergeführt wird. Diese bestehen aus Kästen von astfreiem dichtem Tannen- oder Fichtenholz von 70 cm Länge, 14 cm Breite und 21 cm Höhe, die Längsseiten sind reichlich und gleichmäßig durchlocht. Sie sind durch Nuten in 5 gleiche Abschnitte abgeteilt, so daß die ganze Bruchmasse durch Einschieben von Blechscheiben in 5 Käse zerlegt werden kann. Sie werden auf einem fahrbaren Formentisch aufgestellt und ruhen zum besseren Ablaufen der Molke entweder auf Leisten oder (früher) auf Langstroh. Damit sich der Bruch an den Wänden der Formen nicht zu sehr abkühlt, werden diese vorher durch Eintauchen in die warme Molke etwas angewärmt. Das Einschöpfen muß möglichst rasch aber vorsichtig und in 2 bis 3 Schichten, ferner gleichmäßig geschehen, damit sich der Bruch gleichmäßig zusammenzieht und die einzelnen Stücke von gleichmäßiger Größe werden. Nach dem Einfüllen bleiben die Model zunächst 10 Minuten lang stehen, werden dann zuerst nach der einen Längsseite langsam umgelegt, nach 10 Minuten wieder aufgerichtet und nach der anderen Seite umgelegt, damit der Bruch sich auch seitlich zusammensetzt, und schließlich nach dem Wiederaufrichten mit den Abteilblechen in die einzelnen Stücke abgeteilt. Nach dem Beizkeller verbracht, werden die Modeln dann umgestürzt und nach 15 bis 20 Minuten „gezogen“, das heißt von den Käsen abgehoben. Diese gelangen dann in den Spanntisch, auf dem die einzelnen Käse in Reihen hinter und nebeneinander gelegt werden, jeder von dem anderen durch ein Brettchen und eine Längsschiene getrennt. Nach etwa 1 Stunde erfolgt ein „Umspannen“ oder „Umschlagen“, wobei die Käse auf die andere Seite gelegt und zugleich um 90° gedreht werden, damit die bisher dem Spannbrettchen zugekehrte Seite nunmehr der Schiene zugekehrt wird. Dieses Umspannen wird im Laufe des Tages noch viermal wiederholt, der Boden des Spanntisches wird dabei, damit die Molken besser ablaufen können, entweder mit langem Stroh oder mit Holzmatten belegt. Letztere müssen, da sie öfter gebraucht werden sollen, immer mit heißem Wasser gewaschen und getrocknet werden, damit sie sich nicht mit sauren Molken vollsaugen; auch ist es gut, sie vor dem Gebrauch mit heißem Wasser oder Salzwasser zu übergießen, weil sonst ein etwas weicher Bruch leicht kleben bleibt. Es muß sehr darauf gesehen werden, daß der Spanntisch auch waagrecht und nicht auf einer der Längsseiten etwas tiefer steht, weil sonst die Molke ungleich ablaufen und die Käse dieser Seite zu weich bleiben.

Statt der bisherigen getrennten Form- und Spanntische mit den Modeln und Spannbrettern benützt man nunmehr Model-Spanntische, das heißt Tische mit abnehmbaren Seitenbrettern, auf welche die Spannvorrichtung gleich aufgesetzt ist, in welch letztere der etwas kleiner gemachte Bruch sogleich eingefüllt wird. Noch bequemer ist der BECKsche Form- und Wendetisch, in welchem der eingefüllte Bruch geformt und durch Wenden von der Molke befreit wird (Abb. 15).

Der Käse kommt sodann in die Beize, um das nötige Salz zu erhalten. Dieses kann den Käsen wieder entweder auf trockenem Wege oder durch die Salzlake zugeführt werden. Beim Trockensalzen wird eine bestimmte Methode eingehalten. Man unterscheidet „ein ganzes Salz“, „ein halbes Salz“ und „ein Ecksalz geben“. Beim „ganzen Salz geben“ werden 2 Käse, in jeder Hand einer, mit der quadratischen Fläche auf das in einem flachen Gefäß glatt ausgestrichene Salz aufgesetzt, mit der gesalzenen Fläche gegeneinander gestellt und mit den 4 Schmalseiten auf dem Salz umgedreht, so daß also eine Oberseite und die 4 Schmalseiten mit Salz bedeckt sind. Beim nächsten „ganzen Salz“ wird außer den 4 Schmalseiten die andere Oberseite in das Salz getaucht. Ein „halbes Salz“ nennt man es, wenn nur die 4 Schmalseiten, und ein „Ecksalz geben“, wenn nur die 4 Ecken gesalzen werden. Die Käse erhalten entweder an 4 Tagen je ein ganzes und 2 Tage je ein halbes Salz, oder zwei ganze, zwei halbe und ein Ecksalz. Es werden also hauptsächlich die Schmalseiten und die Ecken gut gesalzen, und gefestigt, weil sie für die später bei der Reifung des Käses weich werdende Teigmasse das Gerüst bilden müssen.

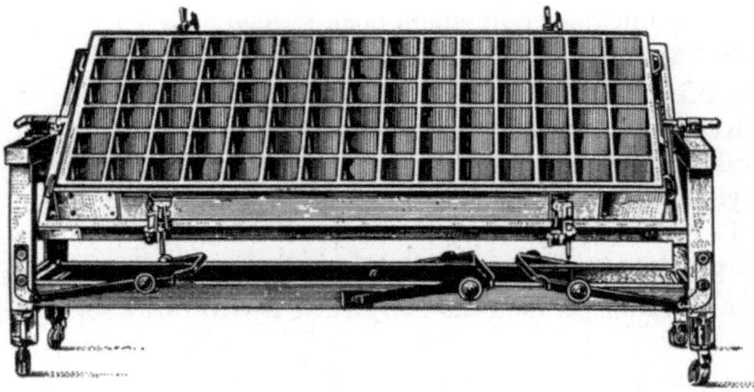

Abb. 15. Form- und Wendeapparat von Beck für Käse nach Limburger Art. Ansicht der Fächereinteilung

Nach jedesmaligem Salzen werden die Käse auf den Beiztisch gelegt, und zwar mit der nicht gesalzenen Seite nach unten, am 1. Tage in einfacher, am 2. Tage in doppelter, am 3. Tage in dreifacher Schicht. Am 6. Tage stellt man sie aufrecht und kreuzweise übereinander. Die Temperatur im Beizraum hält man im Winter auf 15 bis 16° C, im Sommer auf 14 bis 15° C. Die Luftfeuchtigkeit auf rund 85%.

Vielfach wird nunmehr auch das Salzbad an Stelle des Trockensalzens angewandt. Die Käse werden dabei hochkantig neben- und aufeinandergestellt und je nach ihrer Aufnahmefähigkeit für Salz 1, 1½ bis 2 Tage im Salzbad gelassen. Dieses ist deshalb, weil meist 2 Tagesproduktionen im Salz zu liegen kommen, in 2 Teile zu teilen und dementsprechend groß zu nehmen. Die Wärme des Salzbades beträgt im Sommer 12 bis 15° C, im Winter 15 bis 18° C; die Stärke ist immer auf 16 bis 18% zu halten.

Es beginnt dann die Reifungsperiode des Käses im Keller. Der Limburger Käse bedarf einer ziemlich niedrigen Reifungstemperatur (11 bis 14° C) und einer ziemlich hohen Feuchtigkeit (90 bis 95%). Die Käse werden auf den Brettern hochkantig zuerst dicht, am nächsten Tag etwas luftig nebeneinander gestellt und dabei auf den Schmalseiten gewendet. Die Käse wandern dabei produktionsweise von den oberen nach den unteren Borden. Am 5. bis 6. Tage beginnt sich auf den Flächen ein gelber schmieriger Überzug, die Schmiere, zu bilden, die von nun ab etwa alle 2 Tage durch Streichen mit der Hand auf dem Käse gleichmäßig verteilt wird. Bevor man mit diesem Schmieren anfängt, ist darauf zu achten, daß die Käse genügend abgetrocknet waren, aber auch nicht zu trocken geworden sind, in welch letzterem Falle man sie mit Salzwasser oder auch mit Wasser einreibt. Die Schmiere verhindert nicht nur das Austrocknen und Rissigwerden der Rinde, sondern sie ist es, welche den besonderen Geruch und Geschmack der Käse nach Limburger Art und der diesen verwandten Sorten bedingt.

Die von außen beginnende Reifung dringt langsam nach dem inneren säuerlichen Kern zu vor. Die gereifte Schicht hebt sich sowohl durch Aussehen und Farbe wie durch Weichheit und Geschmack von dem trockeneren, weißen säuerlichen Kern ab, sie ist „speckig“ und bei den Magerkäsen schwach bläulich, bei den fetten Käsen mehr gelblich. Geht die Reifung zu rasch vor sich, dann werden die äußeren Schichten „laufend“ und fließen ab. Nach 7 bis 8 Wochen sind die Käse so weit gereift, daß sie zum Versand kommen können. Sie sind dann allerdings erst etwa ¼ bis ⅓ ihres Querschnittes durchgereift, man versendet sie aber, weil sie bei der Lagerung beim Kaufmann noch weiter reifen. Sollen sie beim Fabrikanten oder Großkaufmann weiter lagern — im Allgäu werden die Käse allgemein nach 1 Monat an den Händler abgegeben (Monatskäse) —, so müssen sie in einem noch kühleren Keller gebracht und auch dort noch weiter gepflegt bzw. gewendet werden.

100 Liter Milch geben, je nach dem Fettgehalt 8½ bis 12½ kg einen Monat alten Käse, bei einem Fettgehalt der Kesselmilch von 2,4% rund 12 kg Monatskäse mit einem Fettgehalt von 40% in der Trockenmasse.

100 kg Schleuder-Magermilch geben nach 7jährigem Durchschnitt an der Molkereianstalt Kiel 8,26 kg reifen Käse von 2 Monaten.

Der Stangenkäse wird im Allgäu fast durchwegs 20%ig hergestellt.

Abarten des Limburger sind der Allgäuer Stangenkäse, der eine längere rechteckige Form hat, der Woriener und der Brioler Käse, der Steinbuscher Käse, bei dem der Bruch nachgewärmt und etwas kleiner gemacht wird, der Weißlacker, der seine besondere Schärfe im Geschmack durch kräftiges Salzen und durch Reifung in feuchtem kühlem Keller annimmt, wobei er eine weißgelbe (statt rotgelbe) Schmiere erhält, in Österreich der Schwarzenberger, Marienhofer und Tanzenberger Käse, in den Vereinigten Staaten der brick cheese, ferner als feine, nicht so scharf schmeckende Arten: der **Romadur,** die verschieden benannten sogenannten Schloßkäse, der französische Pont l'Evêque, der belgische Hérvé-Käse, und der französische Void, bei denen allen der Bruch etwas fester und kleiner gemacht wird, so daß die Reifung nicht den wilden Charakter annehmen kann wie beim Limburger.

b) Der Münster Käse

Noch weniger Limburger Geschmack und Geruch hat die Gruppe der Münster- oder Géromé-Käse. Die Heimat derselben sind die Vogesen. Ein Unterschied zwischen den beiden Bezeichnungen liegt nur in der Größe: beide sind rund, zylindrisch; der kleinere Münster Käse mißt 15 bis 18 cm im Durchmesser und etwa 5 cm in der Höhe, der Géromé oder Gerardmer 18 und mehr Zentimeter im Durchmesser und ist 10 cm hoch, ersterer wiegt ½ bis 1 kg, letzterer 2 bis 3 kg. Die Fabrikation zeichnet sich dadurch aus, daß die Einlabung 2 Stunden dauert, daß die Käse nach dem Formen zunächst einer Trocknung unterworfen werden, damit sie Rinde bekommen (4 bis 5 Tage) und daß sie dann im Keller, der genügend feucht, kühl (10 bis 11° C) und doch luftig sein muß, 3 bis 4 Wochen alle 2 Tage mit lauwarmem Wasser, dem etwas Salz zugefügt ist, gewaschen und schließlich geschmiert werden. Die Reifung erfolgt durch Rotbakterien, denen vermutlich ein schwaches Wachstum von Oidium und Penizillium vorausgeht. Die Gruppe der Münster Käse stellt deshalb die Übergangsstufe zwischen den Weißschimmelkäsen und den Käsen nach Limburger Art dar, steht sogar den ersteren näher als den letzteren.

Dem Münsterkäse verwandt sind: der Beaumont-, der Mainauer Käse, der Radolfzeller Rahmkäse und die bayerischen und österreichischen Schachtelkäse (Hohenheimer-, Kühbacher-, Mondseer- usw. Schachtelkäse), ferner die verschiedenen, verschieden großen sogenannten Frühstückskäse und Delikateßkäse. Speziell dem Mainauer Käse steht sehr nahe der Bel Paëse.

Käse, welche nur mit Salzwasser gewaschen und nicht geschmiert werden, sind der Livarot, der Mont d'Or, ersterer von etwa 15 cm Durchmesser und 4 bis 4,5 cm Höhe und von einem Geschmack und Geruch, der sich dem des Limburger etwas nähert, der letztere ähnlich, aber klein, etwa 120 bis 130 g wiegend; ferner der vierkantige backsteinartige (10 cm breite und 3 bis 4 cm hohe) Pont l'Evêque mit gelber Rinde.

c) Italienische Weichkäse, Bel Paëse, Stracchinoarten

In Italien haben sich ebenfalls besondere Weichkäse herausgebildet, die in Geschmack und Charakter eine Mittelstellung einnehmen zwischen den deutschen Romadur- und Münster Käsen und den französischen gereiften Weichkäsen. Den höheren Temperaturgraden des italienischen Klimas entsprechend kann die Erzeugung von Weichkäsen nur auf die kühlere Jahreszeit verlegt werden, und es muß die Entfernung der Molke recht rasch vorgenommen werden, damit der Säuregrad des Bruches nicht zu hoch steigt, es muß ferner die Reifungslagerung in kühlen Räumen geschehen. Von den verschiedenen Sorten der italienischen nicht blauschimmeligen Weichkäse (Crescenza, Robiola, Stracchino di Milano, weißer Gorgonzola oder Pannarone) hat in den letzten Jahren insbesondere der von der Firma Galbani in Melzo bei Mailand hergestellte **Bel Paëse** (Schönland-Käse) rasche Verbreitung gefunden. In Form und Aussehen gleicht er etwas dem Münster und dem Mainauer Käse, hat jedoch einen ganz charakteristischen milden Geschmack und eine trockene Rinde. Charakteristisch und abweichend von den gewöhnlichen Methoden ist auch seine Bereitung. Nach der Beschreibung von Landwirtschaftsrat Zeiler an der süddeutschen Forschungsanstalt für Milchwirtschaft in Weihenstephan[1]) ist der Bel Paëse etwa 1 ½ kg schwer, hat einen Durchmesser von 20 bis 22 cm und eine Höhe von 5 cm. Seine Rinde soll nicht schmierig sein, sie ist mit Farbe mehr oder minder orangerötlich gefärbt. Teig leberartig, geschlossen. Zu seiner Herstellung soll ausgesuchte fette, frische, ganz süße Milch verwendet werden. Zum Einlaben wird dieselbe auf 40 bis 50° C erwärmt. Die Labmenge beträgt das vier- bis fünffache der in der Limburger Käserei üblichen, die Gerinnungszeit 12 bis 15 Minuten. Zunächst wird die gedickte Milch mit der Harfe kreuz und quer geschnitten, nach 1 bis 2 Minuten mit dem Pilzrührstock, dessen Hut einen Durchmesser von 10 cm hat, rasch verrührt. Man läßt dann 2 bis 3 Minuten absitzen und schöpft den größten Teil der Molke ab. Nun wird der Bruch in durchlochte Blechformen geschöpft, aus denen die Molke rasch abfließen soll. Die Gefäße, in denen eingelabt und gearbeitet wird, sind konisch und sollen nicht mehr als 150 Liter fassen, weil sonst die rasche Bearbeitung nicht möglich ist und zu viel Staubbruch entsteht.

Während man bei den französischen Käsen langsam dickt, wenig zerkleinert und langsam abtropfen läßt, wird hier rasch gedickt, rasch zerkleinert und rasch

[1]) Süddeutscher Molkerei-Kalender 1930.

die Molke entfernt. Dadurch muß der Teig einen eigenen weichen, nicht durch Säuerung krümligen Charakter bekommen. Dazu kommt noch die weitere eigentümliche Behandlung.

Zum Abtropfen kommen die gefüllten Formen sofort in den sogenannten Schwitzkasten, einem hölzernen Kasten, der durch hineingestellte Töpfe mit heißem Wasser eine Dunstatmosphäre und eine Temperatur von 28 bis 30° C erhält. Dadurch wird einerseits das Abtropfen befördert und anderseits das gleichmäßige Absinken der Käse in der Form erzielt, so daß sie nicht schüsselförmig einsinken. Die Käse kommen bald in einen durchlochten Blechreifen und werden jede Stunde gewendet. Nach 5 Stunden kommen sie in ein 20 bis 22%iges Salzbad, das im Sommer gekühlt werden muß. Nach 14 bis 16 Stunden werden die Käse in einen Kühlraum von 3 bis 5° C gebracht und sollen hier etwa 2 bis 6 Wochen lagern. Allwöchentlich zweimal werden die Käse mit leichtem Salzwasser geschmiert, in das zuerst etwas Käsefarbe gegeben wird. Etwa auftretender Schimmel wird dabei vernichtet. Doch ist ein kleiner Rest davon auf den Käsen gewöhnlich noch zu finden. Sonst aber soll die Rinde trocken sein. Etwa nässende Käse werden vor dem Einpacken mit Kartoffelstärke eingepudert.

Die Käse werden zunächst in Pergamentpapier, an den Rändern auch in Stanniol gepackt, dann in eigene Schachteln gegeben.

Die nachgeahmten Käse kommen in Deutschland und Österreich, wo sie seit kurzem eingeführt sind, unter verschiedenen Namen (Tiroler Gold, Schönalmkäse, Landlkäse) in den Handel.

Für den Sommer wird von der Firma Galbani ein dauerhafterer Bel Paëse als Schmelzkäse ebenfalls von feiner Qualität in den Handel gebracht.

Die Ausbeute aus 100 Liter Milch beträgt etwa 11½ kg reife Ware. Die Molke enthält noch etwa 0,8% Fett und gibt pro 100 Liter Milch etwa 0,7 kg Molkenbutter.

Im Geschmack und Teig sowie in der Bereitung fast gleich ist der in Wurstform mit Stanniolumhüllung in den Handel gebrachte Salamikäse (Formaggio Salame). Als Formen zur Herstellung dienen durchlochte Blechröhren.

Ein weiterer bekannter Stracchinokäse ist der viereckige, mit Safran gefärbte Mailänder Stracchino, der im Gewichte von 1½ bis 3 kg, 4 bis 7 cm hoch erzeugt und zur Unterstützung der Form in feine Gaze gehüllt wird.

d) Weißschimmelkäse

Eine Gruppe, deren Reifung durch das Auftreten von Hyphenpilzen an der Oberfläche eingeleitet und deren Geschmack zum Teil durch diese Pilzwucherung bestimmt wird, ist die jetzt so beliebte Gruppe der Camembert- oder Weißschimmelkäse.

Camembert-Käse

Der Camembert-Käse hat seine Heimat in der Normandie, wird aber in vielen anderen Ländern, unter anderen auch in Deutschland und Österreich, und zwar, teilweise wenigstens, in vorzüglicher Qualität hergestellt. Er ist rund und hat in der Normalgröße einen Durchmesser von 10 bis 11 cm und eine Höhe von 3½ cm und wiegt durchschnittlich 300 g. Zu einem Käse werden 2 Liter Milch verbraucht. An der Reifung sind, wie erwähnt, die sogenannten Weißschimmel, Penicillium album und candidum, aber auch Bakterien, die eine rote Schmiere bildenden Rotbakterien (Bacterium linens) beteiligt, daneben noch Hefen, Mykodermen und Oidium. Der reife Käse ist demnach auch mit einem ganz weißen oder zum Teil auch bläulichgrünem Überzug, und an der Peripherie und zwischen dem Pilzrasen mit einer rötlichen Schmiere überzogen. Bei älteren gut reifen bis überreifen Käsen kann der Pilzrasen auch schwach graugrün sein, dagegen ist eine dunkel- bis schwarzgrüne Färbung des Rasens ein Zeichen für einen falschen, einen muffigen Geschmack erzeugenden Pilz. Geruch und Geschmack müssen champignonartig und zugleich schwach ammoniakalisch und pikant, nicht limburgerartig sein.

Die für die Bereitung von Camembertkäse benützte Milch bedarf, wenn die Reifung des Käses normal verlaufen soll, ebenfalls schon einer gewissen Reifung. Sie darf bei den Weichkäsen mit kräftiger Schimmelbildung etwas fortgeschrittener sein als bei solchen ohne solche, denn das Wachstum der den Geschmack des Käses bedingenden Pilze vollzieht sich am besten auf saurem Nährboden. Den feinsten und am reinsten schmeckenden Käse wird man, wie bei allen anderen Zubereitungen so auch hier, erzielen, wenn man ganz frische Milch zur Verfügung hat und diese durch Zusatz eines Säureweckers der erwünschten Reifung zuführen kann. Bei Sammelmilch, mit der in den meisten Fällen gerechnet werden muß, wird namentlich bei warmer Witterung der Säuregrad schon von selbst ziemlich fortgeschritten sein, es handelt sich dann mehr darum, die schon ziemlich sauren Milchlieferungen auszuschalten, weil sonst der Labprozeß sich zu rasch vollzieht und der Bruch krümelig wird. Dafür eignet sich die Alkoholprobe zur Genüge, es ist also jede Lieferungsmilch, am sichersten jede Kanne, auf ihren Säuregrad zu prüfen. Der Säuregrad der gesamten Milch ist jedenfalls so zu halten, daß er im Sommer 8 bis 8,5° S.H., im Winter 8,5 bis 9,0° S.H. nicht überschreitet. Da es im Frühjahr und im Herbst, aber auch in naßkalten Sommern, des öfteren vorkommt, daß die Milch nicht die genügende Menge von Milchsäurebakterien enthält, die eine verhältnismäßig reine Säuerung sichert, so ist es jedenfalls in dieser Zeit zweckmäßig, der Sammelmilch der Sicherheit halber einen Säurewecker zuzusetzen. Die Menge, die durchschnittlich 0,5% betragen darf, richtet sich natürlich danach, ob welche und wie große Mengen Milch mit säuerlichem Charakter zwischen der angelieferten Milch vorhanden sind oder ob die Gesamtmilch einen niedrigen Säuregrad hat. Im ersteren Falle wird man nur etwa 0,3, im letzteren Falle bis zu 1% Säurewecker verwenden. Wird pasteurisierte Milch verwendet, so kommt es darauf an, ob die Milch in einem der früher üblichen Hochpasteure oder im Dauerpasteur und wie hoch erhitzt worden ist. Da im Hocherhitzer bei Temperaturen von 80° C und darüber die Salze der Milch und der Kolloidzustand des Kaseins verändert sind, wird man eine etwas erhöhte Menge Säurewecker als für Rohmilch anwenden müssen; ebenso, wenn auch in bedeutend vermindertem Maße, bei einer 30 Minuten lang auf 63° C und darüber dauererhitzten Milch. Dagegen werden bei einer kürzeren Dauererhitzung und niedrigerer Temperatur — etwa 60 bis 62° C mit 10 bis 15 Minuten Dauer — sowie bei einer momentan erhitzten Milch verminderte Mengen Säurewecker am Platze sein, um nicht Gefahr zu laufen, daß die Käse zu fest werden. Nach allgemeiner, oder richtiger nach vorläufiger Erfahrung hat sich für die Bereitung von Weichkäsen die Anwendung einer nicht langen Dauerpasteurisierung am besten bewährt. Es liegt hier die Gefahr der Blähung nicht leicht vor, weil die Käsemasse schon viel früher als beim Hartkäse säuerlich und so das Wachstum der Blähungserreger unterdrückt wird, und außerdem größere Mengen von Säure gebildet werden als im Hartkäse, weil auch noch im Bruch größere Mengen von Milchzucker zur Verfügung stehen. Man wird deshalb und weil in der keimarmen Milch die Milchsäurebakterien sich ungehindert vermehren, mit einer kleineren Menge Säurewecker als man für rohe, in den meisten Fällen sehr bakterienreiche Milch anwenden würde, auskommen können.

Außer einem Säurewecker bedarf die für die Bereitung von Schimmelkäsen bestimmte Milch auch noch des Zusatzes derjenigen Pilze, welche ihnen ihren besonderen Charakter verleihen: beim Camembertkäse und seinen Verwandten des Oidiums camemberti und des Penicillium album und candidum sowie der Käserotbakterien für diesen Käse. Dies geschieht in Form von Aufschwemmungen der genannten Pilzkulturen in Wasser oder in einer dünnen Nährflüssigkeit. Über die Rotbakterien siehe Seite 229 und 230.

Die Einlabungstemperatur ist im Mittel 28° C, doch wird von dieser je nach der Jahreszeit, vielmehr je nach der herrschenden Temperatur und je nach dem Säuregrad der Milch abgewichen. Bei warmer Witterung geht man bis auf 26° C herunter, im Winter bis auf 31, selbst 32 bis 33° C hinauf. Ebenso ist die Labdauer verschieden. Es ist dabei der Umstand zu beachten, daß eine lange Labdauer die Säuerung des Bruches vermehrt. Man wird also im Sommer, wo die Vermehrung der Milchsäurebakterien durch die auch in der gut temperierten Käseküche erhöhte Wärme an sich schon begünstigt wird, die Säuerung nicht noch vermehren wollen, sondern durch eine entsprechend verkürzte Labdauer und niedrigere Labtemperatur dieser vorbeugen. Man wird also im Sommer eine kürzere Labdauer wählen, im Ganzen, das heißt bis zur Beendigung der Dicklegung 1½ bis 2 Stunden, und wird demgemäß etwas mehr Lab nehmen. Im Winter wird man die Labdauer etwas hinziehen, damit die Bakterien sich entwickeln können, man wird also bei höherer Labtemperatur eine etwas geringere Menge Lab verwenden. Die günstigste Labdauer ist dann 2½ bis 3 Stunden. Um die Temperatur während des ganzen Fabrikationsprozesses möglichst gleich hoch zu halten, gibt man der Käseküche durch Heizung eine Wärme von 18 bis 22° C.

Die Einlabung der Milch wird nicht im ganzen sondern in Teilmengen von 40 bis 60 und 100 Litern in besonderen Gefäßen vorgenommen, die man noch, damit die Wärme gut zusammengehalten wird, mit einem abnehmbaren Holzmantel oder mit einem Tuch umgibt. Da die vielen kleinen Käsemodeln einen großen Raum einnehmen, setzt man die Milchgefäße auf fahrbare Stühle oder Untersätze, um sie an Ort und Stelle ausschöpfen zu können.

Die Modeln oder Formen sind seitlich durchlochte Zylinder, fast durchwegs von 110 mm Weite und 130 bis 140 mm Höhe. Der Bruch wird in 3 Portionen ausgeschöpft, und entsprechend der Zeit, welche für die erste und zweite Ausschöpfung nötig ist, werden die Gefäße mit dem zweiten und dritten Drittel der gesamten Käsemilch später eingelabt, oder man füllt die Formen das erste Mal ganz voll und füllt nach etwa ½ Stunde nach. Das Abnehmen des Bruches von der Bruchmasse im Einlabgefäß geschieht mit flachen Löffeln oder Schöpfkellen. Dabei zeigt sich, ob die Bruchmasse die richtige Beschaffenheit hat: der Schnitt soll glatt und nicht etwa wellig (also zu weich) oder unscharf (weil zu fest) sein. Die Bruchstücke müssen von dem Löffel vorsichtig in die Formen hinübergleiten. Diese stehen auf Formtischen oder Abtropftischen von Holz mit aufgelegten Holzmatten oder mit unter die Formen gelegten Brettchen oder Blechuntersätzen oder mit einem auf die Holzmatten gelegten Käsetuch. Jede Form nimmt die Bruchmasse von 2 Liter Milch auf.

Bald nach dem Einfüllen müssen die Käse zum ersten Mal gewendet werden, damit sich die Bruchmasse gleichmäßig setzt und nach beiden Seiten gleichmäßig fest wird. Dieses Wenden wird dann in Zwischenräumen von etwa 12 Stunden zwei- bis dreimal wiederholt, bis die Käschen die nötige Festigkeit besitzen, was nach 30 bis 40 Stunden der Fall ist. Man läßt die Käschen dann etwa 2 bis 3 Stunden abtrocknen und bringt sie in das Salz.

Auf die Beschaffenheit des Salzes ist großer Wert zu legen: es darf nicht feucht und muffig sein, wie es leicht wird, wenn es in der Käseküche oder in den feuchten Fabrikationsräumen in offener Tonne steht. Es enthält dann Luftbakterien und schädliche Pilze, die das Wachstum der Edelpilze auf der Rinde der Käse beeinträchtigen und schlechten Geschmack verursachen. Zweckmäßig ist es, das Salz vor dem Gebrauch in einem Trockenofen zu erhitzen, um die auf ihm sitzenden Keime abzutöten. Das Salzen wird in der bekannten Weise vorgenommen. Beim Salzen (Trockensalzen) soll sich nach neueren Beobachtungen ein Zusatz von feinem Holzkohlenpulver bewährt haben. Dieses soll den Geschmack verfeinern, insbesondere einen Limburgergeschmack nicht aufkommen lassen. Es wird davon nur so viel zum Salz gegeben, daß dieses leicht angegraut ist. Salzt man im Salzbad, so gibt man ganze Stückchen Holzkohle in dieses, es soll das Muffigwerden desselben verhüten. Von dem Direktor einer großen französischen Camembert-Käserei, M. P. VASLIN, ist nämlich eine Einrichtung getroffen worden, die Camembert-Käse im Salzbad zu salzen, um den Fehlern, die beim Trockensalzen gemacht werden, um namentlich dem ungleichen Salzen vorzubeugen. Die Käse werden auf ihren besonders beschaffenen Gestellen in den Solebehälter eingetaucht, 30 bis 40 Minuten darin gelassen und zum Ablaufen der Lake herausgehoben und gewendet. Diese muß des öfteren sterilisiert, entsäuert und filtriert werden; das Entsäuren wird durch Überleiten über kohlensauren Kalk bewerkstelligt.

Nach dem Salzen werden die Käse noch 1 bis 2 Tage auf den Borden gelagert und kommen dann in die Trockenräume, wo sie nicht nur äußerlich abtrocknen sollen, sondern wo auch die Pilzwucherung sich einstellen und voll entwickeln soll. Kurz bevor sie dahin gebracht werden, übersprüht man sie der Sicherheit halber mit einer in Wasser aufgeschwemmten Kultur von Penicillium album (hauptsächlich bestehend aus den Konidien des Edelpilzes). In neuerer Zeit wird neben Penicillium album vielfach auch Penicillium candidum mitverwendet, weil letzteres beim Älterwerden des Rasens nicht die schiefergraue Sporulation bekommt wie Penicillium album. Da es jedoch dichte Rasen bildet und so die Entstehung und Ausbreitung der Rotkulturen auf dem Käse hindert, wird immerhin Penicillium album reichlich mitbenützt.

Im Trockenraum, der eine Temperatur von 15 bis 16° C haben soll, spielt sich also ein Teil des Reifungsprozesses des Camembert-Käses ab, indem die aufeinanderfolgenden Wucherungen von Oidium, Hefen und der beiden Edelpilze dem Käse Feuchtigkeit und Säure entziehen und ihm zugleich einen feinen nußkern- bis champignonartigen Geschmack verleihen. Die Käse erhalten dabei zuerst ein mattes, sodann ein flaumiges Aussehen. Der Flaum wird nach einiger Zeit durch die Konidienbildung von Penicillium album schwach bläulich. Dieser „Sporulation" beugt man jedoch durch Wenden der Käse vor. Es nistet sich nämlich leicht der gewöhnliche Schimmelpilz ein, dessen Konidien im Anfang schwach grünliche Färbung zeigen, so daß eine Unterscheidung der beiden Pilze im Anfangsstadium nicht ganz leicht ist. Die Käse werden anfangs jeden Tag — zum besseren Abtrocknen —, dann jeden 2. Tag gewendet und nach 8 bis 10 Tagen beginnt der Käse sich mit dem Flaum zu überziehen. Zeigt ein Käse eine schwach grünliche bis bläuliche Färbung, dann wird er der Vorsicht halber fortgenommen, damit, falls der gewöhnliche Pinselschimmel Platz gegriffen haben sollte, eine weitere Verbreitung desselben verhütet wird.

Diese erste Phase der Reifung des Camembert nimmt die Zeit von 15 bis 20 Tagen in Anspruch. Schon in dieser Zeit, manchmal schon etwas früher, zeigen sich zwischen den Pilzrasen rötliche Flecke, ein Zeichen, daß das Wachstum der Rotbakterien im Anzuge ist. Diese wachsen auf der durch die Schimmelpilze entsäuerten und schwach alkalisch gemachten Rinde des Käses sehr gut und verbreiten sich rasch über sie, indem sie den Schimmelrasen zum Teil aufzehren. Sobald sich diese roten Flecken zeigen, ist der Käse schon versandfähig, vielfach läßt man aber das „Rot“ („Rouge“) sich völlig entwickeln, indem man die Käse noch in einen (10 bis 12° C) kühlen, ziemlich trockenen (85 bis 90% Feuchtigkeit) Keller bringt und auf blanken Brettern lagert, wo sich die Rotbakterien gleichmäßiger über die Oberfläche des Käses verbreiten. Die Käse müssen zu diesem Zweck alle 2 bis 3 Tage gewendet werden. Auch durch Einpacken in Stanniol, eventuell Abbürsten, wird der Schimmel zurückgedrängt. Diese Rotbakterien geben dem Käse erst die eigentliche Reife, auch zugleich den pikanten Geschmack. Dieser darf keineswegs den Charakter von Limburger Käse annehmen, in welchem Falle die Rotbakterien verunreinigt sind, er ist vielmehr etwas ammoniakalischer Natur.

1 kg Milch gibt 180 g frischen und 150 g reifen Käse, so daß zu einem Käse von 300 g 2 Liter Milch benötigt werden. Der Versand der Käse geschieht fast durchwegs in Pappschachteln. Vielfach sind die Käse in Ausschnitte abgeteilt, die dann für sich in Zinn- oder Aluminiumblätter eingewickelt sind. Für die Abteilung bedient man sich besonderer Apparate. Obwohl die Weichkäse im allgemeinen nicht sehr haltbar sind, ist es doch bereits gelungen, Camembert-Käse von Europa in transäquatorianische Länder zu versenden und dort einen vorzüglichen Absatz für sie zu gewinnen. Insbesondere scheint die Haltbarkeit dadurch erhöht zu werden, daß man die Rinde und mit ihr die die Weiter- und Überreifung bewirkenden Pilze und Bakterien entfernt, oder auch, indem man den fertigen reifen Käse nach Abnahme der Rinde umschmelzt.

Eine Vorschrift für den Fettgehalt des Käses besteht auch im Ursprungslande nicht. Die Société française d'encouragement à l'industrie laitière hat als niedrigsten Fettgehalt der Trockenmasse auch für die besseren Sorten 36 v. H. angegeben. Doch haben die letzteren zu allermeist einen Fettgehalt von über 50% in der Trockenmasse, ebenso in Deutschland.

Der **Briekäse,** der so ziemlich in gleicher Weise fabriziert wird und reift wie der Camembert, hat die Größe und Höhe einer flachen Torte (25 bis 40 cm im Durchmesser, 2 bis 4 cm hoch). Sein Gewicht beträgt 1,5 bis 2,5 kg. Der Coulommiers ist ein kleiner Briekäse von etwa 500 g Gewicht. Verwandt mit dem Camembert sind auch der Olivet und der Vendôme. Auch der **Neufchâteler,** der im allgemeinen frisch genossen wird, reift, wenn er älter wird bzw. wenn er absichtlich zu einer schwachen Reifung gebracht wird, in ähnlicher Weise wie der Camembert, jedoch nur im Anfangsstadium der Schimmelreifung und einer weniger intensiven Rotbakterienreifung. Dasselbe ist der Fall mit dem Bondon, dem Carré, dem Gournay.

e) Frische Vollmilch- und Rahmkäse

Wie angegeben, wird ein Teil der Weißschimmelkäse auch frisch genossen, ja manche werden nur frisch genossen und bilden als Rahmkäse mit anderen feinen Fett- oder Überfettkäsen die Gruppe der Feinkost- oder Dessertkäse. Im Grunde genommen sind sie sowohl fetter und überfetter Sauermilch- wie Labquarg. Denn bei ihrer Bereitung verläuft die Einlabung so langsam, daß die Milch bzw. die mit Rahm versetzte Milch, der man außerdem einen Säurewecker zufügt, zugleich säuert, daß die Gerinnung sowohl eine Lab- wie eine Säuregerinnung ist. Freilich darf die Säuerung nur eine ganz schwache sein, auch darf sie nicht etwa nachträglich zunehmen, weil sonst die Käschen einen säuerlichen Geschmack bekommen, der ihre Feinheit beeinträchtigt.

Solche frische Vollmilch- und Rahmkäse sind die in Frankreich hergestellten Petits Suisses, darunter der Gervais, die Carré's, der Gournay, der englische cream cheese, der lombardische Mascarpone. Der frische Neufchâtel und der Petit Suisse — nach A. Peter der ursprüngliche Name für die französischen Rahmkäse — sind von sehr weichem Teig und kommen in zylindrischer Form in den Handel, ersterer als Bondon oder Spundzapfen von 5 cm Durchmesser und 6 bis 7 cm Höhe, der Petit Suisse halb so hoch. Einen festeren Teig, weil gesalzen, besitzen der aus leicht abgerahmter Milch (von immerhin 3,30 bis 3,40% Fett) bereitete Gournay von 7 bis 9 cm Durchmesser und 2 cm Höhe, die Demi sels — weil sie nur das halbe Salz bekommen — in quadratischen Stücken von 7 bis 8 cm und 2 cm Höhe oder zylindrisch, und der flachzylindrische Malakoff. In Deutschland ist die Herstellung solcher Käse unter der Bezeichnung Rahm- und Doppelrahmkäse in gleich guter Qualität wie der „Gervais“ ebenfalls ziemlich weit verbreitet.

Die Fabrikation dieser Käse ist ziemlich die gleiche und einfache.

Wie erwähnt, kommt es bei der Bereitung von feinen Rahmkäsen ganz darauf an, daß man in der Lage ist, über eine frische reine Milch zu verfügen. Wo es nicht möglich ist, eine Art Vorzugsmilch zu verwenden, man aber immerhin eine gute Milch geliefert bekommt, empfiehlt es sich, diese zu pasteurisieren, wofür man dann aber Apparate benützt, welche die Milch möglichst wenig durcheinanderrühren, und Temperaturen, durch welche eine Veränderung der Milchbestandteile vermieden wird. Eine Hocherhitzung würde die Ausfällung von Albumin und eine leichte Fäulnis der Käse zur Folge haben. Um die Reifung der Milch, das heißt eine möglichst reine Säuerung zu sichern, setzt man in jedem Falle, bestimmt aber der pasteurisierten Milch, einen Säurewecker zu. Dafür eignet sich die Kultur eines mild säuernden Stammes von Streptococcus cremoris oder ein Säurenwecker, wie er nach den Methoden von V. Storch oder Jensen für die Säuerung des Rahmes Verwendung findet (siehe S. 31ff.), oder auch man fügt dem Säurewecker eine minimale Menge einer Kultur von Oidium camemberti bei. Es ist sehr viel Wert darauf zu legen, daß die Säuerung eine milde ist, und daß — was durch die Anwesenheit von Oidium leichter erzielt wird — möglichst keine Nachsäuerung bei der für den Verkauf nötigen Aufbewahrungsdauer eintritt, weil sonst der einige Wochen alte Käse säuerlich schmeckt. Die Menge des zuzusetzenden Säureweckers hängt daher auch ganz von der Säuerungskraft des angewendeten Milchsäurebakterienstammes ab und muß für den einzelnen Fall, auch für die zur Verfügung stehende Milch, ausprobiert werden.

Um einen möglichst zarten Teig zu erzielen, läßt man den Lab- und Säuerungsprozeß sich in einem längeren Zeitraum abspielen als es selbst bei den feineren Weichkäsen der Fall ist. Früher hat man unter Zuhilfenahme von wenig Lab eine Gerinnungsdauer von 24 bis 36 Stunden und eine Gerinnungstemperatur von 14 bis 16° C eingehalten. Bei Anwendung eines milden Säureweckers kann man die erstere auf 15 bis 18 Stunden vermindern, wenn man die Milch bei einer Temperatur von 20° C aufstellt. Die Labmenge richtet sich sowohl nach der Säuerungskraft und der Menge des Säureweckers wie nach dem Gehalt der Milch an Fett und Kasein. Die Angaben dafür sind deshalb recht verschieden. A. Rollet empfiehlt auf je einen Behälter von 30 Liter Milch 1 cm^3 Lablösung (1:10000), also auf 1 Liter Milch $^1/_{30}$ cm^3 bei einer Gerinnungszeit von mindestens 24 Stunden bei 14 bis 15° C; Ch. Bourgain nimmt 2 cm^3 Lablösung (1:10000) auf 100 Liter Milch, also auf 1 Liter $^1/_{50}$ cm^3 bei einer Gerinnungsdauer von

20 bis 24 Stunden und 20° C Temperatur. K. Winkler berichtet, daß 1 Löffel, also 1 g Pulverlab, zuerst im Verhältnis von 1:100 und dann noch einmal im Verhältnis 1:10 verdünnt und 1 cm³ der Verdünnung auf 1 Liter Milch verwendet wurde, also $^1/_{1000}$ g = $^1/_{100}$ cm³ Lösung (1:10000) auf 1 Liter Milch bei einer Gerinnungsdauer von 15 bis 18 Stunden bei 20° C.

Es ist nicht sehr ratsam, Pulverlab anzuwenden, außer man löst es eine gute Stunde vorher in Wasser auf, schüttelt öfter tüchtig durch und filtriert durch ein dichtes Tuch oder Filtrierpapier. Denn es quellen die verschiedenen Präparate, und bei dem gleichen Präparat einzelne Teile, verschieden leicht auf, und solche mangelhaft aufgequollenen Teilchen würden in der Milch während des langsam fortschreitenden Gerinnungsprozesses nachquellen und an der Stelle, wo sie liegen, eine raschere Gerinnung und ein festeres Gerinnsel bewirken: der Bruch würde dann nicht gleichmäßig zart und weich, sondern körnig sein. Dieser Gefahr entgeht man durch Verwendung von flüssigem Lab.

Die in nach oben schwach konischen runden Gefäßen befindliche Milch läßt man in einem Raum von möglichst gleicher Wärme — also bei der kürzeren Gerinnungsdauer von 20 bis 24 Stunden von 20° C — allmählich zur Gerinnung kommen. Es ist gut, die Milch in den ersten etwa 3 Stunden — eigentlich bis kurz vor dem Beginn der Gerinnung, dann muß diese aber bekannt sein, was bei gleicher Arbeitsweise wohl erreichbar ist — öfter umzurühren, um das Aufrahmen zu stören und eine ungleiche Säuerung zu verhüten. Der Säuregrad, der an der Molke gemessen wird, darf nur ein niedriger sein, 18 bis 20° S.H.

Die Dickete muß eine genügende Festigkeit haben, aber immerhin weich und zart sein. Sie wird mit einer flachen Schüffe in großen Stücken auf feine Lein- oder Baumwolltücher gelegt, die mittels eines Rahmens über Abtropfgefäße gespannt sind. Jede auf ein Tuch gebrachte Menge mag 5 bis 10 kg betragen. Die Tücher müssen vor dem Gebrauch ausgekocht sein. Jede einzelne Bruchmasse muß dann einer leichten Pressung unterworfen werden, um sie noch weiter von Molke zu befreien. Das geschieht entweder indem man einige Packen mit übereinandergeschlagenen Tüchern und einem zwischengelegten Brettchen im Abtropfgefäß aufeinander- und nach einiger Zeit in ein anderes Gefäß und unter Wechsel der Tücher umschichtet — wenn die ablaufende Molke weniger wird, legt man auf das letzte Brett einige Gewichte — oder man bringt die in ein Tuch eingeschlagenen, mehrere Stunden aufgehängten oder in besonderen Abrinnkörben hingestellten Bruchpacken unter eine Hebelpresse und preßt sie sehr leicht. Im allgemeinen ist das Abtropfen und Pressen in 15 Stunden beendet. Die aus den Tüchern genommenen Packen bleiben dann auf einem Tisch 1 bis 1½ Stunden stehen, um äußerlich abzutrocknen.

Die Vollständigkeit der Abscheidung der Molke vom Bruch hängt davon ab, unter welchem Namen die Teigmasse gehen soll und welchen Fettgehalt sie hat. Der ohne Rahmzusatz oder selbst aus nicht ganz fetter Milch hergestellte frische Neufchâtel-Käse darf z. B. weniger trocken sein als die an und für sich aus fetterem und deshalb weicherem Teig bestehenden Rahmkäse. Für diese wird die Masse noch durch ein feines Haarsieb gedrückt oder durch eine Mühle, deren Walzen aus fein poliertem Stein oder glassiertem, nicht rostendem Stahl bestehen, gegeben. Wird, was nicht ratsam ist, nachträglich dem nicht genügend fetten Teig noch Butter hinzugefügt, dann läßt man die Masse noch durch eine Mischmaschine gehen, bei welcher Gelegenheit man ihr noch etwas Butterfarbe oder auch Zutaten, wie Kümmelöl in Spuren, beifügen kann. Konservierungssalze zuzusetzen ist in Deutschland verboten.

Manche Sorten werden etwas besser, manche nur schwach gesalzen: die Demi sels mit 2%, der Gournay mit 1%. Die Petits Suisses und der Gervais bleiben ungesalzen. Das Salz muß äußerst fein und trocken sein. Um es recht innig mit dem Teig zu verbinden und um zu verhüten, daß sich Bröckchen bilden, gibt man es gerne mit durch die Mühle.

Die Formung ist, wie schon angegeben, eine verschiedene, entweder zylindrisch und zapfenförmig oder quadratisch und flach. Man benützte früher für die zylindrische Form besondere Formkästen, die hauptsächlich aus 2 Platten bestanden, deren untere mit Füßen versehen und für den Ablauf von Molke durchlöchert war und deren obere nach unten aufgesetzte Zylinder trug, in welche die Teigmasse hineingedrückt wurde, nachdem sie mit Papier ausgeschlagen waren. Heute benützt man durchwegs Maschinen, welche den Teig kneten und in bestimmte Formen pressen, auch die Größe bzw. das Gewicht genau abmessen und die einzelnen Käschen in Papier einschlagen.

f) Grün- und Blauschimmelkäse

Wie bei den Weißschimmelkäsen der Camembert, so ist bei den Blauschimmelkäsen der **Roquefort** der Hauptvertreter. Die Blauschimmelkäse sind nicht äußerlich mit dem Schimmel bedeckt, vielmehr ist ihr Inneres von grünblauen Rasen bzw. Massen von Schimmelsporen durchzogen, durch die sie ihren spezifischen scharfen Geschmack erhalten. Der Roquefort-Käse ist ein Schafkäse; die in gleicher Weise reifenden italienischen und englischen Vertreter der Gruppe, der Gorgonzola und der Stilton, werden aus Kuhmilch bereitet. Der Roquefort (Frankreich) ist zylindrisch, hat 18 bis 20 cm im Durchmesser, ist 8 bis 10 cm hoch und hat ein Gewicht von 2 bis 3 kg. Der Gorgonzola hat fast genau die gleichen Maße, der Stilton hat ebenfalls einen Durchmesser von etwa 20 cm, ist aber 25 cm hoch. Verwandte französische Käse sind der dem Roquefort am nächsten stehende Fromage persillé oder Fromage bleu, der Gex, der Septmoncel, der Sassenage und der Mont-Cenis. In der Schweiz wird ein Blauschimmelkäse unter dem Namen Sarrazin hergestellt. Die Fabrikation dieser Gruppe von Käsen ist dadurch gekennzeichnet, daß dem Teig bei der Verbringung des Bruches in die Form besondere Varietäten vom Roquefort- oder Gorgonzolaschimmel (Penicillium Roqueforti, Penicillium Gorgonzolae), die verschieden sind, von dem wilden Penicillium glaucum in Gestalt einer feinpulverisierten Kultur auf Brot einverleibt wird, und daß er, um dem Schimmel Gelegenheit zur Fruchtbildung zu geben, durchstochen wird. Äußerlich bildet sich dabei ebenfalls eine Schmiere, die aber entfernt wird. Beim Stilton ist die Aussaat nicht üblich, doch sichert sie die Reifungsrichtung, die sonst mehr dem Zufall anheimfällt und weniger rein ist.

B. Quarg- oder Sauermilchkäse

Diese Käse werden teils frisch, teils gereift genossen. Die ersteren sind keine Käse im eigentlichen Sinne, sondern mehr ein durch spontane Säuerung entstandener Quarg, sie sind außerdem auch nicht reine Sauermilchkäse, werden vielmehr mit etwas Lab angesetzt, so daß die Gerinnung zweierlei Natur ist, eine Säure- und eine Labgerinnung, wobei erstere stark überwiegt.

Frischer Quarg, frische Quargkäse. Der frische Quarg, meist aus Magermilch bereitet, geht im Handel, und zwar nur im Kleinhandel, unter verschiedenen Namen und in verschiedenen Formen mit und ohne Zutaten, wie Kümmel, Zwiebeln, Schnittlauch, Paprika u. dgl., so als Speisequarg oder weißer oder Streich-Käse aus reiner Magermilch, als Schichtkäse mit einer oder zwei Zwischenlagen von Vollmilchquarg, als Sahnenquarg (100 Pfund

Quarg mit 30 Liter 30%igem Rahm in Mischmaschine gemischt), als Sahnenschichtkäse mit einer Schicht saurem Rahm durchsetzt. Ferner geht der frische Quarg auch unter dem Namen Schmierkäse, schlesischer Weichquarg, Luckeles-Käse, Topfen, Kümmel- oder Zwiebelkäs. In Amerika gibt es den Pot, den Cottage cheese und den Dutch cheese. Im Haushalt wird übriggebliebene Vollmilch zum Säuern aufgestellt und die gelatinös gewordene, aufgerahmte und oft mit einem Oidiumfilz überzogene Masse als „gestöckelte Milch“ mit Schwarzbrot (meist gerieben) und Zucker genossen.

Die **gereiften Sauermilchkäse** sind — wenn man die schwach angereiften frischen Rahmkäse nicht mit hierher rechnen will — durchwegs aus Magermilch bzw. aus Quarg bereitet. Ihre Reifung erfolgt ebenso wie bei den Weichkäsen von außen, sie sind innen teilweise noch fester und kreidiger wie die Weichkäse. Da sie bei der Reifung reichlich Schmiere absetzen, kann sich das anaerobe Plectridium foetidum gut entwickeln und dem Käse den gleichen etwas putriden Käsegeruch und -geschmack geben wie den Weichkäsen nach Limburger Art. Eingeleitet wird die Reifung durch schwach verflüssigende Mycodermen und Oidien, auch beteiligen sich bei manchen gewisse Schimmelpilzarten (HENNEBERG); beendet wird sie durch Rotbakterien. Der kräftige, etwas putride Käsegeruch wird ihnen durch Plectridium foetidum (WEIGMANN) oder auch vielleicht durch Bacterium casei limburgensis (Orla-Jensen) erteilt.

Die Bereitung von Sauermilchkäsen war früher eine Hausindustrie, hat sich dann aber zu einer ausgedehnten Fabrikation entwickelt. Die meist in Mitteldeutschland liegenden Fabriken benützen nicht mehr Milch zur Herstellung, sondern fertigen Quarg, der ihnen von Meiereien in Fässern geliefert wird. Da derselbe zumeist gut sauer ist, wird er mit „Natron“ neutralisiert und gut durchgemischt, schließlich gemahlen. Die Beobachtung, daß durch den Natronzusatz die „Reifung“, das heißt die Auflösung des Kaseins, die eigentlich durch Bakterien und Pilze erfolgen soll, beschleunigt wird, hat leider dazu geführt, daß dieses Neutralisierungsmittel in größerer Menge, also als Schnellreifungsmittel benützt wird.

Der gemahlene Quarg wird dann auf maschinellem Wege geformt. Die Käschen werden auf Hürden gesetzt, wo sie in einen Trockenraum bzw. in einen Schwitzraum gebracht werden. Sie überziehen sich dabei mit Kahmhefe, der sogenannten Fetthaut, werden mit Salzwasser überstrichen und wieder zum Abtrocknen hingestellt, wobei sie eine Schmiere bekommen, die sie zum Reifen bringt.

Die bekanntesten Sauermilchkäse, deren es sehr viele gibt, sind der **Harzer Käse** und der **Mainzer Handkäse.** Ebenfalls beliebt sind bei der Berliner Bevölkerung die „Goldleisten“, die „Leichenfinger“, der „Kuhkäse“. Andere Sorten sind der Thüringer Stangenkäse, der Schlesische Handkäse, der Bauden- oder Koppenkäse, der Dresdener und der Bayerische Bierkäse, die Olmützer Quargeln, der Tiroler Graukäse usw. Die beliebten Nieheimer Käschen werden in Hopfen verpackt und nehmen etwas Geschmack von diesem an. Auch im Auslande werden solche Sauermilchkäse gemacht, so in Rußland der Oster- oder Paschakäse, der mit Butter, Mandeln und Gewürzen vermischt genossen wird, in Italien der Chiavari (aus Vollmilch), in Frankreich der Bauernkäse, der Broccio (aus Schafmilch), in Belgien der Brüsseler Käse, der Korbkäse. Ein Teil dieser Käse wird mit Gewürzen, vielfach mit Kümmel (Kümmelkäse) versetzt, mit Butter oder Rahm, mit Zwiebeln oder Schnittlauch, mit Salz und Pfeffer genossen.

Bereitung von Thüringer Stangenkäse. Man verwendet möglichst metallfreien, d. h. von Eisen und Kupfer freien, guten Sauermilchquarg. Der Sicherheit halber untersucht man ihn vorher auf Eisen- bzw. Kupfergehalt nach SCHÄFFER mit Ammoniak und Schwefelammonium oder nach BUTENSCHÖN mit Rhodankalium an Hand einer Farbtafel. Ein über ein gewisses Maß hinausgehender Metallgehalt gibt mißfarbige, graue bis blauschwarze Käse. Auch ein stark säuerlicher Quarg ist zu vermeiden, weil er schwer reift. Man prüft also den Quarg auch auf Säuregehalt, was sich auch deswegen empfiehlt, weil man auf Grund des Säuregrades des Quargs zugleich das Maß des zur Schnellreifung verwendeten Natronzusatzes berechnen kann. Säuerlicher wasserhaltiger Quarg läßt sich dadurch von der überschüssigen sauren und meist auch bitteren Molke befreien, daß man den in Stücke von etwa Walnußgröße zerbröckelten Quarg auf einem geneigten Tisch (Salztisch) ausbreitet und mit Salz bestreut 1 Tag liegen läßt, wobei die Salzlake abläuft, oder daß man den so „abgesalzenen" Quarg nochmals preßt. Der Salzzusatz richtet sich nach der Feuchtigkeit des Quargs. Sehr nassen Quarg kann man mit 5 bis 6% Salz vermengen, weniger nassen etwa mit 3 bis 4%. Man muß dann aber den stärker gesalzenen mit gering gesalzenem Quarg vermischen, so zwar, daß die Mischung einen 3%ig gesalzenen Quarg ergibt. Sollte man zu viel Salz genommen oder den Quarg zu trocken gepreßt haben, so läßt sich eine Wiederherstellung des richtigen Verhältnisses durch Zusetzen von reinem (eisenfreiem!) Wasser und mehrstündiges Stehenlassen zur Durchfeuchtung erzielen. Ist die für die Quargbereitung benützte Magermilch vorher pasteurisiert (am besten dauerpasteurisiert) worden, so sorge man dafür, daß ihr nach dem Pasteurisieren eine entsprechende Menge, etwa 6 bis 8%, Säurewecker zugesetzt werde, damit die Magermilch auch eine möglichst reine Säuerung durchmacht. Gut ist es auch, wenn man solcher Milch nach dem Säurewecker noch eine Kultur von Rotbakterien (Bacterium linens) in der Menge von 1‰ beifügt. Der Quarg wird dann in der Quargmühle zuerst grob, dann, nachdem man ihm weitere Mengen Salz, 2, 2½ oder 3%, je nach der Feuchtigkeit und der Jahreszeit, ferner 0,5 bis 0,75% „Natron" (doppeltkohlensaures Natron) und je nach der Geschmacksrichtung eine entsprechende Menge Kümmel zugesetzt hat, 1- bis 2mal feingemahlen, damit er die erforderliche Gleichmäßigkeit und Geschmeidigkeit erhält. Ist der Quarg gut sauer, dann setzt man noch etwas mehr „Natron" (bis etwa 1%) zu. Entsprechend dem Vorschlag von W. MORRES wird vielfach statt „Natron" eine Mischung von diesem mit „Kalk" (kohlensaurem Kalk) im Verhältnis von 1:2 verwendet, was den Vorteil mit sich bringt, daß die Käse nicht an der Form kleben, noch etwas rascher reifen, eine zartere, schön goldgelbe Rinde und einen milderen, feineren Geschmack bekommen. Der Zweck dieses Natronzusatzes ist neben der Abstumpfung von zu viel Säure vor allem der, das Kasein im Quarg schon vor der Wirkung der eiweißlösenden Hefen und Schimmelpilze einer Lösung zuzuführen, um so den Bakterien der Rotschmiere einen für ihr Wachstum günstigeren Boden vorzubereiten. Leider wird der Natronzusatz vielfach übertrieben, so daß die Käse einen leimigen Geschmack annehmen, durch den der eigentliche Reifungsgeschmack stark beeinträchtigt wird. Ein anderes, die Reifung förderndes Mittel ist „Diakasol", eine Flüssigkeit, welche die für ein rasches Wachstum der Reifungsbakterien nötigen Nährstoffe enthält, das jedoch nicht dem Quarg als Neutralisierungs- und Kaseinlösungsmittel zugefügt wird, sondern über die Käse verstäubt oder an Stelle von Salzwasser zum Schmieren und Waschen der Käse gebraucht wird (siehe unten).

Die Käse werden dann geformt, wofür man die verschiedenen automatischen Käseformmaschinen von Peter Traiser in Groß-Gerau, A. Lübbers in Langensalza, Ph. Schacht in Freimersheim, O. Engelmann in Lützen, den Drais-Werken in Mannheim-Waldhof, H. Bohn in Erfurt und andere benützt. Die Größe und das Gewicht der Käse ist verschieden und richtet sich nach der Gangbarkeit im Kleinhandel; letzteres beträgt meist 70 bis 95 g.

Nach dem Formen werden die Käse nunmehr auf Horden mit Rohrgeflecht gelegt und nach Übereinanderschichtung der Horden auf fahrbarem Untergestell der Reifung, zunächst der Vorreifung zugeführt. Die Vorreifung besteht darin, daß der saure Nährboden, welchen die geformten rohen Käse darstellen, an der Oberfläche entsäuert, auch schwach alkalisch und zugleich so verändert wird, daß die oberflächliche Schicht das Wachstum der eigentlichen Reifungsbakterie, des Bacterium linens, stark begünstigt. Eine solche Entsäuerung und Löslichmachung des Kaseins ist bekanntlich leicht durch die Besiedelung mit Hefen und Schimmelpilzen zu erzielen. Für die Vorreifung der Sauermilchkäse und für die Erzielung des typischen Geschmackes derselben haben sich gewisse Oidien und Kahmhefen (Mykodermen) als am besten geeignet erwiesen. Es ist nicht gut, die Auswahl dem Zufall zu überlassen, da es sowohl Oidien wie Mykodermen gibt, welche fehlerhaften Geschmack, und auch solche, die eine zu starke Peptonisierung des Kaseins verursachen und die Käse deshalb laufend machen. Wohl ist es meist der Fall, daß sich in den Käsereien die richtigen Pilze von selbst einstellen, doch geht man jedenfalls sicherer, diese dem Betriebe zuzuführen. Das kann geschehen, indem man gut gereifte und wohlschmeckende Käse der gleichen Sorte zerreibt und ihre Masse auf die Horden und selbst auf die Wände überträgt; es geschieht aber noch besser, indem man die Reinkulturen solcher Pilze auf die Käse aufträgt. Die beste Zeit dafür ist mit dem Formen und der Aufstellung auf Horden gegeben. Man überstreicht dann die Käse mittels feinen Haarbesens mit den Kulturen oder man versprüht dieselben über die Käse mit einer Zerstäubungsspritze.

Diese Vorreifung kann auf zweierlei Wegen erzielt werden: entweder durch eine während einer Abtrocknung der Käse in gemäßigtem Tempo verlaufende Überwucherung mit Oidium und Mycoderma (Kahmhefe) oder durch eine beschleunigte Bewucherung der Oberfläche der Käse mit diesen Pilzen auf dem feuchten Material. Das erstere Verfahren, das Luftreifungsverfahren, ist bis noch vor rund zwei Jahrzehnten ziemlich allgemein gebräuchlich gewesen und ist jetzt ebenfalls noch da und dort in Benützung. Es hat den Vorzug, daß das Wachstum der Kahmhefe durch die Abtrocknung der Rinde geregelt wird und nicht leicht überhandnehmen kann, und der Käse selbst langsam den richtigen Grad der Trockenheit erreicht, daß also zwei Vorgänge sich zugleich abspielen. Das andere Verfahren, das Schwitzverfahren, besteht darin, daß die noch ganz feuchten, eben geformten Käse in einem etwas angewärmten und zugleich noch feuchten Raum zur Wasserabgabe gezwungen werden und die Überwucherung der Käse mit den Hefepilzen sich rasch vollzieht. Das Verfahren hat deshalb baldige Verbreitung gefunden, weil es sich rascher abspielt, und auch deshalb, weil es der Gefahr des Aufkommens falscher Schimmelpilze, die dem Käse einen muffigen Geschmack geben, vorbeugt.

Bei dem Trocknungsverfahren werden die Horden mit den Käsen in einen Trockenraum gebracht, d. h. in einen Raum, der luftig, aber nicht zugig, und der im Winter heizbar ist. Die Temperatur soll durchschnittlich 25° C sein. In diesem Raum bleiben die Käse 24 bis 36 Stunden, bis sie genügend abgetrocknet sind, was man daran erkennt, daß beim Aufdrücken des Fingers keine Eindruckstelle zurückbleibt. Der Trocknungsvorgang muß scharf überwacht werden. Er darf sich nicht zu rasch abspielen, weil dann die Rinde zu bald trocken wird, als daß die Hefenpilze genügend Raum gewonnen haben, um ihre Vorarbeit ausüben zu können, und ferner, weil sich die trockene Rinde von der noch feuchten Unterschicht leicht ablöst.

Beim Schwitzverfahren kommen die Käse auf den mit Säcken (nicht mit dichtem Segeltuch) bedeckten Horden in den Schwitzraum, also in einen etwas angewärmten und zugleich feuchten Raum. Er wird gewöhnlich etwas niedriger angelegt, damit sich Wärme und Feuchtigkeit besser zusammenhalten lassen. Die letztere beträgt zweckmäßig 85 bis 90%; die Temperatur richtet sich nach der Feuchtigkeit des Quargs, indem man bei trockenem bzw. gut abgetrocknetem Quarg, bei dem die Anwucherung der Pilze, die Bildung der „Fetthaut", an sich verlangsamt ist, eine etwas höhere Temperatur, nämlich 22 bis 24° C, bei ziemlich feuchtem Quarg aber eine niedrigere Temperatur, 19 bis 22° C, nimmt, um die Hautbildung etwas zu verzögern. Ganz feuchter Quarg muß entweder, wie oben schon angegeben, durch Salzen und Pressen trocken gemacht oder dem Trocknungsverfahren und dann dem Schwitzverfahren unterworfen werden. Die rasche Entwicklung der Kahmhefen auf dem feuchten Quarg bewirkt eine kräftige Peptonisierung des Kaseins bevor die Rotbakterien Fuß fassen können. Es entsteht so eine leichtflüssige Schicht auf weicher Unterlage, die Käse werden also laufend werden. Diesem Fehler kann dann nur dadurch vorgebeugt werden, daß man die Käse nachtrocknet, sie also im Trockenraum einer mehr oder weniger starken Belüftung aussetzt, sobald sich die Besiedelung mit Kahmhefe zeigt, oder man hilft sich damit, daß man die Horden nicht mit Säcken bedeckt. Sehr wichtig ist, daß der Schwitzprozeß und die Besiedelung mit Hefen auf allen Käsen gleichmäßig verläuft. Dies ist dann nicht der Fall, wenn der Schwitzraum die Wärme und Feuchtigkeit nicht genügend zusammenhält. Es ist dann oft der Boden kälter, und die auf den unteren Horden lagernden Käse bleiben in der Vorreifung zurück. Aus diesem Grunde — und man tut das der Vorsicht halber in jedem Falle — wechselt man die Horden aus, bringt die unteren nach oben und umgekehrt.

Die Käse werden nun, nachdem sich auf dem weißen Kern eine gelbliche Haut gebildet hat, mit Salzwasser bestrichen, sowohl um Unebenheiten der Haut auszugleichen, wie auch, um dieser etwas mehr Festigkeit zu geben, ferner um das Wachstum von Schimmelpilzen zu verhüten, dagegen das der salzfesten Rotbakterien zu fördern. Manche setzen dem Salzwasser noch etwas Natron zu, um den Nährboden für die Rotbakterien noch geeigneter zu machen.

Mit dem Auftreten der Rotbakterien beginnt die eigentliche Reifung, die Endreifung. Diese Bakterien geben dem Käse den eigentlichen Reifegeschmack und das typische Sauermilchkäse-Aroma. Sie übertragen sich auf den Käse durch die auf den Horden trotz Reinigung immer noch vorhandenen Bakteriennester oder auch durch den Luftzug, werden aber sicherer und in reinerer, von anderen, unter Umständen gefährlichen Bakterien freier Kultur den Käsen absichtlich zugefügt. Dies geschieht am besten gleich nach dem Formen der Käse, indem man mittels einer Verstäubungsspritze die Aufschwemmung einer Rotbakterie (Bacterium linens) über die auf den Horden liegenden Käse hinwegspritzt. Es wird bei diesem Vorgehen vermieden, daß beim Schwitzprozeß die Kahmhefe zu sehr überwuchert, da die Rotbakterien sie wie auch irgendwelche Schimmelpilze beseitigen. Man kann die Rotbakterien aber auch dadurch auf die Käse übertragen bzw. ihr Wachstum fördern, indem man eine Kultur von ihnen dem Waschwasser zufügt und die Käse damit überstreicht.

Von den Rotbakterien gibt es nun allerdings verschiedene Spielarten, besser gesagt Standortsvarietäten, die alle nicht nur eine verschiedene, vom Gelblichen über Rotgelb ins Rote übergehende Färbung, sondern auch etwas verschiedenen Geschmack und Geruch erzeugen. Nach den Untersuchungen W. HENNEBERGS sind die Varietäten mit einer schönen gelbroten Färbung die normalen Rotbakterien; einen wenig guten, ja geradezu fehlerhaften Geschmack erzeugen die Rotbakterien mit himbeerroter und auch die mit ins Graue spielender Färbung.

Das Bacterium linens, das Bakterium der Käseschmiere (von WEIGMANN und WOLFF so benannt), ist bekanntlich das Bakterium, das sich auf allen geschmierten und gewaschenen Käsen findet, auf dem Tilsiter Käse sowohl wie auf dem Camembert und Brie-Käse. Sie sind schon von P. MAZÉ, dann von A. WOLFF beschrieben und als stark eiweißlösende Farbstoffbildner erkannt. Nach den eingehenderen Untersuchungen von F. STEINFATT bilden sie in zweimonatlicher Kultur bei 15° C in Milch 50% löslichen N, 28% Aminosäuren-N und 7% Ammoniak-N aus dem Kasein; bei höherer Temperatur und Kreidezusatz ist der Ammoniak-N vermehrt. Was das Bacterium linens vor anderen ihm in der Farbstoffbildung und sonstigen Eigenschaften nahestehenden Bakterien auszeichnet, ist der gleichmäßig verlaufende Abbau des Kaseins durch sie und ihre Aromabildung. Die letztere wird unterstützt und dem typischen Käsegeruch der Limburger näher gebracht durch die Beimischung (jedoch nicht stärkeres Hervortreten) von Plectridium foetidum. STEINFATT hat auch Untersuchungen über Erweiterung bzw. Hemmung der Eiweißzersetzung durch die Symbiose von Bacterium linens mit verschiedenen Begleitbakterien vorgenommen. Von diesen vermögen einige die Menge des löslichen N stark zu vermehren, andere die Menge des Ammoniak-N, wieder andere hemmen die Eiweißzersetzung des Bacterium linens in ihrer Gesamtheit. Als geeignetste Begleitbakterien erwiesen sich ein Stamm von Streptococcus lactis und ein solcher von Säure und Lab bildenden Kokken.

Durch das Überhandnehmen der Rotbakterien entsteht dann mehr und mehr eine rote Schmiere, die man durch Streichen oder Wischen oder Waschen mit Salzwasser ausbreitet und fördert. Manche bringen die Käse sogleich, wenn sich eine schwache Gelbrotfärbung zeigt, in Kisten, die mit Pergamentpapier ausgelegt sind, und lassen die Reifung in diesen Kisten verlaufen.

Ein anderer Weg, um die Rotfärbung und damit die Reifung zu beschleunigen, ist heute, wie oben schon angedeutet, durch die Benützung von Diakasol der Byk-Gulden-Werke, Berlin, gegeben. Dieses ist eine Nährlösung, welche nach den Versuchen von A. STAFFE und A. JANOSCHEK in 10%iger Lösung eine Auslese unter den Rotbakterien trifft und das Wachstum derjenigen fördert, welche eine schön rotbraune Färbung hervorbringen. Nachdem schon K. TEICHERT und W. STOCKER bei der Bereifung von Tilsiter- und Weichkäsen nach Limburger Art, auch an Delikateßkäsen, eine sehr günstige Wirkung dieses Käsereifungsmittels beobachtet hatten, wobei sie die Käse an Stelle von Salzwasser mit einer 5%igen Diakasol-Lösung wuschen, haben die erstgenannten Autoren auch bei Sauermilchkäsen (bei den den Harzer Käschen ähnlichen Olmützer Quargeln) einen sehr günstigen Einfluß auf die Bildung der richtigen Rotschmiere und auf die Beschleunigung der Reife — ohne Anwendung von viel Natron zur Entsäuerung und schnelleren Reifung — festgestellt, wenn sie das Diakasol gleich nach dem Waschen der Käschen mittels einer Bürste oder besser mittels Zerstäubung in 10%iger Lösung auf die Oberfläche der Käse auftrugen. Die Diakasolbehandlung hat sich auch dann bewährt, wenn die Käse etwas hart und bockerig waren. Die so mit dem Schnellreifungsmittel versehenen Käse werden dann in die mit Pergamentpapier ausgelegten Kisten verpackt, wo sie ihre Reifung durchmachen und schon nach wenigen Tagen versandreif sind.

Die Zigerkäse. Die gereiften Käse aus gesäuerter und gekochter Milch sind unter dem Namen Zigerkäse bekannt. Der Ziger besteht in der Hauptsache aus dem Albumin der Milch, enthält aber auch Reste von Parakasein oder Kasein, je nachdem zu seiner Herstellung Lab- und Sauermolke (eigentlich Serum) verwendet worden ist, ferner ist ihm bei Benützung von Labmolke noch Molkeneiweiß beigemischt. Der Ziger wird gewonnen, indem man der auf 90° C und darüber erhitzten Molke ein Sauer (gesäuerte Labmolke) zusetzt bzw. die Sauermolke (Serum), falls sie reichlich sauer ist, entsprechend neutralisiert. Die Fällung des Zigers erfolgt am vollkommensten bei einem Säuregrad der Molke von 12 bis 13° S. H.

Man unterwirft den Ziger, falls er nicht gesalzen oder geräuchert und mit Gewürzen zusammen als solcher genossen wird, einer Reifung und vermischt die Masse mit feingepulvertem getrocknetem Zigerklee, einer Steinkleeart, Melilotus coerulea. Dieser „Kräuterkäse“ wird nunmehr fabrikmäßig nicht mehr aus reinem Ziger, sondern aus einem Gemisch von diesem mit Quarg bereitet, indem man der Molke vor der Ausscheidung des Zigers Magermilch und auch Buttermilch zusetzt, ja man benützt nunmehr eigentlich nur noch Magermilch, der die vorhandene Buttermilch zugesetzt ist. Bei der Herstellung des Glarner Schabzigers in der Schweiz wird sowohl Magermilch samt Buttermilch wie auch Käsemolke verwendet, man unterscheidet dann Käsziger und Schottenziger. Für die Bereitung des ersteren wird die Magermilch unter Umrühren bis zum Sieden erhitzt, die Buttermilch (von Süßrahmbutter herrührend) zugesetzt und der entstandene Schaum abgenommen. Nachdem die Milch zum Stillstand gekommen, verteilt man mit der Kelle einen kleineren Teil des Sauers (Molke, die bis zu 70 bis 80° S. H. gesäuert ist) über dieselbe, worauf sich schon etwas Ziger ausscheidet, der sogenannte Stichziger, der für sich abgeschöpft wird. Sodann wird unter Umrühren der noch fast kochend heißen Milch eine weitere Menge des Sauers zugegossen, bis eine grobflockige Ausscheidung entsteht und die „Molke“ (Serum) völlig klar und von goldiggrüner Farbe ist. Der ausgeschiedene und ausgeschöpfte Quargziger wird nun in flachen Gefäßen zum Reifen hingestellt. Man nimmt an, daß die Reifung in der Hauptsache durch Milchsäurelangstäbchen bewirkt wird. Dieser auf den Alpen gewonnene Ziger wird in den Fabriken gemahlen und mit Zigerkleepulver vermischt und entweder frisch abgegeben oder getrocknet. Der getrocknete Schabziger wird als grüner Kräuterkäse in Form harter, kleiner, stumpfer Kegel oder als Pulver verkauft; im ersteren Falle dient er als Reibkäse als Zutat zu Mehlspeisen usw.

Auch der norwegische Gammelost wird aus einem Gemisch von Quarg und Ziger hergestellt, nur ist das Verfahren dahin abgeändert, daß die Milch selbst erst kräftig säuert und dann gekocht wird. Die Reifung wird, wie Olav Johan-Olsen ermittelt hat, durch besondere Mucor- und Penicillium-Arten bewirkt.

C. Koch- und Schmelzkäse

Die Bereitung von Kochkäsen ist schon alt und ist in allen Milchländern frühzeitig im Haushalt geübt worden. Das Verfahren bestand darin, daß man Quarg durch Stehenlassen an einem warmen Ort einer spontanen Reifung überließ (Reifung von außen), bis er speckig oder sogar schwach laufend wurde, und daß man die Masse, die innerlich noch weiß sein konnte, mit Fett in einer Pfanne briet, bis sie völlig geschmolzen war, worauf man sie in einen Topf umgoß und erkalten ließ. Vielfach werden diese Kochkäse oder Topf-

oder Pottkäse mit Gewürz, insbesondere mit Kümmel, oder anderen Zutaten (Essig, Wein, Butter, Kartoffel) versehen. Solche Kochkäse sind dann aber auch im großen hergestellt und in Blechdosen ins Ausland versandt worden. Da die Erhitzung eine genügend lange ist, erwiesen sich diese Fabrikate als recht haltbar und hatten auch, wenn sie nicht aus verdorbenem Rohmaterial hergestellt wurden, einen guten Geschmack. Man nahm dazu auch gerne etwas weniger gut gelungene gereifte Käse, insbesondere Weichkäse nach Limburger Art. Vielleicht als erster hat dann der Käsefabrikant CHR. LASSEN in Kiel das Verfahren auf Hartkäse angewendet, indem er Holsteinische Magerkäse (die nicht gebläht sein durften) in einer mit Dampf heizbaren Mischmaschine unter Zusatz von Butter aufweichte und die geschmolzene Masse in Formen von Tilsiter Käse umgoß und so den „Kieler Fettkäse" herstellte.

Emmentaler Schachtelkäse. Ein ähnliches Verfahren ist dann von der Firma Gebrüder Gerber in Thun in der Schweiz auf Emmentaler Käse ausgedehnt worden (1912). Es sind so die in Schachteln von der Größe eines großen Camemberts verpackten sogenannten Emmentaler ohne Rinde in den Handel gekommen und haben, obwohl teurer als das Ausgangsmaterial, beim Publikum so großen Beifall gefunden, daß die Fabrikation solcher Schmelzkäse oder, wie sie vielfach auch genannt werden, Schachtelkäse, eine außerordentlich ausgedehnte geworden ist. Sie erstreckt sich nun nicht mehr allein auf Emmentaler Käse, sondern auch auf Gruyère, Gouda, Edamer, Cheddar und Chester, kann überhaupt auf alle Hartkäse wie auch auf nicht überreife Weichkäse, wie Camembert, ausgedehnt werden. In Amerika hat man die Cheddar-Käse durch Schmelzen auch in Brotform gebracht und unter dem Namen „kraft cheese" gehandelt, was nunmehr auch anderwärts nachgeahmt wird.

Herstellung der eigentlichen Schmelzkäse oder Konservenkäse. Für die Herstellung der Schmelzkäse, der Emmentaler, Gruyère-, Holländer usw. Käse ohne Rinde, die sowohl in ganzen als in Sechstel geteilten Laibchen, in Stanniol und Schachteln gepackt, wie auch in Blockform, in Stanniol gehüllt, neuerdings auch mit weicher, streichfähiger Masse in den Handel kommen, gibt es gegenwärtig sehr gut ausgebildete Apparaturen, die auch vollkommen automatisch arbeiten. Die Hauptphasen in dem ganzen Fabrikationsprozeß sind: 1. Feines Zerkleinern der Käse nach Weglassung der schadhaften Stellen, das sogenannte Aufbereiten; 2. Schmelzen derselben in eigenen Kesseln unter Zusatz von etwas Wasser, einer Zumischung von unschädlichen Salzen, deren wesentlichste Zitronensäure oder zitronensaures Natron und gebrannter Kalk sind, und unter energischem Rühren mit einem eigenen Rührwerk bei 65 bis 70° C; 3. Abfüllen der dickflüssigen Masse in die vorbereiteten Stanniolhüllen mittels eines Warmwassertrichters und sofortiges Verschließen der abgefüllten Portionen ohne Berührung mit der Hand. Das genaue und dichte Verpacken der einzelnen Portionen ist von größter Wichtigkeit, weil sich sonst leicht Schimmel ansiedelt und die Ware verdirbt. Der Abfüllraum soll deshalb auch möglichst frei von Schimmelkeimen, sauber gehalten, trocken und gut gelüftet sein.

Von der Salzmischung, die sauer reagieren muß, werden 3 bis 4%, am besten nur 3%, zugegeben, so daß dadurch der Salzgehalt des Käses um etwa 2% erhöht wird. Häufig wird zur Haltbarmachung der Schmelzkäse zu den Schmelzsalzen etwas Salizylsäure oder Benzoesäure zugesetzt, doch ist dieser durch die meisten Lebensmittelvorschriften verbotene Zusatz sowie auch das „Miczbin" entbehrlich.

Um eine möglichst niedrige Schmelztemperatur einhalten zu können, wird das Schmelzen meist unter Vakuum ausgeführt.

Die Schmelzapparate sind für Klein- wie für Großbetrieb eingerichtet. Die ersteren sind Pfannen mit 2 oder 4 oder 10 Liter Inhalt; 4 bis 5 Stück von ihnen genügen für die Herstellung von rund 2000 Schachteln. Für Bereitung von Blockkäse eignen sie sich weniger. Die Schmelzmaschinen für den Großbetrieb haben einen Inhalt von 20 bis 150 Liter. Firmen, welche sowohl Zerkleinerungsmaschinen, sogenannte Häcksler, wie Mischmaschinen, Schmelzapparate wie Füll- und Verpackungsmaschinen führen, sind Gebrüder Kustner & Co. A. G., Genf, Schweiz; Frigge und Welz, Maschinenfabrik, Mannheim-Süd; Carl Merkl, Maschinenbauanstalt, Ulm a. d. D.; Josef Vögele A. G., Abteilung „Rheinguß", Mannheim, und andere. Einen neuen Schmelzapparat stellen auch Gebrüder Diessel in Hildesheim her.

Der Schmelzkäse soll kein Fett abscheiden, was besonders bei Verwendung junger Käse gern eintritt, nicht klebrig sein, und wenn er aus Emmentaler oder ähnlichen Laibkäsen hergestellt ist, eine gelbliche Farbe besitzen. Ist er grau oder graurötlich, so ist entweder zu viel Schmelzmasse zugesetzt oder es ist eine zu hohe Temperatur angewendet worden. Die Beschaffenheit der Ausgangskäse hat selbstverständlich Einfluß auf die Farbe, ebenso eine alkalische Reaktion der Schmelzmasse. Am besten eignen sich Käse von 4 bis 7 Monaten zum Einschmelzen. Die p_H-Zahl soll 5,8 bis 6,2 betragen.

Der Wassergehalt der Schmelzkäse ist in der Schweiz mit 47% begrenzt, in Österreich mit 48%. ¾fette Schmelzkäse können in Österreich bis 52% haben.

MARTIN hat bei der Untersuchung von mehreren Hunderten solcher Schmelzkäse eine recht verschiedene Zusammensetzung gefunden, ein Beweis dafür, daß zur Herstellung dieser neuen Gruppe von Käsen nicht immer nur vollfette Käse genommen werden und daß in nicht wenigen Fällen auch Wasser beim Schmelzen mitverwendet wird. Der Fettgehalt in der Trockenmasse wurde zu 44,62% im Mittel, zu 41,64% im Minimum, zu 48,56% im Maximum ermittelt. Der Wassergehalt betrug im Mittel 45,15%, im Minimum 39,45%, im Maximum 55,97%.

In gewissem Sinne sind Schmelzkäse auch einige oben schon erwähnte Käsesorten, bei denen der Bruch durch Übergießen mit warmem oder durch Eintauchen in heißes Wasser weich bis fadenziehend gemacht wird. So wird der Bruch des Cacio cavallo, nachdem er gepreßt und in Stücke geschnitten worden ist, durch Übergießen mit heißem Wasser plastisch gemacht, ebenso beim Kaschkawal und anderen Schafkäsen Südosteuropas, dem Oschtjepka und dem Parenitza, welche beide kunstvoll verziert bzw. in Bändern aufgerollt und verschnürt in den Handel kommen.

Verpackung von Weich- und Schmelzkäse

Über die Verpackung, d. h. Einwickelung der Weichkäse und die dazu zu verwendenden Materialien liegen interessante Untersuchungen vor. Schon immer hat man Pergamentpapier und auch Blattzinn, „Zinnfolie", verwendet, neuerlich sind Blattaluminium, Jelamasse und Käsewachs hinzugekommen. Nach den Untersuchungen von B. BLEYER und K. MAYER sind es vor allem die von den reifenden Weichkäsen mit dem Salz „ausgeschwitzten" flüssigen, alkalisch reagierenden Stoffe, welche auf die Metallfolien angreifend und zerstörend einwirken, weniger oder gar nicht die von ihnen abgegebene Säure, die Milchsäure. Gegen diese Einflüsse erweist sich das Zinn immer noch am widerstandfähigsten, allerdings vorausgesetzt, daß es frei ist von Eisen, Blei oder Kupfer, in welchem Falle es die Käse blauschwarz bis grauschwarz macht.

Freilich gibt es, wie W. HENNEBERG gefunden hat, auch Schimmelpilze, welche die Zinnfolie gänzlich zersetzen. Das wegen seines niedrigeren Preises gerne bevorzugte Aluminium ist ebenfalls nur dann brauchbar, wenn es möglichst rein, d. h. möglichst frei von Tonerde und Silizium ist. Geeignet sind die Hochglanzfolien mit verdichteter und deshalb widerstandsfähigerer Oberfläche und noch besser die „Spezialfolien“ mit präparierter Oberfläche. Immerhin ist es nach den Erfahrungen der genannten Autoren empfehlenswert, Weichkäse nach Limburger Art, die ja am ersten, und zwar in der Schmiere die ätzenden Stoffe abgeben, zuerst in gutes Pergamentpapier und dann in Aluminiumfolie einzuwickeln. Das Pergamentpapier soll aber ziemlich undurchlässig, also dicht und auch salzfrei sein, wie es z. B. die gewachsten und paraffinierten Pergamentpapiere und die sogenannten Wachsseidenpapiere sind. Sogenanntes Pergamin (Pergamentersalz) eignet sich nicht, erst recht nicht Pergamentpapier, das mit Dextrin oder Zucker oder Salz beschwert ist. Die in Teilstücke zerlegten Käse, wie der Camembert, werden ohne Pergamentpapier in Hochglanz- oder Spezial-Aluminiumfolien gewickelt, und auch für die Schmelzkäse, die neben alkalischen Stoffen meist auch Schwefelwasserstoff abgeben, dürften diese Folien zu verwenden sein, da durch den Schwefelwasserstoff auch selbst die Zinnfolien angegriffen und schwarz werden.

Da Jelamasse — eine braune, wachsartige, bei etwa 50° C schmelzende Masse — sich beim Versand von Fleisch- und Wurstwaren in überseeische und tropische Länder sehr gut bewährt hat, sind von K. TEICHERT und W. STOCKER Versuche gemacht worden, ob sie sich nicht auch für die längere Aufbewahrung, eventuell für die Ausfuhr von Käse eignen würde. Sie fanden, daß eine vermehrte Haltbarkeit, z. B. von Romadur-Käse, wenn er in angereiftem Zustande in die geschmolzene Jelamasse einmal eingetaucht wird, wohl zu erzielen ist, nicht aber eine Haltbarkeit derselben, wenn sie nach warmen Ländern ausgeführt werden. Im übrigen ist diese Verpackungsweise zu teuer.

„Käsewachs“, eine paraffinartige Masse, verhält sich in gleicher Weise, aber etwas ungünstiger noch wie Jelamasse.

D. Molkenkäse

Der Mysost, der im nördlichen Skandinavien bereitet wird, kann nur insofern zu den Käsen gerechnet werden, als er die in den Molken zurückbleibenden Eiweißstoffe enthält. Er wird durch vorsichtiges Eindampfen von Labmolke erhalten und besteht außer aus Eiweißstoffen aus Milchzucker, wenig Fett, Salzen (der Molke) und etwas Milchsäure. Er stellt eine weiche, etwas körnige, bräunliche, schwach süß und karamelartig schmeckende Masse dar, die parallelopipedisch geformt ist.

Literatur

Zusammenfassende Schriften, Monographien und Abhandlungen über Käserei.

AUFSBERG, Th.: Die Bereitung von Rundkäse nach Emmentaler Art, I. u. II. Teil. Stuttgart. 1904.

BEAU, M. und Ch. BOURGAIN: L'industrie fromagère. I. Teil: La science fromagère; II. Teil: La technique fromagère. Paris: J. B. Bailliere et fils. 1927. — BETZ, J.: Französische Weichkäse, ihre Herstellung und Behandlung, 2. Aufl. Hildesheim: Verlag Molk.-Ztg. 1922. — BLEYER, B. und K. MAYER: Werkstoffliche Studien über die als Einwickelmaterial für Käse benützten Stoffe. Milchw. Forschungen, 4, S. 312. 1927. — BRANDIS, T. und H. BUTENSCHÖN: Die Herstellung von Quarg und Sauermilchkäse, 4. Aufl. Hildesheim: Verlag Molk.-Ztg. 1927. — BURR, A.: Monographie fremder Käsesorten. 3 Broschüren. Stendal: Verlag Molk.- u. Käserei-Ztg. 1911, 1912 u. 1913. — BURRI, R. und J. KÜRSTEINER: Die Verwendung der Käsereikultur zur Herstellung von Sauer und Lab im Alpkäsereibetrieb. Schweiz. Milchztg., Nr. 43. 1928.

DECKER, J. W.: Cheese making. Columbus, Ohio. 1905. Neu bearbeitet von J. L. SAMMIS. Madison, Wisc. 1924. — DIETZIKER: Die neuzeitliche Harz- und Quargkäserei. 1912. — DORNIC: Die Fabrikation des Pont l'Evêque. Milchztg., 25, Nr. 34, S. 542. 1896 und L'industrie laitière. 1896.

FEHR, A.: Emmentaler Käse. Herkunfts- oder Gattungsbegriff? Südd. Molk.-Ztg., 52, Nr. 4, S. 109. 1931. FLEISCHMANN, W.: Die Bereitung von Backsteinkäse aus Zentrifugenmagermilch, 3. Aufl. Berlin: P. Garey. 1916. — FRIEDEL, G.: Die Herstellung gelber Sauermilchkäse ohne Schimmelbildung. Die Käseindustrie, 3, S. 69. 1930.

GORINI, C.: Studien über die rationelle Herstellung der Käse. Milchwirtschaftl. Zentralbl., 44, S. 337. 1915. — GOY, S.: Milchfettgehalt und Fettgehalt des Tilsiter Käses. Milchw. Forschungen, 5, Ref., S. 21. 1928. — GRIMMER, W. und E. ARDUSON: Zur Mykologie des Tilsiter Käses. Milchw. Forschungen, 4, S. 538. 1927. — und H. BRAND; Zur Biochemie des Bacillus mesentericus in Symbiose mit Paraplectrum foetidum. Ebenda, S. 547. 1927. — und PRINZ: Über die Bakterienflora des Tilsiter Käses. Forschungen auf d. Geb. d. Milchw., 1, S. 377. 1921. — GULIK, J. VAN: Over Goudsche Kaas. s'Gravenhage. 1910.

HANSEN, A. P.: 5. Bericht der Staatlichen Versuchsmolkerei Hilleröd in Dänemark. 1927. — HENNEBERG, W.: Studien über Harzkäse in Käsereien. Molk.-Ztg. 39, Nr. 130, S. 2315. Hildesheim. 1925. — HEUSCHMIDT, A. und H. LEMPENAUER: Die Bereitung von Weichkäse nach Allgäuer Art. Stück 76 der Landwirtschaftl. Merkblätter von E. ULMER, Stuttgart. — HJELKMA, H. B.: Leerboek der Zuivelbereiding, 3. Aufl. Leeuwarden.

KNEUTTINGER, Ed.: Die Bereitung von Käsen nach Limburger Art. Hildesheim: Verlag Molk.-Ztg. 1923. — KÖSTLER, G.: Schweiz. Milchztg., Nr. 76 bis 78. 1922. — KRETSCHMER, K.: Sauermilchkäserei und Quargkäserei mit Berücksichtigung der Käsefehler. Hildesheim: Verlag Molk.-Ztg. 1920. — Die Sauermilchkäserei. Hildesheim: Verlag Molkerei-Ztg. 1921. — KRUGGEL, E.: Tilsiterherstellung im Allgäu. Süddtsch. Molk.-Ztg., 49, Nr. 45, S. 1533. 1928. — KÜRSTEINER, J.: Schweiz. Milchztg., Nr. 19 u. 20, Nr. 29 und Nr. 94. 1928.

LAXA, O.: Les fromages de brébis chez les Slaves de l'ouest. Revue générale du lait, 6, Nr. 19 bis 21. 1907. — LINDEMANN, O.: Die Bereitung von Gouda- und Edamer Käse. Reisebericht. Landwirtschaftl. Wochenbl. f. Schleswig-Holstein, 59, S. 835. 1909. — LÖHNIS, F.: Vorlesungen über landwirtschaftliche Bakteriologie. Berlin: Bornträger. 1913.

MARRE, E.: Le Roquefort. Rodez: E. Carrère. 1906. — MARTIN, H.: Emmentaler ohne Rinde. Süddtsch. Molk. Ztg., 48, Nr. 18. 1927. — MONTÉRAN, M.: Monographie et fabrication du fromage de Camembert. Paris: Librairie Audot. 1908. — MÜLLER, L: Anleitung zur Herstellung von Käsen nach Holländer und Tilsiter Art. Hildesheim: Verlag Molk.-Ztg. 1922.

ORLA-JENSEN, S.: Zentralbl. f. Bakteriol., Parasitenk. u. Infektionskrankh., 2. Abt., 32, S. 207. 1912.

PETER, A.: Praktische Anleitung zur Fabrikation und Behandlung des Emmentaler Käses, 5. Aufl. Bern: K. J. Wyss Erben. 1925. — Praktische Anleitung zur Weichkäserei und für die Herstellung der kleineren alpenländischen Hartkäsesorten. Bern: K. J. Wyss Erben. 1925. — PRICE, W. V.: Cheddar cheese from pasteurized milk. Journ. of dairy science, 10, Nr. 2, S. 155. 1927.

ROEDER, H.: Allgäuer Rundkäserei nach Emmentaler Art. Hildesheim: Verlag Molk.-Ztg. 1925.

SAMMIS, J. L. und A. T. BRUHN: The manufacture of Cheddar Cheese from pasteurized milk. Univ. Wisc. Agr. Exp. Stat. Research Bull., 27. 1912. — STAFFE, A. und A. JANAUSCHEK: Versuche mit dem Käsereifungsmittel „Diakasol" in der Quargelkäserei. Südd. Molk.-Ztg., 51, Nr. 19, S. 670. 1930. — STEINSATT, F.: Über Bacterium linens beim Eiweißabbau in Milch. Milchw. Forschungen, 9, S. 1. 1929. — SWAVING, J.: Über die holländischen Käsereiverhältnisse. Zeitschr. f. Untersuch. d. Nahrungs- u. Genußmittel, 45, S. 6. 1923.

Teichert, K.: Die Bereitung von Tilsiter Käse. Molk.-Ztg., 34, Nr. 12, S. 243. Hildesheim. 1920. — und W. Stocker: Versuche mit dem Käsereifungsmittel „Diakasol". Milchw. Forschungen, 7, S. 583. 1929 und Molk.-Ztg., Nr. 37. Hildesheim. 1929. — — Bakteriologisch-chemische Studien an überalterten Käsen. Milchw. Forschungen 7, S. 271. 1929. — Tijmstra, S. und D. C. De Waal: Oenderzoek naar een verband tusschen vetgehalte van de drogestof van kaas. Bond van Coop. Zuivelfabrieken in Friesland. 1917.

Vaslin, M. P.: Le salage de Camembert en bain de saumure. Le lait., 5, Nr. 42, S. 113. 1925.

Weigmann, H.: Über zwei an der Käsereifung beteiligte Bakterien. Zentralbl. f. Bakteriol., Parasitenk. u. Infektionskrankh., 2. Abt., 4, S. 820, 1898. — Handbuch der praktischen Käserei, 3. Aufl. 1923. — Winkler, W.: Gute Emmentaler Käse aus dauerpasteurisierter Milch. Österr. Milchw. Ztg., 36, Nr. 12, S. 285. 1929. — Wolff, A.: Welche Bakterien beteiligen sich an der Bildung des rotgelben Farbstoffes auf der Oberfläche der Käse im Reifungskeller. Milchw. Ztrbl., S. 145 b. 414. Jahrg. 1909.

Zande, K. H. M., van der: Beknopt leerboek der Zuivelbereiding. Wolters Groningen.

4. Die Chemie der Käsereifung

Von

W. Grimmer-Königsberg i. Pr.

Unter Käsereifung verstehen wir diejenigen Vorgänge bei der Lagerung des Käses, welche zur Folge haben, daß die ursprünglich bröckelig-körnige Bruchmasse, die nur ein geringes Bindungsvermögen besitzt, in einen geschmeidig plastischen Teig sich verwandelt, in welchem sich je nach der Art der Käse gewisse Geruchs- und Geschmacksstoffe entwickeln, das sogenannte Käsearoma. Diese Umwandlung wird durch chemische Veränderungen bedingt, die sich auf die 3 Hauptbestandteile des Käses — Kasein bzw. Parakasein, Milchzucker und Fett — erstrecken. Im engeren Sinne des Wortes versteht man unter Käsereifung den Abbau des Milcheiweißes, als des Hauptbestandteiles des Käses, dessen Veränderungen am sinnfälligsten in Erscheinung treten. Mindestens ebenso wichtig erscheint mir aber der Abbau des Milchzuckers, da seine Menge in der frischen Bruchmasse bestimmend ist für den später folgenden Abbau des Eiweißes — Hartkäse oder Weichkäse —, und da weiterhin die gebildete Milchsäure oder ihre intermediär entstehenden Zwischenprodukte das Ausgangsmaterial für verschiedene weitere, zum Teil für verschiedene Käse typische Substanzen bildet. In wesentlich geringerem Maße treten Veränderungen des Fettes in Erscheinung, hauptsächlich bei solchen Käsen, die durch Schimmelreifung entstehen.

a) Die Veränderungen des Milchzuckers

Der Milchzucker erfährt eine Umwandlung in Milchsäure, und zwar nicht erst in der Käsemasse, sondern bereits in der im Käsekessel befindlichen Milch. Die für längere Zeit vorherrschende Temperatur von 25 bis 35^0 — je nach der Art des herzustellenden Käses — begünstigt diese Milchsäurebildung durch verschiedene Milchsäurebildner in hohem Maße, die Hauptgärung allerdings erfolgt in dem Bruche. Die gebildete Milchsäure wird zunächst durch den Kalk des Käsestoffes und des sekundären Kalziumphosphats gebunden. Erst bei weitergehender Säuerung, wie bei der Herstellung von Quarg, kann freie Milchsäure auftreten. Bei der Herstellung von Labkäsen dagegen stehen in dem Momente, in dem der frische Bruch in die Formen gebracht wird, in der Regel noch Kalkreserven der genannten

Art zur Verfügung, so daß bei der weiteren Milchsäurebildung im geformten Käse noch immer Kalziumlaktat in gewisser Menge entstehen kann. Durch diese zunächst vor sich gehende Neutralisation der ständig neugebildeten Milchsäure nimmt in dem Bruche die Milchsäuregärung einen sehr viel größeren Umfang an als in der Milch selbst; während hier je nach der Art der die Gärung bewirkenden Mikroben, nur etwa 0,6 bis 2%, das heißt zirka 14 bis 45% der vorhandenen Zuckermenge an Milchsäure entstehen, ist in den meisten Labkäsen schon nach 2 bis 6 Tagen sämtlicher Milchzucker verschwunden. Dabei ist infolge des geringen Molkengehaltes der Hartkäse freie Milchsäure überhaupt nicht vorhanden, wir finden nur Laktat vor. Die hohe Titrationsazidität der ablaufenden Käsemolke ist fast ausschließlich durch primäre Phosphate bedingt, die Wasserstoffionenkonzentration dagegen wurde von van Dam so niedrig befunden (bei Edamer Käse 0,6 bis $1{,}2 \cdot 10^{-5}$), daß die Annahme größerer Mengen freier Milchsäure nicht aufrechtzuerhalten ist.

Bei Weichkäsen ist infolge des höheren Wasser- und damit auch Zuckergehaltes die Menge der vorhandenen Kalkverbindungen um so weniger ausreichend, je höher der Wassergehalt der Käse bzw. des frischen Bruches ist. Demgemäß kann freie Milchsäure im Überschuß auftreten, die nach einer unbestätigten Mitteilung von van Slyke und Hart, welche übrigens auch von holländischen Autoren, z. B. Boekhout und de Vries, übernommen wurde, zur Bildung von Kaseinlaktat führen soll. Das in weichen Labkäsen auftretende Parakaseinmonolaktat soll in 5%iger Kochsalzlösung löslich sein, das ebenfalls entstehende Parakaseinbilaktat dagegen nicht. Sicher ist jedenfalls, daß im Bruch der Weichkäse ebenso wie im Sauermilchquarg Milchsäure vorhanden ist, die durch Kalk nicht mehr gebunden werden konnte. Das gleiche beobachten wir mitunter bei Hartkäsen, die entweder aus stark ansaurer Milch hergestellt oder durch zu langsamen oder unvollständigen Molkenablauf „kurz" oder „kreidig" werden.

Durch die gewöhnlichen Milchsäurebakterien wird der Milchzucker fast ausschließlich in Milchsäure umgewandelt. Nach Weigmann, Leichmann und Storch treten über 90 bis 98,5% des verschwundenen Milchzuckers in Form von Milchsäure wieder auf; die in sehr geringer Menge nebenher entstehenden Substanzen sind meines Wissens bisher nicht untersucht worden. Anders liegen die Verhältnisse bei den Bakterien der Koli-Aerogenes-Gruppe. Die von diesen gebildeten Säuren bestehen zu einem wesentlich geringeren Anteil aus Milchsäure, daneben treten noch Essigsäure und Kohlensäure sowie große Mengen von Wasserstoff auf.

In normal reifendem Käse kommen sie nicht zur Entwicklung, ebenso wenig die Buttersäurebazillen, die sich wie jene nur in blähenden Käsen vorfinden.

Die gebildete Milchsäure bzw. ihr Laktat verschwindet im Verlaufe der Reifung zu einem mehr oder weniger großen Teile, teils wird sie von den Reifungserregern veratmet, teils zum Aufbau ihres Kohlenstoffskeletts verwendet. In welcher Weise dieser Verbrauch vor sich geht, ist noch unbekannt. Nur hinsichtlich der Propionsäurebakterien, die die im Käse befindlichen Laktate als Ausgangsmaterial benutzen, können wir versuchen, eine chemische Gleichung aufzustellen, in welcher das Ausgangsmaterial und die Endprodukte in Beziehung gesetzt werden. Wir können hier in groben Zügen ein Oxydoreduktionssystem konstruieren, nach welchem die Bildung von Kohlensäure, Essigsäure und Propionsäure verständlich ist:

$$CH_3\,CHOH\,COOH \xrightarrow{2\,O} CH_3\,COOH + CO_2$$
$$2\,CH_3\,CHOH\,COOH \xrightarrow{4\,H} 2\,CH_3\,CH_2\,COOH + 2\,H_2O$$

Es werden somit 3 Milchsäuremoleküle in Angriff genommen, von denen 2 zu Propionsäure reduziert werden, während das dritte zu Essigsäure und Kohlensäure oxydiert wird.

Die große Menge von Fettsäuren von der Essigsäure bis zur Valeriansäure, welche namentlich in Weichkäsen (Limburger, Romadur) auftreten, stammen aller Wahrscheinlichkeit nach nicht vom Milchzucker oder von der aus diesem gebildeten Milchsäure her, sondern aus den Eiweißkörpern.

TRILLAT und SAUTON wollen in Brie und Emmentaler Aldehyde gefunden haben, die aus dem Zucker entstanden sind. Demgegenüber stellen WINTERSTEIN und HUPPERT fest, daß in Emmentaler Magerkäse keine Aldehyde auftreten, wohl aber fanden sie solche in Cheddarkäse.

b) Die Veränderungen des Eiweißes

Das Eiweiß der frischen Käsemasse, in erster Linie das Kasein bzw. Parakasein, weiterhin die sehr geringen Mengen an Albumin sind ebenfalls in mehr oder weniger hohem Maße dem Abbau unterworfen. Dieser wird zweifellos bei den Labkäsen zu einem geringen Teile durch das Labferment bedingt, welches ja das Kasein in Parakasein und Molkenprotein zu spalten vermag, wie die Untersuchungen zahlreicher Autoren gezeigt haben. Indessen spielt dieser Abbau eine kaum erwähnenswerte Rolle und dürfte höchstens insofern eine gewisse Bedeutung besitzen, als durch die Labwirkung zu Beginn der Käsereifung eine geringe Menge von für die Reifungserreger assimilierbaren Stickstoffsubstanzen gebildet wird, wodurch eine rasche Entwicklung derselben ermöglicht wird. Die Labwirkung kann aber ebensogut durch Mikroben selbst ersetzt werden; so zeigte z. B. MARSHALL, daß Milchsäure-Streptokokken bei anfänglicher Gegenwart von Bacillus subtilis sich infolge dessen proteolytischen Vermögens sehr viel besser entwickelten als in Reinkultur. Eine Wirkung des dem Labe beigemengten Pepsins kann als vollkommen ausgeschlossen gelten, da dessen Wirkung erst bei $P_H = 4$ beginnt, das heißt einer Azidität, die zum mindesten bei Hartkäse nicht vorkommt und bei Weich- und selbst bei Sauermilchkäsen höchstens vorübergehend auftritt. In der Hauptsache wird die Käsereifung durch Mikroben bedingt, bei den Hartkäsen aller Wahrscheinlichkeit nach vorzugsweise durch Azidoproteolyten, das heißt Bakterien, die Eiweiß auch bei schwach saurer Reaktion abzubauen vermögen, zu denen auch die von GORINI beschriebenen Mikrokokken gehören, bei den Weichkäsen zum mindesten einleitend durch Hefen und Schimmelpilze, denen später anaerobe sporenbildende Proteolyten folgen.

Der Abbau des Eiweißes geht offenbar in 2 nacheinander folgenden oder nebeneinander herlaufenden Phasen vor sich. Die erste Phase ist nichts anderes als eine Proteolyse, eine einfache hydrolytische Spaltung des Eiweißes, wobei Albumosen, Peptone und schließlich Aminosäuren entstehen. In der zweiten Phase wird aus diesen oder vielleicht auch höhermolekularen Substanzen Ammoniak abgespalten, wobei stickstoffreie Substanzen — Alkohole, Säuren usw. — entstehen. Aber auch ohne Ammoniakabspaltung können Aminosäuren, z. B. durch Abspaltung von Kohlensäure, die vielleicht für die Lochbildung des Käses von Wichtigkeit ist, sekundäre stickstoffhaltige Abbauprodukte erhalten werden.

Die erste Veränderung, die wir beobachten, ist die Umwandlung eines mehr oder weniger großen Teiles der bisher ungelösten Stickstoffsubstanz in die lösliche Form. BARTHEL und ROSENGREN und GRIMMER fanden hierbei folgendes: Die Gesamtmenge des überhaupt löslichen Stickstoffs nimmt anfangs rascher, später immer langsamer zu und erreicht in einem gewissen Reifestadium ein Maximum, das bei weiterer noch so langer Reifung nicht mehr überschritten wird. Die Menge der Peptone, das heißt also der höchsten Abbauprodukte, wächst zunächst natürlich auch an, ihre Maximalmenge wird aber viel früher erreicht als die des löslichen Gesamtstickstoffs, dann findet ein stetiges Absinken der Peptonmenge zugunsten neugebildeter niedriger Abbauprodukte statt, deren Menge selbst dann noch zunimmt, wenn sich die Menge des löslichen Stickstoffes nicht mehr ändert. Als Beispiel seien die Befunde GRIMMERS an Tilsiter Käse hier wiedergegeben:

	In % des Gesamtstickstoffs					In % des löslichen Stickstoffs				
	Frischer Käse 6 Stunden alt	3 Monate 9 Tage alt	5 Monate 2 Tage alt	7½ Monate alt	8 Monate 11 Tage alt	Frischer Käse 6 Stunden alt	3 Monate 9 Tage alt	5 Monate 2 Tage alt	7½ Monate alt	8 Monate 11 Tage alt
Gesamtstickstoff	100	100	100	100	100	—	—	—	—	—
Löslicher Stickstoff	14,65	33,34	39,26	40,52	38,37	100	100	100	100	100
Durch Gerbsäure fällbarer N	10,17	16,45	19,55	12,94	9,48	71,06	49,35	49,79	31,93	24,70
Durch Phosphorwolframsäure fällbarer N	3,79	9,55	8,04	11,05	11,63	24,25	28,65	20,49	27,48	30,31
Aminosäure-N	0,69	7,33	11,67	16,45	17,26	4,69	21,99	29,72	40,59	44,99

Wir sehen, daß die Menge des löslichen Stickstoffs nach 5 Monaten mit zirka 40% des Gesamtstickstoffs ihr Maximum erreicht hat, das weiterhin nicht mehr verändert wird. Die Menge der durch Gerbsäure fällbaren N-Substanzen ist ebenfalls nach 5 Monaten am höchsten, erfährt aber im Verlaufe der weiteren Lagerung einen Abfall bis auf etwa die Hälfte dieser Menge, während die durch Phosphorwolframsäure fällbaren Stickstoffsubstanzen und die Aminosäuren noch immer einen nicht unbeträchtlichen Zuwachs erfahren.

Diese Zahlen zeigen, daß das Verhältnis des gelösten Stickstoffs zum Gesamtstickstoff nicht ohne weiteres als Gradmesser der Reifung dienen kann, daß vielmehr auch die Menge der tieferen bzw. tiefsten Abbauprodukte hierbei zu berücksichtigen ist. Weiterhin ist zu bedenken, daß die Menge des löslichen Stickstoffs durchaus nicht restlos als abgebaute Stickstoffsubstanz zu werten ist. Wie schon oben erwähnt, bilden sich im Verlaufe der Käsereifung mehr oder weniger große Mengen von Ammoniak, die imstande sind, Kasein bzw. Parakasein unter Bildung eines Ammoniaksalzes in Lösung zu bringen, ohne daß ein Abbau desselben zu erfolgen braucht. Durch Behandlung des löslichen Anteils eines Käses mit verdünnter Essigsäure können wir vielmehr in den meisten Fällen mehr oder weniger große Mengen unangegriffenen Kaseins bzw. Parakaseins zur Abscheidung bringen.

BONDZYNSKI, der damit auch die Begriffe „Umfang" und „Tiefe" der Reifung schuf, stellte daher neben die Menge der insgesamt gelösten Stickstoffverbindungen (Umfang) die Menge der Zersetzungsprodukte (Tiefe), die ihrerseits von JENSEN wieder in eigentlichen Zersetzungsstickstoff, das heißt organisch gebundenen Stickstoff, und Ammoniak getrennt wurden. Aber auch mit dieser Einteilung erhalten wir kein rechtes Bild von der Käsereifung, da auch in dem unlöslichen Anteile der Käsemasse sich Substanzen vorfinden, die unzweifelhaft als Zersetzungsprodukte anzusehen sind. Erinnert sei nur an das Kaseoglutin, das den wasserunlöslichen, alkohollöslichen Eiweißabbauprodukten zuzurechnen ist und sich in äußerst erheblicher Menge (bis über 40%) der Gesamteiweißsubstanz vorfinden kann. Zum kleinen Teil ist allerdings auch dieses als Ammoniakverbindung in gelöstem Zustande im Käse enthalten.

Die Menge der gelösten Substanzen ist in erster Linie — normal gereiften Käse vorausgesetzt — von seinem Wassergehalt abhängig. Dementsprechend ist der Anteil an diesen Substanzen bei den wasserreicheren Weichkäsen und bei Magerkäsen höher als bei Hartkäsen und Fettkäsen. Bei vollreifen Weichkäsen kann der gelöste Anteil über 90% des Gesamtstickstoffs ausmachen, während bei Emmentaler Käse etwa $^1/_3$ desselben in Lösung geht. Schon zu Beginn der Reifung entstehen diese Substanzen, und zwar hochmolekulare (Kaseoglutin, Tyralbumin usw.), ebenso wie niedermolekulare (Aminosäuren), die letzteren aber in sehr viel geringerer Menge. Die Aufspaltung des Eiweißes in seine einfachsten Abbauprodukte beansprucht offenbar sehr viel Zeit, so daß wir in den schnell reifenden Weichkäsen stets sehr viel weniger Aminosäuren vorfinden als bei den langsam reifenden Hartkäsen im reifen Zustande. Die Weichkäse sind somit durch einen großen Umfang, aber eine geringe Tiefe der Reifung charakterisiert, die Hartkäse im Gegensatz hiezu durch einen geringen Umfang, aber eine große Tiefe der Reifung.

Die bei der Käsereifung entstehenden Aminosäuren sind verschiedentlich isoliert worden. So fanden WINTERSTEIN und BISSEGGER in reifem Emmenthaler Käse in größerer Menge Prolin und Phenylalanin, in geringerer Menge Isoleuzin und Oxyprolin, weiterhin wurde die Anwesenheit von Serin wahrscheinlich gemacht. Tyrosin konnte nicht gefunden werden. Größer war die Ausbeute an Aminosäuren, die WINTERSTEIN in einem nur 3 Monate alten Emmenthaler gefunden hatte. Es waren dies: Glykokoll, Alanin, Valin, Leuzin, Prolin, Asparaginsäure, Glutaminsäure, Tryptophan, Histidin und Lysin. Ein großer Teil dieser Säuren wurde von WINTERSTEIN und HUPPERT auch in Emmenthaler Magerkäse gefunden. Aus Camembertkäse isolierte DOX Leuzin, Tyrosin, Glutaminsäure, Histidin, Arginin und Lysin. VAN SLYKE und HART fanden in einem 32 Wochen alten Cheddarkäse in äußerst geringen Mengen Tyrosin und Arginin, in größeren Mengen Histidin und Lysin, in einem infolge von Chloroformbehandlung angeblich steril gereiften Käse dieselben Substanzen in größerer Menge. NIERENSTEIN will im extrahierten Käsefett von Cheddarkäse Valin gefunden haben. In Roquefortkäse fand SIEBER Tyrosin und Leuzin. In Backsteinkäse fanden GRIMMER, BODSCHWINNA und SCHÜTZLER Histidin, Tyrosin und Leuzin.

Mit der Bildung dieser Substanzen ist jedoch der Abbau nicht beendet. Die Aminosäuren werden durch Bakterienenzyme noch weiter gespalten, wir können hiebei verschiedene Typen des Abbaues unterscheiden, die auch für verschiedene Käsesorten charakteristisch zu sein scheinen, zum mindesten für die Gruppe der Hartkäse einerseits und die der Weichkäse und Sauermilchkäse anderseits.

Einer weiteren hydrolytischen Spaltung ist das Arginin fähig, das hierbei in Ornithin und Harnstoff zerlegt wird. Das erstere wurde von WINTERSTEIN und BISSEGGER in Emmenthaler Käse wahrscheinlich gemacht. Im übrigen verläuft der sekundäre Abbau der Aminosäuren meist in anderer Weise. Zunächst kann, und dieser Abbau scheint namentlich in Hartkäsen aufzutreten, eine Kohlensäureabspaltung erfolgen, so daß jetzt reine Basen entstehen, z. B. Putreszin aus Ornithin, Kadaverin aus Lysin, Oxyphenyläthylamin (Tyramin) aus Tyrosin, Tryptamin aus Tryptophan, Histamin aus Histidin usw. Verschiedene davon wurden auch in Käse gefunden. Über das Auftreten von Tetramethylendiamin (Putreszin) und Pentamethylendiamin (Cadaverin) in Emmenthaler Käse berichten WINTERSTEIN und THÖNI sowie

WINTERSTEIN, in Cheddarkäse NIERENSTEIN; VAN SLYKE und HART fanden Putreszin. Diese fanden weiterhin, ebenso WINTERSTEIN und KÜNZ und WINTERSTEIN und HUPPERT p-Oxyphenyläthylamin. Das letztere wurde von EHRLICH und LANGE regelmäßig in Emmentaler, Roquefort- und Camembertkäse gefunden.

Bei der Einwirkung von Bacillus mesentericus vulgatus auf Kasein fanden GRIMMER und WIEMANN Putreszin, Kadaverin, Histamin, Tryptamin.

Das massenhafte Auftreten von Ammoniak in allen Käsesorten wird durch die Abspaltung von NH_3 aus den Aminosäuren bedingt, wobei verschiedenartige Zersetzungsprodukte entstehen können, je nachdem es sich um eine reduktive (I), eine hydrolytische (II) oder eine oxydative Desaminierung (III) handelt. Im ersten Falle entstehen aus den Aminosäuren Fettsäuren mit der gleichen Kohlenstoffanzahl, im zweiten Falle α-Oxysäuren, im dritten endlich Fettsäuren, die um ein Kohlenstoffatom ärmer sind als das Ausgangsmaterial. Diese Verhältnisse werden durch folgendes Schema dargestellt:

$$R—CH_2—CHNH_2—COOH$$

I	II	III
$RCH_2—CH_2—COOH$	$RCH_2—CHOH\ COOH$	$RCH_2—COOH$

Aliphatische Oxysäuren sind meines Wissens als Abbauprodukte im Käse bisher nicht vorgefunden worden. Dagegen sprechen die Untersuchungen von LANGE mit einer gewissen Wahrscheinlichkeit für das Vorkommen von p-Oxyphenylmilchsäure in Käse. Aber auch das Auftreten von Phenylmilchsäure, Indolmilchsäure und Imidazolylmilchsäure aus Phenylalanin, Tryptophan und Histidin im Käse ist, wenigstens vorübergehend, nicht von der Hand zu weisen, nachdem EHRLICH und JAKOBSEN das Auftreten der beiden erstgenannten Substanzen sowie von p-Oxyphenylmilchsäure bei der Einwirkung von Oidium lactis, eines auch für die Käsereifung in Betracht kommenden Organismus, auf Phenylalanin, Tyrosin bzw. Tryptophan festgestellt haben. GRIMMER, BODSCHWINNA und LIGNAU fanden Oxyphenylmilchsäure bei der Einwirkung von Oidium lactis auf Kasein.

Diese Oxysäuren fallen aber anscheinend sehr leicht einem weiteren oxydativen Abbau anheim; so zeigte HORSTERS, daß Phenylglykokoll zu Benzoesäure abgebaut wurde, GRIMMER, BODSCHWINNA und LIGNAU fanden als Einwirkungsprodukt von Oidium lactis auf Kasein Oxyphenylessigsäure, in derselben Weise erklärte sich das von ihnen beobachtete Auftreten von Bernsteinsäure, die, wie sie einwandfrei nachweisen konnten, aus Glutaminsäure entstanden war. GRIMMER und BRANDT konnten bei der Einwirkung von Paraplectrum foetidum und Bacillus mesentericus auf Kasein Phenylessigsäure und Oxyphenylessigsäure isolieren. Auch WINTERSTEIN und WINTERSTEIN und HUPPERT fanden in Emmentaler Käse Bernsteinsäure. So erklärt sich auch das Auftreten flüchtiger Fettsäuren, die zum großen Teile zweifellos durch biologische Oxydation der aus dem Eiweiß abgespaltenen Aminosäuren entstehen. Für die Beantwortung der Frage nach der Herkunft dieser Säuren ist der Käse selbst das denkbar schlechteste Untersuchungsobjekt, da man bei diesem sowohl das Fett wie auch den Milchzucker bzw. die daraus gebildete Milchsäure als Ausgangsmaterial annehmen kann. Immerhin lassen schon die Befunde von LINDET, AMMANN und HOUDET, die im Gruyère ein Anwachsen von Essigsäure und Propionsäure proportional der zunehmenden Ammoniakmenge beobachten konnten, aus diesem Grunde auf die Herkunft dieser Säuren aus Eiweißbausteinen schließen. GRIMMER, BODSCHWINNA und LIGNAU konnten bei der Einwirkung von Oidium lactis auf Kasein geringe Mengen flüchtiger Fettsäuren, und zwar in der Hauptsache Propionsäure neben viel geringeren Mengen von Buttersäure nur dann nachweisen, wenn dem Schimmelpilze lediglich Kasein als organische Substanz zur Verfügung stand. Enthielt der Nährboden daneben noch Milchsäure, so traten keine flüchtigen Säuren auf. Anderseits fanden GRIMMER und BRANDT bei der Einwirkung von Paraplectrum foetidum und Bacillus mesentericus auf Kasein ohne die Beigabe anderer organischer Substanzen sehr bedeutende Mengen solcher Säuren. Aus 300 g Kasein konnten nach $3^1/_2$monatiger Einwirkung 117 g, nach 8monatiger Einwirkung sogar 200 g Bariumsalze flüchtiger Säuren erhalten werden. Die Säuren bestanden in beiden Fällen zu 65% aus Buttersäure, nach $3^1/_2$ Monaten wurden außerdem 29% Propionsäure und 6% Valeriansäure gefunden, während nach 8 Monaten neben der Buttersäure 12% Valeriansäure, 20% Propionsäure und 3% Essigsäure vorhanden waren. Bei der Einwirkung von Paraplectrum foetidum allein auf Kasein fanden GRIMMER und RAUSCHNING ausschließlich Buttersäure.

In Backsteinkäse fanden GRIMMER, BODSCHWINNA und SCHÜTZLER weitaus an erster Stelle Valeriansäure, dann folgte Propionsäure, in sehr geringen Mengen wurden Buttersäure und Essigsäure gefunden. In Romadurkäse fand ORLA-JENSEN an erster Stelle Propionsäure, dann folgten Valerian- und Essigsäure, zuletzt Ameisensäure. Das Vorhandensein von Buttersäure war fraglich. Sehr große Mengen von Propionsäure und ebenfalls bedeutende Mengen von Buttersäure und Essigsäure, dagegen keine Valeriansäure fand er in Glarner Schabziger. Seine Feststellung, daß diese Säuren, soweit die genannten beiden Käsesorten in Frage kommen, in erster Linie aus Milchzucker bzw. Milchsäure entstehen, dürfte mit Rücksicht auf die Befunde von GRIMMER und seinen Mitarbeitern nicht aufrechtzuerhalten sein. Vielmehr spricht alles dafür, daß Eiweiß bzw. die daraus entstandenen Aminosäuren als die Quellen der flüchtigen Fettsäuren anzusprechen sind. Die Valeriansäure kann man sich ohne weiteres aus dem Leuzin entstanden denken, über die Muttersubstanzen der übrigen Säuren läßt sich vorläufig noch nichts Näheres sagen, möglicherweise können auch niedermolekulare Fettsäuren (Essigsäure und Propionsäure) aus hochmolekularen Aminosäuren durch stufenweisen Abbau entstehen. Hierfür spricht außer dem schon erwähnten Vorkommen von Phenyl- und Oxyphenylessigsäure auch das Auftreten von Indol, namentlich in Sauermilchkäsen.

Irgendwelche Anhaltspunkte, daß bei der Käsereifung eine reduktive Desaminierung der Aminosäuren erfolgt, liegen bisher nicht vor. Jedenfalls sind Phenyl-, Oxyphenyl- und Indolpropionsäure, deren Auftreten ohne weiteres auf einen solchen Abbau schließen lassen, bisher nicht aus Käse isoliert worden. Daß gewisse Bakterien einen solchen Abbau herbeiführen können, zeigen die Untersuchungen von BRASCH, der mit Bacillus putrificus arbeitete, den er auf die verschiedensten Aminosäuren einwirken ließ. Schließlich kann bei gleichzeitiger Abspaltung von Kohlensäure und Ersatz von NH_2 durch OH aus den Aminosäuren eine Alkoholbildung erfolgen, so z. B. von Tyrosol: $C_6H_4OH\,CH_2-CH_2OH$ aus Tyrosin. Solche Alkohole sind mehrfach als mikrobielle Abbauprodukte festgestellt worden, aus Käse sind sie bisher nicht isoliert worden. Ein gewisses Interesse beanspruchen noch die höheren Abbauprodukte des Kaseins, die diesem selbst noch sehr nahe stehen. Wie bereits erwähnt, finden sich in den meisten Käsen sehr große Mengen einer in 60 bis 70%igen Alkohol löslichen Albumose vor, des sogenannten Kaseoglutins. Es handelt sich hier um eine phosphorfreie Substanz, die aber nach den Untersuchungen von GRIMMER und WAGENFÜHR, GRIMMER und SCHÜTZLER sowie WINTERSTEIN und HUPPERT nicht einheitlicher

Natur zu sein scheint, da die Menge ihrer Bausteine bei verschiedenen Untersuchungen sehr starken Schwankungen unterworfen war. Wir dürfen wohl annehmen, daß zu verschiedenen Reifungsstadien die Kaseoglutine verschiedene Zusammensetzung haben und daß sie den bakteriellen Abbaufermenten ebenso zugänglich sind wie das Parakasein. Neben dem Kaseoglutin findet sich noch eine andere Albumose vor, das Tyralbumin (Bissegger, Winterstein und Huppert), das in Wasser löslich ist und beim Erhitzen seiner wässerigen Lösung ausflockt und schließlich das Tyrokasein, das, in Wasser und in Alkohol unlöslich, dem Parakasein am nächsten steht.

c) Die Veränderungen des Milchfettes

Die Frage, ob bei der Reifung des Käses das Milchfett weitergehende Veränderungen erleidet, ist des öfteren zu beantworten versucht worden. Meist ging man in der Weise vor, daß das extrahierte Käsefett hinsichtlich seiner Konstanten mit dem ursprünglichen Milchfett verglichen wurde. Bedenkt man nun, daß, wie oben gezeigt wurde, große Mengen flüchtiger Säuren und anderer ätherlöslicher Bestandteile aus Eiweißkörpern bzw. den ihre Bausteine bildenden Aminosäuren entstehen, so wird ohne weiteres klar, daß mit den erhaltenen Resultaten nicht viel anzufangen ist. Eine hohe Säurezahl zeigt nur die Anwesenheit größerer Mengen von freien Säuren an, nicht aber mit Sicherheit eine Fettspaltung. Selbst der Nachweis von freiem Glyzerin würde nicht ohne weiteres beweisend für eine Fettspaltung sein, da dieses ebensogut aus Zucker oder Milchsäure gebildet sein könnte. Wir können in einzelnen Fällen allerdings annehmen, daß eine mehr oder weniger große Fettspaltung erfolgt, wenn im Käse das zeitweilige oder dauernde Auftreten von Organismen nachgewiesen wird, deren Fettspaltungsvermögen einwandfrei nachgewiesen ist. Dies gilt in erster Linie für Schimmelpilze und dementsprechend auch für solche Käse, an deren Reifung Schimmelpilze in hohem Ausmaße beteiligt sind, also z. B. Roquefort, Gorgonzola, Stilton. Derx und fast gleichzeitig mit ihm Stärkle fanden, daß Schimmelpilze bei Gegenwart von Ammoniak oder Eiweiß aus Fettsäuren die um ein C-Atom niedrigeren Methylketone zu bilden vermögen, entsprechend folgendem Schema: $R—CH_2—CH_2—COOH \longrightarrow R—CO—CH_2—COOH \longrightarrow R—CO—CH_3 + CO_2$.

Die niedermolekularen Fettsäuren bis zur Buttersäure aufwärts und die hochmolekularen Fettsäuren von der Myristinsäure an scheinen sich von dieser Reaktion, die ganz analog der Dakinschen Synthese verläuft, nicht zu beteiligen, in der Hauptsache dürften Kapron-, Kapryl-, Kaprin- und Laurinsäure reagieren. So entsteht aus Kapronsäure Methylpropylketon, aus Kaprylsäure Methylamylketon, aus Kaprinsäure Methylheptylketon, aus Laurinsäure Methylnonylketon.

Nach Derx sind diese Produkte das Ergebnis einer gehemmten Oxydationstätigkeit, bedingt dadurch, daß die aus dem Fette abgespaltenen Fettsäuren auf das Pilzmyzel adsorbiert werden und die Sauerstoffaufnahme desselben herabsetzen. Sobald sich das Myzel bei längerem Wachstum heraushebt, wird die Atmung nicht mehr behindert und die gebildeten Methylketone werden weiter oxydiert. Hieraus erklärt sich auch, warum die Methylketone nur innerhalb eines gewissen Zeitabschnittes faßbar sind, später aber nicht mehr nachgewiesen werden können. In Roquefortkäse konnte Stärkle sehr geringe Mengen von Methylamylketon und Methylheptylketon nachweisen.

Im übrigen sind, wenn wir von den Schimmelpilzkäsen absehen, die Veränderungen des Käsefettes gegenüber dem Milchfett sehr geringfügige. Weig-

MANN und BACKE fanden je nach Art und Alter des Käses 1 bis 7% des Milchfettes an freien nichtflüchtigen Fettsäuren. Weichkäse enthielten mehr davon als Hartkäse. Daß bei der Fettspaltung keine Bevorzugung der flüchtigen Fettsäuren stattfindet, läßt sich aus den Werten schließen, die HENZOLD für die REICHERT-MEISSLschen Zahlen des Milchfettes und des Fettes der aus dieser Milch hergestellten frischen und reifen Käse fand. Weiterhin hat es nicht an Stimmen gefehlt, die sich für eine Neubildung von Fett aus Eiweiß oder Milchzucker aussprechen. Allerdings kann diese Frage heute als in dem Sinne entschieden gelten, daß eine solche Fettbildung nicht besteht. Den Angaben von BLONDEAU, dessen Analysenwerte äußerst unzuverlässig sind, und von JAKOBSTHAL, die sich für die Neubildung von Käsefett aussprechen, steht eine so erdrückende Zahl anderer Untersuchungen entgegen, daß diese Frage als erledigt gelten kann.

Literatur

BARTHEL, CHR.: Das kaseinspaltende Vermögen von zur Gruppe Streptococcus lactis gehörenden Milchsäurebakterien. Zentralbl. f. Bakteriol. u. Parasitenk., II, 44, S. 76. 1915. — BARTHEL, CHR. und ROSENGREEN: Meddelande No. 219, fran Centralanstalten för försöks väsendet pa jordbruk somradet 1921. — BARTHLE, CHR. und E. SANDBERG: Weitere Versuche über das kaseinspaltende Vermögen von zur Gruppe Streptococcus lactis gehörenden Milchsäurebakterien. Zentralbl. f. Bakteriol. u. Parasitenk., II., 49, S. 373. 1919. — BISSEGGER, W.: Weitere Beiträge zur Kenntnis der stickstoffhaltigen Bestandteile, insbesondere der Eiweißkörper des Emmentaler Käses. Diss. Zürich. 1907. — BLONDEAU: Ann. Chem. Phys., 1, S. 208. 1864. — BOEKHOUT, F. W. J. und I. I. OTT DE VRIES: Über zwei Käsefehler im Edamer Käse. Zentralbl. f. Bakteriol. u. Parasitenk., II, 28, S. 98. 1911; Over korte Kaas Verslagen van Landbouwkundige Onderzoekingen der Rykslandbouwproefstation, Nr. 9. 1911. — BONDZYNSKI: Landwirtschaftl. Jahrb. der Schweiz, S. 189. 1894. — BRASCH. W.: Über den bakteriellen Abbau primärer Eiweißspaltprodukte. Biochem. Zeitschr., 18, S. 380. 1909; Weitere Untersuchungen über den bakteriellen Abbau primärer Eiweißspaltungsprodukte. Ebenda, 22, S. 403. 1909.

DAM, W., VAN: Über die Konsistenz der Käsemasse bei Edamer Käsen. Zentralbl. f. Bakteriol. u. Parasitenk., II, 32, S. 7. 1912. — DERX, H. G.: Der oxydative Abbau der Fette durch Schimmel. Verhandlungen der Kgl. Akad. d. Wissenschaft, Abtlg. Naturkunde, Bd. 33, S. 545. 1924. — DOX, A. W.: Proteolytic changes in the ripening of Camenbert cheese. U. S. Dep. of agric. Bur. of anim. ind., Bull. 109, Nov. 1908.

EHRLICH, F.: Über die Vergärung des Tyrosins zu p-Oxyphenyläthylalkohol (Tyrosol). Über die Umwandlung von Aminosäuren in Oxysäuren durch Schimmelpilze. Ber. d. Dtsch. Chem. Ges., 44, S. 139. 1911. — EHRLICH, F. und A. JAKOBSEN: Ber. d. Dtsch. Chem. Ges., 44, S. 888. 1911. — EHRLICH, FELIX und FRITZ LANGE: Zur Kenntnis der Biochemie der Käsereifung. I. Über das Vorkommen von p-Oxyphenyläthylamin im normalen Käse und seine Bildung durch Milchsäurebakterien. Biochem. Zeitschr., 63, S. 156.

GRIMMER, W.: Der Eiweißabbau während der Reifung des Tilsiter Käses. Forschungen auf dem Gebiete der Milchwirtschaft und des Molkereiwesens. 2, S. 119. 1922. — GRIMMER, W., W. BODSCHINNA und O. LINGNAU: Beiträge zur Biochemie der Mikroorganismen. II. Zur Biochemie des Oidium lactis. Milchwirtschaftl. Forsch. 1, S. 374. 1924. — GRIMMER, W., W. BODSCHWINNA und K. SCHÜTZLER: Beiträge zur Chemie der Käsereifung. IV. Mittlg. Die Abbauprodukte des Backsteinkäses. Ebenda, 7, S. 595. 1929. — GRIMMER, W. und H. BRANDT: Beiträge zur Biochemie der Mikroorganismen IV. Zur Biochemie des Bac. mesentericus vulgatus in Symbiose mit Paraplectrum foetidum. Ebenda, 4, S. 547. 1927. —

Grimmer, W. und S. Rauschning: Beiträge zur Biochemie der Mikroorganismen. V. Zur Biochemie des Paraplectrum foetidum. Ebenda, 7, S. 534. 1920. — Grimmer, W. und K. Schützler: Beiträge zur Chemie der Käsereifung. III. Ebenda, 3, S. 495. 1926. — Grimmer, W. und B. Wiemann: Beiträge zur Biochemie der Mikroorganismen. I. Zur Biochemie des Bacillus mesentericus vulgatus. Forschungen auf dem Gebiete der Milchwirtschaft und des Molkereiwesens, 1, S. 2. 1921.

Henzold, O.: Methode der Gewinnung des Fettes aus Käse zum Zwecke der Untersuchung desselben. Milchztg., 24, S. 729. 1895. — Horsters, H.: Über die Einwirkung von Milchschimmel auf Phenylaminoessigsäure. Biochem. Zeitschr., 59, S. 444.

Jakobsthal: Pflügers Arch., S. 484. 1893.

Lange, F.: Über biochemische Verwandlungen organischer Stickstoffverbindungen. Diss. Breslau 1914. — Leichmann, G.: Über die freiwillige Säuerung der Milch. Milchztg., 25, S. 67. 1896. — Lindet, L., Ammann und Houdet: Sur la maturation progressive des fromages. Compt. rend. de l'acad., 38, S. 1640. 1904.

Marshall, Max, S.: Journ. of dairy science, 3, S. 406. 1920.

Nierenstein, M.: The transformation of proteins into fats during the ripening of cheese. Proc. of the R. Soc. London, Serie B, 83, S. 311. 1911.

Orla-Jensen: Biologische Studien über den Käsereifungsprozeß unter besonderer Berücksichtigung der flüchtigen Fettsäuren. Landwirtschaftl. Jahrb. der Schweiz, S. 319. 1904. — Studien über die flüchtigen Fettsäuren im Käse nebst Beiträgen zur Biologie der Käsefermente. Zentralbl. f. Bakteriol. u. Parasitenk., II, 13, S. 161. 1904.

Röse, E. und B. Schulze: Über einige Bestandteile des Emmentaler Käses. Die landwirtschaftl. Versuchsstationen, 31, S. 115. 1885.

Slyke, L. B. van und E. B. Hart: Some of the relations of casein and paracasein to bases and acids. N. Y. Exper. Station Bull., 231. 1905; Amer. chem. journ., 33, S. 461. 1905. — Stärkle, M.: Die Methylketone im oxydativen Abbau einiger Triglyzeride (bez. Fettsäuren) durch Schimmelpilze unter Berücksichtigung der besonderen Ranzidität des Kokosfettes. Anhang: I. Die Bedeutung der Methylketone im Biochemismus der Butterranzidität. II. Über die Entstehung und Bedeutung der Methylketone als Aromastoffe im Roquefortkäse. Biochem. Zeitschr. 151, S. 371. 1924. — Storch: Zit. nach Weigmann in Lafars Handb. d. techn. Mykologie, Bd. 2, S. 57. — Suzuki, S. R., E. G. Hastings und E. B. Hart: Die Bildung von flüchtigen Fettsäuren und Estern im Cheddarkäse und ihre Beziehungen zur Entwicklung des Aromas. Agric. exper. station of the university of Wisconsin, Research bull., Nr. 11. Juni 1910.

Trillat und Sauton: Compt. rend., 138, S. 333. 1907.

Weigmann, H. und A. Backe: Über die Frage der Zersetzung des Milchfettes bei der Käsereifung. Die landwirtschaftl. Versuchsstationen, 51, S. 1. 1899. — Winterstein, E.: Über einige Bestandteile des Emmentaler Käses. Zeitschr. f. physiol. Chemie, 41, S. 485. 1904. — Winterstein, E. und Bissegger: Zur Kenntnis der Bestandteile des Emmentaler Käses. Zeitschr. f. physiol. Chemie, 47, S. 28. 1907. — Winterstein, E. u. O. Huppert: Beiträge zur Kenntnis der Stickstoffverbindungen des Magerkäses. Biochem. Zeitschr., 141, S. 193. 1923. — Winterstein, E. u. A. Küng: Über das Auftreten von p-Oxyphenyläthylamin im Emmentaler Käse. Zeitschr. f. physiol. Chemie, 59, S. 138. 1909. — Winterstein, E. u. I. Thöni: Beiträge zur Kenntnis der Bestandteile des Emmentaler Käses. Zeitschr. f. physiol. Chemie, 36, S. 28. 1902.

5. Bakteriologie und Mykologie der Käsereifung, Käsefehler

Von

F. Löhnis-Leipzig

Mit 1 Abbildung

Daß die Käsereifung vornehmlich unter dem Einfluß von Mikroorganismen vonstatten geht, ist seit langem bekannt. Namentlich die Wirkung der auf Weichkäsen meist anzutreffenden Schimmelpilze war auch dem unbewaffneten Auge leicht wahrnehmbar. Es wurde bereits in Kapitel II, IV, Allgemeine Bakteriologie und Mykologie, erwähnt, daß v. HESSLING schon im Jahre 1866 darauf hingewiesen hat, daß „alle Käsegärung mit der Anwesenheit von Pilzen in Zusammenhang" stehe, deren Aufgabe er darin erblickte, „den Milchzucker in Milchsäure, die noch eingeschlossene Milchsäure, die Fette und endlich das Kasein in Fettsäuren umzuwandeln". Etwa zur gleichen Zeit führte L. H. DE MARTIN in seinen „Études sur la fabrication des fromages", die 1867 veröffentlicht wurden, „die Ursachen der eigentümlichen Beschaffenheit der verschiedenen Käsesorten in ihrem reifen Zustande zum Teil auf gewisse niedere Organismen zurück, die auf oder im Käse wuchernd, dessen Gärung bedingen. Er war der Ansicht, daß je nach der Behandlung der Käse entweder verschiedene Arten dieser Organismen oder dieselben Arten in verschiedenen Vegetationsformen zur Wirkung kämen, und er nahm Bezug auf die Alkoholgärung, Milchsäure- und Buttersäurebildung, die kurz zuvor von LOUIS PASTEUR als Lebensäußerungen von Mikroorganismen erkannt worden waren. Ebenso heißt es in der 1868 erschienenen 6. Auflage von FR. J. OTTOS „Lehrbuch der rationellen Praxis der landwirtschaftlichen Gewerbe": Die Vorgänge bei der Käsegärung seien früher für spontan gehalten worden, „jetzt schreibt man derartige Veränderungen auf Rechnung von niederen Organismen". Und in der aus dem Jahre 1871 stammenden 8. Auflage von R. WAGNERS „Handbuch der chemischen Technologie" findet sich (auf S. 645) folgende Angabe: „Wie HALLIER gezeigt hat, ist der frische Käse ganz dicht mit Kernhefe erfüllt. Ohne dieselbe kann kein Käse entstehen und durch Zusatz geeigneter Hefe hat man sogar die Dauer der Käsebereitung und seine Qualität bis zu einem gewissen Grade in der Gewalt". Auf Grund von Studien an italienischen Käsen gelangten MANETTI und MUSSO im Jahre 1878 zu dem Schluß, daß zweierlei Reifungsursachen wirksam seien: 1. Mikroorganismen und 2. lösliche Fermente: jene seien besonders für Weichkäse, diese für Hartkäse wichtig. DUCLAUX äußerte sich 1879 in gleichem Sinne und gleichzeitig führte er den experimentellen Nachweis, daß mit Desinfektionsmitteln versetzte ebenso wie möglichst aseptisch bereitete Käse nicht reifen. Diese Versuche sind später mehrfach mit dem gleichen Ergebnis wiederholt worden.

Es steht demnach seit etwa 50 Jahren fest, daß in allen Käsen Mikroorganismen verschiedener Art für die Reifungsvorgänge in erster Linie maßgebend sind. In den Labkäsen werden sie zum Teile unterstützt durch die Wirksamkeit der im Lab enthaltenen Enzyme. Außerdem glaubten einige Forscher auch gewissen Milchenzymen (insbesondere der von BABCOCK und L. H. RUSSEL entdeckten „Galaktase") größere Bedeutung beimessen zu müssen. Bei weiterer Beschäftigung mit diesem Gegenstande hat sich indessen herausgestellt, daß die sogenannten Milchenzyme wieder zum Teil bakteriellen Ursprunges sind, und da es ferner möglich ist, auch aus pasteurisierter Milch normal reifende

Käse zu bereiten, so sind die Milchenzyme jedenfalls nicht von erheblicher Bedeutung. Dagegen steht es fest, daß verstärkter Labzusatz beschleunigend auf die Reifung einwirken kann, namentlich in denjenigen Käsesorten, in denen ein verhältnismäßig hoher Säuregrad das Labpepsin zu voller Wirkung kommen läßt. Da aber auch die ohne Labzusatz bereiteten Sauermilchkäse ganz analoge Veränderungen aufweisen, so ist jedenfalls die Bakterien- und Pilztätigkeit von größter Wichtigkeit für den Verlauf der Käsereifung.

Nachdem in den achtziger Jahren des vorigen Jahrhunderts die ersten eingehenden Untersuchungen auf bakteriologischem Gebiete zur Durchführung gebracht worden waren, hat man sich eine Zeitlang bemüht, „den" Reifungserreger der einen oder der anderen Käsesorte aufzufinden. Da naturgemäß die Ergebnisse und Ansichten differierten, so sind zum Teile sehr heftige wissenschaftliche Fehden auf diesem Gebiete ausgefochten worden, obwohl es von vornherein hätte klar sein sollen, daß so verwickelte Vorgänge, wie sie gerade bei der Käsereifung vorliegen, nicht sämtlich durch einen Erreger ausgelöst werden können. Die oben angeführten älteren Forscher hatten, trotz mangelnder Einzelkenntnisse, doch schon im ganzen durchaus zutreffende Ansichten geäußert; weiterhin war es insbesondere WEIGMANN, der nachdrücklich darauf hinwies, daß es sich im reifenden Käse stets um ein Zusammen- und Nacheinanderwirken verschiedener Arten von Mikroorganismen handelt und deshalb der Streit um „den" Reifungserreger überflüssig sei. Alle späteren Forschungen haben diese Auffassung als richtig erwiesen. Dabei hat sich allerdings gezeigt, daß es in vielen Fällen, namentlich bei den langsam reifenden, großen Hartkäsen sehr schwierig ist, einen umfassenden Überblick über Ursache und Verlauf der mannigfach ineinander greifenden Teilvorgänge zu gewinnen. Denn die hier in Frage kommenden Umsetzungen werden in größerem Umfange sehr oft erst dann deutlich wahrnehmbar, wenn die wirksamen Enzyme längere Zeit nach dem Absterben und der Auflösung der Bakterienzellen, in denen sie zunächst gebildet wurden, ihre Tätigkeit ausgeübt haben. Sie auf ihren Ursprung zurückzuverfolgen, ist keineswegs immer eine leichte Aufgabe. Es hat demgemäß mitunter, insbesondere bei der Erforschung der Reifung des Emmentaler Käses, jahrelanger, sehr mühevoller Arbeiten bedurft, ehe hinreichende Klarheit erlangt worden ist. E. v. FREUDENREICH und S. ORLA-JENSEN haben sich hierbei besondere Verdienste erworben.

Die an der Reifung der wichtigsten Käsesorten hauptsächlich beteiligten Bakterien und Pilze sind heute größtenteils bekannt, und die Verwendung von Reifungskulturen hat dementsprechend auch in der Käserei im Laufe der letzten Jahrzehnte an Bedeutung sehr zugenommen. Gleichwohl bleibt auf diesem Gebiete noch manches zu tun übrig, denn die Beschaffenheit der gegenwärtig mit Reifungskulturen hergestellten Käse reicht oft nicht an diejenige heran, durch die sich früher die betreffende Sorte auszuzeichnen pflegte. Das gilt namentlich für manche Weichkäse nach französischer Art, bei denen man sich auf die Verwendung einiger weniger Kulturen von Bakterien und Pilzen zu beschränken pflegt. Allerdings muß berücksichtigt werden, daß über den Geschmack bekanntlich nicht zu streiten ist, und es ist keineswegs unwahrscheinlich, daß sich hier ein ähnlicher Wechsel im Geschmack vollziehen wird, wie es bei der Butter der Fall gewesen ist. Im ersten Jahrzehnt nach Einführung der Milchsäurebakterien-Reinkulturen für die Rahmreifung wurde die mit ihrer Hilfe bereitete Butter gleichfalls oft als zu wenig aromatisch, als von zu mildem Geschmack beanstandet. Inzwischen haben sich die Käufer mit dem reineren Geschmack und der stets gleichmäßigen Beschaffenheit, die nur bei der Verwendung von Reifungskulturen erreichbar sind, mehr und mehr befreundet, und so wird sich die Entwicklung im zuvor erwähnten Falle jedenfalls auch gestalten. Allerdings wird dazu nötig sein, daß auf die Auswahl und Verwendung besonders günstig wirkender Reifungskulturen in der Weichkäserei ebensoviel Sorgfalt verwendet wird, wie bereits auf die Erlangung der geeignetsten Stämme von Milchsäurebakterien zur Rahmreifung oder auf die Züchtung der für die Erzeugung hochwertiger Hartkäse notwendigen Bakterienkulturen verwendet worden ist. Die zunehmende Beliebtheit der sogenannten Schmelzkäse weist allerdings ebenfalls darauf hin, daß in weiten Kreisen der Verbraucher auf Geschmack und Aroma, die notwendigerweise durch den Schmelzprozeß leiden, gegenwärtig weniger Wert gelegt wird, als dies früher der Fall war.

Herkunft und Zahl der Keime

Sofern nicht pasteurisierte Milch und keine Reifungskulturen zur Verwendung gelangen, zeigt naturgemäß der Keimgehalt der Käse unmittelbar nach der Herstellung bald kleinere, bald größere Abweichungen, die zwar weiterhin unter dem Einfluß der jeweils angewandten Art der Behandlung in bestimmter Richtung modifiziert werden, die aber trotzdem auf das Endergebnis von wesentlichem Einfluß sein können. Als Infektionsquellen kommen hauptsächlich in Frage: 1. die zur Verwendung gelangende Milch; 2. das Lab, sofern solches benutzt wird; 3. das Gebrauchswasser; 4. die benutzten Geräte und Gefäße; 5. die Luft in den Käsereiräumen.

Was zunächst den Keimgehalt der Milch anlangt, so wurde im IV. Abschnitt dargelegt, daß und weshalb er sich in quantitativer wie in qualitativer Hinsicht sehr verschieden gestalten kann. Nun ist es zwar eine unbestreitbare Tatsache, daß man aus derselben Milch bei veränderter Arbeitsweise verschiedenartige Käse, oder bei Anwendung der gleichen Technik aus verschiedenen Milchsorten ein ziemlich gleichartiges Produkt herstellen kann; indessen machen sich doch dabei gewisse Unterschiede mehr oder weniger deutlich geltend, die auf die abweichende Mikroflora der verwendeten Milch zurückzuführen sind. Wie früher erörtert worden ist, kann der Keimgehalt der Milch innerhalb sehr weiter Grenzen schwanken; namentlich die Dauer und die Art der Aufbewahrung nach der Gewinnung sind von großem Einfluß. Je nachdem bei der Labkäsebereitung eine völlig süße oder eine mehr oder weniger stark „gereifte“, also ansaure Milch verarbeitet wird, ist von vornherein mit einem verhältnismäßig niedrigen bzw. mit einem höheren Keimgehalt zu rechnen. Die höchsten Keimzahlen ergeben sich aber naturgemäß von vornherein bei der Herstellung von Sauermilchkäsen, da die Säuregerinnung der Milch erst dann eintritt, wenn eine oder einige Milliarden von Säurebakterien (je Kubikzentimeter) in ihr zur Entwicklung gekommen sind. Neben der Zahl ist auch die Art der in der Milch vorhandenen Keime auf den Ausfall der Käse insbesondere dann von großer Bedeutung, wenn süße oder wenig gereifte Milch verkäst wird, in der also die Milchsäurebakterien noch nicht die Vorherrschaft über alle anderen Arten erlangt haben. Unter solchen Bedingungen können sowohl die Infektionen beim Melken wie die nachfolgenden Kontaktinfektionen sehr nachteilig zur Geltung kommen. Besonderer Beachtung bedürfen: 1. die Beimischung von Milch aus erkrankten Eutern oder Eutervierteln, in der Blähung erregende Streptokokken nicht selten in großen Mengen vorkommen, und 2. starke Verschmutzung der Milch durch Kotteilchen, deren Mikroflora stets reich ist an Blähungserregern (gasbildende Streptokokken, Coli-Aerogenes-Formen und Blutsäurebakterien). Verdauungsstörungen der Tiere, wie sie durch nicht einwandfreies Grünfutter, Sauerfutter u. dgl. hervorgerufen werden, machen sich in der Regel besonders unangenehm bemerklich. Eingesäuertes Grünfutter kann für die Hartkäserei sehr gefährlich werden, weil es nach den Untersuchungen von KÜRSTEINER (2) die Vermehrung der Buttersäurebakterien im Darm und deren Übergang in die Milch begünstigt. Ebenso sind manche andere der im praktischen Betriebe sich ergebenden Störungen, die der Verwendung von künstlichen Dünge- und Futtermitteln zugeschrieben werden, durch entsprechende Veränderungen der Mikroflora der Milch bedingt; außerdem aber darf nicht übersehen werden, daß ungeeignete Fütterung auch die chemische Beschaffenheit der Milch ungünstig beeinflussen und auf diesem Wege nachteilig wirken kann.

Bei der Verwendung von Lab kommt dessen Keimgehalt dann sehr große Bedeutung zu, wenn es sich um Naturlab handelt. Dieses enthält, wenn es 2 bis 4 Tage alt ist, in der Regel ½ Milliarde oder mehr Bakterien im Kubikzentimeter. In verhältnismäßig keimarmer Milch, wie sie in der Emmentaler Käserei Verwendung findet, führt der Labzusatz infolgedessen zu einer Vervielfachung des anfänglichen Keimgehaltes. Kunstlab ist naturgemäß wesentlich keimärmer. In Labpulvern sind meist einige zehntausend, in Labextrakten einige hunderttausend Bakterien im Gramm bzw. im Kubikzentimeter gefunden worden. Die bei der Vermischung mit Milch eintretende Verdünnung läßt diese Keime sehr zurücktreten. Dazu kommt, daß die dem Naturlab eigentümlichen und für die Käsereifung besonders wichtigen Laktobazillen in den Kunstlabpräparaten ziemlich bald absterben. In frischen Labpulvern lassen sie sich noch nachweisen, in älteren meist nicht mehr. Die Verhältnisse liegen hier ebenso wie bei den Trockenpräparaten zur Herstellung von Joghurt und ähnlichen Sauermilchspeisen. Durch Verwendung von Reifungskulturen muß nötigenfalls die bakterielle Wirkung des Naturlabs ersetzt werden.

Das Gebrauchswasser kann, wie in Milch und Butter, so auch im Käse zum Auftreten von fehlerhaften Erscheinungen Veranlassung geben. Die aeroben, kälteliebenden Arten aus der Gruppe des Bacterium fluorescens und andere sind in diesem Falle allerdings weit weniger gefährlich als die in schlechtem Wasser nicht selten vorkommenden anaeroben Buttersäurebazillen. Der Keimgehalt des Wassers bestimmt seinerseits in erheblichem Umfange die durch die Geräte und Gefäße herbeigeführten Kontaktinfektionen, wie in Abschnitt IV, Kapitel 1, erörtert worden ist. In neu eingerichteten Käsereien kann das Fehlen einer normalen Mikroflora an den Geräten und in den Gefäßen dann nachteilig werden, wenn keine Reifungskulturen zur Anwendung gelangen. Anderseits ist eine gründliche Desinfektion zur Vermeidung unerwünschter Kontaktinfektionen stets dann notwendig, wenn eine durchgreifende Betriebsänderung (z. B. Übergang von Backstein- zur Rundkäserei) eintreten soll. Scheinbar unbedeutende Kontaktinfektionen können mitunter recht nachteilige Folgen haben, z. B. erwiesen sich nach Untersuchungen von BURRI und W. STAUB Käsereithermometer als Bruststätten schädlicher Keime, sofern nicht von Zeit zu Zeit (durch Einlegen in kochendes Wasser) für ausreichende Sterilisation gesorgt wurde.

Der Keimgehalt der Luft war namentlich wegen des Vorherrschens von Schimmelpilzsporen in der Luft der Käsekeller für das Gelingen der vornehmlich unter dem Einfluß von Schimmelpilzen reifenden Weichkäse so lange von wesentlicher Bedeutung, als noch keine Reifungskulturen für diese Käsesorten zur Verfügung standen. Seitdem dies der Fall ist, machen sich auch die Luftinfektionen nur mehr als Ursache von Käsefehlern von Zeit zu Zeit in unerwünschter Weise geltend.

Der Keimreichtum der verschiedenen Käse richtet sich vornehmlich nach dem Ausgangsmaterial, der angewandten Technik und nach dem Alter der Käse. Beim Dicklegen geht sowohl bei Sauermilch- wie bei Labkäsen die Hauptmenge der vorhandenen Bakterien in den Quarg bzw. in den Bruch über. Wird der Bruch nicht nachgewärmt, so setzt sofort eine lebhafte Vermehrung ein, der weiterhin ein mehr oder weniger rascher Rückgang folgt. Die folgenden Beispiele mögen dies erläutern (Millionen je Gramm Käse):

Emmentaler (nach THÖNI)	frisch	28 Tage	44 Tage	149 Tage alt
innen	8,3	130	54	34
außen	8,3	308594	65625	10170
Tilsiter (nach GRIMMER u. ARONSON)	frisch	1 Monat	2 Monate	3 Monate
innen	778	358	282	78
außen	778	418	362	277
Harzer (7) (nach ECKLES und RAHN)		1 Tag	6 Tage	13 Tage
innen		70	23	82
außen		70	300	102

Jedenfalls ist also in jungen Käsen stets mit sehr hohen Keimzahlen zu rechnen; die höchsten Werte ergeben sich für den weißlichen, schleimigen Überzug an der Außenseite, der geradezu einen zusammenhängenden Bakterien- und Pilzbelag darstellen kann. Der allmähliche Rückgang vollzieht sich bei höherer Reifungstemperatur rascher als bei niedrigen Wärmegraden. Das tritt besonders in den folgenden Ergebnissen deutlich hervor, die für amerikanische Cheddarkäse erlangt wurden, für dessen Reifung niedrige Temperaturen am günstigsten sind. Von F. C. HARRISON und W. T. CONNEL wurden in je 1 g Käse (innen) in Millionen gezählt:

	nach 1 Tag	nach 15 Tagen	nach 29 Tagen	nach 71 Tagen
bei 15 bis 18° C	523	145	97	4
bei 3 bis 5° C	523	489	475	473

Alle derartigen Zahlen sind jedoch nur annähernd richtig, denn die Verteilung der Keime im Käse ist oft so ungleichmäßig und ihre Entwicklung auf den zu ihrer Züchtung benutzten Nährböden ist so wechselnd, daß die Ergebnisse an Genauigkeit viel zu wünschen übrig lassen. Das hat allerdings insofern nicht viel auf sich, als die Gesamtzahlen hier wie in anderen Fällen überhaupt nur von untergeordneter Bedeutung sind. Einen etwas besseren Einblick in die tatsächlichen Verhältnisse kann man sich, wie bei der Milch, dadurch verschaffen, daß man die üblichen Zählungen (mit Hilfe von Gußkulturen) durch unmittelbare mikroskopische Prüfungen der Bakterienverteilung im Käse selbst ergänzt. Hierzu können entweder Schnittpräparate oder sogenannte Klatschpräparate verwendet werden. Die letzteren stellt man sich in der Weise her, daß man mit Hilfe eines Objektträgers einen Abdruck von der glatt geschnittenen Käsefläche entnimmt, den man entfettet, fixiert und färbt. Abb. 1 zeigt das Bild solcher von Gervais- und von schottischem Cheddarkäse angefertigten Klatschpräparate. In dem nur wenige Tage alten Gervaiskäse

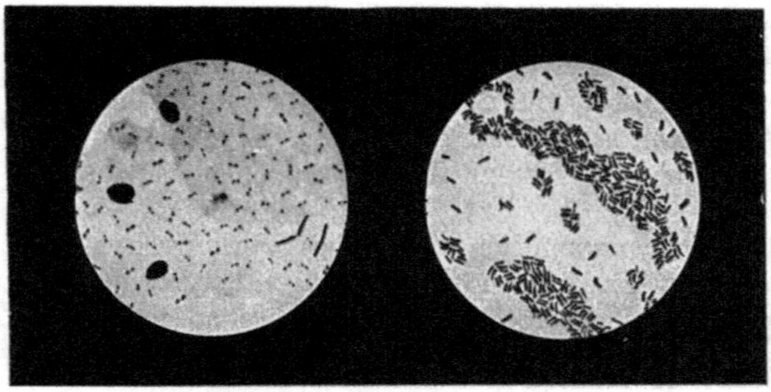

Gervaiskäse Cheddarkäse
Abb. 1. Käse-Klatschpräparate (600fach vergr.)

beherrschen die Milchsäure-Diplokokken in ganz gleichmäßiger Verteilung das Feld, untermischt mit einigen Hefen und Laktobazillen. In dem mehrere Monate alten Cheddarkäse sieht man dagegen nur Stäbchen (Laktobazillen), die größtenteils in Kolonien vereinigt sind. Diese verschiedenartige Verteilung ist für junge Weich- und für ältere Hartkäse charakteristisch. Im frischen Käseteig ist die Verteilung in der Hauptsache gleichförmig; das mikroskopische Bild zeigt die sogenannte Zerstreuungsform. Die älteren Käse lassen dagegen stets eine ungleichmäßige Verteilung der die Reifung bewirkenden Mikroorganismen erkennen. In den Weichkäsen bleiben die Milchsäurebakterien im Innern ziemlich gleichmäßig verteilt, während es in der Außenschicht zu einer starken Anhäufung der den Käsestoff und das Fett zersetzenden Bakterien und Pilze kommt, deren Enzyme langsam nach innen vordringen. In den Hartkäsen vermehren sich dagegen die für die Reifung dieser Käsesorten besonders wichtigen Laktobazillen infolge ihrer anaeroben Lebensweise im Innern. Sie bilden hier jene in Abb. 1 rechts gezeigten Kolonien, die ebenfalls durch Enzymproduktion als „Reifungszentren" wirksam werden. Für amerikanische Cheddarkäse wurde von HUCKER festgestellt, daß diese Bakteriensammlungen volle 7 bis 8 Monate hindurch an Größe zunehmen. Da aber solche Bakterienkolonien bei den bisher meist benutzten Zählverfahren (mittels Gußkulturen) meist nur als Einheiten erscheinen, trotzdem sie Hunderte und Tausende von Einzelzellen enthalten können, so darf angenommen werden, daß der oft festgestellte starke Rückgang in der Keimzahl zu einem erheblichen Teile durch diesen Umstand bedingt, das heißt in Wirklichkeit wesentlich geringer war. Bei der soeben zitierten Prüfung amerikanischer Cheddarkäse wurden z. B. bei der üblichen Zählung (mittels Gußkulturen) in Übereinstimmung mit älteren Befunden 55 bis 700 Millionen Keime je 1 g gezählt; nach der direkten mikroskopischen Zählung waren aber ½ bis 40 Milliarden vorhanden. Allerdings bleibt bei derartigen Bestimmungen die Frage offen, ob die gezählten Organismen noch lebten oder ob sie bereits abgestorben waren. Eine sichere Entscheidung ist nicht möglich; sie ist jedoch auch unwesentlich, weil erstens die aus den toten Zellen austretenden Enzyme für die Reifung wichtiger sein können als die Gegenwart lebenskräftiger, sich vermehrender Bakterienzellen, und weil es zweitens in allen Fällen viel mehr auf die Leistungsfähigkeit der Zellen und ihrer Enzyme ankommt als auf die bloße Zahl, die lediglich zur Gewinnung eines allgemeinen Ein- und Überblickes von einigem Werte ist.

Die Mikroflora der verschiedenen Käsesorten. Da bei der Käsereifung sämtliche Milchbestandteile, vor allem Milchzucker, Eiweiß und Fett, mehr oder minder weitgehende Umsetzungen erfahren, sind in allen Fällen zunächst Milchsäurebakterien, Eiweiß abbauende und Fett zersetzende Bakterien und Pilze zu erwarten. Ihnen gesellen sich mancherlei andere Arten hinzu, insbesondere die für die normale oder abnorme Lochung der Käse wichtigen Gasbildner, sowie solche Mikroorganismen, die durch Aromaproduktion oder durch Farbstoffbildung besonders auffällig werden können. Die von Fall zu Fall wechselnde Zusammensetzung der Käse-Mikroflora hängt naturgemäß in erster Linie von der Beschaffenheit des Ausgangsmaterials (Milch und Lab) sowie von der angewandten Technik ab, in zweiter Linie kann sie durch absichtlich zugeführte Bakterien- oder Pilzkulturen weitgehend modifiziert werden, wie es z. B. beim Roquefortkäse seit alters her geschehen ist und wie es neuerdings vielfach durch Verwendung von ausgewählten Reifungskulturen bewirkt wird.

Die Milchsäurebakterien nehmen in allen Fällen der Menge nach den ersten Platz ein, und die von ihnen bewirkte Überführung des Milchzuckers in

Milchsäure leitet ebenso regelmäßig die Reifung in allen Fällen ein. Bei den aus Quarg bereiteten Sauermilchkäsen erfolgt ihre Hauptentwicklung allerdings schon vor dem Gerinnen der Milch, aber auch in den aus süßer Milch hergestellten Labkäsen steigt ihre Zahl innerhalb weniger Tage so stark an, daß sie 99 bis 100% vom Gesamtbestand ausmachen. In den Sauermilchkäsen sowie in den weichen Labkäsen handelt es sich dabei meist um Milchsäure-Streptokokken, während in den Hartkäsen die Laktobazillen entweder von vornherein oder doch nach kurzer Zeit den ersten Platz einnehmen. Sind die Hartkäse unter Verwendung von Naturlab hergestellt, so führt dieses die dem Kälbermagen entstammenden Laktobazillen in großen Mengen in den Käse ein. Bei Benutzung von Kunstlab können zunächst die Streptokokken die Oberhand gewinnen, aber sie werden in den Hartkäsen nach Art des Emmentaler, Cheddar-, Chester-, Parmesan-, schwedischen Güterkäse u. dgl. bald durch die sich lebhaft vermehrenden Laktobazillen völlig verdrängt. Besonders die durch das Nachwärmen erhöhte Temperatur und der bald eintretende Sauerstoffmangel im Innern begünstigt ihre Entwicklung sehr. Wird solcher Käse, wie es schon wiederholt geschehen ist, bei der bakteriologischen Prüfung lediglich mit Hilfe von aerob gehaltenen Gußkulturen untersucht, so sind Fehlschlüsse leicht möglich, denn in vielen Fällen kommen die Laktobazillen unter solchen Bedingungen, trotzdem sie in reichlicher Menge zugegen sind, überhaupt nicht oder nur sehr spärlich zur Entwicklung. Die mikroskopische Prüfung ist für solche Zwecke entschieden vorzuziehen. Z. B. wurde das oben wiedergegebene Bild der Laktobazillen-Kolonien von einem schottischen Cheddarkäse erhalten, bei dessen Herstellung zur Ansäuerung der Milch eine ausschließlich Streptokokken enthaltende Rahmreifungskultur benutzt worden war.

Die gleichen Laktobazillen, die in den Hartkäsen vorherrschen oder ihnen nahestehende Varietäten sind auch in den unter Verwendung von Lab bereiteten Weichkäsen regelmäßig, obwohl nicht so ausschließlich, anzutreffen. Selbst im Schabzieger sind sie (von E. v. Freudenreich und Orla-Jensen) in Mengen von 150 Millionen je g vorgefunden worden. Neben ihnen und den Milchsäure-Streptokokken spielen jedoch in den Weichkäsen sowie in manchen Hartkäsen (z. B. im Tilsiter) auch die Milchsäure bildenden Kurzstäbchen aus der Verwandtschaft des Bacterium acidi lactici Hueppe sowie die meist gleichzeitig Säure und Lab erzeugenden Mikrokokken (Euterkokken und andere) nicht unwichtige Rollen. Da sie mehr zur aeroben Lebensweise neigen, sind sie in dem Schleimbelag junger Käse besonders häufig.

Als Eiweiß abbauende Mikroorganismen kommen zunächst Angehörige der soeben genannten 4 Gruppen von Milchsäurebakterien in Betracht. Verhältnismäßig am stärksten Käsestoff lösend wirken unter ihnen die Mikrokokken; an zweiter Stelle kommen Aerobakter-Varietäten, an dritter Laktobazillen und an letzter Stelle die Milchsäure-Streptokokken. Bei zahlreichen Angehörigen der beiden zuletzt genannten Gruppen geht die Eiweiß abbauende Tätigkeit so langsam vonstatten, daß sie lange Zeit hindurch ganz übersehen worden ist. Es ist aber die früher eine Zeit lang sehr entschieden bestrittene Ansicht, daß insbesondere im Emmentaler Käse der Eiweißabbau durch Laktobazillen (Bacillus casei α, γ, δ und ε) veranlaßt wird, jetzt allgemein anerkannt, und ebenso liegen für die gleichgerichtete Tätigkeit von Milchsäure-Streptokokken sichere Beweise vor (Chr. Barthel und E. Sandberg). Im Innern der großen langsam reifenden Hartkäse (Emmentaler, schwedischer Güterkäse, Edamer, Cheddar, Parmesan usw.) sind diese beiden Gruppen von Bakterien, zum Teile in Verbindung mit der Labpepsinwirkung, zweifellos von größter Bedeutung. Die an sich weit kräftiger Käsestoff lösenden Mikrokokken finden hier wegen ihres verhältnismäßig großen Bedarfs an Luftsauerstoff keine geeigneten Lebensbedingungen. Aber sie entwickeln sich kräftig in der zum Verkäsen bestimmten Milch während der Stunden der „Reifung", und auch nach dem Einlaben und Formen der Käse können sie sich noch eine Zeitlang vermehren, wobei sie reichlich proteolytische Enzyme bilden, die später, nach ihrem Absterben, lange Zeit weiter wirken. Die bei den meisten Hartkäsen übliche besondere Rindenpflege (Trockensalzen, Paraffinieren) trägt dazu bei, die Mikrokokkenentwicklung zu hemmen. In denjenigen Käsen dagegen, in denen eine weitergehende Lösung des Käsestoffs gewünscht wird, wie namentlich in den Backstein- und anderen Weichkäsen, wird der oberflächliche Bakterienbelag durch die Art der Behandlung geradezu gefördert, und hier finden die Mikrokokken einen besonders günstigen Standort. Einige der betreffenden Arten oder Varietäten, die letzten Endes wohl auch dem Euter entstammen, haben entsprechende Bezeichnungen erhalten: Micrococcus casei liquefaciens, Micrococcus caseolyticus u. dgl. Wie bei den anderen Milchsäurebakterien ist auch bei ihnen oft kaum eine Wirkung zu konstatieren, wenn sie in Reinkulturen geprüft werden. Die Symbiose mit anderen, in gleicher Richtung tätigen Bakterien und Pilzen spielt gerade in diesen Fällen eine sehr große Rolle. Z. B. ergaben sich bei Prüfungen des soeben genannten Micrococcus casei liquefaciens und eines mit ihm im Backsteinkäse nach Limburger Art stets vereint auftretenden Kurzstäbchens (Bacillus casei limburgensis) folgende überraschende Befunde bei der Analyse von mehrere Monate alten Milchkulturen (S. Orla-Jensen 1). In Prozenten vom Gesamtstickstoff wurden an löslichen Stickstoff (L. N.), an Amid-Stickstoff (Z. N.) und an Ammoniakstickstoff (A. N.) ermittelt:

	L. N.	Z. N.	A. N.
Bacillus casei limburgensis	1,26	1,50	1,13
Micrococcus casei liquefaciens	51,06	6,06	1,13
Mischkultur beider Arten	78,28	31,88	9,30

Bunte Gemische von Mikrokokken und Kurzstäbchen verschiedener Art spielen allgemein in den erst gelblichen, später rot oder braun gefärbten Belägen der Weichkäse sowohl durch Käsestofflösung wie durch Farbstoffbildung wichtige Rollen. Dagegen treten die an sich gleichfalls stark Käsestoff lösenden Sporenbildner aerober und anaerober Art, entgegen einer naheliegenden Vermutung, in fast allen Käsen sehr zurück oder fehlen völlig. Am ehesten begegnet man ihnen noch in denjenigen Käsen, die gewissermaßen eine Mittelstellung zwischen Hart- und Weichkäsen einnehmen und die durch einen verhältnismäßig hohen Gehalt an löslichem Stickstoff sowie durch besonders pikanten Geschmack ausgezeichnet sind (Cantal, Gorgonzola, Limburger, manche Tilsiter, Schabzieger, Quargelkäse u. a.). Eine Zeitlang hat man sie auch für die Reifung der feineren Käsesorten, einschließlich des Emmentaler, als wesentlich angesprochen. Naturgemäß können sie gelegentlich in diesen Käsen ebenfalls vorkommen, aber sie bewirken dann leicht eine Qualitätsverschlechterung, die z. B. für derartig infizierten Schweizer Käse in der Bezeichnung „Stinker" zum Ausdruck gebracht wird. An dem im Vergleich zum Roquefort wesentlich schärferen Geschmack und Geruch des Gorgonzola-Käses haben Sporenbildner sicherlich mit Anteil.

Neben den Mikrokokken und Kurzstäbchen verschiedener Art sind für die Mehrzahl der Weichkäse Schimmelpilze und Sproßpilze als Reifungserreger von großer Bedeutung. In den anfangs stark sauren Sauermilchkäsen veratmen sie zunächst einen Teil der Säure und schaffen hierdurch einen geeigneten Boden für die nachfolgende Käsestofflösung. Die entsprechende Tätigkeit der verschiedenen Penizillium-Arten auf den Käsen nach Brie- und Camembert-Art sowie im Roquefort, Gorgonzola, Stilton u. dgl. läßt sich besonders leicht verfolgen. Weniger auffällig, aber gleichfalls wesentlich ist die Tätigkeit von manchen Spielarten von Oidium lactis und von allerhand Hefen, die namentlich im Neufchâtel, Münster, Imperial- und Gervaiskäse von Wichtigkeit sind, dann aber auch (neben Mikrokokken und Kurzstäbchen) im Harzer, Mainzer, Thüringer Stangenkäse und in ähnlichen Sorten.

Fett zersetzende Bakterien und Pilze spielen in den Weichkäsen gleichfalls eine hervorragende Rolle. In den Hartkäsen ist dies nur in geringem Umfange der Fall, da die Fettzersetzung, wie im Abschnitt IV dargelegt worden ist, nur bei freiem Luftzutritt lebhaft vonstatten geht. Die Zahl der in Betracht kommenden Arten ist ziemlich groß. Namentlich sind es wieder die an der Käsestofflösung vornehmlich beteiligten Mikrokokken und Kurzstäbchen, sowie die verschiedenen Penizillium-Arten, die das Fett in freie Fettsäuren und in Glyzerin zerlegen. Letzteres unterliegt rasch weiterer Umsetzung. Ist der Fettgehalt der Käse hoch und die Fettspaltung besonders intensiv, so verschärft sich das durch die freien Fettsäuren zunächst herbeigeführte pikante Aroma zu einem ausgesprochen ranzigen Geruch und Geschmack, wie er an längere Zeit in der Wärme aufbewahrten überreifen Roquefort- und Gorgonzolakäsen wahrgenommen werden kann.

Die weiche, geschmeidige Beschaffenheit des reifen Käseteigs hat wiederholt zu der Vermutung Anlaß gegeben, daß bei dem Abbau des Käsestoffs Fett in ansehnlichen Mengen neu gebildet werde. Genaue Untersuchungen haben indessen sämtlich gegenteilige Ergebnisse geliefert. Allerdings können verschiedene Schimmelpilze in reichlich gelüfteten Milchkulturen beim Eiweißabbau Fett erzeugen, aber unter den im Käse gegebenen Bedingungen findet dieser Vorgang entweder überhaupt nicht oder doch in so geringem Umfange statt, daß er praktisch ohne jede Bedeutung bleibt.

Die Anwesenheit bestimmter Gas bildender Mikroorganismen ist für die normale Reifung mancher Käsesorten von großer Bedeutung. Insbesondere wird ein Käse nach Emmentaler Art, der zwar in Geschmack und Geruch einwandfrei, aber „blind" ist, dem also die für diese Käsesorte charakteristischen, gleichmäßig verteilten und regelmäßig ausgebildeten „Augen" fehlen, nie als erstklassig angesehen werden. Ähnlich verhält es sich beim schwedischen Güterkäse; dagegen wird bei anderen Hart- und bei allen Weichkäsen der Gasbildung, soweit sie sich innerhalb der normalen Grenzen hält, das heißt nicht in Blähungen ausartet, keine besondere Bedeutung beigemessen. Die im Käse gebildeten Gase können verschiedenen Quellen entstammen. Sowohl bei der Vergärung des Milchzuckers wie bei weiteren Umsetzungen der zunächst aus ihm gebildeten Laktate können Gase entbunden werden; das gleiche gilt für die Vergärung des aus dem Fett abgespaltenen Glyzerins und der bei der Zerlegung der Eiweißmoleküle frei werdenden Kohlenstoffverbindungen. In den holländischen Käsen scheint nach den Untersuchungen von Boeckhout und Ott de Vries besonders die nach 10 bis 12 Tagen einsetzende Vergärung der Laktate zu Essigsäure zum Auftreten der in diesem Falle vorwiegend aus Wasserstoff bestehenden Gase Veranlassung zu geben, während in amerikanischen Cheddarkäsen von A. C. Evans gasbildende Streptokokken angetroffen wurden, die aus dem Milchzucker neben Kohlendioxyd und Milchsäure größere Mengen von Essigsäure entstehen lassen. Im Schweizer Käse steht die normale Augenbildung nicht, wie früher vermutet wurde, mit der Milchzuckervergärung im Zusammenhang; nur für die fehlerhafte „Blähung" trifft dies zu. Die erwünschte „Öffnung" der Käse tritt hier erst ein, nachdem der Milchzucker vollständig verschwunden ist.

Wirksam sind in diesem Falle die Propionsäurebakterien, die aus den Laktaten Essigsäure, Propionsäure und ansehnliche Mengen von Kohlensäure entstehen lassen. Die Kohlensäure durchdringt zunächst den gesamten Käseteig und sammelt sich dann an Stellen, wo zwischen den Bruchkörnern Molkenreste verblieben sind. Die in den Augen zuweilen auftretenden „Tränen“ sind reich an löslichen Abbauprodukten des Käsestoffs; beim Eintrocknen liefern sie die sogenannten „Salzsteine“, die hauptsächlich aus Tyrosinkristallen bestehen. Auch im schwedischen Güterkäse setzt die normale Lochung erst spät ein. Hier scheint nach TROILI PETERSON besonders die Glyzerinvergärung durch eine der Aerobakter-Gruppe angehörige Art (Bacterium glycerini c) neben der Propionsäuregärung der Laktate von Wichtigkeit zu sein. Die Gesamtmenge der Gase ist übrigens auch in den großlochigen Käsen nicht sehr erheblich; in einem 100 kg schweren Emmentaler Käse belief sie sich z. B. nach Ermittlungen von ORLA-JENSEN (1) auf nicht ganz 1000 cm^3.

Im Gegensatz zur Gasbildung ist die Aromabildung für den Wert des reifen Käses von großer Wichtigkeit. In erster Linie sind es naturgemäß die bei den verschiedenen Teilvorgängen der Käsereifung auftretenden Abbau- und Umsetzungsprodukte, die den Geruchs- und Geschmackssinn in bestimmter Weise beeinflussen. Insbesondere zeigen die fettsauren Ammoniaksalze zum Teil einen ausgesprochenen Käsegeruch. Der erfrischende Geschmack wenig gereifter Weichkäse (z. B. Gervais, Neufchâtel u. dgl.) ist vornehmlich auf die aus dem Milchzucker entstandenen organischen Säuren zurückzuführen; der süßliche Geschmack des Schweizer Käses steht mit dem reichlichen Auftreten von Aminosäuren in Zusammenhang; im Roquefort und in ähnlichen Käsen sind es dagegen die Fettspaltungsprodukte, die Geschmack und Geruch in erster Linie beeinflussen. Butter mit Roquefortschimmel beimpft, zeigt ebenfalls deutliches Roquefortaroma. Sowohl bei der Milchzucker- wie bei der Käsestoff- als auch bei der Fettzersetzung werden verschiedene flüchtige Säuren (Valerian-, Butter-, Propion-, Essig- und Ameisensäure) frei, die entweder für sich allein oder vereint mit gleichzeitig gebildeten Alkoholen den Geruch stark beeinflussen können. In dieser Richtung können namentlich die in den Weichkäsen weit verbreiteten Hefen neben den eigentlichen Reifungserregern von Wichtigkeit sein. In diesen wie in allen anderen Fällen ist es jedoch vor allem das spezifische Verhalten der jeweils vorhandenen Varietäten von Bakterien oder Pilzen, das für Art und Stärke des Aromas maßgebend ist. Es verhält sich hier genau so wie bei anderen Gärungen, z. B. bei der Weinbereitung, wo Varietäten- und Rasseneigenschaften der jeweils vorhandenen Mikroorganismen von ausschlaggebender Bedeutung sind. Durch die Entwicklung auf oder in besonders guten Käsen kommen solche wertvolle „Standortsvarietäten“ am ehesten zur Entstehung, die jedoch unter den andersartigen Bedingungen, denen sie bei der Fortzüchtung ausgesetzt sind, ihre schätzenswerten Eigenschaften meist ziemlich rasch wieder verlieren können. Deshalb bedarf es besonders bei der Auswahl und bei der Vermehrung von Reifungskulturen fortgesetzter Achtsamkeit, um ihrer vorteilhaften Einwirkung auf das Aroma der mit ihrer Hilfe bereiteten Käse möglichst sicher zu sein. Andrerseits liegt es durchaus im Bereiche der Möglichkeit und hat sich mitunter in unerwünschter Weise gezeigt, daß Varietäten von sehr ausgesprochenem und relativ konstantem Charakter dann, wenn sie absichtlich oder unabsichtlich in einem Käse anderer Art zur Entwicklung gebracht wurden, diesem ein völlig abnormes Aroma verliehen. So hat man Parmesan- und Goudakäse erhalten, die deutlich nach Schweizer Käse schmeckten, Emmentaler mit dem „Aroma“ des Limburger Käses und andere mehr. Bei all diesen ohnehin sehr verwickelten Verhältnissen dürfen zudem die Mischwirkungen nie außer acht gelassen werden, die durch das Zusammenwirken der verschiedenen an der Käsereifung beteiligten Mikroorganismen zustande kommen.

Die Beeinflussung der normalen Mikroflora der Käse durch technische Maßnahmen

Beschaffenheit und Behandlung der Milch und des Labes sowie die Art der Bereitung und die Pflege der Käse während der Reifung beeinflussen die normale Mikroflora der verschiedenen Käsearten derart, daß sie sich so entwickelt, wie das für den Ausfall des Produkts wünschenswert ist. Durch die weiterhin noch zu besprechende Verwendung von Käsereifungskulturen können zwar die mit Hilfe einer bestimmten Technik erreichbaren Resultate verbessert und vor allem gesichert werden, indessen wird hierdurch die fundamentale Bedeutung der technischen Maßnahmen keineswegs geschmälert. Nur wenn an sich einwandfrei gearbeitet wird, können die Reifungskulturen wirklich von Nutzen sein, denn die Technik entscheidet in jedem Falle über die Weiterentwicklung der entweder spontan in den Käse gelangten oder ihm absichtlich eingeimpften Mikroorganismen.

Die Beschaffenheit der Milch kann physikalisch, chemisch oder biologisch von Einfluß sein. Kolostrummilch, Milch aus entzündeten Eutern sowie die Milch altmilchender Tiere weicht in ihren physikalischen und chemischen Eigenschaften so weit von der Regel ab, daß sie von der Verwendung ausgeschlossen werden muß. Abnorm fettreiche Milch kann in der Hartkäserei zu einer zu starken Bearbeitung des Bruches verleiten, was sich späterhin im Ausbleiben der normalen Lochung infolge mangelnder Plastizität des Teiges geltend macht; es werden dann gewöhnlich sogenannte Gläsler erhalten. Bei der Herstellung von Weichkäsen veranlaßt abnorm fettreiche Milch leicht eine zu starke Fettspaltung, also ein „Ranzigwerden" der Käse, namentlich wenn die Reifungstemperatur nicht, wie beim Roquefort, sehr niedrig gewählt wird. Geringer Milchzuckergehalt hat ungenügende Säuerung, hoher Milchzuckergehalt leicht das Gegenteil zur Folge, Kalkarmut führt nicht nur zu Schwierigkeiten beim Dicklegen, sondern auch zu ungenügender Säurebildung im Käse selbst und infolgedessen zur Entstehung eines bröckeligen, kreidigen Teiges sowie von Käsefehlern, wie „kurz" und „spältig". Daß ungeeignetes Futter die Milch durch Änderung ihres Mikrobenbestandes käsereiuntauglich machen kann, wurde oben erörtert. Desgleichen wurde auf den nachteiligen Einfluß hingewiesen, den einerseits aseptisches Melken (ohne Verwendung von Reifungskulturen), andrerseits ungewöhnlich starke Infektionen bei unsauberer Arbeitsweise, Verwendung von mangelhaft gereinigten Melkmaschinen usw. zur Folge haben können.

Weiterhin ist das sogenannte Reifen der Milch vor dem Verkäsen von maßgebendem Einfluß auf die Mikroflora. Je nach dem anfänglichen Keimgehalt, der Temperatur, bei der die Milch aufbewahrt wird, und der Länge der Aufbewahrungszeit fällt die Reifung verschieden aus. Zur Vermehrung kommen besonders die dem Euter entstammenden Säurelabkokken sowie die Milchsäurebakterien. Die Ermittlung des Säuregrades, eventuell auch die Reduktionsprobe sowie die mikroskopische Prüfung geben Auskunft über das Fortschreiten der Reifung, die gegebenenfalls durch Erniedrigung oder Erhöhung der Temperatur gehemmt oder gefördert werden kann.

Kommt Naturlab zur Verwendung, so ist, wie dargelegt wurde, sein Keimgehalt quantitativ und qualitativ von maßgebendem Einfluß auf die

Mikroflora des Käses, während dies bei Kunstlab im allgemeinen nicht der Fall ist, sofern nicht gleichzeitig Säurekulturen benutzt werden. Namentlich in der Hartkäserei sind die Laktobazillen des Naturlabs, wie gesagt, von größter Wichtigkeit. Die Kontrolle und Regelung des Säuregrades des Labaufgusses sowie die Innehaltung der richtigen Wärmegrade ist für die Entwicklung der Mikroflora des Labes nicht minder wichtig, als es die entsprechenden Maßnahmen bei der Reifung der Milch für deren Bakterienbestand sind.

Die Behandlung der Milch im Käsekessel führt stets zu einer Vermehrung und zugleich zu einer Konzentration der vorhandenen Keime im Bruch. Wie die Fettkügelchen, so werden auch die in der Milch verteilten Bakterien bei der Koagulation eingeschlossen. Da das Verhältnis zwischen Milch und Bruch sich auf etwa 10:1 stellt, so ist eine entsprechende Zunahme des Keimgehalts zu erwarten. Tatsächlich ist sie jedoch wesentlich größer infolge der durch die verhältnismäßig hohe Temperatur beschleunigten Zellvermehrung. Zum Beispiel wurden bei der Bereitung von Tilsiter Käse von Grimmer und Aronson in je 1 cm³ des frischen Bruchs 77,8 Millionen Keime gezählt, während die Milch 2½ Stunden zuvor nur 7,7 Millionen im gleichen Raumteil aufgewiesen hatte. Es hatte also tatsächlich eine Verzehnfachung der ursprünglich ermittelten Keimzahl stattgefunden, was im Hinblick auf die der Bakterienentwicklung besonders zuträgliche Temperatur im Käsekessel leicht begreiflich ist. Durch langsames Dicklegen der Milch, wie es bei der Herstellung von Neufchâtel, Camembert und Cheddarkäsen zum Teil noch üblich ist, wird gleichfalls eine Keimvermehrung, namentlich eine Erhöhung des Gehalts an Milchsäurebakterien, angestrebt. Andrerseits arbeitet man durch das in der Hartkäserei übliche Nachwärmen nicht nur auf eine Härtung des Teiges, sondern vor allem auf eine Verminderung und Auslese der vorhandenen Mikroorganismen hin. Das in der Emmentaler Käserei übliche Nachwärmen auf 55° tötet Hefen und Oidien, vermindert etwa vorhandene Blähungserreger aus der Coli-Aerogenes-Gruppe sowie die an niedere Temperaturen angepaßten Milchsäurestreptokokken und schafft damit den thermophilen Streptokokken sowie den für diese Käsesorte besonders wichtigen Laktobazillen und Propionsäurebakterien freies Feld, die sich dann in dem lange Zeit warm bleibenden Käseteig lebhaft vermehren können. Eine Temperaturerhöhung über 55° hinaus würde zwar die Blähungserreger noch vollkommener unterdrücken, aber statt dessen kann es dann zu einer Auslese von sporenbildenden Anaeroben kommen, die auf die Beschaffenheit des Käses noch ungünstiger einwirken würden.

Das Pressen der Hartkäse vervollkommnet die durch das Nachwärmen eingeleitete Fertigstellung des Käseteiges, gleichzeitig aber wirkt es durch Verminderung des Molkengehalts hemmend auf die weitere Keimvermehrung ein. Dadurch wird einer zu weitgehenden Säuerung vorgebeugt, die sich für diese Käsesorten als schädlich erweisen würde.

Die Prüfung des Verlaufs der Säuerung in der reifenden Milch, im Lab, vor und nach der Dicklegung der Milch sowie in der während der ersten Stunden im Käse gebildeten Flüssigkeit gibt wünschenswerte Auskunft über Entwicklung und Tätigkeit der Milchsäurebakterien. Die eintretenden Reaktionsänderungen ihrerseits bestimmen in weitgehendem Maße das Verhalten aller an der Reifung beteiligten Mikroorganismen und damit die Reifung der verschiedenen Käsesorten überhaupt. Ihre angemessene Regelung (vornehmlich durch Erhöhung oder Erniedrigung der Temperatur) ist demgemäß von größter Wichtigkeit.

Form und Größe der Käse beeinflussen die Entwicklung der Mikroflora auf und in ihnen gleichfalls in weitgehendem Maße. Es ist in der Tat überraschend zu sehen, wie auf Grund praktischer Erfahrung lange bevor irgend etwas über Bakterien und deren Wirken bekannt war, in den meisten Fällen gerade diejenige Form und Größe der Käse gewählt worden ist, die sich der Entwicklung der jeweils notwendigen Mikroflora am günstigsten erweist. Den Hartkäsen, in denen in erster Linie die luftscheuen Laktobazillen, Streptokokken und Propionsäurebakterien fast allgemein erwünscht sind, hat man eine im Verhältnis zum Inhalt möglichst kleine Oberfläche gegeben, die in der Kugelform des Edamer Käses auf das Mindestmaß herabgesetzt worden ist. Im ausgesprochenen Gegensatz hierzu weisen die vornehmlich unter dem Einfluß der luftbedürftigen Schimmelpilze reifenden Weichkäse nach französischer Art, in erster Linie der Briekäse, eine verhältnismäßig außerordentlich große Oberfläche auf. In so geformten Käsen können die Pilzfäden rasch genügend weit ins Innere vordringen, um die Säure zum Schwinden zu bringen, den Käsestoff abzubauen und das Fett zu spalten. Die dickeren Laibe der Roquefort-, Gorgonzola-, Stilton- und ähnlichen Käse, bei denen man das Pilzwachstum künstlich im Inneren zur Entwicklung bringt, müssen deshalb mittels Nadeln „punktiert" werden, damit eine ausreichende Luftzufuhr sichergestellt ist. Im geraden Gegensatz hierzu unterdrückt man bei dem Cheddar- und schwedischen Güterkäse alles aerobe Wachstum durch Paraffinieren der Oberfläche, allerdings erst nachdem die anfangs einsetzende Bakterienentwicklung hinreichend Enzyme gebildet hat.

Temperatur und Feuchtigkeit der Luft in den Reifungsräumen sind weitere Faktoren zur Beeinflussung der Mikrobentätigkeit. Auf die Bedeutung der „Kältereifung" für Cheddar- und Roquefortkäse wurde bereits hingewiesen. Andere Käse, namentlich solche nach Limburger Art, werden bei zu niedriger Temperatur durch schädliche Schimmelpilzwucherungen leicht beeinträchtigt.

Das Salzen der Käse bietet gleichfalls eine wichtige Handhabe zur Regelung der Bakterien- und Pilzentwicklung; seine unmittelbare Einwirkung auf Geschmack und Konsistenz der Käse erfährt dadurch eine wesentliche Erweiterung. Milchsäurestreptokokken und Hefen sind im allgemeinen gegen Salz ziemlich unempfindlich. Laktobazillen, noch mehr aber die Propionsäurebakterien, sind weit empfindlicher gegen Salz, deshalb ist das Trockensalzen der Rinde für das Reifen der Emmentaler Käse von großer Wichtigkeit. Soweit das Salz sich in den der Rinde zunächst befindlichen Schichten in größerer Menge anhäuft, unterbleibt normalerweise infolge der Unterdrückung der Propionsäurebakterien jede Augenbildung. Das Einlegen ins Salzbad und das sogenannte Schmieren der Backsteinkäse hemmt wie das Trockensalzen die in diesen Fällen nicht erwünschte Schimmelentwicklung an der Oberfläche. Durch das Schmieren wird außerdem das für die Qualität der Backsteinkäse nicht nachteilige Wachstum der Anaeroben im Innern begünstigt.

Im Gegensatz hierzu fördert das Einlegen in Stroh oder Heu die Entwicklung der aeroben Schimmelpilze sehr, teils indirekt durch erhöhte Luftzufuhr auch von der Unterseite her, teils direkt durch Rohimpfung mit zahlreichen Schimmelpilzsporen. Werden solche luftbedürftige Käse für den Versand in undurchlässiges Papier (Zinnfolie u. dgl.) eingeschlagen, so wird nach kurzer Zeit die schädliche Wirkung der durch diese Maßnahme begünstigten anaeroben Keime am Zerlaufen und an dem unangenehmen Geruch der so behandelten Käse wahrnehmbar.

Käsereifungskulturen

Impfungen der zur Verkäsung bestimmten Milch bzw. des frischen Käseteigs mit Rohkulturen von Milchsäurebakterien in Gestalt von saurer Milch, mit Schimmelpilzsporen auf verschimmeltem Brot oder mit anderen natürlichen Mischkulturen sind zum Teil seit langer Zeit üblich. Ebenso erfolgt bei Verwendung von Naturlab eine Impfung mit den erwünschten Laktobazillen, allerdings oft vermischt mit anderen weniger willkommenen Arten.

Seitdem Milchsäurebakterien-Reinkulturen für die Rahmreifung allgemein Eingang gefunden haben, ist auch in der Käserei eine stetige Zunahme im Gebrauche von Reinkulturen eingetreten. Zum Teil wurden die Reinkulturen von Milchsäurestreptokokken, die für die Rahmreifung bestimmt sind, auch als Käsereifungskulturen in den Handel gebracht. Soweit die zur Verkäsung bestimmte Milch pasteurisiert wird, ist die Verwendung solcher Kulturen naturgemäß notwendig, um den normalen Bestand an Säurebildnern wiederherzustellen. Aber auch in anderen Fällen können sie gute Dienste leisten, namentlich dann, wenn die betreffende Milch in der Gärprobe nicht rasch und gleichmäßig gallertig gerinnt. Allerdings darf das Säuerungsvermögen der betreffenden Kulturen nicht zu kräftig entwickelt sein. Es hat seinen guten Grund, weshalb gerade früher solche Rohkulturen zur Impfung der Käsemilch benutzt wurden, die wie die „lange Wei" in Holland oder die „Taette" in Norwegen nur mild säuernde Rassen von Milchsäurestreptokokken enthielten. Unter Beachtung dieses Gesichtspunktes ausgewählte Kulturen eignen sich außer für Weichkäse insbesondere für die holländischen Hartkäse (Edamer und Gouda), für den amerikanischen Cheddarkäse, für Tilsiter, Wilstermarsch und ähnliche Käse sowie für Parmesankäse.

Für die zuletzt genannt italienische Käsesorte stehen außerdem Kulturen sowohl von Säure-Lab-Kokken als auch von Laktobazillen im Handel zur Verfügung. In der europäischen wie in der amerikanischen Emmentaler Käserei haben Kulturen von Laktobazillen (als „Käsereikulturen") festen Fuß gefaßt; sie sind naturgemäß in allen denjenigen Fällen unentbehrlich, in denen Kunstlab zur Verwendung gelangt. Außerdem werden für diese Käsesorte in Amerika mehr als in Europa Kulturen von Propionsäurebakterien benutzt, die jedoch leicht zu übermäßiger Lochbildung Veranlassung geben. Für die Bereitung des englischen Chester- und schottischen Cheddarkäses, die beide dem europäischen Geschmack in der Regel mehr zusagen als der viel milder schmeckende amerikanische Cheddarkäse, haben sich gleichfalls Laktobazillenkulturen wertvoller erwiesen als die früher in Schottland und jetzt in Amerika gebräuchlichen Streptokokkenkulturen; denn in gutem Chester- und Cheddarkäse sind die Laktobazillen ebenso wichtig und wertvoll wie im Emmentaler und anderen hochwertigen Hartkäsen.

In der französischen Weichkäserei, in der neben den Milchsäurestreptokokken die verschiedenen Schimmelpilzarten von größter Bedeutung sind, wurden früher junge Käse bester Beschaffenheit zu Impfzwecken verwendet, sofern nicht, wie in der Roquefortkäserei, bereits die in der Hauptsache reinen Kulturen des betreffenden Pilzes zur Verfügung standen. Neuerdings geht man aber mehr und mehr dazu über, für alle hier in Betracht kommenden Käsesorten die von verschiedenen Laboratorien angebotenen Kulturen der betreffenden Pilze sowie derjenigen Bakterien zu verwenden, von denen die besonders beim Camembert erwünschte Rötung der Oberfläche veranlaßt wird.

In Deutschland werden Reifungskulturen für die verschiedenen Käsesorten nebst den entsprechenden Gebrauchsanweisungen von mehreren öffentlichen oder privaten Laboratorien abgegeben, von denen hier genannt sein mögen: Das Bakteriologische Institut der Preußischen Forschungsanstalt für Milchwirtschaft in Kiel, die Gesellschaft für Milchbakteriologie in Frankfurt a. M., das Laboratorium von Dr. Frieber in Hildesheim sowie (speziell für Rundkäse nach Emmentaler Art) die Versuchsanstalt Weiler im Allgäu und das Milchwirtschaftliche Institut Wangen in Württemberg. Für Schweizer Käsereien werden Kulturen von der Milchwirtschaftlichen Versuchsanstalt auf dem Liebefeld bei Bern abgegeben. Weitere Auskunft vermitteln die Anzeigen in den milchwirtschaftlichen Zeitschriften.

Käsefehler und deren Bekämpfung

Die sehr verwickelten und in jeder Käsesorte anders verlaufenden Vorgänge bei der Reifung, über deren Ursachen, wie dargelegt wurde, noch keineswegs in allen Fällen volle Klarheit herrscht, können naturgemäß bald in der einen, bald in der anderen Richtung vom normalen, erwünschten Gang abweichen und so zu einer fehlerhaften Beschaffenheit des Käses Veranlassung geben. Eine ungewöhnliche Beschaffenheit der Milch und des Labes kann hieran schuld sein, oder das Arbeitsverfahren war nicht einwandfrei, Temperatur und Feuchtigkeit in den Aufbewahrungsräumen können zu hoch oder zu niedrig gewesen sein, oder die etwa verwendeten Reifungskulturen ließen in ihren Eigenschaften zu wünschen übrig. Derartige Käsefehler sind weit häufiger als solche, die sich auch trotz einwandfreier Ausgangsmaterialien und Arbeitsweise infolge des unvorhergesehenen und außergewöhnlichen Auftretens bestimmter Mikroorganismen einstellen können. In solchen Fällen machen sich besondere Bekämpfungsmaßnahmen nötig, während im übrigen vorbeugende Maßnahmen, vor allem größte Sorgfalt in jeder Hinsicht, in der Regel die wirksamste Art der Bekämpfung darstellen.

Da bei der Beurteilung des Käses, je nach der Sorte, hinsichtlich Geschmack, Geruch und Aussehen andere Anforderungen zu stellen sind, die zudem in den Kreisen der Abnehmer mehr oder weniger verschieden zu sein pflegen, so gibt es nicht wenige Fälle, in denen es fraglich bleibt, ob die Beschaffenheit des betreffenden Käses wirklich als fehlerhaft zu bezeichnen ist oder nicht. Das gilt namentlich für solche Käse, die im übrigen einwandfrei sind, die aber in ihrem Geschmack und Geruch Annäherungen an eine andere Sorte aufweisen, die in demselben Betriebe hergestellt wird. Da die Besonderheiten jeder Käsesorte durch ihre besondere Mikroflora bedingt sind, so ist es sehr schwierig, zum Teil sogar unmöglich, den Betrieb derart einzustellen, daß erstklassige Käse verschiedener Art nebeneinander bereitet werden können.

Seitdem es namentlich in der Weichkäserei möglich geworden ist, durch die Dauerpasteurisierung der Milch, die Verwendung von Kunstlab und den Gebrauch sorgfältig gezüchteter Reifungskulturen dem Eindringen von vielerlei unerwünschten zufälligen Käseschädlingen vorzubeugen, ist die Sicherheit des Betriebes naturgemäß wesentlich gestiegen. Vor allem ist es auch möglich geworden, etwaige Krankheitsübertragungen durch Käse mit Sicherheit auszuschalten, ebenso wie dies bei Milch und Butter erreicht worden ist. Zum Teil gilt dies auch für die sogenannten Käsevergiftungen, die gleichfalls vorwiegend auf die Entwicklung gesundheitsschädlicher Keime im Käse haben zurückgeführt werden können; gewisse Stämme aus der Coli-Aerogenes-Gruppe sind mehrfach für derartige Vorkommnisse verantwortlich gemacht worden. Dagegen ist es nur in seltenen Ausnahmefällen möglich gewesen, die Entstehung von tatsächlich giftig wirkenden Zersetzungsprodukten im

Käse nachzuweisen. Möglich ist deren Auftreten nur, wenn fremde Keime zu ungewöhnlicher Tätigkeit Gelegenheit finden, die denjenigen ähnlich sind, die in Dauermilch mitunter zu gleich unerwünschten Umsetzungen Veranlassung geben können.

Von diesen Ausnahmefällen abgesehen, ist die Mehrzahl der Käsefehler, wie gesagt, auf das abnorme Vorherrschen oder Zurücktreten eines Teilvorganges der Käsereifung zurückzuführen. Die Säurebildung kann mitunter schwächer oder stärker sein, als es für die betreffende Käsesorte erwünscht ist, infolgedessen vollzieht sich dann gewöhnlich der Eiweißabbau entweder zu rasch oder zu langsam. Die Fettzersetzung sowie die Gasbildung können einen abnormen Umfang annehmen, und schließlich können allerhand Verfärbungen des Käseteigs auftreten, die den Wert des Produkts vermindern oder den Käse überhaupt unverkäuflich machen.

Was zunächst die Säurebildung anlangt, so ist vor allem ein Übermaß derselben entschieden fehlerhaft, weil dadurch ein ausgesprochen sauer schmeckender, harter, bröckliger, sogenannter kurzer Teig zustande kommt, in dem der Eiweißabbau nur sehr unvollkommen verläuft, sofern er nicht überhaupt ganz unterbleibt. Die sogenannten Bocker der Backsteinkäse zeigen diesen Fehler besonders deutlich. Wegen der mangelnden Plastizität des Teiges kann auch die Augenbildung nicht in normaler Weise vor sich gehen; es kommt zur Ausbildung von Spalten und Rissen, wie sie den sogenannten Gläslern in der Schweizer Käserei oder den Knijpers in der Edamer Käserei eigentümlich sind. Die übermäßige Säurebildung ihrerseits kann zurückzuführen sein auf zu reichliches Vorkommen oder zu lebhafte Tätigkeit der Milchsäurebakterien, also auf eine zu intensive „Reifung" der Milch, oder die Milch selbst kann durch abnorm hohen Zuckergehalt die Säurebildung zu sehr begünstigen bzw. durch abnorm niedrigen Kalkgehalt nicht genügend Kalk zur Säurebindung liefern. Je nachdem die eine oder die andere Ursache in Frage kommt, sind die Gegenmaßnahmen zu treffen. Vor allem ist also der anfängliche Säuregrad der Milch sowie der Verlauf der Säuerung während des Reifens beim und nach dem Dicklegen der Milch genau zu kontrollieren und gegebenenfalls durch reinlichere Behandlung der Milch, Gebrauch von weniger Säurewecker sowie durch Abkühlung der Milch die Tätigkeit der Milchsäurebildner in angemessenen Grenzen zu halten. Ist der Zuckergehalt der Milch zu hoch, so kann ein entsprechender Zusatz von Wasser Abhilfe schaffen. Kalkmangel, der auch die Labwirkung erschwert, verlangt Beigabe von Kalziumchlorid. Außerdem aber muß im Auge behalten werden, daß auch Fehler in der Arbeitsweise eine ungenügende Plastizität des Teiges zur Folge haben können, so insbesonders ein zu starkes Ausrühren des Bruches oder ein zu hoher Molkengehalt des Teiges infolge von ungenügender Bearbeitung oder von zu raschem Pressen. Daß abnorm fettreiche Milch leicht zu zu starkem Ausrühren des Bruchs verleiten kann, wurde bereits erwähnt.

Bleibt die Säurebildung zu gering, so entsteht ein schwammiger Teig, der die Molken schwer abgibt, an der Außenseite oft stark verschleimt und im Inneren späterhin Faulstellen aufweist. Als Ursachen kommen in diesem Falle in Betracht: zu niedriger Zuckergehalt der Milch, ein unreiner, an guten Milchsäurebakterien armer Mikrobenbestand oder ungenügende Reifung der Milch infolge zu niedriger Temperaturen.

Die Neigung mancher Rassen von Milchsäurebakterien, in der Säurebildung zurückzugehen und statt dessen reichlich Schleim zu erzeugen, kann sich wie bei der Rahmreifung so auch bei der Käsebereitung nachteilig bemerklich machen. Es bleibt in solchen Fällen nicht bei einer Verschleimung der Rinde, sondern der Teig selbst wird fadenziehend, und an der Oberfläche bilden sich oft schon unter der Presse weiße, weiche Stellen, die später eintrocknen und zu Rißbildungen Veranlassung geben, die sich tief ins Innere erstrecken können. In solchen ,,Krebsstellen" veranlassen besonders aerobe, Eiweiß zersetzende Bakterien, insbesondere Bacterium vulgare (Proteus), die fehlerhafte Veränderung der Käsemasse (A. WOLFF, 2). Der eigentliche ,,Rindenkrebs", ein bei Hartkäsen (bei mangelhafter Rindenpflege eintretendes) warziges Pilzwachstum, wird dagegen durch eine Oospora caseovorans veranlaßt (BURRI und STAUB, 2).

Ein zu langsamer Eiweißabbau ist fast immer die Folge von zu starker Säuerung, doch kann auch die mehr oder minder vollständige Abwesenheit der betreffenden Reifungserreger selbst verantwortlich zu machen sein. Dieser Fall ist insbesondere dann gegeben, wenn Weichkäse aus pasteurisierter Milch bereitet werden, gute Bakterien- bzw. Pilzkulturen aber nicht zur Verfügung stehen. Zu starkes Salzen des Teiges kann gleichfalls hemmend wirken, ebenso zu niedrige Reifungstemperaturen.

Ein weit häufiger vorkommender Käsefehler ist jedoch der zu rasche und zu weit gehende Eiweißabbau, der bei Weichkäsen durch das völlige Zerfließen des Teiges zum Ausdruck kommt. In Hartkäsen sind es meist nur einzelne Stellen, sogenannte Faulstellen, die eine entsprechende Änderung zeigen. Hier handelt es sich in der Regel um örtliche Ansammlungen von Bakterien- oder Pilzarten, die dem betreffenden Käse sonst fremd sind. Z. B. hat J. KÜRSTEINER in Emmentaler Käsen Kolonien von Bacillus putrificus als Ausgangspunkte derartiger Veränderungen festgestellt, während in Gorgonzolakäsen gelegentlich Rassen von Oidium lactis zu stellenweisem Erweichen Veranlassung gaben (GORINI). Ähnliche, gelb bis rot verfärbte Faulstellen in Münsterkäse waren durchsetzt von einem gelben Mikrokokkus, der sowohl den Käsestoff wie das Fett stark angriff (KILLER). Die bei Weichkäsen nicht seltene Erscheinung, daß dicht unter einer sich leicht ablösenden, ziemlich festen Haut eine völlig zerfließende Schicht zur Entstehung gelangt, ist ebenfalls auf übermäßige Käsestofflösung zurückzuführen, die sowohl durch fehlerhafte Arbeitsweise (zu hohen Molkengehalt des Käseteigs, ungenügendes Salzen, ungeeignete Temperatur des Aufbewahrungsraumes, Einschlagen der halbreifen Käse in undurchlässiges Papier oder Zinnfolie) als auch durch fehlerhaften Mikrobenbestand (Oidien, Schleimbildner und Fäulniserreger) bedingt sein kann. Durch Desinfektion der Gerätschaften und Unterlagen, Verwendung von einwandfreien Reifungskulturen und richtige Arbeitsweise ist Abhilfe zu schaffen.

Wie eine übermäßige Käsestofflösung unerwünscht ist, so ist auch eine zu starke Fettzersetzung der Beschaffenheit des Käses durch Verschlechterung von Geschmack und Geruch entschieden nachteilig. Insbesondere kommt es bei der Verarbeitung von sehr fettreicher Milch, wie sie z. B. für Roquefortkäse Verwendung findet, infolge von ungewöhnlich lebhafter Fettspaltung (bei zu hoher Aufbewahrungstemperatur) zur Entstehung eines ausgesprochen ranzig riechenden und schmeckenden Produkts. Da es aber stets die normalerweise an der Reifung teilnehmenden Mikroorganismen (in erster Linie Penizillien und Mikrokokken) sind, die nur durch die angeführten Bedingungen in ihrer Tätigkeit abnorm gefördert worden sind, so ergeben sich die Gegenmaßnahmen von selbst: niedrige Reifungstemperatur und eventuell Herabsetzung des Fettgehaltes. Allerdings darf nicht übersehen werden, daß ein ranziger Geruch und Geschmack durchaus nicht immer infolge zu starker Fettzersetzung aufzutreten braucht. Vor allem können ansehnliche Mengen freier Buttersäure durch Vergärung des Milchzuckers und der Laktate entstehen, ein Vorgang, der ebenfalls meist unerwünscht ist, und nur manchmal (z. B. im Schabzieger) einen Teilvorgang der normalen Reifung darstellt.

Abnorm starke Gasbildung, das sogenannte Blähen, ist in der Hartkäserei der am häufigsten vorkommende Fehler; namentlich in der Schweizer Käserei hat er früher sehr große wirtschaftliche Schädigungen zur Folge gehabt. Nur in seltenen Ausnahmefällen handelt es sich in den großen Rundkäsen um eine zu weitgehende Verstärkung der normalen Gasbildung. Z. B. können solche Fälle eintreten bei zu reichlicher Verwendung von Propionsäurebakterienkulturen, die an sich bei mangelhafter Augenbildung zweifellos von Nutzen sind. Die eigentliche Käseblähung hat weder mit den Propionsäurebildung noch mit der Glyzerinvergärung, das heißt mit den beiden Umsetzungen, etwas zu tun, die bei der normalen Augenbildung die Hauptrolle spielen. Entweder handelt es sich um Milchzucker- oder um Laktatvergärung. Jene ist auf die jungen Käse beschränkt, denn später schwindet der Milchzucker; diese verursacht das Blähen älterer Käse, die sogenannte nachträgliche Blähung. In den jungen Käsen kann die Blähung bereits einsetzen, während sie sich noch unter der Presse befinden; derartige Käse werden als „Preßler" oder als „ladtönig" bezeichnet. In den typischen Preßlern sammelt sich das Gas in großen, bis sehr großen Löchern, während in anderen Fällen die ganze Käsemasse von zahlreichen kleinen Öffnungen durchsetzt, eine schwammige Struktur aufweist; solche Käse werden „Nüßler"- (oder „Nißler") Käse genannt. Die verschiedene Verteilung der Öffnungen hat ihren Grund vornehmlich in der verschiedenen Verteilung der Gas bildenden Bakterien im Käseteig. Kommen sie in Form von Kolonien vor, die aus in Milch oder Lab enthaltenen Bakterienklümpchen entstanden sind, so sammelt sich das Gas an den betreffenden Stellen in großen Löchern; waren sie dagegen im Teig gleichmäßig verteilt, wie es besonders bei der Verarbeitung von zuvor zentrifugierter Milch der Fall sein kann, so entsteht ein Nüßler.

Als Blähungserreger kommen hauptsächlich 3 Gruppen von Organismen in Betracht: Coli-Aerogenes-Formen (Aerobakter), Buttersäurebakterien und Hefen. Die beiden zuerst genannten Gasbildner sind typische Darmbewohner; sie finden sich also stets in großer, besonders aber bei Verdauungsstörungen in sehr großer Menge im Kuhkot vor und können mit ihm in die Milch gelangen. Alle 3 Gruppen sind häufig in schlechtem Wasser anzutreffen. Schlechtes Naturlab kann gleichfalls reich an Blähungserregern sein. Außerdem können noch, wenn auch weniger oft, gasbildende Streptokokken und Laktobazillen in Tätigkeit treten. Jene sind in entzündeten Eutern nicht selten, diese in Naturlab von mangelhafter Beschaffenheit. Das Vorkommen gasbildender Streptokokken in erkrankten Eutern ist einer der Gründe, weshalb solche Milch als käsereiuntauglich gilt; andere Gründe chemisch-physikalischer Art sind früher erwähnt worden. Da die Darm- bzw. Kotbakterien am häufigsten als Blähungserreger auftreten, so erklärt es sich, weshalb geblähte Käse in der Regel einen sehr unangenehmen, fäkalartigen Geruch und Geschmack aufweisen, der ihren Verkaufswert besonders stark beeinträchtigt. Infolge abnormer Säurebildung und Käsestofflösung ist ihr Teig zudem mißfarbig, kurz es handelt sich bei stark geblähten Käsen meist um völlig unverkäufliche Erzeugnisse.

Neben unsauber gewonnener Milch und solcher aus erkrankten Eutern ist noch besonders die Milch altmilchender Tiere für die Hartkäserei gefährlich, weil sie wegen der geänderten Zusammensetzung nur langsam säuert, und infolgedessen die fast immer in geringer Zahl vorhandenen Blähungserreger nicht so leicht in Schach gehalten werden, wie dies bei der Verarbeitung normaler, kräftig säuernder Milch geschieht. Daß bestimmte Arten der Fütterung, z. B.

die Verwendung von eingesäuertem Grünfutter, ebenfalls als die Käseblähung fördernd angesprochen werden, hat seinen Grund naturgemäß in der Vermehrung der Gas bildenden Bakterien im Darm und der stärkeren Infektion der von so ernährten Tieren gewonnenen Milch. Am unangenehmsten ist dabei das Überhandnehmen der anaeroben Buttersäurebakterien, weil diese die hauptsächlichsten, wenn nicht alleinigen, Erreger der nachträglichen Blähung sind.

Für die Bekämpfung von Blähungserscheinungen sind vorbeugende Maßnahmen aus naheliegenden Gründen von größter Wichtigkeit. Die regelmäßige Prüfung der Milch mit Hilfe der Milch- und Labgärprobe ist hierbei von besonders großem Werte. Bestehen Bedenken in bezug auf die bakterielle Beschaffenheit des Labes und des Wassers, so sind auch sie entsprechend zu prüfen, und gegebenenfalls weiterhin von der Verwendung auszuschließen. Soweit nicht einwandfreie Milch verarbeitet werden muß, kann die Dauerpasteurisierung sowohl bei der Weichkäserei als auch — obwohl mit einigen Schwierigkeiten — bei der Hartkäserei wertvolle Dienste in der Bekämpfung der Blähungserreger leisten, soweit es sich nicht um Sporenbildner (Buttersäurebakterien) handelt. Da jedoch auf eine vollständige Vernichtung der Blähungserreger durch Pasteurisierung nicht mit Sicherheit gerechnet werden kann, und deren Anwendung wegen der in der Hartkäserei sich ergebenden Schwierigkeiten gern vermieden wird, so ist als weitere wichtige Tatsache im Auge zu behalten, daß die Impfung der Milch mit kräftigen Milchsäurebakterienkulturen als weiteres Hilfsmittel zur Verfügung steht. Allerdings darf auch von dieser Maßnahme nicht zu viel erwartet werden; ist die Gasbildung durch Aerobakter-Formen verursacht, so wird sie entschieden mehr unterdrückt, als wenn Hefen wirksam sind.

Die bereits in den Käseteig gelangten Gasbildner können schließlich noch durch Anwendung von Kälte einigermaßen gehemmt werden. Das Einpacken des Käses in Eis kann die Temperatur im Inneren innerhalb verhältnismäßig kurzer Zeit so weit herabsetzen, daß die Gärung nicht allzu stürmisch verläuft. In der amerikanischen Cheddarkäserei, in der besonders Hefen als Blähungserreger nicht selten sind, hat sich überhaupt die Reifung des Käses in Kühlräumen sehr bewährt. Emmentaler Käse verträgt die Kältereifung nicht, weil die in ihm tätigen Laktobazillen ziemlich wärmebedürftig sind. Dagegen dürfte sie in anderen Fällen oft mit Nutzen Anwendung finden, nicht nur als Maßregel gegen die Blähung, sondern zugleich zur Verbesserung der Beschaffenheit der Käse überhaupt.

Als direkte Maßnahmen zur Unterdrückung übermäßiger Gasbildung kommen ferner in Betracht: 1. rasches, kräftiges Salzen, und zwar Trockensalzen, das den Milchzuckergehalt im Käse herabsetzt; 2. der Zusatz von Salpeter zur Milch im Käsekessel (20 bis 60 g reiner Kalisalpeter auf 100 Liter Milch, bei Verwendung schwach pasteurisierter Milch noch weniger), dessen Wirkung darauf beruht, daß er von den Coli-Aerogenes-Bakterien als Sauerstoffquelle dem Milchzucker gegenüber bevorzugt wird. Im Kap. II, Bd. I/1, S. 154, wurde bereits auf diesen Vorgang hingewiesen und auch schon dargelegt, daß und weshalb die nachträgliche Blähung durch Salpeterzusatz nicht verhindert werden kann. Außerdem ist zu beachten, daß der Salpeter selbst an schädlichen Keimen reich sein kann, wie das übrigens auch bei schlechtem Salz der Fall ist. Die Salpeterlösung ist also der Sicherheit halber vor der Verwendung aufzukochen.

Ob schließlich in Zukunft die gegenwärtig viel diskutierte, aber noch keineswegs geklärte Bakteriophagenwirkung, über die im Kap. II, Bd. I/1, S. 148, das Nötigste gesagt worden ist, bei der Bekämpfung der Blähungserreger vielleicht von Nutzen werden wird, bleibt abzuwarten. Einige auf eine solche Möglichkeit hindeutende Beobachtungen wurden von W. DORNER gemacht.

Die Bildung abnorm riechender und schmeckender Stoffe kann, wie mehrfach angedeutet wurde, Hand in Hand gehen mit anderen abnormen Reifungserscheinungen der Käse. Zu starke Milchsäurebildung bedingt stark sauren Geruch und Geschmack. Zu weit gehende Lösung des Käsestoffes führt zu faulig oder ammoniakalisch riechenden Produkten; Schweizer Käse, der durch Bacillus putrificus hervorgerufene Faulstellen aufweist, wird kurz und treffend „Stinker" genannt. Abnorm starke Fettzersetzung verursacht ranzigen Geruch und Geschmack. Geblähte Käse zeigen, wie soeben gesagt wurde, oft einen widerlichen, fäkalartigen Geruch.

Außerdem kann es nun aber gelegentlich zur Bildung von mancherlei Substanzen von unerwünschtem Geruch oder Geschmack kommen infolge der zufälligen Anwesenheit von Mikroorganismen, die für gewöhnlich im Käse nicht anzutreffen sind. Vor allem ist hier des bitteren Geschmacks zu gedenken, den viele Käse vorübergehend, manche dagegen dauernd aufweisen. Das zeitweilige Bitterwerden hängt mit der anfänglichen Peptonisierung des Käsestoffes zusammen und kann kaum als abnorme Erscheinung gelten. Anders verhält es sich mit dem nicht wieder schwindenden bitteren Geschmack des Käses. Wirksam können in ihm verschiedene Mikrokokken sein, die den normalerweise im Käse vorhandenen Mikrokokken nahestehen. Das gilt insbesondere für den von v. FREUDENREICH aus Emmentaler Käse isolierten Micrococcus casei amari sowie für ein von RAAMOT aus Edamer Käse gezüchtetes Gegenstück. Ferner sind einige sporenfreie Kurzstäbchen aus bitteren amerikanischen Weich- und Hartkäsen isoliert worden, die entweder sowohl Milch wie Käse oder nur den letzteren, nicht die Milch, bitter machten. Sporenbildende Bazillen aus der Verwandtschaft des Bacillus mesentericus können ebenfalls zum Bitterwerden von Weichkäsen Veranlassung geben (LAXA und DVOŘÁK). Vor allem sind es jedoch Hefen, die am häufigsten in bitteren Käsen nachgewiesen werden konnten, und zwar sowohl in weichen wie in harten Käsen. Insbesondere veranlaßte eine von F. C. HARRISON Torula amara benannte Art in kanadischen Cheddarkäsen ausgesprochenen bitteren Geschmack; im Gebrauchswasser der betreffenden Molkerei fand sie sich in großen Mengen.

Über eine andere, durch gewisse dem Wasser entstammende Hefen veranlaßte Geschmacksverschlechterung von Cheddarkäse wurde ebenfalls mehrfach berichtet (WWARDS, H. A. HARDING u. a.). Die Käse zeigten einen faden, süßlichen Geschmack und schwach fauligen Geruch. Ähnliche Fehler wurden von L. U. RUSSEL und HASTINGS auch an amerikanischen Schweizer Käsen festgestellt, deren Beschaffenheit überhaupt in der Regel hinter derjenigen der echten Emmentaler zurückbleibt. Die landesübliche Silagefütterung ist zweifellos, wenigstens zum Teil, dafür verantwortlich zu machen. Aus einem scharf nach Schnupftabak riechenden Käse isolierte WEIGMANN (3) abermals eine Hefe, die den eigenartigen Geruch sowohl auf Milch wie auf Käse übertrug. Ebenso enthielt verdorbener, übelriechender Quarg neben Kartoffel- und Buttersäurebazillen große Mengen peptonisierender Hefen. Wie in Milch und Butter können außerdem gewisse Varietäten von Milchsäure-Streptokokken auch im Käse ungünstig wirken. Das gilt namentlich für solche Stämme, die einen malzartigen oder an angebrannte Milch erinnernden Geschmack erzeugen (W. SADLER).

Was schließlich die abnormen Verfärbungen der Käse anlangt, so ist zu beachten, daß diese durchaus nicht immer durch Mikrobenentwicklung zustande kommen, sondern daß sie nicht selten durch rein chemische Einwirkungen veranlaßt sein können. Das gilt insbesondere zunächst für die blauen, grünen bis schwarzen Verfärbungen des Käseteiges. Werden durch die in der Milch gebildete Säure aus rostigen Kannen, Zentrifugen usw. geringe Eisenmengen gelöst, oder geht aus dem Käsekessel etwas Kupfer bzw. aus bleihaltiger Farbe oder bleihaltigem Papier ein wenig Blei in den Käse über, so tritt Dunkelfärbung stets dann ein, wenn in dem betreffenden Käse Schwefelwasserstoff zur Entstehung gelangt, was bei den Weichkäsen fast immer, bei den Hartkäsen nur ausnahmsweise der Fall ist. Die Schwefelverbindungen der genannten Metalle sind sämtlich dunkel gefärbt; je nach der Menge, in der sie sich bilden, richtet sich der Farbenton des fehlerhaften Käses. Namentlich in der Sauermilchkäserei (beim Ankauf von Quarg) ist eine Prüfung auf das Vorhandensein von Eisen stets angezeigt. In den Backsteinkäsen begünstigt die hier meist besonders kräftige Schwefelwasserstoffbildung die Bildung der dunklen Metallverbindungen. Einige Autoren waren der Ansicht, daß auch in Hartkäsen, die keinen Schwefelwasserstoff enthalten, Eisenfällungen dadurch zustande kommen können, daß sogenannte ferrophile Bakterien das Eisenlaktat zerlegen, und so Ansammlungen von Eisenhydroxyd zustande kämen; sicher festgestellt sind derartige Vorkommnisse indessen nicht.

In Edamer Käse war früher eine Art von „Blaufleckigkeit" nicht selten, die darauf zurückgeführt werden konnte, daß bei ungenügender Säuerung im Teig Kolonien von Bakterien (Bacillus cyanêofuscus) zur Ausbildung gelangten, die wie in Milch einen blaugrünen bis braunen Farbstoff erzeugten. Infolge ihrer Säureempfindlichkeit richten diese im Wasser nicht selten vorkommenden Organismen jetzt, nachdem man den richtigen Verlauf der Säuerung weit mehr in der Hand hat als früher, kaum noch erheblichen Schaden an. Oberflächliche, in der Rinde von Goudakäse auftretende blaue Flecke wurden von Boekhout und van Beynum dem Vorkommen eines der Oospora otophila nahestehenden Pilzes zugeschrieben, dessen Kolonien normalerweise einen braunroten, bei Gegenwart von Eisen aber einen blauen Farbstoff erzeugten. Wie die im Emmentaler Käse zuweilen auftretende grünliche, bläuliche, bis grauschwärzliche Verfärbung des Teiges zu erklären ist, bedarf weiterer Prüfung. Sie ist besonders auf frischen Schnittflächen in der Nähe der Rinde zu beobachten und ist nicht durch Metallsalze, sondern durch Bakterien veranlaßt. Verantwortlich gemacht werden an sich farblos wachsende, den gewöhnlichen Milchsäure-Streptokokken nahestehende Bakterien, die durch Reinkulturenzusatz nicht unterdrückt werden konnten (O. Allemann und J. Kürsteiner). Schwärzungen der Rindenschicht können sowohl durch Bakterien, wie durch Sproß- und Schimmelpilze bewirkt werden. Von letzteren sind besonderer Erwähnung wert die von Emmentaler Käse isolierte Monilia nigra, Burri und Staub (1) sowie die weitverbreiteten schwarzen Schimmelpilze Dematium pullulans, Cladosporium herbarum und der schwarze Sporen bildende Aspergillus niger (P. Mazé). Bei den Bakterien (Bacterium denigrans usw.) scheint es sich um braune bis schwarze Spielarten des Bacterium syncyaneum und des Bacterium putidum (einer die Gelatine nicht verflüssigenden Fluoreszensvarietät) zu handeln; sie wurden gelegentlich von A. Wolff (1) in schwarzem Schleim an Harzkäsen in großer Menge gefunden.

Abnorme braune Verfärbungen der Käserinde können gleichfalls sowohl durch Bakterien- als auch durch Pilzwachstum veranlaßt sein. Ein Penicillium casei Staub kann auf der Rinde von Emmentaler Käse gelbbraune bis dunkel-rotbraune Punkte und Flecken erzeugen, ohne jedoch den Teig zu schädigen. Durch Salzen und Formaldehyddesinfektion konnte es nicht unterdrückt werden, aber durch Anwendung von 60%igem Alkohol. Ein ähnlicher Rindenfehler von

Tilsiter Käse konnte auf die Anwesenheit des im Boden, auf Streu usw. weit verbreiteten Actinomyces chromogenes zurückgeführt werden (GRIMMER und ARONSON). In diesem Falle beschränkte sich der Fehler jedoch nicht auf einzelne Stellen der Rinde, auch der darunter befindliche Teig wurde in eine braune, halbtrockene, krümelige Masse verwandelt. Ein mahagonibraune Färbung des Inneren von Tilsiter und Baksteinkäsen kann durch ein Bacterium casei fusci GRUBER hervorgerufen werden. Schmutzigbraune Flecke in Emmentaler Käse entstehen mitunter bei Gegenwart einer braun wachsenden Varietät der Propionsäurebakterien, Bacterium acidi propionici var. fuscum, deren Bekämpfung besondere Schwierigkeiten bereitet, da es sich um eine den normalen Propionsäurebildnern nächstverwandte Form handelt. Wahrscheinlich der gleiche Organismus wurde von T. A. COWARD aus rostfleckigen englischen Käsen isoliert, und ebenso scheint es sich bei dem in kanadischen Cheddarkäsen „rusty spots" erzeugenden sogenannten Bacillus rudensis um dieselbe oder um eine nahe verwandte Form zu handeln. Eine braun bis schwarz wachsende Varietät des Bacillus mesentericus rief braune bis bläulich-graue Streifen im Teige von Roquefortkäsen hervor (A. KOSSOWICZ).

Die an manchen Weichkäsen erwünschte Rotfärbung der Käserinde kann sowohl an ihnen wie an anderen Käsen zu einem Fehler ausarten, der durch eine ganze Reihe von roten Sproßpilzen, Schimmelpilzen und Bakterien hervorgerufen werden kann. Rote Flecke im Gorgonzolakäse waren durch ein dem Bacterium lactis erythrogenes verwandtes Stäbchen verursacht. Aus rostfleckigem Roquefortkäse wurde von KOSSOWICZ ein ähnlicher Organismus isoliert. In Emmentaler Käse auftretende kleine rote Punkte wurden durch eine rote Varietät des Bacterium acidi propionici gebildet (J. THÖNI und O. ALLEMANN), während dunkelrote schleimige Auskleidungen der Augen auf Infektionen mit einem dem Bacterium lactis erythrogenes nahestehenden Bacterium subrufum zurückgeführt werden konnten, das mit dem Käsebohrer in den Teig eingeführt worden war (BURRI und STAUB). Das sogenannte Bankrotwerden der Käse, das durch die gleichmäßig fortschreitende Rotfärbung des Teiges gekennzeichnet ist, ist nicht bakterieller Natur, sondern in der Regel zurückzuführen auf das Eindringen von rötlichem Farbstoff aus den Holzunterlagen. Mitunter kann jedoch die gleiche Erscheinung bedingt sein durch das Zusammenwirken von Kupfer oder Eisen mit Safran, den man der Milch zuweilen als Färbemittel zusetzt. Die sonst durch die Metalle veranlaßte Dunkelfärbung geht nach Ermittlungen von TEICHERT und STOCKER in solchen Fällen in eine deutliche Rötung über.

Gelbe Flecke können auf und im Käse wie auf Rahm durch abnorme Wucherungen von verschiedenen gelb oder gelbrot gefärbten Mikrokokken veranlaßt sein. Auch eine gelbe Flecke erzeugende Torula wurde gelegentlich auf frischem Käseteig von P. MAZÉ beobachtet. Aus gelbfleckigem Roquefort wurde von A. KOSSOWICZ ein kleines, sporenfreies gelbes Kurzstäbchen isoliert. Der gelblichgrüne schmierige Belag überreifer Backsteinkäse ist durch die massenhafte Entwicklung von Fluoreszenten verursacht. Die Verfärbung kann sich bis in den Teig hinein erstrecken, da der gelbliche fluoreszierende Farbstoff wasserlöslich ist [H. WEIGMANN (2)].

Weiße Flecke finden sich nicht selten im Teig geblähter Käse, hauptsächlich veranlaßt durch vermehrte Milchsäurebildung und dadurch verzögerte Umwandlung des Käsestoffes. Wurde dem Käseteig Farbstoff zugesetzt, so kann der bei der Blähung entstehende Wasserstoff bleichend auf diesen einwirken (J. C. HARRISON). Aus weißfleckigem Cheddarkäse wurde von H. A. HARDING, ROGERS und G. A. SMITH eine Torulaart isoliert, die diese

Erscheinung bewirkte. Im Roquefort und Gorgonzola verdrängen mitunter weißwachsende Pilze das Penicillium Roqueforti oder hemmen doch seine Sporenbildung; solchen Käsen fehlt infolgedessen die typische Aderung. Daß auf der Rinde von Hart- und Weichkäsen gleichfalls weiß wachsende Mikroorganismen sich zuweilen in unerwünschter Weise ausbreiten können, wurde schon in anderem Zusammenhang erwähnt.

Literatur

Bakteriologie und Mykologie der Käsereifung

BABCOK, M. and L. H. RUSSELL: (1) Unorganised ferments of milk: a new factor in the ripening of cheese. Zentralbl. f. Bakteriol. usw., II. Abt., Bd. 3, S. 615. 1897. — — (2) Galaktase, das der Milch eigentümliche proteolytische Ferment, seine Eigenschaften und seine Wirkung auf die Proteide der Milch. Zentralbl. f. Bakteriol. usw., II. Abt., Bd. 6, S. 17. 1 900. BARTHEL, CHR. und E. SANDBERG: Versuche über die Kaseinspaltung durch Streptococcus lactis und andere Milchsäurebakterien. Zentralbl. f. Bakteriol. usw., II. Abt, Bd. 49, S. 392. 1919. — BOEKHOUT, F. W. J. und J. J. OTT de VRIES: Die normale Gasbildung im Edamer und Goudakäse. Zentralbl. f. Bakteriol. usw., II. Abt., Bd. 48, S. 130. 1918. — BURRI, R. und W. STAUB: Käsereithermometer als Bakterienschlupfwinkel. Milchztg., Bd. 39, S. 340. 1910.

CLARK, W. M.: A study of the eye formation of Emmental cheese. Zentralbl. f. Bakteriol. usw., II. Abt., Bd. 47, S. 230. 1917.

DUCLAUX, E.: Fabrikation, Reifung und Krankheiten des Cantal-Käses. Milchztg., Bd. 8, S. 724 u. 740. 1879.

ECKLES, C. H. und O. RAHN: Die Reifung des Harzkäses. Zentralbl. f. Bakteriol. usw., II. Abt., Bd. 14, S. 678. 1905. — EVANS, A. C.: A study of the streptococci concerned in cheese ripening. Journ. Agric. Research, vol. 13, S. 235. 1918.

FREUDENREICH, E. v. und ORLA-JENSEN: Über die im Schabzieger stattfindende Buttersäuregärung. Zentralbl. f. Bakteriol. usw., II. Abt., Bd. 17, S. 228. 1906/7.

GRIMMER, W. und E. ARONSON: Zur Mykologie des Tilsiter Käses. II. Mitt. Milchwirtschaftl. Forsch., Bd. 4, Orig., S. 538. 1927.

HARRISON, J. C. and W. T. CONNELL: A comparison of the bacterial content of cheese cured at different temperatures. Zentralbl. f. Bakteriol. usw., II. Abt., Bd. 11, S. 654. 1903/04. — HESSLING, v.: Über den Pilz der Milch. VIRCHOWS Arch. f. pathol. Anat., Bd. 35, S. 571. 1866. — HUCKER, G. J.: Microscopic study of bacteria in cheese. Journ. Agric. Res., vol. 22, S. 93. 1921.

KÜRSTEINER, J.: (1) Beobachtungen bei der Untersuchung einiger Käsereibetriebsstörungen. Schweiz. Milchztg., Nr. 87/88. 1923. — (2) Die Emmentaler Käse-Qualitätsproduktion und das konservierte Grünfutter (Silofutter).

LÖHNIS, F.: Handbuch der landwirtschaftlichen Bakteriologie. Berlin: Gebr. Bornträger. 1910.

MANETTI, L. und G. MUSSO: Zusammensetzung und Reife des Parmesankäses. Landwirtschaftl. Vers. Stat., Bd. 21, S. 224. 1878.

ORLA-JENSEN, S.: (1) Studien über die Lochbildung in den Emmentaler Käsen. Zentralbl. f. Bakteriol. usw., II. Abt., Bd. 4, S. 274. 1898. — (2) Studien über die flüchtigen Fettsäuren im Käse. Zentralbl. f. Bakteriol. usw., II. Abt., Bd. 13, S. 436. 1904. — (3) The lactic acid bacteria. Mém. Acad. d. Sci. Copenhague, Sect. des sciences, 8. ser., t. 5, p. 81. 1919. — OTTO, FR. J.: Lehrbuch der rationellen Praxis der landwirtschaftlichen Gewerbe, 6. Aufl., S. 559. 1868.

PETER, A.: Über bakteriologische Eigenschaften der „Kessimilch" vor und nach dem Labzusatz usw. XVI. Jahresber. d. Molkereischule Rütti. 1903.

THÖNI, J.: Beitrag zur Kenntnis der Bakterienflora von nach Emmentaler Art bereiteten Käsen in verschiedenen Reifungsstadien. Landwirtschaftl. Jahrb. d. Schweiz, Bd. 23, S. 395. 1909. — TROILI-PETERSSON, G.: Study of the glycerin and lactic fermentation bacteria of cheese. Landtbr. Akad. Handl. och Tidskr., Bd. 54, S. 30. 1915.

WEIGMANN, H.: (1) Über den jetzigen Stand der bakteriologischen Forschung auf dem Gebiete des Käsereifungsprozesses. Zentralbl. f. Bakteriol. usw., II. Abt., Bd. 2, S. 212. 1896. — (2) Über die Beteiligung der Milchsäurebakterien an der Käsereifung. Zentralbl. f. Bakteriol. usw., II. Abt., Bd. 4, S. 672. 1898. — (3) Über den Anteil der Milchsäurebakterien an der Reifung der Käse. Zentralbl. f. Bakteriol. usw., II, Abt., Bd. 5, S. 631. 1899.

Käsefehler und deren Bekämpfung

ALLEMANN, O. und J. KÜRSTEINER: Die Ursache einer schwärzlichen Mißfärbung des Emmentaler Käseteiges. Schweiz. Milchztg., Nr. 60. 1911.

BOECKHOUT, F. W. J. und J. VAN BEYNUM: Über einen Käseschimmel. Chem. Zentralbl., I, S. 1214. 1924. — BURRI, R.: Über das Vorkommen relativ großer Bakterienkolonien in fehlerhaften Emmentaler Käsen. Zentralbl. f. Bakteriol. usw., II. Abt., Bd. 4., S. 608. 1898. — BURRI. R. und W. STAUB: (1) Monilia nigra als Ursache eines Falles von Schwarzfleckigkeit bei Emmentaler Käse. Landw. Jahrb. d. Schweiz, Bd. 23, S. 486. 1909. — (2) Der Rindenkrebs bei Hartkäsen. Landwirtschaftl. Jahrb. d. Schweiz 1921. — (3) Eine eigenartige, durch Bakterien bewirkte Rotfärbung in Emmentaler Käsen. Landwirtschaftl. Jahrb. d. Schweiz, S. 1006. 1926.

COWARD, T. A.: Rusty spots in Cheddar cheese-Experiment Stat. Record, vol. 22, p. 781. 1910.

DORNER, W.: Die Bakteriophagie in der Milchwirtschaft. Landwirtschaftl. Jahrb. d. Schweiz, S. 265. 1926.

ECKLES, C. H.: A bitter fermentation of cheese. Zentralbl. f. Bakteriol. usw., II. Abt., Bd. 20, S. 229. 1908. — EDWARDS, S. F.: Fruity or sweet flavor in Cheddar cheese. Zentralbl. f. Bakteriol., II. Abt., Bd. 39, S. 449. 1913.

FREUDENREICH, E. v,: Beitrag zur Kenntnis der Ursachen des bitteren Käses und der bitteren Milch. Landwirtschaftl. Jahrb. d. Schweiz, Bd. 8, S. 135. 1894.

GORINI, C.: Ricerche sopra una prave malattia del formaggio Gorgonzola. Atti Accad. Lincei Roma, ser. 5, vol. 17, p. 568. 1908. — GRIMMER, W. und E. ARONSON: Zur Mykologie des Tilsiter Käses, II. Mitteil. Milchwirtschaftl. Forsch., Bd. 4, Orig. S. 538. 1927. — GRUBER, Th.: Über die Ursache der braunroten Färbung von Hart- und Weichkäsen. Zentralbl. f. Bakteriol. usw., Bd. 17, S. 761. 1906/07.

HARDING, H. A., ROGERS, L. A. and G. A. SMITH: Notes on some dairy troubles. New York State Exper. Stat. (Geneva) Bull, 183, p. 173. 1900. — HARRISON, F. C: Bitter milk and cheese. Zentralbl. f. Bakteriol. usw., II. Abt., Bd. 9., S. 212, 1902.

KILLER, J.: Über Rotfäule der Münsterkäse. Molkereiztg. (Hildesheim), Bd. 27, S. 1222. 1913. — KOSSOWICZ, A.: Durch Bakterien verursachte Verfärbungen von Roquefortkäsen. Zeitschr. f. d. landwirtschaftl. Versuchswesen in Österreich, Bd. 14, S. 61. 1911. — KÜRSTEINER, J.: Beobachtungen bei der Untersuchung einiger Käsereibetriebsstörungen. Schweiz. Milchztg., Nr. 87, 88. 1923.

LAXA, O. und J. DVOŘÁK: Über die Schädlichkeit der Bakterien Tyrothrix im Molkereibetriebe. Ber. d. Milchwirtschaftlichen Anstalt d. Böhm. Techn. Hochschule Prag, Nr. 3. 1914, ref. Zentralbl. f. Bakteriol. usw., II. Abt., Bd. 51, S. 167. — LÖHNIS, F.: Handbuch d. landwirtschaftl. Bakteriologie Berlin. Gebr. Bornträger 1910.

MAZÉ P.: Technique fromagére théorie, et pratique. Annal. Institut Pasteur t. 24, p. 443. 1910.

RAAMOT, J.: Beitrag z. Bakterienflora des Edamer Käses. Diss. phil. Königsberg, S. 72. 1902. — RUSSEL, L. H. and E. G. HASTINGS: Störungen in der Käsebildung, veranlaßt durch Laktose vergärende Hefearten. Zentralbl. f. Bakteriol. usw., II. Abt., Bd. 16, S. 535. 1906.

SADLER, W.: A note on an organism producing a burnt milk taste. Zentralbl. f. Bakteriol. usw., II. Abt., Bd. 29, S. 1. 1911. — STAUB, W.: Penicillium casei n. sp. als Ursache der rotbraunen Rindenfärbung bei Emmentaler Käsen. Zentralbl. f. Bakteriol. usw., II. Abt., Bd. 31, S. 454. 1911.

TEICHERT, K. und W. STOCER: Über Käseverfärbungen durch Kupfer und Safran. Milchwirtschaftl. Forsch., Bd. 3, Orig., S. 460. 1926. — THÖNI, J. und O. ALLEMANN: Über das Vorkommen von gefärbten, makroskopischen Bakterienkolonien in Emmentaler Käsen. Zentralbl. f. Bakteriol. usw., II. Abt., Bd. 25, S. 14. 1909/10.

WEIGMANN, H.: (1) Bakteriologische Untersuchungen von Käsen, die einen eigentümlichen, an Schnupftabak erinnernden Geruch hatten. Molkereiztg. (Berlin), Bd. 10, S. 308. 1900. — (2) Pilzkunde der Milch, 2. Aufl., S. 113. Berlin: Paul Parey. 1924. — (3) GRUBER, Th. und H. HUSS: Einige bakteriologische Untersuchungen aus der milchwirtschaftlichen Praxis. Milchwirtschaftl. Zentralbl., Bd., 2, S. 446. 1906. — WOLFF, A.: (1) Dunkelfärbung bakteriellen Ursprungs an der Oberfläche von Harzer Käsen. Milchwirtschaftl. Zentralbl., Bd. 7, S. 296. 1911. — (2) Krebsstellen am Tilsiter Käse. Milchwirtschaftl. Zentralbl., Bd. 54, S. 97. 1925.

III. Milchpräparate

1. Dauermilch (Sterilisierte Milch)

Von

H. Weigmann-Kitzeberg

Mit 20 Abbildungen

Unter Sterilisieren versteht man dasjenige Verfahren der Erhitzung, durch dessen Anwendung man eine völlige Vernichtung der Keime und ihrer Enzyme erwartet. Soll diese erreicht werden, so sind nicht nur die vegetativen Formen der Bakterien, sondern auch die Sporen dieser abzutöten. Die ersteren erliegen bekanntlich zum überwiegenden Teil einer kurzdauernden, selbst momentanen Temperatur von 90 bis 100° C, auch die sogenannten thermophilen Bakterien und manche Sporen (siehe NEIDE). Die Sporen der Heu-, Kartoffel- und Erdbazillengruppe dagegen sind sehr widerstandsfähig und werden daher z. B. fast immer in gekochter Milch gefunden. Die Sporen des Bacillus subtilis gehen nach v. FREUDENREICH erst bei 110 bis 115° C zugrunde, die des roten Kartoffelbazillus, Bacillus mesentericus ruber, nach GLOBIG bei einem $^3/_4$ stündigen Erhitzen auf 109 bis 113° C und bei 122 bis 123° C nach 10 Minuten, bei 126° C nach 3 Minuten (siehe auch A. BLAU). CHRISTEN fand noch widerstandsfähigere Sporen: Einige von ihnen wurden erst getötet

bei 105°	bis	110° C	in	2	bis	4	Stunden
,,		115° ,,	,,	30	,,	60	Minuten
,,		120° ,,	,,	5	,,	15	,,
,, 125°	,,	130° ,,	,,			5	,,
,,		135° ,,	,,			1	Minute

Tatsächlich wird eine Sterilisierung selbst durch recht hohe Erhitzung nicht immer erreicht, weil man zur Schonung des Sterilisierobjektes, z. B. der Milch, gerne ein Temperatur-Zeit-Produkt anwendet, welches zwar die Abtötung der häufiger anzutreffenden Sporen sichert, die der selteneren aber außer acht läßt. Der Effekt des Vorganges hängt also ganz von der Art und der Widerstandsfähigkeit der vorhandenen Sporen ab. Im nahrungsmitteltechnischen Sinne ist eine Sterilisierung erreicht, wenn das betreffende Nahrungsmittel auf lange Zeit unverändert bleibt, eine wirkliche Keimfreiheit wird dann nicht verlangt. Es ist denn auch keine Seltenheit, daß Dosenkonserven, auch Milch, sich haltbar erweisen, trotzdem sich bei ihrer Untersuchung Bakterien oder Bakteriensporen oder beide vorfinden. Die Konserve enthielt dann Bakterienarten, welche keine oder doch keine sichtbare oder schmeckbare Veränderung an der Milch hervorbringen. Die Sterilität ist dann eine scheinbare.

Eine sichere Sterilisierung von Flüssigkeiten kann nach den Angaben L. PASTEURS durch eine halbstündige Erhitzung auf 130° C erreicht werden. Bei einer solchen Temperatur wird jedoch Milch schon stark verändert, so daß sich die Anwendung derselben auf sie verbietet, namentlich wenn die Erhitzung sich auf Mengen, wie sie im Handel gebräuchlich sind (1 bis 2 Liter), erstrecken soll. Kleinere Mengen Milch erfahren bei rascher Aufwärmung im Autoklaven und einer mindestens 10 Minuten langen Einwirkung von 120 bis 122° C in den meisten Fällen schon eine wirkliche Sterilität ohne starke Veränderung der Farbe und Beschaffenheit; eine volle Sicherheit ist jedoch nicht gegeben. In der Industrie der Milchsterilisierung, so bei der Sterilisierung der sogenannten Naturamilch und der ungezuckerten Kondensmilch (siehe diese), wendet man sogar nur Wärmegrade bis zu 117° C an und erzielt auch in solchem Falle und ziemlich sicher bei reinlich gewonnener Milch, wirkliche Sterilität, doch kommt es bei Verwendung der gewöhnlichen, meist nicht sorgfältig gewonnenen Milch nicht selten vor, daß ein großer Teil der Einzelmengen (Dosen, Flaschen) nachträglich verdirbt.

Die Übertragung der Wärmegrade auf das Objekt erfolgt bei dieser einmaligen Erhitzung wie bei der gleich zu erwähnenden fraktionierten Sterilisierung durch Wasserdampf, bei ersterer durch gespannten feuchten Dampf, bei letzterer durch strömenden Dampf von nahezu 100° C. Überhitzter Dampf hat nicht die gleiche Wirkung wie der mit Wasser gesättigte, da dieser der bessere Überträger der Wärme auf das lebende Protoplasma ist.

Die von TYNDALL eingeführte fraktionierte oder diskontinuierliche Sterilisierung beruht auf der Annahme, daß die bei einer erstmaligen Erhitzung auf etwa 100° C übrig bleibenden Sporen innerhalb 24 Stunden bei Zimmertemperatur zu vegetativen Formen auswachsen werden, so daß diese einem zweiten Erhitzen erliegen, und daß eine völlige Sterilisierung durch Wiederholung dieser Maßnahme sicher sei. Wie die Erfahrung gelehrt hat, ist diese Annahme nicht immer zutreffend. Schon früher (1895) haben MIQUEL und LATTRAGE gefunden, daß das Auskeimen der Sporen mancher Arten ungleichmäßig verlaufe, indem ein Teil schon innerhalb 24 Stunden, ein kleinerer Teil später, wohl erst nach mehreren Tagen, zum Auswachsen komme. Dieser Befund ist durch neuere Untersuchungen von EL. ECKELMANN bestätigt worden. Es gibt Arten, deren Dauerformen mehr als 2 Tage zum Auskeimen brauchen, trotzdem die erste Erhitzung auf 100° C während der Dauer von 20 Minuten — übliche Ausführungsweise — nach El. ECKELMANN die Keimung der Sporen beschleunigt. Manche Sporen brauchen zu einer völligen Auskeimung 7 bis 8 Tage, andere haben in dieser Zeit schon Kahmhäute und von neuem Sporen gebildet. Es würde infolgedessen eine Verlängerung der Intervalle nicht bloß keinen Erfolg haben, sondern die Milch schon der Zersetzung zuführen. Anderseits müßte, um die langsam auskeimenden Sporen zu treffen, die Erhitzung etwa 7mal wiederholt werden. Solche Sporen, die dem Verwandtschaftskreis von Bacillus mycoides, Bacillus mesentericus vulgaris und ruber angehören, kommen vom Ackerboden durch die Streu und den Futterstaub in die Milch, es ist also mit ihnen bei der Sterilisierung dieser immer zu rechnen. Die Keimungsgeschwindigkeit der Sporen ist aber auch bei der gleichen Art eine verschiedene je nach der Dichte bzw. Geschlossenheit ihrer Membran. Untersuchungen von WAHL und EL. ECKELMANN zeigen, wie sehr die Abtötbarkeit der Sporen von der Durchlässigkeit ihrer Membran abhängt, die wiederum in Abhängigkeit steht zu ihrem Feuchtigkeitsgrad. Je frischer die Sporen und je wasserreicher sie sind, desto leichter sind sie durch Hitze zu vernichten und umgekehrt. Schwer abtötbare Sporen werden durch öfteres, mehrmonatiges Umzüchten der betreffenden Bakterienart in flüssigen Medien zu leichter abtötbaren gemacht, während sie auf Nährböden, auf denen sie zum Austrocknen gelangen, ihre Hitzebeständigkeit behalten bzw. sie wieder annehmen, nachdem sie aus flüssigen Medien auf feste übertragen und auf diesen weitergezüchtet werden. Unter natürlichen Verhältnissen und beim Eintritt von Sporen in die Milch wird man in der Hauptsache wohl mit trocknen und alten Individuen zu rechnen haben, da sie fast durchweg durch die Streu und den Futtermittelstaub in die Milch gelangen. Anderseits werden Sporen, die durch den Darm gegangen sind und auf dem Wege durch die Verunreinigung mit Kot der Milch zugeführt sind, wasserreicher und leichter abtötbar sein, und es ist weiter nicht ausgeschlossen, daß bei nicht zu alten Sporenindividuen in der kuhwarmen Milch die Membran eine genügende Lockerung erfährt, und sie für das Eindringen der Temperatur zugänglicher macht.

Es kommt hinzu, daß in erhitzter und luftfrei gemachter Milch in geschlossenen Gefäßen die ebenfalls einer Atmung bedürftigen Sporen aerober Bakterien nicht zum Auskeimen kommen werden, oder daß eine begonnene Auskeimung wegen Sauerstoffmangels nicht zu Ende kommt. Anderseits wird durch diesen Sauerstoffmangel die Auskeimung und Vermehrung von anaeroben Sporen und Bakterien begünstigt.

So ist die Sterilisierung der Milch und die Haltbarkeit der in üblicher Weise sterilisierten Milch von dem sehr ungleichen Verhalten der Bakteriensporen gegenüber der Erhitzung abhängig, und ist, da man zur Schonung der Milch nicht gerne zu den Höchsttemperaturen greift, von sehr unsicherem Erfolg begleitet.

Die Übertragung der Temperatur auf die Mikroorganismen auf dem Luftwege ist eine weniger intensive, erfordert somit eine stärkere Erhitzung. Sie kommt in der Milchwirtschaft kaum in Betracht, da man auch die Gefäße, Flaschen und sonstige Utensilien nicht trocken sterilisiert, sondern mit Hitze von strömendem, feuchtem Dampf. Immerhin sei erwähnt, daß eine Sterilisierung durch heiße Luft eine Mindesttemperatur von 150° C und eine Erhitzungsdauer von 1, besser 2 Stunden erfordert.

Die Versuche, Milch zu sterilisieren, daß heißt durch Temperaturen über 100° C möglichst dauernd haltbar zu machen, gehen auf den Franzosen Fr. Appert zurück, der sie in gut gefüllten und luftdicht verschlossenen Flaschen in einem großen kochenden Wasserbad 1 Stunde lang und darüber erhitzte (vgl. Soxhletsches Verfahren für den Haushalt). L. Pasteur fand dann, daß man eine sterile Milch durch Erhitzen auf 110 bis 112° C unter Druck von $1^1/_2$ Atmosphären erhalten könne. Auch Prof. Naegeli, München, scheint eine solche Feststellung gemacht zu haben; er stellte auf der Berliner Molkereiausstellung 1879 eine ohne Zusatz konservierte Milch aus, die unter Druck auf über 100° C erhitzt war. Und gleichzeitig sind solche Versuche von W. Eugling wie auch von von Klenze ausgegangen. Eduard Scherff auf Wendisch-Buchholz erhitzte in Glasflaschen mit Korkenverschluß, der einen Paraffinüberzug erhielt, unter einem Druck von 2 bis 4 Atmosphären 1 bis 2 Stunden lang auf 100 bis 120° C. Die stark gelblich gefärbte Milch hatte ausgesprochenen Kochgeschmack, zeigte aber eine gute Haltbarkeit und hat auf der Gewerbeausstellung in Berlin im Jahre 1879 großes Aufsehen erregt. Hofpächter Drenckhan in Stendorf bei Eutin beugte dann der öfters beobachteten starken Aufrahmung durch vorheriges Eindicken auf etwa die Hälfte des Volumens vor. Das bekannte Soxhletsche Verfahren der Bereitung von Säuglingsmilch, bei dem Fläschchen von 300 cm^3 Inhalt, die für eine Mahlzeit bestimmte Menge Milch fassend,

½ Stunde lang im kochenden Wasserbad erhitzt wurden, leistete begreiflicherweise nur eine partielle Sterilisierung. Vorübergehend ist von der Milchindustrie auch die fraktionierte Sterilisierung angewendet worden, und zwar von dem Norweger CH. G. DAHL. Er erhitzte die in üblicher Weise gekühlte und in Dosen gefüllte Milch 3 mal auf 70° C je 1¾ Stunden lang mit ebenso langen Zwischenpausen, in denen die auf 40° C gekühlte Milch auf dieser Temperatur gehalten wurde. Sodann folgte eine letzte Erhitzung auf 80 bis 100° C und eine Abkühlung auf 15° C. PETRI und MAASSEN schreiben den Erfolg beim DAHLschen Verfahren teilweise der wiederholten plötzlichen Temperaturschwankung zu[1]). Es wurde von der Dahl Milk Company Ltd. in Holmestrand in Norwegen zur Herstellung von Dauermilch verwandt, zuletzt zwecks Vermeidung einer Aufrahmung und teilweisen Ausbutterung unter Benützung der Homogenisierung nach dem Verfahren von GAULIN, Paris.

Von Meiereien wurde dann mehrfach versucht, ebenfalls Milch in Flaschen, wie in größeren Mengen für den Gebrauch im Hause, wie auch für den Versand — letzteres mit sehr schlechtem Erfolg — durch Erhitzen teils im Wasserbad, teils unter Druck bei wenig über 100° C liegenden Temperaturen zu sterilisieren.

Zu diesem Zweck waren von den führenden Molkereimaschinenfabriken teils die schon bestehenden Pasteurisierapparate entsprechend geändert, teils neue konstruiert worden. So war empfohlen worden, mit dem Apparat von DIERKS und MÖLLMANN die Milch auf 120° C zu bringen, und außerdem stellte diese Firma ein System von einigen ihrer Apparate zusammen, die auf einander folgend die Temperatur steigerten. Die Firma KLEEMANN & Co. baute den oben (II. Bd., 1, S. 204) schon erwähnten Apparat, in welchem durch eine größere Anzahl von in die Milch hineinragenden Dampfstutzen rasch eine Temperatur von 110 und selbst 120° C erreicht werden konnte, und um jede Nachinfektion auszuschließen, schuf sie eine Sterilisierungsanlage, bestehend aus Sterilisierungsapparat, geschlossenem Kühler und Abzapfvorrichtung in ein geschlossenes Gefäß. Andere, einfachere Apparate waren die von A. STUTZER, Bonn, C. THIEL, Lübeck, LAUTENSCHLÄGER, Berlin (Abb. 1), H. TIMPE, Magdeburg, der Nutricia-Sterilisator der Nutriciazentrale, Berlin, und das Sterilicon von K. FLAACK, Braunschweig (Abb. 2), das heute unter dem Namen „Flacoha" in verbesserter Form (mit Momentverschluß) wieder erschienen ist, und andere.

Ein Apparat, der bei seinem Erscheinen großes Interesse erweckte, war der Sterilisator von NEUHAUSS, GRONWALD, OEHLMANN, Berlin. Er bestand aus einem fast würfelförmigen doppelwandigen, mit Isolierschicht versehenen Metallkasten, dessen obere Hälfte als Deckel diente und in dessen unterem Teil die mit Milch gefüllten Flaschen in besonderen Einsätzen und mit gegeneinander gestellten nach oben gerichteten Drahtbügelverschlüssen Aufnahme fanden (Abb. 3). Die Erhitzung erfolgte mit Dampf, der durch 2 Röhren zugeführt wurde. Zwischen den Einsätzen und auf den Bügeln aufliegend waren Druckvorrichtungen (Leisten) angebracht, die mittels Hebels heruntergedrückt werden konnten und mit deren Hilfe die Drahtbügelverschlüsse sämtlicher Flaschen auf einmal und noch während der Erhitzung geschlossen werden konnten. Bevor dies geschah, ließ man die Milch durch kurzes Öffnen des Abblaseventils einmal aufwallen, um den über der Milch befindlichen Raum in der Flasche luftleer zu machen. Das Sterilisierungsverfahren bestand anfangs aus einer Vorerhitzung auf 85 bis 90° C und einer halbstündigen Haupterhitzung auf 102 bis 103° C. Bevor diese letztere einsetzte, wurde so lange mit offenem Abblaseventil Dampf zugeleitet, bis das

[1]) Durch die Untersuchungen W. SATTLERS wissen wir jetzt, daß plötzliche Temperaturschwankungen keinen schädigenden Einfluß auf die Bakterien ausüben.

Thermometer 100° C zeigte. Die Milchflaschen wurden nach gründlicher Reinigung in einem sogenannten Vorwärmeschrank durch strömenden Dampf ebenfalls

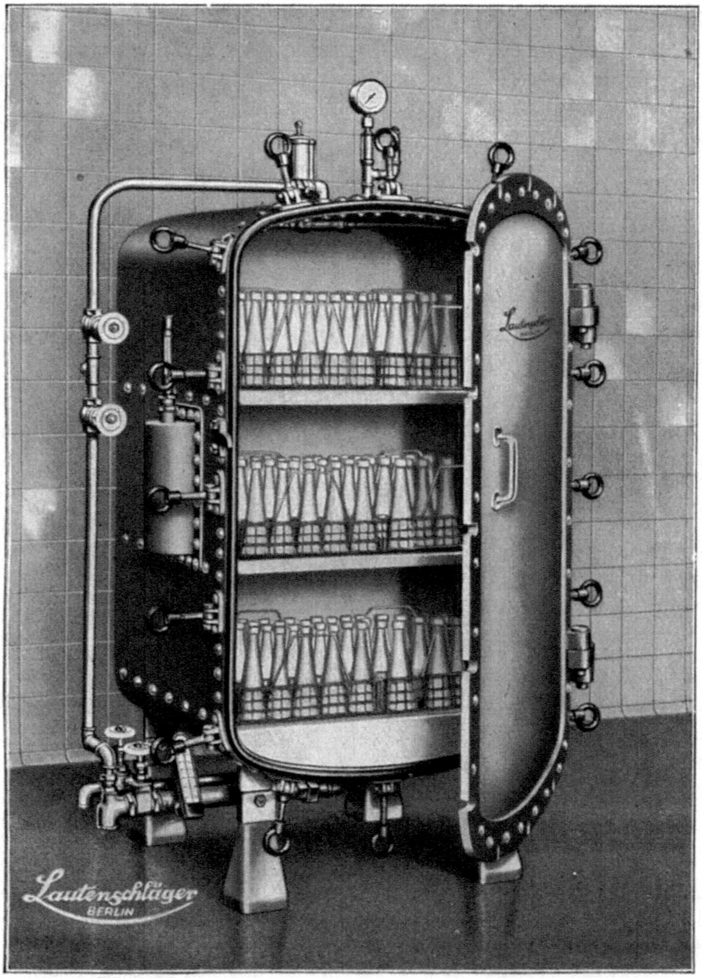

Abb. 1. Flaschenmilch-Sterilisierapparat von LAUTENSCHLÄGER, Berlin

möglichst keimfrei gemacht. Da, wie PICTET und WEYL zeigten, die Vorsterilisierung in der Tat unnötig war, wurde sie später weggelassen. Als Zeichen erfolgreicher Sterilisierung und luftdichten Verschlusses wurde es angesehen, wenn die so erhitzte und gekühlte Milch bei einem Schlag mit der Hand auf den Boden der Flasche und dadurch bewirkten Aufschlag gegen den Verschluß einen knallartigen Ton hören ließ („Knallphänomen"). Ein sogenannter Abfüllsterilisator, der durch tiefgebuchtete Lamellen in 2 Teile geteilt war, erlaubte die auf der einen Seite befindliche Milch von der anderen Seite her mit Dampf zu sterilisieren und die Milch in sterilisierte Kannen von 15 bis 20 Liter abzufüllen.

Die von R. J. PETRI und A. MAASSEN mit einem Flaschensterilisierapparat angestellten Versuche zeigten, daß er, wie zu erwarten war, eben auch nur eine partielle Sterilisierung ermöglichte, wenngleich unter günstigen Umständen, namentlich bei reinlich und in möglichst staubfreier Luft ermolkener Milch, eine gute Haltbarkeit erzielt wurde. Die Sterilisierung von Milch im ganzen, das heißt in größerer Menge, gelang begreiflicherweise weniger gut, auch hatte solche Milch eine unansehnliche rötliche Farbe und stärkeren Kochgeschmack, weshalb diese Art der Milchversorgung als unzweckmäßig bald aufgegeben wurde und man nur noch die Sterilisierung in Flaschen für die Kinder- und Säuglingsmilch beibehalten hat. Von den schon angeführten, einfacher gebauten Apparaten ist der von K. Flaack konstruierte in Meiereien wohl am meisten benützt worden. Er bestand ebenfalls aus einem viereckigen, aber niedrigen eisernen Kasten, in welchen eine Schicht Milchflaschen eben hineinpaßte, mit einer Falltüre an der Vorderseite und einem Tisch davor, auf welchem der die Flaschen aufnehmende Kasten gefüllt bzw. entleert werden konnte. Die Flaschen wurden mit lose aufgesetztem Drahtbügelverschluß erhitzt und nach der Herausnahme mit der Hand schnell verschlossen. Da sich in den vierkantigen flachen Apparaten die Luft durch Dampf nur unvollständig austreiben läßt und sich leicht Luftkissen bilden, welche die Wirkung des nassen Dampfes beeinträchtigen — wie sehr dies der Fall ist, ergibt sich aus Versuchen von Seidemann, Zilka und Krüger, die ergaben, daß in Dosen, die auf 115° C erhitzt wurden, unten eine Temperatur von 112° C, oben jedoch nur von 42° C erreicht wurde —, so hat man später runde oder doch aufrecht stehende hohe Behälter für die Flaschenmilchsterilisierung benützt. Um eine möglichst rasche Abkühlung der Milch zu erzielen, also um über die gefährlichen, für das Auswachsen von Sporen und für die Vermehrung nicht abgetöteter Keime günstigen Temperaturgrade möglichst rasch hinweg zu kommen, hat man Vorrichtungen für die Besprühung der Flaschen mit Wasser getroffen.

Abb. 2
Flaschenmilch-Sterilisierapparat von Flaack, Braunschweig

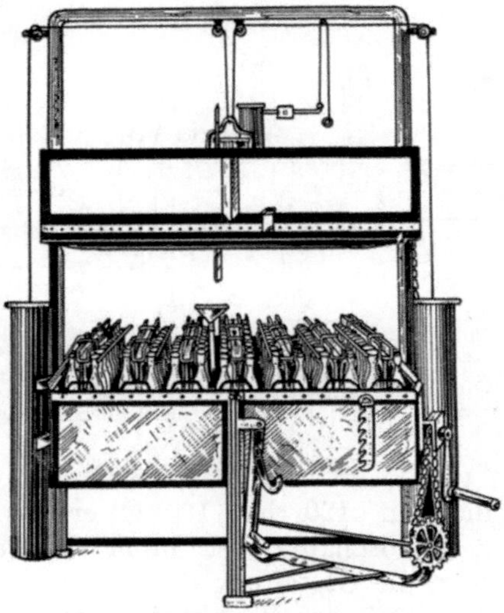

Abb. 3. Sterilisator von Neuhauss, Gronwald, Oehlmann, Berlin

Apparate und Einrichtungen, ähnlich denen die oben beschrieben und denen, wie sie in der Abb. 1 wiedergegeben sind, werden auch heute noch für die „Sterilisierung“ von Säuglingsmilch benützt, wenn man es, wie in manchen Städten, nicht vorzieht, die Milch nur zu pasteurisieren, wofür man die im vorhergehenden Abschnitt beschriebenen Dauererhitzer für Flaschenmilch verwendet.

TRENDTEL empfiehlt für die möglichste Entkeimung der Milch in den Säuglingsmilchküchen den Apparat der Firma Date, Hamburg (siehe II. Bd., 1, S. 39, Abb. 7.) Dieser besteht aus zwei ineinander gesetzten zylindrischen Kesseln, deren innerer die Milch und deren äußerer Wasser zum Erhitzen bzw. Warmhalten und nach diesem zum Kühlen aufzunehmen bestimmt ist. Die Erhitzung kann durch Zuleiten von Dampf oder von Elektrizität zum Wasser erfolgen. Das aufgesetzte, durch Elektromotor betriebene Rührwerk verhütet das Ansetzen von Eiweiß an die Kesselwand; an der Seite befindet sich ein Kontaktthermometer für die Regelung von Gas-, Dampf- oder Stromzufuhr.

Die Einrichtungen für die Sterilisierung der Milch in Dosen, insbesondere der ungezuckerten Kondensmilch, sind im Abschnitt „Kondensmilch“ beschrieben.

Ein Apparat, der dazu bestimmt ist, Milch im laufenden Strom zu sterilisieren, ist der von dem dänischen Ingenieur JONAS NIELSEN in Aarhus erfundene. Wie die schematische Darstellung des Erhitzungsvorganges (Abb. 4) erkennen läßt, erfolgt die Sterilisierung wie auch die nachfolgende Abkühlung in Röhren. Die zugeleitete und in einem Vorlegebehälter gesammelte Milch wird mittels einer Pumpe durch den Apparat gedrückt: zuerst durch den Erhitzer, einen Zylinder, in welchem die Milchröhren von gespanntem Dampf umgeben sind, sodann durch den Wasser- und drittens durch den Solekühler. In dem Erhitzer befindet sich die Milch,

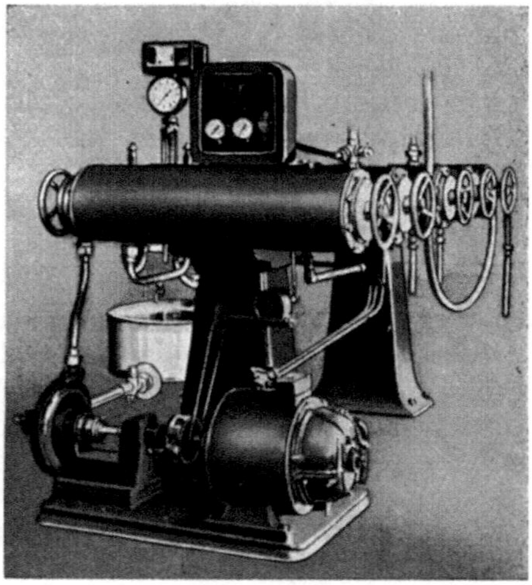

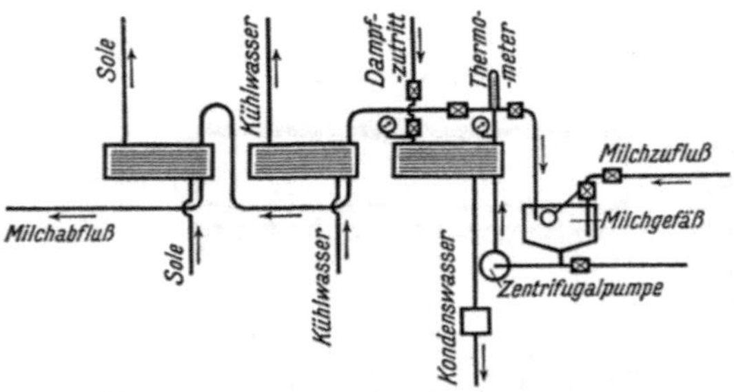

Abb. 4. Schematische Darstellung des Apparates von N. J. NIELSEN für Milchsterilisierung im laufenden Strom

die auf 120 bis 130° C erhitzt werden kann, unter einem Druck von 2 Atmosphären, der durch ein Gegendruckventil gehalten wird. Die Abb. 5 zeigt die Gestaltung des ganzen Apparates. Nach den Angaben im 71. Bericht des Dänischen Versuchslaboratoriums (Forsög med Opwarming af söd maelk og Flöde til 120 a 130° C) soll „praktisch genommen“ an der so erhitzten Milch kein Kochgeschmack wahrzunehmen sein, während sie — ebenfalls „praktisch genommen“, das heißt in den meisten Fällen — keimfrei gemacht ist.

Auch der Momenterhitzer System Tödt erlaubt eine Erhitzung der Milch auf 125 bis 130° C und erzielt bei einer langsameren Strömung als bei der Durchschnittsleistung eine Sterilisierung, zum mindesten eine wochenlange Haltbarkeit. So haben H. Weigmann und A. Wolff mit einem für eine Stundenleistung von 700 bis 800 Litern eingerichteten Apparat, den von einer 2000-Liter-Zentrifuge gewonnenen Rahm auf 110 bis 130° C erhitzt und teils völlig keimfrei, teils — bei Zimmertemperatur — rund 5 Wochen haltbar befunden.

Literatur

Appert, Fr.: L'art de conserver toutes les substances animales et végétables. Paris 1810 und mehrere folgende Auflagen.

Bacno-Milch. Wie wird Bacno-Milch hergestellt? Molk.-Ztg. Nr. 5, S. 74. Hildesheim. 1911. — Blau, A.: Über die Temperaturmaxima der Sporenkeimung und der Sporenbildung sowie die supramaximalen Tötungszeiten der Sporen der Bakterien. Zentralbl. f. Bakteriol., II. Abt., 15, S. 97. 1906. — Bredemann G,:. Untersuchungen über die Variation und das N-Bindungsvermögen des Bacillus asterosporus. Zentralbl. f. Bakteriol., II. Abt., 22, S. 44. 1909. — Bacillus amylobacter in morphologischer, physiologischer und systematischer Beziehung. Zentralbl. f. Bakteriol., 23, S. 35. 1909.

Dahl, Chr. P.: Milch-Ztg., 16, S. 736. 1887. — Dierks und Möllmann: Molk.-Ztg., 6, S. 240. Hildesheim. 1892 und Milch-Ztg., 22, S. 177. 1893. — Drenckhan: Milch-Ztg., 11, S. 69. 1882 und 19, S. 297. 1890.

Eckelmann, El.: Über Bakterien, welche die fraktionierte Sterilisierung überdauern. Zentralbl. f. Bakteriol., II. Abt., 48, S. 140. 1918. — Eugling, W.: Milch-Ztg., 11, S. 789. 1882.

Flaack, K.: Milch-Ztg., 23, S. 832. 1894; Molk.-Ztg., S. 16, 52, 161 u. 304. Berlin. 1894.

Globig: Über Bakteriumwachstum bei 50 bis 70° C. Zeitschr. f. Hyg., 3, S. 294. 1888. — Über einen Kartoffelbazillus mit ungewöhnlich widerstandsfähigen Sporen. Zeitschr. f. Hyg., 3, S. 322. 1888.

Kleemann: Molk.-Ztg., 7, S. 590. Hildesheim. 1893 u. 8, S. 173. 1894; dann Milch-Ztg., 23, S. 254. 1894 u. 24, S. 586. 1895; siehe ferner Petri und Maassen. — Klenze, v.: Zur Milchkonservierung. Milch-Ztg., 11, S. 789. 1882.

Miquel und Lattraye: Annales de micrographie, 7, S. 110. 1895.

Neide: Zentralbl. f. Bakteriol., II. Abt., 23, S. 471. 1909. — Neuhaus, Gronwald, Oehlmann siehe Petri und Maassen. — Nielsen, N. J.: Nach 71. Beretning fra Forsögslaboratorium. Köpenhavn. 1910 u. Milchwirtschftl. Zentralbl., 41, S. 379. 1912.

Pasteur, L.: De l'origine des ferments. Cpt. rend., 50, p. 840. 1860. — Petri, R. F. und A. Maassen: Über die Herstellung von Dauermilch. Arb. a. d. kais. Ges.-Amt, 7, S. 131. 1891. — Zur Beurteilung der Hochdruck-Pasteurisierapparate. Arb. a. d. kais. Ges.-Amt, 14, S. 53. 1898. — Pictet, R. und Th. Weyl: Über die Herstellung von Dauermilch mit dem Apparat von Neuhaus, Gronwald, Oehlmann. Durch Molk.-Ztg., 1, S. 707. Berlin. 1891. — Popp und Becker: Über die Sterilisierung von Milch. Molk.-Ztg., 3, S. 483 u. 523. Berlin. 1893.

Schaffer und E. v. Freudenreich: De la resistance des bacteries aux hautes pressions combinée avec une élévation de la température. Ann. de micrographie, 4, p. 105. 1891/92. — Scherff, E.: Ein neues Verfahren zur Konservierung von Kuhmilch. Arch. f. Kinderheilk., 3, S. 123. 1881 u. Milch-Ztg., 11, S. 43. 1882. — Seidemann, F., F. Zilka und E. Krüger: Über das Verhältnis zwischen Innen- und Außentemperatur beim Sterilisieren in Dosen. Durch Zeitschr. f. Fleisch- u. Milchhyg., 17, S. 373. 1907. — Serger, H. und P. Biegler: Die Konservierungsindustrie, Nr. 10. 1920. — Soxhlet, Fr. v.: Verfahren zur Milchsterilisierung. Münch. med. Wochenschr., 33, Nr. 15 u. 16. 1886 und 38, Nr. 19 u. 20. 1891. — Stutzer, A.: Durch Molk.-Ztg., 4, S. 314. Berlin. 1894 und Die Milch als Kindernahrung. Bonn: E. Strauss. 1895.

THIEL, C.: Sterilisierapparat System THIEL. Molk.-Ztg., 4, S. 571. Berlin. 1894. — TJADEN, F. KOSKE und M. HERTEL: Zur Frage der Erhitzung der Milch mit besonderer Berücksichtigung der Molkereien. Arb. a. d. kais. Ges.-Amt, 18, S. 219. 1901. — TRENDTEL, FR.: Die Durchführung der Milchsterilisation in Milchküchen. Milchw.-Ztg., 33, Nr. 15, S. 601. Stendal. 1928.

WAHL, C. v.: Über das Verderben von Gemüsekonserven. Zentralbl. f. Bakteriol., II. Abt., 16, S. 489. WEIGMANN, H. u. A. WOLFF: Versuche z. Bereitung von Dauerbutter. Milchw. Zentralbl. 44, Nr. 23 u. 24, 1915.

2. Kondensmilch

Geschichte und Entwicklung der Milchkondensierung

Noch bevor man die wissenschaftlichen Grundlagen für die Dauerhaftmachung der Milch durch Erhitzen besaß, war von der Technik ein Weg gefunden, um eine solche Dauerhaftmachung zu erzielen. Schon 1829 stellte FR. APPERT kondensierte Milch dadurch her, daß er im Wasserbade eine Eindickung auf $^{2}/_{3}$ des Volumens vornahm, die von der Haut befreite verdickte Milch in Flaschen füllte und durch 2stündiges Erhitzen im Wasserbade sterilisierte. Eine Eindickung unter Zusatz von Rohrzucker gelang 1835 dem Engländer NEWTON, aber erst 1856 ist die Milchkondensierung mit Zucker ernstlich aufgenommen worden, und zwar von dem Amerikaner GAIL BORDEN, der zum erstenmal solche Milch in einer kleinen Fabrik in Wolcokville im Staate Connecticut herstellte und unter der Marke Eagle Brand auf den Markt brachte. Da das Produkt nicht ganz zufriedenstellend war, wurden die Versuche auf einer nicht weit davon gelegenen Farm Burrville fortgesetzt. Die Fabrikation konnte aber auch jetzt noch nicht in Gang kommen, weil sich das Erzeugnis noch nicht recht einführen wollte. Erst im Jahre 1850 gelang es BORDEN durch die Verbindung mit JEREMIAH MIBANK, die nötigen Mittel für die Fortsetzung und Entwicklung seiner ihm am 19. August 1856 patentierten Erfindung zu bekommen, es wurde die New York Condensed Milk Company gebildet und in Wassaic im Bezirke Duchess im Staate New York im Jahre 1860 eine neue Fabrik errichtet. Dieser folgte im Jahre 1865 ein ausgedehnteres Werk in Elgin im Staate Illinois und im Jahre 1899 die Gründung der Bordens Condensed Milk Company, welcher im Jahre 1920 mehr als 50 in den östlichen Vereinigten Staaten gelegene Fabriken angehörten.

Im Jahre 1865 wurde die Milchkondensierung auch in der Schweiz aufgenommen, indem es dem amerikanischen Konsul CHARLES A. PAGE und seinem Züricher Bruder GEORGE gelang, eine englisch-schweizerische Gesellschaft, die zu so großer Blüte gelangte Anglo-Swiss Condesed Milk Company zu gründen. Die von ihr eingerichtete Fabrik in Cham am Zuger See, die erste in Europa, begann 1866 ihren Betrieb mit der Herstellung von gezuckerter Kondensmilch. Auch von anderen Seiten wurden solche Betriebe aufgetan, doch gingen sie entweder von selbst ein oder wurden von der Chamer Gesellschaft aufgekauft. In den 80er Jahren hat diese Gesellschaft dann ihren Bereich auch nach Amerika ausgedehnt und in den Staaten New York, Illinois und Wisconsin Fabriken errichtet, verkaufte sie dann aber an die Bordens Company. Sie vereinigte sich dann 1902 mit der Firma Henry Nestle in Vevey in der Schweiz zur Nestle-Anglo-Swiss Condensed Milk Company.

Eine andere von Schweizern in Amerika gegründete Gesellschaft ist die Helvetia Milk Condensed Company. Der früher in der Anglo-Swiss Company beschäftigte JOHN B. MEYENBERG hatte nach mehrfachen Versuchen Erfolg mit der Herstellung von ungezuckerter und in Dosen sterilisierter Kondensmilch und erhielt in den Jahren 1884 und 1887 Patente auf das Verfahren wie auf einen Apparat dafür. Dieses Produkt, das nur zögernd Aufnahme fand, ist durch die Einführung von ununterbrochen arbeitenden Eindickungsapparaten (des continuous concentrater der Byproducts Recovery Co in Toledo (Ohio) und des Ruff condensing evaporator der Cream Production Co in Port Huron (Michigan)) wesentlich verbessert worden.

Die Kondensmilchbereitung hat sich im Laufe der Zeit so ziemlich über alle Milchwirtschaft treibende Länder verbreitet und hat namentlich in den Vereinigten Staaten von Nordamerika, insbesondere auch durch den Weltkrieg eine außerordentliche Ausdehnung erfahren. Nach einer Zusammenstellung des Statistikers der Dairy Division des Agricultural Departement U. S. A. in Washington T. R. PIRTLE vom Februar 1920 betrug der jährliche Ertrag dieser Industrie

Tabelle 1

in	im Jahre	Millionen Pfund	im Jahre	Millionen Pfund	im Jahre	Millionen Pfund
Australien	1916	45,7	1922	70,38	1923	51,46
Kanada	1918	79,8	1922	55,14	1923	78,15
Frankreich	1902	4,7	—	—	—	—
Japan	1911	1,2	1922	15,71	—	—
Neu Seeland	1918	6,2	1922	6,55	1923	4,37
Norwegen	1914	33,0	—	—	—	—
Schweiz	1914	121,2	—	—	—	—
Vereinigte Staaten	1919	1977,5	1922	1431,35	1923	1774,88
Großbritannien	1920	141,2	—	—	—	—
Dänemark	1921	39,9	—	—	—	—

Wie außerordentlich der Verbrauch von Kondensmilch in den Vereinigten Staaten von Nordamerika im Laufe der Jahre von 1899 bis 1919 zugenommen hat, dafür gibt O. F. HUNZIKER Belege. Die Mengen Kondensmilch betrugen

1899 187 Millionen Pfund
1909 nahezu 495 Millionen Pfund
1914 etwas über 883 Millionen Pfund
1918 1676 Millionen Pfund
1919 fast 2000 Millionen Pfund

(in den folgenden Jahren bis 1923 ist, wie die in der Tabelle angegebenen Zahlen zeigen, ein Rückgang um eine viertel bis halbe Milliarde Pfund zu verzeichnen). Davon überwog schon im Jahre 1909 die Menge der ungezuckerten Milch diejenige der gezuckerten (280 gegen 215 Millionen Pfund) und in den letztgenannten Jahren machte sie mehr als das Doppelte der gezuckerten Milch aus. In den erwähnten Zahlen sind die Mengen von sogenannter Filled Kondensmilch, von solcher die mit Pflanzenfetten gemischt ist, ferner von kondensierter Buttermilch und die nicht kondensierte sterilisierte Dosenmilch nicht mit inbegriffen.

HUNZIKER berechnet, daß die im Jahre 1917 hergestellte Kondensmilch (bei einem Eindickungsverhältnis von 2,5 : 1) 3437 Millionen Pfund (= 1560,4 Millionen kg) flüssiger Milch entspricht, und daß diese Menge 2,9% der auf 84611,35 Millionen Pfund (= 38413,5 Millionen kg) geschätzten gesamten Milchmenge der Vereinigten Staaten beträgt. Die entsprechenden Zahlen für 1919 sind 4944 Millionen Pfund (2244,58 Millionen kg) frische Milch = 5,4% der auf 90 Milliarden Pfund (40,8 Milliarden kg) geschätzten, in den Vereinigten

Staaten erzeugten Gesamtmenge Milch. Innerhalb 2 Jahre hat sich also die für die Fabrikation von Kondensmilch verbrauchte Menge Milch nahezu verdoppelt. 1899 betrug die Zahl der amerikanischen Fabriken über 50, 1914 mehr als 200, 1918 322 und 1923 343.

Dieser ungeheuren Entwicklung der Kondensmilchfabrikation in Nordamerika gegenüber sind die in Deutschland hergestellten Mengen verschwindend gering. Immerhin hat man der starken Einfuhr aus dem Auslande durch eigene Produktion einigermaßen Einhalt zu gebieten versucht; durch den Weltkrieg ist aber die Leistung der deutschen Kondensmilchfabriken außerordentlich zurückgegangen, und auch die Nachkriegszeit hat die erwünschte Belebung nicht wieder gebracht, so daß sogar die ausländische Produktion auf deutschem Boden Fuß gefaßt hat. Gegenwärtig bestehen in Deutschland 21 Betriebe, die sich mit der Herstellung von Kondensmilch befassen, darunter befinden sich 2 amerikanische Fabriken.

Der Aufstieg der schweizerischen Produktion ergibt sich aus folgenden Zahlen: 1904 betrug der Wert derselben 29,2 Millionen Franken, 1913 44,2, 1914 47,4, 1915 46,9 Millionen Franken.

Die Kondensmilch wird, wie schon angedeutet, teils mit, teils ohne Zucker (Rohrzucker) hergestellt. Die Milch wird dabei allgemein im Verhältnis von rund $2\frac{1}{2} : 1$ — schwankend von $2\frac{1}{3}$ bis $2\frac{3}{4} : 1$ eingedickt, das heißt, es ist aus $2\frac{1}{2}$ Teilen frischer Milch 1 Teil Kondensmilch gewonnen. Die gezuckerte Kondensmilch enthält gewöhnlich 40 bis 45% Rohrzucker und verdankt ihre Haltbarkeit diesem Zuckergehalt, die ungezuckerte Kondensmilch bedarf zu ihrer Haltbarmachung der Sterilisierung. In England und Amerika sind die Bezeichnungen für diese beiden Produkte: sweetened condensed milk oder einfach condensed milk und unsweetened condensed milk. Die erstere von sirupartiger Konsistenz kommt in verzinnten Dosen von 8 Unzen (= ½ engl. Pfund = 0,227 kg) bis zu 1 Gallone (= 3,9 kg) und in Tonnen (ähnlich den Siruptonnen) von 300 bis 700 Pfund (136,2 bis 317,8 kg Inhalt) in den Handel. Die ungezuckerte Kondensmilch wird in 3 Formen geführt: als evaporated milk, als plain condensed bulk milk und als concentrated milk. Die evaporated milk wird ebenfalls im Verhältnis von 2 bis $2\frac{1}{2} : 1$ eingedickt und in Dosen gefüllt, in denen sie sterilisiert wird. Die bulk milk ist eine im Verhältnis von 3 bis 4 : 1 eingedickte Voll- oder Halb- oder Magermilch, sie wird nicht sterilisiert und ist deshalb nur von der Haltbarkeit von pasteurisierter Milch und kommt in etwa 40-Liter-Gefäßen für die Eiscream-Fabrikation oder auch in Milchflaschen für den direkten Konsum in den Handel. Sie ist von dicklicher, rahmartiger Konsistenz. Die dritte Art, die concentrated milk, ist im gleichen Verhältnis eingedickt, aber nicht im Vakuum, sondern durch Einleiten von heißer Luft. Sie besteht ebenfalls aus Voll-, Halb- oder Magermilch und wird in pint oder quart bottles, also in nicht ganz ½- oder 1-Liter-Flaschen für den direkten Konsum gehandelt.

Gezuckerte Kondensmilch

1. Fabrikationsvorgang und Zusammensetzung

Die Fabrikationsweise ist in kurzem folgende. Die gut ausgewählte Milch wird, um sie möglichst keimfrei zu machen und vor späteren Ausscheidungen zu bewahren, zuerst „vorgekocht“, das heißt hoch erhitzt, dann wird der in heißem Wasser vollständig gelöste Zucker zur heißen Milch zugesetzt und die Mischung in den Vakuumapparat übergeführt, wo sie die gewünschte Eindickung erfährt. Die eingedickte Milch wird darauf in geeigneten Behältern der Abkühlung unterworfen, damit die Ausscheidung von Zuckerkristallen vermieden wird.

Für die einzelnen Phasen des Fabrikationsvorganges sind folgende Maßnahmen zu beachten.

In erster Linie ist das Augenmerk auf eine gute, in sich gesunde, sorgfältig, das heißt sauber gewonnene und sorgfältig behandelte Milch als Ausgangsmaterial zu richten. Es empfiehlt sich, Milchinspektoren anzustellen, welche die Milchlieferanten anleiten und kontrollieren. Es muß die Milch von Tieren ausgeschaltet werden, welche Anzeichen von Erkrankung, namentlich einer Entzündung des Euters, zeigen, welche sich noch im Kolostralstadium befinden — am sichersten ist der Ausschluß der Milch bis zum 7. Tage nach dem Kalben vorzuschreiben —, welche mit Futtermitteln gefüttert werden, die der Milch einen Beigeschmack geben (z. B. Steckrüben, Kohl) oder durch Gärung oder gar Verdorbensein ihr schädliche Bakterien zufügen (Treber und Abfälle von Brauerei und Brennerei, unrein riechendes Sauer- und Süßpreßfutter oder sonstiges gäriges Futter), ferner Milch, welche irgendwelche abnormale Beschaffenheit besitzt.

Damit die Milch möglichst frisch zur Fabrik eingebracht wird, empfiehlt sich der Transport in glasemaillierten Stahl-Tank-Motorwagen, wie sie jetzt auch in Deutschland gebaut werden, mehr als der Eisenbahntransport.

In der Fabrik ist die Milch auf Säuregrad zu prüfen, entweder durch Titration oder mittels der verstärkten Alkoholprobe. Erfahrungsgemäß darf der Säuregrad nicht höher als 8^0 S.H. (=0,18% Milchsäure) sein, soll er nicht für das Produkt gefährlich werden. Denn mit dem Ansteigen der Trockenmasse beim Kondensieren steigt auch der Säuregehalt an, wodurch dann leicht ein Dickwerden oder selbst ein Gerinnen der Kondensmilch eintreten kann. Es ist auch möglichst zu vermeiden, etwa säuerliche Milch mit doppeltkohlensaurem Natron zu neutralisieren. Ist dies aber nötig, so ist zur Verhütung eines Überschusses an Natron eine genaue Neutralisierung der titrierten Milch erforderlich. (Über den Zusatz von doppeltkohlensaurem Natron zur bereits eingedickten Milch siehe weiter unten.) Die Amerikaner besitzen eine Methode nebst Apparat, den pilot sterilizer mit dem sie die Milch prüfen, ob sie sich für die Kondensierung eignet oder nicht. Die Milch wird dabei auf eine Temperatur gebracht, wie sie bei der Sterilisierung von ungezuckerter Kondensmilch angewandt wird. In der Fabrik wird ferner dann die Milch durch Zusatz oder Abnahme von Rahm auf einen geeigneten Fettgehalt (siehe unten) eingestellt, so zwar, daß das Verhältnis von Fett zu Nichtfett wie 1 : 2,5 ist, dann wird sie gereinigt — Siebe und Filter (nicht Seihtuch) sind besser als Reinigungszentrifugen — und darauf „vorgekocht". „Vorkochen" oder Vorwärmen dient nicht bloß einer Vorentkeimung, sondern auch einer Verminderung des Dispersionsgrades, gewissermaßen einer Härtung und Festigung des Kaseins und einer möglichst vollständigen Ausscheidung des Albumins der Milch in feinen Flöckchen, damit diese Ausscheidung nicht an den heißen Wänden des Vakuumapparates (oder bei der Sterilisierung der ungezuckerten Milch in den Dosen) erfolgt und sich an diese anlegt, die Milch also im Vakuum „anbrennt". Auch ist es zweckmäßig, die Milch heiß in den Vakuumapparat zu bringen, damit sie in diesem sogleich in Wallung kommt, damit also auch so ein Anlegen und Anbrennen vermieden wird.

Dieses Vorkochen geschieht in den meisten amerikanischen Kondensfabriken mittels der üblichen Hocherhitzer auf 90 bis 95^0 C, in manchen mittels Dauererhitzer — wobei aber, soll die Ausscheidung des Albumins ziemlich vollständig sein, eine Temperatur von 80^0 C nötig ist —, in einigen europäischen Fabriken wird die Milch unter Druck auf 110 bis 112^0 C erhitzt. Da zugleich möglichst auch ein Kochgeschmack vermieden werden soll, empfiehlt es sich, die Hocherhitzung in dünner Schicht und momentaner Auswirkung vorzunehmen.

Nach neueren Forschungen ist die Art dieser Vorwärmung nicht ohne Bedeutung für ein eventuelles „Nachdicken" der gezuckerten Kondensmilch. Nach Untersuchungen von ROGERS, DEYSHER und EVANS und von LEIGHTON und DEYSHER soll gerade die Hocherhitzung auf 90 bis 95° C nicht das richtige Vorkochverfahren sein, sie verlangen vielmehr für die kondensierte Milch eine Vorerhitzung auf 110 bis 120° C. DOWNS wiederum hat festgestellt, daß die Dauererhitzung leicht mit einem Ranzigwerden des Produktes verbunden ist. Es ist anzunehmen, daß die erwähnten Nachteile weniger auf die Erhitzungstemperatur bzw. das Pasteurisierungsverfahren als vielmehr auf die Erhitzungsapparate zurückzuführen sind, also auf die ungleichmäßige Durchheizung der Milch in den Rührwerksapparaten, während die Dauerpasteurisierung und die Momenterhitzung in dünner Schicht eine Gleichmäßigkeit in dieser Richtung sichern. Wenn die Beobachtung von DOWNS richtig ist — und die Möglichkeit ist zuzugeben —, dann würde die Momenterhitzung in dünner Schicht die zweckmäßigere Vorwärmung sein.

Der für die Zuckerung benützte Rohrzucker kann Kolonial- oder Rübenzucker sein, letzterer jedoch nur, wenn er bester Qualität ist. Er muß vor dem Zusatz völlig aufgelöst werden, so zwar, daß keine Kriställchen mehr übrig bleiben, weil diese später Veranlassung zur Ausscheidung solcher und insbesondere zur Bildung größerer Kristalle geben: die Kristalle wachsen in der Dose bei der Lagerung. Man kann den Zucker in kochendem Wasser lösen oder aber durch Übergießen mit heißer Milch und kräftiges Umrühren in einem Behälter. Das erstere Verfahren ist offenbar das bessere, weil man sicherer sein kann, daß der Zucker tatsächlich vollständig gelöst ist, und weil die Milch nicht wieder erhitzt zu werden braucht, sie also nicht so leicht Kochgeschmack bekommt. Jedenfalls ist es, wie die Untersuchungen von LEIGHTON und MUDGE ergeben haben, nötig, den Zucker erst nach dem „Vorkochen" zur Milch zuzusetzen, weil sonst die Haltbarkeit des Produktes gefährdet ist.

Es ist gut, die Zuckerlösung mehrere Minuten (etwa 10) zu kochen, damit sie gut sirupartig wird. Eventuelle Unreinigkeiten müssen durch Filtration, entstehender Schaum durch Abschöpfen beseitigt werden („Zuckerfilter" von Chr. Meister, München).

Im anderen Falle gibt man den Zucker auf ein feinmaschiges Sieb und läßt die heiße Milch vom Vorwärmer her über ihn hinwegfließen oder aber man gibt zu dem in einem mit Rührwerk versehenen Behälter befindlichen Zucker etwas von der heißen Milch, rührt das Gemisch gut durch und läßt es dann zu der anderen Milch zufließen. Jedenfalls muß dafür gesorgt werden, daß die Mischung der Zuckerlösung mit der Gesamtmilch eine sorgfältige ist, denn ein ungleichmäßiger Zuckergehalt der im Vakuum verdunstenden Milch bewirkt einen ungleichmäßigen Löslichkeitsgrad für den Milchzucker der Milch, und ein rascherer Zufluß der Rohrzuckerlösung eine Abscheidung von Milchzucker in Kristallform. Diese Gefahr besteht gerade da, wo Zuckerlösung und Milch getrennt dem Vakuumapparat zugeführt werden.

Das Mengenverhältnis von Zucker zur frischen Milch beträgt für Dosenmilch durchschnittlich 16% und wechselt von 12 bis 18% je nach dem Zucker- und Milchpreis und je nach der Beschaffenheit bzw. dem Gehaltreichtum der Milch. Da z. B. im Mai und Juni die Kondensmilch leicht dick und käsig wird, so nimmt man zu dieser Zeit etwas mehr Zucker. Am besten verfährt man so, daß man die Zuckermenge nach dem Gehalt der Milch an fettfreier Trockenmasse und Fett bzw. nach Einstellung des Verhältnisses von Fett zur fettfreien Trockenmasse auf die Gesamttrockenmasse der Milch berechnet. Die Vereinbarungen in U. S. A. verlangen 28% Milchtrockenmasse (8% Fett + 20% fettfreie Trockenmasse) und 45% Rohrzucker, also ein Verhältnis von 28 : 45 = = 1 : 1,61. Wenn die frische Milch eine Trockenmasse von 12,5% hat, so beträgt der Zuckerzusatz 12,5 × 1,61 = 20,12 Teile Rohrzucker auf 100 Teile frische Milch. Die Kommission für Feststellungen über Kondensmilch des Milchwirtschaftlichen Weltverbandes hat in ihrer Sitzung im Mai 1929 den Standard zu 9% Fett und 31% Trockenmasse (statt 8 und 28%) aufgestellt.

Die mit dem Zucker gut verrührte und so gleichmäßig gemischte Milch wird dann in den Vakuumapparat eingesogen. Über die verschiedene Bauart der Vakuumpfannen sowie über ein anderes Verfahren der Eindickung, der Durchleitung von heißer Luft durch die erwärmte Milch nämlich, siehe die im Literaturverzeichnis angegebenen zusammenfassenden Werke von Hunziker, von Eberlein oder von Schächterle.

Man benützt allgemein den Einkörperverdampfer. Die Leistung der Vakuumpfannen, das heißt die Schnelligkeit des Verdampfens in ihnen, hängt von der Größe der Oberfläche, welche der wallenden Milch geboten ist, und von der Schnelligkeit der Zirkulation ab, der jedenfalls kein Hindernis bereitet werden darf. Die Erfahrung hat gezeigt, daß die hohen Pfannen die zweckmäßigeren sind.

Beim Füllen der Vakuumpfanne läßt man gleich so viel frische Milch zufließen, als man an Kondensmilch gewinnen will. Das verdampfende Wasser wird dann ständig durch zufließende frische Milch ersetzt. Der Inhalt der Vakuumpfanne, das heißt der für die wallende Milch bestimmte Raum, muß deshalb (beim Kondensieren im Verhältnis von 2,5 : 1) etwa $^2/_5$ der gesamten Frischmilchmenge betragen. Als Temperatur, bei welcher die Eindickung vorgenommen wird, benützt man etwa 57° C, nicht aber über 60° C.

Die Beendigung, das heißt den genügenden Grad der Eindickung, erkennt der erfahrene Milchsieder am Glanz der wallenden Milch und an einer in der Mitte tanzenden Schaumhaube. Sicherer ist es, eine Probe zu nehmen und sie auf spezifisches Gewicht oder Viskosität oder auf ihre Beaumé-Grade zu prüfen. Für letztere Untersuchung dient das Hydrometer von Beaumé mit einer Skala von 30 bis 37°. Kondensmilch aus frischer Milch von mittlerer Zusammensetzung hat bei 16% Zuckerzusatz und einer Konzentration von 2,5 : 1 bei 15,5° C 33,5 Beaumé-Grade, bei 48,8° C 32 Beaumé-Grade. Das spezifische Gewicht, das man auf 15,5° C reduziert, kann man mit der Mohrschen Waage oder mit dem Pyknometer bestimmen oder auch aus den Beaumé-Graden errechnen. Die Formel dafür ist nach Hunziker $s = \frac{144,3}{144,3 - B}$. Ist Beaumé z. B. 33,1° bei 15,5° C, so ist s (bei 15,5° C) $= \frac{144,3}{111,2} = 1,2976$.

Das spezifische Gewicht der gezuckerten Kondensmilch bei 2,5 : 1 Eindickungsverhältnis und 16% Zuckerzusatz, wie sie für Dosenmilch üblich ist, beträgt 1,29 bis 1,30. Dann enthalten 100 Teile Kondensmilch 16 × 2,5 = 40 Teile Rohrzucker, das Eindickungsverhältnis, auf das zuckerfreie Produkt berechnet, beträgt dann $\frac{250}{100-40} = 4,17 : 1$. Die richtige Konzentration ergibt sich aus dem Verhältnis der Trockenmasse der Kondensmilch zu derjenigen der frischen Milch oder aus dem Bedarf von Teilen frischer Milch zu 1 Teil Kondensmilch.

Bei der Abkühlung der genügend eingedickten Milch ist besondere Vorsicht nötig, weil sich sonst Zucker in der Form von merkbaren Kristallen ausscheidet und das Produkt mehlig bis sandig oder grießig macht. Der ausgeschiedene Zucker ist nicht etwa ungelöster Rohrzucker, sondern Milchzucker. Der letztere ist bekanntlich weniger leicht löslich als der Rohrzucker — 1 Teil bedarf 6,8 Teile Wasser von 11° C, Rohrzucker nur 2 —, er ist es also, welcher bei dem in der Kondensmilch vorhandenen Mangel an Lösungsmittel dem Rohrzucker in der Lösung den Platz räumen muß. Der Wassergehalt beträgt für die vorhandene Menge Milchzucker von 12,5 bis 15% nur 26,5%, also nur etwa 2 Teile auf 1 Teil Milchzucker (statt 6). Eine Ausscheidung von solchem ist demnach nicht zu umgehen, es muß aber vermieden werden, daß sie in Gestalt von Kristallen solcher Größe erfolgt, daß sie sich auf der Zunge fühlbar macht. Dies läßt sich außer durch andere weiter unten zu erwähnende Vorsichtsmaßnahmen vor allem durch eine richtige Behandlung bei der Abkühlung umgehen. Diese ist zunächst im ganzen, also nicht in einzelnen Portionen, zugleich gewissermaßen stufenweise vorzunehmen, indem man das fertige Produkt zuerst rasch mittels kalten Wassers auf eine Temperatur von etwa 26° C (Näheres siehe unten, S. 288) bringt und es dann unter schwachem Umrühren mehrere Stunden auf dieser Temperatur hält. In Amerika benützt man viel den sogenannten Mojonnierkühler, der aus einem hohen Behälter mit einer auf- und absteigenden Rohrschlange besteht und der mit Wasser beschickt wird, das mittels Thermostats auf 18 bis 24° C gehalten wird. In Deutschland wird unter anderen der Kondensmilchkühler „Saliter" benützt, der von der Maschinenfabrik Chr. Meister in München hergestellt wird und aus einem Behälter besteht, in welchem sich Rührflügel mit sowohl drehenden wie auch schlagartig schwingenden Bewegungen befinden.

Die in Abb. 6 wiedergegebene schematische Zeichnung nach O. F. HUNZIKER gibt eine Vorstellung von der Einrichtung einer Fabrik für gezuckerte Kondens-

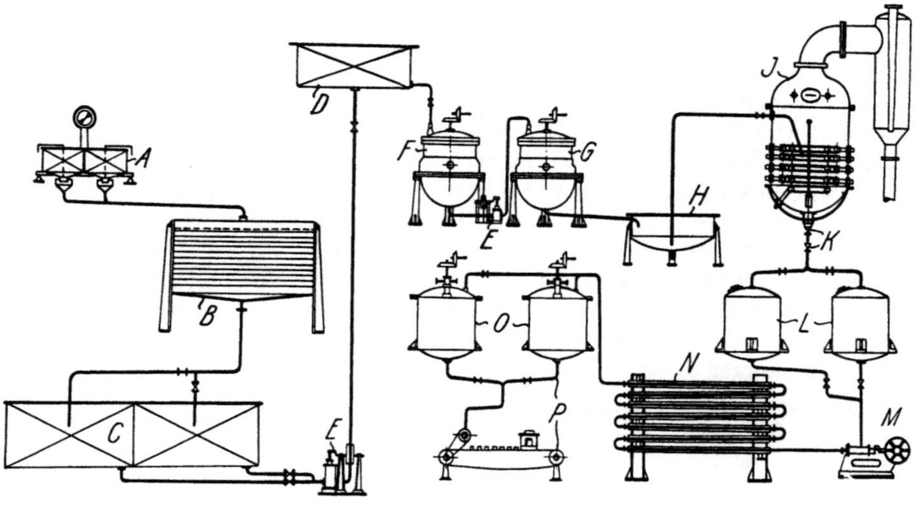

Abb. 6. Ausrüstung zur Fabrikation von gezuckerter Kondensmilch. Schematische Darstellung nach O. F. HUNZIKER

A Milchwaage	*F* Vorwärmer	*L* Abtropfbehälter
B Milchkühler	*G* Überhitzer	*M* Pumpe
C Milchbehälter	*H* Zuckermischer	*N* Röhrenkühler (Innenkühler)
D Vorlegebassin	*J* Vakuumapparate	*O* Kristallisationsbehälter
E Milchpumpe	*K* Probierhähne	*P* Abfüllvorrichtung

milch, wie sie in Amerika viel im Gebrauch ist. In ihr ist ein Zuckermischbehälter *H* zwischen dem Überhitzer *G* und dem Vakuumapparat *I* nach dem älteren Verfahren vorgesehen, wobei die hocherhitzte Milch zu dem Zucker hinzufließt. Es ist unvermeidlich, daß dabei die ersten in den Vakuumapparat gelangenden Mengen Milch zu reichliche Mengen Zucker aufnehmen, und daß so die Gefahr besteht, daß der Kondensator mit einem ungleichmäßigen Gehalt an Zucker arbeitet. Es besteht auch in Amerika vielfach die Einrichtung, daß die Auflösung des Zuckers in der Weise geschieht, daß zwischen dem Zuckermischbehälter (sugar well), in welchem nur ein kleiner Teil der heißen Milch mit dem Zucker gemischt wird, noch ein anderer Behälter, der ground well, eingeschaltet ist, in welchem die vollständige Auflösung und gleichmäßige Verteilung des Zuckers in der Milch vorgenommen wird. Am besten erfolgt die Lösung des Zuckers in Wasser und in einem besonderen Behälter und die gleichmäßige Überführung dieses Sirups zusammen mit der entsprechenden Menge Milch in die Vakuumpfanne.

Die chemische Zusammensetzung von gezuckerter Kondensmilch im Durchschnitt einer großen Zahl von Proben ist:

Wasser	26,5%	
Rohrzucker	40,9%	100,0%.
Milchtrockenmasse ...	32,6%	

In dieser sind enthalten:

Fett................	9,0%	Milchtrocken-
Eiweiß	8,5%	masse = 32,6%.
Milchzucker	13,3%	Fettfreie Milchtrocken-
Asche	1,8%	masse = 23,6%.

Ein Beschluß des Ausschusses für Milchdauerwaren des Deutschen Milchwirtschaftlichen Reichsverbandes verlangt für gezuckerte Kondensmilch mindestens 8% Fett, mindestens 21,5% fettfreie Trockenmasse und weniger als 25% Wasser im Kondensat (siehe oben: Weltverband). Gezuckerter kondensierter Rahm soll mehr als 15% Fett und weniger als 25% Wasser, gezuckerte kondensierte Magermilch weniger als 25% Wasser und mehr als 26% Milchtrockenmasse enthalten.

Die fertige Kondensmilch muß, wenn sie mehrere Monate oder überhaupt länger lagern soll, kühl aufbewahrt werden. Die Dosen müssen vorher sterilisiert werden. Man führt sie auf einem Transportband durch einen Kanal, durch welchen heiße Luft streicht. Sehr gut eignet sich dafür der Dosensterilisierapparat Sterilo der Firma Chr. H. Meister, München (Abb. 7).

Die nicht in Dosen eingefüllte bulk milk, die eigentlich nicht für eine längere Aufbewahrung bestimmt ist, muß dabei nahe dem Gefrierpunkt gehalten oder überhaupt zum Gefrieren gebracht werden.

Bei längerer Lagerung oder beim Transport in heißen Gegenden ohne Kühlung nimmt die Kondensmilch — namentlich wenn die dazu verwendete Milch schon etwas säuerlich war oder die Säure derselben mit doppeltkohlensaurem Natron abgestumpft worden ist — leicht einen Metallgeschmack an, der davon herrührt, daß die Säure (oder auch das Natron) die Verzinnung der Dosen angreift, die dann gestreiftes oder geblümtes Aussehen bekommt. Bekanntlich geht Zinn durch die Einwirkung auch von organischen Säuren (Milchsäure, Oxalsäure) unter Bildung von Zinnwasserstoff (Stannowasserstoff, SnH_2) etwas in Lösung. Dieses Gas hat einen eigenartigen, an Fleischbrühe erinnernden Geruch und ist nicht ganz unschädlich — Stanniwasserstoff ist direkt giftig. Bei längerer Lagerung ohne Kühlung kann die Entwicklung von Zinnwasserstoff wesentlich größer werden, so daß die Dosen bombieren.

Um den richtigen Fettgehalt in der Kondensmilch zu erzielen, also den diesbezüglichen Vorschriften gerecht zu werden, ist es notwendig zu errechnen, wie hoch der Fettgehalt der Ausgangsmilch sein muß. Die deutsche Vorschrift verlangt für gezuckerte Vollmilch einen Fettgehalt von mindestens 8% und einen Mindestgehalt an Trockenmasse von 75%. Nehmen wir an, der Zuckerzusatz habe 16% betragen, so enthält die Kondensmilch bei einem Eindickungsverhältnis von 2,5 : 1, wie oben schon angegeben, in 100 Teilen 40 Teile Rohrzucker, also 75 — 40 = 35 Teile Milchtrockenmasse. Diese setzt sich zusammen aus fettfreier Trockenmasse (*r*) und Fett (*f*). Die Aufgabe besteht nun darin, zu ermitteln, wie viel Fett in der Milch enthalten sein muß, die eingedickt werden

Abb. 7. Dosensterilisierapparat „Sterilo" (Chr. H. Meister, München)

soll, wenn eine Milch von bekannter Trockenmasse und bekanntem Fettgehalt zur Verfügung steht. Die 35 Teile Milchtrockenmasse in der Kondensmilch sollen der Vorschrift gemäß mindestens 8 Teile Fett enthalten. Wenn die zur Verfügung stehende Milch z. B. 12,25% Trockenmasse enthält, so muß sie, um dem Verhältnis 35 : 8 zu entsprechen, 2,8% Fett enthalten. Hat die Milch statt 2,8% Fett z. B. die Durchschnittsmenge von 3,2%, dann kann sie mit Magermilch vermischt werden, deren Menge sich nach dem bekannten Schema errechnet:

Fett in 1 kg d. Magermilch 1 — 4 Anzahl d. kg Magermilch

28

Fett in kg der Mischmilch

Fett in 1 kg d. Vollmilch 32 — 27 Anzahl d. kg Vollmilch

Man kann also, wenn man eine Milch mit 12,25% Trockenmasse und 3,2% Fett hat, diese im Verhältnis von 27 : 4 mit der Magermilch von der gleichen Milch mischen, um dem Mindestgehalt von 8% in der mit 16% Zucker hergestellten Kondensmilch gerecht zu werden.

Über die Einstellung einer Milch, deren Kondensat zur Herstellung von Rahmeis und zu Konditoreizwecken bestimmten Vorschriften entsprechen muß, wird an anderer Stelle (siehe Rahmeis) berichtet. F. Kieferle hat darüber ausführliche Angaben gemacht.

Der Zweck der Zuckerung der Milch ist der, sie vor der Einwirkung von Bakterien, Hefen und Pilzen zu schützen. In der Hauptsache wird dieser Zweck auch erreicht, immerhin gibt es Bakterien und insbesondere auch eine Hefe, welche dem durch den Zucker auf sie ausgeübten osmotischen Druck widerstehen. Es sind dies die in der Luft vorkommenden weißen und gelben Kokken (siehe unter anderen HUNZIKER und CHR. BARTHEL), welche entweder die Vorwärmung und die Eindickung aushalten oder doch beim Abkühlen durch die Apparate in das fertige Produkt hineingelangen, und ferner sollen nach P. DOWNS auch andere, dem Staphylococcus pyogenes albus nahestehende Kokken (siehe auch die Ausarbeitung von F. KIEFERLE zu III, 1) in der Kondensmilch vorkommen und infolge ihrer Ausscheidung eines Labfermentes das Dickwerden derselben hervorrufen. Dann aber ist sowohl von H. WEIGMANN und A. WOLFF wie von FR. SCHÄFFER eine kleine spitze Hefe in bombierter gezuckerter Kondensmilch festgestellt worden, welche den Zucker auch in dieser Konzentration vergärt. Nach SCHÄFFER wächst sie noch in 60%iger Rohrzuckerlösung und ist auch gegen Hitze sehr widerstandsfähig, da sie 65° C 1 bis 2 Stunden lang und 67 bis 70° C 1 Stunde lang zu ertragen vermag. Sie ist sowohl im Zucker, wie er zur Kondensierung verwendet wird, wie in der Milch selbst gefunden worden.

2. Fehler des fertigen Produktes

Sandige Kondensmilch. Wie schon erwähnt, kommt es nur zu leicht vor, daß der der Milch einverleibte Zucker in anderer Form, als Milchzucker, zum Teil wieder ausgeschieden wird, weil der Wassergehalt der Kondensmilch nicht ausreicht, um beide Zuckerarten in der vorhandenen Menge gelöst zu erhalten; es scheidet sich dann die weniger leicht lösliche Zuckerart, der Milchzucker, in fester Form wieder aus, und es geschieht dies leicht in einer nicht erwünschten Weise, nämlich in Form größerer oder kleinerer Kristalle. Es besteht also theoretisch wie praktisch nicht die Möglichkeit, gesüßte Kondensmilch von Zuckerausscheidungen frei zu halten, es handelt sich nur um die Form der Ausscheidung. Diese erfolgt bei richtiger Bereitung und Behandlung des Produktes so, daß sie kaum wahrnehmbar ist, indem die Zuckerkriställchen in außerordentlicher Feinheit in die dickliche, sirupöse Flüssigkeit der Milch eingebettet sind. Es ist schon nicht richtig, wenn sich der Zucker als breiige Masse am Boden absetzt, was schon nach mehrtägigem Lagern der Fall ist, und bei langem Lagern dann nicht zu vermeiden ist, wenn die Dosen immer auf einer Seite stehen und nicht von Zeit zu Zeit umgewendet werden.

Aus den Abb. 8 und 9 sind die Formen der Milchzucker- wie der Rohrzuckerkristalle, wie sie sich bei gestörtem Kristallisationsvorgang ausscheiden, ersichtlich.

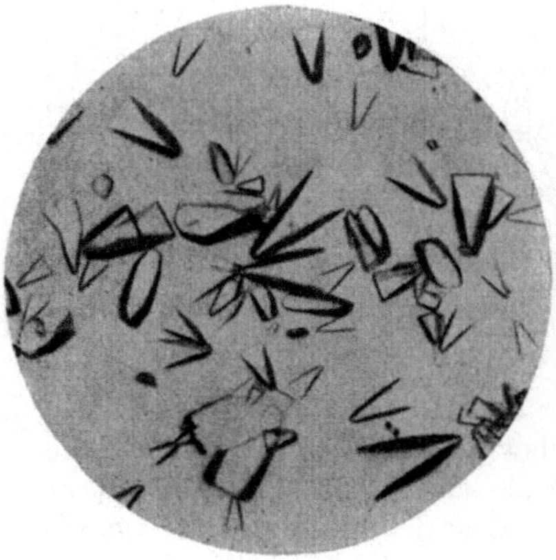

Abb. 8. Kristalle von Milchzucker

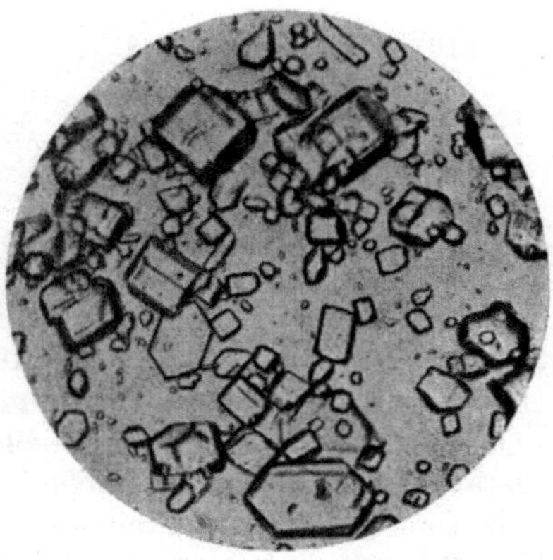

Abb. 9. Kristalle von Rohrzucker

Aus dünner Rohrzuckerlösung zur Ausscheidung gebracht, ist die Form des Milchzuckers kaum geändert, dagegen ist sie, durch eine konzentrierte — etwa 62%ige — Rohrzuckerlösung ausgeschieden, dicker und kürzer und stellt abgestumpfte Pyramiden dar.

Bei der Lösung des Milchzuckers bestehen 3 Phasen der Löslichkeit: die Anfangs-, die Endlöslichkeit und die Übersättigung. Die erstere bedeutet die Löslichkeit in einem Überschuß von Wasser und die Modifikation des Milchzuckers darin ist die des Hydrates (von der Formel $C_{12}H_{22}O_{11} + H_2O$). Wird ein Überschuß von Milchzucker unter Umrühren in Wasser gelöst, bis eine Sättigung eingetreten ist, so entsteht, sobald die Anfangslöslichkeit erreicht ist, aus dem Hydrat das Anhydrid des Milchzuckers ($C_{12}H_{22}O_{11}$), das sehr viel leichter löslich ist als das Hydrat, so daß nunmehr noch Wasser zur Verfügung steht, um weiteres Hydrat aufzunehmen. Dieser Vorgang spielt sich ab, bis ein bestimmtes Gleichgewicht zwischen Hydrat und Anhydrid eingetreten ist. Dies ist vorhanden, wenn die Lösung 1 Teil Hydrat und 1½ Teile Anhydrid enthält. Diesen Grad der Löslichkeit nennt man die Endlöslichkeit. Er ist sehr abhängig von der Temperatur: Bei gewöhnlicher Temperatur braucht 1 Teil Milchzucker für die Endlösung 4,6 bis 5,9 Teile Wasser, bei 89° C nur 0,7 Teile Wasser. Für die Anfangslösung sind bei gewöhnlicher Temperatur zu 1 Teil Milchzucker 11 bis 13 Teile, bei 89° C 1,7 Teile Wasser nötig. Eine von C. S. HUDSON aufgestellte Tabelle läßt die Löslichkeitsverhältnisse zwischen Anfangs- und Endlöslichkeit erkennen (siehe Tabelle 2). Diese Zahlen in eine Kurventafel eingetragen, geben das in Abb. 10 wiedergegebene Bild.

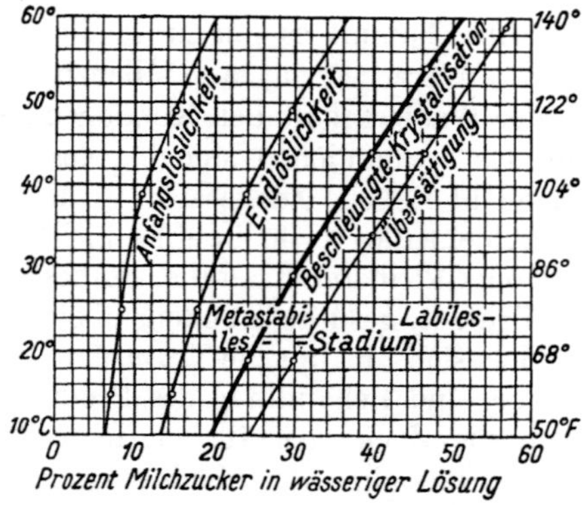

Abb. 10. Löslichkeits- und Kristallisationsverhältnisse des Milchzuckers. Nach C. S. HUDSON

Tabelle 2. Anfangs- und Endlöslichkeit für Milchzucker nach C. S. HUDSON

Temperatur °C	Anfangslöslichkeit		Endlöslichkeit	
	Milchzucker in %	Teile Zucker auf 100 Teile H_2O	Milchzucker in %	Teile Zucker auf 100 Teile H_2O
0	4,8	5,0	10,6	11,9
15	6,8	7,3	14,5	16,9
25	8,2	8,9	17,8	21,6
39	11,0	12,4	24,0	31,5
49	15,0	17,6	29,8	42,4
64	21,0	26,6	39,7	65,8
74	26,0	35,1	46,3	86,2
89	37,0	58,1	58,2	139,2

Wird eine solche Endlösung, die also eine gesättigte ist, einer Abkühlung unterworfen, so entsteht für die kühlere Temperatur eine Übersättigung, und es erfolgt unter gewissen Umständen eine Ausscheidung von Milchzucker. Nach W. OSTWALD bestehen für eine solche übersättigte Lösung zwei Stadien, das metastabile Stadium, bei welchem Kristalle sich noch nicht bilden und das zwischen der Endlöslichkeitskurve und der Überlöslichkeits- oder Übersättigungskurve liegt, und das labile, jenseits der letzteren liegende Stadium, in welchem sich Keime für die Kristallbildung einstellen. Innerhalb des metastabilen Stadiums, und zwar näher der Übersättigungskurve als der Endlöslichkeitskurve, liegt nun nach den Forschungen von C. S. Hudson und von A. Leighton und P. N. Peter eine Temperaturlinie, aus welcher bei der Abkühlung der übersättigten Lösung eine „forcierte" Kristallisation eintritt, verbunden mit der Entstehung vieler und überaus kleiner Kriställchen. Diese Kristallisationslinie liegt ungefähr 10° C über der Überlöslichkeitslinie, und die Endlöslichkeitslinie liegt etwa 30° C über der letzteren (siehe Kurventafel). Eine solche forcierte Kristallbildung ist notwendig, wenn die ausgeschiedenen Kriställchen sehr klein — möglichst unter 10 μ — sein sollen, denn würde die Kristallisation langsam erfolgen, dann würden die anfangs gebildeten Kristallkerne durch Anlagerung wachsen, und es würden grobe Kristalle entstehen, die Kondensmilch würde „sandig" werden. Es ist also zur Vermeidung dieses letzteren Zustandes notwendig, daß die Abkühlung nach dem Eindicken bis zu dieser Kurve der forcierten Kristallbildung möglichst rasch erfolgt. Aus der Kurventafel ist ersichtlich, wie weit die Abkühlung im einzelnen Falle vorgenommen werden muß. Die weitere Behandlung besteht dann darin, daß man die abgekühlte Milch in den Warmhaltern (siehe Abb. 6, *O*) etwa 25 Minuten lang auf der Temperatur der forcierten Kristallbildung erhält und dabei kräftig umrührt. Kristalle unter 10 μ geben eine geschmeidige sirupöse Kondensmilch, solche von 12 bis 15 μ lassen sie auf der Zunge mehlig, zwischen 15 und 30 μ mehlig bis sandig und über 30 μ ausgesprochen sandig erscheinen. Angenommen eine Milch von 3,25% Fett, 9,00% fettfreier Trockenmasse, enthaltend 4,6% Milchzucker, sei im Verhältnis 2,5 : 1 eingedickt, dann würde die Kondensmilch 8,12% Fett, 62,5% fettfreie Trockenmasse einschließlich 40% Rohrzucker enthalten. Der Milchzuckergehalt würde 11,5% und der Wassergehalt 29,3% betragen. Dann würde das Verhältnis von Milchzucker zu Wasser 11,5 : 29,38 oder 39,2 : 100 sein und in 100 Teilen Wasser würden 27,5% Milchzucker enthalten sein. Nach der Tabelle wie nach der Kurve würde die Endlöslichkeit (Sättigung) bei 46° C liegen und der Grad der Übersättigung, bei dem die freiwillige Kristallbildung notgedrungen eintreten würde, bei 16° C gegeben sein. Nach der Kurventafel würde dann die Abkühlung der eben fertigen Kondensmilch, die etwa 55° C hat, so rasch wie möglich bis auf 26° C erfolgen müssen, auf welcher Temperatur sie dann 25 Minuten lang gehalten und kräftig gemischt werden müßte.

Nach einem physikalischen Gesetz, wonach die Kristallisation in übersättigten Lösungen in der Weise erfolgt, wie sie durch den Zusatz von Kristallen bestimmter Größe (sogenannten Keimen) angeregt wird, kann man eine Ausscheidung des Milchzuckers in äußerst feiner Form dann erzielen, wenn man dem eben fertig eingedickten Produkt — nach dem Kühlen, nachdem es eben in die Warmhalter befördert worden ist — etwas Milchzucker in Puderform zusetzt. An Stelle von Pudermilchzucker kann man auch gezuckerte Kondensmilch von der vortägigen Produktion verwenden (vorausgesetzt natürlich, daß sie nicht selbst sandig ist). Es genügen geringe Mengen, so 1 Teelöffel Puderzucker auf 38 bis 40 Liter Kondensmilch oder 1 Pfund auf 5000 Pfund und von Kondensmilch nahezu 5 Pfund auf 5000 Pfund fertiges Produkt.

Ein Bodensatz von Milchzucker kann auch dadurch verursacht werden, daß die Eindickung eine ungenügende ist und das Produkt nicht die genügend dickliche und schleimige Beschaffenheit besitzt. Anderseits soll die Eindickung nicht zu weit gehen, weil sonst das Produkt langsam abläuft und damit nicht rasch genug auf die Kristallisationstemperatur gebracht werden kann. Sollte die Kondensmilch vor dem Abfüllen zu kalt geworden sein, so kann man sie wieder aufwärmen, darf sie bei dieser Prozedur aber nicht etwa kräftig durchmischen, sondern muß sie ohne Bewegung im Wasserbade langsam anwärmen.

Die Ausscheidung als Zuckersand, also in Gestalt von kleinen, auf der Zunge fühlbaren und ein Kratzen verursachenden Kristallen, ist leider eine recht häufige Erscheinung. Sie ist in erster Linie dem Fehler der unvollständigen Auflösung des zugesetzten Rohrzuckers zuzuschreiben, und weil diese in der Milch nicht so sicher erfolgt, ist es zweckmäßig, sie in kochendem Wasser vorzunehmen. In gleichem Maße ist die kristallinische Ausscheidung, wie schon ausgeführt, eine Folge einer zu starken Abkühlung in den Kühlbehältern und einer dieser nicht entsprechenden Bewegung. Sie kann ferner auch dadurch entstehen, daß bei Benützung gewisser Vakuumapparate verspritzte und im Dom angesetzte Milch am Ende des Eindickungsprozesses sich dort abkühlt, und daß diese Milchteile, in denen größere Kristalle sich gebildet haben, beim Ablassen des Kondensproduktes in dieses hineingelangen und als Keime für die Bildung größerer Kristalle dienen konnten. Auch eine zu starke Konzentration der Milch wird leicht Bildung von sandigen Kristallen verursachen.

Das **Dick- und Käsigwerden** der Kondensmilch, das „**Nachdicken**“, ist eine Erscheinung, die bei Produkten, welche im Mai oder Anfang Juni hergestellt sind, wie auch bei den Fabrikaten der Wintermonate leicht auftritt. Sie hat 2 verschiedene Ursachen: eine bakteriologische und eine physikalische. Es ist bekannt, daß zu dieser Jahreszeit die Milch besonders viele Staphylokokken, sogenannte Säure und Lab bildenden Kokken enthält und daß manche Varietäten und Stämme derselben gegen Hitze verhältnismäßig widerstandsfähig sind; sie werden deshalb die Vorwärmung und Eindickung aushalten. Sie können aber auch durch eine Nachinfektion in den Leitungen in das Produkt gelangen. Das Dickwerden ist dann nicht eine Folge der geringen Menge Säure, die von diesen Bakterien gebildet wird, sondern des von ihnen gleichzeitig in größerer Menge produzierten Labfermentes. Die nachgedickte Milch hat auch meist einen faden, etwas süßlich-fauligen, käsigen Geschmack, der Geruch ist nicht immer unangenehm. Nach P. A. DOWNS ist es (wenigstens in Amerika) hauptsächlich Staphyloc. pyogenes albus und eine Abart davon, welcher das Dickwerden verursacht. Die physikalischen Ursachen des Dickwerdens liegen teilweise in einer ungenügenden Konzentration des Rohrzuckers, wodurch der Vermehrung der vorhandenen Kokken kein Einhalt getan wird. Der Rohrzuckergehalt im Wasser der Kondensmilch soll im Frühjahr mindestens 63,5%, der Zusatz zur frischen Milch rund 20% dieser betragen. Ferner ist von Einfluß darauf der Gehalt der Milch an Eiweißstoffen, insbesondere ihr Gehalt an Albumin. Da um diese Jahreszeit in Amerika die Kühe frischmilchend sind, bei uns in Deutschland die Kühe auf die Weide gehen oder frisches Gras erhalten, in welch beiden Fällen der Eiweißgehalt etwas vermehrt ist, so ist die Neigung zum Dickwerden in dieser Zeit leichter vorhanden. Wichtiger ist, daß mitgelieferte Kolostrummilch die Ursache des Dickwerdens sein kann, ebenso eine unzweckmäßige Vorwärmung. Daß diese mit einer Dauererhitzungstemperatur oder besser durch eine momentane Erhitzung auf 110 bis 112° C erfolgen soll, ist schon ausgeführt. Schließlich kann eine zu hohe Temperatur der Vakuumpfanne ein nachträgliches Dickwerden begünstigen, besonders wenn sie bei Schluß der Kondensierung noch einige Zeit auf das Produkt einwirken kann. Man tut gut, gegen Schluß der Arbeit an der Vakuumpfanne die Temperatur etwas zu vermindern, etwa auf 55° C, und die Kondensmilch so rasch wie möglich abzulassen und der Kühlung zuzuführen. Eine Prüfung darauf, ob ein Kondensat einem späteren Dickwerden verfallen wird oder nicht, läßt sich in der Weise anstellen, daß man eine Anzahl Dosen einige Wochen im Brutschrank bei 38° C hält. Nach den Erfahrungen A. MIYAWASKIS besitzt eine Kondensmilch, die innerhalb 3 Wochen dick wird, keine längere Haltbarkeit als 6 Monate; soll eine Kondensmilch jahrelang haltbar sein, so muß sie im Brutschrank länger als 9 Wochen unverändert bleiben.

Auch der Fettgehalt ist von Einfluß: Kondensmilch aus fettarmer Milch wird leichter dick als solche von normalem Fettgehalt. Dieser soll in der frischen Milch nicht unter 3% betragen. Der wichtigste Faktor für die Vermeidung eines Nachdickens — der Erhaltung der Stabilität, wie sich die Amerikaner ausdrücken — ist neben dem Gehalt an Albumin, der durch die Vorwärmung reguliert wird, der richtige Gehalt der Milch an Kalk und Magnesium in der Form von Zitraten und Phosphaten. Nach H. H. SOMMER setzt die Stabilität der Kondensmilch ein gewisses Gleichgewicht in den Salzen voraus, insbesondere verursacht ein Überschuß von Kalk leicht eine Koagulation. Man setzt deshalb schon ziemlich allgemein in den Wintermonaten, wo das Nachdicken häufiger ist, und wo der Zitronensäuregehalt der Milch niedrig, der an Kalk aber höher ist, dieser etwas Natriumzitrat oder besser noch Dinatriumphosphat (4 bis 10 Unzen auf 100 englische Pfund = 114 bis 284 g auf 45,4 kg) zu.

Klumpige Kondensmilch. Nicht selten ist die Kondensmilch klumpig. In diesem Fall ist die sirupöse Flüssigkeit von feinen oder auch gröberen weißen, meist aber gelblichen, weichen Klümpchen bzw. Klumpen durchsetzt. Die feineren Klümpchen lassen den Sirup beim Ablaufenlassen von einem Löffelchen ungleichmäßig erscheinen, sie sind am besten daran zu erkennen, daß der Sirup in Kaffee gegeben, diesem ein grießiges Aussehen erteilt, wie wenn saurer Rahm hinzugefügt wäre. Die Ursache der Klumpenbildung ist fast durchweg Säure: entweder war die Milch säuerlich oder die Röhren und die sonstige Ausrüstung sind unsauber gehalten — die Knötchen finden sich dann besonders im ersten Sud des Tages —, oder es ist etwas Säure vom Verlöten der Dosen her in das fertige Produkt gekommen. Ein anderer Grund ist auch der, daß die Lieferungsmilch, namentlich der Kalbe- und Frischmilchzeit, leicht Kolostrum oder noch nicht normale Milch enthält, und daß sich die Kolostrumkörperchen und das geronnene Albumin und Globulin zusammenballen.

Das beim Verlöten der Dosen benützte Lötwasser enthält gewöhnlich Säure, von der Reste trotz Wegwischens an der Lötnat haften bleiben, welche dann eine Gerinnung und Bräunung des umgebenden bis selbst des gesamten Doseninhaltes bewirken. Dazu kommt der oben schon erwähnte Umstand, daß die Säure das Zinn unter Bildung von Zinnwasserstoff angreift, und daß auch dadurch Gerinnung und Bräunung verursacht wird. Aber auch der zur Lösung von Harz benützte denaturierte Alkohol mit seinem Gehalt an Aldehyd- und Pyridinbasen gibt Veranlassung zur Verdickung und Bräunung der Kondensmilch, ja zur Bildung einer förmlichen Schmiere an der Naht der Dose bzw. an den Rändern, am Boden oder Deckel.

Dickere Knoten, sogenannte **Knöpfe**, bestehen aus Käsebruch oder Quarg und sind von fester oder käsiger Beschaffenheit, weißlich bis gelb bis rötlichbraun. Nach ROGERS, DAHLBERG und EVANS werden sie von einem Schimmelpilz, Aspergillus repens, gebildet, der sich in der Apparatur für die Kondensierung, insbesondere im Kühler und in den Kühlbehältern einnistet, und so mit in das fertige Produkt gelangt. Es ist deshalb peinlichste Reinhaltung und möglichst oftmalige Ausdämpfung der ganzen Apparatur wie auch eine Sterilisierung der Dosen (und Kannen) notwendig. Die letztere läßt sich praktisch durchführen, indem man die Dosen mit der Öffnung nach oben durch einen mit einer Reihe von Gasflammen erhitzten Behälter hindurchführt. Auch ein Luftentzug vor dem

Zulöten der Dosen und die Aufbewahrung bei niedriger Temperatur (unter 10° C) soll die Knopfbildung verhüten, mindestens einschränken. In Europa scheinen die Pilze Aspergillus glaucus und Catenularia fuliginea die Stelle des Aspergillus repens zu vertreten (S. KNUDSEN).

Das sogenannte **Bombieren** der Dosen hat seinen Grund in der Bildung von Gas, entweder von seiten der oben erwähnten kleinen, hochprozentige Zuckerlösungen vergärenden Hefe oder vielleicht auch — bei warmer Lagerung — einer anaeroben (Buttersäure-) Bakterie und ferner durch größere, in der Dose durch überlebende Milchsäurebakterien entstandene Mengen Milchsäure und von dieser entwickelte größere Mengen Zinnwasserstoff. ROGERS und CLEMMER haben auch Bakterien der Art von Bacterium aerogenes in bombierter Kondensmilch gefunden. In weitaus den meisten Fällen rührt die Gärung von Hefen her, die in hochprozentiger Zuckerlösung zu wachsen vermögen. Nach SAVAGE und HUNWICKE kommt es nicht bloß auf die Anwesenheit solcher Hefen an, sie müssen vielmehr vor der Füllung in die Dosen Gelegenheit gehabt haben, sich stark zu vermehren, so daß, da sie nun in anaerobe Verhältnisse kommen — wenigstens nachdem sie den geringen Vorrat an Sauerstoff in der Dose verbraucht haben —, nur noch ihre Invertase und Alkoholase zu wirken braucht, um einen Teil des Zuckers zu vergären. Solche Gelegenheit ist ihnen gegeben, wenn das fertige Produkt nicht gleich eingefüllt wird, sondern erst am nächsten Tag, denn die Luft in Kondensfabriken ist ziemlich mit Hefen und deren Sporen erfüllt, wenn die Röhren und Gefäße nicht genügend rein gehalten sind und die Hefen schon in großer Menge mit diesen Verunreinigungen in die Milch gelangen. Wohl am ausgiebigsten ist das der Fall, wenn der zur Süßung verwendete Zucker feucht und dumpfig wird und wenn er nicht vor Fliegen, Bienen, Ameisen usw. geschützt wird. Ein Bombieren, wie überhaupt eine Infektion mit allen möglichen Mikroorganismen tritt auch leicht ein, wenn die Dosen nicht verlötet sind und wenn durch starken Temperaturwechsel und die dadurch bewirkte Zusammenziehung und Ausdehnung des Metalls Undichtigkeiten an den Verschlüssen entstehen; ferner auch wenn die Verlötung mangelhaft ist oder beim Temperaturwechsel sich ablöst.

Ungezuckerte Kondensmilch, evaporierte Milch

1. Herstellungsweise und Sterilisierungsvorgang

Die Herstellungsweise ist im allgemeinen die gleiche wie bei der gezuckerten Kondensmilch, nur hat man für die ungezuckerte seit mehreren Jahren die kontinuierliche Eindickung eingeführt. Diese erfolgt im Verhältnis von 2 bis 2¼ : 1; in Europa wird meist stärker, vielfach im Verhältnis von 2,7 : 1 eingedickt. Die in Amerika bestehende Vereinbarung fordert 7,8% Fett und 25,5% Gesamttrockenmasse. Der oben schon erwähnte Ausschuß für Milchdauerwaren des Deutschen Milchwirtschaftlichen Reichsverbandes fordert für ungezuckerte Kondensmilch mindestens 7,5% Fett und mindestens 24,5% Gesamttrockenmasse.

Die Haltbarkeit wird hier nicht durch den osmotischen Druck des größeren Zuckergehaltes erzielt, sondern durch eine nachfolgende Erhitzung der in Dosen abgefüllten eingedickten Milch mit Hilfe besonderer Sterilisierungsapparate. Das Wesentliche bei dieser Fabrikation ist also die Methodik der Sterilisierung.

Im einzelnen ist folgendes zu erwähnen. Die Milch wird mit Bezug auf das Verhältnis von Fett zu fettfreier Trockenmasse ebenso eingestellt wie für die Kondensierung mit Zucker. Die Vorwärmung geschieht ebenfalls meist bei 95° C und hat hier den Hauptzweck, durch die vorherige Härtung der Eiweißstoffe ein späteres Ausscheiden und Nachdicken bei der nachfolgenden Sterilisierung zu verhüten. Deshalb ist hier eine Vorwärmung durch Dauererhitzung nur dann am Platze, wenn sie bei 80° C vorgenommen wird, damit das Albumin der Milch möglichst vollständig zum Gerinnen gebracht ist. Auch die Temperatur von 95° C hält man, je nach der Beschaffenheit der Milch, 5 bis 10 Minuten an.

Nach A. LEIGHTON und E. F. DEYSHER erreicht die Stabilität (Haltbarkeit ohne Nachdickung) ihr Maximum bei einer Vorwärmung auf etwa 95° C und vermindert sich wieder bei einer solchen auf 110 bis 120° C (entgegen den Verhältnissen bei gesüßter Kondensmilch; siehe auch die Ausarbeitung von F. KIEFERLE I, 1, III, 1). In manchen Fabriken wird die Milch im Vakuum überhitzt, bevor sie abgelassen wird, gerade in der Absicht, Albumin und Kasein der Milch teilweise zu verdichten, um zu verhindern, daß dieses in unerwünschter Form bei der Sterilisierung geschieht. Auch will man dadurch die Aufrahmung der Kondensmilch möglichst vermindern, was aber nunmehr in viel vollständigerem Grade durch das Homogenisieren der Kondensmilch geschieht. Diese Überhitzung erfolgt in der Vakuumpfanne selbst nach fertiger Eindickung mittels Einleitung von direktem Dampf in die Kondensmilch mit Hilfe eines Rohres, dessen Ende zu einem kurzen Zylinder mit vielen kleinen Löchern erweitert ist.

Die in gewöhnlicher Weise kondensierte Milch ist nicht wie gezuckerte Kondensmilch schleimig und sirupartig, sondern erscheint wie eine fettreiche Milch oder ein dünner Rahm. Man erwartet immerhin einen gewissen Grad von Viskosität von ihr, der aber von einer ganzen Reihe von Faktoren abhängig ist und dem gewöhnlich durch Zusatz einer genau zu berechnenden Menge von doppeltkohlensaurem Natron oder neuerlich von Dinatriumphosphat nachgeholfen wird (darüber siehe weiter unten). Um ein Aufrahmen ganz zu verhindern, wird sie nochmals homogenisiert. Man nimmt an, und die Erfahrung der Kondensfabriken bestätigt es, daß damit die Viskosität der Kondensmilch erhöht wird. G. WIEGNER (Kolloid-Zeitschrift, S. 105, Zürich 1914) erklärt es damit, daß ein Teil des Kaseins der Milch (und zwar 25,2% davon gegenüber 2,27% in der unhomogenisierten Milch) von der außerordentlich vermehrten Oberfläche der von durchschnittlich 2,9 μ auf 0,27 μ Durchmesser verkleinerten Fettkügelchen adsorbiert wird. Die Abkühlung der Milch erfolgt mit einem gewöhnlichen Wasserkühler auf gewöhnliche Temperatur, wenn der Abzug auf Dosen noch am gleichen Tage geschieht, dagegen auf niedrige Temperatur (etwa 1° C), wenn dieser erst am darauffolgenden Tag vorgenommen wird. Besser ist das erstere, dem dann auch gleich die Sterilisierung folgt. Für die Füllung und Verschließung der Dosen gibt es jetzt automatisch arbeitende Apparate.

Für die **Sterilisierung** kommen 2 Arten von Apparaten in Betracht. Die eine davon, der intermittierend arbeitende Erhitzer, das heißt Satz- oder Suderhitzer, ist so eingerichtet, daß die Dosen in geeigneten Drahtkörben auf ein innerhalb eines großen dampfkesselartigen Zylinders drehbares Gerüst gebracht werden, und daß der Dampf mit oder ohne Einschaltung bzw. Mitbenützung von heißem Wasser (das die Dosen voll bedeckt) von unten, das zur Abkühlung dienende Wasser von oben sprühartig auf die Dosen einwirkt (Abb. 11). Die Drehung des Gerüstes darf keine zu rasche sein, denn sie hat ja den Zweck, die Kondensmilch in den Dosen zu mischen, damit sie die Hitze gleichmäßig aufnimmt. Die andere Art von Sterilisierungsapparaten, die kontinuierlich arbeitenden, läßt die Dosen durch 3 Behälter hindurchwandern, durch einen Vorerhitzer, einen Sterilisator und einen Kühler.

Bei der erstgenannten Art von Sterilisatoren, namentlich bei denen, die ohne heißes Wasser arbeiten, kommt es besonders darauf an, daß die Verteilung des Dampfes im Raum eine gleichmäßige ist, damit die Dosen in den verschiedenen

Lagen gleich hoch und gleich lang erhitzt werden. Um dies kontrollieren zu können, werden Probedosen zwischen die anderen gegeben, in deren Deckel ein Maximumthermometer (ähnlich einem Fieberthermometer) eingeschraubt ist (siehe Abb. 12). Die Höhe der Temperatur und die Dauer der Erhitzung hängt sowohl von der Größe der Gefäße ab (die zu 1 Gallon müssen um ½° C höher erhitzt werden als die tall-size-Dosen, diese um ½° C höher als die baby-size-Dosen) wie auch von der Beschaffenheit der Milch nach Land, Gegend,

Abb. 11. Fort Wayne-Sterilisator

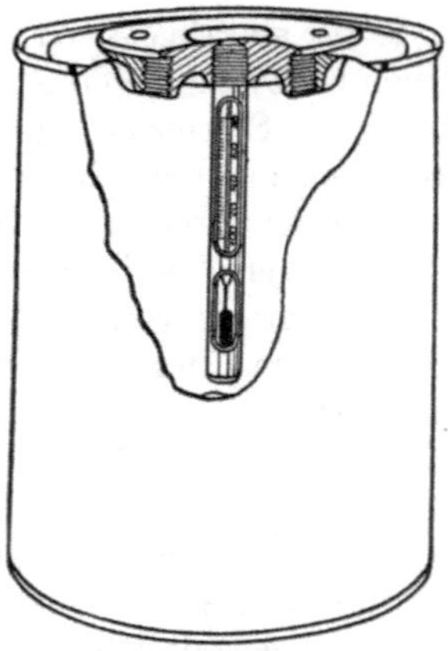

Abb. 12. Probedose mit Maximumthermometer

Laktation usw. und kann nur auf Grund eigener Erfahrung für den einzelnen Betrieb festgesetzt werden. Im allgemeinen hat sich nach den bisherigen, überall gemachten Erfahrungen bei Benützung des noch vielfach üblichen intermittierend arbeitenden Apparates die folgende Arbeitsweise als die richtige ergeben. Man erhitzt auf 115,5 bis 118° C. Die Zeit, in der man diese Temperatur von der Luftwärme an zu erreichen hat, soll nicht weniger als 15 und nicht mehr als 20 Minuten betragen. Im Anfang läßt man das Dampfsicherheitsventil offen, um die im Apparat befindliche Luft mit dem zwischen den Dosen durchstreichenden Dampf auszutreiben. Hat man die Temperatur von 95° bis 100 C erreicht, so schließt man das Ventil und treibt die Temperatur auf 115 bis 116° C. Ist der Erhitzer mit Wasser beschickt, so muß man sehen, diese Temperatur innerhalb 15 Minuten zu erreichen (einschließlich Anwärmung), bei direktem Dampf kann man 20 Minuten gebrauchen, und ferner ist darauf zu achten, daß die Temperatur in der Zeit der Erhitzung unter Druck — in den letzten etwa 10 Minuten — gleichmäßig von Minute zu Minute um 1,5 bis 2° C steigt. Ist die Höchsttemperatur erreicht, so hält man sie an und läßt sie — unter ständiger Umdrehung des Dosengestells im Apparat natürlich — gut 15 Minuten auf die Milch einwirken, dafür sorgend, daß sie nicht über 118° C hinausgeht.

Der Heißhaltung muß eine rasche und gleichmäßige Abkühlung folgen. Dafür befindet sich oberhalb des Erhitzers ein genügend weites Rohr mit mehreren Abzweigungen und Verteilern in der ganzen Länge des Apparates, und insbesondere muß ein genügender Vorrat von kaltem Wasser vorhanden sein. Sofort nach Beendigung der Erhitzung (Abschluß des Dampfventils) werden sämtliche Abzugsröhren geöffnet und das Wasser zugelassen, bis eine Abkühlung auf ungefähr 25° C erfolgt ist, was die Zeit von nicht mehr als 15 Minuten beanspruchen soll. Bei großen (1 Gallone) Dosen geht die Abkühlung etwas langsamer vor sich.

Die früher angewandte Methode der fraktionierten Sterilisierung hat man verlassen; man benützt sie nur noch zu Zeiten, in denen die Milch nicht ganz normal ist. Man erhitzt dabei wenig über 100° C, läßt die Temperatur, wenn sie in der Dose erreicht ist, nur kurz einwirken, kühlt rasch auf etwa 25 bis 30° C ab und wiederholt dies 2- bis 3-mal.

Wenn die Milch vom Erhitzer kommt, ist sie in ihrer Beschaffenheit, insbesondere mit Bezug auf Ausscheidungen, die durch das Erhitzen herbeigeführt sind, etwas ungleichmäßig, es ist deshalb vorteilhaft, sie durch Schütteln zu mischen. Auch dafür hat man besondere Maschinen. Es darf höchstens 2 Minuten lang geschehen, da ein längeres, etwa 5 Minuten anhaltendes Schütteln unfehlbar eine käsebruchartige (curdy) Beschaffenheit der Kondensmilch verursachen würde und ihr außerdem ihre Viskosität nimmt. Es muß auch bei gewöhnlicher Temperatur vorgenommen werden.

Nach dem Schütteln wandern die Dosen in den Aufbewahrungsraum, wo der Satz bei gewöhnlicher oder etwas höherer Temperatur (25° C) wenn möglich 3 bis 4 Wochen beobachtet wird, ob die Milch haltbar ist oder irgendwelche Fehler hat oder ob sich undichte Dosen dazwischen befinden. Es ist nicht gut, eine der Brutwärme nahe Temperatur anzuwenden, da das Produkt dann leicht nachdunkelt, seine Viskosität verliert und weil leicht Ausscheidungen von zitronensaurem Kalk entstehen.

Wie oben schon erwähnt, wird im Handel auf einen gewissen Grad von **Viskosität** der ungezuckerten Kondensmilch Wert gelegt. Unter den Faktoren, welche auf den Grad der Viskosität nach dem Eindicken und nach dem Sterilisieren von Einfluß sind, kommt zunächst der Säuregrad der frischen Milch in Betracht. Je höher dieser ist, desto früher tritt eine Koagulation ein und desto niedriger muß die bei der Sterilisation angewandte Temperatur genommen werden. Der natürliche Säuregrad der Milch entspricht der Menge von 0,10 bis 0,17% Milchsäure (nach Flemming und Nair 0,136%) und übersteigt nur selten die von 0,18%, so daß man annehmen darf, daß ein Überschuß durch Milchsäuregärung entstanden ist. Bei dem Einfluß, den Milchsäurebakterien und die übrigen in der Milch vorkommenden Bakterien auf deren Beschaffenheit haben, ist nicht zu vergessen, daß viele von ihnen auch durch ein Lab- und ein peptonisierendes Ferment wirken, und daß diese Fermente, insbesondere das erstere, sehr mitbestimmend für die durch die Sterilisierung herbeigeführte Viskosität sind. Am wichtigsten aber ist unter normalen Verhältnissen, das heißt wenn die Milch nicht zu sehr unter falscher Behandlung gelitten hat, ihr Gehalt an Kasein und Albumin, der bekanntlich je nach der Laktation der Tiere verschieden groß, bei frischmilchenden Kühen am niedrigsten, bei altmilchenden hoch und in der Kolostrummilch am höchsten ist. Da dieser Übergang in der Laktation sich gerade im Spätherbst und Winter abspielt, so ist in dieser Zeit besonders acht zu geben. Es spielt aber auch das Verhältnis der verschiedenen Salze untereinander und zu dem an Kasein gebundenen Kalk, in welchem Verhältnis ein gewisses Gleichgewicht bestehen muß, eine nicht unwichtige Rolle, und zwar weil ein Überschuß an Kalk und Magnesium die Koagulationsfähigkeit fördert, ein solcher an phosphorsauren und zitronensauren Salzen sie, wie auch die Viskosität, vermindert.

Während der Gehalt an den Eiweißstoffen durch die Vorwärmung reguliert werden kann, kann dies beim Säuregehalt und bei einem mangelnden Gleichgewicht der Salze durch einen Zusatz von doppeltkohlensaurem oder zitronensaurem Natron geschehen. Ein solcher Zusatz bedeutet genau genommen freilich eine Zuwiderhandlung gegen das Nahrungsmittelgesetz, auf der anderen

Seite verlangt aber der Verbraucher und durch ihn der Handel eine gewisse Beschaffenheit des Produktes, die auf anderem Wege, in den gewöhnlichen Fällen wenigstens, nicht zu erreichen ist. Daher ist es seit langem Gebrauch, der Viskosität der ungezuckerten Kondensmilch durch einen minimalen Zusatz eines der genannten Salze vor der Sterilisierung nachzuhelfen. Doppeltkohlensaures Natron eignet sich dazu weniger, weil es, wie in I, 1, III, 1 ausgeführt ist, die Gefahr des Nachdickens in sich birgt. Wenn es aber verwendet wird, liegt es im eigenen Interesse, — weil sonst das Produkt unansehnlich bis gelb wird und schlechten Geschmack bekommt — den Zusatz nur äußerst gering zu bemessen; auch darf er insbesondere nicht willkürlich sein, sondern muß sich nach der Beschaffenheit der frischen und der aus ihr hervorgegangenen kondensierten Milch richten. Wenn man richtig verfahren, also sein Ziel erreichen will, ohne Gefahr zu laufen, daß man zuviel tut, muß man jeden Kondensmilchsatz vor der Sterilisierung einer Prüfung unterwerfen, um festzustellen, wie groß der Zusatz eines der genannten Salze sein darf, um eine gewisse Standardviskosität zu erzielen.

Diesem Zweck dient die in Amerika eingeführte Mojonier-Methode. Sie setzt sich zusammen aus der Zugrundelegung eines vereinbarten Verfahrens der Sterilisierung mit Bezug auf Temperatur und Zeit, aus einer Vereinbarung für den Viskositätsgrad der vom Sterilisator kommenden Kondensmilch und aus einer vereinbarten Methode der Festsetzung derjenigen Menge Zusatzsalz, welche für die Erreichung des oben genannten Zweckes notwendig bzw. aus einer Methode zur Prüfung der unsterilisierten Kondensmilch, ob ein solcher Zusatz überhaupt nötig ist. Sobald nach der Prüfung feststeht, ob und wie groß der auf 1000 Teile Kondensmilch kommende Zusatz sein darf, wird die Menge des Salzes in wenig Wasser gelöst und in entsprechender Menge zu der in den sogenannten storage tanks befindlichen Kondensmilch zugegeben und diese mehrere Stunden in denselben verrührt. Zweckmäßiger noch hat es sich erwiesen, einen Teil des Zusatzsalzes der Milch schon vor dem Vorwärmen und Kondensieren zuzugeben und den Rest später vor dem Sterilisieren.

Die **offene Gebrauchsmilch** (bulk milk) wird, wie oben angegeben, teils für die Rahmeis- (icecream-) Fabriken hergestellt, teils in Milchflaschen abgezogen und unsterilisiert (und ungezuckert) an den Verbraucher abgegeben. Der Eindickungsgrad ist 3 bis 4 : 1, sie ist also konzentrierter als die ungezuckerte Dosenmilch und deshalb auch dicklicher: „leberdick“. Sie hat sich in Amerika sehr gut eingeführt. Die dazu verwendete Milch ist von der üblichen Qualität. Sie wird auf 65 bis 71° C vorgewärmt und dem Kondensationsapparat — am zweckmäßigsten verwendet man die kontinuierlich arbeitenden Apparate — zugeführt. Wenn die Eindickung nahezu vollendet ist, wird die Milch noch im Kondensor, aber unter Abstellung der Vakuumpumpe, durch Einblasen von Dampf mittels eines besonderen Dampfrohres, des Überhitzers, bis auf 82 bis 93° C erhitzt, wie man sagt, überhitzt. Sie soll dadurch die erwünschte dicklichere Beschaffenheit erhalten. Bei Vollmilch, die man auf das Verhältnis 3 : 1 bringt, soll sie bei 48,8° C etwa 10 (8 bis 11) Grad Beaumé betragen, bei Magermilch, die man auf zwischen 3 bis 4 : 1 eindickt, bei 48,8° C 14 bis 18 Grad Beaumé. Höher als 4 : 1 mit der Eindickung zu gehen, ist nicht ratsam, weil das Produkt sonst grießig wird. Die Kühlung erfolgt in dem unter den Pasteurisierapparaten als Erhitzer erwähnten sogenannten coil vat. Wird sie nicht sofort verbraucht, muß sie im Kühlraum bei unter 1° C aufbewahrt werden.

2. Fehler an der evaporierten Milch

Säuerlich-bitter. Nicht selten ist der Inhalt von mehreren Dosen des gleichen Sudes zu einer weichen, teigigen Masse geronnen, die einen säuerlichen, mildkäsigen Geschmack hat, manchmal auch schwachbitter ist. In solchem Falle sind entweder die Nähte oder die Deckel der Dosen undicht, so daß Milchsäurebakterien (und andere Bakterien) in das Kondensprodukt geraten, oder der Satz ist beim Sterilisieren ungleichmäßig, das heißt ein Teil ungenügend erhitzt worden infolge ungleicher Verteilung des Dampfes im Apparat.

Nach den Untersuchungen von B. W. HAMMER und auch von HUNZIKER und CORDES fand sich in solcher geronnenen Milch immer eine stäbchenförmige Milchsäurebakterie vor, von HAMMER Bacterium coagulans genannt, welche eine Menge von 0,86 bis 1,50% Milchsäure zu produzieren und in Milch einer 10 Minuten langen Erhitzung auf 80° C zu widerstehen vermag. Der geronnene Inhalt solcher Milch ist oft stark bitter und ist begleitet von ebensolchem Serum. Auch dann handelt es sich um die Wirkung von Bakterien, die infolge einer ungleichmäßigen Erhitzung beim Sterilisieren überlebend geblieben sind. Bisher sind 3 Arten solcher Bakterien bekannt geworden. Die eine von HUNZIKER gefundene Art ist ein fakultativ anaerobes Stäbchen, vermutlich sporenbildend. Die andere Art ist von HAMMER als Bacillus amarus beschrieben; es ist ein dünnes Stäbchen, das in evaporierter Milch eine schwache Säuerung, aber einen ausgesprochen bitteren Geschmack und bei längerer Bebrütung ein festes Koagulum hervorruft und einer 10 Minuten langen Erhitzung auf 80° C widersteht. Eine dritte Art ist von SPITZER und EPPLE gefunden, sie ist nach ihrer Meinung dem Bacillus panis MIGULA (von LAWRENCE und LAUBACH beschrieben) ähnlich. Sie ist ein unbewegliches Stäbchen von 0,4 bis 20 μ groß, mit abgerundeten Enden; es bildet Sporen zumeist in der Mitte des Stäbchens und ist sehr hitzebeständig. Die genannten Entdecker stellten fest, daß es einer 8 — aber nicht mehr einer 10 Minuten — langen Erhitzung auf 121° C widersteht. Die Bakterie hat ein starkes proteolytisches Vermögen, so daß es die Milch auflöst, ohne sie vorher labartig zum Gerinnen zu bringen, Gas wird nicht erzeugt.

Das **Dickwerden** tritt auch an der evaporierten Milch leicht auf und es hat die gleichen Gründe wie bei der gezuckerten Kondensmilch.

Ein anderer Fehler ist die Abscheidung von weißlichen, körnigen **Salzkonkretionen** innerhalb der sirupösen Flüssigkeit und, was häufiger, am Boden der Dosen. Es sind das Salzausscheidungen, bestehend aus dreibasisch phosphorsaurem Kalk und Magnesium und Trikalziumzitrat, sie lösen sich nicht wieder auf (TH. HENKEL). Sie finden sich besonders leicht in der stärker konzentrierten (3 : 1) Kondensmilch, ebenso auch in solcher Kondensmilch, die etwas stark erhitzt ist, weshalb man sie in bräunlich gefärbter Milch öfter findet, sowie auch in solcher, die bei etwas hoher Temperatur lagert. Die Lagerungstemperatur soll am besten 6 bis 8° C betragen.

Aufrahmen. Eine nicht homogenisierte Kondensmilch rahmt beim Stehen auf und dieser Rahm buttert beim Transport durch das ständige Schütteln leicht aus. Es kommt aber auch bei homogenisierter Kondensmilch vor, daß sie diese Fehler zeigt, dann liegt die Ursache eben an einer mangelhaften Arbeit der Homogenisiermaschine. Empfehlenswert ist immer ein öfteres Umdrehen der lagernden Dosen.

Auch ein Fall von **fischiger** Milch ist beobachtet, und zwar durch HAMMER, der als Ursache ein kleines 1 bis 2,1 μ langes und 0,6 bis 0,8 μ dickes, nicht sporenbildendes, wenig hitzebeständiges Stäbchen erkannte. Es macht in Reinkultur die Milch schwach säuerlich, bildet wenig Gas, ruft aber binnen

3 Tagen bei Zimmertemperatur einen deutlich fischigen Geruch hervor. Es verflüssigt die Gelatine und löst das Kasein der Milch auf. HAMMER stellt es zur Proteusgruppe und hat ihm den Namen Bacillus ichthyosmius gegeben.

Das **Bombieren** der Dosen, also das Auftreten von Gärungen mit starker Gasbildung, stellt sich bei der ungezuckerten Kondensmilch erfahrungsgemäß noch öfter ein als bei der gezuckerten Kondensmilch. Es wird sowohl von Aerobiern z. B. von Kolibazillen und Hefen wie auch von Anaerobiern, Buttersäurebakterien, insbesondere Bacillus putrificus mit seinen Modifikationen Plectridium foetidum und Plectridium novum, verursacht. Ein Auftreiben der Dosen mit ungezuckerter Kondensmilch kann auch hervorgerufen werden, wenn das Erzeugnis alt wird und durch die in der Milch vorhandene Säure, die an und für sich beim Sterilisieren die Verzinnung etwas angreift und streifig und fleckig macht, auch das teilweise bloßgelegte Eisen angreift, wobei, wie oben auseinandergesetzt, sich Wasserstoff entwickelt. Auch können Dosen zum Platzen kommen, wenn sie mit stark gekühlter Kondensmilch gefüllt werden und einen längeren Transport oder längere Aufbewahrung in heißer Temperatur durchmachen müssen.

Halbfeste Buttermilch

Es ist dies ein Produkt, das durch Eindicken von saurer Buttermilch auf rund $\frac{1}{3}$ ihres Volumens gewonnen wird und das ein ausgezeichnetes und gesundes, nur leider zu teures Futtermittel für Kücken und Leghühner, für Ferkel und Schweine ist, aber auch von Bäckereien, Konditoreien wie im Haushalt für allerlei Zwecke Verwendung findet. Es wird, soweit bekannt, in Europa noch nicht, dagegen in Amerika bereits in großen Mengen, namentlich während des Sommers, hergestellt. Es gibt eigentlich 3 Methoden es zu gewinnen. Die eine ist die, daß in die in Fässern gesammelte Buttermilch einige Stunden hindurch direkter Dampf eingeleitet wird, bis sie kocht, worauf sich das Kasein zu Boden setzt und das überstehende Buttermilchserum abgelassen wird, die zweite Methode ist die, daß man zur Trennung des Kaseins und des Serums Zentrifugen verwendet, wie sie bei der Milchzuckerfabrikation und in den Wäschereien gebraucht werden. In beiden Fällen gehen die im Buttermilchserum enthaltenen Stoffe: Milchzucker, Milchsäure und Salze, verloren. Man ist deshalb zur Entfernung des Wassers durch Eindicken in der Vakuumpfanne übergegangen (3. Verfahren), benutzt aber am besten wohl einen 3-Stufen-Vakuumapparat, indem der Dampfschwaden von der auf etwa 95° C erhitzten Flüssigkeit in der ersten Pfanne zur Erwärmung der Flüssigkeit in der zweiten und der Brüden dieser für die Erwärmung in der dritten Pfanne dient.

Die eingedickte halbfeste Buttermilch besitzt ungefähr 27 bis 28% Trockenmasse (schwankend zwischen 25 und 33%) mit etwa 1 bis 2% Fett, 9 bis 10% Eiweißstoffen, 10 bis 12% Milchzucker, 1,5 bis 2% Asche und 4,3 bis 5% Milchsäure.

Die Eindickung genügt, wenn eine aus der Pfanne genommene und in einem Becher befindliche Probe des Produktes (bei einer Temperatur von etwa 48 bis 49° C) beim Aufheben mit einem Stock oder Löffel und Zurückfließen in den Becher sich nicht gleich wieder verteilt, sondern in Häufchen aufeinander türmt. Neuerlich wird in Amerika, von wo die Bereitung der halbfesten oder kondensierten Buttermilch ausgeht, mehr noch als Buttermilch gesäuerte Magermilch für den oben genannten Zweck in der geschilderten Weise zubereitet. Die Säuerung der Magermilch führt man am besten durch einen reinen Säurewecker, also auf dem Wege einer Reinkultur, herbei. Für eine vorherige Pasteurisierung zu diesem Zweck benützt man am besten die Dauerpasteurisierung, um die Eiweißstoffe möglichst undenaturiert zu lassen, und die Säurung läßt man außer durch den Streptococcus lactis auch durch das Bacterium bulgaricum oder ein verwandtes Milchsäurelangstäbchen (Bact. acidophilum) und ziemlich weit fortschreiten, bis zu 1,5% Milchsäure und etwas darüber (70 bis 75° S. H).

Die Verpackung und der Vertrieb erfolgen in verschieden großen Gefäßen: in Dosen, wie in 50-Gallonen-Fässern. In den ersteren hält sich das Produkt gut, in den letzteren überzieht es sich leicht mit Schimmel und verdirbt dann. Man kann das verhüten, wenn man die Oberfläche mit einer bis zum Rand reichenden Schicht Packpapier bedeckt, indem dieses zusammen mit der teigigen Masse des Produktes einen guten Luftabschluß bildet.

Eine als **Blockmilch** bezeichnete Dauermilch ist schnittfeste Milchpaste mit Zucker und einem Fettüberzug. Sie soll wenigstens 12% Fettgehalt und nicht mehr als 14 bis 16% Wasser enthalten. Der Fettüberzug darf nicht mehr als 2% der Gesamtmasse betragen (Beschluß des Ausschusses für Milchdauerwaren des Deutschen Milchwirtschaftlichen Reichsverbandes vom Februar 1928).

Literatur

Zusammenfassende Schriften:

EBERLEIN, L.: Die neueren Milchindustrien. Dresden u. Leipzig: Th. Steinkopff. 1927.

HUNZIKER, O. F.: Condensed milk and milk powder, 4. Aufl. La Grange. Illinois (U. S. A.): 1926.

SCHÄCHTERLE, E.: Vakuum-Eindick- und Verdampfapparate für die chemische und verwandte Industrie. Berlin: Maetzig. 1926.

Einzelschriften

ANDREWS: Bacteria of condensed milk. Zentralbl. f. Bakteriol. usw., II. Abt., 41, S. 266. 1914.

BARTHEL, CHR.: Zeitschr. f. Gärungsphysiol., 6, S. 65. 1917.

DEMETER, K. J.: Zur bakteriologischen Prüfung von Milchdauerwaren. Südd. Molk. Ztg., 50, Nr. 38, S. 1322. 1929. — DOWNS, P. A.: Rancid flavor in sweetened condensed milk. 1925. — Milchw. Forsch., 3, Ref., S. 48. 1926.

FLEMMING, R. S. and J. H. NAIR: The value of a titration test for acidity at the receiving platform. Journ. of dairy science, 4, p. 6. 1921.

HAMMER, B. W.: Bacterial studies on the coagulation of evaporated milk. Ja. Res. Bull., 19. 1915. — Studies on abnormal evaporated milk. Ja. Res. Bull., 52. 1919. — HENKEL, TH.: Zitronensäure als normaler Bestandteil der Kuhmilch. Die landw. Vers.-Stationen, 39, S. 143. 1891. — HUNZIKER, O. F. and W. A. CORDES: Investigation of a case of sour curdled evaporated milk. Blue Valley Res. Laborat. 1923. — HUNZIKER, O. F. and W. R. WRIGHT: Study of bitter flavor in evaporated milk. Purdue Agric. Exper. Stat. 1910.

KELLY, C. D.: Transact. of the Roy. Soc. of Canada Sect. V., Bd. 20, Teil 2, S. 387. 1926. — KIEFERLE, F.: Zur Standardisierung in der Kondensmilchindustrie. Süddtsch. Molk.- Ztg., 49, Nr. 10, S. 301. 1928. — KNUDSEN, S.: Den kgl. Veterinaer og Landbohojskole Aarsskriff. S. 282. 1911.

LAWRENCE and LAUBACH: Studies on anaerobiotic spore-bearing nonpathogenic bacteria. Journ. Bact., I., p. 493. — LEYTHON, A. and E. F. DEYSHER: Factors influencing the coagulation of milk and the thickening of condensed milk. Proc. worlds dairy congress. 1923. 2. Durch Milchwirtschaftl. Forsch., 2, Ref., S. 113. 1924. — LEIGTHON, A. and C. S. MUDGE: Journ. of biol. Chem., 56, p. 53. 1923. — LEIGHTON, A. and P. N. PETER: Siehe HUNZIKER.

MEURER: Die Sterilisation der Kondensmilch, Molk. Ztg., Hildesheim 42. Nr. 116. 1928. — MIYAWASKI, A.: Bericht für den Milchw. Weltkongreß Washington 1923 durch Milchwirtschftl. Forsch., 2, Ref., S. 110. 1924; Mitteil. d. Dtsch. Milchw. Reichsverbandes, 43, Nr. 3, S. 54. 1928.

PRICE, W. V.: Siehe KIEFERLE.

ROGERS, L. A. and P. W. CLEMMER: A fermentation of condensed milk caused by Bact. aerogenes. Abstr. of Bact., II, 6. 1918. — ROGERS, L. A., DAHLBERG and EVANS: The cause and control of buttons in sweetened condensed milk. Journ. of dairy science, 3, p. 2. 1920.

SAVAGE, WM. F. and R. F. HUNWICKE: Studies in sweetened condensed milk. Food Insp. Board. London. Spec. Rpt., 13. 1923. — SCHÄFFER, FR.: Über die Vergärung von gezuckerter kondensierter Milch und deren hygienische Bedeutung. Diss. Berlin. 1919. — SOMMER, H. H.: Bericht für den Milchw. Weltkongreß Washington 1923 durch Milchwirtschftl. Forsch., 2, Ref., S. 111. 1924. — SPITZER, G. und W. F. EPPLE: Bitterer Geschmack ungezuckerter Kondensmilch. Journ. of dairy science, 3, 1920. Durch W. GRIMMER.

WEIGMANN, H.: Pilzkunde der Milch, II, S. 272. 1924. — Einige bakteriol. Untersuchungen aus der milchwirtschaftl. Praxis. Milchw. Zentralbl., 41, S. 129. 1912.

3. Trockenmilch

Die Idee, Milch zu trocknen, stammt aus der gleichen Zeit wie diejenige, Milch zu kondensieren, nämlich aus der zweiten Hälfte des vorigen Jahrhunderts. Der erste Versuch wurde wohl von GRIMMADE gemacht, der sich sein Verfahren 1855 von der britischen Regierung patentieren ließ. Er fügte zur Milch zwecks besserer späterer Löslichmachung des Kaseins doppeltkohlensaures Natron zu und dampfte sie in offener Pfanne ein, bis sie teigig wurde, worauf er durch Zumischen von Rohrzucker die Masse auftrocknete. Die Mischung wurde dann zwischen Walzen zu Bändern gepreßt und nach weiterem Trocknen pulverisiert. Später wurde die Eindickung statt in offener Pfanne im Vakuum vorgenommen. Das Verfahren war mehrere Jahre im Gebrauch. Erst gegen Ende des vorigen und Anfang des neuen Jahrhunderts hat man der Milchtrocknung erneutes und größeres Interesse geschenkt, so daß die Industrie und der Markt dafür sich wesentlich hoben; einen besonders starken Anstoß hat der Weltkrieg gegeben. In den letzten Jahren ist die Produktion wieder ziemlich zurückgegangen, indem man sowohl im Haushalt — falls man sich wie in Großstädten oder abgelegenen Gegenden auf Konserven eingerichtet hat — wie auch in der Nahrungsmittel-, insbesondere der Schokoladenindustrie wieder mehr zur kondensierten Milch übergegangen ist.

Es gibt 3 Kategorien der Milchtrocknung: a) die Teigtrocknung, b) die Filmtrocknung und c) die Spraytrocknung.

Im Nachfolgenden soll nur derjenigen Verfahren Erwähnung getan werden, welche in der Milchindustrie von Bedeutung geworden sind; ausführliche Aufzeichnungen über die verschiedenen Verfahren und Apparate findet man in den zusammenfassenden Werken von O. F. HUNZIKER und von C. KNOCH.

a) Teigtrocknung

Die erstere Art der Trocknung ist die älteste und unvollkommenste. Das erste vervollkommnete und einige Zeit im Gebrauch befindliche Verfahren ist das von OLE BULL WIMMER in Kopenhagen. Die Milch wurde in einer Vakuumpfanne, die innen statt der Heizrohre ein Rührwerk besaß, bis zu einer etwa

30% Wasser enthaltenden krümeligen Masse konzentriert, die dann ohne weitere Zutaten an der Luft getrocknet wurde.

Das CAMPBELL-Verfahren (J. H. CAMPBELL in New York, Patente vom 19. Februar 1901 und 14. Juni 1914) besteht darin, daß die Milch in einer offenen Pfanne mittels Durchblasens von Luft zu einem hohen Grad von Konzentration, etwa zu der Beschaffenheit von Schlagrahm, eingedickt wird. Diese Teigmasse wird dann mit Hilfe einer Misch- und Zerkleinerungsmaschine in kleine Stücke gebracht, welche schließlich auf Bändern ohne Ende in einer Trockenkammer mit einem unter der Gerinnungstemperatur für Albumin liegenden Wärmegrad getrocknet werden.

b) Filmtrocknung

Bei der Filmtrocknung unterscheidet man 1. die Walzentrocknung an der Luft, 2. die Trocknung im Vakuum. Während bei der ersteren hohe Temperaturen angewendet werden müssen, hat die letztere den Vorzug, daß sie mit niedrigeren Temperaturen auskommt.

1. Als wichtigstes Verfahren der ersteren Art ist das JUST-HATMAKER-Verfahren zu nennen (JOHN A. JUST in Syrakuse N. Y. U. S. A., 4. November 1902); es ist das erste weit bekannte und viel angewandte Filmverfahren. Der Apparat besteht aus 2 horizontalen, mit Dampf auf 115 bis 130° C geheizten Metallwalzen, welche sich gegeneinander mit der Richtung nach unten drehen und sich fast berühren. Auf die Höhlung, die die Walzen oben lassen, fließt die auf Kochtemperatur vorgewärmte Milch, um auf dem Wege einer ¾-Umdrehung in einer dünnen zarten Schicht zur Festigung zu gelangen, worauf diese mittels eines Schiebers von der Walze nach außen in Form eines gelblichen Schleiers abgenommen wird (Abb. 13). Das Verfahren ist von J. R. HATMAKER für Europa angekauft und modifiziert worden und ist seitdem auch in Deutschland als JUST-HATMAKER-Verfahren bekannt und angewendet worden (JAMES R. HATMAKER in London).

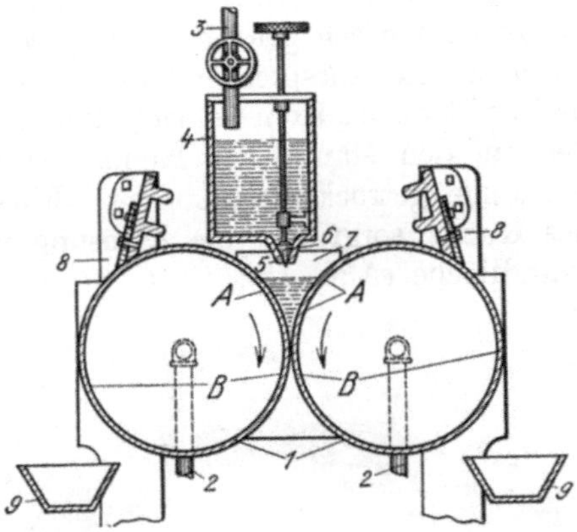

Abb. 13. JUST-HATMAKER-Walzentrockner

In Europa ist das Walzentrocknungsverfahren aber auch selbständig, und zwar durch M. GABLER-SALITER in Obergünzburg in Gemeinschaft mit Chr. H. MEISTER in München ausgebildet worden. Die Besonderheit des MEISTERschen Apparates besteht darin, daß die voreingedickte Milch infolge besonderer Vorrichtung in gleichmäßigem Zufluß und in äußerst dünner Schicht auf die Walzen aufgetragen wird. MEISTER benützt auch ein anderes Metall für die Trockenflächen der Walzen, weil nach der Erfahrung sich die Trockenmilch von den Nickel- bzw. Nickelkobaltlegierungen, aus denen die Trockenflächen hergestellt sind, schlecht abschaben läßt. Er stellt sie aus einer Legierung von Aluminium mit Kupfer und Zinn her und den Abstreicher aus Bein, Horn oder Holz, was auch eine Verunreinigung des Fabrikates mit Metall verhütet. Da man heute den glasemaillierten Stahl hat, so dürfte diese Neuerung auch auf die äußere Schicht der Trockenwalzen ihre Anwendung finden. Ein Vorzug des SALITERschen Verfahrens besteht darin, daß die vollständige Trocknung des auf der Walze bei nur 95° C (und 0,6 bis 0,7 Atm. Dampf) mäßig getrocknete Konsendat erst durch tangential geleitete Luftströme erfolgt, wobei das Trockengut auch zugleich gewendet wird (Abb. 14).

Abb. 14
Milchtrocknungsapparat von GABLER-SALITER

Beim GATHMANN-Verfahren (LOUIS GATHMANN in Washington, 30. Oktober 1906 patentiert) wird nur eine mit Dampf geheizte Walze verwendet. Diese Walze ist konisch geformt und spiralig abwärts gestuft und verläuft in einem Gehäuse, das entsprechend aufwärts gestuft ist. Die Milch wird am oberen breiten Ende des Konus eingelassen und unter allmählicher Eindickung innerhalb der um den Mantel des Konus verlaufenden Stufen weiterbefördert, bis sie am Ende getrocknet ankommt. Eine kräftige Bürste in der unteren Hälfte des Konus sorgt für die Ablösung von der Wandfläche (Abb. 15).

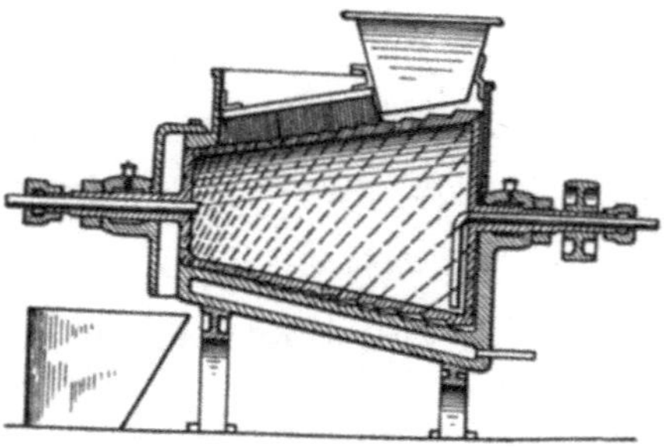

Abb. 15. Walzentrockner von L. GATHMANN

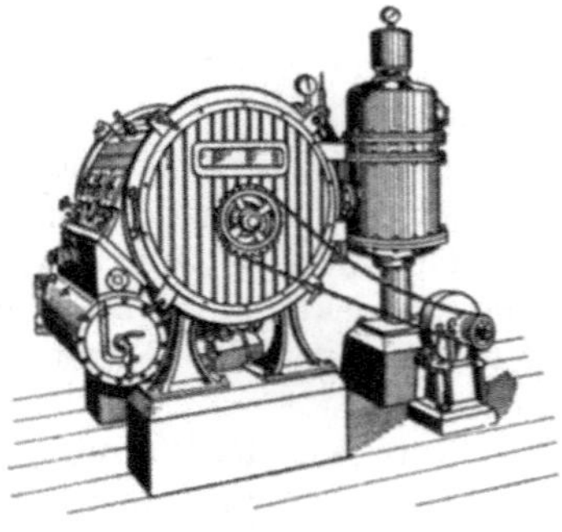

Abb. 16. Walzentrockner mit Exsikkator von EKENBERG

2. Das älteste Verfahren der Walzentrocknung im Vakuum — die beiden vorgenannten Verfahren arbeiten ohne Vakuum — stammt vom Chemiker Dr. C. KNOCH in Stuttgart (1897). Die Trockentrommel befindet sich in einem doppelwandigen, durch Einleiten von Dampf auf gleicher Temperatur wie die Walze gehaltenen evakuierten zylindrischen Kessel. Sie nimmt die Milch aus einer darunter befindlichen Schale auf und trocknet sie in ¾-Umdrehung. Ein Schaber nimmt die Trockenmilch ab, und eine Transportschnecke bringt sie in ein doppelwandiges, ebenfalls beheiztes Sammelgefäß. Die für die Trocknung angewandte Temperatur darf 70° C nicht übersteigen. Das Verfahren hat ein

nur wenig haltbares Produkt ergeben, ebenso das von MARTIN EKENBERG in Stockholm (1899), das längere Zeit insbesondere in den Vereinigten Staaten von Nordamerika in Gebrauch war. Bei diesem Verfahren bewegt sich die Trockentrommel (aus Nickel) ebenfalls in einem evakuierten Behälter, dem „Exsikkator". Die Milch wird zuerst in das Innere der Trommel gespritzt, wo sie vorkondensiert wird, wird dann aus ihr mit Hilfe einer Pumpe herausgenommen und auf die Oberfläche der Trommel geführt, wo sie in ³/₄-Umdrehung getrocknet wird. Sie kommt vom Exsikkator in eine besondere Trockenkammer von etwa 32° C Wärme, wo sie in 1 Stunde so weit getrocknet ist, daß sie gesiebt werden kann. Die Trocknung soll bei 38 bis höchstens 49° C vor sich gehen (Abb. 16). Beim PASSBURG-Verfahren (EMIL PASSBURG in Berlin; in den Vereinigten Staaten von Nordamerika 28. April 1903 patentiert) befindet sich die Trockenwalze in einem Gehäuse, das evakuiert wird. Die Walze taucht in die im unteren Teil des Gehäuses befindliche, mittels Regulators auf gleiche Höhe gebrachte Milch schwach ein, so eine dünne Schicht mitnehmend. Diese wird während des Umganges trocken und auf der anderen Seite mittels Schabers abgenommen. Unter dem letzteren befindet sich ein Behälter, der mit dem Vakuumraum in Verbindung steht und so ebenfalls evakuiert ist. Die Abb. 17 gibt ein Schema der Vakuum-Eintauchtrocknung System E. PASSBURG, jetzt Vakuumtrockner G. m. b. H. Erfurt.

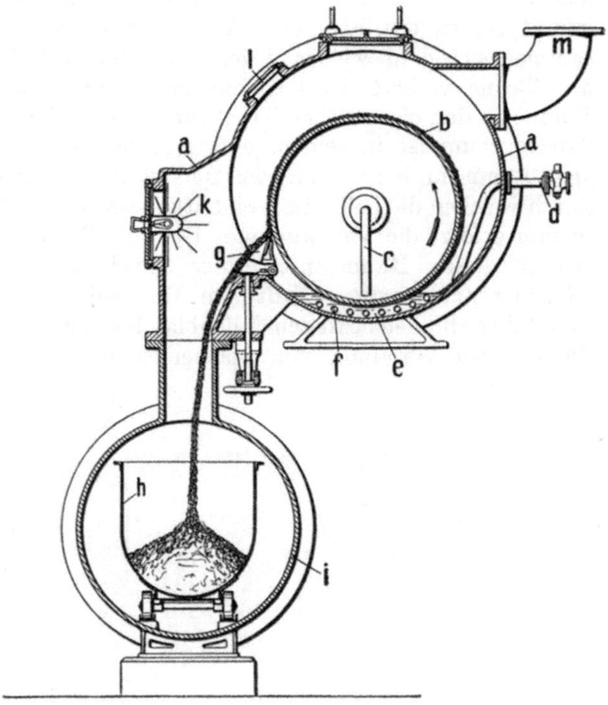

Abb. 17
Schema der Vakuum-Eintauchtrocknung, System E. PASSBURG

Das GOVERS- und das BUFLOVAK-Verfahren — beide in den Vereinigten Staaten patentiert und benützt — beruhen darauf, daß die Milch ähnlich wie beim JUST-Verfahren auf geheizten Trommeln getrocknet wird, nur daß sich diese in einem evakuierten Raum befinden.

c) Die Verstäubungs-, Spray- oder Spritz-Trocknung

Der Gedanke, Flüssigkeiten dadurch zu trocknen, daß man sie in erhitzte Luft hinein verstäubt, stammt von SAMUEL R. PERCY in New York; er ist ihm am 9. April 1872 patentiert worden. Diesem Gedanken brauchbare Form in Anwendung auf Milch gegeben zu haben, ist das Verdienst von ROBERT STAUF aus Posen (D.R.P. vom 29. Januar 1901). Die Apparatur und die Arbeitsweise des STAUFschen Verfahrens ist aus der Abb. 18 leicht zu erkennen. Dieses Verfahren ist dann von der Merrel Saule Co. in Syracuse New York angekauft worden (1905) und diese hat nach Erwerbung eines Zusatzpatentes vom Juli 1907 zuerst die Trocknung von kondensierter Milch für sich in Anspruch genommen.

Die zum Trocknen benützte Luft geht zuerst durch ein mit Tüchern bespanntes Filter, um sie von Staub und Schmutz zu befreien, wird dann mittels Gebläse durch eine mit vielen Heizrippen versehene Heizkammer geführt und tritt in die Trockenkammer. Die in der Vakuumpfanne gut eingedickte Milch wird mittels Druckpumpe durch den Heißluftkanal hindurch ebenfalls in die Trockenkammer geleitet, durch eine Düse fein versprüht und von der heißen Luft erfaßt und sofort getrocknet. Eine bemerkenswerte Modifikation des Spritzverfahrens ist die von GRAY-JENSEN. Das Verfahren stammt aus dem Jahre 1913 und ist durch weitere Patente vervollkommnet. Die Milch wird auf 75 bis 77° C vorgewärmt, sodann in den Kollektor, das ist eine Vorerhitzungskammer, hineingepumpt, wo sie durch mehrere Düsen verstäubt und von der aus der eigentlichen Trockenkammer heraustretenden, noch nicht mit Wasserdampf gesättigten, aber etwa 70 bis 72° C warmen Luft eingedickt wird. Sie sammelt sich dann wieder in dem konischen Teil des Vorerhitzers. Da sie dabei an Wärme verliert, wird sie nochmals auf etwa 75° C gebracht und mittels Pumpe in den eigentlichen Trockenraum eingeführt und dort verstäubt. Dieser Trockenraum ist in seinem oberen Teile zylindrisch und von einem breiten, spiralig um ihn herumlaufenden und seitlich in ihn eintretenden Gang umgeben, durch welchen die heiße Luft eintritt. Der untere Teil ist wieder konisch gebaut; in ihm erfolgt die Verstäubung. Die auf 125 bis 130° C erwärmte Luft durchströmt diesen Raum infolge der spiraligen Führung zyklonartig, erfaßt den Milchnebel und führt die getrockneten Milchbläschen an die konische Wandung, von welcher sie nach unten rutschen.

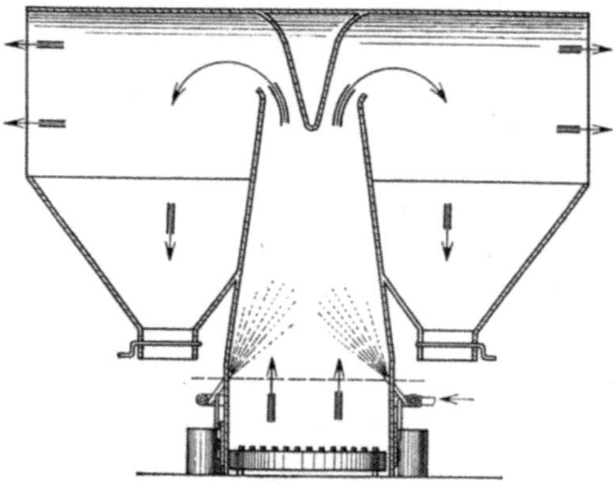

Abb. 18
Verstäubungseinrichtung nach R. STAUF

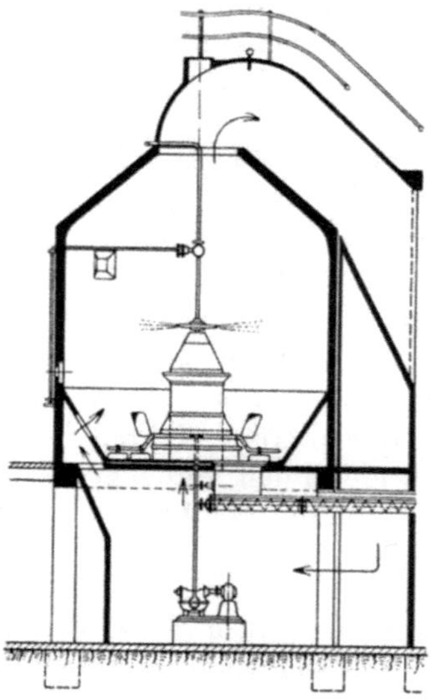

Abb. 19. Trocknungsturm zum KRAUSEschen Milchtrocknungsverfahren

Die bisher größte Vervollkommnung hat das Verstäubungsverfahren durch Dr. G. A. KRAUSE, München, erhalten. Es ist im Jahre 1912 patentiert. Die Trockenkammer besteht aus einem etwas mehr hohen als weiten (Verhältnis etwa 7 m zu 6 m), mit einer Kuppel und mit weißen Porzellankacheln ausgekleideten Turm, auf dessen Boden sich in der Mitte ein Stativ, das Turbinengehäuse, erhebt, auf dessen Scheitel ein schnell rotierender Teller mit 2 Düsen aufsitzt, der die Verstäubung der von oben durch eine Röhre auf ihn auffließenden

Milch besorgt (Abb. 19). Die in üblicher Weise auf 120 bis 130° C erhitzte Luft wird mittels Gebläses in das Stativ geführt, durch das es mit Hilfe von entsprechend gestellten Jalousien in Zyklonen und Wirbeln in den Turm eintritt und die Milchnebelbläschen fast plötzlich trocknet. Diese fallen zum Teil in Form von weichen Schneeflocken zu Boden, wo sie von einem Räumer entfernt werden. Der größere Teil wird von dem Luftwirbel mitgeführt und geht durch den an die Wölbung des Turmes anschließenden Luftkanal nach langen Wollschläuchen, an deren Wänden er sich absetzt, während die Luft hindurchströmt.

Zusammensetzung des Milchpulvers

Das Trockenmilchpulver ist je nach der Art der Herstellung von verschiedener Gestalt. Bei der Teigtrocknung, welche nun allerdings wohl gänzlich aufgegeben ist, erhält man eine bröckelige Masse, die je nach Feinheit der Mahlung ein gröberes oder feineres Mehl ergibt. Bei der Walzentrocknung trägt sich die Milch in dünner Schicht auf die Walzen bzw. Walze auf, so daß die Trockenmilch einen dünnen Film darstellt, der beim Abfallen in das darunter befindliche Gefäß in kleine Stückchen zerfällt, die durch Druck leicht in noch kleinere Stückchen zerlegt werden. Das Pulver besteht dann aus mikroskopisch kleinen Schüppchen, welche unter dem Mikroskop eine streifige und wellige Struktur zeigen (Abb. 6 u. 7, S. 306. I. Bd. 1. Teil). Das beim Zerstäubungsprozeß

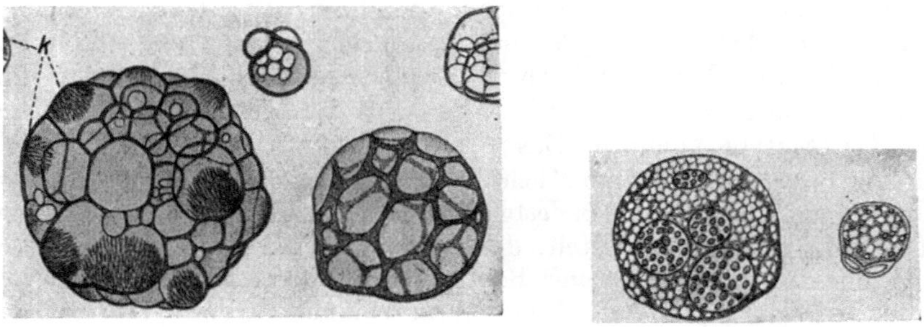

a b

Abb. 20
a) Mager-, b) Vollmilchpulver nach dem Krause-Verfahren (stark vergrößert)
Nach Grieben

gewonnene Pulver setzt sich, wie eine Besichtigung unter dem Mikroskop bei schwacher Vergrößerung erkennen läßt, aus kleineren und größeren, kugelrunden Bläschen zusammen, deren Wandung teils glasig glatt, teils höckerig ist (Abb. 20a u. b) und die in flacher Verteilung und bei Dunkelfeldbeleuchtung eine herrlich schneeweiß glänzende Aufhäufung darstellen. Bei der Verwendung frischer Milch zur Trocknung sind die Wandungen der Bläschen dünn, bei der Trocknung eingedickter Milch sind sie dicker, bei starker Eindickung fast wie Glasperlen, die einzelnen Kügelchen auch schwerer.

Bei den verschiedenen Verfahren, und zwar sowohl bei der Walzen- wie bei der Verstäubungstrocknung, wurde die Milch früher meist uneingedickt verwendet, jetzt wird sie wohl allgemein vorher eingedickt. Dies erfordert eine nicht unwesentlich umfangreichere Einrichtung und daher auch mehr Raum und mehr Kapital, doch stellt sich der Betrieb billiger. Die Erhitzung der Luft erfordert, weil ihre Wärmekapazität eine geringe ist, sehr viel Dampf und daher Feuerung, und ebenso ist ihre Wärmeabgabe eine wenig gute im Vergleich vor allem zur Wärmeabgabe seitens erhitzter Metallflächen (Walzentrocknung). Es ist daher zweckmäßiger, ein kleineres Volumen Milch zu verdampfen als die große Menge Wasser bei der uneingedickten Milch. Ebenso wird wesentlich an Zeit gespart, der Betrieb braucht nicht so lange anzuhalten, etwa nur ¼ der Zeit, die sonst notwendig wäre, weil die Eindickung für diesen Zweck meist im Verhältnis von 4 : 1 erfolgt. Aus dem gleichen Grunde wird an Kraft gespart.

Das Milchpulver von unkondensierter Milch ist sehr lose, fein und voluminös, das von kondensierter Milch dagegen ist körniger, schwerer und nimmt weniger Raum ein. Das ist für die Verpackung sehr erwünscht; es ist das auch deshalb, weil ein weniger voluminöses Pulver sowohl weniger mit Luft durchsetzt ist als auch weniger Luft einschließt, und weil die Luft, wie weiter unten gezeigt werden wird, einen großen Einfluß auf die Haltbarkeit der Trockenmilch hat. K. LENDRICH hat, um diesen Verhältnissen genaueren Ausdruck zu geben, unterschieden zwischen scheinbarem Volumen, stehendem Volumen, wirklichem Volumen und Volumen der eingeschlossenen Luft. (A. HERRMANN schließt sich dieser Einteilung an.) Das scheinbare Volumen entspricht dem Strichmaß oder Hektolitergewicht beim Getreide, also das Volumen, das eine in ein Meßgefäß in üblicher Weise eingefüllte Menge des Pulvers braucht, und zwar auf 100 g umgerechnet. Das stehende Volumen ergibt sich durch den gleichen Vorgang, wobei aber das Pulver durch Rütteln und Aufstoßen des Gefäßes zusammengestaucht wird, bis dieses auch wirklich voll ist. LENDRICH bedient sich zur Bestimmung dieser Werte eines Meßzylinders von 100 cm³ Inhalt mit weitem Hals und eingeschliffenem Glasstopfen, der in einzelne Kubikzentimeter eingeteilt ist. Die Menge von 5 g des in den trockenen Zylinder eingefüllten Pulvers, das nach leichtem Hin- und Herbewegen eine ebene Oberfläche zeigt, gibt das scheinbare Volumen an und nach längerem Aufstoßen bis zu einer bleibenden Höhe das stehende Volumen. Das wirkliche Volumen ist das stehende Volumen nach Abzug der zwischen die Milchteilchen eingeschlossenen Luft. Es wird gewonnen, indem man auf das festgestampfte Milchpulver 30 cm³ Benzin auffließen läßt, gut durchschüttelt, damit alle Luftbläschen entweichen können, die Wände mit weiteren 10 cm³ Benzin abspült und nun das Gesamtvolumen am oberen Meniskus abliest. Von diesem Volumen 40 cm³ (die Gesamtmenge Benzin bei Ablesung des oberen Meniskus) abgezogen, ergibt das wirkliche Volumen. Das Volumen der eingeschlossenen Luft findet man, wenn man von dem wirklichen Volumen das Volumen der Vollmilch- oder Magermilchtrockenmasse, das als 80 bzw. 60 cm³ betragend bekannt ist, abzieht, oder experimentell, indem man zu der eben hergestellten Mischung von Milchpulver und Benzol 50 cm³ einer Mischung aus 1 Teil 96%igem Alkohol und 2 Teilen verdünntem Ammoniak (1 Teil 10%iges Ammoniak und 2 Teile Wasser) hinzufügt und gut durchschüttelt. Das Trockenmilchpulver löst sich dann insoweit auf, daß die Bläschen die eingeschlossene Luft abgeben; das Gesamtvolumen, abzüglich 91 cm³ (Ablesung am oberen Meniskus), ergibt dann das Volumen der Trockenmasse an, das man vom wirklichen Volumen abzuziehen hat. LENDRICH fand die Menge der von den Trockenmilchbläschen eingeschlossenen Luft bei Vollmilch nach vorheriger Eindickung zwischen 10 und 20 Volumenprozent, bei Magermilch zwischen 20 und 30 Volumenprozent, die Menge Luft zwischen den zum stehenden Volumen zusammengedrängten Milchteilchen zu rund 50 Volumenprozent.

Die chemische Zusammensetzung von Trockenmilchpulver gestaltet sich im Durchschnitt einer Anzahl von Proben nach Untersuchungen von RICHMOND, C. HUYGE, LARSEN und WHITE, OTTOKAR LAXA, MERREL SOULE Co, MOJONNIER BROS. CO., K. LENDRICH, J. TILLMANS und R. STROHECKER, wie folgt:

Tabelle 3

	Wasser	Fett	Eiweiß	Milchzucker	Asche
Vollmilch	3,61	27,52	26,61	35,20	5,97
Halbmilch........	5,24	16,54	31,52	40,61	6,70
Magermilch.......	4,12	1,44	35,02	49,67	8,08
Rahm	0,67	62,23	14,58	19,35	3,17

Diesen Mittelzahlen entspricht ein Beschluß des Ausschusses für Milchdauerwaren des Deutschen Milchwirtschaftlichen Reichsverbandes vom 1. Februar 1928, nach welchem Trockenvollmilch einen Mindestfettgehalt von 25% und einen Höchstwassergehalt von 6%, Trockenrahm einen Mindestfettgehalt von 40% und ebenso wie Trockenvollmilch und auch wie Magermilch einen Höchstwassergehalt von 6% enthalten soll.

Löslichkeit und Prüfung darauf

Der Wert und die Brauchbarkeit eines Milchpulvers hängt in der Hauptsache von seiner Löslichkeit ab. Unter Löslichkeit kann bei Milch, die ja selbst keine Lösung, sondern ein Emulsions-Suspensoid ist, natürlich nur eine Wiederherstellung des früheren Zustandes, also eine Wiederherstellung des Kolloidcharakters und früheren Kolloidzustandes der Eiweißstoffe und der Salze wie des Emulsionszustandes des Fettes verstanden werden. Es ist ohne weiteres verständlich, daß diejenigen Gruppen von Verfahren, bei denen hohe Temperaturen angewendet werden, wie die Teigverfahren und insbesondere die Walzenverfahren, den Kolloidzustand der Eiweißstoffe und eines Teiles der Salze stark beeinträchtigen müssen, und daß nur die Zerstäubungstrocknung so ziemlich ein Produkt mit unverändertem Charakter liefern kann, und auch nur dann, wenn die auf die flüssige Milch einwirkende Temperatur nicht zu hoch ist und nicht längere Zeit andauert. Man vermeidet deshalb auch bei der Zerstäubungstrocknung ein Überschreiten der Temperatur von 65° C sowohl bei der Vorwärmung wie bei der Eindickung und bei der Trocknung selbst. Bei dem JUST-HATMAKER-Verfahren haben die Walzen eine Temperatur von 130 bis 140° C, also eine Temperatur, bei welcher das Albumin sicher gänzlich denaturiert ist, und bei welcher das Kasein koaguliert. Bei dem MIGNOT-PLUMEY- und beim GABLER-SALITER-Verfahren steigt die Temperatur nicht über 95° C, sie erhält also wenigstens einen Teil der Eiweißstoffe, insbesondere das Kasein, in undenaturiertem Zustand. E. PHILIPPE, der Leiter des Laboratoriums der Milchwerke Angeln in Kappeln (Schleswig-Holstein), schreibt die Unverändertheit des Kolloidzustandes der Milchbestandteile beim Zerstäubungs-, insbesondere auch beim KRAUSE-Verfahren, dem Umstande zu, daß bei der Kleinheit der Nebelbläschen die Wärme der Heizluft nicht ausreicht, um die plötzliche Trocknung herbeizuführen, sondern daß die vorgewärmten Milchteilchen selbst noch Wärme für die nötige Verdampfung des Wassers abgeben und die Trocknung so bei verhältnismäßig niedriger Temperatur vor sich geht.

Die Löslichkeit des Milchpulvers hängt aber außerdem noch von verschiedenen Faktoren ab. Zunächst ist zu unterscheiden zwischen Netzbarkeit und eigentlicher Löslichkeit. Während letztere den Grad der Auflöslichkeit, der Wiederherstellung des Ausgangsmaterials, bedeutet, ist unter Netzbarkeit die Mischbarkeit des Pulvers mit Wasser, also die Schnelligkeit, mit welcher das zugegebene Wasser vom Pulver aufgenommen wird, zu verstehen. Beide hängen ab von der Feinheit des Pulvers. Aber während die eigentliche Löslichkeit um so größer, je feiner das Pulver (je größer die Oberfläche) ist, verhält sich die

Netzbarkeit umgekehrt: je feiner das Pulver, desto leichter klumpt es beim Vermischen mit Wasser zusammen, desto schwerer nimmt es das Wasser an. Nach WASHBURN ist die richtige Größe des Durchmessers der beim Zerstäubungsprozeß erhaltenen Bläschen zirka 150 μ, während ein Pulver mit einem Durchmesser der Bläschen von etwa 75 μ leicht klumpt. Man kann also das Pulver, sowohl das von flüssiger wie das von kondensierter Milch leichter benetzbar machen, wenn man die Öffnung der Düsen etwas weiter macht und dadurch etwas größere Nebelbläschen erzeugt, und ebenso ist das Pulver aus eingedickter Milch, da es mehr körnig und weniger flockig ist als das aus flüssiger Milch, leichter benetzbar. Der Fettgehalt des Pulvers hat auf die Benetzbarkeit keinen Einfluß, da die Fettkügelchen von den Eiweißstoffen eingehüllt sind. Ein solcher Einfluß ist nur dann vorhanden und beeinträchtigt die Benetzbarkeit insbesondere bei der Auflösung in kaltem Wasser sehr stark, wenn die Fettkügelchen schon in der flüssigen Milch oder durch irgendwelche Fehler bei der Trocknung aus dem Emulsionszustande herausgetreten sind. Trockenmilch vom Walzenverfahren nimmt das Wasser leicht auf und klumpt nicht, doch ist ihre Löslichkeit recht gering.

Um ein Bild von der Benetzbarkeit des Milchpulvers zu erhalten, schlägt LENDRICH eine Schwimmprobe vor, indem er auf ein mit Wasser gefülltes Reagensglas eine kleine Menge Pulver fallen läßt, dessen Teilchen mehr oder weniger schnell das Wasser annehmen und unter Bildung wolkiger Schlieren in Lösung gehen. Das auf Walzen getrocknete Pulver fällt, da es schwerer und auch luftfrei ist, meist sofort und ohne Schlierenbildung zu Boden.

Die Löslichkeit bestimmt O. F. HUNZIKER so, daß er 12 g Pulver und 200 cm³ Wasser von 26° C in einem genügend geräumigen Glas zusammengibt und in einer Schüttelmaschine 10 Minuten lang kräftig schüttelt, sodann 100 cm³ davon durch ein Papierfilter gibt und das Filtrat analysiert. Den Rest erhitzt er zum Kochen für eine Dauer von 5 Minuten, um zu sehen, wie groß die Löslichkeit in kochendem Wasser ist. Nach dieser Methode, die immerhin vergleichbare Werte ergibt, fand HUNZIKER die Löslichkeit verschiedener Proben wie folgt:

Tabelle 4

	Von der Trockenmasse gelöst				Vom Trockenpulver in Lösung gegangen	
	kalt	heiß	davon Protein			
			kalt	heiß	kalt	heiß
A. Walzenverfahren: aus						
Magermilch (Luftzutritt)	3,94	4,42	0,41	0,65	69,61	78,09
Rahm (Luftzutritt).....	3,46	4,53	0,49	1,62	61,13	80,03
Magermilch (Vakuum)..	—	5,49	—	—	—	97,20
B. Zerstäubungsverfahren aus Magermilch (vor dem Trocknen auf 65,6° C erwärmt)............	5,61	5,76	2,00	1,97	99,12	101,76
Desgleichen vor dem Trocknen auf 99° C erwärmt	5,00	5,33	1,47	1,74	88,16	94,17

Die Löslichkeit der Trockenmilch nach dem Zerstäubungsverfahren ist also wesentlich größer als die nach dem Walzenverfahren, wenigstens nach dem Walzenverfahren bei Luftzutritt, etwa JUST-HATMAKER. Man hat deshalb die Löslichkeit des nach diesem Verfahren gewonnenen Pulvers dadurch zu heben versucht, daß man der Milch etwas Kalk (CaO) mit Kalziumchlorid oder doppeltkohlensaures Natron und Kalziumzitrat hinzusetzte, deren Wirkung darin besteht, den Säuregrad der Milch zu vermindern und den Quellungszustand des Kaseins wie der Salze durch teilweise Umsetzung der Kalksalze in Natriumsalze möglichst aufrechtzuerhalten. Daß der Säuregrad der Milch auch bei der Trocknung (wie bei der Kondensierung) einen besonderen Einfluß auf dieLöslichkeit des Produktes ausüben muß, ist ohne weiteres verständlich. Eine volle Löslichkeit auch des Zerstäubungspulvers ist deshalb nur zu erzielen, wenn wirklich süße Milch verwendet wird.

Über das Verhalten des sauren Charakters der Milch beim Eindicken und Trocknen der Milch sind Untersuchungen von K. LENDRICH bemerkenswert. Er hat Säurebestimmungen sowohl nach SOXHLET-HENKEL wie nach F. M. BERBERICH und VAN SLYKE und BOSWORTH (Titration nach Zusatz von neutralem Kaliumoxalat) der frischen und der verschiedengradig eingedickten, schließlich der Trockenmilch vorgenommen und konnte zeigen, wie mit zunehmender Konzentration der Säuregrad der im Vakuum eingedickten Milch zunimmt, jedoch bezogen auf die Trockenmasse abnimmt. Der in frischer Milch vorhandene Säuregrad von 8,5° S. H. oder von 3,9° v. S. u. B. entspricht einem Säuregrad von 75,5° S. H. oder 34,6° v. S. u. B. in der Trockenmasse derselben. Bei zunehmender Konzentrierung stellt er sich bei dem Beispiele von LENDRICH wie folgt:

Tabelle 5

Konzentration (aus der Trockenmasse berechnet)	2,05:1	2,29:1	2,85:1	3,10:1	3,65:1
Säuregrad der eindickenden Vakuummilch nach SOXHLET-HENKEL	16,0	19,0	20,4	22,4	26,5
nach VAN SLYKE-BOSWORTH	7,2	9,0	9,6	11,2	12,8
Säuregrad der Trockenmasse nach SOXHLET-HENKEL	71,43	73,79	64,15	64,65	64,30
nach VAN SLYKE-BOSWORTH	32,14	34,95	30,19	32,32	32,07

Das fertige Produkt, die Trockenmilch, enthielt auf die Trockenmasse berechnet einen Säuregrad von 64,0° S. H. bzw. 28,8° v. S. u. B. Der Rückgang des Säuregrades im Anfang beruht wohl auf der Verflüchtigung der Kohlensäure der Milch, der eigentliche Rückgang tritt erst bei der Konzentration von etwa 2,5 : 1 ein und hält sich dann auf ziemlich gleicher Höhe. Er ist nach der Ansicht von LENDRICH darauf zurückzuführen, daß bei der Eindickung in der Wärme die sauren Milchsalze auf die Kaseinkalziumverbindung einwirken, dieser einen Teil des Kalziums entziehend, dadurch zugleich auch eine Überführung des kolloidalen Zustandes des Kaseins in den eines Gels, also ein „Dickwerden" oder Gerinnen verursachend. Daß dies der Fall, zeigt ein Versuch, bei dem die über die Konzentration 2,5 : 1 hinausgehenden Eindickungen ein Produkt ergaben, das bei der Sterilisierung in Dosen „dick" wurde, das heißt zu einer breiigen bis festen Masse von süßem Geschmack erstarrte.

Auch J. TILLMANS und R. STROHECKER stellten eine Abnahme des Säuregrades beim KRAUSE-Pulver, und zwar um 0,5 bis 1,0° S. H. fest, doch sind sie nicht der Ansicht, daß sie auf einer Neutralisierung der sauren phosphorsauren Salze durch das Kalziumkaseinat beruht. Sie finden nämlich, daß sich der Säuregrad des aufgelösten frischen Milchpulvers wieder erhöht, wenn die Lösung 1 Stunde lang am Rückflußkühler gekocht wurde. Diese Erhöhung betrug 0,6 bis 1,2° S. H. Sie nahmen daher an, daß die Milchsäure beim Trocknungsprozeß in ein Anhydrid übergeht, das sich erst nach längerem Kochen wieder in das Hydrat zurückverwandelt.

Die Löslichkeit des Milchpulvers nimmt mit dem Älterwerden ab. Zunächst saugt es, falls es nicht unter völligem Abschluß in trockener Luft gehalten wird, infolge der Hygroskopizität der Salze und des Milchzuckers beim Lagern bis zu einem gewissen Grade Wasser an, wird dann etwas klumpig oder krustet unter Umständen sogar zu einem Stück zusammen, zerfällt aber zwischen den Fingern leicht wieder und verliert auf die Dauer die schöne Farbe, die bei KRAUSE-Magermilch rein weiß mit einem schwachen Stich ins Grünliche, bei KRAUSE-Vollmilch mit einem Stich ins Gelbliche und bei Walzenpulver gelblich bis bräunlich ist. Der Wassergehalt, der am eben fertigen Produkt etwa 1 bis 3% beträgt, steigert sich beim Lagern an der Luft: beim Vollmilchpulver bis zu 5 bis 6, sogar 8%, beim Magermilchpulver bis zu 8 bis 9% und beim Molkenpulver bis zu 12 und 14%. SUPPLEE hat für Magermilchpulver die Wasseraufnahme in Luft von verschiedenem Feuchtigkeitsgehalt bestimmt. Danach beträgt der Wassergehalt, wenn er sich auf sein Gleichgewicht eingestellt hat, im Mittel von 6 Proben:

bei	10 %	Luftfeuchtigkeit	1,14 %
„	20 %	„	2,35 %
„	30 %	„	3,74 %
„	40 %	„	6,61 %
„	50 %	„	5,72 %
„	60 %	„	7,76 %
„	70 %	„	10,21 %
„	80 %	„	13,79 %

Diese Steigerung des Wassergehaltes spielt sich in wenigen Tagen ab und hat beim Vollmilchpulver schon in 3, beim Molkenpulver in 4, beim Magermilchpulver in 8 Tagen ihr Maximum erreicht.

Aufbewahrung und Haltbarkeit

Die Wasseranziehung beim Lagern wird hauptsächlich durch den Milchzucker veranlaßt, der sich in der Trockenmilch nicht minder wie in der Kondensmilch in der Form des Anhydrids vorfindet und das Bestreben hat, sich in das Hydrat umzuwandeln. Daß diese Form im Trockenpulver vorliegt, ergibt sich unter anderm aus der größeren Aufnahme von Milchzucker aus einer bestimmten Menge Milchpulver mittels 70volumprozentigen Alkohols, als dieser an Milchzuckerhydrat zu lösen vermag. Die Tatsache ergibt sich ferner aus der Wärmesteigerung, die beim Vermischen von Milchpulver mit Wasser eintritt und die durch die chemische Bindung des Wassers durch das Anhydrid bewirkt wird. Diese Wärmesteigerung ist zuerst von Dr. CZERNY beobachtet und von K. LENDRICH wie auch von TILLMANS und STROHECKER bestätigt worden. Der letztere hat schon beim innigen Vermischen von Milchpulver mit 20 bis 30% Wasser — dieses Mischungsverhältnis ist das allein richtige, um die Temperatursteigerung wahrnehmen zu können, weil bei einer größeren Menge Wasser die Abkühlung infolge der Auflösung sich bemerkbar macht — eine Wärmesteigerung von 6 bis 7° C bei Vollmilch (nach TILLMANS und STROHECKER nur um 4° C bei Vollmilch) und von 7 bis 11° C bei Magermilch wahrgenommen. Überläßt man Milchpulver der Luftfeuchtigkeit, wobei, wie erwähnt, der Übergang von Anhydrid in Hydrat von selbst erfolgt, so tritt beim Vermischen mit Wasser kaum eine oder gar keine Wärmesteigerung mehr ein.

Durch die Wasseranziehung des Milchpulvers an der Luft und noch deutlicher bei der Vermischung von Pulver mit Wasser ist aber zugleich auch ein Rückgang des Säuregrades bemerkbar, der dann schließlich — und zwar beim Vermischen mit Wasser schon in 3 Stunden, beim Stehen an der Luft in etwa 20 Tagen — in einem Unlöslichwerden des Pulvers sich äußert. Es kann dies nur eine Folge der Einwirkung der phosphorsauren Salze auf das Kaseinkalzium sein, indem die ersteren durch Aufnahme von Kalzium aus diesem sich in Di- und Trikalziumphosphat umwandeln und Kasein freimachen.

Für die Praxis der Aufbewahrung und Lagerung von fertigem Zerstäubungspulver folgt aus diesen Wahrnehmungen, daß dieses, wenn es haltbar sein soll, in luftdichte Gefäße eingeschlossen werden muß, entweder in zugelötete Dosen oder in Pappdosen aus mit Paraffin durchtränkter Pappe. Walzenpulver ist wenig hygroskopisch, bei ihm sind also solche Vorsichtsmaßnahmen nicht so sehr nötig, es ist ja auch von vornherein bedeutend weniger löslich; bei längerer Aufbewahrung nimmt aber auch bei ihm die Löslichkeit noch mehr ab. Wesentlich erhöht wird die Haltbarkeit (infolge stark verzögerter Wasseraufnahme) durch die Aufbewahrung in einem trocknen Kühlraum, je trockener und kühler desto mehr. Bei einem derartigen Versuch konnte LENDRICH eine Haltbarkeit und völlige Unverändertheit von 1 Jahre feststellen, während das gleiche Pulver bei der gewöhnlichen Lufttemperatur nach 6 Monaten unlöslich und ranzig war. TILLMANS und STROHECKER halten eine Aufbewahrung in Kühlräumen nicht für notwendig, ja sogar unter Umständen gefährlich, wenn das kalte Pulver zu früh in warme Luft kommt und rasch Wasser anzieht.

Die Haltbarkeit der Trockenmilch ist nur dann eine längere, das heißt über mehrere Monate oder über ein Jahr hinaus reichende, wenn zu ihr eine frische, noch nicht säuerliche Milch verwendet wird und die Herstellung eine einwandfreie ist. Im allgemeinen geht sie über 6 Monate nicht hinaus. Die Veränderung, welche die Trockenmilch dabei erfährt, zeigt sich daran, daß sie nach einiger Zeit einen eigenartigen scharfen Geruch annimmt, der etwas an zersetzten Rinderharn erinnert und der mit der Zeit stärker wird, sich an der Luft aber auch verflüchtigt. Er tritt bei dem Walzenpulver später und schwächer auf als beim Zerstäubungspulver, und ist schärfer und deutlicher, wenn das Pulver Feuchtigkeit aufnimmt und wenn es bei Zimmertemperatur und darüber lagert, während die Aufbewahrung bei niedriger Temperatur das Auftreten dieses Geruches zurückhält. Der Geschmack der in Wasser in entsprechendem Mengenverhältnis aufgelösten Trockenmilch leidet durch diesen Geruchsfehler kaum, wenigstens nicht in der ersten Zeit, nach einigen Wochen oder Monaten nimmt die wieder gelöste Milch einen schalen Geschmack an. Dieser geht je nach den Verhältnissen mehr oder weniger bald in einen talgigen Geruch und Geschmack über. Es besteht kein Zweifel darüber, daß dieses Talgigwerden des Milchpulvers derselbe Vorgang ist wie das Talgigwerden des Milchfettes, und daß es von diesem herrührt.

Da die Fettkügelchen — wenigstens im Zerstäubungspulver in verringertem Maße, zum größeren Teil nicht mehr im Walzenpulver (am besten erkenntlich durch Färbung der Pulver nach WASHBURN [Methode siehe A. HERRMANN]) — sich noch in ihrer Umhüllung befinden und von dem trocken gewordenen, aber noch kolloiden Kasein eingeschlossen sind, so sollte man erwarten, daß es lange unverändert bleiben würde. Der allmähliche Übertritt des Kaseins vom Sol in das Gal beim Altern jedoch bewirkt ein Rissigwerden dieser Hülle und ein Freiwerden der Fettkügelchen. LENDRICH hat auch diesem Vorgang eine sehr plausible chemische Illustration gegeben. Ebenso wie man Milch durch Zusatz eines den Kalloidzustand des Kaseins nicht verändernden Fettlösungsmittels, etwa Benzol, Fett nicht oder nicht in nennenswertem Maße entziehen kann, so auch nicht der Trockenvollmilch nach dem Zerstäubungsverfahren. Dagegen wird dieses Lösungsmittel tatsächlich Fett dem Pulver entziehen, sobald der Solzustand des Kaseins nicht mehr besteht. Das gibt sich durch eine höhere Fettzahl, wie LENDRICH den verschiedenen Löslichkeitsgrad nennt, kund. Die Ausführung ist folgende: 10 gr des klumpenfreien Milchpulvers werden in einem trocknen, starkwandigen, etwa 24 cm langen und 3 cm weiten Reagensglas mit 50 cm³ reinem Benzol zusammengegeben. Nach Verschluß der Röhre mit einem Korkstopfen wird der Inhalt in Zwischenräumen von je 10 Minuten 1 bis 1 ½ Stunden geschüttelt, worauf dann 25 cm³ Benzol abgenommen werden. Um das Benzol rein abzunehmen, verfährt man am besten so, daß man den Korkstopfen durch einen doppeldurchbohrten Gummistopfen ersetzt, durch dessen eine Bohrung eine Vollpipette von 25 cm³ Inhalt geht, an dessen Spitze ein Stückchen Gummischlauch mit einem Watteprop befestigt ist, und dessen andere Bohrung ein rechtwinkeliges Rohr mit Gummigebläse trägt. Man kann so die Pipette füllen, ohne etwas von Trockenpulver mit hineinzubekommen.

Das abgenommene Benzol wird in einem abgewogenen Kölbchen verdampft, der Rückstand getrocknet und gewogen. Beträgt derselbe etwa 0,2 gr, so sind in 100 gr Trockenmilch 4 gr (also 4%) enthalten, und wenn der Fettgehalt der Trockenmilch beispielsweise 25% beträgt, dann ist die Fettzahl (auf 100 Fett bezogen) $= \frac{4 \times 100}{25} = 16$. LENDRICH hat in Vollmilchpulvern, die vor Luftfeuchtigkeit geschützt waren, Fettzahlen von meist unter 15 gefunden. Sobald dies nicht der Fall ist, das Milchpulver also Feuchtigkeit aufnimmt, steigt die Fettzahl wesentlich, woraus hervorgeht, daß die Fettkügelchen frei und dem Lösungsmittel zugänglich geworden sind. In einem Falle fand LENDRICH ein allmähliches Ansteigen der Fettzahl von 7,91 durch 8,33, 17,39 auf 88,68 nach 10, 20 und 30 Tagen. Walzenpulver, dessen Kasein schon durch die hohe Temperatur der Trocknung zum größeren Teil seinen Kolloidzustand verloren hat, läßt schon dadurch die Freilegung des Fettes erkennen, daß beim Lösen in heißem Wasser eine Fettschicht oder doch Fettaugen auftreten.

Das Talgigwerden des Fettes darf man in der Hauptsache auf die Einwirkung des Lichtes zurückführen. Manche Forscher, wie HOLM und GREENBANK, vertreten die Ansicht, daß der Talggeschmack des Fettes durch eine Selbstoxydation entstehe, bei welcher Säuren als Katalysatoren wirksam sind. Sie haben gefunden, daß die ungesättigten Fettsäuren und die hochmolekularen gesättigten Fettsäuren dabei bessere Katalysatoren sind als die gesättigten Fettsäuren mit niedrigem Molekulargewicht. Der Einfluß von Luft und Licht auf das Talgigwerden des Butterfettes macht sich auch insofern bemerkbar, als z. B. das Walzenpulver, das keine Luft einschließt, nicht so rasch talgig wird als das Zerstäubungspulver, das schon infolge seiner Lockerheit von viel Luft umgeben ist, dessen feine Bläschen außerdem ebenfalls Luft einschließen. Ferner schließen die auf zentrifugalem Wege gewonnenen Zerstäubungspulver in den Bläschen mehr Luft ein als die auf dem Wege der Druckzerstäubung gewonnenen, weil sie aus größeren Bläschen bestehen als diese. Dagegen ist das aus vorkondensierter Milch gewonnene Trockenpulver mit besserer Bewahrung vor dem Talgigwerden ausgestattet.

Man hat versucht, dem Einfluß der Luft dadurch vorzubeugen, daß man das Milchpulver in einer Atmosphäre von Kohlensäure oder Stickstoff lagert, es haben sich aber Unterschiede gegenüber einem an sich gut haltbaren Produkt nicht ergeben. Bei den von K. LENDRICH ausgeführten Versuchen waren die mit soeben (nach dem KRAUSE-Verfahren) hergestelltem Vollmilchpulver gefüllten Weißblechdosen von 300 cm³ Inhalt sogleich luftdicht verschlossen worden, zum Vergleich wurde bei einer Anzahl von Dosen die Luft in geeigneter Weise durch Kohlensäure bzw. Stickstoff ersetzt. LENDRICH hat an diesen Pulvern selbst nach 2 Jahren eine Veränderung in Farbe, Form, Löslichkeit, Wassergehalt und Fettzahl nicht wahrgenommen, Geruch und Geschmack blieben rein.

Auch J. Tillmans und R. Strohecker finden, daß die unter Kohlensäure aufbewahrten Proben zwar ebenso wie die unter Luft gehaltenen unlöslich werden, jedoch nicht den schlechten Geschmack der letzteren annehmen, sie bestätigen aber auch die nunmehr allgemein geteilte Ansicht, daß das Talgigwerden des Fettes hauptsächlich der Einwirkung des Lichtes (und gewisser Katalysatoren), das allmähliche Ranzigwerden aber der Luft bzw. deren Sauerstoff und Mikroorganismen zuzumessen ist. Durch eingehende Untersuchungen zeigen sie, daß die Qualitätsverminderung der Trockenmilch beim Älterwerden sich in 3 Phasen abspielt. In erster Linie nimmt das Pulver Wasser auf, das der Milchzuckeranhydrid aufsaugt, zwecks Übergang in das kristallinische Hydrat — der Vorgang, der das Sandigwerden des Milchpulvers bedingt. Sodann tritt ein Unlöslichwerden und drittens eine Zersetzung des Kaseins ein. Das erstere ist nicht, wie man annehmen sollte, oder doch nur zum Teil eine Säurewirkung, vielmehr scheint es sich um eine Verdichtung des Kolloidzustandes des Kaseins zu handeln. Aus dem Umstand, daß die elektrische Leitfähigkeit der Lösung von alt gewordener Trockenmilch gegenüber frischer etwas (von 47×10^{-4} auf $48{,}3 \times 10^{-4}$) vermehrt ist, schließen Tillmans und Strohecker, daß mit der Abgabe von für die Löslichkeit nötigen Elektrolyten ein Eintreten in eine solche Verdichtung, in eine Art Kristallisation, verbunden sei. Das nunmehr wasserreicher gewordene Kasein tritt dann in die dritte Phase, in die der Zersetzung, ein, die sich durch den eigenartigen scharfen, unangenehmen Geruch kundgibt, den man an dem älter werdenden Trockenmilchpulver wahrnimmt. Diese Zersetzung ist das Werk von Mikroorganismen, und zwar nicht bloß von Bakterien, sondern auch von Hefen, Oidien und Schimmelpilzen, wenngleich erstere vorherrschen. Durch eine von H. Braun ausgeführte bakteriologische Analyse ist erwiesen, daß das älter gewordene Pulver in der Hauptsache aerobe Eiweißzersetzer der Subtilis-Gruppe (und stark Milchzucker zersetzende Kokken) enthält, während im frischen Pulver Milchsäurebakterien und Kokken überwiegen. Daß der scharfe, später leimartige Geruch ammoniakalische Umsetzungsprodukte einschließt, ergibt sich aus der Reaktion des freiwerdenden Gases.

Ein Ranzigwerden des Fettes tritt bei den Milchpulvern nur langsam ein, wenn die dazu verwendete Milch von guter Beschaffenheit war. Säuerliche Milch jedoch gibt bald ein sehr schlecht schmeckendes Pulver. Amerikanische Forscher schreiben das Ranzigwerden Lipasen zu, die in der Milch enthalten sind. Da sie bei 77 bis 78° C abgetötet werden, so sind sie im Walzenpulver nicht mehr, jedoch weiter wirksam im Zerstäubungspulver. (Die deutschen Forscher haben nur selten lipolytische Bakterien oder Fermente ermittelt.) Dieses wie auch die nach dem Vakuumverfahren gewonnenen Pulver enthalten die erst bei 79° C absterbende Oxydase noch in Aktivität. Immerhin hat ihre Menge nach den Untersuchungen von Tillmans und Strohecker schon im frischen Pulver bis auf 40 bis 25% abgenommen und geht mit dem Älterwerden des Pulvers völlig zurück. Die Reduktase, das heißt die der Milch originäre Aldehydkatalase, ist nach den genannten Autoren auch im frischen Milchpulver nicht mehr vorhanden. Herrmann hat nach 40 Minuten noch eine Entfärbung wahrgenommen. Katalase findet sich in frischem, aus guter Milch hergestelltem Milchpulver nicht, dagegen in wachsender Menge in dem älter werdenden.

Der geringe Fettgehalt des Magermilchpulvers läßt es begreiflich erscheinen, daß es im Vergleich zu gleich gutem Vollmilchpulver länger von gutem Geschmack bleibt. Man hat sich deshalb auch anfänglich auf die Herstellung von Magermilchpulver beschränkt.

Mehrfach ist vorgeschlagen worden, das Milchfett dadurch vor dem Eingriff der Luft zu schützen, daß man die Milch vor dem Trocknen homogenisiert, in der Annahme, daß das kolloidale Kasein durch Adhäsion an der Oberfläche der nun sehr klein gewordenen Fettkügelchen solchen Schutz gewähre. Es ist aber eine seit Einführung der Homogenisierung gemachte Erfahrung, daß vermutlich schon durch die Homogenisierung selbst (durch den hohen Druck) eine Umsetzung oder Spaltung im Fettmolekül vor sich geht, daß aber vor allem das homogenisierte Fett der Einwirkung von Luft, Bakterien und Pilzen bzw. ihren fettspaltenden Enzymen viel zugänglicher geworden ist. Homogenisierte Milch behält nur dann ihren Wohlgeschmack, das heißt wird nicht binnen 24 bis 48 Stunden talgig und ranzig, wenn sie eine vollkommene Sterilisierung erfahren hat. Da in frischer Milch genügende Mengen kolloidalen Kaseins vorhanden sind, so kann eine Erklärung dafür nur darin gefunden werden, daß der in ihr enthaltene besondere Eiweißstoff, der die Agglutinierung der Fettkügelchen veranlaßt, für die nun außerordentlich vervielfachte Oberfläche des Fettes nicht mehr ausreicht, um die kleinen Tröpfchen mit einer Hülle zu umgeben und sie vor den genannten Angriffen zu schützen. In der Trockenmilch nun bietet das kolloidal gebliebene Kasein dem homogenisierten Fett immerhin noch einen gewissen Schutz, es wird sich also hierin nicht in dem Maße qualitätsverschlechternd verhalten wie in der flüssigen Milch — amerikanische Forscher wollen sogar eine Qualitätsverbesserung wahrgenommen haben —, aber vergleichende Versuche, die LENDRICH im Milchwerk Angeln hat vornehmen lassen, haben doch gezeigt, daß dieser Schutz nicht ausreicht. Schon bei der Verstäubung im Trockenturm ist der Einfluß der heißen Luft auf die große Oberfläche des Fettes unvermeidlich, und der talgige Geruch und Geschmack nimmt mehr und mehr zu, während das aus nicht homogenisierter Milch gewonnene Trockenprodukt seinen Wohlgeschmack behält.

Was den **Bakteriengehalt** anlangt, so ist übereinstimmend festgestellt, daß namentlich der Bakteriengehalt der Walzenmilch sehr gering ist, und daß der Bakteriengehalt der aus vorher eingedickter Milch hergestellten Zerstäubungstrockenmilch geringer ist als der von Trockenpulver aus frischer uneingedickter Milch. Da beim Zerstäubungsprozeß die hoch erhitzte Luft sich stark (auf ungefähr 60 bis 70° C) abkühlt und auch diese Temperatur nur momentan auf die Milch einwirkt, so enthält die auf diese Art gewonnene Trockenmilch auch mehr Keime als das Walzenpulver. DOWNS z. B. fand folgende Zahlen:

Tabelle 6

Verfahren	Zahl der Proben	Keimzahl in 1 g Pulver		
		Mittel	Maximum	Minimum
Walzenpulver (KUNICK)	10	49500	626000	16900
Zerstäubungspulver:				
a) vorkondensiert	10	178000	595000	15600
b) nicht vorkondensiert	9	2269000	3500000	1500000

Die Zahl der Keime in der frischen Milch hat auf die Zahl der Keime der Trockenmilch keinen so großen Einfluß wie z. B. bei der Dauerpasteurisierung, wenigstens was die Menge der vegetativen Zellen anlangt, insbesondere bei der Walzenmilch. Beim Zerstäubungspulver ist, wie die Befunde von DOWNS zeigen, die Keimzahl noch sehr hoch, wenn keine Vorkondensierung stattfindet. Die Keimzahl nimmt auch im Verlaufe einer sachgemäßen Lagerung und einer dementsprechenden Bewahrung vor Aufnahme von Feuchtigkeit nicht zu, sondern ab, wie die Untersuchungen von SUPPLEE und ASHBAUGH zeigen. H. MACY macht ähnliche Angaben.

Tabelle 7

	Wasser-gehalt %	Keimzahl in 1 g Pulver						
		frisch	2	4	6	8	10	12
			Monate alt					
Mittel aus allen Proben (43) ..	4,91	22508	7818	2487	655	412	354	261
Mittel aus den Proben mit niedriegstem Wassergehalt..	2,65	8022	4172	2616	622	383	277	262
Mittel aus den Proben mit höchstem Wassergehalt....	7,04	34533	12216	1850	677	366	361	256

Bezüglich der Art der die Trocknung überlebenden Bakterien liegen nur wenige Untersuchungen vor. Das Walzenpulver dürfte hauptsächlich nur noch die Sporen der Erd- und der Buttersäurebakterien enthalten, vereinzelt auch wohl einige vegetativen Zellen. Beim Zerstäubungspulver haben sich Milchsäurebakterien, gelbe und weiße Kokken, Hefen, Oidien bzw. Schimmelpilze vorgefunden. A. HERRMANN hat außerdem auch Koli- und Aerogenes-Bakterien sowie Sarcina lutea, bei Verfütterung von Grünfutter reichlich Bacterium herbicola gefunden. Doch zeigt auch hier der Umstand, daß Zerstäubungs- (vermutlich auch Walzen-) Pulver, wenn es aufgelöst einige bis mehrere Stunden im Zimmer gestanden hat, recht häufig einen fauligen Geschmack bekommt, darauf hin, daß die übriggebliebenen Milchsäurebakterien nicht mehr die Kraft besitzen, die anderen überlebenden Bakterien in ihrer Entwicklung zurückzuhalten. Es ist freilich durchaus keine ungewöhnliche Erscheinung, daß schon die frische Milch zu wenig Milchsäurebakterien enthält, und daß das Fauligwerden aufgelöster Trockenmilch auch auf dieses Mißverhältnis zurückzuführen sein wird. Dieser Mangel an Milchsäurebakterien in den Trockenpulvern kann aber nicht ohne Einfluß auf die Verwendung bei Erwachsenen wie bei Kindern sein, falls sie auf längere Zeit oder dauernd mit Milchpulver ernährt werden oder ernährt werden müssen. Es dürfte deshalb zu erwägen sein, ob es nicht zweckmäßig wäre, diesem Mangel dadurch abzuhelfen, daß man der Milch vor bzw. nach der Vorbehandlung und Trocknung von neuem Milchsäurebakterien in Gestalt eines Säureweckers zusetzt. Wenn die Milch nicht vorpasteurisiert (Dauerpasteurisierung) und nicht vorkondensiert wird, kann dieser Zusatz vor dem Trocknen geschehen, weil wenigstens bei der Zerstäubung die plötzliche Erhitzung die Milchsäurebakterien nicht abtöten und auch nicht in beträchtlichem Maße schwächen wird. Erfolgt jedoch eine solche Vorbereitung für die Trocknung, dann ist mit einer Fäulnis verhütenden Wirkung der Milchsäurebakterien nicht zu rechnen, und man setzt dann besser den Säurewecker dem fertigen Milchpulver zu, indem man eine Milchsäurebakterien-Trockenkultur vorbereitet hält. Eine solche läßt sich leicht gewinnen (auch in der Fabrik), indem man eine größere Menge Muttersäure oder Reinkultur eines kräftig säuernden Milchsäurebakterienstammes mit so viel gut trockenem Magermilchpulver mischt, bis ein Brei entsteht, und daß man diesen auf unglasierten Tontellern ausstreicht und in einem Trockenschrank über gebranntem Kalk bei etwa 30° C trocknet (H. WEIGMANN).

Mit Bezug auf das Vorhandensein von Krankheitskeimen in der Trockenmilch liegen Untersuchungsergebnisse dahin gehend vor, daß im Walzenpulver Tuberkelbazillen nicht mehr gefunden wurden, ebenso auch in der nach dem ROLLER-Prozeß bereiteten Trockenmilch. Daß auch das vorpasteurisierte und vorkondensierte KRAUSE-Trockenpulver keine Tuberkelbazillen enthalten wird, ist ohne weiteres anzunehmen; bezüglich Typhuserregern und selbst Paratyphuserregern liegen private Gutachten vor, nach denen auch diese vernichtet sind. In mehrjährig gelagerter Trockenmilch finden sich nach DEMETER meist nur noch Sporenbildner und vereinzelt Kokken vor.

Die Erhaltung der Vitamine hängt ebenfalls von der Art des Verfahrens ab. Vitamin *C*, das gegen die Einwirkung der Luft, namentlich bei höherer Temperatur, sehr empfindlich ist, wird, wenn es überhaupt vorhanden ist, beim Zerstäubungsprozeß leicht zugrunde gehen; dagegen werden die hitzebeständigeren Vitamine *A* und *B* zum größeren Teil noch vorhanden sein — *A*, das ebenfalls sauerstoffempfindlich ist, vermutlich etwas vermindert. Im Walzenpulver ist Vitamin *C* nach JEPHCOTT und BACHERACH noch enthalten. J. NYRUP gibt ein Verfahren an, Milchpulver an dem wachstumfördernden Vitamin *A* anzureichern, was für die Ernährung von Säuglingen mit Trockenmilch von Bedeutung wäre. Durch Bestrahlung läßt es sich auch an Vitamin *D* anreichern.

Ein Gleiches trifft auch auf das antirachitische Vitaminpräparat Vigantol zu. Ein Präparat, in welchem fast die sämtlichen Vitamine vertreten sein sollen, ist das von der Cristallo-Gesellschaft in Thusis (Schweiz) aus Pflanzen hergestellte Eviunis- oder Vitophos-Pulver, das den „freigelegten Phosphor-Vitamin-Komplex" der grünen Pflanzen nebst physiologisch wirksamen Salzen enthalten soll. Es ist für die Bereitung von vitaminreichen Weichkäsen (Gervais, Schachtelkäse) empfohlen, kann aber auch dem Milchtrockenpulver zugesetzt werden. (Milchw. Zeitung, 35, Nr. 19, S. 280. Wien 1928.)

Die Verwendung von Milchpulver ist eine sehr vielseitige. Es kann überall da gebraucht werden, wo der Bezug von frischer Milch für die Ernährung von Erwachsenen und Kindern irgendwelchen Schwierigkeiten begegnet. Das Vollmilch- wie auch das Magermilchpulver bietet in den Nahrungsmittelgewerben einen willkommenen Ersatz für die frische Milch, so in den Bäckereien, Konditoreien, in den Rahmeisfabriken, bei der Bereitung von Backpulvern, auch bei der Seifenfabrikation, am meisten aber bei der Bereitung der beliebt gewordenen Milchschokolade, für welche, wie einleitend schon bemerkt, neuerlich wieder mehr Kondensmilch gebraucht wird. In Amerika hat der Gebrauch von Magermilchpulver in der Küche bereits einen recht großen Umfang angenommen; ebenso wird es als Glättungsmittel in den Papierfabriken viel gebraucht. Ferner hat sich die Trockenmilch, insbesondere das Magermilchpulver, und zwar sowohl das Walzen- wie das KRAUSE-Pulver, für die Säuglingsernährung glänzend bewährt, namentlich wenn von dem antirachitischen Vitaminpräparat Vigantol oder von der Bestrahlung des Pulvers Gebrauch gemacht wird.

Die Produktion von Milchpulver war während des Weltkrieges eine sehr erhebliche und hatte auch in Deutschland in der Form von Magermilchpulver großen Umfang angenommen; nunmehr sind die Preise des Auslandsproduktes so niedrig, daß Deutschland nicht damit konkurrieren kann. Die zumeist exportierenden Länder sind die Niederlande, Neuseeland und die Vereinigten Staaten. In Berlin wurde in der milcharmen Nachkriegszeit die sogenannte Emumilch, das heißt Emulsionsmilch als Ersatz für Vollmilch aus neuseeländischem Magermilchpulver hergestellt, indem der Lösung desselben mit Hilfe einer Emulsionsmaschine aufgelöste Butter einverleibt wurde.

Literatur

Zusammenfassende Werke:

HUNZIKER, O. F.: Condensed milk and milk-powder. 4. Aufl. Selbstverlag.

KNOCH, C.: Handbuch der neuzeitlichen Milchverwertung, 2. Aufl. Berlin: P. Parey. 1927.

Einzelschriften:

BERBERICH, F. M.: Beiträge zur Titration von Milchflüssigkeiten. Arbeiten d. Verf. Stat. f. Molkereiwesen, Kiel, H. 6. Berlin: P. Parey. 1909.

Deutscher Milchw. Reichsverband. Ausschuß für Dauerwaren. Mitteilungen des D. M. R., H. 3, S. 54. 1921.

DOWNS, P. A.: Bacterial flora of milk-powder. M. S. Thesis Cornell University. N. Y. U. S. A. 1920.

HERRMANN, A.: Der Stand der deutschen Milchtrocknungsindustrie usw. Milchw. Forsch., 6, S. 147. 1928. — HOLM, G. E. and G. R. GREENBANK: The keeping quality of butterfat with special reference to milk-powder. Proceed. World's Dairy Congr., 2, 1923.

LENDRICH, K.: Über Trockenmilch. Milchw. Forsch., 1, S. 251. 1924.

MACY, H.: Journ. of Dairy science, **11.** S. 516. 1928.

NYRUP, J.: Durch Molkerei-Ztg. Hildesheim, 40, Nr. 87, S. 1562. 1926.

PHILIPPE, E.: Das KRAUSE-Trocknungsverfahren und seine Anwendung. Schweiz. Gesundheitsamt. 1919.

SCHULTZ, O.: Neue Wege zur Aktivierung. Milchw. Forsch., 4, S. 37. 1927.

SUPPLEE, G. C.: Durch RAHN und SHARP: Physik der Milch. 1928. Berlin: P. Parey. — SUPPLEE, G. C. und V. J. ASHBAUGH: Bacterial content of milk-powder. Journ. of dairy science, 5, p. 2. 1922.

TILLMANS, J. und R. STROHECKER: Über KRAUSE-Milchpulver. Zeitschr. f. Unters. v. Nahrungs- u. Genußmittel, 47, S. 377. 1924.

WASHBURN, R. M.: The physical analysis of dry milk. Journ. of dairy science, 5, p. 4. 1922. — WEIGMANN, H.: Die Pilzkunde der Milch, 2. Aufl. Berlin: P. Parey. 1924.

4. Kindermilchpräparate

Von

F. Trendtel-Altona

Die vielen Rezepte, welche zur Herstellung von präparierter Kindermilch für den Haushalt oder für Anstalten vorliegen, haben der Milchverwertungsindustrie Veranlassung gegeben, haltbare Kindermilchpräparate herzustellen, welche vielfach mit allen notwendigen Zusätzen versehen sind und durch einfaches Verdünnen trinkfertige Säuglingsnahrungsgemische darstellen. In einzelnen Fällen, bei Ernährungsschwierigkeiten der Säuglinge, können die Kindermilchpräparate sogar konzentriert gegeben werden. Zur Zeit befinden sich folgende Präparate im Handel, über deren Anwendung am Schluß jeder Gruppe kurz berichtet werden soll.

A. Buttermilchpräparate

a) Eingedickte

Besondere Schwierigkeiten entstehen oft bei der Beschaffung oder Herstellung von frischer Buttermilch, und hier erscheint dem Kinderarzt die Bereitstellung einer guten Konservennahrung besonders erwünscht.

1. **Holländische Säuglingsnahrung** nach Prof. KOEPPE (Vilbeler Holländische Säuglingsnahrung. Hersteller: Töpfer Trockenmilchwerke G. m. b. H. Böhlen bei Leipzig), konzentriert in Dosen zu 200 g. Die konzentrierte Buttermilch wird aus saurem Rahm gewonnen, mit 1% Weizenmehl und 5% Rübenzucker angereichert im Vakuum auf ⅓ eingedickt. Die Haltbarkeit dieser Konserve ist sehr lange. Holländische Säuglingsnahrung wird in konzentrierter Form geliefert; außer einer Verdünnung mit abgekochtem, warmem

Wasser (eventuell Schleim) sind zur Herstellung einer Säuglingsnahrung keinerlei Zusätze mehr erforderlich. KOEPPE empfiehlt für eine besondere diätetische Wirkung allerdings noch einen Zusatz von 60 g Zucker und 50 g Weizenmehl auf 1 Liter Buttermilch. Nach FINKELSTEIN genügen 5 % Rübenzucker, ½ % Mehl. Man verdünnt am zweckmäßigsten 1 Teil konzentrierte Holländische Säuglingsnahrung mit 2 Teilen Wasser und erhält dann eine Buttermilch, welche 570 Kalorien im Liter enthält. Die reine konzentrierte, in Dosen abgefüllte Buttermilch hat eine Zusammensetzung von Eiweiß 9 %, Fett zirka 1 %, Kohlehydrate 28,5 %, Asche 1,8 %.

2. **Holländische Anfangsnahrung** nach Prof. RIETSCHEL (Vilbeler Holländische Anfangsnahrung. Hersteller: Töpfer Trockenmilchwerke G. m. b. H., Böhlen bei Leipzig), 200 g ohne Zusatz. Es handelt sich um eine aus mit Reinkulturen angesäuertem Rahm gewonnene reine Buttermilch von konstantem Säuregehalt. Auch diese Buttermilch muß zur Säuglingsnahrung im Verhältnis 1:2 verdünnt werden. Es enthält dann die trinkfertige Mischung 3 % Eiweiß, 0,35 % Fett, 3 % Milchzucker, 0,55 % Mineralien; ein Kohlehydratzusatz kann je nach dem Befinden des Säuglings allmählich erfolgen.

Sehr zweckmäßig ist eine Verdünnung der Buttermilchkonserve mit 10 %igem Reisschleim (als Trockenreisschleim nach Prof. BESSAU in Pulverform in Packungen zu 250 g bei der Firma Töpfer Trockenmilchwerke Böhlen bei Leipzig erhältlich). Man gibt zunächst 20 bis 30 cm³ pro 1 kg Körpergewicht und fügt jetzt 2 bis 3 % Zucker hinzu. Bei Einstellung des Kindes auf diese Nahrung kann 3 % Mehl und 5 bis 6 % Zucker zugesetzt werden, eventuell bei festen Stühlen auch 1 bis 3 % Mehlschwitze.

3. **Buco-Buttermilch.** Holländische Säuglingsnahrung nach den Professoren BIEDERT, SELTER und Dr. GERNSHEIM (Hersteller: Deutsche Milchwerke-A. G., Zwingenberg in Hessen) in Dosen zu 450 g. Die Herstellung der Buttermilch geschieht im Gegensatz zu den beiden anderen Buttermilchkonserven Holländische Säuglingsnahrung und Holländische Anfangsnahrung nach dem Magermilchverfahren.

Die Vollmilch wird abgerahmt und die Magermilch mit einer Milchsäure bildenden Kultur beimpft; es wird hierdurch eine Buttermilch erhalten, deren Fettgehalt bei Verdünnung mit 3 Teilen Wasser nur 0,1 bis 0,2 % beträgt.

Die Zusammensetzung der Buco-Buttermilch ist folgende: 9,6 % Eiweiß, 0,6 % Fett, 30 % Kohlehydrate, davon 12 % Milchzucker, 2 % Salz, 1,7 % Milchsäure und ein geringer Zusatz von Weizenmehl. Der Kaloriengehalt der Buttermilchkonserve beträgt in 100 g 192,5 Kalorien. Eine Verdünnung der Buco-Buttermilch ohne Zusatz ist für das kranke Kind und mit Zusatz von Frischmilch für das gesunde Kind bestimmt. Auf Anordnung des Arztes kann natürlich auch der ernährungsgestörte Säugling in der Rekonvaleszenz Buco-Buttermilch mit bestimmten Zusätzen erhalten.

4. **Feco-Buttermilch.** Vollmilchbuttermilch (Hersteller: Deutsche Milchwerke-A. G., Zwingenberg in Hessen) in Dosen zu 230 g.

Die Vollmilchbuttermilch wird nur für besondere Fälle von Ernährungsstörungen des Säuglings bereit gehalten. Der Fettgehalt ist hier besonders hoch. Die Zusammensetzung dieser Vollmilchbuttermilch ist: Eiweiß 9,6 %, Fett 8,25 %, Kohlehydrate 30 %, Salze 2 %, Milchsäure 1,7 % und ein geringer Zusatz von Weizenmehl. Die Vollmilchbuttermilch (Feco) soll für den Säugling die richtige Ernährung nach einer kohlehydratarmen Kost sein,

5. **Normalbuttermilch** nach Dr. GIERTHMÜHLEN (Hersteller: Deutsche Milchwerke-A. G., Zwingenberg) in Dosen.

Zusatzfreie Buttermilchkonserve aus nativer Buttermilch, welche auf ein Drittel ihrer Konsistenz eingedickt ist. Säuregehalt der Normalbuttermilch 7,5 bis 8,

d. h. 7,5 bis 8 cm^3 $^1/_{10}$-Normalnatronlauge sind zur Neutralisierung von 10 cm^3 Normalbuttermilch erforderlich. Zur Verabreichung wird die Konserve mit der doppelten Menge abgekochten Wassers verdünnt, der Eiweißgehalt beträgt dann 3,2 %, der Fettgehalt 1,5 %. Bei Verordnung von Normalbuttermilch ohne Zusatz sind pro Flasche 1 bis 2 Tabletten Sacharin zuzusetzen, Mehlzusätze sind nach Verdünnung der Konserve kurz aufzukochen. Der Kohlehydratzusatz richtet sich je nach dem Grad der Ernährungsstörung des Säuglings. Mit gutem Erfolg ist Normalbuttermilch bei akuten und chronischen Ernährungsstörungen, Ausschlag und Krampfkrankheiten und Magenpförtnerverengerung verwendet worden. Auch als Dauernahrung bei gesunden Säuglingen, die aus irgendwelchen Gründen keine Brustmilch erhalten können, hat sich Normalbuttermilch besonders unter Zusatz von Mehlschwitze bewährt[1]).

6. **Diätmilch** nach Prof. ADAM (Hersteller: Töpfer Trockenmilchwerke, Böhlen bei Leipzig), konzentriert in Dosen zu 400 g. Die Zusammensetzung dieser Sauermilch ist ähnlich einer guten Buttermilch. Es ist hier jedoch besonderer Wert darauf gelegt, den Milchzuckergehalt der Buttermilch zu verringern und den Fettgehalt zu erhöhen.

Der Milchzucker wird um die Hälfte des Milchzuckergehaltes der Vollmilch durch Vergärung und unter Zufügung von Säure bindender Kreide reduziert; der Fettgehalt der Diätmilch ist 1,5 %. Es sollen hierdurch auch bei längerer Ernährung keine Kalkseifenstühle auftreten. Außer dem vollen Salzgehalt der Milch enthält die Diätmilch $^1/_2$ % lösliche Kalksalze. Die Konservenmilch ist auf den dritten Teil eingedickt und enthält keinen Zuckerzusatz. Die Zusammensetzung der fertigen Diätmilch (verdünnt) ist: 3 % Kasein, 1,5 % Fett, 2 % Milchzucker, Molkensalz der Vollmilch, 0,5 % lösliche Kalksalze. 400 Kalorien im Liter.

Die Diätmilch kann angewandt werden bei Durchfallserkrankungen der Säuglinge, bei schlecht gedeihenden Säuglingen. Bei längerer Ernährung mit Diätmilch empfiehlt sich ein Nährzuckerzusatz, eventuell auch 1 % Butter und 1 % Weizenmehl.

b) Buttermilchtrockenpräparate

Als Nachteil der flüssigen Buttermilchpräparate (mit Ausnahme von Feco- und Normalbuttermilch) wird angeführt, daß sie höchstens einen Fettgehalt von 0,3 % bis 0,5 % haben. Außerdem handelt es sich immerhin um Konserven, welche schon deswegen längere Zeit den Säuglingen nicht gegeben werden dürfen. Die im Haushalt oder in Molkereien hergestellte gute Buttermilch hat im allgemeinen einen Fettgehalt von 0,1 bis 0,15 %. Es war nun wesentlich eine Trockenbuttermilch herzustellen, welche einen höheren Fettgehalt als die Konservenmilch, am besten sogar den Fettgehalt der gewöhnlich gebrauchten frischen Buttermilch hatte.

1. **Laktoserve** (Hersteller: Firma C. F. Böhringer & Söhne, Mannheim). Als eines der ältesten, jetzt nicht mehr im Handel befindlichen Buttermilchpräparate kann Laktoserve angeführt werden.

Über die Herstellung ist folgendes bekannt:

Sauber gewonnene Kuhmilch wird pasteurisiert, mit Milchsäurebazillen-Reinkultur versetzt und ihrer Einwirkung bei 36° bis zur Erreichung eines bestimmten Säuregrades ausgesetzt. Dann wird sie im Vakuum bei etwa 50° getrocknet; der Rückstand wird gemahlen. Zu 1600 g Pulver werden 300 g Zucker, 100 g Weizenmehl und 20 g Roborat zugefügt. Zum Gebrauche sind 200 g der weißen mehlartigen Konserve 1 Liter kochenden Wassers zuzusetzen. Das Präparat hat nach REISS

[1]) GIERTHMÜHLEN, F.: Normalbuttermilch, eine neue Buttermilchkonserve für die Praxis. Die Mediz. Welt, Nr. 30. 1930.

folgende Zusammensetzung: 89,36 % Trockensubstanz, 22,94 % Eiweiß, 51,7 % Kohlehydrate, 5,02 % Salze. Der Säuregrad gegen $n/_{10}$ Alkali beträgt 48 bis 50 pro 1 Liter trinkfertiger Nahrung, der Kaloriengehalt 700.

Der Fettgehalt dieser Buttermilch ist leider nicht bekannt.

2. **Edelweißbuttermilch.** Alpenbuttermilch in Pulverform (Hersteller: Edelweißmilchwerk G. m. b. H. Kempten im Allgäu). Dieses Buttermilchpulver wird aus saurem, verbuttertem Rahm nach dem KRAUSE-Trocknungsverfahren hergestellt. Es besitzt durchaus die Eigenschaften einer frischen rohen Buttermilch.

Die Herstellung der Buttermilch geschieht folgendermaßen: 17 g (8 gestrichene Kaffeelöffel) Edelweißbuttermilchpulver werden mit so viel abgekochtem Wasser angerührt, daß sich insgesamt 200 g Buttermilch ergeben. (Zur Vereinfachung der Herstellung gibt die Firma eine besondere Edelweißsäuglingsgarnitur mit Maß heraus.)

Die hergestellte Buttermilch hat dann folgende Zusammensetzung: Fett 1,5 %, Eiweiß 2,7 %, Milchzucker 3,2 %, Milchsäure 0,5 %, Salz 0,6 %, Wasser 91,5, Säuregrad 23 nach SOXHLET-HENKEL $p_H = 4,7$.

Diese Buttermilch eignet sich sehr gut als Säuglingsnahrung bei plötzlich auftretenden und länger dauernden Ernährungsstörungen des Säuglings und außerdem als Dauernahrung bei künstlich genährten und als Zusatz bei nicht recht gedeihenden natürlich ernährten, gesunden Säuglingen. Eine Dose à 500 g Edelweißbuttermilch enthält die Trockensubstanz für zirka 6 Liter flüssiger Buttermilch.

3. **Trockenmagermilch der Schweiz** (Milchgesellschaft A. G. in Hochdorf bei Luzern). Die Kuhmilch wird dort zuerst entrahmt und im Vakuum bei einer Temperatur unter 50° C eingedickt. Nachher wird dieses Kondensat mittels patentierten Verfahrens in die sogenannte Trockenkammer mit hohem Druck hineingepreßt, wo die Milch augenblicklich eintrocknet, ohne ihre Bestandteile irgendwie zu schädigen. Vermutlich wird bei diesem Verfahren der Vitamingehalt der Milch nicht beeinträchtigt, abgesehen von der Ausschaltung des Faktors *A* mit der Entfernung des Fettes. Da die Magermilch nur als Heilnahrung für kurze Zeit gegeben wird, nie als Dauernahrung, so ist dieser Vitaminmangel ohne Nachteil, und Xerophthalmie nicht zu befürchten, die sich bei dauernder Fütterung mit fettloser Milch einstellen kann. Diese Trockenmagermilch stellt ein äußerst feines gelblichweißes Pulver dar, das einen angenehmen Geschmack besitzt und auch nach längerer Zeit nicht klumpt und nie den muffigtalgigen Geschmack annimmt wie die Trockenvollmilch. In einer Büchse, die ohne sonderliche Sorgfalt aufbewahrt war, war Charakter und Geschmack des Pulvers nach 1½ Jahren noch unverändert. Das Pulver ist äußerst haltbar und verdirbt nicht mit dem Alter, ein außerordentlicher Vorteil gegenüber den fetthaltigen Trockenmilchen. Eine Analyse ergab folgende Zusammensetzung:

Wasser 3,68%, Fett 0,60%,

Protein 35,28%, Milchzucker 38,15%, Asche 8,07%.

4. **Eledon.** Buttermilch in Pulverform (Hersteller: Lindagesellschaft). In Dosen zu 250 g, entsprechend 2½ Liter flüssiger Buttermilch.

Das auf Empfehlung von LANGSTEIN von der Lindagesellschaft für konzentrierte Milch und Kindermilch m. b. H. hergestellte Buttermilch-Trockenpräparat wird aus sauerer Magermilch gewonnen. Die Herstellung aus saurem Rahm kann für LANGSTEIN deswegen nicht in Frage kommen, weil sich seine günstigen Ernährungserfolge mit Buttermilch bei Säuglingen auf Buttermilch aus saurer Milch stützen.

Der Herstellungsprozeß ist folgender:

Erstklassige frische Vollmilch wird durch Zentrifugieren auf einen bestimmten Fettgehalt gebracht und der Säuerung unterworfen. Der Säuerungsprozeß wird durch Zusatz einer reinen Kultur von Milchsäurebazillen eingeleitet. Wenn ein bestimmter Säuregrad erreicht ist, wird die saure Milch durch Zerstäubung in Trockenmilch verwandelt. Das Buttermilchpulver ist großkörnig, von hellgelber Farbe, von angenehmem Aroma und gutem, säuerlichem Geschmack. Die Haltbarkeit ist einige Monate. Die Suspensionsfähigkeit im Wasser wird durch Mehl noch verbessert.

Nach LANGSTEIN hat im Durchschnitt das Pulver folgende Zusammensetzung: Fett 14 %, Proteinstoffe 31 %, Milchzucker 30 %, Asche 6,7 %, Wasser 3,9 %.

Zur Herstellung der flüssigen Buttermilch werden 10 g des Pulvers in 100 g warmem Wasser aufgelöst, die Mischung wird über einer kleinen Flamme gründlich umgerührt, vom Augenblick des Aufkochens eine halbe Minute im Sieden gelassen. Die so gewonnene Buttermilch hat jetzt einen Säuregrad von 25 bis 28 nach SOXHLET-HENKEL, einen Fettgehalt von 1,3 bis 1,4 % und einen Brennwert von 42 Kalorien pro 100 g. LANGSTEIN empfiehlt einen Zusatz von 3 % SOXHLET-Nährzucker und 3 % Mondamin. Diese Zusätze müssen vor dem Kochen zugesetzt werden.

Eine solche Buttermilch hat sich nach VON NOORDEN und SALOMO auch in der Diätetik des Erwachsenen bei Darmstörungen durchaus bewährt.

B. Eiweißmilch

Eiweißmilch nach Prof. FINKELSTEIN und Prof. L. F. MEYER, konzentriert in Dosen zu 400 g (Hersteller: Töpfer Trockenmilchwerke G. m. b. H., Böhlen bei Leipzig). Die günstigen Heilerfolge, welche mit der von FINKELSTEIN und MEYER[1]) zuerst angegebenen Eiweißmilch erzielt wurden, von anderen Autoren MÜLLER, SCHLOSS, ENGEL und anderen mehr bestätigt, haben Veranlassung gegeben, zur leichteren Beschaffung dieser Heilnahrung ebenfalls eine Eiweißmilchkonserve herzustellen.

Die Herstellung dieser Eiweißmilchkonserve ist im Grunde dieselbe, wie sie in Band II, Teil 1, S. 59, geschildert wurde. Aus einer bestimmten Menge Vollmilch wird durch Lab die Käsemasse (Kasein + Fett) ausgeschieden und mit der gleichen Menge Buttermilch (aus mit Reinkulturen angesäuertem Rahm gewonnen) vermischt. Das Gemisch wird fein verteilt im Vakuum auf die Hälfte eingedickt und in Dosen gefüllt. Die grobchemische Zusammensetzung der Eiweißmilch ist nach PELKA folgende:

Tabelle 1

Bestandteile pro 1 Liter	Eiweißmilch (PELKA) %
Eiweiß	2,8—3,2 das übrige Wasser
Fett	2—2,5
Zucker	1,2—1,6
Asche	0,4—0,5

Im allgemeinen wird die konzentrierte Milch mit Wasser oder Schleim verdünnt. Die Mischung enthält dann 3 % Eiweiß, $2^1/_2$ % Fett, 1 bis $1^1/_2$ % Milchzucker, 0,4 bis 0,5 % Mineralien. Im Liter 450 Kalorien. Die Eiweißmilch hat einen höheren Säuregrad als gewöhnliche Kuhmilch, ist aber in ihrer Zusammensetzung der Kuhmilch ziemlich gleichgestellt; nur hat die Eiweißmilch einen geringeren Zuckergehalt. Aus diesem Grunde soll die verdünnte Eiweißmilch niemals ohne Kohlehydratezusatz verwendet werden. Am zweckmäßigsten ist ein Zusatz von zunächst 5 % Kochzucker oder Nährzucker. Der Zuckerzusatz kann gesteigert werden bis zu 16 %. In besonderen Fällen kann die Eiweißmilch auch in einer Verdünnung 1:1 mit 20 % Kohlehydrat-

[1]) Näheres siehe Finkelstein: Lehrbuch der Säuglingskrankheiten. Berlin: Julius Springer. 1924. CZERNY-KELLER: Des Kindes Ernährung usw. Leipzig. 1923.

zusatz gegeben werden. Beim Säugling kann nach einer solchen Nahrung eine Konzentration oder Durstfieber auftreten. Zur Vermeidung solcher Zustände muß reichlich Tee zwischendurch gegeben werden.

Im allgemeinen sollten die Eiweißmilchkonserven bei ernährungsgestörten Säuglingen oder darmkranken älteren Kindern nicht länger als 5 bis 6 Wochen gegeben werden. Bei über 3 Monate alten Kindern empfiehlt sich die Zugabe von frischen Obstsäften. Zur Eiweißmilch kann auch eine Buttermehlschwitze (40 g Mehl, 40 g Zucker und 30 g Butter) gegeben werden. Bei plötzlich auftretenden und chronischen Ernährungsstörungen des Säuglings ist die Eiweißmilch das Mittel der Wahl.

C. Milcheiweißpräparate

Der hohe kalorische Wert des Milcheiweißes und seine gute Ausnutzung haben Veranlassung gegeben, eine ganze Reihe Milcheiweißpräparate herzustellen. Zunächst sollten sie als Kräftigungsmittel für Erwachsene und ältere Kinder dienen. Sodann fanden aber die Präparate nach den Entdeckungen Finkelsteins über die ausgezeichnete Wirkung von Eiweißmilch als Heilnahrung ernährungsgestörter Kinder auch Eingang in die Behandlung von Magen-Darm-Krankheiten im Säuglingsalter.

1. **Plasmon.** Ein Kaseinkalziumpräparat in 100-g-Packungen (Hersteller Plasmonwerke, Neubrandenburg).

Plasmon ist das lösliche Kalziumsalz des Kaseins. Das Kasein wird aus reinster Magermilch mit Säure gefüllt einem Reinigungsprozeß unterworfen und nach Verarbeitung mit einem löslichen Mittel bei niederer Temperatur gekocht. Plasmon enthält nach Analyse von Aufrecht

in der natürlichen Substanz:	
Wasser	9,92%
Stickstoff	12,10%
entsprechend Eiweiß	76,23%
Fett	0,12%
sonstige stickstofffreie Stoffe	4,41%
Asche	7,32%

in der Trockensubstanz:	
Stickstoff	13,43%
entsprechend Eiweiß	84,62%
Fett	0,11%
sonstige stickstofffreie Stoffe	7,15%
Asche	8,12%

Die Asche enthält nach Angaben der Fabrik 7,4 Natrium, 36,2 Kalk, 41,5 Phosphor und 0,17 Chlor. Die Ausnutzung des Plasmons ist eine vorzügliche. Sie beträgt nach den Angaben von Bloch, Prausnitz, Stadelmann, Wintgen im Mittel 96,3%. Das Präparat ist leicht löslich und auch billig (100 g kosten zur Zeit RM 1,10). Verwendung findet es als Zusatznahrung bei Brustkindern, als Zusatznahrung für Frühgeburten, bei Durchfallserkrankungen älterer Kinder. Angeblich soll das Präparat auch die Milchsekretion stillender Frauen heben.

Mit Plasmon und den anderen noch aufzuführenden Präparaten kann bei Nichtbeschaffung von Eiweißmilch leicht eine Plasmoneiweißmilch hergestellt werden. Bei Säuglingen kann es von 2 bis 5% in die Nahrungsmischung gegeben werden. Darüber hinaus treten oft Dickdarmreizungen auf.

2. **Larosan.** Kaseinkalzium mit einem CaO-Gehalt von 2,5% (Hersteller: Chemische Fabrik, Grenzach A. E. Berlin N24).

Das Larosan ist ein lockeres, gelblichweißes, geruch- und geschmackloses Pulver in Packungen zu 100 g. Der hohe Kalkgehalt des Larosan bewirkt durch Verminderung der Wasserdurchlässigkeit der Darmgefäße eine Minderung der Entzündungserscheinungen im Darm. Es findet Verwendung als Heilnahrung bei Durchfällen, das heißt Ernährungsstörungen der Säuglinge, bei Erkrankung des Magendarmkanals, z. B. Magengeschwüre beim Erwachsenen, und als Nährzulage bei schlecht gedeihenden Brustkindern, bei Tuberkulösen oder Genesenden.

3. **Nutrose.** Kaseinkalziumpräparat (Hersteller: Meister Lucius, Mannheim).

Hat die gleichen Eigenschaften wie die vorigen Präparate, ist nur etwas schwerer löslich.

4. **Laktana**-Milcheiweißpulver in Dosen zu 100 g (Hersteller: Töpfer Trockenmilchwerke G. m. b. H., Böhlen bei Leipzig).

Im Gegensatz zu Plasmon wird das Laktana-Milcheiweißpräparat nicht aus trockenem Kasein hergestellt, sondern aus frischer Milch unter Zuhilfenahme von Labferment. Das Labgerinnsel wird in frischem Zustand aufgearbeitet und bei mäßiger Temperatur schonend gekocht. Es ist hier der Technik gelungen, das an sich nicht mehr quellfähige Labungsmilcheiweiß ohne Veränderung seines Eiweißgehaltes und seiner natürlichen Aschensalze in eine haltbare trockene Dauerform überzuführen. Die genuinen Eiweißstoffe der Frischmilch sind durch die besondere Herstellungsweise weitgehend erhalten.

Die Zusammensetzung von Laktanamilcheiweiß ist (durchschnittlich und bezogen auf Trockensubstanz):

Eiweiß	80%
Asche	13%
(hievon etwa 45% CaO [Kalziumoxyd] und 40% P_2O_5 [Phosphorsäure] als natürliche Bestandteile des Gesamtmilcheiweißes)	
Fett	1,5%

oder in runden Zahlen:

Eiweiß	80 %
CaO (Kalziumoxyd)	6,5%
P_2O_5 (Phosphorsäure)	5,5%
Feuchtigkeit, Milchfett, Alkalisalze aus der Milch, etwas Milchzucker	Rest

Das Milcheiweißpräparat wird zur Herstellung eiweißreicher Milchnahrungen für Säuglinge und Kleinkinder wie auch für Erwachsene vielfach verwendet.

Zum Schluß der Übersicht über die Milcheiweißpräparate sei eine Übersicht über die Zusammensetzung und Ausnutzung der bereits angeführten und der weniger gebrauchten Milcheiweißpräparate gebracht (König).

Tabelle 2. Protein-Nährmittel

Nr.	Präparat	Wasser %	Organische Stoffe %		Mineralstoffe %	Ausnutzbare Nährstoffe: Stickstoffsubstanz %	Ausnutzbare Nährstoffe: Fett %	Ausnutzbare Nährstoffe: Kohlehydrate %	Ausnutzbare Kalorien in 1 kg: Frische Substanz	Ausnutzbare Kalorien in 1 kg: Trockensubstanz	Vitamine im natürlichen Zustand A	B	C
	Protein-Nährmittel mit unlöslichen Proteinen. Aus tierischen Nahrungsmitteln												
290	Plasmon od. Kaseon	11,94	80,52		7,54	67,41	0,61	9,51	3211	3646	—	—	—
291	Kalk-Kasein	7,69	70,13		22,18	54,98	1,89	11,17	2888	3128	—	—	—
292	Eulaktol	1,90	88,80		4,30	28,67	13,57	43,12	4205	4517	—	—	—
	Protein-Nährmittel mit vorwiegend löslichen Proteinen. Durch chemische Hilfsmittel löslich gemachte Proteine												
			Protein Gesamt	Protein löslich									
310	Nutrose (aus Kasein)	10,07	82,81	78,67	3,68	80,33	0,24	2,91	3435	3819	—	—	—
311	Sanatogen (aus Kasein)	8,82	80,87	73,18	5,57	78,44	0,53	3,66	4315	3746	—	—	—
312	Eukasin (aus Kasein)	10,71	77,60	65,63	5,16	75,27	0,06	6,11	3339	3739	—	—	—
313	Galaktogen (aus Kasein)	8,18	75,67	72,59	6,14	73,40	0,67	8,45	3418	3712	—	—	—
314	Eulaktol (aus Kasein)	5,93	30,41	18,18	4,31	29,50	12,58	42,83	4135	4396	—	—	—
315	Nikol (Milcheiweiß)	13,84	77,28	40,10	6,14	74,96	0,35	1,95	3186	3698	—	—	—

D. Besondere Milchpräparate

1. **Cutanmilch** nach Prof. Scheer (Hersteller: Töpfer Trockenmilchwerke G. m. b. H., Böhlen bei Leipzig), konzentriert in Dosen zu 400 g.

Es handelt sich um eine saure Milch, welche bei normaler Verdünnung einen Säuregrad von $p_H = 4,5$ hat, und wo die Säure im Organismus nicht abgebaut wird und daher tatsächlich eine Säuerung herbeiführt. Gleichzeitig ist die Azidität so gehalten, daß sie dem Optimum für die Labung entspricht. Die Cutanmilch ist dreifach konzentriert und enthält keinerlei Zusatz von Kohlehydraten. Eine Verdünnung wird so hergestellt, daß man zu 1 Teil Milch 2 Teile kaltes Wasser unter dauerndem Rühren einfließen läßt. Für Kinder empfiehlt sich ein Kohlehydratzusatz von 6%. Von v. Beruth wurden nach dem Genuß von Salzsäuremilch granulierte Zylinder im Harn der Säuglinge gefunden. Es handelt sich jedoch hier nicht um eine Nierenentzündung, sondern um eine durch den Säurestoffwechsel bedingte harmlose Erscheinung. Die Zusammensetzung der auf $^1/_3$ konzentrierten Cutanmilch ist:

Fett	zirka	9%
Eiweiß	„	9,5%
Milchzucker	„	9,5%
Mineralstoffe	„	2,3%

Kalorien in 1000 g zirka 1600.

Das Präparat wird verwandt bei Krämpfen (Spasmophilie), und ein besonderer Vorzug wird der Milch nachgesagt bei der Verwendung bei Ausschlagskrankheiten im Säuglings- und Kleinkinderalter (exsudativer Diathese). Allerdings sind auch bei chronischen Ekzemen Versager beobachtet worden.

2. **Ramogen** nach Biedert (Hersteller: Deutsche Milchwerke A. G., Zwingenberg, Hessen). Dosen zu 250 g gezuckert und ungezuckert.

Ramogen ist eine konzentrierte, haltbare Fettmilch. Grundlagen zur Herstellung von Fettmilchgemischen durch einfachen Wasserzusatz in Verbindung mit Frischmilch. Es ist gedacht als der Frauenmilch ähnlich gemachte Kuhfettmilch. Die Zusammensetzung von Ramogen ist Eiweiß 7%, Fett 16,5%, Kohlehydrate 34,6%, davon Milchzucker 10%, Salze 1,5%. In 1000 g Ramogen sind 3170 Kalorien vorhanden. Es kann entweder einfach mit Wasser verdünnt werden nach ärztlicher Vorschrift, oder aber mit Wasser in Frischmilch als Nahrungsgemisch für schlecht gedeihende Säuglinge gelten, auch bei Verstopfung. Das ungezuckerte Ramogenpräparat hat folgende Zusammensetzung: Eiweiß 6,7%, Fett 20%, Kohlehydrate 9,2%, Salze 1,4%.

3. **Bumena.** Buttermehlnahrung (Hersteller: Deutsche Milchwerke-A. G., Zwingenberg, Hessen). Dosen zu 200 g.

Es handelt sich hier um ein Trockenpräparat, welches dieselben Grundlagen wie die von Czerny angegebene Buttermehlschwitzenahrung für Säuglinge hat. Das Mehl zur Herstellung der Bumena wird bei 120° kurze Zeit geröstet, auch das Butterfett wird bei dieser Temperatur mit dem Mehl vereinigt, um die Vitamine zu erhalten. Bumena enthält, berechnet auf Trockensubstanz, Fett 31,4%, Mehl 39,2%, Zucker 29,4%. In 100 g Bumena sind 550 Kalorien enthalten. Durch einfaches Auflösen von Bumenapulver und Zusatz von Frischmilch wird die trinkfertige Buttermehlnahrung hergestellt. Sie gilt als Heilnahrung bei untergewichtigen Säuglingen, die jedoch nicht fettempfindlich sein dürfen.

4. **Edelweißmilch** Alpenvollmilchpulver. **Ultractina.** Bestrahlte Edelweißmilch (Hersteller: Edelweißmilchwerk G. m. b. H., Kempten im Allgäu).

Das Milchpulver hat die Eigenschaften bester Frischmilch und den Vorzug, daß es ermöglicht, dem Kinde zu jeder Tageszeit eine frische, nicht abgestandene Nahrung zu verabreichen. Es gewährleistet Gleichmäßigkeit in der Ernährung und ist nach Czerny jeder pasteurisierten und kondensierten Milch vorzuziehen. Edelweißmilch löst sich in kaltem und warmem Wasser restlos auf. 125 g Pulver ergeben 1 Liter Vollmilch.

Die Herstellung des Vollmilchpulvers geschieht nach dem Krause-Verfahren. Die Milch wird danach vor der Trocknung vollkommen gereinigt, in einem turmartigen Raum wird dann auf einer sehr schnell laufenden Scheibe die Milch in kleinste nebelartige Teilchen zerstäubt. Gleichzeitig wird durch den Raum fortgesetzt warme trockene Luft gesogen, die im Vorbeistreichen jedem dieser kleinen Staubteilchen sofort seinen Wassergehalt entzieht. Die Trockenbestandteile der Milch fallen in Form schneeiger Flocken zum Boden. Der Wassergehalt der Milch wird in der durchziehenden Warmluft aufgenommen und durch Filter ins Freie geleitet.

Für die Bestrahlung der Trockenmilch wird das Pulver in dünner Schicht ausgebreitet und dann nach den Angaben von Brüning mit der Bachschen Höhensonnenlampe für 45 bis 60 Minuten auf etwa 30 cm Entfernung bestrahlt. Das Präparat hat reines Milcharoma ohne jeden Bestrahlungsgeschmack.

Das Milchpulver wird zur Herstellung einer antirachitisch wirksamen Säuglingsmilch einfach mit Wasser aufgelöst. 500 g ergeben 4 Liter bestrahlte Vollmilch.

5. **Alipogal** (A-Lipo-Gal = fettlose Milch) (Hersteller: Milchgesellschaft-A. G., Hochdorf bei Luzern). Trockenmagermilch. In Büchsen zu 500 g.

Die Kuhmilch wird zuerst entrahmt und im Vakuum bei einer Temperatur unter 50° C eingedickt. Nachher wird dieses Kondensat mittels eines patentierten Verfahrens in die sogenannte Trockenkammer mit hohem Druck hineingepreßt, wo die Milch augenblicklich eintrocknet, ohne ihre Bestandteile irgendwie zu schädigen. Vermutlich wird bei diesem Verfahren der Vitamingehalt der Milch nicht beeinträchtigt, abgesehen von der Ausschaltung des Faktors *A* mit der Entfernung des Fettes. Da die Magermilch nur als Heilnahrung für kurze Zeit gegeben wird, nie als Dauernahrung, so ist dieser Vitaminmangel ohne Nachteil und eine Augenerkrankung (Xerophthalmie) nicht zu befürchten, die sich bei dauernder Fütterung mit fettloser Milch einstellen kann. Diese Trockenmagermilch stellt ein äußerst feines, gelblichweißes Pulver dar, das einen angenehmen Geschmack hat und auch nach längerer Zeit nicht klumpt.

In einer Büchse, die ohne sonderliche Sorgfalt aufbewahrt werden kann, ist der Charakter und Geschmack des Pulvers nach 1½ Jahren noch unverändert (Feer). Das Pulver ist äußerst haltbar und verdirbt nicht mit dem Alter, ein außerordentlicher Vorteil gegenüber den fetthaltigen Trockenmilchen. Eine Analyse ergab folgende Zusammensetzung: Wasser 3,68%, Fett 0,60%, Protein 35,28%, Milchzucker 39,15%, Asche 8,07%.

Das Milchpulver läßt sich in kaltem Wasser lösen. Am besten verwendet man eine 10%ige Lösung. Feer verwandte die fettfreie Trockenmilch mit gutem Erfolg bei Gärungsdurchfällen und bei sonstigen ernährungsgestörten Säuglingen.

6. **Vitanamilch.** Die Vitanamilch ist eine vitaminisierte Frischmilch unter Zusatz einer Vitamin-*D*-Emulsion (Hersteller der Vitanaemulsion: Deutsche Vitamin Gesellschaft m. b. H., Hamburg 39). Die Vitanaemulsion ist ein standardisiertes Vitamin-*D*-Präparat. Durch ein besonderes technisches Verfahren ist es gelungen, eine Emulsion herzustellen, die sich gleichmäßig in der Milch verteilt, und bei der das an einen Phosphatidkomplex gebundene Vitamin *D* auch in aus vitaminisierter Milch hergestellten Molkereiprodukten — Käse und Butter — in genügender Menge gefunden wird (Bleyer). Zur Herstellung von Vitanamilch wird 1 kg Vitanaemulsion in 1000 Liter Milch durch einfaches Umrühren zugesetzt. Der Genuß dieser Milch schützt vor Rachitis und bringt

eine bestehende Rachitis zur Abheilung. Schädigungen sind nicht bekannt geworden. Die Herstellung von Vitana steht unter laufender wissenschaftlicher Kontrolle und ermöglicht eine genaue Dosierung.

Literatur: TRENDTEL: Die Vitamin-Anreicherung der Milch. Molkereiztg. Hildesheim Nr. 38. 1929.

7. **Calciamilch.** In der Colciamilch nach MOLL ist das Kasein durch Zusatz von Calcium lacticum zur Ausfällung gebracht. Vor dem Kochen zugesetzt, läßt Calcium lacticum die Milch in groben Flocken gerinnen. Die Zubereitungsvorschrift der Calciummilch verlangt deshalb, daß der Calcium lacticum-Zusatz während des Kochens vorgenommen wird, wodurch eine feinflockige Gerinnung eintritt. Die Gerinnung wird dadurch besonders feinflockig, daß mit dem Calcium lacticum eine schleimige Mehlabkochung zugesetzt wird. Mit der Mehlzugabe wird gleichzeitig erreicht, daß sich das geronnene Kasein nicht absetzt, sondern die Milchzubereitung homogen bleibt. Zur einfachen Herstellung der Calciamilch hat MOLL die Calciatabletten angegeben, die neben der entsprechenden Menge Calcium lacticum die erforderliche Menge einer erprobten Mehlmischung enthalten. Die Firma C. H. Boehringer Sohn, Hamburg, stellt die Calciatabletten Nr. I für die Zubereitung von Calcia-½- oder ²/₃-Milch (eine Packung für 8 Liter ½-Milch) und Calciatabletten Nr. II zur Zubereitung von Calcia-Eiweißmilch (eine Packung für 6 Liter) her.

Die Zubereitung der Calciamilch geschieht auf folgende Weise:

1. Man gibt in einen reinen Kochtopf ¼ Liter Wasser und weiter (zum Verkochen) 3 Eßlöffel Wasser, dann 4 Tabletten (=1 Rolle) und zerdrückt diese mit dem Kochlöffel, bis die Tabletten vollkommen zergangen sind.

2. Nun erhitzt man zum Sieden und kocht unter Rühren auf kleiner Flamme 5 Minuten lang weiter.

3. Hierauf gibt man, ohne das Erhitzen zu unterbrechen, ¼ Liter Vollmilch und 3 bis 5 Würfel Zucker dazu, kocht unter Schlagen auf und erhält 1 Minute in schwachem Sieden.

Zusammensetzung: Die Calcia-½-Milch enthält 500 bis 580 Kalorien im Liter, je nachdem ob 6% oder 10% Zucker zugesetzt worden sind.

Die Calciamilch kann Verwendung finden als Dauernahrung für gesunde künstlich ernährte Säuglinge und als Heilnahrung.

Bei der Zubereitung von Calcia-Eiweißmilch werden Calciatabletten Nr. 2 verwendet.

Die Herstellung geschieht nach folgender Vorschrift: Zur Herstellung benötigt man 2 Kochtöpfe: „Kochtopf Nr. I" und „Kochtopf Nr. II" genannt.

1. In den Kochtopf Nr. I werden ½ Liter Vollmilch, ¼ Liter Wasser und zwei kleine Tabletten (der Packung Calciatabletten Nr. 2) gegeben und die Mischung auf kleiner Flamme langsam fast bis zum Sieden erhitzt. Die Milch gerinnt grobflockig, der Käsestoff (Quark) scheidet sich von der fast klaren Molke (Milchwasser) ab.

2. Man läßt ohne Umrühren eine Viertelstunde abkühlen und gießt die gesamte Masse auf ein über den Kochtopf Nr. II gestelltes Haarsieb. Die Molke (Milchwasser) fließt ab.

3. Nun treibt man den auf dem Siebe befindlichen Käsestoff (Quark) mit einem gut gereinigten Passierholz in den Kochtopf Nr. I zurück.

4. Dann gibt man zu dem durchgetriebenen Käsestoff (Quark) ¼ Liter von der im Kochtopf Nr. II zurückgebliebenen Molke und ¹/₈ Liter frische Vollmilch.

5. In den Kochtopf Nr. II, aus welchem man die übriggebliebene Molke (Milchwasser) weggegossen hat, gibt man 8 große Tabletten (= 1 Rolle) und $^3/_8$ Liter Wasser. Man zerdrückt die Tabletten mit einem Kochlöffel, rührt fleißig um, bis sich die Tabletten aufgelöst haben, und kocht auf. Es entsteht eine schleimige Abkochung.

6. Diese Abkochung gießt man in den Kochtopf Nr. I und das Ganze wird nun unter starkem Rühren oder Schlagen mit der Schneerute durch 3 Minuten gekocht.

Ohne Zuckerzusatz enthält die Calcia-Eiweißmilch 540 Kalorien, mit einem Zuckerzusatz bis höchstens 5 Würfel 670 Kalorien pro Liter.

Die Calcia-Eiweißmilch kann verwendet werden bei Ernährungsstörungen der Säuglinge und Kleinkinder aller Art. Von den Calciatabletten kann auch eine Calcia-Buttermehlnahrung hergestellt werden.

E. Vegetabilisches Kindermilchpräparat

Pflanzenmilch nach Dr. LAHMANN (Hewel & Veithen, Köln). Die Herstellung der Pflanzenmilch geschieht in der Weise, daß mit Hilfe von Wasser aus Mandeln und Haselnußkernen eine weiße Milch herausgezogen bzw. gepreßt wird. Die Milch wird unter Zusatz von Zucker und einer geringen Menge des Dr. LAHMANNschen Pflanzen-Nährsalz-Extraktes zwecks besserer Haltbarkeit bis zu einem Wassergehalt von zirka 25% eingedickt; die verschlossenen Büchsen werden in kochendem Wasser sterilisiert.

Eine Analyse der Milch ergibt folgende Werte:

Analyse der „vegetabilen Milch“:

Fett	24,60%
Pflanzen-Kasein	7,50%
Rohrzucker	41,80%
Pflanzen-Dextrin	1,30%
Kalk, Kali usw.	0,68%
Wasser	24,44%
	100,32%

Analyse der Asche:

Kali	20,60%
Natron	4,00%
Kalk	35,80%
Magnesia	0,55%
Eisenoxyd	0,68%
Phosphorsäure	31,20%
Schwefelsäure	6,07%
Kieselsäure	1,10%
	100,00%

Das Präparat enthält keine freien Säuren und kann als Kindernährmittel verwendet werden.

IV. Die Nebenprodukte des Molkereibetriebes und ihre Verwertungen

Von
A. Burr-Kiel

1. Magermilch

Mittlere Zusammensetzung der Magermilch:

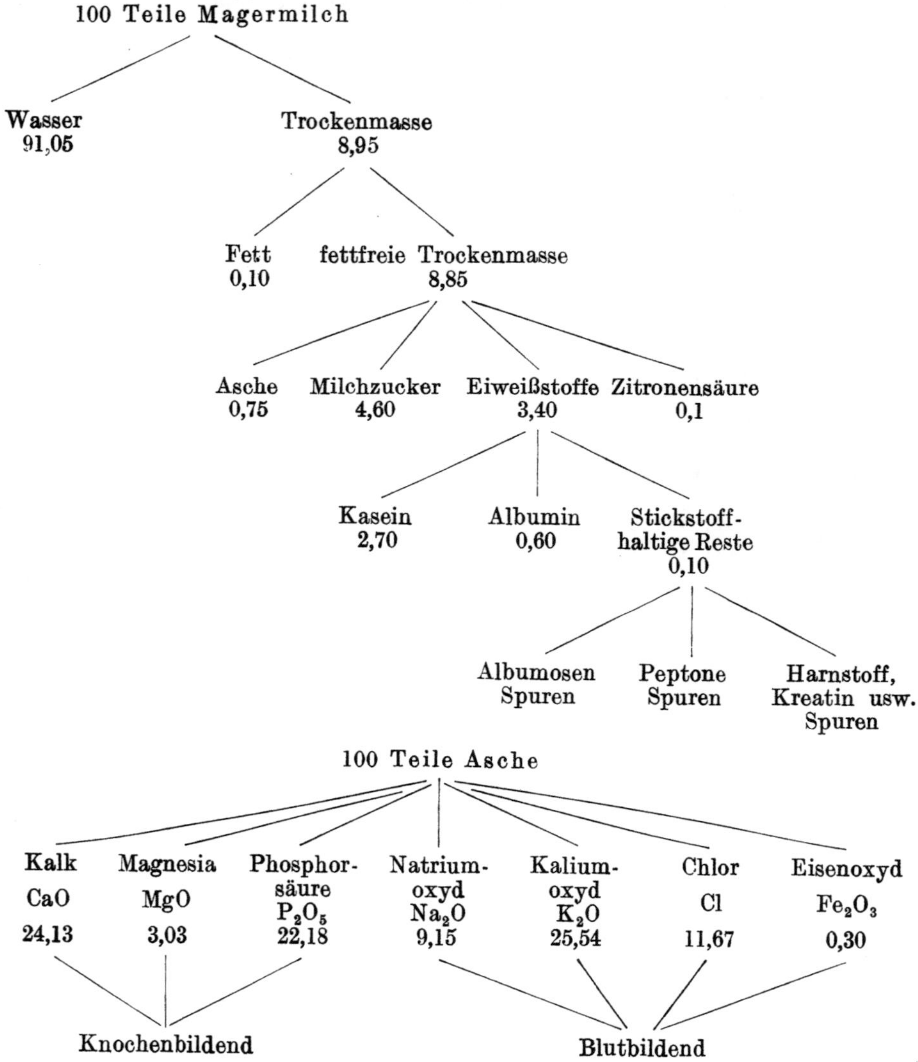

Unter Magermilch versteht man die bei der Entrahmung der Milch als Nebenerzeugnis erhaltene Milchflüssigkeit, die sich von der Milch hauptsächlich durch den viel geringeren Fettgehalt und im Zusammenhang hiermit durch ein höheres spezifisches Gewicht, verminderte Dickflüssigkeit und Viskosität sowie eine bei mittlerer und höherer Wärme ins Bläuliche spielende Farbe unterscheidet (daher auch der Name: „blaue Milch“). Abgesehen von dem Fett, enthält sie alle übrigen Milchbestandteile fast genau in demselben gegenseitigen Gewichtsverhältnis wie die Milch, aus der sie gewonnen wurde. Die Magermilch enthält das wenige Fett, das sich in ihr noch findet, vorwiegend in Form der kleineren und kleinsten Fettkügelchen. Die bei regelrechtem Betrieb gewonnene Magermilch hat ein spezifisches Gewicht, das bei 15° C zwischen 1,0320 und 1,0370 schwankt und im Mittel etwa 1,0340 beträgt. Sie enthält bei den älteren Verfahren der Rahmgewinnung höchstens 0,8 und beim modernen Zentrifugenbetrieb 0,02 bis 0,10% Fett. Man verwendet die Magermilch als menschliches Nahrungsmittel zum unmittelbaren Verzehr oder zum Brotbacken, zum Kochen, zum Verkäsen, als Futtermittel, namentlich für Schweine und Kälber, und zu einigen technischen Zwecken (Gewinnung von Kasein). Die Zentrifugenmagermilch hat im Mittel (nach FLEISCHMANN) etwa folgende Zusammensetzung:

Wasser	90,95%
Fett	0,10%
Eiweißkörper	3,60%
Milchzucker	4,50%
Mineralbestandteile	0,75%
Zitronensäure	0,10%
	100,00%

Die Reinasche einer Probe von Zentrifugenmagermilch zeigte folgende Zusammensetzung:

Kaliumoxyd	29,543%
Natriumoxyd	9,145%
Kalziumoxyd	24,134%
Magnesiumoxyd	3,026%
Eisensesquioxyd	0,301%
Phosphorsäureanhydrid	22,177%
Chlor	15,071%
	103,397%
Hiervon ab an Sauerstoff für Chlor	—3,397%
	100,000%

Als Getränk für Menschen hat sich die Magermilch, außer in Form von Sauermilchgetränken Kefir und Joghurt, nicht allgemein einführen lassen, weil noch vielfach die falsche Überzeugung herrscht, daß durch das Fehlen des Milchfettes die Magermilch gänzlich entwertet und dadurch nicht nährkräftig sein kann. Schon früher ist versucht worden, den Geschmack der Magermilch zu verbessern, und zwar dieselbe als sogenannten Milchwein in den Handel zu bringen, aber mit wenig Erfolg. Der einfachste Milchwein wird nach NIKOLAI dadurch hergestellt, daß man frische, abgerahmte Milch mit so viel Alkohol vermischt, daß die Milch durch den Alkoholgehalt konserviert wird. Diesem Gemisch kann Likör zugesetzt werden, wie er für die Sektfabrikation gebraucht wird und auch so viel Zucker, daß ein angenehmes, süßes Getränk entsteht. Der Herstellungsgang ist etwa folgender: 85 Teile Zentrifugenmilch, 15 Teile Kognak, 3 Teile flüssige Raffinade, 5 Tropfen aromatische Tinktur und 2 Teile Magnesiumsuperoxyd. Die Mischung wird in Flaschen gefüllt und gut verkorkt; sie hält sich bei kühler Aufbewahrung jahrelang und ist ein angenehmes Kräftigungsmittel für Schwache und ein Ersatz für süße Ungarweine.

Ein weiteres Rezept von Milchsekt ist folgendes: Die Magermilch wird mit verschiedenen Geschmacksstoffen u. dgl. vermischt, auch mit Zucker versüßt und dann in besonderen Autoklaven sterilisiert, nachdem man die Flasche mit Kohlensäure imprägniert hat. Man mischt zirka 20 g Zucker auf 1 Liter Flüssigkeit, setzt dann einige Tropfen Fruchtessenz zu, füllt in Champagnerflaschen, nachdem man vorher mit Kohlensäure bei einem Druck von 2 Atmosphären gesättigt hat. Ein größerer Druck von Kohlensäure darf nicht angewendet werden, da sonst die Milch beim Ausgießen zu sehr schäumen würde. In dem Sterilisierapparat können die gefüllten Flaschen sehr wohl einer höheren Temperatur ausgesetzt werden, weil der Innendruck in den Flaschen durch den Außendruck des geschlossenen Apparates ausgeglichen wird und daher ein einseitiger Druck auf die Flaschenwandungen nicht stattfindet.

Die Verwendung von Magermilch zur Brotbereitung ist schon seit langer Zeit bekannt. Neuere Versuche von DORNER haben ergeben, daß 100 Liter Magermilch eine Mehrausbeute an Brot von 14,6 kg bewirkten. Auch erleidet das Brot beim Backen geringeren Gewichtsverlust als das gewöhnliche Brot. Aus diesem Grunde werden 20 g weniger Magermilchteig als Wasserteig gebraucht, um 1 kg gebackenes Brot zu erhalten. Außerdem muß prozentual mehr Magermilch als Wasser zum Mehl gegeben werden, um gleich festen Teig und Brot gleichen Wassergehaltes zu erhalten. Dies ist dadurch begründet, daß jeder Liter Magermilch zirka 90 g Trockensubstanz enthält, 1 kg Magermilch also nur zirka 910 g Wasser enthält.

Allerdings stellen sich manchmal auch Schwierigkeiten in den Weg bei Verwendung von Magermilch, da zentrifugierte Magermilch schneller verdirbt als gleich alte, nicht zentrifugierte Milch. So kommt es, daß die Milch in der heißen Backstube leicht gerinnt, bevor sie verwendet wird. Als Gegenmittel wird das Pasteurisieren genannt, eventuell ein kleiner Zusatz von Ammoniumkarbonat, da letzteres als Backpulver in der Bäckerei erlaubt ist und ein Überschuß von Ammoniumkarbonat sich beim Backen verflüchtigt. Als Menge genügen 1,6 g Handelsware, welche nicht aus reinem Ammoniumkarbonat besteht, um den Säuregrad 1 Liter Milch um 10 Einheiten nach SOXHLET-HENKEL zu erniedrigen. Natürlich muß die Milch auf die zur Teigbereitung notwendige Temperatur gebracht werden; zu diesem Zwecke werden die Milchkannen entweder in heißes Wasser gestellt, oder die Milch am Abend vorher auf etwa 65° C erhitzt, warm in die Kannen gefüllt und zum Abkühlen hingestellt. Wenn die Milch dann verwendet werden soll, hat sie gerade die richtige Temperatur.

Daß die Magermilch auch eine lohnende Verwendung in der Käserei findet, dürfte allgemein bekannt sein. Um die Nettoverwertung der Magermilch durch die Käserei zu erfahren, müßte man bei der Berechnung von der Verwertung für 1 Liter Vollmilch in der Käserei ausgehen und die Unkosten für die Herstellung des Käses und seine Behandlung bis zum Verkauf in Abzug bringen. Die Unkosten werden für die Meiereien je nach der Größe des Betriebes und den gegebenen Verhältnissen jeweils verschieden sein.

Eine weitere Verwendungsart der Magermilch ist die Herstellung einer Speisewürze. Folgendes Rezept wurde Dr. EICHLOFF patentiert[1]):

1000 kg kondensierte Magermilch werden mit 200 kg 25%iger Salzsäure versetzt, auf 100° C erhitzt und 2 Stunden auf dieser Temperatur gehalten. Der heißen Flüssigkeit wird so viel Natriumkarbonat zugefügt, daß sie schwach alkalisch reagiert, und dann auf 40° C abgekühlt. Nun gibt man 600 g Trypsin und eine Portion Hefe hinzu. Nach etwa 15 Stunden läßt man auf 30° C abkühlen und hält diese Temperatur, bis die Vergärung beendet ist. Alsdann tötet man durch Erhitzen auf 100° C das Trypsin und die Hefe ab, versetzt bei etwa doch vorhandener saurer Reaktion mit so viel Natriumkarbonat oder bei alkalischer Reaktion mit so viel Salzsäure, daß die Lösung schwach sauer reagiert, und filtriert. Das Filtrat wird darauf bis zur gewünschten Konsistenz eingedampft und, wenn man es in trockenem Zustande, z. B. zur Herstellung von Bouillonwürfeln, verwenden will, im Vakuum-Trockenschrank vollständig vom Wasser befreit.

Milchpulver oder Trockenmilch wird gleichfalls aus Magermilch hergestellt; jedoch erst Ende des vorigen und Anfang dieses Jahrhunderts gelang es, nach verschiedenen Verfahren Milchpulver herzustellen, die den Ansprüchen auf Haltbarkeit und Güte genügten.

---

[1]) KNOCH, Handbuch der neuzeitlichen Milchverwertung, 1926.

Kondensmilch oder eingedickte Milch wird außer aus Vollmilch zum Teil auch aus Magermilch hergestellt; jedoch ist diese Herstellungsart von untergeordneter Bedeutung; dagegen kommt eingetrocknete Magermilch in Pulverform in großen Mengen in den Handel.

Einen bedeutenden Handelsartikel der Welt bildet das aus der Magermilch in Form des denaturierten Eiweißes (Parakaseins) ausgefällte Kasein. Als Rohkasein ist es feucht unter dem Namen Quarg bekannt, während es gereinigt, entfettet und getrocknet für gewisse Industrien brauchbar gemacht wird. Die Verwendungsarten des Kaseins sind mannigfachster Art: Nährpräparate, in der Papierindustrie, Politurpräparate, Seifenfabrikation, Milchstein usw. Je nach der beabsichtigten Verwendung müssen verschiedene Eigenschaften schon bei der Herstellung in dem Produkt hervorgerufen werden, um dasselbe für die Verwendungsart geeignet zu machen. Es gibt daher eine ganze Reihe verschiedener Herstellungsmethoden, die in ihren Einzelheiten sich nur wenig unterscheiden.

Tabelle 1. Die wichtigsten aus Kasein hergestellten Nährpräparate

Name des Präparates	Art des Präparates	Löslichkeit	Zusammensetzung				Bemerkungen
			Eiweiß %	Fett %	Asche %	Wasser %	
Sanatogen	Kaseinpräparat und glyzerinphosphorsaures Natron	etwas löslich beim Kochen	80,5	—	6,5	9,8	5% glyzerinphosphorsaures Natron
Eukasin	Kasein-Ammoniak-Verbindung	löst sich unter Trübung	80,0	—	5,7	9,4	
Nutrose	Kasein-Na-Verbindung	vollkommen löslich bei Wärme	82,8	—	3,7	9,3	
Plasmon	Kasein-Na-Verbindung	löslich	74,5	1,7	8,4	12,6	
Dr. RIEGELS Milcheiweiß	Kasein-Na-Verbindung	löslich	86,1	0,3	1,7	8,2	
Eulaktol	Milchweiß und Pflanzeneiweiß	teilweise löslich bei Wärme	30,5	14,3	4,3	6,9	44% N-freie Extraktivstoffe

Kasein kann auf zweifache Weise hergestellt werden, a) durch Fällung mit Lab und b) durch Fällung mit Säuren.

a) Durch Säure, und zwar:

1. Eigen- oder Milchsäure (durch Eigensäure der Milch oder durch Zusatz von Reinkulturen von Milchsäurebildnern),

2. Essigsäure,

3. mineralische Säure, nämlich Schwefelsäure, Salzsäure. Die allgemein übliche Ausfällung erfolgt durch Eigen- oder Milchsäuren, während für Kasein, das durch Zusatz anderer Säuren künstlich gefällt wurde, im allgemeinen keine Nachfrage und keine Meinung besteht.

b) Durch Lab, und zwar:

ausgefällt durch Zusatz von frischem Kälberlab oder künstlichem Lab-Extrakt.

Ein einfaches Verfahren zur Herstellung von Kasein nach dem Labverfahren ist folgendes (SCHERER):

Die Magermilch, welche in möglichst frischem Zustande verarbeitet werden muß, wird auf 35° C angewärmt, sodann pro 100 Liter mit 25 cm³ Hansen-Labextrakt oder 1,5 g Labpulver gelabt und der Gerinnung überlassen, welche in 20 bis 25 Minuten eintritt. Die Käsemasse wird dann mittels Käseharfe, welche anfangs vorsichtiger, später schneller gehandhabt wird, bearbeitet, und zwar so lange, bis der Bruch die Größe eines Reiskornes erreicht, worauf man sofort mit der Nachwärmung des Bruches unter fleißigem Rühren beginnt und bis zur Erreichung von 65° C fortsetzt.

Sodann läßt man den Bruch absetzen und schöpft dann die Molke über ein Käsetuch ab, worauf der Bruch durch Zugabe von zirka 80 bis 100 Teilen kalten Wassers abgekühlt und aus dem Kessel gehoben wird. Gleich darauf wird der Bruch so lange gepreßt, bis der Wassergehalt desselben maximal 58% beträgt. Nach dem Pressen wird das feuchte Kasein zuerst auf der gewöhnlichen Quargmühle vermahlen, worauf es dann in schwacher Schicht (etwa 2 cm hoch) auf Leinwandhorden ausgebreitet wird. Daselbst wird das Kasein unter öfterem Wenden bei einer Temperatur von 50 bis 60° C getrocknet, was gewöhnlich in 7 bis 10 Stunden vollendet ist.

Mit dem Zusatze der Säure zu der Milch muß äußerst vorsichtig umgegangen werden, da ein Überschuß der Säure Kasein wieder auflöst, zu wenig Säure aber die Fällung des Käsestoffes unvollständig macht. In beiden Fällen wird also die Ausbeute an Kasein zu niedrig ausfallen.

Bei der Gewinnung des feuchten Käsestoffes durch Selbstsäuerung der Magermilch läßt man dieselbe bis zum nächsten Morgen in dem Bottich ruhig stehen, bis sie völlig geronnen ist, zerschneidet dann den Bruch und erwärmt letzteren unter fortwährendem Rühren auf 60 bis 65° C, damit sich das Kasein zusammenzieht, das Serum auspreßt und eine feste, weiße Masse bildet. Darauf läßt man die Molken durch einen Hahn, vor dessen Öffnung zum Auffangen etwaiger mitgerissener Kaseinteile ein Sack aufgehängt wurde, ablaufen oder hebert die Molken ab, letztere ebenfalls einen Sack passieren lassend, oder stellt vor die Ausflußöffnung des Bottichs einen viereckigen mit feiner Leinwand bekleideten Holzrahmen, der in seiner Größe der Seite des meist viereckigen Bottichs angepaßt ist und die Käsestoffkörner am Ausfließen verhindert, die Molken aber hindurchläßt. Der im Bottiche zurückgebliebene Käsestoff wird zwecks Abkühlung, und um die Molkenbestandteile aus ihm zu entfernen, mit kaltem Wasser übergossen, gut verrührt, absetzen lassen und das Wasser in gleicher Weise wie vorher die Molken entfernt. Das Waschen mit kaltem Wasser kann noch einigemal wiederholt werden, um alle Molkenbestandteile zu entfernen, das gewaschene, von den Molkenbestandteilen befreite Kasein wird zwecks Entfernung des größten Teiles seiner Feuchtigkeit in manchen Betrieben zentrifugiert und dann noch scharf gepreßt oder es wird, ohne daß es zentrifugiert worden ist, in Säcke getan und darin mindestens 4 bis 5 Stunden, bisweilen sogar 12 bis 14 Stunden, scharf gepreßt. Das so behandelte feuchte Kasein enthält nach Dornics Angaben immer noch 50 bis 60% Feuchtigkeit.

Für die Ausscheidung des Kaseins durch Säurezusatz gibt es verschiedene Verfahren. Ruprecht (nach Burr) gibt z. B. folgende Anleitung:

Die Magermilch wird in einen Bottich gebracht, der mit einem Rührwerk versehen ist, das aus einer lotrechten Welle und mehreren horizontalen Flügeln besteht. Das Rührwerk wird in Gang gesetzt, dadurch gerät die Magermilch in lebhaft drehende Bewegung. Nun tröpfelt man verdünnte Essig- oder Salzsäure in die Milch. Das Kasein beginnt sich sofort in Form von zarten, weißen Flocken auszuscheiden.

Während fortgesetzt umgerührt wird, nimmt man eine Probe der Flüssigkeit, filtriert sie und gibt zu dem klaren Filtrate etwas Säure. Bleibt die Flüssigkeit klar, so ist alles Kasein ausgefällt, im entgegengesetzten Fall ist noch etwas Säure zu der im Bottiche befindlichen Milch zu geben und die Prüfung noch einmal oder mehrere Male zu wiederholen. Mittels eines Kautschukschlauches, dessen in die Flüssigkeit getauchte Mündung zum Zurückhalten des Kaseins mit Gaze verschlossen ist, wird die Molke nach dem Absetzen des Kaseins abgezogen, das in dem Bottiche verbliebene

Kasein wird dann unter fortwährendem Gange des Rührwerkes in Wasser aufgeschlämmt, absitzen gelassen, das Wasser abgezogen und dieses Waschen noch 2- bis 3mal wiederholt. Das so von Molke befreite Kasein wird in starke Preßtücher geschlagen, zwischen Holzplatten in eine Presse gebracht und der Druck derselben allmählich und so lange gesteigert, als noch Flüssigkeit abtropft.

C. Besana empfiehlt, die von der Zentrifuge kommende Magermilch auf 55° C zu erwärmen, nötigenfalls unter Einleiten von direktem Dampf und in der Weise zum Gerinnen zu bringen, daß man zu je 1000 Liter Milch 3 Liter rohe Salzsäure, die mit 15 bis 18 Liter Wasser verdünnt ist, allmählich unter Umrühren zusetzt.

Nach R. Hatmakers D.R.P. vom 5. Mai 1901 werden auf 1000 Liter Milch etwa 1¼ Liter Schwefelsäure von 66° Bé, die mit 6 Liter Wasser verdünnt sind, zum Dicklegen der auf 40 bis 50° C erwärmten Milch verwendet. Der gründlich (in ähnlicher Weise wie vorher angegeben) mit kaltem Wasser gewaschene Quarg wird — auf den Quarg von je 1000 Liter Milch 1¾ kg Natriumbikarbonat in 350 Liter Wasser gelöst — in Natriumbikarbonatlösung bei etwa 40° C gelöst und hieraus durch allmählichen Zusatz von 29%iger Essigsäure das Kasein wieder völlig ausgefällt. Das Waschen des Kaseins geschieht wie sonst.

Es fragt sich nun: Welches Verfahren ist für die Praxis am vorteilhaftesten und billigsten, durch Zusatz einer Säure oder durch Spontangerinnung infolge Tätigkeit der Milchsäurebakterien das Kasein abzuscheiden? Am schnellsten geht entschieden die Fällung durch Zusatz von Säure vor sich. Aber hierbei hat man immer die Auslagen für die Chemikalien, die bei der Spontangerinnung fehlen. Dafür aber sind beim Spontanverfahren die Kohlenkosten höher als bei dem anderen, denn der Temperaturintervall von etwa 20° C, die das Spontangerinnsel hat, bis zu 65° C, auf die es beim Nachwärmen gebracht werden muß, ist weit größer als beim Säurezusatzverfahren, wo die Milch mit etwa 35° C die Zentrifuge verläßt, im Bottiche sofort ihren Säurezusatz erhält und dann möglicherweise nur auf 50 bis 60° C oder auch gar nicht nachgewärmt wird. Bemerkt sei noch, daß das Labungsverfahren in den Meiereien, die die Vollmilch pasteurisieren, zur Kaseingewinnung nicht angewendet werden kann, weil das Labenzym aus der pasteurisierten Milch das Kasein nicht oder doch nur unvollständig ausscheidet.

Manche Fabriken (Abnehmer), besonders solche, die lösliches Kasein oder lösliche Kaseinpräparate herstellen, schreiben ihren Lieferanten meist die Bereitungsweise des feuchten Kaseins genau vor, und es ist empfehlenswert für die Molkereien, sich bei der Arbeit genau nach dieser Vorschrift zu richten und nicht etwa andere Rezepte auszuproben, damit sie nicht mit den Zwecken und Absichten des Abnehmers kollidieren.

Wie schon erwähnt, enthält das nach vorstehendem Verfahren bereitete Kasein noch etwa 50 bis 60% Wasser. Von einem technischen Kasein des Handels verlangt man aber einen weit geringeren Feuchtigkeitsgehalt, höchstens 10%. Es muß demnach noch einen Trocknungsprozeß durchmachen. Der Trocknungsprozeß ist die wichtigste Phase der ganzen Kaseinbereitung, und von der Art und Sorgfalt seiner Ausführung hängt in erstem Maße die Güte und der Preis des erhaltenen Produktes ab. Geringe Fehler, die dabei gemacht werden, rächen sich oft schwer.

Da das Kasein leicht Feuchtigkeit anzieht, und sich in feuchtem Kasein leicht Mikroorganismen entwickeln, die es in seiner ganzen Masse zur Fäulnis bringen, so ist das Kasein in einem möglichst trockenen Raum aufzubewahren.

Über die mannigfache Verwendungsart des Kaseins unterrichtet man sich am besten in dem Buche von Scherer: Das Kasein. Es sei hier nur noch kurz auf die Anforderungen, die an ein gutes Kasein gestellt werden, eingegangen:

Ein gutes Kasein muß von möglichst heller Farbe sein und darf durchaus nicht muffig oder ranzig riechen. Zur Beurteilung eignet sich am besten die ungemahlene Ware, welche gewöhnlich eine Körnung von etwa Erbsengröße hat.

Gutes Kasein darf nicht mehr als 10 bis höchstens 12% Wasser enthalten, da es sonst wenig haltbar ist und sich schlecht auf Porzellanwalzen mahlen läßt. Säurekasein (Eigensäuerung) hat durchschnittlich 2 bis 4% Asche, Labkasein dagegen 7 bis 8½% im Durchschnitt. Sehr gut gewaschenes Kasein hat meist einen höheren Aschengehalt, da sich die im Waschwasser enthaltenen Salze zum Teil mit dem Kasein verbinden. Gutes Labkasein sollte durchschnittlich nicht mehr als 0,05 bis 0,3% Säure enthalten, Säurekasein (Eigensäuerung) nicht mehr als 0,25 bis 0,5%. Die leichte Löslichkeit kommt fast nur bei Säurekasein in Betracht, da Labkasein an und für sich wesentlich schwerer löslich ist.

Für den Kaseinverbraucher ist es empfehlenswert, das Kasein ungemahlen zu beziehen, weil er dann die Ware am besten auf Qualität, Farbe und Reinheit beurteilen kann, z. B. vermag man in ungemahlenem Zustande die durch Verbrennen entstandenen rötlichbraunen Stücke und auch etwaige käsige Stücke sogleich zu erkennen. Auch kann man bei ungemahlenem Kasein sehen, ob es gut gewaschen ist. Nicht genügend ausgewaschenes Kasein erkennt man daran, daß die einzelnen Körner mehr oder weniger weiße Flecke zeigen, welche von dem nicht herausgewaschenen Milchzucker herrühren. Ein solches Kasein ist natürlich wesentlich weniger haltbar. Ungemahlenes Kasein hält sich auch beim Lagern besser und kann nicht so leicht verfälscht werden.

Andere Eiweißstoffe aus Magermilch zu gewinnen, beispielsweise Milcheiweiß, ist fabrikmäßig noch nicht restlos gelungen, da das bisher gewonnene Milcheiweiß ein auf dem Wege der Ausfällung gewonnenes und dadurch denaturiertes Produkt ist.

2. Buttermilch

Mittlere Zusammensetzung der Buttermilch:

100 Teile Buttermilch
- Wasser 91,5
- Trockenmasse 8,5
  - Fett 0,5
  - fettfreie Trockenmasse 0,8
    - Milchzucker 4,0
    - Milchsäure
    - N-Stoffe 3,3
    - Milchsalze 0,7

Der Molkereifachmann versteht unter Buttermilch diejenige Milchflüssigkeit, die bei der Butterbereitung aus saurer Milch, aus saurer oder süßer Sahne als Abfall- oder Nebenerzeugnis zurückbleibt.

In unverändertem Zustande ist die Buttermilch das durch den Butterungsvorgang mehr oder weniger veränderte Plasma (das heißt fettfreie Milchflüssigkeit) der Milch oder des Rahmes, worin je nach der beim Buttern angewendeten Sorgfalt und unabhängig von mancherlei sonstigen Faktoren mehr oder weniger Fett, teils in Form winziger Butterklümpchen, teils als zusammengelaufene, deformierte oder auch völlig runde Fettkügelchen zurückbleibt, und in dem zum weitaus größten Teil der Käsestoff in ungelöstem, aber sehr fein verteiltem Zustande enthalten ist; daher besitzt die Buttermilch auch einen gewissen Grad von Sämigkeit. Je nach der Art des verwendeten Butterungsgutes, ob süßer oder saurer Rahm bzw. saure Milch, verbuttert werden, besitzt die Buttermilch einen süßen oder mehr oder weniger sauren Geschmack. Von außerordentlichem Einfluß auf den Geschmack der Buttermilch ist die Behandlung des Rahmes und die Art und Reinheit der Rahmsäuerung. Von einer Buttermilch, die aus pasteurisiertem Rahm gewonnen ist, behauptet man, daß ihr Geschmack reiner, voller und kerniger ist als derjenige einer aus rohem Rahm erhaltenen Buttermilch. Die Art der Rahmsäuerung, ob Buttermilch, saurer Rahm, selbst geronnene Magermilch oder mittels Reinkulturen erhaltene saure Milch zur Ansäuerung des Rahmes Verwendung gefunden haben, ist auch nicht ohne Wirkung auf den Geschmack der erzielten Buttermilch. Je reiner das verwendete Saatgut, desto reiner auch der Geschmack der Buttermilch. Beachtlich ist noch der hohe Lecithingehalt der Buttermilch. Das Lecithin, das sich während des Butterungsvorganges in der Buttermilch anreichert, muß vorher irgendwie in Beziehung zu dem Butterfett gestanden haben. Es liegt darum nahe, daß die Rahnschen Fettkügelchenhüllen zum Teil aus Lecithin oder sogar aus verschiedenen Phosphatiden bestehen. Das von Storch und Rosengreen mit Sicherheit in den Fettkügelchenhüllen festgestellte Eiweiß könnten sehr wohl zum Teil als Lecithinalbumin vorliegen, welches beim Buttern gespalten wird oder in Lösung geht.

Über den wirklichen Ausbutterungsgrad gibt der absolute Fettgehalt der Buttermilch nur dann einen richtigen Aufschluß, wenn die Buttermilch völlig unverwässert ist. Abgesehen von einer etwaigen Verdünnung des Butterungsmaterials durch Wasserzusatz während des Butterns, also damit auch der Buttermilch, gibt es eine Reihe von Faktoren, die auf den Fettgehalt der beim Buttern resultierenden Buttermilch von bedeutendem Einfluß sind. Als wichtigste derselben kommen in Betracht:

1. Die Beschaffenheit des Butterungsgutes,
2. die Temperatur, bei welcher gebuttert wird,
3. die Art des verwendeten Butterfasses sowie das Maß der Füllung desselben,
4. die Dauer der Butterung.

Bei der Beschaffenheit des Butterungsgutes kommen vorwiegend 5 Punkte in Betracht, nämlich: Ob der Rahm sauer oder süß ist, ferner der Fettgehalt der Butterungsflüssigkeit, Säuregrad desselben sowie die Reinheit der Säuerung, die Beschaffenheit des Milchfettes und die sonstige Beschaffenheit des Ausgangsmaterials.

Die Verwendungsart der Buttermilch ist eine vielseitige. In Norddeutschland, Dänemark, Skandinavien und Finnland bildet die Buttermilch, ganz besonders in der heißen Jahreszeit, ein beliebtes Erfrischungsgetränk. Die in ihr enthaltene Milchsäure begünstigt die Verdauung, und der säuerliche, pikante Geschmack der Buttermilch regt den Appetit an. Aus diesem Grunde wird sie auch von Personen, die an Magen- und Darmerkrankungen leiden, mit gutem

Erfolge getrunken. Aber nicht nur als Getränk findet sie in oben erwähnten Gegenden Verwendung, sondern sie wird auch im Haushalte zur Bereitung von Speisen verschiedenster Art in ausgedehntem Maße gebraucht.

Es wäre ganz wünschenswert, wenn die Bereitung von Buttermilchspeisen sich mit der Zeit immer mehr und mehr auch in der süddeutschen Küche einbürgern würde. Eine ganze Reihe der Arten der Verwendung der Buttermilch im Haushalte möge daher in folgendem kurz angedeutet werden.

Daß ein Hasen- und Rehbraten, überhaupt Wildbret, wenn es vor der Zubereitung 1 Tag in Buttermilch gelegen hat, einen pikanten Geschmack annimmt, ist allgemein bekannt. Desgleichen pflegt man auch häufig Heringe vor ihrem Gebrauch in Buttermilch zu wässern. Manche Hausfrauen auf dem Lande verwenden zum Ansäuern des Teiges beim Schwarzbrotbacken Buttermilch. Auf dem Land in Hannover und Mecklenburg dient sie als beliebte Zuspeise zu Pellkartoffeln mit Heringen oder zu Kartoffelmus.

Brotsuppe wird aus Buttermilch in der Weise hergestellt, daß Schwarzbrotreste mit etwas Butter und Wasser zu einem Brei verrührt werden und dieser mit frischer Buttermilch zu einer sämigen Suppe vermischt wird. Die Suppe salztund süßt man und würzt sie nach Belieben mit etwas Anis oder dergleichen. Zuletzt wird sie mit Eigelb abgerührt.

Im warmen Sommer bildet die sogenannte Kaltschale von Buttermilch nach folgender Zubereitungsart (Holstein) eine sehr wohlschmeckende und erfrischende Vorspeise: 2 fingerdicke Schnitten Schwarz- oder Graubrot werden zerrieben, mit der Schale einer abgeriebenen Zitrone, ein wenig Vanillezucker, Zucker je nach Geschmack sowie mit $^1/_4$ Pfund gekochten Rosinen oder Korinthen vermengt und zu diesem Gemische 1 Stunde vor dem Essen 3 Liter kalte Buttermilch gegeben, damit das geriebene Brot genügend aufquillt. Einen besonders guten Geschmack kann man dieser Buttermilchkaltschale noch dadurch erteilen, daß man sie mit ¼ Liter Rahm versetzt. Im Winter kocht man diese Suppe auf, gibt aber den Rahm, damit er nicht klumpig gerinnt, erst nach dem Aufkochen zu.

Eine andere Zubereitungsweise der Buttermilchkaltschale ist die, daß geriebenes Schwarzbrot in einer Pfanne etwas geröstet, darauf auf je 4 Löffel Brot mit je 2 Löffel Zucker versetzt und dieses Gemisch unter beständigem Umrühren noch etwas geröstet wird. Darauf rührt man die Buttermilch mit etwas süßer Sahne — Vollmilch tut es auch — an, bröckelt kurz vor dem Auftragen Zwieback oder Weißbrot hinein und streut zuletzt das abgekühlte Schwarzbrot darüber.

Buttermilchgraupen: Die zu verwendenden Graupen müssen vorher eine Nacht über in etwas Wasser eingeweicht werden. 3 bis 4 Liter Buttermilch werden unter beständigem Umrühren zum Kochen gebracht; sodann werden ½ Pfund Graupen hineingerührt und diese darin mehrere Stunden hindurch garkochen lassen; ¼ bis ½ Pfund getrocknete Pflaumen bzw. Zwetschgen läßt man darin mit weichkochen, gibt dann ein Stückchen Vanille, etwas Zitronenschale oder Kaneel (Zimt), je nach Geschmack zu und tut schließlich zu der Suppe etwas Salz und Zucker.

Buttermilchgrieß und Buttermilchreis: Zu derselben Menge Buttermilch werden ½ Pfund Grieß oder ½ Pfund Reismehl gegeben, aber statt Zwetschgen werden Rosinen oder Korinthen mitgekocht, da die Zwetschgen länger kochen müssen als der Grieß und das Reismehl. Auch Quäker Oats oder ganzer Reis, in derselben Weise in Buttermilch gekocht, geben eine gut schmeckende Suppe ab.

Buchweizengrütze in Buttermilch: Diese in Oldenburg und in der Umgebung von Bremen vielfach unter der Bezeichnung „Karamelsbrei" oder „Karamelkgorte" bekannte, regelmäßig ländliche Abendsuppe wird in der Weise zubereitet, daß Buchweizengrütze mit wenig Wasser gar und kurz eingekocht, darauf Buttermilch, mit etwas Mehl angerührt, dazugegeben und das Gemisch zum Kochen gebracht wird. Man gibt Salz, nach Geschmack auch Zucker oder Sirup, womöglich auch etwas Zimt zu. Auch in Schleswig-Holstein ist diese Suppe stellenweise ganz beliebt. Vielfach werden darin noch Pflaumen oder Birnen (Backobst) gekocht.

Ein echtes Holsteiner Nationalgericht, namentlich auf dem Lande, ist „dicke Buttermilchgrütze". Es werden in etwa 3 Liter Buttermilch etwa 1 Pfund Buchweizengrütze langsam gar gekocht, darauf etwas Salz und 1 Stück Butter darangegeben. Diese dicke Buttermilchgrütze ißt man mit süßer Milch in derselben Weise wie den dicken Milchreis.

Buttermilchsuppen mit Klößen und Reis oder Sago sind ebenfalls sehr beliebte Speisen.

In einigen Gegenden bereitet man „Buttermilchkartoffeln", indem man zu weichgekochten, geschälten Kartoffeln Buttermilch gibt und sie mit fein gewürfeltem, gelb gebratenem Speck noch eine Weile unter öfterem Umrühren kochen läßt. Wenn die Kartoffeln nicht zerkochen, kann auch etwas Mehl, mit Buttermilch angerührt, hinzugefügt werden. Oder man kocht die Kartoffeln in der Schale weich, zieht letztere ab und schneidet die Kartoffeln in Scheiben. Gleichzeitig wird Speck ausgebraten oder Fett heiß gemacht, Mehl darin gelb geschwitzt, beides mit Buttermilch zu einer dicklichen und reichlichen Sauce verrührt, Salz dazu getan und dann darin die Kartoffelscheiben eine gute Weile gekocht.

Pudding wird aus Buttermilch in der Weise bereitet, daß in 1 Liter Buttermilch (oder auch schaumig geschlagener Sauermilch) etwa $^3/_4$ Pfund Zucker aufgelöst wird. Diese Lösung würzt man je nach Belieben mit Arrak oder dem Saft und der Schale 1 Zitrone oder setzt ihr auch einige geriebene süße Mandeln und etwas Vanille zu. In dieser Mischung wird dann eine Lösung von 8 Blatt roter und 8 Blatt weißer Gelatine in wenig heißem Wasser verrührt. Der Buttermilchpudding wird mit einem Obstsaft oder mit Vanillesauce gegessen.

Daß auch Buttermilch Verwendung in der Käserei findet, mögen folgende Angaben zeigen:

Buttermilch cream: So betitelt J. L. SAMMIS, Lehrer am landwirtschaftlichen College zu Madison im Staate Wisconsin (Nordamerika), ein Produkt, das er in nachstehender Weise aus saurer Buttermilch herzustellen empfiehlt: Die Buttermilch wird unter vorsichtigem Umrühren auf etwa 25° C angewärmt und darauf 2 Stunden stehen gelassen. Während dieser Zeit scheiden sich die Molken ab und am Boden des Gefäßes bildet sich eine zusammenhängende Masse geronnenen Käsestoffes. Die Gerinnungstemperatur darf nicht über 25° C hinausgehen, da sich dann das Gerinnsel in zu feinen Flocken ausscheidet, die nicht fest genug aneinanderzuhaften vermögen und auch leicht durch das Seihtuch hindurchgehen. Nach 2 Stunden langem Stehen erhitzt man unter sanftem Umrühren die ganze Masse auf 37 bis 38° C, läßt einige Minuten absetzen und bringt dieselbe zum Abtropfen der Molken auf Seihtücher (Käsetücher). Ein längeres oder stärkeres Nachwärmen der Masse ist unangebracht, da hierdurch das erhaltene Produkt etwas zu trocken wird, während das vorgeschriebene Nachwärmen auf 37 bis 38° C ein zartes und sahniges Erzeugnis gibt.

Für die Gewinnung eines Käses aus saurer Buttermilch gibt SAMMIS folgende Anleitung:

Die Buttermilch wird auf 25° C angewärmt, 2 Stunden stehen gelassen, dann unter langsamem Umrühren auf 55 bis 60° C nachgewärmt und nun 1 Stunde, eventuell auch etwas länger, zum Absetzen stehen gelassen. Während des gut 1stündigen Stehens scheidet sich die Molke klar ab und der ausgeschiedene Käsestoff ballt sich am Boden des Gefäßes zu einer dichten Masse zusammen. Durch das Nachwärmen auf 55 bis 60° C erreicht man, daß einerseits das Gerinnsel fest wird und anderseits etwa vorhandene pathogene Bakterien (Typhus-, Tuberkelerreger) abgetötet werden. Nach dem einstündigen Absetzenlassen wird der Quarg in Käsetücher gebracht und bis zum nächsten Morgen zum Abtropfen der Molken in denselben belassen. Jetzt wird der Quarg herausgenommen, gut durchgemischt, gesalzen und in einen kühlen Raum gebracht. Er muß möglichst frisch verzehrt werden, da er sich, selbst an einem kühlen Orte, nur wenige Tage hält. Der Wassergehalt dieses so bereiteten sogenannten Buttermilchkäses schwankt von 75 bis 85%, ist also recht hoch und entspricht ungefähr der Feuchtigkeitsmenge, die man in unserem sogenannten Speisequarg für gewöhnlich antreffen kann. Die Ausbeute beträgt 12 bis 15% der verarbeiteten Buttermilchmenge.

Käse aus Buttermilch: Die Buttermilch wird aufgekocht und zum Ablaufen der Molken in einen Sack, Tuch oder dgl. gegossen. Sobald die Molken abgelaufen sind, wird der Brei in einen Trog gelegt, nicht allzu scharf gesalzen und allerlei zerstoßenes Gewürz, wie Nelken, Zimt, Piment, auch ein wenig Pfeffer, hineingemischt und auf je 1 Pfund Käsemasse je 1 Eßlöffel voll Rum oder Franzbranntwein zugesetzt; dann wird die ganze Masse mit den Händen durchgeknetet und darauf Käse von beliebiger Größe geformt. Wenn der Käse bei Sonnen- oder Stubenwärme getrocknet ist, wickelt man ihn in leinene, mit heißer Molke durchfeuchtete Lappen, verpackt ihn in ein Gefäß, das dann fest verschlossen und an einen warmen Ort gestellt wird. Nach 4 bis 8 Tagen ist er konsumfähig. Dieser Käse ist leicht zerreibbar und läßt sich mit unschädlichen Pflanzensäften grün färben; hinsichtlich des pikanten Geschmackes soll er es mit dem Schweizer Kräuterkäse aufnehmen können.

Verwendung der Buttermilch zu Käsereizwecken bei den Völkern des Kaukasus: Die Butter gewinnt man hier aus süßer und noch mehr aus saurer Vollmilch, selten aus süßem Rahm oder süßem Kaimak, dem Rahm aus abgekochter Vollmilch. Hinsichtlich Form und Material sind die Butterfässer sehr mannigfaltig. Es werden tönerne, hölzerne und Schlauchbutterfässer, seltener solche aus Blech gebraucht. Das Buttern geschieht meist durch Schaukeln des Fasses. Die Dauer des Butterns ist verschieden und dauert 30 Minuten bis zu 2 Stunden. Die nach Abscheidung der Butter verbleibende Buttermilch wird als durstlöschendes Getränk benutzt oder sie wird zu Produkten verarbeitet, die man Tau, Schor, Guru, Tschun nennt.

Tau. Der Tau wird bei den verschiedenen Völkern des Kaukasus wieder verschieden bereitet. Die Armenier bezeichnen einfach den Käsestoff, der sich nach 1 bis 4 Tagen aus der Buttermilch abscheidet und dann getrocknet als Speise Verwendung findet, mit Tau. In einigen Dörfern wird er in der Weise gewonnen, daß der von seinem Serum befreite Käsestoff in einem Kessel erhitzt wird, wodurch er sich in dem noch vorhandenen Serum fein verteilt. War der Tau zu trocken, so wird er vor dem Erwärmen noch mit etwas Wasser befeuchtet, darauf wird er mit den Händen tüchtig durchgeknetet, mit etwas Salz und Mehl, zuweilen auch mit einigen Eiern vermischt und der Inhalt des Kessels so lange auf Siedetemperatur gehalten, bis sich der Mehlgeschmack verloren hat. Den fertigen Tau tut man entweder in Krüge und begießt ihn mit Butterschmalz oder man formt ihn zu Kugeln und trocknet ihn an der Sonne, wobei er zum Dauertau wird, den man „Tschorotau“ oder „Guru“ nennt.

Eine andere Art der Bereitung von Tau ist die, daß die Sauerbuttermilch ½ Stunde lang unter stetem Umrühren in einem Kessel erhitzt, dann der Kesselinhalt zum Entfernen des Serums in einen Sack entleert und das ausgeschiedene Kasein gepreßt wird. Der so erhaltene Tau wird leicht gesalzen und bis zum Herbst aufbewahrt. Wenn er gegessen werden soll, löst man ihn über Feuer in Wasser und behandelt ihn nach Zusatz von Salz und etwas Mehl wie den gewöhnlichen Tau. Die Tataren stellen sich aus Tau oder einfach aus Buttermilch eine Art Suppe her, welche sie „Klingersch“ nennen.

Schor. Schor ist ebenfalls der Käsestoff der Buttermilch, den man aber durch Erhitzen aus der Buttermilch abscheidet, sobald sie das Faß verlassen hat. Schor wird nur von Tataren bereitet. „Tschum“ ist nur eine besondere Art von Schor. Den Schor gibt man vielfach bei der Bereitung der gewöhnlichen kaukasischen Schafkäse zum Bruch, um dadurch dem Käse einen feineren und milderen Geschmack zu erteilen.

An vielen Orten wird der Schor, mit aromatischen Kräutern vermischt, in Tonkrügen, welche 6 bis 8 kg fassen, aufbewahrt, doch soll er dann wenig Schmackhaftigkeit besitzen.

Für die Verarbeitung der Buttermilch zu sogenanntem Kochkäse gibt W. P. folgendes Rezept an:

Die Buttermilch wird in bekannter Weise verquargt, das Gerinnsel in starke Beutel gefüllt und durch Pressen möglichst von Molke befreit. Der so erhaltene, recht trockene Quarg wird in Satten gebracht, tüchtig zerrieben, mit Kümmel vermischt und fest eingedrückt. Nun werden die Satten zum Schutze gegen Kohlenstaub usw. mit dichtgewebten Tüchern bedeckt und auf den angewärmten Kessel gestellt. Möglichst gleichmäßige Wärme soll eine Hauptbedingung für das Gelingen des Käses sein, deshalb bringt man ihn am besten, während der Kessel geheizt ist, auf einen erhöhten Punkt des Kesselhauses, und sobald der Betrieb ruht, an seinen richtigen Platz. Hat sich nun der Quarg in eine gelbliche, zähe, beinahe flüssige Masse verwandelt, was nach 6 bis 8 Tagen der Fall ist, so wird er herausgenommen, in einen großen Topf oder Kessel getan, aufs Feuer gebracht und nach Vermischen mit dem nötigen Quantum Salz, Butter und saurer Sahne unter tüchtigem Umrühren kochen gelassen. Sobald der Käse ein durchsichtig gelbes Aussehen erlangt hat, ist er fertig und wird in einen Kübel gegossen. Diese Prozedur wird so lange wiederholt, bis sämtlicher Quarg zu Kochkäse verarbeitet ist.

Für 100 Pfund Kochkäse genügt ein Zusatz von 2 Pfund Butter und 2 Liter Sahne.

Kleine Koppenkäse aus Buttermilch. Im Riesengebirge bereitet man nach A. F. aus süßer Buttermilch (im Riesengebirge wird durchweg süße Vollmilch verbuttert) den sogenannten „Koppenkäse" in der Weise, daß die frische süße Buttermilch gekocht und nach ihrer Abkühlung bei 30° C gelabt wird. Sobald sich der Bruch von der Gefäßwand ablösen läßt, wendet man das Ganze 1- bis 2mal um, damit der Bruch soviel als möglich zusammenbleibt. Dieser wird alsdann in großen Stücken ausgeschöpft und in tönernen Näpfchen oder Porzellanformen, wie man sie auch zur Ziegenkäsefabrikation verwendet, gefüllt. Die Käse bleiben nun 12 Stunden in der Form, dann salzt man sie, indem man sie aus der Form kippt, diese mit Salz ausstreut und die Käse wieder einlegt. Die gesalzenen Käse werden samt den Formen aufeinander in einen Topf gelegt, der mit seinem Inhalte für die Nacht gewöhnlich in die warme Ofenbratröhre gestellt wird, wo er bis zum nächsten Morgen verbleibt. Nun werden die Käschen aus der Form gekippt, auf Brettchen gelegt und kommen in eine kühle Kammer, wo man sie täglich wendet und auf dem Brettchen reif werden läßt.

Rasch trocknende Käschen werden mit Molke befeuchtet oder nochmals gesalzen, eventuell werden die Käschen auch behufs Hintanhaltung der Bildung von Maden mit Paprika eingerieben. Die reifen Käschen sind an der Oberfläche rot. In der Form sind die Koppenkäse entweder konisch, 9 cm im Durchmesser und ebenso hoch, oder zylindrisch mit einem mittleren Durchmesser von 13 cm und einer Höhe von 5,5 cm.

Über die Verfütterung von Buttermilch als sogenannte „halbfeste Buttermilch" oder „Ha-Bu" ist vor einigen Jahren viel geschrieben worden. Eine halbfeste amerikanische Buttermilch „Habu" zeigte folgende Zusammensetzung:

Trockensubstanz	26,37%	Rohfett	1,75%
Organische Stoffe	23,70%	Stickstoffreie Extraktstoffe	12,39%
Aschenbestandteile	2,67%	Davon Milchsäure	4,37%
Rohprotein	9,56%		

Hiernach handelt es sich um eine Buttermilch, die nicht weiter als auf etwa $^1/_3$ eingedickt ist. Die Zusammensetzung scheint innerhalb weiter Grenzen zu schwanken, und auf keinen Fall ist es richtig, daß man durch Zusatz von 6 bis 7 Teilen Wasser eine der natürlichen Buttermilch entsprechende Masse erhält, wie dies behauptet wird. Die Versuchsergebnisse fassen die Verfasser etwa wie folgt zusammen, daß ihre Versuche den Beweis dafür gebracht haben, daß Ha-Bu, sei es ohne Vorbereitung oder nach dem Verfahren von Grelck, die Futterausnutzung nicht günstiger beeinflußt hätte als gewöhnliche Molkereiabfälle der eigenen Wirtschaft. Die amerikanische halbfeste Buttermilch (Ha-Bu) ist etwa 3mal so teuer als gewöhnliche Butter- oder Magermilch. Sie zu kaufen, liegt keine Veranlassung vor. Zu demselben Ergebnis kommt Professor Dr. Popp, wenn er sagt, daß er sich schon immer gegen die Verwendung der halbfesten amerikanischen Buttermilch ausgesprochen hat, und daß es interessant ist, wenn selbst die ursprünglichen Vorkämpfer für diese „Ha-Bu" verurteilen.

Daß die eingedickten Buttermilchen (Ha-Bu usw.) verschiedene Zusammensetzungen zeigten, konnte auch in unserem Institut durch reichliche hier ausgeführte Untersuchungsanalysen bestätigt werden. Ein Verfahren zur Herstellung eines löslichen Buttermilchpulvers ist folgendes der Merrel-Sonte Comp. in Syracuse: Buttermilch wird über die Innenfläche eines von außen beheizten, unter Vakuum stehenden Zylinders mittels Rührwerks in spiralförmigem Wege so geführt, daß sich die an der Heizfläche erhitzten Milchteilchen nicht ansetzen. Das Rührwerk selbst besitzt bis nahe an die beheizte Wandung reichende, waagerecht angeordnete Ringe oder Scheiben. 2 hier im Institut vom Klub deutscher Geflügelzüchter eingesandte Trockenmilchproben zeitigten folgendes Ergebnis:

	Probe I	Probe II
Trockenmasse	91,87%	92,15%
Fett	5,33%	8,25%
Fettfreie Trockenmasse	86,54%	83,90%
Säuregrad	195° S.-H.	37,5 S.-H.
auf Milchsäure berechnet	4,39%	0,84%
Milchzucker	35,23%	35,26%
Gesamtstickstoff	5,07%	4,83%
Gesamteiweiß	31,69%	30,19%
Gesamtasche	9,63%	13,41%
Chlor	1,61%	1,19%

3. Molken

Frische Labmolken

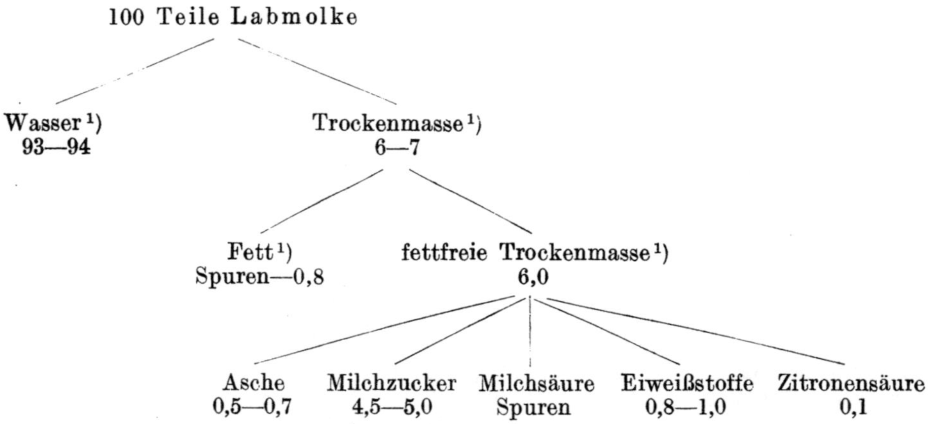

Nährwerteinheiten: 109—124, Stärkewert: 6,4

[1]) Je nach Käseart

Fettgehalt der Labmolken vom:

	vollfett %	halbfett %	mager %
Emmentaler	0,75	0,40	—
Gouda	0,60	0,30	—
Edamer	0,60	0,30	—
Tilsiter	0,55	0,30	—
Limburger	0,40	0,25	0,10
Camembert und Brie.	0,35	0,20	0,05—0,1

Als Molken pflegt man die bei der Verarbeitung der Milch auf Käse als Nebenerzeugnis erhaltene Flüssigkeit zu bezeichnen, die aus der geronnenen Käsemasse abläuft oder ausgepreßt wird.

Man teilt die Molke ein in Labmolken und Sauermolken oder Quargmolken, je nachdem der Käsestoff durch Lab- oder Säurewirkung aus der Milch abgeschieden ist. Die Labmolken teilt man wieder in Fettmolken und Magermilchmolken ein, je nachdem sie aus Voll- bzw. Magermilch stammen oder entrahmt sind. Die Molken der Süßmilchkäserei enthalten im wesentlichen die Gesamtmenge des in der verarbeiteten Milch enthaltenen Milchzuckers samt den Salzen der Milch, soweit dieselben nicht in den Käse übergegangen sind, und die Eiweißstoffe, welche durch Lab nicht zur Gerinnung gebracht worden sind, also das Albumin und Globulin sowie das durch die Labwirkung aus dem Kasein abgespaltene sogenannte Molkeneiweiß. Außerdem kommt darin aber immer noch eine größere oder geringere Menge von Fett vor. Die Menge des Fettes in den Molken ist abhängig von dem Fettgehalte der verkästen Milchflüssigkeit, von der Art des Einlabens und von der Behandlung des Bruches und der Käsemasse.

Quarg- oder Sauermolken.

100 Teile Sauermolke

Wasser 94—95 | Trockenmasse 5—6

Trockenmasse: Fett Spuren | fettfreie Trockenmasse 5—6

fettfreie Trockenmasse: Asche 0,7—0,8 | Milchzucker 3,8—4,2 | Milchsäure —0,8 | Gesamteiweiß 0,8—1,1 | Zitronensäure 0,1

Nährwerteinheiten: 78—97, Stärkewert: 5,0

Die Ansicht, daß bei der Vollmilchkäserei unter völlig gleichen Arbeitsbedingungen bei der Bereitung der gleichen Käsesorten die fettreichere Milch auch dauernd eine fettreichere Molke resultieren lasse, ist nur bedingt richtig. Die Unabhängigkeit des Fettgehaltes der Molke von dem Fettgehalte der Milch ist durch eine Reihe von 77 Versuchen von Snyder erwiesen worden. Zu diesen Versuchen wurde Milch verwendet, deren Fettgehalt zwischen 3,85 und 5,05% lag, und außerdem wurde der Fettgehalt der Milch durch Zusatz von Rahm noch auf 6% gesteigert. Dabei ergab sich ein Fettgehalt der Molken von 0,32 bis 0,38%, und zwar fand sich der geringste Fettgehalt der Molken bei den Versuchen, zu deren Ausführung Milch mit 5,05% Fett verwendet war.

Anderseits erhielt Fleischmann beim Durchkneten des Bruches bei der Fabrikation des Goudakäses eine Flüssigkeit, deren Fettgehalt 20,73% betrug, die also einem guten Zentrifugenrahm gleichkam. Ein so hoher Fettgehalt kann allerdings nur bei einem gewaltsamen Durcharbeiten der Masse vorkommen. Trotzdem ist derselbe bei dem Emmentaler Fabrikationsverfahren immerhin recht hoch und wurde bei von Betz ausgeführten Bestimmungen zwischen 0,71 und 1,91% gefunden. Die Verringerung des Fettgehaltes während und nach dem Anwärmen erklärt sich durch Absonderung von fettarmen Molken aus der Käsemasse, welche bei diesen letzten Operationen eintritt.

Der Fettgehalt derartiger Molken gibt sich äußerlich durch ihr Aussehen zu erkennen. Während die eigentlichen Molken durchsichtig bei grünlicher Färbung sind, wird die Molkenflüssigkeit bei der Verarbeitung des Bruches weiß und undurchsichtig, von Fetttröpfchen getrübt. Man bezeichnet daher diese als Molkenmilch.

Um das Fett der Molkenmilch zu gewinnen, ist seit alters von den Schweizer Sennen ein Verfahren angewendet, welches als das Vorbrechen bezeichnet wird und welches darin besteht, die Molken meist unter Zusatz von etwas gesäuerter Molke zu erwärmen, bis die Gerinnung des Eiweißes gerade beginnt, wobei die ausscheidenden Eiweißflocken das Fett umhüllen und als Schaummasse an die Oberfläche der Flüssigkeit führen. Diese Masse, der Vorbruch, wird dann unter Zusatz von Wasser oder Rahm verbuttert, und so die Vorbruchbutter gewonnen. Dabei ist aber die Absonderung des Fettes auch beim Vorbrechen keine vollkommene, sondern es enthalten die zurückbleibenden Molken immerhin noch 0,10 bis 0,42% Fett, wie aus den Untersuchungen von BETZ hervorgeht, und es besitzt die aus dem Vorbruch gewonnene Butter nie einen feinen, sondern nicht selten einen unangenehmen Geschmack.

Die Verwertung des Fettes in Form von Vorbruchbutter ist daher eine wenig günstige. Sie ist vielfach durch örtliche Verhältnisse bedingt, z. B. da, wo die Käserei auf den Alpen vorgenommen, und da, wo keine Zentrifuge vorhanden; aber wo eine solche zu beschaffen ist, sollten die Molken nur immer mit der Maschine entrahmt werden, da die Gewinnung des Fettes dabei fast absolut vollständig ist, und außerdem wird dabei eine durchaus feine Butter gewonnen.

Ganz ungeklärt ist noch die Frage, bis zu welchem Punkt es sich noch bezahlt macht, die Molke zu entrahmen. Nehmen wir an, daß eine Meierei täglich 500 kg Molken mit einem durchschnittlichen Fettgehalt von 0,3% gewinnt, so kann man bei einer Entrahmungsschärfe von 0,05% aus dieser Menge 1250 g Butterfett oder besser gesagt 125 Fetteinheiten (FE) — in der Praxis für gewöhnlich Kilofettprozent (KF) bezeichnet — erhalten. Zu 1 kg Butter verbraucht man nach praktischen Erfahrungen gewöhnlich 88 FE; in diesem Falle gewinnt man aus den 125 FE 125 : 88 = = 1,4 kg Butter. Oft findet man aber in der Molke einen bedeutend höheren Fettgehalt. Hiergegen kann wieder die Einwendung gemacht werden, daß nicht alle Zentrifugen so scharf entrahmen, und dann, wie hoch heute der Aufwand an Arbeit, Kohlen usw. ist, läßt sich leider nicht einwandfrei sagen, doch wird das Zentrifugieren der Molken nur kurze Zeit (etwa 15 Minuten) in Anspruch nehmen, wenn man für die Zentrifuge eine Stundenleistung von 2000 bis 3000 Liter zugrunde legt. Außerdem fällt für die Molke das Vorwärmen fort, weil sie von ihrer Gewinnung her die nötige Wärme besitzt. Deshalb wird auch der für die Molkenbutter erzielte Preis wesentlich höher liegen als die dabei entstandenen Unkosten.

Die Reaktion der Molken ist stets eine saure und ist abhängig von dem Säuregrad der Milch, aus der sie stammen. Frische Molken der Sauermilchkäserei reagieren daher immer entsprechend saurer als die Molken der Labkäserei. Die frischen Labmolken reagieren dagegen immer etwas weniger sauer als die zugehörige Milch. Diese Erscheinung beruht darauf, daß der Käsestoff, der an sich eine ganz schwache Säure darstellt, aus der Milchflüssigkeit ausgeschieden ist.

Der Säuregrad der frischen Labmolken beträgt annähernd 4 SOXHLET-HENKEL-Grade (das heißt 100 cm^3 Labmolken verbrauchen zur Neutralisation etwa 4 cm^3 n/4 NaOH).

Der Gehalt der Molken an eiweißartigen Substanzen ist nach den bisherigen Beobachtungen im Mittel auf etwa 1,0% zu veranschlagen. Er unterliegt Schwankungen von 0,8 bis 1,15%.

Der Gehalt der Labmolken an stickstoffhaltigen Substanzen wird naturgemäß um so höher sein, je mehr fein verteilter Käsestoffstaub von der Fabrikation her darin suspendiert ist.

Der Aschengehalt, das heißt der Gehalt an Mineralstoffen der Sauermilch-(Quarg-) Molken ist höher als derjenige der Labmolken, da durch die Milchsäure dem Käsestoff fast aller Kalk entzogen ist, und die in der Milch suspendierten, ungelösten Phosphorsäureverbindungen in Lösung übergeführt sind. Er beträgt nach FLEISCHMANN im Mittel 0,82%. Von BURR, BERBERICH und LAUTERWALD wurden in Quargmolken ebenfalls im Mittel 0,75%, im Minimum 0,70% Asche gefunden, von BIALON 0,77 bis 0,89%.

Je nachdem die süßen Labmolken vorgebrochen und entzigert sind oder nicht, ist ihr Gehalt an Mineralsubstanzen ein schwankender. Er ist am höchsten in den nicht vorgebrochenen und nicht geschotteten Labmolken, in denen er von 0,5 bis 0,6% schwankt. Hierzu kommt allerdings noch, daß die Labmolken in ihrem Aschengehalt durch den Labzusatz etwas beeinflußt werden. Nach BURR und FRAHM hat das zumeist benutzte Pulverlab im Mittel etwa 85% NaCl, während flüssiges Lab etwa 10% NaCl enthält. Beim Käsen macht sich demnach der Kochsalzgehalt des Labes in einer wenn auch nur ganz geringen Erhöhung des Aschengehaltes der Molke bemerkbar. Die Vorbruch- und zigerfreien Molken enthalten weniger Asche, etwa 0,24 bis 0,45%, je nach der Sorgfalt beim Arbeiten.

Die bei der Käsefabrikation restierenden Molken lassen sich als Getränk für Gesunde und Kranke, zur Bereitung von Nahrungsmitteln, in der Aufzucht und Mast von Vieh, technisch zur Erzeugung von Milchsäure und deren Salzen, von Essig, von Alkohol, Milchzucker u. dgl. verwenden. Je nach Lage des Betriebes und der günstigen Absatzmöglichkeiten des Produktes wird man die eine oder andere Verwendungsart der Molken oder eine Kombination mehrerer zu wählen haben. Völlig unangebracht erscheint es, wenn städtische Molkereien, die wegen ihrer eigenartigen Lage oft keine Schweinemast betreiben dürfen, keinen ernsten Versuch machen, die Molken auf irgendeine andere Weise zu verwerten, sondern dieselben meist unausgenutzt weglaufen lassen oder zu Schleuderpreisen wegschlagen.

Die ausgedehnteste Verwendung finden die Molken wohl entschieden in der Aufzucht und Mast von Schweinen. Doch hierüber ist schon so viel geschrieben worden, daß sich nähere Angaben erübrigen; es soll nur darauf noch hingewiesen werden, daß in den nächsten Jahren auch Versuche gemacht werden, die Molken in der Tierheilkunde zu verwenden.

Tierarzt LAFITTE hat mit besten Erfolgen süße Molke gegen die so oft bei Milchkälbern und Absetzziegen auftretenden Magen-Darm-Katarrhe und infektiöse Diarrhöen angewandt. Er fand, daß selbst größere Mengen eingegebener Molken (oder frischer Buttermilch) den Kälbern nichts schadeten, und erzielte nach längerer, ausschließlicher Anwendung von Molken vorzügliche Heilresultate. Jene kranken Kälber, die noch nicht zu schwach waren, gerieten längstens nach 48 Stunden außer Gefahr und erholten sich ausnehmend rasch. Da dies in Hunderten von Fällen geschah, will LAFITTE nicht zögern, die Molken als Heil- wie Nährmittel allen Tierärzten zu empfehlen. Die Molken sind den Kälbern in frischem und unverdünntem Zustande, in entsprechenden und wiederholten Gaben sowie unter Ausschluß aller anderen Nähr- und Arzneimittel zu verabreichen. Da ältere, bereits ziemlich Säure enthaltende Molken von den Kälbern nicht vertragen werden, so kann die heilkräftige Aktion nicht allein der geringen Menge Milchsäure, die in frischen Molken enthalten ist, zugeschrieben werden, wird vielmehr wohl darauf mit zurückzuführen sein, daß mit den Molken eine große Menge Keime aus der Gruppe der Milchsäurebakterien mit aufgenommen werden. Möglicherweise dürften auch die Salze der Molken deren günstige Wirkungen mit unterstützen.

In früherer Zeit benutzte man Molken (und Buttermilch) in Haushaltungen vielfach zum Bleichen der Leinwand. Die alte Erfahrung, daß Milchsäure stark fäulnishemmend wirkt, macht man sich noch heute in der Küche zunutzen, indem man, besonders im Sommer, in ländlichen Haushaltungen Fleisch in sauren Molken konserviert, das sich darin einige Tage lang sehr gut hält.

Als Nahrungs- und Genußmittel, sei es in saurer oder süßer Form, allein oder in Mischung mit Milch oder in konzentrierter bzw. fester Form, werden die Molken in den Gebirgsgegenden der Schweiz, einzelnen Teilen Deutschlands, in den Bergen Norwegens sowie bei den Karpathen- und Balkanvölkern mehr benutzt als in Norddeutschland, Frankreich und anderen Ländern. Die Bewegung, die Molken in verschiedener Form auch in Deutschland als Nahrungsmittel für Gesunde mehr einzuführen, hat eigentlich bisher wenig Erfolg gehabt. Man kann sich immer noch nicht recht mit dem Gedanken vertraut machen, daß die Molken noch beträchtliche Nährstoffmengen enthalten und eine ausgezeichnete Wirkung auf den Organismus ausüben. Einige Molkereien haben den Versuch gemacht, die Molken in Form von Molkenbrot dem menschlichen Konsum zugänglich zu machen. Hierüber schreibt DR. HEERDE in seinem Artikel: „Eine milchwirtschaftliche Studienreise durch Ostpreußen". Im Elbinger Betrieb befindet sich ferner die Brot- und Keksbäckerei. Für die Keksherstellung finden getrocknete Molken Verwendung. Das Erzeugnis ist sehr schmackhaft und gesundheitsfördernd.

Auch zur Brotbereitung läßt sich süße wie auch saure Molke mit Vorteil verwenden. In der Ausnutzung der Molken im Haushalte sind uns die primitiver lebenden Bewohner mancher Gegenden weit voraus. So bildet „Harma", das aus einer Mischung von saurer Milch mit Molken und Wasser bereitet wird, ein Lieblingsgetränk der karelischen Bauern in Finnland. In den Beskiden und Teilen der ungarischen Karpathen stellen sich nach Angaben von LAXA die Schäfer und Käser ein moussierendes Getränk in der Weise her, daß sie die sogenannte „Urda" (Ziger) mit Molken verdünnen und dann in einer Tonne gären lassen. Nach einigen Tagen erhält man ein moussierendes Getränk, das einen angenehmen Geruch, einen herben, etwas salzigen Geschmack hat und sehr dem Kefir ähnelt.

In Montenegro trinkt man vielfach die aufgekochten und mit dem dritten Teil ihrer Menge an Vollmilch versetzten Molken. Im Kaukasus finden, wie KALANDER angibt, bei den Tscherkessen, Tschetschenzen und Kabardiebsen die Molken eine starke Verwendung zur Herstellung der „Birima", eines an Sauermilch erinnernden Milchproduktes. Zur Gewinnung desselben sammelt man die Molken in einem Holzbottich so lange an, bis man die nötige Menge beisammen hat, und kocht dann die schon stark sauren Molken bis auf etwa $^1/_3$ ihres ursprünglichen Volumens ein. Diese so konzentrierten Molken werden gesalzen und mit Herbstmilch versetzt, die man wegen ihrer geringen Qualität nicht zu Käse verarbeitet. Die zuzusetzende Milch wird zum Sieden erhitzt, darauf abgekühlt und mit den eingedickten Molken vermischt, wobei sie sofort gerinnt. Hat sich nun in dem Gefäße, in dem man die Mischung vornimmt, genügend ausgeschiedener Käsestoff „Birima" angesammelt, so wird die Molke abgegossen. Nicht selten werden zwecks Verbesserung des Geschmackes diesem Milchprodukt Laucharten beigemischt. Die Birima hält sich bis zum Winter, wo man sie verzehrt.

An Bestrebungen, den Molken durch Eindampfen Wasser zu entziehen und sie dadurch geeigneter zum menschlichen Genusse, sowie haltbarer zu machen, hat es auch nicht gefehlt. Bereits seit langer Zeit gewinnen die Sennen in den Gebirgsgegenden der Schweiz, Deutschlands und Österreichs, etwa 1- bis 2mal in der Sennperiode, den Schottagsid (Allgäu), Molkenzig, indem sie die süßen Molken eindampfen. Der Molkensick ist eine der festen Bestandteile der Molken, also vorwiegend Milchzucker, enthaltende schokoladenbraune Masse, die man in Backsteinform bringt und bei festlichen Gelegenheiten auf Butterbrot verzehrt. In Norwegen wird nach HALS seit alters die Molke, süße und saure, mit oder ohne Zusatz von Vollmilch oder Rahm, häufig zur Darstellung eines konzentrierten, festen Nahrungsmittels, des Molkenkäses (Mysost), benutzt. Der Molkenkäse ist ein in allen Gesellschaftsklassen, insbesondere von Kindern, sozusagen täglich genossenes Nahrungsmittel, das als gesund und leichtverdaulich angesehen wird. Der Molkenkäse wird entweder aus Molken von Ziegen- oder Kuhmilch oder aus einem Gemisch von beiden hergestellt. Wegen seines frischen, würzigen Geschmackes schätzt man den aus Ziegenmilch am meisten.

Man gewinnt den Molkenkäse durch Einkochen der in der einen oder anderen Weise erhaltenen Molke über freiem Feuer, zum Teil in freistehenden, zum Teil in eingemauerten kupfernen oder eisernen Töpfen. Für die Darstellung einzelner Sorten werden zur Molke größere oder kleinere Mengen Rahm zugesetzt. Sobald die eingekochte Masse unter ständigem Umrühren eine hinreichende Konsistenz angenommen hat, wird sie in hölzerne Fässer gegossen und während des Abkühlens weiter bearbeitet. Alsdann formt man die Masse in hölzernen viereckigen Formen. Das Gewicht der Käse beträgt 3 bis 4 kg. Er kann dann lange, ohne daß er verdirbt, aufbewahrt werden. Der Molkenkäse ist ein ungegorenes Erzeugnis und daher kein Käse im eigentlichen Sinne. Die feineren, rahmhaltigen Sorten stellt man im kleinen in den einzelnen Wirtschaften, den mageren Molkenkäse auch in größerem Maßstab in den Molkereien her, die Bereitung eines guten Molkenkäses erfordert jedoch viel Übung und Erfahrung. Der Molkenkäse ist eine dichte, homogene, je nach der Darstellungsweise hellere oder dunklere, rotbraune Masse, die sich leicht mit dem Messer in dünne Scheiben schneiden läßt. Den aus der süßen Molke bereiteten Molkenkäse benutzt man fast ausschließlich als Aufschnitt auf Brot.

In einigen Gegenden, besonders in Nordamerika, ist man dazu übergegangen, die Molken nach bestimmtem Verfahren in Pulverform zu bringen; man kann dieses Molkenpulver unter anderem zur Herstellung von Beeren- und Obstwein folgendermaßen benutzen:

Trockenes Molkenpulver wird in Wasser aufgelöst, um alsdann mit Trauben-, Beeren-, Apfelsaft usw. vermischt zu werden. Da der Geschmack des aufgelösten Molkenpulvers ein neutraler ist, so ist es möglich, mit einem geringen Zusatz von Trauben-, Beeren- oder Apfelwein ein feines, vollmündiges Getränk herzustellen. Die Behandlung ist die gleiche wie bei der Herstellung von Obst- oder Beerenwein. Desgleichen kann man das in Wasser aufgelöste Molkenpulver mit Fruchtaromas vermischen, in Fässer füllen und unter Kohlensäuredruck ausschenken.

Dr. Friedrich Josef Freiherr v. Mering, Halle a. d. Saale, wurde ein Verfahren gesetzlich geschützt, nach dem ein Nahrungsmittel aus Molke in der Weise hergestellt wird, daß ein Sterilisieren und Eindampfen der Molke nach Zusatz von Voll- oder Magermilch erfolgt, die das Gerinnen des in der Molke enthaltenen Eiweißes verhindert.

Nach Fleischmann gewinnt man in Chile aus Molken ein Getränk, den sogenannten Molkenpunsch. Ein Verfahren, ein alkoholisches Getränk aus Honig und Molken zu bereiten, ist von Bernstein ausgearbeitet worden. Während das bisher aus Honig hergestellte Getränk trübe und für manche widerlich süß ist, soll das nach Bernsteins Verfahren hergestellte Getränk von heller, goldgelber Farbe und angenehmem Geschmack sein. Sobald die Molken etwa 0,4% Milchsäure enthalten, werden sie erhitzt, wobei die Koagulierung der Eiweißstoffe sowie die Abtötung der Milchsäurebakterien stattfindet. Das klare Filtrat wird nochmals zum Kochen erhitzt und in heißem Zustande dem zu vergärenden Honig unter Umrühren zugesetzt, der sich dabei völlig auflöst. Nach dem Erkalten wird die Flüssigkeit der Gärung unterworfen; hierzu verwendet man eine Hefe, welche nicht nur den Zucker der Molke, sondern auch die verschiedenen Zuckerarten des Honigs zersetzen kann. Während der Gärung bildet sich ein reichlicher Bodensatz und darüber eine immer klarer werdende Flüssigkeit. Bereits im Jahre 1895 hatte Bernstein empfohlen, die Molken bzw. Magermilch mit Hilfe von peptonisierenden Bakterien und Milchzucker vergärender Hefe in ein alkoholartiges Getränk zu verwandeln, das er „Galaktonwein" nannte.

Schon von jeher war man auf das eifrigste bemüht, für die Unmengen von Molken eine lohnende Verwendung zu finden, und nach jahrelangem Bemühen ist es auch gelungen, aus naturreiner Molke ein natürliches, geschmackvolles, erfrischendes, billiges und alkoholfreies Getränk — Molkenlimonade — herzustellen. Es enthält die natürlichen Nährsalze der Milch und den Milchzucker und ist damit nicht nur ein Genuß-, sondern auch ein Nährmittel.

In letzter Zeit hat die Abgabestelle der Staats-Heilquellen des Solbades Segeberg ein Molkengetränk in den Handel gebracht, und zwar ein kohlensaures Getränk, „Hallarenda" genannt, mit mehr oder weniger Geschmacksstoffen versehen und einen sogenannten unvergorenen Hallarenda-Molken-Most. Dieser unvergorene Hallarenda-Most-Saft soll laut Angabe einen wesentlich höheren Gehalt an Molkenbestandteilen, also sowohl an Milchsalzen, Milchzucker, Milchsäure, Fett und Eiweiß, als das kohlensaure Getränk Hallarenda enthalten. Die Absicht besteht ferner, die Molken für Keks, Schokolade, Bonbons und Brot zu verwenden; doch hat man Näheres darüber noch nicht erfahren.

Eine in der Forschungsanstalt für Milchwirtschaft zu Kiel vorgenommene Untersuchung des Molkengetränks Hallarenda zeitigte folgende Ergebnisse:

Spezifisches Gewicht (pyknometrisch)	1,02715
Säuregrad 12,96 S.-H. auf Milchsäure berechnet	0,28%
Fett	Spuren
Milchzucker	0,25%
Sacharose	6,12%
Trockenmasse	6,79%
Gesamtasche	0,01%
Phosphorsäure (P_2O_5)	0,003%
Kalziumoxyd (CaO)	0,01%
Magnesiumoxyd (MgO)	0,002%
Freie Kohlensäure	0,24%
Gesamteiweiß	0,014%
Chlor	0,019%
als Kochsalz	0,031%
„ Kaliumchlorid	0,04%

Früher wurde auf den Almen der Alpenländer nach einem primitiven Verfahren (Eindicken der Molke in Kupferkesseln über offenem Feuer bis zum Fadenziehen, dann Abkühlen bis zur Kristallbildung, kurzes Waschen der letzteren) Milchzucker gewonnen und als „Zuckersand" verkauft.

Aber auch als menschliches Heil- und Nährmittel findet und fand die Molke schon im grauen Altertum Verwendung. Hippokrates von Kos, einer der berühmtesten Ärzte des Altertums, verordnete die Molken, auch die Pferdemilchmolken, gegen Schwindsucht und Gelbsucht. Je nach der Örtlichkeit ist auch heute noch die zur Kur benutzte Molke bald Kuh-, bald Ziegen-, bald Schafmolke. Während man z. B. in der Schweiz, wenigstens in den Appenzeller Kuranstalten, die Ziegenmolken vorzieht, weil die Ziegenmilch dort billiger als Kuhmilch ist, muß man sich in den Karpathen und angrenzenden Gebirgsgegenden, wo große Schäfereien existieren, mit Schafmolken begnügen. Kuhmolken sind ja überall in Käsereien zu haben. Über die Vorzüge, welche die Molken aus der einen oder anderen Milchart bieten, sind die Ansichten verschieden.

Was die Wirkungen anbelangt, welche man heute bei Gesunden und Kranken von einem systematischen Gebrauch der Molken erwartet, so stehen sich die Ansichten der medizinischen Autoritätenwelt verschieden gegenüber. Nach Lehmann sollen es die Salze sein, die der Molke ihren besonderen Wert als Heilmittel verleihen, indem die Molken durch ihren verhältnismäßig hohen Gehalt an phosphorsaurem Kalk und Kali besonders zur Bildung von Knochen und Blut geeignet sind. (In Wirklichkeit verhält es sich aber so, daß in Labmolken nur wenig phosphorsaurer Kalk enthalten ist, der zusammen mit dem Parakasein durch das Lab aus der Milch ausgefällt wird. Hingegen enthalten die Sauermolken fast noch sämtlich phosphorsauren Kalk der Milch.) Beneke hingegen will die Wirkung auf die Milchsalze, den Milchzucker und das Wasser der Molke zurückführen, indem er sagt, die Molke liefere und verbinde damit die unorganischen Bestandteile der tierischen Kost, die zum Fortbestehen eines gesunden Ernährungsprozesses erforderlich seien. Sie passe überall da zur Kur, wo man den Stickstoffgehalt des Blutes vermindern wolle, ohne einen Mangel an den betreffenden Blutsalzen herbeizuführen, und wo man mittels reichlich eingeführten Wassers gewisse Stoffe aus dem Blut ausgeschieden wissen wolle. Falk meint, daß der Hauptzweck der Molkenkur im Wiederersatz des Stoffes und in einem gesteigerten Stoffwechsel bestehe, denn die Molken führen dem Organismus die Kohlenwasserstoffverbindungen in der leichtverdaulichsten Form, nämlich als Milchzucker, zu, daneben noch Eiweiß in gelöster Form und in Verbindung mit denjenigen Phosphat- und Chlorsalzen, kraft deren das flüssige Eiweiß seiner Funktion des Zellenschlusses und der Zellenernährung in vorzüglichem Grade gewachsen sei. Diesen Ausführungen stimmt Lersch im allgemeinen bei, fügt aber seinerseits noch hinzu, daß bei der verhältnismäßig großen Stoffarmut der Molken, die Molkenkur mehr eine Entziehungskur sei, besonders wenn der fleißige Gebrauch frischer Luft und der Körperbewegung hinzutrete, gelegentlich auch wohl durch Störung der Eßlust und Durchfall. Durch die Molke werde gewissermaßen dem Körper das Kasein entzogen, weshalb sie vielleicht gegen Tuberkelbildung (Verkäsung) heilsam sei, und es werde durch sie eine einfachere Ernährung des Körpers und eine Umwandlung in ihm durch Förderung gewisser Ausscheidungen bewirkt. Die Wirkung der Molken, daß sie ähnliche Erscheinungen hervorrufen, wie sie beim Genuß von Wein beobachtet werden können, namentlich verstärkte Herztätigkeit und vorübergehende Pulsbeschleunigung, wird von May dem reichlichen Gehalte der Molken an Kalisalzen zugeschrieben.

Daß eine Molkenkur mit entsprechender Bewegung in freier Luft behäbige Leute von einem Teil ihres überflüssigen Körperfettes zu befreien imstande ist, sei hier nebenbei erwähnt.

Selbstverständlich findet sich auch eine sehr große Anzahl von Ärzten, die der Molke jegliche Heilwirkung absprechen, aber es treten doch immer wieder welche auf, die durch glückliche Kuren das Gegenteil beweisen.

Was die Menge der zu verzehrenden Molken anbelangt, so werden pro erwachsene Person $^3/_4$ bis 1 Liter Molke pro Tag empfohlen, die in 3 Portionen von je $^1/_4$ Liter bei mäßiger Bewegung in Pausen von etwa $^1/_4$ Stunde getrunken werden sollen.

Auch für äußerlichen Gebrauch (Bäder und Umschläge) sucht man die Molken zu verwenden.

Wolinsky empfahl die Verwendung der Molken zur Bereitung von Brandwundensalbe, welche, sofort auf wunde Stellen gestrichen, augenblicklich schmerzstillend wirken und keine Blasenbildung oder Eiterung zulassen soll.

Dr. Raoul Blondel benutzte Molken, mit Lab oder Salzsäure abgeschieden und keimfrei gemacht, als Impfstoff gegen gewisse Krankheiten. Er stellte fest, daß die unter die Haut gespritzten Molken eine Zunahme der weißen Blutkörperchen, ein mehr oder weniger erhebliches Sinken der Temperatur bei Fieberkranken, eine verstärkte Ausscheidung von Harnsäure und eine sehr deutliche Herabsetzung des Blutdruckes in Fällen von Überspannung bewirkte. Daraufhin versuchte Blondel auch den Einfluß der Molkenimpfung bei verschiedenen Krankheiten. Am besten bewährte sie sich bei Blutüberfüllung der Arterien. Durch Einimpfung von 10 cm^3 Molken soll der Blutdruck in wenigen Tagen auf die normale Höhe zurückgebracht werden können, wobei die krankhaften Nebenerscheinungen, wie Kopfschmerz, Schlaflosigkeit und Atemnot beim Gehen, verschwinden. Durch Wiederholungen der Impfung kann scheinbar eine dauernde Besserung erzielt werden, die aber ohnehin nach der ersten Behandlung zuweilen 5 Monate anhielt. Nur wenn die Nieren in Mitleidenschaft gezogen sind, hat die Molkenimpfung keine Wirkung. Auch bei Lungenentzündung kann sie gute Dienste leisten, ähnlich der Behandlung mit metallischen Fermenten.

Die Molken kommen in der verschiedensten Form der Zubereitung für therapeutische Zwecke in Betracht. Am bequemsten zu erhalten sind die süßen Labmolken und die Sauermolken aus Käsereien, doch kann man sich in Ermanglung der letzteren die Molken auch im eigenen Haushalte bereiten.

Dem Chemiker Dr. JOLLES in Wien ist die Herstellung eines Heilgetränkes aus Molke patentiert worden. Die Anwendung von Molken als Heil- und Kurmittel bei einzelnen Stoffwechselkrankheiten, wie Gicht, harnsaurer Diathese usw., ist bekannt, doch stand der allgemeinen Verbreitung das gelbliche Aussehen der Molke, der ihr mehr oder weniger anhaftende Geruch nach Käse und die geringe Haltbarkeit entgegen. Die Erfindung Dr. JOLLES' bezweckt nun bei Vermeidung dieser Übelstände die Verwertung von Molkereibetriebsrückständen, vorzüglich der Molke, zu einem Heilgetränk, das dieselbe Zusammensetzung wie die Molke selbst besitzt, das heißt neben den organischen Säuren nicht unbedeutende Mengen löslicher Eiweißstoffe, Milchzucker usw. enthält. Hergestellt wird das Heilgetränk, indem man die Molke oder sonstige Rückstände im Molkereibetrieb durch Versetzen mit Salzsäure, Schwefelsäure oder einer anderen Säure sterilisiert und sie durch Behandeln mit Kohle und Filtrieren von dem unangenehmen Geruch und der Färbung befreit.

Die Bereitungsweise einiger sogenannter medizinischer Molkenarten sei nachstehend angegeben:

Labmolken: 1½ Liter Milch, auch süße, möglichst nicht pasteurisierte Magermilch, wird auf etwa 40° C angewärmt und dann mit 1 Teelöffel voll Labessenz, die in jeder Apotheke und Drogenhandlung erhältlich ist, vermischt. Nach dem Gerinnen wird durch ein sauberes Seihtuch abgegossen.

Saure Molken: 100 Teile frischer Milch werden mit 1 Teil Weinstein bis zum Kochen erhitzt und das Gerinnsel dann durch 2 feinmaschige Tücher geschlagen.

Weinmolken nach HEYL: 1 Liter Milch wird mit ¼ Liter Weißwein oder Madeira gemischt, die Mischung langsam durch ein sauberes Mulläppchen oder Käsetuch abgegossen. Die Portion reicht für 2 Personen.

Zitronenmolke nach HEYL: 1 Liter Milch wird mit 1½ Eßlöffel voll Zitronensaft und etwa 5 g Zucker vermischt, die Mischung langsam erwärmt und, sobald sie geronnen ist, durch ein sauberes Seihtuch oder dergleichen gegossen. Die so erhaltene Molke kann man sich je nach Geschmack versüßen. Die Portion reicht für 1 Person.

Kräutermolken: Bittere, auflösende Kräutersäfte verschiedenster Herkunft werden hauptsächlich im Frühjahr morgens nüchtern in Verbindung mit Molken getrunken, jedoch muß man dann eine zweckmäßige Diät innehalten. Zur Verwendung kommen vornehmlich folgende Kräuter und Pflanzen: Zichorienkraut, Löwenzahn, Bechabunge-Rauchkraut, Gundelrebe, Schafgarbe, Schöllkraut, Petersilie und Brunnenkresse. Man kann dafür auch Rhabarbertinktur oder Schöllkrauttinktur oder ein bitteres Magenmittel verwenden. Zumeist werden 60 bis 200 g Saft mit oder ohne Salz genommen, wobei Bewegung im Freien dringend erforderlich ist.

Bereits Ende der 80er Jahre des vorigen Jahrhunderts stellte man Versuche an, den in den Molken enthaltenen Milchzucker durch Vergären in Alkohol überzuführen und letzteren für technische Zwecke nutzbar zu machen. Doch rentiert sich die Sache nicht, da die Molken für sich allein zu zuckerarm sind. Chemiker BOHLE wies nun darauf hin, daß es rentabel sein würde, wenn man bei der Melassevergärung zur Verdünnung der Melasse Molken statt Wasser zusetzen würde. Da die Melasse einen Zuckergehalt von rund 50% besitzt, solche hochprozentige Zuckerlösungen aber unrationell vergären, die Vergärung vielmehr am günstigsten ist bei 12 bis 13% Zucker enthaltenden Lösungen, so kann man mit Erfolg die Molken als Verdünnungsmittel anwenden. Will man die Molken gewinnbringend verarbeiten, so ist die hochkonzentrierte Molke zu beziehen und beides in entsprechendem Gemisch zu invertieren, wobei sich Dextrose, Lävulose und Galaktose bilden, die dann auf Alkohol vergärt werden. Die Molken sind bei dieser Art der Fabrikation dasjenige Material, das durch weiteren Transport nicht mehr verteuert werden darf, und die Spiritusbereitung müßte als Nebenbetrieb dem Molkereibetriebe angeschlossen werden.

In einem Holzbottich mit Heizvorrichtung und Rührwerk werden die Molken durch Aufkochen steril gemacht unter Zugabe von $^3/_4\%$ der berechneten Menge Schwefelsäure, welche zur Inversion des Gesamtzuckers der Molken und der Melasse erforderlich ist. Dann läßt man in dünnem Strahl die berechnete Melassemenge zufließen, um eine 12%ige Zuckerlösung zu erhalten, und fügt den Rest der Schwefelsäure zu bis zur eben sauren Reaktion. Somit ist die Maische fertig, die man nun in tiefergehende Gärbottiche abfließen läßt und bei der geeigneten Temperatur mit Hefekultur impft. Von Wichtigkeit ist es, die Milchsäuregärung völlig auszuschalten, was bei hinreichender Sauberkeit im Betriebe und ständiger mikroskopischer Kontrolle der Hefe sehr gut gelingen soll.

Zur Gewinnung von Milchsäure aus Molken empfiehlt JAQUEMIN in seinem Buche „Les fermentations rationelles" folgendes Verfahren:

Die nach der Vorbruchgewinnung zurückbleibende Molke wird bis zur Abtötung aller darin enthaltenen Keime erhitzt, auf 45° C wieder abgekühlt und dann mit einer Reinkultur von Milchsäurebakterien und der zur Bindung der erzeugten Milchsäure notwendigen Menge kohlensauren Kalkes versetzt. Das Zufügen von Kalk ist deshalb nötig, weil die Milchsäurebakterien nur bis etwa 0,8% Milchsäure in der Flüssigkeit zu bilden vermögen, dann aber durch die Milchsäure, falls letztere nicht neutralisiert wird, abgetötet bzw. in ihrer Entwicklung stark verhindert werden. Um die störende Wirkung etwa noch vorhandener Buttersäurebakterien auszuschließen, läßt JAQUEMIN zu je 100 Liter Molke 1 g Fluorwasserstoffsäure zusetzen. Die Gärung soll in einem geschlossenen Gefäß unter Zuführung von durch Watte filtrierter Luft, bei einer Temperatur von etwa 45° C vor sich gehen. Sobald keine Entwicklung von Kohlensäure mehr stattfindet, ist die Gärung beendet. Nun müssen die Eiweißstoffe durch Gerbsäure niedergeschlagen werden, und die Lösung des milchsauren Kalkes wird von dem Niederschlag abfiltriert, eingedampft und der Kalk durch Schwefelsäure abgeschieden. KAYSER läßt die Molken zwecks Entfernung der stickstoffhaltigen Bestandteile durch Spitzbeutel filtrieren und sie sodann in tiefe, mit einem Röhrensystem versehene Behälter bringen, durch welche man heißes Wasser strömen läßt, um die Molken zum Teil zu sterilisieren. Nachdem man sie auf eine für das Ferment günstige Temperatur (etwa 35° C) abgekühlt hat, impft man dieses hinein. Durch Zusatz von etwa 5 kg kohlensaurem Kalk auf je 100 Liter Molke wird die Flüssigkeit dauernd neutral gehalten und die entstandene Milchsäure an Kalk gebunden. Die Gärung ist in 5 bis 6 Tagen beendet. Die Masse wird jetzt filtriert, das klare Filtrat eingedampft, dadurch wird der milchsaure Kalk auskristallisiert und darauf durch mehrmaliges Umkristallisieren gereinigt. Mit Schwefelsäure behandelt, liefert das Kalklaktat schwefelsauren Kalk und sirupartige Milchsäure, die sich durch Knochenkohle entfärben läßt. Je nachdem die verwendete Schwefelsäure mehr oder weniger konzentriert war, erhält man eine Milchsäure mit einem Wassergehalt, der zwischen 23 und 30% schwankt.

Zur Bereitung von Molkenessig empfahl SECKERLING folgendes Verfahren:

Die Molken werden auf 80° C erhitzt, darauf mit etwas saurer Molke versetzt und das Gemisch so lange weiter erhitzt, bis es um etwa 50% eingedampft ist. Hierbei scheiden sich die Eiweißstoffe aus. Die klaren Molken werden nach erfolgter Abkühlung in Fässer gefüllt und diese im Keller offen liegen gelassen. Bei warmem Wetter lagert man diese gefüllten Fässer bei Raummangel auch im Freien, bedeckt dann aber lose die Spundlöcher, um den Zutritt von Schmutz, Regenwasser usw. zu verhüten. Nach 2- bis 3monatigem Stehen soll dann der Molkenessig fertig sein und kann für den Verbrauch auf Reservefässer abgezogen und verspundet werden. Als günstigste Zeit für die Molkenessigbereitung wird die Sommerzeit angesehen, weil dann die Temperatur für die Säurebildung am passendsten ist.

ALKER überläßt die Molken an einem 25 bis 30° C warmen Orte 3 bis 4 Tage lang unter öfterem Umrühren der natürlichen Säuerung. Nach dieser Zeit haben sie einen stark sauren Geschmack angenommen und werden in tonnenartigen, 2 bis 2,5 m hohen Gefäßen, die vorher mit Hobelspänen angefüllt sind, weiter verarbeitet. Diese Fässer besitzen in der Nähe des unteren und oberen Randes eine Anzahl um die ganze Rundung des Fasses laufender Löcher, wodurch ein fortwährender Luftwechsel erzielt wird. Man gibt die Molken auf einen siebartigen Boden, der in einiger Entfernung vom oberen Rande des Fasses angebracht ist und die Molken so verteilt, daß sie in Tropfen an dem vorher mit sauren Molken getränkten Hobelspänen herabfließen und allmählich auf den Boden des Fasses rinnen. Durch eine Art Heberrohr zieht man alsdann den am Boden der Tonne sich ansammelnden Essig in ein untergestelltes Gefäß ab. Der so erhaltene Molkenessig stellt ein Gemisch von Essigsäure und Milchsäure dar und besitzt einen angenehmen, nicht stechend sauren Geschmack. Die Fabrikation muß selbstverständlich in solchen Räumen betrieben werden, die von den übrigen Molkereiräumen abgesondert liegen, um die Einwirkung der scharfen Dämpfe auf die Molkereiprodukte zu verhüten.

Da ein guter Speiseessig 5 bis 6% Essigsäure enthalten soll, bei der Vergärung der Molken ohne Zuckerzusatz sich aber nur bis etwa 2% Essigsäure aus dem Milchzucker zu bilden vermögen, so empfiehlt neuerdings Francis Marre, entweder die Molken durch Erhitzen oder Eindampfen unter vermindertem Druck zu konzentrieren oder den Molken einfach Zucker zuzusetzen. Letzteres ist vorzuziehen, denn durch die Konzentration der Molken wird neben ihrem Gehalt an Milchzucker auch die Menge der Stickstoff- und Mineralsubstanzen angereichert, während durch einen einfachen Zusatz von Rübenzucker leicht der Alkoholgehalt auf 50 bis 60 g pro Liter gebracht werden kann und somit auch durch Vergären ein Essig von 50 bis 60 g Säure im Liter erhalten wird. Die Herstellung des Molkenessigs nach Marre zerfällt in 2 Phasen: 1. in die alkoholische Gärung, welche den Zucker in Alkohol umwandelt, und 2. in die darauffolgende Essigsäuregärung, wodurch der Alkohol in Essigsäure umgesetzt wird. Die erste Phase erfordert die Verwendung von Hefen, die den Milchzucker unter Entwicklung von Kohlensäure zu Alkohol umsetzen und gleichzeitig eine geringe Menge Milchsäure bilden. Damit die Hefen voll zur Wirkung kommen können, muß die Milchsäure der Molken durch Kreide oder ähnliche Salze abgestumpft werden, denn diese Mikroben wachsen am besten auf neutralem Nährboden und bei Luftzutritt. Darauf bringt man am geeignetsten die Flüssigkeit auf eine Temperatur von 30 bis 35° C, um die in der Flüssigkeit enthaltenen Keime und besonders die Buttersäurebakterien, deren Entwicklungsfähigkeit vernichtet werden muß, zum Entwickeln zu bringen, sterilisiert die Flüssigkeit einmal vollständig, läßt sie auf 32° C erkalten und impft mit kräftigen Milchzucker vergärenden Hefen. Die Gärung setzt ein und muß methodisch weitergeführt werden dadurch, daß für Luftzutritt zur gärenden Molke gesorgt und aufgepaßt wird, daß sich dieselbe nicht erwärmt. Sobald die Gärung beendet ist, was man am Aufhören der Kohlensäureentwicklung erkennen kann, wird die alkoholische Flüssigkeit leicht angesäuert, zwecks mechanischer Entfernung von Hefe und der mehr oder weniger ausgefällten Stickstoffsubstanzen, die in der Flüssigkeit enthalten sind, filtriert, dann pasteurisiert und nach dem sogenannten Orleans-Verfahren oder dem von Pasteur mit einem Essigsäureferment geimpft. Die besten Ergebnisse erzielt man mit solchen Fermenten, welche imstande sind, auf der Oberfläche der alkoholischen Flüssigkeit kleine perlmutterglänzende Mykodermaschleier zu bilden.

Andere Verfahren zur Gewinnung von Molkenessig stehen in der Molkerei-Zeitung Hildesheim 1918, Nr. 24, und zwar werden die zu verwendenden Molken, die wohl alt, aber nicht faulig sein dürfen, ganz klar filtriert und sodann um ¾ eingedampft. Nach dem Erkalten setzt man dann auf je 100 Liter Molke 10 Liter gewöhnlichen Essig in Verbindung mit ½ Liter Salzsäure und 2 bis 3 g Weinessigaroma hinzu. Der so hergestellte Molkenessig kann von tadellosem Geschmack und Aroma sein, gute konservierende Eigenschaften besitzen und für alle Zwecke zu gebrauchen sein.

Ähnlich lautet die Vorschrift in derselben Zeitschrift 1918, Nr. 18. Die eiweißfreie Molke wird in eine Tonne hineingetan und 6 bis 8 Tage an einem warmen Ort aufbewahrt. Sodann läßt man die bereits wasserklaren Molken mittels angebrachten Zapfhahns von oben nach unten hin ablaufen bis zum trüben Salz, wärmt die klare Molke durch Einführen von direktem Dampf oder in der Käsewanne auf 60 bis 80° C an, gießt sie in die Tonne zurück und läßt sie darin einige Tage stehen, bis der Rest der noch vorhandenen Eiweißteilchen sich unten abgesetzt hat. Dann wird die jetzt völlig klare Molke in einen Holzbottich abgehebert, mit 1,5 bis 2% Essigsäure versetzt und einige Tage nachgegoren.

Verwendung kann der Molkenessig zu mancherlei Zwecken finden, so im Haushalt statt Speise- und Weinessig, zur Mostrichbereitung, in der Zeugbeize, der Färberei, zur Fabrikation von Kupfersalzen für landwirtschaftliche Zwecke, zur Herstellung verschiedener Lackfarben usw. In Frankreich besonders sollen große Mengen Molkenessig fabriziert werden.

Daß auch versucht worden ist, aus Molke Seife herzustellen, zeigt eine Anzeige in Nr. 13 der Molkerei-Zeitung Hildesheim vom Jahre 1923. Die Herstellung der Seife soll $^1/_2$mal so billig sein als Kernseife und im Gebrauch „kolossale Reinigungskraft“ besitzen.

In derselben Zeitung, Nr. 41, Jahrgang 1919, ist folgendes Rezept enthalten, um Kunsthonig aus Molke oder Buttermilch zu bereiten.

1 Liter gute, unverfälschte Buttermilch oder Molken werden mit 1¼ bis 1½ Pfund Kristallzucker in einem Emailletopf auf gelindem Feuer unter ständigem Umrühren bis zur Auflösung des Zuckers erhitzt. Darauf gibt man die abgeriebene Schale einer halben Zitrone und etwas Zitronensaft hinzu und läßt alles zusammen 1 bis 1½ Stunden kochen, wobei öfters umzurühren ist. Die Masse ist fertig, sobald sie eine honigähnliche Farbe angenommen hat. Man muß sich jedoch davor hüten, zu lange zu kochen, da die Masse sonst die Streichfähigkeit verliert und zu zähe wird. Ausgefüllt in Gefäße wird die Masse, sobald eine kleine Menge derselben, auf einen Teller gegeben, nur langsam zur Seite fließt.

In großem Maßstabe dienen die Molken zur Herstellung von Milchzucker, Deutschland führt jährlich etwa 500000 kg Milchzucker aus und deckt außerdem noch den nicht geringen inländischen Bedarf an Milchzucker. Der Milchzucker ist zu ungefähr 5% in den Molken enthalten und stammt aus der ursprünglichen Milch, deren Fett- und Käsestoffgehalt durch die Käsegewinnung entfernt wurde. Wenig ist in der Literatur über die Verarbeitung der Molke und die Gewinnung jenes wichtigen Nährstoffes zu finden. Th. Aufsberg hat einiges über die Praxis der Milchzuckerbereitung zusammengestellt.

Zunächst kommt es darauf an, eine ganz kristallklare Molke zu erhalten. Dazu wird die Käsereimolke „vorgebrochen“ und „geschottet“. Durch ersteres wird das noch vorhandene Fett gewonnen, indem der Kesselinhalt auf 90 bis 92° C, unter Zusatz von 1 bis 1½% „Sauer“ (Molkenessig), erhitzt wird. Die vorgebrochene Molke wird dann geschottet, das heißt unter nochmaligem Sauerzusatz bis nahe an den Siedepunkt erhitzt, wobei das Albumin in Flöckchen ausgeschieden und herausgefangen wird. Nun ist die Molke (das Schottenwasser) klar. Die helle Molke wird dann einer Zentrale, der Milchzuckerfabrik, zugeführt; in der wärmeren Jahreszeit wird sie durch Zusatz von 0,1% Formalin konserviert.

Das Eindicken der Molke wird im Vakuum bei 60 bis 70° C bis zu einem Trockensubstanzgehalt von 60% vorgenommen, worauf man sie in Kristallisationskästen mit Kühlung einlaufen läßt. Die binnen 10 Stunden zu einem dicken, grobkörnigen Brei gewordene Masse wird dann zentrifugiert, man gewinnt 3,85% vom Molkengewicht an feuchten Rohzucker, aus der Mutterlauge können noch weitere 0,5% Milchzucker gewonnen werden. Gesamtausbeute demnach 4,35%.

Es folgt noch die Raffination durch Auflösen in Wasser, Versetzung mit pulverisierter Knochenkohle und 0,2% Essigsäure, Erwärmen auf 90° C, Zusatz von etwas schwefelsaurem Magnesium und Erhitzen bis zum Sieden. Die Flüssigkeit schäumt und wird blank. Nun wird filtriert. Das Filtrat wird eingedampft bis zum Kristallisationspunkt und die Kristalle durch Zentrifugieren gewonnen (etwa 2,35% der Molke).

Für die Herstellung von Milchzucker wird noch eine andere Methode in der Molkerei-Zeitung Hildesheim 1921, Nr. 57, angegeben, und zwar benötigt man dazu einen Vakuumapparat mit Naßluftpumpe, ähnlich wie bei der Herstellung von Kondensmilch, eine Anzahl Kühlbehälter und eine Schleuder, wie man sie ähnlich in Zuckerfabriken benutzt. Der Fabrikationsgang ist etwa folgender: Die Molke, die völlig frisch sein muß, wird mittels Separators zunächst entfettet, sofern sie aus Fettkäserei stammt, und dann im Vakuumapparat auf 60% eingedampft. Der Inhalt des Apparates wird dann in die Kühlbehälter gelassen, wo man ihn 22 bis 24 Stunden der Abkühlung überläßt, wobei öfter umgerührt wird. Danach wird die Masse in der Zuckerschleuder geschleudert. Die in der Schleudertrommel zurückbleibende Masse ist der Rohzucker, der in Raffinerien weiter verarbeitet wird. Sofern sich das Raffinieren nicht unmittelbar an die Gewinnung des Rohzuckers anschließt, liegt die Gefahr nahe, daß der Rohzucker verdirbt, er muß daher, um haltbar zu sein, getrocknet werden. Der aus der Zuckerschleuder ausfließende Saft wird durch Aufkochen vom Eiweiß befreit. Dieses besitzt einen hohen Nährwert, aber eine geringe Haltbarkeit, es muß also schnell verwertet werden. Die zurückbleibende Flüssigkeit wird nochmals im Vakuum und in der Zentrifuge, wie oben beschrieben, behandelt.

In den letzten Jahren ist viel über eingedickte Molke und Molkenkleie als Futtermittel geschrieben worden, worauf zum Schlusse des Molkenkapitels noch etwas näher eingegangen sein mag. Ein sogenannter Molken-Eindickungsapparat ist von Apotheker Wurm konstruiert und ihm auch patentiert worden. Der Apparat besteht aus einer offenen Verdampfungswanne in einem Wasserbade; in dieser Wanne bewegt sich ein großes Flügelrad mit 6 schaufelförmigen Flügeln. Auf diese Weise wird die einzudampfende Molke auf eine große Oberfläche verteilt. Die Eindickung erfolgt bei einer Temperatur von 65 bis 70° C, so daß der Sirup eine helle Farbe behält. 1000 Liter Molken ergeben etwa 140 bis 150 Liter Molkensirup. Letzterer wird nun auf einen Wassergehalt von 8 bis 10% getrocknet.

Ein etwas anderes Verfahren der Molkeneindickung verwendet die Molkerei Börry mit einem Apparat der Firma Wilhelm Wiegand in Merseburg. Die Molkenverwertungsanlage besteht dort aus einem Vakuumapparat besonderer Konstruktion, dem „Turbo-Molkeneindicker“, in dem die Molke auf $^1/_7$ bis $^1/_{10}$ eingedampft wird, und einer Darre mit mechanischer Anmisch- und Wendevorrichtung, dem „Molkenfuttertrockner“, auf welchem der Molkensirup mit der Kleie gemischt und anschließend getrocknet wird. In dem Turbo-Molkeneindicker wird die Molke unter Anwendung eines Dampfstrahlbrüden-Kompressors eingedampft. Die Molke fließt dabei dauernd zu. Nachdem die nötige Konzentration erreicht ist, wird der Molkensirup abgelassen und auf dem Molkenfuttertrockner mit Kleie gemischt und getrocknet. Der Abdampf der Antriebsdampfmaschine und die Brüden des Turbo-Molkeneindickers werden in einem Luftkondensator, welcher gleichzeitig als Lufterhitzer dient, niedergeschlagen. Die dadurch gewonnene warme Luft dient zur Trocknung der Molkenkleie im Molkenfuttertrockner und reicht hierzu vollständig aus.

Die Arbeitsweise ist folgende: Bei genügendem Vakuum wird so viel Molke eingesogen, bis sie durch den Turbo über das Röhrensystem fließt. Dann wird der

Zulauf kurze Zeit abgestellt, der Retour- und direkte Dampf aufgedreht, und nach etwa 5 Minuten tritt die Verdampfung ein. Der sich bildende Molkenbrüden sowie das Dampfkondensat wird durch die Naßluftpumpe abgesogen, geht durch die Kupferrohre des Erhitzers, erwärmt hier die durch den Ventilator angesogene kalte Luft ziemlich hoch und fließt ab. Die heiße Luft geht in die Darre, so daß die Trocknung nahezu kostenlos geschieht. Nachdem der Molkenzulauf richtig eingestellt ist, braucht man sich hierum wenig zu kümmern. Es fließt dauernd so viel frische Molke zu, wie verdampft wird. Hat man genügend Molke verarbeitet, so wird der Zulauf abgestellt, der Sirup richtig eingedickt, was aber nur wenige Minuten dauert, und dann abgelassen. Auch hierzu braucht man nur 5 bis 10 Minuten, und es kann weitergearbeitet werden. Bei vorschriftsmäßiger guter Bedienung arbeitet der Apparat einige Tage ohne wesentlichen Ansatz. Bedingung ist, daß der Dampf nicht zu frisch aufgedreht wird, damit kein Schaum anbrennt, und daß der Dampfeintritt gut abgestellt ist.

Die Molkenkleie hat ein schwach graues Aussehen, ihre Zusammensetzung ist nach unseren Untersuchungen etwa folgende:

Säuregrad	188,0° S. H.
berechnet auf Milchsäure	4,20%
Wasser	9,87%
Fett	2,13%
Trockenmasse	90,13%
Asche	8,53%
Rohprotein	14,56%
Rohfaser	8,14%
Milchzucker	21,03%
Stickstoffreie Extraktstoffe	35,70%

Die Molkerei Börry gewinnt aus ihrer Molke jährlich über 2000 Zentner für das Vieh notwendige Futterstoffe (Milchzucker, Milcheiweiß usw.).

Die Molkenkleie ist in der Praxis sowohl an Rindvieh als auch an Schweine mit gutem Erfolg verfüttert worden. Fütterungsversuche sind bisher nur von Prof. Popp-Oldenburg mit Molkenkleie und Molkenflocken angestellt worden und haben recht günstige Ergebnisse gebracht.

Beim Eindampfen von 1000 Liter Molken mit einer Trockenmasse von 6% wurden — das spezifische Gewicht der Molke = 1 gesetzt — rund 60 kg Trockenmolke erhalten; es sind aber immer noch zirka 10% Wasser in der Trockenmolke enthalten, also müssen den 60 kg Trockenmolke noch 6 kg Wasser hinzugezählt werden. Man erhält also aus 1000 Liter Molke 66 kg Trockenmolken. Da Milchzucker schwer kristallisiert und zur Trockenmasse noch ein nicht unerheblicher Teil flüssiger Milchsäure gehört, bleibt die Masse beim Eindampfen sirupartig. Zum Aufsaugen des Sirups werden auf 1000 Liter Molke etwa 2 Zentner Weizenkleie (La Plata) verwendet. 166 Teile Molkenkleie bestehen demnach aus 100 Teilen Weizenkleie und 66 Teilen Molkensirup.

Die Analyse für Molkensirup ergab:

Wasser	10,00%	Milchzucker	52,91%
Rohprotein	12,06%	Asche	11,75%
Fett	0,34%	Milchsäure	6,70%

Da nun Molke und Weizenkleie verschiedene Wertigkeit besitzen, so müssen die einzelnen Wertfaktoren der beiden Komponenten getrennt berechnet werden. Das Resultat ist dann noch auf die Menge von 166 kg zu beziehen.

An Nährstoffen sind in 166 kg enthalten (berechnet aus der Durchschnittsanalyse für Molkenkleie):

In 66 Teilen	23,50	3,32	12,38	12,75
Trockenmasse	7,96	0,22	0,00	7,76
	15,54	3,10	12,38	4,99

Teile bleiben mithin für die Weizenkleie verfügbar.

Die Weizenkleie enthält nach obiger Rechnung:

Wasser	10,00%	Rohfaser	12,38%
Rohprotein	15,54%	Asche	4,99%
Fett	3,10%	stickstofffreie Extraktstoffe	54,15%

Mit Hilfe der Verdauungskoeffizienten berechnet man die verdaulichen Nährstoffe

a) der Molke:

Rohprotein	12,06 · 94 = 11,34%
Fett	0,34 · 100 = 0,34%
Milchzucker	52,91 · 98 = 51,85%

b) der Weizenkleie:

Rohprotein	15,54 · 79 = 12,28%
Fett	3,10 · 71 = 2,20%
stickstofffreie Extraktstoffe	54,15 · 71 = 33,44%
Rohfaser	12,38 · 26 = 3,22%

Die von diesen Nährstoffmengen gelieferten Kalorien und Nährwerteinheiten belaufen sich auf:

a) Molke

11,34 · 4,6 =	52,16 Kal.	11,34 · 5 = 56,70	Nährwerteinheiten	für 100 g
0,34 · 8,6 =	2,92 „	0,34 · 3 = 1,02	„	„ 100 g
51,85 · 3,8 =	197,03 „	51,85 · 1 = 51,85	„	„ 100 g
Zusammen	252,11 Kal.	109,57	Nährwerteinheiten	für 100 g

In der Molkenkleie sind aber nur 66 Teile Molkensirup enthalten. Daher reduzieren sich die Kalorien und Nährwerteinheiten um 85,72 Kalorien bzw. 37,25 Nährwerteinheiten.

66 g Molkensirup entsprechen also:
166,39 Kalorien oder 72,32 Nährwerteinheiten.

b) Weizenkleie:

Rohprotein	12,28 · 4,6 =	56,49 Kalorien	12,28 · 5 = 61,40	Nährwerteinheiten
Fett	2,20 · 8,6 =	18,92 „	2,20 · 3 = 6,60	„
stickstofffreie Extraktstoffe	38,44 · 3,8 = + 3,22 · 3,8 =	158,31	38,44 + 3,22 · 1 = 41,66	„
		233,72 Kalorien	109,66	Nährwerteinheiten

100 g Weizenkleie entsprechen also: 233,72 Kalorien oder 109,66 Nährwerteinheiten. 166 g Molkenkleie 400,11 Kalorien oder 181,98 Nährwerteinheiten. Bei der Umrechnung auf 100 g Molkenkleie ergeben sich 241,03 Kalorien oder 109,63 Nährwerteinheiten.

Wie wir aus vorstehenden Ausführungen sehen, läßt das Nebenprodukt der Käsebereitung, die Molke, eine vielseitige Verwendungsmöglichkeit offen. Welches nun die zweckmäßigste neben der Verfütterung an Vieh ist, kommt ganz auf die Lage der einzelnen Meiereien an. Eins aber ist klar ersichtlich, daß ein ganz Teil Volksvermögen verlorengeht, läßt man die Molke unbenutzt in die Abwässer fließen.

4. Molkeneiweiß

Unter Molkeneiweiß (Ziger) versteht man heute allgemein diejenigen Eiweißkörper, die durch Erhitzung der bei der Lab- und Sauerkäserei verbleibenden Molken abgeschieden werden. Ebenso nennt man das bei der Milchzuckergewinnung aus Molken als Nebenprodukt erhaltene Milcheiweiß „Ziger“. In einigen Gegenden versteht man auch unter Ziger den aus Buttermilch und Magermilch gewonnenen Sauermilchquarg.

Molkeneiweiß wurde in Deutschland im großen erst während des Krieges hergestellt und in den Verkehr gebracht, während die Nutzbarmachung der Molke in anderen Ländern seit vielen Jahrhunderten bekannt ist. Im allgemeinen sind die Alpenländer als die Heimat des Zigers anzusehen.

Schon ALBERTUS VON HALLER erwähnt bereits 1765, daß sich aus den Molken der Fettkäserei noch eine weitere Ausscheidung gewinnen lasse, hält aber das zweite Gerinnsel, das man in der Praxis „Ziger“ nennt, ebenfalls für Käse. SCHÜBLER wurde 1817 durch die Beobachtung, daß die schweizerischen Sennen aus den von Käse getrennten, mit Säure versetzten Molken durch Erhitzen, fast bis zum Siedepunkt, noch einen zweiten, eiweißartigen Körper, den Ziger ausscheiden, darauf aufmerksam, daß die Milch neben dem Käsestoff auch noch das durch Lab nicht ausfällbare Eiweiß enthält.

Für die Gewinnung des Molkeneiweißes gibt es verschiedene Verfahren und FLEISCHMANN gibt folgende Darstellung an:

Die Fettmolken werden auf 68 bis 70° C erwärmt, mit 1 bis 1,5 Teilen stark gesäuerten Molken (das Sauer) auf je 100 Teile verkäster Milch versetzt, nun auf 85° C erhitzt, der Vorbruch oder das Weiße tritt als Schaum an die Oberfläche und wird abgeschöpft. Er dient mit einem Fettgehalt von 6 bis 12% zur Bereitung der Molkenbutter. Sobald dieser Vorbruch abgeschöpft ist, setzt man abermals auf 100 Teile ungefähr 2 Teile Sauer zu und erhitzt nun bis zum beginnenden Sieden, wobei sich der Ziger in großen, gelblich-weißen Stückchen an der Oberfläche ansammelt. Das Molkensauer soll 50° S.H. haben und wird durch natürliche Säuerung der Molke am warmen Standort erhalten. Die Ausbeute an gut ausgepreßtem Ziger beträgt für je 100 kg verarbeiteter Milch 2 bis 3 kg.

Zum Vorbrechen der Molken verwendet man nach O. ALLEMANN & W. MÜLLER ein einwandfreies Sauer, das durch reine Milchsäuregärung entstanden ist, und zwar in der Stärke von 40 bis 50 Säuregraden. Die Menge des zuzusetzenden Sauers ist nicht gleichbleibend, sie ist namentlich abhängig vom Säuregrad der verarbeiteten Milch, da alte oder in Säuerung begriffene Milch zum Vorbrechen weniger Sauer braucht als eine normale verkäsungfähige Milch. Bei stark angesäuerter Milch kann der Vorbruch auch ohne Sauerzusatz zur Ausscheidung kommen. Die unter normalen Bedingungen zum Vorbrechen benötigte Sauermenge beträgt etwa 20 bis 30 Liter von 40 bis 50 Säuregraden, das heißt etwa 250 g Milchsäure auf 1000 Liter Molke. In der Regel verfährt man beim Vorbrechen derart, daß man zu der auf 70 bis 75° C erwärmten Molke die nötige Menge Sauer zugießt und durch Erhöhen der Temperatur auf 90 bis 93° C den Vorbruch, das heißt den größten Teil des Fettes und einen Teil der Eiweißstoffe zur Ausscheidung bringt, was sich am Aufsteigen des fetthaltigen Gerinnsels bemerkbar macht. Nachdem sich an der Oberfläche genügend Vorbruch angesammelt hat, wird dieser durch Abschöpfen mittels Kelle entfernt. Bei 93° C steigt in der Regel der letzte, meist grobflockige, aber fettarme Vorbruch auf. Um einen besonders feinen und doch in genügender Menge ausgeschiedenen Vorbruch zu erhalten, kann man auch derart arbeiten, daß man sofort nach dem Herausnehmen des Käses die nötige Menge Sauer zur Molke zusetzt und sodann allmählich auf zirka 80° C erhitzt. Dieses Verfahren ist nicht unter allen Umständen zu empfehlen, denn es verlangt eine größere Vorsicht und namentlich eine gesunde Milch, indem sonst Gefahr besteht, daß das Eiweißgerinnsel so feinflockig ausfällt, daß kein Zusammenballen mehr erfolgt und die Eiweißflocken in der Molke verteilt bleiben.

Nachdem der Vorbruch aus der vorgebrochenen Molke gewonnen ist, folgt das sogenannte „Scheiden“, das heißt Abscheidung des noch in der Molke befindlichen restlichen Albumins. Es werden zu diesem Zwecke weitere Mengen Sauer, auf je 100 Liter vorgebrochene Molke 5 bis 8 Liter Sauer von 40 bis 50 Säuregraden, zugefügt und der Kesselinhalt bis zum beginnenden Sieden erhitzt. Ein eigentliches Sieden der Flüssigkeit soll jedoch vermieden werden, da man sonst zu gewärtigen hat, daß durch die Wallung der Flüssigkeit die ausgeschiedenen Eiweißstoffe nicht zusammenballen, sondern als feines Gerinnsel die Flüssigkeit durchsetzen und sich dann kaum von der Molke trennen lassen.

Ein weiteres Gerinnungsverfahren wurde von den „Mührin-Werken G. m. b. H., Hannover-Linden" herausgegeben und lautete:

Die Fällung von süßer Labmolke darf erst nach 12, muß aber vor 24 Stunden vorgenommen werden.

Die Fällung der Quargmolke soll nach der Gewinnung von Quarg sofort vorgenommen werden.

Die Molken, die völlig frei von Quarg sein sollen, werden durch direkten Dampf unter öfterem Rühren auf 84° C erhitzt, dann wird das genau gewogene und mit einigen Litern Wasser angerührte Fällungsmittel in der Wanne verteilt und die Temperatur der Molke langsam unter beständiger Bewegung auf 86 bis 88° C gesteigert, wobei die Fällung sicher vor sich geht.

Sobald eine deutliche Flockenbildung eintritt, muß jeder Dampf abgestellt werden, um ein nachträgliches Verbrennen des Eiweißes zu vermeiden; nach ungefähr einstündigem Stehenlassen hat sich das Eiweiß soweit abgesetzt, daß der größte Teil der Molken abgehebert werden kann; das Eiweiß mit den restlichen Molken wird entweder auf einem mit dichtem Tuch belegten Käsetisch zum Ablaufen gebracht oder in geeignete Beutel gefüllt und zum Abtropfen gelegt. Das letzte Wasser wird dann durch Abpressen in einer einfachen Hebelpresse entfernt, was durch öfteres Umlegen der Säcke befördert werden muß. Das fertige Produkt wird in Buttertonnen oder Quargfässern zum Versand gebracht.

Die Menge Fällungsmittel, welches aus sehr reinem Marmorkalkhydrat bestand, wurde auf 500 g, später auf 300 g für 1000 Liter Molke angegeben. Gleichzeitig wurde aber ein einfacher Säureprüfer empfohlen, der eine Kontrolle der für die Fällung wichtigen Säuregrade gestattet.

WEHRMANN[1]) gibt folgendes Verfahren der Gewinnung von Molkeneiweiß an:

Molken, die eine Zeitlang der Selbstsäuerung überlassen waren, oder von gesäuerter Milch stammen, werden auf 90° C erhitzt und auf je 1000 Liter Flüssigkeit mit 1 Pfund gebranntem, feingesiebtem Kalk versetzt.

Das ausgeschiedene Molkeneiweiß setzt sich am Boden des Kessels ab und wird nach 3 Stunden von der überstehenden klaren Molke durch Abhebern der letzteren getrennt. Ausbeute ungefähr 60 Pfund Ziger mit durchschnittlichem Wassergehalt von 75%, also ähnlich wie bei Weichquarg, gewonnen. Der zuzusetzende Kalk muß möglichst weiß und frei von Sand und anderen unreinen Bestandteilen sein, weil sonst das Eiweiß eine unsaubere Farbe annimmt. Reinen Kalk kann man sich selbst herstellen, indem man möglichst große Stücke gebrannten Kalkes in einem sauberen Gefäß mit viel Wasser löscht, nach dem Absetzen die obere Kalkschicht nochmals abschöpft, in Wasser wieder verteilt und sich nochmals wieder absitzen läßt. Bei diesem zweimaligen Absetzen werden sich die kleinen sand- und eisenhaltigen Teilchen zuerst am Boden ablegen, während die reine Kalkschicht oben bleibt. Für das Ablassen der wasserklaren Molke, das einige Schwierigkeiten bietet, empfiehlt WEHRMANN, in den Molkenbehälter 2 Ablaßhähne einzubauen. Man läßt nun aus dem oberen

[1]) Molk. Ztg. Hildesheim, 1917, Nr. 17 u. a. o.

Hahn die klare Molke abfließen und aus dem unteren die Eiweißstoffe in das Tuch. Oder durch den unteren Auslauf wird von innen ein Rohr gesteckt oder verdichtet und mit einer gelenkigen Verbindung (Doppelbogen) so hoch in den Behälter geführt, daß es 10 cm aus dem Behälter hervorragt, das Rohr wird mit einer Kette am Behälter festgehalten. Wenn nun die Eiweißmasse sich abgesetzt hat und die klare Molke abgelassen werden soll, so wird das Rohr langsam heruntergel gt, bis der Einlauf, unmittelbar über der Eiweißmasse steht. Die klare Molke läuft durch das Rohr ab, während die Eiweißmasse ruhig stehen bleibt. Ist die klare Molke abgelaufen, so wird das Rohr im Behälter ganz heruntergelegt und die Eiweißmasse im Sack oder Tuch zum Pressen aufgefangen.

A. Rosam gibt folgende Art der Gewinnung von Eiweiß aus Molken an:

Die süße Molke wird unter dem Drucke von 2 bis 2½ Atmosphären ½ bis ¾ Stunden lang erhitzt, wobei das Eiweiß ausfällt. Die klaren Molken werden darauf von dem abgesetzten Eiweiß durch Abhebern und Abseihen getrennt und das Eiweiß durch Pressen möglichst von Molke befreit.

Ein Verfahren zur Herstellung einer reinen, wasserlöslichen, neutralen, salzartigen Verbindung von Natriumoxyd und Laktalbumin ist Johann A. Wülfing in Berlin patentiert worden. Wülfing gründet sein Verfahren darauf, das Laktalbumin durch Koagulation der schwach sauren Molken abzuscheiden, darauf zu trocknen und dann durch Alkohol und Äther von anhaftenden Fettspuren zu befreien. Das getrocknete und entfettete Laktalbumin wird in überschüssigem Alkali aufgelöst, mit Säure gefällt und der frisch gefällte Niederschlag in noch feuchtem Zustande in einer bestimmten Menge Natronlauge gelöst, so daß 1 kg trockenes Laktalbumin etwa 26 g Natriumhydroxyd entsprechen, worauf die so hergestellte neutrale Lösung bei mäßiger Wärme zur Trocknung gebracht wird. Um nun aber das schwierige Eindampfen der sehr dünnen wässerigen Salzlösung bei Temperaturen unter 60° C zu umgehen, wird das technisch allein zugängliche trockene und entfettete Laktalbumin in folgender Weise verarbeitet:

Zum Beispiel werden 10 kg Laktalbumin in Wasser verteilt und mit 600 g Natriumhydroxyd in Lösung gebracht. Diese Lösung wird mit der berechneten Menge Salzsäure versetzt, wodurch sich das Laktalbumin in feinen Flocken abscheidet. Nach dem Abfiltrieren und Auswaschen wird abgepreßt und der Preßkuchen in 90%igem Alkohol fein verteilt, worauf 260 g Natriumhydroxyd in konzentrierter wässeriger Lösung unter Umrühren nach und nach hinzugefügt werden. Nach 1½ bis 2 Stunden ist der Spiritus neutral; es wird alsdann abfiltriert, wieder abgepreßt, aus dem Preßkuchen der Alkohol durch Äther verdrängt und das Produkt bei niedriger Temperatur getrocknet.

In einem weiteren Zusatzpatent wurde J. Wülfing noch ein anderes Verfahren zur Herstellung löslicher Salze des Kalziums und Magnesiums mit Laktalbumin geschützt: 100 g frisch nach dem vorhergehenden Patent umgefälltes Laktalbumin werden mit wässeriger Kalkmilch, die ungefähr 3 g Kalkhydrat enthält, geschüttelt, das Ungelöste abfiltriert und das Filtrat bei Temperaturen unter 60° C zur Trockne gebracht. Das verbleibende gelbliche Produkt enthält 1,3 bis 1,6% Kalzium. Das frisch umgefällte Laktalbumin tritt auch in alkoholischer Suspension mit den vollkommen alkoholunlöslichen Basen der Erdalkalien in Reaktion, das zunächst leicht lösliche Kalziumsalz wird durch den Trocknungsprozeß schwer löslich, es quillt zuerst, nachdem es fein gemahlen ist, langsam mit Wasser und bildet eine trübe kolloide Lösung mit Wasser, das Magnesiumsalz ist wasserlöslich und dabei völlig geschmacklos. Die Laktalbuminsalze der Schwermetalle sind wasserunlöslich.

Ein Verfahren zur Gewinnung von haltbarem Molkeneiweiß ist dem Nährmittelwerk Deppner & Co., Berlin, patentiert worden. Es ist dadurch gekennzeichnet, daß man die durch hochgradige Erhitzung von angesäuerter Molke in bekannter Weise erzeugte Aufschwemmung des Eiweißes nach Abkühlung mit einer Milchsäurebakterienkultur versetzt und darauf das Gerinnsel in bekannter Weise durch Abpressen oder dgl. verdichtet wird.

Das Verfahren an sich ist folgendes:

Die Molke wird entweder der Selbstsäuerung überlassen oder es wird ihr zweckmäßiger besonders angestelltes Molkensauer (auf 1000 Liter Molke etwa 33 Liter Sauer mit 10 g Milchsäure im Liter) zugesetzt und dann zur Ausflockung des Eiweißes auf 85 bis 95° C erhitzt. Nachdem die Gerinnung des Eiweißes erfolgt ist, überläßt man die Molke zum Absetzenlassen der zarten Eiweißflöckchen der Ruhe, entfernt dann den oberen klaren Teil der Molken, läßt auf etwa 30 bis 35° C abkühlen und säuert nun das sterile und deshalb in leicht verderblichem Zustande befindliche Eiweiß-Molkengemisch zur Erreichung der gewünschten Haltbarkeit mit Säurewecker neu an. Die Säuerung erfolgt zweckmäßig mit Reinkulturen von Milchsäure-Kokken.

Um im gleichen Arbeitsgange eine gewisse Erhärtung bzw. Verdichtung des Molkeneiweißes zu erreichen, verwendet man als Träger der Milchsäurebakterien angesäuerte Magermilch, in der jedoch das Kasein der Milch noch nicht völlig geronnen ist, so daß beim Zusatz zum Eiweiß Molkengemisch eine möglichst innige Durchsetzung und Bindung bzw. Einhüllung der Eiweißpartikelchen durch das ausfallende Kasein in der Magermilch erfolgt. Da die Eiweißflocken festigende Wirkung durch das Kasein erst bei Temperaturen über 30° C erreicht wird, so werden Menge und Wärmegrad der Eiweißaufschwemmung einerseits und des Säureweckers anderseits so gewählt, daß das Gemisch beider einen Wärmegrad von etwa 35° C aufweist. Nach der Gerinnung des Säureweckers geht man mit der Temperatur möglichst bald herunter, um die Gefahr der Entwicklung auch als zufällige Verunreinigung unvermeidlicher Fäulniskeime und ebenso eine Übersäuerung zu verhüten. Die Menge des Säureweckers bemißt man auf 2 bis 5% der ursprünglich verwendeten Molkenmenge.

Nach dem Zusatz der Milchsäurebakterienkultur zu der abgekühlten Aufschwemmung des Molkeneiweißes erfolgt die weitere Verarbeitung des Eiweißes in bekannter Weise, beispielsweise so, daß man die Aufschwemmung abpreßt, um sie bis auf den gewünschten Grad zu verdichten.

Das so gewonnene Eiweißprodukt kann sowohl für sich in feuchtem oder auch getrocknetem Zustande als Nahrungsmittel Anwendung finden, es kann aber auch zusammen mit Käsestoff verarbeitet werden.

Ein gutes Molkeneiweiß wurde auch in der Milchzentrale L. in Holstein wie folgt bereitet:

Die zur Herstellung von Molkeneiweiß bestimmte fettarme Molke wurde mit direktem Dampfzulaß erhitzt. Alsdann bei Erreichung der Temperatur von 75° C 5% Fällungsmittel (stark saure rohe Molke) zugesetzt, weiter erhitzt auf 94° C und abermals 5% Fällungsmittel zugesetzt, worauf ein sofortiges Ausscheiden des Eiweißes erfolgte. Die Dauer der Erhitzung war 36 Minuten bei halber Dampfleitungsöffnung. Die Verdünnung der Molke durch Dampfeinlaß war 6%, die Ausbeute von 1200 Liter Molke = 70 Pfund Eiweiß, also zirka 3% Ausbeute.

Die Zusammensetzung des Zigers ist eine verschiedene, je nachdem den Molken vor dem Entzigern das Fett durch Entrahmen oder Vorbrechen entzogen ist oder nicht, oder ob der Ziger als Nebenprodukt bei der Milchzuckerfabrikation gewonnen ist. Auch die Art der verwendeten Milch, ob Kuh-, Schaf-

oder Ziegenmilch als Rohmaterial dient, scheint nicht ohne Einfluß auf seine Zusammensetzung zu sein. Am fettreichsten ist natürlich der aus fetten Molken ohne vorheriges Entrahmen oder Vorbrechen derselben erhaltene Ziger. Bemerkenswert ist, daß der Ziger aus fetten Molken und aus vorgebrochenen Molken bedeutend weniger mineralische Bestandteile enthält, als der bei der Milchzuckerfabrikation erhaltene Ziger.

Der Ziger findet seines Nährwertes wegen eine verschiedenartige Verwendung. Bei den Bergbewohnern, die vielfach aus der fetten Schafmolke den fetten Ziger gewinnen, dient er in frischem oder konserviertem Zustande als Nahrungsmittel. Er wird von ihnen meist in der primitiven Art gewonnen, daß man die Molke aufkocht, das sich dabei oben absetzende feste Koagulum abschöpft und zum Abtropfen der Molke in Binsenformen oder dergleichen füllt. Bei Schafmolken beträgt die Ausbeute an Ziger, etwa 24 Stunden nach seiner Abscheidung gewogen, gegen 10% der angewendeten Molke.

In einzelnen Gebieten der Schweiz vermengt man den Ziger mit kalter Vollmilch und gebraucht diese Mischung, die unter dem Namen „Zigermilch“ bekannt ist, als Speise.

Ein Gemenge von frischem Ziger und Rahm ist in den Bergen Savoyens unter dem Namen Gruaux de montagne bekannt und dient dort in Mischung mit gestoßenem Zucker als beliebter Nachtisch.

In Steiermark bereitet man aus dem meist vom Sommer bis zum Winter in Holzgefäßen aufbewahrten Ziger (hier Schotten genannt) die sogenannte Schottsuppe.

In den meisten Berggegenden wird der Ziger frisch oder konserviert, in Mischung mit Kümmel und Salz, als Zukost neben Kartoffeln oder Brot verzehrt.

In den Karpathen und Beskiden bereiten sich die Schäfer und Käser aus Ziger (Urda) ein kefirähnliches, moussierendes Getränk von angenehmem Geruch und herbem, etwas salzigem Geschmack, indem sie den Ziger mit Molken verdünnen und dann in einer Tonne gären lassen.

Im allgemeinen läßt sich das Molkeneiweiß als Ersatz für gewöhnlichen Quarg im Haushalte verwenden, doch muß man es möglichst mit entsprechenden Zutaten versehen, da das Molkeneiweiß an sich einen trockenen Geschmack besitzt und daher bei öfterem Genuß leicht widersteht.

Das zerriebene Eiweiß, mit Zucker oder Sirup vermischt, ist ein namentlich von Kindern geschätzter Brotbelag. Mit etwas Milch und Salz glatt gerührt und auf Brot gestrichen, Radieschen, Zwiebeln oder fein geschnittener Schnittlauch darauf, ist es ein gutes Brotaufstrichmittel.

Eiweiß mit Vollmilch und etwas Salz (nach Geschmack auch unter Zugabe von etwas Kümmel) schaumig gerührt, ist eine gute, nahrhafte Zukost zu Pellkartoffeln.

Auch zur Bereitung mancherlei geschmackvoller Speisen und Backwerke läßt sich das Molkeneiweiß mit Vorteil verwenden.

Nudelspeise mit Molkeneiweiß: 200 g Nudeln werden am Tage vorher gar gekocht und mit dem Kochwasser stehen gelassen, bis eine Stunde vor dem Gebrauch, wo man sie gründlich abtropfen lassen muß. Diese Nudeln werden mit 375 g Molkeneiweiß, einem Ei, etwas Zucker, Salz, einigen Tropfen Mandelessenz und einigen Löffeln Mehl vermischt, in eine ausgestrichene Backform gefüllt und eine Stunde gebacken. Dazu Rhabarber, Backobst, eine Fruchttunke oder eingemachte Kirschen reichen.

Kleine Klöße aus Molkeneiweiß: ½ Pfund Molkeneiweiß, etwas Salz, 100 g Mehl, 3 Eßlöffel voll Zucker gut vermengt, daraus etwa 10 Klöße formen und in kochendem Salzwasser garkochen. Dazu Rhabarberkompott geben.

Keulchen mit Molkeneiweiß: 1 Pfund gekochte und geriebene Kartoffeln werden mit ½ Pfund Mehl, 1 Ei, ½ Löffel Salz, 2 Löffeln Zucker und ¾ Molkeneiweiß verrieben. In diesen Teig tut man Rosinen oder kleingehacktes Backobst als Rosinenersatz, formt flache Kuchen auf einem Brette und brät sie auf der Rostpfanne.

Eiweißklops: 1 Pfund glatt gerührtes Eiweiß, 400 bis 500 g tags vorher gekochte und geriebene Kartoffeln, 1 Ei, ein wenig Zucker, Salz, 2 Löffel Mehl, eine Zwiebel oder Schnittlauch und Petersilie wird alles gut vermengt und aus der Masse werden Klopse geformt, die man in Mehl wendet, in wenig Fett brät und zu Gemüse reicht.

Milcheiweiß-Semmel: 1 Pfund Eiweiß mit etwas Zucker und Gewürz anrühren, dann mit 1 Pfund Mehl tüchtig durcharbeiten, Semmel daraus formen oder Hörnchen (letztere möglichst mit Marmelade füllen) und backen.

Milcheiweiß-Plattenkuchen: 1 Pfund Eiweiß, 2 Eigelb, Zucker, Zitronen- und Mandelgewürz tüchtig verrühren, dann den Eierschnee, 1 Backpulver und zuletzt 2 Pfund geriebene Kartoffeln zufügen, gut mischen und backen.

Plattenkuchen mit Überguß von Molkeneiweiß: 2 große Tassen Mehl, eine mittlere Tasse Milch, etwas Butter, ein ganzes Ei, ein Eiweiß, etwas Zitrone, Zucker und 1 Backpulver gut durcharbeiten und aus dieser Masse einen Boden machen. Dann Molkeneiweiß mit Zucker, 1 Eigelb, etwas Milch und Korinthen ausrühren und auf den Boden dick auftragen. 1 Stunde backen.

Makkaroni mit weißem Käse: $^3/_4$ Pfund Makkaroni werden in Wasser ausgequollen, 1 Pfund Käse, 1 Ei, 1 Stück Butter und etwas Zucker werden gut verrührt. In eine ausgebutterte Form gibt man abwechselnd eine Schicht Makkaroni und eine Schicht der Käsemasse. Zuletzt Makkaroni mit einem Stückchen Butter darauf. Über das ganze wird versüßte, mit Ei geschlagene Milch gegossen. Die Speise muß eine ganze Stunde backen.

Käseauflauf: 250 g Käse, 50 g Korinthen, 50 g Butter, 150 g Zucker, 5 bis 6 Eier, 60 g Zwieback, $^1/_{10}$ Liter Milch, 6 bittere Mandeln, etwas Salz. Die Butter wird zu Sahne gerührt, Käse, Eigelb, Zucker, Milch und Mandeln werden hinzugefügt und alles so lange gerührt, bis es glatt ist. Dann werden Zwieback und Eierschnee abwechselnd, und zuletzt die Korinthen hineingegeben. Die Masse wird in einer ausgestrichenen Form $^3/_4$ Stunden gebacken.

Bei der Bereitung mancherlei Speisen und Gebäcke, zu denen sonst Quarg verwendet wird, läßt sich derselbe ganz oder teilweise durch Molkeneiweiß mit Vorteil ersetzen. Bei mäßiger Wärme getrocknet und dann fein zerrieben bzw. gemahlen, wird das Molkeneiweiß dauerhaft und kann in manchen Fällen als Ersatz des Hühnereiweißes zum Backen usw. gebraucht werden.

Für späteren Verzehr konserviert man den Ziger vielfach in der Weise, daß man ihn salzt oder räuchert oder auch beide Manipulationen mit ihm vornimmt. In einigen Gebieten der Schweiz bereitet man aus dem Molkenziger Zigerkäse. Der von den Molken abgeschöpfte Ziger wird in Milchschüsseln etwa eine Stunde lang gekühlt und ähnlich wie Emmentaler Käse weiter behandelt, indem man ihn in einen mit einem Käsetuch ausgelegten Reifen bringt, ihn anfänglich schwach, allmählich immer stärker, bis zum gleichen Druck, wie beim Emmentaler, preßt und dann im Salzbad salzt. Kurze Zeit darauf kommt er zum Verzehr. Nach Kirchners Angaben preßt man den Ziger ganz nach Art der Magerkäse, indem man 15 bis 18 kg Druck auf zirka 1 kg Ziger anwendet, und legt den Käse einige Tage in Salzwasser. Hierdurch soll der Zigerkäse sehr an Schmackhaftigkeit und Billigkeit gewinnen. Als Vertreter dieser Art Erzeugnis werden genannt: Der Hüdeliziger des Kantons Glarus und die Mascarpanis von Bergell im Kanton Graubünden.

Während der durch einfaches Erhitzen der Molken und Sauerzusatz abgeschiedene Ziger sich mit Vorteil zur Bereitung von Kräuterkäse verwenden läßt, kann man nach den Erfahrungen von J. Rauch aus reinem Ziger, wie er bei der Milchzuckerfabrikation erhalten wird, einen nur einigermaßen brauchbaren Kräuterkäse nicht mehr gewinnen, weil zur besseren Ausscheidung des Albumins aus den Molken meist etwas Alaun zugesetzt wird und außerdem durch das hohe Erhitzen alle Bakterien im Ziger abgetötet sind. Die Käse reifen nicht, wohl aber dann, wenn der Ziger mit frischem Quarg vermengt wird.

G. MARPMANN empfahl seinerzeit, den bei der Milchzuckerbereitung erhaltenen eiweißreichen Ziger, der eine ähnliche Zusammensetzung besitzt wie der Molkenziger, nach einem von ihm ausgearbeiteten Verfahren als sogenanntes Albuminatbrot zu verbacken. Durch diese Anreicherung des Brotes an Eiweißstoffen soll ein Nahrungsmittel erhalten werden, das dem gemischten Fleischgericht annähernd entspricht und sich zur Massenernährung für alle denkbaren Fälle eignet. (In Siebenbürgen wird Ziger schon lange zur Weißbrotfabrikation benutzt.)

Über die Verwendung des Zigers in der Hartkäserei hat UNGNADE Versuche angestellt, um festzustellen, ob vielleicht zwischen dem aus Sauermolke oder Labmolke gewonnenen Erzeugnis eine Verschiedenheit bestehen könnte. Zunächst verwendete er Labeiweiß, und kam zu dem Resultat, daß die Verwendung dieses Eiweißes in der Käserei keinen großen Vorteil bedeutet. Die gleichen Versuche mit einem aus 1000 Liter Sauermolke abgeschiedenen Eiweiß ergaben, daß die Verwendung dieses Eiweißes in der Käserei deshalb nicht empfohlen werden kann, da die Gefahr sehr nahe liegt, daß auch der ihm zugemischte Quarg einer anormalen Reifung anheimfällt; denn es waren erhebliche Mengen des Eiweißes löslich geworden. Nach diesen Versuchen kommt UNGNADE zu der Schlußfolgerung, daß das Schwarzwerden der mit Molkeneiweiß hergestellten Käse nicht, wie in den Fachzeitschriften oft behauptet wurde, davon abhängig ist, ob das Molkeneiweiß durch Fällung von Kalk hergestellt wurde, sondern daß es lediglich darauf zurückzuführen ist, daß namentlich das Eiweiß der Sauermolken äußerst leicht Schwefelwasserstoff abspaltet, der mit den Eisensalzen der dem Eiweiß anhaftenden Molke und dem bei dem Zerfall gleichzeitig entstehenden Ammoniak schwarzes Schwefeleisen bildet.

Auch BERG kommt zu dem Resultat, daß, wenn in irgend einem Sinne das Molkeneiweiß als Käse verarbeitet werden soll, es nur in dem Sinne geschehen kann, daß es durch Räuchern, starke Säuren u. dgl. konserviert oder aber nach Möglichkeit getrocknet wird. Man könnte dann vielleicht zu einem Produkt kommen, das, wie der Schabziger, eine feste Masse vorstellt, ohne allerdings die Reifung desselben durchgemacht zu haben. Einen Versuch, eine Art Schabziger aus reinem Molkeneiweiß oder gemischt mit Quarg, Salz und Gewürzen, jedoch ohne jede Reifung, herzustellen, hat BERG mit guten Erfolgen durchgeführt; hier ergab sich ein einwandfreies Produkt von großer Haltbarkeit.

In der Türkei wird der „Lor pemiri" hergestellt, ein Molkenkäse nach Art des Molkeneiweißes. Derselbe wird in einer 3%igen Kochsalzlösung aufbewahrt. Bei der Bereitung der gewöhnlichen Sorte benutzt man reine Molken. Zur Herstellung der besseren Sorte mischt man unter die Molken ein Teil guter Milch. Die Mischung wird dann stark erwärmt, etwas Sauer zugesetzt, dann die ausgeschiedene Masse abgeschöpft, in ein Tuch geschlagen, abtropfen lassen bzw. etwas gepreßt und verzehrt.

Im Jahre 1898 stellte in Dänemark Professor BABCOCK Käse her durch Beimischung des Zigerbruches zu dem gewöhnlichen Bruch und will dadurch eine Ausbeute von 17% erzielt haben; solcher Käse kam unter dem Namen „Albuminkäse" in den Handel.

Topf- oder Schmierkäse: Ein solcher wird nach EUGLING aus Ziger in folgender Weise gewonnen: Der in Fässern eingeschlagene Ziger wird mit 3% Salz gesalzen und dann durch eine Quargmühle getrieben. Man verwendet dazu meistens die kleinen Handquargmühlen aus Holz. Nach dem ersten Durchtreiben wird der Ziger mit 1% gepulvertem Pfefferkraut, 0,5% Kümmel und 0,5% Pfeffer, meist halb schwarzem und halb rotem, versetzt, durchgeknetet und noch einmal durch eine Quargmühle getrieben. Die nun entstandene Masse wird in Schichten von 1 kg in Töpfe oder Kübel hineingeschlagen, über jede Schicht wird ein Glas Branntwein gegossen, das ganze mit einem festen Deckel beschwert und in den Wirtschaftskeller gestellt. Hier macht der Ziger eine Gärung durch, wobei sich etwas Wasser ausscheidet, das man über dem Deckel stehen läßt wie beim Sauerkraut. Er gilt als eine anregende Speise.

A. Rosam, der Leiter der Molkereischule Pilsen, gibt für die Verwendung von reifem und abgelagertem Ziger zu einer Art Schmierkäse folgende Anleitung: der Ziger wird mit etwas Salz vermengt, damit er einen schwach alkalischen Geschmack bekommt, dann wird gesalzen, mit etwas Kümmel versetzt und mit Quargabfällen vermengt oder mit Resten von frischem Käse. Hierauf legt man ihn in einen Topf, bindet denselben gut zu und läßt alles in der Wärme reifen. Man gebraucht diesen Ziger in verschiedenen Stadien der Reife mit Hinzugabe von Gewürzen.

Auch soll sich das durch hohe Erhitzung (130 bis 140° C bei 2 bis 2½ Atmosphären Druck) gewonnene Eiweiß nach A. Rosam zur Herstellung einer Art Salamiwurst eignen. Das abgepreßte Milcheiweiß wird mit Zwiebeln (auf 1 kg 80 bis 100 g feingeschnittene Zwiebeln) vermengt, dann wird die Masse neuerdings bei der oben erwähnten Temperatur eine halbe Stunde lang gekocht und daraufgepreßt. Nun setzt man zu der dicken Masse geriebene Semmeln, Speck und Pastetengewürze, mischt alles gut durcheinander und füllt es in reine Schweinsdärme (sogenannte Leberwurstdärme). Die rohe Salami wird hierauf eine halbe Stunde lang gekocht. Nach dem Abkühlen soll die Milcheiweißsalami einen Geschmack wie Lebersalami haben. Zur Erhöhung der Haltbarkeit kann dieselbe noch geräuchert werden.

Ein gewisser J. M. Th. schreibt über die Herstellung von Kochkäse unter Zusatz von Molkeneiweiß folgendes:

Unter meiner Leitung wurden hier im Sommer 1918 wöchentlich bis 50 Zentner und werden jetzt noch wöchentlich 10 Zentner Kochkäse mit Zusatz von Molkeneiweiß hergestellt. Die Arbeitsweise ist folgende:

Gut trockener Quarg wird auf einer Quargmühle fein gemahlen und auf Tischen etwa 15 cm hoch aufgeschüttet. Man kann die gebräuchlichen Käsetische, die mit einem Rahmen umgeben sind, dazu verwenden, Größe für 3 bis 4 Zentner: 1,5 : 3 m.

Im Winter muß der Quarg in einem warmen Raume (15 bis 20° C) stehen und täglich 4 mal gut umgerührt werden, damit er gleichmäßig reift. In 40 bis 48 Stunden ist der Quarg reif zum Kochen, und kommt dann in einen mit Dampf geheizten Kessel oder eine Käsewanne. Auf 100 Pfund Quarg kommen 20 bis 30 Pfund Eiweiß, 10 Liter süße Magermilch, 3% Salz und 5 bis 10 g Kümmel. Das Gemisch wird gut durchgearbeitet, so daß es einen gleichmäßigen Brei darstellt. Dann wird es unter stetem Umrühren auf 60 bis 70° C erhitzt. Sobald das Ganze eine sämige Beschaffenheit angenommen hat, wird ausgeschöpft. Zum Versand wird der Käse gleich in Fässer oder, wenn er am Orte verkauft wird, in Kübel gefüllt.

Ein weiteres Rezept für Kochkäse ist folgendes: 1 Pfund weißen Käse (Ziger) läßt man an einem warmen Orte 6 bis 8 Tage stehen, rührt ihn ab und zu um. Dann kocht man ihn unter fortwährendem Rühren etwa 10 Minuten; 2 Teelöffel Kümmel und Salz. Wünscht man die Masse etwas sämiger, so tut man einen Löffel angerührtes Kartoffelmehl hinzu. Dieser Käse hält sich einige Wochen an einem kühlen Ort.

Auch ist es anscheinend gelungen, die Molke bzw. das in ihr enthaltene Eiweiß zu einem Ersatz für Fleischextrakt zu verarbeiten. Berg gibt in seiner schon vorher erwähnten Arbeit die Zusammensetzung einer von ihm untersuchten, aus Molke hergestellten Suppenwürze unbekannter Herkunft an. Das salzig würzig schmeckende Produkt bestand aus 67,17% Wasser, 21,88% Asche, davon 20,13% Kochsalz; der N-Gehalt betrug 19,35% entsprechend einem Gehalte von 12,27% Eiweiß. Zucker oder Derivate desselben konnten nicht nachgewiesen werden. Der Menge des Eiweißes nach zu urteilen, waren etwa 15 bis 20 kg Molke zur Erzeugung von 1 kg der Würze nötig.

Von der damaligen Versuchsstation für Molkereiwesen in Kiel wurden vor Jahren auch etliche Proben einer Art Fleischextrakt der Lactanawerke München, untersucht. Die eine Probe hatte ein gelbliches Aussehen und war im Geschmack süß, salzig, an gebranntes Mehl erinnernd. Das Untersuchungsergebnis war folgendes: 5 g mit 100 cm^3 Wasser gemischt ergab nach 24 Stunden im Röse-Gottlieb-Rohr einen Bodensatz von 15 cm^3, darüber befand sich eine gelbe trübe Flüssigkeit. Der Säuregrad von 100 g dieses Fleischextraktes betrug 100 Soxhlet-Henkel-Grade. Ferner bestand dieses Produkt aus 11,50% Wasser, 1,80% Fett, 26,75% Eiweiß, 31,37% Milchzucker und 17,18% Asche. Ein anderes gleiches Produkt der Mührinwerke hatte folgende Zusammensetzung: 9,20% Wasser, 10% Fett, 70,90% Eiweiß, 2,59% Milchzucker und 6,86% Asche. Der Säuregrad betrug für 100 g nur 14,0 Soxhlet-Henkel-Grade und die Löslichkeit von 5 g Substanz mit 100 cm^3 Wasser behandelt, ergab im Röse-Gottlieb-Rohr nach 24 Stunden einen Bodensatz von 34 cm^3, darüber befand sich eine weißlich-trübe Flüssigkeit. Das Aussehen des Pulvers war ein grauweißes, wie Kleie. Es quoll beim Auflösen stark.

Ein Ungenannter[1]) gibt folgendes Verfahren zur Herstellung einer Art Fleischextrakt aus Molkeneiweiß an:

100 kg Eiweiß werden mit 10 bis 12% 25grädiger Salzsäure vermischt und in einem Autoklaven 1 Stunde lang behandelt. Nach dieser Zeit ist die Lösung des Eiweißes beendigt. Die Masse wird sodann nach dem Erkalten in einen Käsekessel gefüllt und unter Umrühren soviel Soda zugesetzt, daß das Produkt nicht mehr sauer schmeckt. Man hat dann den in den Läden käuflichen Fleischextraktersatz. Nimmt man nun von diesem Fleischextrakt in Verbindung mit Wurstgewürzen und Farbstoff und vermischt damit das Eiweiß, so erhält man ein Produkt vom Aussehen feiner Leberwurstmasse von sehr gutem Geschmack.

Eine ausgedehnte Verwendung findet der Ziger zum Füttern der Schweine und Kälber (nach Fleischmann), besonders an Bullenkälber. Über die Verwertung des bei der Milchzuckerbereitung restierenden Zigers (Milcheiweiß) macht Otto-Stolp Angaben und schlägt vor, die in dem Ziger verbliebenen Milchsalze, namentlich das Chlornatrium, durch Auswaschen mit Wasser zu beseitigen, da diese ungünstig auf die Darmschleimhäute der Schweine einwirken sollen.

Während früher bei gleichem Beifutter die Gewichtszunahme pro Schwein und Tag im Jahresdurchschnitt nur 0,8 Pfund betrug, stieg sie, nachdem das Auswaschen des Zigers mit Wasser betrieben wurde, auf 1 Pfund im Jahresdurchschnitt pro Schwein und Tag.

Auch mit der Verfütterung von Molkeneiweiß an Arbeitspferde als teilweiser Ersatz des Kraftfutters haben einige Molkereien gute Erfahrungen gemacht.

Literatur

Alker: Verwertung von Magermilch und Herstellung von Quarg. Molk. Ztg., S. 69. Hildesheim. 1893. — Allemann, O. und W. Müller: Das Vorbrechen und Scheiden der Käsereimolke. Milchw. Zentralbl., 42, S. 225. 1913. — Aufsberg, Th: Die Milchzuckerbereitung aus Molke. Chem. Ztg., 34, S. 885. 1910. — A., F.: Koppenkäse. Molk. Ztg., S. 138. Hildesheim. 1896; Österreichische Molk. Ztg., Nr. 18. 1900.

[1]) Molk. Ztg., 24, 338. Hildesheim, 1918.

BERG: Das Molkeneiweiß (Ziger), seine Darstellung, sein Wesen, sein Nährwert und seine Verwendung in der Käserei. Arb. d. Dtsch. Milchw. Reichsverb. Nr. 48. 1921. — BERNSTEIN, A.: Herstellung eines alkoholischen Getränkes aus Honig und Molke. Molk. Ztg., S. 185. 1901. — Die Herstellung eines neuen Getränkes aus Milch. Milchztg., S. 85. 1895. — BIALON, O.: Beitrag zum Nachweis von gewässerter Milch. Milchw. Zentralbl., 1, S. 363. 1905. — BLONDEL, R.: Impfungen mit Molken zu Heilzwecken, zit. n. Molk. Ztg., S. 174. Berlin. 1909. — BOHLE: Molken als Verdünnungsmittel bei der Spiritusgewinnung aus Melasse. Zentralbl. f. Zuckerindustrie zit. n. Milchztg., S. 592. 1906. — BURR: Einiges über technisches Kasein und seine Herstellung. Molk.- u. Käs. Ztg., Nr. 37 u. 38. Liegnitz. 1910. — BURR, BERBERICH und LAUTERWALD: Untersuchungen über Milchserum. Milchw. Zentralbl., 4, S. 145, 210, 262. 1908.

DORNER, W.: Die Bereitung von Magermilchbrot vom wirtschaftlichen und nationalökonomischen Standpunkt. Schweiz. Milchztg., Nr. 8. 1927.

EUGLING: Handbuch der praktischen Käserei.

FLEISCHMANN, W.: Lehrbuch der Milchwirtschaft, 6. Aufl. 1920. — Das Molkereiwesen. S. 997.

GONED, W.: Verwendung der Buttermilch zu Käsereizwecken bei den Völkern des Kaukasus. Österreichische Molk. Ztg., Nr. 8 bis 10. 1902.

HALLER, ALBERTUS VON: Elementa physiologiae corporis humani. Bern, tom. VII, lib. 28, § 20, S. 37, zit. nach FLEISCHMANN: Geschichtliches über Milch und Milchzucker. Arch. f. Geschichte d. Medizin, 6, H. 1. 1910. — HALS, S.: Über norwegische Molkenkäse. Zeitschr. f. Untersuch. d. Nahrungs- u. Genußmittel, 27, S. 673. 1909. — HANSEN, J., v. FALCK, DIETRICH, H. VOGEL und H. ELZE: Schweinefütterungsversuche: Mager- und Buttermilch, Ha-Bu nach GRELOK-VITASILAC. Dtsch. landw. Tierzucht, S. 175. 1926. — HERDE: Eine milchwirtschaftliche Studienreise durch Ostpreußen. Dtsch. Milchw. Ztg., Nr. 10. 1925. — HEYL, H.: Das Abc der Küche; die Krankenkasse.

JOLLES: Heilgetränk aus Molke. Molk. Ztg., 28, S. 565. Hildesheim. 1914.

KALANDER: Österreichische Molk. Ztg., Nr. 7 bis 10. 1902. — KAYSER: L'industrie Laitière, 31, Nr. 36. 1906. — KIRCHNER: Handbuch der Milchwirtschaft, 7. Aufl. 1922. — KNOCH: Handbuch der neuzeitlichen Milchverwertung. Berlin: Parey. 1926.

LAFITTE: Die Molken als Spezifikum gegen gastrointestinale Affektionen bei Milchkälbern. Dtsch. Tierärztl. Wochenschr., S. 357. 1905 (Referat aus „Le Progrès vétérinaire", 25/4. 1905) — LAXA, O.: Revue générale du lait, S. 19. 1907. Ebenda 1910.

MARRE, F.: L'industrie laitière, Nr. 24/25. 1908. — MARPMANN, G.: Die Verwertung der Milchabfälle in Molkereien zur Brotbäckerei — Albuminatbrot. Milchztg., 24, S. 301. 1895. — MERING, F. Jos. Freiherr v.: D.R.P. 134186 vom 21. November 1899. — MERREL-SONTE Comp., Syracuse, U.S.A.: Verfahren und Vorrichtung zur Herstellung eines löslichen Buttermilchpulvers. D.R.P. 408556 vom 7. Januar 1917.

NIKOLAI, A.: Herstellung von Milchsekt. Milchw. Ztg., 32, S. 1156. 1927.

OTTO: Erfahrungen aus dem geschäftlichen und technischen Betrieb einer modernen Molkereigenossenschaft. Molk. Ztg., S. 589. Berlin. 1901.

P., W.: Verwertung von Magermilch und Buttermilch durch Herstellung von Kochkäse. Molk. Ztg., S. 95. Hildesheim. 1895.

RAUCH, J.: Dtsch. Milchw. Ztg., Nr. 46. 1899. — ROSAM, A.: —

SCHERER: Das Kasein. — SECKERLING: Molk. Ztg., Nr. 17. Hildesheim. 1892.

UNGNADE: Das Molkeneiweiß (Ziger), seine Darstellung, sein Wesen, sein Nährwert und seine Verwendung in der Käserei. Arb. d. Dtsch. Milchw. Reichsverbandes, Nr. 49. 1921.

Witte, W.: Molkenverwertung. Süddtsch. Molk. Ztg., 48, S. 380. 1927. — Wolinski, J.: Technische Verwendung des Kasein, — Milchzuckergewinnung auf Gradierwerken. Molk. Ztg., S. 652. Berlin. 1899. — Wülfing, J. A.: Verfahren zur Herstellung einer reinen, wasserlöslichen, neutralen, salzartigen Verbindung von Natriumhydroxyd und Laktalbumin. D.R.P. 210130 vom 22. Mai 1907; 215690 vom 4. Januar 1908 und 216581 vom 23. Dezember 1908.

X. Die Molkenverwertung. Molk. Ztg., 32, S. 338. Hildesheim. 1918.

— — Molkenkleie. Milchwirtschaftl. Ztg., 32, Nr. 17. 1927.

V. Die Untersuchung von Molkereierzeugnissen und Molkereihilfsstoffen

1. Physikalische und chemische Untersuchungsmethoden

Von

W. Grimmer-Königsberg i. Pr.

Mit 7 Abbildungen

A. Die Untersuchung der Butter

1. Probenahme

Zur Erzielung einwandfreier Resultate ist auch hier eine richtige Probenahme vonnöten, da nur eine vollkommene Durchschnittsprobe ein wahres Bild von der Beschaffenheit der Butter ergibt. Die amtliche Vorschrift hierfür, soweit die Nahrungsmitteluntersuchung in Frage kommt, lautet fogendermaßen:

1. Die Entnahme der Proben hat von seiten der visitierenden Beamten an verschiedenen Stellen des verdächtigen Vorrates zu erfolgen, und zwar von der Oberfläche, vom Boden und aus der Mitte. Vortrefflich eignen sich hierzu vernickelte Stechbohrer aus Stahl (etwa 56 cm lang). Die Menge soll nicht unter 100 g betragen.
2. Die einzelnen entnommenen Proben sind mit den Handelsbezeichnungen (z. B. Dauerbutter, Tafelbutter usw.) zu versehen.
3. Aufzubewahren bzw. zu versenden ist die Probe in sorgfältig gereinigten Gefäßen von Porzellan, glasiertem Ton, Steingut (Salbentöpfe der Apotheker) oder von Glas, welche sofort möglichst luft- und lichtdicht, mit Pergamentpapier, Glas-, Holz- oder Korkstöpseln zu verschließen sind. Unzulässig ist Papierumhüllung. Die Versendung geschehe ohne Verzug. Insbesondere für die Beurteilung einer Butter (überhaupt jedes Fettes) auf Grund des Säuregrades ist jede Verzögerung, ungeeignete Aufbewahrung sowie Unreinlichkeit von Belang.

2. Die Bestimmung des Wassergehaltes

a) Gewichtsanalytisch. Zirka 5 g Butter werden in ein kleines, mit ausgeglühtem Seesand beschicktes Becherglas eingewogen und in den auf 103 bis 105° angeheizten Trockenschrank gestellt. Nach 30 Minuten langem Trocknen läßt man im Exsikkator erkalten und bestimmt dann das Gewicht. Kontrollwägungen werden nach je 10 Minuten langem Einstellen in den Trockenschrank vorgenommen, bis keine Gewichtsabnahme mehr zu verzeichnen ist.

Da nach längerem Trocknen meist wieder eine Gewichtszunahme erfolgt, so ist die niedrigste überhaupt ermittelte Gewichtsmenge als maßgebend zu betrachten. Die Differenz zwischen dieser und der abgewogenen Menge wird auf 100 g Fett umgerechnet. Das erhaltene Resultat gibt die Prozente Wasser an.

b) Mit der Superiorwaage von GERBER (Abb. 1). Sie stellt eine ungleicharmige Waage vor, deren längerer Arm graduiert ist. Die Skala läuft von 0 bis 20; jeder Skalenteil ist nochmals in 10 Teile geteilt. Der kürzere Arm trägt eine Waagschale, auf welcher sich ein Nickelbecher befindet. Mit dieser Belastung wird die Waage mittels eines Schräubchens ins Gleichgewicht gebracht. Ist dies geschehen, so belastet man den Waagebalken auf der linken Seite, die die Skalenteilung trägt, mit 2 Reitergewichten, von denen das größere auf einen Zapfen aufgehängt wird, während das kleinere auf den Nullpunkt der Laufschiene aufgesetzt wird. Nun wird in den Becher so viel Butter gebracht, bis wieder vollständiges Gleichgewicht hergestellt ist. Dann faßt man den Becher in einer Zange und schwenkt ihn ständig über einer kleinen Gas- oder Spiritusflamme. Zunächst schmilzt die Butter und wir beobachten nun das Auftreten eines grobblasigen Schaumes sowie ein lebhaftes Knistern. Beide Erscheinungen halten so lange an, als noch Wasser in der Butter enthalten ist. In dem Momente, in dem der letzte Rest Wasser verschwunden ist, wird der Schaum feinblasig, das Knistern hört auf und der bisher weiße Bodensatz (Kasein) zeigt eine leichte Bräunung. In diesem Moment hört man mit Erhitzen auf und läßt den Becher abkühlen. Dann verschiebt man den kleinen Reiter auf der Laufschiene so weit, bis wieder Gleichgewicht eingetreten ist. Die Stellung des Reiters gibt direkt den Wassergehalt an. Steht er also auf 15,6, so bedeutet das, daß die Butter 15,6% Wasser enthält.

c) Mit der Perplexwaage von FUNKE (Abb. 2). Diese ist ebenfalls eine zweiarmige Waage. Die linke Hälfte des Waagebalkens trägt ein starkes Gegengewicht, das nicht verstellbar ist, während sich an der rechten Hälfte

Abb. 1. Superiorwaage von GERBER zur Butterwasserbestimmung

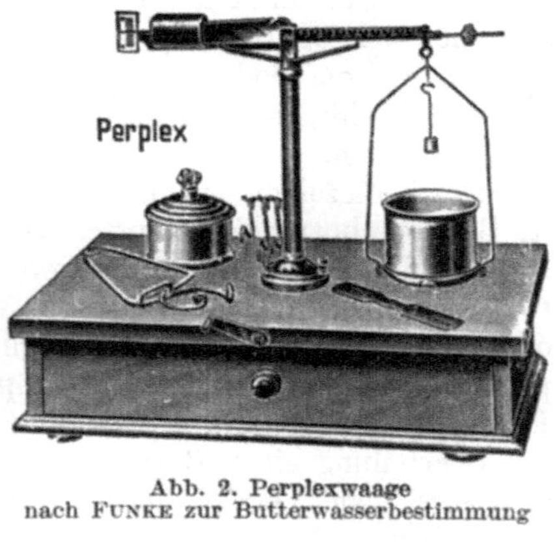

Abb. 2. Perplexwaage nach FUNKE zur Butterwasserbestimmung

die Waagschale befindet. Sie ist ebenfalls in 20 Skalenteile geteilt. Die Waage wird in der Weise ins Gleichgewicht gebracht, daß man auf die Waagschale einen Aluminiumbecher setzt und das sogenannte „Buttergewicht“ aufhängt. Durch eine kleine Regulierschraube kann die Waage austariert werden. Nach Entfernung des Buttergewichts bringt man so viel Butter in den Becher, bis wieder Gleichgewicht vorhanden ist. Dann erhitzt man den Becher in der vorbeschriebenen Art und Weise, läßt ihn erkalten und setzt von den beiden Reitergewichten, die zu der Waage gehören, zunächst das größere auf, indem man es auf denjenigen höchsten Prozentabschnitt bringt, bei welchem die Waagschale nach oben geht. Dann bringt man das kleine Reitergewicht auf denjenigen Abschnitt zwischen 1 und 9, bei welchem gerade Gleichgewicht vorhanden ist. Der große Reiter zeigt die ganzen, der kleine die Zehntelprozente an. Bei Wassergehalten über 20% kann man einen zweiten großen Reiter verwenden, den man dann an der Waagschale selbst anhängt und der an dieser Stelle gerade 20% anzeigt.

3. Die Bestimmung des Fettgehaltes

Nach Roese-Gottlieb. Nach der Vorschrift von Hesse wägt man in einem Glasschiffchen zirka 2 g Butter ab und führt dieses in ein Gottlieb-Roesesches Gefäß ein. Dann fügt man zirka 8 cm³ Wasser hinzu, das so warm ist, daß die Butter schmilzt. Ist dies geschehen, werden noch 1 cm³ Ammoniak und 10 cm³ Alkohol hinzugegeben. Man schüttelt nun das Gemisch durch und kühlt es durch Einstellen des Gefäßes in kaltes Wasser ab. Noch bevor das Butterfett wieder erstarrt, setzt man nun, wie bei der Milchfettbestimmung, je 25 cm³ Äther und Petroläther zu, wobei man jedesmal gut mischt. Im übrigen verfährt man genau so wie bei der Milchfettbestimmung. Das Nachspülen mit Äther-Petroläther nach dem Abhebern muß infolge des Fettreichtums der Äther-Fett-Schicht besonders sorgfältig durchgeführt werden.

Die butyrometrischen Methoden zur Fettbestimmung in Butter haben sich nicht einzubürgern vermocht.

4. Die Bestimmung der Eiweißsubstanzen

Zirka 10 g Butter werden genau abgewogen, geschmolzen und mit 20 cm³ eines Gemisches von gleichen Teilen Alkohol und Äther versetzt. Man filtriert durch ein quantitatives Filter, wäscht mit etwas Äther nach — das Filter braucht nicht vollkommen fettfrei zu sein — und bestimmt in dem Rückstand den Stickstoff nach Kjeldahl.

5. Die Bestimmung des Kochsalzes

Die Bestimmung des Kochsalzes erfolgt nach Reichardt in der Weise, daß man 10 g Butter abwägt und im Scheidetrichter mit 100 cm³ warmem Wasser schüttelt. Nach dem Ablassen der wäßrigen Flüssigkeit wäscht man die Butter noch 3- bis 4mal mit insgesamt 100 cm³ Wasser. Die vereinigten Waschwässer werden vollkommen klar filtriert, in einem Teile des Filtrates wird der Chlorgehalt nach Volhard titrimetrisch bestimmt. Je 1 cm³ Silberlösung entspricht 5,85 mg Kochsalz.

6. Die Bestimmung von Eisen in der Butter

Nach Schwarz werden 10 g Butter in einem geräumigen Porzellantiegel ähnlich wie bei der Wasserbestimmung mit der Perplex- oder der Superiorwaage vom Wasser befreit. Durch vorsichtiges Erhitzen wird der Tiegelinhalt in Brand gesetzt; die Kohle wird mit etwas eisenfreier Salpetersäure angefeuchtet und über einem Pilzbrenner weißgebrannt. Die Asche wird nun 2mal mit je 5 cm³ eisenfreier konzentrierter Salzsäure abgeraucht und dann mit zirka 50 cm³ Wasser in einen Erlenmeyer übergespült. Zur Überführung der Ferrisalze in die Ferrostufe gibt man 0,5 bis 1,0 g feingepulvertes Hydrazinsulfat und 5 cm³ einer kaltgesättigten alkoholischen Dimethylglyoximlösung hinzu und erhitzt auf dem Drahtnetz zum Sieden. Hierauf läßt man unter Umschwenken 15 cm³ eisenfreies 25%iges Ammoniak hinzufließen, wobei die Flüssigkeit sich mehr oder weniger intensiv rot färbt, und erhitzt nochmals. Der Kölbcheninhalt wird unter der Wasserleitung rasch abgekühlt, in ein Meßkölbchen von 110 cm³ Inhalt übergeführt und bis zur Marke aufgefüllt. Daran schließt sich sofort die kolorimetrische Bestimmung im Apparate von KRÜSS, zu welcher 100 cm³ der Flüssigkeit verwendet werden. Als Vergleichslösung gilt die folgende: 7,023 g MOHRsches Salz, enthaltend 1 g Eisen, werden in Wasser gelöst und auf 1000 cm³ aufgefüllt. 10 cm³ dieser Lösung werden auf 1000 cm³ verdünnt. 10 cm³ dieser Verdünnung, enthaltend 0,1 mg Fe, werden in derselben Weise behandelt wie die Aschenlösung.

7. Der Nachweis geschmolzenen Fettes in der Butter

Geschmolzenes und wieder erstarrtes Fett zeigt deutliche kristalline Struktur mit Doppelbrechung, die in Butter, auch aus pasteurisiertem Rahm, wegen der Kleinheit der Fettkügelchen, normalerweise nicht beobachtet werden kann. Zum Nachweis von Fettkristallen in der Butter bringt man nach LITTERSCHEID mit Hilfe eines Glasstäbchens eine geringe Menge der zu untersuchenden Butter zwischen zwei mit einem Taschenpolarisationsmikroskop fest verbundene Objektträger (Abb. 3 u. 4), die durch einen Klappmechanismus voneinander getrennt werden können. Nachdem der Apparat wieder geschlossen worden ist,

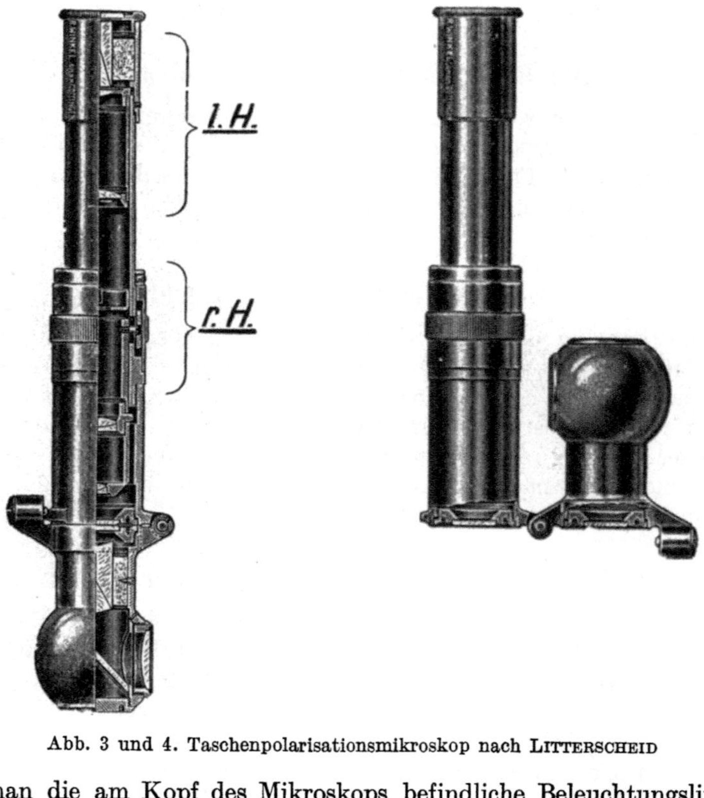

Abb. 3 und 4. Taschenpolarisationsmikroskop nach LITTERSCHEID

richtet man die am Kopf des Mikroskops befindliche Beleuchtungslinse gegen eine Lichtquelle (Fenster oder Lampe), stellt scharf ein und achtet auf das Auftreten stark lichtbrechender Kristalle, die sich von der dunklen Umgebung sehr deutlich abheben.

B. Die Untersuchung des Butterfettes

Zur Gewinnung einer größeren Menge reinen Butterfettes schmilzt man Butter bei einer 45° C nicht übersteigenden Temperatur, am besten in einem hohen Glaszylinder, den man in ein entsprechend temperiertes Wasserbad einstellt, läßt Wasser und Eiweiß möglichst vollständig absitzen und filtriert durch ein trockenes Filter das Fett klar ab. Um es vollkommen trocken zu erhalten, schüttelt man das warme und noch flüssige Filtrat mit etwas Kochsalz und filtriert von neuem.

1. Die Bestimmung der Azidität

Man löst zirka 5 g Butterfett in 30 cm^3 eines Gemisches aus gleichen Teilen Alkohol und Äther, setzt 1 cm^3 einer 1%igen alkoholischen Lösung von Phenolphthalein hinzu und titriert mit *n*/10-Alkali. Es ist hierbei darauf zu achten, daß sowohl der Alkohol wie der Äther, die zur Lösung des Fettes notwendig sind, vollkommen neutral sind; andernfalls ist deren Azidität in einem besonderen blinden Versuche genau festzustellen und der gefundene Wert von demjenigen der eigentlichen Bestimmung in Abzug zu bringen. Die für 10,0 g Butterfett benötigte Anzahl cm^3 *n*/10-Lauge bezeichnet man als den Säuregrad der Butter (= cm^3 *n*/1-Lauge in 100 g Butterfett).

2. Die Bestimmung der REICHERT-MEISSLschen Zahl

5 g geschmolzenes und filtriertes Butterfett werden in einem geräumigen Erlenmeyer mit einem Gemisch von 20 cm^3 reinem Glyzerin und 2 cm^3 Natronlauge (1 : 1) über freier Flamme unter ständigem Umschwenken erhitzt. Die Verseifung ist beendet, wenn die anfänglich trübe Lösung sich vollkommen geklärt hat. Die Fettsäuren werden aus ihren Seifen durch ein Gemisch von 90 cm^3 Wasser und 50 cm^3 einer Schwefelsäure, die 25 cm^3 reine H_2SO_4 im Liter enthält, in Freiheit gesetzt. Nach Zusatz von etwas Bimssteinpulver werden innerhalb 30 Minuten genau 110 cm^3 abdestilliert. Das Destillat wird zur Entfernung der flüchtigen, unlöslichen Säuren durch ein trockenes Filter filtriert und 100 cm^3 des Filtrates mit n/10-Lauge unter Anwendung von Phenolphthalein neutralisiert. Die um 10% erhöhte Anzahl cm^3 n/10-Lauge, die zur Neutralisation nötig waren, ergibt die REICHERT-MEISSLsche Zahl.

3. Die Bestimmung der Buttersäurezahl nach KÜHLMANN und GROSSFELD

Aus der Gesamtmenge der flüchtigen Säuren versuchen KÜHLMANN und GROSSFELD durch Eliminierung der Kaprylsäure die relative Menge des Butterfettes an Buttersäure (ausgedrückt in cm^3 n/10-NaOH auf 5 g Fett) durch die sogenannte Buttersäurezahl zu bestimmen. Zur Ausführung werden folgende Lösungen benötigt:

1. Kalilauge, enthaltend 750 g KOH in 1000 cm^3,

2. Schwefelsäure, enthaltend 25 cm^3 H_2SO_4, konzentriert in 100 cm^3,

3. Kokosseifenlösung: 100 g reines Kokosfett (Palmin), 100 g Glyzerin und 40 cm^3 Kalilauge werden über freier Flamme unter Umschwanken verseift, bis klare Lösung eingetreten ist. Nach Abkühlen unter 100° C wird auf 1000 cm^3 aufgefüllt.

4. Gesättigte Kaliumsulfatlösung.

Ausführung der Bestimmung: 5,0 g Fett werden mit 2 cm^3 Kalilauge und 20 cm^3 Glyzerin verseift und nach dem Abkühlen unter 100° mit 150 cm^3 Kaliumsulfatlösung versetzt. Nach dem Erkalten auf 20° C werden unter Schütteln 5 cm³ Schwefelsäure sowie 10 cm³ Kokosseifenlösung und zirka 0,1 g gereinigtes Kieselgut hinzugefügt. Es wird mehrfach umgeschüttelt und nach 10 Minuten durch ein trockenes Faltenfilter filtriert. 125 cm³ des klaren Filtrates werden in einen 500 cm³ fassenden Rundkolben gebracht; nach dem Zusatz von 50 cm³ Wasser und etwas Bimssteinpulver werden in 20 Minuten 110 cm³ abdestilliert und diese, ohne zu filtrieren, mit n/10-Lauge gegen Phenolphthalein titriert. Die in einem blinden Versuche, in dem kein Fett verwendet, im übrigen aber genau so verfahren wird, ermittelte Alkalimenge wird von der im Hauptversuche benötigten in Abzug gebracht. Die Differenz wird mit 1,4 multipliziert und ergibt dann die Buttersäurezahl. Die 0,0 bis 20,9 cm³ n/10-Alkaliverbrauch entsprechenden Buttersäurezahlen sind aus nachstehender Tabelle ersichtlich.

Tabelle 1

Titrationsverbrauch	0	1	2	3	4	5	6	7	8	9
0	0	0,1	0,3	0,4	0,6	0,7	0,8	1,0	1,1	1,3
1	1,4	1,5	1,7	1,8	2,0	2,1	2,2	2,4	2,5	2,7
2	2,8	2,9	3,1	3,2	3,4	3,5	3,6	3,8	3,9	4,1
3	4,2	4,3	4,5	4,6	4,8	4,9	5,0	5,2	5,3	5,5
4	5,6	5,7	5,9	6,0	6,2	6,3	6,4	6,6	6,7	6,9
5	7,0	7,1	7,3	7,4	7,6	7,7	7,8	8,0	8,1	8,3
6	8,4	8,5	8,7	8,8	9,0	9,1	9,2	9,4	9,5	9,7
7	9,8	9,9	10,1	10,2	10,4	10,5	10,6	10,8	10,9	11,1
8	11,2	11,3	11,5	11,6	11,8	11,9	12,0	12,2	12,3	12,5
9	12,6	12,7	12,9	13,0	13,2	13,3	13,4	13,6	13,7	13,9
10	14,0	14,1	14,3	14,4	14,6	14,7	14,8	15,0	15,1	15,3
11	15,4	15,5	15,7	15,8	16,0	16,1	16,2	16,4	16,5	16,7
12	16,8	16,9	17,1	17,2	17,4	17,5	17,6	17,8	17,9	18,1
13	18,2	18,3	18,5	18,6	18,8	18,9	19,0	19,2	19,3	19,5
14	19,6	19,7	19,9	20,0	20,2	20,3	20,4	20,6	20,7	20,9
15	21,0	21,1	21,3	21,4	21,6	21,7	21,8	22,0	22,1	22,3
16	22,4	22,5	22,7	22,8	23,0	23,1	23,2	23,4	23,5	23,7
17	23,8	23,9	24,1	24,2	24,4	24,5	24,6	24,8	24,9	25,1
18	25,2	25,3	25,5	25,6	25,8	25,9	26,0	26,2	26,3	26,5
19	26,6	26,7	26,9	27,0	27,2	27,3	27,4	27,6	27,7	27,9
20	28,0	28,1	28,3	28,4	28,6	28,7	28,8	29,0	29,1	29,3

Durch Multiplikation der Buttersäurezahl mit dem Faktor 0,176 erhält man den Prozentgehalt des Fettes an Buttersäure.

Bei gleichzeitiger Bestimmung der Verseifungszahl läßt sich nach den genannten Autoren der Gehalt eines Fettgemisches an Butterfett ermitteln, der aus nachstehender Tabelle entnommen werden kann.

4. Die Bestimmung der Verseifungszahl

1 bis 2 g Fett werden in einem Jenenser Kolben von 150 cm³ Fassungsvermögen mit 25 cm³ einer alkoholischen n/2-Kalilauge vermischt und 15 Minuten auf dem siedenden Wasserbade unter dem Kühlrohr erhitzt, wobei man unter öfterem Schütteln des Kolbeninhaltes die Verseifung beschleunigt. Der noch warme Kolbeninhalt wird dann mit n/2-HCl gegen Phenolphthalein titriert. Hieraus berechnet man die zur Neutralisation der Fettsäuren verbrauchte Menge KOH in Milligramm und berechnet sodann diese Menge auf 1 g Fett. Grossfeld und Wissemann weisen darauf hin, daß ein Erhitzen bis zum völligen Klarwerden des Gemisches zur völligen Verseifung nicht ausreichend ist, daß man zweckmäßig noch 4 bis 8 Minuten länger erhitzen muß.

Tabelle 2

Verseifungszahlen	bis 200	205	210	215	220	225	230	235	240	245	250	255	260 und darüber
Buttersäurezahlen 0	0	0	0	0	0	0	0	0	0	0	0	0	0
0,1	0,5	0,1	0	0	0	0	0	0	0	0	0	0	0
0,2	1,0	0,6	0,2	0	0	0	0	0	0	0	0	0	0
0,3	1,5	1,1	0,7	0,3	0	0	0	0	0	0	0	0	0
0,4	2,1	1,7	1,3	0,9	0,4	0	0	0	0	0	0	0	0
0,5	2,6	2,2	1,8	1,4	0,9	0,5	0	0	0	0	0	0	0
0,6	3,1	2,7	2,3	1,9	1,4	1,0	0,5	0,1	0	0	0	0	0
0,7	3,6	3,2	2,8	2,4	1,9	1,5	1,0	0,6	0,2	0	0	0	0
0,8	4,1	3,7	3,3	2,9	2,4	2,0	1,5	1,1	0,7	0,3	0	0	0
0,9	4,6	4,2	3,8	3,4	2,9	2,5	2,0	1,6	1,3	0,8	0,3	0	0
1	5,1	4,7	4,3	3,9	3,4	3,0	2,5	2,1	1,7	1,3	0,8	0,4	0
2	10,2	9,8	9,4	9,0	8,5	8,1	7,6	7,2	6,8	6,4	5,9	5,5	5,1
3	15,3	14,9	14,5	14,1	13,6	13,2	12,7	12,3	11,9	11,5	11,0	10,6	10,2
4	20,5	20,1	19,7	19,3	18,8	18,4	17,9	17,5	18,1	16,7	16,2	15,8	15,4
5	25,6	25,2	24,8	24,4	23,9	23,5	23,0	22,6	22,2	21,8	21,3	20,9	20,5
6	30,7	30,3	29,9	29,5	29,0	28,6	28,1	27,7	27,3	26,9	26,4	26,0	25,6
7	35,8	35,4	35,0	34,6	34,1	33,7	33,2	32,8	32,4	32,0	31,5	31,1	30,7
8	40,9	40,5	40,1	39,7	39,2	38,8	38,3	37,9	37,5	37,1	36,6	36,2	35,8
9	46,0	45,6	45,2	44,8	44,3	43,9	43,4	43,0	42,6	42,2	41,7	41,3	40,9
10	51,1	50,7	50,3	49,9	49,4	49,0	48,5	48,1	47,7	47,3	46,8	46,4	46,0
11	56,2	55,8	55,4	55,0	54,5	54,1	53,6	53,2	52,8	52,4	51,9	51,5	51,1
12	61,3	60,9	60,5	60,1	59,6	59,2	58,7	58,3	57,9	57,5	57,0	56,6	56,2
13	66,4	66,0	65,6	65,2	64,7	64,3	63,8	63,4	63,0	62,6	62,1	61,7	61,3
14	71,6	71,2	70,8	70,4	69,9	69,5	69,0	68,6	68,2	67,8	67,3	66,9	66,5
15	76,7	76,3	75,9	75,5	75,0	74,6	74,1	73,7	73,3	72,9	72,4	72,0	71,6
16	81,8	81,4	81,0	80,6	80,1	79,7	79,2	78,8	78,4	78,0	77,5	77,1	76,7
17	86,9	86,5	86,1	85,7	85,2	84,8	84,3	83,9	83,5	83,1	82,6	82,2	81,8
18	92,0	91,6	91,2	90,8	90,3	89,9	89,4	89,0	88,6	88,2	87,7	87,3	86,9
19	97,1	96,7	96,3	95,9	95,4	95,0	94,5	94,1	93,7	93,3	92,8	92,4	92,0
20 und darüber	100,0	100,0	100,0	100,0	100,0	100,0	99,7	99,3	98,9	98,4	98,0	97,6	97,2

5. Die Bestimmung der Jodzahl

An Stelle der bisher angewandten Methode von v. Hübl ist für amtliche Untersuchungen die Methode von Winkler getreten, die im folgenden beschrieben sei:

Erforderliche Lösungen und Reagenzien:

1. 1/10-normale Kaliumbromatlösung (2,7837 g in 1 Liter);

2. etwa ½-normale Natriumarsenitlösung: 5,0 g arsenige Säure und 2,5 g Natriumhydroxyd werden unter Erwärmen in etwa 50 cm³ Wasser gelöst; sodann wird die Lösung durch Watte filtriert, die Watte mit Wasser nachgewaschen und die Lösung unter Verwendung des Spülwassers auf 200 cm³ verdünnt;

3. grobgepulvertes Kaliumbromid;

4. reiner Tetrachlorkohlenstoff;

5. Indigokarminlösung (0,2 g in 100 cm³ Wasser, gegebenenfalls unter Zusatz von etwas Alkali).

Ausführung der Bestimmung

Man bringt 0,6 bis 1,0 g Butterfett in eine Flasche von etwa 200 cm³ Inhalt mit eingeschliffenem, gut schließendem Glasstopfen, der durch Bestreichen mit reiner konzentrierter Phosphorsäure abgedichtet wird und löst das Fett oder Öl in 10 cm³ Tetrachlorkohlenstoff, nötigenfalls unter vorsichtigem Erwärmen auf. Dann läßt man bei Zimmertemperatur aus einer genauen Pipette 50 cm³ der $^1/_{10}$-normalen Kaliumbromatlösung zufließen und fügt 1 g grobgepulvertes Kaliumbromid und 10 cm³ einer 10%igen Salzsäure hinzu, schließt schnell und fest den Stöpsel, schüttelt kräftig durch, wobei das Kaliumbromid vollständig in Lösung gehen muß, und läßt das Gemisch 2 Stunden im Dunkeln stehen; in der ersten Stunde ist unter tunlichster Vermeidung der Lichteinwirkung mehrmals umzuschütteln. Nach dieser Zeit ist die Reaktion im allgemeinen beendet, bei trocknenden Ölen oder Tranen ist eine 20stündige Einwirkungsdauer erforderlich. Man fügt dann unter vorsichtigem Lüften des Glasstopfens genau 10,0 cm³ der etwa ½-normalen Natriumarsenitlösung hinzu, schüttelt um, bis Entfärbung eintritt, setzt 20 cm³ Salzsäure vom spezifischen Gewicht 1,19 hinzu und titriert unter Umschwenken mit $^1/_{10}$-normaler Kaliumbromatlösung bis zur Entfärbung unter Verwendung einer weißen Unterlage. Sofern die Lösung während der Titration allmählich blasser wird, setzt man noch einen Tropfen des Indikators hinzu; ferner ist zu beachten, daß das Reaktionsgemisch gegen Ende der Titration vor jedem weiteren tropfenweisen Zusatz der Bromatlösung einige Male umzuschütteln ist.

Zur Prüfung der Reinheit der Reagenzien und zur Feststellung des Gehaltes der Arsenitlösung ist ein blinder Versuch, das heißt ein solcher ohne Fett auszuführen, indem man 10 cm³ Tetrachlorkohlenstoff, 25 cm³ $^1/_{10}$-normaler Kaliumbromatlösung, 25 cm³ Wasser, 1 g grobgepulvertes Kaliumbromid und 10 cm³ 10%ige Salzsäure in der oben angegebenen Weise und unter den gleichen Zeitverhältnissen im Dunkeln aufeinander einwirken läßt, dann gibt man aus einer genauen Pipette 10,0 cm³ Arsenitlösung und 20 cm³ Salzsäure vom spezifischen Gewicht 1,19 hinzu und titriert mit $^1/_{10}$-normalen Kaliumbromatlösung.

Die Berechnung der Jodzahl (Jodbromzahl) erfolgt nach dem Ausdruck:

$$\frac{(a-b)\cdot 1{,}27}{f}$$

Hierin bedeuten:

a die bei der Bestimmung der Jodzahl im Fett oder Öl verbrauchte (von vornherein 50 cm³ bei der Titration zugesetzte) Anzahl cm³ der $^1/_{10}$-normalen Kaliumbromatlösung;

b die beim blinden Versuch verbrauchte (von vornherein 25 cm³) bei der Titration zugesetzte Anzahl cm³ der $^1/_{10}$-normalen Kaliumbromatlösung;

f die angewandte Fett- oder Ölmenge im Gramm.

Die so gefundene Zahl gibt an, wieviel Gramm Jod der von 100 g Fett oder Öl gebundenen Brommenge äquivalent sind, das heißt die Jodzahl des Fettes oder Öles.

Es ist darauf zu achten, daß die durch das Fett gebundene und die nicht gebundene Brommenge annähernd gleich groß sind, das heißt $(a-b)$ soll annähernd 25 betragen; andernfalls ist zum mindesten bei höheren Jodbromzahlen die Bestimmung unter Verwendung entsprechend größerer oder kleinerer Fett- oder Ölmengen zu wiederholen.

6. Nachweis der Ranzidität nach Kreis

2 cm³ des geschmolzenen Butterfettes werden mit 2 cm³ Salzsäure (spezifisches Gewicht 1,19) zirka 1 Minute kräftig geschüttelt. Dann fügt man 2 cm³ einer 0,1%igen ätherischen Lösung von Ploroglucin hinzu. Ranzige Butter liefert eine intensive Rotfärbu ng Nach Untersuchungen von Mundinger fällt die Reaktion nur dann positiv aus, wenn die Butter unter dem Einfluß von Licht und Luft

oder von Eisensalzen ranzig geworden ist. Im Dunkeln ranzig gewordene Butter gibt die Reaktion nicht.

7. Nachweis von künstlichen Farbstoffen im Butterfett

Schüttelt man eine geringe Menge geschmolzenen, klar filtrierten Butterfettes mit der gleichen Menge 25%iger Salzsäure, so tritt mitunter eine mehr oder weniger ausgesprochene Rotfärbung der Salzsäureschicht ein. In solchen Fällen war die Butter künstlich gefärbt. Da verschiedene Farbstoffe zum Färben der Butter Verwendung finden, ist eine negative Reaktion kein sicheres Zeichen dafür, daß die Butter ungefärbt ist.

Nach LEEDS verfährt man zur Herstellung des zugesetzten Farbstoffes folgendermaßen:

100 g Butter werden mit 300 cm^3 Petroläther (s=0,638) geschüttelt. Die petrolätherische Lösung wird mehrfach mit insgesamt 100 cm^3 Wasser gewaschen. Dann kühlt man sie in Eis 15 Stunden lang ab, wobei sich ein großer Teil des Butterfettes abscheidet. Nunmehr wird sie mit 50 cm^3 n/10-KOH geschüttelt, wobei der Farbstoff in die alkalische Lösung übergeht. Diese wird nun gegen Lackmus bis zur eben auftretenden schwachsauren Reaktion mit Salzsäure versetzt, wobei der Farbstoff sich abscheidet und abfiltriert werden kann. Er wird dann in wenig Alkohol aufgenommen. Zur Identifizierung versetzt man geringe Mengen derselben mit konzentrierter H_2SO_4, HNO_3, HCl und H_2SO_4 und HNO_3 und beobachtet die auftretenden Verfärbungen. In nachstehender Tabelle ist das Verhalten verschiedener Farbstoffe gegenüber diesen Reagenzien zusammengestellt.

Tabelle 3

Farbstoff	Konzentrierte H_2SO_4	Konzentrierte HNO_3	Konzentrierte $H_2SO_4+HNO_3$	Konzentrierte HCl
Anatto	Indigoblau, geht in Violett über	Blau, wird beim Stehen farblos	Blau, wird beim Stehen farblos	Keine Veränderung, nur leicht Schmutziggelb oder Braun
Anatto und entfärbte Butter	Blau, wird Grün und allmählich Violett	Blau, durch Grün und gebleicht	Entfärbt	Keine Veränderung, nur leicht Schmutziggelb
Kurkuma	rein Violett	Violett	Violett	Violett, beim Verdampfen der HCl kehrt die ursprüngliche Farbe wieder
Kurkuma und entfärbte Butter	Violett bis Purpur	Violett bis Rötlichviolett	Violett bis Rötlichviolett	Sehr schön Violett
Safran	Violett bis Kobaltblau wird Rötlichbraun	Hellblau, wird Hellrötlichbraun	Hellblau, wird Hellrötlichbraun	Gelb, wird Schmutziggelb
Safran und entfärbte Butter	Dunkelblau, wird schnell Rötlichbraun	Blau, durch Grün in Braun	Blau, wird schnell Purpur	Gelb, wird Schmutziggelb

Farbstoff	Konzentrierte H_2SO_4	Konzentrierte HNO_3	Konzentrierte $H_2SO_4 + HNO_3$	Konzentrierte HCl
Mohrrübe	Umbrabraun	Entfärbt	Gibt NO_2-Dämpfe und Geruch nach verbranntem Zucker	Nicht entfärbt
Mohrrübe und entfärbte Butter	Rötlichbraun bis Purpur, ähnlich Kurkuma	Gelb und entfärbt	Gelb und entfärbt	Leicht Braun
Ringelblume	Dunkelviolettgrün, bleibend	Blau, geht augenblicklich in Schmutziggelbgrün über	Grün	Grün, bis Gelblichgrün
Saflorgelb	Hellbraun	Teilweise entfärbt	Entfärbt	Keine Veränderung
Anilingelb	Gelb	Gelb	Gelb	Gelb
Matriusgelb	Blaßgelb	Gelb, rötliche Fällung	Gelb	Gelbe Fällung, verpufft beim Behandeln mit NH_3 und Glühen
Viktoriagelb	Teilweise entfärbt	Teilweise entfärbt	Teilweise entfärbt	Die Farbe kehrt wieder beim Neutralisieren mit NH_3

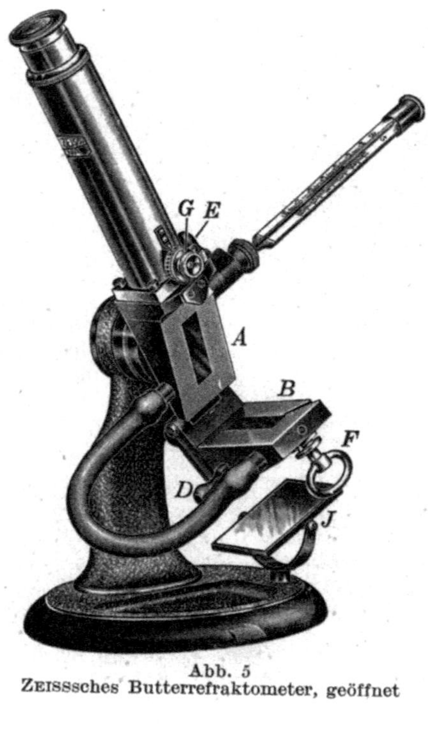

Abb. 5
ZEISSsches Butterrefraktometer, geöffnet

8. Die Bestimmung der Refraktion

Das hierzu dienende Refraktometer (Abb. 5) besteht im wesentlichen aus 2 Prismen, die sich in hohlen Metallgehäusen befinden, welche je eine Seitenfläche freilassen. Die letzteren sind einander zugekehrt. In die Gehäuse wird zwecks Erwärmung warmes Wasser in ununterbrochenem Strome geleitet, das aus einem Heizkessel mit Thermoregulator zufließt. Die beiden Gehäuse stehen durch Gummischläuche miteinander in Verbindung; das eine enthält einen Tubus zur Aufnahme eines Thermometers. Dieses hat eine von der üblichen abweichende Form der Skala. Auf dieser nämlich sind nicht die Temperaturgrade, sondern die bei diesen höchst zulässigen Refraktionswerte angegeben. Das WOLLNYsche Spezialthermometer enthält die Werte für Butter und Schweinefett, das von BAIER für Sommer- und Winterbutter und für Schweinefett. Die

Prismen sind mit einem Fernrohr verbunden, in welchem sich eine Skala befindet, die von 5 bis 105 läuft. Durch einen Spiegel wird die Beleuchtung vermittelt. Die Untersuchung erfolgt bei einer Temperatur von 40°. Zwischen die auseinandergeklappten Prismen bringt man einige Tropfen des geschmolzenen Butterfettes und schließt sie sodann, wobei darauf zu achten ist, daß keine Luftbläschen vorhanden sind. Nachdem man kurze Zeit gewartet hat, um die Temperatur auf konstante Höhe zu bringen, liest man im Fernrohr die Skalenteile ab. Es bildet sich nämlich ein dunkles und ein helles Gesichtsfeld, die durch eine scharfe Grenzlinie voneinander getrennt sind. Diese Linie steht senkrecht zu der Skala. Das Ablesen erfolgt an der Stelle der Grenzlinie. Unmittelbar darauf liest man an dem Spezialthermometer die höchstzulässige Zahl ab. Ist diese gleich oder größer als die an der Skala abgelesene, so ist die Butter nicht zu beanstanden, ist sie kleiner, so liegt der Verdacht nahe, daß sie mit fremden Fetten verfälscht wurde. Von Zeit zu Zeit ist das Refraktometer daraufhin zu prüfen, ob die Skala ihre richtige Lage innehat. Dies geschieht bei Zimmertemperatur mit Hilfe einer „Normallösung".

9. Die Bestimmung des Schmelzpunktes und des Erstarrungspunktes nach Mohr

In ein Reagenzglas von 18 mm Weite und 20 cm Höhe bringt man zirka 15 cm³ geschmolzenes Butterfett, bringt ein in $^1/_{10}$ Grad geteiltes Thermometer hinein, so daß die Quecksilberkugel sich in der Mitte des Fettes befindet, und läßt das Fett 12 Stunden auf Eis erstarren. Dann bringt man das so beschickte Reagenzglas in ein mit kaltem Wasser beschicktes Becherglas, das außerdem ein Rührwerk enthält, und erwärmt. Bis 30° der Wasserbadtemperatur kann ziemlich rasch erwärmt werden; von da ab soll die Erwärmung so langsam vor sich gehen, daß die Temperatur des Wasserbades höchstens 0,3° wärmer ist als diejenige des Fettes. Der Rührer ist in dauernder Bewegung zu halten, um eine Überhitzung zu vermeiden. Auch das Fett ist, sobald eine teilweise Verflüssigung eingetreten ist, ständig zu rühren. Als Schmelzpunkt gilt diejenige Temperatur, bei welcher das Fett vollkommen klar geworden ist.

Die Bestimmung des Erstarrungspunktes. In ein 50 cm³ fassendes Becherglas von 6,5 cm Höhe und 4 cm Weite bringt man 35 cm³ Butterfett von 50° C. Das Gefäß wird derart in ein Wasserbad mit einer konstanten Temperatur von 15° C gehängt, daß die Oberfläche des Fettes ungefähr 2 bis 3 cm unter dem Wasserspiegel liegt. Sobald die Temperatur des Fettes auf 30° gesunken ist, wird möglichst schnell mit einem Rundrührer gerührt (200mal in der Minute) und mit dem Rühren aufgehört, wenn die Temperatur des Fettes nach längerem Sinken wieder um 0,2° angestiegen ist. Die dann erreichte Maximaltemperatur wird als Erstarrungspunkt angesehen. Bei Parallelbestimmungen erhält man Schwankungen von höchstens 0,2° C.

10. Der Nachweis von Fremdfetten in der Butter

Für den Nachweis tierischer Fremdstoffe in relativ geringen Mengen in der Butter gibt es kein besonderes Verfahren; man ist hier im großen und ganzen auf die Feststellung der üblichen Kennzahlen angewiesen und kann weiterhin durch die Beobachtung von Fettkristallen im Polarisationsmikroskop auf das Vorhandensein von Fremdfett schließen, muß aber dabei berücksichtigen, daß auch in geschmolzen gewesener Butter solche Kristalle auftreten. Einfacher gestaltet sich der Nachweis von pflanzlichen Fremdfetten, die teils als solche, teils in Form von Margarine der Butter beigemischt sein können.

Margarine muß als solche durch den Zusatz von reaktionsfähigem Sesamöl oder von Kartoffelstärke kenntlich gemacht werden. Die Anwesenheit des Sesamöls wird nach Soltsien in folgender Weise nachgewiesen: Eine geringe Menge des Butterfettes wird im Reagenzglase in geschmolzenem Zustande zunächst mit 25%iger Salzsäure geschüttelt, um eventuell vorhandene künstliche Farbstoffe zu entfernen. Das von dem Farbstoff befreite Butterfett wird abgehoben und nunmehr mit der gleichen Menge Salzsäure vom spezifischen Gewicht 1,19 und 2 bis 3 Tropfen einer 2%igen farblosen alkoholischen Lösung von Furfurol versetzt und geschüttelt. Rosa- bis Rotfärbung der Salzsäure zeigt die Anwesenheit von Sesamöl an.

Zum Nachweise der Kartoffelstärke schmilzt man zirka 10 g Butter, versetzt mit 50 cm³ Alkoholäther und filtriert. Nach dem Auswaschen des Filters mit Äther versetzt man den Rückstand mit wenig Jodlösung und achtet, eventuell unter Zuhilfenahme des Mikroskops, auf eine auftretende Blaufärbung.

Zum Nachweise pflanzlicher Fette bedient man sich des von Bömer ausgearbeiteten Verfahrens zum Nachweise des Phytosterins, welches ständiger Begleiter der Pflanzenfette ist, während tierische Fette nur Cholesterin enthalten. Nach Pfeffer werden 50 g Fett in einem mit Uhrglas bedeckten Jenaer Becherglas von 500 bis 600 cm³ Inhalt mit 100 cm³ alkoholischer Kalilauge (100 g Ätzkali in 100 cm³ Wasser gelöst und mit 350 cm³ 96%igen Alkohols verdünnt) auf dem siedenden Wasserbade 15 Minuten unter öfterem Umschwenken erhitzt. Die klare Seifenlösung wird mit 150 cm³ heißem Wasser verdünnt und sofort mit 50 cm³ Salzsäure vom spezifischen Gewicht 1,124 zersetzt. Die klar abgeschiedenen Fettsäuren werden heiß durch ein angefeuchtetes großes, glattes Papierfilter von der Lauge möglichst vollständig getrennt und nach dem Durchstoßen des Filters mit einem dünnen Glasstabe durch ein großes, trockenes, am besten gehärtetes Faltenfilter in ein Jenaer Becherglas von etwa 200 cm³ klar filtriert. Weiteres Filtrieren durch Papier ist, sofern die filtrierten Fettsäuren klar sind, nicht nötig. Man gibt jetzt 25 cm³ einer Lösung von 1 g Digitonin (Merck) in 100 cm³ 96%igem (nicht absolutem!) Alkohol zu den noch warmen flüssigen Fettsäuren, rührt mit einem Glasstabe bis zur innigen Vermischung um und stellt das Reaktionsgemisch unbedeckt auf ein geschlossenes siedendes Wasserbad, wo es allmählich eine Temperatur von etwa 70° C annehmen soll. Entweder beginnt sofort die Ausscheidung des Sterindigitonids, oder es zeigt sich zunächst eine opalisierende Trübung, die allmählich in die Ausscheidung des Niederschlages übergeht. Durch Zusatz einiger Tropfen Wasser kann man nötigenfalls diesen Vorgang beschleunigen, was offenbar mit dem Kristallwassergehalt der Doppelverbindung zusammenhängt. Während des Erwärmens auf dem Wasserbad ist das Reaktionsgemisch öfters gut umzurühren. Nach Verlauf von ½, höchstens 1 Stunde ist die Abscheidung des Niederschlages beendet, man filtriert nun im Wassertrockenschranke durch ein gewogenes quantitatives Filter von zirka 9 cm³ Durchmesser. Im Filtrat prüft man durch Digitoninzusatz, ob die Fällung vollständig war. Den Filterrückstand wäscht man erst mit heißem Chloroform, dann mit Äther gründlich aus, trocknet bei 90 bis 100° C und wägt.

Zur Herstellung der Azetate bringt man die Gesamtmenge des Niederschlages in ein Reagenzglas und kocht mit 3 bis 5 cm³ Essigsäureanhydrid unter zeitweisem Ersatz des verdampften Lösungsmittels. Die Azetylierung ist in der Regel nach 5 Minuten langem Kochen beendet. Man versetzt die abgekühlte Lösung mit dem vierfachen Volumen 50%igen Alkohols, kühlt mit kaltem Wasser ab und filtriert nach 5 bis 10 Minuten das abgeschiedene Azetat durch ein kleines Filter ab. Nach mehrmaligem Auswaschen mit 50%igem Alkohol spült man das Azetat mit Äther direkt durch das Filter in eine Kristallisierschale, verjagt den Äther und nimmt dann die Kristallisationen vor. Zu diesem Zweck erwärmt man die Substanz mit so viel Alkohol, als zu ihrer Lösung nötig ist, und fügt, um ein sofortiges Kristallisieren zu verhindern, noch ein wenig heißen Alkohol zu. Sodann läßt man erkalten und einen Teil (½ bis ⅔) des Lösungsmittels verdunsten. Die sich ausscheidenden Kristalle werden noch öfter, 5- bis 7mal, in derselben Weise behandelt. Von der dritten Kristallisation an bestimmt man den Schmelzpunkt. Da Cholesterinazetat bei 114° C schmilzt, Phytosterinazetat aber erst bei 127° C, so wird ein Schmelzpunkt von mehr als 114° C die Anwesenheit von Phytosterin, d. h. eine Verfälschung von tierischem Fett mit Pflanzenfett, anzeigen. Im mikroskopischen Bilde zeigt Phytosterinazetat ein Gewirr von langen Nadeln, während Cholesterinazetat in Platten kristallisiert. Eine Mischung beider ergibt sehr viel kleinere, unregelmäßige Kristalle.

Nachdem früher schon DONS eine sogenannte „Kaprylsäurezahl" konstruiert hatte, hat neuerdings GROSSFELD zum Nachweise von Kokosfett versucht, die in den Fetten enthaltene Kaprylsäure möglichst genau zu erfassen. Die Methode beruht darauf, daß die höhermolekularen Fettsäuren von der Laurinsäure aufwärts sehr schwer lösliche Magnesiumsalze bilden, so daß sie bequem eliminiert werden können. Von den niedermolekularen Fettsäuren zeichnet sich die Kaprylsäure durch ein besonders schwer lösliches Kupfersalz aus, so daß dieses leicht isoliert werden kann. Die Arbeitsweise ist folgende:

0,500 bis 0,580 g des zu prüfenden Fettes werden in einem Kölbchen von etwa 100 cm³ Inhalt abgewogen und nach Zusatz von 0,2 cm³ 50%iger Kalilauge und 1,0 cm³ Glyzerin (Dichte 1,23) durch Umschwenken über einem Pilzbrenner verseift. Ein Anbrennen der Seife ist zu vermeiden. Die entstandene Seife löst man nach kurzem Stehen auf dem siedenden Wasserbade in 50 cm³ Wasser. Zu der Seifenlösung fügt man nach dem Erkalten auf Zimmertemperatur unter kräftigem Umschwenken 25 cm³ einer Lösung von 15 g kristallisiertem Magnesiumsulfat im Liter, verschließt mit einem Stopfen, schüttelt kräftig und filtriert am folgenden Tage durch ein glattes Papierfilter von etwa 15 cm Durchmesser in einen trockenen Meßzylinder. Falls hierbei durch freiwilliges Abtropfen weniger als 50 cm³ Filtrat erhalten werden, zerdrückt man den Niederschlag auf dem Filter vorsichtig, am besten mit dem runden Bogen eines Reagenzglases, bis die Filtratmenge 50 cm³ überschreitet. Vom Filtrate gibt man 50 cm³ in ein Becherglas von 100 cm³ Inhalt und fügt unter Umschwenken 10 cm³ einer gepufferten Kupferlösung hinzu. Diese enthält im Liter 50,0 g kristallisiertes Natriumazetat, 3,12 g kristallisiertes Kupfersulfat und 5,0 cm³ 20%iger Essigsäure. Entsteht durch den Zusatz dieser Kupferlösung kein Niederschlag, so ist die Kaprylsäurezahl des betreffenden Fettes als 0 anzusehen. Entsteht dagegen eine Fällung oder Trübung, so läßt man unter öfteren Umschwenken stehen, bis der Niederschlag ausflockt, was gewöhnlich innerhalb einer Stunde eintritt; ein längeres Stehenlassen ist zu vermeiden. Alsdann filtriert man durch einen mit Asbest und eisenfreier Kieselgur beschickten und bei 100° C getrockneten sowie gewogenen Gooch-Tiegel und wäscht zunächst mit einer gesättigten Kupferkaprylatlösung, schließlich mit 1 bis 2 cm³ Wasser nach. Die Kupferkaprylatlösung erhält man, indem man etwa 0,2 g Kupferkaprylat mit 25 cm³ Alkohol am Rückflußkühler kocht, das Gemisch heiß in 2 Liter destilliertes Wasser gießt und nach einigem Stehen vom Ungelösten filtriert. Kupferkaprylat kann man durch Verseifen einer größeren Menge Kokosfett, Ausfällen der Seifenlösung mit Magnesiumsulfatlösung bei 80° C, Filtrieren und Ausfällen des mit Essigsäure schwach angesäuerten Filtrates mit Kupfersulfatlösung bereiten. Der GOOCH-Tiegel mit dem Niederschlag wird alsdann 1 Stunde bei 100° C getrocknet und nach dem Erkalten gewogen. Aus dem Gewicht des Niederschlages in Milligramm ergibt sich die Kaprylsäurezahl je nach der verwendeten Fettmenge durch Multiplikation mit folgenden Faktoren:

Tabelle 4

Fettmenge in mg	Faktor	Fettmenge in mg	Faktor	Fettmenge in mg	Faktor	Fettmenge in mg	Faktor
500	0,869	520	0,836	540	0,805	560	0,776
501	0,867	521	0,834	541	0,804	561	0,775
502	0,866	522	0,833	542	0,802	562	0,773
503	0,864	523	0,831	543	0,801	563	0,772
504	0,862	524	0,830	544	0,799	564	0,770
505	0,861	525	0,828	545	0,798	565	0,769
506	0,859	526	0,826	546	0,796	566	0,768
507	0,857	527	0,825	547	0,795	567	0,766
508	0,855	528	0,823	548	0 793	568	0,765
509	0,854	529	0,822	549	0,792	569	0,763
510	0,852	530	0 820	550	0,790	570	0,762
511	0,850	531	0,819	551	0,789	571	0,761
512	0,849	532	0,317	552	0,787	572	0,759
513	0,847	533	0,816	553	0,786	573	0,758
514	0,846	534	0,814	554	0,784	574	0,757
515	0,844	535	0,813	555	0,783	575	0,756
516	0,842	536	0,811	556	0,782	576	0,754
517	0,841	537	0,810	557	0,780	577	0,753
518	0,839	538	0,808	558	0,779	578	0,752
519	0,838	539	0,807	559	0,777	579	0,750

Werden bei der vorstehenden Bestimmung weniger als etwa 2,0 mg Kupferkaprylat gewogen, so empfiehlt es sich, die Bestimmung maßanalytisch zu kontrollieren. Zu diesem Zweck löst man den Niederschlag im Tiegel in etwa 20%iger Essigsäure und bringt die Lösung mit samt Filter in ein Becherglas. Dazu setzt man 5 cm³ einer 30%igen Kaliumjodidlösung und titriert nach etwa 5 bis 10 Minuten das ausgeschiedene Jod mit 0,0025 n-Natriumthiosulfatlösung. Aus der verbrauchten Menge Thiosulfatlösung in Kubikzentimeter, vermindert um das Ergebnis eines Leerversuches mit gleicher Menge Kaliumjodid, erhält man je nach verwendeter Fettmenge die entsprechende Kaprylsäurezahl mit folgenden Faktoren:

Tabelle 5

Fettmenge in mg	Faktor	Fettmenge in mg	Faktor	Fettmenge in mg	Faktor	Fettmenge in mg	Faktor
500—503	0,76	518—524	0,73	540—547	0,70	564—572	0,67
504—510	0,75	525—531	0,72	548—555	0,69	573—579	0,66
511—517	0,74	532—539	0,71	556—563	0,68		

Bei niedrigeren Kaprylsäurezahlen kann man auch auf gewichtsanalytischem Wege zu genaueren Ergebnissen gelangen, wenn man für die Prüfung größere Fettmengen in Arbeit nimmt und das Verfahren mit entsprechend größeren Reagensmengen durchführt. Die so erhaltene Kaprylsäurezahl gibt an, wieviel unter vorliegenden Bedingungen durch Magnesiumsulfat nicht, wohl aber durch gepufferte Kupfersulfatlösung fällbare Fettsäuren, ausgedrückt in Kubikzentimeter 0,01 n-Säure in 0,5 g Fett, enthalten sind.

Die Beurteilung der Butter

Die Kenntnis der chemischen und physikalischen Konstanten einer Butter läßt bis zu einem gewissen Grade ein Urteil über ihren Frischezustand und ihre sonstige Qualität einerseits, eine stattgehabte Verfälschung anderseits zu.

a) Die Beurteilung des Frischezustandes. Den Begriff des Frischezustandes dürfen wir nicht zu eng fassen; wir können mit ihm vor allem nicht ein nach Zeit ausgedrücktes Alter verbinden. Eine Butter kann noch „frisch" sein, trotzdem sie ein Alter von mehreren Wochen oder gar Monaten besitzt, anderseits kann eine nur wenige Tage alte Butter bereits „alt" sein. Die Altersbezeichnung der Butter kann vielmehr nur als Maßstab für Art und Umfang einer stattgehabten Zersetzung, gleichgültig in welcher Zeit sie erfolgt ist, gebraucht werden. In erster Linie werden solche Zersetzungen bereits durch den Geschmacks- und Geruchssinn wahrgenommen, wenn der chemische Befund noch kaum zu Beanstandungen in dieser Richtung führen kann. Die Ursache eines abweichenden Geruchs oder Geschmacks ist zum großen Teile bakterieller Natur; der Nachweis der in Frage kommenden Mikroben ist Sache des Bakteriologen.

Die meisten Geruchs- und Geschmacksstoffe, welche die Güte der Butter herabsetzen, bzw. sie als alt erscheinen lassen, lassen sich auf chemischem Wege nicht erfassen, da ihre Menge im allgemeinen äußerst gering ist. In einigen Fällen ist es allerdings möglich, mit Hilfe der Kreisschen Reaktion den Nachweis der Verdorbenheit zu führen. Diese Reaktion ist ein Merkmal für den Epihydrinaldehyd: $\underbrace{CH_2-CH}_{O}-CHO$ oder eine ähnliche Verbindung. Eine solche Substanz tritt auf, wenn Butter dem Lichte und der Luft ausgesetzt wurde, bei der Aufbewahrung im Dunkeln nach Mundinger nur dann, wenn Kupfer oder Eisen in der Butter enthalten waren. Geruch und Geschmack solcher Butter sind anfänglich talgig, bei Gegenwart von Eisen auch metallisch, später fischig und selbst tranig.

Butter, die im Dunkeln aufbewahrt wurde und keine Eisen- oder Kupfersalze enthält, wird unter dem Einflusse von Mikroben ranzig, es findet hierbei eine Spaltung der Glyzeride statt, was in einer erhöhten Säurezahl des Butterfettes zum Ausdruck kommt. Inwieweit hierbei sekundär esterartige Substanzen auftreten, kann noch nicht als geklärt angesehen werden. Nach den Untersuchungen von Derx, Stärkle, Fierz-David entstehen unter dem Einflusse von Schimmelpilzen (Penizilliumarten) Methylketone, die um ein Kohlenstoffatom ärmer sind als die Säure, aus der sie entstanden sind, nach dem Schema: $R-CH_2-CH_2-COOH \rightarrow R-CO-CH_2-COOH \rightarrow R-CO-CH_3+CO_2$. Aus diesen Substanzen könnte, wenigstens zum Teil, der mehrfach beobachtete „esterartige" Geruch verdorbener Butter zurückzuführen sein.

b) Der Nachweis einer stattgehabten Verfälschung. Die Tatsache, daß das Milchfett in seiner Zusammensetzung im weitestgehenden Maße von dem Futterfette beeinflußt wird, daß seine chemischen „Konstanten" sich somit als starke Variable erwiesen haben, hat die Beweiskraft der ursprünglich für diesen Zweck gedachten Werte stark herabgemindert. Wenn wir bedenken, daß z. B. die Reichert-Meisslsche Zahl einer unverfälschten Butter zwischen 18 und 36, ihre Jodzahl zwischen 25 und 50 schwanken kann, so erkennen wir ohne weiteres, daß diese Zahlen für die Beurteilung der Butter fast ohne jede Bedeutung sind. Sie können nur einen Verdacht erwecken, wenn sie eine starke Abweichung von den durchschnittlichen Werten aufweisen; der endgültige

Nachweis der Verfälschung muß auf andere Weise geliefert werden. Trotzdem wird man diese Werte nicht ohne weiteres entbehren können, da sie bis zu einem gewissen Grad als Anhalt für eine eventuelle Verfälschung dienen können. Eine Butter kann verfälscht sein: 1. durch Butterfett, 2. durch andere tierische und pflanzliche Fette in reinem Zustande, 3. durch Margarine, 4. durch Nichtfette.

1. Die Verfälschung durch Butterfett. Diese Art der Verfälschung dürfte bei uns keine nennenswerte Rolle spielen; in anderen Ländern, z. B. in den Vereinigten Staaten, ist dagegen sogenannte „renovated butter“ in großen Mengen anzutreffen. Alle ranzige Butter wird zur Entfernung freier Fettsäuren mit alkalihaltigem Wasser und zur Entfernung unangenehmer Geruchs- und Geschmacksstoffe mit Dampf behandelt. Das so „gereinigte“ Butterfett wird mit Milch emulgiert und von neuem verbuttert. Auch aus reinem Butterschmalz kann durch Emulgierung und erneute Verbutterung ein ähnliches Produkt erhalten werden. Solche Butter besitzt durchaus die Kennzahlen normaler Butter, kann als solche wohl aber kaum angesprochen werden. Der Nachweis solcher Butter ist trotzdem verhältnismäßig einfach. Das mikroskopische Bild zeigt uns deutliche Fettkristalle, die normale, ungeschmolzene Butter nicht besitzt. Mit Hilfe des Polarisationsmikroskops ist sie infolge der Anwesenheit großer Mengen stark lichtbrechender Kristalle sehr leicht erkennbar.

2. Die Verfälschung durch reine tierische und pflanzliche Fette. Mit tierischen Fetten verfälschte Butter zeigt in der Regel mehr oder weniger stark erniedrigte Werte für die REICHERT-MEISSLsche und die Buttersäurezahl sowie für die Verseifungszahl. Weiterhin ist aber das hinzugesetzte Fett im Schmelzfluß erstarrt, läßt sich also leicht mit Hilfe des Polarisationsmikroskops erkennen, sofern es in Mengen von zirka 3 bis 5% aufwärts vorhanden ist. Auch pflanzliche Fette lassen sich mit seiner Hilfe leicht erkennen. In der Regel ist, wenn Kokosfett der Butter zugesetzt war, die Kaprylsäurezahl stark erhöht. Allerdings muß hierbei berücksichtigt werden, daß auch bei der Verfütterung von Kokoskuchen diese Kennzahl ganz erheblich ansteigt, ihre Höhe also nicht beweisend für den Zusatz von Kokosfett zur Butter ist. Das sicherste Verfahren zum Nachweis von Pflanzenfetten in der Butter ist jedoch die BÖMERsche Phytosterinazetatprobe, da tierische Fette stets nur Cholesterin, Pflanzenfette jedoch immer nur Phytosterin enthalten. Wenn das durch mehrfaches Umkristallisieren gereinigte Azetat einen Schmelzpunkt von mehr als 114° C aufweist, so enthält es sicher Phytosterinazetat, und zwar um so mehr, je näher der Schmelzpunkt an 127° C, den des reinen Phytosterinazetates, herankommt.

3. Die Verfälschung durch Margarine. Auch diese ist im Polarisationsmikroskop erkennbar. Da Margarine außerdem durch einen Zusatz von Kartoffelstärke oder von aktivem Sesamöl gekennzeichnet sein muß, finden sich diese Stoffe auch in einer mit Margarine verfälschten Butter wieder vor, die sich leicht nach den beschriebenen Methoden nachweisen lassen.

4. Die Verfälschung durch Nichtfette. Diese Art der Verfälschung kommt äußerst selten vor; meist sind es dann stärkehaltige Substanzen, z. B. Kartoffelbrei, die der Butter zugesetzt sind. In viel höherem Maße ist auf den Zusatz von Konservierungsmitteln zu achten, deren Nachweis in dem vom Fett befreiten Rückstand der Butter in derselben Weise erfolgt, wie bei der Milch beschrieben worden ist. Der Zusatz von Konservierungsmitteln ist nach dem Lebenmittelgesetz verboten.

C. Die Untersuchung des Käses

1. Die Probenahme

Hinsichtlich der Probenahme ist folgendes zu bemerken: Ein Käse stellt fast niemals eine vollkommen homogene Masse dar, die überall genau dieselbe Zusammensetzung hat. Es zeigen sich, namentlich bei Weichkäsen und bei Hartkäsen größeren Formates (Gouda- und Emmentaler), mitunter nicht unerhebliche Differenzen, die z. B. leicht größere Differenzen im Fettgehalte bedingen können. Das erste Erfordernis ist daher, die Käseprobe genügend groß zu wählen. Bei kleineren Käsen verwendet man deshalb den ganzen (Camembert) oder gar mehrere Käse (Harzer usw.). Bei größeren Käsen schneidet man ein oder zweckmäßiger mehrere keilförmige Stücke aus verschiedenen Stellen des Käses heraus, die bis zum Mittelpunkte des Käses reichen müssen. Hinsichtlich der Verpackung sind die gleichen Vorsichtsmaßregeln zu beachten wie bei der Butter.

Für die Untersuchung ist von Wichtigkeit, daß ein guter Durchschnitt der gesamten Probe in Arbeit genommen wird. Zu diesem Zwecke werden Weichkäse im Mörser zu einer vollkommen homogenen Masse verrieben; Hartkäse werden auf dem Reibeisen oder, wenn es sich um größere Mengen handelt, im Fleischwolf zerkleinert. Das Reibsel ist gut zu vermischen. Das so hergestellte Gemisch ist in einem Glase mit eingeschliffenem Stopfen aufzubewahren.

Die vorbereitende Tagung der Internationalen Konferenz zum Schutze der Bezeichnung der Käsearten vom 15. bis 17. Mai 1929 schlägt folgende Art der Probenahme vor:

„Die Entnahme von Käseproben ist nach den zwei folgenden grundsätzlichen Verfahren vorzunehmen:

a) mittels einer Sonde;

b) durch Herausschneiden eines Stückes.

Bei Probeentnahmen, die mittels einer Sonde geschehen müssen, wird diese je nach der Dicke des Käses ausgesucht.

1. Die Sonde wird 10 bis 20 cm vom Käserand entfernt in schräger Richtung durch die Käsemasse in Richtung nach dem Mittelpunkt zu durchgeführt (bei Emmentaler, Gruyère, Sbrinz, Gorgonzola, Cheddar, Fontina usw.).

2. Die Sonde wird von einer Seite zur anderen durch den Mittelpunkt des Käses durchgeführt (bei Edamer, Provolone, Caciocavallo, Stracchino, Belpaese und ähnlichen Käsearten, Camembert usw.).

3. Die Sonde wird vom Mittelpunkt einer senkrechten Fläche in waagrechter Richtung nach dem Mittelpunkt des Käses zu eingeführt (Gouda, römischer Pecorino usw.).

Bei den Käsearten, bei denen Ausschnitte entnommen werden müssen, sind diese vom Rande aus oder vom Mittelpunkt einer der Flächen aus vorzunehmen; hierbei muß die Oberfläche der auf diese Weise bloßgelegten Käsemasse unverzüglich ausgebrannt werden (Grana, Parmesan-, Regianer, Lodigianer Käse usw.).

Das Gewicht der entnommenen Proben darf 60 g nicht überschreiten.

Nach Entfernung von 1 bis 2 cm Rinde muß man die Probe fein reiben und vorsichtig mischen.

Ungefähr 40 g der Probe müssen, aufs feinste vermischt, unverzüglich in einem Metall- oder Glasbehälter gut verschlossen und so bald wie möglich untersucht werden.

Falls eine zweite Untersuchung nötig werden sollte, so muß entweder mittels einer Sonde oder durch Entnahme eines Ausschnittes demselben Käse eine neue Probe entnommen werden.“

2. Die Bestimmung der Trockensubstanz

a) 2 bis 3 g des gut zerkleinerten bzw. verriebenen Käses bringt man in ein Becherglas von zirka 50 cm³ Inhalt, das zu etwa ⅓ mit ausgeglühtem Seesand gefüllt und mit einem Glasstabe austariert worden ist. Bei Hartkäse verfährt man zweckmäßig so, daß man aus einem Wägegläschen mit Glasstopfen etwas von der darin befindlichen Käsemasse in das Becherglas schüttet und diese Menge durch Differenzwägung des Wägegläschens bestimmt. Dann vermischt man den Käse gut mit dem Seesand und bringt die Bechergläser in den Trockenschrank von 105⁰. Nach 5 Minuten nimmt man sie wieder heraus und rührt die Masse gründlichst um, wodurch einerseits die Vermischung und auch die Verteilung des Käses stark beschleunigt wird, anderseits aber auch die Verdampfung des Wassers sehr erheblich gefördert wird. Dieses Verfahren wiederholt man noch 2- bis 3mal nach je 5 Minuten und beläßt dann den Käse noch 1 bis 1½ Stunden im Trockenschrank. Nach der Abkühlung im Exsikkator bestimmt man den Gewichtsverlust. Der Vorsicht halber bringt man den Käse nochmals für 15 Minuten in den Trockenschrank, um festzustellen, ob Gewichtskonstanz eingetreten ist.

Die Internationale Konferenz zum Schutze der Bezeichnung der Käsearten schlägt folgendes Verfahren vor:

„5 g Käse werden in einer kleinen flachen Kapsel gewogen. Wenn man gereinigten Sand benutzt (dieser ist für Weichkäse obligatorisch), so wird die gewogene Probe vorsichtig mit einem Glasstäbchen mit flachem Ende vermischt, dessen Nettogewicht zugleich mit dem der Kapsel bestimmt worden ist.

Es ist empfehlenswert, die Probe mindestens 16 Stunden lang in gewöhnlicher Temperatur auszutrocknen, wenn möglich im luftleeren Raum; dann wird sie sofort auf 102 bis 105⁰ C getrocknet.

Man fährt mit der Austrocknung fort und wiederholt das Wiegen in kurzen Zwischenräumen von einer halben Stunde, bis das Gewicht unverändert bleibt.“

Abb. 6. Käsetrockenofen nach Teichert

b) Nach der Schnellmethode nach Teichert. Bei der mit dem Aluminiumbecher genau ausbalancierten Perplexwaage ersetzt man nach der Tarierung das 10 g-Gewicht durch ein solches von 5 g (Käsegewicht) und gibt ebensoviel Käse in den Becher hinein. Dann entfernt man das Gewicht und die Messingschale, so daß nun der Becher auf dem Kreuze zu stehen kommt, stellt ein Glasstäbchen hinein und gibt so viel Sand hinzu, bis sich die Waage wieder im Gleichgewicht befindet. Den Becher, in welchem der Sand den Käse bedecken soll, stellt man 5 Minuten in einen mit Glyzerin gefüllten und auf 120 bis 130⁰ erhitzten Wärmeofen (Abb. 6). Dann erst zerrührt man den geschmolzenen Käse mit dem heißen Sand und wiederholt das Zerreiben von Zeit zu Zeit, um Klümpchenbildung zu verhindern. Nach 20 bis 25 Minuten ist die Trocknung beendet. Den erkalteten Becher bringt man auf die Waage, setzt, wie bei der Butterwasserbestimmung, die Reiter auf, bis Gleichgewicht vorhanden ist, und multipliziert die abgelesenen Zahlen mit 2, da ja nur die halbe Gewichtsmenge (5 g) angewendet worden ist.

3. Die Bestimmung des Fettgehaltes

a) Nach BONDZYNSKI-RATZLAFF. Man kann hierzu die für die ROESE-GOTTLIEBsche Methode bestimmten Kölbchen von EICHLOFF-GRIMMER verwenden, die BARTHEL in der Weise abgeändert hat, daß sie in heißes Wasser eingestellt werden können, ohne daß man Gefahr läuft, daß der Fuß hierbei abplatzt.

Man wägt zirka 3 g Käse in diese Kölbchen und gibt 10 cm³ Salzsäure vom spezifischen Gewicht 1,125 hinzu. Dann erwärmt man im siedenden Wasserbade, später im Ölbade, bis zur völligen Lösung des Käses. Nach dem Erkalten gibt man 10 cm³ 95%igen Alkohol hinzu, schüttelt gut durch und fügt dann unter jedesmaligem Schütteln je 25 cm³ Äther und Petroläther hinzu. Nach 2stündigem Stehen hebert man die Äther-Petroläther-Fettschicht ab, spült 2mal mit 25 cm³ eines Gemisches von gleichen Teilen Äther und Petroläther nach, destilliert das Lösungsmittel ab und trocknet bis zur Gewichtskonstanz. Die erhaltene Extraktmenge wird auf 100 g Käse umgerechnet.

b) Nach VAN GULIK. In ein beiderseitig offenes Butyrometer bringt man 3 g Käse, die man zweckmäßig in ein Schiffchen einwägt, das mittels eines daran angebrachten Stieles in den Verschlußstopfen des Butyrometers eingesetzt werden kann. Nachdem die Birne des Butyrometers damit verschlossen worden ist, füllt man von oben her so viel Schwefelsäure vom spezifischen Gewicht 1, 60 in das Butyrometer, daß das Schiffchen gerade mit der Säure bedeckt ist. Keinesfalls darf diese in den Butyrometerhals gelangen, da dort keine genügende Lösung der emporsteigenden Käsemasse erfolgen würde. Man stellt das Butyrometer in ein auf 75 bis 80° erhitztes Wasserbad und schüttelt von Zeit zu Zeit um. Hat sich der Käse vollkommen gelöst, so fügt man 1 cm³ Amylalkohol hinzu, schüttelt nochmals kräftig durch, fügt dann so viel Schwefelsäure vom spezifischen Gewicht 1,60 hinzu, daß die Flüssigkeit das Skalenrohr zum größten Teile erfüllt, und verschließt nun auch die obere Öffnung des Butyrometers. Nach erneutem Schütteln und Durchmischen zentrifugiert man 5 Minuten lang, stellt das Butyrometer ins Wasserbad von 65° C und liest dann in gewöhnlicher Weise den Fettgehalt ab.

4. Die Bestimmung der Stickstoffsubstanzen

a) Die Bestimmung des Gesamtstickstoffes. Die Bestimmung des Gesamtstickstoffes erfolgt nach KJELDAHL in derselben Weise, wie sie bei Milch beschrieben wurde. Zur Verwendung gelangen 1 bis 2 g Käse, keinesfalls mehr, da sonst die vorgelegte Schwefelsäuremenge nicht alles gebildete Ammoniak zu binden vermag. Es empfiehlt sich, 100 cm³ n/10-Säure vorzulegen, wenn die Käsemenge, namentlich bei wasserarmen Hartkäsen, nahe an 2 g herankommt. Bei größeren Mengen muß man mit n/4-Säure arbeiten.

b) Die Bestimmung des löslichen Stickstoffes. 20 g Käse werden in einem Mörser mit zirka 40° warmem Wasser möglichst fein verrieben und dann in einen 500 cm³-Meßkolben übergespült. Mann füllt dann mit Wasser von Zimmertemperatur bis zur Marke auf, mischt gut durch und läßt 12 Stunden lang stehen. Dann filtriert man durch ein trockenes Faltenfilter. In 25 cm³ des Filtrates, entsprechend 1 g Käse, bestimmt man den Stickstoff nach KJELDAHL.

Bei fettreichen Käsen sammelt sich in kurzer Zeit eine recht beträchtliche Fettschicht im Halse des Meßkolbens an. Hierdurch wie auch durch die wasserunlöslichen Anteile des Käses wird das Wasservolumen im Meßkolben ein geringeres sein, als seinem Inhalt entspricht. Dieser Fehler läßt sich nach einem

Vorschlage von JENSEN teilweise dadurch ausgleichen, daß man den Fettpfropfen durch Zusatz von Wasser über die Marke des Kolbens treibt. Das muß einige Stunden vor dem Filtrieren geschehen, damit die beim Schütteln aufgewirbelten unlöslichen Anteile, die sonst das Filter verstopfen würden, sich wieder genügend absetzen können.

Bis zu einem gewissen Grade ist die Bestimmung auch jetzt noch ungenau, da der Käse sich nicht restlos löst, sondern je nach Art und Reifungszustand desselben mehr oder weniger große Mengen unlöslicher Substanzen, namentlich Eiweiß, enthält, für welche eine allgemeine gültige Korrektur nicht angegeben werden kann. Immerhin ist der Fehler nicht allzu groß. Unter der Annahme, daß ein Käse 20% unlösliche Bestandteile (Eiweiß) enthalte, machen diese bei Anwendung von 20 g Käse und einem spezifischen Gewicht von 1,55 der unlöslichen Substanz bei 500 cm³ Flüssigkeitsvolumen, über dem das Fett steht, nur eine Menge von 2,6 cm³ oder rund 0,5% der Flüssigkeitsmenge aus, die praktisch wohl vernachlässigt werden kann.

c) Die Bestimmung des Ammoniaks. Um es in Freiheit zu setzen, fügt man zu 50 cm³ des Käsefiltrates gebrannte Magnesia hinzu und destilliert das freigewordene Ammoniak bei 40 bis 50° C im Vakuum ab oder aber man saugt kohlensäure- und ammoniakfreie Luft durch das Reaktionsgemisch. Es wird in n/10-H_2SO_4 aufgefangen.

d) Die Bestimmung des „gelösten Eiweißes". 50 cm³ der Käselösung werden im Wasserbade auf zirka 40° C erwärmt, dann fügt man aus einer Bürette tropfenweise so viel gesättigte Alaunlösung hinzu, bis kein weiterer Niederschlag mehr auftritt. Man filtriert, wäscht mit Wasser aus und verbrennt das Filter nach KJELDAHL.

e) Die Bestimmung des gelösten Aminostickstoffes. Zur Ausführung dieser Bestimmung verfährt man nach VAN SLYKE folgendermaßen:

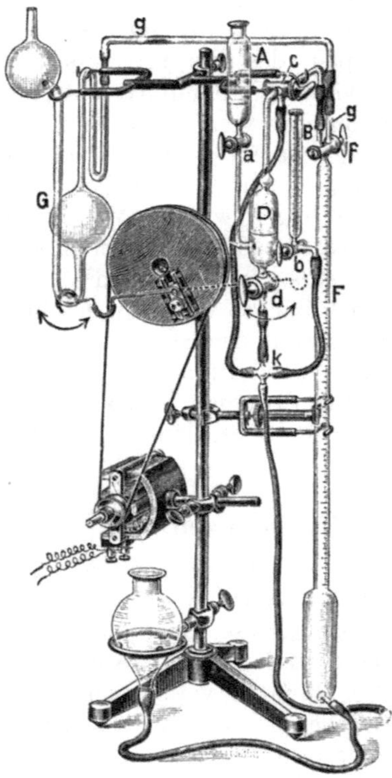

Abb. 7
Apparat zur Bestimmung des Aminosäurestickstoffs nach VAN SLYKE

Man verwendet einen aus Abb. 7 ersichtlichen Apparat, der im wesentlichen aus 3 Bestandteilen besteht, die untereinander in Verbindung stehen: nämlich einem Stickstoffentbindungsapparat, einer HEMPELschen Gaspipette und einer Gasbürette. Der Gasentbindungsapparat selbst besteht ebenfalls aus 3 Teilen: einem Desaminierungsgefäß, welches mit einem Flüssigkeitszuleitungsgefäß einerseits und einer Bürette anderseits verbunden ist. Alle Bestandteile sind an einem Stativ befestigt und so eingerichtet, daß sowohl das Gasentbindungsgefäß wie auch die Gaspipette mittels eines Motors geschüttelt werden können. Die Arbeitsweise ist folgende:

Man füllt zunächst die Gasbürette so mit Wasser, daß die daran anschließenden Kapillaren bis zum Hahnverschluß damit ebenfalls gefüllt sind. Dann gibt man bei geschlossenem Hahn in das hochstehende Flüssigkeitsgefäß bis zur unteren Marke Eisessig und läßt diesen dann in das Gasentbindungsgefäß fließen, wobei der Dreiweghahn, der dieses mit der Gasbürette verbindet, so gestellt ist, daß die verdrängte Luft nach außen, nicht nach der Bürette hin, entweicht. Dann füllt man so viel einer Natriumnitritlösung hinzu, die 30 g $NaNO_2$ auf 100 cm^3 Wasser enthält, daß das Gasentbindungsgefäß vollständig gefüllt ist und noch eine geringe Menge über dem Hahn des Einflußgefäßes steht. Während dieser Hahn offen bleibt, schließt man das Gasentbindungsgefäß von der Außenluft ab und schüttelt. Das sich dabei entwickelnde Gas wird nun nach außen geleitet. Der Vorgang wird wiederholt. Hierbei werden die letzten Spuren Luft aus dem Gasentbindungsgefäß vertrieben. Nachdem der Hahn wieder verschlossen ist, schüttelt man so lange, bis das Gasentbindungsgefäß nur noch zu etwa $\frac{1}{3}$ gefüllt ist. Dann schließt man den Hahn vom Zuflußgefäß, versichert sich, daß in der Gasbürette kein Gas enthalten ist, und verbindet nunmehr diese mit dem Reaktionsgefäß. Nun bringt man die zu untersuchende eiweißhaltige Flüssigkeit in die Bürette, die seitlich des Reaktionsgefäßes angebracht ist, läßt ein genau abgemessenes Volumen in das Reaktionsgefäß eintreten, schüttelt kurze Zeit, läßt dann 10 bis 15 Minuten ruhig stehen, schüttelt dann etwa 1 bis 2 Minuten und läßt weiterhin dann 20 Minuten stehen, um nachher nochmals 2 bis 3 Minuten zu schütteln. Um ein Schäumen im Reaktionsgefäße zu vermeiden, bringt man, bevor man die zu untersuchende Flüssigkeit einführt, etwas Oktylalkohol (sekundär I, Kahlbaum) in das Reaktionsgefäß.

Die Einwirkungsdauer von 30 Minuten ist nur bei der Untersuchung höhermolekularer Abbauprodukte und des Lysins nötig; bei den anderen Hexonbasen und bei Aminosäuren genügt eine Einwirkungsdauer von 5 Minuten, um sämtlichen refraktionsfähigen Stickstoff zu entbinden.

Ist die Reaktion beendet, treibt man das gebildete Gas durch Zulassen von Natriumnitrit-Eisessig-Gemisch aus dem Flüssigkeitsbehälter in die Gasbürette, verschließt den Hahn an der zu dieser führenden Kapillare und führt nun das Gasgemisch, das aus Stickstoff und Stickoxyd besteht, in die Adsorptionspipette über, die als Adsorptionsflüssigkeit für das gebildete Stickoxyd eine Lösung von 50 g Permanganat und 25 g Ätzkali im Liter enthält. Die Pipette wird 1 bis 2 Minuten kräftig geschüttelt; nach dieser Zeit ist alles Stickoxyd adsorbiert. Den nun verbleibenden reinen Stickstoff bringt man in die Gasbürette zurück und liest sein Volumen ab.

In genau der gleichen Weise, nur mit Wasser anstatt der zu untersuchenden Flüssigkeit, wird eine blinde Bestimmung ausgeführt, da aus dem käuflichen, reinen Natriumnitrit fast stets auch eine geringe Menge Stickstoff frei gemacht wird. Diese Stickstoffmenge ist von der im Hauptversuch ermittelten abzuziehen. Zur Dichtung der Hähne empfiehlt van Slyke eine Paste, die aus 1 Teil Gummi, 1 Teil Paraffin und 2 Teilen Vaseline durch Erhitzen über einer Flamme hergestellt wird.

Das Volumen der abgelesenen Stickstoffmenge muß auf die Temperatur von 0^0 und den Druck von 760 mm umgerechnet werden. Außerdem ist die Tension des Wasserdampfes, mit dem der Stickstoff gesättigt ist, zu berücksichtigen. Dies geschieht nach der Formel:

$$v_o = v \frac{273\,(b-f)}{(273+t)\,760}.$$

In dieser bedeuten v_o das auf 0^0 und 760 mm reduzierte Volumen Stickstoffgas, v das abgelesene Volumen, b den Barometerstand reduziert, auf 0^0, t die Beobachtungstemperatur und f die Tension des Wasserdampfes bei dieser Temperatur. Unter Verwendung dieser Formel hat Gattermann das Volumen

Tabelle 6. Berechnung des Aminostick-

Temperatur	728	730	732	734	736	738	740	742	744	746	748
	mm										
11°	0,5680	0,5695	0,5710	0,5725	0,5745	0,5760	0,5775	0,5790	0,5805	0,5820	0,5840
12°	0,5655	0,5670	0,5685	0,5700	0,5720	0,5735	0,5750	0,5765	0,5780	0,5795	0,5815
13°	0,5630	0,5645	0,5660	0,5675	0,5695	0,5710	0,5725	0,5740	0,5755	0,5770	0,5785
14°	0,5605	0,5620	0,5635	0,5650	0,5665	0,5680	0,5700	0,5715	0,5730	0,5745	0,5760
15°	0,5580	0,5595	0,5610	0,5625	0,5640	5,5655	0,5670	0,5685	0,5705	0,5720	0,5735
16°	0,5555	0,5570	0,5585	0,5600	0,5615	0,5630	0,5645	0,5660	0,5675	0,5690	0,5710
17°	0,5525	0,5540	0,5555	0,5575	0,5590	0,5605	0,5620	0,5635	0,5650	0,5665	0,5680
18°	0,5500	0,5515	0,5530	0,5545	0,5560	0,5580	0,5595	0,5610	0,5625	0,5640	0,5655
19°	0,5475	0,5490	0,5505	0,5520	0,5535	0,5550	0,5565	0,5580	0,5595	0,5610	0,5630
20°	0,5445	0,5460	0,5475	0,5495	0,5510	0,5525	0,5540	0,5555	0,5570	0,5585	0,5600
21°	0,5420	0,5435	0,5450	0,5465	0,5480	0,5495	0,5510	0,5525	0,5540	0,5555	0,5575
22°	0,5395	0,5410	0,5425	0,5440	0,5455	0,5470	0,5485	0,5500	0,5515	0,5530	0,5545
23°	0,5365	0,5380	0,5395	0,5410	0,5425	0 5440	0,5455	0,5470	0,5485	0,5500	0,5515
24°	0,5335	0,5350	0,5365	0,5380	0,5400	0,5415	0,5430	0,5445	0,5460	0,5475	0,5490
25°	0,5310	0,5325	0,5340	0,5355	0,5370	0,5385	0,5400	0,5415	0,5430	0,5445	0,5460
26°	0,5280	0,5295	0,5310	0,5325	0,5340	0,5355	0,5370	0,5385	0,5400	0,5415	0,5430
27°	0,5250	0,5265	0,5280	0,5295	0,5310	0,5325	0,5340	0,5355	0,5370	0,5385	0,5400
28°	0,5220	0,5235	0,5250	0,5265	0,5280	0,5295	0,5310	0,5325	0,5340	0,5355	0,5370
29°	0,5195	0,5210	0,5220	0,5235	0,5250	0,5265	0,5280	0,5295	0,5310	0,5325	0,5340
30°	0,5160	0,5175	0,5190	0,5205	0,5220	0,5235	0,5250	0,5265	0,5280	0,5295	0,5310

von 1 cm³ feuchten Stickstoffes bei verschiedenen Temperaturen und Barometerdrucken direkt in Milligramm reinen Stickstoff umgerechnet. Da nun 1 Atom Aminostickstoff 2 Atome = 1 Molekül gasförmigen Stickstoff liefert, so erhalten wir durch Division mit 2 aus den GATTERMANNschen Werten den Aminostickstoff. Die vorstehende Tabelle, bei welcher dieser Umstand berücksichtigt ist, gibt infolgedessen die Anzahl Milligramm Aminostickstoff an, welche 1 cm³ der abgelesenen Stickstoffmenge entsprechen.

f) Die Bestimmung des formoltitrierbaren Stickstoffes nach SÖRENSEN. Voraussetzung für die Bestimmung des formoltitrierbaren Stickstoffes ist die Abwesenheit von Phosphaten, Kohlensäure und Ammoniak. Da diese drei Substanzen in verhältnismäßig großer Menge im Käse enthalten sind, so müssen sie zunächst daraus entfernt werden. Dies geschieht in folgender Weise:

50 cm³ des gelösten Anteiles des Käses werden im 100 cm³-Meßkolben mit 1 cm³ Phenolphthaleinlösung (0,5 g Phenolphthalein + 50 cm³ Alkohol + + 50 cm³ Wasser) und 2 g festem Bariumchlorid versetzt. Nach vollständiger Lösung desselben fügt man so viel gesättigte Barytlösung hinzu, bis eine deutliche Rotfärbung auftritt; dann werden noch 5 cm³ Barytlösung hinzugegeben. Diese Mischung wird auf 100 cm³ aufgefüllt. Nach 15 Minuten langem Stehen filtriert man durch ein trockenes Filter ab und entfernt aus 80 cm³ des Filtrates, das vollständig klar sein muß, das Ammoniak durch Destillation im Vakuum bei höchstens 40° C. Zu dem Destillationsrückstand gibt man zur völligen Lösung etwas n/1-Salzsäure; dann leitet man kohlensäurefreie Luft durch, um geringe Mengen freier Kohlensäure auszutreiben, und spült die Lösung schließlich mit kohlensäurefreiem Wasser in einen 100 cm³-Kolben über. Die Flüssigkeit wird nun in der Weise gegen Lackmus neutralisiert, daß man tropfenweise n/1-Kalilauge (kohlensäurefrei) bis zur schwach roten Färbung hinzufügt und dann mit n/5-Salzsäure gegen Lackmus neutralisiert. Dann füllt man mit kohlensäurefreiem

stoffs nach VAN SLYKE. Barometerdruck

750	752	754	756	758	760	762	764	766	768	770	772
					mm						
0,5855	0,5870	0,5885	0,5900	0,5915	0,5935	0,5950	0,5965	0,5980	0,5995	0,6010	0,6030
0,5830	0,5845	0,5860	0,5875	0,5890	0,5905	0,5925	0,5940	0,5955	0,5970	0,5985	0,6000
0,5805	0,5820	0,5835	0,5850	0,5865	0,5880	0,5895	0,5910	5,5930	0,5945	0,5960	0,5975
0,5775	0,5790	0,5805	0,5825	0,5840	0,5855	0,5879	0,5885	0,5900	0,5915	0,5935	0,5950
0,5750	0,5765	0,5680	0,5795	0,5810	0,5830	0,5845	0,5860	0,5875	0,5890	0,5905	0,5920
0,5725	0,5740	0,5755	0,5770	0,5785	0,5800	0,5815	0,5830	0,5850	0,5865	0,5880	0,5895
0,5695	0,5710	0,5730	0,5745	0,5760	0,5775	0,5790	0,5805	0,5820	0,5835	0,5850	0,5865
0,5670	0,5685	0,5700	0,5715	0,5730	0,5745	0,5765	0,5780	0,5795	0,5810	0,5825	0,5840
0,5645	0,5660	0,5675	0,5690	0,5705	0,5720	0,5735	0,5750	0,5765	0,5780	0,5795	0,5810
0,5615	0,5630	0,5645	0,5660	0,5675	0,5690	0,5705	0,5725	0,5740	0,5755	0,5770	0,5785
0,5590	0,5605	0,5620	0,5635	0,5650	0,5665	0,5680	0,5695	0,5710	0,5725	0,5740	0,5755
0,5560	0,5575	0,5590	0,5605	0,5620	0,5635	0,5650	0,5665	0,5680	0,5695	0,5715	0,5730
0,5530	0,5545	0,5560	0,5575	0,5595	0,5610	0,5625	0,5640	0,5655	0,5670	0,5685	0,5700
0,5505	0,5520	0,5535	0,5550	0,5565	0,5580	0,5595	0,5610	0,5625	0,5640	0,5655	0,5670
0,5475	0,5490	0,5505	0,5520	0,5535	0,5550	0,5565	0,5580	0,5595	0,5610	0,5625	0,5640
0,5445	0,5460	0,5475	0,5490	0,5505	0,5520	0,5535	0,5550	0,5565	0,5580	0,5595	0,5610
0,5415	0,5430	0,5445	0,5460	0,5475	0,5490	0,5505	0,5520	0,5535	0,5550	0,5565	0,5580
0,5385	0,5400	0,5415	0,5430	0,5445	0,5460	0,5475	0,5490	0,5505	0,5520	0,5535	0,5550
0,5355	0,5370	0,5385	0,5400	0,5415	0,5430	0,5445	0,5460	0,5475	0,5490	0,5505	0,5520
0,5325	0,5340	0,5305	0,5370	0,5385	0,5400	0,5415	0,5430	0,5445	0,5460	0,5475	0,5490

Wasser bis zur Marke auf. Diese Lösung kann zur Formoltitration verwendet werden.

Hierzu benötigt man folgende Reagenzien:

1. eine n/5-NaOH-Lösung (kohlensäurefrei) oder BaOH-Lösung,

2. eine n/5-Salzsäure,

3. eine Lösung von 0,5 g Phenolphthalein in 50 cm³ Alkohol und 50 cm³ Wasser,

4. eine zirka 40%ige Formalinlösung. Zu je 50 cm³ derselben setzt man 1 cm³ Phenolphthaleinlösung und so viel n/5-Lauge, bis gerade Rotfärbung auftritt. Diese Lösung ist für jede Versuchsserie frisch zu bereiten.

Nunmehr stellt man mit der Käselösung zunächst einen orientierenden Versuch an, indem man zu 20 cm³ derselben 10 cm³ Formalinlösung und so viel n/5-Lauge hinzusetzt, bis eine schwache Rotfärbung auftritt. Hierdurch ermittelt man die ungefähre Menge von Lauge, die zur Neutralisation nötig ist.

Nunmehr kann man zur eigentlichen Bestimmung übergehen. In der Regel ist die Eigenfärbung der Käselösung eine so geringe, daß sie nicht weiter störend wirkt. Ist sie recht erheblich, so muß der Kontrollösung eine recht geringe Farbstoffmenge zugesetzt werden. Am besten eignet sich hierzu Bismarckbraun (0,1 g in 500 cm³ Wasser).

Zu 20 cm³ kohlensäurefreiem Wasser fügt man, wenn nötig, einige Tropfen Bismarckbraunlösung, dann gibt man 10 cm³ Formalinlösung und etwa die Hälfte der im orientierenden Versuche benötigten Menge Lauge hinzu. Dann titriert man mit n/5-Salzsäure zurück, bis eben noch ein schwachrosa Farbenton wahrnehmbar ist (Farbenton I, $p_H = 8{,}3$) und fügt nun einen Tropfen n/5-Lauge hinzu, wobei eine deutliche rote Farbe auftritt (Farbenton II, $p_H = 8{,}8$).

Nunmehr nimmt man 20 cm³ der Käselösung, fügt 10 cm³ Formalinlösung und so viel Lauge hinzu, bis der erhaltene Farbenton stärker als der der Kontrollösung ist. Dann wird mit n/5-Säure auf den gleichen Farbenton zurücktitriert.

Dann setzt man zu der Kontrollösung noch 2 Tropfen Lauge (Farbenton III, $p_H = 9{,}1$) und bringt die Käselösung ebenfalls durch Laugenzusatz auf diesen Farbenton. Der bei der Kontrollösung ermittelte Überschuß wird nun von dem für die Käselösung verbrauchten Laugenüberschuß in Abzug gebracht. Die Differenz entspricht der dem formoltitrierbaren Stickstoff äquivalenten Menge. Da 1 cm^3 n/5-Lauge 2,802 mg Stickstoff entspricht, multipliziert man die verbrauchte Laugenmenge mit dieser Zahl und erhält so die Menge des formoltitrierbaren Stickstoffs. Diese drückt man zweckmäßig in Prozenten des gelösten oder des gesamten Stickstoffs aus.

5. Die Bestimmung von Kochsalz im Käse

Bei der Probenahme des Käses zur Bestimmung des Kochsalzgehaltes ist besondere Aufmerksamkeit nötig, da namentlich im jüngeren Reifestadium die Verteilung des Salzes bekanntlich eine sehr ungleichmäßige ist, wie MROZEK neuerlich wieder gezeigt hat. Der Chlorgehalt kann in der Käseasche bestimmt werden. Hierbei sind aber Chlorverluste in noch höherem Maße zu befürchten als bei Milch, weshalb die Veraschung stets unter Zusatz größerer Mengen von Natriumkarbonat vorzunehmen ist. VAN DER BURG schlägt zur Vermeidung solcher Verluste folgendes Verfahren vor: 4 g der fein zerriebenen Käseprobe werden im 100 cm^3-Meßkolben mit 50 bis 60 cm^3 warmem Wasser und 10 cm^3 n/1-NaOH versetzt und durch Schütteln in Lösung gebracht. Nach dem Erkalten werden 10 cm^3 Salpetersäure vom spezifischen Gewicht 1,2 zugesetzt; der Kolbeninhalt wird auf 100 cm^3 aufgefüllt. Nach dem Mischen wird filtriert. Zu 50 cm^3 des Filtrates werden 15 cm^3 n/10-$AgNO_3$-Lösung und 1 cm^3 gesättigter Eisenalaunlösung zugefügt. Der Überschuß von $AgNO_3$ wird mit n/10-Natriumrhodanidlösung zurücktitriert. Durch Multiplikation der verbrauchten Anzahl cm^3 n/10-$AgNO_3$ mit 0,2925 erhält man den prozentischen Kochsalzgehalt des Käses.

6. Die Untersuchung des Käsefettes

Das Käsefett wird in der gleichen Weise untersucht wie das Butterfett. Wichtig ist die Art der Fettgewinnung. Bei der Käsereifung wird zweifellos, namentlich bei Weichkäsen, ein Teil des Käsefettes gespalten, was an sich aber, wenn nicht gerade Studien über die Spaltung des Fettes bei der Käsereifung unternommen werden sollen, ziemlich belanglos ist, da nach den Untersuchungen von WEIGMANN und BACKE sowie von HENZOLD die verschiedenen Fettsäuren in annähernd anteiligem Verhältnisse der Spaltung unterliegen. Wohl aber ist zu berücksichtigen, daß beim Abbau der Eiweißkörper große Mengen flüchtiger Fettsäuren entstehen, die dem zu extrahierenden Käsefett beigemengt sind und die eliminiert werden müssen. Bei der Behandlung nach ROESE-GOTTLIEB werden sie ohne weiteres an Ammoniak gebunden, gehen also nicht in die ätherische Lösung über, während sie nach der Methode von SCHMID-BONDZYSKI in vollem Umfange extrahiert werden.

a) Die Extraktion aus ammoniakalischer Lösung. Je 100 g Käse werden mit der doppelten Menge 10%igen Ammoniaks möglichst fein zerrieben und mit reichlichen Mengen heißen Wassers in einen Scheidetrichter übergeführt. Nach längerem Stehen scheidet sich der größte Teil des Fettes an der Oberfläche ab und kann dann abgehoben werden. Durch zweimaliges Waschen mit warmem Wasser wird das Fett gereinigt und schließlich durch kaltes Wasser zum Erstarren gebracht. Will man das Fett möglichst vollständig gewinnen, so muß man es mit Äther aus der ammoniakalischen Lösung ausschütteln. Es bildet sich hierbei eine starke Emulsion, die durch wechselweise Zugabe von Alkohol und Petroläther beseitigt werden kann. Der Äther wird abdestilliert; der Rückstand wird mit wenig warmem, dann mit kaltem Wasser gewaschen.

b) Die Extraktion aus saurer Lösung. Die Käsemasse wird mit der doppelten bis dreifachen Menge zirka 20%iger Salzsäure bis zur nahezu vollständigen Lösung erwärmt; die Lösung wird mit warmem Wasser in einen Scheidetrichter übergeführt, in dem sich nach einigem Stehen das Fett an der Oberfläche abscheidet. Auch hier kann man ohne Zuhilfenahme von Äther auskommen. Im übrigen ist die Ätherextraktion in diesem Falle mit viel geringeren Schwierigkeiten verbunden, da eine Emulgierung, wenn überhaupt, in viel geringerem Maße auftritt. Die noch warme flüssige Fettschicht oder die Ätherfettlösung wird nun mehrfach, bis zum Verschwinden der sauren Reaktion, mit verdünnter Karbonatlösung gewaschen und dann, wie oben beschrieben, weiter behandelt.

7. Die Beurteilung des Käses

Die Beurteilung des Käses erfolgt im wesentlichen nach folgenden Gesichtspunkten:

1. nach dem Gehalt an wertbestimmenden Substanzen,
2. Verfälschung des Käses,
3. Verderbnis des Käses.

1. Der in erster Linie wertbestimmende Bestandteil eines Käses ist das darin enthaltene Fett. Die Eiweißkörper spielen demgegenüber eine untergeordnete Rolle, hauptsächlich aus dem Grunde, weil das Verhältnis derselben zum Wasser für eine bestimmte Käsesorte nur ganz geringen Schwankungen unterworfen sein darf, wenn nicht der Typ des Käses gänzlich geändert werden soll. Da Hart- und Weichkäse sowie die verschiedenen Sorten beider Käsegruppen sich in allererster Linie durch ihren Wasser- bzw. Trockensubstanzgehalt unterscheiden, so kann weiterhin nicht der Fettgehalt des feuchten Käses, sondern nur der der freien Trockenmasse berücksichtigt werden. Eine einheitliche gesetzliche Regelung für den Fettgehalt der Käsetrockenmasse besteht in Deutschland nicht; nur die südlichen Staaten verlangen eine Fettdeklaration der Käsetrockenmasse, die in den anderen Staaten ebenfalls anzustreben ist. Man unterscheidet:

Überfette oder	Rahmkäse	mit	mindestens	50%	*f* in *t*
Vollfette	,,	,,	,, ...	40 (45)%	,, ,, ,,
¾ ,,	,,	,,	,, ...	30%	,, ,, ,,
½ ,,	,,	,,	,, ...	20%	,, ,, ,,
¼ ,,	,,	,,	,, ...	10%	,, ,, ,,
Magerkäse		,,	weniger als	10%	,, ,, ,,

2. Als verfälscht ist ein Käse anzusehen, wenn der tatsächliche Fettgehalt der Trockenmasse nicht mit dem deklarierten übereinstimmt oder der Käse mit einem Namen bezeichnet wird, der einen höheren als den tatsächlichen Fettgehalt vermuten läßt. So muß z. B. „Rahmkäse“ tatsächlich aus Milch unter Zusatz von Rahm hergestellt sein und dementsprechend mindestens 50% Fett in der Trockenmasse besitzen. Bei „Sahnenschichtkäse“ müssen tatsächlich Schichten enthalten sein, die diese Versprechungen erfüllen.

Nachdrücklich betont sei, daß die Bezeichnung „fein“, „feinst“ usw. keinen Gradmesser für den Fettgehalt des Käses darstellen und auch gar nicht darstellen können. Diese Bezeichnungen sind nur als Charaktermerkmal für den

Geschmack maßgebend, der in erster Linie bzw. ausschließlich von der Art der Eiweißabbauprodukte abhängig ist.

Das in dem Käse enthaltene Fett muß natürlich Milchfett sein. Werden Fremdfette verwendet, so ist der Käse als Margarinekäse zu bezeichnen. Das Fett ist durch Zusatz von Sesamöl als Fremdfett bzw. Margarine kenntlich zu machen. Bleibt eine dieser beiden Forderungen unerfüllt, so ist der Käse als verfälscht anzusprechen. Im übrigen spielt Margarinekäse heute eine ganz untergeordnete Rolle und dürfte in nennenswerten Mengen kaum im Handel sein.

3. Ein Käse ist im landläufigen Sinne verdorben, wenn sein Geruch und Geschmack in erheblichem Maße von dem normalen abweicht. In besonderem Maße tritt in manchen Käsen ein fauliger oder bitterer Geschmack auf, meist als Folge einer Blähung. Tritt dieser Fehler in relativ geringfügigem Maße auf, so daß er noch genießbar ist, so wird man ihn vielleicht nicht als verdorben, wohl aber als minderwertig bezeichnen müssen.

Käse, die aus stark ansaurer Milch hergestellt wurden oder deren Bruch die Molke unvollständig entzogen wurde, bilden leicht einen mehr oder weniger stark sauren Teig, in dem die Reifungsbakterien sich nicht entwickeln können. Wir erhalten so saure und bröcklige, kreidige Käse, die dann vielfach eine Fehlgärung durchmachen, in deren Gefolge dann leicht ein abnormer Geschmack auftritt.

Mitunter treten eigenartige Verfärbungen des Käses auf. Es zeigen sich braunrote, blaue, schwarze Flecken, die oft den größten Teil der Käsemasse färben. Schwarze Flecken, die meist auf der Oberfläche auftreten, rühren fast immer von Schimmelpilzen her. Ebenso sind blaue Flecken, die sich von der Oberfläche her in das Innere hineinziehen, meist bakteriellen Ursprungs; seltener rühren sie von Kupfer her, dessen Verbindungen mit Ammoniak und Aminosäuren tiefblau gefärbt sind, so daß selbst sehr geringe Mengen von Cu sich deutlich bemerkbar machen. In süßen Labkäsen wird Kupfer fast niemals gefunden, eher in Sauermilchkäsen. Häufiger aber tritt in diesen eine Schwarzfärbung ein, die von Eisen herrührt. Eine braunrote Färbung der Käse kann bakteriellen Ursprungs sein. Sie entsteht mitunter aber auch beim Lagern der Käse auf frischen Nadelholzbrettern (bankrote Käse). Auch verfärbte Käse sind als verdorben anzusehen.

Käse, die mit Milben und Maden bevölkert sind, sind ohne weiteres als verdorben anzusprechen.

D. Die Untersuchung von Molkereihilfsstoffen

1. Die Untersuchung von Labpräparaten

Labpräparate werden teils in flüssiger (Labextrakte), teils in fester Form (Labpulver) geliefert. Zur Beurteilung ihrer Wirksamkeit hat Soxhlet den Begriff „Labstärke“ eingeführt, der besagen soll, wieviel Teile Milch von einem Teil des Präparates bei 35° C in 40 Minuten zur Gerinnung gebracht werden. Er geht hierbei von der Annahme von Storch und Segelke aus, nach denen das Produkt aus Labmenge (l) und Gerinnungszeit (t) unter sonst gleichen Verhältnissen konstant ist, also $l \cdot t = k$. Diese Annahme ist, wie Grimmer und seine Mitarbeiter zeigen konnten, unzutreffend, vielmehr nimmt die Produktzahl mit steigender Labmenge erheblich zu. Die Labungsgeschwindigkeit wird kleiner, die Labstärke sinkt. Weiterhin ist für die Labungsgeschwindigkeit die Azidität von großem Einfluß; je höher der Säuregrad der Milch, um so rascher tritt die Gerinnung ein. Der Begriff der „Labstärke“ und die auf diesem aufgebaute Methodik haben nur dann noch einige Existenzberechtigung, wenn auf folgende 2 Bedingungen Rücksicht genommen wird:

1. Die Gerinnungszeit der Milch muß, entsprechend den Verhältnissen in der Praxis, möglichst lang gewählt werden, mindestens 15 bis 20 Minuten. Aus Gerinnungszeiten von 2 bis 3 Minuten läßt sich unmöglich der Wirkungswert des Labes für die Praxis errechnen.

2. Die Labstärke muß auf einen genau bestimmten feststehenden Säuregrad der Milch bezogen werden. Als solchen schlage ich den Säuregrad 7,0 nach SOXHLET-HENKEL vor. Da man in den allerseltensten Fällen eine Milch erhalten wird, die gerade diesen Säuregrad besitzt, so ergibt sich die Notwendigkeit einer Umrechnung. Man besorgt sich eine Milch, die einen Säuregrad von weniger als 7,0 besitzt, bestimmt in dieser die Gerinnungszeit, läßt sie dann bei Zimmertemperatur so lange stehen, bis der Säuregrad um ein geringes über 7,0 gestiegen ist, und bestimmt dann in der gleichen Menge und derselben Labmenge die Gerinnungszeit von neuem. Aus den „Labstärken" bei beiden Aziditäten läßt sich dann durch Interpolation die „Labstärke" bei 7,0 Säuregraden berechnen.

Zur Ausführung der Labstärke werden 0,5 g Labpulver oder 5 cm³ Labextrakt mit Wasser auf 250 cm³ aufgefüllt. 500 cm³ Milch, die einen Säuregrad von weniger als 7,0 besitzen muß, werden in einer Porzellanschale auf dem Wasserbade auf 35,0° C angewärmt. Ist diese Temperatur erreicht, werden 5 cm³ der Lablösung unter Rühren hinzugegeben. Gleichzeitig wird eine Stoppuhr in Bewegung gesetzt. Während des Labungsvorganges wird die Milch mittels eines Glasstabes in Bewegung gehalten. Sofort bei Eintritt der Gerinnung wird die benötigte Sekundenzahl festgestellt.

Einen weiteren Teil derselben Milch läßt man bei 20 bis 25° C stehen, bis der Säuregrad ein wenig über 7,0 gestiegen ist, dann bestimmt man in dieser Milch in der vorbeschriebenen Weise mit derselben Labmenge wiederum die Gerinnungszeit. Die Berechnung der jeweiligen Labstärke erfolgt nach der Formel: $x = \frac{M \cdot 2400}{l \cdot t}$, in welcher M die angewandte Milchmenge (500 cm³), l die Labmenge und t die Zeit in Sekunden bedeuten.

Beispiel: Die angewandte Milchmenge habe bei der ersten Untersuchung einen Säuregrad von 6,6, bei der zweiten Untersuchung einen solchen von 7,2 Säuregraden besessen. Zur Labung wurden 5 cm³ einer Lablösung verwendet, die 0,5 g Labpulver in 250 cm³ enthielt. Im ersteren Falle betrug die Gerinnungszeit 1370 Sekunden, im letzteren 980 Sekunden. Es ergibt sich dann für die Milch bei 6,6 Säuregraden eine Labstärke von $\frac{500 \cdot 2400}{0{,}01 \cdot 1370} = 87\,591$, für dieselbe Milch bei 7,2 Säuregraden unter sonst gleichen Bedingungen eine solche von $\frac{500 \cdot 2400}{0{,}01 \cdot 980} = 122\,449$.

Wir erhalten also bei

	7,2	Säuregraden	122449
	6,6	,,	87591
Differenz für	0,6	Säuregraden	34858
,, ,,	0,1	,,	5809,7

Bei sich änderndem Säuregrad verläuft die Labstärke in Form einer logarithmischen Kurve, bei geringen Differenzen wie den vorliegenden, kann man jedoch, ohne einen allzu großen Fehler zu begehen, den kurzen Kurvenabschnitt als eine Gerade betrachten, dessen Zwischenwerte durch arithmetische Interpolation ermittelt werden können. Wir erhalten also als Labstärke bei 7,0 Säuregraden

	87591	oder		122449
$+ 4 \cdot 5809{,}7$	23239		$- 2 \cdot 5809{,}7$	11619
	110830			110830

Je näher die tatsächlichen Säuregrade dem Standardsäuregrade 7,0 liegen, um so genauer wird natürlich das Resultat, je weiter sich der eine Säuregrad oder gar beide von ihm entfernen, umso ungenauer müssen die Resultate werden.

Für eine exakte Berechnung der Labstärke bei einem bestimmten Säuregrade verfährt man in der Weise, daß man bei einer größeren Anzahl von Säuregraden derselben Milch die Gerinnungszeit bestimmt. Die Gerinnungszeit bei anderen Säuregraden läßt sich dann ohne weiteres nach der Gleichung:

$$\log (y_1 - a) - \log (y_2 - a) = c \, (x_2 - x_1)$$

bestimmen.

In dieser Gleichung bedeuten y_1 und y_2 die bei den Säuregraden x_1 und x_2 gefundenen Gerinnungszeiten, a den untersten Grenzwert, c den Proportionalitätsfaktor. Da die beiden letztgenannten Werte für jede Milch verschieden sind, so sind sie jedesmal neu zu berechnen. Wählt man drei Säuregrade x_1, x_2, x_3, so, daß sie gleich weit voneinander entfernt sind, ergibt sich:

$$\log (y_1 - a) - \log (y_2 - a) = c \, (x_2 - x_1)$$

$$\text{und} \quad \log (y_2 - a) - \log (y_3 - a) = c \, (x_3 - x_2)$$

$$\text{dann ist} \quad \log (y_1 - a) - \log (y_2 - a) = \log (y_2 - a) - \log (y_3 - a)$$

$$\text{oder} \quad \frac{(y_1 - a)}{(y_2 - a)} = \frac{(y_2 - a)}{(y_3 - a)}$$

$$\text{daraus folgt} \quad a = \frac{y_2^2 - y_1 \cdot y_3}{2 y_2 - (y_1 + y_3)}$$

Den gefundenen Wert setzt man in eine der ursprünglichen Gleichungen ein und erhält dann:

$$c = \frac{\log (y_1 - a) - \log (y_2 - a)}{x_2 - x_1}$$

2. Die Untersuchung von Butter- und Käsesalz

Das zu Butterei- und Käsereizwecken verwendete Salz soll ein möglichst reines Siedesalz sein. Steinsalz ist nur in Ausnahmefällen so rein, daß es ohne weiteres Verwendung finden kann. Von einem für Molkereizwecke geeigneten Salz müssen folgende Eigenschaften gefordert werden:

1. es muß ein rein weißes Aussehen haben,
2. beim Stehen an der Luft darf es kein Wasser anziehen,
3. es muß sich in Wasser restlos auflösen,
4. es soll ein 1-mm-Sieb vollständig passieren,
5. sein Gehalt an Chlornatrium soll wenigstens 98 bis 99% der Trockenmasse betragen.

a) Die Bestimmung des Wassergehaltes und der Hygroskopizität

Genau 5 g Kochsalz werden zunächst bei 100 bis 110°, dann bei 130 bis 140° bis zur Gewichtskonstanz getrocknet. Das Gewicht des Salzes darf hierbei keine nennenswerte Abnahme erfahren. Die Gewichtsabnahme soll nicht mehr als 0,2 bis 0,3% betragen. Dann läßt man das getrocknete Salz 24 Stunden an der Luft stehen und wägt dann erneut. Hygroskopisches Wasser gibt sich stets durch eine Zunahme des Gewichtes zu erkennen.

b) Die Bestimmung der Löslichkeit

10 g des Salzes werden in einem geräumigen Becherglase mit 100 cm³ kaltem, destilliertem Wasser übergossen. Das Gefäß wird mehrfach umgeschwenkt. Die Lösung wird durch ein gewogenes Filter filtriert; dieses wird mit kaltem Wasser bis zur Chlorfreiheit nachgewaschen und das Filter mit Inhalt bis zur Gewichtskonstanz getrocknet. Die Gewichtszunahme des Filters ergibt die Menge der unlöslichen Substanz.

c) Die Bestimmung des Chlorgehaltes

Genau 2 g des Salzes werden in Wasser gelöst und auf 200 cm³ aufgefüllt. 20 cm³ dieser Lösung = 0,2 g Salz werden mit einigen Tropfen einer neutralen Kaliumchromatlösung versetzt und mit n/10-$AgNO_3$-Lösung bis zum Auftreten von Silberchromat versetzt. Je 1 cm³ n/10-$AgNO_3$ = 3,55 mg Cl = 5,85 mg NaCl. Durch Multiplikation der verbrauchten cm³ n/10-$AgNO_3$ mit dem Faktor 2,925 erhält man direkt den Gehalt an NaCl in Prozenten.

d) Die Bestimmung von Kalk und Magnesia

10 g des zu untersuchenden Salzes werden unter Zusatz einiger Tropfen Salzsäure in zirka 100 cm³ heißem Wasser gelöst und, wenn nötig, filtriert. Zu dem Filtrat wird unter Erhitzen Ammoniumazetat und Ammoniumoxalatlösung gegeben. Nachdem sich der gebildete Kalziumoxalatniederschlag gut abgesetzt hat, wird filtriert, gut ausgewaschen und der Niederschlag, wie bei Milch beschrieben, weiter behandelt. Das Filtrat wird ammoniakalisch gemacht; die darin enthaltene Magnesia wird mit Natriumphosphat gefällt. Nach dem Glühen des mit 2%igem Ammoniak ausgewaschenen Niederschlags bringt man ihn als $Mg_2P_2O_7$ zur Wägung. Durch Multiplikation mit dem Faktor 0,362 erhält man die Menge MgO.

e) Die Bestimmung der Schwefelsäure

10 g Kochsalz werden unter Zusatz einiger Kubikzentimeter Salzsäure in Wasser gelöst, eventuell filtriert und siedend heiß mit einer Bariumchloridlösung versetzt. Man läßt das gebildete Bariumsulfat in der Hitze gut absitzen, filtriert nach einigen Stunden noch heiß durch ein dichtes Filter, wäscht gut aus und verascht das Filter mit Rückstand. Durch Multiplikation des erhaltenen $BaSO_4$ mit dem Faktor 0,343 erhält man die Menge SO_3.

3. Die Untersuchung von Butter- und Käsefarbe

Für die Untersuchung von Butter- und Käsefarbe ist von Wichtigkeit:
1. Geruch und Geschmack,
2. der Säuregrad,
3. die Art des Farbstoffes,
4. die Färbekraft.

Die zur Lösung des Farbstoffes verwendeten Öle sollen vollkommen geruch- und geschmacklos sein, da sonst die Möglichkeit besteht, daß der Geschmack des Öles sich namentlich der Butter mitteilt, die dadurch an Wert einbüßt. Im übrigen darf das Öl keinerlei Zersetzungserscheinungen aufweisen, also nicht ranzig sein.

Den Säuregrad, der bei ranzigen Ölen mehr oder weniger stark erhöht ist, bestimmt man in folgender Weise: 10 cm³ der Butter- oder Käsefarbe werden in 100 cm³ eines Gemisches von gleichen Teilen Alkohol und Äther gelöst, das zuvor gegen Phenolphthalein neutralisiert worden war. Man setzt dann 2 cm³ einer alkoholischen 2%igen Phenolphthaleinlösung hinzu und titriert mit n/10-NaOH bis zur eben auftretenden alkalischen Reaktion. Diese läßt sich trotz der Färbung des Untersuchungsmaterials sehr deutlich wahrnehmen. Die gefundene Zahl, die gleichzeitig den Verbrauch von 100 cm³ des Öls an n/1-Alkali entspricht, ist der Säuregrad. Dieser beträgt bei einwandfreien Ölen nicht mehr als 5 bis 6.

Die Identifizierung des Farbstoffes erfolgt in der Weise, daß 10 cm³ der Butter- oder Käsefarbe mit 50 cm³ eines Gemisches von gleichen Teilen n/1-Natronlauge und Alkohol geschüttelt werden. Der größte Teil des Farbstoffes geht hierbei in das alkoholische Alkali über. Nachdem man diese Lösung von dem überstehenden Öle sorgfältig abgetrennt und mit Wasser nachgewaschen hat, fügt man genau die der angewandten Alkalimenge entsprechende Menge von n/1-Salzsäure hinzu, wobei die Farbstoffe ausfallen. Durch Filtrieren können sie nach einigem Stehen von der alkoholisch-wässerigen Lösung abgetrennt werden. Der Filterrückstand wird dann in Alkohol gelöst und die Lösung den Farbenreaktionen nach LERDS (siehe S. 373) unterworfen. Die Identifizierung des Farbstoffes ist notwendig, wenn man die Färbekraft der Butter- bzw. Käsefarbe feststellen will.

Zur Bestimmung der Färbekraft benutzt man als Vergleichsobjekt den betreffenden Farbstoff in 1%iger amylalkoholischer Lösung. Weiterhin verdünnt man die zu untersuchende Farbe mit der 9fachen Menge Amylalkohol und vergleicht die Farbentöne beider Lösungen im KRÜSSschen Kolorimeter. Man kann dann sehr leicht den Gehalt der zu untersuchenden Farbe an Farbstoff ermitteln. Die Verwendung eines anderen Farbstoffes als des gerade vorliegenden als Vergleichsobjekt ist zu vermeiden, da die verschiedenen künstlichen und natürlichen Farbstoffe einmal eine verschiedene Färbekraft besitzen, anderseits wegen Abweichungen des Farbentones nach Rot oder Gelb nicht direkt miteinander vergleichbar sind.

4. Die Untersuchung von Pergamentpapier

Das Pergamentpapier, das zum Einwickeln von Butter und Käse verwendet wird, kann Eigenschaften besitzen, die es für diesen Zweck ungeeignet machen. Hauptsächlich kommt in Frage die Feststellung seines Gewichtes und des Wassergehaltes sowie die Untersuchung auf Hygroskopizität, lösliche Bestandteile, insbesondere Zucker und Dextrin, freie Säuren (meistens Schwefelsäure) und Beschwerungsmittel. BURR und WOLFF geben folgende Vorschriften zur Untersuchung des Pergamentpapiers:

Zur Bestimmung des Gewichtes schneidet man aus dem zu untersuchenden Papier rechteckige Stücke von genau bekannter Seitenlänge von verschiedenen Stellen und aus verschiedenen Bogen aus und bestimmt ihr Gewicht. Dieses wird auf 100 cm³ umgerechnet.

Zur Bestimmung des Feuchtigkeitsgehaltes werden etwa 4 g des in kleine Stücke geschnittenen Papiers im Wägegläschen im Wassertrockenschranke bei 98° C bis zur Gewichtskonstanz getrocknet. Vielfach kommt es vor, daß das Papier bei längerem Trocknen infolge von Oxydationsvorgängen an Gewicht wieder zunimmt. Wenn irgend möglich, ist daher das Trocknen im Vakuum bei zirka 60 bis 70° C vorzunehmen.

Zur Bestimmung wasserlöslicher Substanzen werden 10 g Papier 4mal nacheinander mit Wasser ausgekocht und schließlich noch mit kochendem Wasser nachgespült. Die vereinigten Lösungen werden nach dem Erkalten auf 500 cm^3 aufgefüllt. 100 cm^3 hiervon werden auf dem Wasserbade zur Trockne gebracht und dann im Wassertrockenschranke bis zur Gewichtskonstanz getrocknet.

Für die Zuckerbestimmung werden 30 cm^3 FEHLINGscher Lösung + 30 cm^3 Seignettesalzlösung mit 60 cm^3 Wasser zum Sieden erhitzt. Dann läßt man 25 cm^3 der oben erwähnten wässerigen Lösung hinzufließen und kocht 2 Minuten. Das erhaltene Cu_2O wird entweder als solches gewogen und mit dem Faktor 0,888 in Cu umgerechnet oder zu metallischem Cu reduziert. 1 mg Cu entspricht 0,52 mg Dextrose.

Zur Bestimmung des Dextrins werden je 50 cm^3 der wasserlöslichen Substanzen mit 5 cm^3 Salzsäure vom spezifischen Gewicht 1,125 3 Stunden im kochenden Wasserbad erhitzt, dann rasch abgekühlt, mit verdünnter NaOH bis zur eben schwach sauren Reaktion versetzt und auf 100 cm^3 aufgefüllt. In 25 cm^3 dieser Lösung wird dann der Zucker bestimmt. Von der so ermittelten Zuckermenge wird die vor der Inversion erhaltene Zuckermenge abgezogen. Die Differenz wird mit 0,9 multipliziert.

Die Menge der freien Säuren wird in 50 cm^3 der wässerigen Lösung bestimmt, die mit n/10-NaOH gegen Phenolphthalein als Indikator neutralisiert werden. Die gefundene Säuremenge drückt man zweckmäßig als cm^3 n/10-Säure in 100 g Papier aus.

Der Gesamtaschengehalt wird in der Weise bestimmt, daß 5 g Pergamentpapier in der Platinschale vorsichtig verkohlt werden. Die erhaltene Kohle wird mit einem Pistill zerdrückt, und weiß gebrannt. Der Gehalt an löslicher Asche wird dagegen zweckmäßig durch Veraschen der Trockensubstanz der löslichen Bestandteile ermittelt.

Der Nachweis von Eisen, Blei und Baryt erfolgt in der Gesamtasche. Diese wird zunächst mit etwas Salpetersäure, dann mit konzentrierter Salzsäure mehrfach abgeraucht und schließlich in heißem salzsäurehaltigem Wasser aufgenommen. Die Lösung wird auf 100 cm^3 aufgefüllt. In einem Teile wird das Eisen mit Rhodankalium nachgewiesen. Zum Nachweise von Blei werden 25 cm^3 der Lösung mit Natriumazetatlösung essigsauer gemacht und gegebenenfalls filtriert. Dann setzt man Kaliumchromatlösung hinzu und bestimmt das Blei als Bleichromat. Baryt darf hierbei nicht anwesend sein. Die Anwesenheit von Baryt wird durch Zugabe von Schwefelsäure zu 25 cm^3 der salzsauren Lösung nachgewiesen, wenn kein Blei vorhanden ist. Andernfalls muß dies vorher durch H_2S entfernt werden.

Hinsichtlich der Beschaffenheit eines brauchbaren Pergamentpapiers stellen BURR und WOLFF folgende Forderungen auf: „Der Gehalt des Papiers an wasserlöslichen Stoffen darf 10%, der Gehalt an Zucker 8% und der Gehalt an Asche 4% nicht überschreiten. Auch muß das Papier geruchlos sein und darf solche Bestandteile nicht enthalten, welche die Qualität der darin verpackten Molkereiprodukte in irgendeiner Weise nachteilig zu beeinflussen imstande sind.“

Im Zusammenhang hiermit sei erwähnt, daß DEMETER beobachtete, wie in Pergamentpapier verpackte Käse an der Oberfläche eine Rotfärbung annahmen, welche er in Verbindung mit dem Bankrotwerden der Käse bringt.

Literatur

Bömer, A.: Über Gewinnung und Kristallformen von Cholesterin und Phytosterin aus Fetten. Zeitschr. f. Unters. d. Nahrungs- u. Genußmittel, 1, S. 21. 1897. — Über die Schmelzpunkte von Cholesterin und Phytosterin aus Fetten und die Menge des in den Fetten vorhandenen unverseifbaren Anteiles. Ebd., 1, S. 81. 1897. — Über den Nachweis von Baumwollsamenöl im Schweinefett. Ebd., 1, S. 532. 1897: 2, S. 46. 1898. — Phytosterinazetatprobe. Zeitschr. f. Unters. d. Nahrungs- u. Genußmittel, 5, S. 1018. 1901. — Bömer, A. und K. Winter: Über einige Ester des Cholesterins und Phytosterins. Zeitschr. f. Unters. d. Nahrungs- u. Genußmittel. 4, S. 865. 1900. — Burg, B. van der: Dosage du sel marin dans le fromage. Le Lait, 3, S. 690. 1923. — Burr, A. und A. Wolff: Prüfung von Pergamentpapier auf Brauchbarkeit zum Einschlagen von Butter. Milchw. Zentralbl., 6, S. 241. 1910.

Demeter, J. K.: Über eine spontan aufgetretene „Ligninreaktion" auf Käse-Einwickelpapier. Milchw. Forsch., 2, S. 325 bis 332. 1925.

Eichloff und Grimmer: Abgeändertes Verfahren zur Bestimmung des Fettgehaltes nach Roese-Gottlieb in Milch und Molkereiprodukten. Milchw. Ztrbl., 6, S. 114. 1910.

Grimmer, W.: Über die Beurteilung des Labes. Molk. Ztg. Hildesheim, S. 118. 1925. — Grimmer, W. und M. Krüger: Beiträge zur Kenntnis der Labwirkung. Milchw. Forschungen, 2, S. 457. 1925. — Grimmer, W. und W. Rudzik: Beiträge zur Kenntnis der Labwirkung. II. Milchw. Forsch., 3, S. 361.1926. — Grossfeld, J.: Vereinfachte Vorschrift zur Bestimmung der Buttersäurezahl. Zeitschr. f. Unters. d. Lebensmittel, 53, S. 381. 1927 (siehe a. Kuhlmann und Grossfeld). — Eine neue Kennzahl für Kokosfett (Kaprylsäurezahl). Zeitschr. f. Unters. d. Lebensmittel. 55, S. 354. 1928. — Grossfeld und Wissemann: Zur Verseifungszahl der Speisefette. Zeitschr. f. Unters. d. Lebensmittel, 53, S. 244. 1927.

Henzold, O.: Methode der Gewinnung des Fettes aus Käse zum Zweck der Untersuchung desselben. Milchztg, 24, S. 729. 1895. — Hesse, A.: Fettbestimmung in der Butter. Molk. Ztg. Hildesheim, 17, S. 573. 1903.

Kreis, H.: Zur Kenntnis der Bishopschen Sesamölreaktion. Chem. Ztg., 23. S. 802. 1899. — Kuhlmann, J. und J. Grossfeld: Eine neue Kennzahl für Milchfett. Zeitschr. f. Unters. d. Lebensmittel, 51, S. 31. 1926.

Litterscheid: Über das Taschen-Polarisationsmikroskop zur Vorkontrolle frischer Butter. Zeitschr. f. Unters. d. Nahrungs- u. Genußmittel, 48, S. 53. 1924.

Meissl: Dinglers polytechn. Journ., 233, S. 231. — Mohr, W.: Untersuchungen über die Konstanz des Schmelzpunktes und Erstarrungspunktes des Butterfettes. Milchw. Forsch., 2, S. 24. 1925. — Mrozek, O.: Diffusion von Kochsalz in Käse. Milchw. Forsch., 4, S. 391. 1927. — Mundinger: Über die chemischen und bakteriologischen Vorgänge beim Verderben des Butterfettes. Milchw. Forsch., 7, S. 292. 1929.

Pfeffer, Otto: Zum Nachweise der Sterine mit Hilfe von Digitonin. Zeitschr. f. Unters. d. Nahrungs- u. Genußmittel, 31, Nr. 38. 1916. — Pritzker, J. und R. Jungkunz: Über Entstehung und Nachweis der Verdorbenheit von Fetten und Ölen. Ebd., 52, S. 195. 1926.

Reichardt: Arch. d. Pharm., 207, S. 343. 1877. — Reichert: Zeitschr. f. anal. Chemie, 48, S. 68.

Schwarz, G.: Zur Eisenbestimmung in Butter. Milchw. Forsch., 3, S. 468. 1926. — Slyke, D. Donald van: Die gasometrische Bestimmung von primärem aliphatischen Aminostickstoff und ihre Anwendung auf physiologisch-chemischem Gebiete. Abderhalden: Handbuch d. biolog. Arbeitsmethoden, Abt. I, Teil, 7, S. 263. — Sörensen, S. P. B.: Enzymstudien. Biochem. Zeitschr., 7, S. 45. 1908. — Sörensen, S. P. L. und H. Jessen-Hansen: Über die Ausführung der Formoltitrierung in stark farbigen Flüssigkeiten. Biochem. Zeitschr., 7, S. 407. 1908. — Soxhlet: Die Darstellung haltbarer Labflüssigkeiten. Milchztg., 6, S. 513. 1877.

Weigmann, H. und A. Bakke: Über die Frage der Zersetzung des Milchfettes bei der Käsereifung. Die landw. Versuchsstationen, 51, S. 1. 1899. — Weiser, St. und H. G. Donath: Kritisch-experimentelle Untersuchungen über die verschiedenen Verfahren zur Bestimmung der Jodzahl der Fette. Zeitschr. f. Unters. d. Nahrungs- u. Genußmittel. 28, S. 65. 1914.

2. Bakteriologische und biologische Untersuchungsmethoden

Von

Karl J. Demeter, Weihenstephan-München

Mit 9 Abbildungen

A. Milcherzeugnisse

Auch für diesen Abschnitt gilt das in der Einleitung zu den bakteriologischen und biologischen Untersuchungsmethoden der Milch im Band I, Teil 1, Gesagte; hinsichtlich bakteriologischer Technik wird wieder die Kenntnis der elementaren Handgriffe vorausgesetzt.

Fermentierte Milch

Säurewecker und Buttermilch

Diese dürfen als Hauptflora nur den Streptococcus lactis bzw. cremoris besitzen, ferner die eigentlichen Butteraromabakterien, Streptococcus citrovorus und paracitrovorus, die mit den Betakokken Orla-Jensens identisch sind, aber im Vergleich zu den beiden erstgenannten nur sehr spärlich wachsen. Versuche Orla-Jensens, einen Nährboden herauszufinden, der die prozentische Verteilung dieser Gruppen im Säurewecker auch auf ein und derselben Platte veranschaulicht, sind fehlgeschlagen. Wir halten uns deshalb an den Streptococcus lactis, von dem Streptococcus cremoris eine in längeren Ketten wachsende Abart ist.

Das mikroskopische Präparat, nach Gram gefärbt, ist für die Prüfung der Reinheit schon sehr wertvoll. Noch bessere Dienste leistet unter Umständen die Federstrichkultur (siehe Bd. I, S. 362).

Als ebenfalls sehr zweckmäßig kann vom Verfasser vorgeschlagen werden, mit der Platinnadel zuerst eine Probe auf Bromkresolpurpur-Laktose-Schrägagar auszustreichen und dann anschließend noch eine Stichkultur im selben Röhrchen anzulegen. Man bebrütet einen Tag bei 37° C und hierauf 2 Tage bei Zimmertemperatur. Ist der Säurewecker ganz rein, verfärbt sich der Indikator nur sehr langsam. Ist er mit Bakterien der Coli-Aerogenes-Gruppe verunreinigt, dann ist die Farbe des Indikators schon nach 24° C nach Gelb umgeschlagen, meist sind auch schon deutliche Anzeichen von Gasbildung vorhanden. Hefekolonien entwickeln sich nicht vor dem dritten Tage.

Bei der mikroskopischen Untersuchung des Agarausstriches wie des direkten Ausstriches sollen sich außer grampositiven, meist aus längsovalen Zellen bestehenden Diplo- und Streptokokken keine anderen Keime zeigen. Verunreinigungen lassen sich daher leicht morphologisch feststellen, soweit nicht Streptokokken anderer Art in Betracht kommen, was kaum zu erwarten ist.

Will man Genaueres wissen, so muß man von dem zu untersuchenden Säurewecker bzw. Buttermilch Platten anlegen, wobei man aber gewöhnlichen Fleischpeptonagar verwendet, ohne Zucker, um die Milchsäurestreptokokken am üppigen Wachstum zu verhindern.

Die Streptokokkenkolonien besitzen auf diesem Nährboden nach 5 Tagen bestenfalls „punktförmigen“ Habitus. Alle anderen Kolonien müssen als Verunreinigung aufgefaßt werden.

Noch besser dürfte sich der Kaseinagar von Frazier und Rupp (siehe S. 423) eignen, da auf ihm die obligaten Säureweckerorganismen überhaupt nicht wachsen und somit nur die bakterielle Verunreinigung zum

Vorschein kommt. Die zu wählende Verdünnung hängt vom Infektionsgrad ab und dürfte sich zweckmäßig von $^1/_{100}$ bis $^1/_{10000}$ bewegen, sofern man nicht einen ganz frisch angesetzten Säurewecker vor sich hat. Gleichzeitig müssen auch noch Platten mit saurem Nährbier- oder Molkenagar (S. 412 und S. 409) angesetzt werden zum Hefen- und Schimmelpilznachweis. Das Bebrüten der Platten erfolgt am besten 5 Tage bei Zimmertemperatur.

Eine weitere Möglichkeit, den Säurewecker auf Reinheit zu prüfen, besteht darin, Proben in Lackmusmilch (7% käufliche Lackmustinktur zu Magermilch) zu impfen, und zwar 0,1 cm³ zu zirka 8 cm³ Milch. Nach 24 Stunden bei 20 bis 25° C soll die Milch bis auf einen schmalen roten Ring oben reduziert und zum mindesten am Gerinnen sein. Molkenziehen, Nichtreduzieren oder Umschlagen von Blau direkt in Rot ohne intermediäre Reduktion des Farbstoffes deutet an, daß etwas nicht in Ordnung ist. Auch ist es immer ratsam, eine Coli-Aerogenes-Probe anzusetzen (siehe Bd. I, S. 367), besonders dann, wenn der Säurewecker keinen guten Geruch und Geschmack besitzt und beim Durchrühren schäumt. Das Schäumen als solches ist aber nach Demeter (4) noch kein Beweis für eine Säureweckerinfektion, sondern kann seine Ursache auch in dem Vorhandensein der sogenannten Aromabakterien haben, die starke Kohlensäurebildner sind (Streptococcus citrovorus und paracitrovorus).

An Keimen, die auch bei sachgemäßer Behandlung einen Säurewecker infizieren, kommen nach Untersuchungen von DEMETER (1) hauptsächlich säuernde Mikrokokken in Betracht, dann in abfallender Menge nicht säuernde Kokken, Aktinomyzeten, Hefen und Schimmelpilze. Doch ist die Gesamtverunreinigung im Vergleich zu den vorhandenen Streptokokken praktisch bedeutungslos. Bemerkenswert ist auch der Mangel an Stäbchen und an Sporenbildnern.

HENNEBERG und WINEGGE untersuchen Säureweckerproben der verschiedensten Qualität aus der Praxis während eines ganzen Jahres und fanden als Verunreinigung in 1. Linie Milchzuckerhefen und andere Gärhefen, dann Torulahefen, an 3. Stelle Colibakterien, dann folgten Moniliaarten. Selten wurden Oidien und Milchsäurelangstäbchen beobachtet, am seltensten Kurzstäbchen, Fluoreszenten, Sporenbildner und Kahmhefen. ORLA-JENSEN fand Langstäbchen (Thermobacterium Nr. 15) besonders dann, wenn der Säurewecker bei höheren Temperaturen aufbewahrt wurde (25° C). Vgl. S. 412.

Ein rasches Mittel, käuflichen Säurewecker auf Qualität zu prüfen, ist für den Praktiker die Prüfung auf reinen Geruch und Geschmack. Auch ist Molkenziehen ein Zeichen für mindere Qualität. Die Azidität soll 42 bis 45 S. H. betragen.

Joghurt- und Acidophilusmilch

Diese beiden Sauermilchen müssen gemeinsam behandelt werden, da das Thermobacterium bulgaricum[1]) und Thermobacterium acidophilum[2]) sehr nahe miteinander verwandt und schwer voneinander zu differenzieren sind.

Während die Acidophilusmilch die Reinkultur eines einzigen Bakteriums ist, ist

die Joghurtmilch des Handels

das Produkt von zweierlei Organismen, dem Thermobacterium bulgaricum und dem Streptococcus thermophilus. Letzterer ist wahrscheinlich nichts anderes als ein bei höheren Temperaturen wachsender Streptococcus lactis. Das Mengenverhältnis der beiden Organismen soll in einem guten Joghurt nach WEIL

---

1) Synonyma sind Plocamobacterium bulgaricum bzw. Lactobacillus bulgaricus.

2) Synonyma sind Plocamobacterium acidophilum bzw. Lactobacillus acidophilus.

100 Stäbchen auf 120 bis 200 Streptokokken sein (Norm von AXELRODS Joghurt). Die Stäbchen selbst sollen homogene und keine körnige Beschaffenheit haben. Wenn in der Literatur und Praxis von einer gekörnten und nicht gekörnten Art gesprochen wird (vgl. ORLA-JENSEN, HENNEBERG und SPIEKER), so handelt es sich ohne Zweifel nur um verschiedene Zustandsformen ein und desselben Organismus, wobei die in gutem Joghurt nicht erwünschte „gekörnte Art" als Degenerationsform aufzufassen ist. Denn der „Körnchenbazillus" als solcher existiert nicht. ORLA-JENSEN und JACOBSEN bringen neuerdings die Körnchenbildung des Thermobacterium bulgaricum mit dem Vorkommen thermoresistenter Hemmungsstoffe in Beziehung.

Als Verunreinigung kommen gewöhnliche Kokken, Hefen und häufig auch Bacterium coli vor. Auf dieses muß sich die hygienische Kontrolle hauptsächlich erstrecken. Für die regelmäßige Betriebskontrolle empfiehlt sich 1. die mikroskopische Prüfung an Hand eines nach GRAM gefärbten Präparats (siehe Bd. I, S. 363/364), unter gleichzeitiger Auszählung des erwähnten Stäbchenkokkenverhältnisses; 2. die Ausführung der Coli-Aerogenes-Probe mittels Beimpfung von Gentianaviolett-Laktose-Gallewasser mit einer Öse Joghurt zwecks Prüfung auf Gasbildung (siehe Bd. I, S. 367) nach Verlauf von 24 bis 48 Stunden.

Zwecks Untersuchungen von Trockenpräparaten setzt man diese nach gegebener Vorschrift in Milch bei 42° C an und untersucht wie oben. Diese enthalten oft nichts anderes als Bacillus mycoides und sind dann völlig unbrauchbar.

Die Acidophilusmilch

besteht aus einer Reinkultur des Thermobacterium acidophilum. Hier ist allerstrengste Kontrolle nötig[1]), denn die meiste Handelsware besteht leider nicht aus Acidophilusbakterien, sondern im besten Fall aus Joghurt oder Säurewecker. Das kommt davon her, daß der Acidophilus kein eigentliches Milchbakterium ist wie der Bulgaricus, sondern ein Darmbakterium, das in Milch nur langsam wächst und bei nicht ganz sterilen Bedingungen nur zu leicht durch andere, schneller wachsende Bakterien überwuchert wird. Ein nach GRAM gefärbtes mikroskopisches Präparat gibt sofort Aufschluß über eine vorhandene Verunreinigung gröberer Art. Außer grampositiven Milchsäurelangstäbchen darf nichts anderes zu sehen sein! Den Milchsäurelangstäbchen allerdings kann man nicht ansehen, ob sie zu Thermobacterium bulgaricum oder acidophilum gehören. Diese beiden sind aber auch kulturell und physiologisch schwer voneinander zu trennen. Man kann sie zunächst einmal auf Grund ihrer verschiedenen Temperaturoptima unterscheiden. Man beimpft mehrere Röhren Lackmusmilch mit 1 bis 2% der zu untersuchenden Acidophilusmilch und bebrütet bei 42° C. Tritt in wenigen Stunden Gerinnung ein, dann befindet sich Thermobacterium bulgaricum in der „Acidophilusmilch". Thermobacterium acidophilum hat sein Optimum bei 37° C und braucht mindestens 14 Stunden, um Milch zum Gerinnen zu bringen. Auch ist beim Acidophilus eine größere Einsaat nötig (5 bis 10%). Kulturell unterscheiden sich die beiden Arten nur wenig durch die Form ihrer Kolonien.

Man verwendet am besten Agar mit trypsinverdauter Milch, die folgendermaßen hergestellt wird:

Magermilch wird für einige Minuten auf eine Temperatur von 100° erhitzt und dann auf 40° abgekühlt. Dann fügt man 0,5% Trypsin zu und hält auf dieser Tem-

[1]) In Nordamerika wird darum Acidophilusmilch nur unter ständiger hygienischer Kontrolle erzeugt und meistens nur gegen ärztliches Rezept verabreicht.

peratur 4 Stunden lang bei 37 bis 40°. Die p_H soll sich wegen der besseren Wirkung des Trypsins um 7,0 herum bewegen, weshalb man zweckmäßigerweise zur Neutralisation der entstandenen Aminosäuren in Abständen kleine Mengen $n/1$-Natronlauge zufügt, dessen Menge von der Art des verwendeten Trypsins abhängt. Nach der Verdauungsperiode wird 15 Minuten lang auf Kochtemperatur erhitzt, zuerst durch Watte und dann durch Papier filtriert. Die p_H soll 6,8 bis 7,0 betragen. Die endgültige Sterilisierung, durch die die p_H sich leicht nach der sauern Seite verschiebt, kann im Autoklaven ½ Stunde bei 1 Atm. oder 3 Tage hintereinander im strömenden Dampf erfolgen. Die verdaute Milch ist klar und durchsichtig. Wünscht man Agar zu bereiten, dann wird dieser nach dem ersten Filtrieren durch den Wattebausch in der üblichen Konzentration von 1,5% zugefügt und dann mittels des Heißwassertrichters durch Papier filtriert. Dieser Nährboden enthält viel mehr abbaufähiges Eiweiß als Milch und Fleischpeptonbouillon und ist daher besonders gut für anspruchsvollere Milchorganismen zu gebrauchen.

Auch der von Kuntze angegebene Peptonmilchagar läßt sich nach den Erfahrungen des Verfassers für diese Zwecke gut verwenden. Er hat den Vorteil einfacherer Herstellung. Das Rezept ist folgendes:

In 100 cm³ Wasser werden 8 g Milchzucker sowie 3 g gewässerten Agars zur Lösung gebracht, darauf 200 cm³ Milch und 3 g Pepton-Witte hinzugetan und das Ganze in gewöhnlicher Weise an mehreren aufeinanderfolgenden Tagen nicht zu lange im Dampftopf sterilisiert. Darauf wird der entstandene Niederschlag durch Watte abfiltriert und die fast glasklare Masse, ohne zu neutralisieren, zu 10 cm³ in Röhrchen abgefüllt.

Nach Kulp und Rettger haben die Agarkolonien der beiden zu differenzierenden Thermobakterien folgende Eigenschaften: Thermobacterium bulgaricum wächst in verhältnismäßig langen, haarähnlichen, ineinander verflochtenen Fäden, die gemeinsam von einem Zentrum ausgehen. Thermobacterium acidophilum dagegen hat 2 Typen, X und Y benannt. Der X-Typ hat mehr fädigen Charakter, ähnlich wie Thermobacterium bulgaricum, und erscheint gern auf dicht besäten Platten, während der Y-Typ glatt, gekörnt oder streptokokkenähnlich ist. Wegen der Ähnlichkeit des X-Typs mit Thermobacterium bulgaricum läßt sich eine Differenzierung nach der Kolonienform nicht durchführen. Nur wenn deutlich die Y-Form auftritt, kann man einen Schluß auf das Vorhandensein von Thermobacterium acidophilum ziehen. Die beiden Typen gehen ineinander über.

Physiologisch lassen sie sich dadurch unterscheiden, daß das Thermobacterium bulgaricum keine Maltose[1]), Saccharose und unerhitzte Lävulose vergärt. Weiterhin haben Albus und Holm nachgewiesen, daß es auch nicht in Nährmedien wachsen kann, deren Oberflächenspannung mittels Natrium-rizinoleat auf 40 dyn herabgesetzt wurde, während Thermobacterium acidophilum noch bei 36 dyn gedeihen kann. Dies dürfte ein verhältnismäßig einfaches Mittel sein, die beiden voneinander zu differenzieren (vgl. auch die weiter unten geschilderten Versuche zur Isolierung von Acidophilusbakterien aus Camembertkäsen). Allerdings sind diese Angaben über Wirkung der Oberflächenspannung nicht unwidersprochen geblieben, und Gibbs und Day und ihre Mitarbeiter vertreten den Standpunkt, daß die mit diesem und ähnlichen Depressionsmitteln erzielten Wirkungen genau so gut auf die chemische Konstitution derselben zurückgeführt werden können, soweit überhaupt eine differenzierende Einwirkung dieser Agenzien vorhanden ist!

---

[1]) Das Maltosegärvermögen des Thermobacterium acidophilum läßt sich nach Druckrey zur Differenzierung nicht verwenden, weil längere Zeit in Milch gezüchtete Stämme diese Eigenschaft verlieren. Vielleicht verhält es sich mit der Saccharose ebenso.

Auf der Suche nach besseren Differenzierungsmitteln ist KULP nach einem vorläufigen Bericht auf die Idee gekommen, die dem Acidophilus als Darmbakterium eigene größere Toleranz gegenüber Indol und Phenol als Unterscheidungsmittel zu verwenden.

Man verfährt folgendermaßen:

Als Kulturmedium verwendet man Tomatendekokt mit 1% Pepton oder Kasein-Galaktose-Bouillon[1]) mit 0,4% Agar (die von DRUCKREY und HITCHENS für Acidophiluskultur verwendete schwach alkalische Fleischbouillon mit 0,1 bis 0,12% Agar wird wohl ebensogut zu verwenden sein). 1 Teil der Agarröhren versetzt man vor Gebrauch entweder mit 0,5 cm^3 einer 10%igen alkoholischen Indollösung oder 0,5 cm^3 einer 5%igen wäßrigen Phenollösung. Diese Lösungen sind selbststeril. Nach dem Schmelzen des Agars hält man denselben bei 37° C, um Erstarrung zu vermeiden. Man beimpft diese Röhren mit 0,1 cm^3 einer 24 Stunden alten Milchkultur und gleichzeitig als Kontrolle solche ohne Indol- bzw. Phenolzusatz. Dann bringt man die Röhren in eine verschließbare, auf 37° C vorgewärmte Blechbüchse, der vorher 5% des Volumens an Kohlensäure zugefügt worden sind. Nach Verlauf einer eintägigen Bebrütung bei 37° C wird durch Entnahme von Ösen und Ausstreichen auf sterilen Agar oder Einimpfen in Milch auf lebensfähige Keime geprüft.

Acidophilus ist nach dieser Behandlung noch am Leben, während Bulgaricus abgestorben ist.

Im letzten Jahre sind verschiedene Weichkäsesorten (meist Camembert) auf dem Markt aufgetaucht, die Zusätze von Joghurt- und Acidophiluskulturen enthalten sollen. Auf den tatsächlichen gesundheitlichen Vorteil solcher Käse gegenüber den gewöhnlichen der gleichen Sorte soll hier nicht eingegangen werden. Leider ist es auch technisch nicht so einfach, aus solchen Käsen gezüchtete Milchsäurelangstäbchen als Joghurt- oder Acidophiluskeime nachzuweisen oder gar eine quantitative Bestimmung auszuführen.

Bei Joghurtkäsen ist es etwas einfacher. Man zerreibt Käsestückchen in steriler Milch und bebrütet bei 45° C. Entweder wiederholt man, von der ersten Anreicherung ausgehend, den Prozeß nochmals oder man schreitet gleich zur Isolierung der ausgewachsenen Keime nach dem Verdünnungsverfahren (Bd. I, S. 362). Eine Kostprobe der mit diesen Keimen angesetzten Milch wird leicht entscheiden lassen, ob Joghurt vorliegt oder nicht. Über die Unterscheidungsmöglichkeit verschiedener Langstäbchen, je nach dem in Milch verursachten Geschmack, hat KANTARDJIEFF berichtet.

Schwieriger liegt der Fall bei den Acidophiluskäsen, besonders auch deshalb, weil man noch nicht sicher weiß, inwieweit Acidophilusbakterien im Käse überhaupt am Leben bleiben. DEMETER, MAIER und MOSSEL haben 1928 an der Süddeutschen Forschungsanstalt für Milchwirtschaft ein paar Dutzend Versuche in dieser Richtung angestellt, und zwar mit Camembertkäsen (unveröffentlichte Arbeit). Der Kesselmilch wurden in allen möglichen Kombinationen Acidophiluskulturen mit und ohne Säureweckerzusatz eingeimpft und die Käse in verschiedenen Reifungsstadien auf lebende Acidophiluskeime untersucht.

---

[1]) Die Herstellung dieses speziellen Kaseinnährbodens geht nach KULP und RETTGER wie folgt vor sich: Zu 2 Liter einer 1%igen kochenden Sodalösung wird langsam feinpulverisiertes Kasein bis zu einer Menge von 200 g zugegeben. Nach vollständiger Lösung wird auf 40° C heruntergekühlt und eine wäßrige Lösung von 3 g Trypsin in 12 cm^3 Wasser zugefügt, gut durchgemischt und mit 25 cm^3 Chloroform versetzt. Nach Einstellen in einen Thermostaten von 37° für 48 Stunden erfolgt Neutralisieren mit verdünnter Salzsäure bis zum Lackmusumschlagspunkt, Kochen zwecks Austreibung des Chloroforms und Filtrieren. Hierzu 1% Galaktose, dann Sterilisieren wie üblich.

Das Verfahren zu ihrer Wiedergewinnung war folgendes:

Mit einem Platinspatel wurden kleine Stückchen des fraglichen Käses steril entnommen und unter Verreiben in Fleischextraktpepton-Glukose-Bouillon[1]) verimpft, deren Oberflächenspannung zwecks Elektivkultur mittels Na-Glykocholat[2]) (0,25$^0/_{00}$) auf zirka 43 dyn herabgesetzt war. Bei Bebrütung bis zum nächsten Tag (37°) bildete sich ein stark schleimiger Bodensatz, der aus langen Bakterienfäden bestand. Dann wurde von diesen in Lackmusmilch übertragen und die Umimpfung noch mindestens 2mal wiederholt. Von hier aus schritt man zur Isolierung, indem aus der geronnenen Lackmusmilch entsprechende Verdünnungen in Trypsinmilchagar (siehe S. 399) oder anderen geeigneten Nährmedien angelegt wurden. Die ausgewachsenen Kolonien wurden mikroskopisch und kulturell auf Identität mit Acidophilus geprüft. Wertvolle Dienste leistete hier wieder die Geschmacksprüfung der geronnenen Milch und die Beobachtung der Temperaturansprüche.

Nach diesem Verfahren gelang es, Acidophilus aus Camembert qualitativ nachzuweisen, sofern aus der noch nicht gereiften Quargschicht abgeimpft wurde. Aus der sogenannten Fettschicht konnten sie bei ihren Versuchen niemals mehr einen Acidophilus regenerieren. Ob der Grund hierfür in einer „Mitverdauung“ bei der Käsereifung zu suchen ist, oder ob andere Momente hereinspielen („life cycles“ im Sinne von Löhnis), müßten besondere Untersuchungen zeigen.

Kefirmilch

Sie unterscheidet sich von den beschriebenen Sauermilchen durch ihren Alkohol- und Kohlensäuregehalt. Im allgemeinen wird man sich auf die Untersuchung des mikroskopischen Präparats beschränken. Das mikroskopische Bild zeigt, daß es sich um eine größere Anzahl von Bakterien und Hefen handelt. Diese leben in Symbiose und treten zu den sogenannten Kefirknollen zusammen. Die Milchsäurebakterien und die Hefen müssen sich nach Henneberg die Waage halten, sonst säuert oder bläht er zu stark. Die in den Kefirknollen enthaltenen Keime zeigt Abb. 1.

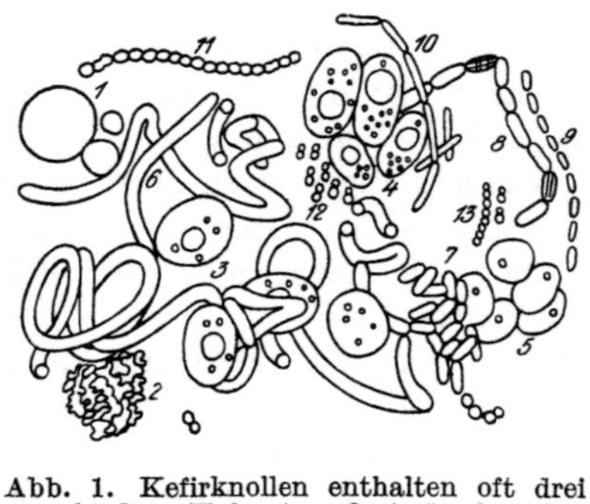

Abb. 1. Kefirknollen enthalten oft drei verschiedene Hefearten (3, 4, 5), den charakteristischen gewundenen Kefirbazillus (6), oft vier verschiedene stäbchenförmige Milchsäurebakterien (7, 8, 9, 10), ebenso zwei Streptokokkenarten: Streptococcus cremoris (11) und Streptococcus lactis in verschiedenen Rassen (12, 13). Bei 1 sind drei Fettröpfchen und bei 2 Kaseingerinnsel abgebildet. Nach Henneberg (ca. 2000fach vergrößert)

Die Zusammensetzung der Pilzflora ist nichts Konstantes, sondern etwas mit der Herkunft Wechselndes. Es ist deshalb schwer, eine Norm aufzustellen, besonders da auch die Meinungen der Autoren über die im Kefir wirksamen Organismen auseinandergehen. Man wird sich bei der mikroskopischen Untersuchung der Kefirkörner (eventuell Klatschpräparat eines durchschnittenen Korns) am besten an die von Henneberg hergestellte Zeichnung halten und nur dann von einer Infektion sprechen, wenn sich andere als die abgebildeten

[1]) Die Ergebnisse der weiter oben erwähnten Differenzierungsversuche von Kulp ließen sich vielleicht künftig in der Richtung verwenden, daß man zur Anreicherung nicht Na-Glykocholatbouillon, sondern Indol- oder Phenolagar verwendet. Druckrey empfiehlt zwecks Anreicherung neuerdings wieder die Bierwürze, die schon von Moro, dem Entdecker des Thermobacterium acidophilum, angewendet wurde.

[2]) Natriumricinoleat, das stärker herabsetzt, war zur Zeit der Versuche leider nicht erhältlich.

Keime darin finden. Nach HENNEBERG sind es neben Essigbakterien hauptsächlich Sporenbildner, die als Infektionskeime in Betracht kommen (Mesentericusgruppe und eventuell Buttersäurebazillen). Auch Coli kommt vor, was man mit den in Bd. I, S. 367 und S. 371 beschriebenen Methoden leicht nachweisen kann.

Während des letzten Jahres ist ein neues Sauermilchpräparat, namens „Saya", im Handel aufgetaucht, dessen Eigenschaften von KIEFERLE, DEMETER und FORSTER untersucht wurden. Diese Sauermilch unterscheidet sich von den vorgenannten durch die 4- bis 6wöchige Reifung bei niedriger Temperatur, hohen Kohlensäure- und Milchsäuregehalt bei Mangel jedes Alkohols und insbesondere durch den weitgehenden Abbau des Kaseins sowie durch seinen Vitamingehalt. An Mikroorganismen soll eine einwandfreie Sayamilch neben Mikrokokken als Hauptflora Streptokokken und Milchsäurelangstäbchen besitzen. Bei der Kontrolle ist besondere Aufmerksamkeit dem Vorhandensein von Hefen und von anaeroben Sporenbildnern zu schenken, deren Vorkommen diese Sauermilch ungenießbar macht. Auch muß praktische Colifreiheit verlangt werden.

Dauermilch

Kondensierte Milch

Kondensmilch ist entweder gesüßt oder ungesüßt. Beide Arten sind nicht immer steril.

Die Untersuchung geschieht am besten mittels des Plattenverfahrens, wobei man mitunter hohe Verdünnungen anwenden muß, da sich oft bis zu mehreren Millionen Keime in 1 cm^3 finden können. In guter Kondensmilch ist allerdings die Zahl der lebenden Bakterien verhältnismäßig klein, ein paar hundert pro 1 cm^3.

GEHRI hat z. B. in einer Untersuchung schweizerischer Kondensmilch Keimgehalte bis zu 9000 Individuen pro 1 cm^3 gefunden, ohne daß dies eine nachteilige Wirkung auf das Produkt ausgeübt hätte (meist grampositive Kokken und Sarzinen, seltener aerobe Sporenbildner und in einigen Fällen Sproßpilze, niemals anaerobe Bakterien!) Sie konnte auch keine Regelmäßigkeit darin finden, ob gezuckerte oder ungezuckerte Kondensmilch einen höheren Keimgehalt besitzt.

Will man sich sofort ohne größeren Zeit- und Materialaufwand über die Qualität von Kondensmilch orientieren, dann ist nach SCHRADER auch die Anstellung der Methylenblaureduktaseprobe empfehlenswert. Bei dieser Gelegenheit sei auch erwähnt, daß nach SCHRADER die Bestimmung des Ammoniakstickstoffes einen guten Anhalt gibt für die ursprüngliche Bakterienverunreinigung einer kondensierten Milch. Wenn der Ammoniakstickstoff 1 mg pro 100 cm^3 kondensierter Milch überstieg, besaß diese vor der Eindickung nach den Untersuchungen SCHRADERS mehr als 400000 Keime pro 1 cm^3 Milch.

Weiterhin leistet auch BURRIS quantitative Ausstrichmethode (siehe Bd. I, S. 361) für die Keimgehaltsbestimmung von Kondensmilch speziell sehr gute Dienste.

Bei der Untersuchung kommt es darauf an, ob man ungesüßte oder gesüßte Kondensmilch vor sich hat; denn die Infektionskeime sind für beide Sorten nicht dieselben.

Bei der ungesüßten Kondensmilch hat man in der Hauptsache nach aeroben Sporenbildnern zu fahnden. Nach KELLY gibt es 3 Arten des Verdorbenseins:

Typ A: Gerinnsel auf der Oberfläche, in der Tiefe unverändert, Erreger: Bacillus cereus;

Typ B: gleichförmig, puddingähnliches Gerinnsel, Geschmack bitter und metallisch, Erreger: Bacillus simplex;

Typ C: Gerinnsel mit käsigem Geschmack und Gasbildung, Erreger: Bacillus megatherium.

Diese 3 Arten Sporenbildner treten aber nur in atypischer Form auf.

Sind die Büchsen aufgetrieben und besitzt der geronnene Inhalt käsig-bitteren Geschmack, dann ist die Ursache hierfür nach HAMMER (1) und CORDES sehr häufig auch der Bacillus coagulans. Es empfiehlt sich in diesem Fall, auch nach anaeroben Sporenbildnern zu fahnden. „Bombage" kann weiterhin auch durch Coli-Aerogenes-Bakterien sowie in leichterem Maße durch einen von HAMMER (3) gefundenen, viel flüchtige Säure produzierenden Streptokokkus (Streptococcus distendens) verursacht sein. Ist der Geschmack vorherrschend bitter, mit oder ohne Koagulation, dann sind Bacillus amarus und Bacillus panis die Erreger. Fischiger Geschmack ist nach HAMMER (3) auf einen Verwandten der Proteusgruppe, Bacterium ichthyosmium, zurückzuführen.

Der Hauptinfektionskeim ist bei gesüßter Kondensmilch nach DOWNS ein Saccharose vergärender Kokkus, der identisch ist mit Staphylococcus pyogenes albus und wahrscheinlich in die Gruppe des Micrococcus lactis albidus einzureihen ist. Die Kondensmilch wird unter seinem Einfluß dick, sogar fest, vermutlich unter dem Einfluß eines labähnlichen Enzyms. Das Dickwerden tritt in der Regel im späten Frühjahr und Sommer auf und meist auf Schiffen in tropischen Gegenden. Die Keime können erst nach dem Kondensierungsprozeß in die Milch gelangen, da sie bei einer Temperatur von 64° C abgetötet werden. Bei Gasbildung ist neben Coli-Aerogenes besonders auf das Vorhanden sein von Torula lactis condensi zu prüfen, die Saccharose vergärt. Zum Nachweis verwendet man 2%ige Saccharosebouillon unter Anwendung der in Bd. I. auf S. 367 angegebenen Methode.

Auch Schimmelpilze pflegen nach ROGERS, DAHLBERG und EVANS in gesüßter Kondensmilch vorzukommen: Aspergillus repens als Erreger von Klumpen (buttons) rötlichbrauner Farbe. In Europa werden diese Klumpen nach den Untersuchungen von KNUDSEN meist durch Aspergillus glaucus und Catenularia fuliginea verursacht.

Es kommt auch vor, daß sich Streptococcus lactis in geronnener Kondensmilch findet. Dieser kann aber nur nach erfolgter Sterilisierung in die Milch hineingelangt sein, falls diese selbst vorschriftsmäßig vor sich gegangen ist.

Zum Schlusse dieses Kapitels sei bemerkt, daß das Dickwerden von kondensierter Milch nicht unbedingt auf bakteriologische Umsetzungen zurückgeführt werden muß; es können auch rein chemische Faktoren, wie Schwankungen im Salzgehalt einer Milch die Koagulation hervorrufen (siehe auch S. 290). Dasselbe gilt von der Bombage. Sie kann außer durch Bakterientätigkeit auch durch Freiwerden von Wasserstoff infolge Zersetzung des Metalls durch Milchsäure verursacht werden (HUNZIKER), ferner durch Einfüllen von zu kalter Milch während der Fabrikation. Wenn dann die Büchsen nach Verschluß eine höhere Temperatur annehmen, werden sie infolge des Ausdehnungsbestrebens der Milch aufgetrieben.

Trockenmilch

(Milchpulver)

Zwecks Untersuchung wird das Pulver in der vorgeschriebenen Konzentration mit sterilem Wasser verdünnt und im übrigen wie bei pasteurisierter Vollmilch verfahren.

Für die Anwendung der direkten mikroskopischen Methode bestehen dieselben Bedenken wie bei der pasteurisierten Milch. Sie ist nur dann gut, wenn man einen allgemeinen Eindruck von der hygienischen Qualität der zum Trocknungsprozeß verwendeten Frischmilch bekommen will. Sonst empfiehlt sich die Anwendung der Plattenzählmethode.

Die Bakterienkeimzahl ist nach SUPPLEE und ASHBOUGH bei nach dem Sprühverfahren hergestellter Trockenmilch größer als bei der Walzentrocknung.

MACY fand in dem nach dem erstgenannten Verfahren hergestellten Milchpulver Keimzahlen von 4400 bis 5500000 pro 1 g, wobei die Mehrzahl der Proben über 50000 Keime zeigte. DOWNS konnte in Trockenmilch, die vor dem Zerstäuben pasteurisiert worden war, bis zu 626000 Organismen in 1 g feststellen, bei nicht durchgeführter Pasteurisierung jedoch bis zu 3500000. TILLMANNS und STROHBECKER fanden in nach dem KRAUSE-Sprühverfahren hergestellter Trockenmilch nur 5000 bis 30000 Keime pro 1 g, HUCKER und HUCKER (1) in „Klim"pulver (GRAY-JENSEN-Sprühverfahren) 1000 bis 62000.

Ganz kürzlich erhielten SCHRADER, EWING, KORLF und CONN bei auf dem offenen Markt zusammengekauften Milchpulversorten allgemein eine Spanne von 5000 bis 2000000 Keimen pro 1 g, wenn sie mit der Plattenmethode prüften. Die direkte mikroskopische Methode ergab Werte bis zu rund 100 Millionen.

Bei der mittels des Trommelverfahrens erzeugten Trockenmilch jedoch variierte die Keimzahl nach MACYS Untersuchungen nur von 40 bis 7900 pro 1 g mit einer Mehrheit der Proben über 500.

Das Alter der Trockenmilch ist für den allgemeinen Keimgehalt ebenfalls maßgebend, da die Bakterien sehr bald bei der Aufbewahrung abzusterben beginnen.

Nach Verlauf einer 1jährigen Lagerungszeit fand MACY bei beiden Typen eine bemerkenswerte Reduktion des Keimgehaltes (um 90,7 bis 96%). In der 2. Jahresperiode war die Keimreduktion der „Sprüh"milch eine raschere als die der „Walzen"-milch. Das Keimzahlminimum wurde von dieser mit 2,1% nach 3 Jahren, von jener mit 0,1% nach 5 Jahren erreicht.

Was nun die Bakterienarten betrifft, so besteht hierin ebenfalls ein Unterschied, je nach dem beim Trocknen angewendeten Verfahren.

Während beim Sprühverfahren eine Reihe von säuernden Bakterienarten am Leben bleibt, sind es bei der Walzentrocknung hauptsächlich sporenbildende Bakterien. Der Unterschied in den Arten gleicht sich aber bei mehrjähriger Lagerungszeit aus, indem bei beiden Milchpulverarten überwiegend grampositive Sporenbildner und vereinzelte Kokken gefunden werden. Die Geschwindigkeit der Abtötung während des Lagerns hängt von der Temperatur ab, und zwar geht diese um so rascher vor sich, je höher die Lagerungstemperatur ist. Dies gilt besonders für die nach dem Sprühverfahren hergestellte Trockenmilch.

Hinsichtlich der bakteriologischen Qualität stellen HUCKER und HUCKER (2) auf Grund einer Untersuchung handelsmäßig hergestellter Kindernahrung folgende Forderungen auf:

1. Sollen keine hämolysierenden Streptokokken enthalten sein (betreffs Nachweis siehe Bd. I, S. 365/66).

2. Sollen 20 cm³ sterile Milch, mit 0,5 g der Probe versetzt und 10 Stunden bei 37° C bebrütet, keinerlei Anzeichen von Peptonisierung aufweisen.

3. Sollen Agarplatten, auf 1 g bezogen, nicht mehr als 10000 Kolonien besitzen, wenn die Duplikate 2 Tage bei 37° C bzw. 56° C (zur Erfassung auch der thermophilen Bakterien) bebrütet worden sind.

Rahmeis

Die bakteriologischen Methoden zur Untersuchung von Rahmeis wurden von FAY, FABIAN, HAMMER und BREED ausgearbeitet.

Probeentnahme: Die steril entnommene Rahmeisprobe kann entweder gewogen oder gemessen werden. Ersteres ist sicherer, aber zeitraubender. Für gewöhnlichere Untersuchungen dürfte aber die volumetrische Methode vollauf genügen. Ist die Probe schon hart gefroren, dann wird sie erweicht, und in einem Wasserbad von 45° C die Luft ausgetrieben. Bei den festen Ingredienzien, wie Gelatine, Zucker usw., werden 10 g auf sterilem Papier abgewogen und in 90 cm^3 sterilen Wassers eingefüllt.

Herstellung der Agarplatten: Neben dem Standard-Fleischextrakt-Pepton-Agar hat sich besonders der Milchpulveragar nach AYERS und MUDGE (siehe S. 408) als brauchbar erwiesen. Zu 1 cm^3 der gewünschten Verdünnung werden ungefähr 10 cm^3 Agar gegeben, Bebrütung 2 Tage bei 37° C, der man noch einen 2tägigen Aufenthalt bei Zimmertemperatur vorausschicken kann. Es folgt dann das

Zählen der Kolonien: Die mit freiem Auge sichtbaren Kolonien werden auf der umgewendeten Platte markiert und zu gleicher Zeit mit einem automatischen Zähler gezählt. Es empfiehlt sich, hernach die Platte mit einer Handlupe nach übersehenen Kolonien abzusuchen.

Die direkte mikroskopische Zählung von Bakterien in Eiscreme: Der hierzu notwendige Apparat ist genau derselbe wie für die BREEDsche Zählmethode, nur benötigt man noch eine analytische Waage, um 0,01 g Eiscreme auf das austarierte Deckgläschen auftragen zu können. Die Deckgläschen müssen zur Entfettung länger in Xylol bleiben, als es für die Objektträger bei der Untersuchung von gewöhnlicher Milch notwendig ist. Färbung und Entfettung mit Lösung I oder II (Bd. I., S. 343 bis 349). Das Mikroskop wird so eingestellt, daß ein Gesichtsfeld die Fläche von $^1/_{3000}$ cm^2 zeigt. Natürlich untersucht man eine ganze Reihe von Feldern, wie bereits a. a. O. beschrieben.

Hohe Keimzahlen (wesentlich mehr als 100000 pro 1 cm^3) besagen noch lange nicht, daß die Eiscremefabrik sich in nichtsanitärem Zustande befindet; es kann sehr leicht auch an der Verarbeitungsmethode liegen, worüber dann eine ins einzelne gehende Untersuchung immer Aufschluß geben wird. Anderseits sind niedrige Keimzahlen auch nicht immer ein untrüglicher Beweis für die Qualität des Produkts vom sanitären Gesichtspunkt aus, weil Fehler in dieser Richtung durch hohe Pasteurisierungstemperatur verdeckt werden können.

Butter[1])

Die Probeentnahme geschieht an 3 verschiedenen Stellen mittels eines sterilen Butterbohrers. Wenn dieser nicht steril ist, wird er mechanisch gut gereinigt und vor der eigentlichen Probeentnahme mehrmals an anderen Stellen in die Butter gestoßen. Es wird nur die untere Hälfte des ausgebohrten Stückes für die Analyse verwendet wegen eventueller Verschmutzung der Oberfläche.

Wenn die Proben nicht sofort an Ort und Stelle verarbeitet werden können, bringt man sie in sterile weite Reagenzröhren, die am besten mit dem Wattebausch nach unten in heißes Paraffin getaucht werden, falls längere Zeit bis zur Verarbeitung verstreichen sollte.

Die direkte mikroskopische Betrachtung dürfte nur für qualitative Untersuchungen geeignet sein. Denn nach dem Ausstreichen und Trocknen muß das Fett mit Xylol oder Chloroform entfernt werden, womit man zugleich auch

---

1) Für freundliche Überlassung eines Rohentwurfes über Butteranalyse durch das Butterkommitee der Americ. Dairy Science Association sei Herrn Professor R. S. BREED, Geneva N. Y., der gebührende Dank ausgesprochen. Dieser Entwurf ist inzwischen als „Preliminary Butter Report“ im Journal of Dairy Science, Bd. 13, S. 380 bis 405, 1930 erschienen.

eine große Anzahl von Keimen verlieren würde. Am besten läßt sich noch die mikroskopische Prüfung auf Schimmel und Hefen durchführen, indem man ein kleines Stückchen Butter auf dem Objektträger mittels eines Deckgläschens zerquetscht und dann leicht anwärmt; eventuell kann man das Fett auch mit Chloroform weglösen.

Zweckmäßig ist jedenfalls nach dem Vorschlage von HENNEBERG die Anlegung von Federstrichkulturen, deren Technik bereits im Bd. I., Seite 262/63 geschildert ist. Man preßt unter entsprechenden sterilen Vorsichtsmaßregeln das in der Butter enthaltene Wasser aus und vermischt es mit reinlich gewonnener, zur Hälfte mit Wasser verdünnter, steriler Milch. Mit diesem Gemisch werden dann Federstrichkulturen angelegt, die man sofort mittels eines starken Trockensystems studiert, um sie nach weiteren 24 bzw. 48 Stunden nochmals zu untersuchen. Die in Butter wachsenden Organismen sind nach HENNEBERG alle in der Lage, auch in den auf die obige Weise hergestellten Milchtröpfchen zu gedeihen. Die Aufbewahrung und Beobachtung der Federstrichkulturen geschieht zweckmäßig in einem Winkel von 45°. Dies hat den Vorteil, daß die Fettröpfchen aufrahmen und somit das Gesichtsfeld für das Studium der Bakterien freigeben, während man zu gleicher Zeit in der Lage ist, etwa an den Fettröpfchen selbst vor sich gegangene Veränderungen wahrzunehmen. Das Verfahren gestattet einen guten Überblick über die vorhandene Flora und seine Anwendung empfiehlt sich in allen Fällen, auch wenn man zur Plattenkultur schreitet. Die Gründe hierfür sind bereits in Bd. I, Seite 363 angegeben worden.

Für die quantitative Untersuchung von Butter dürfte die Plattenmethode die zweckmäßigste sein. Zu diesem Zwecke muß die Butter folgendermaßen präpariert werden:

Man erweicht die 3 entnommenen Proben gemeinsam in einem Wasserbade von 40° C unmittelbar vor dem Gießen der Platten. Gründliches Durchmischen ist nicht zu vergessen.

An Verdünnungen muß man bei frischer Butter bis zu einer Million anlegen. Im folgenden seien zwecks Orientierung nur einige wenige Anhaltspunkte aus der Literatur gegeben.

LAFAR hat als kleinste Keimzahl in 1 g Butter zirka 6700000 und als höchste zirka 25637000 gefunden. Im Innern ist die Zahl geringer als in den äußeren Teilen, wo sie bis zum 20fachen höher sein kann. Besonders interessant ist in diesem Zusammenhange das von ORLA-JENSEN herrührende Zahlenmaterial in der Zusammenstellung von LÖHNIS (1), da sich die Angaben über die verschiedensten Butterarten unter Berücksichtigung des Alters sowie der Außen- und Innenflora erstrecken:

<table>
<tr><th colspan="2">Keimzahl in je 1 g</th><th>außen</th><th>innen</th></tr>
<tr><td rowspan="6">Süßrahmbutter</td><td>frisch</td><td colspan="2">2500000—4600000</td></tr>
<tr><td>nach 3 Tagen</td><td>35000000—59000000</td><td>12000000—19000000</td></tr>
<tr><td>nach 6 Wochen</td><td>1600000</td><td>480000</td></tr>
<tr><td>frisch</td><td colspan="2">880000—1140000</td></tr>
<tr><td>nach 1 Woche</td><td colspan="2">17000000—18000000</td></tr>
<tr><td>nach 2 Monaten</td><td colspan="2">640000—660000</td></tr>
<tr><td rowspan="3">Bauernbutter aus spontan gesäuertem Rahm</td><td>frisch</td><td colspan="2">11000000—13000000</td></tr>
<tr><td>nach 1 Woche</td><td>12000000—16000000</td><td>2000000</td></tr>
<tr><td>nach 4 Wochen</td><td>2480000—3000000</td><td>80000—640000</td></tr>
<tr><td rowspan="3">Sauerrahmbutter aus künstlich gesäuertem Rahm</td><td>frisch</td><td colspan="2">2000000—11000000</td></tr>
<tr><td>nach 1 Woche</td><td colspan="2">6000000—12000000</td></tr>
<tr><td>nach 2 Monaten</td><td colspan="2">80000—140000</td></tr>
</table>

FETTICK hat sich besonders mit der Vermehrung der Organismen in Butter befaßt und festgestellt, daß in der gesalzenen sowohl wie in der ungesalzenen Butter die Vermehrungsgeschwindigkeit vom 10. bis zum 20. Tage nach Fabrikation am größten war. Die gesalzene Butter erreichte am 52. Tage und die ungesalzene am 106. Tage die höchste Keimzahl, deren absolute Höhe bei der ungesalzenen Butter in der Regel das Doppelte der gesalzenen betrug.

TEICHERT hat die Verteilung der Arten untersucht und in anscheinend nicht sehr guter Butter (wegen der außerordentlich hohen Pilz- und Hefekeimzahl) folgende gefunden:

Bakterien (Milchsäurebakterien)	8599000
Kleinzellige Torulahefen	1326000
Oidium lactis	58000
Rote Hefen	13000
Kahmhefen	2100
Penicillium glaucum	1400
Mucor mucedo	500
Summa:	10000000

Entweder benutzt man die volumetrische oder gravimetrische Methode.

Die volumetrische Methode:

Von der in einem Wasserbad von zirka 40° in einem sterilen ERLENMEYER-Kolben geschmolzenen Probe entnimmt man mittels einer angewärmten Pipette 1 cm³ und stellt davon Verdünnungen her wie im Band I auf Seite 358 angegeben. Bei frischer Butter verdünnt man bis zu 1 Million. Das Wasser in den Verdünnungsflaschen muß ebenfalls auf 40° C erwärmt sein, ebenso die PETRI-Schalen.

Die gravimetrische Methode:

Man wägt 1 g der nicht geschmolzenen Probe auf sterilem, austariertem Papier aus. Das Papier ist vorher mit Alkohol sterilisiert und getrocknet worden. Die Verdünnung erfolgt weiterhin wie bei der volumetrischen Methode.

Untersuchung des Gesamtkeimgehaltes

An Nährböden verwendet man zur Bestimmung der gesamten Bakterienzahl zweckmäßigerweise auch mehrere nebeneinander. Will man aber Vergleiche ziehen, muß man immer genau dieselben Nährböden und Methoden anwenden. Es können folgende Nährböden für die Keimzahlbestimmung in Butter empfohlen werden:

1. Standardnähragar (siehe Bd. I, S. 355) mit 1% Laktose und eventuell Chinablau als Indikator (siehe weiter unten).

2. Milchpulveragar nach AYERS und MUDGE. Dieser gibt die höchsten Keimzahlen und hat folgende Zusammensetzung:

0,3 %	Fleischextrakt (LIEBIG),
0,5 %	Pepton
0,5 %	Magermilchpulver
0,1 %	Dinatriumphosphat + 2 H_2O
1,5 %	Agar
	destilliertes Wasser.

Seine Herstellung (1 Liter) ist wie folgt: Man teilt das nötige Material in 3 Teile:

A.	5 g	Magermilchpulver
	1 g	Dinatriumphosphat
	250 cm³	destilliertes Wasser
B.	3 g	Fleischextrakt
	5 g	Pepton
	250 cm³	destilliertes Wasser
C.	15 g	gewässerten Agar
	500 cm³	destilliertes Wasser.

A. 5 g Magermilchpulver werden in 20 cm^3 kalten, destillierten Wassers aufgelöst und 1 g Dinatriumphosphat dazugefügt, nachdem dieses in 5 cm^3 Wasser vorher gelöst wurde. Das Gemisch wird in ein Wasserbad von 30° C gestellt und langsam auf 60° erwärmt. Dies soll ungefähr 10 Minuten in Anspruch nehmen, bis ein flockiges, graues Präzipitat erscheint. Kochen, bis der Niederschlag weiße Farbe angenommen hat (5 Minuten), verdünnen um $^1/_3$ seines Volumens mit destilliertem Wasser und nochmals 5 Minuten in den Dampftopf stellen! Heiß filtrieren und das Präzipitat mit wenig destilliertem Wasser nachspülen. Auffüllen des Filtrates bis zu 250 cm^3! Die ganze Prozedur soll nicht länger als 20 Minuten dauern.

B. 5 g Pepton und 3 g Fleischextrakt werden unter Erhitzen in 100 cm^3 destillierten Wassers gelöst, filtriert und zu 250 cm^3 aufgefüllt.

C. 15 g gewässerten Agars werden in $^1/_2$ Liter destillierten Wassers autoklaviert und, solange noch heiß, durch Watte filtriert.

A, B und C werden nun zusammengemischt und im Autoklaven sterilisiert. Eine Einstellung der Reaktion ist nicht mehr nötig.

3. Molkenagar:

Labmolke wird mittels Phenolphthaleins und Normalnatronlauge zu einem blassen Rosa neutralisiert und für 10 Minuten auf 90° erhitzt. Nach Abkühlen wird die über dem Bodensatz (Albumin) stehende klare Molke abgehebert. Hierzu fügt man 1,5% Agar und 1% Pepton. Darauf autoklaviert man bei 1 Atm. 20 bis 25 Minuten, stellt die Reaktion, wenn Bedarf vorhanden ist, auf p_H 6,6 bis 6,8 ein und filtriert. Abfüllen zu 100 cm^3 in Erlenmeyer-Kolben und sterilisieren im strömenden Dampf an 3 aufeinanderfolgenden Tagen. (Läßt man die Käsemolke unneutralisiert unter Beibehaltung der übrigen Vorschriften, dann erhält man sauren Molkenagar für Bestimmung der Pilz- und Hefekeimzahl. Siehe S. 413).

4. Kaseinagar nach Frazier und Rupp (wegen Herstellung siehe S. 423). Die Bestimmung der Gesamtkeimzahl auf diesem Agar gibt nach den Untersuchungen von Demeter und Maier von allen laboratoriumsmäßigen Methoden den besten Anhalt für die Qualität und Haltbarkeit von Butter.

Danach können für die Beurteilung von ungesalzener Sauerrahmbutter, die nach den Vorschriften der D. L. G. 10 Tage gelagert worden ist, folgende Grenzzahlen für Gesamtkeimgehalt auf Kaseinagar nach Frazier und Rupp pro 1 cm^3 aufgestellt werden:

Sehr gute und gute Butter soll unter 1000000, keinesfalls aber mehr als 2000000 Keime aufweisen. Besitzt eine Butter mehr als 2000000 Keime, ist sie trotz eventuellen guten Degustationsbefundes als fraglich anzusehen und muß einen entsprechenden Abstrich bekommen; denn sie wird in kürzester Zeit „überständig" werden. Besitzt eine Butter trotz schlechter Punktzahl einen Gesamtkeimgehalt unter 1000000 Keimen, so ist die Ursache der abfälligen Beurteilung in der Hauptsache nicht auf bakteriologischem, sondern auf fütterungs- oder betriebstechnischem Gebiete zu suchen.

Es macht den Eindruck, daß der Kaseinagar ein besonders günstiger Nährboden für jene Organismen ist, die in der Butter unerwünscht sind (siehe auch S. 423).

Je geringer nach Rahn der Gesamtkeimgehalt der frischen Butter, um so mehr Aussicht auf Haltbarkeit besitzt sie.

Der nächste Weg der Kontrolle besteht nun darin, die in der Butter befindlichen

Bakteriengruppen

zu bestimmen, vor allem die Säurebildner, Fettzersetzer, die Eiweißzersetzer, die Coli-Aerogenes-Bakterien und die Pilz- und Hefekeimzahl. Hier sei bemerkt, daß dies natürlich keine in sich geschlossenen Gruppen im botanischen oder physiologischen Sinne sind; denn die Vertreter der Coli-

Aerogenes-Gruppe z. B. beteiligen sich nicht bloß beim Zucker und Eiweißabbau, sondern nach den neuesten Untersuchungen von HENNEBERG auch an der Fettspaltung. Dasselbe gilt auch für die Fluoreszenten. Leider gestattet der Rahmen dieses Abschnittes, der sich in der Hauptsache mit den Methoden befassen soll, nicht, auf die wissenschaftliche Grundlage der Butterkontrolle weiter einzugehen. Diese ist vom Verfasser (DEMETER 3) an anderer Stelle eingehender behandelt worden. Es möge nur bemerkt werden, daß man heutzutage die Fettzersetzung in der Butter mehr auf chemische als bakteriologische Umsetzungen zurückführt, weshalb es aber trotzdem nicht angängig erscheint, die Fahndung nach fettspaltenden Mikrobien in Butter nun ganz zu unterlassen.

Nachweis der Säurebildner

Diese erfaßt man am besten mittels des S. 408 erwähnten 1 %igen Laktosestandardagars, indem man demselben Chinablau als Indikator beigibt.

Säurebildende Kolonien, insbesondere jene der typischen Milchsäurebildner, färben sich intensiv dunkelblau. Man gibt vor dem Gießen der Platten auf 100 cm^3 des verflüssigten Agars 5 Tropfen sterilisierter Chinablaulösung (gesättigte wäßrige Lösung).

Nach den Untersuchungsergebnissen von DEMETER und MAIER an Hand von 278 Butterproben verschiedenster Qualität besteht eine gewisse Tendenz in der Richtung, daß mit niedrigerer Säurebildnerzahl (unter 1 Million) eine bessere Qualitätsbeurteilung Hand in Hand geht. Weiterhin bietet aber die Säurebildnerzahl bei Einzelproben keine sichere Grundlage für die Beurteilung der Qualität von nach den Vorschriften der D. L. G. behandelter Sauerrahmbutter.

Nachweis der Fettzersetzer

Zum allgemeinen Nachweis verwendet man nach HENNEBERGS Vorschlag die oben beschriebene Federstrichkultur mit Vollmilch. Von hier ausgehend, kann man zur Reinkultur schreiten und dasselbe Verfahren auch zu deren Studium verwenden. Die Art und Weise, wie die Fetttröpfchen angegriffen bzw. aufgelöst werden, ist nach HENNEBERG für die einzelnen fettspaltenden Organismen charakteristisch: Die Beschaffenheit der zersetzten Fetttröpfchen wird entweder fein- oder grobkristallinisch oder es bilden sich an ihrer Stelle lange Nadeln (höhere Fettsäuren). In anderen Fällen erfolgt eine gleichmäßige, allmähliche Auflösung. Die Eiweißhüllen der Fetttröpfchen bleiben unter bestimmten Bedingungen lange Zeit erhalten.

Weiterhin empfiehlt HENNEBERG zum Nachweis der Fettzersetzer den Chinablau-Wasseragar. Das Verfahren ist folgendes:

Unmittelbar vor Gebrauch wird Wasseragar mit einer kleinen Menge sterilisierter Butter, die vorher flüssig gemacht wurde, vermischt, und zwar unter Hinzufügen von einigen Tropfen wäßriger gesättigter (zirka 10 %iger) Chinablaulösung (diese wirkt als Indikator und läßt durch Blaufärbung das Freiwerden von Fettsäuren durch die Fettspalter erkennen). Dann gießt man den Chinablau-Wasseragar in sterile PETRI-Schalen aus und läßt erstarren. Hierauf wird von der zu untersuchenden Butterprobe eine dünne Aufschwemmung mittels angewärmten sterilen Wassers hergestellt und über die Oberfläche gegossen oder man streicht die zu untersuchende Butter direkt über die Agaroberfläche aus.

Sind viele Fettspalter vorhanden, so erscheint der ganze Strich schon nach einigen Tagen dunkelblau; im andern Fall sind es nur einzelne blaue Kolonien, die sich von dem ganz schwachblauen Hintergrund gut abheben.

Eijckmann hat zum Studium der Fettzersetzer einen Rinderfettagar angegeben, der hier ebenfalls erwähnt werden mag:

Sterilisierter Rindstalg wird möglichst dünn in einer sterilen Petri-Schale ausgebreitet und nach Erstarren mit 40° warmem Nähragar überschüttet. Nach dem Festwerden wird die Oberfläche mit der zu prüfenden Butteraufschwemmung oder Reinkultur bestrichen, wenn man nicht den Agar selbst schon vorher mit einer entsprechenden Verdünnung aus der zu untersuchenden Probe versetzt hat. Fettspaltende Organismen verursachen eine weißliche Trübung der darunter liegenden Fettschicht (Entstehung weißer Kalkseifen!).

Ein annähernd quantitativer Nachweis von Fettspaltern nach diesen beiden Methoden begegnet großen Schwierigkeiten. Jedenfalls konnten Demeter und Maier bei ihren Untersuchungen an 77 Butterproben keine festen Beziehungen finden zwischen Intensität und Ausmaß der Blaufärbung auf dem Chinablaubutteragar und der jeweiligen Butterqualität. Manchmal machte es ihnen den Anschein, als ob besonders bei kräftigeren Butterausstrichen entweder in der ausgestrichenen Butter den Mikroorganismen noch genügend andere C-Quellen als Fett zur Verfügung standen, um eine Blaufärbung durch Säurebildung hervorzurufen, oder es reichte noch die in der Butter selbst vorgebildete geringe Milchsäuremenge aus, um den Indikator umschlagen zu lassen. Höchstwahrscheinlich wirkten jedoch die beiden Faktoren zusammen.

Zum speziellen, für praktische Zwecke jedoch genügenden Nachweis einiger charakteristischer Fettspalter seien nur ein paar Richtlinien gegeben:

Für Bacterium fluorescens liquefaciens und Bacterium putidum ist Fleischpeptonagar und -gelatine sehr geeignet. Diese Keime bilden darauf gelbgrünen fluoreszierenden Farbstoff. Auf der Gelatine läßt sich auch Proteus vulgaris, der durch unreines Wasser in die Butter gelangt, an seiner charakteristischen Kolonieform unschwer erkennen. Auf Bacterium alcaligenes prüft man auf Agarplatten, denen Bromthymolblau als Indikator (siehe Bd. I, S. 365) zugesetzt wurde. Um die Kolonien herum tritt blaugrüne Verfärbung des Indikators auf. Bacterium prodigiosum erkennt man auf der Agarplatte bereits nach 36 Stunden als winzige rote Pünktchen; die rundlichen, manchmal auch etwas gelappten Kolonien sind mit deutlichem trüben Zentrum versehen und können mitunter auch rosa oder ganz ungefärbt erscheinen. Der Nachweis der Coli-Aerogenes-Gruppe ist in Bd. I, Seite 367 und Seite 370 beschrieben. Die Oidien und das Cladosporium butyri erkennt man an ihrem charakteristischen Aussehen auf angesäuertem Nährbieragar.

Nachweis der Eiweißzersetzer

Zur Prüfung auf peptonisierende Bakterien legt man von der Butter Platten mit Fleischpeptongelatine an, die folgendermaßen hergestellt wird:

In der 60° warmen Fleichextraktpeptonbouillon löst man 0,5 % Kochsalz und 12 % (im Sommer 15 %) Nährgelatine, stellt mittels Phenolphthalein auf Neutralität ein, kocht mit oder ohne vorhergehenden Zusatz von klärendem Mittel (Hühnereiweiß) rasch auf und läßt etwas absitzen. Dann erfolgt Filtrieren mittels eines Heißwassertrichters. Die Gelatine muß an 3 aufeinanderfolgenden Tagen schonend im strömenden Dampf erhitzt werden (nie länger als 15 Minuten), da sie sonst die Fähigkeit zur Gelatinierung verliert. Die endgültige Reaktion soll p_H 7,0 betragen.

Die Peptonisierung gibt sich durch Verflüssigung der Gelatine im Umkreis der Kolonien zu erkennen. Die verflüssigenden Kolonien müssen sofort mit Höllensteinstift abgetupft werden, da sonst die weitere Beobachtung der Platte in Frage gestellt würde.

Da aber das Abtupfen sehr lästig ist und auch die Nichtverflüssigung der Gelatine kein sicherer Beweis für mangelnden Eiweißabbau ist, empfiehlt sich die Anwendung des Seite 423 geschilderten Kaseinagars nach Frazier und Rupp, ganz abgesehen von seiner Brauchbarkeit zur Bestimmung der Gesamtkeimzahl (siehe S. 409).

Demeter und Maier fanden, daß die Bestimmung der Eiweißzersetzer auf Kaseinagar nur dann Anhaltspunkte für schlechtere Butterqualität gibt, wenn ganz hohe Werte erhalten werden. Aber auch in diesem Falle gibt es keine Norm, wenn man Einzelproben betrachtet. Es geht zwar die Qualitätsabnahme von Butter immer mit einer Erhöhung des Gehaltes an löslichem Stickstoff einher (Spitzer und Parfitt), doch hat schon Brown darauf hingewiesen, daß der Eiweißabbau in Butter nicht in unmittelbarem Zusammenhang mit der Butterflora zu stehen braucht.

Die ebenfalls bei Eiweißabbau beteiligten Bakterien der Coli-Aerogenes-Gruppe können nach den in Band I, Seite 367 angegebenen Methoden bestimmt werden. Auf ihr Vorhandensein in Butter pflegt man dann zu schließen, wenn diese „Kuhstall-Aroma“ besitzt oder auch unangenehm bitter schmeckt. Dies ist aber nur bedingt richtig; denn es gibt viele Butterproben, die nach „Kuhstall“ schmecken und dennoch frei von Coli-Aerogenes-Organismen sind.

Nachweis von Milchsäurelangstäbchen

Ihren Nachweis führt man durch Verimpfen von Butter in sterile Lackmusmilch, Bebrüten derselben bei Temperaturen von 25° und 42° C und Verarbeitung dieser Anreicherungskulturen auf Platten mit Trypsinmilchagar oder Kuntze-Agar (siehe S. 399 und 423), wenn dies zur weiteren Identifizierung erwünscht oder notwendig ist.

Milchsäurelangstäbchen sind nach Wolff in Verbindung mit Hefen für einen häufig auftretenden Butterfehler verantwortlich, den man mit „käsig-sauer“ bezeichnet. Sie befinden sich gerne schon im Säurewecker, wenn dieser bei zu hohen Temperaturen gehalten wird (25° C). Vgl. Seite 398.

Schimmelpilz- und Hefekeimzahl

Ihre Verwendung zur Beurteilung der Butterqualität geht auf eine vor wenigen Jahren in Minnesota (U. S. A.) entstandene Gepflogenheit zurück. Nach Stiritz ist sie ein Index dafür, ob der Rahm nach dem Pasteurisieren sachgemäß behandelt wurde. Mehr als 30 Keime von Schimmelpilzen und Hefen sollen in 1 g der frischen fertigen Butter nicht vorkommen. Macy teilt die Butter nach dem Ergebnis der Pilz- und Hefekeimzählung in 4 Gruppen ein: a) 10 oder weniger, b) 11 bis 50, c) 50 bis 100, d) 101 Keime und darüber. Gruppe a) weist auf ungewöhnlich gute Arbeit in der Butterei hin, während Gruppe d) auf schlechte oder mindestens fragwürdige Betriebsführung schließen läßt. Will man die Ursache für die Pilz- und Hefeinfektion erfahren, dann untersucht man auch den Rahm vor und nach Pasteurisieren und wird in den meisten Fällen zu der Feststellung kommen, daß ein schlecht gereinigter Butterfertiger die Hauptursache der Infektion ist. Natürlich ist auch der Rahmleitung, dem Kühler und der Rahmwanne selbst die gebührende Aufmerksamkeit zu schenken, Salz, Wasser, Butterfarbe und Einschlagpapier nicht zu vergessen (siehe S. 428 bis 432).

Von allen Nährböden für Bestimmung der Pilz- und Hefekeimzahl hat sich nach den von Demeter und Maier ausgeführten, bereits des öfteren erwähnten Untersuchungen der von Stiritz und Hill empfohlene Nährbieragar am besten bewährt. Seine Zubereitung ist folgende:

Der Inhalt einer Halbliterflasche wird mit gewöhnlichem Wasser auf 900 cm³ aufgefüllt; Hinzufügung von 15 g Agar, Kochen, Filtration, Abfüllung in Gefäße, Sterilisation. Vor dem Plattengießen werden zu je 100 cm³ fertigen Agars 4 cm³ steriler 5%iger Milchsäurelösung zugefügt.

Der Wert dieses Agars beruht in erster Linie auf der Tatsache, daß sich Kolonien von Bakterien, die oft nur schwer von Hefekolonien zu unterscheiden sind, überhaupt nicht entwickeln.

Wer kein Nährbier zur Verfügung hat, kann natürlich auch sauren Molkenagar (S. 409) oder Bierwürzeagar zu diesen Zwecken verwenden. Liegt dieser bereits in neutralisiertem Zustande vor, dann darf nicht vergessen werden, ihn unmittelbar vor dem Gießen der Platten wieder anzusäuern: 4 cm³ 5%iger steriler Milchsäurelösung zu 100 cm³ Agar. Die entstandene Mischung besitzt eine p_H von 3,4 bis 3,6. Die Ansäuerung darf deshalb erst nach vollendeter Autoklavierung stattfinden, weil sonst der Agar durch die vorhandene freie Säure hydrolisiert würde unter Verlust seines Erstarrungsvermögens.

Nach neueren Untersuchungen von MACY und RICHIE, die vom Verfasser bestätigt werden können, hat sich leider herausgestellt, daß die Bestimmung der Pilz- und Hefekeimzahl keine zuverlässige Grundlage ist, die Qualität einer Butter zu bestimmen. Hierbei sind noch ganz andere Faktoren maßgebend. Die Verwendung der Pilz- und Hefekeimzahl muß also auf solche Fälle beschränkt werden, wo es gilt, die saubere Betriebsführung einer Butterei zu kontrollieren.

Analyse der Platten

Bei Bakterien erfolgt sie am besten nach 5 Tagen bei 20° C und nur, wenn es eilt, bereits nach 2 Tagen bei 37° C. Die Pilz- und Hefeplatten werden entweder nach 3 bis 5 Tagen bei 20° C oder nach 2 bis 3 Tagen bei 25° C ausgezählt. Die Technik beim Auszählen der Bakterienplatten ist dieselbe wie bei Frischmilch. Bei den Pilz- und Hefeplatten werden die Pilze (und Oidien) und die Hefen getrennt gezählt und die Resultate nachträglich zu der Gesamtsumme vereinigt.

Die Anwendung der Katalase- und Reduktaseprobe

Nach WOLFF gibt auch die Katalaseprobe Anhaltspunkte für die Beurteilung von Butter. 100 g Butter werden mit 40 cm³ Wasser bei 45° C geschmolzen und in der bereits in Bd. I, Seite 341 beschriebenen Weise auf Abspaltung von Sauerstoff geprüft. Je mehr andere Keime als echte Milchsäurebakterien in der Butter vorhanden sind, um so höher wird die Katalasezahl sein. Denn Milchsäurebakterien entbehren bekanntlich der Katalase. Bekommt man also einen hohen Wert, dann kann man schließen, daß die Butter entweder aus selbstgesäuertem oder ungenügend pasteurisiertem Rahm hergestellt wurde oder daß sie mit schlechtem Wasser oder sonstwie verunreinigt worden ist.

WEISS und REHSTEINER empfehlen nach ihren Erfahrungen auch die Reduktaseprobe nach BARTHEL und JENSEN (Bd. I, S. 350) zur Qualitätsbeurteilung von Butter. REHSTEINER will damit gute Resultate bei Verunreinigung der Butter mit peptonisierenden, fluoreszierenden und Coli-Bakterien erhalten haben. Eine Norm aufzustellen, war noch nicht möglich. Hierfür fehlen noch die Ergebnisse von auf breiterer Basis ausgeführten Versuchen. Nach unserer Meinung ist die Aussicht hierfür nicht besonders günstig, da gerade eine sehr reine Butter wegen der starken Reduktionskraft der Milchsäurebakterien auch eine sehr kurze Reduktionszeit haben wird (vgl. Bd. I, S. 351 und 353). Etwas anderes ist es, wenn man die Reduktaseprobe mit der Milchgärprobe verbindet. Hiervon mag mehr Erfolg zu erhoffen sein.

Die Anwendung der Reduktaseprobe zwecks Butteruntersuchung ist nach WEISS folgende:

10 g Butter werden in ein weites Reagenzglas eingewogen, worauf dieses in ein auf 40 bis 45° C erwärmtes Wasserbad eingestellt wird. Nach dem Schmelzen der Butter wird diese sofort mit 10 cm³ ebenfalls vorgewärmten sterilen Wassers versetzt,

durchgeschüttelt, nach Zugabe von 0,5 cm³ Methylenblaulösung nochmals gut durchgemischt und wieder ins Wasserbad eingestellt, dessen Temperatur konstant 45° C betragen soll.

Es kommen hierbei nur diejenigen Bakterien zur Wirkung, die bis zur Probenahme in der Butter vorhanden waren. Eine nachträgliche Vermehrung von Bakterien kommt kaum in Betracht, weil diese Temperatur für das bakterielle Leben bereits sehr ungünstig ist (vgl. Bd. I, S. 352).

Käse

Die biologische Kontrolle dieses Molkereierzeugnisses beschränkt sich naturgemäß mehr auf den Fabrikationsvorgang als auf das fertige Produkt. Denn dieses ist das Endresultat einer Kette von Vorgängen (Probiosen, Symbiosen, und Metabiosen), die, einmal abgeschlossen, sich einer nachträglichen biologischen Kontrolle in der Regel entziehen. In den allermeisten Fällen kann es sich daher bei fertigen Käsen nur mehr darum handeln, die Ursache von im Laufe der Reifung entstandenen Schönheitsfehlern zu prüfen.

Das Vordringlichste für den Käser ist, zunächst einmal über sein Ausgangsmaterial, nämlich die zu verkäsende Milch, Bescheid zu wissen. Hierzu benutzt man seit Dezennien schon die Milch- und die Labgärprobe[1]).

Die Milchgärprobe

Sie wird heutzutage nach dem Vorschlag von BARTHEL und JENSEN (siehe auch Bd. I, S. 350) meist mit der Reduktaseprobe kombiniert und dann als Farbgärprobe bezeichnet. Zuerst bestimmt man die Entfärbungszeit mit Beziehung auf die von BARTHEL-JENSEN für die Reduktaseprobe angegebenen Werte, um dann die Gärröhrchen im Wasserbade weiterhin zu belassen, bis Gerinnung eingetreten ist.

Die Farbgärprobe wird folgendermaßen ausgeführt:

40 cm³ Milch werden in ein zirka 50 cm³ fassendes, sauber gereinigtes, besser noch sterilisiertes Gärglas mit Porzellandeckelchen abgefüllt, mit 1 cm³ frisch bereiteter Methylenblaulösung (siehe Bd. I, S. 352) versetzt und gut durchgemischt. Dann kommt die Probe ins Wasserbad bei einer Temperatur von 38 bis 40° C. Zunächst wird nach 12 Stunden geprüft, noch flüssige Proben werden nach 18 Stunden kontrolliert.

Bei der Prüfung achtet man nach HENKEL, ob der Geruch rein normal, normal oder stechend, stichig, hefig, ranzig, stinkend ist, usw.; wieviel Rahm

[1]) Inzwischen haben ZEILER und BERWIG neue „Beobachtungen zur Erkennung der Käsereitauglichkeit der Milch" gemacht. Uns interessiert daran besonders 1. daß die Vereinigung der BARTHEL-JENSENschen Reduktaseprobe mit der Labgärprobe eine vorteilhafte Kombination ist, 2. daß die Labgärprobe weitaus zuverlässigere Anhaltspunkte für die Käsereitauglichkeit gibt als die Milchgärprobe. So konnte z. B. von dem Ergebnis guter Milchgärproben nicht auf den Ausfall der Labgärproben, wohl aber umgekehrt aus dem Ergebnis der guten Labgärproben auf den Ausfall der mit der gleichen Milch angesetzten Milchgärproben Rückschlüsse gezogen werden. Ein Vergleich des Milchgär- bzw. Labgärprobenresultates mit der Beschaffenheit von aus gleicher Milch hergestelltem Käse zeigte, daß nur die allerschlechtesten Milchgärproben wirklich auch fehlerhafte Käse erwarten lassen, indes gute Milchgärproben keinerlei Anhaltspunkte dafür geben, ob die Käse gut oder schlecht ausfallen werden. In dieser Beziehung leistet die Labgärprobe die weitaus besseren Dienste. Als Nebenergebnis zeigte sich, daß die Labgärprobe auch vorteilhaft zum Nachweis schädlicher Infektionen von Frischmilch (durch Milchkannen und Melkmaschinen) verwendet werden kann.

sich abgeschieden hat, ob die Rahmdecke aufgewölbt und mit Blasen durchsetzt ist, ob unter dem Rahm eine kleine Schicht gelblichgrüner, wäßriger Flüssigkeit ist, ob beim vorsichtigen Abheben der Rahmdecke der Rahm nicht fadenziehend erscheint; man erkennt dies auch, indem man ein spitzes Hölzchen in den Rahm eintaucht und zusieht, ob an diesem ein Rahmfaden hängen bleibt, und wie lange der Faden sich ziehen läßt, bis er abreißt; ob und wann Gerinnung eingetreten ist; ob die Milch gleichmäßig porzellanartig geronnen oder flockig, ziegerig, fetzig geronnen ist; ob sich Molke ausgeschieden hat, wieviel, ob diese klar, trüb milchig ist, usw.; ob sich nicht am Boden grießiges, körniges Gerinnsel, Eiter und Schmutz abgesetzt hat, ob das Gerinnsel sich nicht an die Wand angehängt oder durch Lab zu einer Art Käschen zusammengezogen hat, usw., oder mit Gasblasen durchsetzt oder durch Gasbildung zerrissen und emporgehoben ist; ob der Geschmack des Rahmes oder der Milch süß, rein säuerlich, bitter, salzig-räß ist. (Hat man viele Proben zu prüfen, so kann man, um einer Abstumpfung des Geschmackes entgegenzuarbeiten, den Mund mit etwa 1- bis 3%iger Perhydrollösung ausspülen.)

Die Beurteilung des Geruches und Geschmackes gehört zum Wichtigsten bei der Milchgärprobe. Bei fehlerhaftem Geruch und Geschmack muß die Punktzahl, die sich an Hand der folgenden Gärprobenbilder[1]) (Abb. 2) ergibt, wesentlich herabgedrückt werden.

Beurteilung und Punktierung der Milchgärprobe (vgl. Abb. 2)

Gruppe I: Sehr gute Milch, noch flüssig oder gallertig geronnen (reine Milchsäuregerinnung durch Streptococcus lactis).

1. Probe noch flüssig (5 Punkte). 2. Probe gallertig geronnen (5 Punkte). 3. Probe gallertig geronnen mit etwas Molkenausscheidung (4 Punkte).

Gruppe II: Verdächtige Milch, gallertige Gerinnung mit viel Molkenausscheidung, grießige oder leicht ziegerige Gerinnung, auch flüssige Proben mit Gasbildung (grießige und leicht ziegerige Gerinnung oft von Laktosehefen mitverursacht).

4. Probe gallertig mit leichter Gasbildung unter der Rahmdecke (3 Punkte). 5. Probe grießig geronnen, Gerinnsel noch gleichmäßig im Glas verteilt (3 Punkte). 6. Milch noch flüssig, mit Gasbildung unter der Rahmdecke (meist bitterer Geschmack) (3 Punkte). 7. Probe grießig geronnen, viel Molkenausscheidung, ungleichmäßiges Gerinnsel (aerobe Sporenbildner) (2 Punkte). 8. Probe käsig geronnen, viel Molke abgeschieden (labbildende Bakterien) (2 Punkte). 9. ziegerige Gerinnung, Käsestoff zerrissen (entsteht durch gleichzeitige Tätigkeit von Milchsäurebakterien und Labbildnern und tritt auch bei recht rein gewonnener Milch auf) (2 Punkte).

Gruppe III: Schlechte Milch, ziegerig geronnen oder gebläht (Hauptursache Bacterium coli und Bacterium aerogenes).

10. Ziegerige Gerinnung, Käsestoff stark zerrissen und an den Wänden hängend (1 Punkt). 11. ziegerige Blähung, Gerinnsel schwimmt obenauf (0 Punkte.) 12. Blähung, Gerinnsel über Deckel gehoben (0 Punkte).

Peter (1) stellte vor Jahren folgende 5 Milchgärprobentypen (für Emmentalerkäserei) auf und Düggeli charakterisierte diese bakteriologisch wie folgt:

[1]) Für deren freundliche Überlassung sei Herrn Landwirtschaftsrat K. Zeiler und Herrn Diplomlandwirt A. Berwig der gebührende Dank ausgesprochen. Die obige Beurteilung der Milch- (sowie der Labgärproben weiter unten) ist in erster Linie für Weichkäserei maßgebend und wurde in dieser Form nach jahrelanger Erfahrung im Zusammenhang mit der in der Süddeutschen Versuchs- und Forschungsanstalt für Milchwirtschaft durchgeführten Qualitätsbezahlung festgelegt.

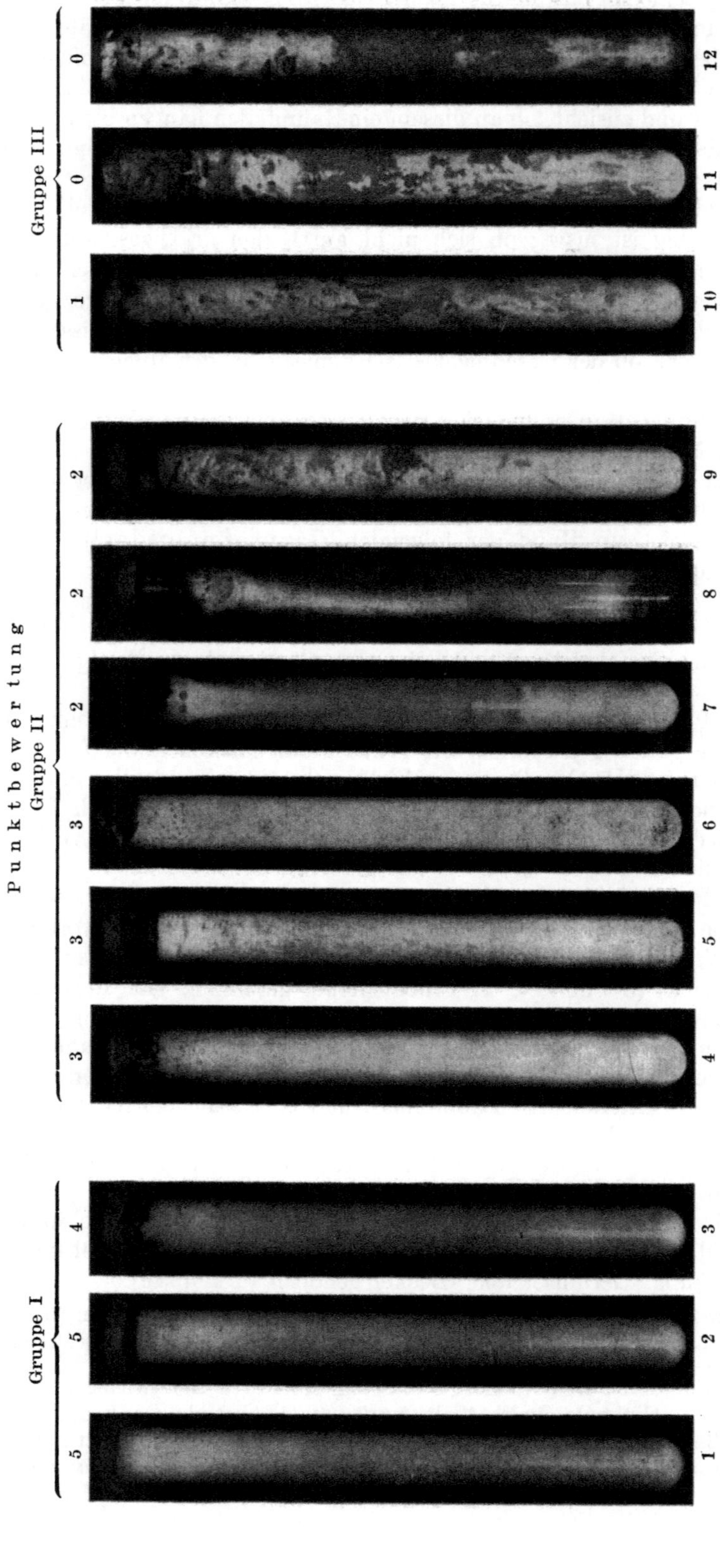

Abb. 2
Bilder zur Beurteilung der Milchgärprobe (höchste Punktzahl: 5)

1. flüssig: Große Armut an Mikroorganismen überhaupt, Streptococcus lactis, Coli-Aerogenes-Gruppe, Gelatine verflüssigende und nicht verflüssigende Kokken.

2. gallertig: Vorherrschend Streptococcus lactis, daneben abwechselnd Buttersäurebazillen, Coli-Aerogenes-Gruppe, Bacterium fluorescens, verschiedene andere Kurzstäbchen und Gelatine verflüssigende Kokken;

3. grießig: In der Regel Streptococcus lactis, daneben abwechselnd Coli-Aerogenes-Gruppe, verflüssigende und nicht verflüssigende Kokken, in einem Fall Bacillus mesentericus und in einem anderen Bacterium casei ε;

4. käsig-ziegerig: Streptococcus lactis in größeren Mengen sowie Gasbildner (Aerogenes) und Kokken, in 2 Fällen ausschließlich Bacterium coli;

5. Blähung: Vorherrschend Coli-Aerogenes-Gruppe, daneben Streptococcus lactis und vereinzelt verflüssigende und nicht verflüssigende Kokken, Bacterium casei ε und Bacillus mesentericus (Hauptursache der Preßlerkäse).

Wo fadenziehende Molke aufgetreten war (dies ist bei den Typen 2 bis 5 möglich), fand DÜGGELI als Ursache hauptsächlich „viskose Rassen" von Streptococcus lactis und Bacterium casei ε (Syn. Thermobacterium helveticum), daneben auch Coli-Aerogenes-Organismen, Bacterium prodigiosum, verschiedene Kokken und Oidien. DÜGGELIS Ergebnisse können sinngemäß auch für die bakteriologische Beurteilung der von uns angegebenen Gärprobentypen verwendet werden.

DEMETER und ORDOLFF fanden (in einer noch unveröffentlichten Arbeit), daß die schlechten Milchgärproben vorwiegend von keimarmer Milch erhalten werden, während unter den guten und besten Gärproben diejenigen den höheren Prozentsatz ausmachen, die von sehr keimreichen und den keimreichsten Milchen stammen. Also im großen Ganzen: Je höher der Keimgehalt, desto besser die Gärprobe. Dies steht in einem gewissen Widerspruch dazu, daß in den beiden erwähnten Schematas die noch flüssige Milchgärprobe die beste Beurteilung erfährt. Die Erklärung dafür ist aber in der Tatsache zu suchen, daß keimarme Milchen, die wenig oder fast gar keine Milchsäurestreptokokken besitzen, gerne mangels der Konkurrenz der echten Milchsäurebildner eine für den Ausfall der Gärprobe ungünstige Flora entwickeln (Coli-Aerogenes, labbildende Kokken und Sporenbildner). Eine keimarme Milch wird also nur in dem ziemlich seltenen Falle eine erstklassige Milchgärprobe geben, wo die Bakterienflora auch der Art nach sehr einheitlich (aus reinen Säurebildnern) zusammengesetzt ist.

Die Labgärprobe

In der Labgärprobe hat man im allgemeinen eine viel günstigere Möglichkeit, auf Kästereitauglichkeit zu prüfen, weil die Bedingungen etwas mehr denen der Käserei entsprechen. Gas kann nicht mehr so völlig entweichen, sondern wird zum größten Teil in dem gebildeten kleinen Käschen festgehalten.

Die Labgärprobe wird wie die Milchgärprobe angesetzt, nur daß vorher der Milch 2 cm³ Lablösung zugefügt wurden. (Die Lablösung stellt man so her, daß man eine kleine HANSENsche Labtablette — $\frac{1}{2}$ g — in 500 cm³ reinen Wassers löst unter Zugabe von 2 Teelöffel Kochsalz.) Die Kontrolle geschieht nach 12 Stunden, die Käschen werden herausgenommen und in der unteren Hälfte mit dem Messer angeschnitten, um die innere Struktur zu sehen, wie Abb. 3 zeigt.

Auch die Labgärprobe läßt sich nach ZEILER und BERWIG in vorteilhafter Weise mit der Reduktaseprobe verbinden.

Beurteilung der Labgärprobe (vgl. Abb. 3)

Gruppe I: Oberfläche glatt; gerade, feste, griffige Käschen, keine Lochbildung.

1. Normales, glattes, griffiges Käschen; 2. Käschen etwas geschichtet (kein Fehler, entstanden durch schichtenweise Gerinnung); 3. Käschen geschichtet, am Kopfe zerissen (kein Fehler, entstanden durch zu niederen Wasserstand im Gärapparat).

Gruppe II: Oberfläche glatt, leicht geknicktes, geschichtetes oder infolge nicht genügender Reife der Milch weiches Käschen.

4. Käschen leicht geknickt, geschichtet, fest, Äußeres etwas rauh (durch hohe Reife der Milch); 5. Käschen leicht am Kopf geknickt, geschichtet, einzelne kleine Löcher durch eingeschlossene Luft beim Vermischen der Lablösung mit Milch; 6. weiches Käschen, Milch hat eine sehr geringe Keimzahl, aber günstige Bakterien, niederer Säuregrad.

Gruppe III: Oberfläche glatt, Käschen wenige Löcher, leicht grießig bzw. pockerig.

7. Käschen mit schönem, festem Griff, innen einzelne Löcher; 8. Käschen mit festem Griff und einzelnen Löchern, außen zerrissen infolge rascher Erwärmung und sofortiger Gerinnung der Milch an der Glaswandung; 9. Käschen mit hartem Griff, innen leicht grießig; 10. Käschen mit hartem Griff, innen geschichtet.

9. und 10.: Milch besitzt eine hohe Reife (Säuregrad um 8 S. H.), reine Milchsäurebakterienflora, keine Blähungserreger.

Gruppe IV: Oberfläche leicht narbig, Käschen haben größere bis mittlere Löcher oder sind weich und außen schleimig.

11. Käschen langgestreckt, mittelgroße Löcher; 12. Käschen gekrümmt, mittelgroße Löcher; 13. Käschen geschichtet, viele mittlere Löcher, oben aufgerissen infolge Anklebens an der Glaswand; 14. Käschen weich und schleimig, doch ohne Lochbildung, sehr keimarme Milch.

Gruppe V: Oberfläche narbig, viele große und kleine Löcher oder schleimig, sehr weich.

15. Viele große Löcher, doch Griff noch fest; 16. viele kleine Löcher (Nißler); 17. Käschen viele mittelgroße Löcher, außen schleimig; 18. Käschen sehr weich und schleimig.

Gruppe VI: Oberfläche narbig zerissen, Käschen stark nißlig oder gebläht, zusammengezogen, schwammig oder reine Säuregerinnung.

Gruppe I (10 Punkte) Gruppe II (8 Punkte)

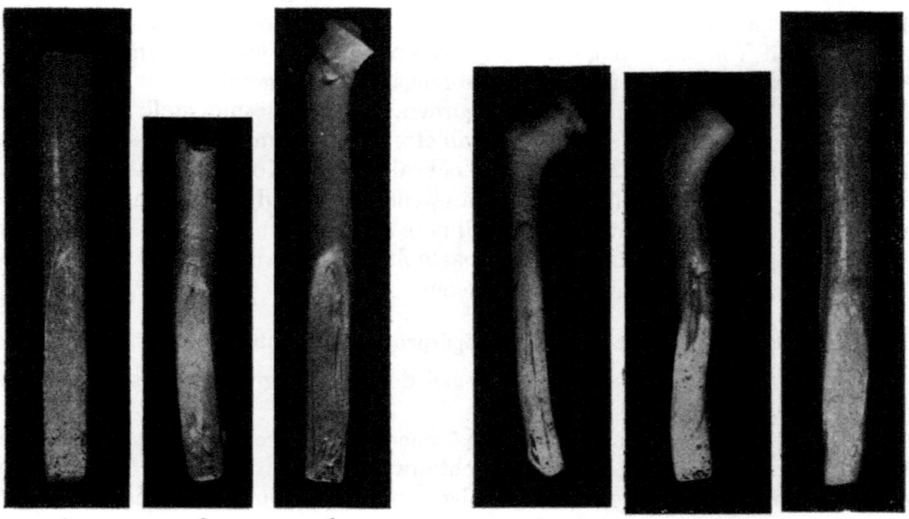

1 2 3 4 5 6

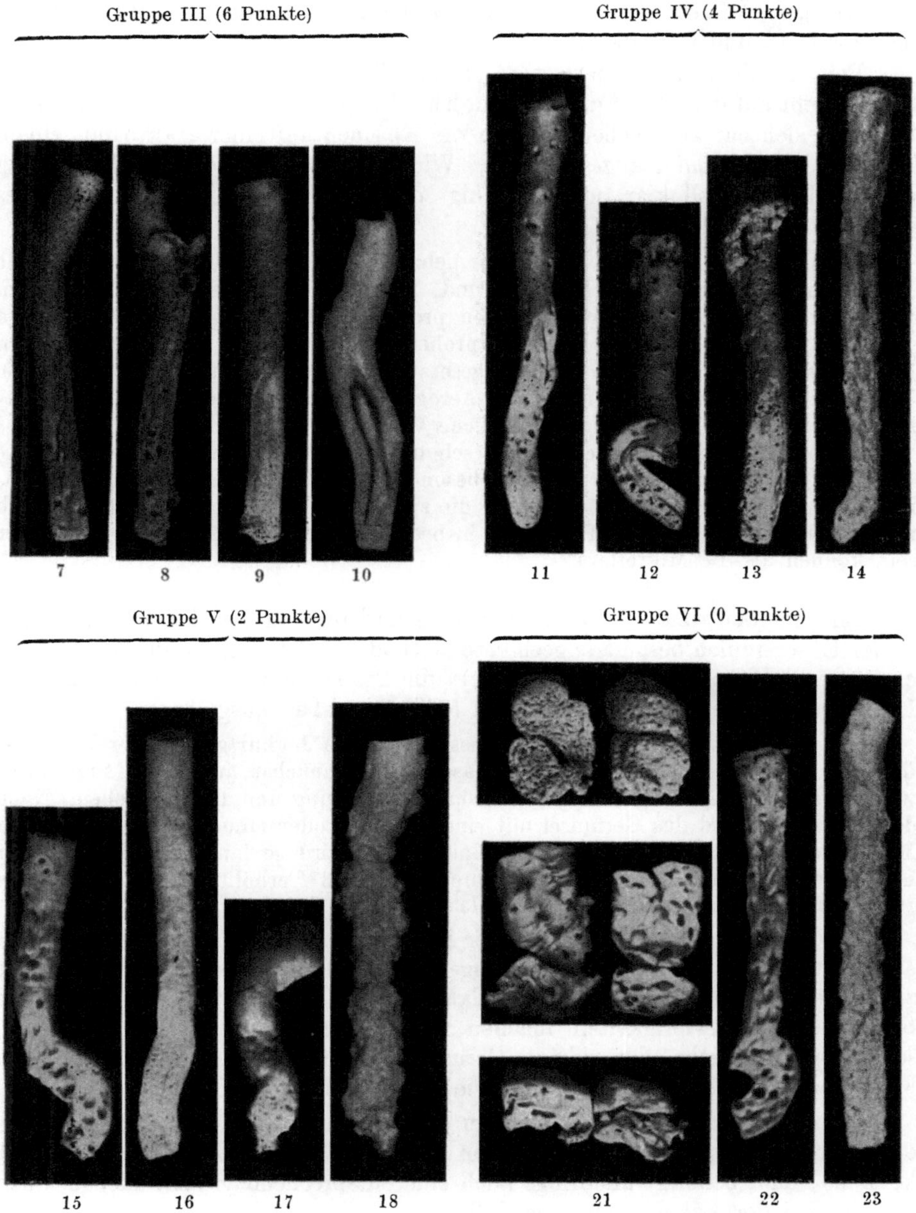

Abb. 3. Bilder zur Beurteilung der Labgärprobe (höchste Punktzahl: 10)

19. Käschen stark nißlig, Pfropfen (Käschen schwimmt an der Oberfläche des Gärzylinders); 20. und 21. Käschen gebläht, Pfropfen, schwimmt an der Oberfläche des Gärzylinders; 22. Käschen stark gebläht, schwammig; 23. Milch durch reine Säuregerinnung ausgefällt, grob-grießige, weiche Masse (das Lab ist infolge der bereits sehr hohen Säure gar nicht mehr zur Wirkung gekommen).

Zusammenfassung der Gruppen und Punktbewertung

Gruppe I und II: Milch sehr gut käsereitauglich (10 und 8 Punkte).

Gruppe III und IV: Milch noch käsereitauglich, die Fehler dürfen jedoch nicht im Übermaß auftreten (6 und 4 Punkte).

Gruppe V und VI: Milch, die Käsefehler (geblähte und nißlige Käse) hervorruft (2 und 0 Punkte).

Bei der Beurteilung darf weniger auf die äußere Form gesehen werden als vielmehr auf den Griff und die Lochbildung des Käschens. Um die innere Struktur sichtbar zu machen, werden die Käschen auf einer Hälfte mit einem scharfen Messer schief angeschnitten. Wichtig ist auch noch die Beurteilung der Molke (sie soll klar, nicht milchig sein) und ferner die Feststellung des Geruches und Geschmackes.

Demeter und Ordolff haben an mehr als 400 Labgärproben vergleichende Keimzahlbestimmungen durchgeführt und gefunden, daß bei den schlechtesten Labgärproben die keimreichsten Milchen prozentual am wenigsten vertreten sind und daß die guten und besten Labgärproben mit Vorliebe von den keimärmeren Milchen herrühren (vgl. das entgegengesetzte Ergebnis bei der Milchgärprobe!). Weiterhin fanden sie, daß sich der Coli-Aerogenes-Gehalt für die Labgärprobe empfindlicher auswirkt als für die gewöhnliche Gärprobe.

Im übrigen machten auch sie die schon von früheren Autoren her bekannte Erfahrung, daß bei der Labgärprobe wie besonders auch bei der Gärprobe die physikalischen und chemischen Vorgänge sowie die spezifische Zusammensetzung der Milch mitunter für den Ausfall der Probe und insbesondere des Käses selbst bestimmender sein können als die Mikroflora.

Eine für den rohen Nachweis von Gasbildnern und anderen Schädlingen in der Käsereimilch besonders geeignete Methode ist der sogenannte Wisconsin curd test (Wisconsin-Käsebruchprobe); die Probe hat viel Ähnlichkeit mit der Labgärprobe und wird nach Hammer folgendermaßen ausgeführt:

Die Milchen kommen in ¼ Liter fassende sterile Joghurtgläser oder Weithalsflaschen, worin sie vermittels eines Wasserbades zunächst auf 32° C angewärmt werden, dann erfolgt Zugabe von 10 Tropfen Lablösung und Durchmischen. Nach dem Dicklegen wird das Gerinnsel mit einem sterilen oder mindestens ausgekochten Messer zerschnitten. Die sich ansammelnde Molke wird so lange entfernt, bis der Bruch frei davon ist. Dann wird die Temperatur auf 37° erhöht und bis zu der nach 10 bis 12 Stunden erfolgenden Kontrolle auf dieser Höhe gehalten.

Ist der Bruch durchweg von fester Konsistenz, zeigt er keine Schleimigkeit an der Oberfläche und besitzt er angenehmen Geruch, dann kann man mit ziemlicher Sicherheit damit rechnen, daß die Milch frei ist von Organismen, die beim Käsen Schwierigkeiten machen. Sind dagegen Gaslöcher vorhanden, schleimige Oberfläche oder widriger Geruch, dann ist die Milch käsereiuntauglich. Manchmal kann das Gerinnsel sogar wie ein durchlöcherter Schwamm aussehen.

Der Vorteil dieser Probe gegenüber der Labgärprobe besteht darin, daß die die Probe begleitenden Umstände den Verhältnissen der Praxis etwas näher kommen; man benötigt allerdings auch eine entsprechend größere Menge Milch als dies bei der Labgärprobe der Fall ist.

Die genauere Kontrolle der Käsereimilch geschieht nach den bei der Frischmilch und der pasteurisierten Milch im ersten Band angegebenen Methoden, wobei besonders auf den Nachweis von aeroben und anaeroben Gasbildnern der größte Wert zu legen ist (siehe Bd. I, S. 363, 367/68 u. 370). Auch bei der weiteren, eigentlichen Käsereikontrolle können diese Verfahren Anwendung finden, indem man zum Impfen steril zerriebene Käsestückchen verwendet.

Eigentliche Käsereikontrolle

Während der weiteren Fabrikation auftretende Fehler müssen von Fall zu Fall untersucht werden, und es läßt sich wegen der verschiedenartigen Herstellungsmethoden keine allgemeine Richtlinie geben. Man muß es dem Empfinden der die Betriebskontrolle ausführenden Persönlichkeit überlassen zu entscheiden, in welcher Richtung man bei der Untersuchung vorgeht. Es wird sich z. B. bei Störungen in den ersten Fabrikationstagen meist um eine fehlerhafte Milchsäuregärung[1]) oder um Gasbildung durch Coli-Aerogenes-Bakterien handeln. Später kommen Reifungsfehler in Betracht, die auf Mangel an den geeigneten peptonisierenden Bakterien zurückzuführen sind, soweit diese überhaupt in der Lage sind, ihre Tätigkeit unter den bestehenden Bedingungen (z. B. zuviel Säure) zu entfalten. Mangelnde oder falsche Schimmelbildung bei Camembert kann z. B. ebenfalls der ganzen Reifung beim Camembert eine andere Richtung geben. In diesem Falle muß bei Nichtreifen entweder auf zu viel Säure oder auf fehlerhaften Schimmel untersucht werden. Dies sei nur ein Beispiel.

Technik der Probenahme und Verarbeitung

Sofern nicht eine Untersuchung der äußeren Rinde in Betracht kommt, werden Käse, deren Größe oder Konsistenz es gestattet, zwecks Probenahme am besten auseinandergebrochen und nicht geschnitten. Auf diese Weise gelangt man am sichersten und ohne irgendwelche Infektionsgefahr zu jener Käseschicht, die man gerade zur Untersuchung benötigt. Bei Laibkäsen größeren Formats wie z. B. beim Emmentaler, ist natürlich ein solches Vorgehen unmöglich. Hier wird zweckmäßig ein Böhrling entnommen, und zwar auf die Weise, daß man an der beabsichtigten Bohrstelle die Oberfläche vorher mit Alkohol sterilisiert und ebenso den Bohrer; an diesem wird der Alkohol mittels Flamme abgebrannt. Den erhaltenen Böhrling bricht man durch und entnimmt die zu untersuchende Käseprobe dem inneren Teil der Bruchstelle.

Will man unter Anwendung der Plattenmethode quantitativ arbeiten, wiegt man ganz bestimmte Mengen, am besten 1 g Käse, auf einem vorher mit Alkohol sterilisierten und getrockneten Filtrierpapier aus.

Das Käsestückchen selbst kommt zwecks weiterer Verarbeitung in eine mit Alkohol ausgewaschene und samt Pistill abgeflammte Reibschale, wo es mit der vielfachen Menge sterilen Wassers verrieben wird. Dieses entnimmt man einer 99 cm³ Wasser enthaltenden Verdünnungsflasche, und zwar in der Menge als es nötig ist, um beim Verreiben eine milchige Flüssigkeit zu erhalten, die dann in eine zweite bereitstehende, leere sterile Verdünnungsflasche gegossen wird. Mit dem noch in der ersten Flasche befindlichen Rest Wasser wird die Reibschale und das Pistill sorgfältig nachgespült und das Waschwasser ebenfalls zur Aufschwemmung in der zweiten Flasche gegeben. In dieser befindet sich dann 1 g Käse aufgeschwemmt in 99 cm³ sterilen Wassers. Von hier ausgehend werden dann die weiteren Verdünnungen nach dem in Band I, 1. Teil, Seite 358, gegebenen Schema hergestellt.

Die Verdünnungen müssen sehr hoch gewählt werden, besonders bei jungen Käsen, da bei diesen die Keimzahlen bis in die Milliarden gehen können. In reifen Käsen genügen mitunter Verdünnungen bis zu 10000 oder noch weniger. Am Rand findet sich wieder ein höherer Keimgehalt als im Innern. Auch ist die Flora der Art nach eine ganz verschiedene.

Keimbestimmung

Was die Bestimmung der Gesamtkeimzahl anlangt, so kommt es auf diese bei der Käsereikontrolle im engeren Sinne nur in den seltensten Fällen an; denn sie besagt eigentlich nur sehr wenig. Dazu kommt noch, daß es bei

[1]) Auch Bakteriophagie mag mitunter im Spiele sein. Siehe DEMETER: Bakteriophagie und Landwirtschaft. Fortschr. d. Landwirtschaft, 3. Jg. 1928.

Verwendung des Kulturverfahrens beim Käse noch weniger als bei irgendeinem anderen Molkereierzeugnis möglich ist, mittels eines und desselben Nährbodens die verschiedenartigsten Keime nebeneinander zu erhalten. Viel wichtiger sind die vorhandenen Bakterienarten. Erst innerhalb dieser hat die zahlenmäßige Verteilung eine größere Bedeutung.

Die mikroskopische Untersuchung

Es empfiehlt sich in allen Fällen, neben dem Kulturverfahren auch eine mikroskopische Analyse der zu untersuchenden Käseprobe durchzuführen, zum mindesten nach der qualitativen Richtung. Erst dann hat man eine gewisse Kontrolle, ob auch alle im mikroskopischen Gesichtsfelde sichtbaren Keime auf den Platten angegangen sind. GORINI hat die mikroskopische Methode zuerst in größerem Umfang für das Studium der Reifung des Granakäses verwendet, TROILI-PETERSSON tat dies bei schwedischem Güterkäse und HUCKER hat sie quantitativ für die Untersuchung des Cheddarkäses ausgearbeitet.

Das Verfahren ist folgendes:

Ein kleiner Würfel (1 cm² Schnittfläche) der zu untersuchenden Käseprobe wird mittels der üblichen histologischen Technik in Paraffin eingebettet und mit Hilfe eines Mikrotoms in 5 μ dicke Scheiben geschnitten. Sämtliche Bakterien, die auf einem Scheibchen vorhanden sind, entsprechen dem Inhalt einer Käsemasse von 1 cm² $\times$ 0,005 mm. — Wird der Tubus des Mikroskops unter Verwendung einer Ölimmersion so eingestellt, daß der Durchmesser des Gesichtsfeldes 0,14 mm entspricht, dann sieht man in einem Gesichtsfeld den Bakteriengehalt von $^1/_{13\,000\,000}$ g, das heißt: jeder im Gesichtsfeld beobachtete Keim bedeutet eine Keimzahl von 13 Millionen pro 1 g Käse.

Um die Keime sichtbar zu machen, verwendet man entweder die bei der BREEDschen Methode übliche Methylenblaulösung (Bd. I, S. 345) oder man färbt nach GRAM (Bd. I, S. 363 bis 364). Nach Angabe von LÖHNIS (2) kann man die Präparate auch für 5 Minuten in ein Schälchen legen, das 5 cm³ Chloroform und 1 cm³ konzentrierte alkoholische Methylenblaulösung enthält. Nach Ablaufen des Chloroforms wird mit Wasser nachgespült und getrocknet.

Hat man es speziell auf Sporenbildner (besonders anaerobe) abgesehen, empfiehlt sich auch die Anfertigung eines Sporenfärbungspräparates (nach MÖLLER und FRÄNKEL, mit einer kleinen Abänderung hinsichtlich der Nachfärbung).

Technik: Nach Anfertigung und Lufttrocknung des Präparates wird mit 5%iger Chromsäure kalt oder mit 5%iger Karbolsäure unter Erwärmen 1 bis 2 Minuten gebeizt. Abspülen mit Wasser. Erwärmen mit Karbolfuchsin (1 g Fuchsin, 5 g Karbolsäure, 10 g Alkohol und 90 g destilliertes Wasser) bis zur Dampfbildung, etwa 1 Minute. Differenzieren mit 5%iger Schwefelsäure, bis die rote Farbe fast verschwunden ist. Abspülen mit Wasser und trocknen. Nachfärben eventuell mit dem eben erwähnten Gemisch von Chloroform und alkoholischer Methylenblaulösung. Nach Ablauf desselben abspülen mit Wasser und trocknen. Es muß sehr vorsichtig gearbeitet werden, damit sich der Ausstrich im Verlauf der Prozedur nicht vom Objektträger ablöst.

Die Sporen erscheinen rot und die Bakterienkörper blau.

Legt man weniger Wert auf eine quantitative Untersuchung, dann genügt es vollauf, von dem mit einem sauberen Messer möglichst glatt durchgeschnittenen Käsestückchen ein sogenanntes Klatschpräparat anzufertigen. Man drückt die Schnittfläche sachte auf einen sauberen Objektträger und färbt die am Objektträger haften gebliebenen Bakterien wie soeben angegeben.

Je nach der Art, wie die Bakterien im Käse bzw. in den Präparaten zerstreut erscheinen, unterscheidet GORINI eine Zerstreuungsform (hauptsächlich bei jungen Käsen) und eine Anhäufungsform (hauptsächlich bei alten Käsen), während RODELLA auf Grund seiner an Klatschpräparaten gemachten Studien für die Anhäufungsform den Namen Reifungszentrum vorgeschlagen hat.

Kulturverfahren

Die Art der Probenahme und Herstellung der notwendigen Verdünnungen usw. sind bereits weiter oben besprochen worden. Man benutzt für jede Organismengruppe, auf deren Vorhandensein man prüfen will, einen besonderen, ihr zusagenden Nährboden. Im folgenden seien die Nährböden aufgeführt, die man sich zweckmäßigerweise für käserei-bakteriologische Untersuchungen bereithält:

1. Standardnähragar mit oder ohne 1% Laktose und Bromkresolpurpur (siehe Bd. I, S. 365) und Milchpulveragar (S. 408) für Milchsäure- und andere gewöhnliche Bakterien. Der Milchpulveragar dürfte sich vielleicht noch am besten für eine eventuelle Bestimmung der „Gesamtkeimzahl" eignen.

2. Agar mit trypsinverdauter Milch (S. 399), KUNTZES Peptonmilchagar (S. 400), Kaseinagar nach KULP und RETTGER (S. 401) oder Peptonmolkenagar (ungesäuert, siehe S. 409) für den Nachweis anspruchsvollerer Milchsäurebakterien (Langstäbchen). Besonders günstige Bedingungen bietet für ihre Entwicklung die Anwendung der BURRIschen quantitativen Ausstrichkultur auf Schrägagar (nach persönlicher Mitteilung von BURRI; wegen Technik siehe Bd. I, Tl. 1, S. 361).

3. Kaseinagar nach FRAZIER und RUPP, gewöhnlicher Kalziumkaseinatagar, Kaseingelatine und Fleischpeptongelatine zum Nachweis der eiweißspaltenden Organismen.

Der Kaseinagar nach FRAZIER und RUPP wird folgendermaßen hergestellt:

3,5 g Kasein werden für 15 Minuten in 150 cm³ destillierten Wassers eingeweicht unter nachträglicher Zufügung von 72 cm³ gesättigten Kalkwassers. Die Mischung wird geschüttelt, bis das Kasein fast gelöst ist, worauf noch 0,35 g Kaliumzitrat zugefügt werden, bis sich unter Fortsetzen des Schüttelns das Kasein völlig gelöst hat. Dann wird unter Zufügen von 10 cm³ doppeltstarker Fleischbouillon das Ganze bis zu 300 cm³ aufgefüllt. Hiezu werden dann 100 cm³ einer 0,15%igen Kalziumchloridlösung und 100 cm³ einer Phosphatlösung zugefügt, die 0,105 % $Na_2HPO_4 \cdot 2\,H_2O$ (SÖRENSENS Phosphat) und 0,035 % KH_2PO_4 enthält und eine p_H von 7,4 besitzt. Die somit erhaltenen 500 cm³ Kaseinlösung werden zu 50 cm³ in 200-cm³-ERLENMEYER-Kolben abgefüllt und 15 Minuten bei 1,5 Atm. sterilisiert. Die p_H-Zahl sollte nach Autoklavieren 7,0 betragen und die Lösung opaleszierenden Charakter besitzen. In gleicher Weise werden dann Flaschen mit 50 cm³ destillierten Wassers und 3 % Agar sterilisiert. Erst kurz vor Gebrauch wird die heiße Agarlösung in die ebenfalls angewärmte Kaseinlösung gegeben und gründlich gemischt. Die endgültige Mischung erträgt das Autoklavieren nicht mehr, wohl aber ein nicht zu oft wiederholtes Flüssigmachen in strömendem Dampf, wobei der Agar jedesmal flockiger wird, bis er durch Klumpenbildung unbrauchbar wird.

Stellt man an den Kaseinagar keinerlei Schönheitsanforderungen, kommt es insbesondere, wie im vorliegenden Falle, nur auf den Nachweis der proteolytischen Bakterien ohne Rücksicht auf andere darauf wachsende Keime an (vgl. S. 409), dann tut auch der gewöhnliche Kalziumkaseinatagar gute Dienste. Nach einem Rezept von KLIMMER wird dieser wie folgt hergestellt:

Unmittelbar vor Gebrauch gibt man 1 Teil 4%ige Kalziumkaseinatlösung zu 3 Teilen verflüssigten und noch heißen Nähragars nachfolgender Zusammensetzung. Die Mischung ist sogleich in Platten auszugießen; sie verträgt die Sterilisierung nicht.

Die 4%ige Kalziumkaseinatlösung erhält man durch Auflösen von 6 g Caseinum purum HAMMARSTEN (Merck) in 150 cm³ ²/₃ gesättigten Kalkwassers. Nach erfolgter Lösung, die man am besten im Schüttelapparat vornimmt, wird das Präparat zu je 25 cm³ abgefüllt, sterilisiert und in Vorrat genommen.

Der Agar besteht aus Pepton 5 g, LIEBIGschem Fleischextrakt 3 g, Agar-Agar 30 g, destilliertem Wasser 1000 cm³, $p_H = 7{,}5$. Der fertige Agar wird zu je 75 cm³ abgefüllt, sterilisiert und in Vorrat genommen.

Für die Verwendung und Herstellung der Fleischpeptongelatine gilt das Seite 411 und weiter unten Gesagte.

Die Kaseingelatine stellt man folgendermaßen her:

50 g reines Kasein wird mit 15 g Ätznatron in 1 Liter Wasser unter Erwärmen gelöst und die stark alkalische Flüssigkeit mit Salzsäure so weit neutralisiert, bis eben eine schwache Ausflockung von Kasein eintritt. Dann löst man 3 g Fleischextrakt, fügt 1% Milchzucker und 15% Gelatine hinzu und verfährt weiter wie bei Herstellung der Seite 411 beschriebenen Fleischpeptongelatine.

Gegenüber diesen beiden Gelatinearten besitzen die oben geschilderten Kaseinagarsorten den großen Vorzug, daß sie nicht verflüssigt werden. Es erübrigt sich also das lästige Abtupfen mit Höllensteinstift. Außerdem sind sie universeller im Gebrauch; denn Gelatineverflüssigung ist noch kein Beweis dafür, daß der betreffende Organismus auch Kasein und andere Proteine abbauen kann. Der Eiweißabbau zeigt sich auf dem Kaseinagar sehr deutlich durch Hofbildung um die Kolonien herum. (Man erhält auch auf Milchpulveragar Hofbildung, doch kann diese nicht immer mit Sicherheit auf Proteolyse zurückgeführt werden, da das durch schwache Säuren gebildete Monokalziumkaseinat in Neutralsalzen löslich ist und durch die entstandene Aufhellung zur Täuschung veranlassen kann. In Zweifelsfällen empfiehlt sich ein Abtupfen der betreffenden Kolonien oder Abschwemmen der ganzen Platte mit verdünnter Säure. Die „falsche Proteolyse“ verschwindet dann.)

4. Gentianaviolett-Laktose-Pepton-Galle-Wasser zum Nachweis der Coli-Aerogenes-Gruppe (siehe Bd. I, S. 367).

5. Kalziumlaktatpeptonbouillon (1%) zur Anreicherung von Propionsäurebakterien.

Von hier aus beimpft man nach SHERMAN einen Agar, der 2% Pepton, 1% Hefeextrakt und 1% Natriumlaktat enthält. Dieser wird in lange, 0,5 cm weite Röhren gegossen, die an beiden Enden zugesiegelt werden. Zu den fakultativ anaeroben Kolonien gelangt man, indem man nach äußerer Sterilisierung mit Desinfektionslösung die Röhre an der gesuchten Stelle auseinanderschneidet.

6. Molkenpepton- oder Nährbieragar mit saurer Reaktion (Gebrauch wie auf S. 412 angegeben) zum Nachweis von Hefen und Schimmelpilzen.

Da bei den Reifungsvorgängen vielfach auch anaerobe Verhältnisse herrschen und manche Käsefehler auf anaerobe Keime zurückzuführen sind (besonders bei den Hartkäsen), muß ein Teil der Platten bzw. Röhren anaerob kultiviert werden. Eine einfache und praktische Vorrichtung hat jüngst H. EHRENBERG hierfür angegeben, die in Abb. 4 in einer vom Verfasser etwas modifizierten Form[1]) dargestellt ist.

Eine zu einer Spitze ausgezogene weite Reagenzröhre (Abb. 4a) wird mit Pyrogallol gefüllt und mit der Spitze nach unten in ein mit einer je nach Bedarf starken KOH-Lösung (10- bis 60%igen) halbgefülltes Becherglas gebracht. Dieses kommt mit den zu bebrütenden Platten und Reagenzröhren in ein hohes Zylinderglas, das oben mit einem Deckel verschlossen ist und, wie Abb. 4b zeigt, mittels einer Saugpumpe evakuiert und mit Stickstoff gefüllt werden kann. Es ist nicht zweckmäßig,

[1]) Zu beziehen bei Firma Höpfner, Nürnberg, oder Bender u. Hobein, München.

einen Gummiring zur Dichtung zwischen Deckel und Zylinderglas einzulegen. Nach unseren Erfahrungen wird das Vakuum bei Einreiben der Kontaktflächen mit Hahnfett besser gehalten. Der kleine Rest von zurückgebliebenem Sauerstoff wird durch das alkalische Pyrogallol resorbiert und eine strikte Anaerobiose in kürzester Zeit hergestellt. Durch den verminderten Druck dringt die Pyrogallollösung aus dem schmalen Hals (Abb. 4a) unten heraus und mischt sich mit der Kalilauge. Infolgedessen tritt die O_2-Absorption erst nach Schließen des Deckels und Herstellung des Vakuums ein. Nicht zu vergessen ist, daß die PETRI-Schalen nicht dicht schließen dürfen, was man am besten durch Aufsetzen eines Ω-förmig gebogenen Drahtstückchens auf den Rand der unteren Schale erreicht. Ein vom Verfasser angegebenes Einsatz-

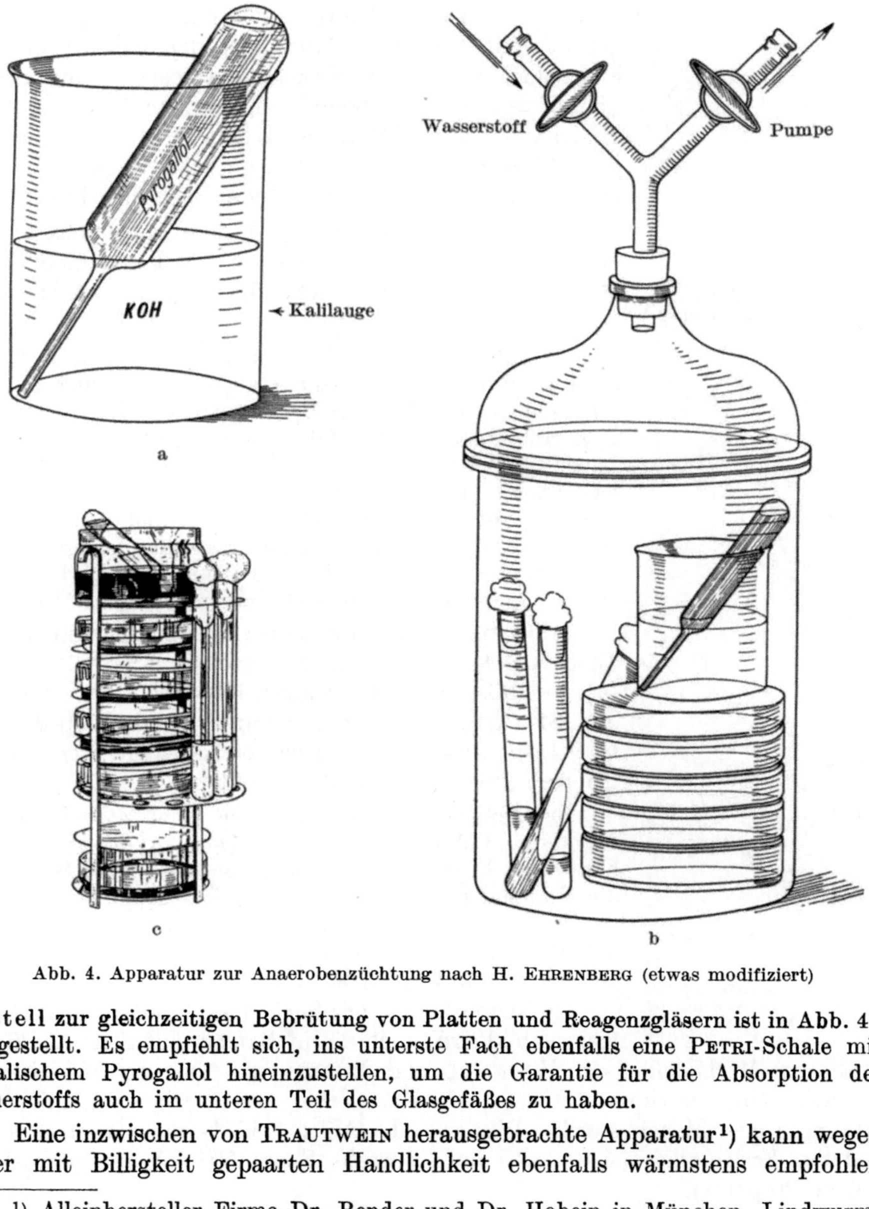

Abb. 4. Apparatur zur Anaerobenzüchtung nach H. EHRENBERG (etwas modifiziert)

gestell zur gleichzeitigen Bebrütung von Platten und Reagenzgläsern ist in Abb. 4c dargestellt. Es empfiehlt sich, ins unterste Fach ebenfalls eine PETRI-Schale mit alkalischem Pyrogallol hineinzustellen, um die Garantie für die Absorption des Sauerstoffs auch im unteren Teil des Glasgefäßes zu haben.

Eine inzwischen von TRAUTWEIN herausgebrachte Apparatur[1]) kann wegen ihrer mit Billigkeit gepaarten Handlichkeit ebenfalls wärmstens empfohlen

[1]) Alleinhersteller Firma Dr. Bender und Dr. Hobein in München, Lindwurmstraße. Preis ohne Saugpumpe RM 13.—

werden. Sie beruht auf einem ähnlichen Prinzip, zur Evakuierung dient ein großes Weckglas unter Verwendung einer Saxonia-Saugdüse, die Kontrolle der Sauerstoffreiheit geschieht durch ein Manometer.

Weiterhin sei auch auf den von ZEISSLER konstruierten Apparat hingewiesen (siehe Handbuch der pathogenen Mikroorganismen) sowie auf den Anaerostaten[1]) von KNORR (für größere Ansprüche).

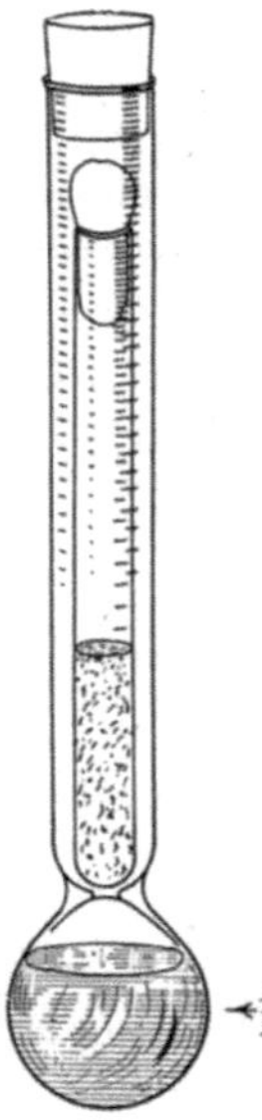

Abb. 5. BUCHNERsche Anaerobenröhre

Handelt es sich darum, nur Reagenzröhren anaerob zu bebrüten, dann sind die sogenannten BUCHNERschen Anaerobenröhren sehr praktisch (Abb. 5). Die basale Glaskugel wird zur Hälfte mit 5%iger Pyrogallollösung gefüllt und vor dem Einbringen der Kulturröhre mit ebensoviel 12,5%iger Kalilauge versetzt. Unmittelbar hierauf erfolgt Verschließen mit einem Gummistopfen. Besonders kräftige Wirkung erhält man, wenn man die Agarröhre nach Wegnahme des Wattestopfens mit der Öffnung nach unten in die BUCHNER-Röhre hineinstellt.

Ein für Schrägagar sehr empfehlenswertes und einfaches Verfahren ist auch die von HALL modifizierte Methode nach WRIGHT, die folgendermaßen ausgeführt wird:

Die Beimpfung erfolgt wie gewöhnlich. Der Wattestopfen wird mit einer Schere abgeschnitten und 2 cm in die Röhre hineingestoßen. Der entstandene Raum wird mit Pyrogallolkristallen ausgefüllt, dann werden 2 cm^3 10%ige Lauge aufgetropft. Hierauf wird mittels Aufsetzen eines passenden Gummistopfens die Lauge durch die Kristalle hindurch auf dem Wattestopfen gepreßt und gleichzeitig die ganze Röhre umgewendet. Damit ist eine genügend große Absorptionsfläche geschaffen. Fehlschläge werden kaum auftreten, wenn für genügend Pyrogallol gesorgt ist.

Auch mittels hoher Schicht läßt sich im unteren Teile von Agarröhren Anaerobiose hervorrufen.

Bei flüssigen Nährlösungen läßt sich auch erfolgreich das BEIJERINCKsche Prinzip mit der abschließenden Glaskugel anwenden. Eine solche Röhre ist in modifizierter Art in Abb. 5 dargestellt.

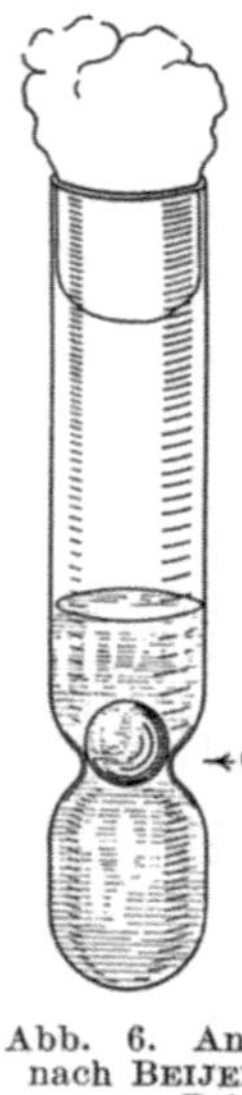

Abb. 6. Anaerobenröhre nach BEIJERINCKschem Prinzip

Die Flüssigkeit wird am besten schon vor Einfüllen in die sterile Röhre mit der entsprechenden Aufschwemmung bzw. mit dem zu prüfenden Organismus beimpft, weil so die Verteilung der Keime eine gleichmäßigere ist. In der unteren Hälfte haben wir annähernd anaerobe, in der oberen aerobe Bedingungen. Bei Tastversuchen leistet diese Art Röhren sehr gute Dienste.

Meist werden auf der Suche nach anaeroben Bakterien (Sporenbildnern) auch die in Band I auf Seite 368/69 erwähnten Methoden nach WEINZIRL und BURRI gute Dienste leisten. Man verreibt eine bestimmte Menge der Käseprobe, sagen wir 1 g, mit einer abgemessenen Menge sterilen Wassers oder Milch und verfährt weiterhin wie bei der Frischmilch (siehe auch oben betreffs Sporenfärbung im mikroskopischen Präparat).

---

[1]) Alleinhersteller Firma Lautenschläger in München, Lindwurmstraße.

Eine wirklich quantitative Bestimmung anaerober Mikroorganismen begegnet den größten Schwierigkeiten und dürfte selbst bei Verwendung ZEISSLERscher Blutagarplatten unsicher sein.

B. Molkereihilfsstoffe

Die Behandlung von Zucker und Gelatine wurde schon beim Kapitel Rahmeis erwähnt, es bleibt noch die Untersuchung von Lab, Salz, Wasser und Packmaterial, eventuell auch Butter- und Käsefarbe.

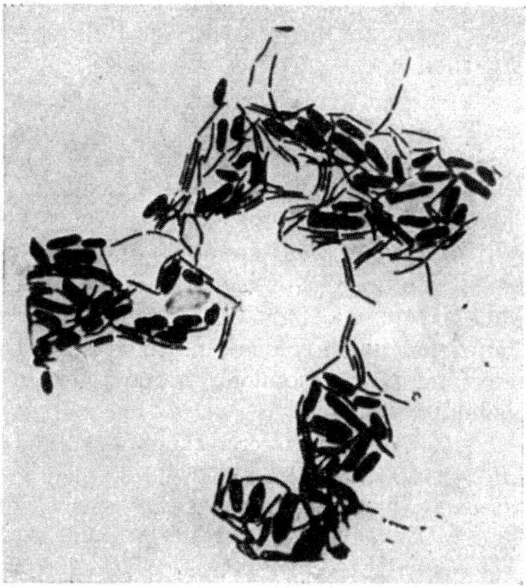

Abb. 7. Naturlab, Milchsäurelangstäbchen und Kahmhefen. Zirka 900fach vergrößert (K. Teichert phot.)

Lab

Für die bakteriologische Kontrolle kommt praktisch nur das sogenannte Naturlab in Betracht, wie es in der Hartkäserei verwendet wird. Dieses ist in normalem Zustand eine Reinkultur des Thermobacterium helveticum (Bacterium casei ε), die an ihrer Oberfläche von einer Kahmhaut überwachsen ist. Diese soll mattfarbig sein und aus Traubenzucker vergärenden Kahmhefen bestehen (Mycoderma cerevisiae).

Zwecks Untersuchung fertigt man sich am besten ein mikroskopisches Präparat an und färbt es nach GRAM (siehe Bd. I, S. 363/4). Abb. 7 zeigt, wie ein gutes Naturlab unter dem Mikroskop aussehen soll: die schlanken Milchsäurelangstäbchen des Thermobacterium helveticum, vergesellschaftet mit den länglich - elliptischen Mykodermazellen. Beide färben sich grampositiv. Auch Streptokokken dürfen vorkommen.

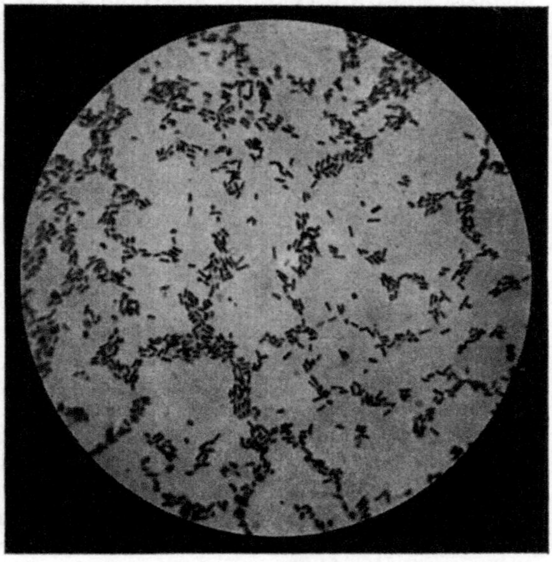

Abb. 8
B. coli in fehlerhaftem Naturlab. Zirka 750fach vergrößert (K. Teichert phot.)

Finden sich etwa gramnegative Stäbchen (durch die Nachfärbung mit Bismarckbraun gelbbraun, mit Safranin rot gefärbt) darin, dann besteht Verdacht auf Vertreter der Coli-Aerogenes-Gruppe, die in Abb. 8 abgebildet sind. Eine kulturelle Prüfung auf Gasbildung in Gentianaviolett-Laktose-Galle-Wasser (Bd. I, S. 367) oder auch die Anstellung einer Gärprobe von der gelabten Kesselmilch wird darüber genaueren Aufschluß geben. Auch ist auf Buttersäurebazillen und runde Hefen zu achten.

Rein äußerlich ist derartiges Lab nach PETER (2) dadurch charakterisiert, daß die Labmägen während der Reifung oben aufkommen, ferner durch trübes Aussehen und schlechten Geruch.

Es begünstigt namentlich im Winter bei vollständig süßer Milch das Entstehen von Preßlerkäse und Käse mit zu viel Ansatz, im Sommer neben Preßlern auch das Auftreten von sirtenfleckigen und gespaltenen Käsen. Betrieben, die viel mit blähendem Lab zu kämpfen haben, empfiehlt sich das Ansetzen des Labes mit Kässereikultur (Reinkultur von Thermobacterium helveticum).

Weitere Labfehler sind stark sauer (der Säuregrad soll nicht mehr als 60 S.H. betragen), unreif (Säuregrad unter 25 S.H.) und fadenziehend. Abhilfe bringt allgemein die Verwendung von Käsereikultur, bei „unreif" und „fadenziehend" auch das Ansetzen des Labes bei etwas höherer Temperatur, wobei man aber besonders darauf achten muß, daß das Lab wiederum nicht blähend wird.

Das in der Hartkäserei zum Schotten der Molke verwendete „Sauer" kann aus denselben Ursachen blähend werden wie das Lab. Derartig unbrauchbar gewordenes (brausendes) Sauer läßt sich in den meisten Fällen wieder in Ordnung bringen, wenn man es „abbrüht". Dies geschieht zweckmäßig durch Erhitzen auf 60°C für einige Minuten, wodurch die gasbildenden Keime der Coli-Aerogenes-Gruppe und die runden Hefen abgetötet oder mindestens zurückgedrängt werden, während die Milchsäurelangstäbchen am Leben bleiben. Normales Sauer soll einen Säuregrad zwischen 40 bis 70 S.H. besitzen.

Was nun das fabrikmäßig hergestellte Kunstlab betrifft, so fand SCHWARZ in solchem lebend nur rote Hefen und Torulahefen, Mikrokokken und Sporenbildner. Von 16 Präparaten des Handels (Trockenpulver und Tabletten) wurden nur 2 als bakterienfrei befunden. Milchsäurebakterien fehlten stets. Nach Ansicht dieses Autors könnte die Flora der Labpräparate ehestens bei der Herstellung von Weichkäse aus pasteurisierter Milch eine Rolle spielen.

Neuerdings nimmt nach BOEKE, BERGMANN und VAN DAM ein Kunstlab (Peptolab) die Eigenschaft für sich in Anspruch, gegen Eitererreger bakterizid zu sein.

Zwecks Prüfung solcher bakterizider Kräfte stellt man sich von einer 24 Stunden alten Reinkultur des betreffenden Bakteriums, in diesem Falle von Streptococcus oder Staphylococcus pyogenes, eine Aufschwemmung her und verteilt sie in gleichen Mengen auf mehrere Reagenzröhren. Von der Aufschwemmung gießt man zwecks Feststellung der Ausgangskeimzahl mehrere Agarplatten. In die Röhren gibt man, von einem Tropfen ausgehend, das Lab in ansteigender Konzentration zu den Aufschwemmungen; eine Röhre bleibt als Kontrolle unbehandelt. Nach 2, 4, 6 und eventuell mehr Stunden gießt man Agarplatten von der Kontrollröhre sowohl wie von den auf Bakterizidie zu prüfenden Röhren. Die Platten werden 2 Tage bei 37° C bebrütet und dann ausgezählt. Hat das Lab bakterizide Eigenschaften, dann müssen die Platten, die von den mit Lab beimpften Röhren stammen, im Vergleich zu den Kontrollplatten bei der Untersuchung eine erheblich geringere Kolonienzahl aufweisen (soweit überhaupt noch Kolonien auf jenen ausgewachsen sind), wenn unter optimaler Konzentration des Labes und bei Optimumtemperatur gearbeitet wurde.

Salz

Durch das Salz können eine Anzahl Schädlinge in die Butter geraten, wenn es nicht trocken und staubsicher aufbewahrt wird. Deshalb empfiehlt es sich immer, bei Kontrolle von Molkereien auch dem verwendeten Salz die gebührende Aufmerksamkeit zu schenken. Zwecks Untersuchung füllt man in einer sterilen Reagenzröhre 1 g Salz mit sterilem Leitungswasser zu 10 cm^3 auf und legt Verdünnungen bis zu $^1/_{1000}$ an (beim Buttereisalz genügt bis zu $^1/_{100}$). Davon gießt man eine Serie PETRI-Schalen mit Fleischpeptongelatine und eine zweite Serie mit Nährbieragar, der, wie Seite 412 geschildert ist, angesäuert sein muß. Die Platten werden am besten bei 20 bis 25° C aufbewahrt und an 5 aufeinanderfolgenden Tagen untersucht.

Vorherrschend in der Flora sind nach WOLFF natürlich die weitverbreiteten Luftkeime, weiße und gelbe Kokken sowie zitronengelbe Stäbchen. Im gröberen Käsereisalz finden sich regelmäßig auch Schimmelpilze und Hefen, ferner Milchsäurebakterien und Sporenbildner aus der Subtilis-Mesentericus-Gruppe. Pathogene Bakterien, Streptokokken und Colibakterien fehlen im Molkereisalz.

Im trockenen Salz besteht keine Vermehrungsmöglichkeit dieser Keime, anders aber, wenn es infolge Chlormagnesiumgehaltes Feuchtigkeit aus der Luft anzieht. Ein solches Salz kann besonders der Butterei gefährlich werden und ist für Molkereizwecke völlig unbrauchbar.

Wasser

Der bakteriologische Zustand des Wassers ist von allergrößter Bedeutung für die Butter. Durch nicht einwandfreies Wasser kann die Fabrikation haltbarer Butter ernstlich in Frage gestellt werden. Im Wasser befinden sich oft in großen Mengen Stäbchen aus der Fluorescens- und Proteusgruppe, Sporen- und Alkalibildner, die sich durch Eiweiß- und Fettspaltung unangenehm bemerkbar machen, sowie eine Anzahl von Schimmelpilzen.

Die Technik der Probenahme ist äußerst wichtig.

Vor Entnahme sterilisiere man die Hände mit Alkohol (Spiritus) und berühre den Pfropfen der sterilisierten Flasche nur so weit, als er nicht in den Flaschenhals hineinragt. Auch jede Berührung des Flaschenrandes hat zu unterbleiben. Auf einem Begleitschein ist die Stunde der Entnahme und die Art des Wassers anzugeben. Bei Leitungswasser sind die ersten Strahlen und das in dem Leitungsrohr abgestandene Wasser vor Einfüllen der Probe abzulassen (mindestens 1 Minute lang). Bei Brunnenwasser muß ähnlicherweise vor der Probenahme einige Minuten langsam und gleichmäßig abgepumpt werden. Die Temperatur des Wassers muß dann mittels eines unter den Strahl gehaltenen Thermometers gemessen und ebenfalls registriert werden. Die Flasche ist voll zu füllen und sorgfältig zu verschließen.

Am besten wäre die bakteriologische Verarbeitung gleich an Ort und Stelle. Dies läßt sich aber in den wenigsten Fällen durchführen. Bei längerem Stehen tritt eine Vermehrung der Keime ein, und das Resultat wird ungenau. Nach Erfahrungen des Verfassers kann bei Zimmertemperatur in 24 Stunden eine Keimvermehrung bis zum 77fachen stattfinden. Nach HUSS bleibt eine Wasserprobe unverändert, wenn sie während 48 Stunden keine höhere Temperatur als 9° C besitzt[1]). Die Kühlung während des Transportes ist also die Hauptsache. Ist eine Probe länger als einige Stunden unterwegs, genügt vorhergehendes Kühlen in Eiswasser und Verpacken in Isoliermaterial nicht mehr. In diesem Falle muß die Probeflasche in einem Behälter mit Sägespänen und Eisstückchen verpackt werden. Bei Ankunft im Laboratorium ist sofort die Wassertemperatur zu bestimmen. Ist sie höher als 9° C, dann verbürgt die Untersuchung kein einwandfreies Resultat.

[1]) SPITTA verlangt in seinem neuen Beitrag im Handbuch der pathogenen Mikroorganismen, daß die Wasserprobe keinesfalls länger als 3 Stunden unterwegs ist.

Das Ergebnis der qualitativen Coli-Probe wird durch die Transportbedingungen nicht beeinflußt. Der Coli-Gehalt interessiert in erster Linie den Hygieniker. Es würde zu weit führen, an dieser Stelle weiter auf seine Bedeutung und seinen Nachweis im Wasser einzugehen. Interessenten seien auf die Spezialliteratur hingewiesen. Im übrigen läßt sich der Coli-Titer mittels der im Band I, Seite 370, beschriebenen EHRLICHschen Indolprobe für unsere Zwecke genügend genau bestimmen.

Neuerdings ist von WILSON eine Methode empfohlen worden, die Trinkwasserverunreinigung durch Prüfung auf Clostridium WELCHII (FRÄNKELS Gasbazillus) nachzuweisen. Auch SINGER hat damit gute Resultate erhalten. Der Nachweis von Clostridium WELCHII in Molkereiwasser hätte besonders zu der Hartkäserei eine direkte Beziehung, falls noch öfters festgestellt werden sollte, daß auch durch Clostridium WELCHII abnorme Blähungen in Emmentaler Käse verursacht werden können (ALBUS). Aber auch für Butterfabrikation dürfte derart infiziertes Wasser unvorteilhaft sein, da daraus gleichzeitig auch ein Schluß auf allgemeine Verunreinigung gezogen werden kann.

Die Methode des Clostridium-WELCHII-Nachweises ist folgende: Zu 100 cm³ gewöhnlichen Nähragars werden 10 cm³ 10%ige Natriumsulfitlösung, 5 cm³ 20%ige Glukoselösung und 1 cm³ 8%ige Ferrosulfatlösung zugesetzt. Es werden gleiche Teile Wasser und Agar — mindestens 40 cm³ — gemischt und zu Platten ausgegossen. Nach 24- bis 48stündiger Bebrütung — am besten bei 40° C — bildet Clostridium WELCHII große schwarze Kolonien. Zweckmäßig ist es auch, den Nährboden nicht zu Platten auszugießen, sondern in großen Eprouvetten zu belassen. Die Zahl der sich entwickelnden schwarzen Kolonien ist auf diese Weise etwas größer als bei der Plattenkultur, da in der hohen Nährbodenschicht die Sauerstoffarmut für die Entwicklung des Clostridium WELCHII günstiger ist.

Im Hinblick auf die Qualität seiner Erzeugnisse ist dem Molkereipraktiker der Gesamtkeimgehalt des Wassers mindestens eben so wichtig. Zwecks seiner Bestimmung stellt man von der Wasserprobe mit sterilem Wasser Verdünnungen bis zu $^1/_{100}$ cm³ her und gießt sie in PETRI-Schalen mit Fleischpeptongelatine. Wenn man der vom ehemaligen Kaiserl. Gesundheitsamt für Wasserkontrolle vorgeschriebenen Norm genügen will, besitzt diese folgende Zusammensetzung:

1% Fleischextrakt,	0,5% Kochsalz,
1% Pepton,	10% Gelatine.

Destilliertes Wasser + 1,15% Soda über den Lackmusneutralpunkt.

Eine Nebenwirkung des Kochsalzes ist, daß beim Abtupfen der verflüssigenden Kolonien mit Höllensteinstift das Silbernitrat in unlösliches Silberchlorid übergeführt wird. Sonst würden durch Weiterdiffundieren des giftigen Silbernitrates benachbarte Kolonien am Auswachsen verhindert werden.

Um nun das lästige Abtupfen der Gelatineverflüssiger zu umgehen, ohne die Vorteile der Gelatine völlig aufzugeben, empfehlen PLÜCKER und BARTELS den Gelatineagar nach PRALL. Dieser besitzt außer den oben angegebenen anderen Ingredienzien 5% Gelatine und 0,75% Agar. Die p_H stellt man am besten kolorimetrisch auf 7,0 ein, der Schmelzpunkt dieses Nährbodens liegt bei 40° C, Ausgießen in die PETRI-Schalen kann noch bei 32 bis 33° C erfolgen. Bebrütung erfolgt mindestens 48 Stunden lang bei 20 bis 22° C. PLÜCKER und BARTELS haben damit um 23% höhere Keimzahlen erhalten als mit der offiziellen Fleischextrakt-Pepton-Gelatine.

Zum Schluß dieses Kapitels sei der Abdruck einer Begutachtungskarte für Molkereiwasser gegeben, wie sie an der Südd. Forschungsanstalt für Milchwirtschaft seit einem Jahre in Gebrauch ist.

Bakteriologische Abteilung
der Südd. Versuchs- und Forschungsanstalt für Milchwirtschaft in Weihenstephan.

Ergebnis der Wasseruntersuchung

von Molkerei: ....
Leitungswasser oder Brunnenwasser? ....
Art der Entnahme: ....
....
Temperatur des Wassers bei Entnahme: ....° C
„ „ „ „ Ankunft: ....° C
Datum der Entnahme: Tag .... Stunde ..... Min. ....
Aufgegeben zum Zug (als Eilbrief): Tag .... Stunde ..... Min. ....
Die Probenahme erfolgte durch: ....
Ankunft im Laboratorium: Tag .... Stunde .....
Bemerkungen: ....
....
....

Bakteriologischer Befund:
1. a) Keimzahl pro 1 cm³ nach der Plattenmethode: ....
b) Art der hauptsächlichsten Keime: ....
2. Coli-Titer: ....

Allgemeines Urteil: ....
....
....
....

Gebühr: RM .... Der Abteilungsleiter:
Weihenstephan, den ....

An Hand der dort gemachten Erfahrungen können folgende Grenzkeimzahlen für die Beurteilung der Qualität von Molkereiwasser angegeben werden:

I sehr gut	bis	25	Keime	pro	1	cm³
II gut	26 „	100	„	„	1	„
III mittel	101 „	500	„	„	1	„
IV schlecht (für Molkereizwecke unbrauchbar)	über	500	„	„	1	„

Ist nebenbei noch Coli vorhanden, muß das Wasser für alle Fälle als fragwürdig bezeichnet werden.

Bei Beanstandungen ist den Molkereien zu empfehlen, das Wasser bis zu ihrer Behebung einstweilen nur im abgekochten Zustande zu verwenden (insbesondere für das Waschen der Butter) oder es nach einem Vorschlag von Virtanen und Karström derart zu behandeln, daß man es durch Zusatz von Alkali bis zum p_H-Wert von 10,8 bis 11,1 während 1 bis 1½ Stunden alkalisiert. Dadurch werden sowohl die Gelatine verflüssigenden Keime des Bacterium punctatum und fluorescens als auch der Coli-Aerogenes-Gruppe restlos abgetötet.

Technik: Auf 100 Liter Wasser gibt man 200 g Natriumhydroxyd, mischt gut durch und läßt 1½ Stunden stehen. Dann gibt man Salzsäure zu bis zur Neutralisation.

Das Wasser enthält nach der Neutralisation nur 0,03% Kochsalz mehr als vor der Behandlung. Somit kann von irgendeiner unerwünschten Geschmacksbeeinflussung bei diesem billigen Entkeimungsverfahren nicht die Rede sein.

Butter- und Käsefarbe

Die Untersuchung erfolgt durch Herstellung von Plattengußkulturen mittels Standardagars. Bebrüten mehrere Tage lang bei Zimmertemperatur, eventuell noch anschließend 2 Tage bei 37° C. Unter Umständen ist es zweckmäßig, auch Fleischextrakt-Pepton-Gelatineplatten anzulegen.

Packmaterial

Dieses kann eigentlich nur bei Butter eine größere Rolle spielen, und zwar kommt hier hauptsächlich das Pergamentpapier in Betracht, in das die Butter eingewickelt wird. Hier sind es vorzugsweise die Schimmelpilze, die auf diesem Wege auf die Butter gelangen und besonders dann ein üppiges Wachstum entfalten, wenn diese schlecht ausgewaschen wurde und zu viel Buttermilch enthält.

Zur Untersuchung wäscht man in einer sterilen PETRI-Schale ein Stückchen des fraglichen Papiers mittels eines im Alkohol sterilisierten Pinsels und sterilen Wassers ab und gießt von diesem Waschwasser PETRI-Platten mit angesäuertem Molken- oder Nährbieragar, oder man legt kleine, mit abgeflammter Schere zurechtgeschnittene Fetzchen des Papiers auf frisch gegossene Agarplatten aus (siehe Abb. 9). Nach wenigen Tagen Aufbewahrung bei Zimmertemperatur werden die Kolonien ausgezählt, wenn solche vorhanden sind. Nimmt man eine bestimmte Papiergröße, kann man die Ergebnisse auch quantitativ auswerten. Wird die Butter in Tonnen verschickt, dann müssen diese ebenfalls auf Vorhandensein von Mikroorganismen, besonders von Schimmelpilzen, untersucht werden. Entweder streicht man Abschabsel von der Tonneninnenseite auf saurem Nährbier- oder Molkenagar aus oder man schwenkt die Tonnen mit je 2 Liter sterilen Wassers gründlich aus und legt von dem Schwenkwasser (1 cm³ und $^1/_{10}$ cm³) Agarplatten an. Die Aufbewahrung erfolgt bei Zimmertemperatur und die Untersuchung frühestens nach 3 Tagen.

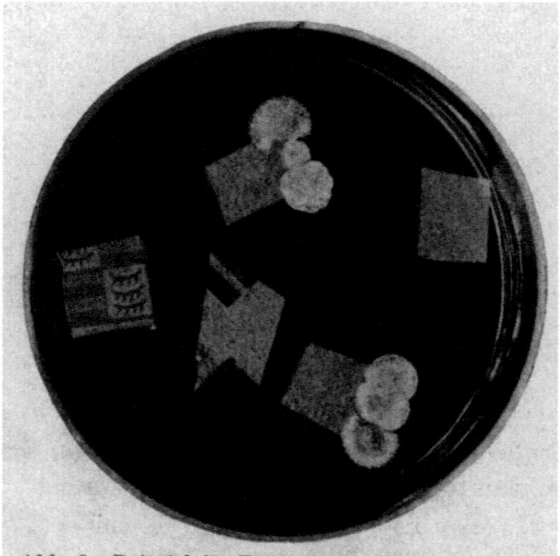

Abb. 9. Beispiel für Prüfung von Pergamentpapier auf Schimmelpilze (durch Auslegen von kleingeschnittenen Papierstückchen auf saurem Nährbier- und Molkenagar)

Anhang

Nachweis von Bakteriophagen

Daß Bakteriophagen auch in Milch und Molkereiprodukten vorhanden sind, hat C. SONNENSCHEIN nachgewiesen. Welche Rolle sie unter Umständen bei Betriebsstörungen und bei Käsereifung spielen können, ist von DEMETER (2) des weiteren ausgeführt worden. Daß vielleicht Aussichten bestehen, Bakteriophagen auch zur Hintanhaltung von durch Bacterium coli verursachten Käseblähungen anzuwenden, hat DORNER gezeigt. Neuerdings von MAJER in der Praxis ausgeführte Versuche geben aber zu keinen großen Hoffnungen in dieser Richtung Anlaß.

Der Nachweis von Bakteriophagen gestaltet sich schwierig, weil noch genau ausgearbeitete Methoden hierfür fehlen.

Das allgemeine Verfahren, das auf D'HERELLE zurückgeht, ist folgendes: Man filtriert die auf Bakteriophagen zu untersuchende Milch oder feinste Aufschwemmung des fraglichen Molkereierzeugnisses durch eine BERKEFELD-Kerze. (Es empfiehlt sich unter Umständen, die zu filtrierende Flüssigkeit vorher auf 60° C zu erhitzen, falls man ein negatives Resultat erhalten hat.) Gleichzeitig impft man die für das fragliche Bakterium passende Nährflüssigkeit mit einer Reinkultur desselben. In die Kultur wird nun in verschiedenen Konzentrationen (von 10 Tropfen ausgehend) von dem Filtrat eingeimpft und ein Kontrollröhrchen ohne Filtratzusatz gelassen. Das Ganze wird nun in den Brutschrank gestellt und beobachtet, ob Wachstum eintritt. Tritt in dem ohne Filtrat versehenen Röhrchen Wachstum ein, in den mit Filtrat versetzten Röhrchen jedoch nicht, dann besteht die Berechtigung zu der Annahme, daß ein für dieses Bakterium spezifischer Bakteriophage vorhanden ist. Man kann diesen virulent machen, indem man von Röhrchen, wo das Wachstum ausgeblieben ist, ein zweites Filtrat anfertigt und wieder, wie angegeben, verfährt. Wird dies mehrere Tage hintereinander wiederholt, kann man einen hochvirulenten Bakteriophagen erzeugen, und es genügt dann schon ein einziger Tropfen des Filtrats, um kräftige Wirkung zu erzielen.

Diese Wirkung läßt sich fürs Auge noch deutlicher nachweisen, wenn man auf eine auf Agarplatten ausgestrichene Reinkultur des betreffenden Bakteriums an beliebigen Stellen von dem bakteriophagenhaltigen Filtrat auftupft; dann bleibt an diesen Stellen das Wachstum aus und der Bakterienrasen sieht dann wie durchlöchert aus (von D'HERELLE „taches vierges" oder „plages" genannt).

Ein anderer Weg, das Vorhandensein von Bakteriophagen zu erkennen, ist, wenn man bei Aussaaten von Reinkulturen eines Bakteriums abnorme Kolonien beobachtet, die sich z. B. nach den Untersuchungen GILDEMEISTERS bei Bacterium coli durch glasiges Aussehen oder zähschleimige Beschaffenheit von den übrigen unterscheiden. Impft man von solchen „Flatterformen" ab, erhält man regelmäßig „lysinbildende" Keime.

Im übrigen muß auf die einschlägige Originalliteratur verwiesen werden, die von OTTO und MUNTER ausführlich zusammengestellt ist im neuen Handbuch der pathogenen Mikroorganismen oder an anderer Stelle in einer für allgemeine landwirtschaftliche und milchwirtschaftliche Fragen zugeschnittenen kurzen Fassung von DEMETER und von DORNER.

Zusammenfassendes Verzeichnis der von Demeter im vorliegenden sowie im 6. Abschnitt des I. Bandes, 1. Teil, angegebenen bakteriologischen Nährbodenrezepte und mikroskopischen Färbemethoden

A. Nährbodenrezepte

B. Mikroskopische Färbemethoden

Literatur

Albus, W. R.: A strain of Clostridium Welchii causing abnormal gassy fermentations in Emmental or Swiss-cheese. Journ. of Bact., Bd. 15, S. 203 bis 206. 1928. — and G. E. Holm: The effect of surface tension upon the growth of Lactobacillus acidophilus and Lactobacillus bulgaricus. Journ. of Bact., Bd. 11, S. 83. 1926. — Ayers, S. H. and C. S. Mudge: Milk powder agar for the determination of bacteria in milk. Journ. of Bact., Bd. 5, S. 565 bis 588. 1920. — — The streptococcus of the bovine udder. Journ. of Inf. Dis., Bd. 31, S. 40 bis 50. 1922.

Boeke, Bergmann und van Dam: Ist Peptolab ein eigenartiges Labferment mit persönlichem Charakter? Ref. in Ostpr. Molkerei- u. Käserei-Ztg., Jg. 5, S. 168/69. 1928. — Brown, Ch. W.: Decomposition of casein in presence of salt by butter flora. Bericht auf dem Kongreß der Soc. of Amer. Bacteriologists. Zentralbl. f. Bakt. u. Parasitenk., II. Bd. 45, S. 383. 1916.

Cordes, W. A.: Bacterial action on the coagulation of evaporated milk. Journ. of Dairy Science, Bd. 11, S. 46 bis 51. 1928.

Day, A. A. and W. M. Gibbs: Surface tension in relation to bacterial growth, with special reference to Lactobacillus acidophilus and L. bulgaricus. Journ. of Inf. Dis., Bd. 43, S. 97 bis 107. 1928. — Demeter, K. J.: (1) Neues über den Erreger der Rahmreifung nebst einigen Bemerkungen über das sogenannte Verderben des Säureweckers. Süddtsch. Molkerei-Ztg. Stuttgarter Festschrift, S. 53. 1925. (2) Bakteriophagie und Landwirtschaft, Fortschr. d. Landw., Jg. 3, S. 394 bis 399. 1928. (3) Die mikrobiologische Butterkontrolle, ihre wissenschaftliche Grundlage und Technik. Süddtsch. Molkerei-Ztg., D. L. G. Sonderheft 1929. (4) Studien über Milchsäurestreptokokken IV. Mitt. Über Gasbildung in Säureweckern. Milchw. Forschgn.,

Bd. 8, S. 285 bis 289. 1928. — und F. X. MAIER: Vergleichende Untersuchungen über mikrobiologische Beschaffenheit und Qualitätsbefund von Sauerrahmbutter (Manuskript). — und H. ORDOLFF: Beiträge zur mikrobiologischen Bestimmung der Käsereitauglichkeit von Milch (Manuskript). — DORNER, W.: (1) Beobachtungen über das Verhalten der Sporen und vegetativen Formen von Bac. amylobacter A. M. et BREDEMANN bei Nachweis- und Reinzuchtversuchen. Landw. Jahrb. d. Schweiz, Jg. 38, S. 175 bis 201. 1924. (2) Die Bakteriophagie und die Milchwirtschaft. Landw. Jahrb. d. Schweiz, Jg. 40, S. 265 bis 282. 1926. — DOWNS, P. A.: (1) Bacterial flora of milk powder. Thesis for doctorate in Cornell University. 1920 (zit. nach HUCKER). (2) A study of the organisms causing thickening of sweetened condensed milk. Journ. of Dairy Science, Bd. 8, S. 344 bis 369. 1925. — DRUCKREY, O.: Über Lactobacillus acidophilus und Acidophilus-Milch. Zentralbl. f. Bakteriol., II, Bd. 74, S. 373 bis 394. 1928. — DÜGGELI, M.: Die bakteriologische Charakterisierung der verschiedenen Typen der Milchgärprobe. Zentralbl. f. Bakt., II. Abt., Bd. 18, S. 37 bis 49, 224 bis 245, 439 bis 448. 1907.

EHRENBERG, H.: Simple method of producing anaerobic conditions. Journ. of Bact., Bd. 14, S. 391 bis 393. 1927. — EIJCKMAN, C.: Über Enzyme bei Bakterien und Schimmelpilzen. Zentralbl. f. Bakt. I., Orig., Bd. 29, S. 841 bis 848. 1901.

FAY, A. C., F. W. FABIAN, B. W. HAMMER and R. S. BREED: Bacteriological methods of examining ice cream. Journ. of Dairy Science, Bd. 10, S. 460 bis 478. 1927. — FETTICK, O.: Quantitative und qualitative Untersuchungen über die Bakterien, Hefen und Pilze der Butter und über den Einfluß des Kochsalzes auf dieselben. Welcher Kochsalzgehalt ist für Dauer- oder Exportbutter zulässig? Zentralbl. f. Bakteriol., II, Bd. 22, S. 32 bis 44. 1909. — FRAZIER, W. C. and PH. RUPP: Studies on the proteolytic bacteria of milk. I. A medium for the direct isolation of caseolytic milk bacteria. Journ. of Bact., Bd. 16, S. 57. 1928.

GEHRI, G.: Untersuchungen über den Keim- und Fermentgehalt kondensierter Milch. Mitt. aus d. Geb. d. Lebensmittelunters. u. Hyg., Bd. 19, S. 89 bis 101. 1928. — GIBBS, W. M., H. W. BATCHELOR and T. N. SICKELS: Surface tension and bacterial growth. Journ. of Bact., Bd. 11, S. 395 bis 406. 1926. — GORINI, C.: Sulla distribuzione dei batteri nel formaggio di Grana. R. Ist. Lombardo di Sci. e. Let. Rend. ser., 2, Bd. 37, S. 74 bis 78. 1904.

HAAG, E. F.: Die Zersetzung der Fette durch Bakterien. Arch. f. Hyg., Bd. 100, S. 271. 1928. — HALL, I. C.: A review of the development and application of physical and chemical principles in the cultivation of obligately anaerobic bacteria. Journ. of Bact., Bd. 17, S. 255 bis 301. 1929. — HAMMER, B. W.: (1) Bacteriological studies on the coagulation of evaporated milk. Iowa Agr. Exp. Sta. Res. Bull., Nr. 19. 1915. Ref. (2) Iowa Agr. Exp. Sta. Res. Bull., Nr. 38. 1917, zit. nach HAMMER 3. (3) Dairy Bacteriology. New York: Wiley & Sons. 1928. — HENKEL, TH.: Katechismus der Milchwirtschaft, 5. Aufl. Stuttgart: Ulmer. 1925. — HENNEBERG, W.: (1) Handb. d. Gär.-Bakteriol., II. Berlin: Parey. 1926. (2) Die Wichtigkeit der Federstrichkulturen für die bakteriologischen Untersuchungen in milchwirtschaftlichen Laboratorien. Molkerei-Ztg., Jg. 42, S. 2512 bis 2514. 1928. (3) Neuere Forschungen auf dem Gebiete der Butterschädlinge, Vortrag, geh. auf d. Milchwirtschaftl. Woche in Kiel, April 1929. — und E. WINEGGE: Bakteriologische Untersuchungen von Säureweckerproben aus der Praxis während eines Jahres. Molkerei-Ztg., Jg. 42, S. 575. 1928. — HILL, G. A.: The isolation of yeasts and molds. Journ. of Lab. and Clin. Med., Bd. 13, S. 765/66. 1928. — HITCHENS, A. P.: The advantages of small percentages of agar. Abstr. Bact., I, 36., zit. nach KULP und RETTGER. — HUCKER, G. J.: The microscopic study of bacteria in cheese. N. Y. Agr. Exp. Sta. Techn. Bull. Nr. 87. 1921. — and A. M. HUCKER: (1) The number and type of bacteria in commercially prepared infant foods. N. Y. State Agr. Exp. Sta. Geneva, Techn. Bull. Nr. 153. 1929. (2) The sanitary control of commercially prepared infant foods. N. Y. State Agr. Exp. Sta. Geneva, Techn. Bull. Nr. 154. 1929. — HUNZIKER, O. F.: Condensed milk and milk powder, 4. Aufl., La Grange. 1926. — HUSS: Behandlung von Wasserproben vor der bakteriologischen Untersuchung. Referat nach Gas- und Wasserfach, S. 238. 1921.

KANTARDJIEFF, A.: Untersuchungen über echte Milchsäurelangstäbchen. Milchw. Forsch., Bd. 7, S. 171 bis 211. 1928. — KELLY, C. D.: Bacteria causing spoilage of evaporated milk. Transact. of the Roy. Soc. of Canada, Sect. V, Bd. 20, Teil 2, S. 387 bis 394. 1926. — KIEFERLE, F., K. J. DEMETER und A. FORSTER: Saya, ein neues Sauermilchpräparat. Süddtsch. Molk.-Ztg., 51. Jg., S. 101/02. 1929. — KLIMMER, M.: Tierärztliche Milchkontrolle. Berlin: R. Schoetz. 1929. — KNORR, M.: Ein Brutschrank für Anaerobien (Anaerostat). Zentralbl. f. Bakt., I, Bd. 117, S. 154 bis 159. 1930. — KNUDSEN, S.: Den kgl. Veterinaer og Landbohojskole Aarsskrift, S. 282. 1911. Zit. nach HAMMER. — KULP, W. L.: Preliminary report on a method for the differentiation of Lactobacillus acidophilus from Lactobacillus bulgaricus. Journ. of Bact., Bd. 17, S. 355 bis 361. 1929. — and L. F. RETTGER: Comparative study of Lactobacillus acidophilus and Lactobacillus bulgaricus. Journ. of Bact., Bd. 9, S. 357 bis 394. 1924. — KUNTZE, W.: Studien über fermentierte Milch. I. Joghurt und Mazun. Zentralbl. f. Bakt., II, Bd. 21, S. 737 bis 768. 1908.

LAFAR, F.: Bakteriologische Studien über Butter. Arch. f. Hyg., Bd. 13, S. 1. 1891. — LEHMANN, K. B. und R. O. NEUMANN: Bakteriologische Diagnostik, 7. Aufl.; LEHMANNS Medizinische Handatlanten, Bd. 10. München. 1927. — LÖHNIS, F.: (1) Handbuch der Landwirtschaftl. Bakteriologie. Berlin: Bornträger. 1910. (2) Landwirtschaftl.-bakteriologisches Praktikum, 2. Aufl. Berlin: Bornträger. 1920. — — and N. R. SMITH: Life cycles of the bacteria. Journ. of Agr. Research, Bd. 6, S. 675 bis 702. 1916.

MACY, H.: (1) Mold and yeast counts and their relation to the composition of butter. Journ. of Dairy Science, Bd. 10, S. 384 bis 395. 1927. (2) Some observations on the bacterial content of dried milk. Journ. of Dairy Science, Bd. 11, S. 516 bis 526. 1928. — and H. R. RICHIE: The mold and yeast count as an index of the keeping quality of butter. Journ. of Dairy Science, Bd. 12, S. 351. 1929. — MAJER, G.: Untersuchungen über Bakteriophagen und Käseblähung. Milchw. Forsch., Bd. 9, S. 179 bis 185. 1929. — MÖLLER und FRÄNKEL, siehe LEHMANN und NEUMANN.

ORLA-JENSEN, S.: Studien über das Ranzigwerden der Butter. Zentralbl. f. Bakt., II, Bd. 8, S. 107 bis 114 und 140 bis 144. 1902. — ORLA-JENSEN, S. und J. JACOBSEN: Neue Untersuchungen über die bakteriziden Eigenschaften der Milch. Zentralbl. f. Bakt., II, Bd. 80, S. 321 bis 341. 1930. — ORLA-JENSEN, S., ORLA-JENSEN A. D. and B. SPUR: The butter aroma bacteria. Journ. of Bact., Bd. 12, S. 333 bis 342. 1926. — OTTO, R. und H. MUNTER: Bakteriophagie. Handb. path. Mikroorganismen, 3. Aufl., S. 353 bis 436. Jena: Fischer, und Berlin und Wien: Urban & Schwarzenberg. 1927.

PETER, A.: (1) Jahresbericht der Molkereischule Rütti 1904. Zit. nach DÜGGELI. (2) Praktische Anleitung zur Fabrikation und Behandlung des Emmentaler Käses. Bern: K. J. Wyß' Erben. 1925. — PLÜCKER, W. und W. BARTELS: Die Bestimmung der Keimzahl in Wasser. Zeitschr. f. Unters. d. Lebensmittel, Bd. 56, S. 51 bis 60. 1928.

RAHN, O.: Über die Haltbarkeit der Butter. Molk.Ztg., Jg. 43, S. 1 bis 4, 1929. — REHSTEINER, H.: Die biologische Qualitätsbeurteilung der Zentrifugentafelbutter. Jahresber. d. Kantonalen Lebensmittelkontrolle St. Gallen. 1927. Ref. — RODELLA, A.: Einiges über die Bedeutung der direkten mikroskopischen Präparate für das Studium des Käsereifungsprozesses. Zentralbl. f. Bakt., II, Bd. 15, S. 143. 1906. — ROGERS, L. A., A. C. DAHLBERG and A. EVANS: The cause and control of „buttons" in sweetened condensed Milk. Journ. of Dairy Science, Vol. III. 1920.

SCHRADER, J. H.: Some laboratory studies on the sanitary quality of concentrated milk. Ann. Rep. Int. Ass. of Dairy and Milk Inspectors. Washington D. C. 1929. — and EWING, C. L., F. A. KORLF, L. W. CONN: Sanitary quality of some commercial milk powders. Amer. Journ. of Hyg., Bd. 8, S. 386 bis 397. 1928 (zit. nach HUCKER). — SCHWARZ: Labinfektionspilze. Jahresbericht der Bakt.-Abteilung der Preuß. Vers.- u. Forschungsanstalt f. Milchwirtschaft. Diss. Kiel. 1928. — SHERMAN, J. M.: The cause of eyes and characteristic flavour in Emmental or Swiss cheese. Journ. of Bact., Bd. 6, S. 379 bis 391. 1921. — SINGER, E.: Zur bakteriologischen Trinkwasseruntersuchung. Zentralbl. f. Bakt., I, Bd. 118, S. 81 bis 90. 1930. — SONNENSCHEIN, C.: Die Herkunft der Bakteriophagen im Menschen und im tierischen Organismus. Giornale di Batt. e Imm. Anno II, n. 5. 1927. Deutsche Zusammenfassung. — SPIEKER, E.: Joghurt in der Theorie und Praxis. Süddtsch. Molkerei-Ztg., Jg. 49, S. 1147 bis 1150. 1928. — SPITZER, G. and E. H. PARFITT: A study of the proteolytic action of specific organisms and groups of organisms in butter made from graded cream. Journ. of Dairy Science, Bd. 12, S. 1 bis 20. 1929. — STIRITZ, B. A.: Yeast and mold counts and their relation to pasteurization of cream for butter making purposes. Journ. of Dairy Science, Bd. 5, S. 362. 1922. — SUPPLEE, G. C. and V. J. ASHBOUGH: Bacterial counts of milk powder as obtained by the microscopic method. Journ. of Dairy Science, Bd. 5, S. 570. 1922.

TEICHERT, K.: Methoden zur Untersuchung von Milch und Milcherzeugnissen. Stuttgart: Enke. 1927. — TILLMANS, J. und R. STROHECKER: Über KRAUSE-Milchpulver. Zeitschr. f. Nahr.- u. Gen.-Mittel, Bd. 47, S. 377. 1924. — TRAUTWEIN, K.: Ein Beitrag zur Methodik der Anaerobenzüchtung. Zentralbl. f. Bakt., II, Bd. 77, S. 551 bis 557. 1920. — TROILI-PETERSSON, G.: Studien über die Mikroorganismen des schwedischen Güterkäses. Zentralbl. f. Bakt., II, Bd. 11, S. 207. 1904.

VIRTANEN, A. I. und H. KARSTRÖM: Eine neue Methode zur Entkeimung des Wassers. Valion Laboratorion Julkaisuja. 1929, 8 S. Ref.

WEIGMANN, H. und A. WOLFF: Jahresbericht 1913/14 der Versuchsstation und Lehranstalt für Molkereiwesen in Kiel. Zentralbl. f. Bakt., II, Bd. 44, S. 164. 1905. — WEIL, A. J.: Die bakteriologische Kontrolle des Joghurt. Zentralbl. f. Bakt., II, Bd. 69, S. 321 bis 327. 1927. — WEISS, H.: Beitrag zur Qualitätsbeurteilung der Zentrifugen-Tafelbutter. Schweizer Milchztg., Nr. 96. 1927. — WILSON: Untersuchungsmethode auf Clostridium WELCHII (in Wasser). J. State Med., Bd. 37, S. 439. 1929. Ref. n. SINGER. — WOLFF, A.: (1) Molkereibakteriologische Betriebskontrolle. Berlin: Parey. 1914. (2) Prüfung des Molkereisalzes. Milchw. Zentralbl., Bd. 43, S. 545 bis 551. 1914. (3) Ein häufiger Butterfehler („käsig-sauer"). Milchw. Zentralbl., Bd. 55, S. 169 bis 170. 1926. — WRIGHT, J. H.: A method for the cultivation of anaerobic bacteria. Zentralbl. f. Bakt., I. Orig., Bd. 29, S. 61. 1901.

ZEILER, K. und A. BERWIG: Beobachtungen zur Erkennung der Käsereitauglichkeit der Milch. Milchw. Forsch., Bd. 10, S. 132 bis 164. 1930. — ZEISSLER, J.: Anaerobenzüchtung. Handb. d. path. Mikroorganismen, Bd. 10. Jena: Gustav Fischer, und Berlin und Wien: Urban & Schwarzenberg. 1929.

Namenverzeichnis

Sachverzeichnis

GPSR Compliance

The European Union's (EU) General Product Safety Regulation (GPSR) is a set of rules that requires consumer products to be safe and our obligations to ensure this.

If you have any concerns about our products, you can contact us on ProductSafety@springernature.com

In case Publisher is established outside the EU, the EU authorized representative is:

Springer Nature Customer Service Center GmbH
Europaplatz 3
69115 Heidelberg, Germany

Batch number: 10584556

Printed by Printforce, the Netherlands